FERNET — FAIVRE-DUPAIGRE

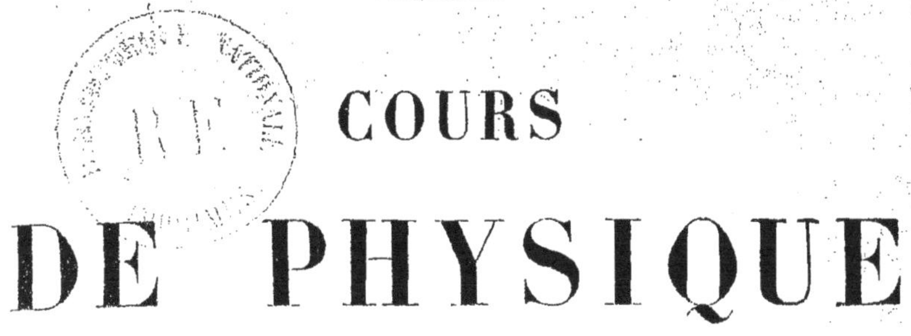

# COURS DE PHYSIQUE

POUR LES CLASSES DE MATHÉMATIQUES SPÉCIALES

CINQUIÈME ÉDITION

(Revue et corrigée)

PAR

J. FAIVRE-DUPAIGRE

INSPECTEUR GÉNÉRAL DE L'INSTRUCTION PUBLIQUE
ANCIEN PROFESSEUR AU LYCÉE SAINT-LOUIS

J. LAMIRAND

INSPECTEUR DE L'ACADÉMIE DE PARIS
ANCIEN PROFESSEUR AU LYCÉE SAINT-LOUIS

PARIS
MASSON ET C^ie^, ÉDITEURS
120, BOULEVARD SAINT-GERMAIN, 120

1914

COURS

# DE PHYSIQUE

## A LA MÊME LIBRAIRIE



7629. — Imprimerie Lahure, 9, rue de Fleurus, à Paris.

FERNET — FAIVRE-DUPAIGRE



# COURS DE PHYSIQUE

POUR LES CLASSES DE MATHÉMATIQUES SPÉCIALES

**CINQUIÈME ÉDITION**

*(Revue et corrigée)*

PAR

J. FAIVRE-DUPAIGRE
INSPECTEUR GÉNÉRAL DE L'INSTRUCTION PUBLIQUE
ANCIEN PROFESSEUR AU LYCÉE SAINT-LOUIS

J. LAMIRAND
INSPECTEUR DE L'ACADÉMIE DE PARIS
ANCIEN PROFESSEUR AU LYCÉE SAINT-LOUIS

PARIS
MASSON ET Cie, ÉDITEURS
120, BOULEVARD SAINT-GERMAIN, 120

1914

# PRÉFACE

La présente édition du *Cours de Physique de Mathématiques Spéciales* offre, par rapport à la précédente, des modifications notables qui tiennent à deux causes. Tout d'abord, nous avons dû nous conformer au programme élaboré par la Commission interministérielle de 1903, et tenir compte des indications très précises qui en complètent le texte ; ensuite, nous nous sommes inspirés des idées qui ont dominé la réforme de l'enseignement de la Physique dans les Lycées, et qui ont été préconisées avec tant d'autorité par le regretté J. Joubert et par M. L. Poincaré.

On peut concevoir le plan d'un livre d'enseignement de deux façons. La première consiste à écrire un simple résumé des parties essentielles du programme, pour éviter de surcharger la mémoire de l'élève et lui permettre une révision rapide en vue d'un examen : c'est la forme bien connue des manuels de baccalauréat, tout à fait insuffisante quand il s'agit de la préparation à un concours. La seconde comporte un égal développement de tout le programme, dont les points principaux sont naturellement mis en évidence avec un soin particulier. Le professeur, dont le temps est très limité, surtout dans les classes de Mathématiques Spéciales, peut renvoyer ses élèves à un tel ouvrage pour les parties les moins importantes du cours, ou pour des renseignements spéciaux : descriptions et figures d'appareils, discussions d'expériences, etc. C'est un traité de cette nature que nous avons voulu écrire, pensant que, sous cette forme, il pourrait rendre service aux candidats aux grandes Écoles, et leur venir en aide dans des examens qui exigent une grande somme d'intelligence et de volonté.

Nous aurions pu facilement alléger l'ouvrage, en supprimant la théorie des miroirs sphériques et celle des lentilles minces, qui ne figurent pas au programme, mais nous avons estimé qu'il était bon de les rappeler, pour les élèves qui désirent retrouver rapidement comment on établit et discute des formules dont ils ont constamment à faire usage ; nous aurions pu également laisser de côté des considérations géométriques ou analytiques sur les caustiques, les focales, les aberrations, négliger des théories, des expériences, des appareils qui ne sont pas d'un intérêt primordial, mais nous avons pensé qu'il était utile de faire figurer ces compléments pour les bons élèves. Du reste, tout ce qui n'est pas strictement du programme se trouve imprimé en petits caractères, et doit être laissé de côté à une première lecture.

Nous nous sommes aidés, pour notre rédaction, du Cours de Physique de M. Bouasse, dans lequel nous avons puisé bien des renseignements intéressants ; nous avons également consulté avec fruit les ouvrages de Mascart, Joubert, Pellat, de MM. Violle, Wallon, Lasserre ; enfin nous devons des remerciements particuliers à M. Devaud, professeur au lycée de Marseille, qui nous a fait part de ses observations très judicieuses. Nous serions heureux si son exemple était suivi, et si les maîtres appelés à nous lire voulaient bien nous accorder la même collaboration.

Paris, septembre 1910.

## NOTE

L'édition de 1911 se trouvant épuisée, nous avons dû faire procéder à un nouveau tirage et nous en avons profité pour apporter quelques modifications au texte primitif, mais elles sont très réduites, aussi nous considérons le présent volume comme étant de la *cinquième* édition et l'on pourra se servir sans inconvénient, dans la même classe, à la fois des ouvrages parus en 1911 et en 1914.

Paris, avril 1914.

# COURS DE PHYSIQUE

## CLASSES DE MATHÉMATIQUES SPÉCIALES

---

# OPTIQUE

## PROPAGATION DE LA LUMIÈRE — SYSTÈMES OPTIQUES

### I. — PROPAGATION DE LA LUMIÈRE DANS UN MILIEU HOMOGÈNE ISOTROPE

1. **Division de l'optique.** — L'étude des phénomènes lumineux est divisée en deux parties : *l'optique géométrique* et *l'optique physique*.

L'*optique géométrique* a pour objet la détermination du chemin suivi par la lumière, la construction des images, la recherche des systèmes optiques les meilleurs répondant à des besoins donnés. Elle est basée uniquement sur les lois expérimentales :

De la propagation rectiligne de la lumière dans un milieu homogène isotrope;

De la réflexion;

De la réfraction.

Elle est dite géométrique, car elle nous permet de résoudre les problèmes relatifs à la propagation de la lumière en utilisant seulement, avec les lois précédentes, des constructions géométriques ou des calculs de géométrie analytique. Elle est donc conçue en dehors de toute théorie concernant la lumière.

L'*optique physique* a pour but l'explication des phénomènes connus, à l'aide d'une hypothèse sur la nature de la lumière, et la recherche de phénomènes nouveaux au moyen de cette même hypothèse.

Les procédés de l'optique géométrique et de l'optique physique sont donc complètement différents; cependant ces deux branches d'une même science ne sont pas sans liaison. L'optique géométrique, fondée sur des lois non absolument rigoureuses, mais dont l'application est cependant presque toujours légitime dans la pratique, ne peut suffire à interpréter les résultats observés quand on examine les images fournies par les systèmes optiques; aussi, pour fixer les règles de construction des instruments d'optique, faut-il tenir compte des indications données par l'optique physique. En outre, les recherches d'optique physique exigent l'emploi d'appareils étudiés en optique géométrique, ou de constructions et de calculs relatifs à cette partie de la Physique.

2. **Loi de la propagation rectiligne de la lumière dans un milieu homogène et isotrope.** — *Définition.* — On dit qu'un milieu est *homogène* si les éléments prélevés autour de deux points quelconques A et B (fig. 1) de ce milieu ont mêmes propriétés. Le milieu est *isotrope* si les propriétés, suivant une direction D (fig. 1), d'un élément pris autour d'un point quelconque A (dilatation, conductibilité, indice,...), sont indépendantes de la direction; dans le cas contraire il est dit *anisotrope*. Ainsi l'air, les gaz, les mélanges gazeux sous de faibles épaisseurs, les liquides purs et les dissolutions sont des corps homogènes isotropes; les cristaux sont des corps homogènes anisotropes.

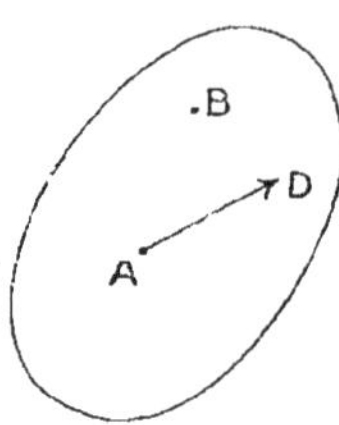

Fig. 1.

*Expériences.* — $\alpha$) Lorsque la lumière pénètre dans une chambre noire par un trou pratiqué dans un volet ou une fissure quelconque, elle forme nettement un faisceau à arêtes rectilignes.

$\beta$) De même, la lumière qui s'échappe de l'arc électrique d'une lanterne de projection sans condenseur paraît être contenue tout entière à l'intérieur d'un cône ayant pour sommet l'arc et pour base le contour de l'ouverture.

$\gamma$) Pour faire une expérience plus précise, prenons comme source de lumière une petite ouverture O (fig. 2) vivement éclairée, et plaçons à 50 centimètres un diaphragme $A_1$ dont l'ouverture circulaire a 5 centimètres de diamètre. Coupons la nappe de lumière par un écran parallèle à $A_1$ et placé successivement en $A_2$, $A_3$, $A_4$,... aux distances $100^{cm}$, $150^{cm}$, $200^{cm}$ de O; nous constatons que les traces lumineuses sont des cercles ayant respectivement pour diamètres $10^{cm}$, $15^{cm}$, $20^{cm}$; donc la lumière est comprise à l'intérieur d'un cône de sommet O, ayant pour base le contour de l'ouverture $A_1$.

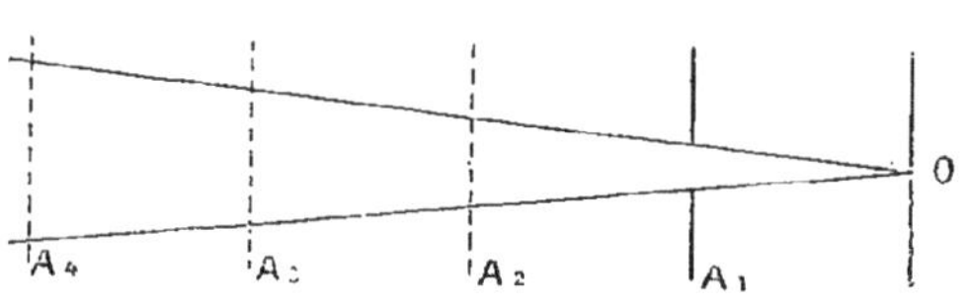

Fig. 2.

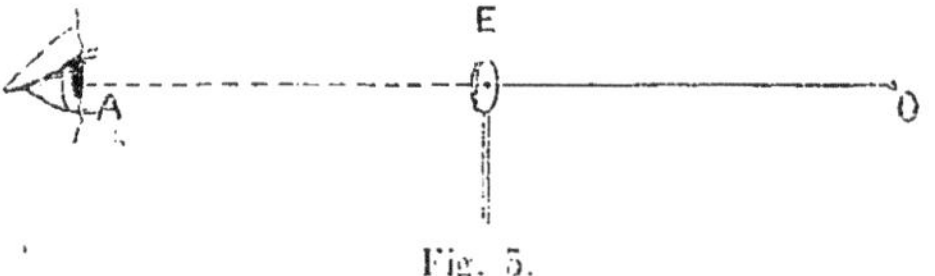

Fig. 3.

$\delta$) Si, entre un point lumineux O (fig. 3), et l'œil A, nous interposons un écran circulaire E de petit diamètre, centré sur la droite joignant l'œil au point O, celui-ci cesse d'être vu.

De ces expériences nous pouvons déduire la *loi* suivante :

*Dans un milieu transparent homogène isotrope, la lumière se propage en ligne droite.*

On appelle rayon lumineux toute droite partant d'un point quelconque de la source lumineuse et qui paraît être une trajectoire de la lumière.

3. **La loi de la propagation rectiligne de la lumière n'est qu'approchée.** — Cherchons à préciser la notion de rayon lumineux en isolant un rayon lumineux.

α) Une ouverture très fine O (fig. 4) est éclairée vivement (lumière solaire, arc électrique); à 50 centimètres en avant disposons une autre ouverture circulaire A ([1]) d'un diamètre très petit ($0^{mm},5$), et explorons l'espace suivant la ligne droite OA au moyen d'une loupe L qui nous permet de viser habituellement dans son plan focal. L'aspect observé est le suivant : nous voyons une série d'anneaux alternativement brillants et obscurs; la plupart de ces anneaux se trouvent en dehors du cône de sommet O et ayant pour base l'ouverture A; enfin au centre on aperçoit une tache tantôt blanche, tantôt noire, et lorsqu'on éloigne la loupe de A on trouve une série de positions $L_1$, $L_2$, $L_3$... pour lesquelles le centre de l'anneau est alternativement noir ou brillant.

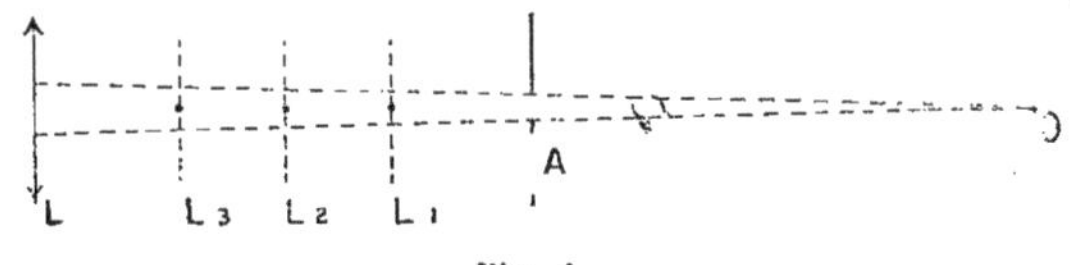

Fig. 4.

*Il n'est donc pas possible d'isoler un rayon lumineux; le rayon lumineux n'est pas une réalité matérielle : la lumière ne se propage pas rigoureusement en ligne droite.*

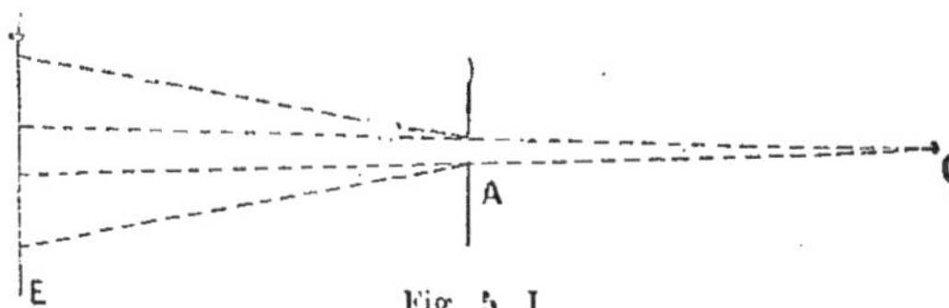

Fig. 5, I.

β) Une expérience beaucoup plus facilement réalisable, et qui conduit aux mêmes conclusions, consiste à remplacer les ouvertures O et A par deux fentes parallèles, la première étant très fine, l'autre ayant une largeur de l'ordre du millimètre.

Fig. 5, II.

Supposons que la fente A (fig. 5, I) ait $0^{mm},5$ de largeur ([1]) et soit à 1 mètre de O : sur un écran E placé à 2 mètres de O, la trace devrait avoir une largeur de 1 millimètre. Or, sur cet écran, que nous remplaçons avantageusement par une loupe, nous observons une bande brillante de 10 millimètres de largeur environ, accompagnée de chaque côté par des bandes

([1]) Sur la figure, la dimension de A est, à dessein, exagérée.

alternativement obscures et brillantes (fig. 5, II). Si l'on diminue la largeur de A, la bande brillante centrale *s'étale* de plus en plus.

Tous ces phénomènes, qui sont en désaccord avec la loi de la propagation rectiligne de la lumière, sont dits phénomènes de *diffraction*; ils sont extrêmement fréquents, en particulier on les observe toujours lorsqu'on dispose d'une source lumineuse de très faible diamètre apparent.

La loi de la propagation rectiligne de la lumière n'étant qu'approchée, *tous* les résultats déduits de cette loi ne sont pas vérifiés, mais si l'on a affaire à un *cône de lumière dont l'ouverture sphérique n'est pas extrêmement petite, tout se passe très sensiblement comme s'il était constitué par des rayons lumineux*; dans ce cas, c'est-à-dire avec la restriction indiquée, il est légitime d'utiliser la loi de la propagation rectiligne de la lumière, ou, en d'autres termes, de considérer la lumière comme formée par un faisceau de rayons rectilignes.

4. **Hypothèses sur la nature de la lumière : hypothèse de l'émission.** — Deux hypothèses ont été émises, quant à la nature même de la lumière : l'hypothèse de l'*émission*, due à Newton (1), l'hypothèse des *ondulations*, due à Descartes (2) et dont les conséquences ont été développées successivement par Huygens (3), Thomas Young (4), et surtout par Fresnel (5).

Dans l'hypothèse de l'*émission*, on suppose que les corps lumineux envoient, dans l'espace qui les environne, des particules matérielles, mais impondérables, et animées d'une très grande vitesse; dans un milieu isotrope, cette

(1) Newton (1642-1727), illustre savant anglais. Sa principale découverte est la loi de l'attraction universelle. Il a, indépendamment de Leibnitz, posé les bases du calcul différentiel, mais il eut le grand tort de laisser contester les titres du mathématicien allemand sur leurs recherches communes. Il a donné une théorie de la dispersion qui est encore classique, mais il contribua à rejeter dans l'ombre la théorie des ondulations nettement formulée par Huygens, pour faire adopter celle de l'émission, complètement abandonnée depuis.

(2) Descartes (1596-1650), philosophe français, auteur du *Discours de la Méthode*, créateur de la géométrie analytique.

(3) Huygens (1626-1695), savant hollandais qui s'est occupé tour à tour de physique, de géométrie, d'astronomie; il est le véritable fondateur de la théorie des ondes lumineuses; il a découvert la double réfraction cristalline, appliqué le pendule au réglage des horloges, formulé les lois du choc des corps élastiques, découvert le premier satellite de Saturne, interprété les variations de $g$ par l'effet de la force centrifuge due au mouvement de rotation diurne de la Terre.

(4) Young (1773-1829) est né en Angleterre; il s'est signalé en médecine, en astronomie, en musique; on lui doit la découverte des interférences lumineuses : il fut un savant universel.

(5) Augustin Fresnel, né à Broglie (Eure) en 1788, fut reçu à l'École polytechnique à seize ans. Révoqué de ses fonctions d'ingénieur des ponts et chaussées au début des Cent Jours, pour son attitude politique, il consacra ses loisirs à l'étude des phénomènes de diffraction. Isolé dans un petit village, dénué des ressources que présente le laboratoire le plus modeste, il réalisa cependant des expériences très délicates, qui le conduisirent à la publication de deux mémoires très importants (octobre 1815). Malgré l'opposition presque unanime des savants de l'époque, grands admirateurs de Newton, il fit triompher la théorie des ondulations par ses incomparables travaux sur la diffraction, les interférences, la constitution et les propriétés de la lumière polarisée, la double réfraction. Il ne dédaigna pas de s'occuper des questions pratiques et on lui doit l'invention des phares lenticulaires (1819). Il est mort à Ville-d'Avray en 1827.

vitesse serait la même suivant toutes les directions, mais elle varierait avec la nature du milieu, et aussi avec celle des particules lumineuses, correspondant aux lumières de diverses couleurs. Ce sont les chocs de ces particules sur le nerf optique qui produiraient en nous les sensations lumineuses. — Cette hypothèse n'est autre chose que la matérialisation même de la notion de rayon lumineux. Or nous avons déjà vu (3) que le rayon lumineux n'existe pas matériellement; du reste, nous trouverons encore plus loin, à propos de la réfraction (77), une raison décisive pour rejeter l'hypothèse de Newton.

5. **Hypothèse des ondulations.** — Dans l'hypothèse des *ondulations*, on considère un corps lumineux comme étant le siège de mouvements vibratoires périodiques, analogues à ceux qui constituent les sons. La loi de ces mouvements est celle du mouvement pendulaire, c'est-à-dire qu'elle est exprimée, comme nous le verrons (491), par une fonction sinusoïdale du temps. Ces mouvements vibratoires, extrêmement rapides, se transmettraient à notre œil par l'intermédiaire d'un milieu élastique, mais impondérable, qui a reçu le nom d'*éther*, et qui occuperait les intervalles moléculaires des corps matériels. L'éther serait également répandu dans les espaces interplanétaires, puisque la lumière traverse le vide.

D'après cette théorie, une molécule lumineuse S, mise en vibration périodique, communique son mouvement aux molécules d'éther qui l'environnent; au bout d'un certain temps, le mouvement parti de S à l'origine est arrivé sur une certaine surface, qu'on appelle *surface d'onde*. Dans un milieu isotrope, cette surface est nécessairement sphérique.

Si V est la vitesse de propagation uniforme dans le milieu isotrope considéré, l'accroissement du rayon de la sphère d'onde de centre S, pendant un temps $t$, est $Vt$. Si l'on donne à $t$ la valeur particulière T qui est la durée d'une vibration complète de la source, c'est-à-dire la *période* du mouvement vibratoire, l'accroissement $\lambda$ du rayon est ce qu'on appelle la *longueur d'onde*, et l'on a la relation

$$\lambda = VT.$$

Ce qui caractérise chacune des lumières simples des diverses couleurs, depuis le rouge jusqu'au violet, c'est la valeur de la durée T de la période vibratoire. Or, dans le vide, la vitesse de propagation V, commune à toutes les lumières de diverses couleurs, est d'environ 300 000 kilomètres par seconde; d'autre part, on trouve que la valeur de $\lambda$ dans le vide, exprimée en microns ou millièmes de millimètre, est comprise, pour les diverses lumières, entre $0^{\mu},8$ pour le rouge, et $0^{\mu},4$ pour le violet. Il en résulte que T varie environ de un quatre-cent-trillionième de seconde, pour le rouge, à un sept-cent-trillionième, pour le violet; la particule lumineuse effectue donc de quatre à sept cent trillions de vibrations par seconde!

6. **Interprétation de la propagation rectiligne, dans la théorie des ondulations.** — La théorie des ondulations est aujourd'hui exclusivement adoptée. Le développement des conséquences de cette théorie constitue l'Optique physique, dont nous n'avons pas à nous occuper. — Nous nous contenterons de faire concevoir comment la théorie des ondulations permet d'interpréter la propagation rectiligne de la lumière, ainsi que l'a montré Fresnel.

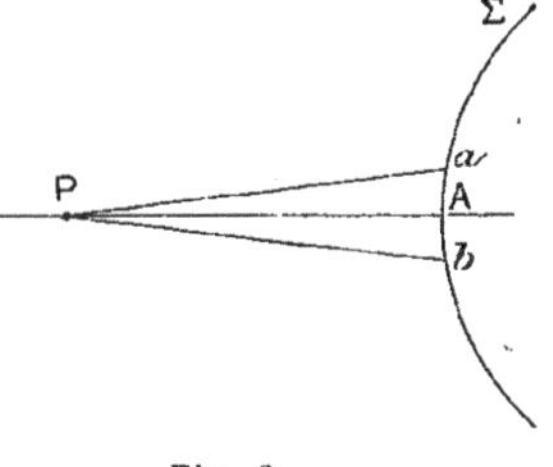

Fig. 6.

Soit, dans un milieu isotrope, une surface d'onde Σ (fig. 6) et P le point de l'espace éclairé que nous considérons.

Au moment où elles entrent en vibration, les molécules d'éther de l'onde Σ prennent toutes le mouvement qu'avait initialement la source et, à partir de cet instant, elles reproduisent toutes les modifications par lesquelles a passé antérieurement l'état vibratoire de cette source. La lumière qui arrive en P peut donc être considérée indifféremment comme envoyée en ce point par la source elle-même, ou par les différents points de l'onde Σ, envisagés comme centres de vibration. Tel est le principe posé par Huygens et précisé par Fresnel, qui a montré par le calcul que cette action de l'onde Σ sur P se réduit à celle d'une *zone efficace ab*, située autour du point A, pied de la *normale* abaissée de P sur cette surface d'onde, et *telle que la différence Pa-PA soit égale à un quart de longueur d'onde*, c'est-à-dire inférieure à $0^{\mu},2$. Cela résulte de ce fait, que les mouvements vibratoires partis en même temps des divers points de l'onde Σ n'arrivent pas tous au même instant en P, puisqu'ils ont à parcourir des chemins différents ; ou inversement, que ceux qui arrivent ensemble en P ne sont pas partis au même moment des divers points de l'onde Σ. Dès lors, si l'on considère en particulier deux de ces points pour lesquels la différence de chemin soit telle que, pour arriver ensemble en P, leurs mouvements aient dû partir de l'onde Σ à des époques où cette onde reproduisait deux états opposés des vibrations de la source, les mouvements transmis par ces points se détruisent en P, et cela d'une façon permanente. Or, c'est ce qui arrive pour tous les points pris deux à deux sur une onde complète Σ (fig. 6), sauf pour les points de la région *ab*. — On a donné le nom d'*interférences* à ces phénomènes remarquables, et vérifiés par l'expérience, où de la lumière, ajoutée à de la lumière, peut produire de l'obscurité.

Pour nous rendre compte de l'ordre de grandeur de la zone efficace, prenons un exemple particulier. Supposons qu'il s'agisse d'une onde plane Σ (fig. 7), émanée d'une étoile S, que $\lambda = 0^{\mu},5$ et que $PA = 1^{m}$. Nous devons avoir

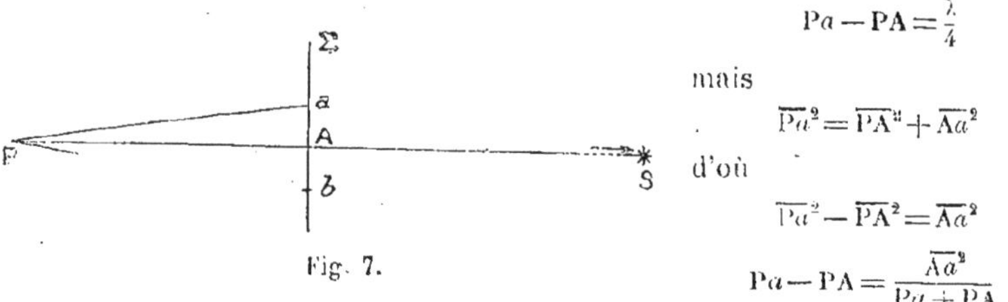


Fig. 7.

$$Pa - PA = \frac{\lambda}{4}$$

mais

$$\overline{Pa}^2 = \overline{PA}^2 + \overline{Aa}^2$$

d'où

$$\overline{Pa}^2 - \overline{PA}^2 = \overline{Aa}^2$$

$$Pa - PA = \frac{\overline{Aa}^2}{Pa + PA}$$

ou très sensiblement

$$Pa - PA = \frac{\overline{Aa}^2}{2\,PA}$$

De là on tire

$$\overline{Aa}^2 = 2\,PA\,(Pa - PA) = 2\,PA\,\frac{\lambda}{4} = \frac{PA \times \lambda}{2}$$

$$Aa = \sqrt{\frac{PA \times \lambda}{2}}.$$

Pour les calculs numériques, prenons le mm. comme unité de longueur :

$$Aa = \sqrt{\frac{1\,000 \times \frac{0,5}{1\,000}}{2}} = \frac{1}{2}\,\text{mm}.$$

En plaçant en A un écran percé d'une ouverture circulaire d'un diamètre $ab = 1$ mm, on ne modifie en rien l'apparence lumineuse produite en P, mais en plaçant en A un écran plein $ab = 1^{mm}$, on arrête complètement la lumière pour le point P; il suffit donc d'un écran très petit, centré en A sur la droite SP, pour arrêter toute la lumière allant de l'étoile au point P; pour cette raison on peut dire que la lumière se propage en ligne droite.

Cela posé, voyons comment on peut concevoir la manière dont le mouvement lumineux répandu sur une surface d'onde, se propage à travers l'espace.

Dans un milieu isotrope, chaque point d'une onde de forme quelconque, considéré par Huygens comme centre de vibration, émet une onde élémentaire *sphérique* et, au bout d'un certain temps, le mouvement vibratoire qui existait primitivement sur l'onde Σ (fig. 8) se trouve transporté sur des sphères d'égal rayon, décrites des différents points de l'onde Σ. L'enveloppe de ces ondes élémentaires, dans le sens de la propagation, est une nouvelle surface Σ'. Or, d'après les calculs de Fresnel, chaque élément de l'onde Σ n'étant actif que dans la direction *normale* à l'onde, chacune des ondes élémentaires n'est elle-même efficace que dans cette direction, c'est-à-dire au point où elle touche l'onde-enveloppe Σ'. Cette dernière a donc bien recueilli tout le mouvement de l'onde Σ et il n'en reste pas à l'intérieur. Tel est, en résumé, le principe des *ondes-enveloppes* d'Huygens et de Fresnel, d'où résulte immédiatement la loi de *propagation rectiligne*, dans le cas d'une propagation absolument *libre*. Si l'on considère, en effet, les ondes successives Σ, Σ',... on voit que les zones efficaces très petites *ab*, *a'b'*,... de ces ondes (elles sont de l'ordre du millimètre carré lorsque les distances PA, PA' sont de l'ordre du mètre), d'où provient la lumière arrivant en P, sont toutes rencontrées normalement par une même droite AA'...P, passant par le point P. On est ainsi conduit à dire que la droite AA'...P est un rayon de lumière. — D'une façon générale, dans un milieu isotrope, *une onde est le lieu des points qui possèdent toujours, à chaque instant, des mouvements identiques*, et les rayons lumineux sont les normales communes aux ondes successives. Il ne faut pas perdre de vue que le rayon lumineux ainsi défini est purement théorique et ne correspond à rien matériellement, car les écrans que l'on pourrait placer en A,A' (fig. 8) de manière à masquer les surfaces d'onde Σ, Σ', sans altérer l'effet produit en P, ont des ouvertures *ab*, *a'b'* qui sont très petites, mais non *infiniment* petites.

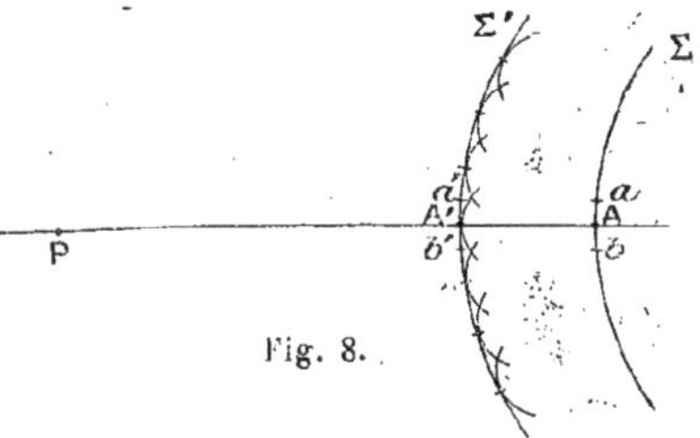

Fig. 8.

*Remarque*. — Si *ab* est la zone efficace de Σ (fig. 9), en plaçant en A un écran de dimensions supérieures à *ab*, on n'arrête pas nécessairement la lumière qui va en P, mais il existe, pour les écrans placés en A, arrêtant complètement la lumière qui va de O en P, un diamètre minimum, tel que pour tout écran plein, de diamètre supérieur, il y a en P absence totale de lumière. Cette dimension minimum dépend de OA, AP et λ; elle n'est jamais très grande; lorsque OA, AP sont de l'ordre du mètre, elle mesure quelques millimètres à peine. Le principe de la propagation

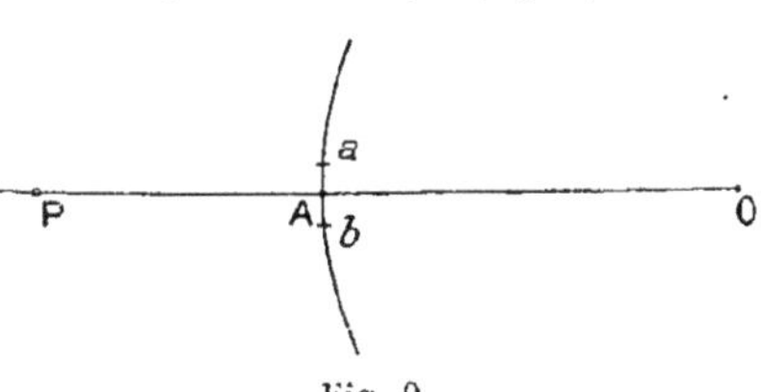

Fig. 9.

rectiligne de la lumière est donc en accord, dans la mesure où il est exact, avec la théorie des ondulations.

Si la dimension minimum de l'écran qui arrête la lumière allant de O à P est *petite*, cela tient à ce que la longueur d'onde de la lumière est *courte* :

La propagation rectiligne de la lumière est une conséquence de la petitesse de la longueur d'onde.

7. **Diffraction.** — Lorsqu'on *limite* les ondes lumineuses par des écrans, les portions de surfaces d'onde respectées étant en général très grandes par rapport à la zone efficace, tout se passe, dans des directions suffisamment éloignées des bords des écrans, comme dans la propagation rectiligne libre. Mais, pour les points situés sur des directions très voisines des bords des écrans, les raisonnements précédents cessent d'être applicables, et l'on doit s'attendre à trouver, par interférence, des *maxima* et des *minima* de lumière, soit dans l'ombre géométrique, soit dans la pleine lumière. C'est, en effet, ce que les expériences de diffraction dont nous avons déjà parlé (3) confirment pleinement :

On trouve de la lumière dans l'ombre géométrique, parce que les ondes contournent les écrans, mais l'intensité du mouvement vibratoire résultant d'une portion de surface d'onde étant petite, à une faible distance de la normale à cette surface d'onde, la lumière ne pénètre pas très profondément dans l'ombre géométrique.

Si, dans l'expérience de l'écran circulaire, éclairé par une source punctiforme (3, $\alpha$), nous observons des anneaux alternativement à centre noir et à centre blanc, c'est que, en chaque point considéré, les mouvements vibratoires issus de la surface d'onde limitée par l'écran A (fig. 4) viennent interférer et produisent un mouvement vibratoire résultant qui dépend des chemins parcourus, c'est-à-dire de la position du point; il y a des maxima de lumière et des minima nuls.

On interprète pareillement les effets de diffraction obtenus en éclairant une fente fine par une source linéaire parallèle (3, $\beta$).

Dans la partie de l'optique que nous avons à étudier, nous prendrons comme point de départ la notion de rayons lumineux et nous tiendrons compte des phénomènes de diffraction seulement dans les cas où ils interviennent d'une manière appréciable.

## II. — SYSTÈMES OPTIQUES

8. **Définition et nature des systèmes optiques.** — Un système optique est un ensemble de milieux *transparents*, *homogènes*, *isotropes*, séparés par des surfaces *sphériques centrées*, c'est-à-dire dont tous les centres sont en ligne droite. Le système optique peut aussi comporter des surfaces réfléchissantes [1].

Les surfaces de séparation sont *sphériques* (une surface plane étant considérée comme une portion de surface sphérique de rayon infini), car ce sont les seules qu'on puisse réaliser. Les milieux réfringents employés sont des verres de composition et de propriétés variables, et exceptionnellement du quartz, du spath d'Islande, du fluorure de calcium, du chlorure de sodium.

[1] L'emploi de la surface réfléchissante parabolique est exceptionnel.

Les systèmes sont *centrés*, car ce sont les seuls qui donnent de bonnes images.

Les systèmes optiques sont destinés à fournir des images avantageuses pour l'observation ou la reproduction. Leur étude est non seulement intéressante : elle est utile.

9. **Taille des verres d'optique**. — Les seules surfaces que l'on sache réaliser par des moyens purement mécaniques sont le *plan* et la *sphère*.

Pour obtenir une surface sphérique, on commence par fabriquer deux pièces en cuivre ou en bronze appelées l'une la *balle*, l'autre le *bassin*, la première sphérique convexe, la deuxième sphérique concave et ayant l'une et l'autre pour rayon celui de la surface de verre à tailler. On dégrossit ces pièces au tour, puis on les enduit d'émeri et on les frotte l'une contre l'autre; pour plus de commodité, dans le travail, l'une d'elles se trouve montée sur un tour. On surveille la transformation des surfaces en appliquant sur le bassin un *gabarit*, ou disque d'acier, d'un rayon égal à celui de la surface demandée ; lorsque le gabarit, placé dans n'importe quel plan diamétral, ne révèle plus aucune imperfection et que la balle et le bassin s'appliquent rigoureusement l'un contre l'autre, ces deux pièces sont achevées.

Soit à donner à un morceau de verre une surface sphérique convexe : on commence par le dégrossir en le frottant contre un bassin de fonte, de rayon convenable, monté sur un tour et enduit d'émeri à grains de plus en plus fins. On remplace le bassin de fonte par le bassin de cuivre et on utilise de l'émeri encore plus fin que dans le travail précédent. Le bassin s'use en même temps que le verre : il faut donc *rectifier* la surface du bassin et mener parallèlement sa taille et celle du verre. On obtient finalement une surface sphérique en verre, de rayon déterminé, mais qui est dépolie. On applique alors très exactement sur le bassin un papier dépouillé de tout grain susceptible de rayer le verre, on le saupoudre de colcothar ou rouge d'Angleterre ($Fe^2O^3$), on fait tourner l'outil et on appuie de nouveau le verre contre le bassin : la surface de verre acquiert un beau poli.

S'il s'agit d'obtenir une surface concave, on remplace le bassin par la balle.

Pour avoir des surfaces de verre planes, on taille d'abord des plans en cuivre, au nombre de trois, en usant des disques de cuivre l'un contre l'autre, après interposition d'émeri. On reconnaît que les plans sont bien dressés à ce qu'ils s'appliquent parfaitement l'un contre l'autre : la vérification doit porter sur les trois groupes de deux plans, car si elle réussit pour les trois associations de surfaces, celles-ci ne peuvent être que planes. Ces plans en cuivre servent ensuite à obtenir des surfaces de verre planes dont l'essai peut être réalisé en cherchant à produire des franges d'interférence, analogues aux anneaux de Newton, entre la surface à examiner et une surface type.

Ces méthodes s'appliquent seulement à la taille des surfaces de dimensions restreintes.

On fabrique des lentilles bon marché par moulage, mais le verre subit une trempe au contact des parois froides du moule, il perd son homogénéité, la réfraction ne se fait plus d'une manière régulière, les images sont mauvaises.

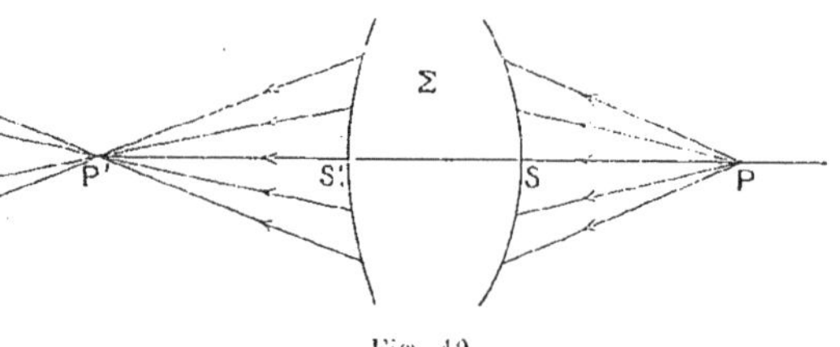


Fig. 10.

**10. Stigmatisme**[1]. — 1° *Cas d'un point* : Si tous les rayons issus d'un point P (fig. 10) vont passer par un même point P', après avoir traversé le système optique Σ, on dit que P' est l'image de P dans le système Σ, et que Σ est *stigmatique pour les points* P et P' [de στιγμα (stigma), point]. Par extension on dit encore que P et P' sont des *points stigmatiques* de Σ.

D'après le principe du retour inverse des rayons lumineux (69), les rayons issus de P', dans le dernier milieu et traversant Σ, vont passer par P. Les points P et P' sont dits *conjugués*.

Lorsque des rayons passent par un même point, on dit qu'ils sont *isogènes* ou *homocentriques*.

P est objet *réel* si les rayons issus de P (fig. 10), et qui arrivent sur la surface de séparation S, forment un cône divergent; dans le cas contraire (fig. 11), P est objet *virtuel*.

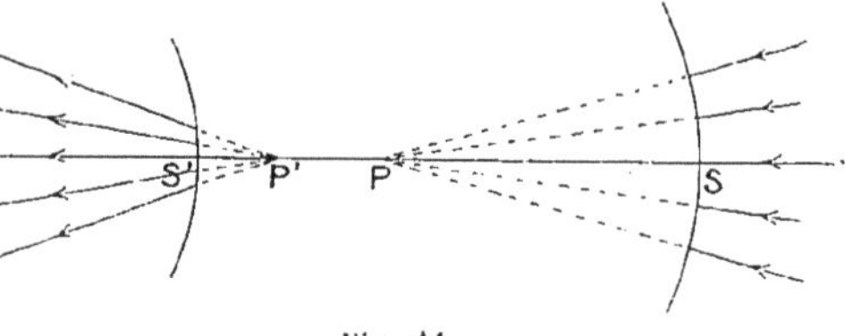


Fig. 11.

P' est une image *réelle* si les rayons qui passent par P' forment, à partir de la surface S', un cône convergent (fig. 10); l'image est *virtuelle* dans le cas contraire (fig. 11). En plaçant un écran diffusant là où se forme une image réelle, on la rend visible dans toutes les directions. Une

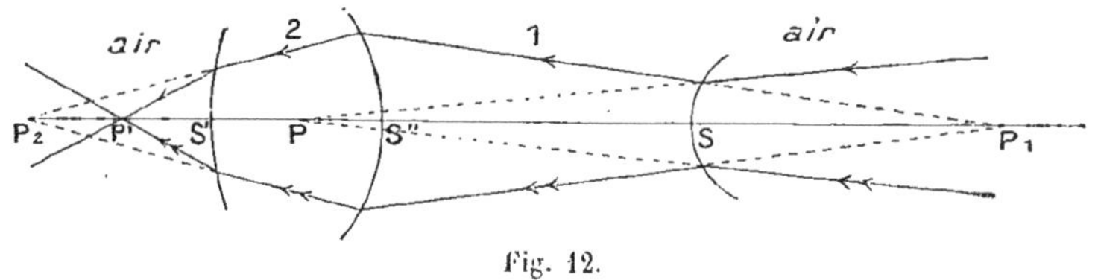


Fig. 12.

image virtuelle ne peut être reçue sur un écran : en effet, dans le cas de la figure 11, la lumière ne passe point par P' et, par suite, en plaçant un

(1) Les constructeurs d'appareils d'optique emploient le terme équivalent *anastigmatisme* et ses dérivés.

écran en P′, on ne reçoit point sur l'écran la lumière formant l'image P′; mais pour l'œil situé sur le trajet des rayons lumineux émergents, l'apparence est la même que s'il y avait en P′ un point lumineux, P et Σ étant supprimés.

*Exemple* : Soit un système optique SS′ (fig. 12) plongé dans l'air et formé de deux milieux 1 et 2 séparés par la surface S″ ; désignons par P, $P_1$, $P_2$, P′ les sommets des faisceaux homocentriques :

| | | | | | |
|---|---|---|---|---|---|
| Dans le système | air — 1, | P est objet | virtuel, | $P_1$ est image | virtuelle ; |
| — | 1 — 2, | $P_1$ — | réel, | $P_2$ — | réelle ; |
| — | 2 — air, | $P_2$ — | virtuel, | P′ — | réelle. |

— constitué par l'ensemble des milieux transparents, P est objet virtuel, P′ est image réelle.

*Remarque I.* — Pour déterminer la réalité ou la virtualité d'un objet ou d'une image par rapport à un système optique Σ (fig. 13 et 14), il faut connaître la position de l'objet ou de l'image par rapport aux surfaces de séparation extrêmes S, S′. On est ainsi conduit à calculer la distance de S à l'objet, de S′ à l'image et par suite à prendre comme origines les points S et S′.

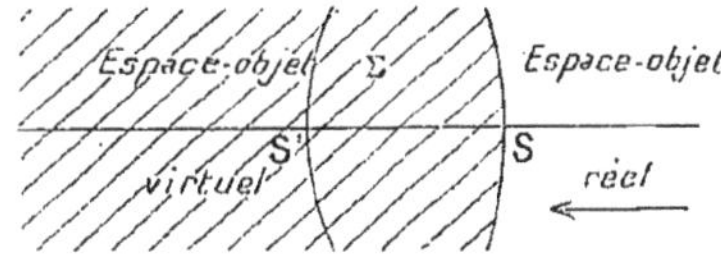


Fig. 13.

La surface S (fig. 13) partage l'espace en deux régions : celle où se trouve la lumière incidente est l'*espace-objet réel*; l'autre est l'*espace-objet virtuel*. Un objet est réel ou virtuel, selon qu'il se trouve dans la première ou dans la seconde région.

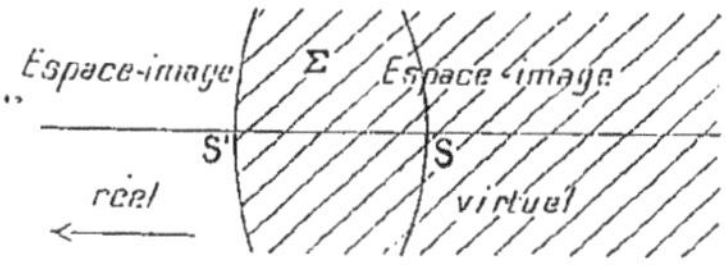

Fig. 14.

La surface S′ (fig. 14) partage également l'espace en deux régions ; l'une contient la lumière émergente : c'est l'*espace-image réel*; l'autre est l'*espace-image virtuel*. Une image est réelle ou virtuelle quand elle est respectivement dans l'espace-image réel ou dans l'espace-image virtuel. Il est facile de voir que ces définitions de la qualité d'un objet ou d'une image concordent avec les précédentes :

*Remarque II.* — Pour que l'image d'un point soit acceptable, il n'est pas nécessaire que le système soit rigoureusement *stigmatique* pour le point considéré ; il suffit que la section du faisceau émergent par un plan soit assez petite pour que la trace correspondante produise sur l'œil ou sur la plaque photographique le même effet qu'un point lumineux. Nous préciserons plus tard les dimensions maxima de cette trace (323).

2° *Cas d'une surface.* — Un système optique est stigmatique pour une surface s'il est stigmatique pour chaque point de la surface.

3° *Cas d'un volume.* — Un système est stigmatique pour un volume s'il est stigmatique pour tout point de ce volume.

*Remarque.* — Un système stigmatique pour un point n'est pas nécessairement stigmatique pour d'autres points, mais il l'est très sensiblement pour les points voisins.

11. **Aplanétisme.** — Dans un système centré stigmatique, l'image d'un point en dehors de l'axe est dans le plan méridien passant par ce point, car les rayons incidents situés dans ce plan ne peuvent en sortir, [d'après la première loi de la réfraction (67)].

L'image d'une surface de révolution ayant même axe que le système est aussi une surface de révolution autour de cet axe; en particulier l'image d'un plan perpendiculaire à l'axe, que nous appelons plan de front, est une surface de révolution. Or, si nous voulons que l'image soit semblable à l'objet, il faut qu'un plan de front ait pour image un plan de front. Un système qui remplit cette condition pour un plan Q et son conjugué Q′ (fig. 15) est dit *aplanétique* (¹) pour les plans Q et Q′. Par extension on dit aussi que les traces C et C′ de l'axe de symétrie sur les plans Q et Q′ sont des *points aplanétiques* du système.

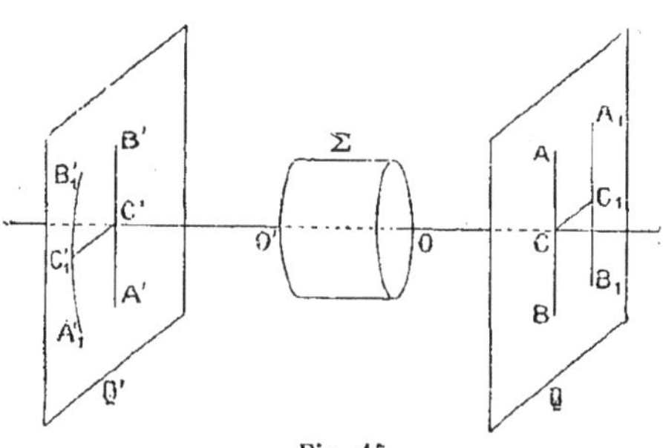

Fig. 15.

Quand le système n'est pas aplanétique, l'image du plan Q est courbe, on dit qu'il y a *courbure du champ*.

12. **Systèmes rectilinéaires.** — L'image d'une droite doit être une droite.

Supposons que le système Σ (fig. 15) soit stigmatique et aplanétique pour le plan de front Q qui a pour image Q′; l'image de la droite ACB rencontrant l'axe est l'intersection A′C′B′ du plan Q′ et du plan méridien passant par AB; c'est donc une droite.

Mais l'image $A'_1C'_1B'_1$ d'une droite $A_1C_1B_1$ de Q ne rencontrant pas l'axe n'est pas en général une droite; on dit qu'il y a *distorsion*. Soit l'image d'un quadrillage (fig. 16) dont les lignes centrales rencontrent l'axe : cette

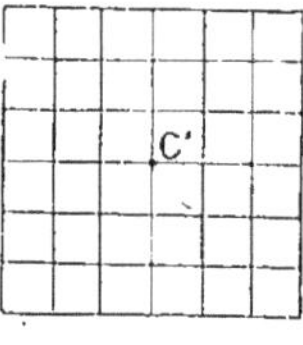

Fig. 16.

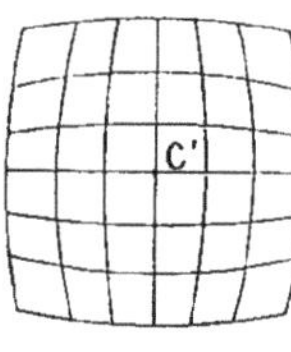

Fig. 17.

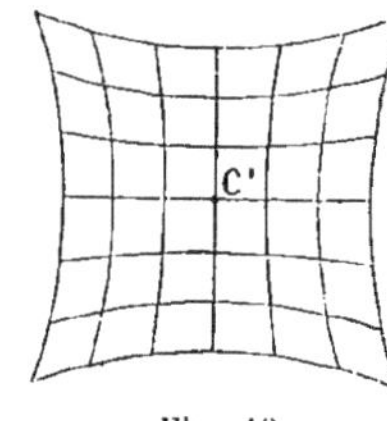

Fig. 18.

(¹) On attribue souvent au mot aplanétique la signification que nous avons donnée à l'adjectif stigmatique. La nouvelle notation n'est pas justifiée par l'étymologie, mais elle est conforme au langage des opticiens; enfin elle a en outre l'avantage d'éviter des confusions fréquentes.

image peut présenter l'aspect de la figure 17, où la concavité des courbes est tournée vers le centre C′ de l'image, la distorsion est en *barillet*; ou bien on a l'aspect de la figure 18, les courbes tournent leur convexité du côté du centre C′ de l'image, la distorsion est un *croissant* (ou en *coussinet*).

Un système sans distorsion est dit *rectilinéaire*, *rectiligne* ou *orthoscopique*.

En résumé, un système optique doit être *stigmatique*, *aplanétique* et *rectilinéaire* pour la région de l'espace qu'il doit explorer.

Nous verrons que l'ensemble de ces conditions est difficile à réaliser et comment on peut y satisfaire pour le mieux.

*Remarque.* — Lorsque nous parlons d'aplanétisme (11), il s'agit toujours de portions limitées du plan-objet et du plan-image, sauf dans le cas où ces plans sont à l'infini.

Le plus souvent on s'occupe seulement d'*éléments* plans correspondants, normaux à l'axe, qui entourent C et C′ (fig. 15) : il y a ainsi *aplanétisme* proprement dit.

Mais s'il s'agit de surfaces planes *finies* correspondantes, ayant pour centres C et C′ (fig. 15), alors nous disons qu'il y a *planéité* de l'image, et non aplanétisme, pour éviter toute confusion entre les deux cas.

# RÉFLEXION DE LA LUMIÈRE

## I. — LOIS DE LA RÉFLEXION

13. **Réflexion régulière et diffusion.** — Lorsque, dans une chambre noire, nous recevons un faisceau de rayons solaires sur un miroir, les rayons incidents sont renvoyés très sensiblement dans une direction *unique*, et le miroir ne paraît très lumineux que si l'on se place dans le faisceau dévié : on dit qu'il y a *réflexion régulière*.

Si nous remplaçons le miroir par un bain de mercure nous observons le même phénomène; avec un bain d'eau nous voyons en outre une partie de la lumière pénétrer dans le liquide.

Disposons un écran blanc en papier ou en toile sur le trajet de la lumière solaire incidente : nous constatons qu'elle est renvoyée également dans toutes les directions, et la portion de l'écran illuminée paraît posséder toujours le même éclat, quel que soit l'endroit d'où on la regarde; on dit alors qu'il y a *réflexion irrégulière* ou *diffusion*.

*Règle générale* : Toutes les fois que la lumière rencontre la surface de séparation de deux milieux, une partie est renvoyée dans le milieu incident; c'est la lumière réfléchie (régulièrement ou irrégulièrement); la partie complémentaire se propage dans le second milieu s'il est transparent, ou est absorbée à une faible distance de la surface si ce second milieu est opaque.

L'observation montre que la réflexion est à peu près exclusivement régulière quand la surface du second milieu est un corps *solide parfaitement poli*, qu'il soit opaque comme l'argent ou transparent comme le verre; ou bien encore quand c'est un *liquide*, opaque comme le mercure ou transparent comme l'eau. — Au contraire, la *diffusion* s'observe dans le cas des surfaces plus ou moins rugueuses; on peut la considérer comme une sorte de réflexion régulière, se produisant sur des aspérités orientées dans tous les sens. C'est la diffusion qui nous permet d'apercevoir, de toutes les directions, les corps non lumineux par eux-mêmes et éclairés d'une manière quelconque. Les surfaces solides les mieux polies diffusent encore un peu la lumière.

14. **Lois expérimentales des miroirs plans.** — Un miroir plan est une surface plane réfléchissante.

L'observation nous montre qu'un miroir plan donne d'un point quelconque de l'espace une image qui est toujours bonne, c'est-à-dire qui est toujours un point, d'où la proposition suivante :

1re Loi. — *Un miroir plan est stigmatique pour tous les points de l'espace.*

Quand nous nous éloignons normalement d'un miroir plan, notre image paraît s'éloigner aussi de la même quantité, ce résultat s'interprète facilement en supposant que l'image est symétrique de l'objet par rapport au miroir ; cherchons si cette hypothèse est exacte :

Au moyen d'une lentille L (fig. 19) projetons une fente lumineuse AB en

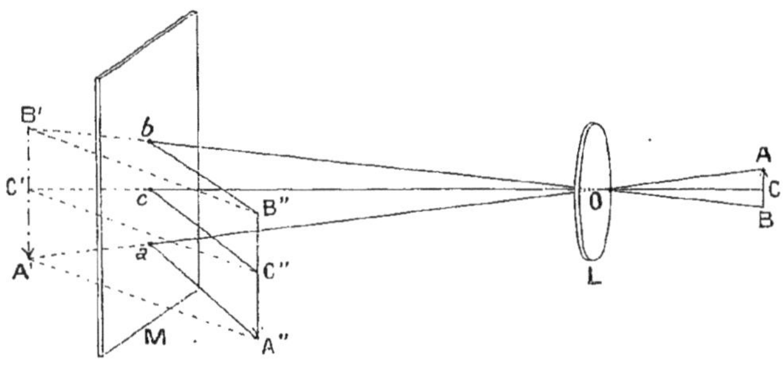


Fig. 19.

A'B' sur un écran vertical ; interposons entre cet écran et la lentille un miroir vertical M un peu incliné par rapport au faisceau incident et cherchons au moyen d'un autre écran la position de l'image A''B'', de A'B', dans le miroir. Les mesures les plus rigoureuses nous montrent que cette image est *symétrique* de A'B' par rapport à M ; en particulier nous vérifions qu'elle est verticale et égale à l'objet.

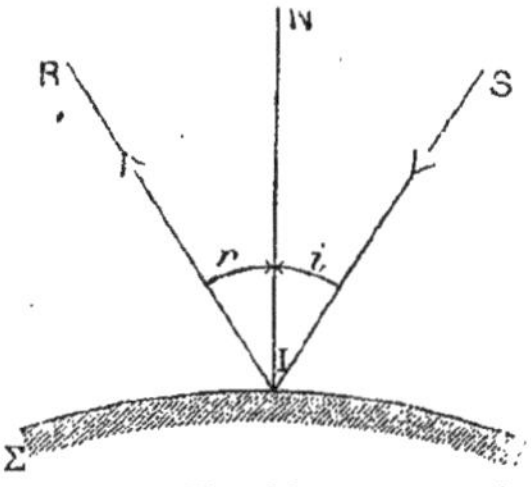

Fig. 20.

Quel que soit le dispositif employé et la précision qu'il comporte, nous arrivons toujours au même résultat.

2e Loi. — *L'image d'un objet, dans un miroir plan, est symétrique de l'objet par rapport au miroir.*

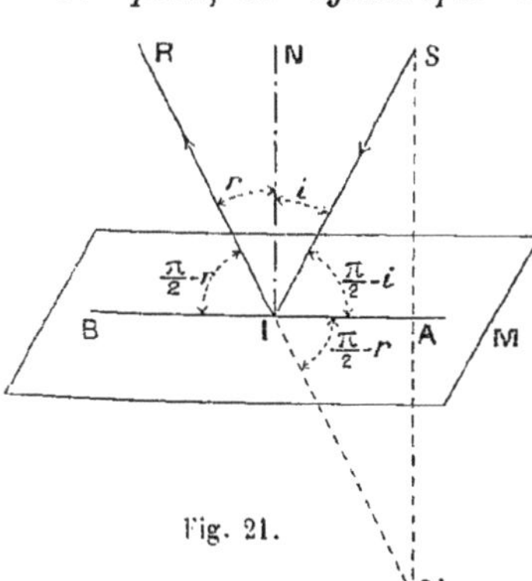


Fig. 21.

15. **Lois de la réflexion régulière.** — Soient Σ une surface réfléchissante quelconque (fig. 20), SI un rayon incident, IN la normale à la surface au point d'incidence I ; on appelle *plan d'incidence* le plan SIN ; *angle d'incidence*, l'angle SIN $= i$. Soit IR le rayon réfléchi correspondant, situé de l'autre côté de la normale : l'angle RIN est appelé *angle de réflexion*.

Soit S un point lumineux (fig. 21), S' son symétrique par rapport au miroir plan M : S' est l'image de S. Menons un incident quelconque SI, le réfléchi correspondant IR est le prolongement de S'I. Or, S'I est dans le plan S'IS qui est confondu avec le plan SIN, car ils ont une droite commune SI et les deux droites S'S, IN sont parallèles comme normales au plan M; donc IR, prolongement de S'I, est dans le plan SIN.

1re Loi. — *Le rayon réfléchi est dans le plan d'incidence.*

L'angle de réflexion NIR a pour complément RIB qui est égal, comme opposé par le sommet, à S'IA. L'angle d'incidence NIS a pour complément l'angle AIS. Mais le triangle ISS' est isocèle, car la hauteur IA est en même temps médiane (AS = AS'); cette droite est donc aussi bissectrice de l'angle SIS' :

$$\widehat{AIS} = \widehat{AIS'}; \qquad \text{ou :} \qquad \frac{\pi}{2} - i = \frac{\pi}{2} - r; \qquad \text{d'où} \qquad r = i.$$

2e Loi. — *L'angle de réflexion est égal à l'angle d'incidence.*

*Remarque I.* — Ces lois n'ont de signification que s'il nous est permis de faire usage de la notion de rayon lumineux, c'est-à-dire dans le cas où les faisceaux considérés ne sont pas d'ouverture très petite (5).

La vérification directe n'est pas possible puisqu'on ne peut isoler un rayon lumineux.

Ces lois sont vérifiées dans toutes leurs conséquences.

*Remarque II.* — Nous avons établi les lois précédentes lorsque la surface réfléchissante est plane; elles se trouvent également démontrées dans le cas d'une surface réfléchissante quelconque, car il est bien évident qu'au point de vue de la réflexion en I (fig. 20) on peut remplacer l'élément I par l'élément de plan tangent correspondant.

*Remarque III.* — Le rayon incident et la normale étant donnés, le rayon réfléchi est *complètement déterminé* par les deux lois de la réflexion.

**16. Principe du retour inverse de la lumière : cas d'une réflexion.** — Soit SI un rayon incident (fig. 22), IR le réfléchi correspondant. Prenons comme nouvel incident RI; il a pour réfléchi IS'.

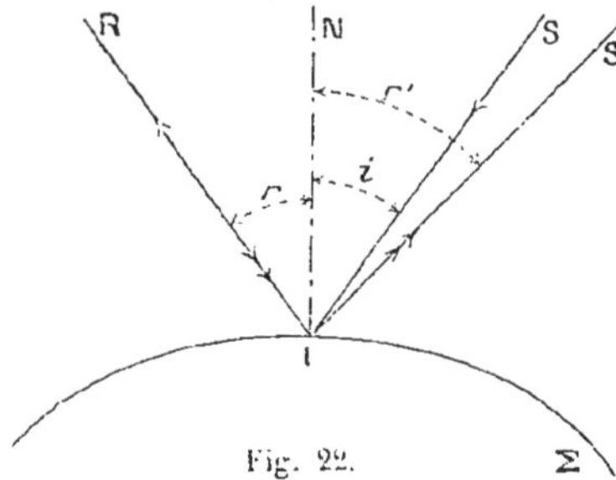

Fig. 22.

Le rayon incident SI est dans le plan de réflexion NIR (1er cas).

Le rayon réfléchi IS' est dans le plan d'incidence NIR (2e cas), donc les trois droites SI ou IS, IS', IN sont dans le même plan NIR.

La deuxième loi de la réflexion appliquée à la première réflexion, donne $r = i$; appliquée à la deuxième réflexion elle fournit l'égalité $r' = r$; par conséquent $r' = i$.

Les droites IS', IS, qui sont avec IN dans un même plan et font avec IN, du même côté, des angles égaux, sont confondues.

Par conséquent, si l'on prend comme incident le réfléchi correspondant à un premier incident donné, le nouveau réfléchi est confondu avec le premier incident.

Le théorème s'étend à un nombre quelconque de réflexions.

17. **Démonstration des lois de la réflexion, dans la théorie des ondulations.** — Dans la théorie de l'*émission*, le phénomène de la réflexion n'est pas autre chose que le phénomène du choc, et les lois de la réflexion sont celles du choc d'un corps élastique.

Dans la théorie des *ondulations*, nous allons montrer d'abord que, en vertu du principe des ondes-enveloppes d'Huygens, *une onde plane reste plane après réflexion sur un plan.* — Considérons, en effet, un faisceau de rayons lumineux parallèles, c'est-à-dire une *onde plane*, venant rencontrer un plan réflecteur. Prenons pour plan de figure un plan perpendiculaire, à la fois, à la surface d'onde et au plan réflecteur. Soient MA et NB (fig. 23), les rayons extrêmes du faisceau, situés dans ce plan de figure, et AA' la trace du plan d'onde, au moment où cette onde atteint en A la surface réfléchissante : pendant le temps θ que, sur le rayon NB, la vibration lumineuse met à parcourir le chemin $A'B = V\theta$, le point A agissant comme centre de vibration émet, dans le premier milieu, une onde sphérique, de rayon AB' égal aussi à $V\theta$. Il en est de même pour tous les rayons correspondants aux divers points des droites menées par A et B perpendiculairement au plan de la figure. Si donc l'onde reste plane, comme nous voulons le prouver, elle sera constituée par le plan passant par B, perpendiculaire au plan de la figure et tangent en B' à la sphère de rayon AB'. Pour établir cette propriété, prenons un rayon lumineux quelconque PQ, et montrons que l'onde élémentaire sphérique, partie de Q lorsque le mouvement vibratoire est arrivé en ce point, est elle-même, à l'époque θ, tangente en R au plan BB'; ce plan sera, par suite, l'enveloppe des ondes élémentaires sphériques telles que AB' et QR, c'est-à-dire la nouvelle surface d'onde. Pour cela, il suffit de faire voir que $PQ + QR = V\theta$. Or, les triangles semblables APQ, AA'B donnent :

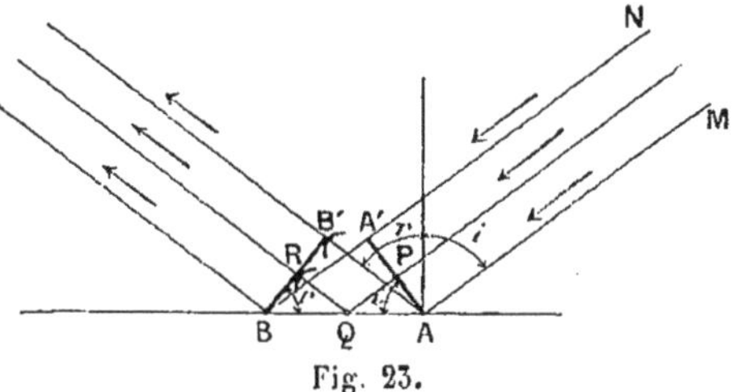

Fig. 23.

$$\frac{PQ}{A'B \text{ ou } V\theta} = \frac{AQ}{AB};$$

de même les triangles semblables BRQ et BB'A donnent :

$$\frac{QR}{AB' \text{ ou } V\theta} = \frac{BQ}{AB},$$

d'où, en faisant la somme membre à membre :

$$\frac{PQ + QR}{V\theta} = \frac{AQ + BQ}{AB} = \frac{AB}{AB} = 1.$$

Il ne pourra donc, d'après le principe des ondes-enveloppes (6), y avoir de mouvement lumineux réfléchi sensible en dehors du cylindre circonscrit à AB et perpendiculaire à la nouvelle surface d'onde BB'.

Cherchons, d'après cela, quelles sont les lois de la réflexion. — 1° Le rayon incident MA donne ainsi naissance au rayon réfléchi AB', situé avec le rayon incident dans un plan normal à la surface réfléchissante: première loi de la réflexion. — 2° L'angle A'AB et l'angle d'incidence $i$ sont égaux comme ayant leurs côtés perpendiculaires; pour la même raison, l'angle B'BA est égal à l'angle $r$. Or, ces deux angles A'AB et B'BA sont égaux, comme appartenant à deux triangles égaux; c'est la seconde loi de la réflexion.

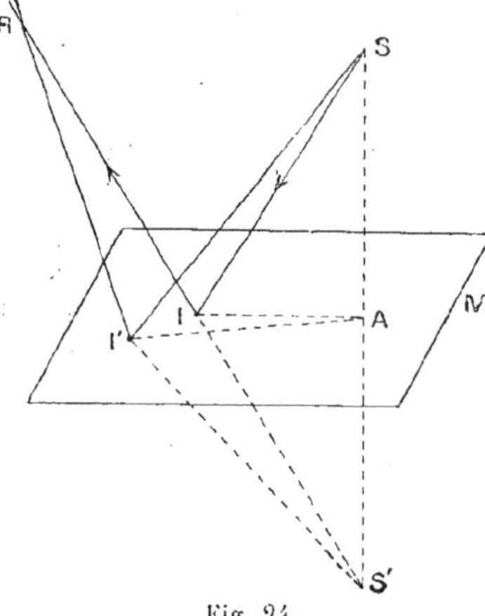


Fig. 24.

**18. Principe du minimum de temps.** [*Fermat*(1)]. — Les lois de la réflexion reviennent au *principe du minimum de temps* employé par la lumière, pour aller d'un point à un autre en touchant une surface réfléchissante plane.

Soient S et R les deux points considérés (fig. 24); la lumière qui provient de S et qui est réfléchie paraît émanée de S', image de S dans le miroir M; menons S'R qui rencontre M en I, le chemin suivi par la lumière pour aller de S en R est donc SIR. Considérons un autre trajet quelconque SI'R il s'agit de démontrer que

$$SI + IR < SI' + I'R.$$

Mais les triangles SIS', SI'S', sont isocèles, car les hauteurs IA, I'A sont aussi médianes; dans l'inégalité précédente, on peut donc remplacer SI par par S'I, SI' par S'I'; l'inégalité à démontrer est donc :

$$S'I + IR < S'I' + I'R \quad \text{ou} \quad S'R < S'I' + I'R,$$

ce qui est évident, puisque S'R est une droite.

Dans le cas d'une surface réfléchissante quelconque, on démontre encore que le chemin suivi par la lumière, pour aller d'un point à un autre par réflexion, correspond à un *minimum* ou à un *maximum* de chemin et, par suite, correspond à un *minimum* ou à un *maximum* de temps.

Le principe de Fermat conduit à des définitions du rayon lumineux et de la surface d'onde complètement indépendantes de la théorie ondulatoire de la lumière.

Un *rayon lumineux* est un chemin de temps minimum ou maximum que suit la lumière pour aller d'un point à un autre. La *surface d'onde*, dans le cas des réflexions, s'obtient en portant des longueurs égales, à partir du point-objet, sur les rayons (lignes brisées par réflexion) issus de ce point; le lieu des points ainsi déterminés est une surface d'onde. Il y a une infinité de surfaces d'onde; chacune est caractérisée par la valeur du chemin suivi par la lumière pour aller du sommet du faisceau homocentrique à un point quelconque de cette surface. La surface d'onde est normale aux rayons.

19. — **Loi du tautochronisme**. — Pour qu'une surface réfléchissante Σ (fig. 25) soit stigmatique pour deux points P, P', il faut que les rayons issus

(1) Fermat (1601-1665), géomètre français auquel on doit de nombreuses découvertes; malheureusement il négligeait d'indiquer ses méthodes; aussi connaît-on seulement les résultats de ses travaux. Il a appliqué l'algèbre à la géométrie et très probablement il a employé le calcul différentiel bien avant Leibnitz et Newton.

de P et réfléchis par Σ passent par P′, c'est-à-dire que la lumière suive indifféremment les chemins PIP′, PI′P′. Mais chacun de ces chemins doit être un minimum. — Donc, tous les chemins sont des minima égaux, par suite, dans le cas de la figure, les deux points P et P′ étant réels, $PI + IP' = C^{te}$. Nous avons ainsi, suivant les cas de figure, la mise en équation immédiate de la surface stigmatique.

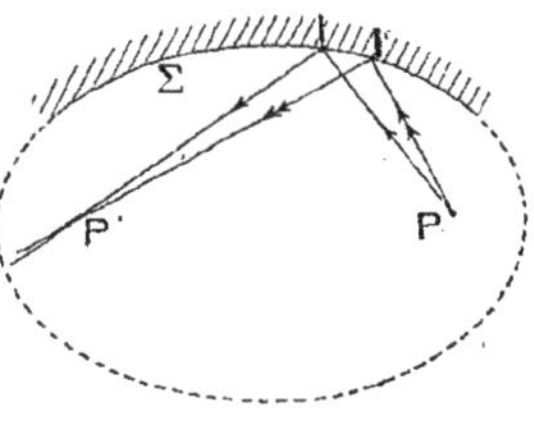

Fig. 25.

Le temps mis par la lumière pour aller du point P au point P′ est indépendant du chemin suivi : c'est la loi du *tautochronisme* qui s'énonce ainsi :

*Si un système est stigmatique par deux points P, P′, le temps mis par la lumière pour aller de P à P′, en se réfléchissant sur le système donné, est indépendant du chemin suivi.*

## II. — STIGMATISME PAR RÉFLEXION

**20. Recherche d'une surface réfléchissante stigmatique.** — 1° Théorème. *Une surface réfléchissante, stigmatique pour deux points P, P′, est de révolution autour de la droite P′P* (fig. 26).

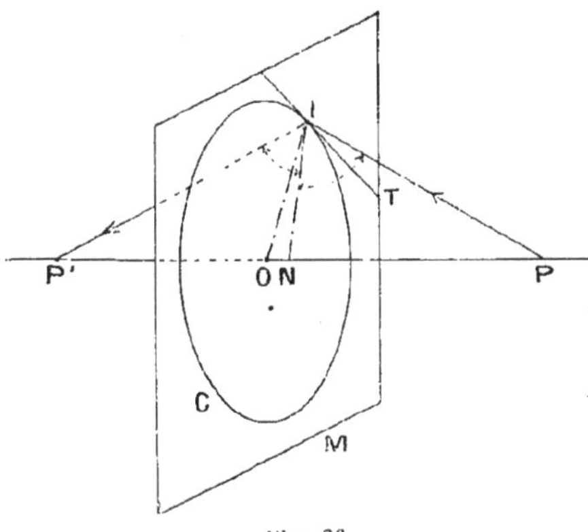

Fig. 26.

Soit PI un rayon incident dont le réfléchi est IP′; la normale en I à la surface réfléchissante est bissectrice de l'angle PIP′ et rencontre PP en un certain point N.

Coupons la surface réfléchissante par un plan M passant par I, et normal à PP′; soit C la courbe d'intersection, IT la section de M par le plan tangent en I, et O le point de rencontre de M avec PP′; IN, normale au plan tangent en I, est perpendiculaire à la droite IT de ce plan; NO est perpendiculaire au plan de la courbe C, par suite OI joignant le pied O de cette dernière perpendiculaire au pied I de la première, est normale à IT qui est la tangente en I à la courbe C. Cette courbe est telle que la droite joignant le point fixe O de son plan, à l'un quelconque de ses points I, est perpendiculaire à la tangente en ce point : c'est une circonférence de centre O. Le lieu des circonférences C est une surface de révolution autour de PP′.

2° Équation de la méridienne d'une surface réfléchissante stigmatique pour deux points P, P′.

α) ***Les points sont à distance finie.***

1° *P et P′ réels* (fig. 27).

Soient deux rayons incidents infiniment voisins PI, PI′ et les réfléchis correspondants IP′, I′P′. Posons :

$$\overline{IP} = \rho \qquad \overline{I'P} = \rho + d\rho \qquad \overline{IP'} = \rho' \qquad \overline{I'P'} = \rho' + d\rho';$$

désignons par $i$ et $r$ les angles d'incidence et de réflexion en I et fixons un sens positif pour les segments $\rho$, $\rho'$ ; par exemple, nous considérerons $\rho$ comme positif si P est réel, comme négatif si P est virtuel ; $\rho'$ comme positif pour P′ réel, comme négatif dans le cas contraire.

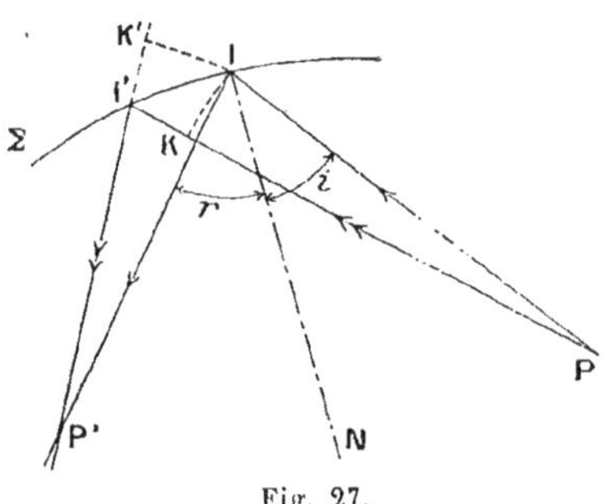

Fig. 27.

Pour avoir les représentations géométriques de $d\rho$ et $d\rho'$ menons, de P et P′ comme centres, des circonférences ayant respectivement pour rayons $\rho$ et $\rho'$ ; la première coupe PI′ en K, la seconde rencontre P′I′ en K′.

$$d\rho = \overline{I'K} \qquad d\rho' = \overline{I'K'} = -\overline{K'I'}$$

les angles en P et P′ étant infiniment petits, on peut confondre les arcs IK, IK′ avec les perpendiculaires abaissées de I sur PI′ et P′I′ ; donc

$$\overline{I'K} = (I'I) \sin I'IK \qquad \overline{K'I'} = (I'I) \sin I'IK'$$

mais les angles I′IK, I′IK′ sont respectivement égaux aux angles $i$ et $r$ comme ayant leurs côtés perpendiculaires, savoir : IK perpendiculaire à IP ; II′ perpendiculaire à IN ; IK′ perpendiculaire à IP′ ; donc

$$\overline{I'K} = (I'I) \sin i \qquad \overline{K'I'} = (I'I) \sin r$$

ou :

$$d\rho = (I'I) \sin i \qquad d\rho' = -(I'I) \sin r;$$

en divisant membre à membre

$$\frac{d\rho}{d\rho'} = -\frac{\sin i}{\sin r} = -1 \qquad d\rho + d\rho' = 0 \qquad \rho + \rho' = C^{te}.$$

La méridienne est une ellipse de foyers P, P′ ; la surface est un ellipsoïde de révolution autour du grand axe ; les points conjugués occupent les foyers, la surface réfléchissante est concave (fig. 28).

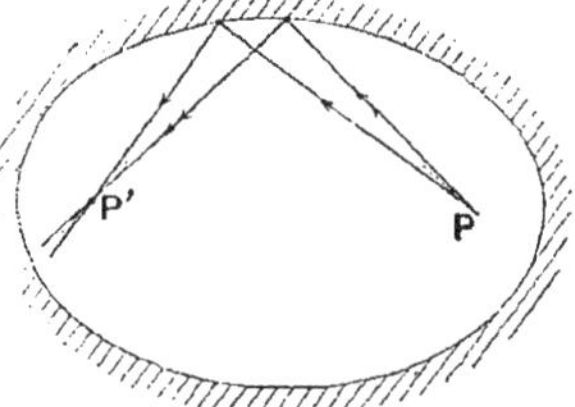

Fig. 28.

*Cas particulier.* — Lorsque les points P et P′ sont confondus, l'ellipsoïde devient une sphère ayant pour centre le point P (ou P′), le miroir est sphérique concave.

*Loi du tautochronisme.* — Quel que soit le point d'incidence, le chemin

$$(PI) + (IP') = \rho + \rho' = C^{te};$$

donc la lumière met le même temps pour aller de P en P′, quel que soit le chemin suivi. Les ondes sphériques de centre P ont été transformées par réflexion en ondes sphériques de centre P′.

*Remarque.* — La formule établie dans un cas de figure est tout à fait générale, avec la convention de signes adoptée; nous allons néanmoins examiner rapidement les autres cas qui peuvent se présenter.

2° P *et* P′ *virtuels* (fig. 29).

Soient des rayons AP, BP qui iraient converger en P si la surface Σ n'existait pas et qui sont réfléchis comme s'ils provenaient de P′. Conser-

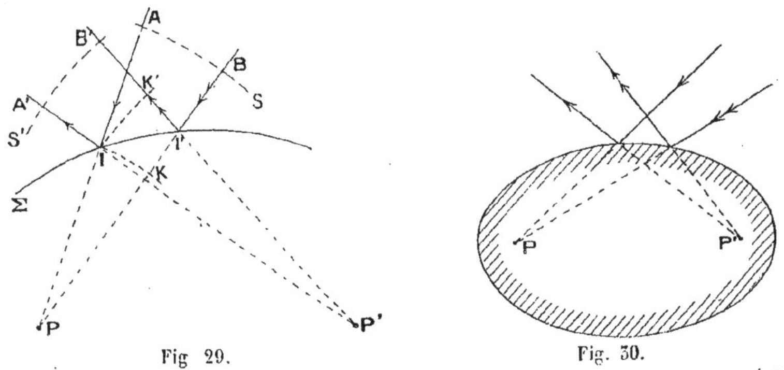


Fig 29. Fig. 30.

vons les mêmes notations et conventions que dans le cas précédent, nous arrivons au même résultat :

$$\rho + \rho' = C^{te}, \text{ et par suite } (\rho) + (\rho') = C^{te}.$$

Le miroir stigmatique est une surface elliptique de révolution autour du grand axe; la surface réfléchissante est convexe (fig. 30).

*Cas particulier.* — Quand les points P et P′ sont confondus, le miroir est sphérique convexe.

*Loi du tautochronisme.* — Considérons deux sphères S, S′ (fig. 29), de centres P, P′, de rayons R et R′; le temps mis par la lumière pour aller d'un point quelconque de la première au point correspondant de la seconde est constant. En effet, calculons le chemin AIA′ :

$$(AI) + (IA') = (AP) - (IP) + (A'P') - (IP') = R + \rho + R' + \rho' = C^{te};$$

puisque le chemin est constant, le temps correspondant est aussi constant.

Les ondes sphériques de centre P sont, par réflexion, transformées en ondes sphériques de centre P′.

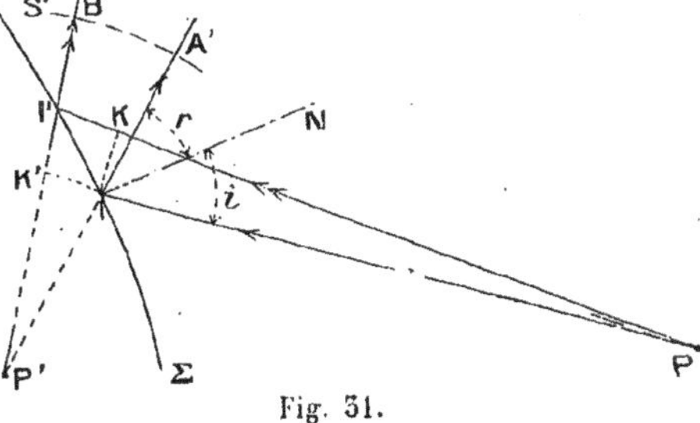


Fig. 31.

3° P *réel*, P′ *virtuel* (fig. 31).

Soit P le point réel, P′ l'image virtuelle; conservons les mêmes notations et conventions que précédemment; par un raisonnement tout à fait semblable, nous trouvons que :

$$d\rho = (\mathrm{II'}) \sin i \qquad d\rho' = -(\mathrm{II'}) \sin r,$$

donc, en tenant compte des signes de $\rho$ et de $\rho'$, on a :

$$\frac{d\rho}{d\rho'} = -\frac{\sin i}{\sin r} = -1, \quad d\rho + d\rho' = 0, \quad \rho + \rho' = \mathrm{C^{te}}, \quad \rho - (\rho') = \mathrm{C^{te}}.$$

La méridienne est une branche d'hyperbole ayant P et P′ pour foyers et la surface stigmatique est l'une des nappes d'un hyperboloïde de révolution

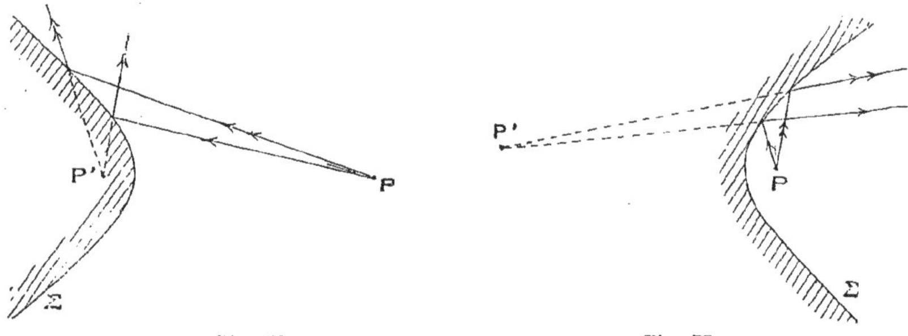


Fig. 32. Fig 33.

autour de l'axe transverse. La surface réfléchissante peut être convexe ou concave (fig. 32 et 33).

*Cas particulier.* — Si $\rho - (\rho') = 0$, l'hyperbole se réduit à une droite normale à PP′ en son milieu, le miroir est plan.

*Loi du tautochronisme.* — Décrivons une sphère S′, de centre P′ (fig. 31), de rayon R et calculons le chemin PIA′ :

$$(\mathrm{PI}) + (\mathrm{IA'}) = (\mathrm{PI}) + (\mathrm{P'A'}) - (\mathrm{P'I}) = \rho + \mathrm{R} + \rho' = \mathrm{C^{te}}.$$

Pour aller du point P à un point quelconque de S′, le chemin suivi par la lumière réfléchie est constant ; il en est de même pour le temps employé à le parcourir. Les ondes sphériques de centre P sont transformées par réflexion en ondes sphériques de centre P′.

4° P *virtuel*, P′ *réel*.

Ce cas se ramène au précédent, d'après le principe du retour inverse de

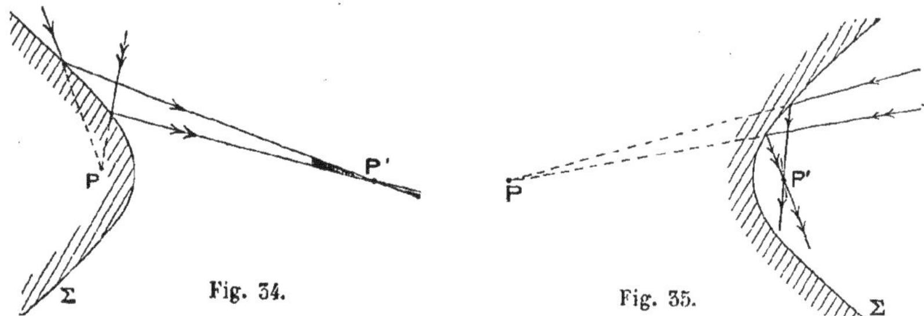


Fig. 34. Fig. 35.

la lumière démontré dans le cas d'une réflexion (16). Il suffit de permuter P et P′ et de changer le sens de propagation de la lumière (voir fig. 34 et 35).

### β) *L'un des points est à l'infini.*

1° *P réel à distance finie, P′ à l'infini* (fig. 36).

Supposons que le point P′ soit à l'infini dans la direction $Ox$. Menons deux incidents infiniment voisins PI, PI′ et les réfléchis correspondants IP′, I′P′; marquons les intersections A et A′ de ces réfléchis avec la normale $Oy$ à $Ox$ et posons :

$$\overline{IP}=\rho, \qquad \overline{I'P}=\rho+d\rho, \qquad \overline{IA}=\rho', \qquad \overline{I'A'}=\rho'+d\rho'.$$

Comptons $\rho$ positivement quand P est réel, négativement dans le cas contraire; nous donnons à $\rho'$ le signe de $\rho$ si A et P sont du même côté de $\Sigma$, et le signe contraire de $\rho$ si A et P sont de part et d'autre de $\Sigma$.

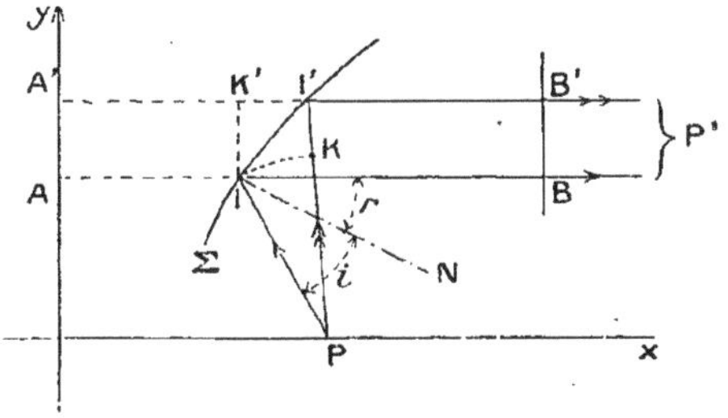

Menons la circonférence de centre P de rayon $\rho$ qui rencontre PI′ en K, et de I abaissons la perpendiculaire IK′ sur A′I′; nous avons

$$d\rho=\overline{I'K} \qquad d\rho'=\overline{I'K'};$$

Fig. 36.

nous voyons immédiatement sur la figure que $d\rho>0$, $d\rho'<0$ et, en raisonnant comme précédemment, nous trouvons que

$$d\rho=(II')\sin i, \qquad d\rho'=-(II')\sin r,$$

d'où

$$\frac{d\rho}{d\rho'}=-\frac{\sin i}{\sin r}=-1, \qquad d\rho+d\rho'=0, \qquad \rho+\rho'=C^{te}.$$

Nous pouvons toujours choisir l'origine O de telle manière que

$$\rho+\rho'=0 \quad \text{ou} \quad \rho-(\rho')=0.$$

La courbe est une parabole de foyer P, et de directrice $Oy$.

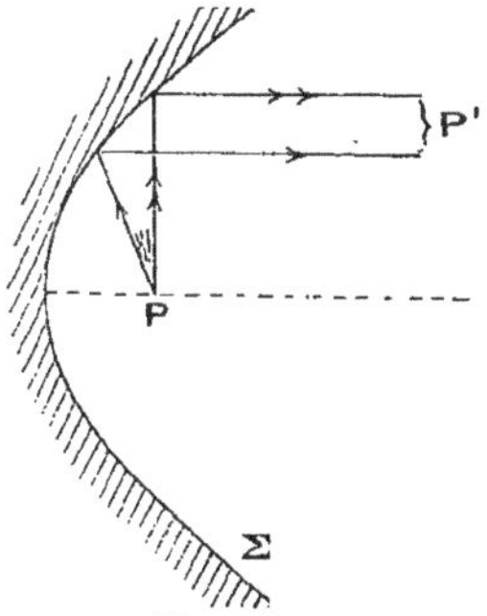

La surface réfléchissante est un paraboloïde de révolution autour de $Ox$; elle est concave.

Le faisceau réfléchi étant formé de rayons parallèles, on peut, à volonté, considérer P′ comme réel ou virtuel (fig. 37).

Fig. 37.

*Loi du tautochronisme.* — Marquons l'intersection des rayons réfléchis avec le plan BB (fig. 36) qui leur est normal et tel que $AB=d$;

$$(PI)+(IB)=(PI)+(AB)-(AI)=\rho+d+\rho'=C^{te};$$

il en résulte que le temps mis par la lumière pour aller de P à un point quelconque de BB′ est constant. Les ondes sphériques de centre P ont été transformées en ondes planes normales à $Ox$.

*Remarque I.* — Le résultat trouvé pouvait être prévu; il suffisait de supposer que, dans le premier cas examiné (P et P′ réels et à distance finie), le point P′ s'éloignait indéfiniment; l'ellipsoïde de foyers P, P′, se transformait en un paraboloïde de foyer P, d'axe PP′.

*Remarque II.* — Avec la convention de signe adoptée, la démonstration est tout à fait générale, nous indiquerons cependant les autres cas de figures pour la clarté des résultats.

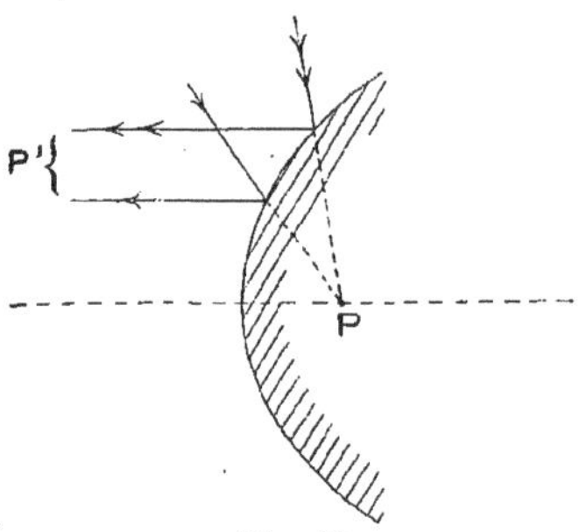

Fig. 38.

2° P *virtuel, à distance finie,* P′ *à l'infini* (fig. 38).

On traite ce cas exactement comme le précédent et on arrive aux mêmes résultats, avec cette seule différence : la surface réfléchissante est convexe.

3° et 4° P *à l'infini,* P′ *réel ou virtuel.*

Ces cas se rapportent immédiatement aux deux précédents; il suffit d'appliquer le principe du retour inverse de la lumière pour une réflexion et de changer P en P′, P′ en P.

## THÉORIE GÉNÉRALE DES CAUSTIQUES ET DES FOCALES PAR RÉFLEXION

21. **Théorème de Malus**(1) **: cas des réflexions.** — *Les rayons initialement normaux à une surface sont encore normaux à une autre surface après un nombre quelconque de réflexions.*

Cette dernière surface s'appelle l'*anticaustique.*

Démontrons d'abord le théorème dans le cas d'*une réflexion* :

1° *Les rayons sont normaux à une surface plane et la surface réfléchissante est également plane:*

Le faisceau incident est normal au plan S (fig. 39); les réfléchis sont parallèles, comme les incidents, et normaux au plan S′.

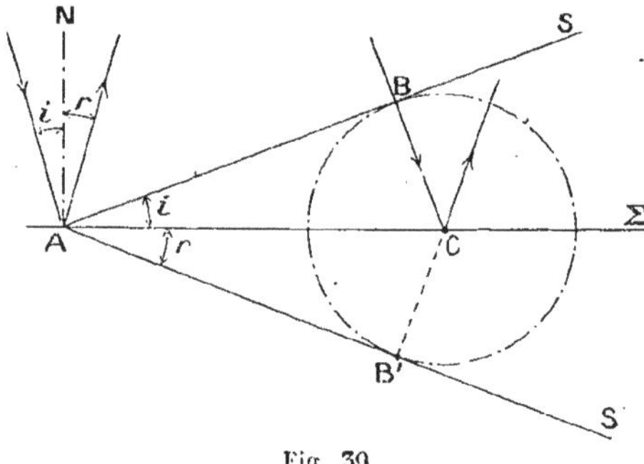

Fig. 39.

Puisque $r = i$, les distances CB, CB′ du point C de Σ aux plans S, S′, sont égales; la sphère de centre C, tangente à S, est aussi tangente à S′. On peut donc envisager le plan S′ comme obtenu de la manière suivante :

D'un point quelconque C de la surface réfléchissante, abaissons une perpendiculaire CB sur S et décrivons la sphère de centre C, de rayon CB : la surface S′ est l'enveloppe de toutes ces sphères;

2° *Les rayons incidents sont normaux à une surface quelconque, la surface réfléchissante est elle-même quelconque* (2).

(1) Malus (1775-1812), officier du génie; s'est occupé d'optique; a découvert la polarisation par réflexion.

(2) Avec cette restriction : les surfaces sont continues et sans point singulier.

Soit un faisceau de rayons normaux à S (fig. 40) et se réfléchissant sur Σ; considérons les incidents normaux à un élément AA' de S; ils rencontrent Σ sur l'élément II'. Pour ce faisceau infiniment mince, on peut remplacer les éléments AA', II' par les éléments des plans tangents correspondants et appliquer la règle précédemment obtenue. Pour avoir l'anticaustique des réfléchis correspondant aux incidents de l'élément AA', par un point quelconque C de II', nous menons la normale CB à AA' et nous décrivons la sphère de centre C, de rayon CB; l'enveloppe de toutes les sphères analogues à C est l'anticaustique cherchée; en répétant la construction précédente pour tous les éléments de S et de Σ, nous obtenons l'anticaustique S' (fig. 41) de tout le faisceau.

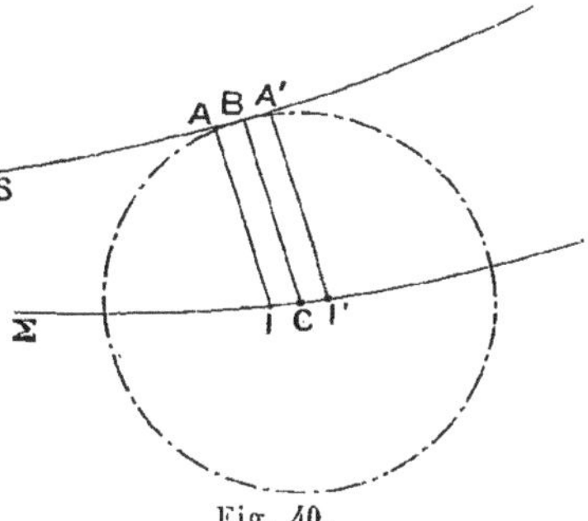

Fig. 40.

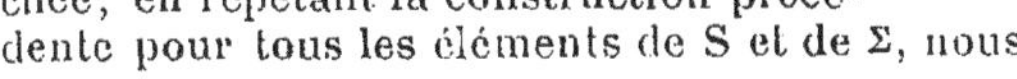

Fig. 41.

3° *Cas général.*

Le théorème étant établi dans le cas d'une réflexion, nous passons successivement au cas de deux, de trois, d'un nombre quelconque de réflexions successives.

*Remarque I.* — Les rayons isogènes sont normaux aux surfaces sphériques ayant pour centre le sommet du faisceau. Le théorème de Malus s'applique donc aux rayons réfléchis correspondant à des rayons isogènes.

*Remarque II.* — La surface anticaustique, normale aux rayons lumineux, est une surface d'onde. Il y a une infinité de surfaces anticaustiques.

### CONSÉQUENCES DU THÉORÈME DE MALUS

22. **Surface caustique.** — Pour étudier les phénomènes lumineux produits par les réfléchis correspondant à des rayons isogènes, nous sommes donc amenés à considérer les normales à une même surface (l'anticaustique), à chercher si elles se coupent en un même point (système stigmatique), ou à voir si, par des groupements convenables de ces normales, il est possible de déterminer des lignes ou des surfaces sur lesquelles il y a accumulation de lumière.

En général, les normales en deux points quelconques d'une surface ne se coupent pas, mais par un point O (fig. 42) d'une surface passent deux lignes $OA_1$, $OA_2$, dites *lignes de courbure* de la surface, qui sont rectangulaires, et telles que les normales en deux points infiniment voisins d'une même ligne de courbure se coupent; ou encore les normales le long d'une même ligne de courbure admettent une enveloppe. La courbe $E_1$ est l'enveloppe des normales ayant leurs pieds sur $OA_1$; $C_1$ est le centre de courbure de $OA_1$ pour le point O; la courbe $E_2$ est l'enveloppe des normales ayant leurs pieds sur $OA_2$ et $C_2$ est le centre de courbure de $OA_2$ pour le point O.

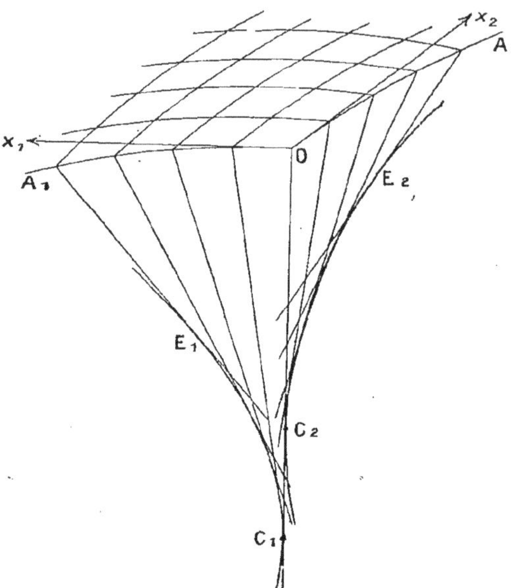

Fig. 42.

Quand on passe de la ligne de courbure $OA_1$ aux lignes de courbure de même espèce, la courbe $E_1$ décrit une surface à laquelle toutes les normales à l'anticaustique sont tangentes : c'est une *première nappe de la surface caustique*; de même le lieu de $E_2$ est une *seconde nappe de la surface caustique.*

*Les rayons lumineux correspondant à des incidents isogènes, après un nombre quelconque de réflexions, sont tangents à deux nappes d'une surface dite surface caustique, sur laquelle il y a accumulation de lumière.*

*Cas particulier. — Le système réfléchissant est de révolution autour d'une droite passant par le point objet.*

Le faisceau réfléchi est de révolution autour de la droite spécifiée; il en est de même, par conséquent, pour l'anticaustique. Les lignes de courbure sont :

1° *Des parallèles.* — Les normales le long d'un parallèle se coupent sur l'axe. L'une des nappes de la caustique se réduit à un cylindre infiniment mince qui se confond avec l'axe;

2° *Des courbes méridiennes.* — Les normales à une courbe méridienne, situées dans le plan méridien, sont normales à la surface; elles admettent pour enveloppe la développée de la méridienne; la deuxième nappe de la caustique est une surface de révolution autour de l'axe du système, ayant pour méridienne la développée de la méridienne de la surface anticaustique.

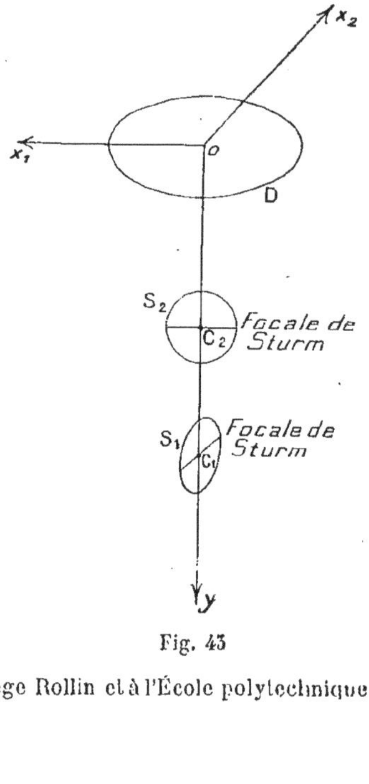

25. **Cas d'un faisceau étroit : éléments focaux, droites focales, théorème de Sturm** [1]. — Un faisceau de *petite* ouverture s'appelle un *pinceau.*

Soit un pinceau provenant d'un faisceau isogène et rencontrant la surface anticaustique à l'intérieur de l'élément D (fig. 43);

Fig. 43

[1] Sturm (1802-1855), géomètre français, né à Genève, mort à Paris; il fut professeur au collège Rollin et à l'École polytechnique.

soient $oy$ le rayon moyen du pinceau, $ox_1$, $ox_2$, les tangentes aux lignes de courbure au point $o$, comme dans la figure 42. Les rayons du pinceau sont tangents aux deux nappes de la caustique suivant deux éléments $S_1$, $S_2$, qui sont tangents respectivement aux plans $x_2oy$, $x_1oy$. Par conséquent, si on coupe le faisceau par un plan quelconque dans la région $S_1$ ou $S_2$, l'intersection est très sensiblement une petite droite; *il existe pour le pinceau deux régions d'amincissement qui sont deux éléments de caustique* ou *éléments focaux*; une droite quelconque de ces régions est une *droite focale*; le faisceau s'appuie sur ces droites; on considère habituellement les focales qui sont normales au rayon moyen $oy$ : ce sont les *focales de Sturm*; étant normales au rayon, elles font partie des surfaces d'ondes.

Les plans tangents aux éléments $S_1$, $S_2$ étant rectangulaires, les *focales de Sturm*, perpendiculaires par définition au rayon moyen qui est l'intersection de ces plans tangents, *sont elles-mêmes rectangulaires*.

*Théorème de Sturm. — Un pinceau de rayons lumineux correspondant à des incidents isogènes s'appuie sur deux droites rectangulaires normales au rayon moyen.*

*Cas particuliers.* — Si la surface anticaustique, ou surface d'onde, est de révolution, l'une des droites focales de Sturm s'appuie sur l'axe, l'autre est un élément de parallèle de la caustique.

Si les deux rayons de courbure principaux $OC_1$, $OC_2$ sont égaux, les focales $C_1$ et $C_2$ se coupent, elles se réduisent à leur intersection qui est un *foyer*.

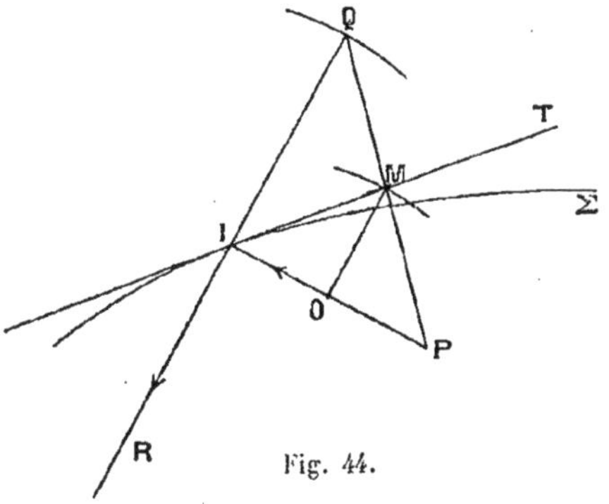

Fig. 44.

24. **Surface anticaustique correspondant à un point situé sur l'axe d'une surface de révolution réfléchissante.** — Soit le point lumineux P (fig. 44), un rayon incident PI situé dans le plan de la figure qui est le plan méridien; le réfléchi IR passe par le symétrique Q de P par rapport à la tangente IT à la méridienne $\Sigma$.

Le rayon IR est normal au lieu de Q. En effet, joignons M, au milieu O de PI; les lieux de M et de Q sont homothétiques, car $PQ = 2PM$; QI est parallèle à MO; démontrer que QI est normal au lieu de Q revient à prouver que MO est normal au lieu de M, podaire de P par rapport à $\Sigma$.

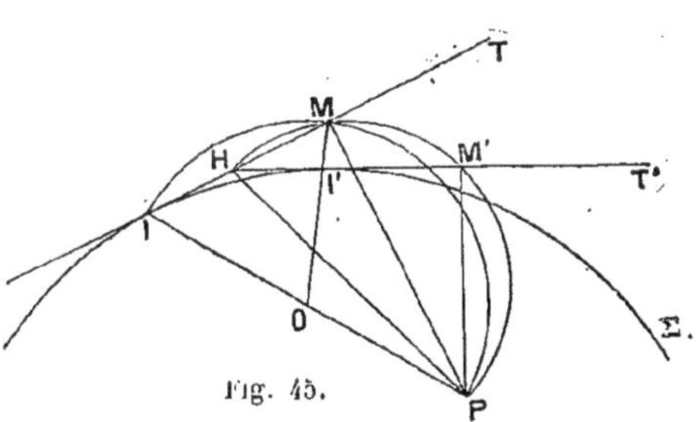

Fig. 45.

Pour cela, menons la tangente I'T' (fig. 45) à $\Sigma$ en un point I' très voisin de I; soit M' le point correspondant de la podaire; les points M, M' sont sur une circonférence de diamètre PH, le point H étant le point de rencontre des tangentes IT et I'T'. Supposons que I' se rapproche indéfiniment de I, le point M' se rapproche de M; la droite qui passerait par M et M' deviendrait la tangente à la podaire, en même temps que la tangente à la circonférence de diamètre PI. Cette circonférence et la podaire ont donc même tangente en M; la normale à la podaire en M est donc aussi la normale en M à la circonférence de diamètre PI : c'est MO[1].

THÉORÈME. — *La méridienne de la surface anticaustique correspondant à un point situé sur l'axe d'une surface de révolution réfléchissante est homothétique de la podaire de la méridienne de la surface réfléchissante pour le point-objet.*

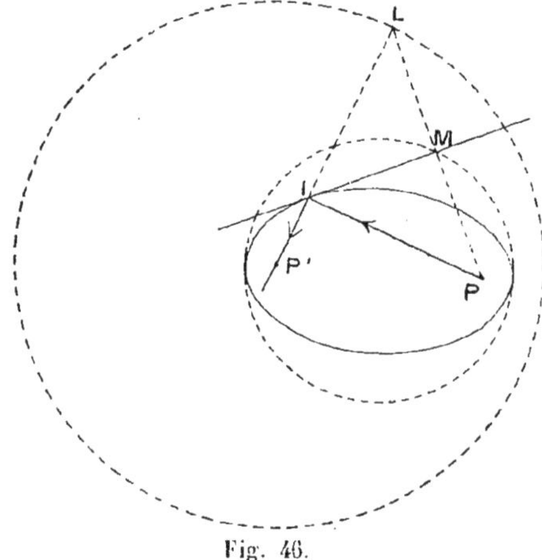

Fig. 46.

25. **Miroirs stigmatiques.** — THÉORÈME. — *Un miroir stigmatique pour deux points est de révolution autour de la droite passant par ces deux points et la méridienne est une conique.*

La première partie a été démontrée géométriquement (20,1°). Soit un miroir stigmatique pour les points P et P′ (fig. 46); l'anticaustique est donc une sphère L de centre P′; la méridienne de l'anticaustique est une circonférence L de centre P′. Mais, d'après le théorème précédent, l'anticaustique et la podaire de P par rapport à la méridienne du miroir sont homothétiques, la méridienne du miroir est donc une courbe dont la podaire est une circonférence M; cette méridienne est nécessairement une conique dont P et P′ sont les foyers. Nous retrouvons ainsi des résultats établis déjà (20,2°) par une autre méthode.

Les seuls miroirs stigmatiques intéressants au point de vue pratique sont : les miroirs *plans*, les miroirs *sphériques* et les miroirs *paraboliques*.

## III. — MIROIRS PLANS

26. **Position, grandeur et nature de l'image.** — Nous avons déjà vu (14) que *les miroirs plans sont stigmatiques pour tous les points de l'espace et que l'image est symétrique de l'objet par rapport au miroir.*

L'image n'est pas *superposable* à l'objet : c'est ainsi qu'un officier ayant une seule épaulette, la droite par exemple, se regardant dans une glace, voit un officier qui semble porter l'épaulette gauche.

L'image est égale à l'objet, c'est-à-dire superposable à l'objet, seulement si l'objet possède un plan de symétrie normal au miroir.

L'objet et l'image étant de part et d'autre du miroir, lorsque l'objet est *réel*, l'image est *virtuelle* et réciproquement (Voir fig. 47 et 48).

27. **Champ d'un miroir plan pour une position donnée de l'œil.** — On appelle *champ* d'un miroir plan, pour une position donnée de l'œil, la région de l'espace dans laquelle doit se trouver un

[1] On peut obtenir le lieu de M (fig. 44) en faisant rouler l'angle droit IMP de manière que MP passe par le point fixe P et que MI soit tangent à Σ; le centre instantané est sur les perpendiculaires en I à IM, en P à MP, la normale en M à la podaire passe par ce centre, on voit alors aisément qu'elle passe aussi par le milieu O de IP.

point lumineux, afin que son image soit visible. — Pour déterminer géométriquement cette région, utilisons la remarque suivante : afin qu'un rayon, après réflexion, arrive à l'œil supposé réduit à un point O (fig. 49), il faut qu'il soit dirigé, avant réflexion, vers le point O′ symé-

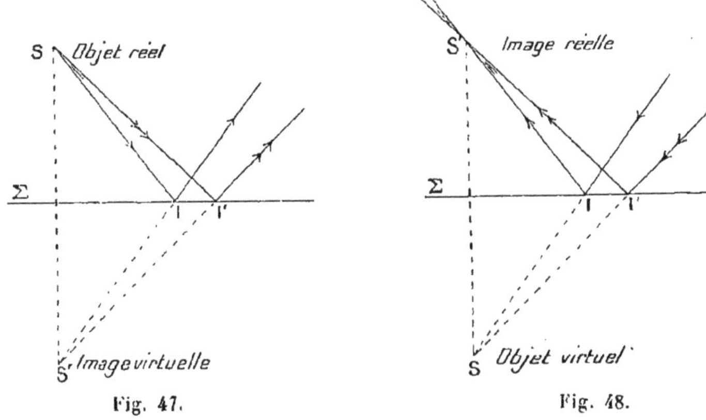


Fig. 47. Fig. 48.

trique de l'œil O par rapport au miroir MN. Le champ sera donc limité, pour les objets réels, par la portion de nappe conique, située en avant du miroir, ayant pour sommet le point O′, et pour directrice le contour MN du miroir.

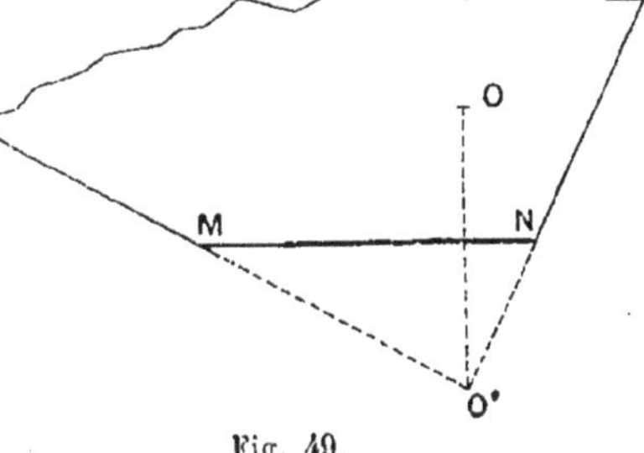


Fig. 49.

28. **Pouvoir réflecteur.** — Outre le changement de direction qu'elle éprouve par la réflexion, la lumière subit également une diminution d'intensité : on ne retrouve pas, dans le rayon réfléchi, toute la lumière du rayon incident. — On appelle *pouvoir réflecteur* d'une substance, sous une incidence donnée, le rapport du flux lumineux réfléchi au flux lumineux incident. La détermination de ce rapport est une question de photométrie, dont voici les résultats généraux.

Il existe, à ce point de vue, deux classes de substances :

1° les substances à *réflexion vitreuse*, comme le verre, l'eau, pour lesquelles le pouvoir réflecteur par rapport à l'air est très faible sous l'incidence normale : pour une surface *air-verre*, il a une valeur d'environ 0,04; pour une surface *air-eau*, une valeur d'environ 0,02 (1). Le pouvoir réflecteur croît lentement à mesure que l'incidence augmente

(1) On démontre que le pouvoir réflecteur sous l'incidence normale est égal à $\left(\frac{n-1}{n+1}\right)^2$, $n$ étant l'indice de réfraction par rapport à l'air. Pour le *verre*, $n=\frac{3}{2}$; pour l'*eau*, $n=\frac{4}{3}$

jusque vers 75°; il croît ensuite plus rapidement, et atteint comme limite l'unité, sous l'incidence rasante ou tangentielle.

Voici quelques nombres relatifs à la réflexion sur une surface air-verre, l'indice du verre étant $n = 1,52$ :

| $i =$ 0° | 20° | 40° | 60° | 70° | 75° | 80° | 85° | 90° |
|---|---|---|---|---|---|---|---|---|
| $R =$ 0,045 | 0,043 | 0,040 | 0,163 | 0,193 | 0,258 | 0,392 | 0,616 | 1,000. |

En portant en abscisses les valeurs de l'angle d'incidence et en ordonnées les pouvoirs réflecteurs, on obtient une courbe du genre de VV′ (fig. 50).

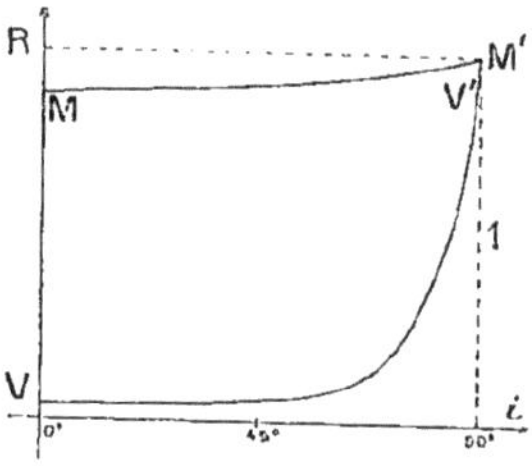

Fig. 50.

2° Les substances à *réflexion métallique*, comme les métaux polis, pour lesquels le pouvoir réflecteur est déjà très notable sous l'incidence normale : il a une valeur de 0,9 pour l'argent. Il croît ensuite très peu avec l'incidence, et peut se représenter par une courbe telle que MM′ (fig. 50).

29. **Miroir plan tournant.** — Théorème I. — *Lorsqu'un miroir plan tourne d'un angle α autour d'un axe situé dans son plan, l'image d'un point fixe tourne autour du même axe, et dans le même sens, de l'angle 2α.*

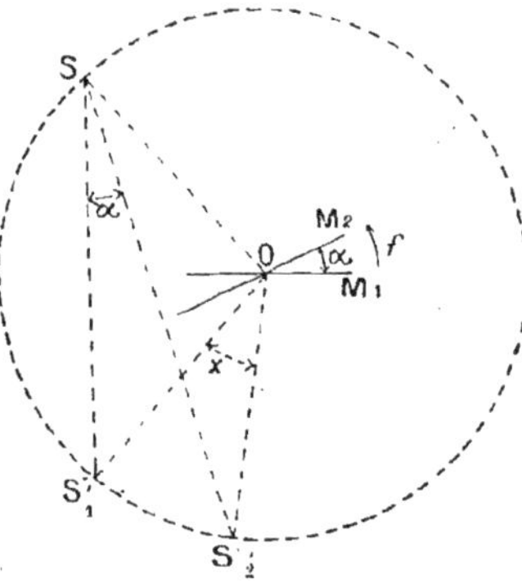

Fig. 51.

Soient $M_1$, $M_2$ (fig. 51) les deux positions successives du miroir, faisant entre elles l'angle $\alpha$, O la trace de l'axe de rotation, S le point lumineux, $S'_1$, $S'_2$ ses images dans $M_1$ et $M_2$.

Les trois points S, $S'_1$, $S'_2$ sont sur une même circonférence de centre O, l'angle $S'_1SS'_2$, qui a ses côtés perpendiculaires à ceux de l'angle $M_1OM_2$, est égal à $\alpha$, par conséquent l'angle au centre $S'_1OS'_2$, qui intercepte le même arc $S'_1S'_2$ que l'angle $S'_1SS'_2$, vaut $2\alpha$.

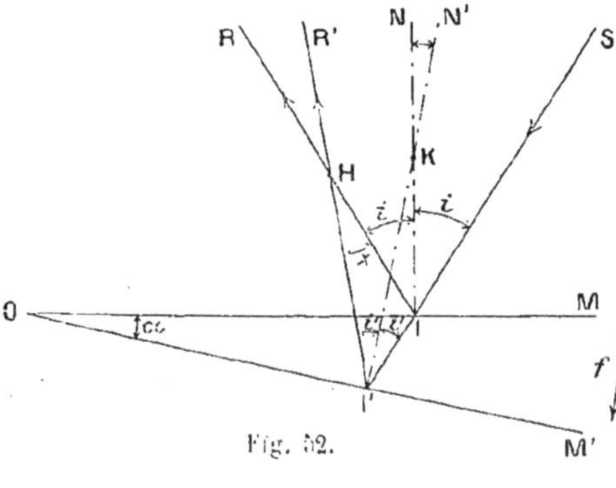

Fig. 52.

Théorème II. — *Lorsqu'un miroir plan tourne d'un angle α autour d'un axe parallèle à son plan et perpendiculaire au plan d'incidence d'un rayon fixe, le réfléchi correspondant tourne autour du même axe, et dans le même sens, de l'angle 2α.*

Prenons le plan d'incidence pour plan du tableau; soient OM, OM′ (fig. 52) les positions successives de la trace du miroir; $\widehat{MOM'} = \alpha$; SI ou SI′ le rayon incident fixe, IR, I′R′ les réfléchis correspondants qui se coupent en H; menons les normales en I et I′, elles se coupent en K; posons $IHI' = x$.

Dans le triangle IHI′ nous avons :

$$\widehat{HIS} = \widehat{HI'I} + \widehat{IHI'} \quad \text{ou} \quad 2i = 2i' + x, \quad \text{d'où} \quad x = 2(i - i');$$

dans le triangle IKI′, nous avons de même :

$$\widehat{KIS} = \widehat{KI'I} + \widehat{IKI'} \quad \text{ou} \quad i = i' + \alpha \quad \text{d'où} \quad i - i' = \alpha,$$

par suite

$$x = 2\alpha,$$

($\widehat{IKI'} = \alpha$ comme ayant ses côtés perpendiculaires à ceux de l'angle MOM′.)

## APPLICATIONS DES MIROIRS PLANS

Ils sont utilisés pour la mesure des petits angles de rotation et dans la construction de certains instruments : sextant, cœloslat, porte-lumière, héliostat, sidérostat.

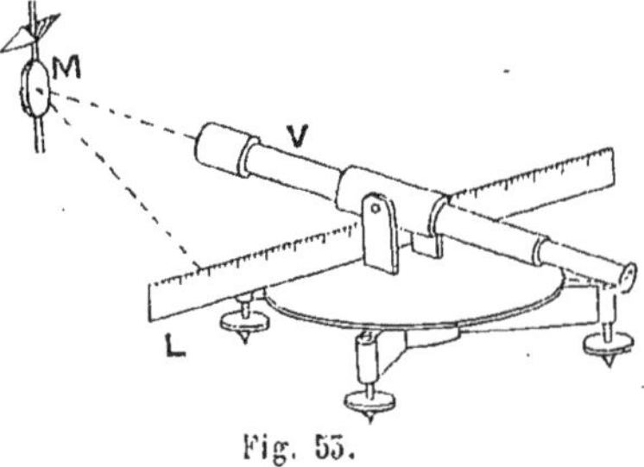

Fig. 53.

On les emploie aussi pour obtenir des effets de décoration (miroirs parallèles et angulaires).

30. **Applications basées sur les théorèmes des miroirs tournants.** — 1° *Mesure d'un angle de rotation : méthode de Poggendorff.*

L'équipage dont on veut mesurer la rotation est, par exemple, une aiguille de galvanomètre ou d'électromètre. Il tourne autour d'un axe vertical et porte un miroir plan vertical M (fig. 53), au-devant duquel on a placé une règle graduée horizontale L, à une distance de 1 mètre environ. On regarde l'image de L dans le miroir M, au moyen d'un viseur V et on repère la division de la règle, dont l'image coïncide avec le fil vertical du réticule du viseur.

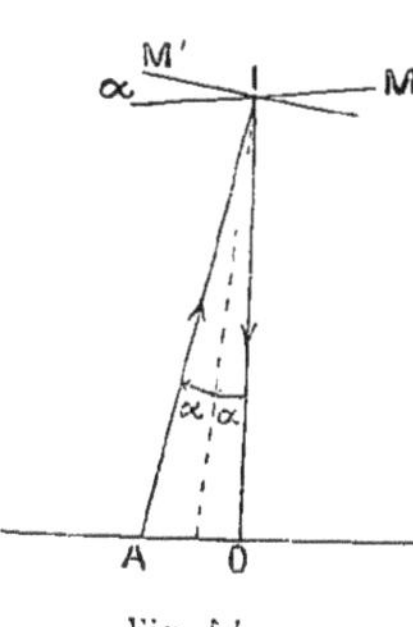

Fig. 54.

Supposons qu'au début de la mesure ce soit l'image de la division O (fig. 54) qui coïncide avec le fil vertical du réticule; l'incident OI donne donc un réfléchi confondu avec l'axe optique du viseur.

Si le miroir M vient à tourner de l'angle $\alpha$, l'incident qui donne naissance au réfléchi fixe, confondu avec l'axe optique de la lunette, a tourné de $2\alpha$; soit A la division de la règle dont l'image se forme sur le fil vertical du réticule : $OIA = 2\alpha$. On a donc :

$$tg\, 2\alpha = \frac{OA}{10}.$$

On mesure IO une fois pour toutes; les deux visées successives donnent les divisions O et A, c'est-à-dire la longueur OA.

*Remarque.* — Dans le cas de déviations très petites, on peut écrire :

$$\alpha = \frac{OA}{2 \times IO} \text{ (radian).}$$

Si $\alpha$ dépasse quelques degrés, on calcule d'abord $tg\, 2\alpha$, puis on en tire $\alpha$, ou encore on développe en série : si nous posons

$$tg\, 2\alpha = n \qquad \alpha = \frac{1}{2}\left(\frac{n}{1} - \frac{n^3}{3} + \frac{n^5}{5} \cdots\right).$$

Il est avantageux et simple, dans le cas des déviations un peu grandes, de remplacer la règle linéaire L par une règle circulaire de centre I (fig. 54).

*Sensibilité de la méthode.* — Supposons que $IO = 1^m$ et qu'avec le viseur on puisse apprécier un déplacement apparent OA de la règle graduée égal à $0^{mm},1$ ; pour ce déplacement apparent minimum :

$$\alpha = \frac{0^{mm},1}{2^m} = \frac{0,1}{2000} = \frac{1}{20.000} = 10 \text{ secondes.}$$

Il est rare qu'un cercle gradué nous permette de mesurer des angles aussi petits.

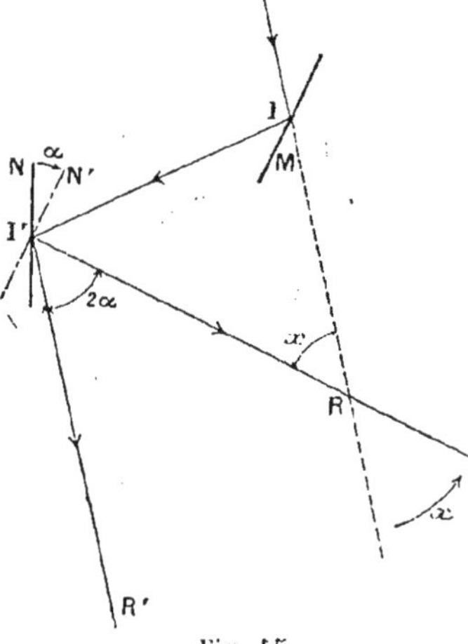


Fig. 55.

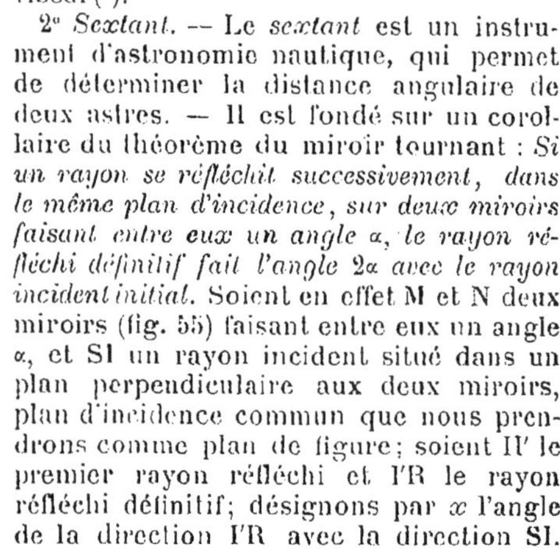

*Remarque.* — La sensibilité ne peut être inférieure au pouvoir séparateur du viseur([1]).

2° *Sextant.* — Le *sextant* est un instrument d'astronomie nautique, qui permet de déterminer la distance angulaire de deux astres. — Il est fondé sur un corollaire du théorème du miroir tournant : *Si un rayon se réfléchit successivement, dans le même plan d'incidence, sur deux miroirs faisant entre eux un angle $\alpha$, le rayon réfléchi définitif fait l'angle $2\alpha$ avec le rayon incident initial.* Soient en effet M et N deux miroirs (fig. 55) faisant entre eux un angle $\alpha$, et SI un rayon incident situé dans un plan perpendiculaire aux deux miroirs, plan d'incidence commun que nous prendrons comme plan de figure; soient II' le premier rayon réfléchi et I'R le rayon réfléchi définitif; désignons par $x$ l'angle de la direction I'R avec la direction SI. Si l'on imagine que le miroir N tourne d'un angle $\alpha$ autour de l'axe I perpendiculaire au plan d'incidence, il prendra la position N' parallèle à M; le rayon réfléchi aura tourné de l'angle $2\alpha$, et prendra la direction

([1]) On voit l'image de OA sensiblement à la distance 2IO de l'objectif; elle est donc vue de l'objectif sous le diamètre apparent $\frac{OA}{2IO}$ ; pour que le déplacement apparent OA soit sensible, il faut, si l'on appelle $\varepsilon$ le pouvoir séparateur du viseur (282), que l'on ait :

$$\frac{OA}{2IO} \geqslant \varepsilon \qquad \text{ou} \qquad \alpha \geqslant$$

I'R' parallèle à SI; par suite, l'angle $x$ sera égal à $2\alpha$, comme alterne-interne.

Dans le sextant (fig. 56), le miroir M est *mobile* autour d'un axe I perpendiculaire au plan d'un arc de limbe gradué, et passant par son centre. On repère les positions de ce miroir, au moyen d'une alidade formant vernier sur le limbe divisé. — Le miroir N est *fixe* et placé perpendiculairement au limbe. Il est formé par une lame de verre à faces parallèles, argentée seulement à moitié de sa hauteur à partir du limbe. Une lunette fixe L complète l'appareil; son axe optique, parallèle au limbe, est dirigé de façon qu'il ait sur le miroir N la même inclinaison que la ligne II' des centres des deux miroirs.

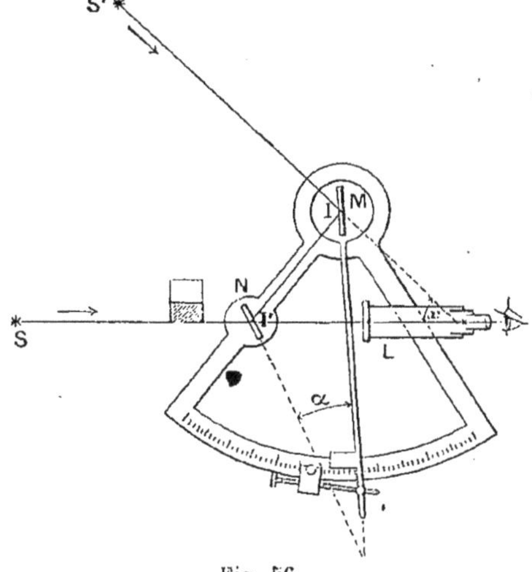

Fig. 56.

Pour mesurer la distance angulaire de deux astres S et S', on amène le plan du sextant à passer par les deux astres. On oriente l'instrument de manière à viser directement, dans la lunette L, l'un des astres S, à travers la partie non argentée du miroir N. Cela fait, on tourne le miroir M jusqu'à ce que, par les deux réflexions sur M et sur N, on superpose l'image de l'astre S' à celle de S, au point de croisé des fils du réticule. Si $\alpha$ est l'angle que font alors les deux miroirs, la distance angulaire cherchée $x$ est égale à $2\alpha$.

Pour obtenir l'angle $\alpha$, il suffit de faire une première lecture, au zéro du vernier de l'alidade du miroir M lorsque la condition précédente est réalisée; puis une seconde lecture, en rendant le miroir M parallèle à N, ce qu'on fera en amenant l'image de l'un des astres S, visée par deux réflexions, à coïncider avec son image visée directement. La différence des lectures donne $\alpha$. — L'appareil est gradué de manière à donner de suite $2\alpha$. Il porte le nom de sextant, car la graduation correspond à un sixième de circonférence.

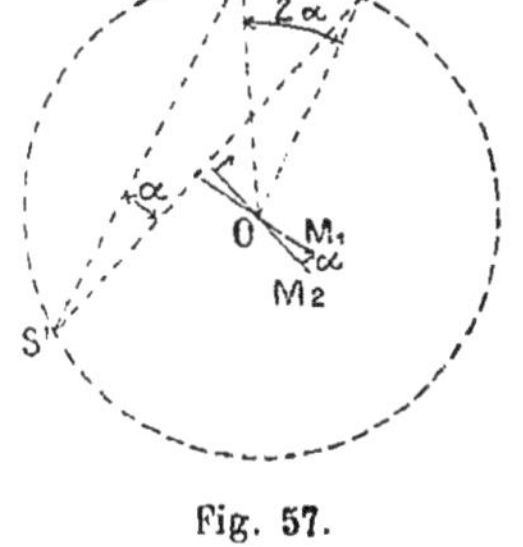

Fig. 57.

3° *Cœlostat.* — L'observation du ciel avec une lunette exige que celle-ci soit entraînée de manière à suivre le mouvement des astres. On peut tourner cette difficulté en visant, non pas le ciel lui-même, mais son image dans un miroir plan, image qui doit être fixe. Ce problème a reçu deux sortes de solutions par la construction des cœlostats et par celle des sidérostats.

Un cœlostat se compose essentiellement d'un miroir plan $M_1$ (fig. 57) qui tourne autour d'un axe O parallèle à l'axe du monde, dans le sens du mouvement diurne, avec une vitesse constante, et dont la durée de révolution est deux jours sidéraux. Soit S' l'image de $S_1$ dans $M_1$. Quand le miroir est venu en $M_2$, ayant tourné de l'angle $\alpha$, le point qui, dans $M_2$, a son image en S', est $S_2$, tel que $\widehat{S_1S'S_2} = \alpha$; par conséquent $\widehat{S_1OS_2} = 2\alpha$, et comme l'étoile tourne deux fois plus vite que le miroir, c'est l'étoile primitivement en $S_1$ qui se trouve maintenant en $S_2$; l'image de cette étoile dans le miroir est donc fixe ; il en est de même pour celle d'un point quelconque du ciel (¹).

31. **Applications générales des miroirs plans.** — 1° *Porte-lumière.* Sa partie principale est un miroir plan mobile autour de deux axes rectangulaires XX', IR (fig. 58) ; on peut donc orienter sa normale IN dans n'importe quelle direction et, par suite, faire tourner le miroir autour de ses axes de rotation, jusqu'à ce que les rayons solaires de direction SI soient renvoyés suivant IR.

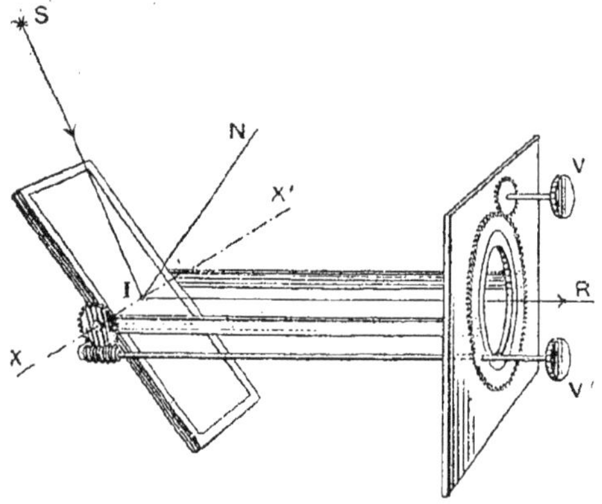

Fig. 58.

*Remarque.* — Le diamètre apparent du soleil étant 32 minutes, les rayons solaires ne sont pas parallèles, mais forment un faisceau peu divergent; SI est le rayon central.

2° *Héliostat.* — La direction des rayons solaires SI (fig. 58) change constamment : il en serait de même pour la direction IR du faisceau réfléchi si le miroir était immobile ; il faut donc régler constamment l'orientation du porte-lumière en agissant sur les boutons V et V' : c'est un ennui. On a construit des instruments, appelés héliostats, dans lesquels ce réglage se fait automatiquement.

Le problème est le suivant :

La direction des rayons solaires SI (fig. 59) décrivant en un jour, d'un mouvement uniforme, un cône de révolution autour de l'axe du monde XX', construire un appareil entraînant un miroir plan M, de telle manière que la normale IN à ce miroir soit constamment bissectrice de l'angle de la direction fixe IR avec la direction variable IS.

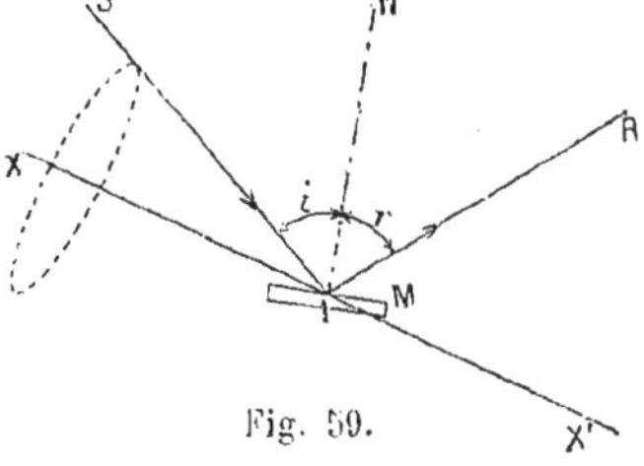

Fig. 59.

La solution la plus parfaite a été donnée par Foucault.

Le miroir M (fig. 60) est mobile autour de deux axes rectangulaires qui se coupent en I ; son mouvement est commandé par la tige normale IB qui passe dans un anneau de la tige AB solidaire de l'axe AO parallèle à l'axe du monde XX' et entraîné par un mouvement d'horlogerie, de manière à faire sur lui-même un tour complet en vingt-quatre heures. Par construction, AI = AB. On règle l'appareil de telle sorte que AO soit parallèle à l'axe du

(¹) Lorsqu'il s'agit d'observer l'image du Soleil — et ce cas présente un grand intérêt en Astronomie physique, — la durée de révolution du miroir est naturellement de deux jours solaires; les rayons réfléchis par le miroir du cœlostat sont renvoyés par un deuxième miroir dont on peut faire varier journellement l'orientation pour tenir compte du mouvement du Soleil sur l'écliptique. Une grosse difficulté : le miroir du cœlostat étant chauffé par les rayons solaires se bombe, devient miroir convexe ; il faut modifier convenablement le tirage des appareils d'observation et procéder fréquemment à un nouveau réglage.

monde, AI parallèle à la direction IR suivant laquelle on veut renvoyer la lumière et qui est habituellement horizontale, AB parallèle au rayon incident moyen SI. Or $i=\alpha$ comme correspondants, $\alpha=\beta$, car le triangle ABI est isocèle, $\beta=\gamma$ comme opposés par le sommet, donc $i=\gamma$ et le réfléchi correspondant à SI est IR.

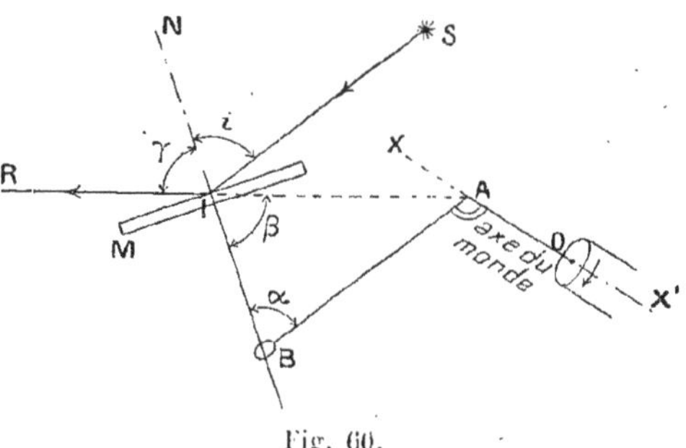

Fig. 60.

Mais lorsque le Soleil tourne, AB reste constamment parallèle à l'incident SI; le réfléchi correspondant est donc le rayon fixe IR.

La figure 61 nous montre un héliostat de Foucault.

3° *Sidérostat.* — Si l'instrument précédent était réglé de manière que la durée de révolution de l'axe AO fût égale à un jour sidéral, il donnerait, d'une étoile S, une image fixe placée dans la direction fixe RI;

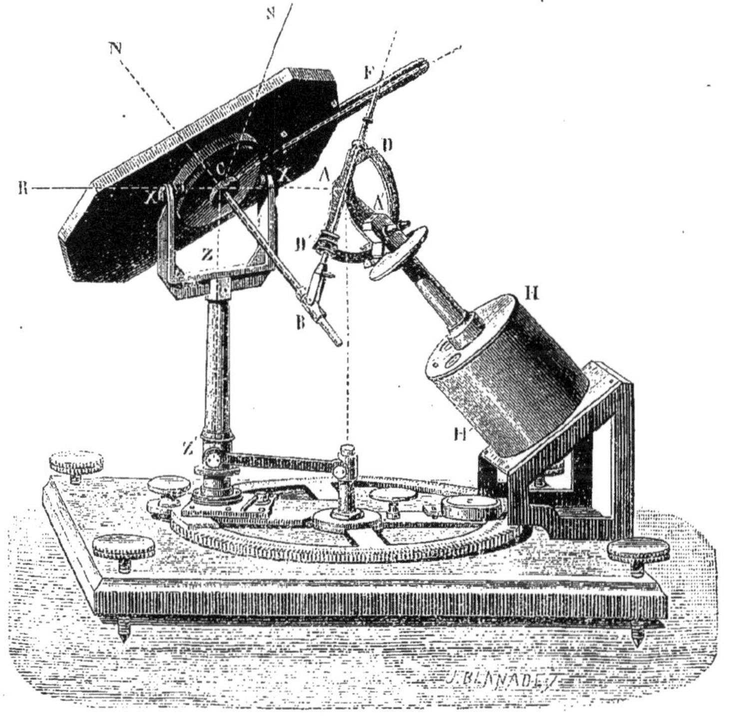

Fig. 61.

il rendrait commode l'observation de cet astre; un pareil instrument serait un sidérostat.

Le principe du sidérostat est donc le même que celui de l'héliostat, mais il faut un mouvement de rotation absolument uniforme et un miroir parfaitement plan pour que les images soient bonnes, afin d'être observables avec

Fig. 62.

une lunette. La figure 62 représente un sidérostat de Foucault.

4° *Miroirs plans parallèles.* — Un point lumineux S étant placé entre deux miroirs plans parallèles A et B (fig. 63), il se produit un nombre *illimité* d'images derrière chacun de ces miroirs. En effet, si l'on considère les rayons qui, partant de S, subissent une première réflexion sur A, on obtient une série d'images successives en $a_1$, $a_2$, $a_3$, $a_4$..., symétriques successifs de S par rapport à A et à B. Les images d'indices impairs de cette série sont derrière le miroir A; les images d'indices pairs, derrière B. De même, en considérant les rayons qui subissent leur première réflexion sur B, on obtient une autre série d'images en $b_1$, $b_2$, $b_3$..., les images d'indice impair étant derrière B, les images d'indice pair étant derrière A.

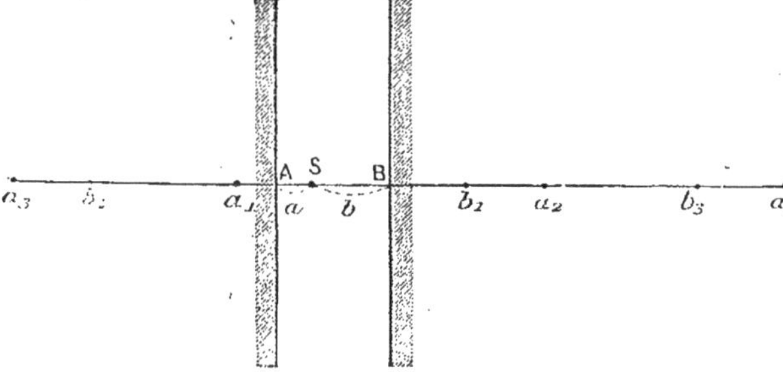


Fig. 63.

Il est facile de montrer que, derrière chaque miroir, les images des deux séries alternent entre elles, les indices allant en croissant régulièrement d'une unité ; c'est-à-dire qu'on a, derrière A, les images $a_1, b_2, a_3, b_4....$; derrière B, les images $b_1, a_2, b_3, a_4....$ — En effet, calculons les distances de ces images successives au point lumineux S, en posant $SA=a$, $SB=b$. On a, pour la série des images $a$ :

$$Sa_1=2a,$$
$$Sa_2=SB+Ba_2=b+2a+b=2a+2b,$$

puis,

$$Sa_3=4a+2b,$$
$$Sa_4=4a+4b,$$
$$\ldots\ldots\ldots\ldots$$

et de même pour la série des images $b$, en permutant $a$ et $b$,

$$Sb_1=2b,$$
$$Sb_2=2b+2a,$$
$$Sb_3=4b+2a,$$
$$Sb_4=4b+4a,$$
$$\ldots\ldots\ldots\ldots$$

De ces tableaux résulte bien :

$$Sa_1<Sb_2<Sa_3\ldots\ldots\ldots$$
$$Sb_1<Sa_2<Sb_3\ldots\ldots\ldots$$

D'autre part, on voit que les images d'indices pairs égaux sont équidistantes de S.

Enfin, quant aux distances qui séparent les images successives derrière chaque miroir, on a, derrière A,

$$a_1b_2=Sb_2-Sa_1=2b.$$
$$b_2a_3=Sa_3-Sb_2=2a,$$
$$\ldots\ldots\ldots\ldots\ldots\ldots$$

c'est-à-dire alternativement $2b$ et $2a$; et de même, derrière B,

$$b_1a_2=2a,$$
$$a_2b_3=2b,$$
$$\ldots\ldots\ldots$$

c'est-à-dire alternativement $2a$ et $2b$.

Prenons comme objet lumineux une sphère S présentant un hémisphère blanc et un hémisphère noir se raccordant suivant une circonférence

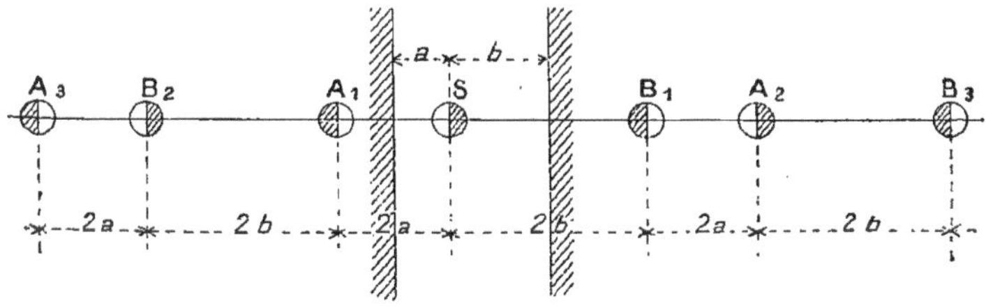


Fig. 64.

parallèle aux miroirs : l'aspect observé est celui de la figure 64; dans un même miroir, les images successives présentent alternativement en avant la face blanche et la face sombre.

On ne voit jamais un nombre infini d'images, car l'éclat de chaque image va en diminuant lorsque croît le nombre des réflexions auxquelles elle correspond; en outre, les images de rang élevé paraissent se recouvrir de plus en plus.

5° *Miroirs plans inclinés.* — Un point lumineux étant placé entre deux miroirs plans A et B, faisant entre eux un certain angle $\theta$, il se produit, derrière ces miroirs, un nombre *limité* d'images successives. — En effet, prenons pour plan de figure (fig. 65) le plan passant par le point lumineux S et perpendiculaire à l'arête des deux miroirs. Ce plan contient toutes les images en question, réparties sur la circonférence décrite du point O de l'arête comme centre, avec OS comme rayon. Les rayons dont la réflexion a commencé par le miroir A donnent la série $a$, dont les images d'indices impairs sont derrière A; les images d'indices pairs, derrière B. D'ailleurs, comme les images successives s'éloignent de plus en plus de S, l'une d'elles finit par arriver dans l'angle A'OB' opposé par le sommet à l'angle des miroirs. Cette image est la dernière de la série correspondante, car les rayons qui en proviennent constituent un cône ayant ce point-image comme sommet, et circonscrit à celui des miroirs sur lequel s'est produite la dernière réflexion; or, *aucun de ces rayons ne peut rencontrer l'autre miroir*, pour éprouver une réflexion nouvelle. Dans la figure actuelle, c'est donc l'image $a_5$ qui termine la série $a$. — De même, les rayons dont la réflexion a commencé par B donnent la série $b$, dont les images d'indices impairs sont derrière B et les images d'indices pairs derrière A. La dernière image de cette série dans la figure actuelle est $b_5$, ce qui fait en tout dix images.

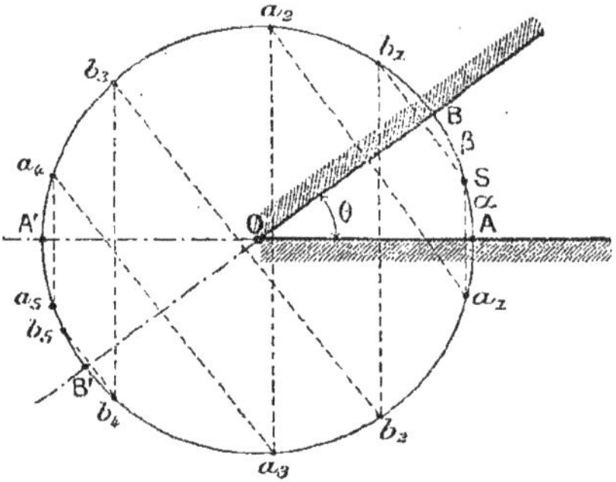


Fig. 65.

Il est d'ailleurs facile de discuter quel doit être, dans le cas général, le *nombre total* des images. Pour indiquer la marche de cette discussion, prenons comme origines, pour repérer sur la circonférence les positions des images successives, soit le point A, soit le point B du miroir qui donne naissance à l'image considérée; comptons d'ailleurs chacun des arcs de cercle derrière le miroir dont il s'agit, et prenons OA pour unité de longueur.

En posant $SA=\alpha$, $SB=\beta$, et $AB=\theta$, on aura, pour la série des images $a$:

$$Aa_1=\alpha,$$
$$Ba_2=\alpha+\theta,$$
$$\dots\dots\dots$$

ou, en général,

$$\left.\begin{array}{ll}\text{si } n \text{ est impair}\dots\dots & Aa_n \\ \text{si } n \text{ est pair}\dots\dots & Ba_n\end{array}\right\} = \alpha+(n-1)\theta.$$

De même, pour la série des images $b$ :

$$Bb_1=\beta,$$
$$Ab_2=\beta+\theta,$$
$$\dots\dots\dots$$

ou, en général,

$$\left.\begin{array}{ll}\text{si } p \text{ est impair}\dots\dots & Bb_p \\ \text{si } p \text{ est pair}\dots\dots & Ab_p\end{array}\right\} = \beta+(p-1)\theta.$$

On exprimera que $a_n$ et $b_p$ sont respectivement les dernières images de chaque série, en remarquant que, pour que ces images se trouvent dans l'angle opposé par le sommet à l'angle des miroirs, il faut et il suffit que la distance précédente soit supérieure à l'arc $Aa_1B'$ ou à l'arc $Bb_1A'$, c'est-à-dire à $\pi - \theta$. On doit donc avoir :

$$\begin{matrix} \alpha + (n-1)\theta > \pi - \theta \\ \beta + (p-1)\theta > \pi - \theta \end{matrix} \quad \text{ou} \quad \begin{matrix} \alpha + n\theta > \pi, \\ \beta + p\theta > \pi. \end{matrix}$$

Les *plus petits nombres entiers* $n$ et $p$ satisfaisant à ces inégalités fournissent le nombre total $n+p$ des images; ou, en y comprenant S, le nombre $n+p+1$ des points lumineux répartis sur la circonférence, à condition que l'on constate que les dernières images des deux séries sont distinctes l'une de l'autre.

Pour achever la discussion, prenons le cas simple où l'angle $\theta$ est compris *exactement* un nombre *pair* de fois, $N = 2q$, dans la circonférence, c'est-à-dire où l'on a

$$2q\theta = 2\pi \qquad \text{ou} \qquad q\theta = \pi.$$

Si l'on remplace $\pi$ par cette valeur dans les inégalités précédentes, elles deviennent

$$\alpha + n\theta > q\theta,$$
$$\beta + p\theta > q\theta,$$

et les plus petits nombres entiers $n$ et $p$ satisfaisant à ces conditions sont

$$n = p = q.$$

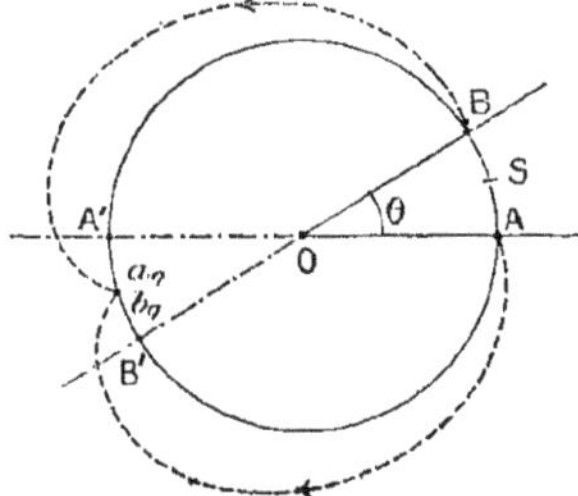

Fig. 66.

D'ailleurs, comme les dernières images des deux séries sont de même indice, leurs distances angulaires sont comptées chacune à partir d'un miroir différent (fig. 66). Or, la somme de ces distances angulaires est égale à

$$\alpha + (q-1)\theta + \beta + (q-1)\theta = (2q-1)\theta = 2\pi - \theta,$$

c'est-à-dire égale à la circonférence moins l'arc AB, ce qui prouve que les dernières images sont confondues. Donc, dans ce cas, le nombre total des images est $2q-1$, et le nombre total des points lumineux, en y comprenant S, est $2q = N$.

D'une façon générale, si N est le nombre *entier* de fois que $\theta$ est compris dans $2\pi$, qu'il y soit compris sans reste ou avec un reste, que N soit pair ou impair, on trouvera que le nombre total des points lumineux répartis sur la circonférence est au plus $N+2$, et au moins N.

Le cas de N pair et sans reste est celui du *kaléidoscope*. — On prend $\theta = 60°$, et l'on a $N = 6$. Faisons la figure dans ce cas particulier, pour une bille mi-partie blanche, mi-partie noire (fig. 67).

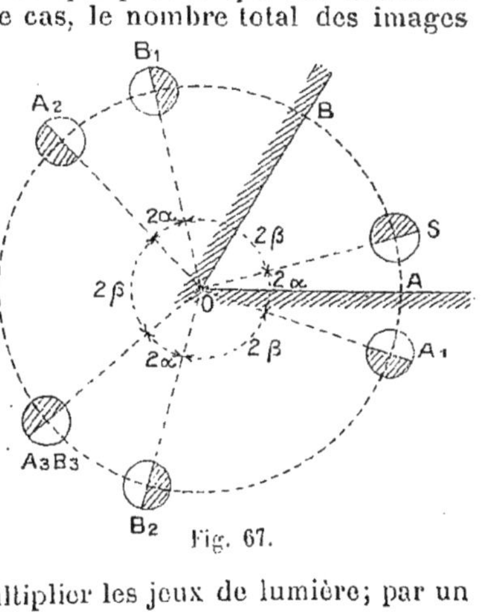

Fig. 67.

Les miroirs plans et les miroirs angulaires sont utilisés parfois pour multiplier les jeux de lumière; par un éclairage intense, et une disposition heureuse des miroirs, on obtient des effets absolument féeriques (palais des illusions).

## IV. — MIROIRS SPHÉRIQUES

32. **Définitions**. — Un *miroir sphérique* est une portion de surface sphérique réfléchissante (fig. 68); le miroir est dit *concave* ou *convexe*, selon que la réflexion a lieu sur la surface concave ou sur la surface convexe. — On appelle *centre* du miroir, le centre de courbure C de la sphère à laquelle il appartient; *axe principal*, la droite CS menée du centre perpendiculairement au plan de base de la calotte sphérique qui constitue généralement le miroir; *sommet* du miroir, le pôle S de cette calotte; *axe secondaire*, toute droite passant par le centre. Enfin on désigne sous le nom d'*ouverture* du miroir, l'angle Ω que font entre elles deux droites menées du centre à deux points M et M′ diamétralement opposés, du petit cercle de base de la calotte.

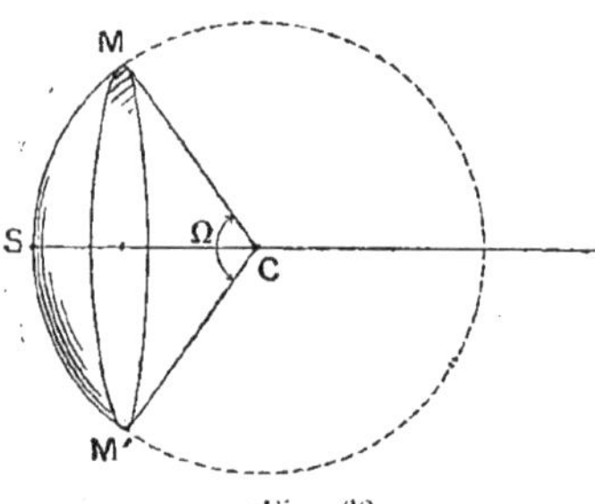

Fig. 68.

33. **Relation algébrique rigoureuse des miroirs sphériques : origine au centre**. — Soit P un point lumineux quelconque (fig. 69); menons l'axe PCΣ, *choisissons un sens positif*, quelconque du reste, par exemple le sens inverse de la lumière incidente, et prenons pour plan de figure un plan passant par cet axe.

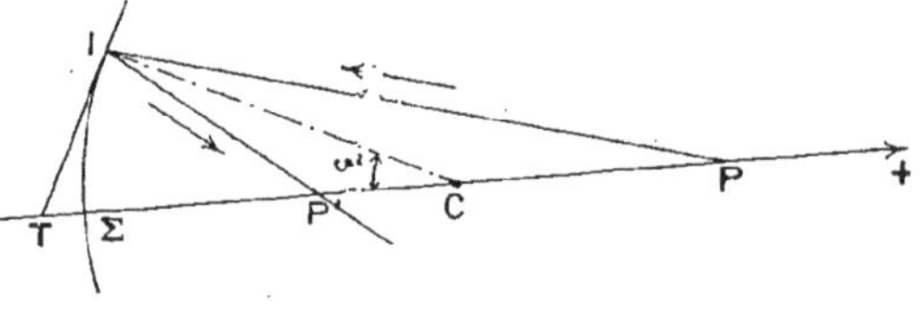

Fig. 69.

Soit PI un rayon incident situé dans ce plan : le rayon réfléchi est dans le plan d'incidence PIC, il vient donc couper l'axe en un point P′ (1<sup>re</sup> loi de la réflexion). Menons la tangente en I, qui coupe ce même axe en T. Les quatre points C,P,P′,T forment une *division harmonique*, et l'on a, *en grandeur et signe, par rapport à l'origine* C *des segments*,

$$\frac{1}{\overline{CP}} + \frac{1}{\overline{CP'}} = \frac{2}{\overline{CT}}.$$

Posons $\overline{CP} = z$, $\overline{CP'} = z'$ et $\overline{C\Sigma} = \rho$, $\rho$ étant ici l'*abscisse du sommet par rapport au centre*. On a, en désignant par $\omega$ l'angle ICΣ qui caractérise le point d'incidence,

$$\overline{CT} = \frac{\overline{C\Sigma}}{\cos\omega} = \frac{\rho}{\cos\omega}$$

d'où

$$(1) \qquad \frac{1}{z}+\frac{1}{z'}=\frac{2\cos\omega}{\rho}.$$

Grâce aux conventions de signe qui ont été faites, la relation précédente est générale, quel que soit le cas de figure envisagé.

*Recommandation importante.* Dans les applications de la formule (1) il faut bien respecter la convention de signes et, pour cela, fixer d'abord un sens positif.

C'est la relation algébrique rigoureuse, qui lie la position du point lumineux P à celle du point P′ où l'un des rayons réfléchis coupe l'axe passant par le point P.

Comme conclusion : s'il y avait une image de P, elle serait nécessairement en P′, point de rencontre de deux rayons réfléchis IP′ et ΣP′. Or le point P′ est variable avec $\omega$; donc, en général, *il n'y a pas stigmatisme* (10).

34. **Conditions de stigmatisme d'un miroir sphérique.** — Un miroir sphérique sera stigmatique si $z'$ peut devenir indépendant de $\omega$, ce qui aura lieu d'une façon rigoureuse, ou tout au moins approchée, dans un certain nombre de cas.

1° *Centre.* — Pour $z=0$, on a $z'=0$ quel que soit $\omega$; le miroir sphérique est donc *rigoureusement* stigmatique *pour son centre*, quelle que soit l'ouverture, ce qui est d'ailleurs évident *a priori*.

2° *Points situés dans le voisinage du centre.* — Si l'on donne à $z$ une valeur $\varepsilon$ très petite par rapport à $\rho$, on a

$$z'=\frac{\rho\varepsilon}{2\varepsilon\cos\omega-\rho};$$

si l'on peut négliger $2\varepsilon\cos\omega$ par rapport à $\rho$, on aura

$$z'=\frac{\rho\varepsilon}{-\rho}=-\varepsilon,$$

relation indépendante de $\omega$. Il y a donc, dans ce cas, une image symétrique du point-objet par rapport au centre. — Le stigmatisme, qui était rigoureux pour le centre, se conserve donc d'une façon très approchée pour les points très voisins du centre, quelle que soit l'ouverture du miroir. Tous les points situés à l'intérieur d'une sphère CQ (fig. 70) concentrique au miroir, de diamètre $2\varepsilon$ négligeable devant $\rho$, et que nous appellerons *sphère de stigmatisme*, possèdent cette propriété.

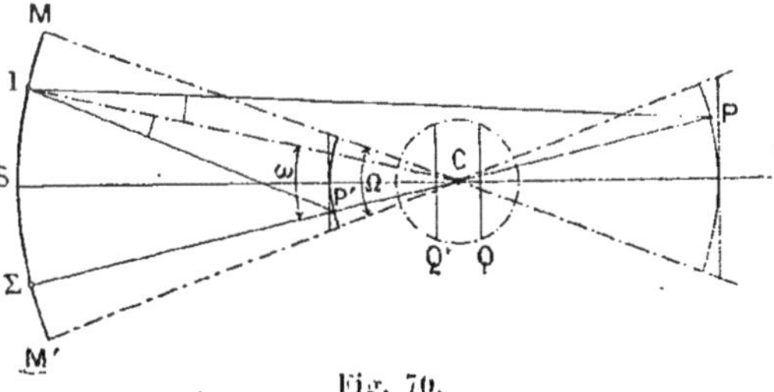

Fig. 70.

3° *Points situés dans le cône d'une faible ouverture. — Rayons centraux.*

— Nous appellerons *cône d'ouverture* d'un miroir, le cône ayant pour sommet le centre du miroir et pour directrice le contour MM' de ce miroir (fig. 70). Si le miroir a une ouverture $\Omega$ (en radians) très faible, telle que la quantité $\Omega^2$ soit négligeable devant $\Omega$, $\cos \Omega$ peut être considéré comme sensiblement égal à l'unité; comme d'ailleurs, pour tout point P situé à l'intérieur du cône d'ouverture, l'angle $\omega$ correspondant à un rayon lumineux PI quelconque, partant de ce point et rencontrant le miroir, est nécessairement inférieur à $\Omega$, $\cos \omega$ peut, *a fortiori*, être pris comme sensiblement égal à l'unité; des rayons lumineux tels que PI sont appelés *rayons centraux*. Par exemple, pour $\Omega = 0{,}1$ radian = $6^0$ d'ouverture, on a $\cos \Omega^0 = 0{,}995$, nombre encore très voisin de l'unité. — Dans ces conditions, la relation générale précédente devient :

$$\frac{1}{z} + \frac{1}{z'} = \frac{2}{\rho}. \tag{2}$$

En *résumé*, l'exploration de l'espace au point de vue du stigmatisme d'un miroir sphérique conduit aux conclusions suivantes :

1° Stigmatisme *rigoureux* pour le centre;

2° Stigmatisme *très approché* pour les points pris à l'intérieur de la sphère de stigmatisme, quelle que soit l'ouverture du miroir [incidence petite (58,5°)];

3° Stigmatisme *approché* pour les points situés dans le cône d'ouverture, lorsque l'ouverture est très faible, c'est-à-dire lorsque les points n'envoient sur le miroir que des *rayons centraux* [incidence petite (58,3°)].

35. **Plans conjugués.** — Si l'on considère un arc de points lumineux, décrit de C comme centre (fig. 70) avec $\overline{CP} = z$ comme rayon, et limité au cône d'ouverture, il a pour image un autre arc concentrique au miroir et de rayon $\overline{CP'} = z'$, défini par l'équation (2). Si l'on fait tourner la figure autour de l'axe principal, on obtient des calottes sphériques conjuguées; si maintenant on les remplace par les plans tangents en leurs pôles sur l'axe principal, plans qui, dans les limites du cône d'ouverture, s'écartent le moins des calottes sphériques elles-mêmes, on obtient ce qu'on appelle des *plans conjugués*.

En d'autres termes, nous désignerons sous le nom de *plans conjugués* deux plans perpendiculaires à l'axe principal, *limités au voisinage de cet axe*, et tels que tout point P pris dans l'un aura son image P' dans l'autre, sur l'axe secondaire correspondant. Tout objet situé dans l'un aura son image dans l'autre; cette image sera semblable à l'objet, le centre de similitude étant le centre de courbure du miroir. — La *relation générale*, dite *des plans conjugés*, qui définit les *abscisses* respectives de ces deux plans par rapport au centre, est la relation (2). Dans ces conditions approchées, les miroirs sphériques sont donc à la fois stigmatiques et aplanétiques (11).

Dans le voisinage du centre, un plan-objet Q perpendiculaire à l'axe principal (fig. 70), sortant du cône d'ouverture, mais compris à l'intérieur de la sphère de stigmatisme, a pour image un plan Q′, défini par l'équation obtenue précédemment pour les points situés dans le voisinage du centre, savoir

$$z' = -z.$$

Ce sont encore là des plans conjugués, et même ici sans restriction quant à la grandeur de l'ouverture. D'ailleurs, dans ce cas, où $z$ est très petit par rapport à $\rho$, c'est-à-dire $\frac{1}{z}$ très grand par rapport à $\frac{2}{\rho}$, la formule (2) se réduit sensiblement à

$$\frac{1}{z'} = -\frac{1}{z},$$

qui n'est autre que $z' = -z$. On peut donc dire que l'équation aux abscisses de ces plans conjugués, dans le voisinage du centre, est encore l'équation (2), laquelle convient ainsi à tous les cas de stigmatisme des miroirs sphériques.

56. **Plan focal.** — On appelle *plan focal* d'un miroir sphérique le plan conjugué des points à l'infini envoyant sur le miroir des rayons centraux, c'est-à-dire des points situés à l'infini, dans des directions comprises dans le cône d'ouverture. Pour obtenir la position de ce plan, il suffit de faire $z = \infty$ dans l'équation (2), ce qui donne pour $z'$ la valeur particulière

$$\varphi = \frac{\rho}{2}.$$

Cette relation définit un plan FF′ (fig. 71) situé entre le centre C et le sommet S du miroir, à égale distance de l'un et de l'autre. Un faisceau PMP′M′ de rayons parallèles est transformé, après réflexion, en un cône dont le sommet $\varphi$ est situé dans le plan focal, sur l'axe secondaire C$\varphi$ du faisceau, et réciproquement. Ce point $\varphi$ prend le nom de *foyer principal* correspondant à cette direction C$\varphi$.

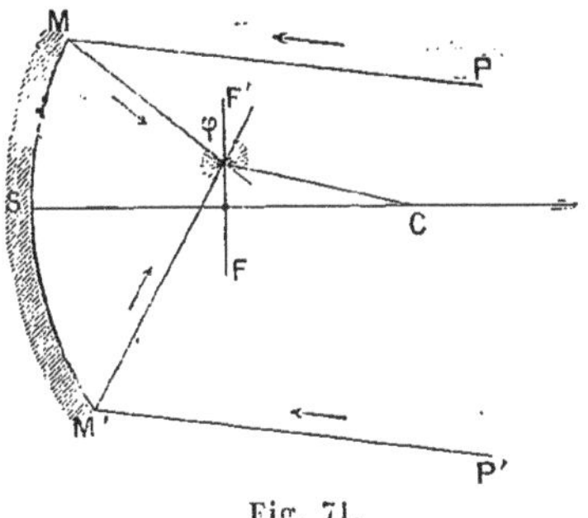

Fig. 71.

Le plan focal est donc le lieu des foyers principaux, pour les directions contenues dans le cône de faible ouverture; c'est le lieu des sommets des cônes en lesquels le miroir transforme des cylindres de rayons parallèles; et réciproquement, c'est aussi le lieu des points lumineux tels que les cônes de rayons qu'ils envoient sur le miroir soient transformés en cylindres de rayons, parallèles à l'axe secondaire mené par le point d'émission.

En fonction du segment $\overline{CF} = \varphi$ (fig. 71), abscisse du plan focal F par rapport au centre, la relation aux abscisses des plans conjugués devient

$$\frac{1}{z} + \frac{1}{z'} = \frac{1}{\varphi}$$

ou

$$\frac{\varphi}{z}+\frac{\varphi}{z'}-1=0.$$

37. **Applications des propriétés du plan focal** (36) : 1er *Problème : construire le rayon réfléchi correspondant à un rayon incident quelconque.* — Le réfléchi cherché est une droite ; pour construire une droite il faut en connaître deux points, ou un point et la direction (point à l'infini). Or nous avons déjà un point du réfléchi, c'est le point d'incidence I (fig. 72). Reste à déterminer un deuxième point, ou la direction du réfléchi ; il y a deux solutions.

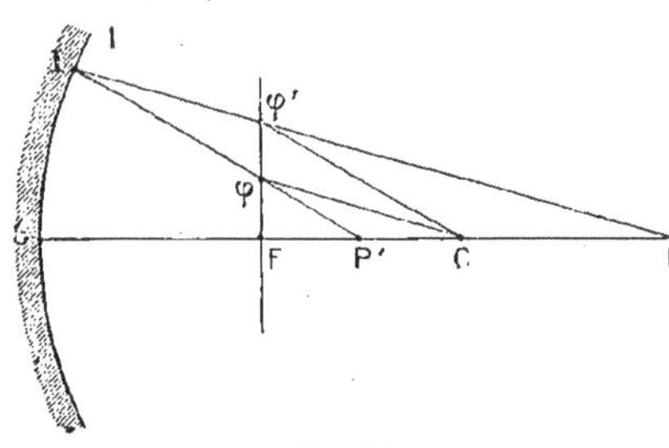

Fig. 72.

1re *solution.* — Tous les rayons parallèles à PI (fig. 72) passent par le foyer correspondant à cette direction et qui est en φ, à l'intersection du plan focal F avec l'axe secondaire Cφ parallèle à PI ; le réfléchi cherché est donc Iφ.

2e *solution.* — Marquons l'intersection φ' de PI avec le plan focal F : tous les rayons issus de φ' donnent naissance à des réfléchis parallèles à la direction φ'C ; donc le réfléchi correspondant à φ'I s'obtient en menant par I la parallèle IφP' à φ'P.

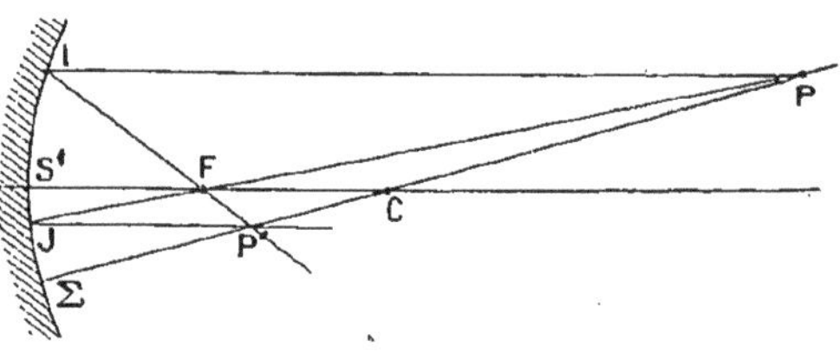

Fig. 73.

2e *Problème : construire l'image d'un point.* — L'image d'un point est le point de rencontre des réfléchis correspondant aux incidents issus du point ; il suffit donc de construire les réfléchis correspondant à deux incidents quelconques et d'en marquer l'intersection ; on choisit ces incidents de manière à avoir les constructions les plus simples.

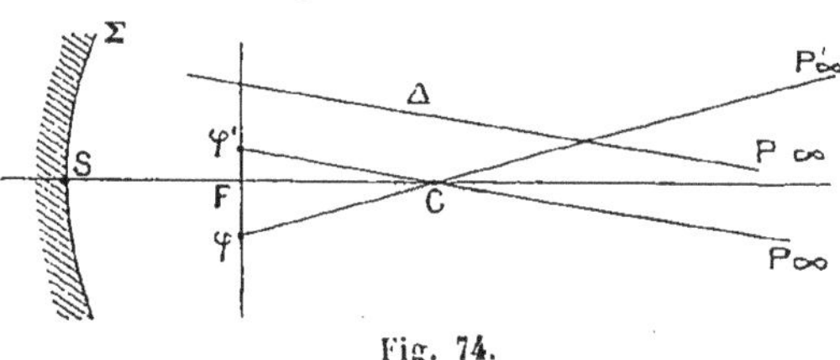

Fig. 74.

α) *Point à distance finie, en dehors de l'axe principal.* Soit le point P (fig. 73).

Comme premier incident, menons le rayon PC qui est à lui-même son réfléchi.

Comme deuxième incident, prenons le rayon PI parallèle à l'axe principal dont le réfléchi passe par le foyer principal F : c'est donc IFP' ;

ou le rayon PFJ qui passe par le foyer principal F ; le réfléchi correspondant JP′ est parallèle à l'axe principal.

β) *Point à distance finie sur l'axe principal.* Soit le point P (fig. 72). Le premier incident choisi est l'axe principal ; le deuxième incident PI est quelconque.

γ) *Point à distance finie dans le plan focal.* Soit le point φ (fig. 74) : son image P′ est à l'infini sur l'axe secondaire φC.

δ) *Point à l'infini dans une direction donnée.* Soit le point P à l'infini dans la direction Δ (fig. 74) ; son image est dans le plan focal F ; elle est aussi sur l'axe secondaire PCφ′ correspondant au point P, axe parallèle à Δ : c'est donc φ′.

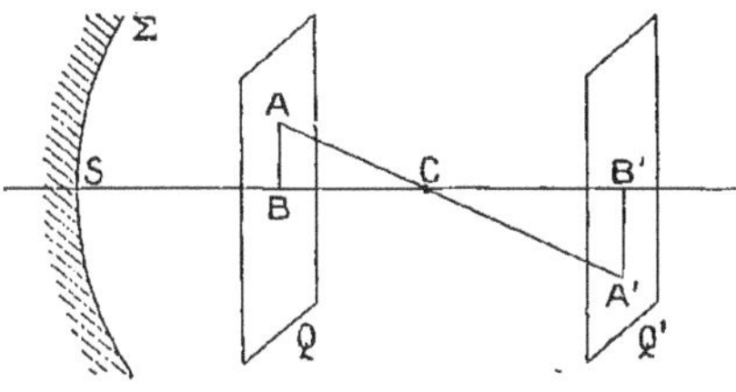

Fig. 75.

3e *Problème : construire l'image d'un objet.* — Nous pouvons construire successivement l'image de chaque point de l'objet. Plaçons-nous dans le cas particulier suivant : l'objet est une droite AB perpendiculaire à l'axe principal (fig. 75). L'image est dans le plan de front Q′, image du plan de front Q qui contient AB ; l'image de chaque point de AB est sur l'axe secondaire correspondant ; tous ces axes sont dans le plan CAB ; l'image de AB est donc aussi dans ce plan : c'est une partie A′B′ de l'intersection du plan Q′ et du plan CAB : A′B′ est perpendiculaire à l'axe principal.

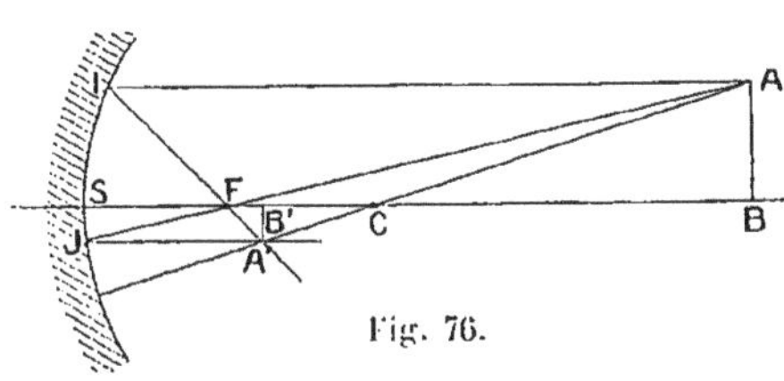

Fig. 76.

Prenons pour plan de figure le plan méridien CAB (fig. 76), construisons l'image de A en choisissant pour premier incident AC et pour deuxième incident AI parallèle à l'axe principal, ou AFJ ; du point de rencontre A′ des réfléchis, abaissons la perpendiculaire A′B′ sur BC ; A′B′ est l'image de AB.

*Cas particulier.* — α) *L'objet est à l'infini.* — L'image est dans le plan focal.

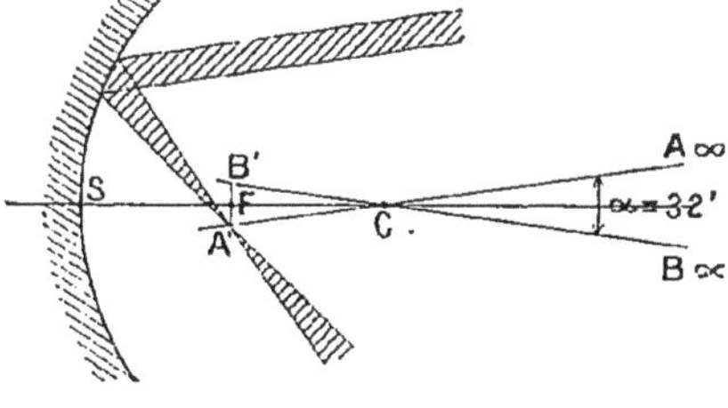

Fig. 77.

Soit à déterminer l'image d'un diamètre du Soleil, diamètre dont les extrémités sont à l'infini dans les directions CA, CB (fig. 77). Marquons les intersections A′ et B′ des axes secondaires CA et CB, avec le plan focal F ; A′B′ est l'image cherchée. — A′B′ peut être assimilé à un arc de circonférence et le diamètre apparent du Soleil étant 32′, nous avons

$$A'B' = CF \times \text{arc } 32' = \varphi \times \text{arc } 32'$$

Or

$$\frac{\text{arc } 32'}{2\pi} = \frac{32}{360 \times 60}, \quad \text{d'où :} \quad \text{arc } 32' = \frac{32 \times 2\pi}{360 \times 60} = \frac{2\pi}{45 \times 15} = 0{,}009.$$

Pour $\varphi = 1^m$, on a $A'B' = 9^{mm}$; avec le grand télescope de lord Ross (le plus grand des télescopes catoptriques), $\varphi = 17^m$; donc $A'B' = 17^m \times 0{,}009 = 0^m{,}153 = 15^{cm}{,}3$. La grandeur de cette image du Soleil est exceptionnelle.

β) *L'objet est dans le plan focal.* — L'image est à l'infini et infiniment grande, son diamètre apparent est égal à celui sous lequel on voit l'objet du centre du miroir.

38. **Grandissement linéaire.** — Soit AB (fig. 78) qui a pour image A'B'; B et B' étant conjugués, si nous posons :

$$\overline{CB} = z \qquad \overline{CB'} = z' \qquad \overline{CF} = \varphi,$$

nous avons (54)

$$\frac{1}{z} + \frac{1}{z'} = \frac{1}{\varphi}. \tag{2}$$

Étant donnés le miroir (c'est-à-dire $\varphi$), la position de l'objet par rapport au miroir (c'est-à-dire $z$), on peut déterminer la position de l'image; si de plus on connaissait la grandeur et l'orientation de l'image celle-ci serait complètement déterminée.

Menons une droite $Cy$ perpendiculaire à l'axe des $z$, choisissons sur cette droite un sens positif (qui peut être quelconque), et posons en grandeur et en signe :

$$\overline{BA} = y \qquad \overline{B'A'} = y'.$$

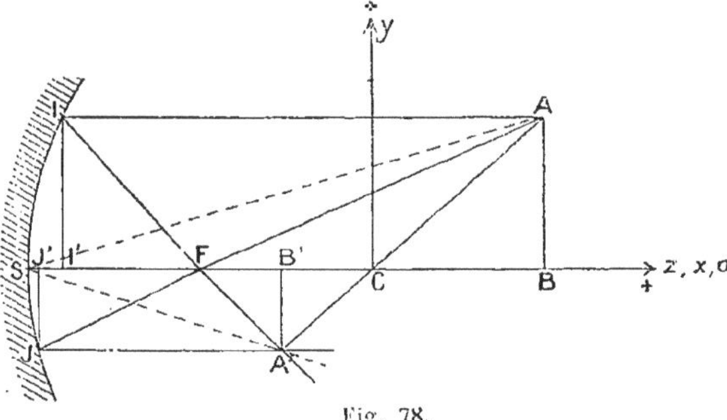

Fig. 78.

On appelle grandissement linéaire le rapport

$$\gamma = \frac{y'}{y}.\text{[1]}$$

L'image sera parfaitement connue en grandeur et en sens, si l'on se donne $y$ et si l'on peut déterminer $\gamma$. Or dans les triangles semblables ABC, A'B'C, nous avons en grandeur et en signe :

[1] $\gamma$ porte généralement le nom de grossissement linéaire ou latéral — les débutants ont une tendance à le confondre avec le grossissement angulaire; le terme grandissement évite précisément cette confusion.

$$\frac{\overline{B'A'}}{\overline{BA}}=\frac{\overline{CB'}}{\overline{CB}} \qquad \text{ou} \qquad \frac{y'}{y}=\frac{z'}{z} \qquad \text{c'est-à-dire}$$

(3) $$\gamma=\frac{z'}{z}.$$

Les formules fondamentales du miroir sphérique, donnant une relation entre les coordonnées d'un point-objet A et d'un point-image A', sont, avec l'origine au centre :

(4) $$\begin{cases} \dfrac{1}{z}+\dfrac{1}{z'}=\dfrac{1}{\varphi} \\ \gamma=\dfrac{z'}{z}. \end{cases}$$

*Remarque.* — Si on élimine $z'$ ou $z$ entre les équations (2) et (3), on a :

$$\gamma=\frac{\varphi}{z-\varphi}=\frac{z'-\varphi}{\varphi}.$$

59. **Changements d'origine des coordonnées.** — 1° *Origine au sommet* S. Posons (fig. 78) :

$$\overline{SB}=x \qquad \overline{SB'}=x' \qquad \overline{SC}=R \qquad (\text{On a} : R=-\rho).$$

D'après la relation de Chasles

$$z=\overline{CB}=\overline{CS}+\overline{SB}=-R+x$$
$$z'=\overline{CB'}=\overline{CS}+\overline{SB'}=-R+x'$$
$$\varphi=\overline{CF}=\frac{\overline{CS}}{2}=-\frac{R}{2}.$$

Remplaçant $z$, $z'$ et $\varphi$ par leurs valeurs dans (2), il vient :

$$\frac{1}{x-R}+\frac{1}{x'-R}=-\frac{2}{R}.$$

Chassons les dénominateurs, développons et réduisons les termes semblables, la relation s'écrit :

$$2xx'-Rx-Rx'=0$$

et en divisant par $xx'R$ :

$$\frac{1}{x}+\frac{1}{x'}=\frac{2}{R}.$$

Posons $\overline{SF}=f$; $\overline{SF}=\frac{\overline{SC}}{2}$, d'où $f=\frac{R}{2}$; on peut donc écrire :

(5) $$\frac{1}{x}+\frac{1}{x'}=\frac{1}{f}.$$

Dans la formule (3) remplaçons $z$, $z'$ par leurs valeurs en fonction de $x$, $x'$, R :

$$\gamma=\frac{x'-R}{x-R}=\frac{x'-2f}{x-2f},$$

tirons $f$ de (5) et portons dans la dernière expression de $\gamma$, il vient :

$$(6) \qquad \gamma = -\frac{x'}{x}.$$

Les formules du miroir sont donc, en prenant l'origine au sommet :

$$(7) \qquad \begin{cases} \frac{1}{x} + \frac{1}{x'} = \frac{1}{f} \\ \gamma = -\frac{x'}{x}. \end{cases}$$

*Remarque I.* — On a : $\overline{SF} = -\overline{FS} = -\overline{CF}$, ou : $f = -\varphi$.

*Remarque II.* — Dans l'expression de $\gamma$ nous pouvons éliminer $x'$ ou $x$ en tenant compte de la relation (5), il vient :

$$\gamma = \frac{f}{f-x} = \frac{f-x'}{f}.$$

*Remarque III.* — Les triangles BAS, B'A'S (fig. 78) sont semblables, les angles en S étant égaux puisque SA' est le réfléchi de AS ; nous avons donc en grandeur et en signe :

$$\frac{\overline{B'A'}}{\overline{BA}} = -\frac{\overline{SB'}}{\overline{SB}} \quad \text{ou} \quad \frac{y'}{y} = -\frac{x'}{x} \quad \text{c'est-à-dire} \quad \gamma = -\frac{x'}{x};$$

nous retrouvons ainsi facilement la relation (6).

2° *Origine au foyer principal : formules de Newton.* Posons (fig. 78) :

$$\overline{FB} = \sigma \qquad \overline{FB'} = \sigma',$$

on a, d'après la relation de Chasles :

$$x = \overline{SB} = \overline{SF} + \overline{FB} = f + \sigma$$
$$x' = \overline{SB'} = \overline{SF} + \overline{FB'} = f + \sigma',$$

et portant dans la relation (5), il vient après simplification :

$$(8) \qquad \sigma\sigma' = f^2 \quad \text{ou} \quad (8\ bis) \qquad \sigma\sigma' = \varphi^2.$$

Ces relations sont les *formules de Newton.*

De même, remplaçant $x$ et $x'$ par leurs valeurs dans (6), il vient :

$$\gamma = -\frac{f+\sigma'}{f+\sigma}$$

et, en éliminant $\sigma'$ ou $\sigma$, par la relation (8), ou (8 *bis*) :

$$(9) \qquad \gamma = -\frac{f}{\sigma} = -\frac{\sigma'}{f}, \quad \text{ou :} \quad (9\ bis) \qquad \gamma = \frac{\varphi}{\sigma} = \frac{\sigma'}{\varphi}.$$

Les formules du miroir sphérique sont donc, avec origine au foyer :

$$(10) \qquad \begin{cases} \sigma\sigma' = f^2 \\ \gamma = -\frac{f}{\sigma} = -\frac{\sigma'}{f} \end{cases} \quad \text{ou :} \quad (10\ bis) \qquad \begin{cases} \sigma\sigma' = \varphi^2 \\ \gamma = \frac{\varphi}{\sigma} = \frac{\sigma'}{\varphi}. \end{cases}$$

*Remarque I.* — Le produit $\sigma\sigma'$ est toujours positif, donc l'objet et l'image sont toujours du même côté par rapport au foyer.

$\sigma'$ varie en raison inverse de $\sigma$, donc lorsque l'objet se rapproche du foyer, l'image s'en éloigne, ou inversement.

*Remarque II.* — L'expression du grandissement en fonction de $\sigma, \sigma', f$ et $\varphi$ s'obtient très facilement si on mène les normales II′, JJ′ (fig. 78) à l'axe principal, si on considère les points I′ et J′ comme sensiblement confondus avec le sommet S, car la similitude des triangles FJ′J, FBA donne :

$$\frac{\overline{J'J}}{\overline{BA}}=\frac{\overline{FJ'}}{\overline{FB}}, \quad \text{ou} \quad \frac{\overline{B'A'}}{\overline{BA}}=\frac{\overline{FS}}{\overline{FB}}, \quad \text{c'est-à-dire} \quad \gamma=\frac{\varphi}{\sigma}=\frac{-f}{\sigma};$$

de même la similitude des triangles FB′A′, FI′I donne :

$$\frac{\overline{B'A'}}{\overline{I'I}}=\frac{\overline{FB'}}{\overline{FI'}}, \quad \text{ou} \quad \frac{\overline{B'A'}}{\overline{BA}}=\frac{\overline{FB'}}{\overline{FS}}, \quad \text{c'est-à-dire} \quad \gamma=\frac{\sigma'}{\varphi}=\frac{\sigma'}{-f}.$$

40. **Méthode rapide pour obtenir les formules des miroirs sphériques.** — 1° *Formules de position* :

Les quatre points P, P′, C, T (fig. 69) forment une division harmonique,

$$\frac{1}{\overline{CP}}+\frac{1}{\overline{CP'}}=\frac{2}{\overline{CT}}.$$

Si le miroir est de faible ouverture on peut supposer que $\Sigma$T est négligeable devant C$\Sigma$, alors on écrit :

$$\frac{1}{\overline{CP}}+\frac{1}{\overline{CP'}}=\frac{2}{\overline{C\Sigma}}.$$

Passons au cas de la figure 78 :

$$\frac{1}{\overline{CB}}+\frac{1}{\overline{CB'}}=\frac{2}{\overline{CS}}. \tag{1}$$

En posant comme précédemment :

$$\overline{CB}=z \qquad \overline{CB'}=z' \qquad \overline{CS}=\rho \qquad \overline{CF}=\varphi$$

ou :

$$\overline{SB}=x \qquad \overline{SB'}=x' \qquad \overline{SC}=R \qquad \overline{SF}=f$$

et enfin :

$$\overline{FB}=\sigma \qquad \overline{FB'}=\sigma' \qquad \overline{FS}=\overline{CF}=\varphi \qquad \overline{FC}=\overline{SF}=f,$$

puis remplaçant dans (1) les segments $\overline{CB}$, $\overline{CB'}$, $\overline{CS}$ par leurs valeurs en fonction des segments dont la notation précède, on arrive aux formules de position.

2° *Formules de grandissement.*

Posons comme plus haut (fig. 78) :

$$\overline{BA}=y \qquad \overline{B'A'}=y' \qquad \gamma=\frac{y'}{y}.$$

Nous avons immédiatement la valeur de $\gamma$ : 1° en fonction de $z$ et $z'$, considérant les triangles semblables CB'A', CBA; 2° en fonction de $x, x'$, en considérant les triangles semblables B'A'S, BAS (les angles en S sont égaux d'après la deuxième loi de la réflexion); 3° en fonction de $\sigma$, $\sigma'$, en considérant les triangles semblables FJ'J et FBA, FB'A' et FI'I.

**41. Choix de l'origine.** — Les trois groupes de formules correspondant aux trois origines ont sensiblement la même simplicité; cependant les formules de Newton donnent lieu en général à des calculs plus rapides.

On prend souvent l'origine en S : cela est commode pour reconnaître la nature de l'objet ou de l'image, nature qui dépend uniquement du signe de $x$ ou de $x'$

Le choix de l'origine dépend du problème à traiter; on prend pour origine celui des points C,S,F qui présente, dans le système optique donné, la position la plus remarquable.

**Tableau des formules** ([1]).

1° *Origine au centre* $\frac{1}{z}+\frac{1}{z'}=\frac{1}{\varphi}$; $\gamma=\frac{z'}{z}$.

2° — — *sommet* $\frac{1}{x}+\frac{1}{x'}=\frac{1}{f}$; $\gamma=-\frac{x'}{x}$.

3° — — *foyer principal* $\sigma\sigma'=\varphi^2=f^2$; $\gamma=\frac{\sigma'}{\varphi}=\frac{\varphi}{\sigma}=-\frac{\sigma'}{f}=-\frac{f}{\sigma}$.

**42. Positions et grandeurs relatives de l'image et de l'objet.** — Supposons qu'il s'agisse d'un miroir sphérique concave $\Sigma$ (fig. 79) et que l'objet se déplace de l'infini à droite jusqu'à l'infini à gauche; prenons les formules avec origine au sommet, et $x$ pour variable indépendante :

$$x'=\frac{fx}{x-f}, \qquad \gamma=\frac{f}{f-x}.$$

Les valeurs importantes de $x$ sont :

Celle pour laquelle l'objet change de nature : $x=0$

— — — l'image — : il faut que $x'=0$, donc $x=0$

— — — l'image s'éloigne indéfiniment : $x'=\infty$, donc $x=f$

— — — $\gamma=+1$; on trouve $x=0$

— — — $\gamma=-1$; — $x=2f$

Enfin il faut noter les valeurs extrêmes $x=\pm\infty$

*Définition.* — On appelle *plans principaux* les plans conjugués pour esquels $\gamma=+1$ et *plans anti-principaux*, les plans conjugués pour esquels $\gamma=-1$.

*Résultats de la discussion.* — $f>0$ (miroir concave).

([1]) A savoir par cœur, avec la signification exacte des lettres.

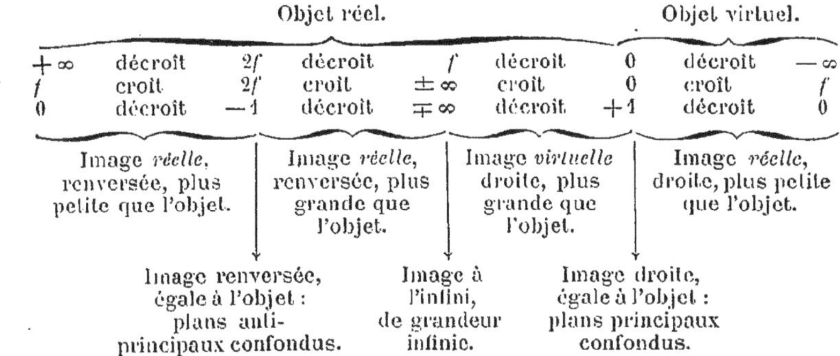

| | Objet réel. | | | | | | | Objet virtuel. | |
|---|---|---|---|---|---|---|---|---|---|
| $x$ | $+\infty$ | décroît | $2f$ | décroît | $f$ | décroît | 0 | décroît | $-\infty$ |
| $x'$ | $f$ | croît | $2f$ | croît | $\pm\infty$ | croît | 0 | croît | $f$ |
| $\gamma$ | 0 | décroît | $-1$ | décroît | $\mp\infty$ | décroît | $+1$ | décroît | 0 |
| | | Image *réelle*, renversée, plus petite que l'objet. | Image renversée, égale à l'objet : plans anti-principaux confondus. | Image *réelle*, renversée, plus grande que l'objet. | Image à l'infini, de grandeur infinie. | Image *virtuelle* droite, plus grande que l'objet. | Image droite, égale à l'objet : plans principaux confondus. | Image *réelle*, droite, plus petite que l'objet. | |

Les figures 79 et 79 *bis*, où les régions conjuguées correspondent aux mêmes chiffres, résument la discussion dans le cas d'un miroir concave.

Pour un miroir convexe, les résultats sont analogues : il suffit de remplacer le mot réel (ou réelle) par virtuel (ou virtuelle) et réciproquement.

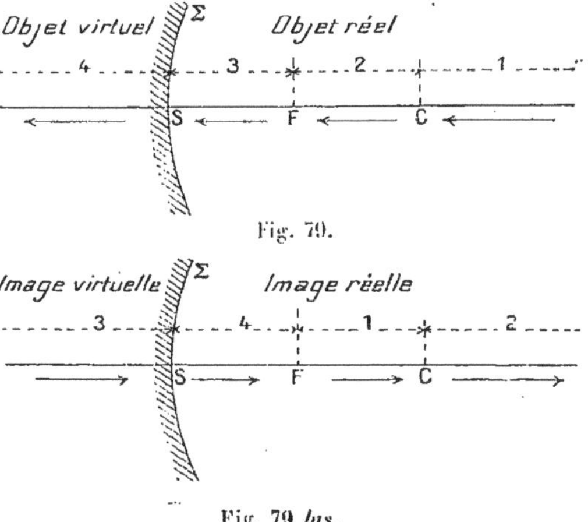


Fig. 79.

Fig. 79 *bis*.

*Remarque.* — Dans la discussion, il est commode de se rappeler que *l'objet et l'image sont du même côté par rapport à F*; que *si l'objet se rapproche du foyer, l'image s'en éloigne*, et *inversement*, c'est-à-dire que *l'objet et l'image se déplacent toujours en sens contraire*; enfin que, *l'objet passant par F, l'image passe brusquement de l'infini à droite à l'infini à gauche*, ou *inversement*.

53. **Vérification expérimentale.** — On prend habituellement comme objet réel une bougie, comme objet virtuel l'image réelle de la bougie dans une lentille convergente, en interposant le miroir entre cette image et la lentille.

Pour déterminer l'image, quand elle est réelle, on reçoit le faisceau réfléchi sur un écran diffusant en papier, toile ou verre dépoli (fig. 80); on peut aussi apercevoir directement cette image en plaçant l'œil dans le faisceau réfléchi, après l'image réelle et à $0^m,25$ au moins pour un observateur à vue normale (fig. 81); de la même manière on observera une image virtuelle qui ne peut être reçue sur un écran (fig. 82).

54. **Champ d'un miroir sphérique.** — Le champ d'un miroir sphérique, pour une position donnée de l'œil, se définit comme pour un miroir plan (27). On peut le déterminer géométriquement par une remarque analogue

pour qu'un rayon réfléchi arrive à l'œil supposé réduit à un point, il faut que le rayon incident correspondant passe par le conjugué de ce point par rapport au miroir. — Le champ est donc délimité, pour les objets matériels, par les portions de nappes coniques situées en avant du miroir, ayant pour

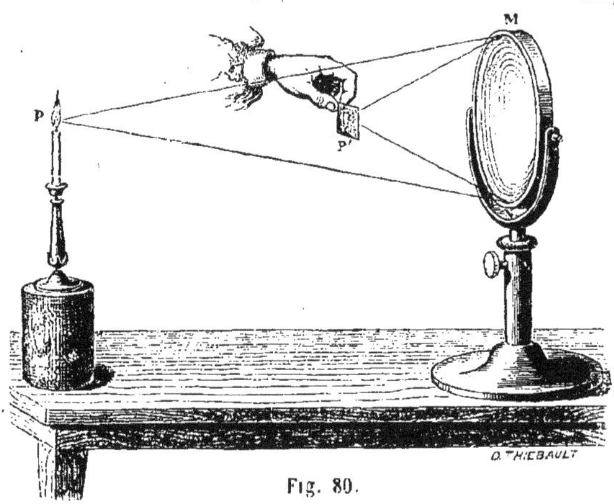


Fig. 80.

sommet le point image de l'œil et pour directrice le contour MM' de ce miroir.

45. **Détermination expérimentale des distances focales ou des rayons de courbure des miroirs sphériques.** — 1° *Méthode du sphéromètre.*

Au moyen du *sphéromètre*, que nous étudierons plus tard (400), on mesure le rayon de la surface réfléchissante, on en déduit immédiatement la distance focale demandée.

Cette méthode n'est plus applicable lorsque le miroir sphérique est con-

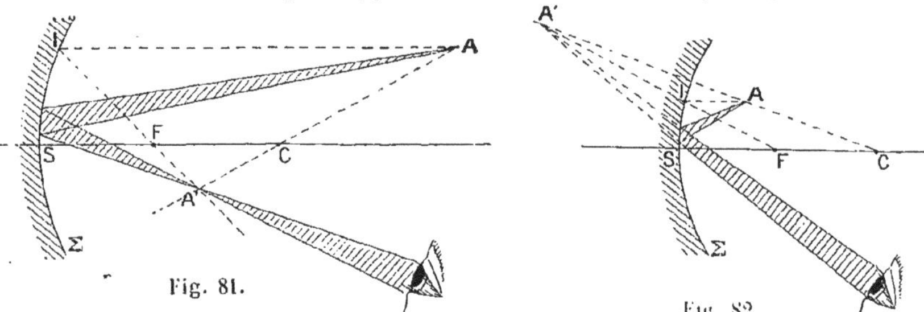


Fig. 81. Fig. 82.

stitué par un ménisque (lentille dont les deux faces ont leur convexité tournée du même côté) ayant la face postérieure argentée.

2° *Méthodes optiques.* — On applique la formule $\frac{1}{x} + \frac{1}{x'} = \frac{1}{f}$; on mesure $x$ et $x'$ et on en déduit $f$.

$\alpha$) *Miroirs concaves.* — On se place dans le cas où l'objet et l'image sont tous les deux réels, alors $x$ et $x'$ sont accessibles l'un et l'autre à une mesure directe;

Si $x = \infty$, $x' = f$. On prend comme objet le Soleil, par exemple, et on mesure $x'$;

Si $x = x' = 2f, \gamma = -1$. On cherche, par tâtonnements, à placer l'objet dans une position telle que l'image lui soit égale et renversée ; par surcroît elle est dans le plan de l'objet, qui est alors le plan anti-principal ; on a ainsi une vérification du réglage.

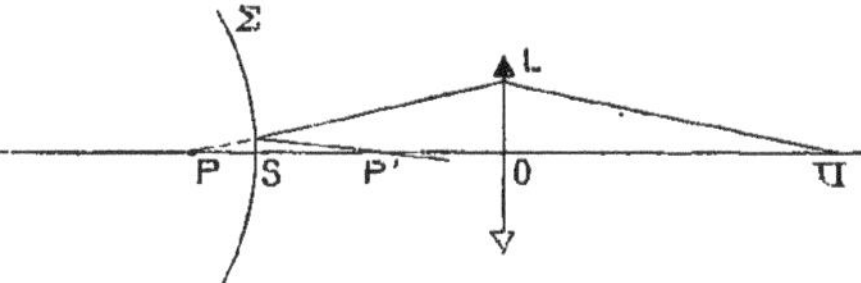

Fig. 83.

β) *Miroirs convexes.* — Au moyen d'une lentille convergente L (fig. 83) on obtient d'un objet Π une image réelle P qui fonctionne comme objet virtuel par rapport au miroir convexe Σ, qu'on rapproche de P jusqu'à ce qu'il en donne une image réelle P' ; on mesure successivement SP', SO, OP ; on en déduit $x$ et $x'$.

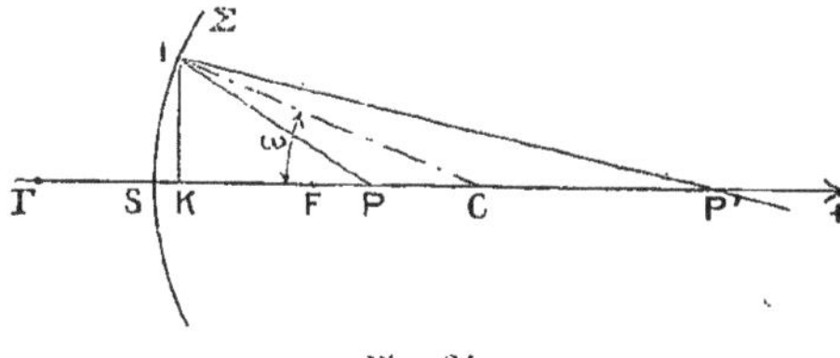

Fig. 84.

**46. Théorie des miroirs sphériques par l'involution.** — A un point-objet P (fig. 84), correspond un point-image P', et inversement, si on prend P' pour objet, P est son image ; les points P et P' sont donc en involution.

Prenons pour origine un point quelconque Γ de l'axe PP' et posons :

$$\overline{\Gamma P} = t \qquad \overline{\Gamma P'} = t'$$

nous avons immédiatement la relation symétrique :

$$(1) \qquad tt' + a(t + t') + b = 0 ;$$

transportons l'origine en l'un des points doubles de l'involution, S ou C, et posons :

$$\overline{SP} = x \qquad \overline{SP'} = x' \qquad \overline{SF} = f \qquad \overline{CP} = z \qquad \overline{CP'} = z' \qquad \overline{CF} = \varphi ;$$

nous avons :

$$xx' - f(x + x') = 0 \qquad zz' - \varphi(z + z') = 0 ;$$

enfin, transportons l'origine en F, point conjugué du point à l'infini et posons :

$$\overline{FP} = \sigma \qquad \overline{FP'} = \sigma' ;$$

il vient :

$$\sigma\sigma' = f^2 = \varphi^2.$$

*Remarque.* — Pour que l'involution soit déterminée, il faut et il suffit que les coefficients $a$, $b$ de la formule générale (1) soient connus, il suffit donc de donner deux couples de points conjugués, ce qui fait deux conditions; en particulier, il suffit de connaître les deux points doubles S et C, ou bien un point double et le point F conjugué du point à l'infini.

On peut ramener les problèmes de position sur les miroirs sphériques à des problèmes sur l'involution ; les recherches en sont quelquefois très simplifiées.

**47. Application de la loi du tautochronisme à l'étude du miroir sphérique.** — Soit un miroir sphérique Σ, de sommet S, de centre C (fig. 84), cherchons à déterminer l'image P' de P en appliquant la loi du tautochronisme (19). Puisque la lumière se propage dans un seul milieu, la loi du tautochronisme entraîne l'égalité des chemins suivis par la lumière pour aller de P en P′, quel que soit le point d'incidence I.

On doit donc avoir :

$$\Phi = \mathrm{PI} + \mathrm{IP}' = \mathrm{C^{te}}$$

Posons :

$$\overline{\mathrm{CP}} = z \qquad \overline{\mathrm{CP'}} = z' \qquad \overline{\mathrm{CS}} = \rho \qquad \widehat{\mathrm{SCI}} = \omega$$

nous avons, en abaissant du point I la perpendiculaire IK sur l'axe, et remarquant que $\overline{\mathrm{KP}} = \overline{\mathrm{CP}} - \overline{\mathrm{CK}}$ :

$$\mathrm{PI} = \sqrt{\overline{\mathrm{KI}}^2 + \overline{\mathrm{KP}}^2} = \sqrt{\rho^2 \sin^2 \omega + (z - \rho \cos \omega)^2} = \sqrt{\rho^2 - 2\rho z \cos \omega + z^2} ;$$

de même :

$$\mathrm{IP}' = \sqrt{\rho^2 - 2\rho z' \cos \omega + z'^2} ;$$

donc :

$$\Phi = \sqrt{\rho^2 - 2\rho z \cos \omega + z^2} + \sqrt{\rho^2 - 2\rho z' \cos \omega + z'^2}.$$

Si le miroir est stigmatique pour les points P et P′ :

$$\frac{d\Phi}{d\omega} = 0,$$

quel que soit $\omega$. L'équation précédente s'écrit :

$$\frac{d\Phi}{d\omega} = \frac{\rho z \sin \omega}{\sqrt{\rho^2 - 2\rho z \cos \omega + z^2}} + \frac{\rho z' \sin \omega}{\sqrt{\rho^2 - 2\rho z' \cos \omega + z'^2}} = 0,$$

ou :

$$(1) \qquad \frac{z}{\sqrt{\rho^2 - 2\rho z \cos \omega + z^2}} + \frac{z'}{\sqrt{\rho^2 - 2\rho z' \cos \omega + z'^2}} = 0,$$

d'où nous tirons :

$$2 z z' (z - z') \cos \omega - \rho (z^2 - z'^2) = 0.$$

On doit donc avoir :

$$\begin{cases} z z' (z - z') = 0, \\ z^2 - z'^2 = 0. \end{cases}$$

1^re^ *solution.*

$$\begin{cases} z z' = 0, \\ z^2 - z'^2 = 0. \end{cases}$$

Ce système nous donne $z = 0$, $z' = 0$ ; le miroir est stigmatique pour le centre qui est à lui-même son conjugué.

2^e^ *solution.*

$$\begin{cases} z - z' = 0, \\ z^2 - z'^2 = 0 ; \end{cases}$$

de là nous tirons

$$z = z',$$

qui comprend le cas particulier précédent. Cette solution doit être évidemment rejetée si $z \neq 0$ ; elle a été introduite en élevant au carré.

Le miroir sphérique est seulement stigmatique pour le centre.

*Approximation.* — Supposons que l'angle $\omega$ soit très petit, alors dans l'équation (1), remplaçons cos $\omega$ par 1, il vient :

$$\frac{z}{\rho - z} + \frac{z'}{\rho - z'} = 0,$$

d'où

$$\frac{1}{z} + \frac{1}{z'} = \frac{2}{\rho},$$

qui est la relation déjà trouvée (34).

48. **Aberrations des miroirs sphériques** (¹). — α) Prenons comme objet lumineux une petite ouverture P (fig. 85) vivement éclairée, diaphragmons le miroir sphérique concave Σ (fig. 85) de manière à ne laisser arriver sur ce miroir que les rayons issus de P situé sur l'axe principal PC, et qui passent par deux petites ouvertures A et B, coupons les réfléchis par un petit écran que nous déplaçons lentement; nous constatons que les traces des faisceaux réfléchis ne sont jamais confondues, sauf si SA = SB, c'est-à-dire si les rayons incidents sont sur un cône d'axe PS; ou encore si les plans SPA, SPB sont confondus. — Le miroir n'est pas *stigmatique* pour P.

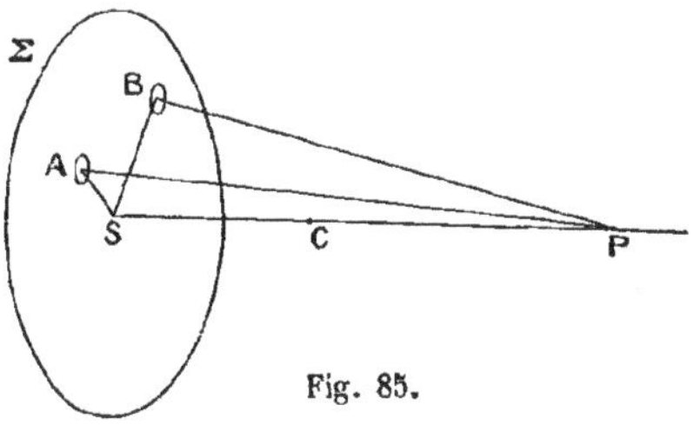

Fig. 85.

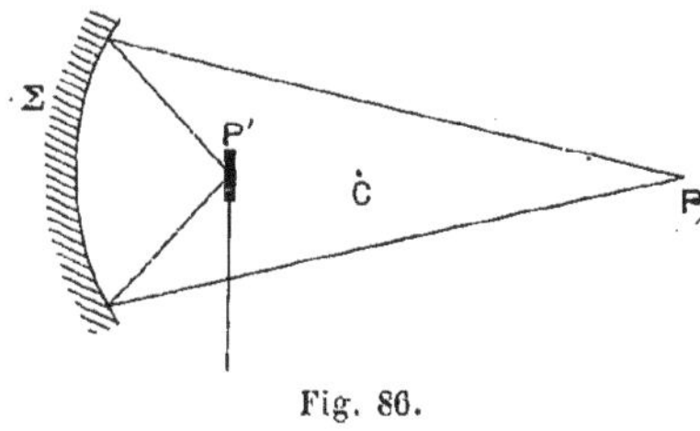

Fig. 86.

β) Enlevons le diaphragme qui recouvre le miroir éclairé par le point lumineux P (fig. 86) et coupons le faisceau réfléchi par un petit écran que nous déplaçons jusqu'à ce que nous obtenions la section minimum P′ du faisceau : nous constatons que cette section n'est jamais réduite à un point, mais forme sensiblement un cercle qui peut avoir 1 ou 2 centimètres de diamètre, par exemple, dans le cas des miroirs usuels de Cours : le miroir n'est donc pas stigmatique pour le point P, il n'y a pas de véritable image. Le rayon du cercle P′, qui figure l'image de P, est, par définition, l'aberration *transversa* ou *latérale* de l'image de P.

γ) Diaphragmons fortement les bords du miroir, de manière à laisser arriver seulement les rayons centraux sur la surface Σ (fig. 87), nous obtenons cette fois une image $P'_1$ qui est bonne.

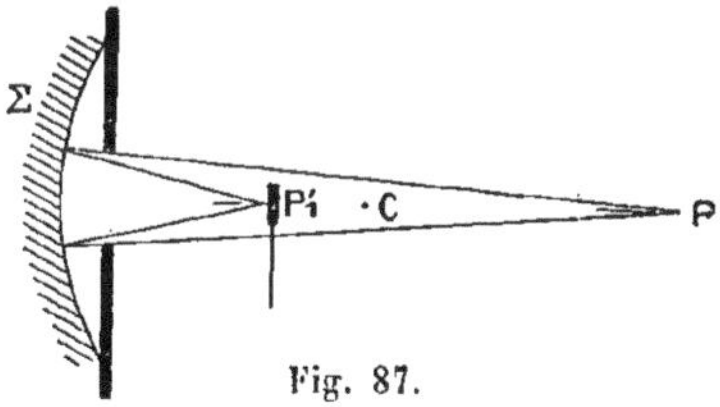

Fig. 87.

δ) Répétons la même expérience, mais en diaphragmant le centre du miroir et admettant seulement les rayons marginaux : nous avons encore une bonne image $P'_2$ (fig. 88), et nous constatons que $P'_2$ est plus voisin de Σ que $P'_1$. La distance $P'_1P'_2$ est l'*aberration longitudinale* de l'image de P.

*Donc les rayons centraux et les rayons marginaux donnent des images*

(¹) Quelques-unes des expériences indiquées sur les aberrations, caustiques et focales des miroirs sphériques ne sont pas des expériences de Cours, mais elles peuvent être réalisées par les élèves, séparément, en manipulation.

*différentes : l'ensemble de tous les incidents fournit une image mauvaise, car les images centrale et marginale ne sont pas superposées.*

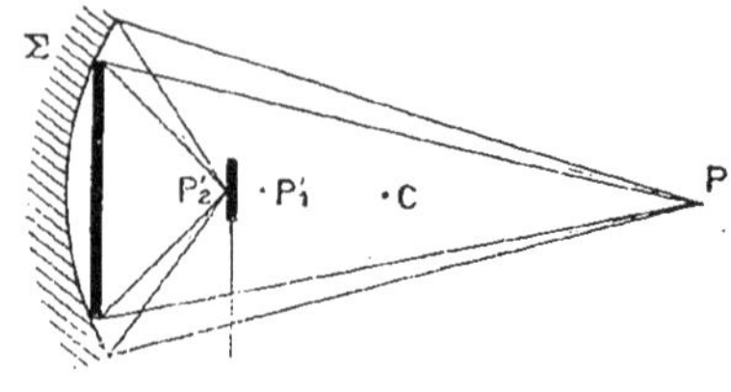

Fig. 88.

On donne le nom général d'*aberrations de sphéricité* aux défauts des images qui résultent de l'astigmatisme du miroir.

On réalise avantageusement les expériences d'aberrations en prenant comme objet une toile métallique à fil très fin, un quadrillage, un bec Auer. L'image est mauvaise quand on utilise toute l'ouverture du miroir, bonne, c'est-à-dire nette, si l'on emploie seulement les rayons centraux.

*Remarque.* — Quand l'objet est voisin du centre, l'image est toujours bonne, qu'on diaphragme ou non : *le miroir est très sensiblement stigmatique pour les points voisins du centre.*

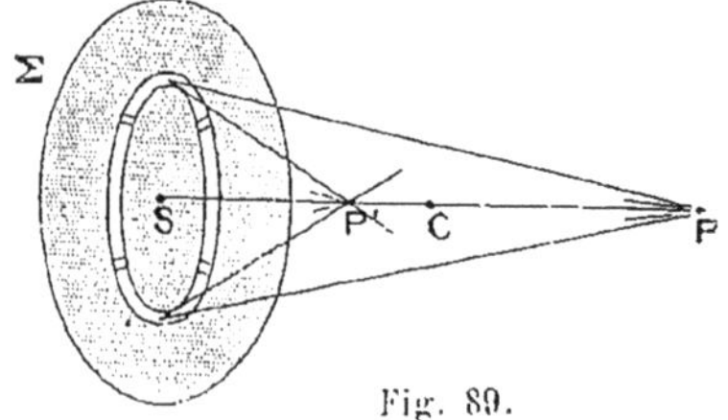

Fig. 89.

49. **Caustiques des miroirs sphériques.** — α) Limitons le faisceau incident issu du point P (fig. 89) par un diaphragme annulaire de centre S; les réfléchis viennent tous se couper en un point P' de l'axe PCS; par conséquent l'ensemble des réfléchis est tangent à une portion de l'axe PC, qu'on appelle *première nappe de la surface caustique relative au point P.*

β) Diaphragmons le miroir de manière à admettre seulement comme incidents ceux qui tombent sur la fente ASB (fig. 90), les réfléchis donnent sur un écran placé dans le plan PAB une trace lumineuse qui est toute à l'intérieur des courbes E, E' (fig. 90). Si en D on place une tige de crayon de manière à arrêter un faisceau incident PI, on constate que la trace noire correspondant aux réfléchis supprimés est tangente à la courbe E, et si l'on déplace la tige D, la trace noire roule sur la courbe E. Tous les rayons réfléchis sont donc tangents à E et à E'.

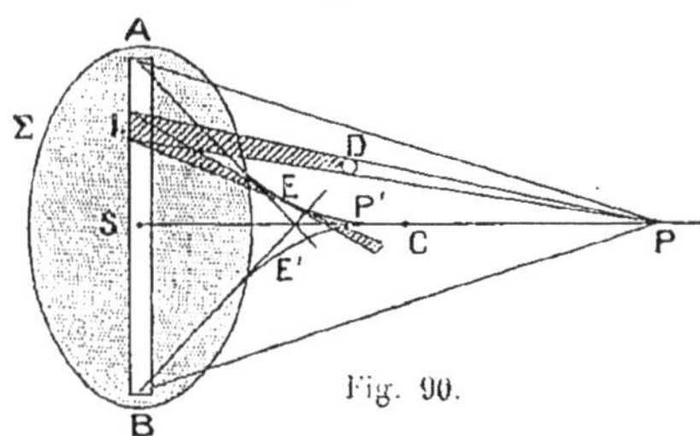

Fig. 90.

Si l'on fait tourner le plan PAB autour de PS on utilise successivement tous les incidents issus de P; les réfléchis sont *tangents* à la surface engendrée par E :

*Les rayons réfléchis correspondant aux incidents issus de P sont tangents à une surface de révolution d'axe PC, qui s'appelle la deuxième nappe de la caustique correspondant au point P.*

γ) On montre bien la courbe E en remplaçant le miroir sphérique par un miroir cylindrique Σ (fig. 91) qui remplit le même office que la tranche AB du miroir sphérique Σ (fig. 90).

δ) Si nous prenons un point P très en dehors de l'axe principal SC (fig. 92), nous constatons :

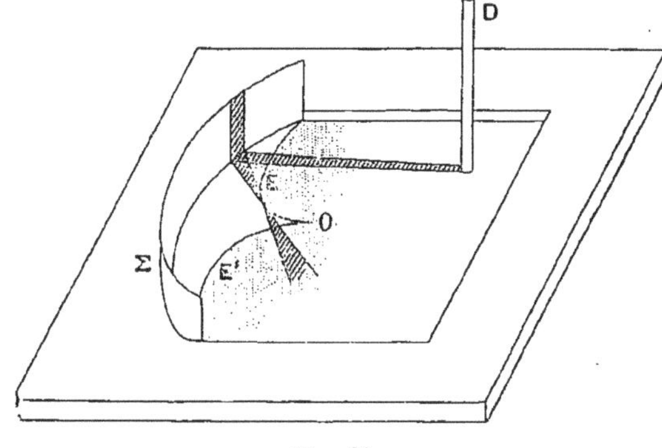

Fig. 91.

1° qu'en coupant le faisceau réfléchi par un écran passant par PC (on cherche cette position par tâtonnements), on obtient une trace qui est une portion $P_1P'_1$ de PC, c'est la première nappe de la caustique;

2° que ces rayons sont tangents à une courbe enveloppe E qui est la trace de la deuxième nappe de la caustique; la lumière se concentre dans le voisinage de E.

Si l'on coupe la deuxième nappe de la caustique par des écrans $Q_1, Q_2, Q_3$, perpendiculaires au plan de la figure, dont les positions sont repérées, on peut étudier la forme de cette caustique; l'une des sections a, par exemple, la forme de la figure 93.

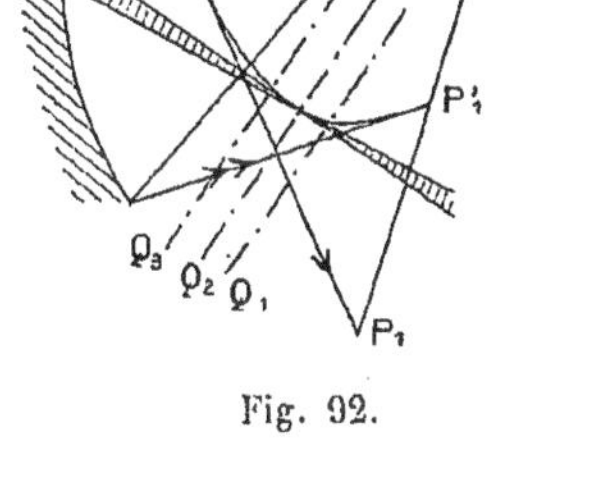

Fig. 92.

**50. Droites focales dans les miroirs sphériques.** — α) Faisons tomber sur le miroir Σ (fig. 94) un faisceau isogène très incliné et fortement diaphragmé; coupons le faisceau réfléchi par un écran : nous trouvons deux régions distinctes $P'_1$, $P'_2$ pour lesquelles la section du faisceau par l'écran est très sensiblement une petite droite. Il y a *deux aires d'amincissement* du faisceau : l'une en $P'_1$, située dans le plan de la figure, l'autre en $P'_2$ perpendiculaire à ce plan; les sections de ces aires s'appellent des *focales*; les focales considérées habituellement sont perpendiculaires au rayon moyen; on les appelle *focales de Sturm*. Celle qui est en $P'_1$, dans le plan méridien, est dite *focale radiale* ou *sagittale*; celle qui est en $P'_2$, normale au plan méridien, s'appelle *focale tangentielle* ou *transverse*.

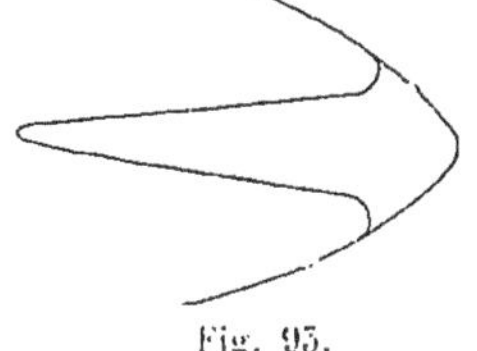
Fig. 93.

Il est facile de voir que les focales sont tangentes aux nappes de la caustique;

Les focales en $P'_1$ sont tangentes à la nappe de caustique qui est une portion de l'axe en $P'_1$, c'est-à-dire un cylindre de rayon infiniment petit.

Si nous enlevons le diaphragme D, après avoir repéré la focale $P'_2$, nous voyons qu'elle est tangente à la trace de la caustique sur l'écran déterminant cette focale $P'_2$.

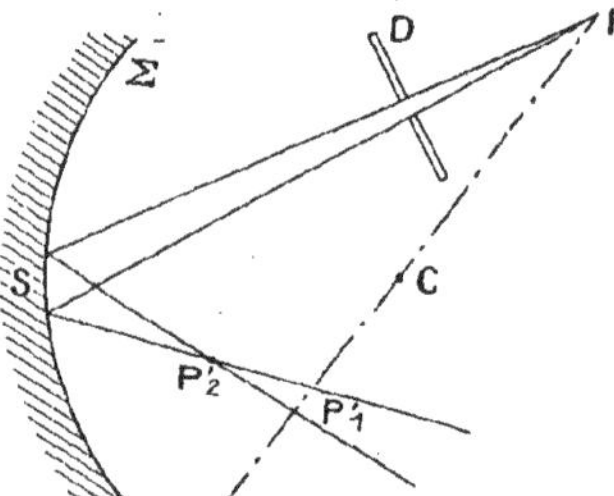

Fig. 94.

β) Mesurons la distance $P'_1P'_2$ (fig. 94), appelée *distance d'astigmatisme* et faisons varier l'inclinaison du faisceau PS; quand cette inclinaison diminue, la distance $P'_1P'_2$ décroît et devient nulle pour l'incidence normale; il y a alors une véritable image de P.

γ) Lorsque le faisceau incident est incliné, coupons le faisceau réfléchi par un écran normal à la direction moyenne et que nous déplaçons; nous observons successivement les apparences de la figure 95, dans laquelle la partie supérieure est la projection verticale du faisceau, la partie médiane, la projection horizontale, et la partie inférieure, un rabattement de la section sur le plan horizontal; la trace qui représente le mieux l'image d'un point est le cercle A obtenu en plaçant l'écran à égale distance des focales $P'_1$ et $P'_2$ : c'est le *cercle de moindre diffusion*. Le diamètre de ce cercle est d'autant plus petit que la distance $P'_1P'_2$ est plus faible, d'où l'importance que présente la connaissance de cette distance.

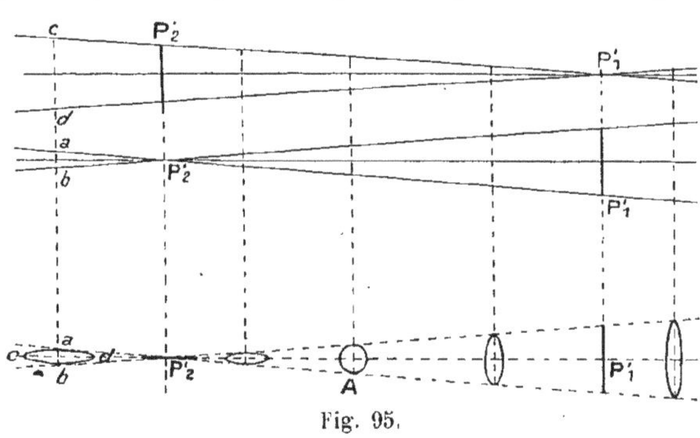

Fig. 95.

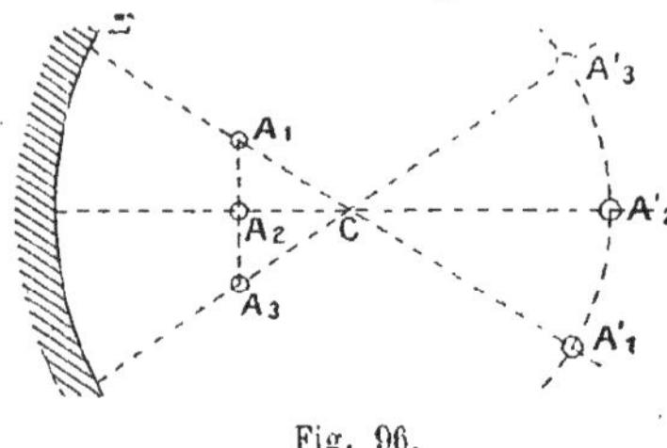

Fig. 96.

**51. Courbure des images.** — Prenons comme objet lumineux un système de trois bougies $A_1$, $A_2$, $A_3$ (fig. 96), placées en ligne droite et dont le miroir Σ donne des images réelles $A'_1$, $A'_2$, $A'_3$ : en déterminant la position de ces images par un écran, nous constatons qu'elles ne peuvent être mises au point toutes les trois à la fois et qu'elles sont distribuées sur une surface tournant sa concavité vers C. Le miroir sphérique n'est donc pas rigoureusement aplanétique (11).

## CALCUL DES ABERRATIONS DES MIROIRS SPHÉRIQUES

52. **Aberration longitudinale.** — Soit P (fig. 97) un point lumineux, PI un rayon incident, dont le réfléchi coupe l'axe PC en P′; en posant

$\overline{CP} = z \qquad \overline{CP'} = z'$
$\overline{CS} = \rho,$

nous avons trouvé (33) la relation

$$(1) \quad \frac{1}{z} + \frac{1}{z'} = \frac{2\cos\omega}{\rho}.$$

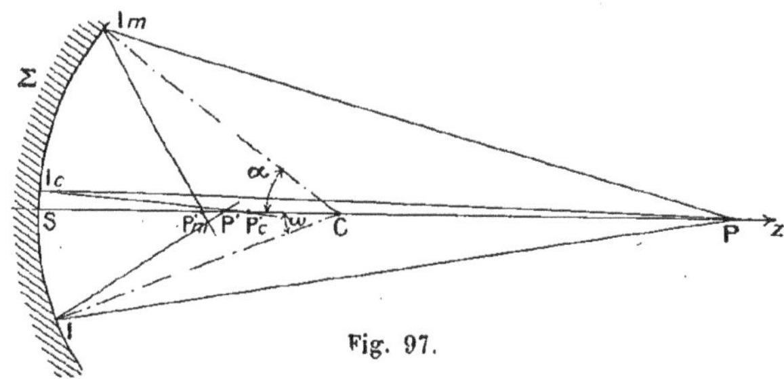


Fig. 97.

La position de P′ dépend de $\omega$. Plaçons-nous dans le cas particulier où PS est axe principal, cas particulièrement intéressant, car la tache d'aberration est un cercle, et cherchons les points de rencontre avec l'axe des réfléchis centraux et des réfléchis marginaux : soient $P'_c$ et $P'_m$ ces points; posons :

$$\overline{CP'_c} = z'_c \qquad \overline{CP'_m} = z'_m.$$

De (1) nous tirons :

$$z' = \frac{\rho z}{2z\cos\omega - \rho},$$

pour les rayons centraux : $\omega = 0$, donc

$$z'_c = \frac{\rho z}{2z - \rho};$$

pour les rayons marginaux, $\omega = \frac{\Omega}{2} = \alpha$ ($\Omega$ ouverture du miroir), par suite :

$$z'_m = \frac{\rho z}{2z\cos\alpha - \rho}.$$

On appelle *aberration longitudinale* le segment $\overline{P'_c P'_m} = l$ :

$$l = \overline{P'_c P'_m} = \overline{CP'_m} - \overline{CP'_c} = z'_m - z'_c = \frac{\rho z}{2z\cos\alpha - \rho} - \frac{\rho z}{2z - \rho} = \frac{2\rho z^2 (1 - \cos\alpha)}{(2z\cos\alpha - \rho)(2z - \rho)}.$$

Les valeurs importantes de $z$ sont, en dehors de $\pm\infty$, celle pour laquelle $l$ s'annule, c'est-à-dire $z = 0$ et celles pour lesquelles $z$ devient infini, qui sont $z = \frac{\rho}{2\cos\alpha}$ et $z = \frac{\rho}{2}$. Dressons le tableau des variations de $l$ en fonction de $z$ :

| | | | | | | | | | | |
|---|---|---|---|---|---|---|---|---|---|---|
| $z$ : | $-\infty$ | croît | $\frac{\rho}{2\cos\alpha}$ | croît | $\frac{\rho}{2}$ | croît | 0 | croît | | $+\infty$, |
| $l$ : | $\frac{\rho(1-\cos\alpha)}{2\cos\alpha}$ | décroît | $\mp\infty$ | | $\pm\infty$ | croît | 0 | décroît | | $\pm\frac{\rho(1-\cos\alpha)}{2\cos\alpha}$. |

La courbe de la figure 98 résume la discussion.

Les points $F_c$, $F_m$ (fig. 99) correspondant à $z = \frac{\rho}{2}$ et $z = \frac{\rho}{2\cos\alpha}$ sont respectivement le foyer principal des rayons centraux et le foyer principal des

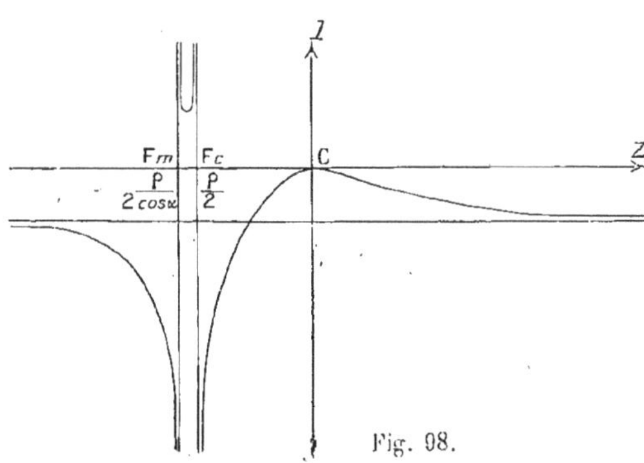

Fig. 98.

rayons marginaux; il est bien évident que, pour ces points, les conjugués, $F'_{cc}$ pour le premier, $F'_{mm}$ pour le second, sont rejetés à l'infini, tandis que $F'_{cm}$ et $F'_{mc}$ sont à distance finie : l'aberration est infinie.

Sauf pour les points compris entre $F_c$, $F_m$ (le vecteur $F_c F_m$ est petit par rapport au rayon), l'aberration longitudinale est toujours négative; on est donc fixé sur les positions relatives de $P'_c$ et $P'_m$.

L'aberration pour le point à l'infini sur l'axe principal est dite *principale*; nous la représenterons par λ :

$$\lambda = \frac{\rho(1-\cos\alpha)}{2\cos\alpha}.$$

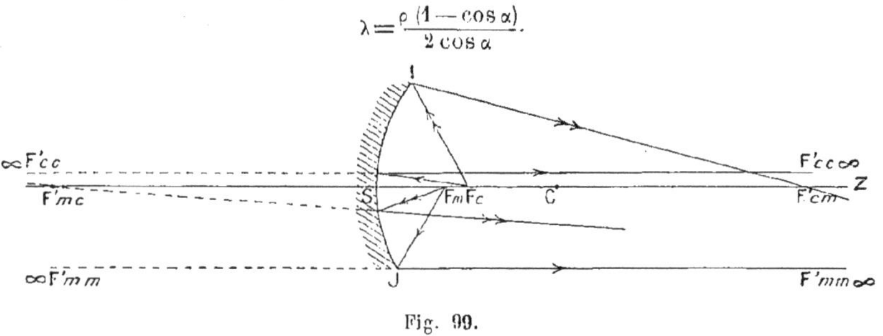

Fig. 99.

Lorsque l'angle α est petit, on peut remplacer cos α par $1-\frac{\alpha^2}{2}$ et il vient :

$$\lambda = \frac{\rho\alpha^2}{4}.$$

Pour le miroir de lord Ross, dont il a été question déjà (57) :

$$(\rho) = 34^m \qquad \alpha = \frac{0,9}{34} \qquad (\lambda) = 0^m,006.$$

Voici les dimensions d'un miroir sphérique concave d'un modèle courant dans les cabinets de physique :

$(\rho) = 1^m$; rayon d'ouverture : $20^{cm}$; pour ce miroir : $\sin\alpha = 0,2$ $\qquad (\lambda) = 0^m,01$.

55. **Aberration transversale ou latérale.** — Cherchons en quel endroit il faut placer un écran pour que la trace du faisceau réfléchi, sur cet écran, représente le mieux possible l'image d'un point; l'expérience nous montre qu'il faut le disposer normalement à l'axe et en $P'_c$ (fig. 100), car en ce point $P'_c$ les deux nappes de la caustique sont tangentes, $P'_c$ est même un point de rebroussement de la caustique, et, en ce point, il y a une accumulation de lumière particulièrement intense. Mais les rayons réfléchis qui ne sont pas très voisins de l'axe ne passent point par $P'_c$, et leur trace forme sur l'écran un cercle dont le bord s'obtient en marquant l'intersection A du réfléchi le plus marginal $IP'_m$ avec l'écran; on appelle aberration

transversale ou latérale le rayon de ce cercle; nous poserons $P'_cA = t$.

La valeur de $t$ importe beaucoup au point de vue de la netteté des images;

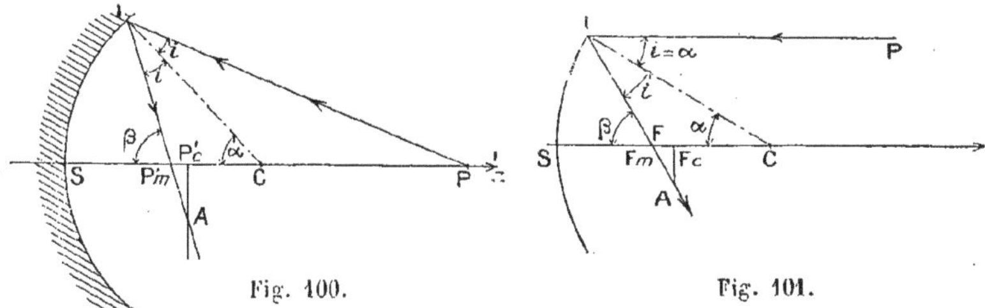


Fig. 100. Fig. 101.

en effet, plus $t$ est petit, plus la tache d'aberration est faible et mieux elle représente un point lumineux; calculons donc $t$.

Dans le triangle rectangle $P'_c P'_m A$, nous avons :

$$t = P'_cA = P'_cP'_m \operatorname{tg}\beta = (l)\operatorname{tg}(\alpha + i).$$

L'aberration est dite principale si le point **P** s'éloigne à l'infini; dans ce cas (fig. 101) $i = \alpha$, et si nous désignons par $\tau$ cette aberration :

$$\tau = (\lambda)\operatorname{tg}2\alpha = \frac{(\rho)(1-\cos\alpha)}{2\cos\alpha}\operatorname{tg}2\alpha.$$

Si l'ouverture du miroir $\Omega = 2\alpha$ est petite, nous pouvons, dans l'expression précédente, remplacer $\cos\alpha$ par $1 - \frac{\alpha^2}{2}$ et $\operatorname{tg}2\alpha$ par $2\alpha$; il vient :

$$\tau = \frac{(\rho)\,\alpha^3}{2};$$

prenons le cas particulier du miroir du grand télescope de lord Ross :

$$(\rho) = 34^m \qquad \alpha = \frac{0,9}{34} \qquad \tau = 0^m,0003 = 0^{mm},3.$$

dans le cas de l'autre miroir cité précédemment :

$$(\rho) = 1^m \qquad \alpha = 0,2 \qquad \tau = 0^m,004 = 4^{mm}\ (^1).$$

54. **Pouvoir séparateur d'un miroir sphérique pour les points à l'infini.** — On appelle pouvoir séparateur (218) d'un miroir, pour les points de l'infini, la distance angulaire minimum de deux points à l'infini dont le miroir donne des images distinctes. Soient deux points A et B (fig. 102) situés à l'infini sur les directions CA, CB, telles que $\widehat{ACB} = \beta$; pour que le miroir donne de ces points deux images distinctes A′ et B′, il faut, semble-t-il, que les taches d'aberration n'empiètent pas l'une sur l'autre, c'est-à-dire que :

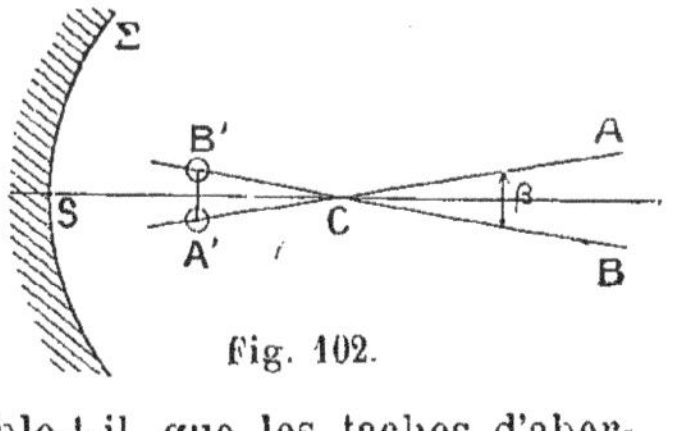

Fig. 102.

$$A'B' > 2\tau \qquad \text{ou} \qquad \frac{(\rho)}{2}\beta > 2\tau \qquad \beta > \frac{4\tau}{\rho} = 2\alpha^3.$$

(1) Les rayons des taches de diffraction (144) seraient égaux dans ces deux cas à $(\varphi) \times \frac{\text{arc } 12''}{0^{cm}}$, c'est-à-dire respectivement à $6^\mu$ et $0^\mu,75$, donc bien inférieurs aux rayons des cercles d'aberration correspondants; par conséquent, la diffraction n'intervient pas pour limiter le pouvoir séparateur (54) de ces miroirs.

Pour le miroir du télescope de lord Ross,

$$\beta \geqslant 2 \times \left(\frac{0,9}{54}\right)^3 = 0,000037 \text{ radian} \qquad \text{ou} \quad \beta \geqslant \text{arc } 7'',4.$$

Le minimum de $\beta$, c'est-à-dire $7'',4$ est le pouvoir séparateur du miroir. En réalité nous allons voir que le pouvoir séparateur réel est la moitié de celui calculé, c'est-à-dire égal à $\alpha^3$.

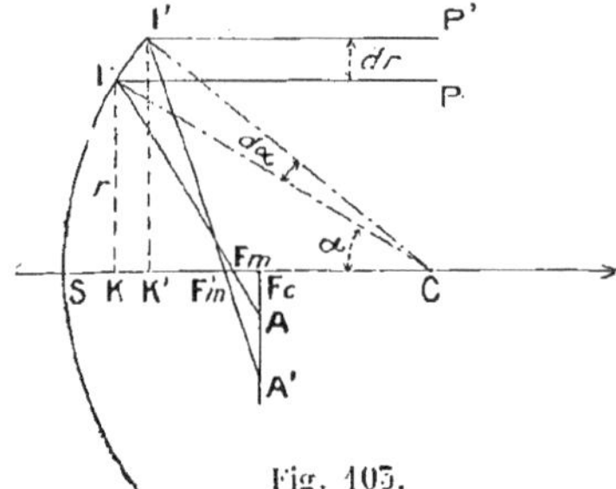


Fig. 103.

55. **Éclairement du cercle d'aberration.** — Supposons que l'ouverture du miroir soit $2\alpha$, et que le cercle d'aberration ait pour rayon $F_0A = \tau$ (fig. 103); le rayon de la base du miroir est

$$KI = r = (\rho) \sin \alpha; \qquad \text{d'autre part} \quad \tau = \frac{(\rho)\,\alpha^3}{2}.$$

Donnons à l'ouverture un accroissement $d\alpha$, $r$ et $\tau$ éprouvent des accroissements $dr$ et $d\tau$, tels que :

$$dr = (\rho) \cos \alpha \, d\alpha \qquad d\tau = \frac{3}{2} (\rho) \alpha^2 \, d\alpha.$$

Le flux lumineux $dQ$, qui tombe sur la région annulaire du miroir qui a pour trace II', est tout entier compris entre les deux cylindres ayant pour axe SC, pour génératrices IP, I'P'; il est donc proportionnel à la surface comprise entre les circonférences de rayon $r$ et $r + dr$:

$$dQ = E \times 2\pi r dr;$$

ce flux lumineux se répartit sur l'anneau extérieur du cercle d'aberration, anneau qui a pour trace AA' et dont la surface est :

$$dS = 2\pi\tau\, d\tau,$$

l'éclairement de cet anneau est donc :

$$e = \frac{dQ}{dS} = E \frac{r dr}{\tau d\tau}$$

ou, avec les approximations légitimes dans le cas d'un miroir de faible ouverture :

$$e = \frac{4E}{5\alpha^4} = K\alpha^{-4}.$$

Cherchons la variation de cet éclairement en fonction de $\tau$. De la relation

$$\tau = \frac{(\rho)\,\alpha^3}{2},$$

nous tirons

$$\alpha = \left(\frac{2\tau}{(\rho)}\right)^{\frac{1}{3}}$$

et, portant dans l'expression de l'éclairement, il vient :

$$e = K'\tau^{-\frac{4}{3}}.$$

Supposons que nous ayons divisé le cercle d'aberration en 10 régions, par des circonférences de centre $F_0$ et dont les rayons sont entre eux comme les nombres 1, 2, 3..., 10; les éclairements, dans le voisinage des circonférences, seront proportionnels à :

$$1^{-\frac{4}{3}},\quad 2^{-\frac{4}{3}},\ldots \qquad 10^{-\frac{4}{3}},$$

c'est-à-dire à :

1, 0,397, 0,230, 0,158, 0,117, 0,092, 0,075, 0,062, 0,053, 0,046.

La courbe de la figure 104 représente les variations d'éclairement de la tache en fonction de la distance au centre; la diminution d'éclairement est donc très rapide quand on s'éloigne du centre et c'est pourquoi les images sont encore satisfaisantes alors que le diamètre de la tache d'aberration atteint plusieurs millimètres. Il en résulte aussi que le pouvoir séparateur du miroir est bien inférieur à celui que nous avons calculé; on admet que les images sont encore distinctes si le bord de l'une des taches d'aberration passe par le centre de l'autre; le pouvoir séparateur ainsi défini est la moitié de celui obtenu précédemment (54).

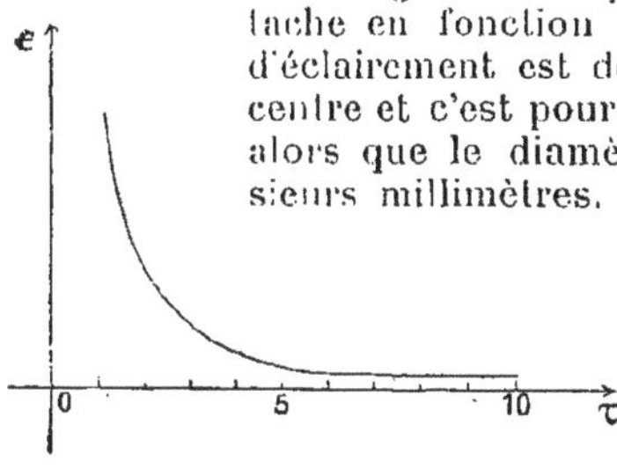

Fig. 104.

56. **Détermination de la caustique d'un miroir sphérique : équation de Petit.** — L'une des nappes est l'axe passant par le point. L'autre nappe est de révolution autour de l'axe passant par le point, et sa méridienne est l'enveloppe des rayons réfléchis par une section méridienne du miroir.

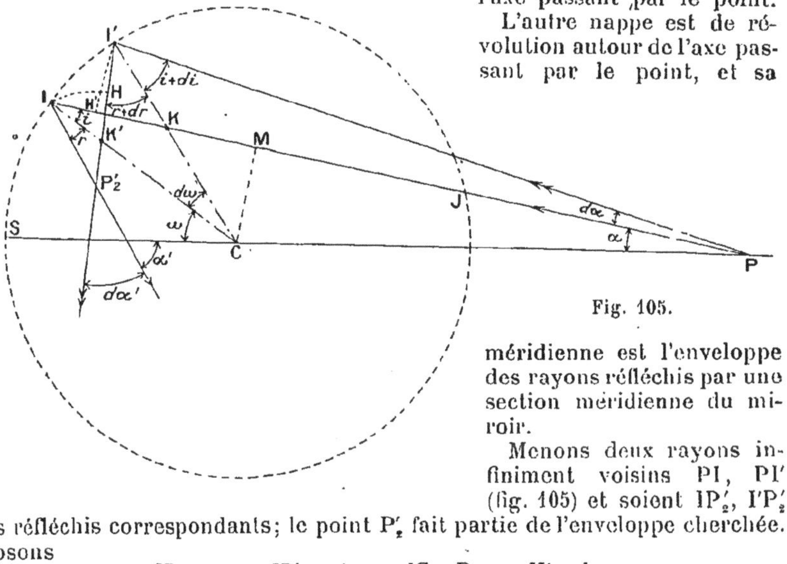

Fig. 105.

Menons deux rayons infiniment voisins PI, PI' (fig. 105) et soient $IP'_2$, $I'P'_2$ les réfléchis correspondants; le point $P'_2$ fait partie de l'enveloppe cherchée. Posons

$$IP = x \qquad IP'_2 = x'_2 \qquad IC = R \qquad II' = ds;$$

cherchons à exprimer les variations $di$ et $dr$ des angles de la figure 105 en fonction de $d\alpha$, $d\alpha'$, $d\omega$.

Les angles en K des triangles KI'P, KIC sont égaux, donc leurs suppléments sont aussi égaux :

$$i + di + d\alpha = i + d\omega \qquad \text{d'où :} \qquad di = d\omega - d\alpha,$$

de même les angles en K' des triangles $K'IP'_2$, K'I'C sont égaux; les suppléments sont aussi égaux :

$$r + d\alpha' = r + dr + d\omega \qquad \text{d'où :} \qquad dr = d\alpha' - d\omega,$$

et comme $di = dr$, il en résulte $d\omega - d\alpha = d\alpha' - d\omega$, d'où

$$(1) \qquad d\alpha + d\alpha' = 2d\omega.$$

Exprimons maintenant $d\alpha$, $d\alpha'$, $d\omega$ en fonction de $x$, $x'$, R et $ds$.

La circonférence de centre P, de rayon PI', coupe PI en H'; l'arc I'H' peut être assimilé à la perpendiculaire abaissée de I' sur PI; nous avons, d'une part

$$\mathrm{I'H'} = x d\alpha,$$

et dans le triangle rectangle H'II'

$$\mathrm{I'H'} = \mathrm{II'} \sin \mathrm{I'IH'} = ds \cos i.$$

Donc :

$$x d\alpha = ds \cos i \qquad \text{d'où} \qquad d\alpha = \frac{ds \cos i}{x};$$

de même, décrivons une circonférence de centre $P'_2$ avec $P'_2I$ pour rayon; elle coupe $P'_2I'$ en H :

$$\mathrm{IH} = x'_2 d\alpha',$$

et dans le triangle rectangle HII'

$$\mathrm{IH} = \mathrm{II'} \sin \mathrm{II'H} = ds \cos (r + dr) = ds \cos r = ds \cos i.$$

Donc

$$x'_2 d\alpha' = ds \cos i \qquad \text{d'où} \qquad d\alpha' = \frac{ds \cos i}{x'_2};$$

enfin

$$d\omega = \frac{ds}{\mathrm{R}};$$

par conséquent en portant dans (1) :

$$\frac{ds \cos i}{x} + \frac{ds \cos i}{x'_2} = 2 \frac{ds}{\mathrm{R}}$$

ou

$$(2) \qquad \frac{1}{x} + \frac{1}{x'_2} = \frac{2}{\mathrm{R} \cos i},$$

mais $\mathrm{R} \cos i = \mathrm{IM} = \frac{\mathrm{IJ}}{2}$; posons donc $\mathrm{IJ} = 4a$; la formule devient :

$$(3) \qquad \frac{1}{x} + \frac{1}{x'_2} = \frac{1}{a}.$$

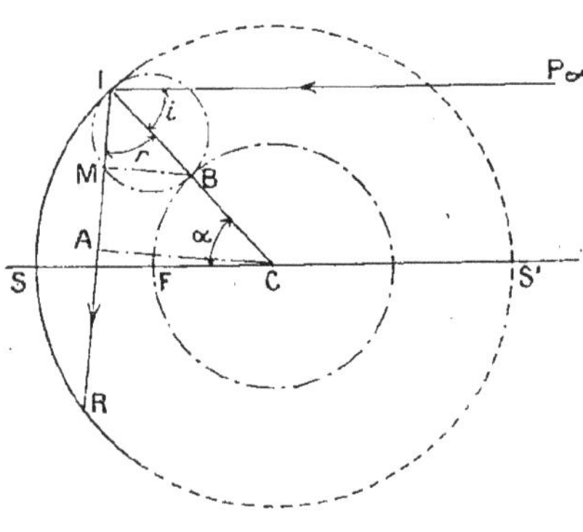


Fig. 106.

Cette formule nous permet de construire point par point la méridienne de la caustique.

*Généralisation.* — La formule s'applique encore au cas d'une surface de révolution réfléchissante; R étant alors le rayon de courbure en I de la méridienne de cette surface réfléchissante.

**57. Principales formes de la méridienne de la caustique.** — 1° *Le point est à l'infini* :

Dans l'équation de Petit

$$\frac{1}{x} + \frac{1}{x'_2} = \frac{1}{a}$$

faisons $x = \infty$, il vient : $x'_2 = a$.

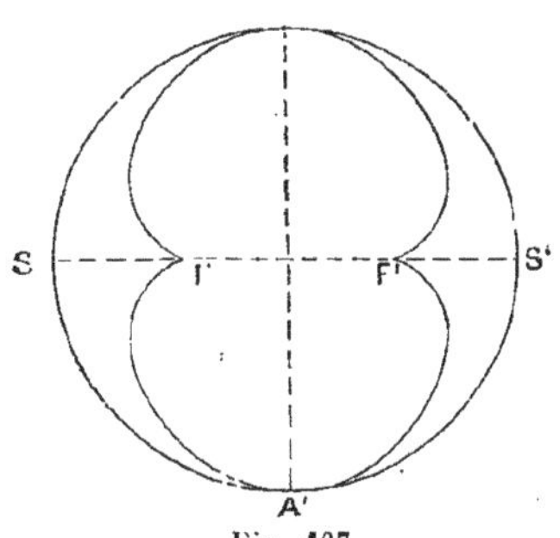

Fig. 107.

Soit PI (fig. 106) un incident, IR le réfléchi correspondant; prenons le milieu B de IC par lequel nous menons la perpendiculaire BM à IR; $IM = \frac{IA}{2} = \frac{IR}{4} = a$, donc M est un point de la caustique. Menons la circonférence de diamètre IB : elle passe par M; menons aussi la circonférence de centre C, de rayon CB. Nous avons :

$$\alpha = \frac{\text{arc FB}}{\text{CF}} \qquad i = r = \frac{\text{arc MB}}{\text{IB}}.$$

Mais $\alpha = i$ comme alternes-internes formés par les parallèles IP, SC et la sécante IC, donc :

$$\frac{\text{arc FB}}{\text{CF}} = \frac{\text{arc MB}}{\text{IB}} \qquad \text{ou} \qquad \text{arc FB} = \text{arc MB}.$$

Le lieu de M peut donc être considéré comme engendré de la manière suivante :

Une circonférence décrite sur SF comme diamètre roule sur la circonférence de centre C, de rayon CF; le lieu décrit par le point de la première circonférence, qui coïncidait primitivement avec F, est le lieu de M. C'est une épicycloïde à deux points de rebroussement en F et F' (fig. 107); les deux portions AFA', AF'A' correspondent séparément aux miroirs ayant pour sommets S et S' (¹).

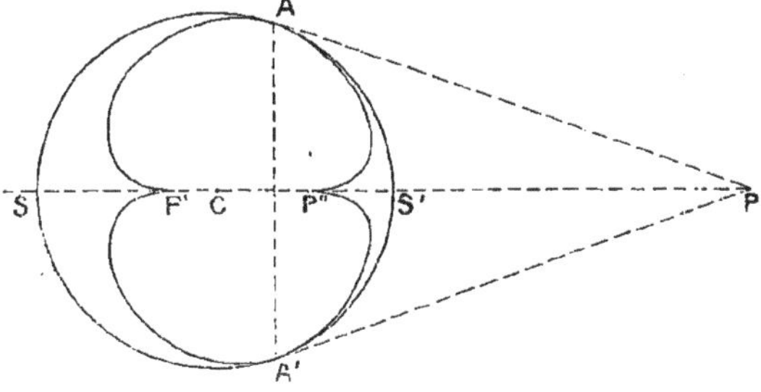

Fig. 108.

2° *Le point est à distance finie.*

Si le point-objet P se rapproche, en restant à droite de S', la courbe prend la forme de la figure 108. Quand le point P est en S', on a la figure 109. Quand il est entre S' et F', la courbe présente des branches

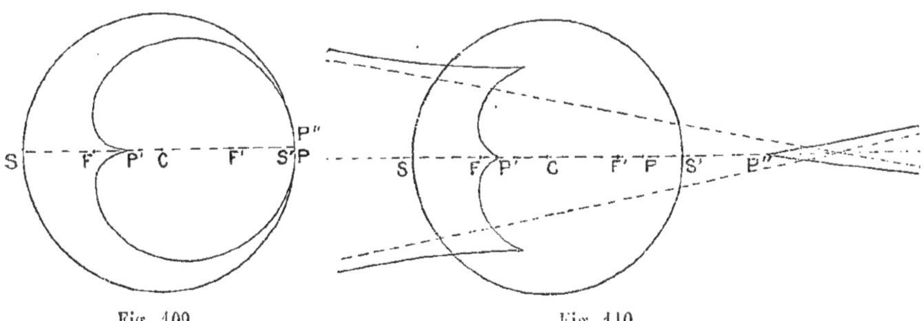

Fig. 109. Fig. 110.

(¹) *Autre démonstration.* — On établit, comme plus haut, que le lieu du point de rencontre M de IR avec la circonférence de diamètre IB est une épicycloïde. Lorsque

infinies (fig. 110) ; s'il vient en F' les deux asymptotes, se confondent avec SS'

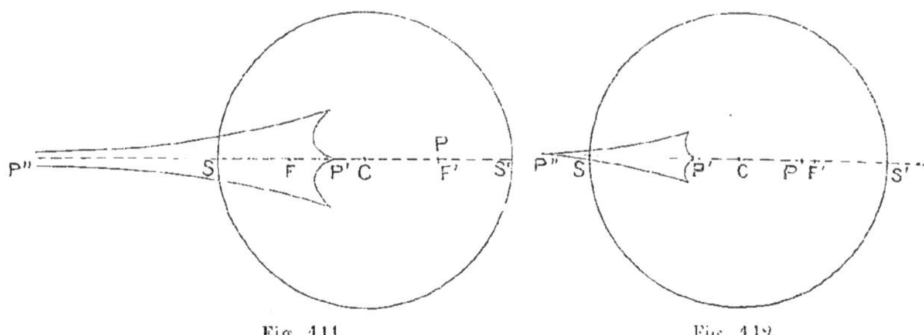


Fig. 111. Fig. 112.

(fig. 111); s'il est placé entre F' et C, on a une courbe fermée (fig. 112). Les points conjugués P' et P'' du point-objet P par rapport à S et S' sont toujours des points de rebroussement.

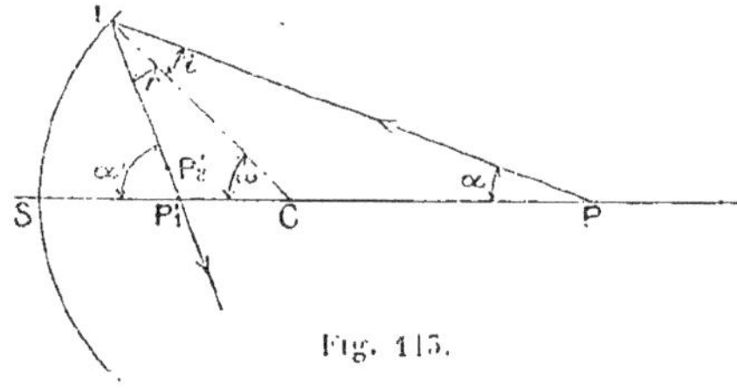


Fig. 113.

**58. Position des droites focales. — Distance d'astigmatisme.** — 1° *Focale tangentielle.* — La position de la droite focale tangentielle $P'_2$ (fig. 113) est donnée (56) par la formule

$$(1) \qquad \frac{1}{x}+\frac{1}{x'_2}=\frac{2}{R\cos i}$$

2° *Focale radiale.* — Posons $IP'_1=x'_1$ (fig. 113).

Dans le triangle $CIP'_1$ nous avons :

$$\frac{x'_1}{\sin\omega}=\frac{R}{\sin\alpha'},$$

d'où

$$(2) \qquad \frac{R}{x'_1}=\frac{\sin\alpha'}{\sin\omega}=\frac{\sin(\omega+r)}{\sin\omega}=\cos r+\sin r\operatorname{cotg}\omega;$$

de même, dans le triangle CIP nous avons :

$$\frac{x}{\sin\omega}=\frac{R}{\sin\alpha},$$

d'où

$$(3) \qquad \frac{R}{x}=\frac{\sin\alpha}{\sin\omega}=\frac{\sin(\omega-i)}{\sin\omega}=\cos i-\sin i\operatorname{cotg}\omega;$$

additionnons membre à membre (2) et (3), en tenant compte de l'égalité $i=r$, il vient :

$$\frac{R}{x}+\frac{R}{x'_1}=2\cos i \qquad \text{ou} \qquad \frac{1}{x}+\frac{1}{x'_1}=\frac{2\cos i}{R}.$$

3° *Distance d'astigmatisme.* — Cette grandeur est donnée par l'expression :

$$d=P'_1P'_2=x'_2-x'_1=\frac{-2Rx^2\sin^2 i}{(2x\cos i-R)(2x-R\cos i)};$$

elle est nulle pour $x=0$, c'est-à-dire lorsque le point est sur le miroir, alors

cette circonférence roule sur la circonférence intérieure, le centre instantané de rotation est B, donc la normale au lieu de M est MB perpendiculaire à IB, par suite l'enveloppe des réfléchis tels que IR est bien l'épicycloïde lieu de M.

$x' = x'' = 0$; elle est nulle aussi pour $\sin i = 0$ : les focales correspondant au faisceau normal sont confondues. Mais lorsque $\sin i = 0$, $i$ est constamment nul, le point est en C; pour tous les faisceaux, les focales sont confondues : il y a stigmatisme *vrai*. Le stigmatisme est *approché* toutes les fois que $\sin i$ est voisin de 0, c'est-à-dire lorsque le faisceau incident est à peu près normal.

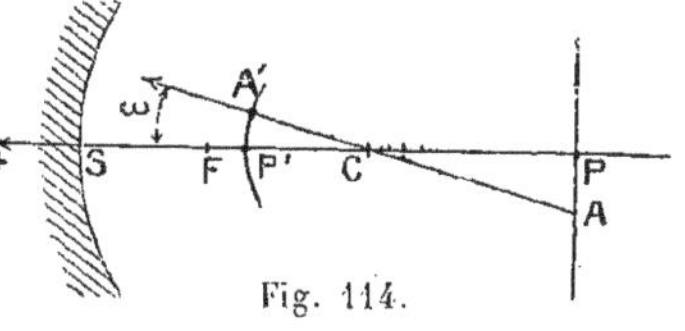

Fig. 114.

59. **Courbure de l'image d'un plan de front.** — Soit le plan qui a pour trace PA (fig. 114).

Nous avons, les points A et A' étant conjugués :

$$\frac{1}{\overline{CA}} + \frac{1}{\overline{CA'}} = \frac{2}{\overline{CS}}.$$

Posons (sens positif CS)

$$\overline{CP} = d \qquad \overline{CA'} = \rho \qquad \frac{\overline{CS}}{2} = \varphi \qquad \widehat{SCA'} = \omega.$$

Dans le triangle CPA : $\overline{CA} = \dfrac{\overline{CP}}{\cos \omega} = \dfrac{d}{\cos \omega}$,

donc :

$$\frac{\cos \omega}{d} + \frac{1}{\rho} = \frac{1}{\varphi} \qquad \text{d'où} \qquad \rho = \frac{d\varphi}{d - \varphi \cos \omega} = \frac{\varphi}{1 - \frac{\varphi}{d} \cos \omega};$$

cette équation est de la forme :

$$\rho = \frac{p}{1 - e \cos \omega};$$

elle définit donc une conique ayant pour foyer C, pour paramètre $\varphi$, pour excentricité $\frac{\varphi}{d}$.

Pour obtenir tous les points de PA, il suffit de faire varier $\omega$ de $-\frac{\pi}{2}$ à $+\frac{\pi}{2}$; le lieu cherché est une portion de conique; si $(d) > \varphi$, ce lieu est une portion d'ellipse; pour $(d) = \varphi$, nous obtenons une portion de parabole avec points à l'infini pour $d = \varphi$; enfin dans le cas de $(d) < \varphi$, le lieu est une portion d'hyperbole et n'admet de points à l'infini que pour $d > 0$.

Le rayon de courbure au sommet P' est égal au paramètre, c'est-à-dire à $\varphi$ : il est indépendant de la position du plan. La courbure est faible si le miroir est de grand rayon, l'image est alors peu déformée au voisinage de l'axe.

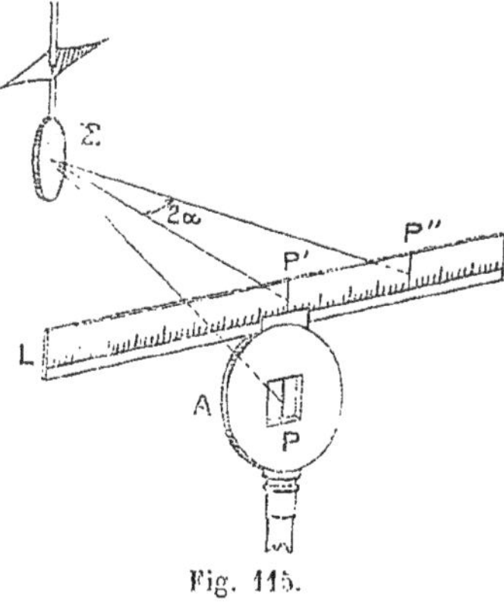

Fig. 115.

60. **Applications des miroirs sphériques.** — Les miroirs sphériques concaves sont utilisés comme réflecteurs pour les lampes, les phares d'automobiles.

On emploie fréquemment un miroir sphérique pour appliquer la méthode de Poggendorff (50) à la mesure des petits angles, car on peut alors se passer de viseur. La disposition est la suivante :

Un miroir sphérique $\Sigma$ (fig. 115), solidaire de l'équipage mobile, donne de la fente A bien éclairée et munie d'un spot P (fil tendu) très fin, vertical, une image P′ qui vient se peindre sur la règle translucide horizontale L. L'objet et l'image étant à la même distance du miroir, il faut que l'objet soit placé dans le plan antiprincipal, et ainsi, quand le centre du miroir n'est pas éloigné du spot, l'image est très nette.

Supposons que le miroir ait tourné de l'angle $\alpha$, le réfléchi a tourné de l'angle $2\alpha$, l'image du spot est venue de P′ en P″; nous avons :

$$\operatorname{tg} 2\alpha = \frac{P'P''}{P'\Sigma},$$

ou sensiblement :

$$\alpha = \frac{1}{2}\frac{P'P''}{P'\Sigma}.$$

On apprécie des déplacements de l'ordre de $\frac{1}{10}$mm ; si $P'\Sigma = 1^m$, la sensibilité de l'instrument est mesurée par

$$\alpha = \frac{1}{2} \times \frac{0^{mm},1}{1\,000} = \frac{1}{20\,000} \text{ radian} = 10 \text{ secondes.}$$

L'appareil est donc très sensible; en outre il est peu coûteux.

## V. — MIROIRS PARABOLIQUES

61. **Utilité des miroirs paraboliques.** — Les observations astronomiques exigent l'emploi de miroirs ou de lentilles stigmatiques pour des points à l'infini, car les images des astres fournies par ces miroirs et lentilles, étant nettes, peuvent être regardées avec des oculaires très puissants.

Or le miroir stigmatique, pour un point de l'infini, est *parabolique* (20, β). Étant rigoureusement stigmatique pour le point à l'infini dans la direction de l'axe, il est sensiblement stigmatique pour les points à l'infini dans des directions voisines, c'est-à-dire pour tous ceux du champ du télescope.

62. **Transformation d'un miroir sphérique en un miroir parabolique.** — L'emploi des miroirs paraboliques est donc extrêmement avantageux pour les observations d'objets très éloignés, mais les seules surfaces que l'on sache obtenir facilement sont sphériques (9); il faut donc chercher à transformer, par une taille convenable, une surface sphérique en une surface parabolique : ce problème a été résolu par Foucault[1] vers 1859.

[1] Foucault (1819-1868), physicien français, célèbre par ses expériences sur la vitesse de la lumière et par les perfectionnements considérables qu'il a apportés à la construction des télescopes. Il a démontré l'existence du mouvement de rotation de la Terre, en se servant du pendule; il a fait en électricité des travaux réputés.

Le miroir sphérique à transformer est en verre, et l'épaisseur de substance à enlever pour obtenir un miroir parabolique de même distance focale est très faible, par suite il est possible de faire l'opération en frottant simplement la surface du verre avec un polissoir de même nature, recouvert d'une feuille de papier et saupoudré uniformément de poudre, tripoli ou colcothar.

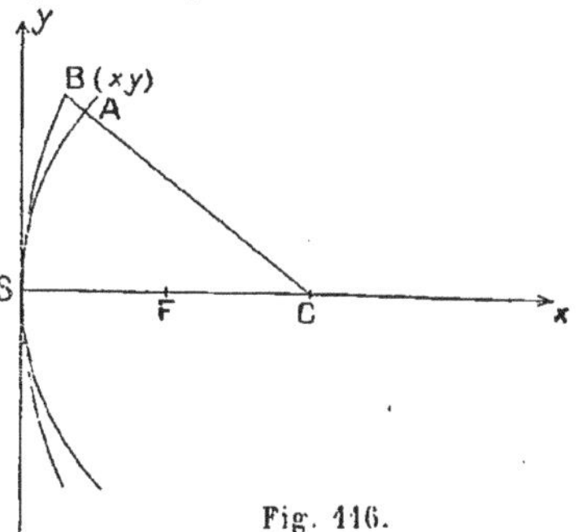

Fig. 116.

Soit le miroir sphérique de sommet S, de foyer F, de centre C (fig. 116), A le bord du miroir sphérique, B le bord du miroir parabolique de même foyer F; en posant $SF = f$, nous avons $SC = AC = 2f$ et l'équation de la parabole s'écrit :

$$y^2 - 4fx = 0; \qquad (1)$$

or :

$$\overline{BC}^2 = (x - 2f)^2 + y^2 = x^2 - 4fx + 4f^2 + y^2 = x^2 + 4f^2,$$
$$\overline{AC}^2 = 4f^2;$$

donc :

$$\overline{BC}^2 - \overline{AC}^2 = x^2 \quad ; \quad BA = BC - AC = \frac{x^2}{BC + AC} < \frac{x^2}{2.AC} = \frac{x^2}{4f} = \frac{y^4}{64f^3}$$

L'épaisseur maximum de verre à enlever est inférieure à $\frac{y^4}{64f^3}$.

*Application numérique* : le miroir parabolique du grand télescope de l'Observatoire de Paris est tel que $f = 7^m$, $y = 0^m,6$, donc pour ce miroir:

$$BA < \frac{\overline{0,6}^4}{64 \times 7^3} \text{m} = 6\mu \text{ environ.}$$

Les opérations successives auxquelles on soumet le miroir sphérique à transformer sont les suivantes :

1° Vérification de la sphéricité du miroir par des méthodes de plus en plus délicates;

2° Retouches locales pour transformer le miroir sphérique imparfait en un miroir sphérique parfait au point de vue optique;

3° Transformation du miroir sphérique en un miroir elliptique dont le grand axe devient de plus en plus grand;

4° Passage au miroir parabolique.

**63. Vérification de la sphéricité du miroir.** — Les premiers essais sont faits au sphéromètre (398).

α) *Observer au microscope l'image d'un point lumineux.* — Si le miroir est rigoureusement sphérique, il donne d'un point lumineux placé au centre, ou très voisin du centre, une image qui est une très petite tache brillante centrale entourée d'anneaux obscurs et brillants circulaires [1]. Si l'on vise un peu en avant ou un peu en arrière de cette image et à la même distance de l'image, on observe les mêmes aspects dans les deux cas.

Si la surface réfléchissante est seulement de révolution, à chaque observation on voit des images circulaires centrées, mais l'aspect n'est pas le même quand on vise en avant et en arrière du point-image et à des distances égales de ce point.

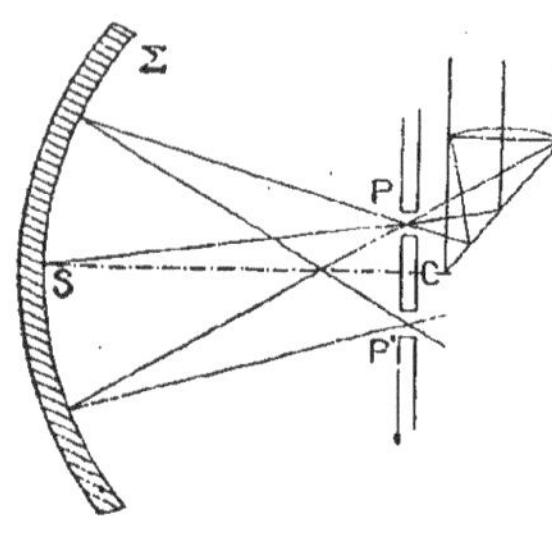

Fig. 117.

Par cet essai on reconnaît donc si la surface est sphérique ou simplement de révolution autour de l'axe principal, ou enfin si sa forme est encore moins symétrique

On réalise le point lumineux de la manière suivante : au moyen d'une flamme on éclaire une lentille plan convexe dont la face plane est accolée à l'une des faces isocèles d'un prisme à réflexion totale (fig. 117); le système lentille et prisme donne de la flamme une image qu'on fait coïncider avec une ouverture très petite P, percée en mince paroi et assimilable à un point.

L'image P' de P, qui se forme dans le voisinage, est observée à l'aide d'un microscope peu puissant.

β) *Étudier au microscope les déformations de l'image d'un quadrillage* (fig. 118). — On observe avec un microscope M peu puissant, et à *travers un diaphragme* L *de petite ouverture*, l'image A'B' d'un quadrillé AB bien éclairé (même dispositif d'éclairage que dans le cas précédent).

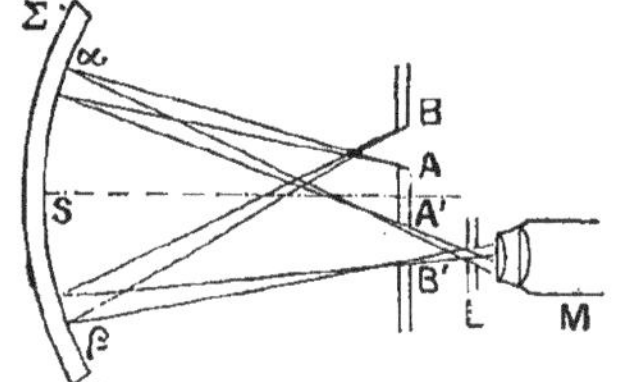

Fig. 118.

Les rayons qui forment l'image A' et qui parviennent au microscope sont à l'intérieur d'un cône ayant pour sommet A' et pour base l'ouverture de L; ils ont donc été réfléchis en α; de même ceux qui forment l'image de B' ont été réfléchis en β et ainsi, grâce à l'artifice du diaphragme L, les rayons qui forment les images de chaque point de A'B' ont été réfléchis par une région particulière, très petite, de Σ. Si Σ est sphérique, la distance de chaque point de l'objet à chaque point de Σ étant très sensiblement constante, le grossissement est le même pour toutes les régions de l'image du quadrillage et cette image est aussi un quadrillage (fig. 119)

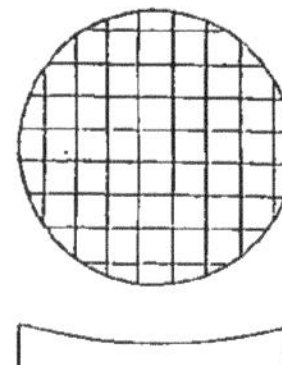
Fig. 119.

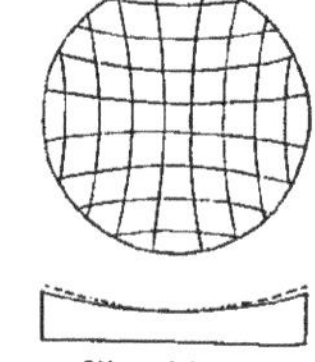
Fig. 120.

[1] Cette apparence est due à des phénomènes de diffraction et interférence (144).

Mais si la courbure de Σ n'est pas constante, les régions à grand rayon de courbure donnent un grossissement plus considérable, donc des mailles dilatées; les régions à petit rayon de courbure donnent un grossissement plus faible, par suite des mailles contractées.

Si le miroir est évasé sur les bords, on a l'aspect de la figure 120; si les bords sont relevés, l'apparence est celle de la figure 121; si les bords sont relevés et qu'il y ait une éminence au centre, l'image est semblable à la figure 122.

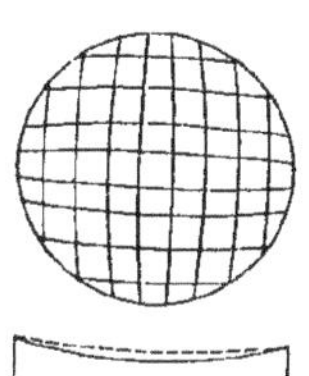
Fig. 121.

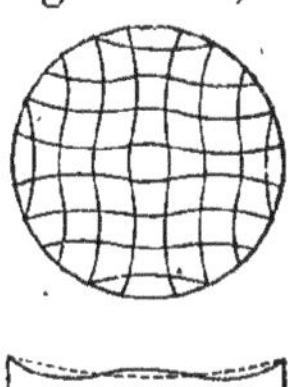
Fig. 122.

γ) *Regarder à l'œil nu la surface du miroir, en masquant l'image du point-objet.*

Si le miroir est rigoureusement sphérique, l'image d'un point P voisin du centre est un point P′ également voisin du centre; les réfléchis vont passer par P′ (fig. 123), ou mieux l'image P′ est, à cause des phénomènes de diffraction et interférence (144), une tache D (fig. 123) entourée d'anneaux noirs et brillants, peu importants du reste. Plaçons l'œil en arrière de P′, de manière à recevoir tout le faisceau réfléchi : le miroir apparaît comme une surface *uniformément éclairée*. Faisons descendre un écran E dans le plan vertical de P′; quand il *mord sur la tache de diffraction* il arrête une certaine quantité de lumière, mais qui provient *également de tous les points du miroir*, de telle manière que le miroir présente *toujours un aspect uniforme*, quoique son éclat aille en diminuant au fur et à mesure que E descend.

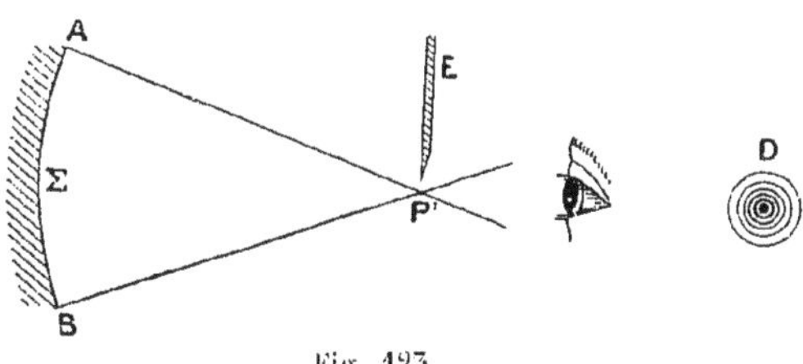

Fig. 123.

Mais supposons que le miroir soit relevé sur les bords; les rayons centraux se coupent en P′ (fig. 124); abaissons E; les premiers rayons arrêtés sont ceux provenant du bord B, et les derniers, ceux réfléchis en A : donc l'aspect du miroir cesse d'être uniforme dès que E pénètre dans le faisceau réfléchi.

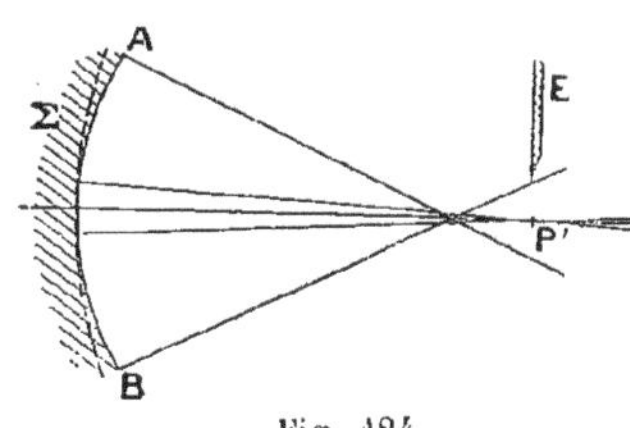

Fig. 124.

Si le miroir était évasé sur les bords (fig. 125), nous observerions l'apparence contraire; le miroir s'assombrirait en partant de A et la dernière région brillante serait B.

Enfin, soit le miroir de la figure 126 dont les bords sont relevés, ainsi que la région centrale; abaissons E; les régions qui s'estompent d'abord sont A, F, C′; les dernières qui restent brillantes sont C, F′, A′; *l'aspect successivement observé est le même que si on éclairait la surface du miroir par des rayons très inclinés, provenant d'une source opposée à E et de plus en plus rapprochée du miroir.*

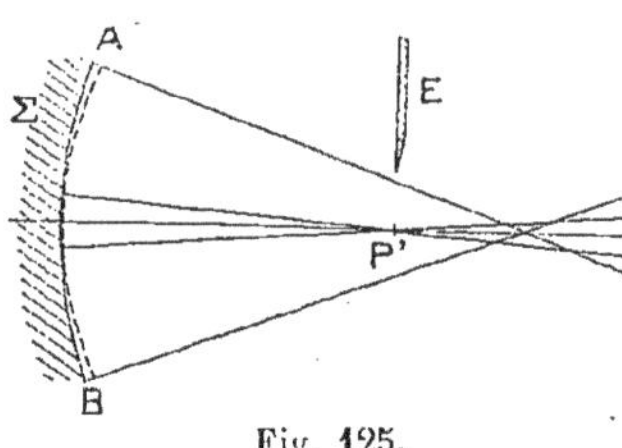

Fig. 125.

Les aspects successifs du miroir nous renseignent donc sur ses défauts ; nous savons où il y a des proéminences, où se trouvent des dépressions.

Chacun des procédés d'examen précédents est suffisant ; ils se contrôlent mutuellement ; le plus sensible est le dernier ; dans la pratique on emploie successivement le premier et le dernier.

Lorsque la surface observée n'est pas sphérique, on la reporte sur la matrice (balle), qui est en cuivre pour les miroirs de faible dimension, en verre pour les grands, et on procède à un nouveau polissage.

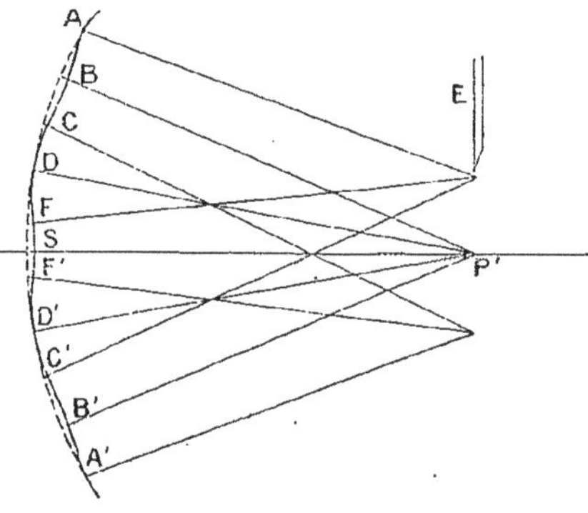

Fig. 126.

Lorsque les défauts sont légers, on opère par retouches *locales* au moyen d'un polissoir tenu à la main.

64. **Transformation de la surface sphérique en surface elliptique.** — On rapproche le point lumineux P (fig. 127) du miroir et on met en évidence, en P', les aberrations du miroir, par les procédés indiqués ; on procède par retouches locales jusqu'à ce que ces aberrations aient disparu ; — on rapproche encore P du miroir et ainsi de suite jusqu'à ce que P' soit au bout de la salle d'expériences (la distance de P' au miroir doit être alors au moins égale à cinq fois la distance focale) : on a ainsi un miroir elliptique dont la surface appartient à un ellipsoïde très allongé.

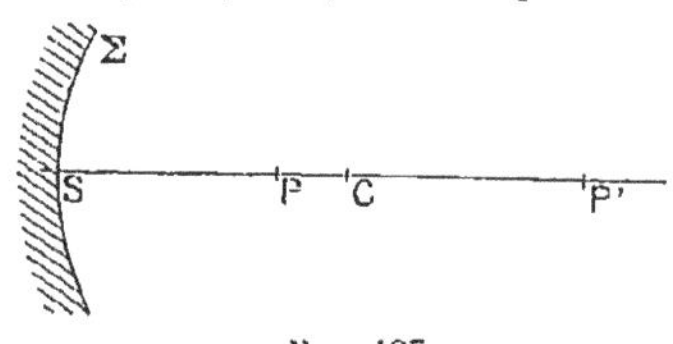

Fig. 127.

65. **Transformation du miroir elliptique en un miroir parabolique.** — Supposons que le miroir elliptique soit de foyers P et P' (fig. 128), P très voisin de F, foyer du miroir sphérique primitif. Transportons le point-objet en $P_1$, tel que $PP_1 = FP$, et observons l'aspect de l'image $P'_1$. Quand le miroir sera stigmatique pour F, l'image P' de P aura le même aspect que l'image $P_1$ de $P_1$ quand le miroir est stigmatique pour P.

On procède donc par retouches locales jusqu'à ce que l'image P' de P ait l'aspect précédemment noté; le miroir est alors parabolique, de foyer F. On le monte dans un tube de télescope et on vise une étoile; l'observation de l'image de l'étoile renseigne sur les dernières et très légères retouches qu'il reste à faire.

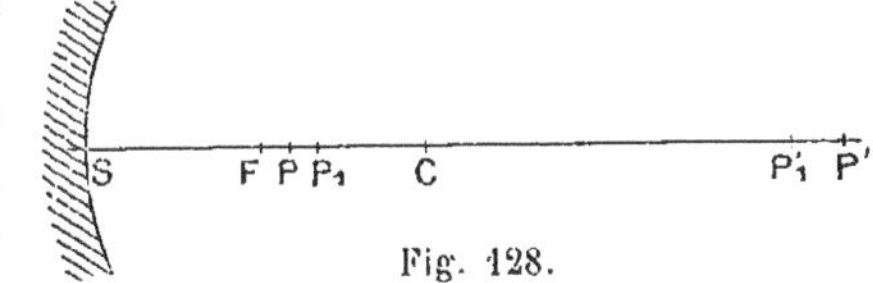

Fig. 128.

*Remarque I.* — Pour ces opérations la surface du verre n'est pas argentée; elle est cependant suffisamment réfléchissante. On dépose ensuite une couche d'argent par voie de réduction chimique du nitrate d'argent, et on polit le métal en le frottant, vers la fin de l'opération, avec une peau de chamois imprégnée de rouge d'Angleterre.

*Remarque II.* — Le dernier procédé d'examen du miroir est d'une très grande sensibilité; il révèle encore des défauts alors que le miroir peut être considéré comme parfait au point de vue pratique.

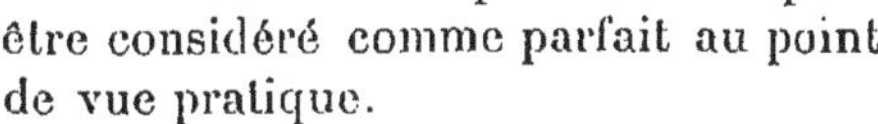

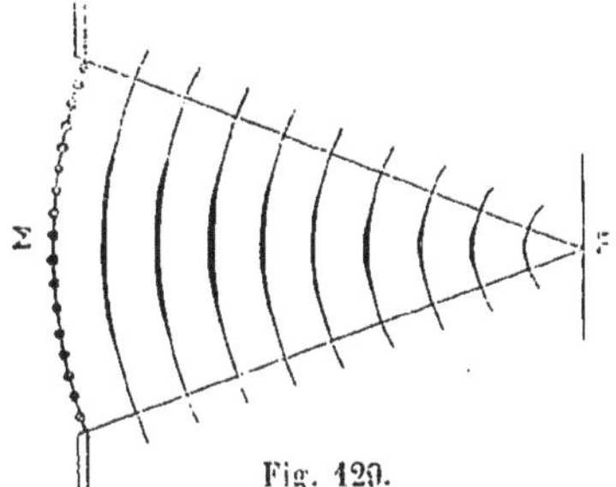

Fig. 129.

66. **Pouvoir séparateur du miroir parabolique.** — Il est seulement limité par les phénomènes de diffraction.

Le miroir parabolique transforme l'onde plane perpendiculaire à son axe en ondes sphériques de centre F (fig. 129); tout se passe comme si les différents points de la portion de surface sphérique Σ de centre F, ayant même contour que le miroir parabolique, étaient des sources *synchrones*. La théorie du pouvoir séparateur d'un miroir parabolique est donc la même que pour une lentille de même diamètre, stigmatique pour le point à l'infini de son axe, et nous démontrerons (144) que ce pouvoir séparateur est donné par l'expression $\varepsilon = \frac{12''}{O}$ (O, diamètre d'ouverture du miroir, exprimé en centimètres).

*Application numérique.* — Pour le miroir de Foucault, de l'Observatoire de Paris, $O = 120^{cm}$, $\varepsilon = 0'',1$. Ce pouvoir séparateur est bien inférieur à celui d'un miroir sphérique (54) ayant mêmes constantes et qui serait égal environ à 15''. La transformation du miroir sphérique en miroir parabolique a donc rendu le pouvoir séparateur, dans ce cas particulier, 150 fois plus petit, d'où la très grande supériorité des miroirs paraboliques sur les miroirs sphériques.

# RÉFRACTION DE LA LUMIÈRE

## I. — LOIS DE LA RÉFRACTION

67. **Définitions. — Lois de Descartes.** — Recevons un faisceau de rayons solaires sur la surface libre de l'eau contenue dans une cuve rectangulaire à parois en verre : une portion de la lumière incidente est réfléchie régulièrement dans l'air, une autre pénètre dans l'eau, et ce faisceau n'est pas dans le prolongement de l'incident : il y a *déviation* (1).

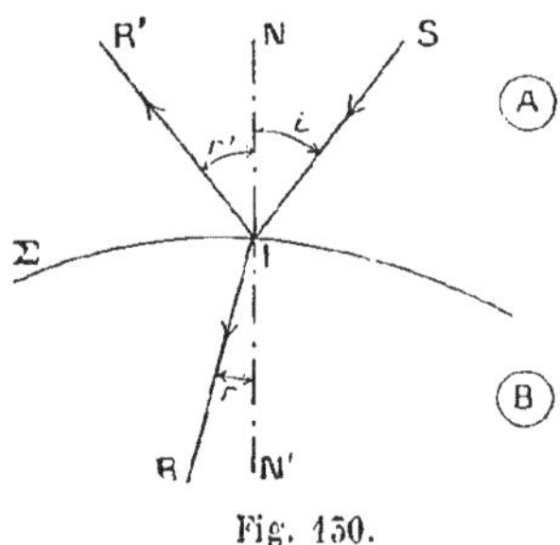


Fig. 150.

Ce phénomène de déviation de la lumière, quand elle traverse la surface de séparation de deux milieux transparents, est absolument général, il porte le nom de *réfraction*. Nous supposerons toujours, dans ce qui suit, qu'il s'agit de milieux *homogènes isotropes* et de *lumière monochromatique* (2).

Soit Σ (fig. 150) la surface de séparations de deux milieux A et B, SI le rayon incident, IR le réfracté, N'IN la normale à Σ; on appelle angle et plan d'incidence, l'angle et le plan NIS (comme pour la réflexion), angle et plan de réfraction l'angle et le plan N'IR.

Dans l'expérience de réfraction citée précédemment, il est facile de voir que le plan d'incidence et le plan de réfraction paraissent confondus, que les angles $i$ et $r$ varient dans le même sens ; des mesures précises ont permis d'énoncer les lois suivantes, dites *lois de Descartes* :

1re Loi. — *Le rayon réfracté est dans le plan d'incidence.*

2me Loi. — *Le rapport du sinus de l'angle d'incidence au sinus de l'angle de réfraction est constant* :

Ce rapport constant s'appelle l'*indice de réfraction* du second milieu par rapport au premier (c'est-à-dire du milieu B par rapport au milieu A); on le désigne habituellement par la lettre $n$ :

$$\frac{\sin i}{\sin r} = n.$$

Dans le cas de $n > 1$, $r$ est plus petit que $i$; le rayon lumineux, en

(1) L'expérience est plus frappante quand on ajoute à l'eau un peu de fluorescéine.

(2) On appelle lumière monochromatique celle qui ne peut être décomposée par un prisme, un système de prismes ou un réseau (voir *Nouveau Cours de Physique élémentaire*, par J. Faivre Dupaigre et E. Carimey, *Classe de Mathématiques*, Chap. IV).

pénétrant dans le second milieu, se rapproche de la normale; on dit alors que le second milieu est *plus réfringent* que le premier. Pour $n < 1$, on a $r > i$, le rayon réfracté s'écarte donc de la normale, et l'on traduit ce fait en disant que le second milieu est *moins réfringent* que le premier.

La théorie montre (77), et l'expérience confirme (578), que l'indice du second milieu par rapport au premier est égal au rapport de la vitesse de la lumière dans le premier milieu à la vitesse de la lumière dans le second : $n = \frac{V_A}{V_B}$.

*Remarque.* — Les lois de la réfraction n'ont de signification que si l'on considère un cône de lumière dont l'ouverture n'est pas extrêmement petite; tout se passe alors très sensiblement comme s'il était constitué par des rayons lumineux matériels.

Puisque les rayons lumineux matériels n'existent pas, on ne peut établir directement les lois de Descartes, mais on les vérifie dans leurs conséquences. — En particulier nous appliquerons ces lois à l'étude de la propagation de la lumière à travers un prisme (186) et nous en déduirons des résultats que nous pourrons contrôler par des mesures très précises (351); nous aurons ainsi la meilleure démonstration des lois de Descartes.

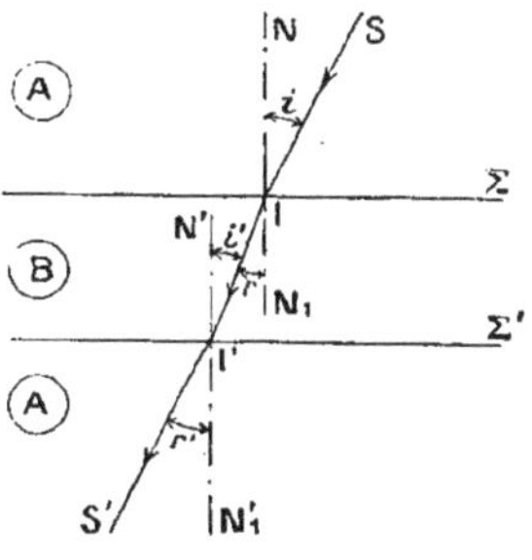

Fig. 131.

**68. Loi de réciprocité.** — Pointons avec une lunette un objet très éloigné, une étoile par exemple; interposons sur le trajet de la lumière incidente une lame de verre à faces parallèles : nous constatons que l'image n'a pas bougé, par conséquent les nouveaux incidents à l'objectif sont parallèles aux anciens, autrement dit les rayons qui émergent de la lame sont parallèles à ceux qui tombent sur la lame :

*Un rayon qui tombe sur une lame à faces parallèles donne naissance à un émergent parallèle.*

Soit SI (fig. 131) un rayon incident; prenons pour plan de la figure le plan d'incidence; d'après la première loi de la réfraction le réfracté II' et le réfracté I'S' sont dans ce plan. Soient A, B, A les milieux transparents successifs.

La réfraction en I nous donne :

$$(1) \qquad \frac{\sin i}{\sin r} = n_{BA} \quad (n_{BA}, \text{ indice du milieu B par rapport au milieu A}).$$

la réfraction en I' nous fournit la relation :

$$\frac{\sin i'}{\sin r'} = n_{AB} \quad (n_{AB}, \text{ indice du milieu A par rapport au milieu B}).$$

mais $i' = r$ comme alternes-internes, $r' = i$ comme ayant leurs côtés parallèles et dirigés en sens contraire, donc

$$\frac{\sin r}{\sin i} = n_{BA} \qquad (2)$$

Comparons les expressions (1) et (2) : nous avons :

$$n_{BA} = \frac{1}{n_{AB}}$$

Loi. — *L'indice du milieu B par rapport au milieu A est égal à l'inverse de l'indice du milieu A par rapport au milieu B.*

Cette loi est évidente si l'on admet comme établie la relation $n_{BA} = \frac{V_A}{V_B}$.

69. **Conséquence de la loi de réciprocité : principe du retour inverse de la lumière dans le cas d'une réfraction.** — Soit SI un incident (fig. 132), IR le réfracté correspondant :

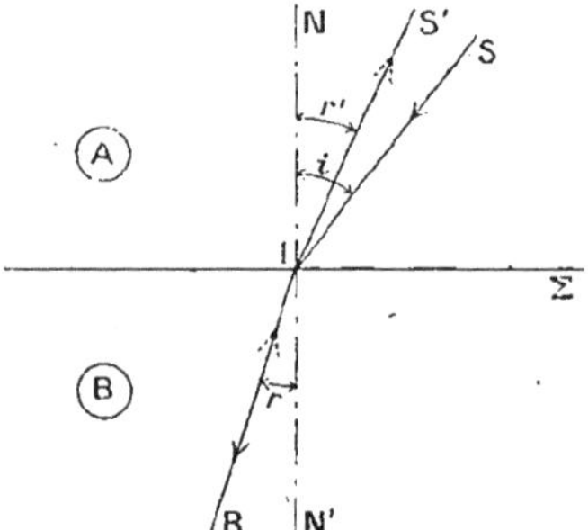


Fig. 132.

$$\frac{\sin i}{\sin r} = n_{BA}.$$

Prenons comme incident RI, soit IS' le réfracté :

$$\frac{\sin r}{\sin r'} = n_{AB}.$$

Or SI est dans le plan de réfraction N'IR, IS' est dans le plan d'incidence N'IR. Les trois droites SI, IS', IN sont donc dans un même plan. En vertu de la loi de réciprocité

$$n_{BA} = \frac{1}{n_{AB}}, \qquad \text{ou :} \qquad \frac{\sin i}{\sin r} = \frac{1}{\frac{\sin r}{\sin r'}} = \frac{\sin r'}{\sin r}, \qquad \text{d'où :} \qquad \sin i = \sin r'.$$

Comme les angles $i$ et $r'$ sont compris entre 0° et 90°, on a $i = r'$; les droites IS, IS', qui sont dans un même plan avec IN et font des angles égaux avec IN, du même côté, sont confondues.

*L'incident* SI *dans le milieu* A *ayant pour réfracté* IR *dans le milieu B, inversement l'incident* RI *du milieu* B *a pour réfracté* IS *dans le milieu A.*

*Généralisation.* — Le principe s'étend naturellement à un nombre quelconque de réfractions; il a été établi pour les réflexions (16), il est donc vrai pour un nombre quelconque de réflexions et de réfractions, d'où *le principe du retour inverse de la lumière :*

*Lorsque deux rayons, se propageant en sens inverse, ont deux points communs dans un même milieu, ils sont superposés dans toute leur étendue.*

70. **Relation entre les indices relatifs de trois milieux.** — Si on pointe une étoile avec une lunette et que, devant l'objectif, on dis-

pose un système de deux lames à faces parallèles, la mise au point n'est pas changée : un émergent est donc parallèle à l'incident correspondant.

Traitons ce cas comme celui de la lame unique. Soit SI (fig. 133) un rayon incident, prenons pour plan du tableau le plan d'incidence ; les réfractés successifs II', I'I'', I''S'' sont dans ce plan (1re loi de Descartes). Appliquons la deuxième loi de Descartes aux réfractions successives :

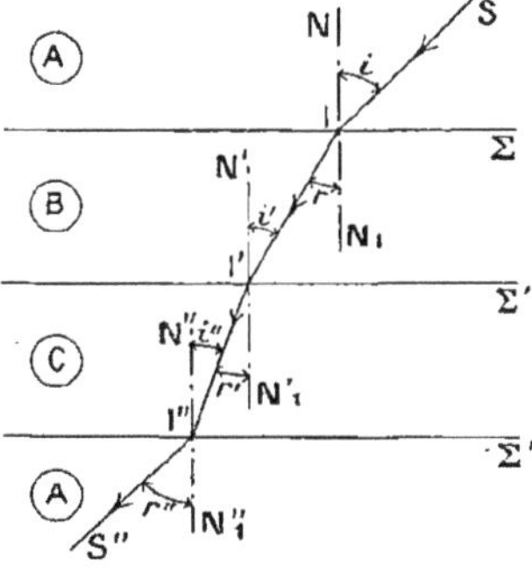

Fig. 133.

$$\frac{\sin i}{\sin r} = n_{BA} \qquad \frac{\sin i'}{\sin r'} = n_{CB} \qquad \frac{\sin i''}{\sin r''} = n_{AC}.$$

Multiplions membre à membre :

$$\frac{\sin i \sin i' \sin i''}{\sin r \sin r' \sin r''} = n_{BA} \times n_{AC} \times n_{CB}.$$

Mais

$r = i'$, $r' = i''$, comme alternes-internes,

$i = r''$, comme ayant leurs côtés parallèles et dirigés en sens contraire, donc :

$$n_{BA} \times n_{AC} \times n_{CB} = 1$$

d'où $$\frac{1}{n_{BA}} = n_{AC} \times n_{CB} \qquad \text{ou} \qquad n_{AB} = n_{AC} \times n_{CB} = \frac{n_{AC}}{n_{BC}}.$$

*L'indice du milieu A par rapport au milieu B est égal à l'indice du milieu A par rapport au milieu C, multiplié par l'indice du milieu C par rapport au milieu B, ou divisé par l'indice du milieu B par rapport au milieu C.*

71. **Indice absolu.** — L'indice *absolu* d'un corps est l'indice de ce corps par rapport au *vide*.

Soit N l'indice absolu d'un corps, $n$ son indice par rapport à l'air, $\nu$ l'indice de l'air par rapport au vide ; en vertu des relations précédentes, on a :

$$N = n\nu.$$

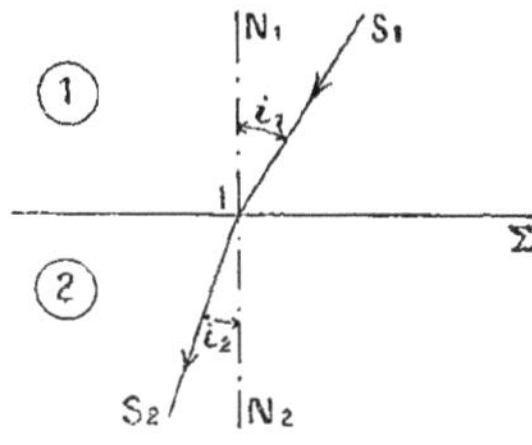

Fig. 134.

L'indice absolu de l'air est voisin de 1 : c'est 1,000292 à 0° sous la pression de 76 cm de mercure (1) ; l'indice absolu d'un corps est donc très voisin de son indice par rapport à l'air.

*Autre forme de la relation de Descartes.* Soient deux milieux 1 et 2 (fig. 134), d'indices absolus $n_1$ et $n_2$, $i_1$ et $i_2$ les angles d'incidence et de réfraction des rayons $S_1I$, $IS_2$ :

$$\frac{\sin i_1}{\sin i_2} = n_{2,1} = \frac{n_2}{n_1}$$

d'où $$n_1 \sin i_1 = n_2 \sin i_2 ;$$

(1) L'indice absolu de l'air satisfait à la loi de Gladstone (361)

$$\frac{n-1}{d} = C^{te} \qquad (d \text{ masse spécifique de l'air}).$$

cette relation est très symétrique; à cause de cette propriété elle est fréquemment employée. Si les angles $i_1$ et $i_2$ sont très petits, on peut écrire

$$n_1 i_1 = n_2 i_2.$$

72. **Chemin optique.** — Soit un rayon lumineux traversant les milieux 1,2,3.... $k$ d'indices absolus $n_1$, $n_2$.... $n_k$, désignons par $r_1$, $r_2$.... $r_k$ les longueurs du rayon, respectivement dans chaque milieu : on appelle *chemin optique* la somme

$$\Phi = n_1 r_1 + n_2 r_2 .... + n_k r_k.$$

*Remarque.* — Si nous admettons, ce qui est conforme à la théorie des ondulations (77) et en accord avec l'expérience (378), que l'indice relatif de deux milieux est égal au rapport des vitesses de la lumière dans ces milieux, en désignant par $v_0$, $v_1$, $v_2$.... $v_k$ les vitesses de la lumière dans le vide et dans les milieux 1, 2, 3.... $k$, nous avons

$$\Phi = \frac{v_0}{v_1} r_1 + \frac{v_0}{v_2} r_2 + .... \frac{v_0}{v_k} r_k,$$

d'où

$$\frac{\Phi}{v_0} = \frac{r_1}{v_1} + \frac{r_2}{v_2} + .... \frac{r_k}{v_k}.$$

$\Phi$ est donc la longueur du chemin qui, dans le vide, serait parcouru par la lumière pendant le temps qu'elle met à suivre le chemin donné dans les milieux 1, 2.... $k$.

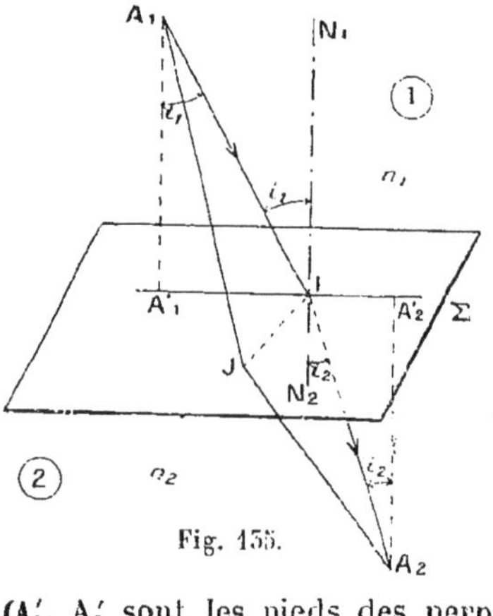

73. **Principe de Fermat** (*ou de la moindre action*). — *Le chemin optique suivi par la lumière pour aller d'un point à un autre en traversant une série de surfaces réfractantes est minimum* (ou *maximum*).

Nous allons démontrer ce théorème dans le cas particulier d'une surface réfractante plane.

Soient les points $A_1$, $A_2$ (fig. 135) dans les milieux 1, 2, d'indices absolus $n_1$, $n_2$; figurons un chemin $A_1JA_2$ et cherchons ce qu'il devra être pour que le chemin optique correspondant $\Phi = n_1 A_1 J + n_2 A_2 J$ soit minimum.

Fig. 135.

Le point J se projetant en I sur $A'_1A'_2$ ($A'_1$, $A'_2$ sont les pieds des perpendiculaires abaissées de $A_1$ et $A_2$ sur le plan $\Sigma$). les triangles $A_1IJ$, $A_2IJ$ sont rectangles en I, donc $A_1J > A_1I$; $A_2J > A_2I$, et le chemin optique $\Phi' = n_1 A_1 I + n_2 A_2 I$ est inférieur à $\Phi$.

Déterminons la position du point I de telle manière que $\Phi'$ soit minimum Posons :

$$A_1A'_1 = a_1 \qquad A_2A'_2 = a_2 \qquad A'_1A'_2 = d \qquad A'_1 I = x;$$

nous avons :

$$A_1 I = \sqrt{a_1^2 + x^2} \qquad A_2 I = \sqrt{a_2^2 + (d-x)^2}$$

$$\Phi' = n_1 \sqrt{a_1^2 + x^2} + n_2 \sqrt{a_2^2 + (d-x)^2}.$$

Pour que $\Phi'$ soit minimum, il faut que

$$\frac{d\Phi'}{dx} = 0 \qquad \text{ou} \qquad \frac{n_1 x}{\sqrt{a_1^2 + x^2}} - \frac{n_2 (d-x)}{\sqrt{a_2^2 + (d-x)^2}} = 0.$$

or

$$\frac{x}{\sqrt{a_1^2+x^2}} = \frac{A'_1I}{A_1I} = \sin i_1 ; \qquad \frac{d-x}{\sqrt{a_2^2+(d-x)^2}} = \frac{A'_2I}{A_2I} = \sin i_2 ;$$

donc :

$$n_1 \sin i_1 - n_2 \sin i_2 = 0 \qquad \text{ou} \qquad n_1 \sin i_1 = n_2 \sin i_2 ;$$

c'est précisément la relation donnée par la deuxième loi de Descartes; la première loi de Descartes est aussi satisfaite; le chemin optique de temps minimum correspond donc à celui suivi par la lumière.

Le principe de Fermat se démontre aussi dans le cas d'une surface réfractante quelconque et pour un nombre quelconque de ces surfaces.

*Remarque.* — Si l'on admet la relation entre l'indice relatif et la vitesse de la lumière, le chemin optique minimum correspond à la durée de trajet minimum; c'est souvent ce résultat que l'on énonce sous le nom de principe de Fermat; cette méthode d'exposition présente le défaut de s'appuyer sur une relation qui n'est pas incontestablement établie par l'expérience directe, mais qui est plutôt une conséquence de la théorie des ondulations.

Nous sommes ainsi conduits aux définitions suivantes, indépendamment de toute théorie.

La *surface d'onde* est le lieu des extrémités des chemins optiques de même longueur, partant d'un même point.

Le *rayon lumineux* est le trajet qui correspond à un chemin optique minimum (ou maximum) entre deux points.

On démontre que les rayons lumineux sont normaux aux surfaces d'ondes.

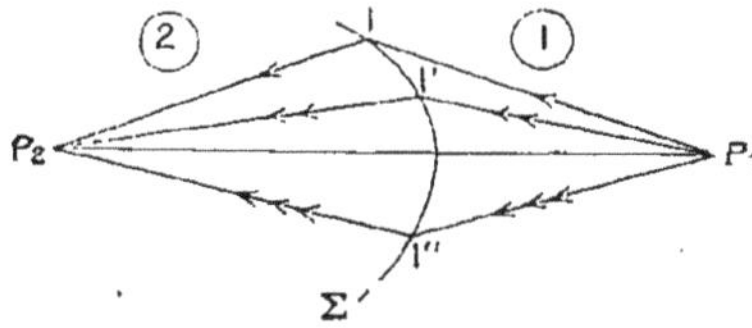

**74. Surface réfractante stigmatique pour deux points.** — Nous démontrerons (80) que cette surface est de révolution autour de la droite passant par les deux points.

Fig. 136.

Soient $P_1$ et $P_2$ les deux points (fig. 136) dans les milieux 1 et 2, d'indices absolus $n_1$, $n_2$. Chacun des chemins optiques correspondant à $P_1IP_2$, $P_1I'P_2$, $P_1I''P_2$.... doit être minimum (ou maximum); donc, tous ces chemins optiques ont même valeur, ce qui nous donne, $\rho_1$ et $\rho_2$ étant les distances d'un point quelconque I de la surface, à $P_1$ et $P_2$ :

$$n_1\rho_1 + n_2\rho_2 = C^{te} ;$$

avec un autre cas de figure (objet et image non de même nature) :

$$n_1\rho_1 - n_2\rho_2 = C^{te}.$$

**75. Loi du tautochronisme.** — Admettons que

$$n_1 = \frac{V_0}{V_1} ; \qquad n_2 = \frac{V_0}{V_2} .$$

$V_0$, $V_1$, $V_2$ étant les vitesses de la lumière dans le vide et dans les milieux 1 et 2; la relation

$$n_1\rho_1 + n_2\rho_2 = C^{te}$$

s'écrit :

$$\frac{V_0\rho_1}{V_1} + \frac{V_0\rho_2}{V_2} = C^{te} \qquad \text{ou} \qquad \frac{\rho_1}{V_1} + \frac{\rho_2}{V_2} = \frac{C^{te}}{V_0} = C^{te}.$$

Le temps mis par la lumière pour aller de $P_1$ à $P_2$ est *indépendant* du chemin parcouru; c'est la *loi du tautochronisme* qui s'applique à tout système stigmatique pour $P_1$ et $P_2$.

**76. Théorème de Malus : cas des réfractions. — Généralisation. —** *Les rayons incidents normaux à une même surface sont, après réfraction, normaux à une autre surface.*

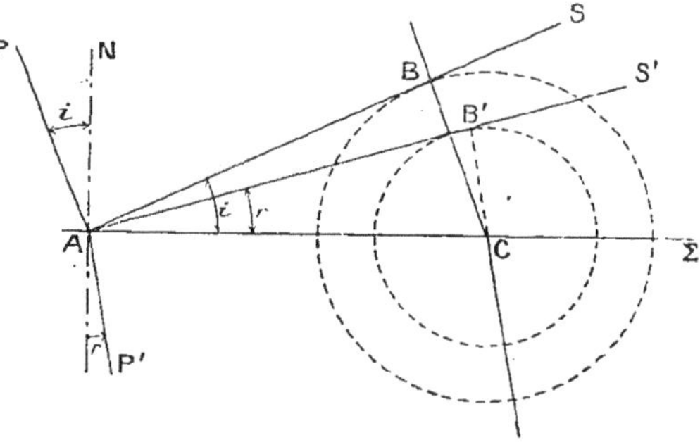

Fig. 157.

Cette surface est l'*anticaustique* des rayons réfractés.

1° *Les rayons incidents sont normaux à une surface plane* S, *la surface réfractante* Σ *est également plane.*

Soit un faisceau incident normal au plan S (fig. 157) ; après réfraction, ces incidents parallèles donnent des réfractés parallèles, normaux par conséquent à un même plan S' : le théorème est démontré dans ce cas particulier.

D'un point quelconque C de Σ, abaissons des perpendiculaires CB, CB' sur les plans S et S', nous avons :

$$CB = CA \sin i \qquad CB' = CA \sin r \qquad \text{d'où} \qquad \frac{CB}{CB'} = n \qquad \text{ou } CB' = \frac{CB}{n}.$$

La sphère de centre C, de rayon CB', est tangente au plan S' ; on peut donc envisager ce plan S' comme obtenu de la manière suivante :

D'un point quelconque C de la surface de séparation on abaisse une perpendiculaire CB sur le plan S, et de C comme centre, avec $\frac{CB}{n}$ pour rayon, on décrit une sphère ; le plan S' est l'enveloppe de ces sphères.

2° *Les rayons incidents sont normaux à une surface quelconque* S, *la surface réfractante* Σ *est elle-même quelconque* (¹).

Considérons le faisceau incident normal à l'élément AA' de S (fig. 158) et qui coupe Σ suivant l'élément II' ; ces éléments peuvent être considérés comme confondus avec les éléments de plans tangents correspondants et nous pouvons appliquer les résultats précédemment obtenus. — En particulier, d'un point quelconque C de II', menons une normale CB à AA' et, de C comme centre, décrivons une sphère avec $\frac{CB}{n}$ pour rayon ; répétons la même construction pour tous les points de II' : les incidents normaux à AA' donnent des réfractés normaux à l'enveloppe des sphères que nous venons de définir.

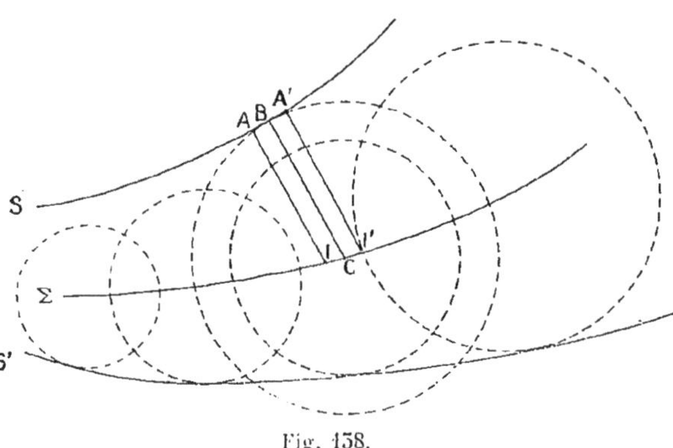

Fig. 158.

(¹) Avec la restriction que ces surfaces sont continues et sans point singulier.

En répétant ces raisonnements et ces constructions pour tous les éléments des surfaces S et Σ, nous obtenons l'anticaustique S′ des rayons réfractés.

*Généralisation.* — Le théorème étant démontré pour une réfraction s'applique à une deuxième, puis à une troisième... ; il est donc exact pour un nombre quelconque de réfractions. Nous avons vu qu'il était vrai pour un nombre quelconque de réflexions (21). Du reste nous démontrerons (78) qu'une réflexion peut être considérée comme une réfraction pour laquelle $n=-1$. On peut donc énoncer le théorème de Malus sous la forme très générale suivante :

*Les rayons incidents primitivement normaux à une même surface donnent, après un nombre quelconque de réflexions et de réfractions, des rayons qui sont encore normaux à une même surface.*

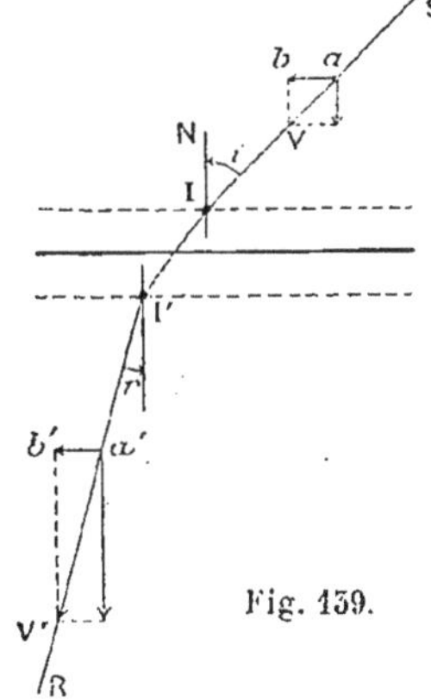

Fig. 139.

En particulier les rayons isogènes sont dans ce cas, puisqu'ils sont normaux à toute sphère ayant pour centre le sommet du faisceau. C'est pourquoi, lorsque nous avons à rechercher les effets produits par des rayons primitivement isogènes, nous sommes amenés à considérer les normales à une surface anticaustique et nous avons à répéter mot pour mot tout ce qui a été dit déjà (22 et 23) sur les caustiques et les focales.

**77. Interprétations de la réfraction par les théories de la lumière.** — Dans la théorie de l'émission on considère une molécule lumineuse comme soumise à une attraction ou à une répulsion de la part du second milieu, dont elle s'approche. Cette action commencerait à être sensible en I (fig. 139), à une distance suffisamment faible de la surface de séparation des deux milieux, et cesserait de l'être en I′ de l'autre côté de cette surface. Par raison de symétrie, cette action est nécessairement normale à la surface de séparation ; elle ne peut donc modifier que la composante de la vitesse, normale à cette surface. Par suite, le rayon réfracté reste dans le plan d'incidence et la composante tangentielle *ab* de la vitesse V dans le premier milieu est égale à la composante tangentielle *a′b′* de la vitesse V′ dans le second, c'est-à-dire :

$$V\sin i = V'\sin r, \qquad \text{d'où} \qquad \frac{\sin i}{\sin r}=\frac{V'}{V}=n.$$

Donc, d'après la théorie de l'émission, l'indice de réfraction du second milieu par rapport au premier serait égal *au rapport de la vitesse de la lumière dans le second milieu à la vitesse de la lumière dans le premier.*

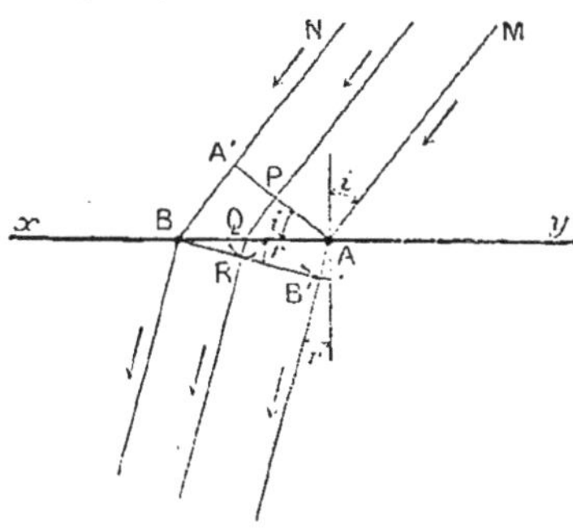

Fig. 140.

Dans la théorie des *ondulations*, en vertu du principe des ondes-enveloppes d'Huygens, *une onde plane reste plane par réfraction à travers un plan.* Soit en effet (fig. 140) un faisceau de rayons incidents *parallèles*, c'est-à-dire une *onde plane* venant rencontrer obliquement un plan réfringent *xy*. Soient MA et NB les rayons extrêmes du faisceau, dans le plan de la figure qui est perpendiculaire à la fois à la surface d'onde et au plan réfringent ; soit AA′ la trace du plan d'onde, au moment où cette onde atteint en A la surface réfringente. Pendant le temps $\theta$ que, sur le rayon NB, la vibration lumineuse met à parcourir le chemin $A'B = V\theta$, le point A, agissant comme centre de vibration, émet dans le second milieu une onde sphérique élémentaire, de rayon $AB' = V'\theta$. Il en est de même pour tous les rayons correspondants aux divers points des droites A et B perpendiculaires au plan de figure. Si donc l'onde reste plane, comme nous voulons le prouver, elle devra être constituée par le plan tangent mené par la droite B à la sphère AB'; la trace de ce plan tangent sur le plan de figure est la droite BB', et le point B' en est le point de contact. Prenons maintenant un rayon lumineux quelconque PQ, et menons QR perpendiculaire à BB'; les triangles semblables APQ, AA'B donnent:

$$\frac{PQ}{A'B \text{ ou } V\theta} = \frac{AQ}{AB};$$

de même, les triangles semblables BRQ et BB'A donnent :

$$\frac{QR}{AB' \text{ ou } V'\theta} = \frac{BQ}{AB},$$

d'où, en faisant la somme membre à membre,

$$\frac{PQ}{V\theta} + \frac{QR}{V'\theta} = 1, \qquad \text{c'est-à-dire} \qquad \frac{PQ}{V} + \frac{QR}{V'} = \theta.$$

On voit ainsi que les mouvements vibratoires partis au même instant des différents points de l'onde incidente APA' sont tous parvenus au bout du temps $\theta$ sur le plan BRB'. Ce plan est donc bien l'enveloppe de toutes les ondes élémentaires sphériques telles que AB' et QR. Il ne pourra, par suite, d'après le principe des ondes-enveloppes, y avoir de mouvement lumineux réfracté sensible en dehors du cylindre circonscrit à AB et perpendiculaire à la nouvelle surface d'onde BB'.

Cherchons, d'après cela, quelles doivent être les lois de la réfraction. — Le rayon incident MA donne naissance au rayon réfracté AB' situé, avec le rayon incident, dans un plan normal à la surface réfrigérente : c'est la *première loi* de la réfraction. D'autre part, l'angle A'AB est égal à l'angle d'incidence $i$, comme ayant ses côtés perpendiculaires ; pour la même raison, l'angle B'BA est égal à l'angle de réfraction $r$. Or, on a :

$$A'B \text{ ou } V\theta = AB \sin i,$$
$$AB' \text{ ou } V'\theta = AB \sin r,$$

d'où

$$\frac{\sin i}{\sin r} = \frac{V}{V'} = n;$$

c'est la *seconde loi* de la réfraction.

Mais on voit que, d'après la théorie des ondulations, l'indice $n$ serait le *rapport de la vitesse dans le premier milieu à la vitesse dans le second.*

C'est exactement l'inverse de ce que donnait la théorie de l'émission. — Dès lors, pour prononcer entre les deux théories, il suffisait de comparer expérimentalement, même d'une façon approximative, les vitesses de propagation V et V' de la lumière dans deux milieux déterminés. Cela a été fait par Foucault, dans de mémorables expériences (1850). L'indice de réfraction $n$ de l'eau par rapport à l'*air* est $\frac{4}{3}$; pour la question particulière dont il s'agit, il suffit même de remarquer que l'on a ici $n > 1$. Or, la méthode de Foucault, qui sera décrite plus loin (578), montre que la vitesse V de la lumière dans l'*air* est *plus grande* que la vitesse V' dans l'*eau*, comme cela doit être d'après la théorie des ondulations. Les données numériques de l'expérience donnent même pour le rapport $\frac{V}{V'}$ une valeur très sensiblement égale à $\frac{4}{3}$. — Ces résultats ont fait universellement adopter la théorie des ondulations.

*Remarque.* — La loi de réciprocité est elle-même en parfait accord avec la théorie des ondulations qui nous donne les relations

$$n_{AB} = \frac{V_B}{V_A}, \qquad n_{BA} = \frac{V_A}{V_B}, \qquad \text{et par suite } n_{AB} = \frac{1}{n_{BA}}.$$

La vérification de la théorie des ondulations dans toutes ses conséquences est aussi une justification des lois de la réfraction et, en particulier, de la relation $n_{AB} = \frac{V_B}{V_A}$ par laquelle nous établissons que des chemins optiques égaux sont tautochrones. Mais, comme nous l'avons remarqué déjà (73), on peut arriver à une définition de la surface d'onde indépendamment de toute théorie, en s'appuyant simplement sur les lois de Descartes.

78. **La réflexion peut être considérée comme un cas particulier de la réfraction, celui de** $n = -1$. — En effet, le rayon réfracté est dans le plan d'incidence SIN (fig. 141), comme le rayon réfléchi IR.

Si

$$n = -1, \qquad \sin r = -\sin i,$$

d'où :

$$r = -i + 2K\pi;$$

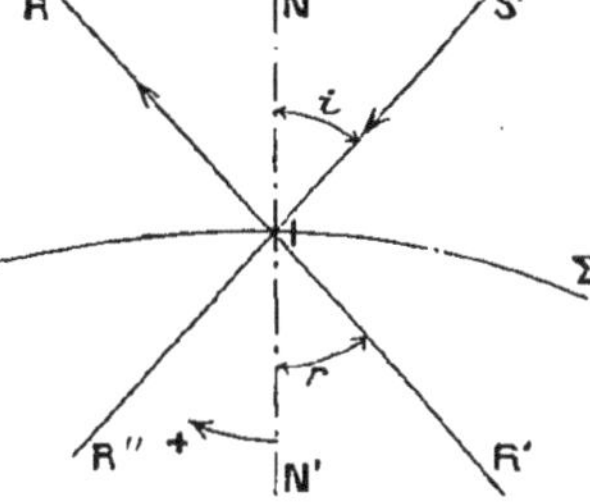


Fig. 141.

il faut porter à partir de IN', dans le sens négatif, un angle égal à $i - 2K\pi$ : nous obtenons ainsi la direction IR' qui est le prolongement du réfléchi IR ; ou encore :

$$r = i + (2K + 1)\pi,$$

ce qui définit la direction IS : cette solution ne convient évidemment pas.

Ainsi dans le cas de $n = -1$, au rayon incident SI correspond le réfracté IR' qui est confondu avec le rayon réfléchi IR.

Les théorèmes généraux démontrés dans le cas d'une réfraction (théorèmes de Fermat, de Malus, de Sturm) s'appliquent immédiatement à la réflexion, en considérant ce dernier phénomène comme un cas particulier de la réfraction. De même un grand nombre de formules relatives à des images obtenues par réfraction s'appliquent aux cas d'images obtenues par réflexion, d'où une simplification considérable (1).

(1) C'est pourquoi il peut être avantageux de commencer l'étude de l'Optique par la réfraction.

## II. — STIGMATISME PAR RÉFRACTION

79. **Dioptre.** — On appelle *dioptre* le système optique formé par deux milieux transparents, homogènes, isotropes, séparés par une surface continue appelée surface *réfractante*.

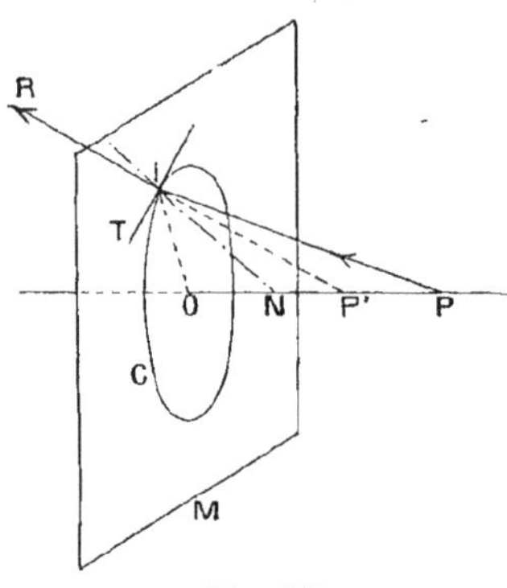

Fig. 142.

Le dioptre est plan ou sphérique, si la surface réfractante est elle-même plane ou sphérique.

80. **Recherche d'un dioptre stigmatique.** — 1° Théorème : *La surface réfractante d'un dioptre stigmatique pour deux points P, P' est de révolution autour de la droite PP'.*

Soit PI (fig. 142) un rayon incident, P'IR le réfracté correspondant; la normale en I à la surface est dans le plan PIP' (1re loi de la réfraction); elle coupe donc PP' en un certain point N. — La démonstration s'achève maintenant tout comme dans le cas d'une réflexion (20).

2° Équation de la méridienne de la surface réfractante d'un dioptre stigmatique pour deux points P, P'.

α) ***Les deux points sont à distance finie.***

1° *P et P' réels* (fig. 143).

Soient deux incidents infiniment voisins PI, PI' et les réfractés correspondants IP', I'P'; NIN' est la normale.

Posons :

$$\overline{IP} = \rho, \qquad \overline{I'P} = \rho + d\rho,$$
$$\overline{IP'} = \rho', \qquad \overline{I'P'} = \rho' + d\rho'.$$

Désignons par $i$ et $r$ les angles d'incidence et de réfraction en I.

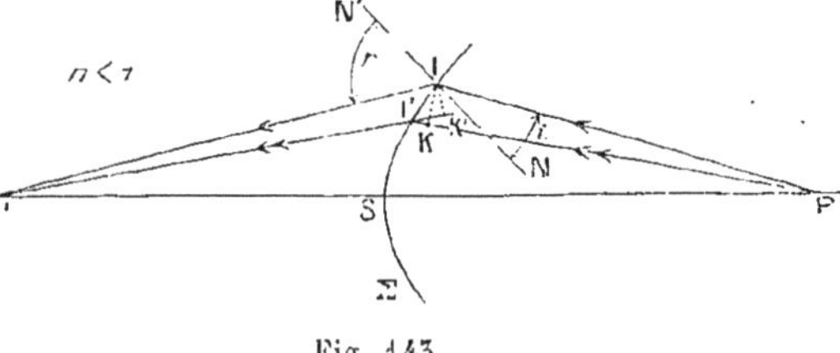

Fig. 143.

D'une manière générale, nous comptons les segments $\rho$ ou $\rho'$ comme positifs s'ils correspondent à des points P ou P' réels, comme négatifs dans le cas contraire. Les rayons PI, IP' sont de part et d'autre de la normale NIN', donc l'angle PII' étant obtus, l'angle P'II' est aigu, $d\rho > 0$, $d\rho' < 0$.

Mettons en évidence les segments $d\rho$ $d\rho'$ : pour cela, de P et P' comme centres, décrivons les circonférences ayant respectivement pour rayons PI, P'I; elles coupent PI' et P'I' en K et K';

$$d\rho = \overline{I'K} \qquad d\rho' = \overline{I'K'} = -\overline{K'I'},$$

mais les arcs IK, IK' étant infiniment petits, on peut les confondre avec les normales abaissées de I sur PI' et P'I'; dans les triangles rectangles KII', K'II', on a donc :

$$\overline{I'K} = (II') \sin I'IK = (II') \sin i;$$
$$\overline{K'I'} = (II') \sin I'IK' = (II') \sin r,$$

donc :

$$d\rho = (II') \sin i \qquad d\rho' = -(II') \sin r;$$

en divisant membre à membre

$$\frac{d\rho}{d\rho'} = -\frac{\sin i}{\sin r} = -n,$$

d'où

$$d\rho + n\, d\rho' = 0$$

ou

$$\rho + n\rho' = C^{te}.$$

La courbe est une ovale de Descartes.

*Loi du tautochronisme.* — Soient V et V' les vitesses de propagation de la lumière dans les deux milieux : $\frac{V}{V'} = n$; le temps mis par la lumière pour aller de P en P' par le chemin PIP' est

$$\theta = \frac{(PI)}{V} + \frac{(IP')}{V'} = \frac{\rho}{V} + \frac{\rho'}{V'} = \frac{1}{V}\left(\rho + \frac{V}{V'}\rho'\right) = \frac{1}{V}\left(\rho + n\rho'\right) = C^{te};$$

il est donc indépendant du chemin suivi PIP'. Une onde sphérique de centre P est transformée en une onde sphérique de centre P'.

*Remarque.* — Avec la convention de signes adoptée pour $\rho$ et $\rho'$, la relation trouvée est générale, nous allons néanmoins examiner les autres cas de figures.

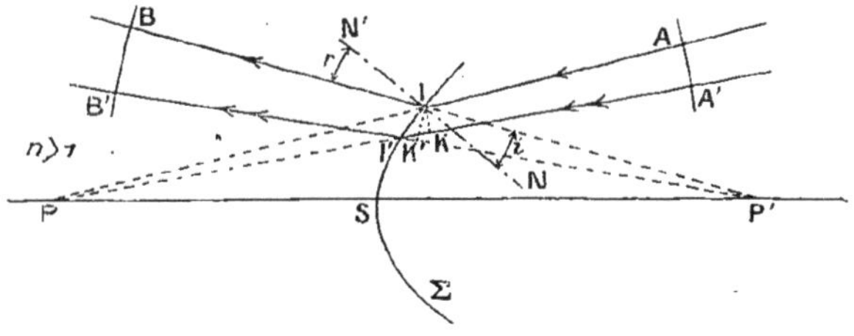

Fig. 144.

2° P *et* P' *virtuels* (fig. 144).

Considérons deux incidents infiniment voisins AI, A'I' qui iraient passer par P si la surface Σ n'existait point; ils se réfractent suivant IB, I'B' comme s'ils provenaient de P'.

En raisonnant comme dans le cas précédent, on voit que $d\rho$ et $d\rho'$ sont de signes contraires, et on trouve que l'équation de la courbe Σ en coordonnées bipolaires, les origines étant P et P', s'écrit :

$$\rho + n\rho' = C^{te} \qquad \text{ou} \qquad -(\rho) - n(\rho') = C^{te}.$$

*Loi du tautochronisme.* — Soit A un point d'une surface d'onde de centre P, de rayon R, B le point correspondant de la surface d'onde de centre P', de rayon R'; pour aller de A en B par le chemin AIB, la lumière met le temps

$$\theta = \frac{(AI)}{V} + \frac{(IB)}{V'} = \frac{(AP)-(IP)}{V} + \frac{(BP')-(IP')}{V'}$$
$$= \frac{R+\rho}{V} + \frac{R'+\rho'}{V'} = \frac{R}{V} + \frac{R'}{V'} + \frac{1}{V}\left(\rho + \frac{V}{V'}\rho'\right)$$
$$= \frac{R}{V} + \frac{R'}{V'} + \frac{1}{V}(\rho + n\rho') = C^{te}.$$

donc le temps $\theta$ est constant

3° *P réel, P' virtuel* (fig. 145).

Soient les incidents infiniment voisins PI, PI' et les réfractés correspondants IA, I'A' qui paraissent provenir de P'.

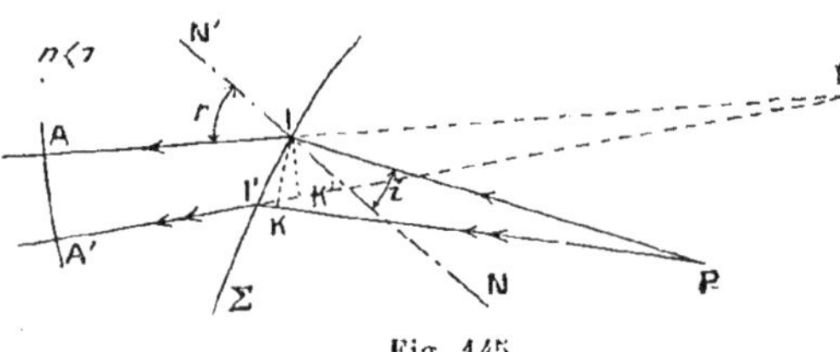


Fig. 145.

En raisonnant comme précédemment, prenant les mêmes notations, on voit que les segments $d\rho$, $d\rho'$ sont de signes contraires, et on établit que

$$d\rho + n d\rho' = 0$$
ou $$\rho + n\rho' = C^{te}.$$

*Cas particulier : P et P' sont confondus.* — La relation devient $\rho(1+n) = C^{te}$, ou $\rho = C^{te}$.

La surface est sphérique de centre P.

*Remarque.* — En faisant intervenir les valeurs absolues de $\rho$ et $\rho'$ : on a $(\rho) - n(\rho') = C^{te}$.

*Loi du tautochronisme.* — Considérons une surface d'onde de centre P', de rayon R' et passant par A. Le temps mis par la lumière pour aller de P en A est :

$$\theta = \frac{(PI)}{V} + \frac{(IA)}{V'} = \frac{(PI)}{V} + \frac{(P'A)-(IP')}{V'}$$
$$= \frac{\rho}{V} + \frac{R'+\rho'}{V'} = \frac{R'}{V'} + \frac{1}{V}\left(\rho + \frac{V}{V'}\rho'\right)$$
$$= \frac{R'}{V'} + \frac{1}{V}\left(\rho + n\rho'\right) = C^{te}.$$

4° *P virtuel, P' réel.*

Il suffit d'appliquer le principe du retour inverse de la lumière au cas précédent en considérant P' comme objet virtuel, P comme image réelle et permutant les lettres P et P'.

*Généralisation.* — En résumé, lorsque les points P et P' sont à distance finie, prenant ces points pour origines, l'équation de la méridienne en coordonnés bipolaires est :

$$\rho + n\rho' = C^{te} \text{ (}^1\text{)}.$$

Ces courbes sont des ovales de Descartes qui comprennent comme cas particuliers la circonférence, les coniques et le limaçon de Pascal.

[1] En faisant intervenir seulement les valeurs absolues des vecteurs, on aurait, suivant les cas :

$$\pm(\rho) \pm n(\rho') = C^{te}.$$

*Cas particulier de la réflexion.* — Si l'on fait $n=-1$, l'équation précédente devient :

$$\rho+\rho'=C^{te} \qquad \text{ou :} \qquad (\rho)\pm(\rho')=C^{te},$$

qui définit des ellipses, des hyperboles et, comme cas limites, des circonférences et des droites (20).

β) ***L'un des points est à l'infini.***

1° *P à distance finie, réel; P' à l'infini* (fig. 146).

Soient les incidents infiniment voisins PI,PI' et les réfractés correspondants IR,I'R' que nous coupons par une droite D qui leur est perpendiculaire. Nous posons :

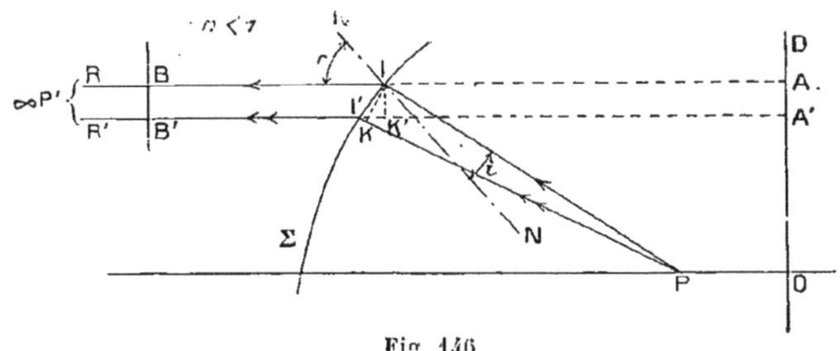

Fig. 146.

$$\overline{IP}=\rho, \qquad \overline{I'P}=\rho+d\rho,$$

$$\overline{IA}=\rho', \qquad \overline{I'A'}=\rho'+d\rho'.$$

Nous comptons $\rho$ comme positif si P est réel, de même $\rho'$ est positif si A est dans l'espace-image réel; $\rho$ et $\rho'$ sont négatifs dans les cas contraires.

Mettons en évidence les segments $d\rho$ et $d\rho'$ en menant la circonférence de centre P et de rayon $\rho$, et abaissant de I la perpendiculaire IK' sur A'I' :

$$d\rho=\overline{I'K}=(II')\sin KII'=(II')\sin i,$$

$$d\rho'=\overline{I'K'}=-\overline{K'I'}=-(II')\sin K'II'=-(II')\sin r;$$

d'où

$$\frac{d\rho}{d\rho'}=-\frac{\sin i}{\sin r}=-n,$$

$$d\rho+n\rho d'=0,$$

et par suite

$$\rho+n\rho'=C^{te}.$$

Nous pouvons toujours choisir la position de la droite D de manière que

$$\rho+n\rho'=0.$$

Pour que cette relation soit satisfaite il faut évidemment que $\rho$ et $\rho'$ soient de signes contraires, c'est-à-dire que, dans le cas de la figure 146,

P et D soient du même côté par rapport à $\Sigma$; on a entre les valeurs absolues de $\rho$ et $\rho'$ la relation

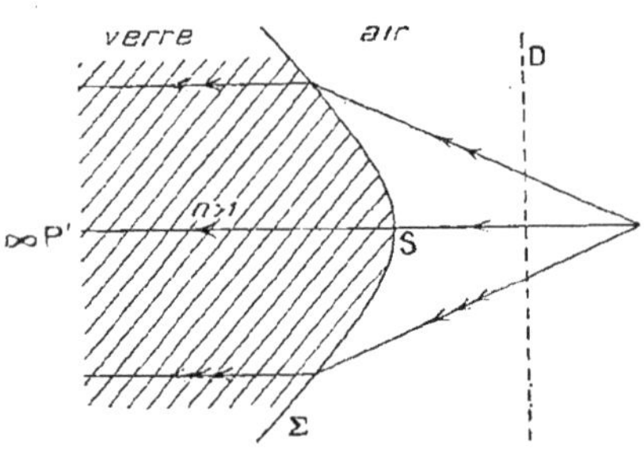

Fig. 147

$$(\rho) - n(\rho') = 0.$$

La courbe est donc une conique ayant pour foyer P, pour directrice D et telle que son excentricité

$$e = \frac{\rho}{\rho'} = n.$$

1er *cas.* $n > 1$. La courbe est une hyperbole de foyer P, ayant pour directrice D (fig. 147).

2e *cas.* $n = 1$. Aucun intérêt, car il n'y a pas de réfraction. (La parabole ne convient pas, car, pour cette courbe, avec les conventions adoptées, on aurait $\rho\rho' > 0$, donc $\rho + n\rho' \neq 0$).

3e *cas.* $n < 1$. La courbe est une ellipse ayant pour foyer P et directrice D (fig. 148). Considérons en particulier le rayon PB qui passe par l'extrémité du petit axe,

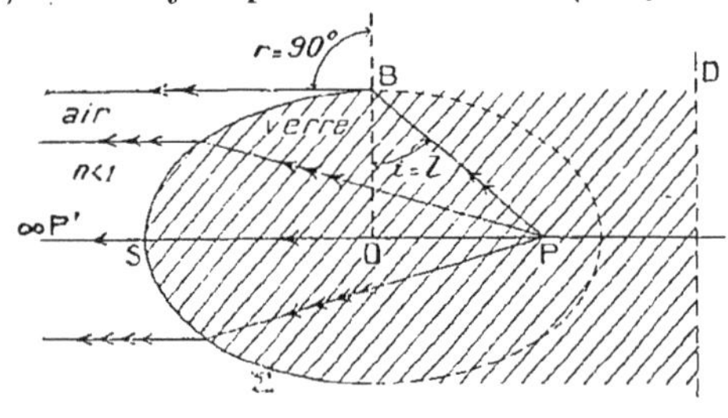

Fig. 148.

le réfracté est BC, tel que $r = 90°$, donc $i = \text{PBO} = l$ (angle limite)

$$\sin \text{PBO} = n = \frac{c}{a}.$$

*Loi du tautochronisme.* — Pour aller de P en B, tel que $AB = d$ (fig. 146), la lumière met le temps

$$\theta = \frac{(\text{PI})}{\text{V}} + \frac{(\text{IB})}{\text{V}'} = \frac{(\text{PI})}{\text{V}} + \frac{(\text{AB}) - (\text{IA})}{\text{V}'} = \frac{\rho}{\text{V}} + \frac{d + \rho'}{\text{V}'}$$

$$= \frac{d}{\text{V}'} + \frac{1}{\text{V}}\left(\rho + \frac{\text{V}}{\text{V}'}\rho'\right) = \frac{d}{\text{V}'} + \frac{1}{\text{V}}(\rho + n\rho') = \text{C}^{\text{te}}.$$

2° *P à distance finie, virtuel, P' à l'infini* (fig. 149).

Considérons les rayons incidents infiniment voisins, BI, B'I' qui iraient converger en P si la surface $\Sigma$ n'existait pas; ils se réfractent suivant IR, I'R'. En prenant les mêmes notations que précédemment, et avec les mêmes conventions de signes, on voit que $d\rho < 0$, $d\rho' > 0$, et on arrive encore à la relation

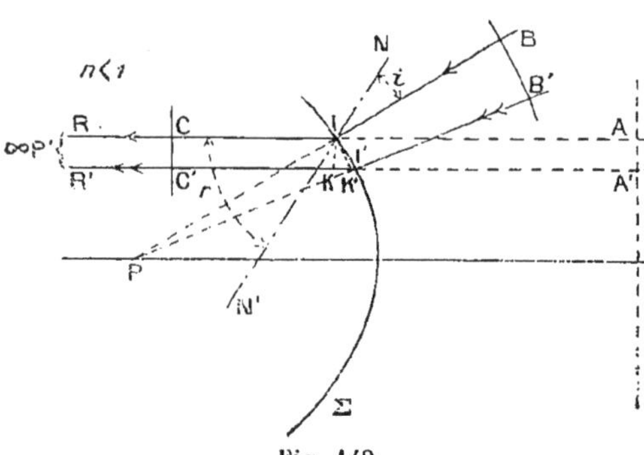

Fig. 149.

$$\rho + n\rho' = 0 \quad \text{ou} \quad -(\rho) + n(\rho') = 0;$$

*a*) $n>1$. — La courbe est une hyperbole (fig. 150);
*b*) $n=1$. — Sans intérêt (la parabole ne convient du reste pas);

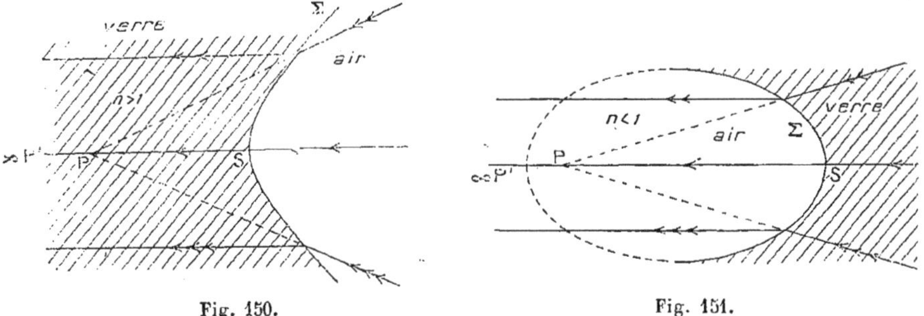


Fig. 150. Fig. 151.

*c*) $n<1$. — La courbe est une ellipse (fig. 151).

*Loi du tautochronisme.* — Nous vérifions sans difficulté que le temps, mis par la lumière pour aller d'un point quelconque B (fig. 149) d'une surface sphé-

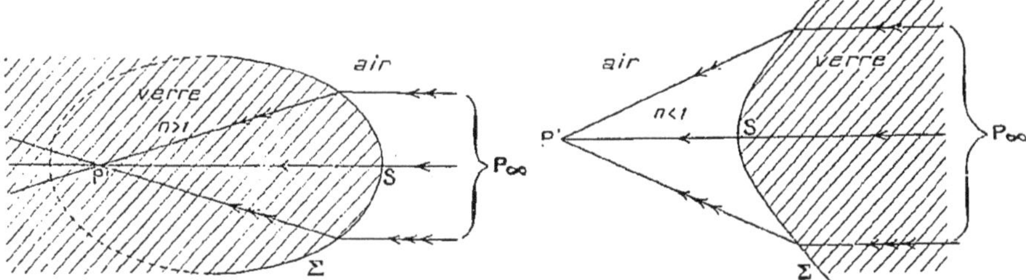


Fig. 152. Fig. 152 *bis*.

rique de centre P au point correspondant C d'une surface plane perpendiculaire aux réfractés, est constant.

3° P *à l'infini*, P' *à distance finie et réel* (fig. 152 et 152 *bis*);

4° P *à l'infini*, P' *à distance finie et virtuel* (fig. 153 et 153 *bis*).

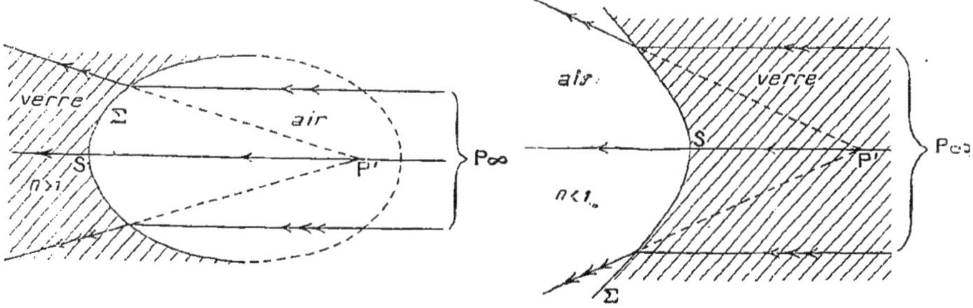


Fig. 153. Fig. 153 *bis*

Ces cas se ramènent aux deux précédents, d'après le principe du retour inverse de la lumière et en permutant P et P'.

*Cas particulier de la réflexion.* — Si $n=-1$, on a : $\rho - (\rho') = 0$, la courbe est une parabole (20).

*Résumé.* — Les points P et P′ étant à distance finie, la formule générale de la méridienne des surfaces réfractantes des dioptres stigmatiques est, avec les conventions de signes adoptées,

$$\rho + n\rho' = C^{te};$$

ces résultats ont déjà été établis par une autre méthode (74).

En outre, si l'on admet que $n = \frac{V}{V'}$, l'équation générale $\rho + n\rho' = C^{te}$ exprime la propriété du *tautochronisme des foyers conjugués*; il en résulte qu'une onde de centre P est transformée en une onde de centre P′.

Lorsque l'un des points est à l'infini, l'équation de la méridienne rapportée à un pôle et à une directrice est encore

$$\rho + n\rho' = 0,$$

et si l'on admet que $n = \frac{V}{V'}$, l'expression précédente traduit encore la loi du tautochronisme des foyers conjugués; une onde sphérique est transformée en une onde plane ou inversement.

**81. Forme théorique des lentilles stigmatiques.** — Elles seront généralement en verre. On donnera la préférence à la surface sphérique comme surface limitante, toutes les fois que cela sera possible :

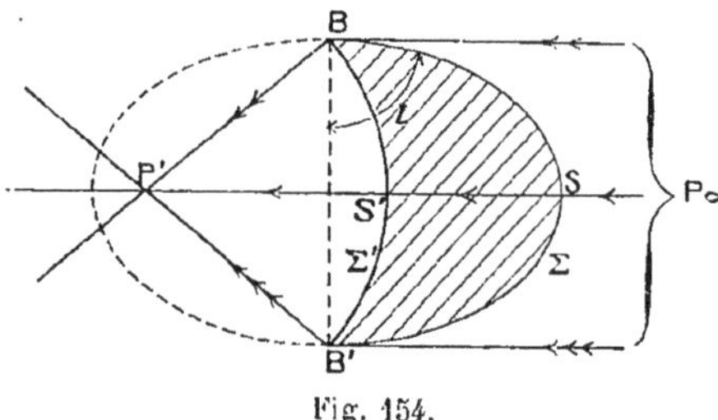

Fig. 154.

1° *P et P′ à distance finie.* — La première méridienne sera une ovale de Descartes ayant P et P′ comme pôles (cette ovale pourra être une circonférence (voir § 81, Remarque II); la deuxième sera une circonférence de centre P′;

Ou encore la première méridienne sera une circonférence de centre P et la deuxième une ovale de Descartes ayant P et P′ pour pôles.

2° *P à l'infini, P′ à distance finie.* — Le seul cas intéressant est celui du point P dans l'air, c'est-à-dire de $n > 1$. En nous reportant à la figure 152, nous voyons que la première méridienne sera une ellipse de foyer P′, la deuxième, une circonférence de centre P′; l'image sera *réelle* (fig. 154).

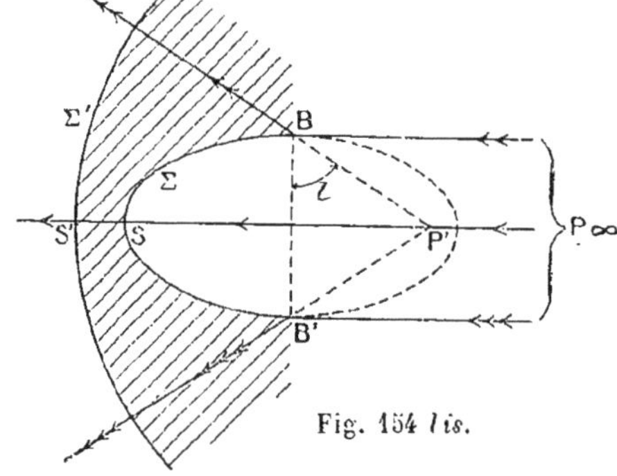

Fig. 154 *bis*.

Ou bien la première méridienne sera encore une ellipse de foyer P′ (fig. 155), et la deuxième une circonférence de centre P′, mais l'orientation des convexités n'est pas la même dans les deux cas et, avec la seconde combinaison, P′ est une image *virtuelle* (fig. 154 *bis*).

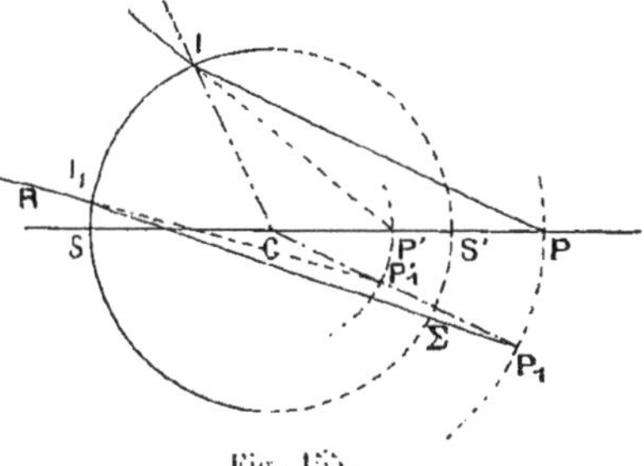

Fig. 155.

*Remarque I.* — Les seules lentilles intéressantes au point de vue pratique sont les lentilles à surfaces sphériques, car on ne sait pas tailler d'autres surfaces (à la rigueur, en appliquant le procédé des retouches locales, on pourrait tenter de réaliser une surface elliptique concave).

*Remarque II. — La circonférence est une ovale de Descartes.* — Prenons les points P et P′ (fig. 155) tels que $CP = n\,CI$; $CP' = \frac{CI}{n}$. Les triangles CIP, CP′I sont semblables, car ils ont l'angle en C commun, en outre $\frac{CP}{CI} = n = \frac{CI}{CP'}$, par suite

$$\frac{PI}{P'I} = n \qquad \text{d'où} \qquad PI - n\,P'I = 0.$$

ou, avec les notations et les conventions de signes adoptées (80), $\rho + n\rho' = 0$. Le dioptre sphérique considéré, d'indice $n$, est stigmatique pour P et P′.

## III. — DIOPTRES SPHÉRIQUES

### DIOPTRE SPHÉRIQUE UNIQUE

82. **Définitions.** — On appelle *dioptre sphérique* (fig. 156) le système formé par deux milieux transparents, homogènes, isotropes, d'indices de réfraction différents, séparés par une surface sphérique; *centre* du diotrope, le centre de courbure C; *sommet*, le pôle Σ de la calotte sphérique qui constitue généralement le dioptre; *axe*, tout diamètre de la surface sphérique; *axe principal*, le diamètre qui passe par le sommet Σ; enfin, *ouverture*, l'angle Ω que font entre eux deux rayons du dioptre aboutissant à deux points diamétralement opposés du cercle de base de la calotte. Pour avoir des formules symétriques, nous désignerons par $n_1$ l'indice du premier milieu, et par $n_2$ l'indice du

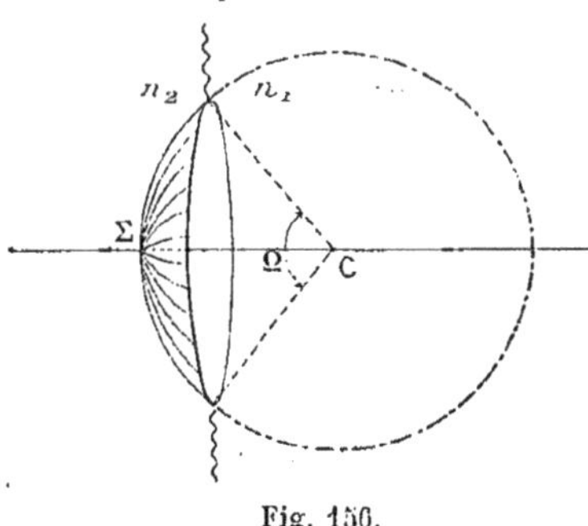

Fig. 156.

second, par rapport à un même milieu quelconque, de sorte que l'indice relatif du second milieu par rapport au premier sera $n = \frac{n_2}{n_1}$.

85. **Formule exacte des dioptres. — Origine au centre.** — Soient $P_1$ (fig. 157) un point lumineux quelconque, $P_1CS$ l'axe du dioptre passant par ce point. Prenons pour plan de figure un plan mené par cet axe; il suffira d'examiner ce qui se passe dans ce plan, puisque le dioptre est de révolution autour de l'axe $P_1C$.

Soit $P_1I$ un rayon incident, dans le plan de figure; menons la normale CI au point d'incidence, normale qui fait l'angle $SCI = \omega$ avec l'axe $P_1C$; le rayon réfracté est dans le plan d'incidence $P_1IC$ (1re loi de la réfraction), il rencontre donc $P_1C$; si l'on suppose, par exemple, que $n_2$ soit supérieur à $n_1$, le rayon se réfracte suivant IR en se rapprochant de la normale, et son prolongement vient rencontrer l'axe $P_1C$ en un point $P_2$, situé entre $P_1$ et C. S'il existe une image du point $P_1$, elle doit être en $P_2$, point de rencontre de deux rayons réfractés IR et SS' prolongés.

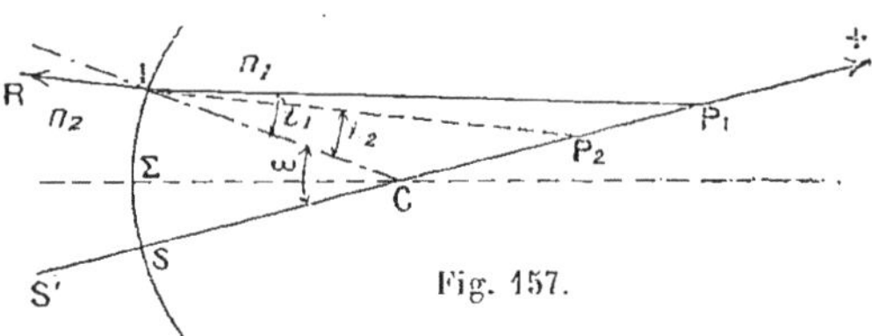

Fig. 157.

Désignons par $i_1$ et $i_2$ les angles d'incidence et de réfraction qui correspondent au rayon $P_1I$ et cherchons à définir la position du point $P_2$. Posons :

$$\overline{CP_1} = z_1 \qquad \overline{CP_2} = z_2 \qquad \overline{CS} = \rho,$$

ces segments étant comptés en grandeur et signe, avec la convention analytique, c'est-à-dire *tous* les segments positifs dans un même sens. Pour introduire la loi du sinus, nous sommes conduits à écrire, dans les triangles $CIP_1$ et $CIP_2$, la proportionnalité des côtés aux sinus des angles opposés. En remarquant que le segment $\rho$ est, dans le cas de la figure, de sens contraire à $z_1$ et à $z_2$, tandis que les côtés $IP_1$ et $IP_2$ sont de même sens, en les soumettant à la même convention de signe, on a, dans le cas de la figure, quel que soit le sens adopté comme positif :

$$(1) \qquad \frac{z_1}{\sin i_1} = \frac{\overline{IP_1}}{\sin \omega} = \frac{-\rho}{\sin(\omega - i_1)},$$

$$(2) \qquad \frac{z_2}{\sin i_2} = \frac{\overline{IP_2}}{\sin \omega} = \frac{-\rho}{\sin(\omega - i_2)};$$

d'où, en divisant terme à terme les deux premières égalités de chaque groupe,

$$\frac{z_2}{z_1} \cdot \frac{\sin i_1}{\sin i_2} = \frac{\overline{IP_1}}{\overline{IP_2}}.$$

Or, $n_1 \sin i_1 = n_2 \sin i_2$, d'où $\frac{\sin i_1}{\sin i_2} = \frac{n_2}{n_1}$, et, en tenant compte de ce que $\rho$ est de *sens opposé* à $z_1$ et $z_2$ (dans le cas de la figure on a $\overline{IP_1} > 0$, $\overline{IP_2} > 0$),

$$\overline{IP_1} = \sqrt{\rho^2 + z_1^2 - 2\rho z_1 \cos\omega},$$

$$\overline{IP_2} = \sqrt{\rho^2 + z_2^2 - 2\rho z_2 \cos\omega}.$$

En portant ces valeurs dans la relation précédente, il vient

$$(3) \qquad \frac{n_2 z_2}{n_1 z_1} = \frac{\sqrt{\rho^2 + z_2^2 - 2\rho z_2 \cos\omega}}{\sqrt{\rho^2 + z_1^2 - 2\rho z_1 \cos\omega}}.$$

De cette relation rigoureuse, il résulte que, en général, $z_2$ est une fonction de l'angle $\omega$; par conséquent la surface sphérique n'est pas stigmatique par réfraction pour une position quelconque du point lumineux, tout comme dans le cas de la réflexion (55).

84. **Conditions de stigmatisme.** — Cherchons les cas particuliers où $z_2$ pourra être indépendant de $\omega$.

1° *Premier cas de stigmatisme rigoureux : centre.* — Si $z_1 = 0$, nous tirons immédiatement de (3) :

$$z_2 = 0;$$

les points ainsi définis sont confondus avec C qui est à lui-même son image.

Ce résultat est évident : tout incident issu du centre traverse la surface réfractante sans déviation.

*Remarque.* — Nous démontrerons (173) que pour C il y a aussi *aplanétisme*. Un élément plan passant par C a pour image un élément plan, passant aussi par C.

2° *Second cas de stigmatisme rigoureux : points stigmatiques.* — Si $z_1 \neq 0$, nous voyons immédiatement que $z_2 \neq 0$ et de (3) nous tirons :

$$2\rho z_1 z_2 (n_2^2 z_2 - n_1^2 z_1) \cos\omega + n_2^2 z_2^2 (\rho^2 + z_1^2) - n_1^2 z_1^2 (\rho^2 + z_2^2) = 0.$$

Si le dioptre est stigmatique pour $P_1$ et $P_2$, cette relation est vraie, quel que soit $\omega$, donc les abscisses de $P_1$ et $P_2$ satisfont aux équations

$$n_2^2 z_2 - n_1^2 z_1 = 0 \qquad n_2^2 z_2^2 (\rho^2 + z_1^2) - n_1^2 z_1^2 (\rho^2 + z_2^2) = 0,$$

d'où l'on tire :

$$z_1 = \pm \frac{n_2}{n_1} \rho \qquad z_2 = \pm \frac{n_1}{n_2} \rho.$$

Les solutions obtenues en prenant le signe + sont étrangères, comme il est facile de s'en rendre compte en déterminant les points qui leur correspondent; elles ont été introduites en élevant (3) au carré, elles conviendraient au dioptre de sommet $\Sigma'$ (fig. 158).

Les solutions véritables du problème sont :

$$z_1 = -\frac{n_2}{n_1} \rho, \qquad z_2 = -\frac{n_1}{n_2} \rho.$$

Nous obtenons ainsi un *deuxième cas de stigmatisme rigoureux.* Sur *tout axe* du dioptre il y a deux points stigmatiques dont les lieux sont deux sphères *stigmatiques* de centre C.

La figure 158 représente la position respective de $P_1$ et $P_2$ dans le cas de $\frac{n_2}{n_1}=\frac{3}{2}$ et la figure 159 représente les mêmes points pour $\frac{n_2}{n_1}=\frac{2}{3}$.

*Remarque.* — Nous verrons plus tard (175) que pour ces points $P_1$ et $P_2$ la condition d'aplanétisme est remplie, c'est-à-dire qu'un élément plan

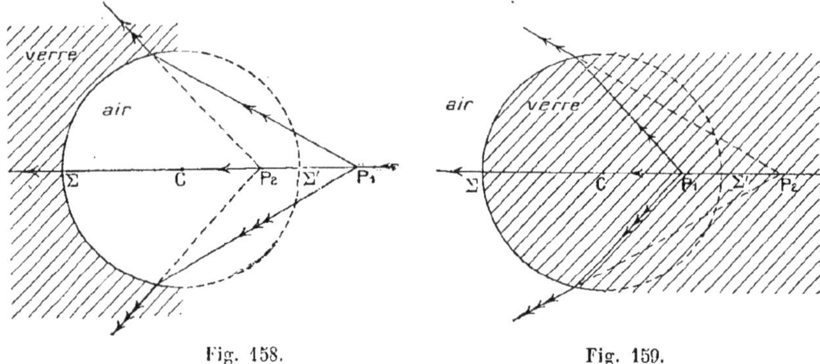


Fig. 158. Fig. 159.

normal à l'axe et passant par $P_1$, a pour image un élément parallèle passant par $P_2$; $P_1$ et $P_2$ sont les points *aplanétiques* du dioptre sphérique.

3° *Points situés dans le voisinage du centre.* — Lorsque $z_1$ est très petit par rapport au rayon $\rho$, $z_2$ l'est également, puisque les deux quantités tendent en même temps vers zéro; par conséquent, l'équation (5) donne, en négligeant $z_1^2$ et $2\rho z_1 \cos\omega$ devant $\rho^2$, et de même $z_2^2$ et $2\rho z_2 \cos\omega$,

$$\frac{n_2 z_2}{n_1 z_1}=1, \qquad \text{c'est-à-dire} \qquad z_2 = z_1\frac{n_1}{n_2}=\frac{z_1}{n}.$$

C'est encore là une valeur indépendante de $\omega$. Donc, pour les points situés dans le voisinage du centre, et compris par exemple à l'intérieur d'une sphère concentrique $CQ_1$ (fig. 160), de rayon très petit par rapport à celui du dioptre, le stigmatisme rigoureux du centre se conserve *d'une façon très approchée, quelle que soit l'ouverture du dioptre sphérique.* — Cette petite sphère est dite la *sphère de stigmatisme.*

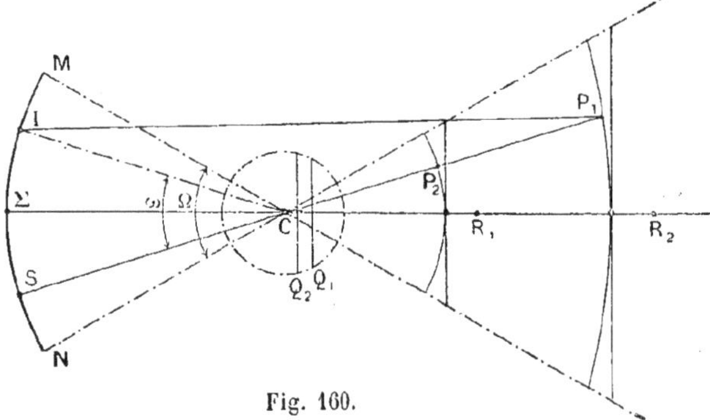


Fig. 160.

4° *Points situés dans le cône d'une faible ouverture.* — *Rayons centraux.* — Supposons que le dioptre ait une ouverture $\Omega$ radian très faible, telle que la quantité $\Omega^2$ soit négligeable devant $\Omega$ : pour tout point $P_1$, situé à l'intérieur du *cône d'ouverture* MCN (fig. 160), l'angle $\omega$ correspondant à un rayon $P_1I$ rencontrant le dioptre sera inférieur à $\Omega$. De pareils rayons sont appelés *rayons centraux* : pour ces rayons, cos $\omega$ peut être pris comme sensiblement égal à l'unité (sauf si $z_1$, $z_2$ sont voisins de $\rho$). La relation (3) devient donc :

$$\frac{n_2 z_2}{n_1 z_1} = \frac{z_2 - \rho}{z_1 - \rho};$$

d'où, en chassant les dénominateurs et divisant par $z_1 z_2 \rho$,

$$(4) \qquad \frac{n_2}{z_1} - \frac{n_1}{z_2} = \frac{n_2 - n_1}{\rho}.$$

Si l'on veut introduire l'indice relatif $n = \frac{n_2}{n_1}$, on posera $z_1 = z$, $z_2 = z$ ; la formule devient alors

$$(5) \qquad \frac{n}{z} - \frac{1}{z'} = \frac{n-1}{\rho}.$$

Ces relations sont générales à la condition de considérer invariablement tous les segments comme positifs dans un même sens.

*Résumé.* — Il y a stigmatisme *rigoureux* au centre et pour les *sphères stigmatiques*; stigmatisme *approché* pour les points pris à l'intérieur de la *sphère de stigmatisme*, quelle que soit l'ouverture; et pour les points situés dans le *cône d'ouverture*, lorsque l'ouverture est très faible; plus rigoureusement le calcul de la distance d'astigmatisme (133, 3°) montre qu'il y a stigmatisme approché pour tout point *voisin* d'un point stigmatique et pour tous ceux qui envoient vers le dioptre un faisceau de *faible* incidence.

85. **Théorie du dioptre sphérique par l'homographie.** — A un point-objet $P_1$ (fig. 161) correspond un point-image $P_2$ et un seul; en outre, si l'on considère $P_2$ comme un point-objet du premier milieu, il n'a pas pour image $P_1$; par conséquent $P_1$ et $P_2$ sont les points conjugués d'une homographie et si nous prenons une origine quelconque Γ, en posant

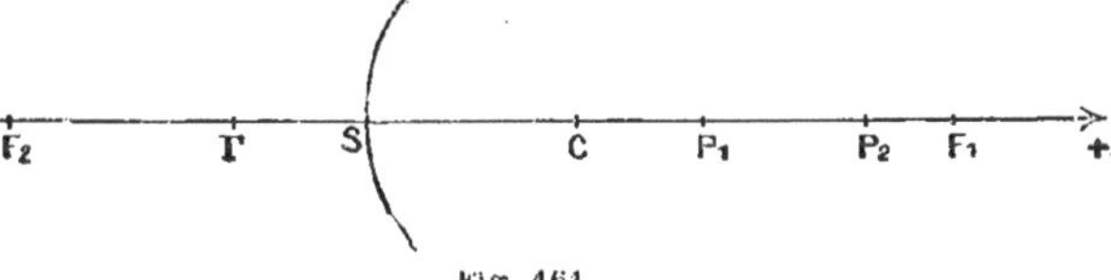

Fig. 161.

$$\overline{\Gamma P_1} = t_1 \qquad \overline{\Gamma P_2} = t_2,$$

nous avons une relation de la forme :

$$(1) \qquad t_1 t_2 + a t_1 + b t_2 + c = 0.$$

Transportons l'origine en l'un des points doubles, S par exemple, et soient $F_1$ et $F_2$ le foyer-objet et le foyer-image; posons :

$$\overline{SP_1} = x_1, \qquad \overline{SP_2} = x_2, \qquad \overline{SF_1} = f_1, \qquad \overline{SF_2} = f_2,$$

la relation précédente devient :

$$x_1x_2 - f_2x_1 - f_1x_2 = 0 \qquad \text{ou} \qquad \frac{f_1}{x_1} + \frac{f_2}{x_2} = 1.$$

En transportant l'origine au deuxième point double C et posant :

$$\overline{CP_1} = z_1, \qquad \overline{CP_2} = z_2, \qquad \overline{CF_1} = \varphi_1, \qquad \overline{CF_2} = \varphi_2,$$

nous aurons, de même :

$$z_1 z_2 - \varphi_2 z_1 - \varphi_1 z_2 = 0 \qquad \text{ou} \qquad \frac{\varphi_1}{z_1} + \frac{\varphi_2}{z_2} = 1.$$

Enfin en prenant comme origines doubles les foyers, avec

$$\overline{F_1P_1} = \sigma_1, \qquad \overline{F_2P_2} = \sigma_2,$$

il viendra :

$$\sigma_1 \sigma_2 = f_1 f_2 = \varphi_1 \varphi_2.$$

*Remarque.* — Pour que le dioptre soit complètement déterminé, il suffit de pouvoir calculer les coefficients $a$, $b$, $c$ de la formule (1); par conséquent il suffit de connaître 3 couples de points conjugués. — (Un point double correspond à un couple de points conjugués; le conjugué d'un foyer est le point à l'infini sur l'axe, il est donc connu.)

Les problèmes de position relatifs aux dioptres peuvent être ramenés à des problèmes sur l'homographie.

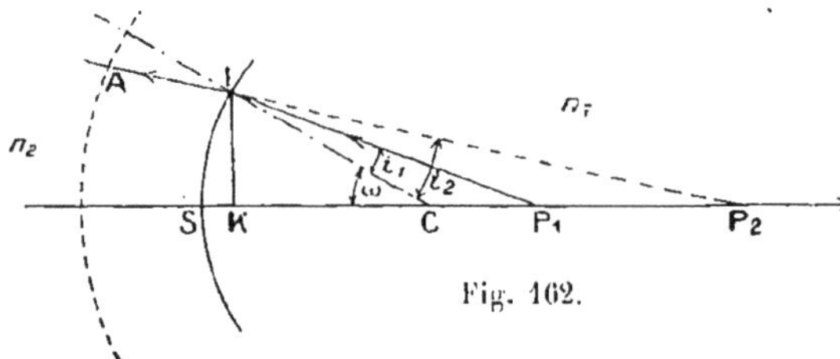

Fig. 162.

86. **Application de la loi du tautochronisme au dioptre sphérique.** — Soit le dioptre sphérique de centre C, de sommet S (fig. 162) constitué par des milieux d'indice $n_1$, $n_2$, cherchons à quelle condition un point $P_1$ a pour image un point $P_2$; posons :

$$\overline{CP_1} = z_1, \qquad \overline{CP_2} = z_2, \qquad \overline{CS} = \rho, \qquad \overline{IP_1} = s_1, \qquad \overline{IP_2} = s_2.$$

Si le dioptre est stigmatique pour $P_1$ et $P_2$, les ondes sphériques de centre $P_1$ sont transformées en ondes sphériques de centre $P_2$, par conséquent la lumière met toujours le même temps pour aller de $P_1$ à un point quelconque A d'une onde de centre $P_2$; en désignant par $V_1$ et $V_2$ les vitesses de la lumière dans les deux milieux, par R le rayon de l'onde sphérique de centre $P_2$, passant par A, nous devons avoir :

$$\frac{(P_1I)}{V_1} + \frac{(IA)}{V_2} = C^{te}, \qquad \text{ou :} \qquad \frac{s_1}{V_1} + \frac{R - s_2}{V_2} = C^{te}, \qquad \text{ou :} \qquad \frac{s_1}{V_1} - \frac{s_2}{V_2} = C^{te}.$$

Mais $\frac{V_1}{V_2} = \frac{n_2}{n_1}$; donc la relation précédente peut s'écrire :

$$\Phi = n_1 s_1 - n_2 s_2 = C^{te}.$$

Or

$$s_1 = \sqrt{\overline{KI}^2 + \overline{KP_1}^2} = \sqrt{\rho^2 \sin^2\omega + (z_1 - \rho\cos\omega)^2} = \sqrt{\rho^2 - 2\rho z_1 \cos\omega + z_1^2};$$

de même

$$s_2 = \sqrt{\rho^2 - 2\rho z_2 \cos\omega + z_2^2};$$

par suite

$$\Phi = n_1\sqrt{\rho^2 - 2\rho z_1 \cos\omega + z_1^2} - n_2\sqrt{\rho^2 - 2\rho z_2\cos\omega + z_2^2};$$

puisque $\Phi$ doit être indépendant du point d'incidence I, c'est-à-dire de $\omega$, il faut que :

$$\frac{d\Phi}{d\omega}=0 \quad \text{ou} \quad n_1\frac{\rho z_1 \sin\omega}{\sqrt{\rho^2-2\rho z_1\cos\omega+z_1^2}}-n_2\frac{\rho z_2\sin\omega}{\sqrt{\rho^2-2\rho z_2\cos\omega+z_2^2}}=0,$$

ou encore

$$(1)\qquad \frac{n_1 z_1}{\sqrt{\rho^2-2\rho z_1\cos\omega+z_1^2}}-\frac{n_2 z_2}{\sqrt{\rho^2-2\rho z_2\cos\omega+z_2^2}}=0;$$

d'où :

$$2\rho z_1 z_2(n_1^2 z_1-n_2^2 z_2)\cos\omega+\rho^2(n_1^2 z_1^2-n_2^2 z_2^2)+(n_1^2-n_2^2)z_1^2 z_2^2=0.$$

Cette relation doit être satisfaite, quel que soit $\omega$; on doit donc avoir simultanément :

$$\begin{cases} z_1 z_2(n_1^2 z_1-n_2^2 z_2)=0,\\ \rho^2(n_1^2 z_1^2-n_2^2 z_2^2)+(n_1^2-n_2^2)z_1^2 z_2^2=0.\end{cases}$$

1re *Solution* : $\begin{cases} z_1 z_2=0,\\ \rho^2(n_1^2 z_1^2-n_2^2 z_2^2)+(n_1^2-n_2^2)z_1^2 z_2^2=0.\end{cases}$

Si $z_1=0$ on a : $z_2=0$;

le dioptre est stigmatique pour le centre, ce qui est évident.

2e *Solution* : $\begin{cases} n_1^2 z_1-n_2^2 z_2=0,\\ \rho^2(n_1^2 z_1^2-n_2^2 z_2^2)+(n_1^2-n_2^2)z_1^2 z_2^2=0.\end{cases}$

De la première équation on tire :

$$z_2=\frac{n_1^2}{n_2^2}z_1,$$

et portant dans la deuxième, il vient :

$$z_1^2=\frac{n_2^2}{n_1^2}\rho^2 \qquad \text{et par suite :} \qquad z_2^2=\frac{n_1^2}{n_2^2}\rho^2,$$

d'où :

$$z_1=\pm\frac{n_2}{n_1}\rho \qquad z_2=\pm\frac{n_1}{n_2}\rho;$$

la seule solution qui convienne est :

$$z_1=-\frac{n_2}{n_1}\rho, \qquad z_2=-\frac{n_1}{n_2}\rho;$$

(on vérifie directement que l'autre solution ne convient pas au dioptre considéré).

Excepté pour les points précédemment définis, la loi du tautochronisme n'est pas satisfaite, le dioptre sphérique n'est pas stigmatique.

*Approximation.* — Si l'angle $\omega$ est très petit (rayons centraux) on peut dans l'équation (1), remplacer $\cos\omega$ par 1 et la relation devient :

$$\frac{n_1 z_1}{\rho-z_1}-\frac{n_2 z_2}{\rho-z_2}=0,$$

d'où :

$$\frac{n_2}{z_1}-\frac{n_1}{z_2}=\frac{n_2-n_1}{\rho}.$$

C'est la relation établie déjà par une autre méthode (84).

87. **Points stigmatiques et aplanétiques du dioptre sphérique**. — Nous venons de voir (84) que le dioptre est stigmatique pour deux points $P_1$ et $P_2$ (fig. 165) tels que

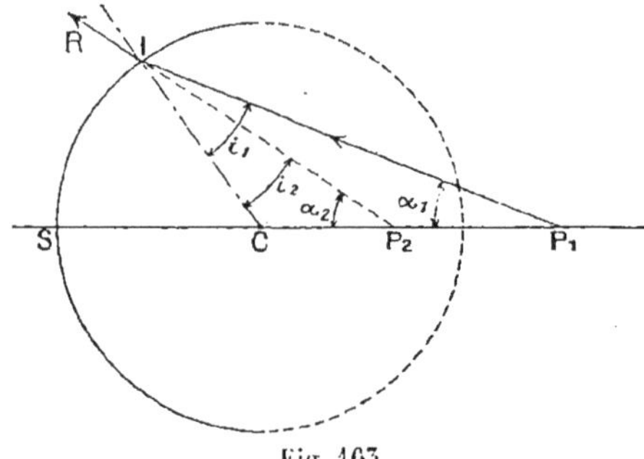

Fig. 165.

$$z_1 = -\frac{n_2}{n_1}\rho \qquad z_2 = -\frac{n_1}{n_2}\rho. \qquad (\overline{CS} = \rho).$$

Cette propriété est extrêmement importante. aussi allons-nous l'établir directement par une autre méthode.

En vertu des relations précédentes, nous avons (fig. 165)

$$CP_1 \times CP_2 = \left(-\frac{n_2}{n_1}\rho\right) \times \left(-\frac{n_1}{n_2}\rho\right) = \rho^2 = \overline{CI}^2;$$

d'où (nous prenons les segments en valeur absolue) :

$$\frac{CP_1}{CI} = \frac{CI}{CP_2};$$

les triangles $CIP_1$, $CIP_2$ sont semblables et par suite $\alpha_1 = i_2$. Dans le triangle $CIP_1$, nous avons :

$$\frac{\sin i_1}{CP_1} = \frac{\sin \alpha_1}{CI},$$

ou, en vertu des relations précédentes :

$$\frac{\sin i_1}{\frac{n_2}{n_1}CI} = \frac{\sin i_2}{CI};$$

par suite :

$$n_1 \sin i_1 = n_2 \sin i_2 \ (^1);$$

donc à l'incident $P_1I$ correspond le réfracté $P_2IR$ ; $P_1$ a rigoureusement pour image $P_2$.

Mais pour $P_1$ et $P_2$ il n'y a pas *seulement* stigmatisme ; nous avons déjà noté (84, *Remarque*) que la condition d'aplanétisme (175) est remplie pour ces points qui, pour cette raison, sont dits encore *points aplanétiques* du dioptre ; étant à la fois stigmatiques et aplanétiques, ils présentent une importance considérable.

$\alpha$) *Application à la construction d'une lentille sphérique rigoureusement aplanétique.* — On peut appliquer immédiatement les deux propriétés de stigmatisme et d'aplanétisme qui précèdent à la construction d'une lentille sphérique rigoureusement stigmatique et aplanétique pour un objet-plan donné : une telle lentille est très intéressante dans la pratique.

(1) On a aussi, par conséquent :

$$n_1 \sin \alpha_2 = n_2 \sin \alpha_1,$$

relation qui sera utilisée (175) pour démontrer que le dioptre est *aplanétique* pour $P_1$ et $P_2$.

1° Soient $P_1$ et $P_2$ les points aplanétiques du dioptre S (fig. 164). verre-air. Construisons une lentille de *verre*, constituée, par le dioptre S, convexe vers l'extérieur, et par un dioptre concave S', passant par MN et de centre $P_1$. Les rayons émanant de $P_1$ entrent normalement par le premier dioptre, et se réfractent dans le second de façon que leurs prolongements aillent passer par $P_2$. Le rayon $P_1M$ sort tangentiellement à la sphère S; il fait donc l'angle d'incidence limite $l$ du verre par rapport à l'air, angle que l'on retrouve en $P_2$ comme ayant ses côtés perpendiculaires au premier. La valeur angulaire du faisceau total émergent de $P_2$ est donc $2l$, tandis que celle du faisceau incident était 180°. Dans le cas du verre par rapport à l'air, $l = 42°$, $2l = 84°$; on a donc diminué de plus de moitié l'angle du faisceau.

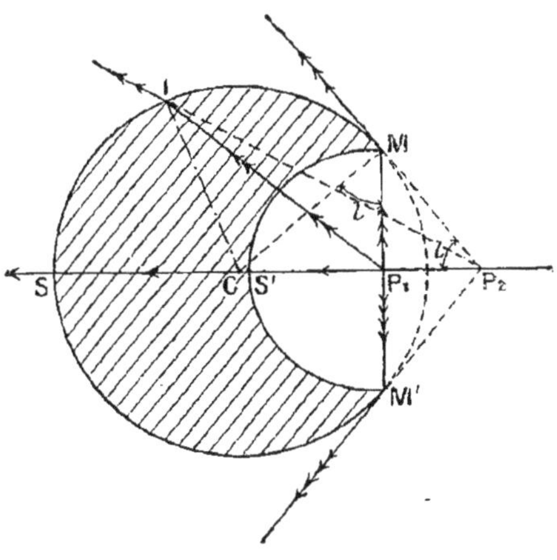

Fig. 164.

On pourrait continuer de la même façon avec le point $P_2$ qui jouerait, par rapport à une nouvelle lentille analogue, le rôle de $P_1$ par rapport à la première, et abaisser encore la valeur angulaire du pinceau $MP_2M'$.

2° Soit le dioptre S air-verre (fig. 165), de sommet S, de centre C, $P_1$ et $P_2$ les points aplanétiques de ce dioptre; limitons le verre par un dioptre sphérique S' de centre $P_2$ : la lentille obtenue est aplanétique pour $P_1$ et $P_2$; elle transforme le cône de lumière $P_1$ en un cône $P_2$ d'ouverture plus considérable — on peut ensuite transformer le cône $P_2$ par une deuxième lentille, aplanétique pour $P_2$, en un autre cône plus divergent.

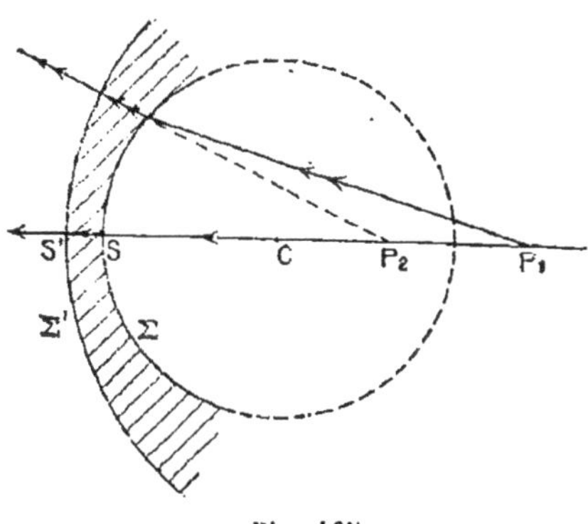

Fig. 165.

*Les lentilles sphériques étant les seules que l'on sache tailler* (9), *les points aplanétiques du dioptre sphérique ont une importance considérable, car par une combinaison judicieuse des dioptres sphériques centrés on peut réaliser des systèmes aplanétiques.* Amici est le premier qui ait utilisé la propriété signalée pour construire des objectifs de microscope (269).

β) *Applications à la construction du réfracté correspondant à un point donné* (Amici). — Soit l'incident $\Sigma I_1$ (fig. 155); traçons les circonférences de centre C, de rayons $\frac{n_2}{n_1}\rho$, $\frac{n_1}{n_2}\rho$; marquons l'intersection $P_1$ de $\Sigma I_1$ avec la première, joignons $P_1C$ qui rencontre la deuxième circonférence en $P'_1$ image de $P_1$ : le réfracté cherché est $P'_1I_1R$.

88. **Plans conjugués.** — Si l'on considère un arc de points lumineux, décrit de C comme centre (fig. 160) avec $\overline{CP_1} = z_1$ pour rayon, et limité au cône d'ouverture, cet arc a pour image un autre arc concentrique au dioptre, et de rayon $\overline{CP_2} = z_2$ défini par l'équation (4). Si l'on fait tourner la figure autour de l'axe principal, on obtient des calottes sphériques conjuguées, et si l'on remplace ces calottes sphériques par les plans tangents en leurs pôles sur l'axe principal, plans qui, dans les limites du cône d'ouverture, s'écartent le moins des calottes sphériques elles-mêmes, on obtient des plans conjugués, comme pour les miroirs sphériques. La relation générale, dite *des plans conjugués*, qui définit les *abscisses* respectives de ces plans par rapport au centre, est l'une ou l'autre des formules générales (4) ou (5)

Dans le voisinage du centre, considérons un plan-objet $Q_1$, perpendiculaire à l'axe principal, sortant du cône d'ouverture, mais compris à l'intérieur de la sphère de stigmatisme (fig. 160) : un point de ce plan, situé à une distance $z_1$ du centre, a pour image un point situé sur le même axe secondaire, à la distance $z_2$ du centre, définie par l'équation trouvée précédemment pour les points dans le voisinage du centre (84, 3°),

$$z_2 = z_1 \frac{n_1}{n_2} \qquad \text{ou} \qquad z' = \frac{z}{n}.$$

L'image du plan $Q_1$ est donc un plan $Q_2$, homothétique du plan $Q_1$ par rapport au centre C. Ce sont encore là des plans conjugués et même, ici, sans restriction de grandeur de l'ouverture. D'ailleurs, la formule (4), dans le cas de $z_1$ très petit par rapport à $\rho$, c'est-à-dire $\frac{n_2}{z_1}$ très grand par rapport à $\frac{n_2 - n_1}{\rho}$, se réduit à :

$$\frac{n_1}{z_2} = \frac{n_2}{z_1},$$

en négligeant $\frac{n_2 - n_1}{\rho}$ devant $\frac{n_2}{z_1}$. Cette relation n'est autre que la précédente ; on peut donc dire que les équations aux abscisses de ces plans conjugués sont encore les équations (4) ou (5). — De même, les plans passant par les points aplanétiques $R_1$ et $R_2$ (fig. 160) seraient également conjugués presque *rigoureusement*, sans restriction de grandeur de l'ouverture, et comme ils sont encore liés l'un à l'autre par les relations (4) ou (5), on peut dire que, dans tous les cas possibles de stigmatisme d'un dioptre sphérique, les équations aux abscisses des plans conjugués, avec origine au centre, sont les formules générales (4) ou (5).

89. **Plans focaux.** — Les *plans focaux* sont les lieux des images des points à l'infini de chaque milieu, envoyant sur le dioptre des rayons centraux, c'est-à-dire des points situés à l'infini dans des directions comprises dans le cône de faible ouverture.

Pour obtenir les positions de ces plans, nous allons successivement faire $z_2 = \infty$ et $z_1 = \infty$ dans la relation fondamentale (4). — Si $z_2 = \infty$, on a pour $z_1$ une valeur que nous appellerons $\varphi_1$, définie par la relation

$$\varphi_1 = \frac{n_2 \rho}{n_2 - n_1};$$

cette distance caractérise ce que nous appellerons le *premier plan focal* ou *plan focal-objet*. — Lorsque $z_1 = \infty$, on a pour $z_2$ une valeur que nous appellerons $\varphi_2$, définie par la relation :

$$\varphi_2 = \frac{-n_1 \rho}{n_2 - n_1},$$

distance qui caractérise ce que nous appellerons le *second plan focal* ou *plan focal-image*.

De ces formules résultent :

$$\frac{\varphi_1}{\varphi_2} = -\frac{n_2}{n_1} \qquad \text{et} \qquad \varphi_1 + \varphi_2 = \rho.$$

La première de ces relations signifie que les plans focaux $F_1$ et $F_2$ (fig. 166) sont *de part et d'autre du centre* C, puisque $\frac{\varphi_1}{\varphi_2}$ est négatif. La seconde signifie que ces plans focaux sont même *de part et d'autre de* C *et* S, *et équidistants*; en effet, on a, d'après cette relation :

$$\overline{CF_1} + \overline{CF_2} = \overline{CS};$$

mais, d'autre part, d'après la formule de Chasles, $\overline{CS} = \overline{CF_1} + \overline{F_1S}$; donc,

$$\overline{CF_2} = \overline{F_1S} = -\overline{SF_1}.$$

Ce fait, que $F_1$ et $F_2$ sont de part et d'autre du sommet S, correspond à leur réalité ou virtualité *simultanée*. Le dioptre est alors dit *convergent* ou *divergent*. — Ainsi, dans le cas d'un dioptre concave du côté d'où vient la lumière, avec $n_2 > n_1$, la quantité $\varphi_1$ est du signe de $\rho$, et $\varphi_2$ est de signe contraire, c'est-à-dire que le dioptre est *divergent*, et les plans focaux $F_1$ et $F_2$ ont la disposition indiquée sur la figure 166.

*Remarque.* — Les dénominations de *premier* et *second* plan focal peuvent prêter à l'ambiguïté; les dénominations de *plan focal-objet* et *plan focal-image* sont donc préférables; nous nous servirons néanmoins des unes et des autres, en entendant toujours par *premier plan focal* le *plan focal-objet*. — Ces désignations sont d'ailleurs essentiellement liées au sens de propagation de la lumière; elles doivent s'intervertir avec le sens de la propagation, d'après le principe du retour inverse de la lumière.

90. **Formule transformée.** — Divisons les deux membres de la relation (4) par le second membre; il vient

$$\frac{\dfrac{n_2 \rho}{n_2 - n_1}}{z_1} + \frac{\dfrac{-n_1 \rho}{n_2 - n_1}}{z_2} = 1$$

ou

$$\frac{\varphi_1}{z_1}+\frac{\varphi_2}{z_2}-1=0. \quad (6)$$

Nous aurons à faire usage plus loin de la relation mise sous cette forme.

91. **Applications des propriétés des plans focaux.** — 1er *Problème. — Construire le réfracté correspondant à un incident donné.*

Soit l'incident ΣI (fig. 166). Nous connaissons déjà un point I du réfracté ; il suffit d'en déterminer un deuxième. Supposons les foyers virtuels.

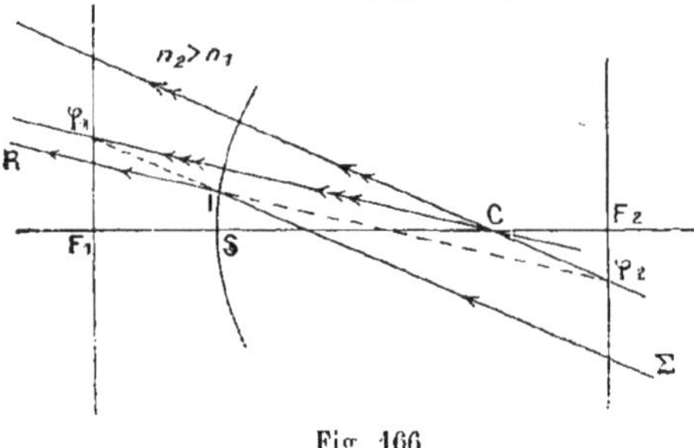

Fig. 166.

α) Tous les rayons parallèles à ΣI semblent provenir d'un même point du plan focal $F_2$, or celui qui passe par C n'est pas dévié ; marquons l'intersection $\varphi_2$ de ce rayon avec $F_2$ ; le réfracté cherché est $\varphi_2$IR.

β) Marquons l'intersection $\varphi_1$ de ΣI avec $F_1$ ; tous les rayons qui iraient converger en $\varphi_1$ donnent naissance à des émergents parallèles ; or $C\varphi_1$ n'est pas dévié ; par I menons donc une parallèle IR à $C\varphi_1$ : c'est le réfracté demandé.

2e *Problème. — Construire l'image d'un point.* — Il suffira de déterminer deux émergents correspondant aux incidents issus du point.

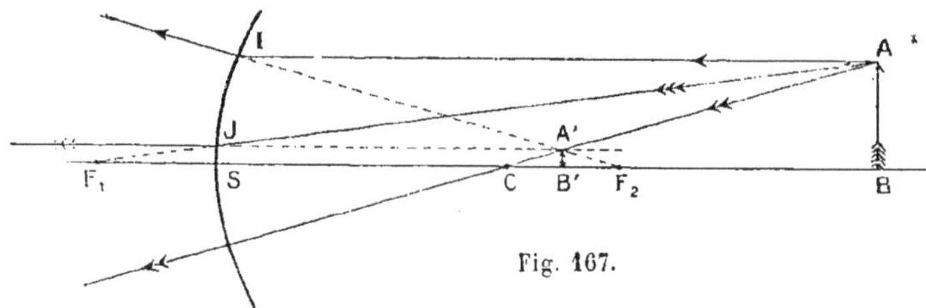

Fig. 167.

Soit A le point-objet (fig. 167) ; nous prenons comme incidents donnant des constructions simples :

AC qui n'est pas dévié ;

Le rayon AI parallèle à l'axe : le réfracté passe par le foyer-image $F_2$ ;

Ou bien le rayon $AF_1$ passant par le foyer-objet $F_1$ ; le réfracté est parallèle à l'axe. Le point de rencontre A' des réfractés est l'image de A.

3° *Problème. — Construire l'image d'un objet.*

On construit l'image de chaque point. — Soit le cas très simple d'une droite AB (fig. 167) perpendiculaire à l'axe ; déterminons l'image A' de A comme précédemment ; la perpendiculaire A'B' à l'axe est l'image de AB.

92. **Grandissement linéaire.** — En faisant la même convention que pour les miroirs sphériques (38), c'est-à-dire en appelant $y_1$ et $y_2$ les

ordonnées d'un point A de l'objet et du point correspondant A' de l'image, par rapport à un axe mené par l'origine, perpendiculairement à l'axe principal des abscisses, on a immédiatement, en grandeur et signe, puisque l'origine C est centre d'homothétie de l'image et de l'objet :

$$\frac{y_2}{y_1}=\gamma=\frac{z_2}{z_1}.$$

Si l'on élimine $z_2$ ou $z_1$ entre cette équation et celle des abscisses des plans conjugués, il vient, tous calculs faits :

$$\gamma=\frac{\varphi_2}{z_1-\varphi_1}=\frac{z_2-\varphi_2}{\varphi_1}.$$

Dans le plan même du centre, $z_1=z_2=0$, donc

$$\gamma=-\frac{\varphi_2}{\varphi_1}=\frac{n_1}{n_2}.$$

Les deux formules générales des dioptres, fournissant les coordonnées $z_2$ et $y_2$ d'un point de l'image, avec *origine au centre*, sont donc :

$$(4)\qquad \begin{cases} \dfrac{n_2}{z_1}-\dfrac{n_1}{z_2}=\dfrac{n_2-n_1}{\rho}, \\ \dfrac{y_2}{y_1}=\gamma=\dfrac{z_2}{z_1}; \end{cases}$$

ou, en introduisant l'indice *relatif* $n$, et en changeant de notations :

$$(5)\qquad \begin{cases} \dfrac{n}{z}-\dfrac{1}{z'}=\dfrac{n-1}{\rho}, \\ \dfrac{y'}{y}=\gamma=\dfrac{z'}{z}; \end{cases}$$

ou enfin, en prenant la formule transformée :

$$(6)\qquad \begin{cases} \dfrac{\varphi_1}{z_1}+\dfrac{\varphi_2}{z_2}-1=0, \\ \dfrac{y_2}{y_1}=\gamma=\dfrac{z_2}{z_1}=\dfrac{\varphi_2}{z_1-\varphi_1}=\dfrac{z_2-\varphi_2}{\varphi_1}, \\ \text{avec}\quad \dfrac{\varphi_1}{\varphi_2}=-\dfrac{n_2}{n_1}. \end{cases}$$

93. **Origine au sommet du dioptre sphérique.** — La première des équations (4), (5) ou (6) étant une relation du second degré, homographique, qui représente une hyperbole, doit évidemment rester du second degré par un changement quelconque de l'origine des abscisses. Prenons en effet, comme origine des distances conjuguées, le sommet S, ou pôle, sur l'axe principal (fig. 168). Soient $P_1$ et $P_2$ deux plans conjugués. Posons :

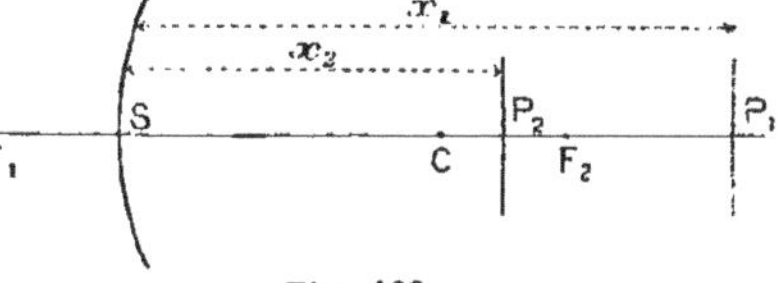

Fig. 168.

$$\overline{SP_1}=x_1\qquad \overline{SP_2}=x_2\qquad \overline{SC}=R=-\rho,$$

R étant l'abscisse du centre par rapport au sommet. — Les formules de transformation, fournies par la règle de Chasles, sont :

$$\overline{CP_1} = \overline{CS} + \overline{SP_1} \qquad \text{ou} \qquad z_1 = -R + x_1,$$
$$\overline{CP_2} = \overline{CS} + \overline{SP_2} \qquad \text{ou} \qquad z_2 = -R + x_2;$$

d'où, en remplaçant dans la formule (4) aux distances conjuguées,

$$\frac{n_2}{x_1 - R} - \frac{n_1}{x_2 - R} = \frac{n_2 - n_1}{-R};$$

en chassant les dénominateurs, réduisant les termes semblables, et divisant par $x_1 x_2 R$, cette relation devient :

(7) $$\frac{n_1}{x_1} - \frac{n_2}{x_2} = \frac{n_1 - n_2}{R}$$

ou, en fonction de l'indice relatif $n$,

(8) $$\frac{1}{x} - \frac{n}{x'} = \frac{1 - n}{R}.$$

*Recherche directe de cette formule.* — Soient $P_1I$ (fig. 169) un rayon incident, faisant l'angle $\alpha_1$ avec l'axe $P_1CS$ correspondant à $P_1$, CI la normale au point d'incidence, faisant l'angle $\omega$ avec CS, et enfin $IP_2$ le rayon réfracté correspondant ($n_2 > n_1$), faisant l'angle $\alpha_2$ avec l'axe. Nous admettons que $\omega$ radian est assez petit pour que les quantités en $\omega^2$ soient négligeables, et d'autre part, que $i$ et $r$ sont assez petits pour qu'on puisse appliquer, au lieu de la loi du sinus, la loi de Képler $n_1 i = n_2 r$. Dans les triangles $CIP_1$, $CIP_2$, on a :

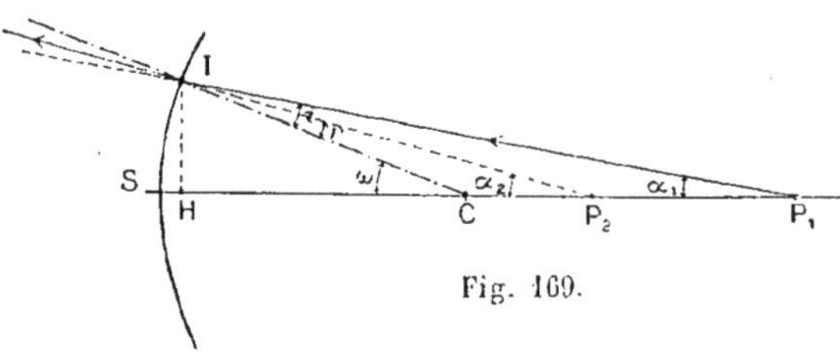

Fig. 169.

$$\omega = i + \alpha_1, \qquad \omega = r + \alpha_2,$$

d'où

$$i = \omega - \alpha_1, \qquad r = \omega - \alpha_2;$$

en portant ces valeurs dans la relation de Képler, et ordonnant, on a

$$n_1\alpha_1 - n_2\alpha_2 = (n_1 - n_2)\,\omega.$$

Or $\omega$, $i$ et $r$ étant petits, $\alpha_1$ et $\alpha_2$ le sont aussi, et on peut remplacer les arcs par leurs tangentes. Abaissons donc du point I la perpendiculaire IH sur l'axe, on aura :

$$\alpha_1 = \frac{IH}{HP_1} \qquad \alpha_2 = \frac{IH}{HP_2} \qquad \omega = \frac{IH}{HC},$$

d'où

$$\frac{n_1}{HP_1} - \frac{n_2}{HP_2} = \frac{n_1 - n_2}{HC};$$

mais SH est une quantité du second ordre en $\omega$, car $SH = R - R\cos\omega = R(1 - \cos\omega) = 2R\sin^2\frac{\omega}{2}$ ou $\frac{R\omega^2}{2}$, en ne conservant que les quantités en $\omega^2$. En négligeant donc cette quantité, et posant arithmétiquement

$$SP_1 = x_1 \qquad SP_2 = x_2 \qquad SC = R,$$

on a définitivement :

$$\frac{n_1}{x_1} - \frac{n_2}{x_2} = \frac{n_1 - n_2}{R}.$$

Cette relation établit, avec les hypothèses faites, la fixité du point $P_2$. — Remarquons d'ailleurs que ces hypothèses ne sont pas applicables au voisinage des points S et C eux-mêmes : il faudrait alors une démonstration spéciale, dans le genre de celle que nous avons faite avec l'origine au centre.

*Généralisation.* — On généraliserait cette formule arithmétique, établie dans un cas particulier de figure où toutes les quantités se trouvent d'un même côté de S, en faisant la figure pour d'autres cas de réalité ou de virtualité de $P_1$ et de $P_2$, de concavité ou convexité du dioptre, avec $n_2 > n_1$ ou $n_2 < n_1$ ; on arriverait toujours au même type de formule arithmétique, où auraient changé de signe les quantités ayant changé de sens par rapport à la première figure. Si donc on convient de prendre pour $x_1$, $x_2$ et R des valeurs *algébriques*, positives dans un sens, négatives dans l'autre, à partir du sommet origine, la formule précédente est absolument générale.

94. **Distances focales principales, à partir du sommet.** — Pour $x_2 = \infty$, $x_1$ prend une valeur particulière $f_1$,

$$f_1 = \frac{-n_1 R}{n_2 - n_1} = -\varphi_2 ;$$

cette distance caractérise le premier plan focal, ou *plan focal-objet*. De même, pour $x_1 = \infty$, on a pour $x_2$ une valeur $f_2$,

$$f_2 = \frac{n_2 R}{n_2 - n_1} = -\varphi_1.$$

On tire de là :

$$\frac{f_1}{f_2} = -\frac{n_1}{n_2} \qquad \text{et} \qquad f_1 + f_2 = R ;$$

ce sont les expressions des propriétés établies plus haut (89) : les points $F_1$ et $F_2$ sont situés de part et d'autre de S (fig. 166), ils sont réels ensemble, ou virtuels ensemble ; ils sont même de part et d'autre de S et de C ; et enfin ils sont équidistants de ces points, car on a :

$$\overline{SF_1} + \overline{SF_2} = \overline{SC} = \overline{SF_2} + \overline{F_2C}, \qquad \text{ou} \qquad \overline{SF_1} = -\overline{CF_2},$$

En fonction des distances focales principales, la formule transformée est :

$$\frac{f_1}{x_1} + \frac{f_2}{x_2} - 1 = 0.$$

95. **Grandissement linéaire avec origine au sommet.** — Soient $AB = y_1$ une dimension linéaire de l'objet (fig. 170), $A'B' = y_2$ la dimension linéaire correspondante de l'image. Me-

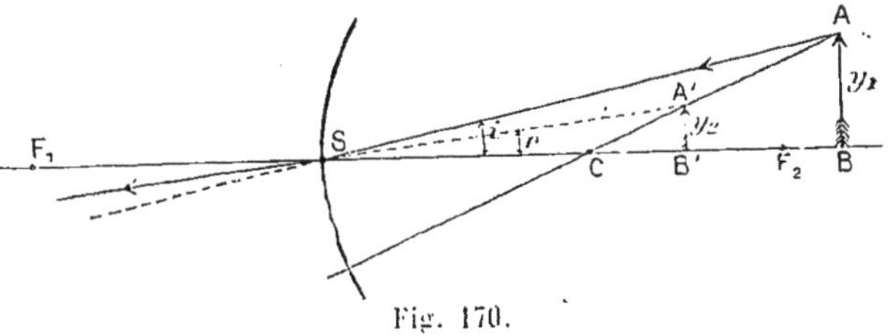

Fig. 170.

nons le rayon lumineux AS dont le rayon réfracté a la direction SA′ et soient $i$ et $r$ les angles d'incidence et de réfraction correspondants; on a $n_1 i = n_2 r$; d'autre part, en assimilant $y_1$ et $y_2$ à des arcs de cercle décrits du point S comme centre avec des rayons $SB = x_1$ et $SB' = x_2$, on a :

$$y_1 = x_1 i \qquad y_2 = x_2 r,$$

d'où :

$$\frac{y_2}{y_1} = \gamma = \frac{r}{i} \cdot \frac{x_2}{x_1};$$

mais $\frac{r}{i} = \frac{n_1}{n_2}$, donc,

$$\frac{y_2}{y_1} = \gamma = \frac{n_1}{n_2} \cdot \frac{x_2}{x_1},$$

formule générale dans tous les cas, en faisant sur les segments les conventions de signe du paragraphe 38.

Si nous remarquons maintenant que, dans cette formule, on peut remplacer $\frac{n_1}{n_2}$ par $-\frac{f_1}{f_2}$, on a :

$$\gamma = -\frac{f_1}{f_2} \cdot \frac{x_2}{x_1}$$

Si l'on élimine enfin, soit $\frac{x_2}{f_2}$, soit $\frac{f_1}{x_1}$, entre cette équation et la formule transformée, on a, tous calculs faits :

$$\gamma = \frac{f_1}{f_1 - x_1} = \frac{f_2 - x_2}{f_2}.$$

Sous cette dernière forme, on voit que, *dans le plan du sommet*, on a $x_1 = x_2 = 0$, et par suite $\gamma = +1$.

Les couples de formules générales des dioptres, fournissant les *coordonnées* $x_2$ et $y_2$ d'un point de l'image, avec origine au sommet, sont donc :

$$(7) \qquad \begin{cases} \frac{n_1}{x_1} - \frac{n_2}{x_2} = \frac{n_1 - n_2}{R}, \\ \frac{y_2}{y_1} = \gamma = \frac{n_1}{n_2} \cdot \frac{x_2}{x_1}, \end{cases}$$

ou, avec l'indice relatif et en changeant de notations :

$$(8) \qquad \begin{cases} \frac{1}{x} - \frac{n}{x'} = \frac{1-n}{R}, \\ \frac{y'}{y} = \gamma = \frac{1}{n} \cdot \frac{x'}{x}, \end{cases}$$

ou enfin, par élimination des indices :

$$(9) \qquad \begin{cases} \frac{f_1}{x_1} + \frac{f_2}{x_2} - 1 = 0, \\ \frac{y_2}{y_1} = \gamma = -\frac{f_1}{f_2} \cdot \frac{x_2}{x_1} = \frac{f_1}{f_1 - x_1} = \frac{f_2 - x_2}{f_2} \end{cases}$$

avec $\qquad \frac{f_1}{f_2} = -\frac{n_1}{n_2}.$

96. **Formule de Lagrange** ([1]), **ou de Helmholtz** ([2]). — Soient un objet $y_1$ et son image $y_2$ dans un dioptre S (fig. 171), $\alpha_1$ la valeur angulaire d'un pinceau partant d'un point de $y_1$, et $\alpha_2$ la valeur angulaire de ce pinceau après réfraction à travers le dioptre. En considérant l'arc de dioptre MN, intéressé par ces pinceaux, comme décrit de leurs sommets comme centres, avec les abscisses $x_1$ et $x_2$ des plans conjugués correspondants comme rayons, on a $\alpha_1 x_1 = \alpha_2 x_2$. Il est facile de voir que cette formule sera générale en grandeur et signe, si l'on convient de donner toujours à $\alpha$ le signe de l'abscisse $x$ correspondante, c'est-à-dire un signe dépendant de la *convergence* ou de la *divergence* du pinceau. Or, en grandeur et signe, le grandissement linéaire

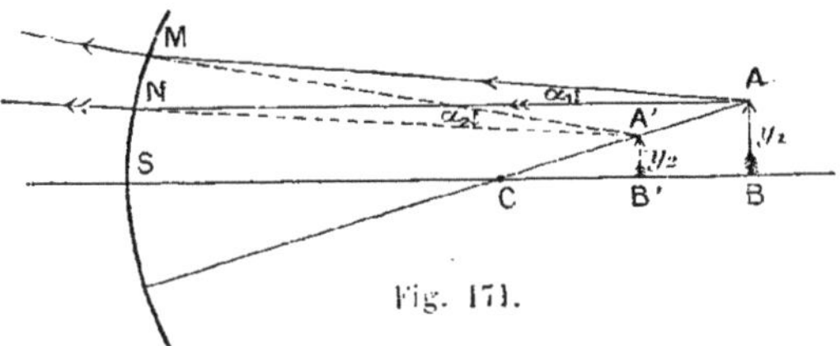


Fig. 171.

$$\frac{y_2}{y_1} = \gamma = \frac{n_1}{n_2} \cdot \frac{x_2}{x_1}.$$

Si donc, dans cette expression, on remplace le rapport $\frac{x_2}{x_1}$, par le rapport égal et de même signe $\frac{\alpha_1}{\alpha_2}$, on a :

$$\frac{y_2}{y_1} = \gamma = \frac{n_1}{n_2} \cdot \frac{\alpha_1}{\alpha_2}, \qquad \text{d'où} \qquad n_1 \alpha_1 y_1 = n_2 \alpha_2 y_2.$$

Cette formule générale, indiquée d'abord par Lagrange, puis reprise par Helmholtz, fournit une relation très commode dans un grand nombre de questions, précisément parce qu'elle est indépendante de toute origine des distances conjuguées.

97. **Cas particuliers des formules avec origine au sommet.** — 1° Si l'on fait $R = \infty$, on retrouve les formules d'un *dioptre-plan* pour rayons centraux, avec origine à la surface (179) :

$$\frac{n_1}{x_1} - \frac{n_2}{x_2} = 0, \qquad \text{c'est-à-dire} \qquad x_2 = \frac{n_2}{n_1} x_1,$$

ou

$$\frac{1}{x} - \frac{n}{x'} = 0, \qquad \text{c'est-à-dire} \qquad x' = nx,$$

et

$$\gamma = \frac{n_1}{n_2} \cdot \frac{x_2}{x_1}, \qquad \text{c'est-à-dire} \qquad \gamma = \frac{1}{n} \cdot \frac{x'}{x},$$

ou, en tenant compte de la relation précédente,

$$\gamma = +1;$$

2° La réflexion étant un cas particulier de la réfraction (78), si l'on fait

([1]) Lagrange, célèbre géomètre, né à Turin en 1736, mort à Paris en 1813.

([2]) Helmholtz (1821-1894), physiologiste allemand, dont les travaux font autorité en Acoustique; il s'est occupé également avec succès d'Optique, d'Électricité et de Thermodynamique.

$n=-1$ dans la formule des dioptres sphériques, avec origine au sommet, on retrouve les formules des *miroirs sphériques* (39).

$$\frac{1}{x}+\frac{1}{x'}=\frac{2}{R} \qquad \gamma=\frac{y'}{y}=-\frac{x'}{x}.$$

98. **Origine double aux foyers principaux. — Formules de Newton.** — Prenons une origine double aux foyers principaux, à partir desquels nous compterons positivement dans un sens unique. Soient $P_1$ et $P_2$ deux plans conjugués ; nous définirons la position du premier à partir du plan focal-objet $F_1$, et celle du second à partir du plan focal-image $F_2$, par les abscisses

$$\overline{F_1P_1}=\sigma_1 \qquad \text{et} \qquad \overline{F_2P_2}=\sigma_2.$$

Les formules de transformation, à partir de l'origine au sommet, sont, d'après la relation de Chasles :

$$\overline{SP_1}=\overline{SF_1}+\overline{F_1P_1} \qquad \text{ou} \qquad x_1=f_1+\sigma_1$$
$$\overline{SP_2}=\overline{SF_2}+\overline{F_2P_2} \qquad \text{ou} \qquad x_2=f_2+\sigma_2$$

et, en portant dans la première relation (9), mise sous forme entière,

$$x_1x_2-f_2x_1-f_1x_2=0 \qquad \text{ou} \quad (x_1-f_1)(x_2-f_2)=f_1f_2,$$

on a immédiatement :

$$\sigma_1\sigma_2=f_1f_2;$$

comme d'ailleurs le produit $f_1f_2$ est égal au produit $\varphi_1\varphi_2$ des distances focales comptées à partir du centre, on a, d'une façon générale :

$$\sigma_1\sigma_2=f_1f_2=\varphi_1\varphi_2.$$

De même, en partant de la seconde relation (9), on a pour le grandissement linéaire :

$$\frac{y_2}{y_1}=\gamma=\frac{f_1}{-\sigma_1}=\frac{-\sigma_2}{f_2},$$

ou

$$\gamma=\frac{\varphi_2}{\sigma_1}=\frac{\sigma_2}{\varphi_1}.$$

Donc, les formules de Newton, fournissant les coordonnées d'un point de l'image par rapport à la double origine choisie, sont :

$$(10) \qquad \begin{cases} \sigma_1\sigma_2=f_1f_2=\varphi_1\varphi_2, \\ \dfrac{y_2}{y_1}=\gamma=\dfrac{f_1}{-\sigma_1}=\dfrac{-\sigma_2}{f_2}=\dfrac{\varphi_2}{\sigma_1}=\dfrac{\sigma_2}{\varphi_1}. \end{cases}$$

99. **Tableau des formules du dioptre sphérique** (*fig.* 172). — 1° *Origine au centre.*

$$\overline{CS}=\rho, \quad \overline{CB}=z_1, \quad \overline{CB'}=z_2, \quad \overline{CF_1}=\varphi_1, \quad \overline{CF_2}=\varphi_2, \quad \overline{BA}=y_1, \quad \overline{B'A'}=y_2,$$

$$\gamma=\frac{y_2}{y_1}.$$

$$(4) \quad \begin{cases} \dfrac{n_2}{z_1}-\dfrac{n_1}{z_2}=\dfrac{n_2-n_1}{\rho}, \\ \gamma=\dfrac{z_2}{z_1}; \end{cases} \qquad (6) \quad \begin{cases} \dfrac{\varphi_1}{z_1}+\dfrac{\varphi_2}{z_2}=1, \\ \gamma=\dfrac{z_2}{z_1}; \end{cases}$$

ou bien, si l'on pose :

$$\overline{CB} = z. \qquad \overline{CB'} = z'. \qquad n = \frac{n_2}{n_1}.$$

$$(5) \qquad \begin{cases} \dfrac{n}{z} - \dfrac{1}{z'} = \dfrac{n-1}{\rho}. \\ \gamma = \dfrac{z'}{z}. \end{cases}$$

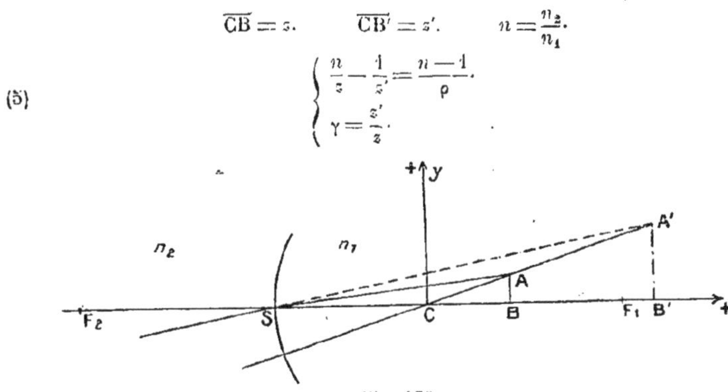


Fig. 172.

2° *Origine au sommet.*

$$\overline{SC} = R. \qquad \overline{SB} = x_1 \qquad \overline{SB'} = x_2. \qquad \overline{SF_1} = f_1. \qquad \overline{SF_2} = f_2.$$

$$(7) \qquad \begin{cases} \dfrac{n_1}{x_1} - \dfrac{n_2}{x_2} = \dfrac{n_1 - n_2}{R}, \\ \gamma = \dfrac{n_1}{n_2} \cdot \dfrac{x_2}{x_1}\,; \end{cases} \qquad (9) \qquad \begin{cases} \dfrac{f_1}{x_1} + \dfrac{f_2}{x_2} = 1, \\ \gamma = -\dfrac{f_1}{f_2} \cdot \dfrac{x_2}{x_1}\,; \end{cases}$$

ou bien, en posant :

$$\overline{CB} = x. \qquad \overline{CB'} = x'. \qquad n = \frac{n_2}{n_1}.$$

$$(8) \qquad \begin{cases} \dfrac{1}{x} - \dfrac{n}{x'} = \dfrac{1-n}{R}, \\ \gamma = \dfrac{1}{n} \cdot \dfrac{x'}{x}. \end{cases}$$

Ce sont ces dernières formules qui sont le plus employées.

3° *Origines aux foyers.*

$$\overline{F_1B} = \sigma_1, \qquad \overline{F_2B'} = \sigma_2.$$

$$(10) \qquad \begin{cases} \sigma_1\sigma_2 = f_1 f_2, \\ \gamma = -\dfrac{f_1}{\sigma_1} = -\dfrac{\sigma_2}{f}\,; \end{cases}$$

ou

$$(11) \qquad \begin{cases} \sigma_1\sigma_2 = \varphi_1\varphi_2, \\ \gamma = \dfrac{\varphi_2}{\sigma_1} = \dfrac{\sigma_2}{\varphi_1}. \end{cases}$$

Les formules du dioptre sphérique sont *fondamentales* en optique géométrique : on les applique constamment et elles sont utilisées même dans le cas du dioptre-plan et des miroirs sphériques.

*Recommandations.* — Dans tout problème d'optique où l'on applique les formules du dioptre, il est indispensable de fixer, dès le début, un sens positif pour l'axe des abscisses et pour l'axe des ordonnées et d'indiquer clairement la notation choisie.

*Remarque.* — En prenant pour origines le centre, le sommet, ou les deux foyers, les équations dépendent encore de deux paramètres et de deux seulement. Pour déterminer ces paramètres il suffira, dans les deux premiers cas, de connaître deux couples de points conjugués — et, dans les deux derniers cas un couple de points conjugués et le grandissement correspondant.

**100. Résumé de l'étude d'un dioptre sphérique.** — En résumé, il existe dans un dioptre sphérique :

1° Un plan de grandissement linéaire +1 (95), qu'on appelle *plan principal* : c'est le plan du sommet du dioptre, il est à lui-même son conjugué; sa trace sur l'axe principal du dioptre est le *point principal*.

2° *Deux plans focaux* (89), dont les distances $f_1$ et $f_2$ du point principal, ou *distances focales principales*, sont telles que l'on ait (94) :

$$\frac{f_1}{f_2} = -\frac{n_1}{n_2} = -\frac{1}{n}.$$

Ces éléments, au nombre de quatre, savoir trois couples de plans conjugués et le grandissement linéaire dans l'un deux, définissent complètement le dioptre.

3° Un point, tel que tout rayon qui y passe n'éprouve aucune déviation. Ce point est nécessairement le centre de courbure du dioptre, centre de similitude de l'image et de l'objet : nous l'appellerons *point nodal* ou *centre optique*. Il est défini, par rapport au sommet, par son abscisse R, égale à la somme algébrique $f_1 + f_2$. Dans ce plan du centre, qui est, comme le plan principal, son propre conjugué, le grandissement linéaire est (92) $\gamma_c = \frac{n_1}{n_2}$. D'ailleurs, les distances focales $\varphi_1$ et $\varphi_2$, comptées à partir de l'origine au centre, sont liées par la relation (89) $\frac{\varphi_1}{\varphi_2} = -\frac{n_2}{n_1} = -n$. Le point principal et le point nodal sont les seuls points qui soient eux-mêmes leurs propres conjugués; nous les appellerons *points de Bravais* (160). Voici d'autres propriétés du dioptre sphérique :

4° Lorsqu'on prend une origine double aux deux plans focaux, on a pour équations générales du dioptre sphérique les groupes (10) et (11) des formules de Newton.

5° Le dioptre sphérique est *stigmatique* (84) pour le centre et pour les points $P_1$, $P_2$ d'abscisses

$$z_1 = -\frac{n_2}{n_1}\rho, \qquad z_2 = -\frac{n_1}{n_2}\rho,$$

(origine au centre).

6° Le dioptre sphérique est *aplanétique* (87) pour les éléments des plans de front passant par le centre et les points de stigmatisme vrai; on dit que ces points sont à la fois stigmatiques et aplanétiques.

Nous allons retrouver toutes ces propriétés dans une association de dioptres centrés, en nombre quelconque; la seule différence consistera en un dédoublement de divers points simples précédents.

**101. Discussion algébrique du groupe des formules** (9)

**avec origine au sommet.** — Les formules à discuter sont :

$$\frac{f_1}{x_1}+\frac{f_2}{x_2}-1=0,$$

$$\gamma=-\frac{f_1}{f_2}\cdot\frac{x_2}{x_1};$$

d'où nous tirons

$$\left\{\begin{array}{l} x_2=\dfrac{f_2 x_1}{x_1-f_1}, \\ \gamma=\dfrac{f_1}{f_1-x_1}. \end{array}\right.$$

Prenons, pour *sens positif*, le sens inverse de la propagation de la lumière. La discussion sera analogue à celle qui a été faite pour les miroirs sphériques (42). Les résultats sont résumés, sous forme algébrique concise, dans les quatre tableaux suivants :

1° *Dioptre convergent, concave du côté d'où vient la lumière.* — On a alors $f_2<0<R<f_1$ (*fig.* 173).

| $x_1$ | $x_2$ | $\gamma$ |
|---|---|---|
| dim. | dim. | dim. |
| $+\infty$ | $f_2$ | 0 |
| $2f_1$ | $2f_2$ | $-1$ |
| $f_1\pm\varepsilon$ | $\mp\infty$ | $\mp\infty$ |
| R | R | $\frac{n_1}{n_2}$ |
| 0 | 0 | $+1$ |
| $-\infty$ | $f_2$ | 0 |

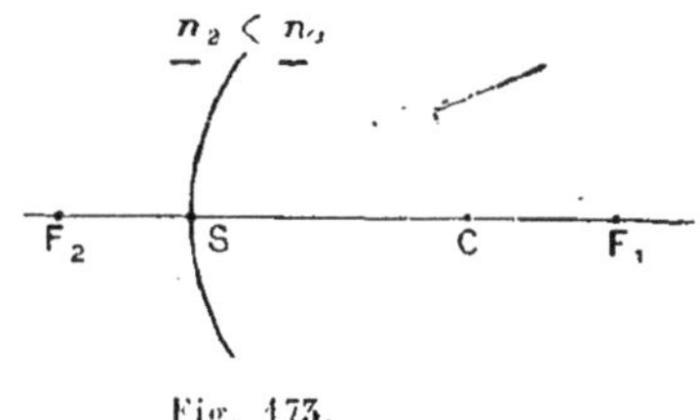


Fig. 173.

2° *Dioptre convergent, convexe du côté d'où vient la lumière.* — On a alors $f_1>0>R>f_2$ (*fig.* 174).

| $x_1$ | $x_2$ | $\gamma$ |
|---|---|---|
| dim. | dim. | dim. |
| $+\infty$ | $f_2$ | 0 |
| $2f_1$ | $2f_2$ | $-1$ |
| $f_1\pm\varepsilon$ | $\mp\infty$ | $\mp\infty$ |
| 0 | 0 | $+1$ |
| R | R | $\frac{n_1}{n_2}$ |
| $-\infty$ | $f_2$ | 0 |

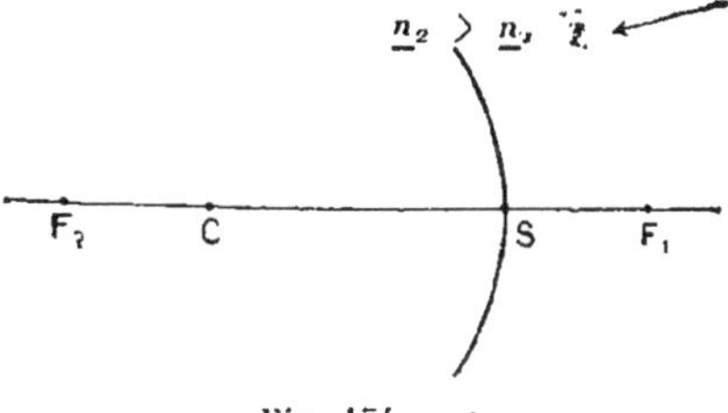


Fig. 174.

3° *Dioptre divergent, concave du côté d'où vient la lumière.* — On a alors $f_1<0<R<f_2$ (*fig.* 175).

| $x_1$ | $x_2$ | $\gamma$ |
|---|---|---|
| dim. | dim. | augm. |
| $+\infty$ | $f_2$ | 0 |
| R | R | $\frac{n_1}{n_2}$ |
| 0 | 0 | $+1$ |
| $f_1\pm\varepsilon$ | $\mp\infty$ | $\pm\infty$ |
| $2f_1$ | $2f_2$ | $-1$ |
| $-\infty$ | $f_2$ | 0 |

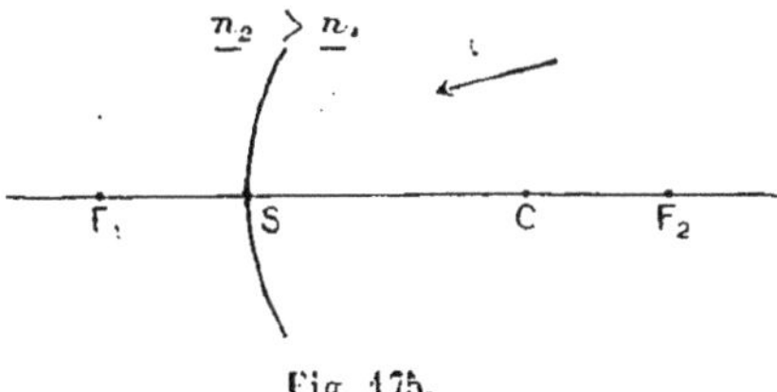


Fig. 175.

4° *Dioptre divergent, convexe du côté d'où vient la lumière.* — On a alors $f_2 > 0 > R > f_1$ (*fig.* 176).

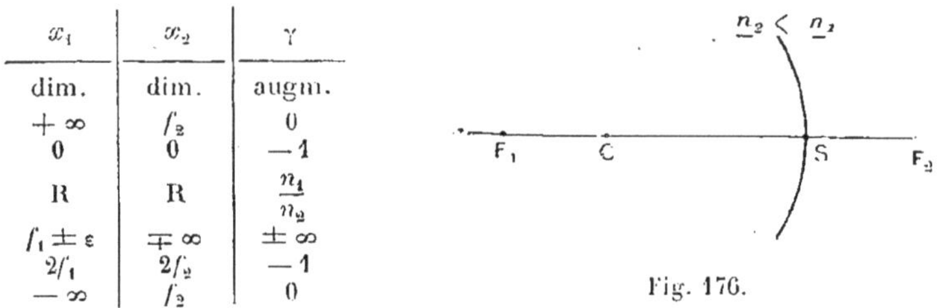

| $x_1$ | $x_2$ | $\gamma$ |
|---|---|---|
| dim. | dim. | augm. |
| $+\infty$ | $f_2$ | 0 |
| 0 | 0 | $-1$ |
| R | R | $\frac{n_1}{n_2}$ |
| $f_1 \pm \varepsilon$ | $\mp\infty$ | $\pm\infty$ |
| $2f_1$ | $2f_2$ | $-1$ |
| $-\infty$ | $f_2$ | 0 |



Fig. 176.

102. — **Application : Loupe de Stanhope.** — Elle se compose d'un cylindre en verre terminé par une face plane B (fig. 177) et une face sphérique S, de centre C. On colle sur la face plane l'objet à regar-

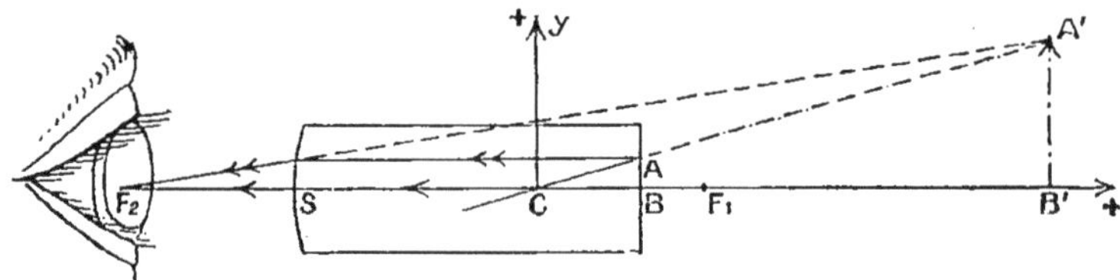


Fig. 177.

der, qui est habituellement une petite photographie AB. Le dioptre S donne de AB une image agrandie A'B'.

Fixons un sens positif sur SC et un sens positif pour l'objet et l'image, prenons pour origine C et posons :

$$\overline{CS} = \rho \qquad \overline{CB} = z \qquad \overline{CB'} = z' \qquad \overline{SB} = l \qquad \overline{BA} = y \qquad \overline{B'A'} = y';$$

désignons par $n$ l'indice du verre par rapport à l'air; la lumière provenant de l'objet AB passant du verre dans l'air, les indices $n_1$ et $n_2$ des formules générales sont respectivement proportionnels à $n$ et à 1, donc :

$$\frac{1}{z} - \frac{n}{z'} = \frac{1-n}{\rho},$$

$$\gamma = \frac{z'}{z}.$$

L'image A'B' est complètement définie en grandeur et position. — Cherchons la relation qui devrait exister entre $l$, $n$ et $\rho$, pour que l'image A'B' soit rejetée à l'infini : B coïncide alors avec le foyer-objet $F_1$. Or, si

$$z' = \infty, \qquad \rho = (1-n)z = (1-n)(\rho + l);$$

par suite :

$$\rho = \frac{(1-n)l}{n}.$$

Le diamètre apparent $\alpha$ sous lequel l'image est vue, est donné par l'expression :

$$\operatorname{tg} \alpha = \frac{BA}{CB} = \frac{y}{z} = \frac{y}{\rho + l}.$$

*Application numérique* : $l = 1^{cm}$, $n = \frac{3}{2}$, $y = 0^{cm},2$.

On trouve :

$$\rho = -0^{cm},33 \qquad \operatorname{tg} \alpha = 0,3.$$

L'effet produit est le même que si l'on regardait à 25 cm. de distance un dessin semblable au précédent et de hauteur

$$25 \times 0,3 = 7^{cm},5,$$

c'est-à-dire dont les dimensions homologues seraient 37,5 fois plus grandes que celles de l'objet AB.

## IV. — ASSOCIATIONS DE DIOPTRES SPHÉRIQUES CENTRÉS

### LENTILLES SPHÉRIQUES MINCES

103. — **Définitions.** — On appelle *association de dioptres sphériques centrés*, ou *système centré* un ensemble de milieux transparents homogènes isotropes séparés par des surfaces sphériques, ayant leurs centres en ligne droite. On conçoit que le centrage soit nécessaire pour que des rayons lumineux, centraux par rapport au premier dioptre, conservent cette qualité par rapport aux dioptres suivants : on restera ainsi toujours dans les conditions du stigmatisme approché des dioptres.

On appelle *axe* la ligne des centres des dioptres sphériques successifs ; *sommets* des dioptres, les points où ils sont rencontrés par l'axe, et enfin *section principale*, tout plan passant par l'axe.

104. — **Plans conjugués. — Plans focaux.** — L'existence des plans conjugués et des plans focaux, dans une association de dioptres centrés, est une conséquence immédiate de leur existence dans le cas d'un dioptre unique. En effet, tout plan-objet a un premier plan conjugué par réfraction à travers le premier dioptre ; celui-ci a un nouveau plan conjugué par réfraction à travers le second dioptre, et ainsi de suite, jusqu'au plan de l'image définitive. — Le *plan focal-objet*, ou *premier plan focal* du système, est celui dont le plan-image est à l'infini ; de même, le *plan focal-image*, ou *second plan focal*, est celui dont le plan-objet est à l'infini.

105. **Lentilles sphériques minces.** — Pour la commodité de la construction (9), les milieux réfringents sont limités par des surfaces sphériques ou planes. On emploie principalement, dans la construction des appareils d'optique, des verres de composition et de propriétés très diverses. Une masse de verre limitée par deux surfaces sphériques ou

une surface sphérique et un plan constitue une *lentille sphérique* dont les deux faces sont habituellement baignées par le même milieu, l'air. Enfin, le plus fréquemment, l'épaisseur de la lentille est négligeable par rapport aux rayons de courbure des faces : on dit que la lentille est *mince* et la droite joignant les centres de courbure est appelée *axe principal*.

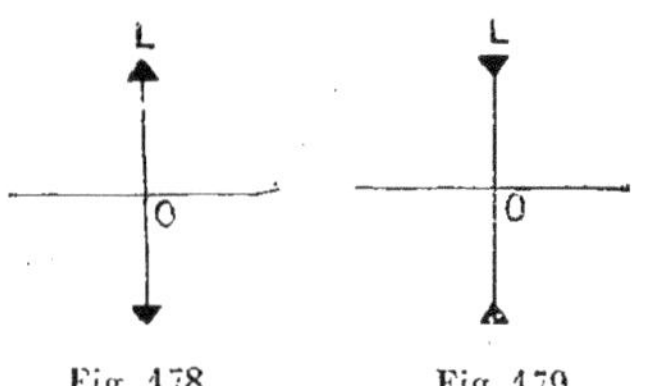

Fig. 178. Fig. 179.

**106. Lentille mince en contact avec des milieux extrêmes identiques.** — On considère les sommets des dioptres comme confondus ; les traces des dioptres sont représentées par une même droite normale à l'axe et on indique comme ci-contre si la lentille est à *bords minces* (fig. 178) ou à *bords épais* (fig. 179).

*Formules des lentilles minces.* — Soit une lentille L (fig. 180) formée par l'association de deux dioptres de sommets confondus sensiblement en O, de centres C, C′; désignons par $n$ l'indice du verre par rapport à

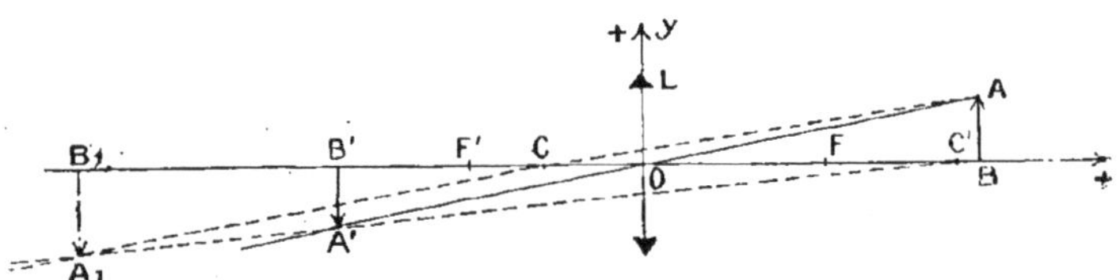

Fig. 180.

l'air. L'objet BA a pour image, dans le premier dioptre, $B_1A_1$, qui a pour image B′A′ dans le second dioptre.

Posons :

$$\overline{OC}=R \qquad \overline{OC'}=R' \qquad \overline{OB}=x \qquad \overline{OB_1}=x_1 \qquad \overline{OB'}=x'$$

$$\overline{BA}=y \qquad \overline{B_1A_1}=y_1 \qquad \overline{B'A'}=y' \qquad \gamma=\frac{y'}{y}.$$

La réfraction à travers le premier dioptre nous donne :

$$(1) \qquad \frac{1}{x}-\frac{n}{x_1}=\frac{1-n}{R} \qquad\qquad (2) \qquad \frac{y_1}{y}=\frac{1}{n}\frac{x_1}{x},$$

la réfraction à travers le deuxième dioptre nous fournit les relations :

$$(3) \qquad \frac{n}{x_1}-\frac{1}{x'}=\frac{n-1}{R'} \qquad\qquad (4) \qquad \frac{y'}{y_1}=n\frac{x'}{x_1}.$$

En additionnant membre à membre (1) et (3), multipliant membre à membre (2) et (4), nous éliminons $x_1$ et $y_1$ et il vient :

$$(5) \qquad \frac{1}{x}-\frac{1}{x'}=(n-1)\left(\frac{1}{R'}-\frac{1}{R}\right) \qquad\qquad (6) \qquad \gamma=\frac{y'}{y}=\frac{x'}{x}.$$

*Classification des lentilles.* — Posons :

$$(n-1)\left(\frac{1}{R'}-\frac{1}{R}\right)=\frac{1}{f}.$$

La formule (5) devient :

$$(7) \qquad \frac{1}{x}-\frac{1}{x'}=\frac{1}{f}.$$

Le foyer-objet F s'obtient en faisant $x'=\infty$, alors $x=\mathrm{OF}=f$ (fig. 180); on a le foyer-image pour $x=\infty$, alors $x'=\mathrm{OF'}=-f$; par conséquent :

$$\mathrm{OF}+\mathrm{OF'}=0$$

les deux foyers sont, de part et d'autre, à égale distance de O ; ils sont à la fois tous les deux réels ou tous les deux virtuels.

Avec le sens positif choisi (sens inverse de la lumière incidente) :

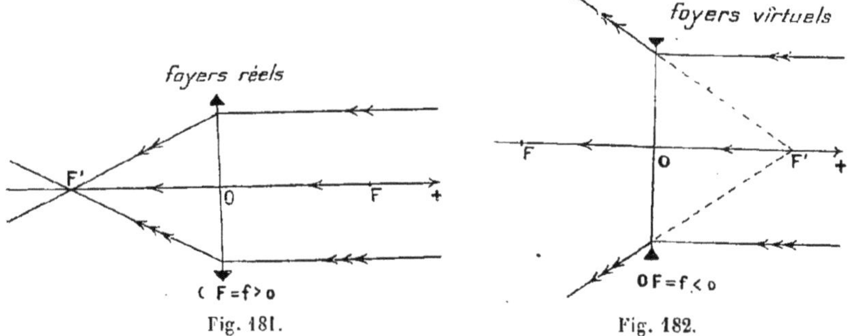

Fig. 181. Fig. 182.

si $f>0$ les deux foyers sont *réels*, la lentille est *convergente* (fig. 181);

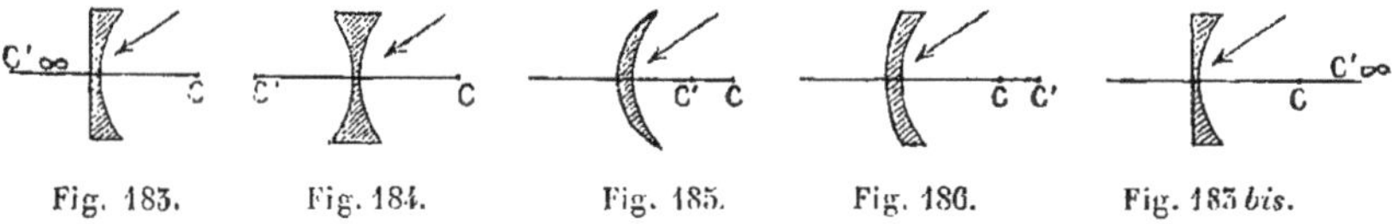

Fig. 183. Fig. 184. Fig. 185. Fig. 186. Fig. 183 *bis*.

si $f<0$, les deux foyers sont *virtuels*, la lentille est *divergente* (fig. 182).

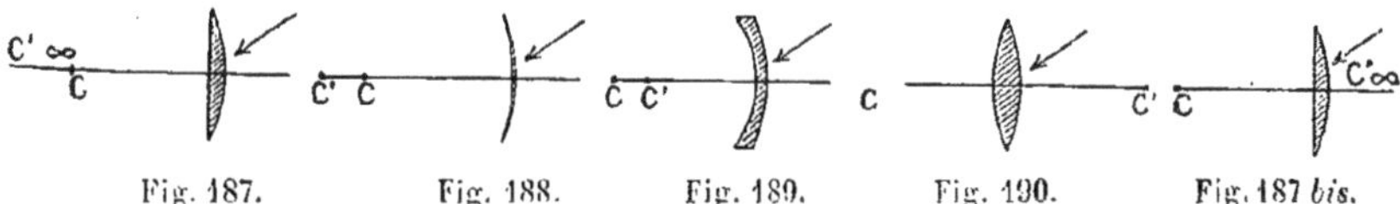

Fig. 187. Fig. 188. Fig. 189. Fig. 190. Fig. 187 *bis*.

*Discussion.* — Dans la pratique $(n-1)>0$; $f$ est donc du signe de $\frac{1}{R'}-\frac{1}{R}$.

Donnons à R une valeur fixe et faisons varier R' :

1° $R>0$

| $R'$ | $-\infty$ | croît | $0$ | croît | $R$ | croît | $+\infty$ |
|---|---|---|---|---|---|---|---|
| $\frac{1}{R'}-\frac{1}{R}$ | $-\frac{1}{R}$ | $-$ | $\mp\infty$ | $+$ | $0$ | $-$ | $-\frac{1}{R}$ |
| | (fig. 183) | (fig. 184) | | (fig. 185) | | (fig. 186) | (fig. 183 *bis*). |

2° $R<0$

| $R'$ | $-\infty$ | croît | $R$ | croît | $0$ | croît | $+\infty$ |
|---|---|---|---|---|---|---|---|
| $\frac{1}{R'}-\frac{1}{R}$ | $-\frac{1}{R}$ | $+$ | $0$ | $-$ | $\mp\infty$ | $+$ | $-\frac{1}{R}$ |
| | (fig. 187) | (fig. 188) | | (fig. 189) | | (fig. 190) | (fig. 187 *bis*). |

Cette discussion nous montre que les lentilles à bords minces (fig. 191) sont convergentes, et les lentilles à bords épais (fig. 192) divergentes.

*Centre optique.* — Puisque :

$$\gamma=\frac{x'}{x}, \quad \text{on a (fig. 180)} \quad \frac{\overline{B'A'}}{\overline{BA}}=\frac{\overline{OB'}}{\overline{OB}};$$

par suite les points A, O, A' sont en ligne droite et le rayon AO n'est pas dévié ; le point O, sommet commun des dioptres, s'appelle le *centre optique* de la lentille.

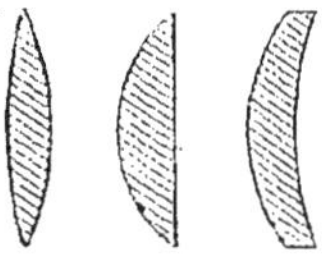

Fig. 191.

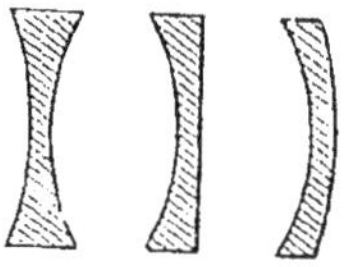

Fig. 192.

Ce point jouit de propriétés remarquables : il est à lui-même son image [points de Bravais, confondus (160)] ; tout rayon incident passant par O, donne naissance à un rayon parallèle [points nodaux, confondus (154)] ; il est centre d'homothétie pour l'objet et l'image (157) ; le grandissement pour le plan de front passant par O est $+1$ [points principaux, confondus (148)].

Tout rayon passant par O, étant non dévié, s'appelle *axe secondaire*.

107. **Origine double aux foyers principaux. — Formules de Newton.**

Posons : $\overline{FB}=\sigma$, $\overline{F'B'}=\sigma'$ (fig. 180) nous avons :

$$x=\overline{OB}=\overline{OF}+\overline{FB}=f+\sigma,$$
$$x'=\overline{OB'}=\overline{OF'}+\overline{F'B'}=-f+\sigma',$$

et portant dans (7), il vient :

$$(8) \qquad \sigma\sigma'=-f^2.$$

En remplaçant $x$ et $x'$ par leurs valeurs dans (6) et tenant compte de (8), il vient :

$$(9) \qquad \gamma=-\frac{f}{\sigma}=\frac{\sigma'}{f}.$$

La relation (8) nous montre que si l'objet se rapproche de F, l'image s'éloigne de F' et réciproquement, enfin nous y voyons que $\sigma$ et $\sigma'$ sont toujours de signes contraires.

108. — **Application des propriétés des plans focaux.**

1er *Problème : Construire l'émergent correspondant à un incident donné.*

Soit la lentille convergente L (fig. 193) de foyers F, F' et l'incident SI ; il faut déterminer deux points de l'émergent. Or I a pour image I lui-même, c'est donc un point de l'émergent.

α) Tous les rayons parallèles à SI passent, après réfraction, par un point du plan focal-image F′, or le rayon parallèle à SI qui passe par O n'est pas dévié; il rencontre F′ en φ′ qui est un point de l'émergent cherché. — Une construction simple nous est aussi fournie en considérant l'incident FJ parallèle à SI; il sort parallèlement à l'axe principal, suivant Jφ′.

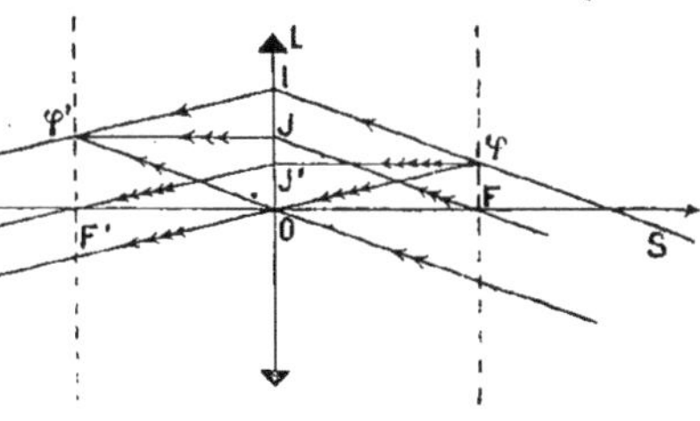


Fig. 193.

β) Soit φ l'intersection de SI avec le plan focal-objet; tous les émergents correspondant aux incidents issus de φ sont parallèles; nous avons immédiatement les émergents correspondant aux incidents φO, ou φJ′, ce dernier parallèle à l'axe principal.

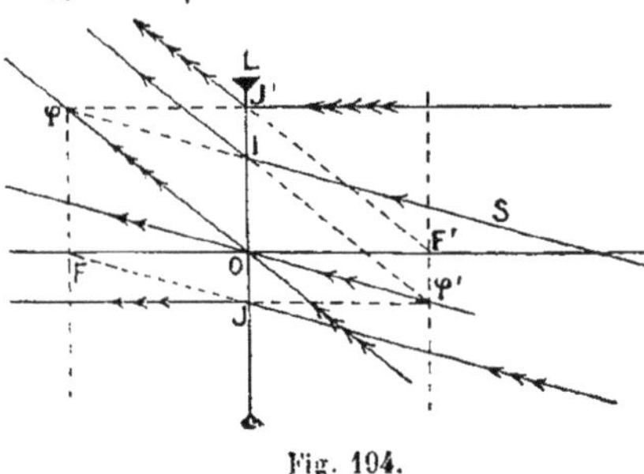


Fig. 194.

Avec une lentille divergente nous avons les constructions de la figure 194.

2e *Problème : Construire l'image d'un point.*

On construira les émergents correspondant à deux incidents issus du point-objet; il est commode de prendre comme incidents :

α) Celui qui passe par le centre optique,

β) Celui qui est parallèle à l'axe, ou celui qui passe par le foyer-objet.

3e *Problème : Construire l'image d'un objet.*

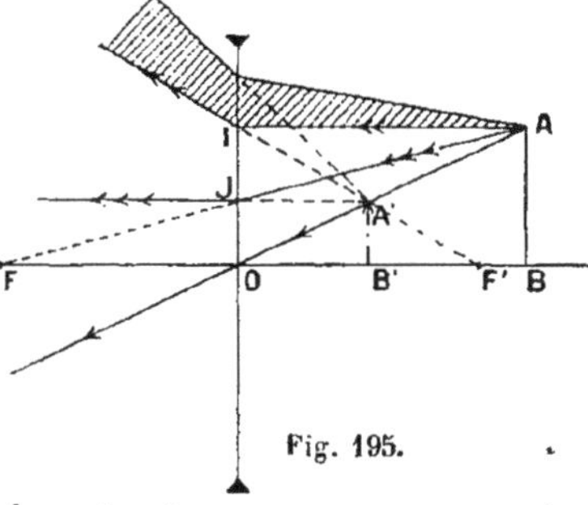


Fig. 195.

On construit l'image de chaque point. — Soit le cas particulier d'une droite AB (fig. 195) perpendiculaire à l'axe. On aura l'image A′ du point A en prenant comme incidents particuliers :

Le rayon passant par O, ou axe secondaire de A;

Le rayon parallèle à l'axe principal ou le rayon passant par le foyer-objet F.

A tous ces rayons correspondent des émergents qu'on obtient immédiatement.

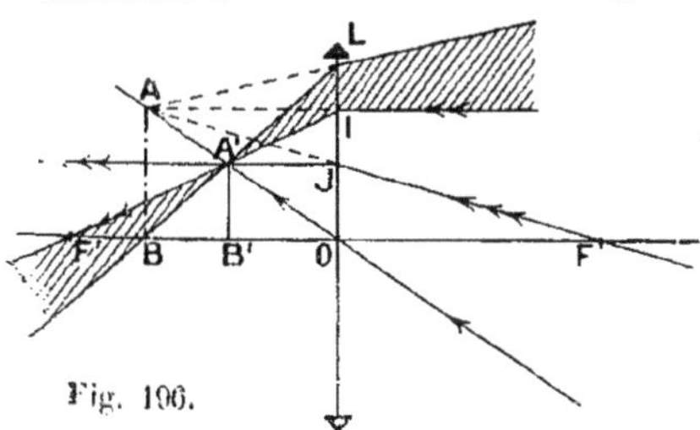


Fig. 196.

Les figures 195 et 196 donnent la construction d'une image respectivement dans le cas d'une lentille divergente et d'une lentille convergente.

109. **Discussion des formules des lentilles minces.** — Prenons $x$ pour variable indépendante. Des formules (7) et (6) nous tirons :

$$x' = \frac{fx}{f - x} \qquad \gamma = \frac{f}{f - x}.$$

Les valeurs importantes de $x$ sont, indépendamment de $\pm\infty$ et 0, les valeurs qui annulent ou rendent infinis $x'$ et $\gamma$, enfin celles pour lesquelles $\gamma = \pm 1$.

Les tableaux et figures suivantes résument la discussion.

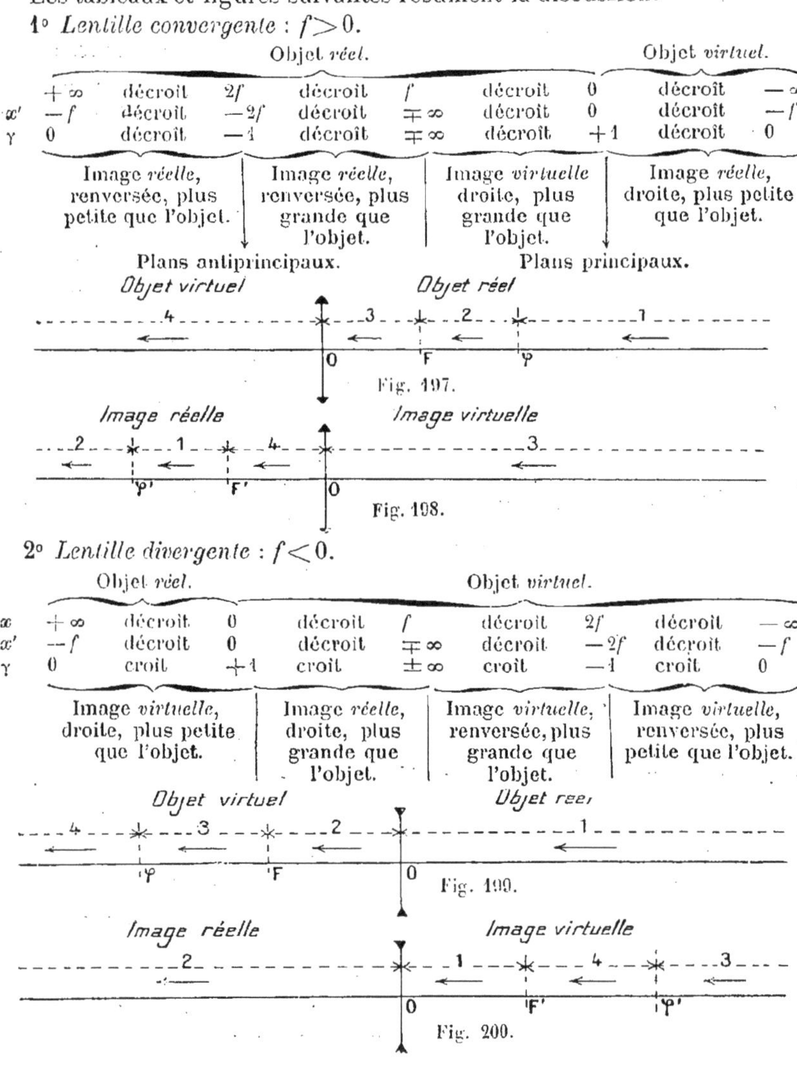

1° *Lentille convergente* : $f > 0$.

| | Objet *réel.* | | | | | | Objet *virtuel.* | |
|---|---|---|---|---|---|---|---|---|
| $x$ | $+\infty$ | décroît | $2f$ | décroît | $f$ | décroît | 0 | décroît | $-\infty$ |
| $x'$ | $-f$ | décroît | $-2f$ | décroît | $\mp\infty$ | décroît | 0 | décroît | $-f$ |
| $\gamma$ | 0 | décroît | $-1$ | décroît | $\mp\infty$ | décroît | $+1$ | décroît | 0 |
| | | Image *réelle*, renversée, plus petite que l'objet. | | Image *réelle*, renversée, plus grande que l'objet. | | Image *virtuelle* droite, plus grande que l'objet. | | Image *réelle*, droite, plus petite que l'objet. | |
| | | | Plans antiprincipaux. | | | | Plans principaux. | | |



Fig. 197.



Fig. 198.

2° *Lentille divergente* : $f < 0$.

| | Objet *réel.* | | | Objet *virtuel.* | | | | | |
|---|---|---|---|---|---|---|---|---|---|
| $x$ | $+\infty$ | décroît | 0 | décroît | $f$ | décroît | $2f$ | décroît | $-\infty$ |
| $x'$ | $-f$ | décroît | 0 | décroît | $\mp\infty$ | décroît | $-2f$ | décroît | $-f$ |
| $\gamma$ | 0 | croît | $+1$ | croît | $\pm\infty$ | croît | $-1$ | croît | 0 |
| | | Image *virtuelle*, droite, plus petite que l'objet. | | Image *réelle*, droite, plus grande que l'objet. | | Image *virtuelle*, renversée, plus grande que l'objet. | | Image *virtuelle*, renversée, plus petite que l'objet. | |



Fig. 199.



Fig. 200.

110. **Vérifications expérimentales.** — On vérifie expérimentalement ces résultats en employant, comme source lumineuse, la flamme d'un bec de gaz ou d'une bougie. Pour rendre les images réelles visibles de tous les points d'une salle obscure, on les reçoit sur des écrans diffusants (fig. 201). — Comme *objet virtuel*, on peut employer une image réelle fournie par une lentille auxiliaire, ainsi que le représentent, par exemple, les deux figures suivantes.

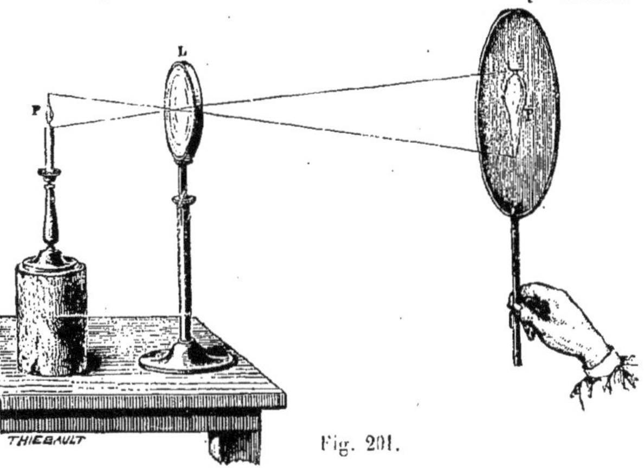

Fig. 201.

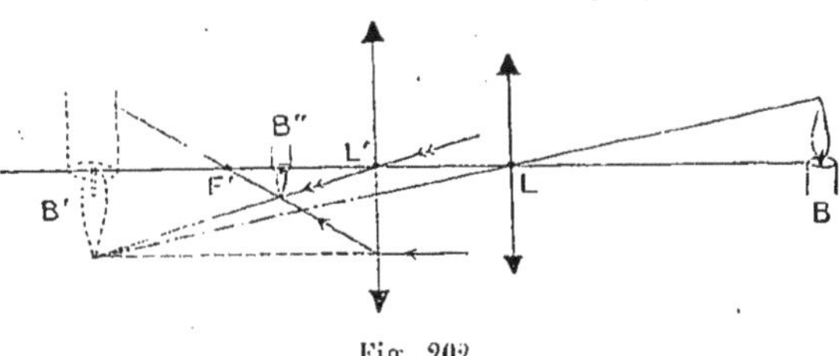

Fig. 202.

Dans la figure 202, l'image réelle B′ de la bougie B, fournie par la lentille auxiliaire convergente L, joue le rôle d'objet virtuel par rapport à lentille convergente L′, qui en donne l'image réelle définitive B″.

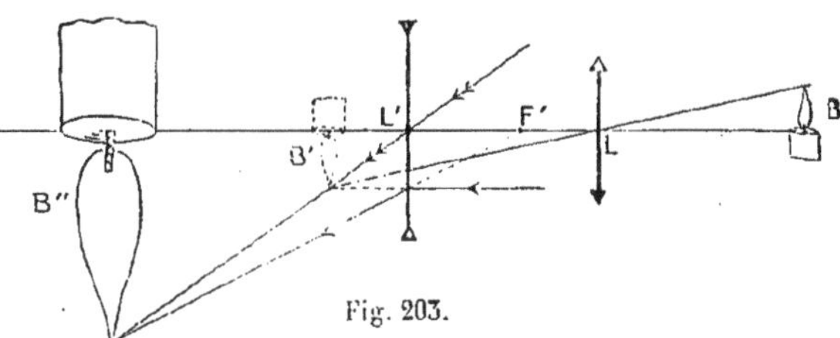

Fig. 203.

Dans la figure 203, l'image réelle B′ joue le rôle d'objet virtuel par rapport à la lentille divergente L′. Cet objet virtuel B′ se trouvant entre la lentille et son premier foyer ($B'L' < L'F'$), l'image définitive B″ est réelle.

Quant aux images virtuelles, on ne peut les percevoir qu'en plaçant l'œil dans le faisceau émergent.

111. **Tableau des formules des lentilles sphériques minces.** — 1° *Origine au centre optique.*

Posons (*fig.* 204 et *fig.* 204 *bis*)

$$\overline{OF} = f, \quad \overline{OB} = x, \quad \overline{OB'} = x', \quad \overline{BA} = y, \quad \overline{B'A'} = y', \quad \gamma = \frac{y'}{y};$$

$$(1)\quad \begin{cases} \dfrac{1}{x}-\dfrac{1}{x'}=\dfrac{1}{f}, \\ \gamma=\dfrac{x'}{x}=-\dfrac{f}{x-f}=\dfrac{x'+f}{f}. \end{cases}$$

2° *Origines aux foyers.*

Posons (*fig.* 204 et *fig.* 204 *bis*)

$$\overline{FB}=\sigma, \qquad \overline{F'B'}=\sigma':$$

$$(2)\quad \begin{cases} \sigma\sigma'=-f^2, \\ \gamma=-\dfrac{f}{\sigma}=\dfrac{\sigma'}{f}. \end{cases}$$

*Remarque.* — Ces diverses formules ne peuvent être employées qu'à la condition de fixer un sens positif, quel qu'il soit du reste, pour les segments $x, x', \sigma, \sigma', f$ et un autre sens positif pour $y$ et $y'$.

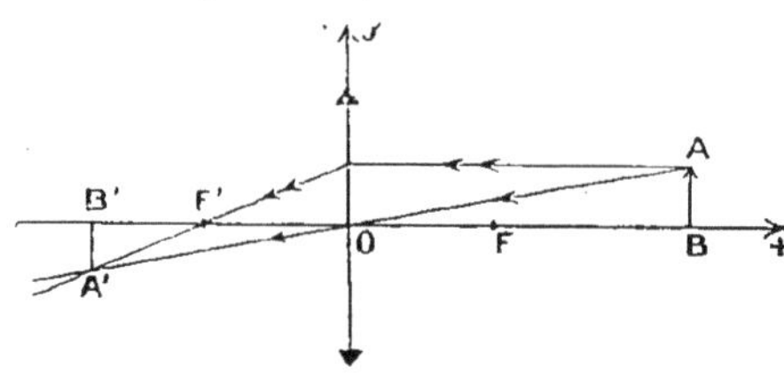

Fig. 204.

Les formules les plus commodes sont celles du groupe (2); on emploie le plus souvent les formules (1) car l'origine est unique et parce que la nature de l'image ou de l'objet est donnée par le signe de $x$ ou de $x'$.

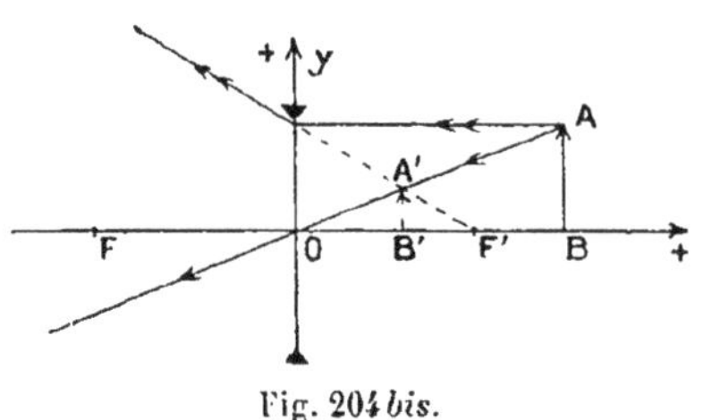

Fig. 204 *bis*.

Si l'on prend pour *sens positif* le *sens inverse de propagation de la lumière incidente*, $f$, qui représente toujours la distance du centre optique au foyer-objet, est *positif* pour les *lentilles convergentes*, *négatif* pour les *lentilles divergentes*. Nous adopterons invariablement cette convention.

112. **Lentille sphérique mince dont les faces ne baignent pas dans le même milieu.** — Soient deux dioptres sphériques de sommet commun O (fig. 205), de centres C, C', un objet AB dans le premier milieu,

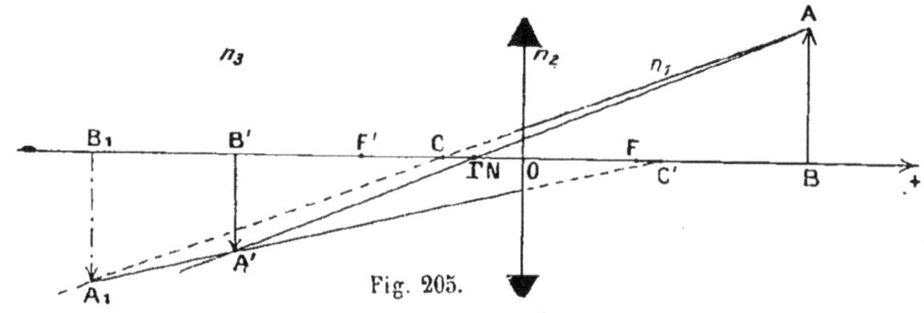

Fig. 205.

qui a pour image $A_1B_1$ dans le second milieu, et soit A'B' l'image, dans le troisième milieu, de $A_1B_1$ appartenant au second milieu; désignons par $n_1$, $n_2$, $n_3$ les indices absolus des trois milieux et posons :

$$\overline{OC}=R, \quad \overline{OC'}=R', \quad \overline{OB}=x, \quad \overline{OB_1}=x_1, \quad \overline{OB'}=x', \quad \overline{BA}=y, \quad \overline{B_1A_1}=y_1,$$

$$\overline{B'A'}=y', \qquad \gamma=\frac{y'}{y}.$$

La réfraction dans le premier dioptre nous donne :

(1) $$\frac{n_1}{x}-\frac{n_2}{x_1}=\frac{n_1-n_2}{R},$$

(2) $$\frac{y_1}{y}=\frac{n_1}{n_2}\cdot\frac{x_1}{x}.$$

La réfraction à travers le deuxième dioptre nous fournit les relations :

(3) $$\frac{n_2}{x_1}-\frac{n_3}{x'}=\frac{n_2-n_3}{R'},$$

(4) $$\frac{y'}{y_1}=\frac{n_2}{n_3}\cdot\frac{x'}{x_1},$$

additionnons membre à membre (1) et (3), il vient :

(5) $$\frac{n_1}{x}-\frac{n_3}{x'}=\frac{n_1-n_2}{R}+\frac{n_2-n_3}{R'},$$

multiplions membre à membre (2) et (4), il vient :

(6) $$\gamma=\frac{y'}{y}=\frac{n_1}{n_3}\cdot\frac{x'}{x}.$$

ces formules nous permettent de résoudre les problèmes relatifs au système de dioptres considéré.

1° *Foyers principaux.* — Recherchons les foyers; soit F (fig. 205) le foyer-objet, F′ le foyer-image; posons

$$\overline{OF}=f,\qquad \overline{OF'}=f',$$

si $x'=\infty$, $x=f$, ou $\frac{n_1}{f}=\frac{n_1-n_2}{R}+\frac{n_2-n_3}{R_1}$, d'où $f=\dfrac{n_1}{\frac{n_1-n_2}{R}+\frac{n_2-n_3}{R'}}$,

$x=\infty$, $x'=f'$, ou $-\frac{n_3}{f'}=\frac{n_1-n_2}{R}+\frac{n_2-n_3}{R'}$, d'où $f'=\dfrac{-n_3}{\frac{n_1-n_2}{R}+\frac{n_2-n_3}{R'}}$,

par suite

$$\frac{f}{f'}=-\frac{n_1}{n_3}<0.$$

Les foyers sont de part et d'autre de O, donc tous les deux réels ou tous les deux virtuels. En divisant les deux membres de (5) par le second membre, il vient :

(7) $$\frac{f}{x}+\frac{f'}{x'}=1,$$

et (6) peut s'écrire :

(8) $$\gamma=\frac{y'}{y}=-\frac{f}{f'}\cdot\frac{x'}{x}=-\frac{f}{x-f}=-\frac{x'-f'}{f'}.$$

2° *Points de Bravais.* — Pour $x=0$, $x'=0$ : O (fig. 205) est à lui-même son image (point de Bravais). Faisons encore $x=x'$; il vient :

$$x=f+f',$$

le point Γ (fig. 205) ainsi défini est encore à lui-même son image (autre point de Bravais); les foyers sont semblablement placés par rapport à O et Γ.

3° *Centre de similitude, centre optique, points nodaux.* — Déterminons le point N (fig. 205) où la droite AA′ rencontre l'axe; posons $\overline{ON} = X$; nous avons :

$$\frac{\overline{NB'}}{\overline{NB}} = \frac{\overline{B'A'}}{\overline{BA}}, \quad \text{ou} \quad \frac{-X + x'}{-X + x} = \frac{y'}{y},$$

et par suite

$$\frac{-X + x'}{-X + x} = -\frac{f}{f'} \cdot \frac{x'}{x},$$

d'où on tire

$$X = \frac{(f + f')xx'}{f'x + fx'} = \frac{f + f'}{\frac{f}{x} + \frac{f'}{x'}} = f + f' = \overline{O\Gamma};$$

N est donc confondu avec Γ; c'est le point nodal double du système, le centre optique de la lentille, le centre de similitude et un point de Bravais.

Si dans (8) nous faisons $\gamma = +1$, il vient $x = x' = 0$; les plans principaux sont confondus en O.

Si, dans les mêmes relations, nous faisons $\gamma = -1$, il vient $x = 2f$, $x' = 2f'$; nous déterminons ainsi les deux plans antiprincipaux.

Nous établirons tous ces résultats, d'une manière générale, dans l'étude des systèmes épais (145 à 160).

**113. Étude expérimentale des aberrations des lentilles minces.** — Nous avons vu (84) qu'un dioptre sphérique était stigmatique seulement pour deux couples de points par axe donné ; une lentille sphérique infiniment mince n'est jamais stigmatique (126) : on appelle *aberrations de sphéricité* les défauts de l'image d'un point ou d'un objet, en lumière monochromatique.

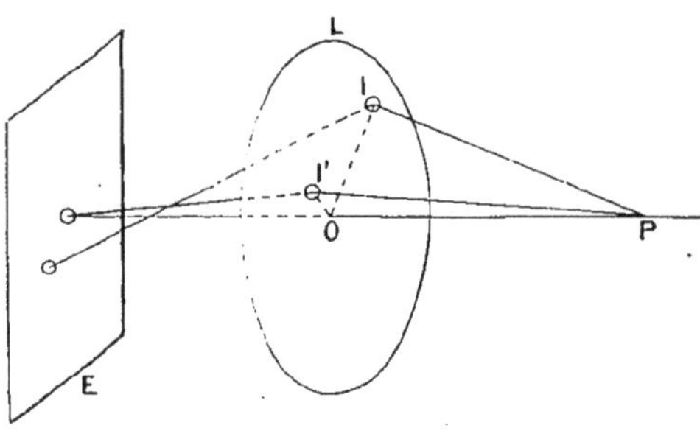

Fig. 206.

L'étude de ces aberrations est compliquée, au point de vue expérimental, par les phénomènes de dispersion ou *aberrations de réfrangibilité*. Quand nous opérerons en lumière blanche nous ne tiendrons pas compte des irisations des images. Pour avoir de la lumière monochromatique, nous prendrons une flamme au sodium, ou bien encore nous ferons filtrer la lumière blanche à travers un verre rouge à l'oxyde cuivreux (verre des lanternes photographiques).

α) Éclairons une lentille L (fig. 206) par une source lumineuse sensiblement réduite à un point, diaphragmons L de manière à laisser passer seulement deux faisceaux très minces en I et I′. Coupons les faisceaux émergents par un écran E que nous déplaçons : en général les traces des deux faisceaux sont toujours distinctes, quelle que soit la position de E.

*Les rayons émergents ne passent pas par un même point; la lentille est astigmate.*

Lorsque P est sur l'axe principal de la lentille, nous constatons que les rayons émergents se coupent si $OI = OI'$, ou si le plan $IPI'$ passe par PO.

β) Éclairons L par un point P (fig. 207) situé sur l'axe et recouvrons L d'un écran présentant deux ouvertures I, I' voisines de O, sommet de la lentille et symétriques par rapport à O et deux autres ouvertures J, J', voisines des bords, équidistantes de O et symétriques par rapport à O, les droites II', JJ' étant rectangulaires. Nous constatons, en coupant les faisceaux émergents par un écran auxiliaire, que les rayons centraux PI, PI' donnent des émergents se rencontrant en $P'_c$ et que les rayons marginaux PJ, PJ' donnent des émergents qui concourent en $P'_m$ plus voisin de O que $P'_c$.

γ) Enlevons le diaphragme qui recouvre L et cherchons l'image de P situé sur l'axe : la section minimum du faisceau émergent ne se réduit

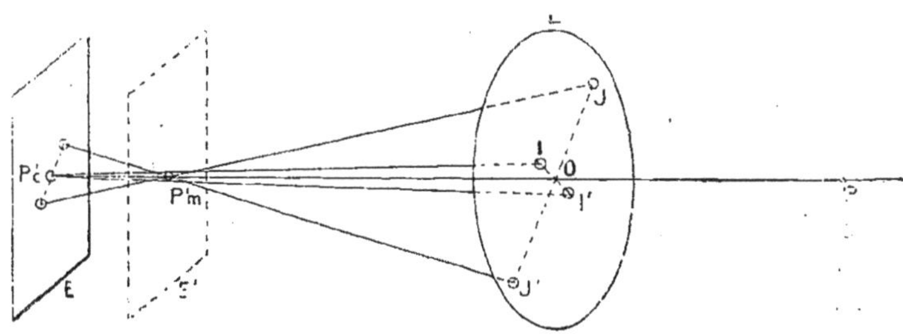


Fig. 207.

jamais à un point. L'image la meilleure de P est un cercle lumineux dont l'éclat va en diminuant du centre vers les bords [pour un point P très éloigné, une lentille plan convexe de $f = 12^{cm}$, dont le rayon d'ouverture $y = 5^{cm}$, la face plane étant du côté de la lumière incidente, le rayon de la tache lumineuse est environ $1^{cm}$ (129)]; pour un point-objet en dehors de l'axe, la tache n'est pas circulaire et le point d'éclairement maximum est voisin du bord de la tache.

δ) Reprenons l'expérience précédente en diaphragmant d'abord fortement les bords de la lentille : nous avons cette fois une très bonne image $P'_c$ (fig. 207) de P, fournie par les rayons centraux.

Diaphragmons ensuite la région centrale de la lentille : les rayons marginaux monochromatiques donnent une bonne image $P'_m$ (fig. 207) de P, qui est plus près de la lentille que l'image $P'_c$.

ε) Prenons comme objet un quadrillage normal à l'axe de la lentille; si nous utilisons toute la surface de la lentille, l'image est mauvaise, et si les traits du quadrillé sont fins, il est impossible de mettre au point. Diaphragmons les bords de la lentille : l'image obtenue est bonne; diaphragmons la région centrale de la lentille, l'image est bonne (en lumière monochromatique), mais elle est plus près de la lentille que la précédente.

En résumé, ces expériences montrent que la lentille n'est pas stigmatique en lumière monochromatique et qu'on améliore l'image en diaphragmant.

114. **Étude expérimentale des caustiques des lentilles minces.** — 1° *Point-objet sur l'axe.* — Éclairons une lentille L (fig. 208) par un point lumineux P placé sur l'axe; recouvrons la lentille d'un diaphragme à ouverture annulaire de centre O : tous les émergents vont concourir en un même point P' de l'axe, il en est toujours ainsi quel que soit le rayon de l'ouverture du diaphragme.

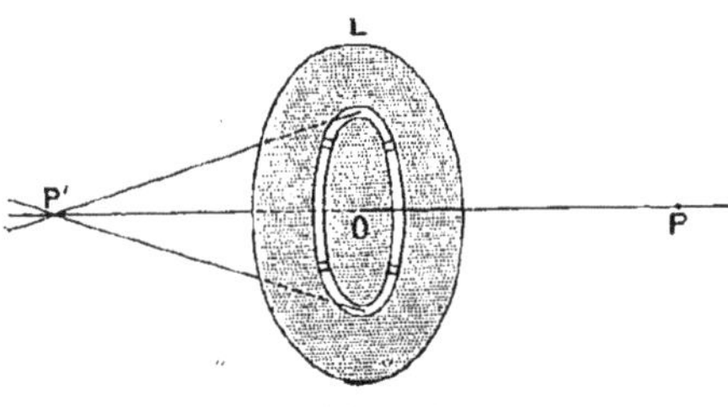

Fig. 208.

*Tous les rayons émergents rencontrent l'axe*; on peut les considérer comme tangents à un cylindre de révolution de rayon infiniment petit, confondu avec l'axe qui constitue la *première nappe de la surface caustique.*

Remplaçons le diaphragme précédent par un autre présentant seulement une ouverture rectangulaire étroite AA' (fig. 209) passant par O : les émergents donnent sur le plan PAA' une trace lumineuse limitée par une courbe EE' présentant un point de rebroussement en $P'_c$ (image formée par les rayons centraux); en promenant une baguette devant l'ouverture AA', la trace sombre correspondant au faisceau qui manque, se déplace en restant constamment tangente à la courbe EE'.

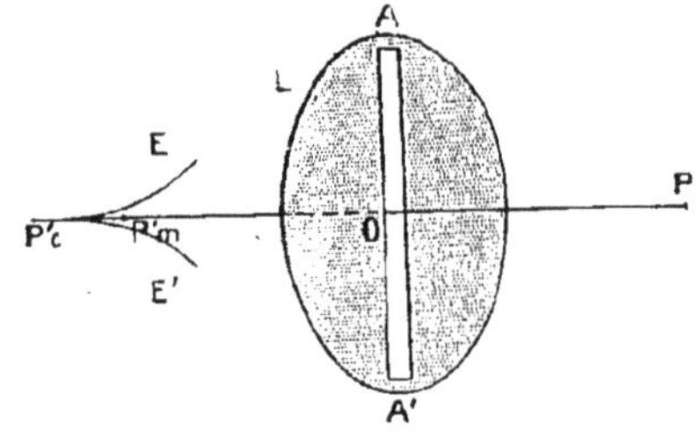

Fig. 209.

*Tous les rayons émergents sont donc tangents à une surface de révolution autour de l'axe, ayant pour méridienne EE'* : c'est la *deuxième nappe de la caustique.*

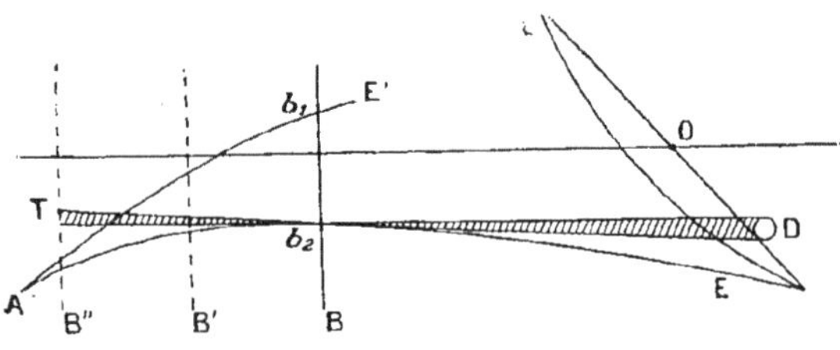

Fig. 210.

*Remarque.* — En nous appuyant sur le théorème de Malus et constatant que l'axe de la lentille est un axe de révolution pour le faisceau lumineux et la lentille, nous aurions été amenés à grouper les incidents comme nous l'avons fait et à prévoir les résultats obtenus par l'expérience précédente.

2° *Point-objet en dehors de l'axe.* — Le phénomène n'est plus aussi simple.

Éclairons la face plane d'une lentille plan-convexe verticale par un point lumineux situé dans le plan horizontal de l'axe optique et coupons le faisceau émergent par ce plan : nous avons une trace EAE′ (fig. 210). Si nous déplaçons devant la lentille une tige verticale D interceptant un faisceau de rayons lumineux, nous observons une trace noire DT qui est constamment tangente à la courbe EA : cette courbe est la trace sur le plan de la figure d'une surface symétrique par rapport à ce plan et à laquelle tous les rayons émergents sont tangents : c'est une nappe de la caustique.

Coupons le faisceau émergent par un plan B (fig. 210), normal à l'axe : l'intersection comprend d'abord la trace $C_2$ (fig. 211) de la nappe de caustique dont nous avons déjà parlé, cette trace est sensiblement une circonférence de centre $b_1$ ; puis deux courbes $C_1$, $C'_1$ symétriques par rapport à $b_2b_1$, et dont l'ensemble présente un point de rebroussement en $b_1$; ce sont les traces de l'autre nappe de la caustique. Si l'on déplace l'écran en B′, B″, on observe des aspects analogues (l'aberration dissymétrique qui les engendre porte le nom de *coma*).

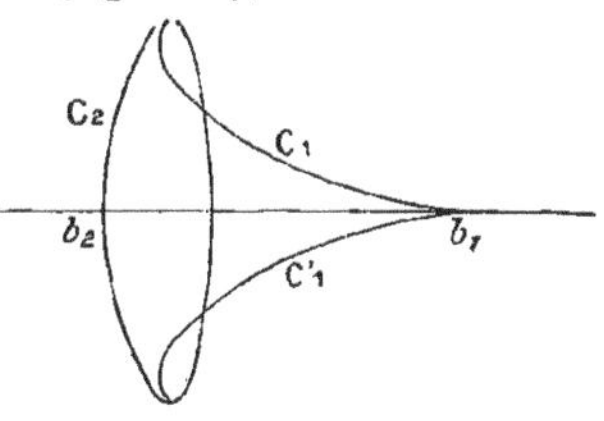

Fig. 211.

Si la lentille est de moins en moins inclinée par rapport au faisceau incident, les deux nappes de la caustique se déforment; la caustique de trace $C_2$ devient de révolution autour de l'axe et l'autre se réduit aux points de rebroussement $b_1$, c'est-à-dire à l'axe de la lentille.

115. **Étude expérimentale des focales des lentilles minces.** — Dans l'expérience précédente, diaphragmons la lentille de manière à laisser passer seulement un pinceau de rayons lumineux; nous constatons, en coupant les rayons émergents par un écran, qu'ils s'appuient sur deux droites rectangulaires, l'une $P_1$ (fig. 212) située dans le plan de la figure et l'autre $P'_2$ normale à ce plan; il est facile de constater, en enlevant le diaphragme, que ces droites, $P'_1$ et $P'_2$ font partie chacune d'une nappe de la caustique.

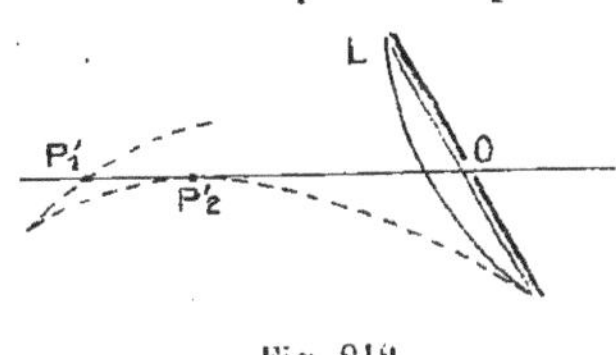

Fig. 212.

*Remarque.* — Si nous faisons tourner L (fig. 212) autour de l'axe vertical O, de manière à diminuer l'incidence, nous constatons que la distance $P'_1P'_2$ des focales diminue, et lorsque le faisceau incident est normal à la lentille, les droites focales ont disparu : elles se sont confondues avec le point-image qui est le point de tangence des deux nappes de la caustique. Si l'on fait tourner autour d'un axe vertical l'écran passant par $P'_1$, la section du faisceau est toujours une droite, de même si l'on fait tourner autour d'un axe horizontal normal au rayon moyen, un écran passant par $P'_2$, la trace du faisceau est encore une droite : il y a donc une infinité de focales en $P'_1$ et en $P'_2$ qui constituent des *éléments focaux* : ce sont les portions de caustique auxquelles le faisceau émergent est tangent. On considère habituellement, parmi ces focales, celles qui sont *normales au rayon moyen*, on les appelle *focales de Sturm*.

Pour obtenir une apparence qui puisse représenter l'image du point-objet, il ne faut pas placer l'écran en $P'_1$ ou en $P'_2$, mais entre $P'_1$ et $P'_2$ (50): la section est alors sensiblement un petit cercle; les dimensions de cette tache sont d'autant plus petites, et l'image d'autant meilleure, que le pinceau est plus étroit, c'est-à-dire la lentille plus fortement diaphragmée, on ne peut cependant exagérer la petitesse de l'ouverture du diaphragme, car on ferait apparaître les phénomènes de diffraction, en même temps qu'on diminuerait outre mesure le flux lumineux. L'image est encore d'autant meilleure que la distance $P'_1P'_2$ est plus petite ; cette distance devient nulle lorsque le faisceau incident est normal aux surfaces de séparation; c'est pourquoi il y a avantage à employer un ménisque convergent tournant sa concavité du côté où vient la lumière (fig. 213) et diaphragmé convenablement.

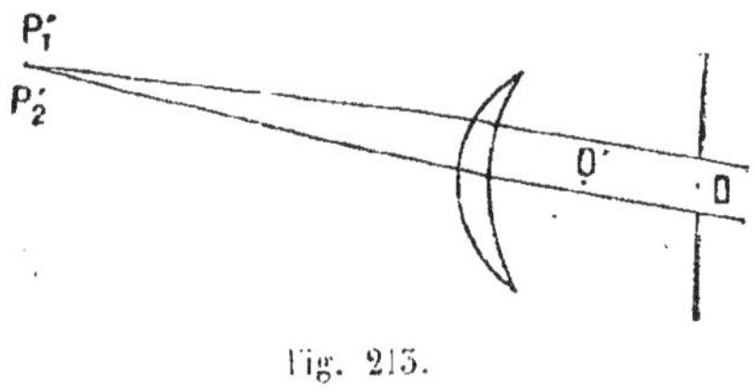

Fig. 213.

**116. Défauts des images fournies par une lentille mince.** — Nous venons de voir qu'en lumière monochromatique l'image d'un point situé sur l'axe est une tache circulaire, sauf si la lentille est suffisamment diaphragmée, et que l'image d'un point en dehors de l'axe, pour une lentille diaphragmée ou non, est également une tache d'autant plus petite que le diaphragme est plus étroit et que les focales, dans le cas d'un pinceau, sont plus rapprochées. Ces défauts constituent les *aberrations de sphéricité* de la lentille.

S'il s'agit non d'un point, mais d'un objet placé dans un plan de front, l'image peut présenter d'autres défauts.

**117. Courbure de l'image.** — Au moyen d'une lentille L (fig. 214) diaphragmée par $D_0$ projetons l'image d'un quadrillage AB tel que l'angle AOB soit grand (90° au moins); nous constatons que nous ne pouvons mettre au point à la fois toutes les mailles du quadrillage et que, pour mettre au point les bords de AB, il faut placer l'écran plus près de L que pour avoir l'image de C. L'image de la surface plane ACB est une surface de révolution A'C'B', la lentille n'est pas aplanétique.

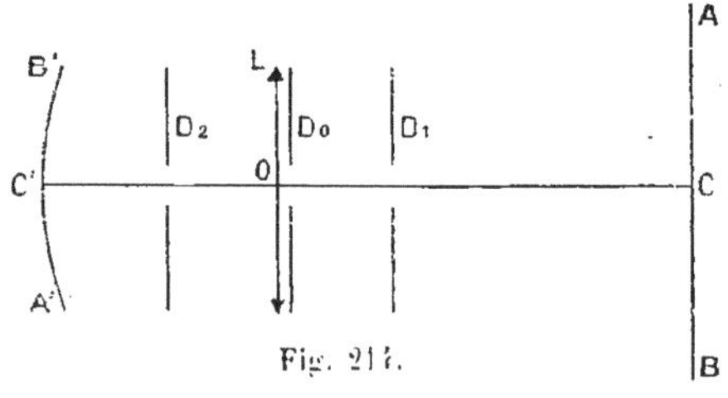

Fig. 214.

On peut encore faire cette expérience simplement, comme dans le cas des miroirs sphériques (51), en remplaçant le quadrillage par trois bougies A, C, B (fig. 214), en ligne droite; les images ont leurs traces en A′, C′, B′, sur une surface courbe.

118. **Distorsion.** — Plaçons le diaphragme en $D_1$ (fig. 214) et mettons au point : l'image présente l'apparence de la figure 215, les droites sont représentées par des courbes qui tournent leur concavité vers C′; il y a *distorsion* en *barillet* (12). Si nous plaçons le diaphragme en $D_2$ (fig. 214) derrière la lentille, les images des droites sont des courbes tournant leur convexité vers C′ (fig. 216) : c'est la *distorsion* en *coussinet* ou en *croissant* (12).

L'image d'une droite rencontrant l'axe est toujours une droite, l'image d'une droite ne rencontrant pas l'axe est une courbe; la lentille n'est pas *rectilinéaire* ou *rectiligne*.

La courbure de l'image d'une droite dépend de la distance de la droite à l'axe, de la position du diaphragme; elle est d'autant plus grande que le diaphragme est plus éloigné de la lentille.

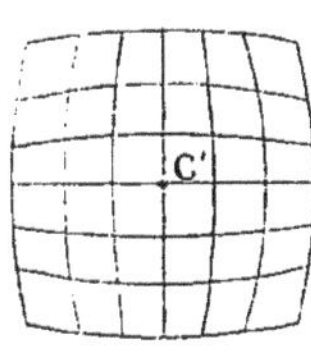

Fig. 215.

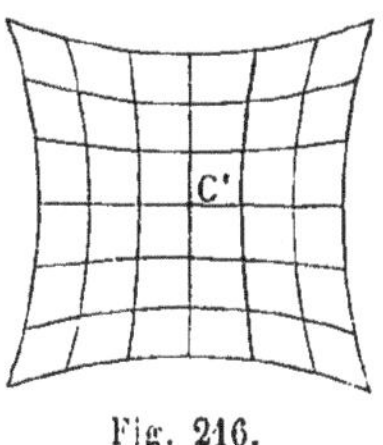

Fig. 216.

*Autres expériences de distorsion.* — α) Au moyen d'une lentille de courte distance focale ($f = 10^{cm}$), projetons l'image d'une droite lumineuse obtenue en pratiquant, dans la cheminée opaque d'un bec de gaz, une fente parallèle aux génératrices, et plaçons un diaphragme avant ou après la lentille; nous observons la distorsion en barillet ou en croissant toutes les fois que la fente lumineuse ne rencontre pas l'axe de la lentille.

β) Au moyen d'une loupe ($f = 5^{cm}$) regardons un papier quadrillé : si la loupe donne une image virtuelle, la distorsion est en croissant, si la lentille fournit une image réelle, la distorsion est en barillet.

γ) Si nous regardons le papier quadrillé avec une lentille divergente, nous observons la distorsion en barillet.

Dans ces expériences, la pupille de l'observateur joue le rôle du diaphragme.

*Causes de la distorsion.* — Lorsqu'on diaphragme une lentille et que le diaphragme n'est point contre la lentille, les incidents isogènes vont frapper la lentille sur une région déterminée qui possède une distance focale déterminée. Pour tous les points du plan de front équidistants de l'axe de la lentille, les régions d'incidence correspondantes de la lentille ont même distance focale et donnent les mêmes grossissements; — mais pour deux points inégalement distants de l'axe, les régions utiles de la lentille sont aussi inégalement distantes de l'axe elles ont des distances focales différentes; les grossissements pour les points correspondants de l'objet sont inégaux, il en résulte que toutes les mailles du quadrillage ne sont pas également grossies.

Ainsi la distorsion est due à une *localisation* par le diaphragme de la région utile de la lentille correspondant à chaque point-objet, autrement dit l'image de chaque point est due à la réfraction à travers une région déterminée de la lentille, variable avec le point-objet.

$\alpha$) *Le diaphragme est placé entre l'objet et une lentille convergente qui en donne une image réelle : distorsion en barillet* — Les rayons issus de ACB (fig. 217) qui traversent l'ouverture du diaphragme $D_1$ rencontrent

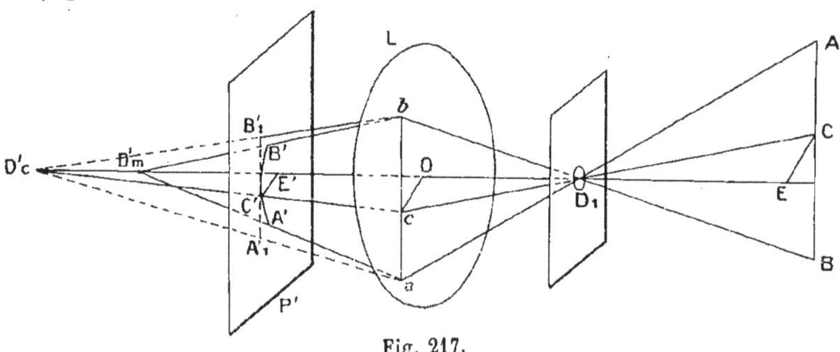


Fig. 217.

la lentille L suivant *acb*; l'image de ACB est recueillie sur un écran P'. Supposons que les rayons marginaux se réfractent comme les rayons centraux : ils iraient tous passer par $D'_c$, image de $D_1$ formée par les rayons centraux et l'image de ACB serait $A'_1C'B'_1$, intersections des plans P' et $aD'_cb$. Mais les rayons marginaux $D_1a$, $D_1b$ sont réfractés plus énergiquement que le rayon central $D_1c$; ils coupent l'axe en $D'_m$ et rencontrent P' en deux points A' et B' situés du côté de E' par rapport à $A'_1$, $B'_1$; la concavité de A'C'B' est tournée vers E'; il y a distorsion en barillet.

$\beta$) *Diaphragme placé entre la lentille convergente et l'écran.* — Soit la lentille L (fig. 218), l'objet ACB, P' le plan de l'image, $D_2$ le dia-

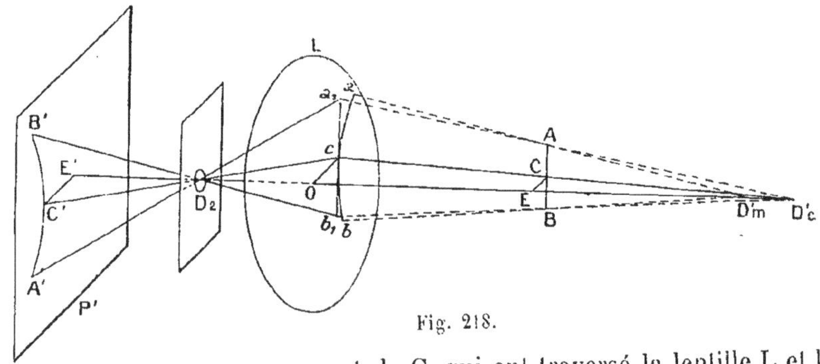


Fig. 218.

phragme. Les rayons provenant de C, qui ont traversé la lentille L et le diaphragme $D_2$, ont rencontré la lentille en un point *c* assez voisin du centre O; ils semblent provenir de l'image $D'_c$ de $D_2$ à travers L, image donnée par les rayons centraux. Si la lentille était stigmatique pour $D_2$, tous les rayons traversant la lentille et $D_2$ proviendraient de $D'_c$, ils seraient donc dans le plan $D'_cAB$ qui rencontre la lentille suivant $a_1b_1$. Mais les rayons qui proviennent des points A, B, et qui traversent la lentille et $D_2$ ont rencontré la lentille sur les bords; ils semblent donc émanés de $D'_m$ conjugué de $D_2$ pour les rayons marginaux et par suite l'intersection de ces rayons avec la lentille est en $ab$, en dehors de $a_1b_1$; les rayons utiles issus de ACB s'appuient sur la courbe $aco$, tournant sa convexité vers O, donc les émergents correspondants, qui passent par $D_2$, rencontrent P′ suivant une courbe A′C′B′ tournant sa convexité vers E′ : il y a *distorsion* en *croissant* (Pour correction, voir § 213).

*Remarque.* — Lorsqu'un diaphragme est placé après une lentille non stigmatique, pour chercher l'effet qu'il produit on ne saurait le remplacer dans l'espace-objet par son image à travers la lentille, car il n'y a pas rigoureusement image et nos raisonnements seraient en défaut.

119. **Aberration chromatique.** — Nous avons supposé que la lentille recevait de la lumière monochromatique; or habituellement les objets émettent ou diffusent de la lumière blanche et les phénomènes se compliquent; si nous cherchons à faire une mise au point en lumière blanche, l'image est toujours irisée de rouge ou de bleu : il y a *aberrations chromatiques* (194).

120. **Avantages et inconvénients résultant de l'emploi d'un diaphragme.** — On augmente, par l'emploi d'un diaphragme, la netteté de l'image, en atténuant les défauts dus aux aberrations de sphéricité, de réfrangibilité et même à la courbure du champ, sans cependant altérer en rien cette courbure, mais en réduisant les dimensions de la tache de diffusion. On ne fait pas disparaître l'astigmatisme, car les focales ne se coupent point.

En revanche, on fait apparaître la distorsion et on diminue l'éclairement.

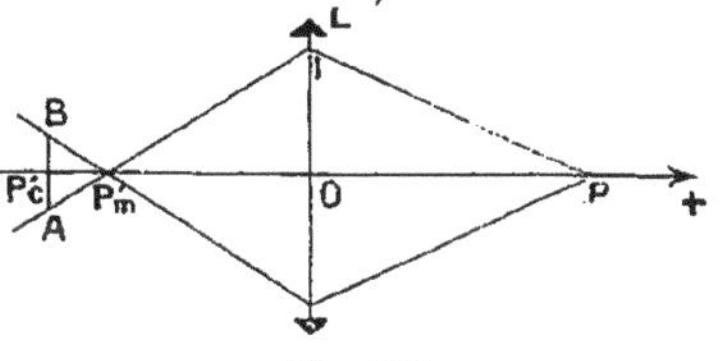

Fig. 219.

121. **Calcul des aberrations d'une lentille mince.** — *Définition.* — Soit un point P sur l'axe de la lentille L (fig. 219); le point de rencontre des rayons centraux est $P'_c$; celui des rayons marginaux $P'_m$; on appelle aberration longitudinale relative au point P le segment

$$l = \overline{P'_cP'_m} = \overline{OP'_m} - \overline{OP'_c} = x'_m - x'_c;$$

pour observer l'image de P, nous plaçons en $P'_c$ un écran normal à l'axe : le faisceau émergent donne une trace circulaire de diamètre AB; l'aberration transversale est le rayon de cette trace :

$$t = \overline{P'_cA}.$$

Or de la similitude des triangles $P'_mP'_cA$, $P'_mOI$, on tire :

$$\frac{\overline{P'_cA}}{\overline{OI}} = \frac{\overline{P'_cP'_m}}{\overline{OP'_m}},$$

d'où

$$\overline{P'_cA} \text{ ou } t = \frac{\overline{P_cP'_m}}{\overline{OP'_m}} \times \overline{OI} = \frac{t}{x'_m} y,$$

ou sensiblement

$$t = \frac{ty}{x'_c}.$$

Le calcul des aberrations est donc ramené à celui de $x'_m$ et de $x'_c$.

On dit que les aberrations sont *principales* lorsque le point P s'éloigne indéfiniment : c'est le cas de la figure 220. Nous poserons

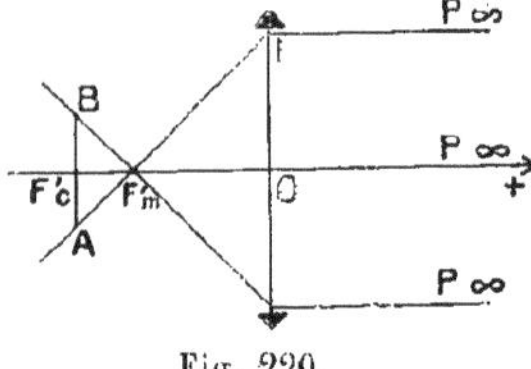

Fig. 220.

$$\overline{OF'_c} = f'_c \qquad \overline{OF'_m} = f'_m \qquad \overline{F_cF'_m} = \lambda \qquad \overline{F'_cA} = \tau$$

et nous aurons

$$\lambda = f'_m - f'_c \qquad \tau = \frac{\lambda y}{f'_m} \quad \text{ou sensiblement} \quad \tau = \frac{\lambda y}{f'_c}.$$

Le problème est ramené à trouver les valeurs de $f'_m$ et $f'_c$; or $f'_c$ est connu; du reste, quand nous aurons $f'_m$, nous en déduirons facilement $f'_c$, en faisant, dans l'expression de $f'_m$, $y = 0$. Pour avoir $f'_m$ nous allons déterminer le conjugué correspondant à un point donné, dans un dioptre sphérique, pour des rayons s'écartant de l'axe.

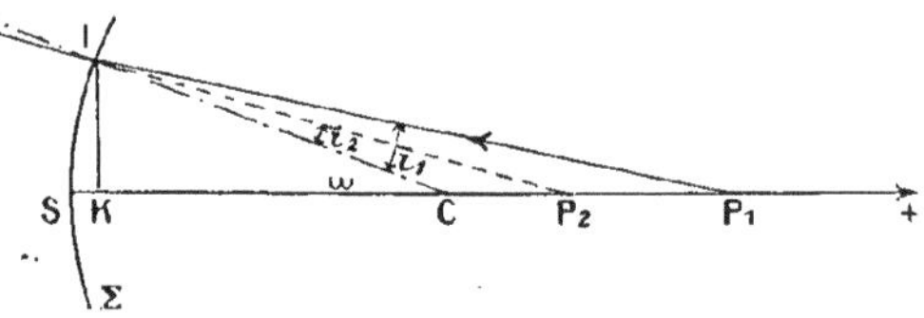

Fig. 221.

**122. Image d'un point par réfraction dans un dioptre sphérique pour des rayons non centraux.** — Soit le dioptre sphérique de sommet S, de centre C (fig. 221), $P_1I$ un incident, $P_2IR$ le réfracté correspondant; posons :

$$\overline{SC} = R \qquad \overline{SP_1} = x_1 \qquad \overline{SP_2} = x_2 \qquad \overline{KI} = y;$$

déterminons $x_2$ en fonction de R, $x_1$, $y$ et des indices $n_1$ et $n_2$.

Nous avons :

$$(1) \qquad n_1 \sin i_1 = n_2 \sin i_2;$$

d'autre part

$$\frac{\overline{CP_1}}{\sin i_1} = \frac{\overline{IP_1}}{\sin \omega}, \quad \text{d'où :} \quad \sin i_1 = \frac{\overline{CP_1}}{\overline{IP_1}} \sin \omega$$

de même

$$\sin i_2 = \frac{\overline{CP_2}}{\overline{IP_2}} \sin \omega,$$

et portant les valeurs de $\sin i_1$, $\sin i_2$ dans (1), il vient

$$(2) \qquad \frac{\overline{CP_2}}{\overline{CP_1}} = \frac{n_1}{n_2} \frac{\overline{IP_2}}{\overline{IP_1}};$$

d'après la notation choisie

$$\overline{CP_1} = x_1 - R \qquad \overline{CP_2} = x_2 - R;$$

calculons $IP_1$ et $IP_2$ en considérant $\frac{y}{R}$ comme une quantité infiniment petite de telle manière qu'on puisse négliger tout terme contenant une puissance de $\frac{y}{R}$ devant un terme contenant une autre puissance de $\frac{y}{R}$ d'ordre moins élevé.

Dans le triangle rectangle $KIP_1$ :

$$\overline{KP_1} = \overline{KC} + \overline{CP_1} = \sqrt{\overline{CI}^2 - \overline{KI}^2} + \overline{SP_1} - \overline{SC} = x_1 - R + \sqrt{R^2 - y^2}$$

$$\overline{KP_1} = x_1 - R + (R^2 - y^2)^{\frac{1}{2}} = (x_1 - R) + R\left(1 - \frac{y^2}{R^2}\right)^{\frac{1}{2}} = x_1 - R + R\left(1 - \frac{1}{2}\frac{y^2}{R^2}\right) = x_1 - \frac{y^2}{2R};$$

par suite

$$\overline{IP_1} = \sqrt{\overline{KI}^2 + \overline{KP_1}^2} = \sqrt{y^2 + \left(x_1 - \frac{y^2}{2R}\right)^2} = \sqrt{y^2 + x_1^2 - \frac{x_1 y^2}{R}}$$

$$= \sqrt{x_1^2 + \left(1 - \frac{x_1}{R}\right)y^2} = \left[x_1^2 + \left(1 - \frac{x_1}{R}\right)y^2\right]^{\frac{1}{2}} = x_1\left[1 + \left(1 - \frac{x_1}{R}\right)\frac{y^2}{x_1^2}\right]^{\frac{1}{2}}$$

$$= x_1\left[1 + \frac{1}{2}\left(1 - \frac{x_1}{R}\right)\frac{y^2}{x_1^2}\right] = x_1 + \left(\frac{1}{x_1} - \frac{1}{R}\right)\frac{y^2}{2};$$

de même nous aurions :

$$\overline{IP_2} = x_2 + \left(\frac{1}{x_2} - \frac{1}{R}\right)\frac{y^2}{2};$$

en portant dans (2) il vient :

$$\frac{x_2 - R}{x_1 - R} = \frac{n_1}{n_2} \times \frac{x_2 + \left(\frac{1}{x_2} - \frac{1}{R}\right)\frac{y^2}{2}}{x_1 + \left(\frac{1}{x_1} - \frac{1}{R}\right)\frac{y^2}{2}}.$$

Pour la simplicité des calculs, changeons de notation et posons :

$$\frac{1}{x_1} = q_1 \qquad \frac{1}{x_2} = q_2 \qquad \frac{1}{R} = s \qquad \frac{n_1}{n_2} = K \qquad \frac{y^2}{2} = z^2,$$

il vient :

$$\frac{s - q_2}{s - q_1} = K \times \frac{1 + q_2(q_2 - s)z^2}{1 + q_1(q_1 - s)z^2} = K\left[1 + [q_2(q_2 - s) - q_1(q_1 - s)]z^2\right],$$

d'où :

$$q_2 = s - K(s - q_1) - K(s - q_1)[q_2(q_2 - s) - q_1(q_1 - s)]z^2.$$

Dans le terme en $z^2$ nous pouvons remplacer $q_2$ par sa valeur principale: $s - K(s - q_1)$ et il vient, après réductions :

$$q_2 = (1 - K)s + Kq_1 + K(1 - K)(s - q_1)^2[Ks - (K+1)q_1]z^2.$$

125. **Aberrations d'un dioptre sphérique.** — Posons :

$$q_2 = A + Bz^2$$

avec :

$$A = (1 - K)s + Kq_1 \qquad B = K(1 - K)(s - q_1)^2[Ks - (K+1)q_1];$$

pour les rayons centraux

$$z = 0 \qquad q_{2,c} = A;$$

pour les rayons marginaux, $z$ prend une valeur maximum et

$$q_{2,m} = A + Bz^2;$$

donc

$$\frac{1}{x_{2,c}} = A \qquad \text{ou} \qquad x_{2,c} = \frac{1}{A},$$

$$\frac{1}{x_{2,m}} = A + Bz^2 = A\left(1 + \frac{B}{A}z^2\right);$$

par suite :

$$x_{2,m} = \frac{1}{A\left(1 + \frac{B}{A}z^2\right)} = \frac{1}{A}\left(1 - \frac{B}{A}z^2\right) = \frac{1}{A} - \frac{B}{A^2}z^2.$$

L'aberration longitudinale est $l = P_{2,c}P_{2,m}$ (fig. 222),

$$l = P_{2,c}P_{2,m} = x_{2,m} - x_{2,c} = -\frac{B}{A^2}z^2 = -\frac{B}{2A^2}y^2.$$

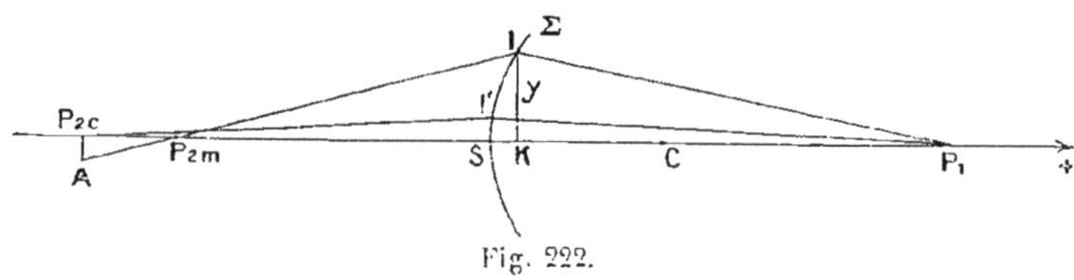


Fig. 222.

L'aberration transversale $t = P_{2,c}A$ est donnée par les relations (voir les triangles semblables $P_{2,m}P_{2,c}A$, $P_{2,m}KI$) :

$$\frac{t}{l} = \frac{y}{x_{2,m}} \qquad \text{ou sensiblement :} \qquad \frac{t}{l} = \frac{y}{x_{2,c}},$$

d'où :

$$t = \frac{y}{x_{2,c}}l = -\frac{y}{\frac{1}{A}} \times \frac{B}{2A^2}y^2 = -\frac{B}{2A}y^3.$$

**124. Points stigmatiques du dioptre sphérique.** — On doit avoir

$= 0$ d'où $B = 0$ c'est-à-dire $K(1-K)(s-q_1)^2[Ks-(K+1)q_1] = 0$.

Comme $K(1-K) \neq 0$, les aberrations sont nulles :

1° Si $(s - q_1) = 0$.

On a alors :

$$q_1 = s \qquad q_2 = s \qquad \text{d'où} \qquad x_1 = x_2 = R;$$

le point ainsi défini est le centre pour lequel il y a *stigmatisme rigoureux*.

2° Les aberrations sont encore nulles si

$$Ks - (K+1)q_1 = 0,$$

d'où :

$$x_1 = \frac{1}{q_1} = \frac{K+1}{K} \times \frac{1}{s} = \frac{\frac{n_1}{n_2} + 1}{\frac{n_1}{n_2}} \times R = \frac{n_1 + n_2}{n_1}R,$$

par suite

$$q_2 = (1-K)s + \frac{K^2 s}{K+1} = \frac{s}{K+1},$$

et

$$x_2 = \frac{1}{q_2} = \frac{K+1}{s} = \left(\frac{n_1}{n_2} + 1\right) \times R = \frac{n_1 + n_2}{n_2}R$$

Les points ainsi définis sont les points stigmatiques de la sphère; nous avons vu (84) que pour ces points il y avait *rigoureusement stigmatisme* — nous établirons même (173) que, pour le centre et ces points, il y a encore *aplanétisme*.

125. **Calcul des aberrations principales d'une lentille mince.** — Dans le premier dioptre le point $P_1$ a pour image $P_2$ et dans le deuxième dioptre $P_2$ a pour image $P_3$; désignons par $n_1$, $n_2$, $n_3$ les indices des milieux successifs et posons, si S est le sommet commun des dioptres :

$$\overline{SP_1}=x_1 \quad \overline{SP_2}=x_2 \quad \overline{SP_3}=x_3 \quad q_1=\frac{1}{x_1} \quad q_2=\frac{1}{x_2} \quad q_3=\frac{1}{x_3} \quad K=\frac{n_1}{n_2} \quad K'=\frac{n_2}{n_3}$$

$$\overline{SC}=R \quad \overline{SC'}=R' \qquad s=\frac{1}{R} \quad s'=\frac{1}{R'} \quad \text{(C, C' centres des dioptres).}$$

La réfraction dans le premier dioptre nous donne la relation (122) :

$$q_2=(1-K)s+Kq_1+K(1-K)(s-q_1)^2[Ks-(K+1)q_1]z^2;$$

la réfraction à travers le deuxième dioptre nous fournit l'expression :

$$q_3=(1-K')s'+K'q_2+K'(1-K')(s'-q_2)^2[K's'-(K'+1)q_2]z^2.$$

Considérons le cas particulier où les milieux extrêmes sont identiques et où $P_2$ est à l'infini :

$$K'=\frac{1}{K}, \qquad q_1=0, \qquad q_2=(1-K)s+K^2(1-K)s^3z^2;$$

dans l'expression de $q_3$, remplaçons K' par $\frac{1}{K}$ et $q_2$ par sa valeur; dans le terme en $z^2$ nous donnerons à $q_2$ seulement sa valeur principale; il vient, après réduction :

$$q_3=\frac{K-1}{K}(s'-s)+\frac{1}{K^3}(K-1)(s'-s)[s'^2+(K^2+2K-2)ss'+(2K^3-2K+1)s^2]z^2.$$

La distance focale $f'_c$ pour les rayons centraux s'obtient en faisant $z=0$ :

$$\frac{1}{f'_c}=\frac{K-1}{K}(s'-s);$$

la distance focale pour les rayons marginaux $f'_m$ est donnée par l'expression :

$$\frac{1}{f'}=\frac{K-1}{K}(s'-s)+\frac{1}{K^3}(K-1)(s'-s)[s'^2+(K^2+2K-2)ss'+(2K^3-2K+1)s^2]z^2$$

$$=\frac{1}{f'_c}\left[1+\frac{1}{K^2}[s'^2+(K^2+2K-2)ss'+(2K^3-2K+1)s^2]z^2\right],$$

ou, posant

$$A=s'^2+(K^2+2K-2)ss'+(2K^3-2K+1)s^2,$$

il vient :

$$\frac{1}{f'_m}=\frac{1}{f'_c}\left[1+\frac{Az^2}{K^2}\right],$$

d'où :

$$f'_m=f'_c\left[1-\frac{Az^2}{K^2}\right];$$

l'aberration longitudinale principale (fig. 220)

$$\lambda=F'_cF'_m=f'_m-f'_c=-\frac{Af'_cz^2}{K^2}=-\frac{Af'_cy^2}{2K^2},$$

l'aberration transversale principale (121)

$$\frac{\tau}{\lambda}=\frac{y}{f'_m} \qquad \tau=-\frac{Ay^2f'_c}{2K^2}\times\frac{y}{f'_m},$$

et comme $f'_m$ diffère peu de $f'_c$ :

$$\tau=-\frac{Ay^3}{2K^2},$$

mais $\tau$ est une quantité essentiellement positive, donc

$$\tau=\left[\frac{Ay^3}{2K^2}\right].$$

126. **Condition d'Euler**. — Pour qu'une lentille sphérique infiniment mince soit dépourvue d'aberrations principales, il faudrait que $A=0$

ou $$s'^2+(K^2+2K-2)ss'+(2K^3-2K+1)s^2=0,$$

c'est la condition d'Euler.

Cette équation définit $\frac{s'}{s}$ $\left(\text{ou } \frac{R}{R'}\right)$. Le problème serait possible si les racines de cette équation étaient réelles, c'est-à-dire si l'on avait :

$$(K^2+2K-2)^2-4(2K^3-2K+1)\geqslant 0$$

ou $$K^3(K-4)\geqslant 0;$$

or $K=\frac{1}{n}>0$, donc il faudrait que :

$$K-4\geqslant 0 \qquad \text{ou} \qquad \frac{1}{n}-4\geqslant 0 \qquad \text{d'où} \qquad n\leqslant\frac{1}{4};$$

il n'existe aucune substance réfringente satisfaisant à cette condition; il n'y a donc *pas de lentille sphérique infiniment mince d'aberrations de sphéricité principales nulles*.

127. **Lentille d'aberrations principales minima**. — Pour une distance focale, un rayon d'ouverture et une substance donnés, les aberrations principales seront minima en même temps que A qui est alors une fonction seulement de $s$ et $s'$; on doit donc avoir, pour cette lentille :

$$dA=0 \qquad \text{c'est-à-dire} \qquad 2s'ds'+(K^2+2K-2)(sds'+s'ds)+2(2K^3-2K+1)sds=0,$$

mais la distance focale étant donnée, entre $s$ et $s'$ existe la relation

$$\frac{1}{f'_c}=\frac{K-1}{K}(s'-s),$$

par suite :

$$ds'-ds=0$$

et la relation $dA=0$ devient :

$$2s'+(K^2+2K-2)(s+s')+2(2K^3-2K+1)s=0,$$

d'où

$$\frac{s'}{s}=-\frac{4K^2+K-2}{K+2} \qquad \text{ou} \qquad \frac{R}{R'}=\frac{2n^2-n-4}{n(2n+1)}.$$

Le dénominateur est toujours positif; les racines du numérateur sont l'une négative, l'autre égale à 1,686. Les indices des verres employés pour la construction de ces lentilles atteignent rarement cette valeur, donc pour la lentille d'aberrations minima $\frac{R'}{R}<0$.

Faisons le calcul dans le cas de $n=\frac{3}{2}$; il vient $\frac{R}{R'}=-\frac{1}{6}$.

Pour la lentille d'aberrations principales minima, d'indice $\frac{3}{2}$, les courbures des faces sont orientées en sens inverse et le rayon de la face de sortie est égal à six fois celui de la face d'entrée.

128. **Calcul de l'aberration longitudinale principale de sphéricité pour quelques lentilles sphériques minces.** — Nous allons effectuer ce calcul en fonction de la distance focale $f$; en supposant que $n=\frac{3}{2}$. Si $f'$ représente la distance focale-objet pour les rayons centraux, nous avons $f=-f'_c$, donc, avec cette notation :

$$(1) \qquad \lambda=\frac{Af'y^2}{2K^2}=\frac{9}{8}Afy^2$$

$$(2) \qquad \frac{1}{f}=-\frac{1}{f'_c}=-\frac{K-1}{K}(s'-s)=(n-1)(s'-s)=(n-1)\left(\frac{1}{R'}-\frac{1}{R}\right)=\frac{1}{2}\left(\frac{1}{R'}-\frac{1}{R}\right)$$

$$(3) \qquad A=\frac{1}{27}\left[\frac{27}{R'^2}-\frac{6}{RR'}+\frac{7}{R^2}\right].$$

1° *Lentille d'aberrations principales minima.*

$$R'=-6R,$$

en tenant compte de (2), on trouve

$$R=-\frac{7}{12}f \qquad R'=\frac{7}{2}f \qquad A=\frac{20}{21f^2} \qquad \lambda=\frac{15}{14}\times\frac{y^2}{f}.$$

2° *Lentille d'aberrations principales minima retournée,*

$$R=-6R',$$

on a alors :

$$R=-\frac{7}{2}f \qquad R'=\frac{7}{12}f \qquad A=\frac{580}{27\times7}\times\frac{1}{f^2} \qquad \lambda=\frac{145}{42}\frac{y^2}{f}.$$

L'aberration longitudinale est les $\frac{29}{9}$ de la précédente; il faut donc orienter convenablement la lentille d'aberrations minima si on veut obtenir l'image la meilleure.

3° *Lentille équiconvexe ou équiconcave.*

$$R'=-R,$$

en exprimant les rayons en fonction de $f$ :

$$R=-f \qquad R'=f \qquad A=\frac{40}{27f^2} \qquad \lambda=\frac{5}{3}\frac{y^2}{f}.$$

L'aberration longitudinale est les $\frac{14}{9}$ de celle de la lentille d'aberrations minima.

4° *Lentille plan-courbe, la face d'incidence étant la face courbe.*

$$R=-\frac{f}{2} \qquad R'=\infty \qquad A=\frac{28}{27f^2} \qquad \lambda=\frac{7}{6}\frac{y^2}{f}.$$

L'aberration longitudinale est les $\frac{49}{45}$ de celle de la lentille d'aberrations minima; la lentille plan-courbe, bien orientée, est donc avantageuse.

5° *Lentille plan-courbe, la face d'incidence étant la face plane.*

On a :

$$R = \infty \qquad R' = \frac{f}{2} \qquad A = \frac{4}{f^2} \qquad \lambda = \frac{9}{2}\frac{y^2}{f}.$$

Cette aberration est environ 4 fois celle de la lentille précédente, il convient donc d'orienter convenablement la lentille plan-courbe.

*Expérience.* — Projetons à grande distance, avec une lentille plan-convexe, l'image d'un objet en lumière rouge; nous constatons que cette image est la meilleure lorsque la face plane est tournée vers l'objet, qui est *rapproché*, et la face convexe orientée vers l'image, qui est *éloignée*; comme il y a réciprocité entre l'image et l'objet, d'une manière générale la face convexe doit être tournée du côté des faisceaux de plus faible ouverture.

*Application numérique.* — On fait souvent usage dans les cours d'une lentille de projection de $f = 35^{cm}$, $y = 5^{cm}$; calculons l'aberration longitudinale de cette lentille en nous plaçant successivement dans les cas examinés plus haut, les valeurs trouvées sont respectivement, et dans l'ordre où les lentilles ont été étudiées:

$0^{cm},81$; $2^{cm},61$; $1^{cm},25$; $0^{cm},88$; $3^{cm},41$.

*Remarque.* — Une lentille étant donnée, A et $f$ sont constants; en diaphragmant, on diminue $\lambda$, puisque *l'aberration longitudinale principale est proportionnelle au* **carré** *du rayon d'ouverture y.*

129. **Calcul de l'aberration transversale principale dans les cas précédents.** — *C'est surtout l'aberration transversale qui importe, car, de la grandeur de cette quantité dépend la netteté des images*; l'aberration longitudinale intervient seulement parce que l'aberration transversale en dépend :

| | | |
|---|---|---|
| Pour la lentille d'aberrations minima | | $\tau = \frac{15}{14}\frac{y^3}{f^2}$ |
| — — — | retournée | $= \frac{145}{42}\frac{y^3}{f^2}$ |
| — équiconcave ou équiconvexe | | $= \frac{5}{3}\frac{y^3}{f^2}$ |
| — plan-courbe (face plane en avant) | | $= \frac{7}{6}\frac{y^3}{f^2}$ |
| — — ( — | arrière) | $= \frac{9}{2}\frac{y^3}{f^2}$ |

Pour $f = 35^{cm}$, $y = 5^{cm}$, $\tau$ prend successivement les valeurs :

$0^{cm},12$ $0^{cm},30$ $0^{cm},19$ $0^{cm},13$ $0^{cm},52$.

*Remarque.* — Pour une lentille donnée, $\tau$ est proportionnel à $y^3$, il y a donc un gros avantage, au point de vue de la netteté, à diaphragmer, *l'aberration transversale étant proportionnelle au* **cube** *du rayon d'ouverture.*

Puisque (125)

$$\tau = \left(\frac{A\,y^3}{2K^2}\right),$$

et que, pour les lentilles dont le rapport des rayons de courbure est constant, le coefficient A varie comme $\frac{1}{f^2}$, pour ces lentilles $\tau$ est de la forme :

$$\tau = C \times \frac{y^3}{f^2} = C\,f\left(\frac{y}{f}\right)^3;$$

(C, constante qui vaut $\frac{15}{14}$ pour la lentille d'aberrations minima); aussi pour avoir de bonnes images, on doit attribuer au rapport $\frac{y}{f}$ une valeur d'autant plus petite que $f$ est plus grand. Les opticiens admettent généralement comme limite maximum de $\frac{y}{f}$, dans la construction des objectifs de lunette, et quand la distance focale ne dépasse pas plusieurs mètres, la valeur $\frac{1}{24}$; le rapport du diamètre d'ouverture à la distance focale est $\frac{2y}{f} \leq \frac{1}{12}$ : c'est la *règle du pied pour pouce* : un objectif de $n$ pieds de distance focale doit avoir une ouverture au plus égale à $n$ pouces. Dans ce cas limite, et avec une lentille d'aberrations minima

$$\tau = 7{,}75 \times 10^{-5} f;$$

pour $f = 100^{cm}$ $\tau = 0^{cm},00775$ ou sensiblement $0^{cm},008 = 0^{mm},08$.

Nous verrons (144) que le cercle d'aberration transversale, quoique très petit, est encore supérieur au cercle de diffraction ; le calcul nous donne, en effet, dans le cas de l'exemple numérique précédent, $0^{cm},0007$, comme rayon du cercle de diffraction, c'est-à-dire $\frac{1}{10}\tau$ environ ; aussi les objectifs de lunette sont-ils des lentilles composées, non seulement pour faire la correction d'achromatisme, qui est la plus importante (197), mais aussi pour réduire les aberrations de sphéricité. Avec des objectifs de courte distance focale, $1^{m}$ par exemple, on peut donner à $\frac{2y}{f}$ une valeur supérieure à $\frac{1}{12}$, soit $\frac{1}{10}$.

150. **Points stigmatiques d'une lentille, ou points de Lister.** — Si l'on cherche les points d'aberrations nulles, pour une lentille d'épaisseur nulle, on trouve, pour définir ces points, une équation du second degré qui n'admet pas de racines réelles.

Cependant Lister a établi expérimentalement que, pour une lentille mince, il existe deux points stigmatiques; en réalité, lorsqu'on fait les calculs en tenant compte de l'épaisseur de la lentille, on trouve une équation du quatrième degré admettant deux racines imaginaires et deux racines réelles, ces dernières devenant nulles lorsqu'on fait l'épaisseur égale à zéro : ce sont ces racines qui correspondent aux points de Lister.

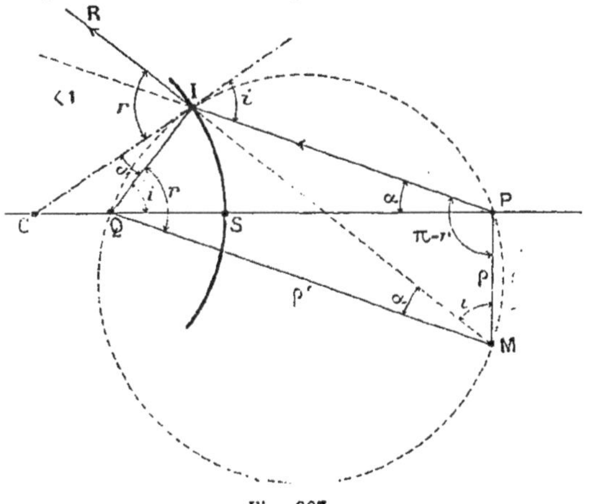

Fig. 223.

151. **Caustique d'un dioptre sphérique.** — Nous allons démontrer que la *méridienne anticaustique d'un point* (méridienne de la nouvelle surface d'onde), après réfraction à travers un dioptre sphérique, est une *ovale de Descartes;* et que, par conséquent, la *méridienne caustique* est une *développée d'ovale de Descartes.* — Nous suivrons, pour cette démonstration, une marche parallèle à celle qui sera employée dans le cas, plus simple, d'un dioptre plan (181).

Soient, par exemple (fig. 223) un dioptre sphérique S, convexe du côté d'où vient la lumière, P un point lumineux sur l'axe PSC, et PI un rayon lumineux quelconque. Supposons que le second milieu soit moins réfringent que le premier, c'est-à-dire que le rayon IR s'écarte de la normale.

1° Par les points P et I faisons passer une circonférence tangente à la normale CI au point d'incidence I : cette circonférence coupe l'axe PSC en un point Q qui est un point *fixe*, car on a

$$\overline{CQ} \times \overline{CP} = \overline{CI}^2 \text{ ou } R^2.$$

2° Prolongeons le rayon réfracté jusqu'à sa rencontre en M avec la circonférence; nous allons montrer que le lieu du point M est une *ovale de Descartes*, ayant pour pôles les points P et Q; c'est-à-dire que, si l'on pose $MP = \rho$, $MQ = \rho'$, les rayons vecteurs $\rho$ et $\rho'$ sont liés par une équation de la forme

$$\lambda\rho + \mu\rho' = C^{te},$$

$\lambda$ et $\mu$ étant deux coefficients constants. — En effet, posons $PQ = 2a$, joignons MP, MQ et QI. On a un *quadrilatère convexe inscrit* PMQI, dans lequel la somme des produits des côtés opposés est égale au produit des diagonales :

$$\rho \times QI + \rho' \times PI = 2a \times MI, \qquad \text{ou} \qquad \rho\frac{QI}{MI} + \rho'\frac{PI}{MI} = 2a.$$

Marquons sur la figure tous les angles respectivement égaux à $i$ ou à $r$, et aussi les angles égaux à $IPQ = \alpha$. On a $\widehat{PMI} = \widehat{PQI} = i$, comme ayant pour mesure la moitié de l'arc IP; $\widehat{MQI} = r$, comme ayant pour mesure la moitié de l'arc IM; enfin $\widehat{QMI} = \widehat{QIC} = \alpha$, comme ayant pour mesure la moitié de l'arc IQ. — Dans le triangle MPI, où l'angle en P est égal à $\pi - r$, comme supplément de l'angle en Q du quadrilatère inscrit, on a la relation

$$(1) \qquad \frac{PI}{MI} = \frac{\sin i}{\sin(\pi - r)} = n.$$

Le triangle MQI fournit de même

$$(2) \qquad \frac{QI}{MI} = \frac{\sin \alpha}{\sin r}.$$

Nous sommes donc ramenés, pour évaluer $\frac{QI}{MI}$, à déterminer $\sin \alpha$. Or, des équations (1) et (2), on tire :

$$\frac{PI}{\sin i} = \frac{MI}{\sin r} = \frac{QI}{\sin \alpha}, \qquad \text{d'où} \qquad \sin \alpha = \sin i \times \frac{QI}{PI}.$$

Pour obtenir le rapport $\frac{QI}{PI}$, remarquons que les triangles CIP, CIQ sont semblables, comme ayant leurs angles égaux, l'angle en C commun et $\widehat{CIQ} = \widehat{CPI} = \alpha$. Posons donc $CP = z$, quantité qui définit la position du point lumineux; on a :

$$\frac{QI}{PI} = \frac{CI}{CP} = \frac{R}{z}, \qquad \text{d'où} \qquad \sin \alpha = \frac{R}{z}\sin i.$$

Par suite

$$\frac{QI}{MI} = \frac{\sin \alpha}{\sin r} = \frac{R}{z} \cdot \frac{\sin i}{\sin r} = n\frac{R}{z}.$$

En remplaçant alors dans la relation du quadrilatère, on a :

$$\frac{nR}{z}\rho + n\rho' = 2a,$$

équation qui est bien celle d'une ovale de Descartes.

3° Le rayon réfracté IR est *normal* à cette ovale, au point M. En effet, dans une courbe dont l'équation en coordonnées bipolaires est

$$\lambda\rho + \mu\rho' = C^{te},$$

la normale en un point M divise l'angle des rayons vecteurs en deux parties, $\omega$ et $\omega'$, dont les sinus sont inversement proportionnels aux coefficients de $\rho$ et $\rho'$,

$$\frac{\sin\omega}{\sin\omega'} = \frac{\mu}{\lambda}.$$

Pour établir cette propriété, considérons (fig. 224) un point M' infiniment voisin du point M ; menons la corde MM' et la perpendiculaire MN à cette corde en M, perpendiculaire qui fait avec $\rho$ et $\rho'$ des angles $\omega_1$ et $\omega_1'$. De P comme centre, avec PM comme rayon, décrivons l'arc MH ; on a $HM' = d\rho$, variation de $\rho$ lorsqu'on passe de M à M', et l'angle $M'MH = \omega_1$, comme ayant leurs côtés respectivement perpendiculaires. Donc

$$d\rho = MM' \sin\omega_1.$$

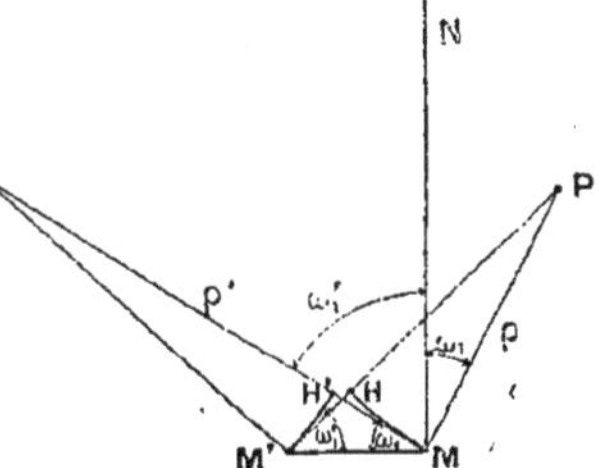

Fig. 224.

De même, de Q comme centre, avec QM' comme rayon, décrivons un arc de cercle M'H'. On a $H'M = -d\rho'$, $d\rho'$ étant la variation algébrique de $\rho'$ quand on passe de M à M', et l'angle $H'M'M = \omega'_1$, d'où

$$-d\rho' = MM' \sin\omega'_1.$$

On tire de là, en divisant membre à membre,

$$\frac{d\rho}{d\rho'} = -\frac{\sin\omega_1}{\sin\omega'_1};$$

à la limite, si l'on fait tendre M' vers M, c'est-à-dire MM' vers la tangente à la courbe et MN vers la normale, et si l'on désigne par $\omega$ et $\omega'$ les limites de $\omega_1$ et $\omega'_1$, on a :

$$\text{limite}\,\frac{d\rho}{d\rho'} = -\frac{\sin\omega}{\sin\omega'};$$

mais l'équation de la courbe $\lambda\rho + \mu\rho' = C^{te}$ donne, en dérivant,

$$\lambda \lim\frac{d\rho}{d\rho'} + \mu = 0, \qquad \text{d'où} \qquad \lim\frac{d\rho}{d\rho'} = -\frac{\mu}{\lambda},$$

et enfin

$$\frac{\sin\omega}{\sin\omega'} = \frac{\mu}{\lambda}.$$

Or, dans la figure précédente (fig. 223), les angles que le rayon réfracté IR fait en M avec les rayons vecteurs sont respectivement, $\omega = i$ avec le rayon vecteur $\rho$, et $\omega' = \alpha$ avec le rayon vecteur $\rho'$, et l'on a, comme on l'a vu plus haut,

$$\frac{\sin i}{\sin\alpha} = \frac{z}{R},$$

mais

$$\lambda = \frac{nR}{z}, \qquad \mu = n, \qquad \text{d'où} \qquad \frac{\mu}{\lambda} = \frac{z}{R} = \frac{\sin i}{\sin \alpha}.$$

Donc le rayon RIM est bien normal en M à l'ovale, lieu des points M, c'est-à-dire qu'il est tangent à la développée de cette ovale. — Telle est donc bien la nature géométrique de la méridienne caustique d'un dioptre sphérique.

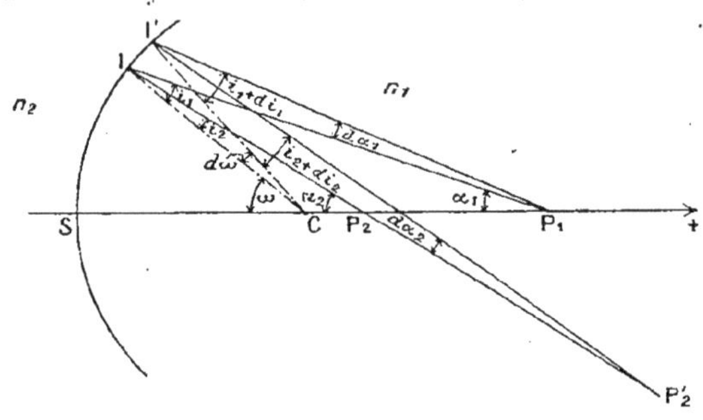


Fig. 225.

152. **Détermination de la caustique d'un dioptre sphérique : formule de Thomas Young.** — Soient $P_1I$, $P_1I'$ deux incidents infiniment voisins (fig. 225); les réfractés correspondants se coupent en $P_2'$; conservons les notations habituelles; nous avons d'abord

$$(1) \qquad n_1 \sin i_1 = n_2 \sin i_2.$$

Posons

$$\overline{IP_1} = x_1 \qquad \overline{IP_2'} = x_2' \qquad \overline{SC} = R,$$

la corde II' appartient à trois triangles; dans le triangle CII', nous avons :

$$II' = R d\omega;$$

dans le triangle $P_1II'$ :

$$II' = \frac{x_1 d\alpha_1}{\cos i_1},$$

et dans le triangle $P_2'II'$ :

$$II' = \frac{x_2' d\alpha_2}{\cos i_2};$$

par conséquent

$$(2) \qquad R d\omega = \frac{x_1 d\alpha_1}{\cos i_1} = \frac{x_2' d\alpha_2}{\cos i_2}:$$

d'autre part dans les triangles $CIP_1$, $CIP_2$ :

$$\omega = i_1 + \alpha_1, \qquad \omega = i_2 + \alpha_2,$$

donc :

$$(3) \qquad d\omega = di_1 + d\alpha_1,$$

$$(4) \qquad d\omega = di_2 + d\alpha_2.$$

Différentions (1) :

$$(5) \qquad n_1 \cos i_1 di_1 = n_2 \cos i_2 di_2$$

et calculons $d\alpha_1$, $d\alpha_2$, $di_1$, $di_2$ en fonction de $d\omega$. De (2), nous tirons :

$$d\alpha_1 = \frac{R \cos i_1}{x_1} d\omega,$$

et portant dans (3), il vient

$$di_1 = \left(1 - \frac{R \cos i_1}{x_1}\right) d\omega,$$

de même

$$di_2 = \left(1 - \frac{R\cos i_2}{x'_2}\right) d\omega,$$

portant dans (5) et divisant les deux nombres par $d\omega$ :

$$n_1 \cos i_1 \left(1 - \frac{R\cos i_1}{x_1}\right) = n_2 \cos i_2 \left(1 - \frac{R\cos i_2}{x_2}\right),$$

ou

(6) $$\frac{n_1\cos^2 i_1}{x_1} - \frac{n_2\cos^2 i_2}{x'_2} = \frac{n_1\cos i_1 - n_2\cos i_2}{R}.$$

Cette équation, analogue à celle de Petit dans le cas des miroirs sphériques, nous permet de construire la méridienne caustique point par point; elle s'applique encore au cas d'un dioptre de révolution autour de $SP_1$, R étant alors le rayon de courbure en I de la méridienne du dioptre. La relation précédente est dite *équation de Thomas Young.*

*Remarque.* — Si on fait $n_1 = -n_2$, on retrouve bien l'équation de Petit (56).

133. **Position des droites focales du dioptre sphérique : distance d'astigmatisme.** — 1° *Focale tangentielle.* — Sa trace est le point de rencontre $P'_2$ de deux réfractés infiniment voisins situés dans le plan méridien; elle est normale au plan de la figure en $P'_2$; elle est donc complètement déterminée et donnée par l'équation de Th. Young (132) :

(1) $$\frac{n_1\cos^2 i_1}{x_1} - \frac{n_2\cos^2 i_2}{x'_2} = \frac{n_1\cos i_1 - n_2\cos i_2}{R}.$$

2° *Focale radiale.* — Elle rencontre l'axe $SP_1$ : par conséquent, nous marquons l'intersection $P_2$ de cet axe avec le réfracté $P'_2I$ : posons $P_2I = x_2$. Dans le triangle $P_1IC$, nous avons :

$$\frac{R}{x_1} = \frac{\sin \alpha_1}{\sin \omega} = \frac{\sin(\omega - i_1)}{\sin \omega} = \cos i_1 - \sin i_1 \operatorname{cotg} \omega;$$

de même, dans le triangle $P_2IC$, nous obtenons :

$$\frac{R}{x_2} = \cos i_2 - \sin i_2 \operatorname{cotg} \omega,$$

d'où, en tenant compte de la relation $n_1 \sin i_1 = n_2 \sin i_2$ :

$$n_1 \frac{R}{x_1} - n_2 \frac{R}{x_2} = n_1 \cos i_1 - n_2 \cos i_2,$$

ou

(2) $$\frac{n_1}{x_1} - \frac{n_2}{x_2} = \frac{n_1 \cos i_1 - n_2 \cos i_2}{R}.$$

3° *Distance d'astigmatisme.* — Elle s'obtiendrait en formant $x_2 - x'_2$. — En écrivant que $x_2 = x'_2$, retranchant membre à membre (1) de (2) et tenant compte de la deuxième loi de Descartes, nous obtenons les conditions de stigmatisme d'où l'on déduit les points de stigmatisme vrai ou approché (84).

134. **Position des droites focales d'une lentille mince. Distance d'astigmatisme.** — Nous nous bornerons au cas d'un faisceau très délié, traversant la lentille dans le voisinage du centre optique; soient $n$ l'indice de la lentille, R, R', les rayons de courbure des faces, $i$ l'angle d'incidence et $i'$ l'angle de réfraction lorsque la lumière traverse la première surface; à la 2e réfraction, et dans le cas très particulier examiné, les angles d'incidence et de réfraction sont respectivement $i'$ et $i$, car au voisinage de l'axe, les traces des deux dioptres peuvent être considérées comme des droites parallèles.

1° *Focale tangentielle.* — Désignons successivement par $t$, $t'$, $t''$ les distances du centre optique de la lentille au point-objet et aux focales tangentielles successives [1], l'équation de Th. Young (132) nous donne :

$$\frac{\cos^2 i}{t} - \frac{n \cos^2 i'}{t'} = \frac{\cos i - n \cos i'}{R},$$

$$\frac{n \cos^2 i'}{t'} - \frac{\cos^2 i}{t''} = \frac{n \cos i' - \cos i}{R'};$$

additionnons membre à membre et divisons par $\cos^2 i$ :

$$\frac{1}{t} - \frac{1}{t''} = \frac{n \cos i' - \cos i}{\cos^2 i} \left( \frac{1}{R'} - \frac{1}{R} \right).$$

2° *Focale radiale.* — Désignons successivement par $r$, $r'$, $r''$, les distances du centre optique de la lentille au point-objet et aux deux focales radiales successives ; — la relation (2) du paragraphe précédent nous donne :

$$\frac{1}{r} - \frac{n}{r'} = \frac{\cos i - n \cos i'}{R},$$

$$\frac{n}{r'} - \frac{1}{r''} = \frac{n \cos i' - \cos i}{R'};$$

additionnons membre à membre :

$$\frac{1}{r} - \frac{1}{r''} = \left( n \cos i' - \cos i \right) \left( \frac{1}{R'} - \frac{1}{R} \right).$$

*Remarque.* — Pour le même point-objet, $t = r$, alors

$$\frac{1}{r''} - \frac{1}{t''} = \left( n \cos i' - \cos i \right) \left( \frac{1}{R'} - \frac{1}{R} \right) \left( \frac{1}{\cos^2 i} - 1 \right);$$

les droites focales sont donc distinctes, sauf si $i = 0$.

3° *Distance d'astigmatisme.* — Elle s'obtiendrait en formant $r'' - t''$.

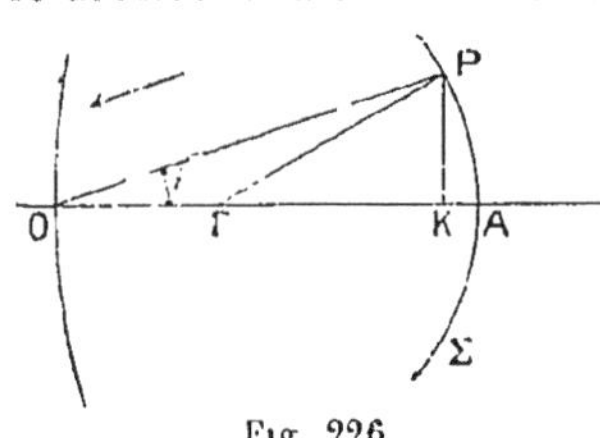

Fig. 226.

**135. Courbure du champ d'une lentille infiniment mince.** — Soit une surface sphérique objet Σ (fig. 226) de centre Γ, une surface réfringente O, cherchons à calculer OP en tenant compte de l'incidence $i$. En procédant comme au paragraphe (122) et posant :

$$\overline{OA} = x_0 \qquad \overline{OP} = x \qquad \overline{\Gamma A} = \rho \qquad \overline{KP} = y,$$

nous obtenons la relation

$$x = x_0 + \left( \frac{1}{x_0} - \frac{1}{\rho} \right) \frac{y^2}{2};$$

mais, l'angle $i$ étant très petit, dans le triangle KOP :

$$y = i x_0, \qquad \text{donc} \qquad x = x_0 + \left( \frac{1}{x_0} - \frac{1}{\rho} \right) \frac{i^2 x_0^2}{2},$$

[1] Dans le cas choisi, les focales de même nature peuvent se déduire successivement les unes des autres, car le faisceau considéré admet un plan de symétrie et le groupement des rayons, dans la recherche des focales, ne change pas quand on passe d'une réfraction à la suivante.

d'où

$$\frac{1}{x}=\frac{1}{x_0+\left(\frac{1}{x_0}-\frac{1}{\rho}\right)\frac{i^2x_0^2}{2}}=\frac{1}{x_0\left[1+\left(\frac{1}{x_0}-\frac{1}{\rho}\right)\frac{i^2x_0}{2}\right]},$$

et, par suite,

(1) $$\frac{1}{x}=\frac{1}{x_0}\left[1-\left(\frac{1}{x_0}-\frac{1}{\rho}\right)\frac{i^2x_0}{2}\right]=\frac{1}{x_0}+\left(\frac{1}{\rho}-\frac{1}{x_0}\right)\frac{i^2}{2}.$$

Ceci posé, soit une lentille sphérique mince de centre optique O (fig. 227), d'indice $n$, de rayons R et R'; supposons qu'elle reçoive de chaque point P d'une surface $\Sigma$, que nous supposerons d'abord sphérique, un pinceau passant dans le voisinage de O; à chaque point de $\Sigma$ correspondent des focales tangentielles et radiales; nous allons chercher la courbure des lieux de ces focales, au point unique où ces lieux coupent l'axe (car $i=0=i'$, pour le point A, et, par conséquent, pour les focales correspondant à ce point, $r''=t''$).

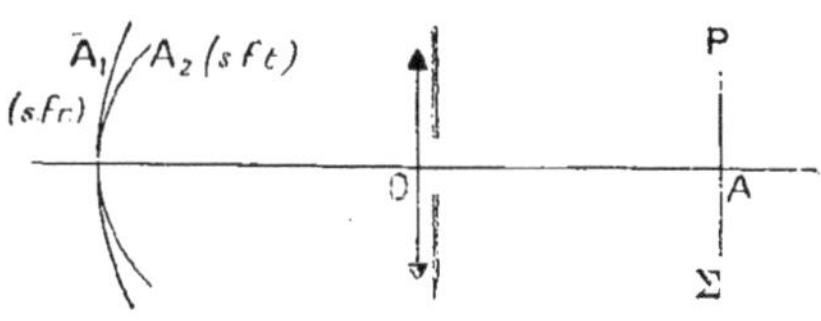

Fig. 227.

1° *Courbure du lieu de la focale tangentielle.* — Désignons, comme au paragraphe précédent, par $t$, $t'$, $t''$, les distances de O au point P et aux deux focales tangentielles successives correspondantes; nous avons vu que:

(2) $$\frac{1}{t}-\frac{1}{t''}=\frac{n\cos i'-\cos i}{\cos^2 i}\left(\frac{1}{R'}-\frac{1}{R}\right);$$

mais, en posant $OA=t_0$ et appliquant la relation (1) on a:

(3) $$\frac{1}{t}=\frac{1}{t_0}+\left(\frac{1}{\rho}-\frac{1}{t}\right)\frac{i^2}{2};$$

de même, en désignant par $\rho''_2$ le rayon de courbure du lieu de la focale, par $t''_0$ la distance de O à l'intersection de ce lieu avec l'axe, l'angle d'émergence étant égal à l'angle d'incidence, et appliquant la relation (1), on a:

(4) $$\frac{1}{t''}=\frac{1}{t_0}+\left(\frac{1}{\rho''}-\frac{1}{t''_0}\right)\frac{i^2}{2},$$

pour les rayons centraux (106), on a, d'une façon analogue,

(5) $$\frac{1}{t_0}-\frac{1}{t''_0}=(n-1)\left(\frac{1}{R'}-\frac{1}{R}\right)=\frac{1}{f};$$

en retranchant membre à membre (4) de (3), il vient:

$$\frac{1}{t}-\frac{1}{t''}=\frac{1}{t_0}-\frac{1}{t''_0}+\left(\frac{1}{\rho}-\frac{1}{\rho''_2}\right)\frac{i^2}{2}-\left(\frac{1}{t_0}-\frac{1}{t''_0}\right)\frac{i^2}{2},$$

et tenant compte des relations (2) et (5),

$$\frac{n\cos i'-\cos i}{\cos^2 i}\left(\frac{1}{R'}-\frac{1}{R}\right)=\frac{1}{f}+\left(\frac{1}{\rho}-\frac{1}{\rho''_2}\right)\frac{i^2}{2}-\frac{1}{f}\frac{i^2}{2}$$

d'où

$$\left(\frac{1}{\rho}-\frac{1}{\rho''_2}\right)\frac{i^2}{2}=\frac{n\cos i'-\cos i}{\cos^2 i}\left(\frac{1}{R'}-\frac{1}{R}\right)-\frac{1}{f}+\frac{1}{f}\frac{i^2}{2}$$

$$=\frac{1}{f}\left[\frac{n\cos i'-\cos i}{\cos^2 i}\times\frac{1}{n-1}-1+\frac{i^2}{2}\right].$$

Développons $\cos i$, $\cos i'$ en séries, en tenant compte de la relation $i=ni'$, l'angle $i$ étant très petit :

$$\cos i = 1 - \frac{i^2}{2}, \qquad \cos i' = 1 - \frac{i'^2}{2} = 1 - \frac{i^2}{2n^2} \qquad \cos^2 i = 1 - i^2;$$

en portant ces valeurs dans la relation qui précède, il vient, après simplifications :

$$(6) \qquad \frac{1}{\rho} - \frac{1}{\rho''_2} = \frac{3n+1}{n} \times \frac{1}{f}.$$

2° *Courbure du lieu de la focale radiale.* — Nous avons, en conservant les notations déjà données (134),

$$(7) \qquad \frac{1}{r} - \frac{1}{r''} = (n \cos i' - \cos i)\left(\frac{1}{R'} - \frac{1}{R}\right);$$

désignons par $r_0$ la distance OA, et appelons $\rho''$ le rayon de courbure au sommet du lieu de la focale radiale; nous pouvons alors écrire, en appliquant la relation (1) :

$$(8) \qquad \frac{1}{r} = \frac{1}{r_0} + \left(\frac{1}{\rho} - \frac{1}{r_0}\right)\frac{i^2}{2}$$

$$(9) \qquad \frac{1}{r''} = \frac{1}{r''_0} + \left(\frac{1}{\rho''_1} - \frac{1}{r''_0}\right)\frac{i'^2}{2}$$

de plus (106) :

$$(10) \qquad \frac{1}{r_0} - \frac{1}{r''_0} = (n-1)\left(\frac{1}{R'} - \frac{1}{R}\right) = \frac{1}{f} \qquad \text{et} \qquad i = ni';$$

remplaçons $\frac{1}{r}$ et $\frac{1}{r''}$ par leurs valeurs dans (7); tenons compte des relations (10); développons $\cos i$ et $\cos i'$ en séries, en nous bornant aux deux premiers termes, et il vient :

$$\frac{1}{\rho} - \frac{1}{\rho''_1} = \frac{n+1}{n} \times \frac{1}{f}.$$

*Remarque.* — Les différences des courbures $\frac{1}{\rho} - \frac{1}{\rho''_1}$ ou $\frac{1}{\rho} - \frac{1}{\rho''_2}$ des surfaces correspondantes de l'espace-image et de l'espace-objet sont indépendantes des positions de l'objet.

*Application à l'image d'un plan de front.* — Faisons maintenant $\rho = \infty$, il vient :

$$\rho''_1 = -\frac{nf}{n+1}, \qquad \rho''_2 = -\frac{nf}{3n+1}.$$

Au plan A (fig. 227) correspondent deux surfaces de révolution $A_1$, $A_2$, lieux des focales des points de A ; ces surfaces ont leur concavité tournée du même côté (car $\rho''_1 \rho''_2 > 0$), vers la lumière incidente pour les lentilles convergentes (puisque dans ce cas $\rho''_1 < 0$, $\rho''_2 < 0$) et le lieu des focales tangentielles est entre celui des focales radiales et la lentille [en effet $(\rho''_2) < (\rho''_1)$].

Les expressions précédentes nous montrent qu'avec une seule lentille il n'est pas possible de supprimer l'astigmatisme et la courbure du champ.

*Expériences.* — Nous avons déjà établi expérimentalement (117) l'existence de la courbure du champ ; voici une autre vérification plus instructive :

Si l'on prend comme objet un écran sur lequel on a tracé des circonférences concentriques et des diamètres, et qu'on projette avec une lentille, on constate : 1° que les circonférences ne peuvent être mises au point toutes à la fois; 2° que le lieu des images des circonférences est concave du côté de la lentille de projection ; 3° qu'on ne peut mettre au point à la fois une circonférence (son image est formée par l'ensemble des focales tangentielles) et les portions de diamètres dans le voisinage de la circonférence (image formée par les focales radiales); 4° qu'il faut éloigner l'écran de la lentille de projection, pour recevoir ces dernières images après avoir mis au point les circonférences correspondantes.

156. **Courbure du champ dans le cas d'un système de lentilles sphériques infiniment minces, accolées, centrées et fortement diaphragmées.** — Soit une série de lentilles remplissant les conditions précédentes (154) ayant pour distances focales $f_1$, $f_2$... pour indices $n_1$, $n_2$...; elles donnent, pour un plan de front, deux surfaces de révolution, lieux des focales tangentielles et radiales; ces surfaces sont tangentes l'une à l'autre en leur point de rencontre avec l'axe, et les rayons de courbure de ces surfaces s'obtiennent en appliquant les formules du paragraphe précédent successivement à chaque lentille; si $\rho'$ et $\rho''$ sont les rayons de courbure cherchés.

$$\frac{1}{\rho'}=-\left(\frac{n_1+1}{n_1}\times\frac{1}{f_1}+\frac{n_2+1}{n_2}\times\frac{1}{f_2}+\cdots\right)$$

$$\frac{1}{\rho''}=-\left(\frac{3n_1+1}{n_1}\times\frac{1}{f_1}+\frac{3n_2+1}{n_2}\times\frac{1}{f_2}+\cdots\right)$$

157. **Suppression de l'astigmatisme.** — On doit avoir $\rho'=\rho''$. Retranchons membre à membre les relations qui précèdent :

$$\frac{1}{\rho'}-\frac{1}{\rho''}=2\left(\frac{1}{f_1}+\frac{1}{f_2}+\cdots\right)=2\Sigma\frac{1}{f}.$$

Pour qu'il y ait stigmatisme, il faut évidemment que

$$(1)\qquad \Sigma\frac{1}{f}=0.$$

Un pareil système est dit *afocal*, sa puissance (216) est nulle; il se comporte comme une lame à faces parallèles et ne présente pas d'intérêt; *ainsi il n'est pas possible, dans la pratique, de supprimer l'astigmatisme en employant un système de lentilles sphériques, minces, accolées et centrées.*

158. **Suppression simultanée de l'astigmatisme et de la courbure. — Équation de Petzval.** — Les courbures des surfaces focales peuvent s'écrire :

$$\frac{1}{\rho'}=-\Sigma\frac{1}{f}-\Sigma\frac{1}{nf},\qquad \frac{1}{\rho''}=-3\Sigma\frac{1}{f}-\Sigma\frac{1}{nf};$$

or nous avons déjà, pour le stigmatisme,

$$(1)\qquad \Sigma\frac{1}{f}=0;$$

par conséquent, pour que $\rho=\rho'=\infty$, il suffit que :

$$(2)\qquad \Sigma\frac{1}{nf}=0;$$

cette relation est l'*équation de Petzval*: elle est insuffisante pour exprimer que la courbure est nulle, il faut lui adjoindre (1). Comme cette condition (1) n'est pas réalisable avec un système mince, on voit qu'un pareil système ne peut être stigmatique et aplanétique — il n'en sera pas de même, *a priori*, pour un système de lentilles non accolées.

139. **Lentille à échelons de Fresnel.** — Pour transmettre beaucoup de lumière les lentilles des phares doivent être à grande ouverture et sensiblement stigmatiques pour un point de la source lumineuse, afin d'éviter les faisceaux divergents, surtout quand cette source est très réduite. Ces conditions sont incompatibles pour une lentille unique, aussi Fresnel a-t-il proposé la solution suivante qui est universellement adoptée.

Le système optique se compose de trois parties :

1° Une lentille plan-convexe AOA′ (fig. 228) de faible ouverture, admettant le centre S de la source lumineuse comme foyer principal, et qui est sensiblement d'aberrations minima pour ce foyer (127);

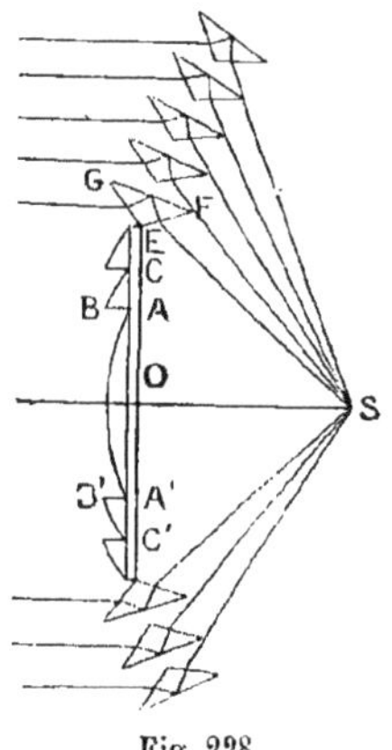

Fig. 228.

2° Une série d'anneaux plans-convexes, ou échelons, tels que ABC, de révolution autour de OS, qui admettent également S pour foyer. Considérons un faisceau très étroit tombant sur la face plane d'un anneau d'indice donné; il se réfracte en s'appuyant sur deux focales *déterminées* (176) : soit S′ la focale tangentielle; le rayon moyen du faisceau réfracté intérieur rencontrant la surface convexe de l'anneau doit émerger parallèlement à SO; il en résulte que la normale à la face d'émergence est *déterminée*. Pour que l'anneau soit complètement *défini*, il suffit maintenant de calculer le rayon de courbure de la méridienne : on écrit que la focale tangentielle (135, 1°) correspondant à S′ est à l'infini. Le centre de courbure de la méridienne n'est pas sur SO.

3° Une série d'anneaux de révolution, ou échelons à section prismatique, comme EFG, qui renvoient parallèlement à SO, après réflexion totale sur la face FG, les incidents issus de S.

Les échelons sont obtenus par morceaux et ils sont collés avec la lentille centrale ou entre eux par les bords. Grâce à cette disposition l'ouverture totale du système peut dépasser 100° et les aberrations de sphéricité sont très atténuées; si la source était réduite à un point, le faisceau émergent serait sensiblement cylindrique; en réalité l'ouverture de ce faisceau dépend des dimensions de la source et de la distance SO.

140. **Phares à longue portée.** — La lanterne comporte 4 ou 6 panneaux verticaux sur chacun desquels est fixé un système de projection analogue à celui décrit; il part ainsi de la lanterne 4 ou 6 faisceaux lumineux; examinons l'apparence obtenue dans un plan horizontal passant par la source, celle-ci étant constituée par une lampe à 5 mèches, fournissant une bande lumineuse de 12 centimètres de largeur, la distance focale étant $60^{cm}$. L'angle des axes secondaires partant des bords extrêmes de la flamme est $\frac{12}{60}=\frac{1}{5}=0,2$ radian, soit environ 12°; si le phare comporte 6 panneaux, la fraction

d'horizon qui est éclairée est $\frac{6 \times 12}{360} = \frac{1}{5}$. Si le phare était immobile, il serait invisible pour tous les navigateurs placés dans la zone obscure égale à 4 fois la zone éclairée; la protection assurée par le phare serait très insuffisante. Mais la lanterne du phare étant animée d'un mouvement de rotation uniforme, les faisceaux lumineux balaient la surface de la mer, et le phare est visible d'une manière périodique, de tous les points situés à une distance inférieure à sa portée. Supposons que, dans le cas examiné, la lanterne fasse un tour en 20 secondes, la durée des *feux-éclairs* est de $\frac{20^s \times 12}{360} = \frac{2}{3}$ de seconde et l'intervalle de temps qui s'écoule entre la perception de deux feux successifs est, dans le cas de 6 panneaux égaux, $\frac{20^s \times (60-12)}{360} = \frac{8}{3}$ sec. La durée des feux-éclairs peut descendre sans inconvénient pour la portée jusqu'à 1/10 de seconde; la succession des feux, leur durée, leur coloration, permet très facilement au navigateur de reconnaître le phare qui est en vue, et il lui suffit d'être dans la zone de visibilité de deux phares pour savoir à peu près quelle est la position de son bateau.

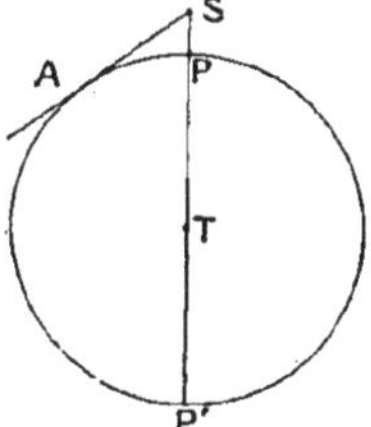

Fig. 229.

La portée d'un phare est limitée par la rotondité de la terre et par la valeur de l'éclairement qui dépend des qualités optiques du phare et d'un terme très variable avec le temps et le lieu : la transparence de l'air.

*Portée géographique.* — La portée géographique se calcule très aisément; soit S la lanterne d'un phare (fig. 229) : les rayons issus de S sont tangents à la surface de la mer en A; la portée géographique est PA ou sensiblement SA; or, $\overline{SA}^2 = SP' \times SP$, ou, si l'on désigne par R le rayon de la terre, par $h$ la hauteur PS du phare au-dessus du niveau de la mer, par D la portée : $D^2 = (2R + h)h$, c'est-à-dire sensiblement $D = \sqrt{2Rh}$. Exprimons R et $h$ en mètres et réduisons en milles marins (le mille correspondant à un angle au centre de 1 minute est l'unité pratique de longueur, en marine; il vaut 1852$^m$):

$$D = 1{,}95\sqrt{h^m} \text{ mil. mar.}$$

*Portée optique.* — Soit E l'éclat de la source AB (fig. 230), S sa surface, S' celle de l'image A'B', Σ la surface du système de projection; posons $OC = x$, $OC' = x'$; le flux lumineux qui traverse la lentille est (219, ζ) :

$$\Phi = \frac{ES\Sigma}{x^2};$$

si l'air était infiniment transparent, l'éclairement de A'B' serait (219, γ)

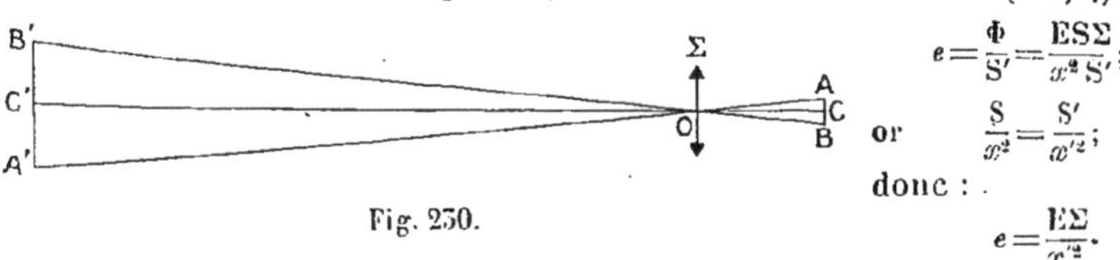

Fig. 230.

$$e = \frac{\Phi}{S'} = \frac{ES\Sigma}{x^2 S'};$$

or $$\frac{S}{x^2} = \frac{S'}{x'^2};$$

donc :

$$e = \frac{E\Sigma}{x'^2}.$$

Tout se passerait comme si on avait une source d'intensité $I = E\Sigma$, c'est-à-dire comme si toute la partie optique de l'appareil était une source lumineuse d'éclat E. Dans le cas d'une lampe à 5 mèches, on a environ $E = 5$ bougies par cm²; pour un arc électrique, l'éclat du cratère du charbon positif est de 15000 bougies; la surface $\Sigma$ du système projetant dont il a été parlé plus haut atteint environ $1^{m^2}$, on a donc respectivement, avec ces deux modes d'éclairage

$$I = 5 \times 10000 = 50000 \text{ bougies}, \qquad I = 15000 \times 10000 = 150 \times 10^6 \text{ bougies}.$$

L'éclairement est sensible pour une bonne vue lorsqu'il est de 0,1 bougie-kilomètre: c'est celui produit par une bougie à la distance de $\sqrt{10^{km}} = 3^{km},3$; si l'air était parfaitement transparent, la portée optique du phare considéré serait respectivement, avec les deux sources lumineuses dont il s'agit :

$$3^{km},3\sqrt{50000} = 740^{km} \text{ ou 400 mil. mar. environ.}$$

$$3^{km},3\sqrt{150 \times 10^6} = 40000^{km} \text{ ou 22000 mil. mar. environ.}$$

*Portée optique réelle.* — En réalité l'absorption de la lumière par l'air diminue la portée dans une porportion considérable, surtout dans le cas des sources d'un grand éclat; ainsi pour les phares cités plus haut, la portée optique ne dépasse guère habituellement $50^{km}$ ou 27 mil. mar. pour le premier, $80^{km}$ ou 44 mil. mar. pour le second.

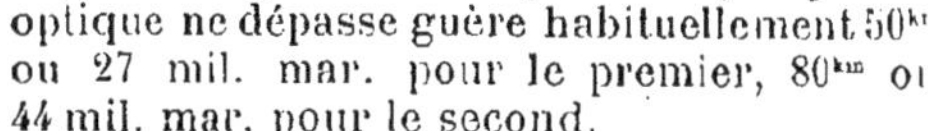

**141. Feux fixes.** — Ils servent à indiquer des alignements pour assurer l'entrée des bateaux dans les ports pendant la nuit; leur portée ne doit pas être très grande, mais il faut qu'ils soient visibles constamment pendant toute la manœuvre : ils sont donc immobiles.

La partie optique est tout entière de *révolution* autour de l'axe vertical de la lanterne; le profil est le même que celui du système optique d'un phare à éclipses; les anneaux sont construits par fractions, puis réunis (fig. 231).

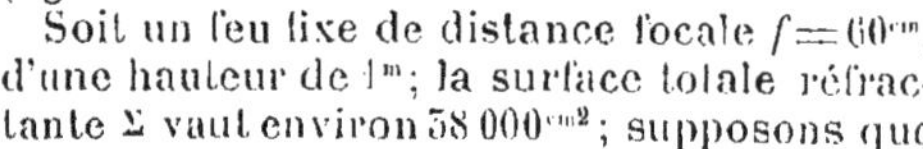

Fig. 231.

Soit un feu fixe de distance focale $f = 60^{cm}$, d'une hauteur de $1^m$; la surface totale réfractante $\Sigma$ vaut environ $58000^{cm^2}$; supposons que la mèche ait un éclat E de 5 bougies par $cm^2$, un rayon $r$ de $6^{cm}$ et une hauteur $h$, le flux total émis par la flamme et traversant $\Sigma$ est (219, $\zeta$) :

$$\Phi = \frac{2\pi r h \Sigma E}{f^2},$$

le système donne de la flamme une image de hauteur $h'$, à une distance très grande $x'$; la surface de l'image

$$S' = 2\pi x' h',$$

dont l'éclairement (219, $\gamma$) :

$$e = \frac{\Phi}{S'} = \frac{2\pi r h \Sigma E}{f^2 \times 2\pi x' h'} = \frac{r h \Sigma E}{x' h' f^2},$$

mais, $x'$ étant très grand, sa distance conjuguée est sensiblement $f$, donc :

$$\frac{h}{h'} = \frac{f}{x'},$$

donc

$$e = \frac{r\Sigma E}{x' f^2} \times \frac{f}{x'} = \frac{\frac{r\Sigma E}{f}}{x'^2},$$

tout se passe comme si l'on avait une source d'une intensité

$$I = \frac{r\Sigma E}{f} = \frac{6 \times 38\,000 \times 5}{60} = 3800 \times 5 = 19\,000 \text{ bougies};$$

elle est beaucoup plus faible que celle du phare précédemment considéré; cela tient surtout à ce que la lumière se répartit sur tout l'horizon.

142. **Projecteurs.** — Les projecteurs servent à envoyer un faisceau très intense dans une direction déterminée. On les emploie sur les navires de guerre pour fouiller la surface de la mer et reconnaître l'approche des bateaux ennemis; on les utilise encore en télégraphie optique pour l'échange des signaux, et en géodésie lorsqu'on veut faire des opérations de triangulation à grande portée.

Les projecteurs catoptriques sont à surface parabolique réfléchissante.

On associe souvent une lentille à échelons au réflecteur catoptrique : c'est le cas des phares d'automobiles. On emploie aussi fréquemment les projecteurs dioptriques à une ou deux lentilles, même non achromatisées et sans échelons, les foyers extrêmes du système étant tous compris dans la source éclairante qui peut être un bec à pétrole, à acétylène, un arc électrique ou même l'image du Soleil; la portée varie avec l'éclat de la source, les dimensions de l'appareil et la transparence de l'air; elle peut atteindre 500 kilomètres, la nuit, à travers une atmosphère peu absorbante. Une question intéressante au point de vue pratique, surtout en télégraphie optique, est celle du champ de l'appareil.

Enfin on fait parfois usage de réflecteurs constitués par un ménisque divergent dont la face convexe est argentée ; c'est le cas du *projecteur catadioptrique de Mangin.*

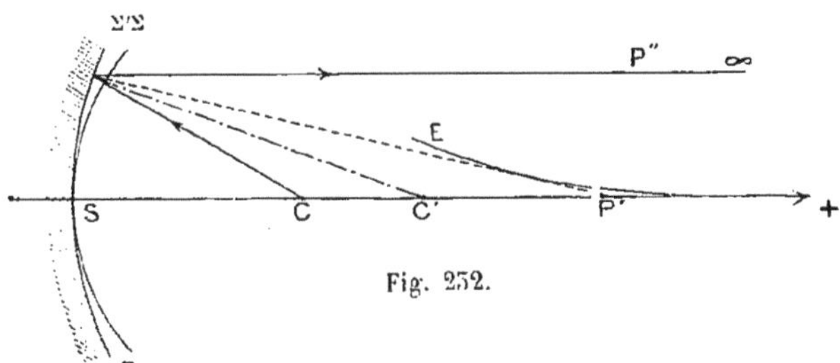

Fig. 232.

143. **Projecteurs de Mangin.** — 1° Soit un ménisque divergent mince (fig. 232), C et C' les centres de courbure des faces Σ et Σ', S le sommet commun; désignons par $n$ l'indice du verre et posons :

$$\overline{SC} = R \qquad \overline{SC'} = R';$$

cherchons la relation qui doit exister entre R, R' et $n$ pour que l'image de C soit rejetée à l'infini.

Les rayons issus de C traversent Σ sans déviation; ils sont réfléchis par Σ' et iraient passer en un point P' ($\overline{SP'} = p'$), s'ils ne rencontraient point Σ :

$$\frac{1}{R} + \frac{1}{p'} = \frac{2}{R'};$$

l'image du point virtuel P', dans le dioptre $\Sigma$, doit être rejetée à l'infini, donc

$$\frac{n}{p'}=\frac{n-1}{R};$$

éliminons $p'$ entre ces deux relations, il vient :

$$\frac{R'}{R}=\frac{2n}{2n-1};$$

en particulier pour

$$n=\frac{3}{2}, \qquad \frac{R'}{R}=\frac{3}{2}.$$

Les aberrations sphériques du dioptre $\Sigma$ ont pour effet de corriger très sensiblement celles du miroir $\Sigma'$, autrement dit la caustique du dioptre $\Sigma$, pour le point à l'infini sur l'axe, est presque confondue avec celle du miroir $\Sigma'$ pour le point C. On peut se rendre compte de ce résultat en considérant le projecteur comme formé par l'association d'un miroir concave et d'un ménisque divergent. L'image de C dans le miroir est pour les rayons centraux $P'_c$ (fig. 233), pour les rayons marginaux $P'_m$; or, d'après la relation imposée, le foyer $F'_c$ du dioptre, pour les rayons centraux, coïncide avec $P'_c$; le foyer des rayons marginaux $F'_m$ se trouve du même côté que $P'_m$, par rapport à $P'_c$ et il coïncide sensiblement avec $P'_m$.

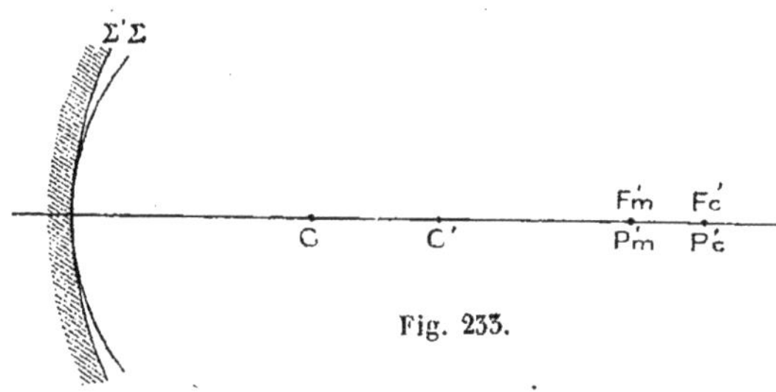

Fig. 233.

Calculons l'aberration longitudinale relative au point C en appliquant successivement au miroir $\Sigma'$ $(n=-1)$, et au dioptre $\Sigma$ la formule du paragraphe 122; si $q_1$, $q_2$, $q_3$ désignent respectivement les abscisses du point C (pris dans le verre) et de ses images successives, $s$ et $s'$ les inverses des rayons R et R', on a, puisque $q_1=s$ :

$$q_2=2s'-s+2(s'-s)^2 s'z^2,$$
$$q_3=(1-n)s+nq_2+n(1-n)(s-q_2)^2[ns-(n+1)q_2]z^2;$$

dans l'expression de $q_3$, remplaçons $q_2$ par sa valeur et négligeons les termes en $z$ d'une puissance supérieure à la seconde, il vient :

$$q_3=(1-2n)s+2ns'+2n(s'-s)^2[(4n^2-3)s'-2(n-1)(2n+1)s]z^2;$$

le centre C est conjugué du point à l'infini pour les rayons centraux si

$$(1) \qquad (1-2n)s+2ns'=0 \quad \text{ou} \quad \frac{s}{s'}=\frac{2n}{2n-1}, \quad \text{c'est-à-dire} \quad \frac{R'}{R}=\frac{2n}{2n-1};$$

nous avons déjà trouvé ce résultat; il n'y a pas d'aberration si

$$(2) \qquad (4n^2-3)s'-2(n-1)(2n+1)s=0;$$

or pour $n=\frac{3}{2}$, les relations (1) et (2) nous donnent la même valeur pour le rapport $\frac{s'}{s}$; l'indice du verre étant pratiquement voisin de $\frac{3}{2}$, les aberrations sont donc très réduites.

2° En réalité le problème n'est pas traité aussi simplement quand on veut construire l'appareil. On calcule l'aberration longitudinale principale pour un ménisque divergent d'indice $n$, de rayons R, R', d'épaisseur $e$, argenté sur la face convexe; à cet effet, on utilise la méthode indiquée pour un dioptre (122 et 123), et on écrit que cette aberration est nulle; on a ainsi une équation $f(R, R', n, e)=0$, qui jointe à celle donnant la distance focale, permet de calculer R et R', $n$ et $e$ étant connus. Voici les éléments d'un réflecteur établi suivant ces indications :

$$n=1,53 \qquad e=1^{cm},5 \qquad y=25^{cm} \qquad R=70^{cm} \qquad R'=100^{cm} \qquad SF=62^{cm},4$$

($y$ rayon d'ouverture, S sommet du dioptre, F foyer).

*Remarque.* — Le foyer ne coïncide pas, pour ce réflecteur particulier, avec le centre de la surface réfractante.

Au moyen de ces réflecteurs on peut envoyer des signaux lumineux à plusieurs centaines de kilomètres de distance.

**144. Pouvoir séparateur d'une lentille mince aplanétique.** — Soit une lentille L (fig. 234) stigmatique pour un point A de l'espace dont elle donne une image A'; les ondes sphériques de centre A

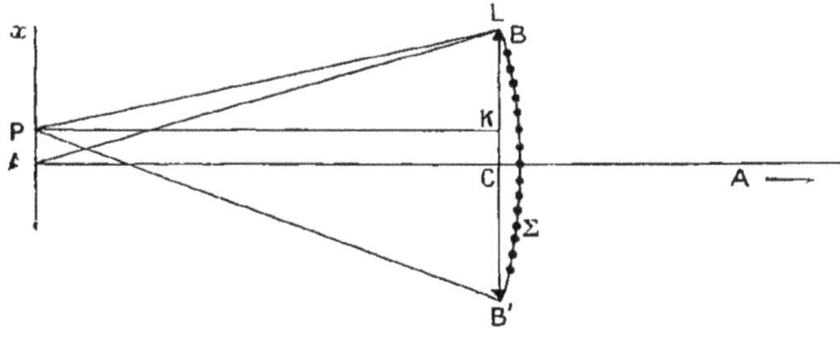


Fig. 234.

sont donc transformées en ondes sphériques de centre A'; considérons l'onde réfractée Σ qui s'appuie sur le contour de la lentille; d'après le principe d'Huygens (6), l'effet produit sur le plan A'$x$ est le même que celui obtenu par une infinité de sources synchrones, identiques, réparties uniformément sur Σ. Pour A', les effets de ces sources sont concordants, car les chemins parcourus sont égaux, mais pour un autre point P du plan de front A', les chemins parcourus sont différents et les effets ne concordent point, il y a interférence et, quand on s'éloigne de A', on obtient alternativement des maxima et des minima de lumière, de telle manière que l'apparence est la suivante: une tache centrale brillante entourée d'une série d'anneaux alternativement obscurs et brillants.

Cherchons la limite de la tache centrale, c'est-à-dire la position du point P correspondant à un premier minimum nul. La théorie montre que ce minimum est obtenu lorsque

$$PB'-PB=1,22\lambda,$$

$\lambda$ étant la longueur d'onde de la lumière. Posons :

$$BA' = D, \qquad CA' = d \qquad CB = CB' = R = \frac{O}{2} \qquad AP = x \qquad PB = \rho \qquad PB' = \rho'.$$

Dans les triangles rectangles KPB′ et KPB, nous avons :

$$\rho'^2 = d^2 + (R + x)^2 \quad , \quad \rho^2 = d^2 + (R - x)^2 ;$$

retranchons membre à membre :

$$\rho'^2 - \rho^2 = 4Rx \qquad \text{d'où} \qquad \rho' - \rho = \frac{4Rx}{\rho + \rho'},$$

pourvu que $x$ soit petit par rapport à $d$, on peut, dans l'expression précédente, remplacer $\rho + \rho'$ par 2D et il vient, pour le premier minimum :

$$\rho' - \rho = \frac{4Rx}{2D} = \frac{2Rx}{D} = \frac{Ox}{D} = 1{,}22\lambda, \qquad \text{d'où} \qquad x = \frac{1{,}22\lambda D}{O} ;$$

$x$ est le rayon de la tache centrale de diffraction.

Si nous portons en abscisses les distances A′P, en ordonnées les éclairements correspondants, nous avons l'aspect de la figure 235 ; voici du reste les valeurs relatives des flux lumineux reçus sur la tache centrale et les anneaux successifs :

| Tache centrale | 1er anneau | 2e anneau | 3e anneau | 4e anneau | 5e anneau |
|---|---|---|---|---|---|
| 1 | 0,01745 | 0,00415 | 0,00165 | 0,00078 | 0,00043. |

Au point de vue de l'effet produit sur l'œil, la tache centrale seule importe, et surtout l'effet de la région voisine du centre A′, l'éclairement de cette tache étant rapidement décroissant à partir du centre ; aussi peut-on admettre, comme première approximation, que les images de deux points, dans une lentille, sont pratiquement distinctes, ou séparées, si le premier anneau obscur correspondant à l'une de ces images, passe par le centre de l'autre ; c'est-à-dire si la *distance des centres des taches de diffraction est au moins égale au rayon* x *de ces taches*. La figure 235 *bis* nous montre en effet que l'éclat de l'ensemble de deux taches de diffraction A′ et $A'_1$, satisfaisant à la condition précédente, présente un minimum très net entre A′ et $A'_1$.

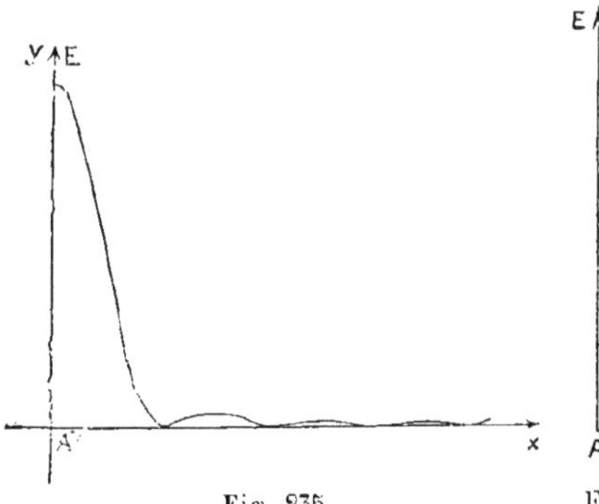

Fig. 235

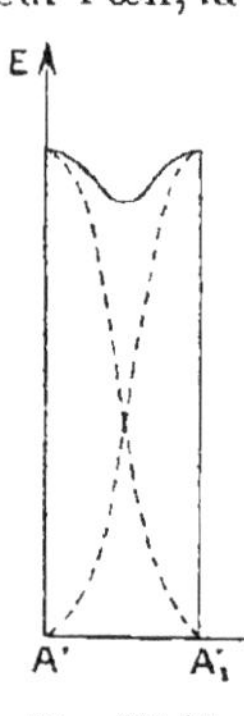

Fig. 235 *bis*.

1° *Pouvoir séparateur dans le cas de points-objets à l'infini.* — On appelle *pouvoir séparateur* de la lentille la distance *angulaire* minimum de deux points dont les images à travers la lentille sont distinctes.

En désignant cet angle par $\varepsilon$ et la distance focale de la lentille par F, la distance des centres des images des deux points est $\varepsilon$F; d'autre part, d'après ce que nous avons dit précédemment, cette distance doit être égale au rayon de la tache d'aberration : $\varepsilon F = \frac{1,22 D \lambda}{O}$. Pour les objectifs de lunette, $\frac{O}{F}$ est assez petit, et on peut confondre D avec F; on peut donc écrire, dans ce cas particulier très important :

$$\varepsilon F = \frac{1,22 \lambda F}{O}, \qquad \text{d'où} \qquad \varepsilon = \frac{1,22 \lambda}{O}.$$

Pratiquement on opère en lumière blanche dont la radiation la plus lumineuse correspond à $\lambda = 0^{\mu},55$; il est donc légitime d'écrire :

$$\varepsilon = \frac{1,22 \times 0^{\mu},55}{O} = \frac{67 \times 10^{-6}}{O^{cm}} \text{ radian} = \frac{13''8}{O^{cm}}.$$

Ce résultat suppose que les images sont distinctes lorsque la distance de leurs centres est égale au rayon de la tache de diffraction; en réalité l'expérience seule permet de décider si cette condition est satisfaisante; or, c'est ce qui a lieu; la moyenne de nombreuses mesures donne :

$$\varepsilon = \frac{12''}{O^{cm}};$$

c'est donc cette expression que nous adopterons.

Le pouvoir séparateur est d'autant plus petit que le diamètre de la lentille est plus grand.

*Pénétration ou pouvoir optique.* — C'est l'inverse du pouvoir séparateur exprimé en radians, ou : $\frac{O^{cm}}{\text{arc } 12''} = \frac{50000}{3} O^{cm}$.

*Expérience.* — Observons un point lumineux (fente étroite éclairée par un filament de lampe électrique normal à la fente), avec une lunette astronomique et recouvrons l'objectif par des diaphragmes à ouvertures circulaires de plus en plus petites : nous apercevons une tache brillante entourée d'anneaux et dont les diamètres varient en raison inverse de celui des ouvertures.

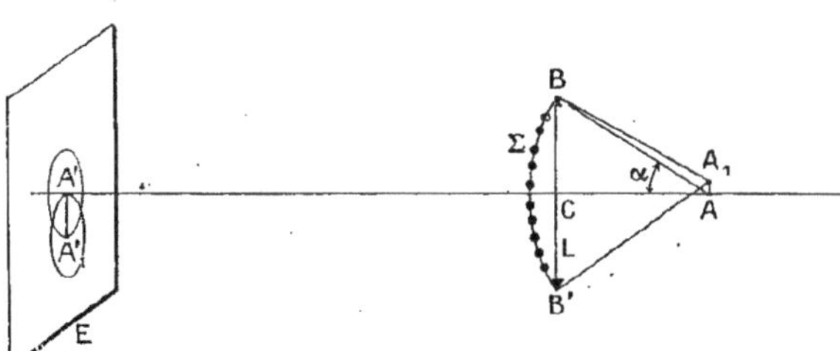

Fig. 236.

2° *Pouvoir séparateur dans le cas de points à distance finie.* — C'est la distance *linéaire* minimum de deux points dont la lentille fournit des images distinctes.

Soient les deux points A, $A_1$ (fig. 236) ayant pour images A', $A'_1$ à travers la lentille L; posons :

$$BA = D, \qquad AA_1 = x \qquad BB' = O.$$

L'image de A est constituée essentiellement par une tache de diffraction A'; au point $A_1$ correspond la tache de diffraction $A'_1$; A et A' sont séparés exactement si le bord de $A'_1$ passe par le centre de A', c'est-à-dire si, en A', les mouvements vibratoires issus de $A_1$ interfèrent et se détruisent. Or, si la lentille (ou, le plus souvent, le système de verres dont L est la lentille frontale) est stigmatique pour les points A et A', les chemins optiques de A à A' sont tous égaux et en menant la sphère Σ de centre A passant par BB', les chemins optiques allant de A' à chaque point de Σ sont égaux; il y a par conséquent interférence en A' pour la lumière issue de $A_1$ si

$$A_1B' - A_1B = 1{,}22\lambda' = 1{,}22\frac{\lambda}{n},$$

λ' étant la longueur d'onde de la lumière dans le milieu d'indice $n$ qui baigne la lentille frontale, λ la longueur d'onde de cette lumière dans l'air. Or, en raisonnant comme précédemment, nous trouvons que :

$$A_1B' - A_1B = \frac{Ox}{D};$$

on doit donc avoir :

$$\frac{Ox}{D} = 1{,}22\frac{\lambda}{n} \qquad \text{d'où} \qquad x = 1{,}22\frac{\lambda}{n} \times \frac{D}{O};$$

mais, si de A nous voyons BB' sous l'angle 2α, qui s'appelle l'ouverture frontale de la lentille :

$$O = 2D \sin\alpha,$$

par suite :

$$x = 1{,}22\frac{\lambda}{n}\,\frac{D}{2D\sin\alpha} = \frac{0{,}61\lambda}{n\sin\alpha}.$$

*Remarque.* — Pour une raison analogue à celle développée plus haut, on prend habituellement comme valeur approchée :

$$x = \frac{\lambda}{2n\sin\alpha}.$$

Le pouvoir séparateur est d'autant plus petit que la lumière est de plus courte longueur d'onde, que l'indice $n$ est plus élevé, que l'ouverture frontale 2α est plus grande (263).

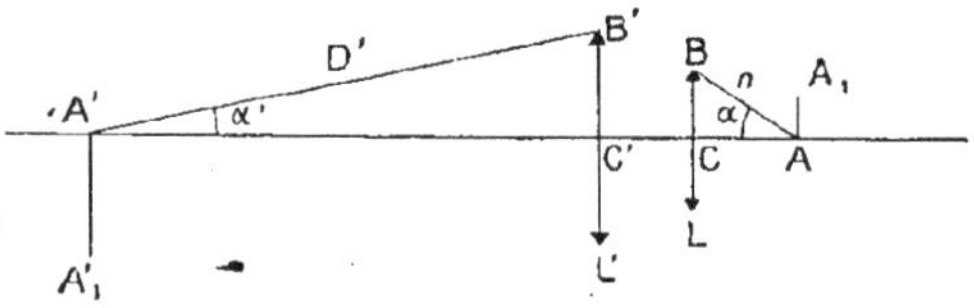

Fig. 237.

*Autre méthode.* — Si nous désignons par $x'$ la distance $A'A'_1$ (fig. 237), par D' la distance de A' au bord de l'image L' de la lentille frontale dans l'objectif aplanétique considéré, par O' le diamètre de cette image, par 2α' l'angle sous lequel elle est vue de A', par 2α celui sous lequel de A on voit la lentille frontale et par $n$ l'indice du milieu en contact avec cette lentille, l'image étant dans l'air, la distance $x'$ est donnée par l'expression (144);

$$x' = \frac{1,22\lambda D'}{O'};$$

mais,

$$O' = 2D' \sin \alpha',$$

donc :

$$x' = \frac{0,61\lambda}{\sin \alpha'};$$

le système étant aplanétique, la condition des sinus (173) nous donne :

$$\gamma = \frac{n \sin \alpha}{\sin \alpha'},$$

c'est-à-dire, avec la notation adoptée,

$$\frac{x'}{x} = \frac{n \sin \alpha}{\sin \alpha'},$$

d'où :

$$x = \frac{x' \sin \alpha'}{n \sin \alpha} = \frac{0,61\lambda}{n \sin \alpha},$$

ou très sensiblement :

$$x = \frac{\lambda}{2n \sin \alpha}.$$

## SYSTÈMES OPTIQUES ÉPAIS

145. **Propriétés principales des systèmes centrés.** — Nous avons étudié (103) l'association de deux dioptres sphériques constituant une lentille mince; nous allons maintenant considérer le cas d'un système centré quelconque.

Les résultats établis pour un dioptre sphérique peuvent s'étendre de proche en proche, comme nous l'avons déjà dit (104), à un système de dioptres sphériques centrés, à la condition expresse d'admettre seulement des rayons peu inclinés sur l'axe, rencontrant les surfaces de séparation dans le voisinage de l'axe, de telle manière qu'il soit toujours légitime, dans les constructions, de remplacer la portion de surface utile par la portion correspondante du plan tangent au dioptre en son sommet.

Rappelons ces résultats :

Tous les rayons qui émergent parallèlement à l'axe proviennent d'un point de l'axe qui est le *foyer principal-objet.*

Tous les incidents parallèles à l'axe vont passer par un point de l'axe qui est le *foyer principal-image.*

Les plans de front passant par les foyers principaux sont les plans focaux; les incidents issus d'un point du *plan focal-objet* sortent parallèlement entre eux et tous les incidents parallèles donnent des émergents qui passent par un point du *plan focal-image.*

Le système est sensiblement *stigmatique* et *aplanétique*, c'est-à-dire que les incidents issus d'un point-objet vont passer par un point-image et qu'un plan de front a pour image un plan de front.

146. **Définition des plans principaux**. — La notion des plans principaux, qui est extrêmement commode dans l'étude des systèmes centrés, a été introduite par Gauss (1).

Le *plan principal-objet* (2) est le lieu des points de rencontre des incidents issus du foyer principal-objet, avec les émergents correspondants; le *plan principal-image* est le lieu des points de rencontre des incidents parallèles à l'axe avec les émergents correspondants.

147. **Existence des plans principaux**. — 1° *Cas d'une seule réfraction*. — Nous avons affaire à un dioptre sphérique : les rayons qui définissent les plans principaux se coupent sur la surface même de séparation qui, pour la région utile, peut être confondue avec le *plan tangent au sommet*;

2° *Cas d'un nombre quelconque de réfractions*.

Supposons que des incidents parallèles à l'axe coupent les émergents correspondants, après $m$ réfractions, en des points dont le lieu soit le plan SK (fig. 238); à l'incident ΣK, correspond l'émergent Kφ', qui rencontre en K' une $(m+1)^e$ surface de séparation S'K', confondue avec le plan tangent au sommet du dioptre S'; Kφ' se réfracte de manière à aller passer par F', image de φ' dans le dioptre S'; soit H' le point de rencontre de ΣK et K'F' prolongés; par H' menons la perpendiculaire H'Π' à l'axe. La similitude des triangles F'Π'H', F'S'K' et celle des triangles φ'SK et φ'S'K' nous permet d'écrire :

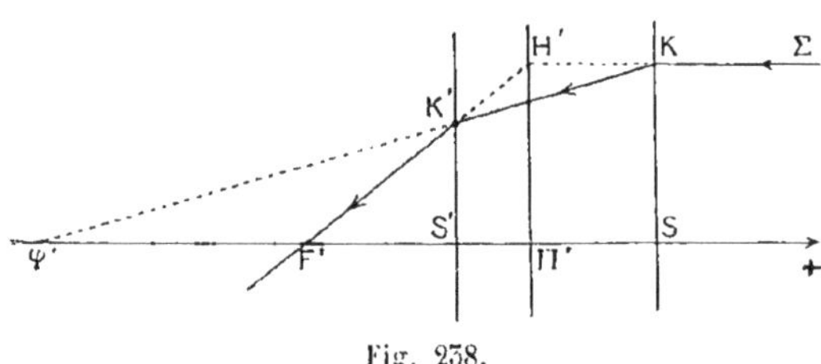

Fig. 238.

$$\frac{\overline{F'\Pi'}}{\overline{F'S'}} = \frac{\overline{\Pi'H'}}{\overline{S'K'}} = \frac{\overline{SK}}{\overline{S'K'}} = \frac{\overline{\varphi'S}}{\overline{\varphi'S'}}$$

mais les points F', φ', S, S' sont fixes, donc l'égalité du premier et du dernier rapport des relations précédentes montre que Π' est également fixe; la proposition étant vraie pour $m$ réfractions est donc vraie pour $m+1$, or nous avons établi directement qu'elle était vraie pour une réfraction : elle est donc générale.

Nous avons démontré l'existence du plan principal-image; pour en

(1) Gauss (1777-1855), mathématicien et astronome allemand, auquel on doit des travaux très remarquables de dioptrique, sur la construction des objectifs de lunette en particulier, et aussi des recherches de magnétisme terrestre (1035).

(2) Au lieu de dire *plan principal-objet*, on dit parfois *premier plan principal*, et le *plan principal-image* s'appelle alors *second plan principal*. On emploie une notation analogue pour les foyers et les plans focaux.

déduire celle du plan principal-objet il suffit de changer le sens de propagation de la lumière et de s'appuyer sur le principe du retour inverse des rayons lumineux.

148. **Propriétés des plans principaux.** — THÉORÈME : *Les plans principaux sont conjugués et le grandissement correspondant est* $+1$.

Soient Π et Π′ (fig. 239) les plans principaux objet et image d'un système centré, F et F′ les foyers principaux objet et image. L'incident ΣH parallèle à l'axe coupe l'émergent correspondant sur le plan Π′, donc en H′, et cet émergent est H′F′; l'émergent H′Σ′ parallèle à l'axe et qui *par construction* est dans le prolongement de ΣH, coupe l'incident correspondant sur le plan Π, donc en H; les deux incidents ΣH et FH qui passent par H ont pour émergents H′F′ et H′Σ′ qui passent par H′, donc H a pour image H′, par suite le plan de front Π a pour image le plan de front Π′, et comme ΠH a pour image Π′H′, le grandissement

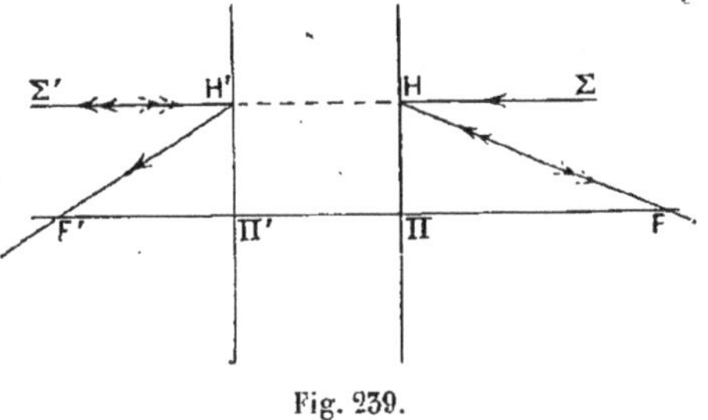

Fig. 239.

$$\gamma = \frac{\overline{\Pi'H'}}{\overline{\Pi H}} = 1.$$

Les points Π et Π′ s'appellent *points principaux.*

*Conséquence.* — L'image d'un point H du plan principal-objet Π s'obtient en marquant l'intersection H′ du plan principal-image Π′ avec la parallèle à l'axe menée par H.

*Autre méthode.* — On définit parfois les *plans principaux* comme étant *les plans conjugués pour lesquels le grandissement est* $+1$.

Soit un incident ΣH parallèle à l'axe (fig. 239) et H′F′ l'émergent correspondant; la lumière se propageant en sens inverse, considérons l'incident Σ′H′ qui *serait dans le prolongement* de ΣH, il aurait pour émergent HF; par suite, revenant au premier sens de propagation de la lumière, FH a pour émergent H′Σ′; donc le point de rencontre H des incidents ΣH, FH, a pour image H′, point de rencontre des émergents H′F′, H′Σ′; le plan Π a pour image Π′ et le grandissement correspondant $\gamma = \frac{\overline{H'\Pi'}}{\overline{\Pi H}} = 1$.

On voit, en outre, qu'à un incident ΣH parallèle à l'axe correspond l'émergent H′F′ passant par H′ conjugué de H, donc l'incident ΣH et son émergent se coupent en un point H′ du plan fixe Π′; de même à l'incident FH correspond l'émergent H′Σ′ parallèle à l'axe qui passe par le conjugué H′ de H; l'incident et l'émergent se rencontrent en un point H du plan fixe Π.

149. **Application des propriétés des plans focaux et des plans principaux.** — 1er *Problème.* — *Construire le réfracté correspondant à un incident donné.*

Soit ΣH (fig. 240) un incident qui rencontre en H le plan principal-objet H; l'émergent passe donc par le conjugué H′ de H; il suffit de déterminer un deuxième point de l'émergent.

α) Cherchons le foyer correspondant à la direction ΣH : il est dans le plan focal F′; d'autre part le rayon FI parallèle à ΣH donne un émergent passant par I′ et parallèle à l'axe; il rencontre le plan F′ au foyer cherché φ′; à ΣH correspond H′φ′.

β) Déterminons le point à l'infini de l'émergent : c'est le conjugué d'un point de ΣH et du plan-focal F; marquons donc l'intersection φ de ΣH

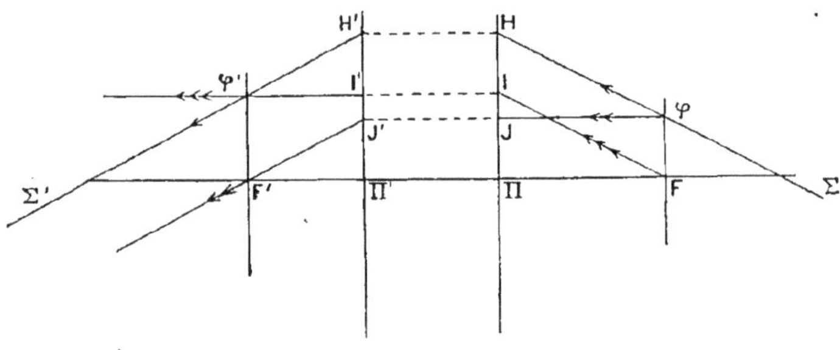


Fig. 240.

avec le plan-focal **F**; par φ menons l'incident φJ parallèle à l'axe, qui a pour émergent J′F′, parallèle à l'émergent cherché; par H′ nous traçons une parallèle à J′F′ : c'est H′φ′.

*Remarque.* — Ce problème peut être résolu quand on connaît les points principaux et les foyers principaux; par conséquent le système est complètement déterminé quand on se donne ces points.

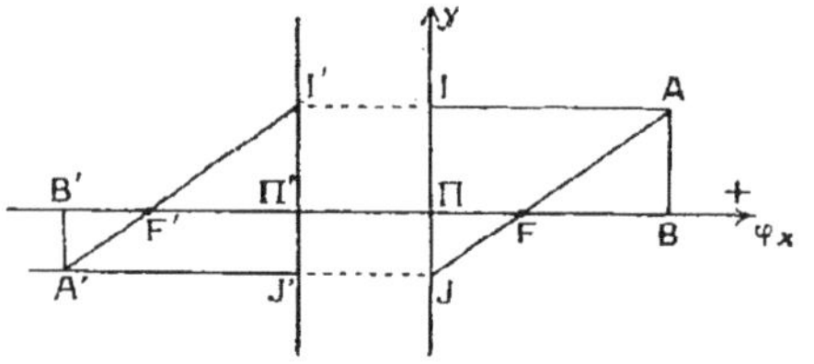

Fig. 241.

2° *Problème : Construire l'image d'un point.* — Pour avoir l'image d'un point A (fig. 241) menons deux incidents quelconques passant par A et cherchons les émergents correspondants. En réalité choisissons les incidents qui donnent lieu aux constructions les plus simples, c'est-à-dire AI parallèle à l'axe et AFJ passant par le foyer principal-objet F; les émergents correspondants sont I′A′ passant par F′ et J′A′ parallèle à l'axe; A′ est l'image de A.

3° *Problème : Construire l'image d'un objet.* — Nous construisons l'image de chaque point de l'objet. Soit le cas particulier de la droite AB (fig. 241) perpendiculaire à l'axe : nous déterminons, comme plus haut, l'image A′ de A; la perpendiculaire A′B′ à l'axe, est l'image de AB.

150. **Formules du système optique centré.** — 1° *Origines aux foyers principaux : formules de Newton.* — Fixons un sens positif sur

l'axe et un sens positif sur une droite normale à l'axe ; posons (fig. 241)

$$\overline{F\Pi} = \varphi, \quad \overline{F'\Pi'} = \varphi', \quad \overline{FB} = \sigma, \quad \overline{F'B'} = \sigma', \quad \overline{BA} = y, \quad \overline{B'A'} = y', \quad \gamma = \frac{y'}{y}.$$

Dans les triangles semblables F'B'A', F'Π'I', nous avons :

$$\frac{\overline{B'A'}}{\overline{\Pi'I'}} = \frac{\overline{F'B'}}{\overline{F'\Pi'}}, \qquad \text{ou :} \qquad \frac{\overline{B'A'}}{\overline{BA}} = \frac{\overline{F'B'}}{\overline{F'\Pi'}}, \qquad \text{c'est-à-dire :}$$

(1)
$$\gamma = \frac{y'}{y} = \frac{\sigma'}{\varphi'};$$

de même, dans les triangles semblables FΠJ, FBA :

$$\frac{\overline{\Pi J}}{\overline{BA}} = \frac{\overline{F\Pi}}{\overline{FB}}, \qquad \text{ou :} \qquad \frac{\overline{B'A'}}{\overline{BA}} = \frac{\overline{F\Pi}}{\overline{FB}}, \qquad \text{c'est-à-dire :}$$

(2)
$$\gamma = \frac{y'}{y} = \frac{\varphi}{\sigma};$$

égalons les deux expressions de $\gamma$, il vient :

$$\frac{\sigma'}{\varphi'} = \frac{\varphi}{\sigma},$$

d'où

(3)
$$\sigma\sigma' = \varphi\varphi',$$

les relations (1), (2), (3) sont les équations de Newton.

2° *Origines aux points principaux.* — Posons :

$$\overline{\Pi F} = F, \qquad \overline{\Pi' F'} = F', \qquad \overline{\Pi B} = x, \qquad \overline{\Pi' B'} = x',$$

F et F' sont les *distances focales principales* et nous avons :

$$F = -\varphi, \qquad F' = -\varphi'.$$

Les triangles semblables JΠF, JIA nous donnent :

$$\frac{\overline{\Pi J}}{\overline{IJ}} = \frac{\overline{\Pi F}}{\overline{IA}},$$

mais

$$\overline{\Pi J} = \overline{B'A'} = y', \qquad \overline{IJ} = \overline{I\Pi} + \overline{\Pi J} = \overline{AB} + \overline{B'A'} = y' - y, \qquad \overline{IA} = \overline{\Pi B} = x,$$

donc

(4)
$$\frac{y'}{y' - y} = \frac{F}{x},$$

de même dans les triangles semblables I'Π'F', I'J'A' :

$$\frac{\overline{\Pi' I'}}{\overline{J'I'}} = \frac{\overline{\Pi' F'}}{\overline{J'A'}},$$

mais

$$\overline{\Pi' I'} = \overline{BA} = y, \qquad \overline{J'I'} = \overline{J'\Pi'} + \overline{\Pi' I'} = \overline{A'B'} + \overline{BA} = y - y', \qquad J'A' = \Pi'B' = x',$$

par conséquent

$$\frac{y}{y-y'}=\frac{F'}{x'}; \qquad (5)$$

additionnons membre à membre (4) et (5), il vient :

$$\frac{F}{x}+\frac{F'}{x'}=1. \qquad (6)$$

divisons membre à membre (4) par (5), il vient :

$$\gamma=\frac{y'}{y}=-\frac{F}{F'}\cdot\frac{x'}{x}. \qquad (7)$$

*Remarque.* — Nous aurions pu établir ces dernières formules en partant des relations (1), (2), (3), et effectuant de simples changements d'origine.

En résumé, les formules du système épais sont :
avec *origines doubles aux foyers principaux*

$$\sigma\sigma'=\varphi\varphi', \qquad \gamma=\frac{\sigma'}{\varphi'}=\frac{\varphi}{\sigma}; \qquad (8)$$

avec *origines doubles aux points principaux*

$$\frac{F}{x}+\frac{F'}{x'}=1, \qquad \gamma=-\frac{F}{F'}\cdot\frac{x'}{x}. \qquad (9)$$

*Remarque.* — Ces formules sont les mêmes que celles établies dans le cas du dioptre sphérique ou des lentilles minces, les points principaux étant alors confondus.

151. **Rapport des distances focales principales.** — Théorème. — *Le rapport des distances focales principales d'un système optique centré est égal au rapport, changé de signe, des indices des milieux extrêmes.*

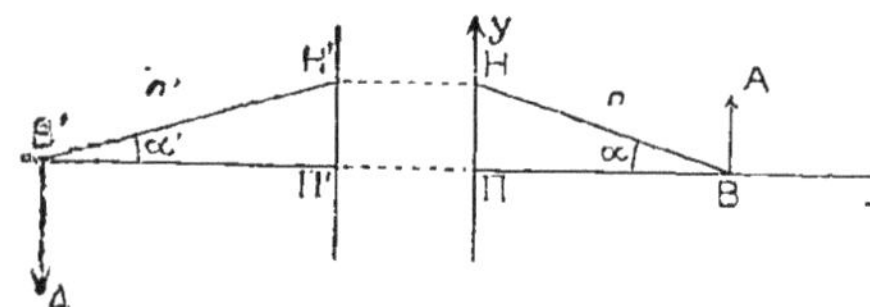

Fig. 242.

Soit un système optique centré formé de K+1 milieux ayant successivement pour indices $n, n_2, n_3, \ldots n_k, n'$; désignons par $y, y_2, y_3, \ldots y_k, y'$, les grandeurs respectives d'un objet BA (fig. 242) et des images successives; menons par B un rayon BN très peu incliné sur l'axe et soient $\alpha, \alpha_2, \alpha_3, \ldots \alpha_k, \alpha'$ les angles que font le rayon BH et les réfractés correspondants avec l'axe; d'après la relation d'Helmholtz (96), nous avons :

$$n\alpha y=n_2\alpha_2 y_2=n_3\alpha_3 y_3=\ldots \qquad =n_k\alpha_k y_k=n'\alpha' y',$$

d'où nous tirons :

$$\gamma=\frac{y'}{y}=\frac{n\alpha}{n'\alpha'}; \qquad (1)$$

d'autre part, en conservant la notation habituelle,

$$(2)\qquad \gamma = -\frac{F}{F'}\cdot\frac{x'}{x},$$

enfin, écrivons que les segments IIH, II'H' sont égaux :

$$(3)\qquad \alpha x = \alpha' x'.$$

De (2) nous tirons $\frac{F}{F'}$ et en tenant compte des relations (1) et (3)

$$\frac{F}{F'} = -\gamma\times\frac{x}{x'} = -\frac{n\alpha x}{n'\alpha' x'} = -\frac{n}{n'}.$$

152. **Système optique centré dont les deux milieux extrêmes sont identiques : formules simplifiées.** — Dans les relations précédemment trouvées, il faut faire

$$F' = -F, \qquad \varphi' = -\varphi,$$

et il vient :

$$\sigma\sigma' = -\varphi^2, \qquad \gamma = -\frac{\sigma'}{\varphi} = \frac{\varphi}{\sigma},$$

$$\frac{1}{x} - \frac{1}{x'} = \frac{1}{F}, \qquad \gamma = \frac{x'}{x}.$$

*Remarque.* — Ces formules sont identiques à celles relatives aux lentilles minces, lorsque les milieux extrêmes sont identiques (111).

153. **Plans antiprincipaux ou plans principaux négatifs.** — Ce sont les plans conjugués pour lesquels $\gamma = -1$; dans le cas général nous trouvons, en faisant $\gamma = -1$ dans les formules du grandissement :

$$\sigma = -\varphi, \qquad \sigma' = -\varphi',$$

ou :

$$x = 2F, \qquad x' = 2F',$$

le plan *antiprincipal-objet* est donc symétrique du plan principal-objet par rapport au foyer-objet; il existe une disposition analogue relative au plan *antiprincipal-image* : les points de rencontre de ces plans avec l'axe sont dits *antiprincipaux*.

154. **Points nodaux** (*Listing*). — THÉORÈME. — *Lorsqu'un incident et l'émergent correspondant sont parallèles, ils rencontrent l'axe en deux points fixes :*

Ces points se nomment *points nodaux*.

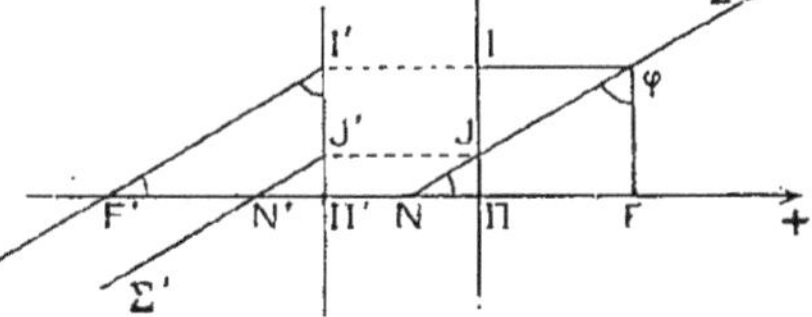

Fig. 243.

Soit un incident ΣN (fig. 243), satisfaisant à l'hypothèse, marquons son intersection φ avec le plan focal F; l'incident φI parallèle à l'axe a pour émergent I'F' et les émergents correspondant à φN et φI sont parallèles puisque ces incidents passent par le même foyer φ; par suite puisque par hypothèse φN et son émergent sont parallèles, $\varphi N$ est parallèle à $IF'$. Les deux triangles rectangles $F\varphi N$, $H'I'F'$ sont égaux, car $F\varphi = H'I'$ par construction et les angles aigus en $\varphi$ et $I'$ sont égaux comme ayant leurs côtés parallèles; par suite :

$$\overline{FN} = \overline{H'F'} = F';$$

le point N est donc fixe; il en est de même pour son conjugué N'. N est le *point nodal-objet*, N' le *point nodal-image*.

Par construction on a ainsi $\overline{HJ} = \overline{H'J'}$ : $\widehat{HJN} = \widehat{H'J'N'}$ comme ayant leurs côtés parallèles, donc

$$\overline{H'N'} = \overline{HN},$$

par suite :

$$\overline{F'N'} = \overline{F'H'} + \overline{H'N'} = \overline{F'H'} + \overline{HN} = \overline{F'H'} + \overline{HF} + \overline{FN} = -F' + F + F' = F.$$

Puisque

$$\overline{H'N'} = \overline{HN},$$

la distance N'N des points nodaux est égale à la distance H'H des points principaux, qui s'appelle l'*interstice*.

Théorème réciproque. — *Si un incident passe par le point nodal-objet, l'émergent correspondant passe par le point nodal-image et est parallèle à l'incident.* — Le point nodal-objet N (fig. 245) est défini par la relation $\overline{FN} = F'$; si un incident $\Sigma N$ passe par le point N, l'émergent passe évidemment par le point nodal-image N' conjugué de N. Déterminons la direction de l'émergent correspondant à $\Sigma N$; pour cela par le foyer-objet $\varphi$ qui est sur cet incident, menons $\varphi I$ parallèle à l'axe, il a pour réfracté $I'F'$ : l'émergent de $\Sigma N$ est parallèle à $I'F'$. Or les triangles rectangles $F\varphi N$, $H'I'F'$ ont les côtés $F\varphi$ et $H'I'$ égaux par construction, les côtés FN et H'F' égaux par hypothèse, ils sont donc égaux, par suite les angles $F\varphi N$, $H'I'F'$ sont égaux et les côtés $\varphi N$ et $I'F'$ sont parallèles, donc $\varphi N$ est parallèle à son émergent.

*Remarque.* — Nous pouvons chercher les points nodaux par le calcul, en appliquant la relation d'Helmholtz. Si $x$ et $x'$ sont les abscisses de deux points conjugués, $\alpha$ et $\alpha'$ les angles que font avec l'axe les rayons incident et émergent passant par ces points, nous avons (96)

$$\alpha x = \alpha' x';$$

d'autre part :

$$\frac{F}{x} + \frac{F'}{x'} = 1;$$

pour les points nodaux

$$\alpha = \alpha' \qquad \text{donc} \qquad x = x' = F + F';$$

par suite :

$$\overline{FN} = \overline{FH} + \overline{HN} = -F + (F + F') = F'; \text{ de même } \overline{F'N'} = F.$$

*Cas où les deux milieux extrêmes sont identiques.* — On voit immédiatement que les points nodaux sont confondus avec les points principaux. Si le système se réduit à une lentille mince, les points nodaux sont confondus et, si les milieux extrêmes sont identiques, les points nodaux se trouvent au sommet commun des dioptres.

155. **Utilisation des points nodaux dans les constructions géométriques**. — Pour trouver l'image d'un point, il est commode de prendre, comme incident particulier issu du point, celui qui passe par le point nodal-objet : on obtient immédiatement l'émergent qui lui correspond en menant une parallèle à l'incident par le point nodal-image. C'est la construction employée dans le cas des lentilles minces, les points nodaux étant confondus.

En prenant pour origines N et N′ et posant (fig. 244)

$$\overline{NB} = l \qquad \overline{N'B'} = l',$$

le changement de coordonnés, dans les formules précédemment établies, donne :

$$\frac{F'}{l} + \frac{F}{l'} + 1 = 0 \quad (8) \qquad \gamma = \frac{l'}{l} \quad (9)$$

156. **Centre optique**. — Si le système est composé de deux dioptres seulement, à un incident $\Sigma$ N (fig. 244) correspond un rayon émergent N′$\Sigma'$ parallèle et un rayon intérieur KK′ rencontrant l'axe en un point C appelé *centre optique*. Ce point est fixe, car il est l'image du point fixe N dans le premier dioptre, d'où le théorème suivant :

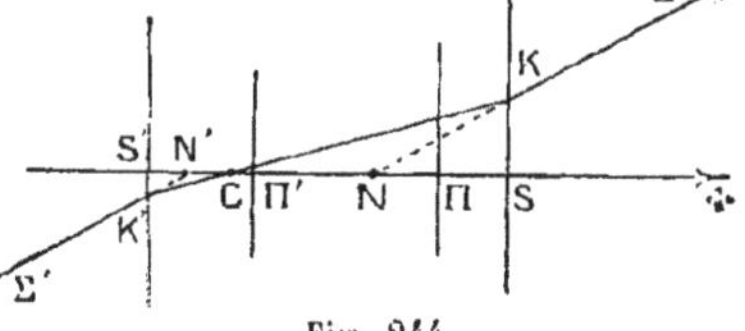

Fig. 244.

Théorème. — *Lorsque, dans un système de deux dioptres sphériques, un incident donne naissance à un émergent parallèle, le rayon intérieur passe par un point fixe.* Ce point est appelé centre optique.

Si dans le système de deux dioptres sphériques considéré, le rayon intérieur passe par le centre optique C, l'incident passe par le point nodal-objet N, d'où la proposition suivante.

Théorème réciproque. — *Lorsque, dans un système de deux dioptres sphériques, le rayon intérieur passe par le centre optique, l'incident et l'émergent correspondants sont parallèles.*

On détermine la position de C, soit en cherchant l'image de N, soit en utilisant les relations de similitude fournies par la figure :

$$\frac{\overline{CN}}{\overline{CN'}} = \frac{\overline{CK}}{\overline{CK'}} = \frac{\overline{SK}}{\overline{S'K'}} = \frac{\overline{SN}}{\overline{S'N'}} = \frac{\overline{SC}}{\overline{S'C'}}.$$

Si les points principaux sont confondus, il en est de même pour les points nodaux qui coïncident avec le centre optique. En particulier, dans le cas d'une lentille mince dont les milieux extrêmes sont identiques, les points principaux, les points nodaux et le centre optique coïncident avec le sommet commun des dioptres.

Lorsque le système comporte $m$ dioptres ($m > 2$) il y a $m - 1$ rayons intérieurs et, lorsque l'incident et l'émergent sont parallèles, les $m - 1$ rayons intérieurs rencontrent l'axe en des points fixes jouissant de propriétés analogues à celles du centre optique.

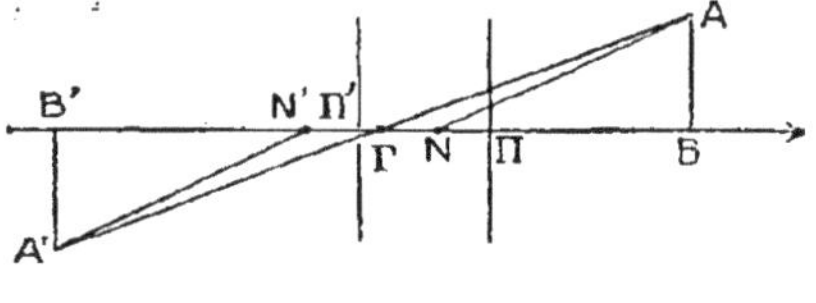

Fig. 245.

157. — **Centre de similitude.** — Soit B'A' (fig. 245) l'image de BA, menons AA' qui coupe l'axe en Γ; ce point est centre de similitude pour les objets du plan de front B et les images correspondantes.

On a :

$$\frac{\overline{\Gamma N'}}{\overline{\Gamma N}} = \frac{\overline{\Gamma A'}}{\overline{\Gamma A}} = \frac{\overline{B'A'}}{\overline{BA}} = \gamma;$$

le point Γ dépend donc de $\gamma$, il varie avec la position du plan de front B; il présente, pour cette raison, moins d'intérêt que le centre optique.

158. **Points antinodaux ou points nodaux négatifs.** — Théorème. — *Lorsqu'un incident et l'émergent correspondant sont également inclinés sur l'axe, mais en sens inverse, ils coupent l'axe en deux points fixes.*

On les appelle *points antinodaux.*

Soit un incident MI (fig. 246) satisfaisant à la condition énoncée, I'M' son émergent : MI et I'M' sont donc également inclinés sur l'axe. — Mais I'M' est parallèle à J'N' comme émergents correspondant à des incidents issus du même foyer $\varphi$; J'N' est parallèle à $\varphi$N (propriété des points nodaux), donc I'M' est parallèle à $\varphi$N, par suite $\varphi$N et $\varphi$M sont également inclinés sur l'axe et le point M est fixe comme symétrique de N par rapport à F. L'émergent de M$\varphi$ passe par M' conjugué du point fixe M, donc également fixe : on démontre du reste facilement que M' est symétrique de N' par rapport à F'; en effet :

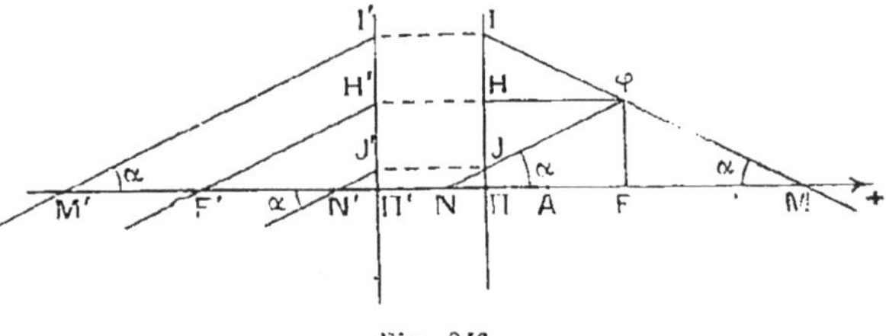

Fig. 246.

$$\mathrm{HI} = \mathrm{HJ}; \qquad \mathrm{I'H'} = \mathrm{H'J'}; \qquad \mathrm{M'F'} = \mathrm{F'N'};$$

M est le *point antinodal-objet*, M' le *point antinodal-image.*

Théorème réciproque. — *Si un incident passe par le point antinodal-objet, l'émergent passe par le point antinodal-image et l'incident et l'émergent sont également inclinés sur l'axe, mais en sens inverse.*

Car si l'incident est $M\varphi$ (fig. 246), l'émergent passe par le conjugué M' de M; il est parallèle à $\varphi N$, or le triangle $M\varphi N$ est isocèle, puisque la hauteur $F\varphi$ est en même temps médiane : les angles à la base sont égaux.

*Remarque.* — Nous arrivons aux mêmes résultats par le calcul. Si $x$ et $x$ sont les abscisses de deux points conjugués :

$$\frac{F}{x}+\frac{F'}{x'}=1,$$

en désignant par $\alpha$ et $\alpha'$ les angles, qui font avec l'axe deux rayons passant par ces points (96)

$$\alpha x=\alpha' x'$$

pour que les points soient antinodaux, il faut que

$$\alpha=-\alpha' \qquad \text{d'où} \qquad x=-x'$$

et par suite

$$x=F-F' \qquad x'=F'-F.$$

159. **Points cardinaux d'un système optique centré.** — C'est l'ensemble des foyers principaux, points principaux, antiprincipaux, nodaux, antinodaux, répartis en deux groupes.

Si on connaît quatre de ces points, n'appartenant pas tous au même groupe, le système est complètement déterminé, car on peut retrouver les points et foyers principaux qui définissent entièrement le système.

160. **Points de Bravais** (¹). — Un point de Bravais est à lui-même son image.

Soit A (fig. 246) un point de Bravais, l'image A' est confondue avec A. Pour ce point particulier et son image :

$$\frac{F}{x}+\frac{F'}{x'}=1. \tag{1}$$

Désignons l'interstice par $\Delta$, nous avons :

$$\Delta=\overline{\Pi'\Pi}=\overline{\Pi'A'}+\overline{A'A}+\overline{A\Pi}=x'+0-x=x'-x, \tag{2}$$

éliminons $x'$ entre (1) et (2), il vient :

$$x^2+(\Delta-F-F')x-F\Delta=0.$$

Si les racines de cette équation sont réelles, il y a deux points de Bravais distincts; si les racines sont confondues, il en est de même pour les points de Bravais; enfin si les racines sont imaginaires, il n'y a pas de points de Bravais.

La demi-somme des racines de l'équation est :

$$\frac{F+F'-\Delta}{2}=\frac{\overline{\Pi F}+\overline{FN}+\overline{\Pi\Pi'}}{2}=\frac{\overline{\Pi N}+\overline{\Pi\Pi'}}{2};$$

(¹) Bravais (1811-1863), physicien français.

le milieu du segment limité par les points de Bravais est donc le même que le milieu de NN'.

Si $\Delta = 0$, les racines de l'équation sont

$$0 \quad \text{et} \quad F + F';$$

les points de Bravais sont confondus, l'un avec les points principaux, l'autre avec les points nodaux et le centre optique ; ce résultat est évident. En particulier, s'il s'agit d'une lentille mince dont les deux milieux extrêmes sont identiques, les points de Bravais sont au sommet commun des dioptres.

161. **Système optique centré limité par une surface réfléchissante.** — La réflexion étant un cas particulier de la réfraction ($n = -1$, § 78), un système centré limité par une surface réfléchissante présente des foyers et des plans principaux, mais, comme la lumière incidente se propage dans une direction unique, les foyers-objet et image sont confondus, ainsi que les plans principaux objet et image; par suite le système se comporte comme un miroir sphérique dont le foyer et le plan principal seraient confondus avec les éléments correspondants du système épais. Cherchons à déterminer ce miroir sphérique équivalent.

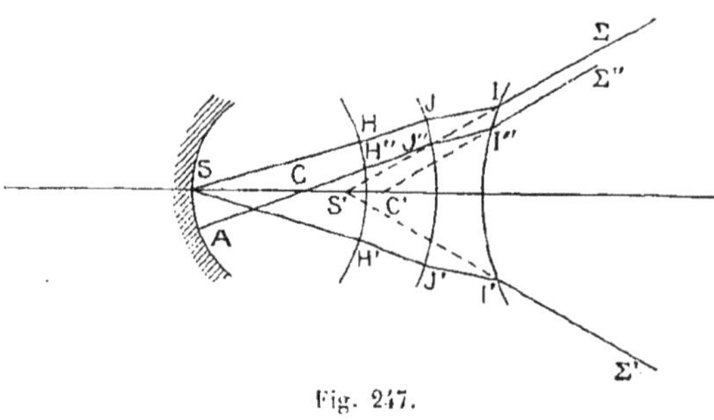

Fig. 247.

α) *Recherche du sommet du miroir.* — Soit le système épais de la figure 247; le rayon incident ΣIJHS va rencontrer le miroir au sommet S et se réfléchit en suivant le chemin symétrique SH'J'I'Σ'; Σ'I' considéré comme incident a pour émergent IΣ ; les deux incidents ΣI, Σ'I', qui se coupent ainsi en S', ont pour émergents I'Σ' et IΣ qui se coupent également en S', donc S' a pour image S', par suite S' est le sommet ou le centre du miroir sphérique équivalent ; ce ne peut être le centre puisque le rayon ΣI n'est point réfléchi suivant lui-même; or S' peut être considéré comme le point de rencontre des émergents S'Σ, S'Σ' provenant de rayons émanés de S, dans le dernier milieu : S' *est donc l'image de S à travers tout le système antérieur.*

β) *Recherche du centre du miroir.* — Si l'incident Σ''I'' donne un rayon I''J''H''A passant, dans le dernier milieu, par le centre C de la surface réfléchissante, le réfléchi se superpose à l'incident dans toute son étendue; Σ''I'' a pour émergent I''Σ'' ; par suite, il coupe l'axe en C' centre du miroir sphérique équivalent; mais C' peut être considéré comme le point de rencontre de tous les émergents correspondant aux rayons issus de C centre de la surface réfléchissante dans le dernier milieu ; C' *est donc l'image de C à travers tout le système antérieur.*

En résumé : le système optique considéré est équivalent à un miroir *sphérique ayant respectivement, pour sommet et pour centre, les images à travers tous les milieux antérieurs du sommet de la surface réfléchissante et de son centre, considérés comme appartenant au milieu transparent qui est en contact avec cette surface.*

*Application.* — La connaissance de ces résultats simplifie beaucoup les problèmes.

*Exemple.* — Soit à étudier le système optique formé par un cylindre de

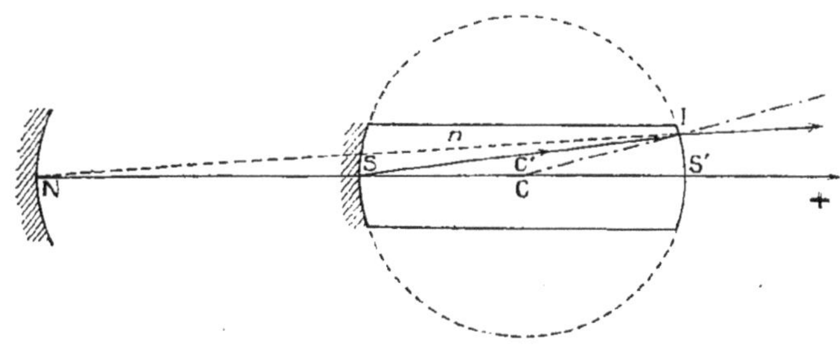


Fig. 248.

verre SS′ (fig. 248) d'indice $n$, découpé dans une sphère, la surface S étant réfléchissante.

Fixons un sens positif et posons $\overline{CS'} = \rho$; le système proposé est équivalent à un miroir sphérique ayant :

Pour centre, l'image de C (appartenant au verre), à travers le dioptre S′ : c'est le point C lui-même ;

Pour sommet, l'image N de S (appartenant au verre), à travers le dioptre S′ (84) :

$$\frac{1}{\overline{CS}} - \frac{n}{\overline{CN}} = \frac{1-n}{\overline{CS'}} \qquad \text{d'où} \qquad \frac{n}{\overline{CN}} = \frac{1}{\overline{CS}} + \frac{n-1}{\overline{CS'}} = \frac{1}{-\rho} + \frac{n-1}{\rho} = \frac{n-2}{\rho}$$

$$\overline{CN} = \frac{n\rho}{n-2}.$$

Tout problème sur le système proposé est ramené à un exercice sur un miroir sphérique complètement déterminé.

**162. Détermination des éléments cardinaux d'une lentille épaisse, en contact avec des milieux extrêmes identiques.** — Soit une lentille d'indice $n$ par rapport aux milieux extrêmes, de sommets S, S′ (fig. 249) ; désignons par C et C′ les centres des faces d'entrée et de sortie et posons :

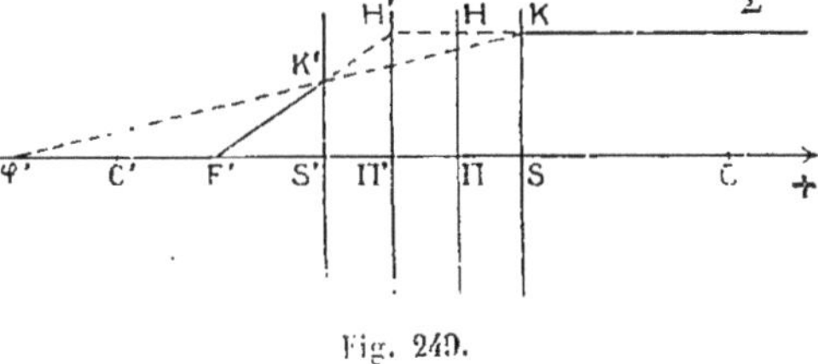


Fig. 249.

$$\overline{SC} = R \qquad \overline{S'C'} = R' \qquad \overline{S'S} = e \qquad \overline{C'C} = \mu = -(R' - R - e);$$

soient F et F' les foyers principaux, Π et Π' les plans principaux, posons :

$$\overline{SF}=h, \quad \overline{S'F'}=h', \quad \overline{S\Pi}=\varpi, \quad \overline{S'\Pi'}=\varpi', \quad \overline{\Pi F}=F, \quad \overline{\Pi' F'}=F', \quad \overline{\Pi'\Pi}=\Delta.$$

1° *Détermination des foyers principaux.* — L'incident ΣK parallèle à l'axe se réfracte en K de manière à passer par φ' tel que

$$\frac{1}{\infty}-\frac{n}{\overline{S\varphi'}}=\frac{1-n}{R}, \qquad \text{d'où} \qquad S\varphi'=\frac{nR}{n-1}.$$

et la réfraction en K' donne :

$$\frac{n}{\overline{S'\varphi'}}-\frac{1}{\overline{S'F'}}=\frac{n-1}{R'};$$

or

$$\overline{S'\varphi'}=\overline{S'S}+\overline{S\varphi'}=e+\frac{nR}{n-1};$$

en remplaçant $\overline{S'\varphi'}$ par sa valeur dans l'équation précédente nous avons :

$$\overline{S'F'} \text{ ou } h'=\frac{R'[nR+(n-1)e]}{(n-1)[n(R'-R-e)+e]};$$

on obtiendra la position de F en remplaçant R par R', R' par R, $e$ par $-e$; il vient :

$$\overline{SF} \text{ ou } h=-\frac{R[nR'-(n-1)e]}{(n-1)[n(R'-R-e)+e]}.$$

2° *Calcul des distances focales.* — En utilisant la similitude des triangles F'Π'H', F'S'K' et des triangles φ'SK, φ'S'K', nous avons :

$$\frac{\overline{\Pi'F'}}{\overline{S'F'}}=\frac{\overline{\Pi'H'}}{\overline{S'K'}}=\frac{\overline{SK}}{\overline{S'K'}}=\frac{\overline{S\varphi'}}{\overline{S'\varphi'}},$$

d'où

$$\overline{\Pi'F'} \text{ ou } F'=\frac{\overline{S'F'}\times\overline{S\varphi'}}{\overline{S'\varphi'}};$$

chacun des segments qui entrent dans cette expression est connu; en les remplaçant par leurs valeurs il vient :

$$F'=\frac{n}{n-1}\times\frac{RR'}{n(R'-R-e)+e}$$

et nous savons (152) que F = — F'; donc

$$F=-\frac{n}{n-1}\times\frac{RR'}{n(R'-R-e)+e}.$$

3° *Position des plans principaux.* Nous avons :

$$\overline{S'\Pi'}=\overline{S'F'}+\overline{F'\Pi'}$$

et, en remplaçant les segments par leurs valeurs, il vient :

$$\varpi'=\frac{eR'}{n(R'-R-e)+e};$$

on obtiendra $\overline{\text{SΠ}}$ ou $\varpi$ par permutation, en remplaçant R par R′, R′ par R, $e$ par $-e$ :

$$\varpi = \frac{e\text{R}}{n(\text{R}' - \text{R} - e) + e}.$$

On a donc aussi :

$$\frac{\varpi}{\varpi'} = \frac{\text{R}}{\text{R}'};$$

la face correspondant au plus petit rayon de courbure est la plus rapprochée du plan principal correspondant.

4° *Calcul de l'interstice*

$$\Delta = \overline{\Pi'\Pi} = \overline{\Pi'\text{S}'} + \overline{\text{S}'\text{S}} + \overline{\text{S}\Pi} = -\varpi' + e + \varpi = (n-1)e \times \frac{\text{R}' - \text{R} - e}{n(\text{R}' - \text{R} - e) + e}.$$

*Remarque.* — Les dénominateurs des expressions calculées sont tous égaux à $e - n\mu$.

*Discussion.* — Nous supposerons toujours $n > 1$ et que les rayons R et R′ sont grands en valeur absolue par rapport à $e$; le sens positif choisi est tel que $e > 0$.

1° *Lentille biconvexe* : $\text{R} < 0$, $\text{R}' > 0$.

On a immédiatement :

$$\mu < 0 \qquad e - n\mu > 0$$

et on voit facilement que :

$$\varpi < 0 \qquad \varpi' > 0 \qquad \Delta > 0 \qquad \text{F} > 0 \qquad \text{F}' < 0,$$

le signe de $h$ est celui de $n\text{R}' - (n-1)e$, donc $h > 0$ dans les conditions supposées; le signe de $h'$ est celui de $n\text{R} + (n-1)e$, donc $h' < 0$. Les plans principaux sont à l'intérieur de la lentille, dans l'ordre normal, c'est-à-dire que le plan principal-objet est avant le plan principal-image quand on se déplace dans le sens de la lumière incidente; les foyers sont tous les deux réels, la lentille est convergente, quel que soit le sens de propagation (*fig.* 250).

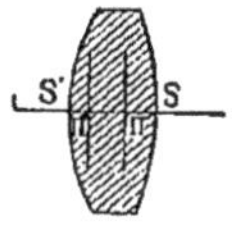

Fig. 250.

2° *Lentille biconcave* : $\text{R} > 0$, $\text{R}' < 0$.

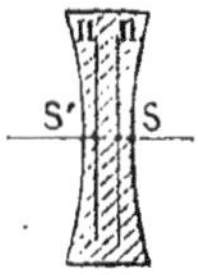

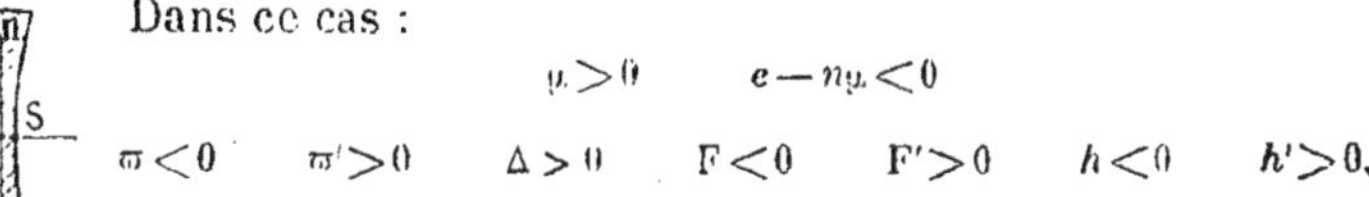


Dans ce cas :

$$\mu > 0 \qquad e - n\mu < 0$$

$$\varpi < 0 \qquad \varpi' > 0 \qquad \Delta > 0 \qquad \text{F} < 0 \qquad \text{F}' > 0 \qquad h < 0 \qquad h' > 0,$$

Fig. 251.

les plans principaux sont à l'intérieur de la lentille, dans l'ordre normal; les foyers sont virtuels, la lentille est divergente dans les deux sens de propagation (*fig.* 251).

3° *Lentille plan convexe* : $\text{R} = \infty$, $\text{R}' > 0$.

Les formules se simplifient et l'on a :

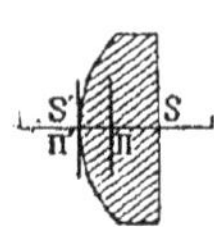


Fig. 252.

$$F = -F' = \frac{R'}{n-1} \qquad \varpi = -\frac{e}{n} \qquad \varpi' = 0 \qquad \Delta = \frac{(n-1)e}{n}$$

$$h = \frac{nR' - (n-1)e}{n(n-1)} \qquad h' = -\frac{R'}{n-1},$$

par suite

$$\varpi < 0 \qquad \varpi' = 0 \qquad \Delta > 0 \qquad F > 0 \qquad F' < 0 \qquad h > 0 \qquad h' < 0,$$

le plan principal-objet est dans la lentille, le plan principal-image est tangent à la face d'émergence, en son sommet; ils sont dans l'ordre normal, les foyers sont réels, la lentille est convergente dans les deux sens (fig. 252).

4° *Lentille plan concave.*

$$R = \infty \qquad R' < 0$$

En utilisant les formules simplifiées des cas précédents, on voit que :

$$\varpi < 0 \qquad \varpi' = 0 \qquad \Delta > 0 \qquad F < 0 \qquad F' > 0 \qquad h < 0 \qquad h' > 0,$$

la disposition des plans principaux est la même que dans le cas précédent, mais les foyers sont virtuels, la lentille est divergente dans les deux sens (*fig.* 253).

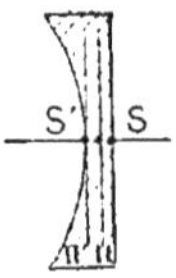

Fig. 253.

5° *Ménisque.*

Nous choisissons le sens positif de telle manière que l'on ait $R > 0$ $R' > 0$. Laissons $R$, $e$, $n$ fixes et prenons $R'$ ou $\mu$ comme variable indépendante : les valeurs importantes de $\mu$ sont données par les expressions

$$\mu = 0 \qquad e - n\mu = 0.$$

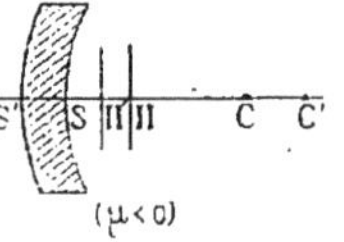


Fig. 254.

$\varpi$ et $\varpi'$ sont toujours de même signe.

α) $\mu < 0$. La lentille est à bords épais. On a les inégalités

$$\varpi > 0 \qquad \varpi' > 0 \qquad \Delta > 0 \qquad F < 0 \qquad F' > 0 \qquad h < 0 \qquad h' > 0,$$

les éléments sont disposés comme dans la figure 254, la lentille est divergente dans les deux sens, les plans principaux sont dans l'ordre normal.

β) $\mu = 0$. La lentille est à épaisseur constante, en mesurant cette épaisseur suivant les rayons issus de C'; nous avons les mêmes inégalités que précédemment, sauf que $\Delta = 0$ : les plans principaux sont confondus : la lentille est divergente dans les deux sens (*fig.* 255).

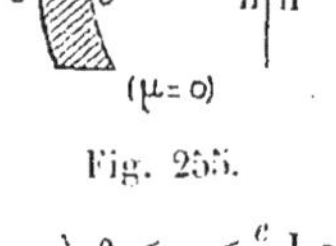

Fig. 255.

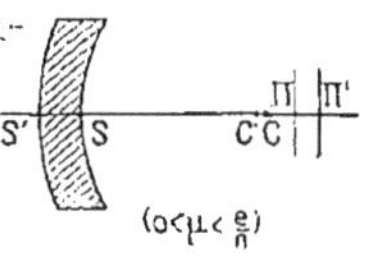


Fig. 256.

γ) $0 < \mu < \frac{e}{n}$ La lentille est à bords minces. On a :

$$\varpi > 0 \qquad \varpi' > 0 \qquad \Delta < 0 \qquad F < 0 \qquad F' > 0 \qquad h < 0 \qquad h' > 0.$$

La lentille est encore divergente dans les deux sens, quoique à bords minces, et l'ordre des plans principaux n'est plus normal (fig. 256).

δ) $\mu = \frac{e}{n}$ La lentille est à bords minces. Les plans principaux et les foyers principaux sont rejetés à l'infini, le système est *afocal* (fig. 257).

ε) $\mu > \frac{e}{n}$ La lentille est encore à bords minces. La discussion nous donne :

$$\varpi < 0 \qquad \varpi' < 0 \qquad \Delta > 0 \qquad F > 0 \qquad F' < 0 \qquad h > 0 \qquad h' < 0.$$

Le ménisque à bords minces est convergent dans les deux sens (nous supposons toujours que $e$ est petit par rapport à R ou R'), les plans principaux sont dans l'ordre normal (*fig.* 258).

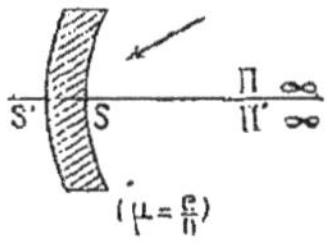

Fig. 257.

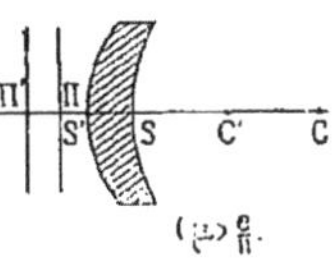

Fig. 258.

*Résumé.* — Si nous passons en revue les différents cas examinés, pour $n > 1$ et avec les restrictions imposées, nous voyons que :

Les lentilles à bords *épais* sont toutes *divergentes*;

Les lentilles à bords *minces* sont *convergentes*, sauf dans le cas du ménisque pour lequel $0 < \mu < \frac{e}{n}$, qui est divergent ;

Le ménisque $\mu = 0$ d'épaisseur constante est divergent;

Le ménisque à bords minces $\mu = \frac{e}{n}$ est afocal;

Les plans principaux sont dans l'ordre *normal*, sauf pour le ménisque à bords minces divergent.

*Points de Bravais d'une lentille épaisse.* — L'équation définissant la position des points de Bravais (160) se réduit à

$$x^2 + \Delta x - F\Delta = 0;$$

ces point sont réels au sens algébrique du mot, si :

$$\Delta^2 + 4F\Delta \geqslant 0 \qquad \text{ou} \qquad \Delta(\Delta + 4F) \geqslant 0;$$

1° Si $\qquad \mu < 0 \qquad$ ou $\qquad \mu > \frac{e}{n}, \qquad$ on a : $\qquad \Delta > 0.$

Pour toutes les lentilles convergentes $F > 0$, les points de Bravais sont *algébriquement réels*; ces lentilles sont à bords minces.

Pour toutes les lentilles divergentes, et avec les restrictions déjà indiquées, $F < 0$, $\Delta + 4F < 0$; les points de Bravais sont imaginaires; ces lentilles sont à bords épais.

2° $\qquad 0 < \mu < \frac{e}{n}.$

Dans ce cas :

$$\Delta < 0 \qquad F < 0 \qquad \Delta + 4F < 0,$$

les points de Bravais sont *algébriquement réels*; les lentilles sont à bords minces.

En *résumé*, avec les restrictions imposées, les points de Bravais sont *algébriquement réels*, et optiquement *réels* ou *virtuels* pour les lentilles à bords *minces*, *imaginaires* pour les lentilles à bords épais.

163. **Points cardinaux d'une lentille mince dont les deux faces sont baignées par le même milieu.** — Dans les relations précédentes, nous faisons $e=0$, et il vient : $\varpi=\varpi'=\Delta=0$. L'équation relative aux points de Bravais se réduit à $x^2=0$ : les points principaux, nodaux, de Bravais, le centre optique et le centre de similitude sont confondus avec le sommet commun des deux dioptres sphériques.

164. **Recherche directe du centre optique et des points nodaux d'une lentille épaisse dont les deux faces sont baignées par le même milieu.**

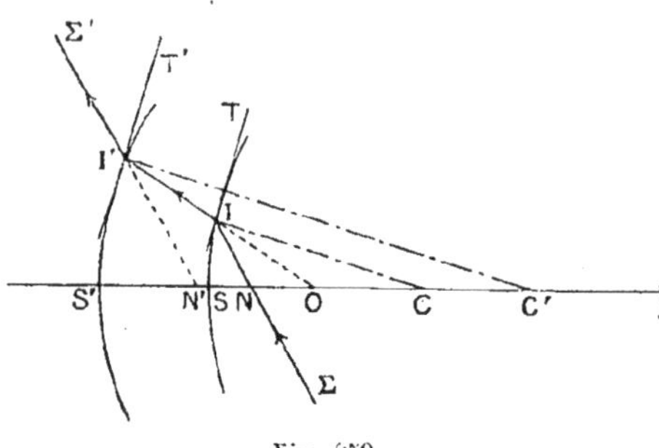


Fig. 259.

1° *Centre optique.* — Pour les rayons ΣI, I'Σ' (fig. 259), la lentille se comporte comme un prisme dont les faces seraient les plans tangents en I et I' aux dioptres S et S'; les rayons IΣ, I'Σ' sont parallèles si l'angle du prisme est nul. c'est-à-dire si les plans tangents IT et I'T' sont parallèles, et par conséquent si les normales CI, C'I' à ces plans sont elles-mêmes parallèles. Prolongeons II' jusqu'à sa rencontre en O avec l'axe et posons :

$$\overline{SC}=R \qquad \overline{S'C'}=R' \qquad \overline{S'S}=e \qquad \overline{SO}=x \qquad \overline{S'O}=x' \qquad \overline{SN}=\varpi \qquad \overline{S'N'}=\varpi'$$

La similitude des triangles OIC, OI'C', donne :

$$\frac{\overline{OC}}{\overline{OC'}}=\frac{\overline{IC}}{\overline{I'C'}}=\frac{\overline{SC}}{\overline{S'C'}} \qquad \text{ou} \qquad \frac{\overline{OC}}{\overline{SC}}=\frac{\overline{OC'}}{\overline{S'C'}},$$

mais

$$\overline{OC}=\overline{SC}-\overline{SO}=R-x \qquad \overline{OC'}=\overline{S'C'}-\overline{S'O}=R'-x',$$

donc

$$\frac{R-x}{R}=\frac{R'-x'}{R'} \qquad \text{ou} \qquad \frac{x}{R}=\frac{x'}{R'}=\frac{x'-x}{R'-R}=\frac{e}{R'-R},$$

d'où

$$x=\frac{eR}{R'-R} \qquad x'=\frac{eR'}{R'-R}.$$

*Discussion.* — On a :

$$\frac{x}{x'}=\frac{R}{R'}:$$

1° $RR'<0$, la lentille est biconcave ou biconvexe; $xx'<0$, le centre optique est entre S et S';

2° $RR'>0$, la lentille est un ménisque; dans ce cas $xx'>0$, le point O est du même côté par rapport à S et à S', donc en dehors du segment SS' et du côté du sommet correspondant au plus petit rayon de courbure.

2° *Points nodaux.* — Le point nodal-objet N a pour image O dans le dioptre S, donc :

$$\frac{1}{\varpi}-\frac{n}{x}=\frac{1-n}{R},$$

d'où

$$\varpi=\frac{Rx}{nR+(1-n)x}=\frac{eR}{n(R'-R-e)+e},$$

le point nodal-image N′ est l'image de O dans le dioptre S′, donc

$$\frac{n}{x'}-\frac{1}{\varpi'}=\frac{n-1}{R'},$$

d'où

$$\varpi'=\frac{R'x'}{nR'-(n-1)x'}=\frac{eR'}{n(R'-R-e)+e}.$$

L'interstice

$$\Delta=\overline{N'N}=\overline{N'S'}+\overline{S'S}+\overline{SN}=-\varpi'+e+\varpi=(n-1)e\frac{R'-R-e}{n(R'-R-e)+e}.$$

*Remarque.* — Si les lentilles sont équiconcaves ou équiconvexes, le centre optique est au milieu de SS′ et on en déduit tout de suite les points nodaux ou principaux.

Si la lentille présente une face plane, par exemple si $R=\infty$, on voit immédiatement que

$$x'=0 \qquad \varpi'=0;$$

le centre optique et l'un des points nodaux sont au sommet de la face courbe, d'où une simplification dans les calculs; ces résultats sont intéressants à retenir pour la résolution rapide des problèmes; on peut vérifier directement leur exactitude avec facilité.

*Autre méthode.* — Le problème est quelquefois présenté sous la forme suivante :

Soit la lentille épaisse de la figure 260 : les incidents ΣI, FK, convergents en H, donnent comme rayons intérieurs II′, KK′ qui se coupent en L et comme émergents I′F′ et K′Σ′ qui paraissent provenir de H′; le point H du premier milieu a pour image L dans le second milieu, qui a pour image H′ dans le troisième, par suite les plans principaux HΠ, H′Π′ considérés comme appartenant aux milieux extrêmes ont pour image, dans le milieu moyen, le plan LO, qui passe par le centre optique lorsque les milieux extrêmes sont identiques. Il est facile de déterminer la position du plan LO et par suite d'en déduire les plans principaux; on a en effet :

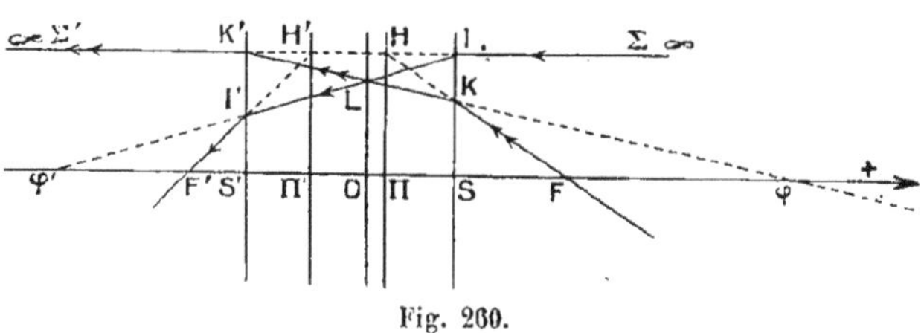


Fig. 260.

$$\frac{\overline{O\varphi}}{\overline{S'\varphi}}=\frac{\overline{OL}}{\overline{S'K'}}=\frac{\overline{OL}}{\overline{SI}}=\frac{\overline{O\varphi'}}{\overline{S\varphi'}},$$

la position de O est déterminée par l'égalité du premier et du dernier rapport; on en déduit Π et Π′.

165. **Lentille épaisse équivalente à un système optique donné.** — La lentille épaisse à déterminer devra avoir même distance focale et même interstice que le système donné, d'où deux équations seulement entre les quantités $n, e, R, R'$; le problème a donc une infinité de solutions; pratiquement il ne présente point d'intérêt, car un système de lentilles convenablement choisies sera toujours supérieur, au point de vue de la netteté des images, à une lentille épaisse équivalente.

**166. Éléments cardinaux d'un système de deux lentilles minces.** — Soient les lentilles minces S et S′ (fig. 261), ayant respec-

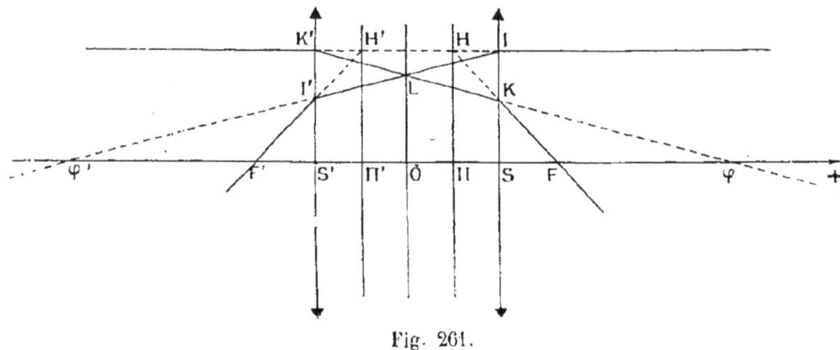


Fig. 261.

tivement pour distances focales $f$ et $f'$ ; posons suivant la notation habituelle :

$$\overline{S'S}=e \quad \overline{SF}=h \quad \overline{S'F'}=h' \quad \overline{SH}=\varpi \quad \overline{S'H'}=\varpi' \quad \overline{HF}=F \quad \overline{H'F'}=F' \quad \overline{H'H}=\Delta.$$

La réfraction du rayon I$\varphi'$ à travers la lentille S′ donne :

$$\frac{1}{\overline{S'\varphi'}}-\frac{1}{\overline{S'F'}}=\frac{1}{f'} \qquad \text{ou} \qquad \frac{1}{e-f}-\frac{1}{h'}=\frac{1}{f'} \qquad \text{d'où} \qquad h'=\frac{f'(e-f)}{f+f'-e},$$

d'autre part, la similitude des triangles semblables ayant pour sommet commun F′ ou $\varphi'$ donne :

$$\frac{\overline{S'F'}}{\overline{H'F'}}=\frac{\overline{S'I'}}{\overline{H'H'}}=\frac{\overline{S'I'}}{\overline{SI}}=\frac{\overline{S'\varphi'}}{\overline{S\varphi'}} \qquad \text{d'où} \qquad \overline{H'F'}=\overline{S'F'}\times\frac{\overline{S\varphi'}}{\overline{S'\varphi'}},$$

et par suite, en remplaçant les segments par leurs valeurs :

$$F'=-\frac{ff'}{f+f'-e},$$

en outre

$$\overline{S'H'}=\overline{S'F'}+\overline{F'H'}=\overline{S'F'}-\overline{H'F'} \qquad \text{ou :}$$

$$\varpi'=h'-F'=\frac{ef'}{f+f'-e}.$$

Nous obtiendrons les segments correspondants en remplaçant $f$ par $-f'$, $-f$ par $f'$, $e$ par $-e$ et il vient :

$$h=\frac{f(f'-e)}{f+f'-e} \qquad F=-F'=\frac{ff'}{f+f'-e} \qquad \varpi=-\frac{ef}{f+f'-e}.$$

*Système afocal.* — Si $f+f'-e=0$, les plans et foyers principaux sont rejetés à l'infini, le système est *afocal*.

Lorsque la condition énoncée est remplie, le foyer-image de S coïncide avec le foyer-objet de S′ et le grandissement du système est indépendant de l'objet. En effet : Soit un système afocal (fig. 262) ; l'objet BA a pour image $B_1A_1$, dans S, qui a pour image B'A' dans S' et

$$\gamma = \frac{\overline{B'A'}}{\overline{BA}} = \frac{\overline{S'I'}}{\overline{SI}} = \frac{\overline{\varphi_2 S'}}{\overline{\varphi_1' S}} = \frac{-f'}{f}.$$

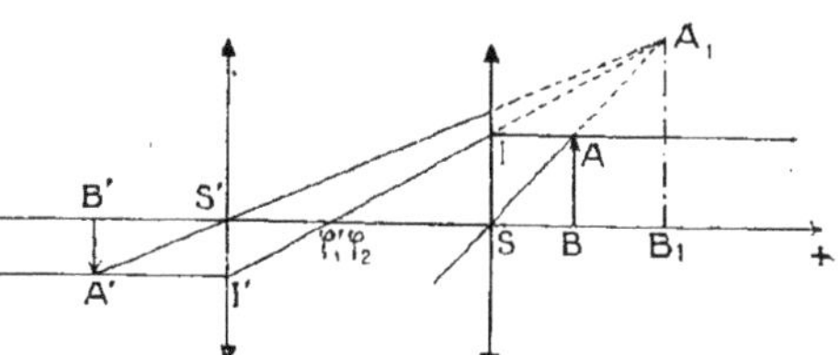

Fig. 262.

**167. Système infiniment mince de lentilles centrées et accolées.** — Si $e = 0$ $\varpi = \varpi' = 0$. Les points nodaux et le centre optique sont confondus, en outre :

$$F = \frac{ff'}{f + f'} \qquad \text{d'où} \qquad \frac{1}{F} = \frac{1}{f} + \frac{1}{f'}.$$

Pour un nombre quelconque de lentilles infiniment minces accolées et centrées, on trouverait, en appliquant successivement la relation précédente :

$$\frac{1}{F} = \Sigma \frac{1}{f},$$

$\frac{1}{F}$ est la *convergence* du système, d'où le théorème suivant :

Théorème des convergences. — *La convergence d'un système de lentilles infiniment minces accolées et centrées est égale à la somme algébrique des convergences de ces lentilles.*

*Autres méthodes.* — Nous pouvons, sans difficulté, comme il a été indiqué déjà (164), déterminer le plan LO (fig. 261) qui, appartenant au milieu compris entre les deux lentilles, a pour images le plan principal HH à travers S et H'H' à travers S' ; ou encore appliquer successivement deux fois les formules des lentilles minces à S et S' et déterminer les foyers et les plans principaux.

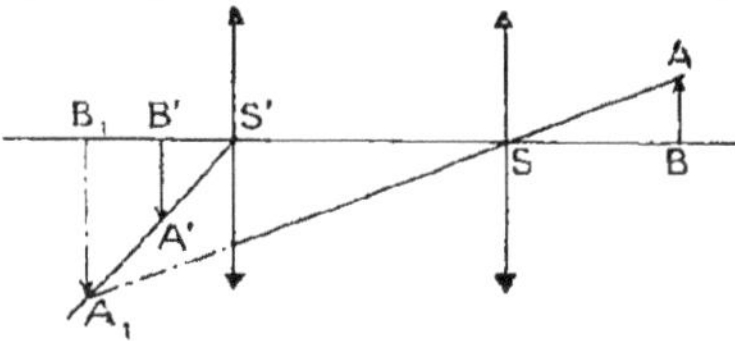

Fig. 263.

Soit un objet BA (fig. 263) qui a pour image $B_1A_1$ dans S, qui a pour image B'A' dans S' ; désignons par $f$ et $f'$ les distances focales de S et S' et posons :

$$\overline{S'S} = e \quad \overline{SB} = x \quad \overline{SB_1} = x'_1 \quad \overline{S'B_1} = x_1 \quad \overline{S'B'} = x' \quad \overline{BA} = y \quad \overline{B_1A_1} = y_1 \quad \overline{B'A'} = y';$$

nous avons :

$$\frac{1}{x} - \frac{1}{x_1'} = \frac{1}{f} \qquad \frac{1}{x_1} - \frac{1}{x'} = \frac{1}{f'} \qquad e = \overline{S'S} = \overline{S'B_1} + \overline{B_1S} = x_1 - x'_1$$

en éliminant $x_1$ et $x'_1$ entre ces trois équations, il vient :

$$x' = f' \frac{(e - f)x - ef}{(f + f' - e)x - f(f' - e)},$$

pour $x = \infty$
$$x' = h' = \frac{f'(e - f)}{f + f' - e},$$

pour $x' = \infty$, $\quad (f + f' - e)x - f(f' - e) = 0, \quad$ d'où $\quad x = h = \dfrac{f(f' - e)}{f + f' - e}.$

Calculons le grandissement, soit en fonction de $x$, soit en fonction de $x'$, nous avons :

$$\gamma = \frac{y'}{y} = \frac{y'}{y_1} \times \frac{y_1}{y} = \frac{f}{f - x} \times \frac{f'}{f' - x_1} = \frac{-ff'}{(f + f' - e)x + f(e - f')}$$

ou encore :

$$\gamma = \frac{f + x'_1}{f} \times \frac{f' + x'}{f'} = \frac{(f + f' - e)x' + f'(f - e)}{ff'}.$$

En faisant $\gamma = +1$, on trouve :

$$x = \varpi = \frac{-ef}{f + f' - e} \qquad x' = \varpi' = \frac{ef'}{f + f' - e}.$$

La distance focale-objet

$$F = -\varpi + h = \frac{ff'}{f + f' - e}.$$

*Remarque.* — La somme $f + f' - e$ a une signification géométrique simple : c'est la distance du foyer-image de S au foyer-objet de S'.

168. **Association de deux systèmes épais centrés.** — Des constructions géométriques simples nous donnent rapidement les éléments cardinaux du système épais équivalent; la question peut aussi être traitée par le calcul :

Soit un système épais ayant pour points principaux $\Pi_1$, $\Pi'_1$, pour foyers principaux $F_1$, $F'_1$ (fig. 264), pour distances focales principales $\varphi_1$, $\varphi'_1$; un

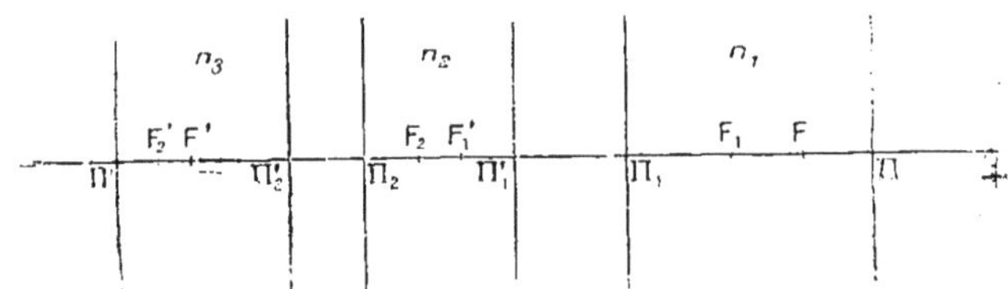


Fig. 264.

deuxième système épais ayant pour points principaux $\Pi_2$, $\Pi'_2$, pour foyers principaux $F_2$, $F'_2$, pour distances focales principales $\varphi_2$, $\varphi'_2$, un objet BA ayant pour image $B_1A_1$ dans le premier système, et $B_1A_1$ ayant pour image B'A' dans le deuxième système; posons

$$\overline{F_1B} = \sigma_1 \qquad \overline{F'_1B_1} = \sigma'_1 \qquad \overline{F_2B_1} = \sigma_2 \qquad \overline{F'_2B'} = \sigma'_2 \qquad \overline{F_2F'_1} = d :$$

1° *Détermination des foyers principaux.* — Nous avons :

$$\sigma_1\sigma'_1 = \varphi_1\varphi'_1 \qquad \sigma_2\sigma'_2 = \varphi_2\varphi'_2 \qquad \sigma_2 = d + \sigma'_1,$$

en éliminant $\sigma'_1$ et $\sigma_2$ entre ces équations, il vient :

$$\sigma'_2 = \sigma_1 \cdot \frac{\varphi_2\varphi'_2}{d\sigma_1 + \varphi_1\varphi'_1}.$$

Le foyer principal-objet F correspond à $\sigma'_2 = \infty$ ; on doit donc avoir :

$$d\sigma_1 + \varphi_1\varphi'_1 = 0 \qquad \text{ou} \qquad \overline{F_1F} = -\frac{\varphi_1\varphi'_1}{d},$$

nous aurons le foyer principal-image F' pour $\sigma_1 = \infty$, il vient :

$$\overline{F'_2F'} = \frac{\varphi_2\varphi'_2}{d};$$

2° *Recherche des plans principaux.* — Le grandissement :

$$\gamma = \frac{y'}{y} = \frac{y_1}{y} \times \frac{y'}{y_1} = \frac{\varphi_1\varphi_2}{\sigma_1\sigma_2} = \frac{\sigma'_1\sigma'_2}{\varphi'_1\varphi'_2},$$

tenons compte des relations de position précédentes, de manière à exprimer $\gamma$ en fonction de $\sigma_1$ ou de $\sigma'_2$ et il vient :

$$\gamma = \frac{\varphi_1\varphi_2}{d\sigma_1 + \varphi_1\varphi'_1} = \frac{\varphi_2\varphi'_2 - d\sigma'_2}{\varphi'_1\varphi'_2},$$

en posant $\gamma = +1$, nous tirons des expressions dernières du grandissement, $\Pi$ et $\Pi'$ étant les points principaux du système résultant :

$$F_1\Pi = \frac{\varphi_1(\varphi_2 - \varphi'_1)}{d},$$

$$F'_2\Pi' = \frac{\varphi'_2(\varphi_2 - \varphi'_1)}{d};$$

3° *Calcul des distances focales principales.* — Posons : $\overline{F\Pi} = \Phi$, $\overline{F'\Pi'} = \Phi'$.

$$\Phi = \overline{FF_1} + \overline{F_1\Pi} = \frac{\varphi_1\varphi_2}{d} \qquad \Phi' = \overline{F'F'_2} + \overline{F'_2\Pi'} = -\frac{\varphi'_1\varphi'_2}{d}.$$

*Remarque I.* — Quand on a la position d'un point cardinal objet, on obtient facilement la position du point cardinal image correspondant en remplaçant $\varphi_1$ par $\varphi'_2$, $\varphi'_1$ par $\varphi_2$, $d$ par $-d$.

*Remarque II.* — Le rapport des distances focales du système total est :

$$\frac{\Phi}{\Phi'} = -\frac{\varphi_1}{\varphi'_1} \times \frac{\varphi_2}{\varphi'_2},$$

soient $n_1$ et $n_2$ les indices des milieux extrêmes du premier système, $n_2$ et $n_3$ les indices des milieux extrêmes du deuxième système, admettons que, pour chacun d'eux, le rapport des distances focales soit égal au rapport changé de signe des indices des milieux extrêmes :

$$\frac{\Phi}{\Phi'} = -\left(-\frac{n_1}{n_2}\right)\left(-\frac{n_2}{n_3}\right) = -\frac{n_1}{n_3},$$

la propriété s'étend au système résultant; or, comme elle a été établie directement pour un dioptre sphérique (94), elle est donc vraie pour un système quelconque de dioptres sphériques centrés.

### 169. Détermination des éléments principaux d'un système épais. — α) Méthode de Cornu.

*Principe de la méthode.* — On détermine :

1° La position des foyers principaux, par l'observation directe;

2° La valeur absolue de la distance focale, par application de la formule de Newton $\sigma\sigma' = -\varphi^2$;

3° Le signe de la distance focale, par le signe d'un grandissement.

L'appareil se compose d'un banc d'optique portant un collimateur C (fig. 265) réglé pour l'infini, un microscope peu grossissant M (puissance de 20 à 40 dioptries) dont le pied peut glisser sur la règle graduée du banc d'optique, un support fixe A destiné à recevoir le système épais.

On éclaire la fente du collimateur par un brûleur au sodium, on vise l'image de cette fente à travers la lentille L, au moyen d'une lunette réglée pour l'infini; on fait varier le tirage du collimateur jusqu'à ce que la fente soit vue nettement: le collimateur est alors réglé. On installe le système épais sur son support après avoir tracé à l'encre de Chine deux traits en croix très fins près des sommets S et S′ des faces extrêmes, et on centre le collimateur, le système optique et le microscope. On déplace ensuite le microscope de manière à pointer :

L'image de la fente du collimateur, qui se forme dans le plan focal F′ (fig. 265) du système;

Le sommet S′ de la face d'émergence;

L'image Σ du sommet S à travers le système.

A chaque pointé on repère la position d'un trait gravé sur le pied du microscope, par rapport à la graduation du banc d'optique. La distance frontale du microscope étant constante, la différence entre la première

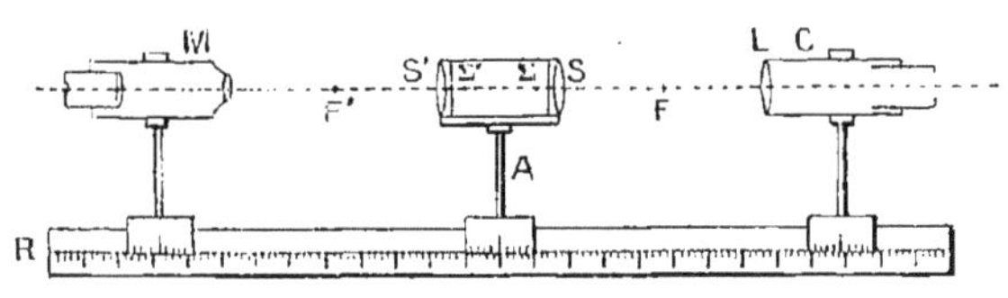


Fig. 265.

et la deuxième lecture nous donne F′S′; la différence entre la première et la troisième lecture nous donne F′Σ; retournons le système épais et recommençons les mêmes opérations que précédemment; en désignant par F l'autre foyer et par Σ′, l'image du sommet S′, nous déterminons FS et FΣ′ :

1° Les distances FS, F′S′ des foyers principaux aux faces du système étant connues, les foyers sont complètement déterminés;

2° Appliquons la formule de Newton au point-objet S et à son image Σ; si $\varphi$ représente la distance focale du système :

$$FS \times F'\Sigma = -\varphi^2;$$

les segments FS, F′Σ étant connus, nous pouvons calculer $\varphi$. Nous aurions pu prendre également S′ comme point-objet, il a pour image Σ′, donc :

$$F'S' \times F\Sigma' = -\varphi^2;$$

cette dernière relation comparée à la précédente nous fournit un contrôle de l'exactitude de nos mesures. Ayant $\varphi$, il suffira de porter à partir de F et F′ la distance focale $\varphi$, dans un sens convenable, pour déterminer les plans principaux;

3° Signe de $\varphi$. — S'il y a la moindre indécision pour choisir le sens suivant lequel il faut porter la distance focale, on le détermine en traçant une petite flèche sur S et observant le sens de l'image, on a immédiatement le signe du grandissement; or, en désignant par N le point nodal-objet, nous avons vu (150) que le grandissement $\gamma=\frac{\varphi}{\sigma}=\frac{\overline{FN}}{\overline{FS}}$; on sait donc immédiatement si S et N sont du même côté par rapport à F, ou de part et d'autre de F; on a donc le signe de $\varphi$.

*Précision de la mesure.* — En désignant par $\sigma$ et $\sigma'$ les distances du foyer-objet à l'objet et du foyer-image à l'image :

$$\varphi^2=-\sigma\sigma';$$

appliquons le théorème des erreurs relatives (409).

$$2\left[\frac{\Delta\varphi}{\varphi}\right]=\left[\frac{\Delta\sigma}{\sigma}\right]+\left[\frac{\Delta\sigma'}{\sigma'}\right];$$

soit $\varepsilon$ la limite supérieure de l'erreur commise dans la mesure de $\sigma$ et de $\sigma'$.

$$(\Delta\varphi)\leqslant\varepsilon\left(\frac{\varphi}{2}\right)\left[\frac{1}{(\sigma)}+\frac{1}{(\sigma')}\right]=\varepsilon\left(\frac{\varphi}{2}\right)\times\frac{(\sigma)+(\sigma')}{(\sigma'\sigma)}=\frac{\varepsilon}{2(\varphi)}[(\sigma)+(\sigma')]$$

La limite de $\Delta\varphi$ est donc d'autant plus petite que la somme $(\sigma)+(\sigma')$, est elle-même plus réduite; or le produit $(\sigma)\times(\sigma')=\varphi^2$ est constant; la somme est donc minimum pour $(\sigma)=(\sigma')$, ce qui donne : $\sigma=\pm\varphi$, $\sigma'=\mp\varphi$; il faudrait donc prendre l'objet dans le plan principal ou dans le plan antiprincipal. Or le plan antiprincipal ne convient pas, car il correspond à un développement trop considérable de l'appareil; le sommet S est, dans la pratique, toujours très voisin du plan principal; il est donc très indiqué d'employer S comme point-objet.

$\beta$) *Méthode Davanne et Martin.* — *Principe.* — On détermine :

1° Le plan focal-image, en cherchant la position de l'image d'un objet à l'infini ;

2° Les plans antiprincipaux, en déplaçant un objet par rapport au système et cherchant l'image correspondante jusqu'à ce que le grandissement mesuré soit égal à — 1.

Cette méthode est fréquemment utilisée pour les objectifs photographiques :

Sur la glace dépolie de l'appareil et sur un carton, on trace deux circonférences égales;

On met au point l'image d'un objet infiniment éloigné et on repère la distance de la glace dépolie à la face d'émergence;

On prend ensuite comme objet la circonférence tracée sur le carton et, par tâtonnements, on amène son image à coïncider avec la circonférence égale tracée sur la glace dépolie; le déplacement de cette glace est égal à la distance focale $\varphi$; on a les deux plans antiprincipaux. — On peut alors sans difficulté déterminer les autres éléments cardinaux du système, ou bien encore, on retourne le système et on recommence les opérations précédentes qui donnent directement le plan focal-objet.

$\gamma$) *Méthode par rotation.* — *Principe.* — Si l'on fait tourner un système optique autour d'un axe passant par le point nodal-image, l'image d'un objet à l'infini ne change pas. Le système optique glisse sur un support mobile autour d'un axe; on l'éclaire au moyen d'un collimateur réglé pour l'infini; l'image de la fente est reçue sur une glace dépolie qu'on déplace en même temps que le système optique. Par tâtonnements, on cherche à placer ce système optique de telle manière que la rotation de son support n'entraîne aucun déplacement de l'image de la fente du collimateur; l'axe de rotation passe alors par le point nodal-image et la glace dépolie est dans le plan focal-image; la distance de l'axe de rotation à la glace dépolie est égale à la distance focale. En retournant le système, on détermine l'autre point nodal et l'autre plan focal (*Tourniquet de Moëssard*).

δ) *Autres méthodes focométriques.* — Dans le cas d'une lentille mince, on détermine très aisément la distance focale :

1° En mesurant la distance de la lentille à l'image du Soleil ou d'un objet très éloigné ;

2° En évaluant les distances de la lentille à un objet et à l'image réelle correspondante ; on applique ensuite la formule

$$\frac{1}{x} - \frac{1}{x'} = \frac{1}{f};$$

3° Par tâtonnements, on cherche la position des plans antiprincipaux et on mesure leur distance qui est égale à $4f$ (méthode du focomètre de Silbermann);

4° En cherchant à projeter, au moyen de la lentille, un objet fixe sur un écran donné ; lorsque le problème est possible, il admet deux solutions et la distance focale s'évalue très simplement en fonction de la distance $d$ des deux positions successives de la lentille et de la distance D de l'objet à l'écran (problème de Bessel); on établit facilement que :

$$f = \frac{D^2 - d^2}{4D}.$$

**170. Convergence. Dioptrie.** — On appelle *convergence* ou *pouvoir convergent* l'inverse de la distance focale.

L'unité de convergence est la *dioptrie* : c'est la convergence d'une lentille dont la distance focale est 1 mètre. La convergence, en dioptries, est donc l'inverse de la distance focale exprimée en mètres; elle est positive ou négative, en même temps que la distance focale objet F, avec la convention adoptée (111).

*Exemple.* — Une lentille convergente de $10^{cm}$ de distance focale a une convergence de :

$$\frac{1}{0,1} = 10 \text{ dioptries};$$

une lentille divergente de $40^{mm}$ de distance focale a une convergence de

$$-\frac{1}{0,04} = -25 \text{ dioptries}.$$

*Remarque.* — Le signe de la distance focale, ou de la convergence, implique la réalité ou la virtualité des foyers seulement dans le cas d'une lentille infiniment mince.

**171. Astigmatisme pur.** — Nous disons qu'il y a *astigmatisme pur* lorsqu'un faisceau incident isogène dont l'ouverture n'est pas *très petite* donne un faisceau émergent qui s'appuie sur deux droites. — Éclairons une lentille cylindrique L par un point lumineux P (fig. 266) placé sur l'axe optique (on appelle lentille cylindrique celle dont les deux faces sont des cylindres ayant leurs génératrices parallèles à une même direction ; on fait usage surtout de lentilles plan-cylindriques ; l'axe optique est toute droite passant par les centres de courbure d'une section normale aux génératrices). En cherchant l'image de ce point P, nous constatons que les rayons lumineux émergents s'appuient sur une droite $P'_1$ parallèle aux génératrices et leurs prolongements rencontrent une autre droite $P'_2$ normale à la précédente et à l'axe, et passant par le point P lui-même.

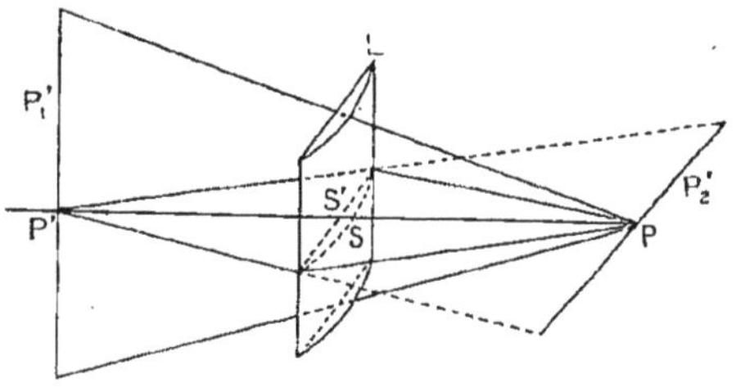

Fig. 266.

Disposons derrière L une lentille sphérique L′ (fig. 267), le faisceau émergent s'appuie sur deux droites rectangulaires réelles $P'_1$, $P'_2$, qui sont les images des droites précédentes à travers la lentille L′. Ces droites sont appelées ordinairement *focales* et on les confond, à tort, avec les *focales de Sturm*, dont elles diffèrent complètement, car dans le cas qui nous occupe le *faisceau incident n'est pas étroit*.

A quoi tient la production de ces droites que nous nommerons *droites caustiques* ? Le système des deux lentilles et du point admet deux plans de symétrie rectangulaires, par conséquent il en est de même pour la surface d'onde émergente, et aux deux nappes de la caustique correspondent deux arêtes de rebroussement dans ces plans, arêtes qui sont sensiblement des droites si l'ouverture du faisceau incident n'est pas *très grande* ; on peut considérer la caustique comme se réduisant à ces droites, avec la même approximation que celle admise en disant que l'image d'un point dans une lentille est un point, car nous avons alors supposé que la caustique se réduisait au point-image. Les *droites caustiques* dont nous venons de parler sont pour ainsi dire toute la caustique, tandis que les focales de Sturm sont seulement de petites droites situées sur la caustique.

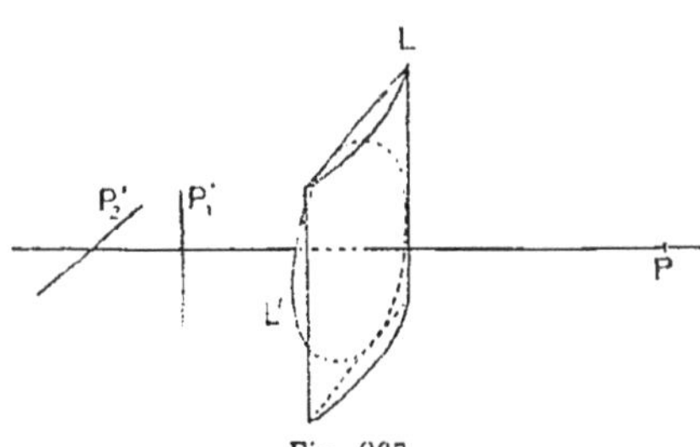

Fig. 267.

Pour un point en dehors de l'axe optique, mais très voisin, la caustique se réduit encore sensiblement à deux droites caustiques.

172. **Image d'une droite dans un système astigmate.** — *La droite est dans l'un des plans de symétrie.*

Soit la droite lumineuse verticale AB (fig. 268, projection verticale; fig. 269, projection horizontale) passant par P et parallèle aux génératrices du cylindre; à chaque point de AB correspondent deux droites caustiques : l'ensemble des caustiques $P'_1$ qui se recouvrent en grande partie donne une droite lumineuse A′B′ qu'on peut considérer comme l'image de AB ; les caustiques telles que $P'_2$ forment un rectangle d'éclat négligeable par rapport à celui de A′B′. Il est facile de voir, du reste, que A′B′ n'est pas une image fidèle, car si AB est une droite lumineuse discontinue formée de traits séparés par des intervalles obscurs, A′B′ est au contraire continue.

Si l'on prend une droite lumineuse horizontale CD (fig. 268 et 269), perpendiculaire à AB et à l'axe optique, l'image est l'ensemble C'D' des droites caustiques $P_2'$.

Si l'on a à la fois les droites AB et CD, leurs images A'B' et C'D' ne peuvent être mises au point en même temps sur un écran, mais on pourra mettre au point à la fois, deux droites perpendiculaires à l'axe optique, ne se coupant pas, rectangulaires entre elles et situées dans les plans de symétrie du système.

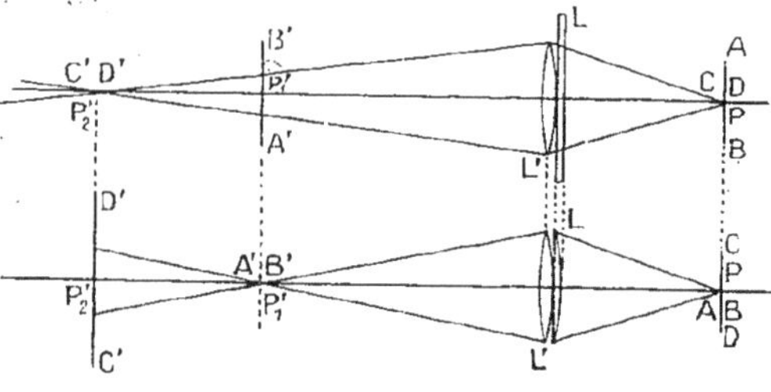


Fig. 268 et 269.

Enfin, l'image d'une droite située en dehors des plans de symétrie n'est jamais nette.

Dans le cas d'un système sphérique centré et d'un point pris suffisamment en dehors de l'axe (rayons incidents faisant avec l'axe un angle assez considérable), l'ensemble formé par le point et le système admet un plan de symétrie ; il y a sensiblement une droite caustique située dans ce plan ; l'autre caustique se réduit aussi à peu près à une droite ; c'est encore un cas d'*astigmatisme pur*.

*Astigmatisme de l'œil.* — L'œil est formé par des milieux réfringents séparés par des surfaces sphériques centrées. Il arrive assez fréquemment que la surface de la cornée n'est point sphérique et l'œil possède dans ce cas deux plans de symétrie rectangulaires : il est astigmate. Un œil astigmate fixant la mire de la figure 270 ne peut voir d'une manière nette qu'une seule droite ; en faisant varier l'accommodation, une deuxième droite, rectangulaire avec la première est mise au point tandis que la première ne l'est plus ; ces droites sont dans les plans de symétrie de l'œil. On corrige ce défaut au moyen d'une lentille cylindrique de puissance convenable, dont les génératrices sont parallèles à l'un des plans de symétrie. Dans le cas de la figure 271, $P_1'$ et $P_2'$ étant les droites caustiques correspondant à un point P de l'espace, pour la correction d'astigmatisme on prendra une lentille cylindrique L à génératrices parallèles à $P_2'$ et donnant de $P_2'$ une image en $P_1'$. En désignant par $f$ la distance focale de cette lentille pour une section perpendiculaire aux génératrices, on devra avoir :

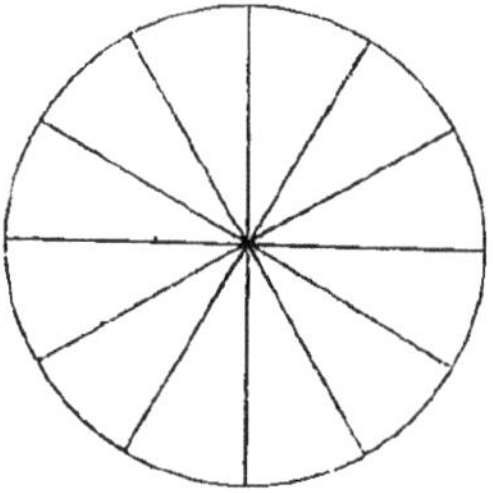

Fig. 270.

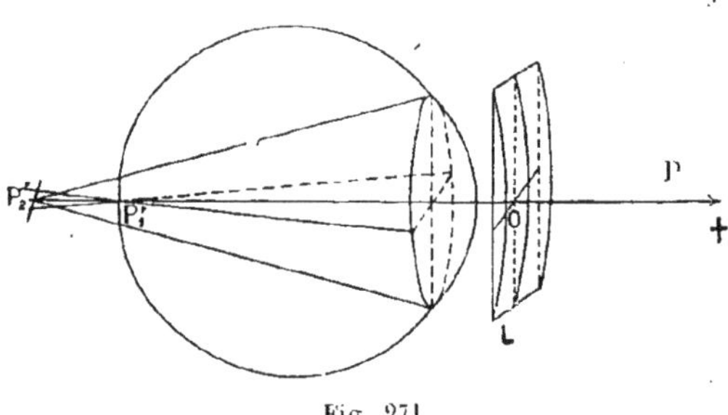


Fig. 271.

$$\frac{1}{OP_2'} - \frac{1}{OP_1'} = \frac{1}{f}.$$

*Remarque.* — Dans le cas d'un œil astigmate, nous avons bien à considérer des *droites caustiques* et non des *focales de Sturm*, car le cône ayant pour sommet un point de la rétine et pour base le contour de la pupille n'est pas de *petite* ouverture.

175. **Conditions d'aplanétisme d'un système optique centré (Abbe).** — Supposons que le système soit stigmatique pour les points A et A' de l'axe; (fig. 272); cherchons à quelle condition il est aplanétique pour le plan de front passant par A, c'est-à-dire à quelle condition un point B de ce plan de front a pour image un point B' du plan de front passant par A'. Nous

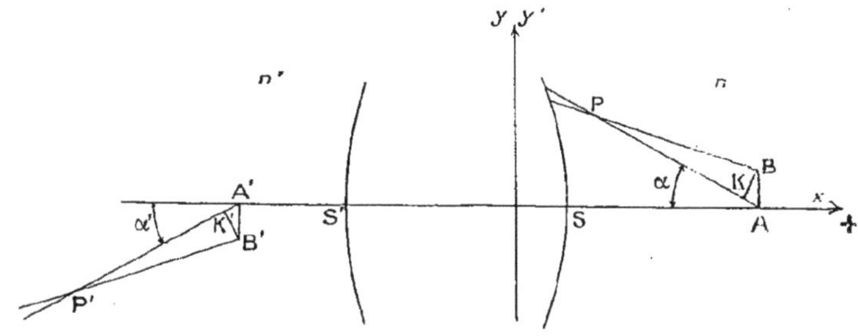


Fig. 272.

supposons que ces points B et B' sont infiniment voisins de A et A' et nous posons :

$$AB = dy \qquad A'B' = dy'$$

Soit P un point ayant pour image P'; les rayons incidents AP, BP, ont pour émergents A'P', B'P'; désignons par $n$ et $n'$ les indices des milieux extrêmes et exprimons les chemins optiques (72) (AA') et (BB').

$$(AA') = n\,\overline{AP} + (PP') - n'\,\overline{A'P'}$$
$$(BB') = n\,\overline{BP} + (PP') - n'\,\overline{B'P'},$$

d'où, en retranchant membre à membre :

$$(AA') - (BB') = n\,(\overline{AP} - \overline{BP}) - n'\,(\overline{A'P'} - \overline{B'P'}).$$

De B menons la perpendiculaire BK sur AP, le pied K de cette perpendiculaire se confond sensiblement avec l'intersection de PA par la circonférence de centre P, de rayon PB, par suite :

$$\overline{AP} - \overline{BP} = \overline{AK} = \overline{AB}\,\sin\overline{ABK} = dy\sin\alpha;$$

de même on démontrerait que :

$$\overline{A'P'} - \overline{B'P'} = dy'\sin\alpha',$$

donc:

$$(AA') - (BB') = n\,dy\sin\alpha - n'\,dy'\sin\alpha';$$

mais ces chemins optiques (AA'), (BB') sont constants, donc aussi leur différence; or, on peut choisir P sur AS, on a alors $\alpha = 0$; dans ce cas particulier P' est sur A'S', par suite $\alpha' = 0$ et la différence $(AA') - (BB') = 0$; donc, s'il y a aplanétisme, les chemins optiques sont les mêmes pour tous les points du plan de front A, voisins de l'axe, et nous arrivons à la relation

$$n\,dy\sin\alpha - n'\,dy'\sin\alpha' = 0,$$

d'où;

$$\frac{n\sin\alpha}{n'\sin\alpha'} = \frac{dy'}{dy} = \gamma \text{ (grandissement)}.$$

*Le système stigmatique pour A et A′ est aplanétique pour les points d'un élément du plan de front passant par A si entre les indices des milieux extrêmes, les inclinaisons de deux rayons correspondants et le grandissement existe la relation :*

$$\frac{n \sin \alpha}{n' \sin \alpha'} = \gamma.$$

Cette relation est la dite *condition des sinus ou d'Abbe.*

*Application : Les points stigmatiques du dioptre sphérique sont aussi aplanétiques.* — Le dioptre sphérique est aplanétique :

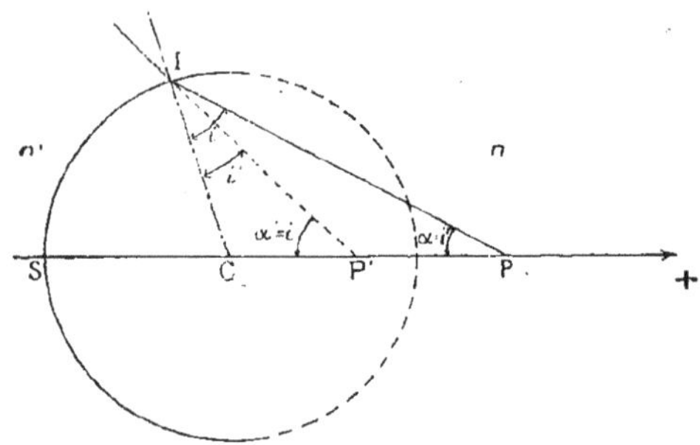


Fig. 273.

1° *Pour le centre.* — Voyons en effet si la condition d'aplanétisme est remplie pour ce point; avec la notation habituelle :

$$\gamma = \frac{n}{n'} \cdot \frac{x'}{x} = \frac{n}{n'};$$

d'autre part, pour un rayon issu du centre et son réfracté, $\alpha = \alpha'$; on a donc bien :

$$\gamma = \frac{n \sin \alpha}{n' \sin \alpha'};$$

le centre est bien un point *aplanétique* du dioptre;

2° *Pour les points :*

$$z = -\frac{n'}{n} \rho \qquad z' = -\frac{n}{n'} \rho.$$

Pour ces points :

$$\gamma = \frac{z'}{z} = \frac{n^2}{n'^2};$$

mais (fig. 273) :

$n \sin i = n' \sin i'$, et nous avons démontré (87) que : $i = \alpha'$, $i' = \alpha$,

donc :

$$n \sin \alpha' = n' \sin \alpha;$$

par suite :

$$\gamma = \frac{n^2}{n'^2} = \frac{n}{n'} \cdot \frac{\sin \alpha}{\sin \alpha'}.$$

il y a donc *aplanétisme* pour les points considérés.

174. **Condition de stigmatisme pour un point de l'axe voisin d'un point pour lequel le stigmatisme existe (Herschell).** — Supposons le système stigmatique pour A et A′ (fig. 274), et cherchons à quelle condition il est stigmatique pour C et C′, infiniment voisins de A et A′; posons :

$$\overline{AC} = dx \qquad \overline{A'C'} = dx';$$

menons deux rayons parallèles AI, CJ; les émergents se coupent au foyer F′; par A et C′, menons les perpendiculaires AK, C′K′ à CJ et I′A′; désignons par Φ le chemin optique (AF′) ou (KF′) et par Φ′ le chemin optique (AC′); sur la figure, nous pouvons aller de A à A′ par le trajet ASS′A′ ou le trajet AII′A′; écrivons que les chemins optiques correspondants sont égaux, le système étant stigmatique pour A et A′.

$$\Phi' + n'\,\overline{C'A'} = \Phi + n'\,\overline{F'K'} + n'\,\overline{K'A'};$$

de même, l'égalité des chemins optiques pour aller de C à C′ par les trajets CSS′C′ ou CJJ′C′ donne :

$$n\,\overline{CA} + \Phi' = n\,\overline{CK} + \Phi + n'\,\overline{F'C'};$$

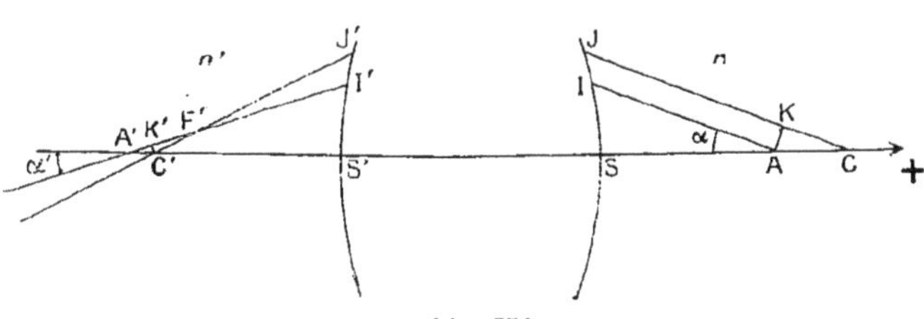


Fig. 274.

retranchons membre à membre et tenons compte de l'égalité

$$\overline{F'K'} = \overline{F'C'},$$

il vient :

$$n'\,\overline{C'A'} - n\,\overline{CA} = n'\,\overline{K'A'} - n\,\overline{CK},$$

d'où :

$$n\,(\overline{AC} - \overline{KC}) = n'\,(\overline{A'C'} - \overline{A'K'}),$$

$$n\,dx\,(1 - \cos\alpha) = n'\,dx'\,(1 - \cos\alpha'),$$

(1) $$n\,dx\,\sin^2\frac{\alpha}{2} = n'\,dx'\,\sin^2\frac{\alpha'}{2};$$

d'autre part, si $f$ et $f'$ sont les distances focales principales du système :

$$\frac{f}{x} + \frac{f'}{x'} = 1,$$

d'où :

$$x' = \frac{f'x}{x - f}, \qquad \frac{dx'}{dx} = -\frac{ff'}{(x - f)^2};$$

or :

$$\gamma = -\frac{f}{x - f},$$

donc :

$$\frac{\frac{dx'}{dx}}{\gamma^2} = -\frac{f'}{f} = \frac{n'}{n}, \qquad \text{et} \qquad \frac{dx'}{dx} = \frac{n'}{n}\gamma^2;$$

égalons à cette valeur de $\frac{dx'}{dx}$ celle tirée de (1), prenons la racine carrée il vient :

$$\frac{n}{n'}\,\frac{\sin\frac{\alpha}{2}}{\sin\frac{\alpha'}{2}} = \gamma.$$

C'est la *condition dite d'Herschell* [1]; si elle est réalisée pour toutes les inclinaisons $\alpha$, $\alpha'$, le système stigmatique pour A, A′, l'est aussi pour C, C′.

[1] Herschell (1738-1822), grand astronome, né à Hanovre. On lui doit la découverte d'Uranus, celle du mouvement relatif des étoiles; il a établi l'existence de l'infrarouge; il a perfectionné considérablement les télescopes. En collaboration avec sa sœur, il a dressé un catalogue d'étoiles qui a rendu les plus grands services.

*Remarque.* — Les conditions d'Abbe, d'Herschell et d'Helmholtz (96):

$$\frac{n \sin \alpha}{n' \sin \alpha'} = \gamma, \qquad \frac{n \sin \frac{\alpha}{2}}{n' \sin \frac{\alpha'}{2}} = \gamma, \qquad \frac{n\alpha}{n'\alpha'} = \gamma,$$

sont incompatibles; on ne pourra avoir à la fois stigmatisme rigoureux et aplanétisme pour tous les points d'un élément de volume. Mais pour des angles $\alpha$, $\alpha'$ *très petits,* ces trois relations se *confondent.*

## V. — DIOPTRES PLANS

**175. Classification des systèmes de dioptres plans.** — Nous subdivisons l'étude des dioptres plans en trois parties : 1° *dioptre plan unique,* séparant deux milieux supposés indéfinis; 2° *association* de deux dioptres plans parallèles, ou *lame à faces parallèles* : 3° association de deux dioptres plans non parallèles, ou *prisme.*

### DIOPTRE PLAN UNIQUE

**176. Réfraction d'un étroit pinceau conique par un dioptre plan. — Lignes focales du dioptre.** — Après réfraction à travers un dioptre plan, les rayons d'un étroit pinceau homocentrique

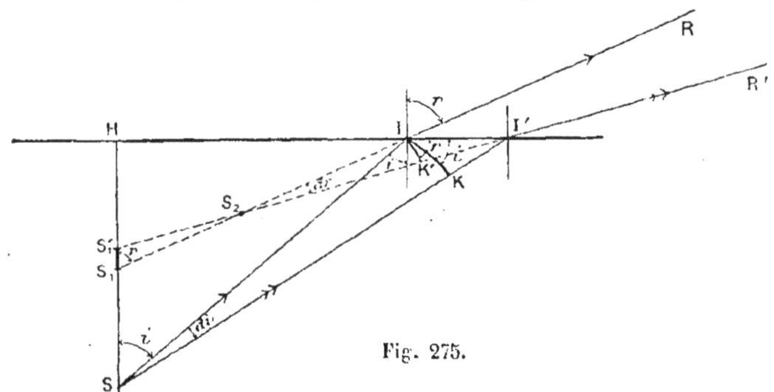


Fig. 275.

rencontrent *deux petites lignes rectangulaires* ou droites focales; la première est un élément de la normale abaissée du point lumineux sur le dioptre plan ; la seconde est un petit arc de cercle, assimilable à un petit élément de droite rectangulaire avec la première. — Pour le démontrer, nous allons grouper les rayons de deux manières différentes [1]. Suppo-

[1] Les deux modes de groupements correspondent aux deux systèmes de lignes de courbure de la surface anticaustique. Comme le système optique admet un axe de révolution SH passant par S, les ondes émergentes et par suite la surface anticaustique admettent aussi SH comme axe de révolution, les lignes de courbure sont donc des parallèles et des méridiennes; les normales à l'anticaustique, le long de ces lignes de courbure, sont situées sur des cônes de révolution autour de SH, ou dans des plans passant par SH; les incidents correspondants sont sur des surfaces analogues.

sons, pour faire la figure, que le point lumineux S soit situé dans le milieu le plus réfringent (fig. 275). Prenons pour plan de figure le plan passant par le point S, normal au dioptre plan et contenant le rayon moyen du pinceau oblique considéré. Soient SI et SI′ les deux rayons extrêmes du pinceau, dans ce plan, donnant les rayons réfractés IR et I′R′ :

1° *Groupement* des rayons *par surfaces coniques*, telles que celles qui seraient engendrées par SI ou par SI′, tournant autour de SH ; tous les rayons d'un même cône, après réfraction, se coupent en un même point de la normale SH; pour le cône SI on obtient le point $S_1$; pour le cône SI′, le point $S'_1$, situé au-dessus de $S_1$, d'après la loi du sinus. On a donc en $S_1S'_1$ la *première ligne focale* ou *focale radiale*.

2° *Groupement* des rayons *par plans passant par* SH, comme le plan de figure; les rayons extrêmes du pinceau plan SII′ donnent des rayons réfractés dont les directions se coupent en un point $S_2$; tous les rayons réfractés intermédiaires viennent très sensiblement passer par ce même point, à des infiniment petits près d'ordre supérieur, puisque par hypothèse le faisceau est très étroit. Si l'on déplace la figure autour de SH, de manière à engendrer avec le pinceau plan SII′ tout le pinceau conique, le point $S_2$ engendrera un petit arc de cercle; c'est la *seconde ligne focale* ou *focale tangentielle*, perpendiculaire à la première.

Ces deux lignes focales sont d'ailleurs *virtuelles* ; elles ne pourraient être vues que par un œil recevant les rayons du pinceau considéré, et jamais toutes les deux à la fois : l'œil accommode habituellement pour une distance intermédiaire entre celles des focales et l'apparence observée est sensiblement celle d'un point lumineux (179).

177. **Positions des lignes focales.** — Pour calculer les positions de ces lignes focales, posons, en grandeur et signe,

$$\overline{IS} = x, \qquad \overline{IS_1} = x_1, \qquad \overline{IS_2} = x_2.$$

1° *Focale radiale.* — Soient $i$ l'angle d'incidence de SI, que nous retrouvons en S; $r$ l'angle de réfraction de IR, que nous retrouvons en $S_1$; $di$ et $dr$ les variations de $i$ et $r$ quand on passe de SI et IR à SI′ et I′R′. La figure est faite dans le cas où l'indice $n$ est supérieur à l'unité, mais les formules seront générales. Dans les triangles SIH, $S_1$IH on a de suite :

$$\mathrm{IH} = x \sin i = x_1 \sin r, \qquad \text{d'où} \qquad x_1 = nx.$$

2° *Focale tangentielle.* — Du point S comme centre, avec SI comme rayon, décrivons un arc IK jusqu'à sa rencontre avec SI′; de même, de $S_2$ comme centre, avec $S_2$I pour rayon, un arc IK′ jusqu'à sa rencontre avec I′R′. Les angles KII′ et K′II′ sont égaux respectivement à $i$ et $r$, comme ayant leurs côtés rectangulaires. On a donc, dans les petits triangles rectangles IKI′, IK′I′,

$$x\,di = \mathrm{II'} \cos i$$
$$x_2\,dr = \mathrm{II'} \cos$$

d'où :

$$\frac{x_2 dr}{x di} = \frac{\cos r}{\cos i}, \qquad \text{et par suite} \qquad x_2 = x . \frac{di}{dr} . \frac{\cos r}{\cos i} ;$$

d'ailleurs les variations très petites $di$ et $dr$ sont liées d'après la formule dessinus. Si nous dérivons cette formule par rapport à $r$, en considérant $\frac{di}{dr}$ comme égal à sa limite, c'est-à-dire à la dérivée de $i$ par rapport à $r$, puisque le pinceau est très étroit, on a :

$$\cos i \frac{di}{dr} = n \cos r \qquad \text{d'où} \qquad \frac{di}{dr} = \frac{n \cos r}{\cos i},$$

et par suite :

$$x_2 = nx \frac{\cos^2 r}{\cos^2 i}.$$

On peut encore écrire cette relation sous une forme qui rappelle l'équation de Th. Young (152) :

$$\frac{\cos^2 i}{x} - \frac{n \cos^2 r}{x_2} = 0 \text{ (}^1\text{)}.$$

178. **Stigmatisme vrai.** — Si le point S est à l'*infini* :

$$x = \infty \qquad x_1 = \infty \qquad x_2 = \infty,$$

les droites focales sont rejetées à l'infini; les émergents sont parallèles; ils paraissent provenir d'un point unique, image de S : il y a stigmatisme rigoureux.

179. **Stigmatisme approché. — Foyer d'un point lumineux par réfraction de rayons centraux, dans un dioptre plan.** — Pour qu'il y ait une *image*, c'est-à-dire un foyer du point lumineux S, dans un dioptre plan, il faut que les lignes focales se coupent, car elles se réduisent alors à leur point commun (23); il faut donc qu'on ait :

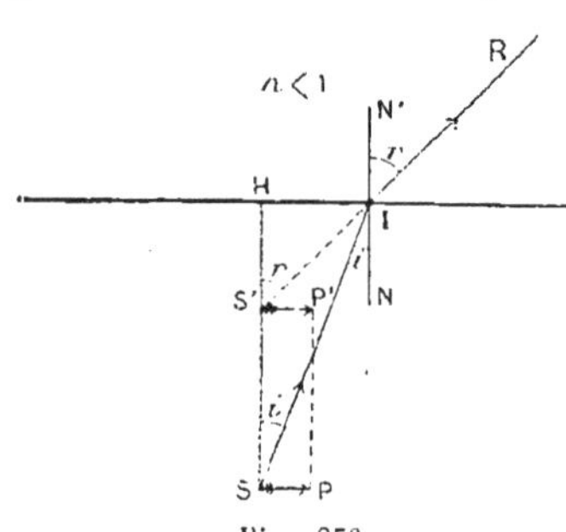

Fig. 276.

$$x_2 = x_1 \qquad \text{c'est-à-dire} \qquad \frac{\cos^2 r}{\cos^2 i} = 1,$$

ce qui ne peut avoir lieu que pour $i = r = 0$, c'est-à-dire pour un pinceau de *rayons centraux* ou voisins de la normale SH (fig. 276). On a alors en désignant par $x'$ la distance HS' du point-image à la surface

$$x' = nx,$$

ou :

$$\frac{1}{x} - \frac{n}{x'} = 0.$$

(1) Il est facile de voir pourquoi il y a accumulation de lumière aux divers points des deux lignes focales : c'est qu'il y a concordance des mouvements vibratoires en ces points. La chose est évidente pour la première focale; mais il en est encore de même pour la seconde; le point $S_2$ est le centre de courbure de la portion de surface d'onde correspondant aux rayons SH' du pinceau de la figure 275.

Il est facile d'établir *directement* cette propriété. Soit un rayon SI très voisin de la normale SH (fig. 276) et soit S' le point de cette normale où le rayon réfracté IR la rencontre. Les angles d'incidence $i$ et $r$ se reproduisent en S et S', et l'on a, dans les triangles rectangles HIS et HIS',

$$\text{HI} = \text{HS tg } i = \text{HS' tg } r, \qquad \text{ou} \qquad x' = x\frac{\text{tg } i}{\text{tg } r};$$

mais comme $i$ et $r$ sont petits, on a sensiblement :

$$\frac{\text{tg } i}{\text{tg } r} = \frac{\sin i}{\sin r} = n, \qquad \text{d'où} \qquad x' = nx.$$

Si l'on considère un objet $SP = y$ perpendiculaire à SH, il aura donc pour image, par rayons centraux à travers le dioptre plan, la droite $S'P' = y' = y$,

Les formules d'un dioptre plan, pour rayons centraux, sont donc en grandeur et signe, avec notre convention analytique :

$$x' = nx, \qquad y' = y,$$

ou bien :

$$\frac{1}{x} - \frac{n}{x'} = 0, \qquad \frac{y'}{y} = \gamma = +1.$$

*Remarque.* — Ces formules s'obtiennent aussi très simplement en faisant $R = \infty$ dans les formules du dioptre sphérique (93).

*Vérification expérimentale des propriétés optiques du dioptre plan.* — Réalisons un point lumineux S (fig. 277) au sein d'une masse d'eau, en éclairant vivement une petite ouverture percée dans une lame de clinquant immergée dans l'eau d'une cuve à parois en verre; au moyen d'un viseur observons l'image de S donnée par des rayons très obliques et nous constatons que :

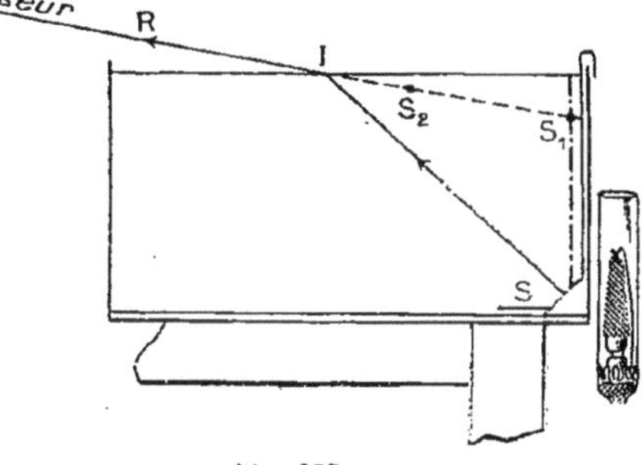

Fig. 277.

L'image de S n'est pas nette;

Pour deux tirages particuliers du viseur nous mettons au point deux droites focales $S_1$, $S_2$;

La distance de ces droites focales diminue avec l'incidence;

Quand l'incidence est nulle, l'image est bonne.

180. **Vision d'un objet à travers un dioptre plan.** — Les considérations qui précèdent permettent de se rendre compte des conditions de la vision des objets séparés de notre œil par un dioptre plan. — Si l'objet est une droite S perpendiculaire au dioptre, les premières focales $S_1$ de ses divers points, placées bout à bout, constituent une

image nette de la droite. Cette image est *relevée*, si la droite est située dans le milieu le plus réfringent (eau, verre), et l'œil dans le milieu le moins réfringent (air). — Si l'objet est une droite S parallèle au dioptre, les secondes focales $S_2$ de ses divers points, placées bout à bout, constituent une image assez nette de la droite, image *relevée* et *rapprochée*, si la droite est dans le milieu le plus réfringent, et l'œil dans le moins réfringent. — Dans les autres cas, la vision manque en général de netteté. Supposons par exemple qu'il s'agisse du fond AS d'un réservoir (fig. 278) vu de $\Omega$; le pinceau lumineux qui, parti de S, pénètre dans l'œil s'appuie sur deux focales $S_1$, $S_2$; le lieu de ces focales est constitué par deux surfaces $\Sigma_1$, $\Sigma_2$; l'œil accommode pour le cercle de moindre diffusion compris entre $S_1$ et $S_2$; l'image de AS est constituée par une surface $\Sigma'$ intermédiaire entre $\Sigma_1$ et $\Sigma_2$; cette image est peu nette.

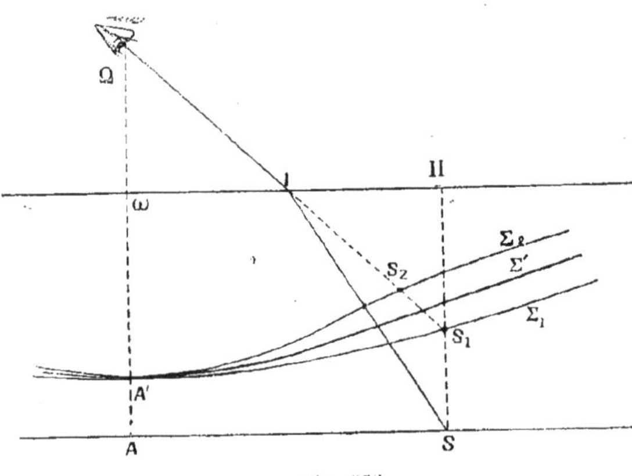

Fig. 278.

181. **Surface caustique.** — Théorème. — *La réfraction, à travers un dioptre plan, de rayons homocentriques, donne comme surface anticaustique une quadrique de révolution, dont les foyers sont le point lumineux et son symétrique par rapport à la surface réfringente.*

La surface caustique a donc pour méridienne la développée de la conique méridienne de la surface anticaustique.

Nous allons démontrer géométriquement cette importante propriété, en commençant par le cas où le second milieu est le moins réfringent.

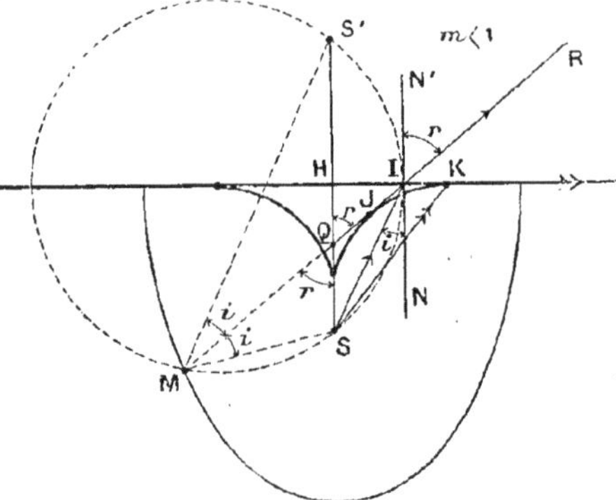

Fig. 279.

1° *Cas où le second milieu est le moins réfringent* (ellipsoïde). — Soit S le point lumineux (fig. 279), SH la normale abaissée de S sur le dioptre plan. Prenons pour plan de figure un plan quelconque passant par SH; soit SI un rayon incident situé dans ce plan, et IR le rayon réfracté. Par les points S et I faisons passer une circonférence tangente en I à la normale NIN′. Cette circonférence rencontre la normale SH en un point S′ symétrique de S par rapport au dioptre plan. Prolongeons RI jusqu'à sa rencontre en M avec la circonférence et soit Q le point de rencontre avec SS′. Joignons MS et MS′; désignons comme toujours par $i$ l'angle d'incidence SIN, et par $r$ l'angle de réfraction N′IR. Les deux angles en M, SMQ et S′MQ sont tous deux égaux à $i$ comme ayant même mesure, la moitié de l'arc IS ou de l'arc égal IS′. De même, l'angle S′QI est égal à $r$ comme correspondant; par suite, son opposé par le sommet SQM est aussi égal à $r$.

Dans les triangles QMS et QMS′, nous avons, $m$ étant l'indice de réfraction :

$$\frac{MS}{QS}=\frac{\sin r}{\sin i}=\frac{1}{m}, \qquad (m<1),$$

$$\frac{MS'}{QS'}=\frac{\sin(\pi-r)}{\sin i}=\frac{1}{m},$$

d'où résulte

$$\frac{MS}{QS}=\frac{1}{m}=\frac{MS'}{QS'}=\frac{MS+MS'}{QS+QS' \text{ ou } SS'},$$

et par conséquent

$$MS+MS'=\frac{SS'}{m}=C^{te}.$$

Le lieu du point M est donc une *ellipse*, de foyers S et S′, et d'excentricité $\left(\frac{c}{a}\right)$ égale à $m$. D'ailleurs le rayon réfracté IR, bissectant l'angle des rayons vecteurs, est normal en M à cette ellipse; il est donc tangent en un certain point J à sa développée, de forme connue. La partie inférieure seule de la conique et de sa développée conviennent à la question physique. — En faisant tourner la figure de 180° autour de SS′, on aura donc bien la surface caustique annoncée, caustique *virtuelle* d'un point lumineux *réel*, ou réciproquement. Le rayon aboutissant au point de rebroussement K de la caustique sur la surface réfringente (fig. 279) est le rayon *limite* pouvant éprouver la réfraction; il sort tangentiellement à la surface; à partir de ce point d'incidence K, c'est le phénomène de la *réflexion totale* qui seul est possible.

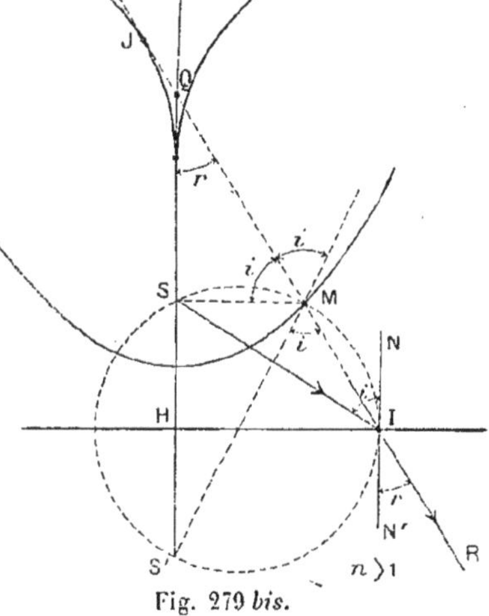

Fig. 279 *bis*.

2° *Cas où le second milieu est le plus réfringent* (hyperboloïde). — Soit SI (fig. 279 *bis*), un rayon incident, IR le rayon réfracté correspondant; en traçant une figure analogue à la précédente, on voit que l'angle IMS′ est égal à $i$; de même l'angle QMS, comme ayant même mesure, et l'angle MQS égal à $r$ comme correspondant. Les triangles QMS et QMS′ donnent alors

$$\frac{MS}{QS}=\frac{\sin r}{\sin i}=\frac{1}{n}, \qquad (n>1),$$

$$\frac{MS'}{QS'}=\frac{\sin r}{\sin(\pi-i)}=\frac{1}{n};$$

il en résulte :

$$\frac{MS}{QS}=\frac{1}{n}=\frac{MS'}{QS'}=\frac{MS'-MS}{(QS'-QS) \text{ ou } SS'},$$

d'où :

$$MS'-MS=\frac{SS'}{n}=C^{te}.$$

Le lieu du point M est donc une *hyperbole*, de foyers S et S' et d'excentricité $n$. Le rayon réfracté, bissectant l'angle extérieur en M des rayons vecteurs de cette hyperbole, est normal en M à la conique: il est par conséquent tangent en un certain point J à sa développée, de forme connue. Cette développée d'hyperbole est donc la méridienne de la surface caustique. La partie supérieure seule de l'hyperbole et de sa développée conviennent à la question physique; la caustique est encore *virtuelle* si le point lumineux est *réel*, ou réciproquement.

## LAME A FACES PARALLÈLES

182. **Translation d'un rayon lumineux par une lame à faces parallèles.** — Nous avons vu (68) qu'un rayon lumineux SI, traversant une lame à faces parallèles dont les deux faces sont en contact avec un même milieu, *n'éprouve pas de déviation* : il sort de la lame suivant une direction I'S' parallèle à SI (fig. 280). Nous appellerons *translation* la distance I'K du rayon émergent au rayon incident. Soit $d$ cette distance : en appelant $e$ l'épaisseur de la lame, la figure montre que l'on a :

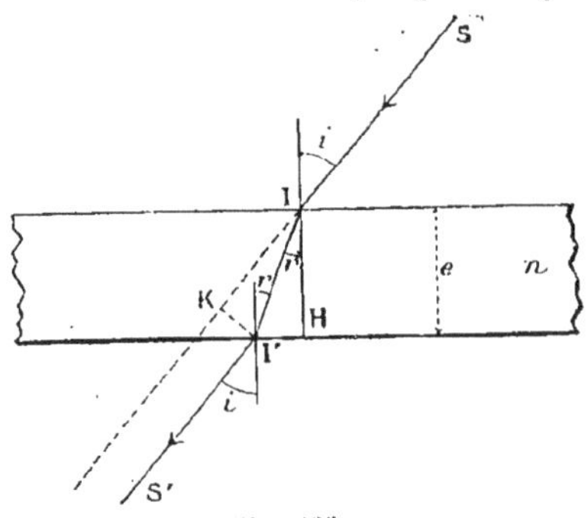


Fig. 280.

$$d=II'\sin(i-r) \quad \text{et} \quad II'=\frac{e}{\cos r};$$

par suite :

$$d=\frac{e\sin(i-r)}{\cos r}.$$

La translation $d$ est donc, toutes choses égales d'ailleurs, proportionnelle à l'épaisseur $e$ de la lame. — D'autre part, pour une même lame, la translation croît avec $i$; en effet, si l'angle $i$ augmente, on démontre facilement que l'angle $i-r$, déviation produite par la première réfraction, croît avec $i$; donc $\sin(i-r)$ croît aussi, puisqu'il s'agit toujours d'un angle inférieur à 90°; de même, $\cos r$ diminue, puisque $r$ augmente avec $i$; donc, pour ces deux raisons, $d$ augmente.

183. **Lignes focales et foyer d'un point lumineux à travers une lame à faces parallèles.** — On répéterait, pour un étroit pinceau oblique, ce qui a été dit pour une surface plane unique (176). On aurait d'abord, par les mêmes groupements de rayons, deux premières lignes focales $S_1$ et $S_2$ (fig. 281), par réfraction à travers le premier dioptre plan; puis, deux nouvelles lignes focales définitives $\Sigma_1$ et $\Sigma_2$, et

deux seulement, car les divers points de $S_1$ et $S_2$, n'étant rencontrés que par des pinceaux *plans* de rayons et non par des *cônes* de rayons, ne peuvent donner naissance chacun qu'à un nouveau point d'une nouvelle focale. — Si le point S est à l'infini, il y a *stigmatisme vrai*; s'il est à distance finie, il n'y a *image nette*, ou *foyer* d'un point lumineux, que

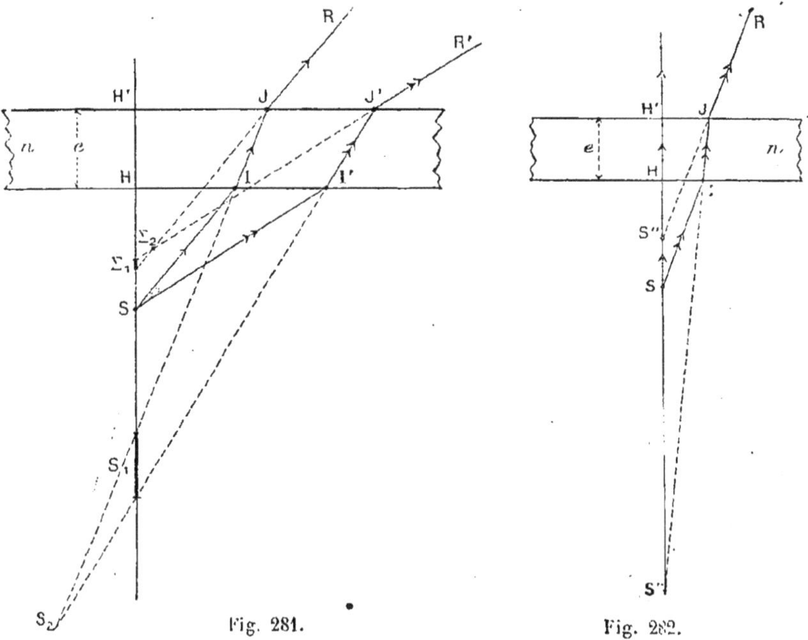

Fig. 281.

Fig. 282.

dans le cas d'un pinceau de *rayons centraux*. Alors $S_1$ et $S_2$ sont confondus en S' (fig. 282), et par suite $\Sigma_1$ et $\Sigma_2$ sont confondus en S''; le *stigmatisme est approché*.

Posons, en grandeur et signe,

$$\overline{HS}=x \qquad \overline{HS'}=x' \qquad \overline{H'S''}=x'' \qquad \overline{H'H}=e.$$

On sait que

$$x'=nx \qquad \text{et} \qquad x''=\frac{1}{n}(x'+e)=x+\frac{e}{n}.$$

Il en résulte que le *relèvement* $\overline{S''S}$ du point lumineux regardé normalement à travers la lame est

$$\overline{S''S}=d=\overline{S''H'}+\overline{H'H}+\overline{HS}=-x-\frac{e}{n}+e+x=e\left(1-\frac{1}{n}\right).$$

Ce relèvement est indépendant de $x$, et ne dépend que de $e$ et de $n$. Si $n$ est plus grand que l'unité (cas de la figure), $\overline{S''S}$ est du signe de $\overline{H'H}$ ou de $e$; c'est un relèvement véritable. Si $n$ est $<1$, $\overline{S''S}$ est de signe contraire à $\overline{H'H}$ ou $e$, c'est un *éloignement*.

C'est là le principe d'une méthode de détermination des indices de réfraction, en mesurant $d$ et $e$, pour une lame à faces parallèles, au moyen d'un microscope à vis micrométrique.

184. **Une lame à faces parallèles est équivalente à un dioptre plan unique.** — Par S (fig. 283) menons une parallèle au rayon intérieur IJ, jusqu'à la rencontre en K de l'émergent JR; la figure SKJI est un parallélogramme et la projection SL de SK sur SH est égale à la projection HH' de IJ sur le même axe, donc le lieu de K est le plan fixe LK. Menons la normale NN' en K à ce plan; l'angle SKN est égal à l'angle de réfraction $r$, en I, comme ayant leurs côtés parallèles et dirigés en sens contraire; l'angle N'KJ est égal à l'angle d'incidence $i$, en I, pour la même raison; on peut donc considérer KJR comme provenant d'un incident SK réfracté à travers le dioptre plan LK, l'indice étant $\frac{1}{n}$ : les propriétés déjà démontrées (focales, déplacement de l'image) peuvent se déduire directement de ce résultat.

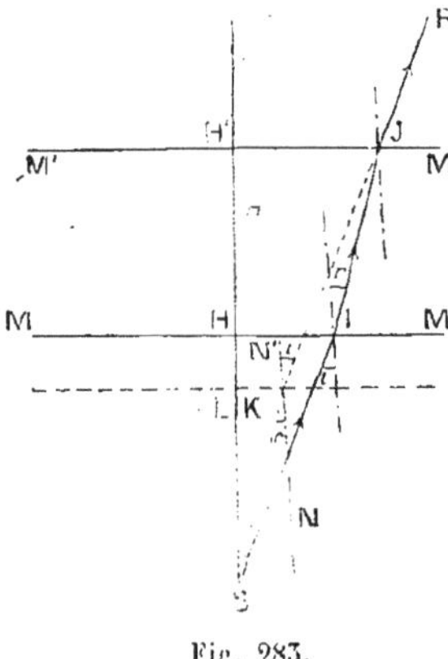


Fig. 283.

*Vérification expérimentale.* — Au moyen d'une source lumineuse de faible étendue O (fig. 284) et d'une lentille convergente diaphragmée, formons un point-objet S, virtuel par rapport à une cuve à faces parallèles pleine d'eau, et cherchons l'image de S : le faisceau réfracté s'appuie sur deux droites focales $\Sigma_1$ et $\Sigma_2$, dont la distance est d'autant plus grande que l'incidence est plus considérable. — Sous l'incidence normale l'image est bonne; en enlevant la cuve on trouve que cette image est plus loin de la cuve que l'objet, et le déplacement $d$ ne dépend point de la position de la cuve. En mesurant $d$ et $e$ on obtient l'indice de l'eau.

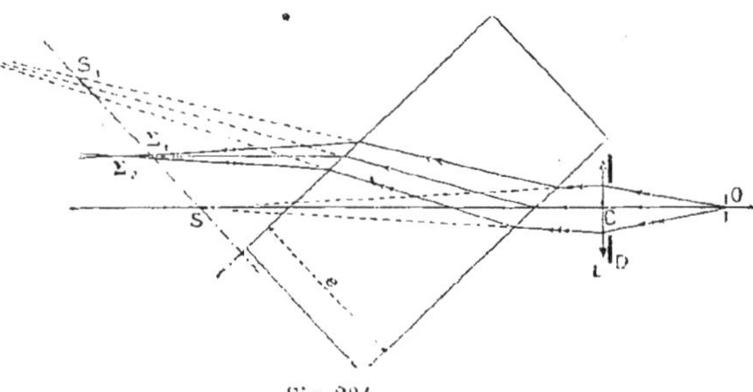


Fig. 284.

*Prisme à réflexion totale.* — Un prisme rectangle isocèle de verre BAC (fig. 285), à réflexion totale sur sa face hypoténuse pour les rayons qui entrent normalement à l'une des faces de l'angle droit, se comporte, pour l'objet S, comme un miroir et une lame à faces parallèles dont l'épaisseur $e$ serait égale au côté de l'angle droit du prisme. — En effet, on voit d'abord que ce prisme produit bien la réflexion totale dans ces conditions, car l'angle d'incidence du rayon qui entre normalement à AB est de 45° sur la face hypoténuse, et l'angle limite $l$ du verre par rapport à l'air n'est que de 42°. Or les rayons éprouvent une première réfraction à l'entrée, et comme ce sont par hypothèse des rayons centraux, cette réfraction substitue à un point lumineux S un point S′ plus éloigné, dont l'image de réflexion est en $S'_1$ symétrique de S′ par rapport à l'hypoténuse, au lieu de $S_1$, que l'on aurait obtenu par un simple miroir ordinaire. Mais la réfraction nouvelle à travers la seconde face AC de l'angle droit substitue à $S'_1$ un point $S_2$ image de $S'_1$ à travers ce nouveau dioptre plan. Tout se passe donc comme si l'on avait affaire à un point lumineux $S_1$, regardé à travers une lame à faces parallèles d'épaisseur $e$. On a donc un rapprochement du point lumineux :

$$S_2S_1 = e\left(1 - \frac{1}{n}\right).$$

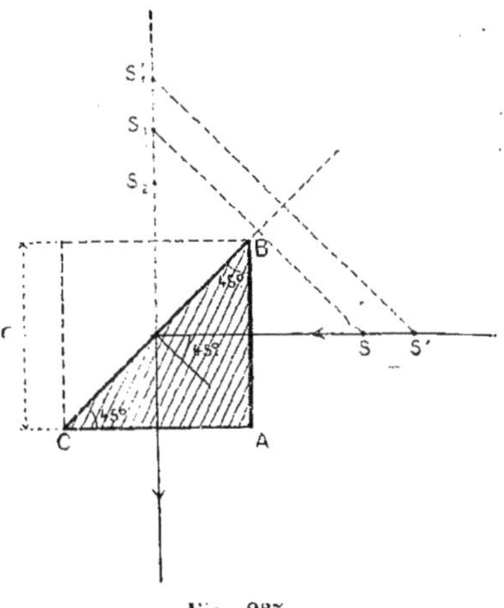

Fig. 285.

## PRISME

185. **Définitions**. — Un prisme *optique* est un système de deux dioptres plans dont les surfaces de séparation P et P′ (fig. 286) forment un angle dièdre. — La droite AA′ d'intersection des deux plans est appelée l'*arête* du prisme; l'angle plan qui mesure l'angle dièdre est l'*angle réfringent* A. — Toute section perpendiculaire à l'arête est appelée *section principale*. — Pratiquement on limite le prisme par une troisième face B, parallèle à son arête, et qu'on appelle la *base* du prisme.

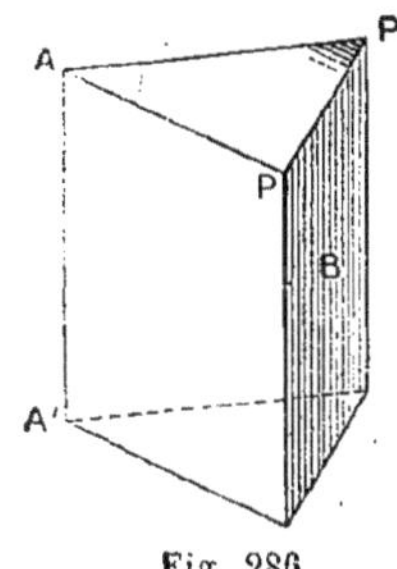

Fig. 286.

Nous étudierons uniquement le cas où les rayons lumineux sont situés *dans un plan de section principale*.

186. **Formules du prisme, pour un rayon situé dans un plan de section principale.** — Soit A (fig. 287) la section du prisme par un plan de section principale, que nous prendrons comme plan de figure; soit SI un rayon incident, arrivant sur la première face du prisme sous un angle d'incidence $i$. Si l'indice $n$ de la matière du prisme par rapport au milieu ambiant est plus grand que l'unité, le rayon qui pénètre dans le prisme, en restant dans le plan de section principale (1re loi de la réfraction), se rapproche de la normale suivant II′ en faisant un angle de réfraction $r$. Il arrive en I′ sous un angle d'incidence que nous désignons par $r'$. Si cet angle est inférieur à

l'angle limite $l$ de la matière du prisme par rapport au milieu ambiant, le rayon sort suivant I'S', en restant dans le plan de section principale (1re loi de la réfraction), et en faisant un angle d'émergence que nous désignons par $i'$. — Les réfractions en I et en I' ont eu toutes les deux pour effet de dévier le rayon vers la base du prisme : on appelle *angle de déviation* l'angle $\Delta$, formé en D par le prolongement de la direction du rayon incident avec celle du rayon émergent.

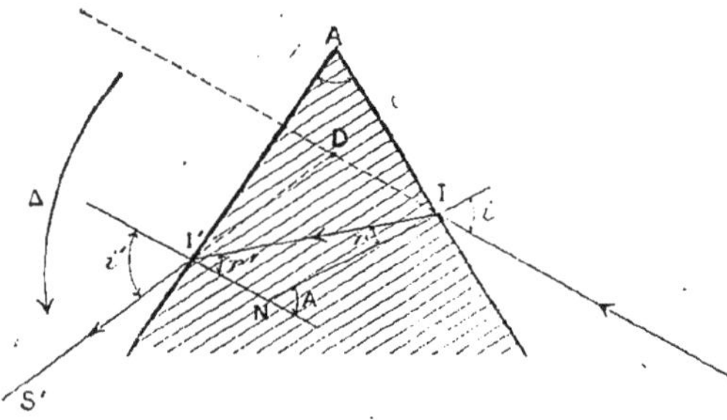


Fig. 287.

Si l'on désigne par N le point de rencontre des normales en I et I' aux faces du prisme, l'angle extérieur en N est égal à l'angle réfringent A, comme ayant leurs côtés perpendiculaires; d'autre part, ce même angle, extérieur au triangle INI', est égal à la somme $r+r'$ des angles non adjacents. De même la déviation $\Delta$, angle extérieur en D au triangle DII', est égale à la somme des angles non adjacents. Or l'angle en I est égal à $(i-r)$, déviation produite par la première réfraction; l'angle en I' est égal à $(i'-r')$, déviation produite dans le même sens par la seconde réfraction. La déviation $\Delta$, dirigée vers la base, est donc égale à la somme de deux déviations partielles, somme arithmétique, car ces déviations partielles sont toutes deux dans le même sens. Enfin, en appliquant la loi du sinus aux deux réfractions en I et I', on obtient finalement les quatre relations suivantes :

(1) $A = r + r'$,

(2) $\Delta = i + i' - A$,

(3) $\sin i = n \sin r$,

(4) $\sin i' = n \sin r'$.

On généralise facilement ces relations, au point de vue algébrique, en convenant de considérer $i$, $i'$, $r$, $r'$ $\Delta$, comme *positifs* dans la figure 287, et comme *négatifs* dans toute disposition relative contraire.

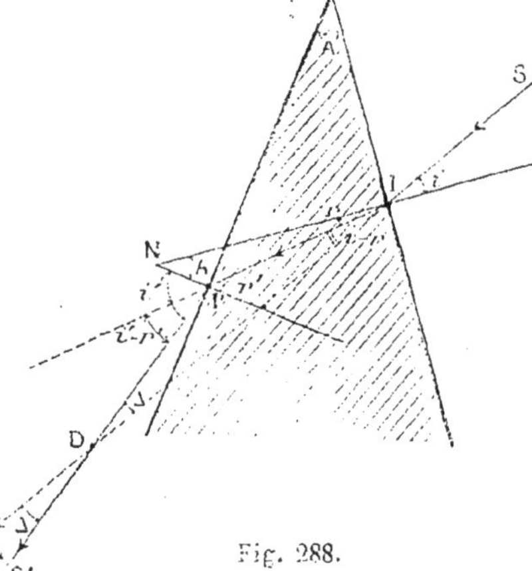


Fig. 288.

187. **Généralisation des formules du prisme.** — Ces formules ont été établies arithmétiquement, dans un cas particulier de figure. Or, si la disposition relative des lignes de cette figure vient à changer, on retrouve toujours les mêmes types de formules, avec des changements de signe corres-

pondant à ces changements de sens. Si donc on considère $i$, $r$, $i'$, $r'$ et $\Delta$ comme *positifs* dans la situation relative qu'ils occupent par rapport à la base du prisme dans la figure précédente, et comme *négatifs* dans le cas contraire, les formules précédentes, en valeur algébrique, sont absolument générales. — Soit, par exemple, le cas d'un rayon incident SI (fig. 288) situé *au-dessus de la normale* à la face d'entrée ; nous supposerons qu'il puisse émerger suivant I'S'. En prolongeant les normales jusqu'à leur rencontre en N, on voit que l'on a, en valeurs arithmétiques, $r' = A + [r]$, d'où

$$(1') \qquad A = r' - [r].$$

D'autre part, si l'on prolonge le rayon incident jusqu'à sa rencontre en D avec le rayon émergent, la déviation $\Delta$, qui a toujours lieu du sommet vers la base du prisme, est alors un angle intérieur au triangle DII' ; l'angle extérieur en I', égal à $i' - r'$, est donc, en valeur arithmétique :

$$i' - r' = \Delta + [i] - [r],$$

d'où

$$(2') \qquad \Delta = i' - [i] - r' + [r] = i' - [i] - A.$$

Ces deux formules ne diffèrent des formules (1) et (2) que par les changements de signe pour $i$ et pour $r$. Or, si l'on considère alors $i$ et $r$ comme étant algébriquement négatifs, les formules (1') et (2') se réduisent à (1) et (2) et la formule (3) subsiste, puisque $i$ et $r$ sont négatifs en même temps. Quant à ce fait que, dans le cas de $n > 1$, la déviation est toujours dirigée vers la base du prisme, il résulte de ce que, d'après la formule (1'), $r'$ est supérieur à $[r]$, puisque l'on a $r' = A + [r]$ ; donc la déviation $i' - r'$, qui a lieu vers la base, est supérieure à la déviation $[i] - [r]$ qui a lieu vers le sommet; la déviation résultante $\Delta$ est donc bien du sens de la plus grande des deux déviations en valeur absolue, et l'on trouverait qu'il en est toujours ainsi pour $n > 1$.

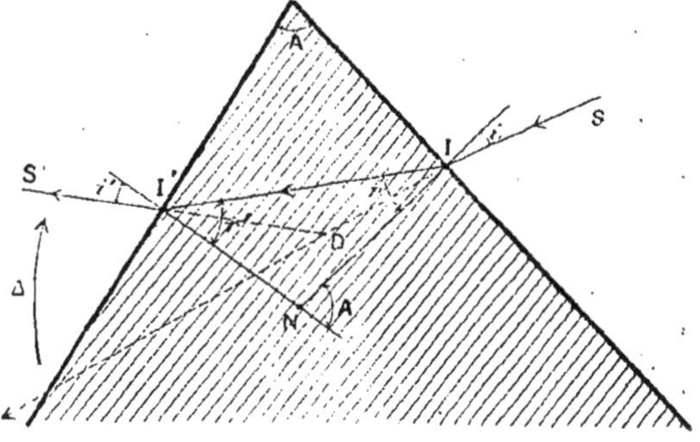


Fig. 289.

Au contraire, dans le cas de $n < 1$, la déviation a toujours lieu de la base vers le sommet du prisme. — Soit, par exemple, un rayon SI (fig. 289) tombant dans un plan de section principale, sur un prisme *moins réfringent que le milieu ambiant*, et donnant I'S' par deux déviations partielles, dirigées toutes deux vers le sommet du prisme. Si l'on prolonge le rayon incident et le rayon émergent jusqu'à leur rencontre en D, on a la valeur absolue

$$[\Delta] = r - i + r' - i',$$

et comme $r + r'$ est toujours égal à A, on a :

$$[\Delta] = A - i - i',$$

c'est-à-dire

$$(2'') \qquad -[\Delta] = i + i' - A$$

Mais, si l'on remarque que la déviation totale a alors lieu vers le sommet, et si on la considère dans ce cas comme *négative*, on peut encore écrire (2″) sous la forme (2).

188. **Conditions d'émergence.** — Dans ce qui précède, nous avons admis que le rayon incident émergeait du prisme. Voyons maintenant à quelles conditions il en est ainsi.

I. *Cas de* $n > 1$. — Deux conditions interviennent pour l'émergence :

1° *Condition d'angle du prisme.* — D'après la formule (1) du prisme, on voit que le plus petit angle $r'$ correspond au plus grand angle $r$, c'est-à-dire à l'angle limite $l$; ce plus petit angle $r'$ a donc pour valeur $A - l$; il doit être inférieur ou, au plus, égal à $l$, pour qu'il puisse y avoir au moins un rayon capable d'émerger. La condition essentielle de *grandeur d'angle* du prisme, pour l'émergence, est donc

$$A - l \leqslant l \qquad \text{ou} \qquad A \leqslant 2l.$$

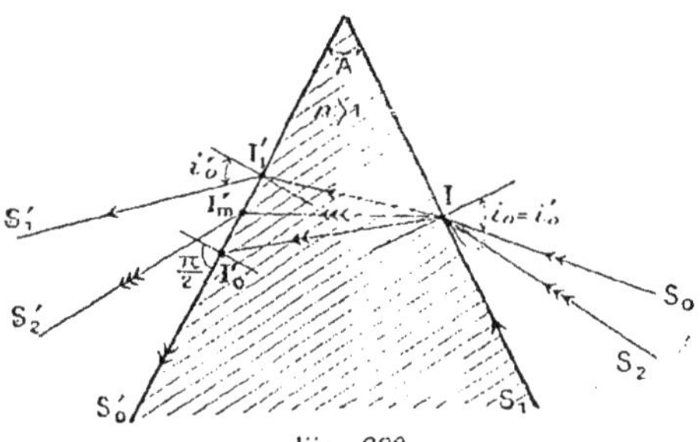


Fig. 290.

2° *Conditions d'incidence.* — La condition $A < 2l$ étant supposée réalisée, cherchons maintenant quels sont les rayons capables d'émerger. — Et d'abord le rayon $S_1I$ correspondant à $i = \frac{\pi}{2}$, c'est-à-dire à $r = l$, donne $r' = A - l < l$; ce rayon sortira en $I'_1$ (fig. 290), suivant la direction $I'_1S'_1$, faisant un angle d'émergence $i'_0$ défini par la relation

$$\sin i'_0 = n \sin (A - l).$$

Cet angle $i'_0$ est *positif*, si l'on a $A > l$ (cas de la figure 290); *nul*, si $A = l$; *négatif*, si $A < l$.

Réciproquement, si l'on prend un rayon incident $S_0I$, correspondant à un angle d'incidence $i_0 = i'_0$, on aura $r = A - l$, d'où $r' = l$ et par conséquent $i' = \frac{\pi}{2}$; c'est là le dernier rayon capable d'émerger ; l'émergence a lieu en $I'_0$, suivant la direction rasante $I'_0S'_0$.

L'émergence est donc possible pour les rayons dont les angles d'incidence croissent depuis

$$i = i_0 = \text{arc} \sin [n \sin (A - l)], \qquad \text{jusqu'à l'incidence rasante } i = \frac{\pi}{2};$$

les angles d'émergence correspondants varient entre les mêmes limites, mais en sens inverse.

*Remarques.* — 1° Lorsqu'il y a des rayons capables d'émerger, il existe toujours parmi eux un rayon incident *moyen* $S_2I$, pour lequel on a $i = i' = i_m$, c'est-à-dire $r = r' = r_m = \frac{A}{2}$; la partie intérieure $II'_m$ de ce rayon est perpendiculaire à la bissectrice de l'angle réfringent, et l'angle d'incidence $i_m$ est toujours *positif*.

2° La valeur angulaire du pinceau incident en I, capable d'émerger, est $\frac{\pi}{2} - i_0$; la valeur angulaire du pinceau émergent est également $\frac{\pi}{2} - i_0$, mais l'émergence se produit entre les points extrêmes $I'_0$ et $I'_1$.

3° Enfin, lorsque l'angle $i_0$ est *négatif*, cela signifie que des rayons situés du même côté que le sommet, par rapport à la normale en I, peuvent émerger ; cela n'a lieu qu'autant que l'on $A < l$ (fig. 291).

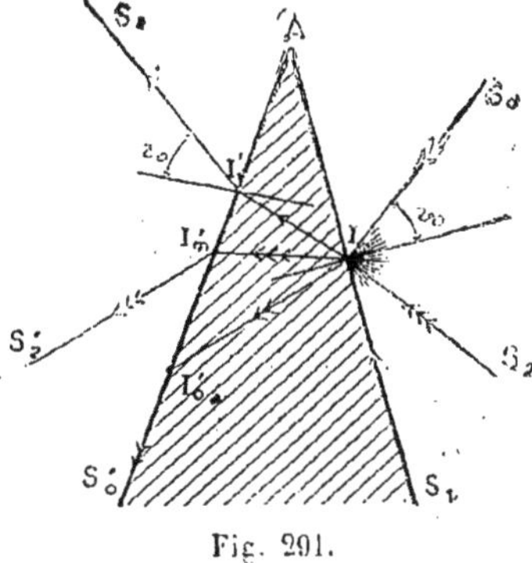

Fig. 291.

II. *Cas de* $n < 1$. Les rayons capables de pénétrer dans le prisme en un point I sont situés dans un cône de révolution autour de la normale en I, de demi-angle au sommet égal à l'angle limite $l$ (fig. 292). Mais, pour rencontrer la seconde face, supposée *illimitée*, les rayons doivent arriver au point I sous un angle d'incidence au moins égal, en valeur absolue, à celui du rayon $S_0I$, pour lequel le rayon réfracté $II'_0$ est parallèle à cette seconde face : soit donc $i_0$ l'angle d'incidence de ce rayon $S_0I$ ; l'angle de réfraction correspondant est égal, en grandeur et signe, à $A - \frac{\pi}{2}$, et l'on a la relation

$$\sin i_0 = n \sin\left(A - \frac{\pi}{2}\right) = -n \cos A,$$

ou

$$i_0 = \text{arc} \sin (-n \cos A) ;$$

cet angle $i_0$ sera *positif*, si A est $> \frac{\pi}{2}$ (cas de la figure 292) ; *négatif*, si A est $< \frac{\pi}{2}$. Le rayon émergent correspondant $I'_0S'_0$ ferait, à l'infini, un angle

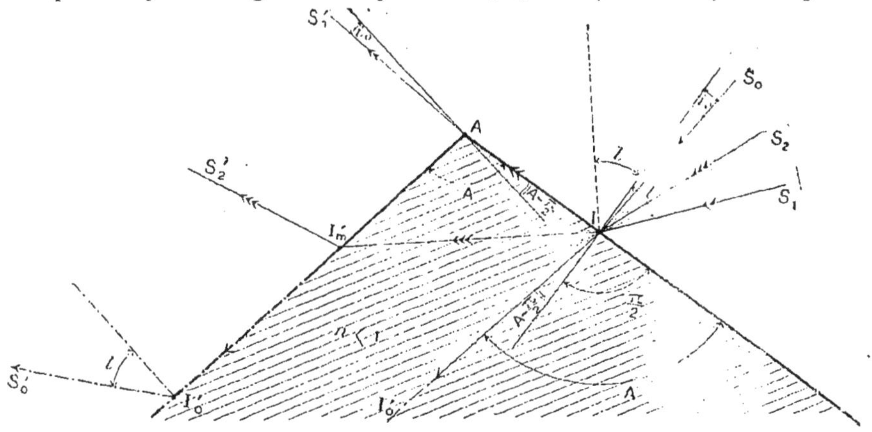

Fig. 292.

d'émergence $l$. — Réciproquement, le rayon $S_1I$ correspondant à l'angle d'incidence $l$ donnera naissance au rayon IA, arrivant au sommet du prisme sous l'angle $A - \frac{\pi}{2}$ ; il émergera donc suivant la direction $AS'_1$ sous l'angle $i_0$.

On obtient ainsi, comme *limites des angles d'incidence répondant à l'émergence* sans aucune condition d'angle du prisme :

$i = i_0 = \text{arc} \sin (-n \cos A)$, auquel répond $i' = l = \text{arc} \sin n$,
$i = l$, auquel répond $i' = i_0$.

Il existe donc toujours un rayon incident moyen, $S_2I$, pour lequel l'angle d'incidence est égal à l'angle d'émergence du rayon correspondant $I'_mS'_2$. On a pour ces rayons $r = r' = r_m = \frac{A}{2} > 0$, c'est-à-dire que la partie intérieure $II'_m$ est perpendiculaire à la bissectrice de l'angle réfringent A, et que l'angle $i = i' = i_m$ est *positif*.

**189. Étude de la déviation.** — Les formules du prisme constituent un système de quatre équations entre sept quantités : $i$, $i'$, $r$, $r'$, A, $\Delta$, $n$. L'élimination de trois de ces quantités, $r$, $r'$, $i'$, par exemple, donne une relation entre les quatre autres et l'on peut écrire :

$$\Delta = f(n, A, i).$$

*Vérification expérimentale.* — 1° *Influence de n (A et i constants).* — Au moyen d'une lentille L (fig. 293) on met au point sur un écran E, l'image F′ d'une fente étroite F éclairée en lumière rouge; puis sur le trajet des rayons lumineux, derrière la lentille, on interpose un *polyprisme* P, c'est-à-dire un système de prismes égaux, de verres différents, accolés de manière à former un prisme géométrique unique : les traces $F'_1$, $F'_2$, $F'_3$ correspondant aux différents prismes composants sont inégalement distantes de F′, donc les déviations sont inégales.

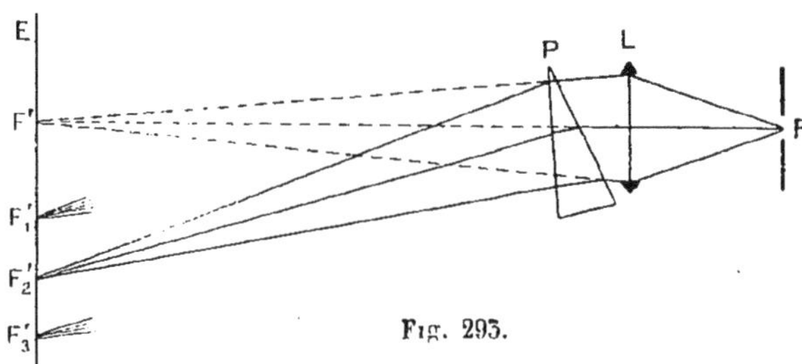

Fig. 293.

2° *Influence de A (n et i constants).* — On remplace, dans l'expérience précédente, le polyprisme par un prisme à eau qui est formé par une boîte de laiton dont le fond et deux faces latérales sont fixes, les autres faces latérales, portant des ouvertures munies de lames de verre, sont mobiles. L'appareil étant plein d'eau et la face d'incidence étant *fixe*, on fait varier l'inclinaison de la face d'émergence de manière à augmenter l'angle A du

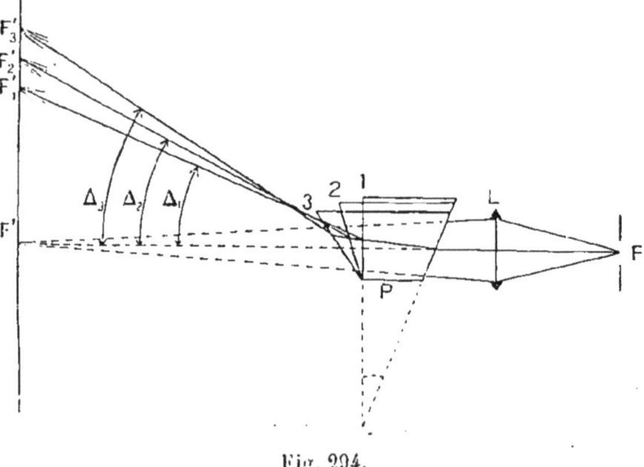

Fig. 294.

prisme : on constate que la trace $F'_1$, $F'_2$ ou $F'_3$ (fig. 294) du faisceau émergent est d'autant plus éloignée de $F'$ que A est plus grand.

3° *Influence de i (A et n fixes). Minimum de déviation.* — Plaçons derrière L (fig. 295) le prisme BAC de manière que l'incidence soit voisine de 90°; il y a un faisceau émergent qui coupe l'écran en $F'_1$; faisons tourner le prisme d'une manière à peu près uniforme, dans le sens de $f$, de manière à diminuer l'incidence : nous constatons que la trace $F'_1$ se *rapproche* de $F'$ d'abord rapidement, puis d'une manière de plus en plus lente; il vient un moment où elle paraît rester à peu près *stationnaire* en $F'_m$, puis elle part en *sens inverse*, c'est-à-dire s'éloigne de $F'$ jusqu'à ce qu'elle disparaisse par suite de réflexion totale sur AC. Lorsque la trace est en $F'_m$, elle correspond à une *déviation minimum* $\Delta_m$ du faisceau réfracté.

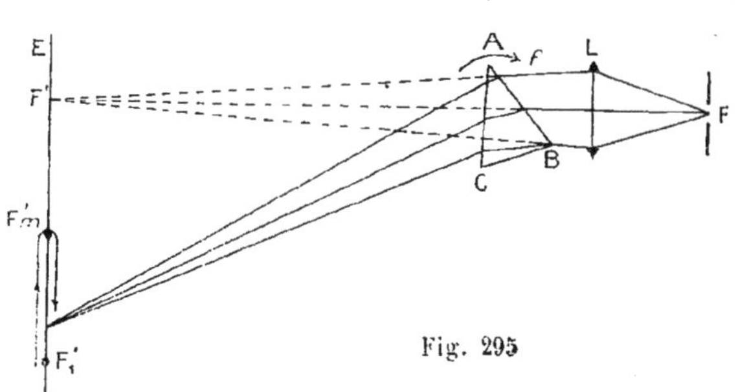

Fig. 295

Si, lorsqu'il y a déviation minimum, nous mesurons les angles d'incidence et d'émergence, nous constatons que $i_m = i'_m$.

*Étude de la déviation par le calcul.* — En supposant successivement deux des quantités $n$, A et $i$ constantes, nous pouvons étudier la variation de $\Delta$, par la méthode habituelle, c'est-à-dire en formant $\frac{d\Delta}{dn}$, $\frac{d\Delta}{dA}$, $\frac{d\Delta}{di}$. L'existence du minimum de déviation étant particulièrement intéressante, nous allons l'établir directement par le calcul.

Du système

(1) $$A = r + r',$$

(2) $$\Delta = i + i' - A,$$

(3) $$\sin i = n \sin r,$$

(4) $$\sin i' = n \sin r',$$

nous tirons, en supposant $n$ et A fixes :

$$\frac{d\Delta}{di} = 1 + \frac{di'}{di},$$

$$\cos i' \frac{di'}{di} = n \cos r' \frac{dr'}{di},$$

$$\frac{dr}{di} + \frac{dr'}{di} = 0,$$

$$\cos i = n \cos r \frac{dr}{di},$$

par suite :

$$\frac{dr}{di} = \frac{\cos i}{n \cos r} \qquad \frac{dr'}{di} = -\frac{\cos i}{n \cos r} \qquad \frac{di'}{di} = -\frac{\cos r' \cos i}{\cos i' \cos r},$$

$$\frac{d\Delta}{di} = 1 - \frac{\cos r' \cos i}{\cos i' \cos r},$$

$\Delta$ sera maximum ou minimum pour $\frac{d\Delta}{di} = 0$ [1], c'est-à-dire pour $i = i'$, $r = r'$; désignons par $i_m$ et $r_m$ ces valeurs particulières de $i, i', r, r'$.

Pour reconnaître si nous avons affaire à un maximum ou à un minimum formons $\frac{d^2\Delta}{di^2}$ pour $i = i' = i_m$, $r = r' = r_m$, il vient, toutes réductions faites,

$$\left(\frac{d^2\Delta}{di^2}\right)_{i_m} = \frac{2(n^2-1)\sin r_m}{n \cos i_m \cos^2 r_m},$$

or, le dénominateur est toujours positif; $r_m = \frac{A}{2}$; donc $\sin r_m > 0$, le signe de $\frac{d^2\Delta}{di^2}$ est celui de $n^2 - 1$ :

1° $n > 1$ $\left(\frac{d^2\Delta}{di^2}\right)_{i_m} > 0,$

soit $i_o$ l'incidence correspondant à l'émergence rasante :

| $i$ | $i_o$ | croît | $i_m$ | croît | $\frac{\pi}{2}$ |
|---|---|---|---|---|---|
| $\frac{d^2\Delta}{di^2}$ | | | $+$ | | |
| $\frac{d\Delta}{di}$ | | $-$ | $0$ | $+$ | |
| $\Delta$ | | décroît | $\Delta_m$ | croît. | |

$\Delta_m$ est un *minimum*;

2° $n < 1$ $\left(\frac{d^2\Delta}{di^2}\right)_{i_m} < 0,$

| $i$ | $i_o$ | croît | $i_m$ | croît | $\frac{\pi}{2}$ |
|---|---|---|---|---|---|
| $\frac{d^2\Delta}{di^2}$ | | | $-$ | | |
| $\frac{d\Delta}{di}$ | | $+$ | $0$ | $-$ | |
| $\Delta$ | | croît | $\Delta_m$ | décroît. | |

$\Delta_m$ est un maximum, mais comme $\Delta$ est alors toujours négatif, ce maximum de $\Delta$ correspond à un *minimum en valeur absolue*.

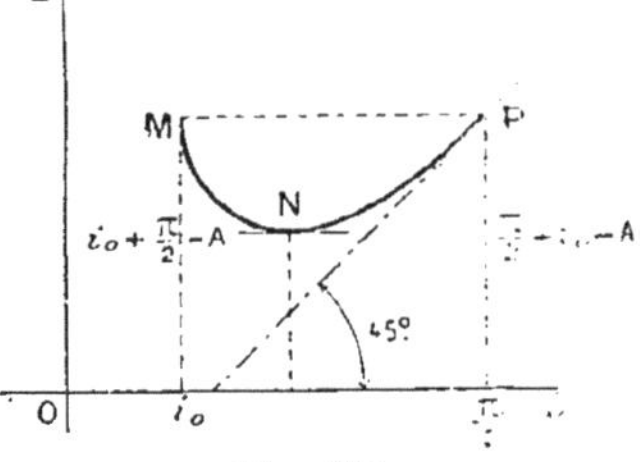

Fig. 296.

La figure 296 représente la courbe $\Delta = f(i)$ dans le cas de $n > 1$.

**190. Lignes focales du prisme : cas d'un étroit pinceau conique de rayons situés sensiblement dans le plan de section principale du point d'émission.** — Il est

[1] Pour résoudre l'équation $\frac{d\Delta}{di} = 0$, nous exprimons toutes les lignes trigonométriques de cette expression en fonction de $\sin i$ et de $\sin i'$ et nous arrivons à :

$$\sin i = \pm \sin i';$$

comme les angles $i$ et $i'$ sont compris entre $-\frac{\pi}{2}$ et $+\frac{\pi}{2}$, comme $r + r' = A \neq 0$, et par suite que $i + i' \neq 0$, une seule solution est acceptable : $i = i'$.

facile de retrouver dans le prisme la propriété constante de l'existence des lignes focales, toutes les fois qu'il s'agit d'un étroit pinceau conique de rayons ne donnant pas naissance à une véritable image de son point d'émission. Soit S (fig. 297) le sommet du pinceau, tombant par exemple au voisinage de l'arête; prenons comme plan de figure la section principale passant par S et cherchons à grouper les rayons lumineux. Le système admet un plan de symétrie qui est celui de la figure, donc la surface anticaustique est aussi symétrique par rapport à ce plan et les lignes de courbure d'un élément de cette surface sont les unes normales au plan de symétrie, les autres parallèles, d'où les deux modes de groupement suivants :

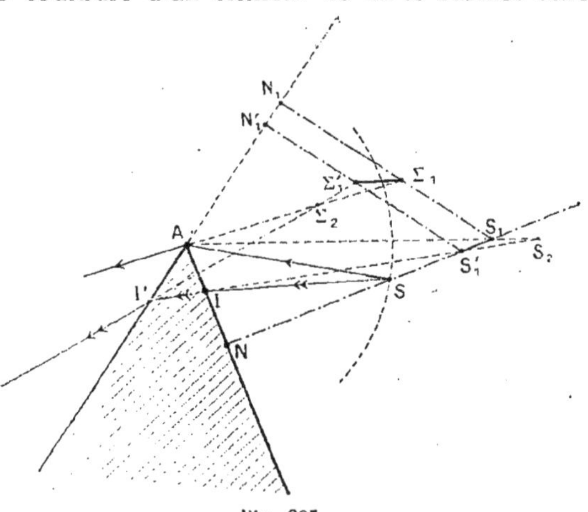

Fig. 297.

1er *groupement : par éléments plans parallèles à l'arête.* — On peut assimiler ces pinceaux plans, tels que SA, SI, à des éléments de surfaces coniques de révolution autour de la normale SN à la première face. Après réfraction, ces rayons semblent provenir des différents points de la première ligne focale $S_1S'_1$ produite par la première réfraction. Les nouveaux plans $S_1A$ et $S'_1II'$ peuvent, à leur tour, être considérés comme des éléments de surface conique de révolution autour des normales $S_1N_1$ et $S'_1N'_1$ abaissées de $S_1$ et $S'_1$ sur la seconde face du prisme; après réfraction par cette seconde face, ces plans de rayons sembleront donc provenir des différents points de la petite ligne $\Sigma_1\Sigma'_1$, où les rayons réfractés définitifs du plan de figure coupent les normales comprises entre $S_1N_1$ et $S'N'_1$. La petite ligne $\Sigma_1\Sigma'_1$ est la *première ligne focale*, perpendiculaire à l'arête du prisme ou *focale radiale.*

2e *groupement : par plans sensiblement perpendiculaires à l'arête.* — Ces plans sont constitués par le plan de figure SAI, et par des plans infiniment voisins passant par S, dont la trace sur le plan de la face d'entrée est perpendiculaire à l'arête du prisme. Après la première réfraction, les rayons du pinceau plan SAI se coupent en $S_2$; après la seconde réfraction, ils se coupent en $\Sigma_2$. Quand on passe ensuite de ce plan aux autres plans infiniment voisins, le point $\Sigma_2$ décrit une petite ligne perpendiculaire au plan de figure; c'est la *seconde ligne focale*, ou *focale tangentielle*, parallèle à l'arête du prisme, c'est-à-dire rectangulaire, comme toujours, avec la première.

*Remarque.* — Il serait maladroit de considérer chaque point d'une des lignes focales $S_1S'_1$ ou $S_2$ comme un point lumineux, car par ce point passe seulement *un plan* de rayons lumineux et non un *cône plein* de rayons lumineux.

191. **Positions des lignes focales du prisme.** — Le faisceau émergent s'appuie sur deux droites focales; pour chercher dans quel cas il y a stigmatisme, déterminons d'abord la position des focales. Supposons que le pinceau tombe au voisinage de l'arête (fig. 297). Posons :

$$\overline{AS}=x, \qquad \overline{AS_1}=x_1, \qquad \overline{AS_2}=x_2,$$
$$\overline{A\Sigma_1}=X_1, \qquad \overline{A\Sigma_2}=X_2;$$

d'après les notations adoptées pour le prisme (186), on a (177) :

$$x_1=nx, \qquad x_2=nx\frac{\cos^2 r}{\cos^2 i},$$

d'où, changeant $n$ en $\frac{1}{n}$, $r$ en $i'$, et $i$ en $r'$, pour la deuxième réfraction :

$$X_1=\frac{1}{n}x_1=x, \qquad X_2=\frac{1}{n}x_2\frac{\cos^2 i'}{\cos^2 r'}=x\frac{\cos^2 r\cos^2 i'}{\cos^2 i\cos^2 r'}.$$

1° *Focale radiale.* — Cette valeur de $X_1$ montre que la première focale est à la même distance du sommet du prisme que le point lumineux S lui-même; si le point S se déplace sur une circonférence décrite de A comme centre, en restant dans les limites d'incidence comprises entre $i_0$ et $\frac{\pi}{2}$, correspondant à l'émergence (dans le cas pratique de $n>1$), la première focale se meut également sur cette circonférence.

2° *Focale tangentielle.* — Cherchons les positions correspondantes de la seconde focale, dans les limites d'incidence $i_0$ et $\frac{\pi}{2}$; pour la valeur $i=i_0$, on a $i'=\frac{\pi}{2}$, $\cos i'=0$; par suite $X_2$ est égal à zéro; de même, pour la valeur $i=\frac{\pi}{2}$, on a $\cos i=0$, et $X_2$ est alors égal à l'infini; la seconde focale se déplace donc depuis l'arête A jusqu'à l'infini, lorsque $i$ croît de $i_0$ à $\frac{\pi}{2}$ [1]; pratiquement on n'atteint jamais l'incidence rasante.

192. **Stigmatisme vrai.** — Si le point S est à l'*infini* :

$$x=\infty, \qquad X_1=\infty, \qquad X_2=\infty;$$

les rayons émergents sont rigoureusement parallèles : ils semblent provenir d'un point à l'infini qui est l'image de S.

[1] La variation du rapport $\frac{\cos^2 r\cos^2 i'}{\cos^2 i\cos^2 r'}$ ne présente d'ailleurs aucune particularité remarquable. Pour s'en assurer, il suffirait d'étudier la fonction $y=\frac{\cos r\cos i'}{\cos i\cos r'}$, dont tous les termes sont positifs.

**195. Stigmatisme approché. — Foyer d'un point lumineux dans un prisme, pour la position du minimum de déviation.** — Si S est à distance finie, pour qu'il y ait un foyer relatif à ce point, il faut que

$$X_2 = X_1 = x, \qquad \text{c'est-à-dire que} \qquad \frac{\cos^2 r \cos^2 i'}{\cos^2 i \cos^2 r'} = 1;$$

cela n'a lieu qu'au *minimum de déviation*, car alors (189) $i = i'$, $r = r'$. — Il y a, dans ce cas, stigmatisme approché.

*En résumé*, un prisme nous donne d'un objet, en lumière monochromatique, une bonne image :

1° Si l'objet est à l'infini (stigmatisme vrai);

2° Si le faisceau incident est fortement diaphragmé et si le prisme est au minimum de déviation pour ce faisceau (stigmatisme approché)

Ces résultats ont une grande importance au point de vue pratique, ils nous montrent tout l'intérêt qui s'attache à l'étude du minimum de déviation, des focales et du foyer dans le prisme; pourquoi aussi, lors du réglage d'un prisme, afin d'avoir des images aussi nettes que possible, on place le prisme au minimum de déviation pour les rayons moyens et l'on utilise des objets infiniment éloignés (image de la fente d'un collimateur).

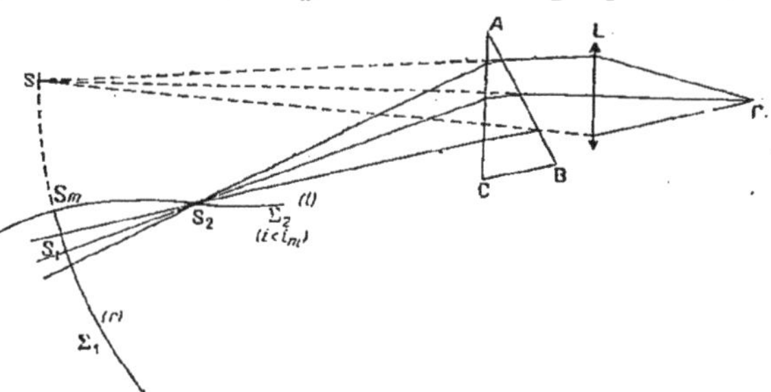

Fig. 298.

*Vérification expérimentale.* — 1° Au moyen d'une lentille convergente L (fig. 298), réalisons un objet lumineux S, virtuel par rapport à un prisme vertical BAC; pour cela éclairons vivement une petite ouverture circulaire O que nous recouvrons d'un verre rouge; L donne de O l'image réelle S; plaçons le prisme immédiatement derrière la lentille, après avoir repéré la distance AS; en coupant le faisceau émergent par un écran, nous déterminons les focales radiale $S_1$ et tangentielle $S_2$; faisons tourner le prisme : $S_1$ se déplace en décrivant un cylindre d'axe A, de rayon AS; la focale $S_2$ est tantôt en avant, tantôt en arrière de $S_1$ ($\Sigma_2\, S_m$ correspond à $i < i_m$ et $\Sigma'_2\, S_m$ correspond à $i > i_m$); ces focales sont confondues et réduites à un point pour $i = i_m$ (stigmatisme approché); leurs dimensions augmentent lorsqu'on s'écarte de l'incidence $i_m$ et leurs traces décrivent pendant la rotation du prisme : celle de $S_1$, la circonférence $\Sigma_1$, celle de $S_2$, la courbe $\Sigma_2\, S_m\, \Sigma'_2$;

2° Prenons comme objet un système de deux droites rectangulaires dont l'une est parallèle à l'arête A que nous supposons verticale :

L'ensemble des focales $S_1$ relatives à la droite horizontale donne une droite lumineuse horizontale, à la distance $X_1$;

L'ensemble des focales $S_2$ relatives à la droite verticale donne une droite lumineuse verticale à la distance $X_2$;

Si l'on cherche, avec un écran, l'image de la croix lumineuse, on trouve deux droites, l'une horizontale, l'autre verticale, mais qu'on ne peut recevoir à la fois sur l'écran, sauf dans le cas du minimum de déviation (stigmatisme approché).

5° Si dans les expériences précédentes la lentille L nous fournit, pour le prisme, un objet à l'infini, et si l'on interpose derrière le prisme une deuxième lentille convergente pour ramener à distance finie l'image donnée par le prisme, on trouve que cette image est nette pour toute incidence (stigmatisme vrai).

## VI. — ACHROMATISME

194. **Aberrations chromatiques.** — α) Au moyen d'une lentille convergente, projetons sur un écran l'image d'un objet à contours nets, comme une flèche découpée dans une lame métallique mince et éclairée en lumière blanche : l'image est toujours irisée sur les bords, soit de rouge, soit de violet, quelle que soit la mise au point. — Ces irisations sont particulièrement intenses si l'on arrête les rayons centraux.

β) Éclairons un objet à contours bien nets (deux fils en croix) par une flamme au sodium et pointons au moyen d'une loupe l'image jaune très nette fournie par une lentille convergente convenablement diaphragmée ; remplaçons le brûleur au sodium par un bec Auer et tamisons la lumière par un verre rouge photographique : l'image n'est plus au point et nous devons éloigner la loupe de la lentille pour observer une image rouge nette : la lentille donne donc du même objet des images colorées non superposées.

γ) A travers une lentille de condenseur, regardons l'image virtuelle d'un objet éclairé par de la lumière blanche : cette image est toujours irisée.

Dans les différents cas examinés, nous disons qu'il y a *aberration chromatique*; cherchons à interpréter ce phénomène.

195. **Dispersion des foyers principaux dans une lentille mince en contact avec des milieux extrêmes identiques.** — Dans une lentille mince, en contact avec des milieux extrêmes identiques, il n'y a qu'un seul point principal, en même temps point nodal unique, et par conséquent centre optique commun à toutes les radiations. Dans ce qui suivra, nous ne nous occuperons d'abord que de ce cas simple théorique. — Les foyers principaux seuls dépendent alors de la nature

de la radiation lumineuse considérée. Or, de l'expression de la première distance focale (foyer-objet)

$$\frac{1}{f}=(n-1)\left(\frac{1}{R'}-\frac{1}{R}\right),$$

il résulte immédiatement que le *foyer violet est toujours situé plus près de la lentille que le foyer rouge*. En effet, quand $n$ augmente, la valeur absolue $\frac{1}{|f|}$ augmente; donc, puisque $n_v > n_r$, on a $\frac{1}{|f_v|} > \frac{1}{|f_r|}$, d'où $|f_v| < |f_r|$. — On donne à cet étalement des foyers le nom de *dispersion des foyers principaux*.

196. **Aberrations chromatiques principales. Pouvoir dispersif. Cercle d'aberration chromatique principale.** — Considérons une lentille mince L (fig. 299), et soient $F'_v$ et $F'_r$ les seconds foyers principaux du violet et du rouge, c'est-à-dire les conjugués d'un point à l'infini, pour les radiations extrêmes du spectre visible. Par analogie avec l'aberration principale de sphéricité, on appelle *aberration chromatique longitudinale principale* la quantité $\overline{F'_rF'_v}=\Delta f'=-\Delta f$. Or, d'après la relation précédente, en supposant $\Delta f$ et $\Delta n$ assez petits pour que $\frac{\Delta f}{\Delta n}$ puisse être assimilé à la dérivée de $f$ par rapport à $n$, on a

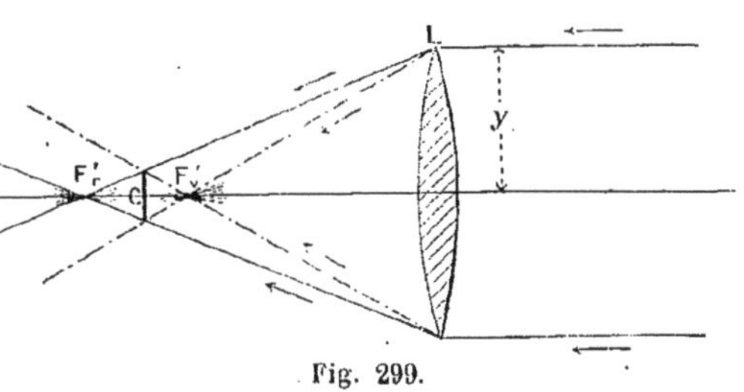

Fig. 299.

$$-\frac{\frac{\Delta f}{\Delta n}}{f^2}=\left(\frac{1}{R'}-\frac{1}{R}\right);$$

d'où, en tenant compte de la relation $\left(\frac{1}{R'}-\frac{1}{R}\right)=\frac{1}{f(n-1)}$,

$$-\Delta f=f\frac{\Delta n}{n-1}.$$

Représentons par K la quantité $\frac{\Delta n}{n-1}$, dans laquelle $\Delta n$ est relatif aux couleurs extrêmes; K est ce qu'on appelle le *pouvoir dispersif total* de la matière de la lentille [1]; l'*aberration chromatique longitudinale princi-*

[1] Dans les calculs d'achromatisme on fait le plus souvent intervenir la quantité $\Delta n = n_F - n_C$ et le pouvoir dispersif correspondant est

$$K=\frac{n_F-n_C}{n_D-1},$$

C, D, F désignant des radiations bien déterminées qui ont respectivement pour longueur d'onde dans le vide : 656 μμ, 589 μμ, 486 μμ.

*pale est donc proportionnelle à la distance focale moyenne, proportionnelle au pouvoir dispersif, et indépendante de l'ouverture de la lentille :*

$$-\Delta f = Kf.$$

On appelle de même *cercle d'aberration chromatique principale* la section circulaire commune aux faisceaux coniques réfractés extrêmes, de sommets $F'_r$ et $F'_v$, provenant de la réfraction d'un faisceau cylindrique de lumière blanche parallèle à l'axe principal de la lentille (fig. 299). Soient C le centre de ce cercle, $a$ son rayon, et $y$ le rayon d'ouverture de la lentille. On a, sur la figure :

$$\frac{a}{y} = \frac{CF'_r}{f_r} = \frac{CF'_v}{f_v} = \frac{F'_rF'_v}{f_r + f_v} = \frac{-\Delta f}{2f},$$

d'où, en remplaçant $-\frac{\Delta f}{f}$ par sa valeur précédente,

$$a = \frac{Ky}{2}:$$

*le rayon du cercle d'aberration chromatique principale, ou aberration chromatique latérale principale, est donc proportionnel à l'ouverture de la lentille, proportionnel au pouvoir dispersif de la matière qui la constitue, et indépendant de la distance focale.* Il est le même pour toutes les lentilles de même ouverture et de même matière, placées dans le même milieu. — La diaphragmation, en diminuant $y$, permet donc de diminuer $a$; par suite, elle atténue déjà l'aberration chromatique.

**197. Importance relative des aberrations chromatiques et de sphéricité.** — Prenons une lentille de $f = 33^{cm}$, $y = 5^{cm}$, nous avons vu (129) que le rayon $\tau$ du cercle d'aberration principale de sphéricité est compris entre $0^{cm},12$ et $0^{cm},51$. — Cherchons la valeur de $a$ pour cette lentille :

| | | | |
|---|---|---|---|
| 1° Si elle est en crown ordinaire, | $n = 1,517$ | $\Delta n = 0,019$ | $a = 0^{cm},092$ ; |
| 2° Si elle est en flint lourd, | $n = 1,710$ | $\Delta n = 0,047$ | $a = 0^{cm},165$ ; |

les aberrations latérales principales de sphéricité et chromatique sont du même ordre de grandeur. Mais considérons maintenant des objectifs de lunette pour lesquels le rapport $\frac{y}{f}$ est beaucoup plus petit que précédemment : les aberrations chromatiques sont alors les plus importantes; Ainsi, pour une lentille d'aberrations de sphéricité minima de $f = 100^{cm}$, $y = 5^{cm}$, $\tau = 0^{cm},007$; or, avec les verres spécifiés plus haut, $a$ vaut $0^{cm},092$ ou $0^{cm},165$, c'est-à-dire que, suivant les cas, $a$ est égal à $13\,\tau$ ou à $25\,\tau$ environ. — Avec une raison d'ouverture $\frac{y}{f}$ encore plus petite, comme cela se rencontre dans les grandes lunettes, l'aberration chromatique prend encore beaucoup plus d'importance par rapport à l'aberration de sphéricité, et la valeur de $a$ pourrait atteindre cinquante fois, par exemple, la valeur de $\tau$ si l'objectif était simple

198. **Irisations des images.** — Il est maintenant facile de se rendre compte des effets de l'aberration de réfrangibilité dans les lentilles simples : 1° pour des images réelles; 2° pour des images virtuelles.

Pour les images réelles, il suffit d'appliquer la règle générale suivante : tracer la marche des pinceaux réfractés pour les couleurs extrêmes du spectre; en supposant alors que l'on déplace l'écran sur lequel l'image est reçue, on déterminera la nature des irisations sur les bords de l'image. — Considérons, par exemple, le cas d'une lentille *convergente* mince et d'un objet AB (fig. 300), blanc sur fond sombre, centré sur l'axe. L'image rouge est en R; l'image violette est en V, plus rapprochée de la lentille. Or, si l'on trace la marche des pinceaux rouge et violet provenant des points extrêmes A et B de l'objet, les pinceaux rouges en traits pleins, et les pinceaux violets en traits pointillés, on voit facilement sur la figure que, *dans le plan de l'image réelle violette*, on doit avoir une *irisation rouge* sur les bords; *dans le plan de l'image rouge*, la plus éloignée de la lentille, on doit avoir une *irisation violette*.

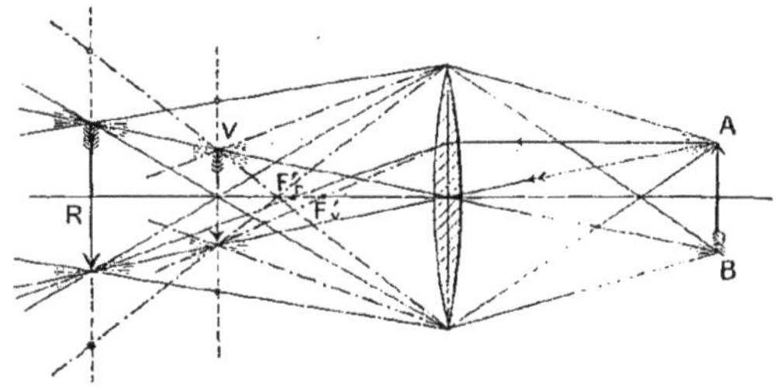

Fig. 300.

Pour les images virtuelles, la règle à appliquer est celle-ci : construire les images virtuelles pour les couleurs extrêmes ; tracer ensuite les *images rétiniennes* correspondantes, avec le point nodal de l'œil O et la rétine *r* (fig. 301); on jugera alors de la nature des irisations sur les bords des images rétiniennes. — Considérons, par exemple, une lentille *divergente* mince et un objet AB centré, blanc sur fond sombre. L'image violette V est plus rapprochée de la lentille que l'image rouge : l'image rétinienne rouge R′ débordera donc sur l'image violette V′, et par conséquent l'objet paraîtra, pour l'œil, *irisé de rouge* sur les bords.

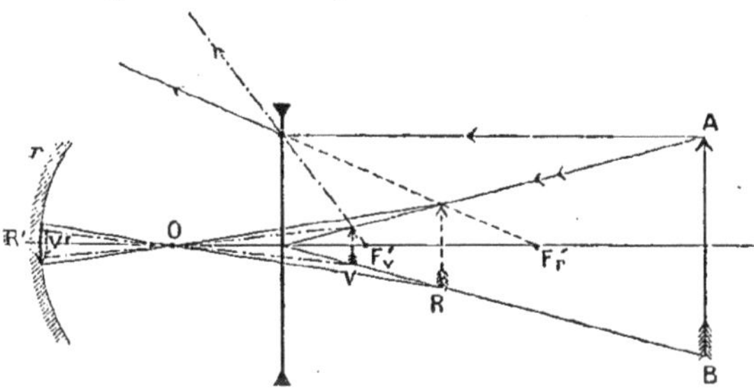

Fig. 301.

199. **Achromatisme pour l'œil, dans le cas des images virtuelles.** — L'œil, en raison même de sa structure, peut voir simultanément, avec une netteté suffisante, des objets situés à des distances un peu différentes, si la différence de ces distances est faible ou si ces distances sont grandes.

Donc si l'œil avait son point nodal au centre optique d'une lentille *mince*, il n'y aurait pratiquement pas d'irisations, puisque les images seraient toutes vues sous le même angle. Dans le cas général d'une lentille *épaisse*, les points nodaux dépendent des indices de réfraction; mais, en tout cas, si l'on désigne par $s'$ et $y'$ les coordonnées de l'extrémité de l'image pour une certaine radiation, et par $\varepsilon$ la distance *comptée de l'œil à l'origine des abscisses* $s'$, le diamètre apparent de l'image en question est $\frac{y'}{s'+\varepsilon}$ et la condition d'achromatisme approché, pour l'œil, est que cette quantité ne varie pas avec l'indice $n$, c'est-à-dire que sa dérivée par rapport à $n$ soit nulle :

$$\frac{d\left(\frac{y'}{s'+\varepsilon}\right)}{dn}=0.$$

Pour que ce problème de l'achromatisme pour l'œil ait une solution, il faut que cette équation fournisse une valeur acceptable de $\varepsilon$. Par exemple, si $s'$ est compté à partir de la face de sortie de la lentille tournée du côté de l'œil, avec la signification de $\varepsilon$ et la convention de signe habituelle, il faudra que l'on ait $\varepsilon > 0$.

200. **Achromatisme des images réelles fournies par des systèmes minces.** — Le problème général de l'achromatisme des lentilles est le suivant : « Est-il possible d'associer des lentilles *simples* de manière à obtenir une lentille *composée* donnant, en lumière blanche, des images réelles dépourvues d'irisations? »

Nous allons chercher à résoudre la question pour deux radiations convenablement choisies (202), et cela en employant deux lentilles *minces*; nous admettrons que ces lentilles juxtaposées constituent encore un *système mince*. Dans ce cas, les points nodaux pour toutes les couleurs étant confondus au centre optique du système mince (154), la condition nécessaire et suffisante de l'achromatisme proposé est *que les plans focaux des deux radiations considérées soient confondus*.

Pour l'identification des plans focaux, il faut, d'après le théorème des convergences (167), que la quantité $\frac{1}{F}=\Sigma\frac{1}{f}$ ait la même valeur pour les deux radiations. Soient donc $m$ et $m+\Delta m$ les indices de réfraction des deux radiations dans la première lentille; et soient $n$ et $n+\Delta n$ leurs indices dans la seconde lentille [1]. En désignant par R et R' les rayons

[1] En appelant ainsi $m$ et $n$ les indices d'une même radiation dans deux milieux différents, nous rappelons que ces indices peuvent varier notablement d'une matière à l'autre, l'ordre des lettres indiquant seulement celui des matières; au contraire, en appelant $m$ et $m+\Delta m$, $n$ et $n+\Delta n$ les indices des deux radiations différentes dans un même milieu, nous rappelons que cette variation d'indice est généralement faible dans une même substance.

Ainsi, pour un certain *crown*, on a $\left.\begin{matrix} m_B=1,524 \\ m_H=1,544 \end{matrix}\right\}\ \Delta m=0,020,$

et pour un certain *flint*, — $\left.\begin{matrix} n_B=1,627 \\ n_H=1,671 \end{matrix}\right\}\ \Delta n=0,044,$

tandis que $n_B-m_B=0,103$ et $n_H-m_H=0,127$.

Pour ce crown et ce flint :

$$m_D=1,527, \qquad n_D=1,636.$$

de courbure, en grandeur et signe, de la première lentille, S et S′ ceux de la seconde, la condition d'achromatisme est alors :

$$(m-1)\left(\frac{1}{R'}-\frac{1}{R}\right)+(n-1)\left(\frac{1}{S'}-\frac{1}{S}\right)=(m+\Delta m-1)\left(\frac{1}{R'}-\frac{1}{R}\right)+(n+\Delta n-1)\left(\frac{1}{S'}-\frac{1}{S}\right),$$

ou, en simplifiant,

$$\Delta m\left(\frac{1}{R'}-\frac{1}{R}\right)+\Delta n\left(\frac{1}{S'}-\frac{1}{S}\right)=0.$$

On a d'ailleurs $\frac{1}{R'}-\frac{1}{R}=\frac{1}{f(m-1)}$, en désignant par $f$ la distance focale de la première lentille pour la première radiation, et de même pour la seconde lentille, $\frac{1}{S'}-\frac{1}{S}=\frac{1}{f'(n-1)}$; par suite, l'expression précédente peut se mettre sous la seconde forme :

$$\frac{\Delta m}{m-1}\frac{1}{f}+\frac{\Delta n}{n-1}\frac{1}{f'}=0,$$

ou, en représentant par K et K′ les pouvoirs dispersifs des deux verres, pour les radiations considérées :

$$\frac{K}{f}+\frac{K'}{f'}=0.$$

201. **Interprétation physique de la condition analytique d'achromatisme.** — 1° Une des lentilles doit être *convergente*, l'autre *divergente*. — En effet K et K′ sont de même signe dans les diverses espèces de verres avec lesquels on peut chercher à faire des lentilles achromatiques; donc $f$ et $f'$ doivent être de signes contraires, c'est-à-dire que les lentilles doivent être d'espèces contraires.

2° Les matières des deux lentilles doivent être de *pouvoirs dispersifs différents*. — En effet, si l'on avait $K=K'$ la condition d'achromatisme se réduirait à

$$\frac{1}{f}+\frac{1}{f'}=\frac{1}{F}=0,$$

c'est-à-dire $F=\infty$ ; la lentille totale serait *afocale*, et équivaudrait à une simple lame à faces parallèles. On aurait donc *annulé la déviation*, en même temps que la *dispersion*. — Mais, en consultant un tableau de données numériques d'optique, on trouve, par exemple, relativement aux radiations extrêmes du spectre, pour un certain *crown*, $K=0{,}038$ environ, et pour un *flint* particulier, $K'=0{,}070$ : l'achromatisme proposé est donc possible avec ces deux matières.

3° Les *distances focales* des lentilles simples qui constituent la lentille composée doivent être, en valeur absolue, *proportionnelles aux pouvoirs dispersifs* des matières correspondantes, pour les deux radiations considérées. — En effet, la seconde forme de la condition d'achromatisme peut s'écrire :

$$\frac{f}{f'}=-\frac{K}{K'}.$$

4° La *lentille résultante* est de *même espèce que la lentille correspondant au verre de plus faible pouvoir dispersif*. En effet, si l'on désigne par F la première distance focale du système, commune pour les deux radiations considérées, on a :

$$\frac{1}{F}=\frac{1}{f}+\frac{1}{f'}.$$

Le signe de F est celui de la plus petite, en valeur absolue, des distances focales $f$ et $f'$.

Dans le cas du crown et du flint, K attribué au crown est plus petit que K' attribué au flint, donc $(f)<(f')$, $\left(\frac{1}{f}\right)>\left(\frac{1}{f'}\right)$, par suite $\frac{1}{F}$ est du signe de $\frac{1}{f}$, c'est-à-dire du signe de la convergence de la lentille de crown. Si cette lentille est convergente, le système total est convergent; si elle est divergente, le système est divergent.

5° L'achromatisme, avec deux lentilles, n'est réalisable que pour *deux radiations* à la fois; pour achromatiser rigoureusement ensemble trois radiations donnant de la lumière blanche, il faudrait trois lentilles. — En effet, si l'on désigne par $\Delta'm$ la variation d'indice de la première radiation à la troisième, dans la première lentille, et par $\Delta'n$ la variation analogue dans la seconde lentille, il faudrait, pour l'identification des foyers, de la première radiation avec la seconde :

$$\frac{1}{f}\cdot\frac{\Delta m}{m-1}+\frac{1}{f'}\cdot\frac{\Delta n}{n-1}=0,$$

et, de la première avec la troisième :

$$\frac{1}{f}\cdot\frac{\Delta' m}{m-1}+\frac{1}{f'}\cdot\frac{\Delta' n}{n-1}=0,$$

ce qui exigerait

$$\frac{\Delta n}{\Delta m}=-\frac{f'}{f}\cdot\frac{n-1}{m-1}=\frac{\Delta' n}{\Delta m},$$

condition qui n'est pas réalisée par la combinaison flint et crown, ainsi que nous allons le montrer. Ce que nous allons dire de ces deux substances s'appliquerait d'ailleurs, en général, à une combinaison de deux autres matières.

Si l'on construit par points la courbe ayant pour abscisses les valeurs de $m-1$ pour les diverses radiations dans le crown, et pour ordonnées les valeurs de $n-1$ dans le flint, depuis la radiation rouge B de Fraunhofer jusqu'à la radiation violette H, on obtient une courbe dont la forme est indiquée par la figure 302 (1). Si, par exemple,

(1) D'après la forme même de la courbe, on retrouve cette propriété, que *le pouvoir dispersif total du flint est supérieur à celui du crown*. En effet, le coefficient angulaire de la droite OB est $\frac{n-1}{m-1}$; il est plus petit que $\frac{\Delta n}{\Delta m}$, coefficient angulaire de la corde BH, d'où

$$\frac{\Delta n}{\Delta m}>\frac{n-1}{m-1} \quad \text{ou} \quad \frac{\Delta n}{n-1}>\frac{\Delta m}{m-1}.$$

les radiations B et H sont celles dont les foyers ont été identifiés, la variation d'abscisse de B à H représente $\Delta m$, et la variation d'ordonnée représente $\Delta n$; le coefficient angulaire de la corde BH est donc $\frac{\Delta n}{\Delta m}$; or il est différent du coefficient angulaire $\frac{\Delta' n}{\Delta' m}$ de toute autre corde BE, allant de B à tout autre point E de la courbe. L'identification des foyers ne pourrait être réalisée, avec ces deux matières, pour une troisième radiation, que si la courbe était *une droite*, mais alors l'achromatisme serait parfait. — Comme il n'en est pas ainsi, il faudrait, pour achromatiser rigoureusement trois radiations complémentaires, employer trois lentilles, de trois verres différents. L'expérience montre d'ailleurs que cette complication est pratiquement inutile, et que, avec la combinaison flint et crown, il suffit, pour réaliser l'achromatisme, d'identifier les foyers de deux radiations convenablement choisies. Menons une corde CF assujettie seulement à être parallèle à BH (fig. 302), les radiations correspondantes présentant des variations $\Delta m'$ et $\Delta n'$ d'abscisses et d'ordonnées, telles que $\frac{\Delta n'}{\Delta m'} = \frac{\Delta n}{\Delta m}$, la condition

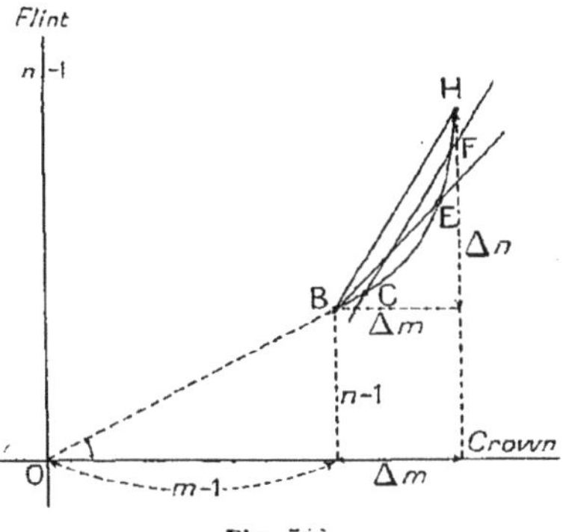

Fig. 302.

$\Delta m' \left(\frac{1}{R'} - \frac{1}{R}\right) + \Delta n' \left(\frac{1}{S'} - \frac{1}{S}\right) = 0$ est donc satisfaite, par suite les foyers correspondants aux radiations qui donnent les points C et F de la courbe sont confondus : il y a donc achromatisme pour une *infinité* de foyers pris deux à deux, néanmoins il y a encore une infinité de foyers distincts dont l'ensemble constitue le *spectre secondaire* du système achromatique. Mais ce spectre secondaire est assez réduit : ainsi, tandis que pour une lentille simple en crown ou en flint (voir *Note* p. 210) de $f = 1^{m}$, la distance des foyers extrêmes serait respectivement $3^{cm},8$ et $6^{cm},9$, avec un crown et un flint donnant un système achromatisé pour les raies C et F, si $f = 1^{m}$, la longueur du spectre secondaire est seulement $2^{mm},5$ environ. Les foyers communs réunis deux à deux sont assez voisins du foyer des radiations C et F pour que les irisations secondaires résiduelles

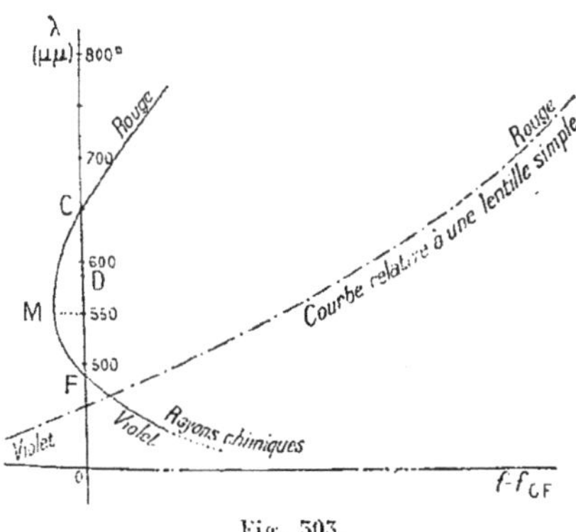

Fig. 303.

soient sensiblement négligeables. La figure 303 nous montre la variation de distance focale d'un objectif achromatique pour les radiations C et F, en fonction de la longueur d'onde λ (en ordonnée λ, en abscisse la différence entre la distance focale $f$ pour la radiation de longueur d'onde λ et la distance focale $f_{cr}$ pour les radiations C et F); pour ce système, les distances focales relatives aux rayons chimiques sont plus grandes que pour les rayons lumineux, contrairement à ce qui se passe dans le cas d'une lentille simple.

202. **Choix des radiations à achromatiser**. — S'il s'agit d'un objectif visuel, on réalise l'achromatisme pour les radiations C et F ; la distance focale minimum correspond alors à $\lambda = 0^{\mu},55$, radiation pour laquelle la sensibilité de la rétine est la plus grande.

S'il s'agit d'un objectif photographique avec lequel on fait la mise au point à la main, en recevant l'image sur une glace dépolie, on réalise l'achromatisme à la fois pour une radiation lumineuse intense et pour une radiation chimique intense (D et K).

Pour les objectifs photographiques à mise au point automatique, on réalise l'achromatisme pour les radiations chimiques intenses ; on fait le calcul pour des radiations prises de part et d'autre de H, la distance focale minimum correspondant à $\lambda = 0^{\mu},4$ environ. Règle générale : on replie le spectre de manière que le minimum des distances focales corresponde au milieu de la région du spectre pour laquelle on désire réaliser principalement l'achromatisme.

203. **Anciens verres et verres nouveaux**. — L'achromatisme est d'autant mieux réalisé que le spectre secondaire est plus réduit, et cette condition dépend essentiellement des qualités optiques des verres employés.

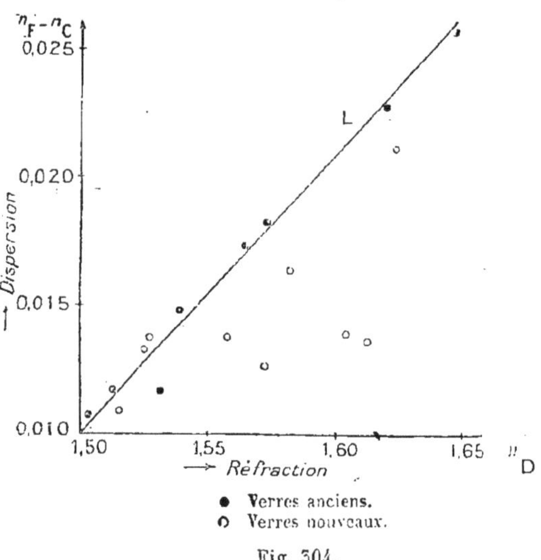

Fig. 304.

Autrefois les verres d'optique étaient formés de six éléments au plus (O, Si, K, Na, Ca, Pb) ; les flints, très dispersifs dans le violet, étaient à base de plomb ; les crowns, plus dispersifs dans le vert, étaient à base de chaux. En portant en abscisses les indices moyens de ces verres $n_D$, en ordonnées leurs dispersions respectives $\Delta n = n_F - n_C$, nous obtenons des points (fig. 304) qui sont presque sur la droite L. Mais, à la suite des essais de Schott à Iéna (1881), on a introduit dans les verres d'optique d'autres éléments, par exemple le bore, à l'état de borate, qui allonge la partie bleue du spectre; le fluor, à l'état de fluorure, qui étale le rouge; le phosphore, le baryum, le zinc; les corps simples qui entrent dans la constitution des verres d'optique sont aujourd'hui très nombreux, plus de trente, et ces verres sont doués de propriétés optiques très diverses : ainsi les points qui leur correspondent dans la fig. 304 ne sont pas toujours dans le voisinage de la droite L.

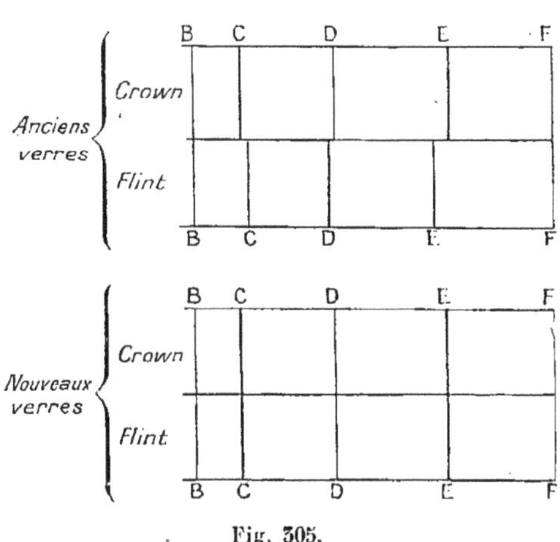

Fig. 305.

On conçoit qu'avec une pareille variété de verres, on puisse trouver des combinaisons donnant des spectres secondaires très réduits. En effet, pour que le spectre secondaire soit nul, il faudrait associer des verres pour lesquels la courbe BCFH de la figure 302 serait une droite, c'est-à-dire tels que $\frac{\Delta n}{\Delta m} = C^{te}$; autrement dit, des prismes d'angles très petits faits avec ces verres devraient donner des spectres semblables. La figure 305 représente les spectres fournis par les anciens et par les nouveaux verres. Aujourd'hui, par exemple, le spectre secondaire d'un objectif astronomique bien construit est environ huit fois plus faible que pour l'objectif de même distance focale construit il y a trente ans; les lignes pleine et pointillée de la figure 306 correspondent respectivement aux aberrations chromatiques d'un objectif astronomique, de fabrication récente et d'un autre objectif construit par Fraunhofer.

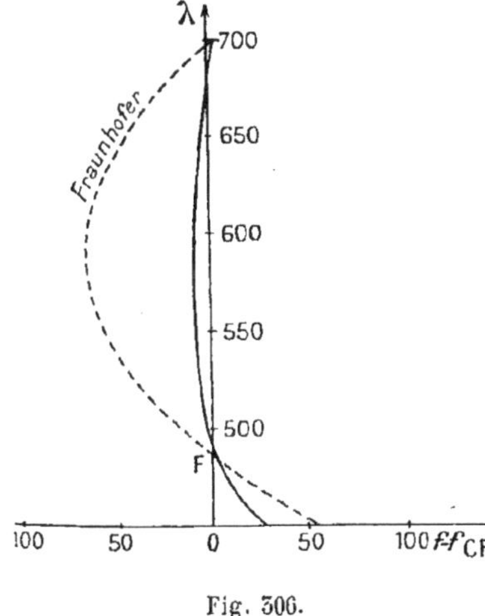

Fig. 306.

204. **Systèmes achromatiques normaux et anormaux.** — Soient deux lentilles accolées constituant un système achromatique; désignons par $f$, $f'$ les distances focales, par K, K' les pouvoirs dispersifs, par $n$, $n'$ les indices moyens correspondants; la condition d'a-

chromatisme est :

$$\frac{K}{f}+\frac{K'}{f'}=0;$$

supposons en outre que le système soit aplanétique pour un certain plan normal à l'axe, la condition de Petzval (138) doit être satisfaite :

$$\frac{1}{nf}+\frac{1}{n'f'}=0$$

en égalant les deux valeurs de $\frac{f}{f'}$, il vient :

$$nK=n'K'.$$

Or, avec les anciens verres, le pouvoir dispersif varie dans le même sens que l'indice; la condition précédente ne peut donc être satisfaite : un pareil système achromatique est dit *normal*; il ne permet pas la correction de la courbure du champ. Avec les verres nouveaux, on peut faire en sorte que la lentille d'indice le plus élevé corresponde au plus petit pouvoir dispersif; le crown a toujours un pouvoir réfringent inférieur à celui du flint, mais son indice moyen est alors plus grand que celui du flint correspondant; la combinaison est dite *anormale*, elle permet de corriger la courbure du champ.

205. **Achromatisme d'un système épais.** — Les conditions d'achromatisme pour deux radiations sont au nombre de trois, savoir :

Les plans principaux-objets coïncident;

Les plans principaux-images sont confondus;

Les distances focales sont égales.

Le problème est indéterminé car il y a au moins quatre rayons de courbure et des épaisseurs; on satisfait donc aux conditions d'achromatisme et aussi à celles de stigmatisme, aplanétisme, etc.

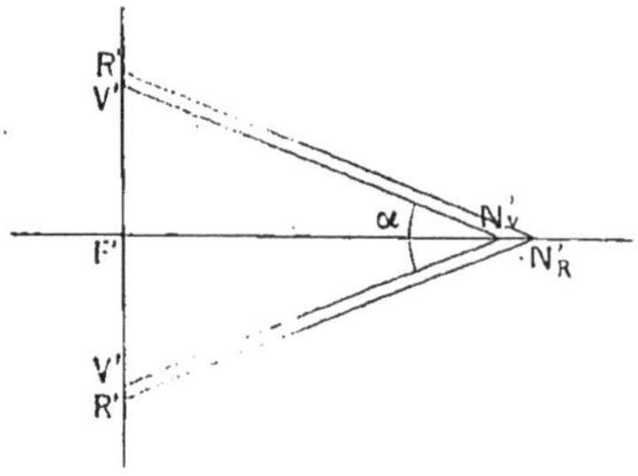

Fig. 307.

Lorsqu'un système doit servir spécialement à donner une image d'un objet à l'infini, on se borne souvent à écrire que les plans focaux-images sont confondus; les images colorées sont bien dans le même plan, mais elles débordent les unes sur les autres (fig. 307), les points nodaux étant distincts : on dit qu'il y a *aberration chromatique de grandissement*.

206. **Apochromatisme.** — Un système est dit *apochromatique* lorsqu'il est corrigé des aberrations de réfrangibilité pour trois radiations à la fois et des aberrations de sphéricité relatives à un point de l'axe, à la fois pour deux radiations.

207. **Historique de l'achromatisme.** — Newton considérait l'achromatisme comme impossible. A la suite d'expériences instituées dans des conditions insuffisantes de précision, il avait cru que les pou-

voirs dispersifs de toutes les substances étaient égaux, de sorte qu'on n'aurait pu corriger la dispersion sans supprimer la déviation. — On démontre facilement le contraire en associant un prisme en crown et un prisme en flint d'angles convenables; la dispersion est détruite, non la déviation. C'est Euler qui, le premier, démontra la possibilité de l'achromatisme; enfin l'opticien anglais Dollond, mettant en pratique les idées d'Euler, parvint à réaliser les premières lentilles achromatiques.

Les progrès les plus récents de l'achromatisme sont dus principalement à Schott, d'Iéna, qui est arrivé, après de nombreuses tentatives, à fabriquer de nouveaux verres d'optique doués de propriétés extrêmement précieuses pour la correction des aberrations (203) et pour celle de la courbure du champ (204).

208. **Construction d'une lentille achromatique mince : indétermination du problème.** — 1° La condition d'achromatisme

$$\Delta m\left(\frac{1}{R'}-\frac{1}{R}\right)+\Delta n\left(\frac{1}{S'}-\frac{1}{S}\right)=0, \quad (1)$$

pour deux lentilles minces de verres donnés, constituant une lentille mince achromatique, ne fournit qu'une seule relation entre les quatre rayons de courbure des deux lentilles. La construction d'un système achromatique de deux lentilles est donc un problème indéterminé, qui présente une infinité de solutions. On en profite pour assurer au système d'autres qualités :

2° On donne au système une *distance focale* F *déterminée*, et qui dépend en grande partie des usages auxquels il est destiné (objectif de lunette, de microscope, objectif photographique, etc.). On a ainsi une deuxième relation :

$$\frac{1}{F}=(m-1)\left(\frac{1}{R'}-\frac{1}{R}\right)+(n-1)\left(\frac{1}{S'}-\frac{1}{S}\right); \quad (2)$$

3° Pour plus de simplicité, on taille les faces en regard, de façon qu'*elles s'appliquent* exactement, la convexité de l'une dans la concavité de l'autre (fig. 308). Afin d'éviter les décentrages, ainsi que les couches d'air interposées qui favoriseraient les pertes de lumière par réflexion, on colle le plus souvent les deux faces en contact avec du baume de Canada dont l'indice a une valeur moyenne comprise entre celle du flint et celle du crown. — Cette condition, dite *condition de Clairaut*, se traduit, avec notre convention analytique de signes, par l'équation algébrique :

$$S=R'.$$

Dans les objectifs de grandes dimensions, pour lesquels le centrage peut être réalisé et maintenu sans coller les lentilles, la condition (3) est souvent remplacée par une autre plus avantageuse au point de vue optique:

4° On profite de la dernière indéterminée afin de donner au système un *minimum d'aberration de sphéricité*, pour la position qu'occupera le point lumineux; c'est donc une qualité de *stigmatisme* (*condition d'Euler*) qui vient s'ajouter à l'achromatisme. — Supposons, par exemple, qu'il s'agisse d'un objectif de lunette astronomique, où l'on aura en vue de diminuer autant que possible l'aberration sphérique *principale*; nous avons établi (127), en prenant $n=\frac{3}{2}$, que pour obtenir le minimum d'aberration longitudinale principale de sphéricité, avec une lentille simple d'une faible épaisseur, on est conduit à la condition $R' = -6R$ ; il s'agit donc d'une lentille biconvexe ou biconcave, qui doit tourner vers la lumière sa face de plus grande courbure. Or, dans le cas qui nous occupe, nous avons, non pas une lentille mince, mais un système de deux lentilles; si elles sont accolées, de même indice moyen et minces, au point de vue du stigmatisme on peut les considérer comme une lentille unique. En supposant les indices moyens du crown et du flint employés égaux à $\frac{3}{2}\left(m = n = \frac{3}{2}\right)$, nous aurons donc la relation

$$S' = -6R. \tag{4}$$

Effectuons les calculs dans le cas particulier de $\frac{\Delta m}{\Delta n} = \frac{3}{5}$;

les équations (1) et (2) s'écrivent :

$$3\left(\frac{1}{R'} - \frac{1}{R}\right) + 5\left(\frac{1}{S'} - \frac{1}{S}\right) = 0, \tag{1'}$$

$$\frac{1}{F} = \frac{1}{2}\left(\frac{1}{R'} - \frac{1}{R}\right) + \frac{1}{2}\left(\frac{1}{S'} - \frac{1}{S}\right). \tag{2'}$$

En tenant compte de (3), l'équation (2') se simplifie et devient :

$$\frac{1}{F} = \frac{1}{2}\left(\frac{1}{S'} - \frac{1}{R}\right);$$

dans cette relation remplaçons S' par sa valeur tirée de (4) et il vient :

$$R = -\frac{7F}{12}, \qquad \text{par suite} \qquad S' = \frac{7F}{2}.$$

Dans (1'), il reste comme inconnues S et R', et, en tenant compte de (3), il vient :

$$S = R' = \frac{7F}{23}.$$

La figure 308 correspond à cette solution (C, crown; F, flint).

*Remarque.* — Dans la réalité, on détermine exactement les indices des deux verres, leurs pouvoirs dispersifs et l'on fait les calculs rigoureux d'achromatisme en tenant compte des épaisseurs. Dans certaines limites, les indices et les pouvoirs dispersifs eux-mêmes peuvent être considérés comme des variables, ce qui permet d'introduire des conditions supplémentaires pour améliorer l'image. — Les lentilles une fois construites, on les monte dans un tube de lunette et l'on s'en sert comme objectif pour observer une mire; on retouche les faces en regard pour achever de corriger les aberrations chromatiques et l'on agit sur les faces extrêmes pour parfaire la correction des aberrations de sphéricité.

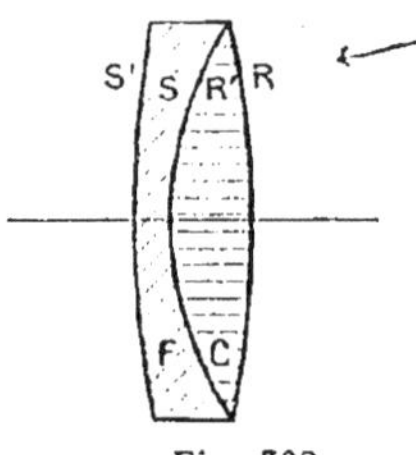

Fig. 308.

209. **Achromatisme d'un système de deux lentilles minces non accolées et centrées.** — L'achromatisme est approché, et l'on s'en contente habituellement, lorsque la distance focale principale du système est minimum pour la radiation $\lambda = 0^{\mu},55$.

Soit un système de deux lentilles minces, de distances focales $f$ et $f'$, faites avec le même verre, d'indice $n$ pour radiation déterminée :

$$\frac{1}{f} = A(n-1); \qquad \frac{1}{f'} = A'(n-1).$$

Si $e$ est la distance des deux lentilles, la distance focale principale F est donnée par l'expression (166)

$$\frac{1}{F}=\frac{1}{f}+\frac{1}{f'}-\frac{e}{ff'}=(A+A')(n-1)-eAA'(n-1)^2.$$

Si F est minimum, pour une valeur de $n$, $\frac{1}{F}$ est maximum, donc

$$\frac{d\left(\frac{1}{F}\right)}{dn}=A+A'-2e(n-1)AA'=0;$$

en remplaçant A et A' par leur valeur en fonction de $f$, $f'$ et $n$, il vient :

$$f+f'-2e=0;$$

c'est la *condition d'achromatisme* du système considéré.

## VII. — DÉFAUTS DES SYSTÈMES OPTIQUES CENTRÉS

210. **Système optique parfait.** — Un système optique doit fournir :

D'un point quelconque du champ, une image qui soit un point (système stigmatique);

D'un plan de front, une image qui soit un plan de front (système aplanétique, planéité de l'image);

D'une droite ne rencontrant pas l'axe, une image qui soit une droite (système rectilinéaire, rectiligne ou orthoscopique).

Lorsque ces conditions sont réalisées, l'image d'une figure quelconque d'un plan de front est semblable à l'objet.

211. **Conditions de stigmatisme et aplanétisme.** — Supposons d'abord que l'objet soit en lumière monochromatique; les défauts de l'image sont dits *aberrations de sphéricité* :

A. *Aberrations de sphéricité.* — 1° *Point $P_1$ sur l'axe.* — Les incidents venant de $P_1$ peuvent être distribués sur des cônes de révolution ayant pour axe celui du système; les émergents sont aussi distribués sur des cônes de révolution dont les sommets sont compris entre celui correspondant aux rayons centraux et celui correspondant aux rayons marginaux ; en écrivant que ces deux points sont confondus, on a la *condition d'Euler* (126). Les autres sommets sont alors aussi très sensiblement confondus avec les précédents.

2° *Point $P_2$ voisin de $P_1$ et dans le plan de front passant par* $P_1$. — La condition de stigmatisme pour $P_2$, le système étant stigmatique pour $P_1$, s'appelle *condition d'Abbe* ou des *sinus* (173). Lorsqu'elle est remplie, on dit que $P_1$ est un point aplanétique [voir points aplanétiques du dioptre sphérique (173)].

3° *Point $P_3$ sur l'axe du système et voisin de $P_1$.* — Le système étant stigmatique pour $P_1$, on écrit qu'il est aussi stigmatique pour $P_3$; on a ainsi la *condition d'Herschell* (174).

Les conditions d'Herschell et d'Abbe sont incompatibles (174), le système ne peut être stigmatique et aplanétique pour tous les points d'un élément de volume.

4° *Point $P_4$ pris en dehors de l'axe, dans le plan de front $P_1$, l'inclinaison des rayons incidents par rapport à l'axe étant notable.*

Le système est supposé aplanétique pour $P_1$ (stigmatique pour $P_1$ et les points voisins du plan de front $P_1$) :

α) Dans le cas où l'inclinaison du faisceau n'est pas très grande et même pour des ouvertures considérables de ce faisceau, il y a *astigmatisme pur*, c'est-à-dire que les caustiques se réduisent sensiblement à deux droites rectangulaires, l'une dans le plan contenant l'axe et $P_4$, dite *droite caustique radiale*, l'autre normale à ce plan et qui est la *droite caustique tangentielle*.

Si un système est astigmate, on ne peut mettre à la fois au point deux systèmes de droites rectangulaires d'un même plan de front ou mieux encore des circonférences concentriques et leurs rayons.

En diaphragmant le système, on réduit la longueur des caustiques, mais on ne les rapproche point.

β) Pour des inclinaisons grandes du faisceau incident, la trace de l'émergent sur un écran affecte les formes les plus diverses : c'est le phénomène désigné sous le nom de *coma*.

Si l'on réduit l'ouverture du faisceau, on fait apparaître les *focales de Sturm* : il y a *astigmatisme*.

*Correction de l'astigmatisme.* — Nous écrivons que les focales se coupent et nous obtenons une condition.

B. *Aberrations de réfrangibilité.* — Les objets sont habituellement en lumière blanche; il faudra donc tenir compte de la dispersion. Si le système est stigmatique pour $P_1$ émettant une certaine radiation, il est aussi très sensiblement stigmatique pour $P_1$ émettant une autre radiation, mais les images correspondant à ces radiations ne sont pas confondues : il faut donc écrire la *condition d'achromatisme*. L'achromatisme étant réalisé pour $P_1$ ne l'est pas nécessairement pour un autre point quelconque.

212. **Conditions relatives à la courbure du champ.** — Si le système est stigmatique pour tous les points d'un plan, nous ignorons *a priori* si l'image n'est pas une surface courbe de révolution; dans ce dernier cas, il est impossible de mettre au point à la fois le centre et les bords. — Lorsque l'astigmatisme est corrigé, pour traduire que la courbure du champ est nulle, on écrit l'*équation de Petzval*; l'image d'un plan de front est alors un plan de front. — L'équation de Petzval seule est insuffisante pour exprimer que la courbure du champ est nulle, il faut lui joindre la condition relative à l'astigmatisme; on corrige donc à la fois la courbure du champ et l'astigmatisme. La condition des sinus implique l'aplanétisme, et par suite l'absence de courbure, seulement pour une région très voisine de l'axe.

213. **Condition relative à la similitude des images.** — Il ne suffit pas que l'image d'un plan de front soit un plan de front; il faut encore qu'il y ait similitude entre l'image et l'objet ou que l'image d'une droite soit une droite; lorsque cette condition n'est pas réalisée, il y a *distorsion*. En nous reportant au paragraphe 118, nous voyons le rôle que jouent, dans la distorsion, les aberrations de sphéricité du système relatives à l'image du diaphragme. Il y a donc lieu de tenir compte de ces aberrations, par exemple de construire un système stigmatique pour son diaphragme; mais cette condition étant réalisée le système ne sera pas nécessairement rectiligne (au paragraphe 118 on a raisonné seulement sur une lentille *mince*). Dans le cas de deux lentilles non accolées, il est tout indiqué de placer le diaphragme entre les lentilles; celle qui est de front produit la distorsion en croissant (118) et la deuxième donne la distorsion en barillet, d'où une correction qui peut être parfaite pour un plan-objet déterminé, et qui est très satisfaisante en général pour tout le champ de l'appareil optique.

214. **Imperfections des images.** — En résumé, les principaux défauts que peuvent présenter les images fournies par les systèmes optiques centrés sont :

Les aberrations de sphéricité pour un point de l'axe ou très voisin de l'axe;

L'astigmatisme ou le coma pour les points suffisamment éloignés de l'axe;

Les aberrations de réfrangibilité;

La courbure du champ;

La distorsion.

La correction simultanée et parfaite de tous ces défauts n'est pas possible; suivant les cas, c'est tel ou tel défaut qu'il importe d'éviter ou de réduire : ainsi pour les objectifs astronomiques, destinés à des champs de faible étendue, il faut surtout corriger les aberrations chromatiques et de sphéricité pour le point à l'infini sur l'axe. Enfin, dans certains cas, les phénomènes de diffraction et d'interférence viennent encore compliquer singulièrement le problème; on conçoit donc sans peine que la construction des appareils d'optique est souvent fort délicate, qu'elle doit être dirigée par des ingénieurs rompus aux théories et aux calculs de l'optique et exécutée par des praticiens d'une grande habileté.

# INSTRUMENTS D'OPTIQUE

215. **Instruments d'optique en général.** — Les instruments sont formés par des dioptres sphériques centrés; exceptionnellement ils comportent une ou plusieurs surfaces réfléchissantes. Ils ont pour but de donner des images *avantageuses* au point de vue de l'observation ou de la reproduction.

Une image est *avantageuse* au point de vue de l'observation s'il lui correspond une image rétinienne plus *grande* ou *mieux éclairée* que celle relative à l'objet regardé directement. Dans certains cas l'image doit être visible de tous les points d'une salle (appareils de projection).

Une image est utile pour la reproduction quand elle vient se peindre sur un écran : elle est, le plus souvent, enregistrée par des phénomènes chimiques, ou bien dessinée à la main ; dans ce dernier cas, l'image peut même être virtuelle et coïncider seulement en apparence avec la surface sur laquelle on dessine.

Nous diviserons les instruments d'optique en deux groupes, d'après l'usage auquel ils sont destinés :

1° Les *instruments oculaires*, utilisés pour l'observation de l'objet à travers l'instrument; l'œil peut être considéré comme faisant partie du système dioptrique centré; ils comprennent habituellement un *objectif* et un *oculaire*.

L'*objectif* est une lentille ou un miroir qui donne, de l'objet, une image réelle regardée avec un oculaire. Lorsque l'objectif est un miroir (*objectif catoptrique*), il n'y a pas à s'occuper d'aberrations de réfrangibilité, mais avec un objectif constitué par des lentilles (*objectif dioptrique*), on peut, par une combinaison convenable des verres, corriger à la fois d'une manière notable les aberrations de réfrangibilité, de sphéricité et les autres défauts des images.

L'*oculaire* sert à regarder l'image fournie par l'objectif, ou l'objet lui-même, lorsqu'il n'y a pas d'objectif. Les oculaires sont toujours *dioptriques*, c'est-à-dire formés par des lentilles.

Les principaux instruments oculaires sont : la *loupe*, les *oculaires composés*, le *microscope composé*, les *lunettes* ou *télescopes*.

2° Les *instruments de projection réelle ou virtuelle*, qui nous donnent :

Des images réelles, visibles de tous les points d'une salle : *lanterne de projection* et *microscope solaire* ;

Des images *réelles*, reproduites par la photographie : *chambre noire photographique*, ou par le dessin : *chambre noire des paysagistes* ;

Des images *virtuelles*, qui paraissent coïncider avec la feuille sur laquelle on les dessine : *chambre claire*.

La chambre noire photographique est le plus important des instruments de projection : c'est le seul que nous étudierons (321).

216. **Puissance.** — Soit $\alpha$ le diamètre apparent sous lequel on voit, à travers un instrument d'optique, une dimension linéaire $l$, prise à la surface de l'objet et normalement à l'axe : on appelle *puissance* de l'instrument le quotient du diamètre apparent $\alpha$ par la longueur $l$. L'expression de la puissance est donc : $P=\frac{\alpha}{l}$. Cette définition exige que l'angle $\alpha$ *soit petit*, inférieur à 10° par exemple; dans ces conditions, on peut confondre sensiblement arc $\alpha$ et $\operatorname{tg}\alpha$. On *exprime* $\alpha$ *en radians et* $l$ *en mètres*; la puissance est alors donnée en *dioptries*, comme la *convergence* (170).

La puissance varie avec les *conditions de vision* (position de l'œil par rapport à l'instrument) et d'*accommodation* (distance de l'œil à l'image); il faut donc préciser ces conditions dans chaque cas.

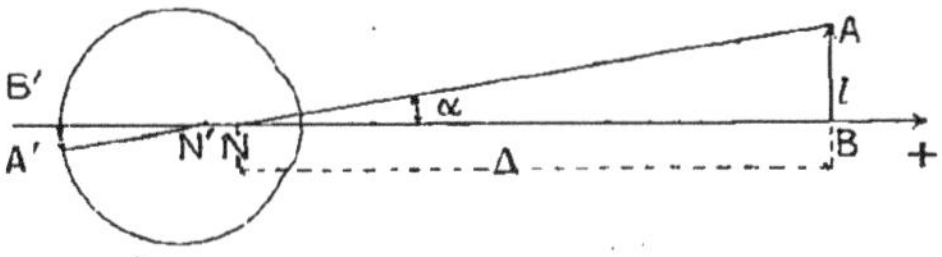

Fig. 309.

On appelle *puissance intrinsèque* celle qui correspond à la vision réglée pour l'infini : c'est une *constante* de l'instrument.

Un instrument d'optique étant, en général, équivalent à une lentille épaisse, déterminer sa puissance revient à chercher celle de la lentille épaisse correspondante.

Pour un instrument servant à observer un objet à l'infini, la puissance est rigoureusement nulle, car pour un diamètre apparent $\alpha$ fini, la longueur $l$ correspondante est infinie.

Supposons que nous regardions un objet AB (fig. 309) de longueur $l$, placé à la distance $NB=\Delta$ du premier point nodal N de l'œil : il est vu sous l'angle $\alpha$ et l'on a :

$$P=\frac{\alpha}{l}, \qquad \text{ou très sensiblement} \qquad P=\frac{\operatorname{tg}\alpha}{l}=\frac{\frac{l}{\Delta}}{l}=\frac{1}{\Delta}.$$

La puissance de l'œil varie donc avec la distance d'accommodation $\Delta$; elle est maximum lorsque $\Delta$ est égal à la distance $\varpi$ de minimum de vision distincte, ou distance de l'œil au punctum proximum : soit $P_m$ cette puissance :

$$P_m=\frac{1}{\varpi}$$

$\varpi$ étant plus petit pour un myope (227) que pour un emmétrope ou un hypermétrope, c'est pour un myope que $P_m$ est le plus grand. En réalité, pour observer à la distance $\varpi$, l'œil fatigue beaucoup : aussi, dans la pratique, la puissance maximum de l'œil est-elle inférieure à $\frac{1}{\varpi}$. Dans le cas d'une vue normale, on lit sans fatigue à une distance minimum de 25cm;

donc, pour un emmétrope, la *puissance maximum pratique* correspondant à une observation *continue* est :

$$P_m = \frac{1}{0^m,25} = 4 \text{ dioptries.}$$

217. **Grossissement**. — On appelle *grossissement* d'un instrument d'optique le rapport qui existe entre le diamètre apparent $\alpha$ d'un objet linéaire vu à travers l'instrument et le diamètre apparent *maximum* $\alpha'$ de cet objet vu à l'œil nu : $G = \frac{\alpha}{\alpha'}$. La définition suppose que les angles $\alpha$ et $\alpha'$ sont petits.

Lorsque l'objet est à l'infini, le diamètre apparent $\alpha'$ est indépendant des conditions de vision, la distance de l'objet à l'œil ne variant pas sensiblement quand l'observateur se déplace, mais pour un objet à distance finie, l'angle $\alpha'$ est en général celui sous lequel on voit l'objet placé à la distance $\varpi$ du minimum de vision distincte ; ce diamètre apparent dépend essentiellement de $\varpi$, c'est-à-dire de la vue de l'observateur, et par suite le grossissement tel qu'il a été défini n'est pas une constante pour l'instrument; aussi, pour les opticiens, le grossissement correspond-il invariablement à la distance $\varpi = 0^m,25$, qui est celle relative à la puissance maximum pratique d'un œil normal; nous appellerons *grossissement commercial* cette grandeur particulière.

Enfin le diamètre apparent $\alpha$ peut dépendre des conditions de vision (position de l'œil par rapport à l'instrument) et d'accommodation (distance de l'œil à l'image); on appelle *grossissement intrinsèque* celui qui correspond à la vision réglée pour l'infini. Le *grossissement intrinsèque commercial* est une constante de l'instrument.

218. **Pouvoir séparateur**. — La qualité essentielle d'un instrument d'optique est en général son *pouvoir séparateur*, car l'instrument est d'autant meilleur qu'il nous permet de distinguer plus de détails. Pour définir le pouvoir séparateur, nous envisageons deux cas :

1° *L'objet est à l'infini*. — Le pouvoir séparateur de l'instrument est la *distance angulaire minimum* de deux points vus distinctement à travers l'instrument. On appelle *pouvoir optique* ou *pénétration* l'inverse du pouvoir séparateur exprimé en radians.

2° *L'objet est à distance finie*. — Le pouvoir séparateur est la *distance linéaire minimum* de deux points vus distinctement à travers l'instrument.

Le pouvoir séparateur dépend de la puissance ou du grossissement de l'instrument, des aberrations, des phénomènes de diffraction; il peut être limité aussi par le pouvoir séparateur de l'œil ; mais, pour un instrument bien construit, c'est-à-dire de puissance ou de grossissement suffisants par rapport à ses autres qualités optiques, le pouvoir séparateur de l'œil n'intervient pas. Nous appellerons *puissance utile* ou *grossissement utile* la *puissance* ou le *grossissement* minimum pour lesquels le pouvoir séparateur de l'instrument n'est pas limité par celui de l'œil. Dans les bons instruments les aberrations doivent être négligeables devant les effets de diffraction.

**219. Notions de photométrie théorique.** — La valeur d'un instrument d'optique dépend non seulement de la grandeur et de la netteté des images rétiniennes qu'il fournit, mais aussi de la quantité de lumière qui forme ces images ou de leur éclairement, d'où la notion de clarté. Pour établir plus simplement les définitions et les résultats, nous allons rappeler brièvement quelques notions de PHOTOMÉTRIE THÉORIQUE.

$\alpha$) *Flux lumineux.* — Désignons par S un point lumineux placé dans un milieu infiniment transparent; l'énergie qui, sous forme de radiations lumineuses, part de S, en une seconde, est dite *flux lumineux*; d'après le principe de la propagation rectiligne de la lumière, le flux lumineux qui traverse une section quelconque d'un cône de sommet S est *constant.*

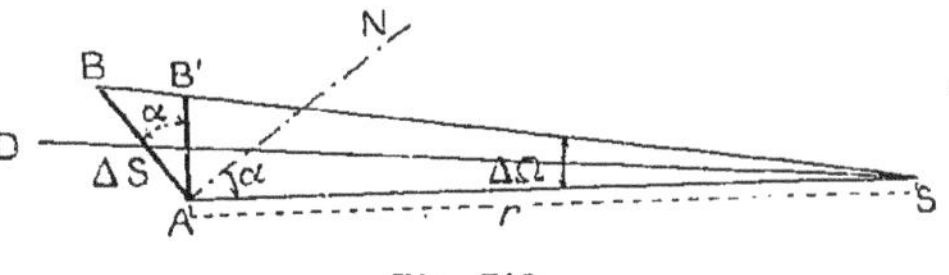

Fig. 310.

$\beta$) *Intensité lumineuse.* — Soit un cône d'ouverture sphérique infiniment petite $\Delta\Omega$, dont les génératrices s'écartent peu de la direction D (fig. 310), $\Delta\Phi$ le flux lumineux qui traverse une section quelconque de ce cône : on appelle intensité lumineuse de la source dans la direction D, le rapport $I = \frac{\Delta\Phi}{\Delta\Omega}$.

$\gamma$) *Éclairement.* — Si $\Delta\Phi$ est le flux lumineux qui tombe sur une surface infiniment petite $\Delta S$, l'éclairement de cette surface est $e = \frac{\Delta\Phi}{\Delta S}$.

$\delta$) *Variation de l'éclairement d'un élément de surface en fonction de sa distance à la source et de son inclinaison par rapport aux rayons incidents.* — Soit l'élément AB (fig. 310) de surface $\Delta S$, placé à la distance $SA = r$ de la source S d'intensité I dans la direction SA, $\alpha$ l'angle que fait la normale AN à l'élément avec le rayon SA, $\Delta\Omega$ l'ouverture sphérique du cône ASB : le flux qui tombe sur AB est :

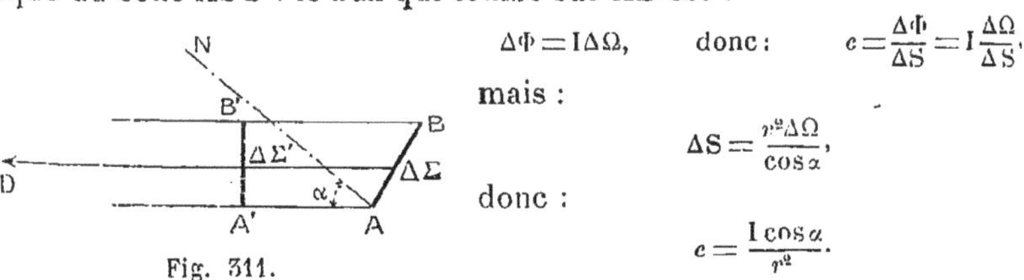

Fig. 311.

$$\Delta\Phi = I\Delta\Omega, \quad \text{donc :} \quad e = \frac{\Delta\Phi}{\Delta S} = I\frac{\Delta\Omega}{\Delta S},$$

mais :

$$\Delta S = \frac{r^2\Delta\Omega}{\cos\alpha},$$

donc :

$$e = \frac{I\cos\alpha}{r^2}.$$

$\varepsilon$) *Éclat.* — Un élément lumineux AB (fig. 311) de section $\Delta\Sigma$ possède une intensité lumineuse $\Delta I$ suivant la direction D ; désignons par $\Delta\Sigma'$ la projection de AB sur un plan normal à D : si $\alpha$ est l'angle de D avec la normale à AB, on a : $\Delta\Sigma' = \Delta\Sigma\cos\alpha$. On appelle éclat de l'élément suivant la direction D le rapport :

$$E = \frac{\Delta I}{\Delta\Sigma'} = \frac{\Delta I}{\Delta\Sigma\cos\alpha}.$$

Pour un corps solide incandescent, dont la surface est tout entière de même nature et portée à une température uniforme, E est une constante.

$\zeta$) *Formule de Lambert.* — Soit l'élément AB (fig. 312), de surface $\Delta\Sigma$, d'éclat E, envoyant de la lumière sur A'B' de surface $\Delta S$, placé à la distance $r$; désignons par $\alpha$ et $\alpha'$ les angles des normales à AB et à A'B' avec AA', par $\Delta I$ l'intensité de la source AB suivant AA' et $\Delta\Phi$ le flux lumineux reçu par A'B', par $e$ l'éclairement de A'B', nous avons :

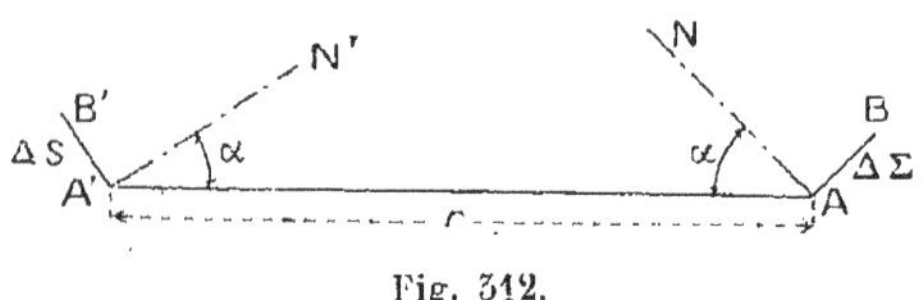


Fig. 312.

$$\Delta I = E\Delta\Sigma \cos\alpha, \qquad e = \frac{\Delta I \cos\alpha'}{r^2}, \qquad \Delta\Phi = e\,\Delta S;$$

par suite :

$$\Delta\Phi = \frac{E\Delta\Sigma\,\Delta S \cos\alpha \cos\alpha'}{r^2}.$$

$\eta$) *Formules photométriques usuelles.* — Dans la pratique, les sources lumineuses avec lesquelles on opère sont suffisamment loin des surfaces éclairées pour que l'inclinaison des rayons par rapport à ces surfaces soit considérée comme constante ; alors en désignant par $\Phi$ le flux total envoyé par la source de surface $\Sigma$ sur la surface de grandeur S, on a :

$$\Phi = \frac{E\Sigma S \cos\alpha \cos\alpha'}{r^2};$$

dans le cas particulier où les surfaces sont normales aux rayons :

$$\Phi = \frac{E\Sigma S}{r^2}.$$

$\theta$) *Éclairement de la rétine par un objet lumineux.* — Un objet lumineux BA (fig. 313) de surface $\Sigma$, d'éclat E, placé normalement au rayon BN, envoie un flux lumineux $\Phi$ sur la pupille de surface S, placée à la distance NB $= r$ (N premier point nodal de l'œil); l'image rétinienne est B'A' placée à la distance N'B' $= \delta$ du deuxième point nodal N' de l'œil :

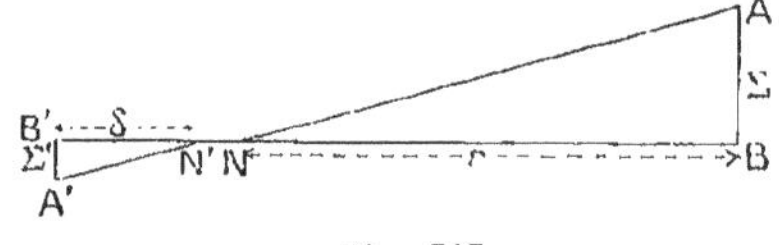


Fig. 313.

$$\Phi = \frac{E\Sigma S}{r^2};$$

désignons par $\Omega$ le diamètre apparent sphérique sous lequel on voit BA :

$$\Omega = \frac{\Sigma}{r^2}, \qquad \text{donc :} \qquad \Phi = E\Omega S.$$

*Le flux lumineux qui forme l'image rétinienne est proportionnel à l'éclat de l'objet, à son diamètre apparent sphérique, à la surface de la pupille.*

Si $e$ est l'éclairement de l'image rétinienne, $\Sigma'$ sa surface :

$$e=\frac{\Phi}{\Sigma'}=\frac{E\Sigma S}{r^2\Sigma'},$$

mais :

$$\frac{\Sigma}{r^2}=\frac{\Sigma'}{\delta^2},$$

donc :

$$e=\frac{ES}{\delta^2}.$$

*L'éclairement de l'image rétinienne est proportionnel à l'éclat de l'objet et à la surface de la pupille.*

220. **Éclat de l'image virtuelle fournie par un instrument d'optique.** — Soit un objet BA (fig. 314) de surface $\Sigma$, d'éclat E, envoyant des rayons lumineux sur un système optique de plans principaux $\Pi$, $\Pi'$, qui en donne une image virtuelle B'A' de surface $\Sigma'$, d'éclat apparent E'; admettons que le système soit infiniment transparent, désignons par $\Phi$ le flux envoyé par BA sur la portion utile IJ du plan principal-objet, portion utile ayant pour surface S, enfin posons $\Pi B=x$, $\Pi' B'=x'$ :

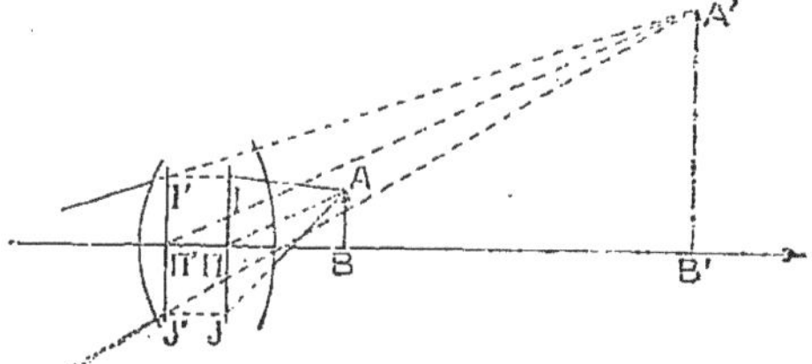

Fig. 314.

$$\Phi=\frac{E\Sigma S}{x^2};$$

mais ce flux paraît provenir de l'image B'A' et traverser la portion I'J' du plan principal-image, donc :

$$\Phi=\frac{E'\Sigma' S}{x'^2};$$

en égalant ces deux expressions de $\Phi$, il vient :

$$\frac{E'}{E}=\frac{\Sigma}{\Sigma'}\frac{x'^2}{x^2}.$$

Deux cas sont à distinguer :

1° Les milieux extrêmes sont *identiques* (*c'est le cas le plus important*). En désignant par $\gamma$ le grandissement :

$$\frac{\Sigma'}{\Sigma}=\gamma^2=\frac{x'^2}{x^2}, \qquad \text{donc} \qquad \frac{E'}{E}=1.$$

*Le système optique substitue à l'objet une image virtuelle de même éclat.*

2° Les deux milieux extrêmes *ne sont pas identiques*. En désignant par $n$ et $n'$ les indices absolus de ces milieux :

$$\frac{\Sigma'}{\Sigma}=\gamma^2=\frac{n^2}{n'^2}\frac{x'^2}{x^2}, \qquad \text{suite par} \qquad \frac{E'}{E}=\frac{n'^2}{n^2}.$$

*Remarque.* — Dans la pratique le système optique n'est jamais absolument transparent, et, si l'on désigne par T le *pouvoir transparent* du système, c'est-à-dire le rapport qui existe entre le flux transmis et le flux incident, on a respectivement, dans les deux cas :

$$\frac{E'}{E} = T; \qquad \frac{E'}{E} = \frac{n'^2}{n^2} T.$$

Le facteur T est parfois notablement différent de l'unité.

221. **Clarté.** — 1° *Objet ayant un diamètre apparent sensible.*

L'image rétinienne a une étendue appréciable, la sensation lumineuse dépend de l'éclairement de cette image; la clarté est *le rapport de l'éclairement de l'image rétinienne, dans le cas de la vision à travers l'instrument, à l'éclairement de l'image rétinienne, dans le cas de la vision à l'œil nu.*

Soit E l'éclat de l'objet, S la surface de la pupille, l'éclairement de l'image rétinienne dans le cas de la vision à l'œil nu est (219, 6) :

$$e = \frac{ES}{\delta^2};$$

si E' est l'éclat apparent de l'image, S' la surface *utile* de la pupille (qui peut être très inférieure à la surface totale), l'éclairement de l'image rétinienne, dans le cas de la vision à travers l'instrument, est :

$$e' = \frac{E'S'}{\delta^2};$$

donc la clarté :

$$C = \frac{e'}{e} = \frac{E'}{E} \times \frac{S'}{S}.$$

Chacun des rapports étant inférieur à l'unité, $C < 1$, l'instrument n'est pas avantageux au point de vue de la clarté, mais il l'est au point de vue du *grossissement*. Pour un système infiniment transparent $\frac{E'}{E} = 1$, donc $C = \frac{S'}{S}$; pour un système dont le pouvoir transparent est T, on a : $C = T\frac{S'}{S}$.

2° *Objet n'ayant pas de diamètre apparent sensible.* — Nous supposons qu'il en est de même pour l'image. — Dans ces conditions, les images rétiniennes n'ont pas de dimensions appréciables et toute la lumière frappe un seul élément nerveux; la sensation lumineuse est d'autant plus vive que l'élément nerveux est atteint par un plus grand flux lumineux, et on appelle clarté *le rapport du flux lumineux provenant de l'objet et qui pénètre dans l'œil, dans le cas de la vision à travers l'instrument, au flux lumineux provenant de l'objet et qui pénètre dans l'œil, dans le cas de la vision à l'œil nu.*

Soit E l'éclat d'un objet, Ω le diamètre apparent sous lequel il est vu, S la surface de la pupille; le flux de lumière Φ qui pénètre dans l'œil quand on regarde l'objet directement est (219, 6) :

$$\Phi = E\Omega S;$$

désignons par E' l'éclat de l'image, $\Omega'$ son diamètre apparent, S' la surface *utile* de la pupille quand on regarde à travers l'instrument ; le flux lumineux, qui va former l'image rétinienne dans le cas de la vision à travers l'instrument, est :

$$\Phi' = E'\Omega'S' ;$$

donc la clarté :

$$C = \frac{\Phi'}{\Phi} = \frac{E'}{E} \times \frac{\Omega'}{\Omega} \times \frac{S'}{S}.$$

Les rapports $\frac{E'}{E}$, $\frac{S'}{S}$ sont plus petits ou au plus égaux à l'unité. Soit G le grossissement de l'instrument : cela veut dire que le rapport des angles sous lesquels on voit deux dimensions linéaires de l'image et de l'objet est G, donc le rapport des ouvertures sphériques $\Omega'$ et $\Omega$ sous lesquelles on voit toute l'image et tout l'objet est égal à $G^2$, par suite :

$$C = \frac{E'}{E} \times \frac{S'}{S} \times G^2 \leqslant G^2 ;$$

si le système est infiniment transparent :

$$C = \frac{S'}{S} G^2 ;$$

dans le cas contraire :

$$C = T \frac{S'}{S} G^2 ;$$

mais toujours on a $C > 1$. On ne gagne rien au point de vue du diamètre apparent, puisque l'objet vu à travers l'instrument paraît toujours être un point, mais il semble plus brillant.

222. **Champ.** — Les services que peut rendre un instrument d'optique dépendent non seulement des dimensions et des qualités des images qu'il fournit, mais aussi de la grandeur de l'espace qu'il permet d'explorer dans une position donnée, c'est-à-dire de son *champ*. On appelle *champ total d'un instrument d'optique toute la région de l'espace* visible à travers l'instrument.

Pour qu'un point soit dans le champ il faut que, parmi les rayons issus du point, il y en ait qui traversent l'instrument, et aussi que l'image obtenue soit à une distance convenable de l'œil. Or les faisceaux qui traversent l'instrument sont limités par les contours des surfaces réfractantes ou réfléchissantes, par des diaphragmes, toutes ces surfaces étant centrées; ce sont les *pupilles* de l'instrument. Les rayons qui ont le plus de chance de traverser l'ensemble des surfaces limitant le champ sont ceux provenant d'un point de l'axe, et on dit qu'un point est dans le *champ de pleine lumière*, si, pour ce point, le rapport du flux lumineux qui a traversé, au flux lumineux incident, est le même que pour les points du champ situés sur l'axe; lorsque cette condition n'est pas remplie, le point est situé dans le *champ de contour*. L'ensemble du champ de pleine lumière et du champ de contour constitue le *champ extrême* ou *champ total*.

Les points du champ sont à l'intérieur d'un cône de révolution autour de l'axe du système; lorsque ces points sont très éloignés, on exprime la grandeur du champ par le demi-angle au sommet du cône qui les contient; lorsque l'objet regardé est à distance finie, la grandeur du champ s'exprime par le diamètre du cercle du plan de l'objet qui est au point pour l'œil emmétrope (227) n'accommodant pas. Enfin, grâce à ce fait que l'image d'un point sur la rétine, ou sur un écran, est bonne sans être strictement un point (226 et 323), le champ ne se réduit pas à une surface, et on appelle *profondeur du champ* la distance des deux points extrêmes, situés sur l'axe, qui sont vus à la fois nettement ou dont on a des images nettes sur un écran. La latitude d'accommodation fait varier la profondeur du champ. Si la mise au point est faite pour le point à l'infini sur l'axe, la profondeur du champ est infinie; on appelle alors *distance hyperfocale* la distance de l'instrument au point du champ le plus voisin et situé sur l'axe.

Il arrive fréquemment que tous les rayons ayant traversé l'instrument pénètrent dans l'œil; dans le cas contraire tous les points du champ de l'instrument ne peuvent être vus à la fois, et il faut déplacer l'œil pour explorer le champ : c'est une gène. Dans ces conditions on est amené à considérer le champ relatif à l'ensemble formé par l'instrument et l'œil, et on l'appelle *champ de vision à travers l'instrument* ou *champ de l'œil*; on distingue, comme dans le cas précédent, un champ extrême ou total, un champ de pleine lumière et un champ de contour.

## I. — ŒIL

223. **Constitution de l'œil.** — L'œil est formé par une série de dioptres sphériques centrés dont les milieux sont, en allant de l'avant à l'arrière (fig. 315) :

La *cornée transparente* C, l'*humeur aqueuse* A, le *cristallin* L, l'*humeur vitrée* V. Un diaphragme, l'*iris* I, dont l'ouverture se nomme la *pupille*, sert à limiter les faisceaux qui pénètrent dans la partie postérieure de l'œil, corrige les aberrations et fait varier l'éclairement de la *rétine* qui tapisse le fond de l'œil. La rétine provient de l'épaississement du *nerf optique*; elle constitue la partie de l'œil sensible aux radiations lumineuses : c'est sur elle que se forme l'image donnée par les milieux antérieurs.

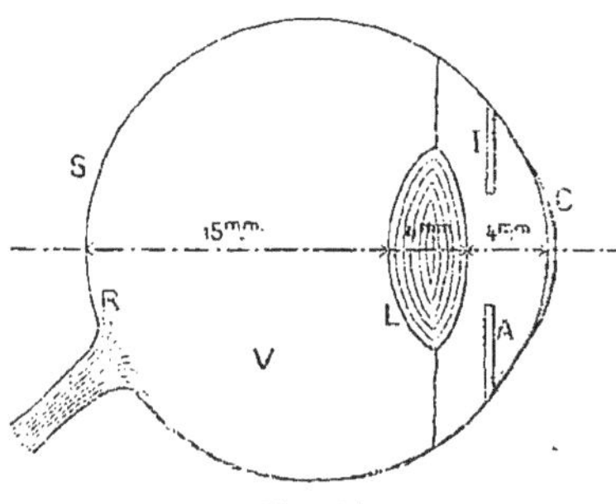

Fig. 315.

224. **Éléments cardinaux de l'œil.** — La connaissance des indices, des épaisseurs et des courbures a permis de déterminer les éléments cardinaux de l'œil.

Le foyer-image $F_2$ (fig. 316) est sur la rétine; en désignant par $P_1$, $P_2$, $N_1$, $N_2$, les points principaux et les points nodaux, nous avons :

$\overline{F_2N_2} = 15^{mm}$ $\overline{N_2P_2} = 5^{mm}$ $\overline{P_2P_1} = 0^{mm},4$ $\overline{P_1F_1} = 15^{mm}$ $\overline{N_2N_1} = 0^{mm},4$.

L'interstice $\overline{P_2P_1}$ étant très petit par rapport aux autres dimensions, nous pouvons supposer que les points nodaux sont confondus, par suite assimiler l'œil à un dioptre sphérique unique, appelé *œil réduit*, dont le centre, dit *centre optique* de l'œil réduit, est confondu avec les points nodaux.

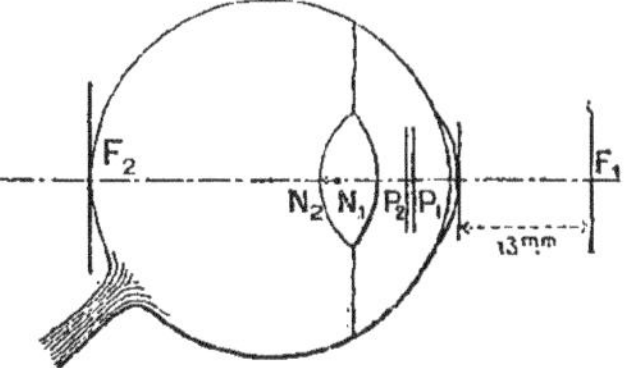

Fig. 316.

225. **Champ de l'œil.** — Le champ total de l'œil est considérable, mais le champ de vision nette, le seul intéressant, est très réduit ; il a quelques degrés à peine ; enfin, pour avoir d'un objet une vue parfaitement bonne, il faut que l'image rétinienne correspondante vienne se peindre sur une petite dépression de la rétine, dite *fosse centrale*, particulièrement riche en éléments nerveux et dont le diamètre sous-tend, du second point nodal de l'œil un angle de 45′. L'*axe visuel* est la droite qui passe par le centre de la fosse centrale et le centre optique de l'œil réduit.

226. **Accommodation.** — Dans le cas d'un œil normal, les rayons provenant d'un point de l'infini convergent sur la rétine. — Si le point-objet se rapproche, l'image s'éloigne et l'intersection du faisceau par la rétine est une tache. Tant que le diamètre de cette tache ne dépasse pas $4\mu,5$, c'est-à-dire le diamètre d'un élément nerveux de la rétine, la tache atteint un seul de ces éléments et donne l'impression d'un point lumineux; cette condition est remplie lorsque la distance de l'objet à l'œil reste supérieure à $15^m$ pour une pupille de $4^{mm},5$ de diamètre, à $10^m$ pour une pupille de $5^{mm}$ de diamètre. — Un cercle de $4\mu,5$ de diamètre est dit *tache de diffusion tolérée*. — Mais la vision reste nette pour des distances très inférieures à $10^m$; cela tient à ce que l'œil se déforme; l'effet principal est produit par la face antérieure du cristallin qui se bombe de manière à ramener l'image sur la rétine : cette faculté de l'œil, de modifier sa convergence, porte le nom d'*accommodation*.

Fig. 317.

On appelle *punctum remotum* et *punctum proximum*, les points de l'axe visuel qui sont à l'extrémité du champ, le punctum remotum étant le plus éloigné, et, par suite, le punctum proximum le plus rapproché de l'œil.

L'*amplitude d'accommodation* est la puissance d'une lentille qui produirait le même effet que le mécanisme d'accommodation ; c'est-à-dire permettrait de voir le punctum proximum sans effort d'accommodation.

Soient R et P (fig. 317) les punctums de l'œil C; la lentille O peut suppléer à l'accommodation si elle donne de P l'image R; posons $\overline{OR} = \rho$, $\overline{OP} = \varpi$ et désignons par A l'amplitude d'accommodation:

$$\frac{1}{\varpi} - \frac{1}{\rho} = A.$$

227. **Classification des différentes vues.** — On classe les vues d'après la position du punctum remotum :

1° *Œil normal* ou *emmétrope*. — Le punctum remotum est à l'infini; la position du punctum proximum dépend de l'âge du sujet; pour un adulte, $\varpi = 0^m,15$ environ, et $A = 6,66$ dioptries. En réalité, pour éviter de fatiguer l'œil par un effort d'accommodation trop considérable, on lit à une distance minimum de $0^m,25$: l'amplitude d'accommodation pratique est 4 dioptries.

2° *Œil myope* ou *brachymétrope*. — Les rayons qui viennent de l'infini convergent en avant de la rétine; c'est donc un œil *trop convergent* ou *trop long*; les deux punctums sont en avant de l'œil. Comme, à âge égal, l'amplitude d'accommodation est à peu près la même pour les différents sujets, les punctums du myope sont plus rapprochés de l'œil que ceux d'un emmétrope.

3° *Œil hypermétrope*. — Les rayons qui viennent de l'infini convergent en arrière de la rétine; l'œil n'est pas *assez convergent* ou *trop court*. Pour qu'un faisceau isogène rencontrant l'œil aille, après réfraction, converger sur la rétine, il faut qu'il soit déjà lui-même convergent; le punctum remotum est donc virtuel, $\rho < 0$; l'œil peut voir tous les objets tels que, en désignant par $x$ la distance de l'œil à l'objet, on ait $x > \varpi$, ce sont des objets réels, ou $x < \rho$, correspondant à des objets virtuels par rapport à l'œil et fournis nécessairement par un système optique. Le punctum proximum est toujours réel, mais plus éloigné que celui d'un emmétrope de même âge, A ayant la même valeur pour les deux individus.

228. **Correction des amétropies sphériques.** — On emploie des lentilles sphériques qui placent le punctum remotum du système lentille et œil à l'infini; la lentille doit donc donner du point à l'infini une image placée au punctum remotum de l'œil; par conséquent on a, en désignant par $f$ la distance focale de la lentille correctrice :

$$\frac{1}{\infty} - \frac{1}{\rho} = \frac{1}{f} \qquad \text{d'où} \qquad f = -\rho;$$

pour un myope : $\rho > 0$, $f < 0$; la lentille est *divergente*;
pour un hypermétrope : $\rho < 0$, $f > 0$; la lentille est *convergente*.

Cherchons la position du punctum proximum du système lentille et œil; soit $x$ la distance de la lentille à ce point; la lentille doit en donner une image placée au punctum proximum de l'œil, c'est-à-dire à la distance $\varpi$, donc :

$$\frac{1}{x} - \frac{1}{\varpi} = \frac{1}{f} \qquad \text{ou} \qquad \frac{1}{x} - \frac{1}{\varpi} = -\frac{1}{\rho}, \qquad \text{d'où} \qquad \frac{1}{x} = \frac{1}{\varpi} - \frac{1}{\rho} = A.$$

Comme A est le même que pour un œil normal, le punctum proximum de l'œil corrigé est le même que pour l'œil normal. *Le champ d'un œil myope ou hypermétrope, corrigé par des lentilles convenablement choisies, a donc mêmes punctums que celui d'un œil normal.*

229. **Presbytie.** — L'amplitude d'accommodation A, qui est sensiblement la même pour tous les individus de même âge, varie avec l'âge et tend vers zéro ; elle est donnée approximativement par la formule :

$$A = 16 - 0,3\,x \text{ dioptries},$$

dans laquelle $x$ représente l'âge exprimé en années. Cette perte plus ou moins complète de l'accommodation est la *presbytie*. Lorsque la presbytie s'accentue, c'est-à-dire quand A diminue, le punctum proximum *s'éloigne*, mais le punctum remotum est *fixe*.

On corrige la presbytie par l'emploi de verres convergents qui donnent, d'un objet rapproché, une image virtuelle placée au delà du punctum proximum de l'œil presbyte.

Un *œil peut être à la fois myope et presbyte*. Tant que $\varpi \leqslant 0^m,15$ pour le myope-presbyte, la presbytie est négligeable, mais, pour $\varpi > 0^m,15$, le myope-presbyte doit porter des verres convergents pour voir les objets compris entre les distances $0^{m},15$ et $\varpi$; pour les objets éloignés, il se sert toujours de verres divergents.

230. **Astigmatisme.** — Nous avons déjà vu (172) en quoi consiste cette anomalie et comment on la corrige.

231. **Pouvoir séparateur de l'œil ou acuité visuelle.** — L'œil servant indifféremment à l'observation d'objets très rapprochés ou très éloignés, on doit exprimer son pouvoir séparateur par un *angle* ou une *longueur*.

Le pouvoir séparateur de l'œil est limité par les phénomènes de diffraction et par les dimensions des éléments nerveux.

1° *Phénomènes de diffraction.* L'onde qui a traversé l'ouverture de la pupille pour former sur la rétine l'image d'un point, donne, en réalité, une tache de diffraction (144); le rayon $x$ de cette tache s'exprime par l'égalité :

$$x = \frac{1,22\,\lambda\,D}{n\,O},$$

$\lambda$ étant la longueur d'onde de la lumière dans le vide (ou l'air), D la distance de la pupille à la rétine, $n$ l'indice de l'humeur vitrée, O le diamètre de la pupille; on peut prendre $\lambda = 0^{\mu},55$, $n = 1,34$, $D = 20^{mm}$ environ; O varie de $3^{mm}$ à $8^{mm}$; le rayon $x$ est vu du centre optique de l'œil réduit, placé à $15^{mm}$ de la rétine, sous un angle compris entre $16''$ et $45''$.

2° *Dimensions des éléments nerveux.* Les images sont nettes quand elles se peignent sur la fosse centrale qui comporte seulement des cônes d'un diamètre de $4^{\mu},5$ : il semble naturel d'admettre qu'il faut, pour voir deux points séparément, que leurs images se forment sur deux cônes séparés par un troisième ; la distance de ces images est donc au minimum de $4^{\mu},5$ et par suite elles sont vues du centre optique de l'œil réduit sous l'angle :

$$\varepsilon = \frac{4\mu,5}{15^{mm}} = \frac{4,5}{15000} = \frac{3}{10000} = \text{arc } 1' \text{ environ.}$$

*Résultats expérimentaux.* — On détermine le pouvoir séparateur de l'œil en éloignant une division millimétrique ou une mire telle que celle de la figure 358, jusqu'à ce que les traits commencent à ne plus être distincts; si $\Delta$ est alors la distance de l'œil à la mire millimétrique, le pouvoir séparateur est, en radians :

$$\varepsilon = \frac{1^{mm}}{\Delta^{mm}}.$$

On trouve ainsi, pour les vues les meilleures, $\varepsilon = \frac{3}{10000}$, ou sensiblement $\varepsilon = \text{arc } 1'$.

Les oculistes mesurent l'acuité visuelle en se servant de caractères d'imprimerie inscrits dans des carrés, l'épaisseur des traits étant égale au cinquième du côté du carré; par définition l'acuité visuelle est égale à 1 si on peut lire des caractères vus sous un angle de 5'; elle est égale à $n$ si on lit des caractères dont le diamètre apparent est $\frac{5'}{n}$. L'acuité visuelle 1 ne correspond pas à un pouvoir séparateur de 5', mais bien de 1' environ, car pour lire une lettre, il faut en distinguer des détails de forme qui correspondent à peu près au cinquième de la hauteur totale du caractère.

232. **Distance minimum de deux points vus séparément à l'œil nu.** — Soit $\varepsilon$ le pouvoir séparateur de l'œil exprimé en radians, $d$ la distance linéaire de deux points placés à la distance $\Delta$ de l'œil : ils sont vus sous le diamètre apparent $\frac{d}{\Delta}$; ils sont aperçus séparément si :

$$\frac{d}{\Delta} \geqslant \varepsilon \qquad \text{ou} \qquad d \geqslant \varepsilon\Delta.$$

la valeur minimum de $d$ représente le *pouvoir séparateur linéaire* de l'œil; ce pouvoir séparateur est d'autant meilleur qu'il est plus petit : en particulier il est plus faible pour un myope que pour un emmétrope ou un hypermétrope de même acuité visuelle. Dans le cas d'un œil normal on a :

$$\varepsilon = \frac{3}{10\,000} \qquad \Delta \geqslant 0^{m},15, \qquad \text{donc} \qquad d \geqslant \frac{0^{m},15 \times 3}{10000} = 0^{m},000045 = 0^{mm},045 = 45\mu.$$

En désignant par $S_{œ}$ le pouvoir séparateur de l'œil, valeur minimum de $d$, nous pouvons écrire :

$$S_{œ} = 45\mu.$$

## II. — INSTRUMENTS OCULAIRES

233. **Instruments oculaires en général.** — Nous subdiviserons ces instruments en deux classes : 1° les instruments destinés à l'observation des objets dont on peut à volonté faire varier la distance, savoir : les *oculaires* et le *microscope*; 2° les instruments destinés à l'observation des objets placés à des distances fixes, et qu'on désigne sous le nom général de *lunettes* ou *télescopes*.

234. **Classification des lunettes ou télescopes.** — Un télescope est *dioptrique* si l'objectif est une lentille, *catoptrique* si l'objectif est un miroir.

Les télescopes dioptriques ou lunettes portent les noms de lunette *astronomique*, lunette *terrestre*, lunette de *Galilée*, suivant la nature de l'oculaire associé à l'objectif.

Le mot lunette ne désigne jamais un appareil à miroir.

235. **Classification des oculaires.** — On distingue :

Les oculaires *simples*, formés d'une lentille simple ou composée (plusieurs lentilles accolées);

Les oculaires *composés* constitués par deux lentilles ne se touchant pas;

Les oculaires *positifs*, qui peuvent être utilisés seulement pour regarder des objets réels ou des images réelles par rapport à la face d'incidence;

Les oculaires *négatifs*, qui servent à l'observation d'images fonctionnant comme objets virtuels par rapport à la première lentille de l'oculaire;

Les oculaires *convergents*, pour lesquels le foyer-image est réel;

Les oculaires *divergents*, dont le foyer-image est virtuel.

Les oculaires simples sont :

1° La *loupe*, ou oculaire *simple convergent*, ou oculaire de *Képler*;

2° L'oculaire *simple divergent*, ou oculaire de *Galilée*.

Les principaux oculaires composés sont :

1° Les oculaires de *Ramsden*, positifs et convergents;

2° Les oculaires d'*Huygens*, négatifs et convergents;

3° Le doublet de *Wollaston*, positif et divergent.

## LOUPE

256. **Description, mode d'emploi.** — La *loupe*, ou oculaire *simple convergent*, ou oculaire de *Képler*, est un instrument destiné à rendre plus parfaite la visibilité des détails de petits objets, par accroissement de leur diamètre apparent. Elle est formée d'une seule lentille convergente, simple ou composée, d'assez *faible distance focale f*. Dans la figure 318, les plans principaux sont en $\Pi_1$ et $\Pi_2$; les plans focaux, en $F_1$ et $F_2$.

*Construction de l'image et marche des rayons.* — L'objet à examiner AB étant placé entre le premier plan focal $F_1$ et la loupe (fig. 318), l'image A'B' est virtuelle. On peut construire l'image du point A au moyen des deux rayons : le rayon $A\Pi_1$ dont le réfracté émerge parallèlement du second point nodal $\Pi_2$ et le rayon AH, parallèle à l'axe principal, qui se réfracte suivant $HF_2$. La marche d'un pinceau de rayons est alors facile à tracer, en supposant connues les surfaces terminales de la loupe.

*Mise au point.* — L'œil étant placé derrière la loupe, son premier point nodal en O (fig. 318), l'opération de la *mise au point* consiste à amener l'image A'B' à une distance Δ de l'œil comprise dans les limites de la vision distincte de l'observateur, et telle que le diamètre apparent de cette image soit le plus grand possible. Pour cela, si l'œil et la loupe restent fixes, on déplace progressivement l'objet jusqu'à ce que ce résultat soit obtenu; ou bien, si l'objet est fixe, on déplace la loupe, en maintenant toujours l'œil dans une position invariable par rapport à la lentille.

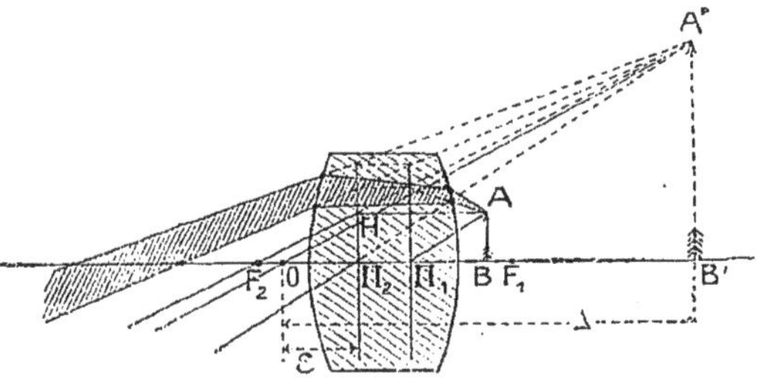

Fig. 318.

257. **Latitude d'accommodation, ou profondeur de champ.** — On appelle *latitude d'accommodation*, pour un observateur déterminé, la variation que cet observateur peut faire subir à la distance de l'objet à la loupe, en usant complètement de la faculté d'accommodation de son œil. — Il est aisé de voir que la latitude d'accommodation est toujours assez faible.

Soient $\sigma$ et $\sigma'$ les distances de l'objet et de son image aux foyers principaux correspondants, on a : $\sigma\sigma' = -f^2$. Mais, en désignant par $\Delta$ la distance de mise au point $\overline{OB'}$, et par $\varepsilon$ la distance $\overline{O\Pi_2}$ comptée de l'œil au deuxième plan principal de la loupe, c'est-à-dire en prenant l'œil comme origine pour tout ce qui le concerne, on a :

$$\sigma' = \overline{F_2B'} = \overline{F_2\Pi_2} + \overline{\Pi_2O} + \overline{OB'} = f - \varepsilon + \Delta,$$

et alors :

$$\sigma = -\frac{f^2}{f - \varepsilon + \Delta};$$

par suite, si l'on fait $\Delta$ égal à la distance $\varpi$ du *punctum proximum*,

$$\overline{F_1B_\varpi} = \sigma_\varpi = \frac{-f^2}{f-\varepsilon+\varpi};$$

si l'on fait $\Delta$ égal à la distance $\rho$ du *punctum remotum*,

$$\overline{F_1B_\rho} = \sigma_\rho = \frac{-f^2}{f-\varepsilon+\rho}.$$

La latitude d'accommodation est donc :

$$l = \overline{B_\varpi B_\rho} = \overline{B_\varpi F_1} + \overline{F_1 B_\rho} = -\sigma_\varpi + \sigma_\rho = f^2\left(\frac{1}{f-\varepsilon+\varpi} - \frac{1}{f-\varepsilon+\rho}\right).$$

Pour prendre un exemple numérique, soit $f=2$ centimètres, $\varepsilon = 1^{cm},5$, $\varpi = 15^{cm},5$, $\rho = \infty$ ; on aura :

$$l^{cm} = 4\frac{1}{16} = \frac{1^{cm}}{4}, \qquad \text{ou} \qquad 2^{mm},5.$$

Cette quantité caractérise la *profondeur du champ de vision*; dans l'observation d'un objet transparent, c'est l'épaisseur de cet objet que l'œil peut voir nettement sans le déplacer, en s'accommodant d'une manière différente pour les différents plans.

238. **Puissance.** — Par définition (216) nous avons, en désignant par P la puissance de la loupe :

$$P = \frac{\widehat{B'OA'}}{\overline{BA}},$$

ou, l'angle $\widehat{B'OA'}$ étant petit par définition :

$$P = \frac{\operatorname{tg}\widehat{B'OA'}}{\overline{BA}} = \frac{\dfrac{\overline{B'A'}}{\overline{OB'}}}{\overline{BA}} = \frac{\overline{B'A'}}{\overline{BA}} \times \frac{1}{\overline{OB'}} = \frac{\overline{B'A'}}{\overline{H_2H}} \times \frac{1}{\overline{OB'}}$$

$$= \frac{\overline{F_2B'}}{\overline{F_2H_2}} \times \frac{1}{\overline{OB'}} = \frac{f-\varepsilon+\Delta}{f} \times \frac{1}{\Delta} = \frac{1}{f}\left(1 - \frac{\varepsilon-f}{\Delta}\right).$$

*Puissance intrinsèque.* — Dans l'expression précédente si l'on fait $\Delta = \infty$, on obtient la puissance dite *intrinsèque* :

$$P_i = \frac{1}{f}.$$

Nous avons déjà envisagé cette grandeur sous le nom de *pouvoir convergent* ou *convergence* (170). En exprimant $f$ en mètres, on a $P_i$ en dioptries; de même, d'une manière générale, pour calculer P en dioptries, on prend le mètre pour unité de longueur.

Dans la pratique le terme $\frac{\varepsilon-f}{\Delta}$ est petit par rapport à l'unité et la *puissance s'écarte peu* de $P_i$ qui est la *constante principale* de l'instrument.

*Remarque à propos des calculs de puissance et de diamètre apparent.* — Si

$l$ est la longueur d'un objet linéaire perpendiculaire à l'axe, vu sous le diamètre apparent $\alpha$, à travers une loupe de puissance P, par définition :

$$P = \frac{\alpha}{l},$$

pourvu que l'angle $\alpha$ soit petit; $\alpha$ est exprimé en radians, $l$ en mètres, P en dioptries; de la formule précédente nous tirons :

$$\alpha = Pl.$$

Il ne faut pas perdre de vue que, pour avoir $\alpha$ en radians, on doit exprimer P en dioptries et $l$ en mètres; enfin la formule est applicable *seulement* si $\alpha$ est petit.

*Exemple* : Un objet de $1^{mm}$ est vu à travers une loupe de 20 dioptries sous l'angle

$$\alpha = Pl = 20 \times 0{,}001 = 0{,}02 \text{ radian} = 1^{\circ}9' \text{ environ.}$$

*Remarque.* — Si on fait $l = 1$, il vient $\alpha = P$, d'où la définition habituelle de la puissance : c'est le diamètre apparent sous lequel on voit à travers l'instrument un objet linéaire égal à l'unité de longueur, normal à l'axe. Comme l'unité de longueur choisie pour calculer la puissance est le mètre, l'objet dont il s'agit dans la définition précédente n'est que très partiellement dans le champ, et par suite la définition précédente ne correspond pas à la réalité.

239. **Discussion de la puissance.** — La puissance est une fonction de $f$, $\Delta$ et $\varepsilon$ :

1° *Influence de f.* — L'expression de la puissance peut se mettre sous la forme :

$$P = \frac{1}{f}\left(1 - \frac{\varepsilon}{\Delta}\right) + \frac{1}{\Delta};$$

la puissance croît lorsque $f$ diminue; du reste, pratiquement, la puissance diffère peu de $P_1 = \frac{1}{f}$; *elle dépend donc surtout de la distance focale et varie sensiblement en raison inverse de f.*

2° *Influence de $\Delta$; meilleure mise au point,* — Nous allons distinguer trois cas, suivant la position du premier point nodal O de l'œil, par rapport au foyer image $F_2$.

Utilisons l'expression :

$$P = \frac{1}{f}\left(1 - \frac{\varepsilon - f}{\Delta}\right).$$

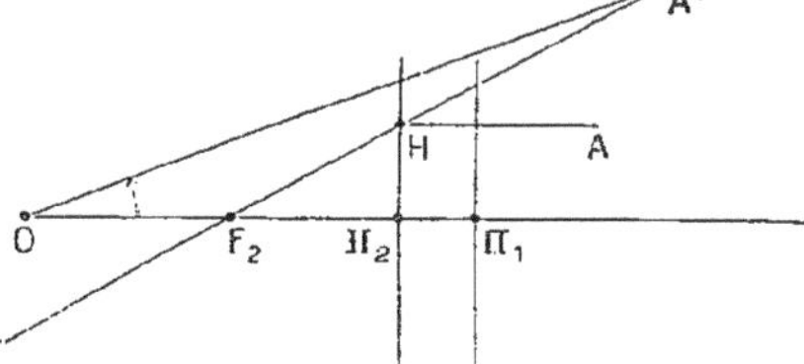

Fig. 319.

$\alpha$) $\varepsilon - f > 0$; *le premier point nodal de l'œil est placé au delà de $F_2$* (fig. 319). — Si l'œil est normal ou myope, $\Delta$ est toujours positif, par suite $\frac{\varepsilon - f}{\Delta} > 0$; la puissance est maximum lorsque ce terme est le plus petit possible, c'est-à-dire lorsque $\Delta = \rho$, distance de l'œil au punctum remotum;

on y trouve un autre avantage, car on évite la fatigue d'accommodation. Il est facile de voir, sur la figure 319, que si A′ s'éloigne sur la droite fixe $F_2H$, le diamètre apparent $\widehat{H_2OA'}$ de l'image croît.

Si l'œil est hypermétrope, $\Delta$ peut être positif ou négatif à volonté; il y a avantage à faire $\Delta<0$, car le terme $-\frac{\varepsilon-f}{\Delta}$ est alors positif; il y a encore avantage à faire $\Delta$ aussi petit que possible en valeur absolue, c'est-à-dire égal à la distance $\rho$ de l'œil au punctum remotum ($\rho<0$); lorsque la puissance est maximum, l'image est encore, comme dans le cas précédent, rejetée au punctum remotum; elle est réelle par rapport à la loupe, fonctionne comme objet virtuel par rapport à l'œil (fig. 320): l'objet est un peu en avant du foyer-objet $F_1$. — Il est facile de voir, sur la figure 320, que le diamètre apparent $\widehat{B'OA'}$ est maximum lorsque A′ se trouve sur $F_2H$, en arrière, mais le plus près possible de $F_2$. Dans ce cas encore on évite la fatigue d'accommodation. L'avantage appartient à l'hypermétrope pour lequel $-\frac{\varepsilon-f}{\Delta}$ peut être positif.

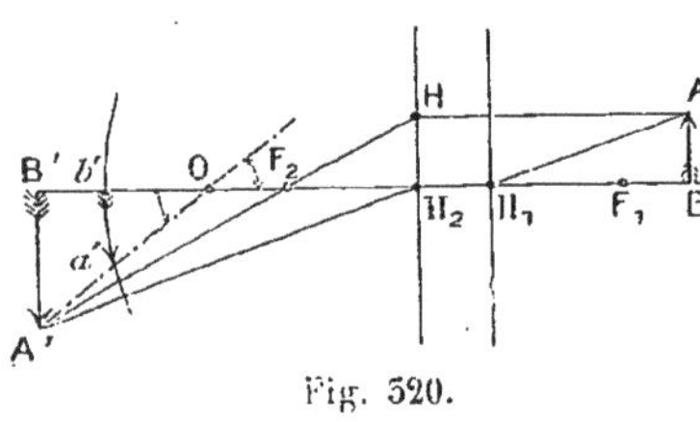

Fig. 320.

La condition $\varepsilon-f>0$ est toujours réalisée dans le cas des loupes très puissantes, car la distance du premier point nodal de l'œil à la face d'émergence ne peut être inférieure à $15^{mm}$; elle est donc supérieure à la distance focale de ces loupes.

*Remarque.* — Il peut paraître étrange que le diamètre apparent soit maximum pour l'œil normal ou myope, quand l'image est aussi éloignée que possible, contrairement à ce qui se passe pour un objet : c'est que l'image grandit quand elle s'éloigne et, *a priori*, nous ne pouvons rien dire sur le sens de la variation de son diamètre apparent.

$\beta$) $\varepsilon-f=0$, *le premier point nodal de l'œil est placé en $F_2$.* — La puissance est constante et égale à la puissance intrinsèque; elle est la même pour toutes les vues. La figure 318 nous montre en effet que le diamètre apparent sous lequel on voit A′B′ est toujours égal à $\widehat{HF_2H_2}$, si O est confondu avec $F_2$; ce diamètre apparent est donc indépendant de la position de l'image que l'on rejette encore au punctum remotum pour éviter la fatigue d'accommodation.

$\gamma$) $\varepsilon-f<0$. *Le premier point nodal de l'œil est placé entre la loupe et $F_2$* (fig. 321). — On peut écrire :

$$P=\frac{1}{f}\left(1+\frac{f-\varepsilon}{\Delta}\right).$$

Il faut faire $\Delta$ positif et le plus petit possible, c'est-à-dire reporter l'image au punctum proximum; on peut vérifier ce résultat sur la figure 521 : le diamètre apparent $\widehat{H_2OA'}$, est maximum lorsque A', qui se déplace sur $F_2H$, est le plus près possible de O. L'avantage appartient au myope pour lequel $\Delta$ est minimum. En réalité, si l'on place l'image au punctum proximum, on gagne un peu au point de vue puissance, mais cet avantage ne compense pas la fatigue d'accomodation; aussi quand on se sert d'un oculaire, et surtout si l'observation doit être de longue durée, on rejette *toujours* l'image au punctum remotum ; c'est ainsi que, pour mettre au point le réticule d'une lunette, on regarde d'abord un objet très éloigné, puis rapidement à travers l'oculaire : il faut que le réticule paraisse net, avant que l'œil ait pu accommoder.

3° *Influence de* $\varepsilon$. — Nous écrivons :

$$P=\frac{1}{f}+\frac{1}{\Delta}-\frac{\varepsilon}{f\Delta};$$

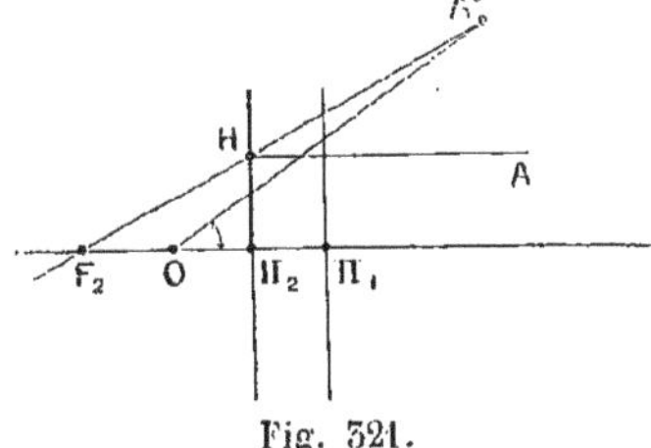

Fig. 321.

$\varepsilon$ *est toujours positif*. Pour un emmétrope ou un myope, $\Delta>0$, il y a avantage à faire $\varepsilon$ aussi petit que possible, donc à rapprocher l'œil de la loupe. Pour un hypermétrope, $\Delta$ peut être négatif, en particulier nous avons vu qu'on fait $\Delta=\rho<0$, il faudrait donc donner à $\varepsilon$ des valeurs croissantes; en réalité on perdrait beaucoup au point de vue du champ et de l'achromatisme : il y a encore lieu, même dans ce cas, de rapprocher l'œil de la loupe. Tous les résultats de cette discussion peuvent se déduire facilement des figures précédentes (fig. 319, 320, 321).

240. **Mesure de la puissance d'une loupe.** — 1° On obtient la puissance intrinsèque en mesurant la distance focale par l'une des méthodes indiquées précédemment (169);

2° On détermine la puissance de la loupe, dans des conditions données d'accommodation et de vision, en utilisant la méthode de la chambre claire, comme il sera indiqué à propos du microscope composé (261).

241. **Grossissement.** — Un objet linéaire de longueur $l$, normal à l'axe, est vu à travers l'instrument sous l'angle :

$$\alpha=Pl;$$

son diamètre apparent maximum, quand il est vu à l'œil nu, est :

$$\alpha'=\frac{l}{\varpi}.$$

($\varpi$ distance du punctum proximum); par définition (217) nous avons :

$$G=\frac{\alpha}{\alpha'}=P\times\varpi.$$

*Remarque*. — La puissance maximum de l'œil est $\frac{1}{\varpi}$, donc :

*Le grossissement de la loupe est égal au produit de la puissance de la loupe par la distance minimum de vision distincte*, ou encore *au quotient de la puissance de la loupe par la puissance maximum de l'œil.*

*Grossissement commercial.* — Pratiquement, afin d'éviter une fatigue d'accommodation par trop grande, un emmétrope regarde à la distance minimum de $0^m,25$ ; le diamètre apparent de l'objet est alors $\alpha'' = \frac{l}{0,25}$ ; et le grossissement correspondant, que nous désignerons par $G_c$ est :

$$G_c = \frac{\alpha}{\alpha''} = Pl : \frac{l}{0,25} = P \times 0,25 = \frac{P}{4} ;$$

le *grossissement commercial est le quart de la puissance exprimée en dioptries.*

*Grossissement intrinsèque.* — La vision étant réglée pour l'infini, le grossissement intrinsèque

$$G_i = P_i \varpi = \frac{\varpi}{f}.$$

242. **Discussion du grossissement.** — Le grossissement diffère peu du grossissement intrinsèque. Il croît avec la puissance de la loupe et, pour une loupe donnée, il croît avec $\varpi$, c'est-à-dire qu'il est plus grand pour un hypermétrope que pour un emmétrope, pour un emmétrope que pour un myope. Le grossissement, même le grossissement intrinsèque, n'est donc pas une constante de l'instrument, aussi son intérêt est-il assez médiocre.

La discussion complète du grossissement se fera comme pour la puissance :

$\alpha$) $\varepsilon - f > 0$. Pour un œil normal ou myope, le grossissement maximum, correspondant à la puissance maximum, est :

$$G = \frac{\varpi}{f}\left(1 - \frac{\varepsilon - f}{\rho}\right),$$

G croît lorsque $f$ ou $\varepsilon$ diminuent, lorsque $\varpi$ et $\rho$ croissent; remarquons du reste que $\varpi$ et $\rho$ varient dans le même sens : l'avantage est pour l'emmétrope.

Pour un hypermétrope :

$$G = \frac{\varpi}{f}\left(1 + \frac{\varepsilon - f}{(\rho)}\right) ;$$

G croît lorsque $f$ diminue, quand $\varepsilon$ croît (condition désavantageuse pour le champ et l'achromatisme), lorsque $\varpi$ augmente et, par suite, lorsque $(\rho)$ diminue; l'avantage est pour l'œil le plus hypermétrope.

$\beta$) $\varepsilon - f = 0$. On a :

$$G = \frac{\varpi}{f};$$

le grossissement croît quand $f$ diminue, lorsque $\varpi$ augmente : il y a avantage pour un hypermétrope par rapport à un emmétrope ou à un myope.

$\gamma$) $\varepsilon - f < 0$. Le grossissement maximum est donné par la formule :

$$G = \frac{\varpi}{f}\left(1 + \frac{f - \varepsilon}{\varpi}\right) = \frac{\varpi - \varepsilon}{f} + 1 = \gamma \text{ (grandissement de la loupe)},$$

il croît lorsque $f$ et $\varepsilon$ diminuent, lorsque $\varpi$ augmente : il y a encore avantage pour l'hypermétrope, comme dans les cas précédents.

*Résumé.* — Il y a toujours avantage pour l'hypermétrope; du reste la puissance est à peu près constante et la variation de G provient surtout de la variation de $\varpi$.

243. **Pouvoir séparateur.** — Il s'exprime par une longueur (218). Soit $d$ la distance linéaire de deux points évaluée en mètre; ils sont vus à travers la loupe de puissance P dioptries sous l'angle

$$\alpha = Pd;$$

ces deux points sont vus séparément si :

$$Pd \geqslant \text{arc } 1' = \frac{3}{10000} \text{ radian},$$

d'où :

$$d \geqslant \frac{3}{10000\,P};$$

le pouvoir séparateur $S_L$ de la loupe est donc la fraction de mètre :

$$S_L = \frac{3}{10000\,P}.$$

*Application numérique.* — Pour une loupe de distance focale égale à $1^{cm}$, $P = \frac{1}{0,01} = 100$ dioptries, et

$$S_L = \frac{3}{10000 \times 100} = 3 \times 10^{-6}\,m = 3\mu.$$

*Remarque.* — Nous avons supposé que les aberrations n'interviennent pas pour limiter le pouvoir séparateur, condition toujours remplie avec les loupes bien construites ; nous avons supposé que les phénomènes de diffraction sont sans influence sur le pouvoir séparateur ; en réalité la limite du pouvoir séparateur donnée par les phénomènes de diffraction, c'est-à-dire (144) $x = \frac{\lambda}{2n \sin \alpha}$, est bien inférieure à $S_L$.

On détermine expérimentalement le pouvoir séparateur en examinant à la loupe des tests-objets à divisions de plus en plus fines.

244. **Clarté.** — Les objets observés à la loupe ont un diamètre apparent sensible : c'est donc la première définition de la clarté (221) qui convient; en outre les milieux extrêmes sont identiques et, sauf pour les loupes de diamètre extrêmement petit, la pupille est complètement noyée dans le faisceau émergent provenant d'un point quelconque du champ de pleine lumière; l'expression de la clarté (224) :

$$C = \frac{E'}{E} \times \frac{S'}{S},$$

se réduit donc à :

$$C = 1.$$

ou, en tenant compte de la réflexion, de la diffusion et de l'absorption d'une partie du flux incident, on a :

$$C = T.$$

Le pouvoir réflecteur du verre pour l'incidence normale étant sensiblement $\frac{1}{25}$ (28), et le flux qui traverse la loupe rencontrant deux surfaces de séparation, le flux renvoyé par réflexion est sensiblement égal à $\frac{2}{25}$; en tenant compte du flux diffusé et absorbé, on trouve pratiquement, pour une lentille mince, que le flux ne la traversant point est $\frac{1}{10}$ du flux incident, par suite $T = \frac{9}{10}$; donc $C = \frac{9}{10}$. La clarté d'une loupe est un peu inférieure à l'unité.

245. **Champ.** — Plaçons-nous dans le cas particulièrement simple de la vision réglée pour l'infini : les points du champ sont dans le plan focal-objet; tous les points de ce plan n'en font du reste pas partie, car, pour une inclinaison un peu grande du faisceau incident, les images sont inacceptables.

Mais la loupe étant toujours associée à l'œil, occupons-nous du champ formé par le système loupe-œil, c'est-à-dire du champ de *vision* de l'instrument (222).

Soit une loupe L (fig. 322) formée par une lentille mince de centre optique C, de distance focale $f$, de rayon d'ouverture $DD' = r$; PP' l'image de la pupille à travers les milieux antérieurs de l'œil, $u$ son rayon OP ou CK, $\varepsilon$ la distance OC; supposons $r > u$, cas presque invariablement réalisé dans la pratique; les rayons issus d'un point A du plan focal sortent parallèlement à la direction AC, le point A est dans le champ de pleine lumière si PP' est complètement noyé dans le faisceau émergent (c'est le cas de la figure); il est dans le champ de contour si PP' n'est qu'en partie dans ce faisceau, d'où la construction suivante :

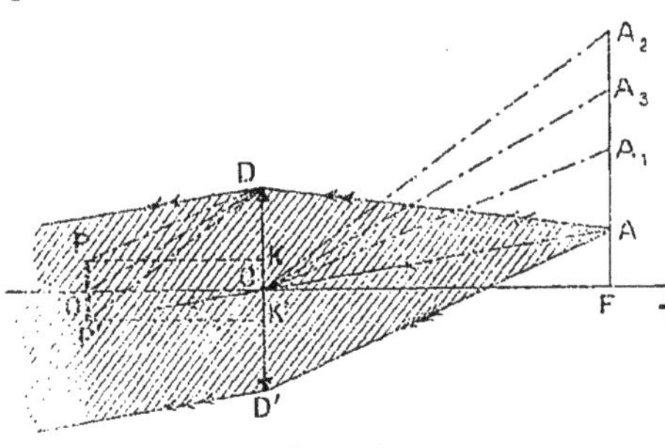


Fig. 322.

Nous obtenons le point qui est à l'extrémité du champ de pleine lumière en menant par C (fig. 322) une parallèle à PD, jusqu'à la rencontre en $A_1$ du plan focal, et le point qui est à l'extrémité du champ de contour, en menant par C une parallèle à P'D, qui rencontre le plan focal en $A_2$. Le champ de pleine lumière est le cercle de centre F, de rayon $FA_1$; le champ de contour est l'anneau de centre F et de rayons intérieur et extérieur $FA_1$ et $FA_2$ :

$$FA_1 = CF \operatorname{tg} \widehat{FCA_1} = CF \operatorname{tg} \widehat{KPD} = f\frac{r-u}{\varepsilon};$$

$$FA_2 = CF \operatorname{tg} \widehat{FCA_2} = CF \operatorname{tg} \widehat{K'P'D} = f\frac{r+u}{\varepsilon};$$

pour une loupe donnée le champ est d'autant plus grand que $\varepsilon$ est plus petit : il y a donc avantage à placer l'œil *le plus près possible de la loupe*, l'expérience confirme très simplement ce résultat. Souvent il arrive que $u$ est négligeable par rapport à $r$, le champ de contour disparaît à peu près complètement, alors on dit qu'un point est dans le champ si l'un des rayons passe par O et le rayon de ce champ moyen est :

$$FA_3 = CF \operatorname{tg} \widehat{FCA_3} = CF \operatorname{tg} \widehat{COD} = \frac{fr}{\varepsilon}.$$

A cause des aberrations, les images observées à travers les loupes puissantes ne dépassent guère un diamètre apparent d'une dizaine de degrés.

*Application numérique.* — Pour la loupe $f = 5^{cm}$, $r = 1^{cm}$, avec $u = 0^{cm},2$, $\varepsilon = 2^{cm}$, on a :

$$FA_1 = 2^{cm}, \qquad FA_2 = 3^{cm}, \qquad FA_3 = 2^{cm},5.$$

*Aberrations chromatiques.* — Les loupes simples ne sont généralement pas achromatisées ; il en résulte des aberrations chromatiques. Si l'on admet que les plans principaux $\Pi_1$ et $\Pi_2$ sont sensiblement indépendants de l'indice, toutes les images comprises entre R et V (fig. 323) sont limitées aux deux mêmes axes secondaires, qui émergent du second point nodal. Si donc l'œil avait son point nodal en $\Pi_2$, il y aurait sensiblement achromatisme pour l'œil, puisque les images de diverses couleurs seraient vues sous le même angle. Il faut donc en général, encore à ce point de vue, rendre $\varepsilon$ le plus petit possible. Mais on fabrique aussi des loupes achromatisées, formées habituellement de trois lentilles accolées (fig. 324) et qui donnent des images à peu près totalement dépourvues d'irisations.

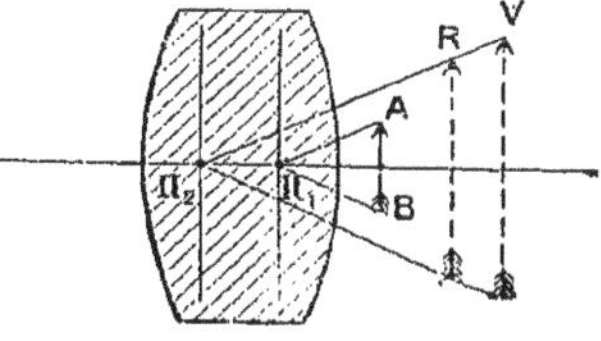

Fig. 323.

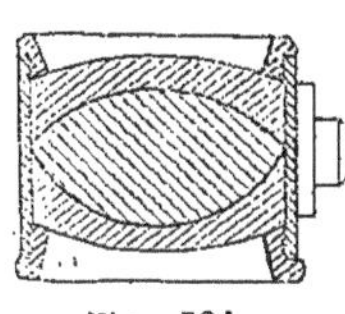
Fig. 324.

*Aberrations de sphéricité.* — Pour diminuer les aberrations de sphéricité des loupes un peu puissantes, on emploie les deux modes de correction suivants :

On diaphragme la loupe en utilisant un diaphragme *intérieur* qui a l'avantage de moins réduire le champ (fig. 325); ou bien on emploie un système de lentilles non accolées : on a alors un *oculaire composé* (251).

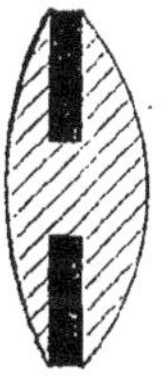

Fig. 325.

246. **Microscope simple.** — Un microscope simple est formé essentiellement d'une loupe et d'organes accessoires facilitant l'observation. Ces organes sont : une *platine*, table horizontale percée en son centre, sur laquelle on place la préparation ; un *miroir*, pour éclairer par transparence ; un support mobile qui permet d'amener

la loupe en face d'une région quelconque de la préparation et de mettre au point.

247. **Données numériques relatives aux loupes.** — On fait usage de loupes dont le grossissement commercial varie de 2 à 30, c'est-à-dire dont la puissance est comprise entre 8 et 120 dioptries ; le diamètre du champ varie de plusieurs centimètres à $2^{mm}$, et la distance frontale (distance de la face d'incidence à l'objet) est comprise entre $12^{cm}$ et $7^{mm}$ environ.

## OCULAIRE SIMPLE DIVERGENT

248. **Définition.** — Un *oculaire simple divergent* ou *oculaire de Galilée* est une lentille divergente de faible distance focale, au moyen de laquelle on observe l'image fournie par un système optique et fonctionnant comme objet virtuel par rapport à l'oculaire (293).

*Construction de l'image et marche des rayons.* — Soit la lentille divergente de plans principaux $H_1$ et $H_2$ (fig. 326), de foyers principaux $F_1$, $F_2$; construisons l'image de l'objet virtuel AB : le rayon incident $H_1A$, qui irait passer par A si la lentille n'existait pas, donne un émergent qui lui est parallèle et passant par $H_2$; l'incident SH, parallèle à l'axe, se réfracte comme s'il provenait du foyer-image $F_2$; le point de rencontre A′ des deux émergents ainsi construits est l'image de A; A′B′ est l'image virtuelle et agrandie de AB. — On construit sans difficulté la marche d'un faisceau incident convergent vers A et qui se réfracte comme s'il provenait de A′.

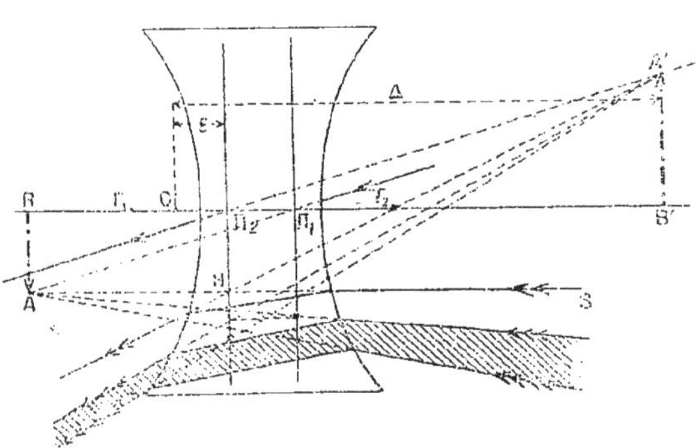

Fig. 326.

*Mise au point.* — Le premier point nodal de l'œil étant en O, derrière la lentille, pour faire la mise au point il faut amener l'image A′B′ entre les punctums de l'œil, ce que l'on réalise habituellement, dans la lunette de Galilée par exemple, en déplaçant AB par rapport à l'oculaire jusqu'à ce que la condition énoncée soit satisfaite.

Pour éviter les efforts d'accommodation, l'image est rejetée au punctum remotum ; l'emmétrope placera donc AB au foyer $F_1$, le myope amènera AB en arrière de $F_1$ et pour l'hypermétrope l'objet sera en avant de $F_1$, mais dans tous les cas l'objet sera au voisinage de $F_1$.

249. **Latitude d'accommodation.** — Posons :

$$\overline{H_1F_1}=-\overline{H_2F_2}=f, \qquad \overline{OH_2}=\varepsilon, \qquad \overline{OB'}=\Delta, \qquad \overline{F_1B}=\sigma, \qquad \overline{F_2B'}=\sigma',$$

nous avons :

$$\sigma\sigma'=-f^2, \qquad \text{d'où} \qquad \sigma=-\frac{f^2}{\sigma'},$$

mais

$$\sigma'=\overline{F_2B'}=\overline{F_2H_2}+\overline{H_2O}+\overline{OB'}=f-\varepsilon+\Delta,$$

donc :

$$\sigma=-\frac{f^2}{f-\varepsilon+\Delta};$$

$\Delta$ peut prendre les valeurs extrêmes $\varpi$ et $\rho$ correspondant au punctum proximum et au punctum remotum ; dans le premier cas :

$$\overline{F_1B_\varpi}=\sigma_\varpi=-\frac{f^2}{f-\varepsilon+\varpi},$$

et dans le second :

$$\overline{F_1B_\rho}=\sigma_\rho=-\frac{f^2}{f-\varepsilon+\rho};$$

la latitude d'accommodation

$$l=\overline{B_\varpi B_\rho}=\overline{B_\varpi F_1}+\overline{F_1B_\rho}=-\sigma_\varpi+\sigma_\rho=f^2\left(\frac{1}{f-\varepsilon+\varpi}-\frac{1}{f-\varepsilon+\rho}\right).$$

Dans le cas particulier de :

$f=-3^{cm}$, $\qquad \varepsilon=1^{cm},5$, $\qquad \varpi=15^{cm}$, $\qquad \rho=\infty$, $\qquad$ on trouve ; $\qquad l=8^{mm},6$.

250. **Puissance.** — Par définition (216), et dans le cas de la figure 326,

$$P=\frac{\widehat{B'OA'}}{\overline{BA}},$$

ou, l'angle $\widehat{B'OA'}$ étant supposé petit,

$$P=\frac{\operatorname{tg}\widehat{B'OA'}}{\overline{BA}}=\frac{\dfrac{\overline{B'A'}}{\overline{OB'}}}{\overline{BA}}=\frac{\overline{B'A'}}{\overline{BA}}\times\frac{1}{\overline{OB'}}=\frac{\overline{B'A'}}{\overline{H_2H}}\times\frac{1}{\overline{OB'}}=\frac{\overline{F_2B'}}{\overline{F_2H_2}}\times\frac{1}{\overline{OB'}}$$

$$=\frac{\overline{F_2H_2}+\overline{H_2O}+\overline{OB'}}{\overline{F_2H_2}}\times\frac{1}{\overline{OB'}}=\frac{f-\varepsilon+\Delta}{f\Delta}=\frac{1}{f}\left(1-\frac{\varepsilon-f}{\Delta}\right).$$

L'expression de la puissance est la même que pour une loupe.

*La puissance intrinsèque* : $P_i=\frac{1}{f}$

Comme $f<0$, on a toujours $\varepsilon-f>0$, la puissance est maximum en valeur absolue, quelle que soit la vue de l'observateur, lorsque l'image est rejetée au punctum remotum. La puissance maximum correspondant à un œil normal est la puissance intrinsèque.

*Remarque.* — Pour un individu très myope, le terme $\frac{\varepsilon-f}{\Delta}$ peut ne pas être très petit par rapport à l'unité et la puissance de l'oculaire diffère alors sensiblement de la puissance intrinsèque.

Nous arrêterons ici l'étude de l'oculaire divergent, cette lentille n'étant jamais employée seule. — Dans le cas des besicles de myope, la lentille divergente est utilisée, non pour augmenter le diamètre apparent des objets observés, mais pour permettre leur mise au point; elle ne joue pas le rôle habituel des oculaires.

## OCULAIRES COMPOSÉS

251. **Composition.** — Les *oculaires composés* sont formés par l'association de deux lentilles convergentes minces, centrées, qui pratiquement sont toujours plan-convexes. La lentille dirigée du côté de la lumière incidente est dite *lentille de front*; l'autre, derrière laquelle on place l'œil, est appelée *lentille de l'œil*.

Si nous désignons respectivement par $f_1$, $f_2$, les distances focales des lentilles de front et de l'œil, par $d$ leur distance, par $m, n, p$, des nombres entiers tels que :

$$\frac{f_1}{m}=\frac{d}{n}=\frac{f_2}{p},$$

l'ensemble de ses nombres $m$, $n$, $p$, est le *symbole* de l'oculaire composé.

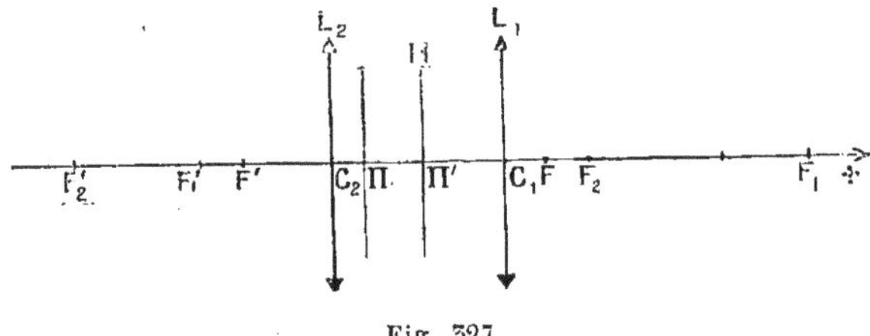


Fig. 327.

Rappelons quelques résultats relatifs à l'association des deux lentilles minces convergentes (166). En désignant par Π, Π' (fig. 327) les plans principaux du système des lentilles $L_1$, $L_2$, par F, F' les foyers principaux correspondants et posant :

$$\overline{C_1F}=h,\qquad \overline{C_2F'}=h',\qquad \overline{C_1\Pi}=\varpi,\qquad \overline{C_2\Pi'}=\varpi',\qquad \overline{\Pi'\Pi}=\delta,\qquad \overline{\Pi F}=F,$$

nous avons trouvé[1] :

$$h=\frac{f_1(f_2-d)}{f_1+f_2-d},\qquad \varpi=\frac{-df_1}{f_1+f_2-d},\qquad \delta=\frac{-d^2}{f_1+f_2-d},$$

$$h'=\frac{-f_2(f_1-d)}{f_1+f_2-d},\qquad \varpi'=\frac{df_2}{f_1+f_2-d},\qquad F=\frac{f_1f_2}{f_1+f_2-d}.$$

Les définitions, calculs et discussions relatifs à la loupe s'appliquent aux oculaires composés dont on connaît la distance focale et les plans principaux; en particulier la puissance intrinsèque $P_i=\frac{1}{F}$.

Étudions les principaux oculaires composés usuels.

[1] La nécessité de désigner sans ambiguïté les foyers des deux lentilles a conduit à un léger changement de notations.

252. **Oculaires de Ramsden.** — 1° L'oculaire classique de Ramsden a pour symbole 3, 2, 3; il est formé de deux lentilles plan-convexes identiques $L_1$, $L_2$ (fig. 328) dont les faces convexes sont en regard. Déter-

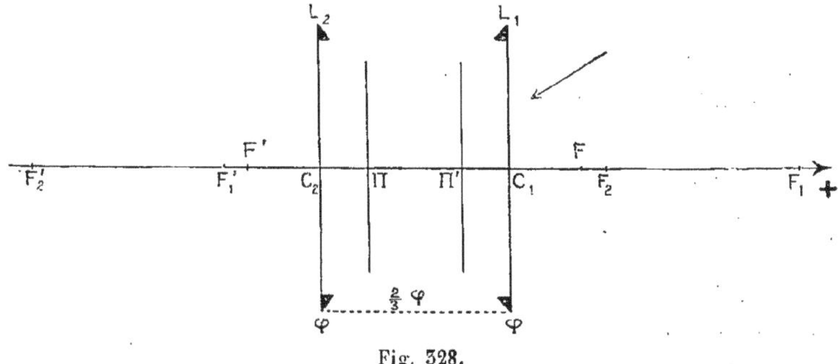


Fig. 328.

minons la position des éléments cardinaux et la puissance intrinsèque $P_R$, désignons par $\varphi$ la distance focale de la lentille de front; nous avons :

$$\frac{f_1}{3}=\frac{d}{2}=\frac{f_2}{3}, \quad \text{par suite} \quad f_2=f_1=\varphi, \quad d=\frac{2}{3}f_1=\frac{2}{3}\varphi;$$

il vient :

$$h=-h'=\frac{\varphi}{4}, \quad \varpi=-\varpi'=-\frac{\varphi}{2}, \quad \delta=-\frac{\varphi}{3}, \quad F=\frac{3}{4}\varphi, \quad P_R=\frac{1}{F}=\frac{4}{3\varphi}.$$

Les éléments cardinaux occupent les positions indiquées sur la figure 330; il était évident *a priori* que ces éléments étaient placés symétriquement par rapport à l'oculaire. Les plans principaux sont *intervertis* et les foyers *réels*.

Un emmétrope n'accommodant pas place l'objet dans le plan focal F; l'oculaire est *positif*; c'est dans le plan F qu'on dispose diaphragme et réticule; F' étant réel, l'oculaire est *convergent*.

La puissance est supérieure à celle d'une seule des deux lentilles.

Pratiquement la distance $C_1F'$ étant petite, le premier point nodal de l'œil est en arrière de F'; la puissance est maximum quand l'image est au punctum remotum (239);

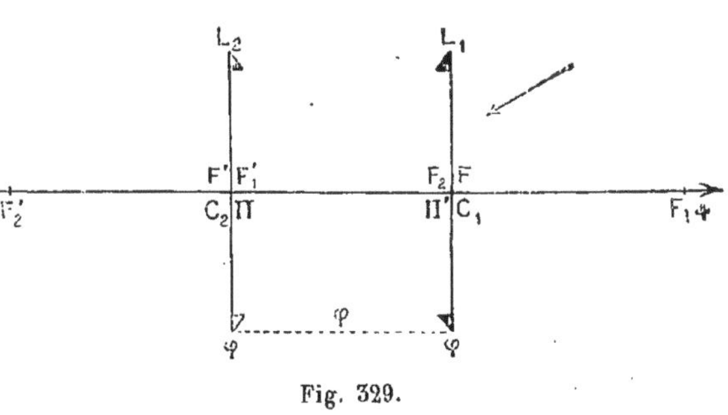


Fig. 329.

2° Très fréquemment on construit l'oculaire de Ramsden correspondant au symbole 1, 1, 1; donc $f_1=d=f_2$; et, en désignant par $\varphi$ la distance focale de la lentille de front, on a :

$$h=-h'=0, \quad \varpi=-\varpi'=-\varphi, \quad \delta=-\varphi, \quad F=\varphi, \quad P_R=\frac{1}{F}=\frac{1}{\varphi}.$$

La figure 329 représente les positions des éléments cardinaux : les foyers sont sur les lentilles, ainsi que les plans principaux qui sont *intervertis*. Souvent la face plane de $L_1$ porte gravés deux traits en croix qui servent de réticule. Quelquefois les deux lentilles sont rapprochées un peu, de manière à placer le plan focal-objet en avant de la lentille de front : l'oculaire est alors *positif* et *convergent*.

Cette combinaison satisfait à la condition d'achromatisme (209)

$$f_1 + f_2 - 2d = 0;$$

la puissance est seulement celle de l'une des lentilles du système, mais le champ est plus considérable, et l'on grave facilement un réticule très fin, et qui n'est pas fragile, sur la face plane du premier verre,

253. **Oculaires d'Huygens.** — Ils sont formés de lentilles plan-convexes inégales, dont les faces bombées sont dirigées du côté de la lumière incidente; la plus petite des lentilles est celle de l'œil.

1° L'oculaire d'Huygens est tel que :

$$\frac{f_1}{3} = \frac{d}{2} = \frac{f_2}{1};$$

désignons par $\varphi$ la distance focale de la lentille de front :

$$f_1 = \varphi, \qquad d = \frac{2}{3} f_1 = \frac{2}{3}\varphi, \qquad f_2 = \frac{f_1}{3} = \frac{\varphi}{3};$$

par suite :

$$h = -\frac{\varphi}{2}, \quad h' = -\frac{\varphi}{6}, \quad \varpi = -\varphi, \quad \varpi' = \frac{\varphi}{3}, \quad \delta = -\frac{2\varphi}{3}, \quad F = \frac{\varphi}{2}, \quad P_n = \frac{1}{F} = \frac{2}{\varphi}.$$

Les éléments principaux sont représentés sur la figure 330; les foyers $F_1'$, $F_2'$ coïncident; les plans principaux sont *intervertis*;

Un emmétrope n'accommodant pas place l'objet en F qui est *virtuel*, l'oculaire est donc *négatif*; la 1re image réelle se forme en $F_2$, où l'on place diaphragme et réticule; F' étant réel, l'oculaire est *convergent*. Si on retournait l'oculaire il serait *positif* et *divergent*. La distance $C_2F'$ étant petite, le premier point nodal de l'œil est nécessairement presque toujours en arrière de F', la puissance maximum est donc obtenue quand l'image est rejetée au punctum remotum (239).

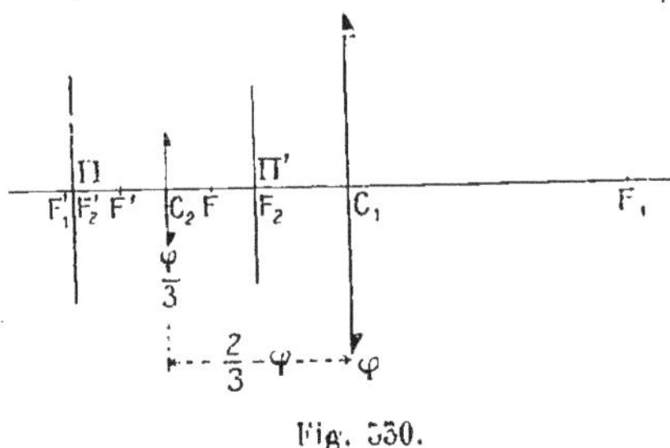

Fig. 330.

La puissance est supérieure à celle de la lentille de front, inférieure à celle de la lentille de l'œil, mais le champ est beaucoup plus considérable que si on employait la lentille de l'œil seule.

La condition d'achromatisme (209)

$$f_1 + f_2 - 2d = 0 \tag{1}$$

est satisfaite.

*Remarque.* — Il paraît probable que les aberrations de sphéricité d'un oculaire composé sont particulièrement réduites lorsque la déviation est également répartie entre les deux lentilles ; cherchons la relation qui doit exister entre $f_1$, $f_2$, $d$ pour que cette condition soit réalisée.

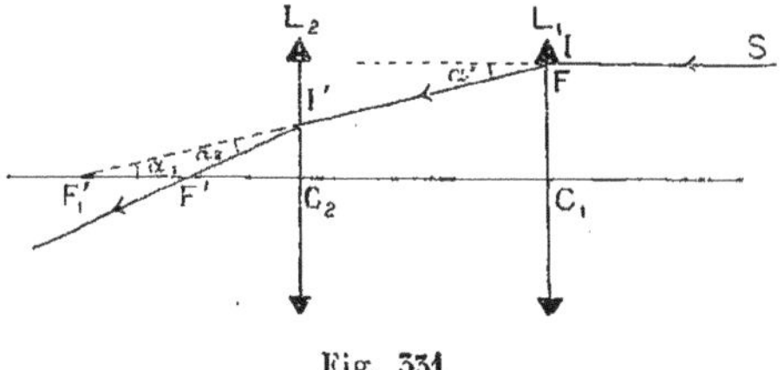

Fig. 331

L'incident SI (fig. 331) irait passer par le foyer-image $F_1'$ de $L_1$ s'il ne rencontrait pas la lentille $L_2$ qui le réfracte suivant I'F' :

$$\frac{1}{\overline{C_2F_1'}}-\frac{1}{\overline{C_2F'}}=\frac{1}{f_2} \quad \text{ou} \quad \frac{1}{d-f_1}-\frac{1}{\overline{C_2F'}}=\frac{1}{f_2};$$

le rayon est également réfracté par les lentilles si les déviations $\alpha'=\alpha_1$ et $\alpha_2$ sont égales, c'est-à-dire si le triangle $I'F_1'F'$ est isocèle, ou sensiblement si F' est le milieu de $C_2F_1'$ ; on a alors :

$$\overline{C_2F'}=\frac{\overline{C_2F_1'}}{2}=\frac{d-f_1}{2};$$

la relation précédente devient, pour cette valeur de $C_2F'$ :

$$f_1-f_2-d=0; \qquad (2)$$

elle est satisfaite dans le cas de l'oculaire d'Huygens.

Ainsi les conditions d'achromatisme (1) et d'aberrations de sphéricité réduites (2) définissent l'oculaire d'Huygens :

$$\frac{f_1}{3}=\frac{d}{2}=\frac{f_2}{1}.$$

2° On emploie aussi très fréquemment l'oculaire d'Huygens qui a pour symbole 4, 3, 2, c'est-à-dire tel que

$$\frac{f_1}{4}=\frac{d}{3}=\frac{f_2}{2};$$

en désignant par $\varphi$ la distance focale de la lentille de front :

$$f_1=\varphi, \qquad d=\frac{3}{4}\, f_1\, \frac{3}{4}\varphi, \qquad f_2=\frac{f_1}{2}=\frac{\varphi}{2}.$$

le calcul donne:

$$h=-\frac{\varphi}{3}, \quad h'=-\frac{\varphi}{6}, \quad \varpi=-\varphi, \quad \varpi'=\frac{\varphi}{2}, \quad \delta=-\frac{3\varphi}{4}, \quad F=\frac{2}{3}\varphi, \quad P_u=\frac{1}{F}=\frac{3}{2\varphi}.$$

La disposition des éléments cardinaux est représentée par la figure 332. Les plans principaux sont *intervertis*. Un emmétrope n'accommodant pas place l'objet en F qui est *virtuel* ; l'oculaire est donc *négatif* ; le diaphragme et le réticule se placent en $F_2$ où se forme la première image réelle ; le foyer-image F' étant réel, l'oculaire est *convergent*.

Si l'on retournait l'oculaire, il serait *positif* et *divergent*. La condition d'achromatisme (209)

$$f_1 + f_2 - 2d = 0$$

est satisfaite.

La puissance est plus considérable que celle de la lentille de champ, inférieure à celle de la lentille de l'œil, mais le champ du système est plus considérable que celui de la lentille de l'œil utilisée seule.

*Remarque.* — Les oculaires composés décrits s'emploient toujours associés à un objectif. Tous les oculaires composés usuels se rapprochent beaucoup des types précédents, chaque constructeur altérant un peu le symbole pour donner à l'oculaire telle qualité au détriment de telle autre.

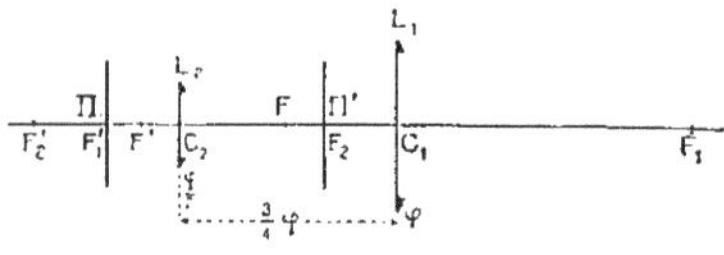

Fig. 332.

La lentille de *front* porte aussi le nom de lentille de *champ*, plus spécialement dans le cas des oculaires d'Huygens, car elle rabat les faisceaux vers l'axe de l'instrument et augmente le champ. Nous verrons (266 et 285) qu'à ce point de vue les oculaires d'Huygens sont particulièrement avantageux, et on les emploie toutes les fois qu'on ne doit pas se servir d'un réticule à position bien invariable.

**254. Doublet de Wollaston.** — Le symbole est 2, 3, 6 ; les lentilles sont plan-convexes mais tournent la face plane du côté de la lumière incidente, contrairement à ce qui a lieu pour les oculaires d'Huygens. Déterminons les éléments cardinaux et la puissance intrinsèque .

$$\frac{f_1}{2} = \frac{d}{3} = \frac{f_2}{6};$$

en désignant par $\varphi$ la distance focale de la lentille de front :

$$f_1 = \varphi, \qquad d = \frac{3f_1}{2} = \frac{3\varphi}{2}, \qquad f_2 = 3f_1 = 3\varphi,$$

$$h = \frac{3\varphi}{5}, \quad h' = \frac{3\varphi}{5}, \quad \varpi = -\frac{3\varphi}{5}, \quad \varpi' = \frac{9\varphi}{5}, \quad \delta = -\frac{9\varphi}{10}, \quad F = \frac{6\varphi}{5}, \quad P_W = \frac{1}{F} = \frac{5}{6\varphi}.$$

La figure 333 représente un doublet de Wollaston et ses éléments cardinaux : Les plans principaux sont *intervertis*; le foyer-objet étant *réel*,

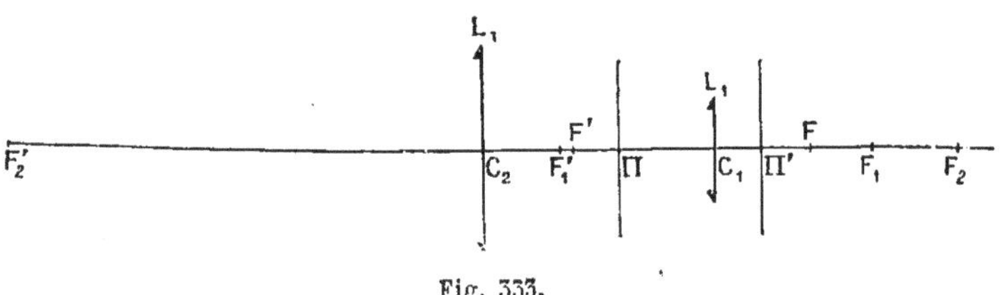


Fig. 333.

l'oculaire est *positif*; le foyer-image étant *virtuel*, l'oculaire est *divergent*; si on le retournait, il serait *négatif* et *convergent*. Le premier point nodal de l'œil étant nécessairement en arrière du foyer-image F', la puissance est maximum quand l'image est au punctum remotum (239); elle est très supérieure à celle de la lentille de l'œil, un peu inférieure à celle de la lentille de champ, mais on évite la fatigue d'accommodation et les aberrations sont réduites.

Le doublet de Wollaston est utilisé pour la mise au point photographique; très fréquemment il est monté en microscope simple, mais on ne l'associe jamais à un objectif, car son champ est petit.

255. **Mise au point et puissance intrinsèque d'un oculaire composé.** — Il est utile de pouvoir traiter ce problème directement sans se servir des formules générales établies plus haut.

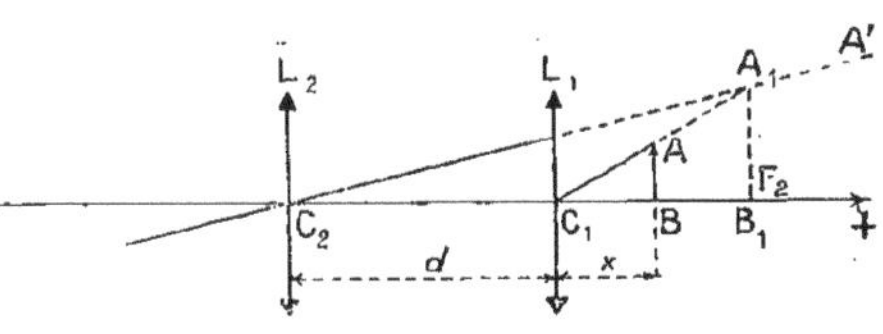


Fig. 334.

Soient les lentilles $L_1$, $L_2$ (fig. 334) de distances focales $f_1$, $f_2$ et un objet $\overline{BA}=l$; posons $\overline{C_2C_1}=d$, $\overline{C_1B}=x$. Le système doit donner de l'objet BA une image rejetée à l'infini; $L_1$ fournit de BA une image $B_1A_1$ située dans le plan focal-image $F_2$ de $L_2$; par suite :

$$\frac{1}{x}-\frac{1}{-d+f_2}=\frac{1}{f_1}, \qquad \text{d'où} \qquad x=\frac{f_1(f_2-d)}{f_1+f_2-d}.$$

L'angle sous lequel on voit l'objet à travers l'instrument est le même que celui sous lequel on voit $B_1A_1$ à travers $L_2$; donc :

$$P_i=\frac{\widehat{B_1C_2A_1}}{\overline{BA}}, \qquad \text{ou} \qquad P_i=\frac{\operatorname{tg} B_1C_2A_1}{\overline{BA}}=\frac{\dfrac{\overline{B_1A_1}}{\overline{C_2B_1}}}{\overline{BA}}=\frac{\overline{B_1A_1}}{\overline{BA}}\times\frac{1}{\overline{C_2B_1}}=\frac{\overline{C_1B_1}}{\overline{C_1B}}\times\frac{1}{\overline{C_2B_1}};$$

en remplaçant les segments par leurs valeurs, il vient :

$$P_i=\frac{f_1+f_2-d}{f_1f_2}.$$

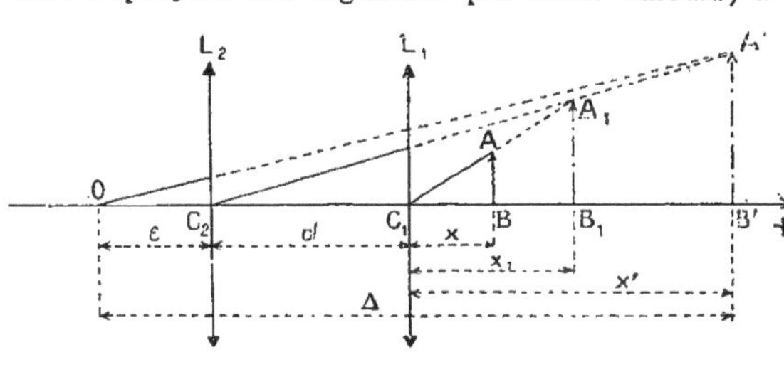


Fig. 335.

256. **Calcul de la puissance dans le cas général.** — Soit l'oculaire composé formé par les deux lentilles $L_1$, $L_2$ (fig. 335), de distances focales $f_1$, $f_2$, un objet BA et ses images successives $B_1A_1$, B'A', et enfin O le premier point nodal de l'œil; posons :

$$\overline{C_2C_1}=d, \quad \overline{C_1B}=x, \quad \overline{C_1B_1}=x_1, \quad \overline{C_2B'}=x', \quad \overline{OB'}=\Delta, \quad \overline{OC_2}=\varepsilon.$$

et désignons par $\gamma_1$, $\gamma_2$ les grandissements des deux lentilles.

La puissance de l'oculaire est :

$$P=\frac{\widehat{B'OA'}}{\overline{BA}}, \quad \text{ou} \quad P=\frac{\operatorname{tg} B'OA'}{\overline{BA}}=\frac{\dfrac{\overline{B'A'}}{\overline{OB'}}}{\overline{BA}}=\frac{\overline{B'A'}}{\overline{BA}}\times\frac{1}{\overline{OB'}}=\frac{\overline{B'A'}}{\overline{B_1A_1}}\times\frac{\overline{B_1A_1}}{\overline{BA}}\times\frac{1}{\overline{OB'}}=\frac{\gamma_2\gamma_1}{\Delta};$$

or, la position de B'A' nous est donnée; nous en déduisons la position de $B_1A_1$ :

$$x' = \Delta - \varepsilon, \qquad \frac{1}{d+x_1} - \frac{1}{x'} = \frac{1}{f_2}, \qquad \text{d'où :} \qquad x_1 = \frac{f_2 x'}{f_2 + x'} - d;$$

calculons les grandissements en fonctions de $x'$ qui est connu :

$$\gamma_2 = \frac{x' + f_2}{f_2} \qquad \gamma_1 = \frac{x_1 + f_1}{f_1} = \frac{(f_1 + f_2 - d)\,x' + f_2(f_1 - d)}{f_1(x' + f_2)};$$

la puissance est donc :

$$\mathrm{P} = \frac{(f_1 + f_2 - d)\,x' + f_2(f_1 - d)}{f_1 f_2 \Delta} = \frac{(f_1 + f_2 - d)(\Delta - \varepsilon) + f_2(f_1 - d)}{f_1 f_2 \Delta}$$

$$= \frac{f_1 + f_2 - d}{f_1 f_2} - \frac{\varepsilon}{\Delta} \times \frac{f_1 + f_2 - d}{f_1 f_2} + \frac{1}{\Delta}\left(1 - \frac{d}{f_1}\right).$$

La partie principale de cette expression est le premier terme, c'est-à-dire la puissance intrinsèque, qui s'obtient en faisant $\Delta = \infty$;

$$\mathrm{P}_i = \frac{f_1 + f_2 - d}{f_1 f_2} = \frac{1}{f_1} + \frac{1}{f_2} - \frac{d}{f_1 f_2},$$

expression déjà trouvée (255).

## MICROSCOPE

257. **Principe du microscope.** — Le microscope a pour but, comme la loupe, d'augmenter le diamètre apparent sous lequel on voit de très petits objets, et par suite de permettre de distinguer des détails invisibles à l'œil nu.

Le microscope est un système centré formé de deux parties : 1° l'*objectif* qui donne de l'objet une première image réelle, déjà très agrandie;

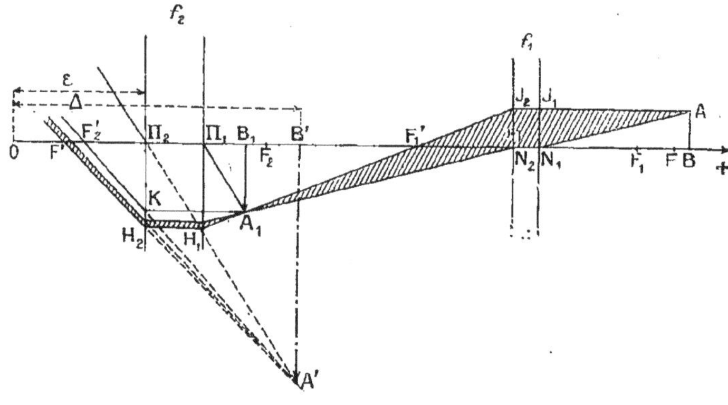


Fig. 336.

2° l'*oculaire*, au travers duquel on observe cette image comme avec une loupe, du moins si l'oculaire est positif. De cette association résulte donc un accroissement du diamètre apparent, plus grand que celui que donnerait l'oculaire positif employé seul; un oculaire négatif ne peut être utilisé sans objectif.

*Construction de l'image. — Marche d'un pinceau de rayons.* — L'objectif est, comme nous le verrons (269), un objectif composé ; supposons-le réduit à ses deux plans principaux $N_1$ et $N_2$ (fig. 536), et à ses deux plans focaux $F_1$ et $F'_1$ ; soit $f_1$ sa distance focale-objet. Supposons de même l'oculaire réduit à ses deux plans principaux $H_1$ et $H_2$ et à ses deux plans focaux $F_2$ et $F'_2$ ; soit $f_2$ sa première distance focale. L'objectif donne, de l'objet AB situé un peu au delà de $F_1$, une image $A_1B_1$. Celle-ci étant généralement placée entre l'oculaire et $F_2$, l'oculaire en donne l'image virtuelle A'B'. En construisant ces images au moyen des rayons habituellement employés, et marquant par des hachures le pinceau compris entre les rayons de construction $AJ_1$ et $AN_1$, ainsi que les pinceaux réfractés correspondants, on se rend compte de la marche des rayons dans l'instrument.

*Mise au point.* — Pour que l'image A'B' soit vue nettement, il faut l'amener à une distance de l'œil comprise dans les limites de la vision distincte. Pour cela, on pourrait songer à déplacer simplement l'oculaire par rapport à l'image $A_1B_1$, c'est-à-dire par rapport à l'objectif, mais ce procédé serait presque toujours insuffisant. On effectue la mise au point en conservant à l'instrument une longueur *invariable*; l'objet étant installé sur une plate-forme fixe P (fig. 537), on amène l'objectif contre l'objet, puis on l'en éloigne progressivement, en se servant de la crémaillère C jusqu'à ce que l'objet soit vu; on achève le réglage en imprimant de petits déplacements au tube du microscope, à l'aide de la vis V. Pendant ces opérations l'œil est maintenu invariablement derrière l'oculaire.

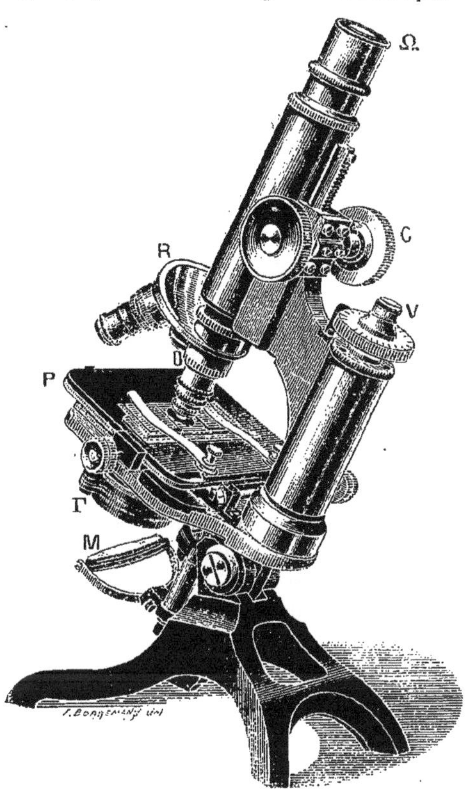

Fig. 537.

Soit alors $x$ l'abscisse de l'objet par rapport au premier plan principal de l'objectif, $x_1$ l'abscisse de son image par rapport au second, L la distance $\overline{H_1N_2}$ du premier plan principal de l'oculaire au second plan principal de l'objectif, $\Delta$ la distance $\overline{OB'}$ à laquelle on veut faire la mise au point et $\varepsilon$ la distance $\overline{OH_2}$ de l'œil au second plan principal de l'oculaire. On doit avoir :

$$(1)\quad \frac{1}{x}-\frac{1}{x_1}=\frac{1}{f_1} \qquad \text{et} \qquad (2)\quad \frac{1}{x_1+L}-\frac{1}{\Delta-\varepsilon}=\frac{1}{f_2},$$

de sorte que, lorsqu'on veut diminuer $\Delta$, il faut diminuer $x_1$; d'autre part, pour diminuer $x_1$, il faut, d'après l'équation (1), diminuer $x$, c'est-à-dire faire subir à l'objet un déplacement relatif de même sens que celui qu'on veut faire subir à l'image définitive, ainsi que cela a toujours lieu dans les systèmes dioptriques.

Quant à la valeur de $\Delta$ qui, pour un œil déterminé, fournit la *meilleure mise au point*, c'est-à-dire le plus grand diamètre apparent pour l'image A'B', elle dépendra, puisque nous avons affaire à un système invariable, analogue à une loupe composée, de la position du premier point nodal de l'œil par rapport au foyer-image F' du système. Ce second foyer est facile à déterminer géométriquement, une fois les images $A_1B_1$ et A'B' construites. Il suffit de prolonger le rayon réfracté $J_2F'_1A_1$, correspondant au rayon $AJ_1$ parallèle à l'axe principal, jusqu'en $H_1$ où il rencontre le premier plan principal de l'oculaire, puis de chercher l'image $H_2$ de $H_1$ en menant $H_1H_2$ parallèlement à l'axe principal, jusqu'au second plan principal, et enfin de joindre $H_2A'$. Le point F' où ce dernier rayon coupe l'axe principal est le second foyer cherché. Ce point est le conjugué du foyer-image $F'_1$ de l'objectif, par rapport à l'oculaire; il est donc un peu en arrière de $F'_2$, foyer-image de l'oculaire. On voit alors que : 1° si le premier point nodal de l'œil est au delà de F', la meilleure mise au point correspond à $\Delta=\rho$, l'image est au punctum remotum et l'objet est *le plus éloigné possible* de l'instrument; 2° si le premier point nodal de l'œil est en F', $\Delta$ peut être *quelconque*, mais de préférence *égal à* $\rho$, pour éviter la fatigue d'accommodation; 3° enfin si le premier point nodal de l'œil est placé entre l'oculaire et F', la meilleure mise au point correspondra à $\Delta=\varpi$, l'image est au punctum proximum et l'objet le *plus rapproché possible* de l'instrument. Avec des oculaires un peu puissants ce cas ne se présente pas, car la distance du premier point nodal de l'œil à la lentille de l'œil est au moins égale à $15^{mm}$, c'est-à-dire supérieure à la distance de F', très voisin de $F'_2$, à cette lentille; du reste, même si O était avant F', on rejetterait l'image au punctum remotum pour éviter la fatigue d'accommodation.

*Latitude d'accommodation, ou profondeur de champ.* — Dans le microscope, le déplacement de l'objet, compatible avec la faculté d'accommodation de l'œil, est beaucoup plus faible encore que dans la loupe.

Considérons en effet les plans focaux F' et F (fig. 538) du système total, ce dernier étant, pour une propagation inverse de la lumière, le conjugé de $F_2$ de l'oculaire par rapport à l'objectif, c'est-à-dire étant un peu au delà de $F_1$. En désignant par F la distance focale principale du système total, par $\varepsilon$ la distance de l'œil au deuxième plan principal de l'instrument, et en reprenant le raisonnement fait à propos de la loupe simple (237), on a, pour la latitude d'accommodation :

$$l = F^2 \left( \frac{1}{F - \varepsilon + \varpi} - \frac{1}{F - \varepsilon + \rho} \right);$$

d'ailleurs on sait que (238 et 255) :

$$F = \frac{1}{P_i} = \frac{f_1 f_2}{f_1 + f_2 - L},$$

$P_i$ étant la puissance intrinsèque de l'instrument. Pour un œil normal $\rho = \infty$, en outre $F - \varepsilon$ est négligeable sensiblement devant $\varpi$ et on peut écrire :

$$l = \frac{F^2}{\varpi} = \frac{1}{P_i^2 \varpi}.$$

*La latitude d'accommodation varie en raison inverse du carré de la puissance intrinsèque.* — On emploie rarement un microscope de puissance intrinsèque inférieure à 120 dioptries; la puissance maximum réalisée est 12 000 dioptries.

| | | | |
|---|---|---|---|
| Pour $\varpi = 0^m,15$ et | $P_i = 120$ dioptries, | on a : | $l = 0^{mm},5$, |
| — | $P_i = 1200$ — | — | $l = 0^{mm},005 = 5\,\mu$, |
| — | $P_i = 12000$ — | — | $l = 0^{\mu},05$. |

La latitude d'accommodation est donc faible, surtout pour les instruments puissants; il semble donc que l'œil, regardant à travers un microscope, perde la faculté d'accommodation.

La mise au point est sensiblement la même pour toutes les vues; un myope ou un hypermétrope regardant après un emmétrope modifie très peu le réglage. Enfin le pointé des objets au microscope est extrêmement précis, surtout pour les instruments puissants, autrement dit : la *distance frontale* (distance de l'objet à la première lentille de l'objectif) est à peu près *constante*; nous avons déjà utilisé cette propriété (169, 183).

Puisque la latitude d'accommodation est faible, on conçoit la nécessité de dispositifs spéciaux permettant d'imprimer au microscope des déplacements lents, c'est pourquoi, dans tout microscope, la mise au point définitive se fait au moyen d'une vis micrométrique V (fig. 337) dont le pas est de $0^{mm},5$. En faisant tourner la vis de $\frac{1}{100}$ de tour, on déplace le tube du microscope de 5 $\mu$ seulement, il semble que ce soit encore beaucoup trop pour les microscopes puissants. En réalité le faisceau provenant d'un point de l'image est toujours très délié, il en résulte que la section par la rétine est inférieure à la tache de diffusion tolérée, même lorsque l'image fournie par l'œil est à une distance assez notable de la rétine; la latitude de mise au point est très supérieure à celle calculée.

On peut mesurer la latitude d'accommodation si la tête de la vis V est graduée, et on constate que cette grandeur varie en sens inverse de la puissance, qu'elle est d'autant plus grande que le faisceau incident est plus diaphragmé, enfin qu'elle est largement supérieure à la valeur théorique déterminée précédemment.

258. **Éléments cardinaux du système total.** — Soient $\Pi$ et $\Pi'$ (fig. 358) les plans principaux du système total, F et F' les plans focaux. Appliquons les formules d'association des systèmes centrés (168), en observant que

$$\varphi_1 = -\varphi'_1 = -f_1, \qquad \varphi_2 = -\varphi'_2 = -f_2, \qquad d = L - f_1 - f_2,$$

il vient :

$$\overline{N_1\Pi} = \frac{f_1 L}{L - f_1 - f_2};$$

Or, dans le microscope, quelle que soit la convention de signes, on a en valeur absolue $|L| > |f_1| + |f_2|$; donc $\overline{N_1\Pi}$ est du signe de $f_1$, avec $|N_1\Pi| > |f_1|$; le plan $\Pi$ est donc au delà du foyer $F_1$. D'autre part,

$$\overline{N_1F} = f_1 \cdot \frac{L - f_2}{L - f_1 - f_2},$$

quantité également du signe de $f_1$ quelle que soit la convention de signes, avec $|N_1F| > |f_1|$; mais on a $|N_1F| < |N_1\Pi|$; donc le foyer F est au delà du foyer

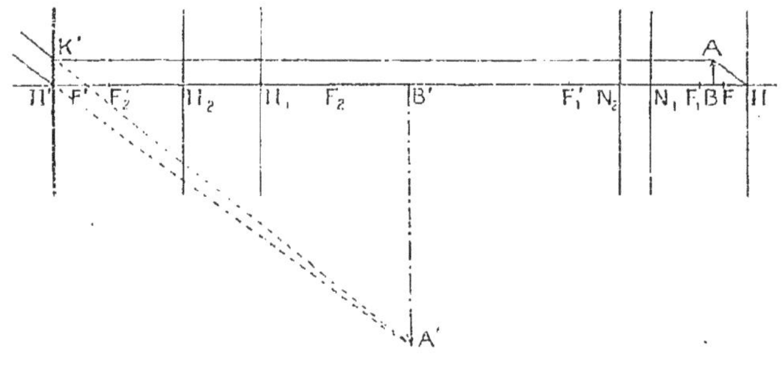


Fig. 358.

$F_1$, mais en deçà du plan principal $\Pi$. Il en résulte d'ailleurs, avec notre convention de signes, que :

$$\overline{\Pi F} = F = \frac{f_1 f_2}{f_1 + f_2 - L} = \frac{-f_1 f_2}{L - f_1 - f_2} < 0.$$

De l'autre côté, on trouverait une disposition analogue, F' au delà de $F'_2$ et $\Pi'$ au delà de F'. Les plans principaux du système total présentent donc, dans le microscope, la propriété d'être à l'*extérieur de l'intervalle des plans focaux*. — Un objet AB étant alors situé entre $F_1$ et F, on peut construire son image virtuelle définitive A'B' sans passer par l'image intermédiaire $A_1B_1$. On mène le rayon AK' parallèle à l'axe principal, jusqu'à sa rencontre en K' avec $\Pi'$, et l'on joint K'F'; puis on mène l'axe secondaire A$\Pi$ et par $\Pi'$ la parallèle à A$\Pi$ : on obtient ainsi le point A', et par suite l'image A'B'.

259. **Cercle oculaire.** — *Position de l'œil.* — Les rayons lumineux qui ont traversé l'instrument peuvent être considérés comme provenant de la surface *frontale* de l'objectif; quand ils émergent, ils passent donc par l'image de cette surface à travers tous les milieux qui la suivent :

cette image porte le nom de *cercle oculaire* ou d'*anneau oculaire*. Elle est très petite. Pour nous en rendre compte, prenons le cas approché d'un objectif et d'un oculaire simples, l'objectif ayant un diamètre $O = 0^{cm},3$, l'oculaire une distance focale $f_2 = 5^{cm}$, la longueur du microscope étant $L = 20^{cm}$ : le diamètre $O'$ de l'anneau oculaire est donné par l'expression

$$\frac{O'}{O} = \frac{-f_2}{L - f_2} \quad \text{d'où} \quad O' = -\frac{f_2}{L - f_2} O = -\frac{5}{20-5} \times 0,3 = -\frac{0.9}{17} = -0^{cm},05 = -0^{mm},5.$$

L'anneau oculaire étant très petit, est presque confondu avec son centre qu'on appelle *point oculaire*; en plaçant la pupille à l'anneau oculaire, on est sûr de recevoir toute la lumière qui a traversé l'instrument; cette position de l'œil est donc très avantageuse au point de vue du champ; elle est indiquée par un *œilleton*. Nous verrons que la grandeur de l'anneau oculaire, sans influence sur le champ, intervient dans la clarté. Enfin le point oculaire étant dans le voisinage immédiat du foyer-image F' du système et le premier point nodal de l'œil étant, par suite, près de ce point, la puissance est à peu près constante pour toutes les vues, et égale à la puissance intrinsèque.

260. **Puissance**. — Puisque nous connaissons les éléments principaux du système (258), pour déterminer la puissance du microscope, il nous suffirait d'appliquer à cet instrument les résultats établis à propos

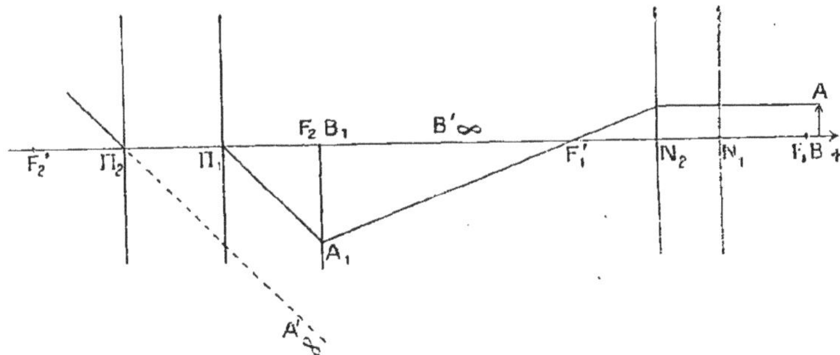


Fig. 339.

de la loupe considérée comme lentille épaisse, ou encore d'utiliser directement les formules obtenues dans le cas d'un système de deux lentilles (166) ou de l'association de deux systèmes épais (168). Le problème étant très important, nous allons le traiter directement.

Soit P la puissance de l'instrument, P' celle de l'oculaire, $\gamma$ le grandissement de l'objectif. L'angle $\alpha$ sous lequel nous voyons l'objet BA (fig. 339) à travers l'instrument est celui sous lequel nous voyons $B_1A_1$ à travers l'oculaire, donc :

$$\alpha = P' \times \overline{B_1A_1},$$

d'où :

$$(1) \qquad P = \frac{\alpha}{\overline{BA}} = \frac{\overline{B_1A_1}}{\overline{BA}} \times P' = \gamma P'.$$

*La puissance du microscope est égale au produit du grandissement de l'objectif par la puissance de l'oculaire.*

1° *Puissance intrinsèque.* — Le point $B_1$ est confondu avec $F_2$ (fig. 559) et :

$$\gamma = \frac{\overline{F'_1B_1} \text{ ou } \overline{F'_1F_2}}{f_1} = \frac{f_1+f_2-L}{f_1}.$$

la vision étant réglée pour l'infini, P' devient $P'_i = \frac{1}{f_2}$; par suite :

$$P_i = \frac{f_1+f_2-L}{f_1 f_2}.$$

Or, $f_1+f_2-L = F_1F_2$; $\frac{1}{f_1}$ et $\frac{1}{f_2}$ sont les puissances intrinsèques de l'objectif et de l'oculaire ; donc : *la puissance intrinsèque d'un microscope est égale au produit de la distance du foyer-image de l'objectif au foyer-objet de l'oculaire par les puissances intrinsèques de l'objectif et de l'oculaire.* Généralement la valeur absolue de $f_1+f_2-L$ ne diffère pas beaucoup de la longueur de l'instrument, la puissance intrinsèque du microscope est par suite sensiblement proportionnelle à la *longueur* du microscope.

Pour avoir un microscope puissant, il faut donc prendre un objectif et un oculaire puissants, et donner au tube une grande longueur. Aujourd'hui on sait fabriquer des objectifs et des oculaires assez puissants pour que, la longueur totale du microscope ne dépassant pas $20^{cm}$, on atteigne une puissance permettant d'utiliser largement le pouvoir séparateur de l'instrument. Autrefois, quand on ne savait obtenir que des objectifs et des oculaires peu puissants, à cause de la mauvaise correction des aberrations, on contruisait des tubes de microscope très longs ; ces appareils étaient encombrants.

On fait rarement varier la puissance d'un microscope en allongeant le tube, mais en changeant d'objectif ou d'oculaire. Pour un même support (statif), on a tout un jeu d'objectifs et d'oculaires formant des combinaisons de puissances variées. Souvent les objectifs sont montés en revolver R (fig. 557), on les substitue rapidement l'un à l'autre sans qu'on ait à changer sensiblement la mise au point.

La puissance des microscopes composés est comprise entre 120 et 12 000 dioptries.

*Remarque* : On a toujours $P_i < 0$; le signe — provient du grandissement $\gamma$, car il y a renversement de l'image.

2° *Puissance dans le cas général.* — Avec la notation choisie (257, mise au point), $\overline{H_2B'} = \Delta - \varepsilon$, (fig. 556), donc :

$$\frac{1}{\overline{H_1B_1}} - \frac{1}{\Delta-\varepsilon} = \frac{1}{f_2}, \qquad \text{d'où} \qquad \overline{H_1B_1} = \frac{f_2(\Delta-\varepsilon)}{f_2+\Delta-\varepsilon};$$

par suite :

$$\overline{F'_1B_1} = \overline{F'_1N_2} + \overline{N_2H_1} + \overline{H_1B_1} = f_1 - L + \frac{f_2(\Delta-\varepsilon)}{f_2+\Delta-\varepsilon};$$

d'autre part,

$$\gamma = \frac{F'B_1}{f_1}, \qquad P' = \frac{1}{f_2}\left(1 - \frac{\varepsilon - f_2}{\Delta}\right);$$

en appliquant la relation générale (1) il vient, après calculs:

$$P = \gamma P' = \frac{f_1 + f_2 - L}{f_1 f_2} - \frac{\varepsilon}{\Delta}\,\frac{f_1 + f_2 - L}{f_1 f_2} + \frac{1}{\Delta}\left(1 - \frac{L}{f_1}\right).$$

Cette expression s'écarte peu de la puissance intrinsèque, le premier point nodal de l'œil étant toujours placé dans le voisinage immédiat du foyer-image F′ du système (259); nous l'avons déjà rencontrée (256).

**261. Mesure de la puissance.** — La puissance intrinsèque est une constante importante de l'instrument; il convient donc de la mesurer.

1^re^ *Méthode.* — On met au point un micromètre-objectif au $\frac{1}{100}$ de millimètre et la première image réelle vient se peindre sur un micromètre oculaire au $\frac{1}{10}$ de millimètre; si l'oculaire est négatif, et c'est le cas général, ce micromètre-oculaire est entre les deux verres de l'oculaire. Si $n$ divisions du premier micromètre coïncident avec $n'$ divisions du second, le grandissement de l'objectif, pour un oculaire positif, (de l'objectif et de la lentille de champ, si l'oculaire est négatif), est :

$$\gamma = \frac{10\,n'}{n}.$$

On mesure ensuite la puissance intrinsèque P′ de l'oculaire positif ou de la lentille de l'œil de l'oculaire négatif, par les méthodes habituelles (240).

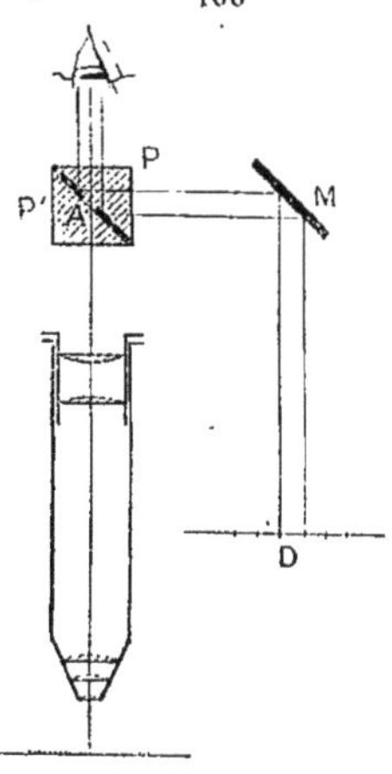


Fig. 340.

2^e^ *Méthode.* — Elle comporte l'emploi d'une chambre claire. L'une des meilleures est celle d'Abbe [1]. Elle se compose de deux prismes rectangles isocèles P et P′ (fig. 340), que l'on a collés

[1] On emploie beaucoup, en France, la chambre claire de Nachet composée de deux prismes droits ayant pour section, l'un le triangle rectangle isocèle AED (fig. 341); l'autre, le parallélogramme ABCD : ils sont collés suivant AD par une substance *d'indice intermédiaire entre celui du verre et celui de l'air*, il en résulte que SI traverse en partie et que I′I subit en I une réflexion partielle; l'œil reçoit donc de la lumière venant de l'objet suivant SI, et aussi de la mire ou de la feuille de papier suivant S′I′.

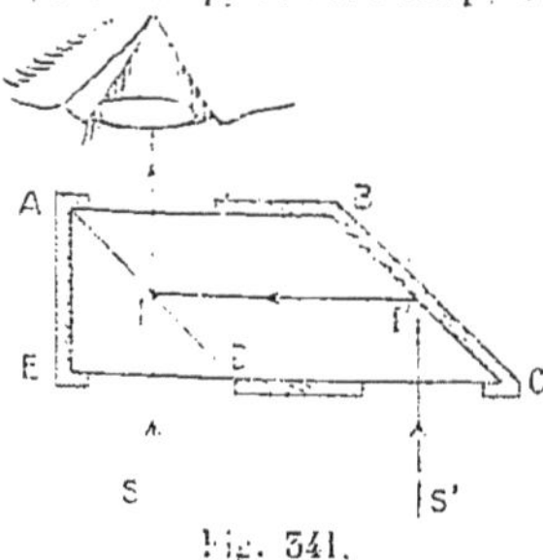


Fig. 341.

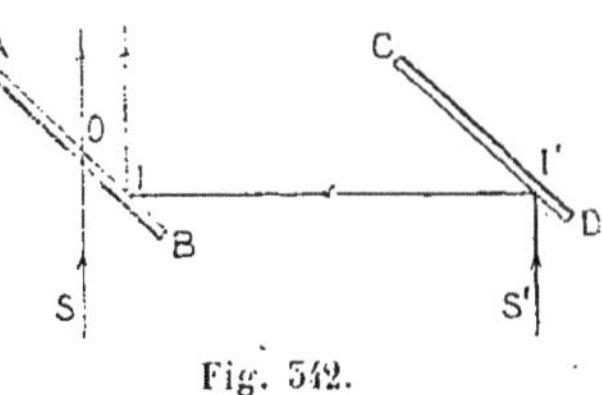


Fig. 342.

Une chambre claire plus simple, dite d'Amici, est constituée par deux miroirs AB, CD (fig. 342), inclinés à 45° sur l'axe du microscope, l'argenture de AB étant enle-

par leurs faces hypoténuses, après avoir déposé sur l'une de ces faces une argenture que l'on enlève dans la portion centrale A. On fait en sorte que cette petite ouverture soit placée à l'anneau oculaire du microscope. Un miroir plan M, que l'on peut faire tourner à volonté autour d'un axe, complète l'appareil. En plaçant l'œil derrière la chambre claire, on aperçoit le micromètre-objectif à travers le microscope et une règle graduée D divisée en millimètres, disposée sous le miroir M. En faisant varier la mise au point on amène les deux divisions à coïncider : supposons que $n$ divisions du micromètre-objectif paraissent recouvrir N divisions de la règle D placée à la distance Δ (en mètres), de la chambre claire, et écrivons que les diamètres apparents correspondants sont égaux :

$$P \times \frac{n}{100.000} = \frac{\frac{N}{1000}}{\Delta}, \qquad \text{d'où}, \qquad P = 100 \frac{N}{n} \times \frac{1}{\Delta}.$$

*Remarque.* — Pour s'assurer que les divisions coïncident, on déplace l'œil latéralement derrière la chambre claire, les images doivent conserver la même position relative.

Il est plus commode de dessiner l'image du micromètre-objectif sur une feuille de papier placée en D, que de faire coïncider les divisions.

La puissance ainsi mesurée peut différer notablement de la puissance intrinsèque, parce que Δ atteint seulement 25 centimètres en général, et aussi parce que l'interposition de la chambre claire entre le microscope et l'œil éloigne celui-ci du foyer F'. On remplace alors la règle D, par un collimateur de distance, focale $f$ (en millimètres) qui porte, dans son plan focal-objet, une graduation en millimètres, bien éclairée. Si $n$ divisions du micromètre-objectif paraissent coïncider avec N divisions du micromètre-collimateur, c'est que :

$$P_i \times \frac{n}{100.000} = N \times \frac{1}{f^{mm}}.$$

Cette méthode peut être utilisée pour avoir la puissance intrinsèque d'un oculaire positif quelconque.

262. **Grossissement.** — Nous avons, comme pour la loupe (241) :

$$G = P\varpi.$$

Le grossissement dépend, non seulement de l'instrument, mais aussi de la vue de l'observateur ; ce n'est donc pas une constante du microscope, et par suite sa connaissance ne présente qu'un intérêt secondaire, relatif à chaque observateur.

Nous pouvons encore écrire :

$$G = \gamma P'\varpi,$$

or $P'\varpi$ est le grossissement de l'oculaire, d'où la relation suivante :

vée en son centre O, pour permettre de recevoir les rayons venant du microscope, — ou bien encore le miroir AB est de dimensions très réduites et intercepte seulement une partie du faisceau direct (M. Lugol).

*Le grossissement du microscope est égal au produit du grandissement de l'objectif par le grossissement de l'oculaire.*

*Grossissement commercial, sa mesure.* — Nous avons vu (217), que les opticiens évaluent le grossissement en supposant la vision à l'œil nu réglée invariablement pour la distance $\Delta = 0^m,25$ ; cette hypothèse est très légitime dans le cas d'un œil normal (227), et nous avons alors :

$$G_c = P . \Delta = P \times 0.25 = \frac{P}{4}.$$

Le *grossissement commercial est le quart de la puissance exprimée en dioptries.*

Pour mesurer ce grossissement d'une manière simple, on place une feuille de papier à la distance $\Delta = 0^m,25$ de la chambre claire, et on dessine l'image du micromètre-objectif : soient $y$ et $y'$, deux dimensions correspondantes de l'objet et de l'image :

$$P \times y = \frac{y'}{0,25},$$

d'où :

$$\frac{y'}{y} = P \times 0.25 = G_c.$$

Le grossissement commercial des microscopes est compris entre 30 et 3000. On dépasse rarement 800, on descend peu au-dessous de 60. Il s'exprime en *diamètres.*

*Grandissement d'un dessin fait à la chambre claire.* — Si la feuille de papier est placée à la distance $\Delta$ de la chambre claire :

$$P y = \frac{y'}{\Delta},$$

d'où :

$$\gamma = \frac{y'}{y} = P\Delta ;$$

$\gamma$ dépend non seulement de la puissance de l'instrument, mais aussi de $\Delta$; ce n'est pas une constante de l'instrument. On détermine $\gamma$ en dessinant un micromètre-objectif et mesurant l'image.

*Mesure de la grandeur d'un objet microscopique.* — On note la grandeur de l'image qui coïncide avec le micromètre-oculaire et on la divise par le grandissement de l'objectif (oculaire positif), ou du système formé par l'objectif et la lentille de champ (oculaire négatif), ce grandissement ayant été déterminé par une méthode déjà indiquée (261).

263. **Pouvoir séparateur.** — Il est caractérisé par une distance linéaire.

Nous allons admettre que les aberrations sont bien corrigées et que les phénomènes de diffraction seuls interviennent pour altérer la pureté des images. Le pouvoir séparateur du microscope est alors limité par la diffraction et par le pouvoir séparateur de l'œil (231) que nous supposerons égal à $1' = \frac{3}{10000}$ radian.

Si nous désignons par $2\alpha$ l'angle sous lequel, du centre du champ, on voit un diamètre de la surface frontale de l'objectif ($2\alpha$ est l'*ouverture angulaire* de l'objectif), par $n$ l'indice du milieu qui est en contact avec l'objectif, par $\lambda$ la longueur d'onde de la lumière incidente, nous avons vu (144) que le pouvoir séparateur de l'objectif était :

$$S_o = \frac{\lambda}{2n \sin \alpha};$$

ce sera également celui de l'instrument si l'œil sépare les images de deux points situés à la distance $S_o$, c'est-à-dire si

$$PS_o \geqslant \text{arc } 1' = \frac{3}{10\,000}.$$

Désignons par $P_u$ la grandeur satisfaisant à la condition

$$P_u S_o = \frac{3}{10\,000}, \qquad \text{d'où} \qquad P_u = \frac{3}{10\,000\, S_o} = \frac{6n \sin \alpha}{10\,000\, \lambda},$$

et que nous appellerons *puissance utile* (218) correspondant à un objectif donné.

1° $P \geqslant P_u$. C'est le cas *général*; l'objectif est utilisé au mieux de ses qualités, le pouvoir séparateur de l'instrument est le même que celui de l'objectif et on a,

$$S_M = \frac{\lambda}{2n \sin \alpha}.$$

Le pouvoir séparateur dépend donc de $\lambda$ et de la quantité $n \sin \alpha$ qu'on appelle *ouverture numérique* de l'objectif. Pour obtenir un pouvoir séparateur faible il y a avantage à éclairer l'objet, non par de la lumière blanche ($\lambda = 0^{\mu},55$ pour les radiations lumineuses les plus intenses), mais par de la lumière à courte longueur d'onde, de la lumière violette par exemple ($\lambda = 0^{\mu},44$), et même à utiliser des radiations ultra-violettes ($\lambda = 0^{\mu},27$ pour une raie du cadmium), auquel cas on reçoit l'image sur la plaque photographique, l'œil n'étant pas impressionné par ces radiations. Au lieu de diminuer $\lambda$, il est plus commode d'augmenter l'ouverture numérique : 1° en construisant des *objectifs à grande ouverture angulaire* : pratiquement $\alpha$ atteint 74° ($\sin 74° = 0,92$); 2° en employant des *objectifs à immersion*. Ces objectifs sont construits pour permettre d'introduire une goutte de liquide entre la préparation et la lentille frontale, les autres sont dits, par opposition, *objectifs à sec*; les objectifs sont à immersion *homogène* si l'indice du liquide est sensiblement celui du verre du couvre-objet; le liquide employé est habituellement l'huile de cèdre pour laquelle $n = 1,515$. Avec un objectif à huile de cèdre, l'ouverture numérique atteint 1,43. La limite de l'ouverture numérique est donc :

| | |
|---|---|
| Pour un objectif à sec | 0,92 |
| Pour un objectif à immersion homogène | 1,43 |

La comparaison de ces nombres montre nettement la supériorité des objectifs à immersion quant au pouvoir séparateur. Pour un objet en lumière blanche, le pouvoir séparateur limite est :

$$S_M = \frac{0^\mu.55}{2 \times 1,43} = 0^\mu,2.$$

2° $P < P_u$. Ce cas se présente seulement d'une manière *très exceptionnelle* ; il existe même des catalogues de constructeurs qui n'indiquent aucune combinaison satisfaisant à la condition précédente.

Si $P < P_u$, le pouvoir séparateur du microscope se trouve limité uniquement par la puissance de l'instrument et le pouvoir séparateur de l'œil :

$$PS_M = \frac{3}{10000}, \qquad \text{d'où} \qquad S_M = \frac{3}{10.000\,P}.$$

*Mesure du pouvoir séparateur.* — On détermine le pouvoir séparateur en observant la striation régulière des carapaces de certaines diatomées (tests-objets), ou encore en regardant des réseaux obtenus en traçant des traits très rapprochés sur des lamelles de verre; il peut y avoir jusqu'à 4000 traits au millimètre.

264. **Influence des phénomènes d'interférence; rôle du condenseur.** — La théorie du microscope est restée longtemps insuffisante et en désaccord avec les faits, même en tenant compte de la diffraction par l'objectif. Notons que chaque point de la préparation n'est pas lumineux par lui-même, mais reçoit de la lumière d'une source; or, les ondes émanées d'un point de la source se diffractent à travers les détails de la préparation qui donne lieu à la première et à la *principale* diffraction ; aussi la manière dont on éclaire peut-elle avoir une influence considérable sur la valeur du pouvoir séparateur et sur la fidélité des images. Abbe a montré, par exemple, qu'en regardant un objet à structure régulière avec un microscope et arrêtant certains rayons par un diaphragme, l'image était complètement déformée : ainsi un réseau pouvait prendre l'apparence d'une surface à teinte uniforme ou d'un réseau présentant un nombre double de traits; conséquence : il ne faut *éliminer aucun faisceau diffracté.*

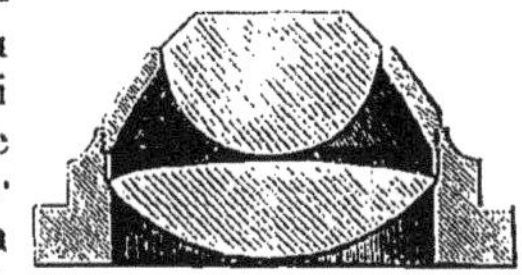

Fig. 343.

Le condenseur d'Abbe (fig. 343) est d'un emploi très avantageux car : 1° il permet l'éclairage de la préparation sous une incidence très oblique ; par suite, en utilisant toute l'ouverture angulaire de l'objectif, on diminue le pouvoir séparateur; 2° il donne, de la source lumineuse, une image placée dans le plan même de la préparation, de telle sorte que la première diffraction, si importante, est pour ainsi dire supprimée, chaque point de la préparation étant comme lumineux par lui-même.

265. **Clarté.** — Nous examinons seulement le cas d'une préparation à diamètre apparent sensible. D'après ce que nous avons vu (221), la clarté

$$C = \frac{E'}{E} \times \frac{S'}{S}.$$

Or la surface S' de l'anneau oculaire est toujours très petite par rapport à celle de la pupille ; ainsi, pour l'anneau oculaire calculé au paragraphe 259 et une pupille de 5$^{mm}$ de diamètre, $\frac{S'}{S} = \frac{1}{100}$. Cette surface S' varie en sens inverse de la puissance; en effet, si l'objectif devient plus puissant, le diamètre de la lentille frontale est plus petit ; si l'oculaire devient plus puissant, l'image de la lentille frontale diminue ; dans le cas théorique d'objectifs et d'oculaires simples, conservant des formes semblables, O (259) est proportionnel à $f_1$, donc (O') est proportionnel à $\frac{f_1 f_2}{L - f_2}$, c'est-à-dire sensiblement proportionnel à $\frac{1}{P_i}$; la surface de l'anneau oculaire varie en raison inverse du carré de la puissance. Le rapport $\frac{S'}{S}$ est donc très petit, surtout pour les instruments puissants, d'où la nécessité d'éclairer très vivement la préparation et par suite de faire usage d'un condenseur de lumière.

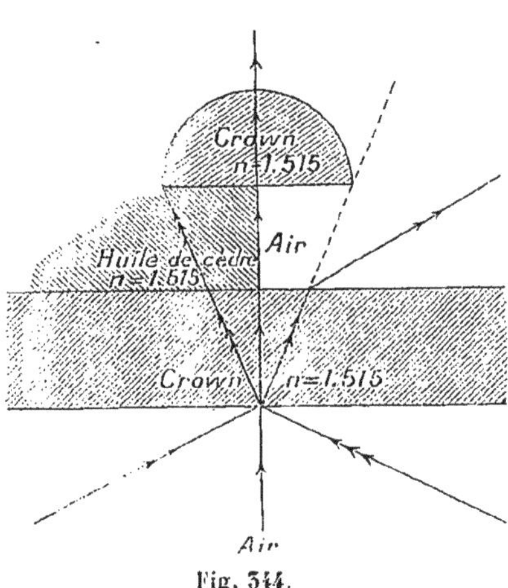

Fig. 344.

Pour les instruments peu puissants, on renvoie la lumière du Soleil ou d'une lampe, sur la préparation, au moyen d'un miroir sphérique concave M (fig. 337); pour les microscopes puissants on place entre le miroir et la préparation un système de lentilles (fig. 343), appelé *condenseur*, qui permet à la lumière d'atteindre l'objet sous des incidences variant de 0° jusqu'au voisinage de 90°. — Il ne faut pas oublier que le coefficient de transmission T de la lumière à travers le microscope est assez différent de l'unité, le nombre des lentilles traversées étant au minimum 4, au maximum 7, T varie de 0,66 à 0,48 environ.

L'objet à examiner est habituellement posé sur une lame de verre et recouvert d'une mince lamelle de verre (épaisseur de 0$^{mm}$,15 à 0$^{mm}$,20). La lumière venant de l'objet subit des réflexions partielles sur les faces de la lamelle et la surface frontale de l'objectif, d'où un affaiblissement de la clarté ; en outre, tous les rayons qui frappent la face inférieure de la lamelle en un point sont, dans la lamelle, à l'intérieur d'un cône de demi-angle au sommet $l = 42°$, et dans l'air ils s'épanouissent en un cône de demi-angle au sommet égal à 90° ; une partie seulement rencontre l'objectif (fig. 344). Mais, si on interpose entre la lamelle et l'objectif une goutte d'eau (objectif à immersion), ces rayons forment dans le liquide un cône de demi-angle au sommet $l' = 48°$; ils rencontrent l'objectif en plus grand nombre; enfin si on remplace l'eau par un liquide de même indice que le verre sensiblement, l'huile de cèdre par exemple (objectifs à immersion homogène, les rayons sont dans un cône de demi-ouverture égale à 42° ; la clarté est encore améliorée, puisque l'objectif admet davantage de lumière; il faut compter aussi qu'il y a moins de lumière réfléchie sur les surfaces de séparation (18, *Note*).

*Remarque.* — Lorsque l'objet est absolument opaque, on l'éclaire, par réflexion, en concentrant sur lui les rayons de la source lumineuse au moyen d'une lentille convergente.

266. **Champ.** — On pourrait employer comme oculaire de microscope, soit un *oculaire simple* de Képler, soit un *oculaire positif* de Ramsden, soit un *oculaire négatif* d'Huygens; pratiquement on utilise toujours

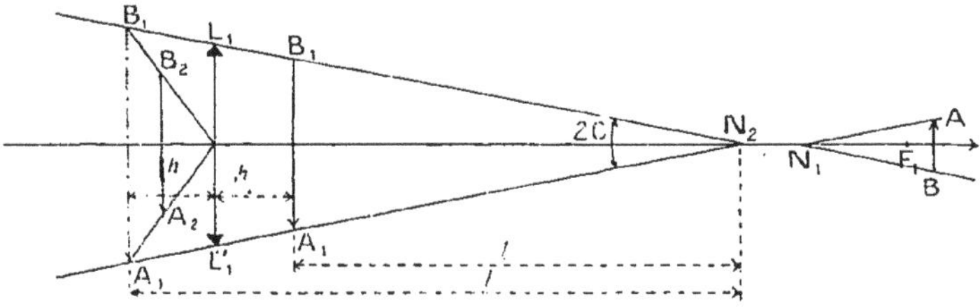


Fig. 345.

l'oculaire d'Huygens, sauf dans le cas d'un oculaire à réticule micrométrique qui est presque nécessairement positif ; c'est en étudiant le champ du microscope que nous allons trouver la raison principale du choix de l'oculaire d'Huygens. Voici, pour chacun des oculaires principaux, la distance $h$ du premier verre au premier foyer, et la puissance intrinsèque, en fonction de la distance focale $\varphi$ de la lentille de front (238, 252, 253) :

| | | |
|---|---|---|
| Oculaire simple de Képler................. | $h = \varphi$, | $P'_K = \frac{1}{\varphi}$ ; |
| Oculaire positif de Ramsden (3, 2, 3)........ | $h = \frac{\varphi}{4}$, | $P'_R = \frac{4}{3\varphi}$ ; |
| Oculaire négatif de Huygens (3, 2, 1)....... | $h = -\frac{\varphi}{2}$, | $P'_H = \frac{2}{\varphi}$. |

Pour une puissance donnée, c'est de l'oculaire que dépend essentiellement, ainsi qu'on va le voir, le champ de l'instrument.

Les rayons lumineux qui ont traversé l'objectif, et rencontrent la lentille de front de l'oculaire, frappent nécessairement la lentille de l'œil à cause des dimensions et positions respectives de ces verres, et pénètrent facilement dans l'œil convenablement placé, vu la petitesse de l'anneau oculaire. Le champ de l'instrument et le champ de vision sont donc confondus et complètement déterminés par l'objectif et la lentille de champ. Mais les faibles dimensions des objectifs des microscopes, par rapport à la longueur de l'instrument, permettent de négliger l'influence de l'objectif dans un calcul approché du champ, car un pinceau de rayons qui traversent l'objectif peut être considéré comme sensiblement réduit à son axe secondaire. Pour qu'un point soit dans le champ d'un microscope, c'est-à-dire pour que son image puisse être vue par l'œil, il faut que l'axe secondaire du pinceau réfracté par l'objectif rencontre le premier verre de l'oculaire. Le champ ainsi défini est ce qu'on appelle le *champ moyen*, le seul dont nous nous occuperons pour le microscope. — Si donc nous considérons le premier verre oculaire $L_1L'_1$ (fig. 545) et le second point nodal $N_2$ de l'objectif, les axes secondaires capables de rencontrer ce premier verre sont compris dans le cône $L_1N_2L'_1$ et, par suite, les axes secondaires des points du champ moyen sont compris dans la nappe du cône ayant pour sommet $N_1$ et ses génératrices parallèles à celles du premier, mais dirigées du côté de l'objet. Cette nappe conique découpe dans le plan-objet, qui est très sensiblement le premier plan focal de l'objectif, la surface de champ moyen AB. La surface-image correspondante, fournie par l'objectif, est un cercle $A_1B_1$ dans le plan conjugué de AB par rapport à l'objectif, plan situé en avant de l'oculaire si l'oculaire est positif, ou en arrière du premier verre si l'oculaire est négatif. — En désignant par 2C la valeur angulaire du champ moyen et par $r$ le rayon de la surface de champ correspondante, on a sensiblement, l'angle C étant confondu avec sa tangente :

$$r = Cf_1;$$

d'ailleurs, si l'on désigne par $l$ la distance comptée du plan $A_1B_1$ à $N_2$, qu'il s'agisse d'un oculaire positif ou négatif, par $R_1$ le rayon du premier verre oculaire $L_1L'_1$, et si l'on admet que l'image $A_1B_1$ se fait dans le premier plan focal de l'oculaire, à la distance algébrique $h$ du premier verre, on a, en assimilant l'angle de champ à sa tangente :

$$C = \frac{R_1}{l + h}.$$

Mais les constructeurs adoptent pour les verres d'un même usage, un rapport fixe entre le rayon d'ouverture et la distance focale, rapport qu'ils appellent *raison d'ouverture*. Si donc on désigne ce rapport par W :

$$C = \frac{W\varphi}{l + h}.$$

Il est intéressant de *comparer, au point de vue du champ moyen, les différents types d'oculaires de même puissance* P', *associés à un même objectif, pour une même position de l'objet, c'est-à-dire pour une même valeur de* $\gamma$, ou, en d'autres termes, faire cette comparaison *à égalité de puissance totale* P *de l'instrument* ($P = \gamma P'$, cas où $\Delta = \infty$).

Dans ces conditions, $l$ sera constant. Remplaçons $h$ en fonctions de $\varphi$, et $\varphi$ en fonction de la puissance de l'oculaire.

Pour un *oculaire de Képler*,

$$C_K = \frac{W}{P'_K l + 1}, \quad \text{ou sensiblement :} \quad C_K = \frac{W}{P'_K l}.$$

Pour l'*oculaire positif de Ramsdem* considéré,

$$C_R = \frac{4W}{3P'_R l + 1}, \quad \text{ou sensiblement :} \quad C_R = \frac{4W}{3P'_R l}.$$

Enfin, pour l'*oculaire négatif d'Huygens*,

$$C_H = \frac{2W}{P'_H l - 1}, \quad \text{ou sensiblement :} \quad C_H = \frac{2W}{P'_H l}.$$

Si l'on passe maintenant au rayon $r$ de la surface de champ moyen, on a :

$$r_K = C'_K f_1 = \frac{W f_1}{P'_K l}$$

mais $\frac{l}{f_1}$ est très sensiblement, au signe près, le grandissement linéaire $\gamma$ de l'objectif, puisque l'objet est très sensiblement à la distance $f_1$ de l'objectif, donc :

$$r_K = \frac{W}{P'_K \gamma} = \frac{W}{P}.$$

De même,

$$r_R = \frac{4}{3}\frac{W}{P}; \qquad r_H = 2\frac{W}{P}.$$

Ces expressions conduisent aux conclusions suivantes :

1° Pour des oculaires de même type, le *rayon* de la surface de champ moyen est en *raison inverse de la puissance totale* de l'instrument;

2° Pour des oculaires de divers types et de même puissance, associés à un même objectif, et pour une même puissance totale, le *rayon* de champ moyen varie, de l'oculaire de Képler à celui de Ramsden et à celui d'Huygens, comme les nombres $1, \frac{4}{3}, 2$ et par suite la *surface* varie comme $1, \frac{16}{9}, 4$, c'est-à-dire sensiblement comme 1, 2, 4. Ces résultats justifient le nom de *verre de champ* donné au premier verre de l'oculaire négatif

L'oculaire d'Huygens est donc extrêmement avantageux au point de vue du champ, c'est la raison principale pour laquelle il est à peu près uniquement employé dans le microscope composé. On conçoit aisément qu'il n'est pas indifférent d'avoir un champ plus ou moins grand, car plus le champ est faible, plus l'observation est difficile. On commence par explorer la préparation avec une combinaison peu puissante pour chercher les parties intéressantes que l'on regarde ensuite avec un plus fort grossissement. Le diamètre du champ varie de 4 millimètres environ à $0^{mm},05$ ; pour un grossissement de 400, par exemple, il est seulement de $0^{mm},5$.

On mesure le champ en observant dans le microscope un micromètre-objet traversant tout le champ.

367. **Diaphragme.** — Le *champ moyen*, que nous avons déterminé (222), diffère assez peu du *champ de pleine lumière* qui comprend tout

point du plan-objet tel que le faisceau émergent de l'objectif provenant de ce point soit complètement coupé par la lentille de champ. On déterminerait ce champ en procédant comme pour une lunette (285). Il convient de supprimer le *champ de contour*, qui est du reste petit par rapport au champ de *pleine lumière*, car l'éclairement n'y est pas proportionnel à l'éclat de l'objet. On y arrive en plaçant un diaphragme centré avec l'instrument, à l'endroit où se forme la première image réelle, et dont l'ouverture est exactement égale à l'image du champ de pleine lumière.

Soit AB (fig. 346) le diamètre du champ de pleine lumière, l'objectif en donne une image $A_1B_1$ derrière $L_1L'_1$ et la première lentille de l'oculaire

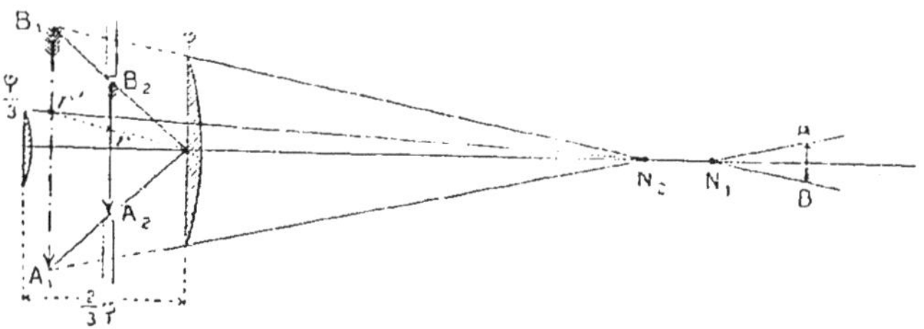


Fig. 346.

d'Huygens en fournit l'image $A_2B_2$. Si la vision est réglée pour l'infini, $A_1B_1$ est à une distance $\frac{\varphi}{2}$ de la lentille de champ, $A_2B_2$ à une distance $\frac{\varphi}{3}$ de la même lentille, donc :

$$\frac{A_2B_2}{A_1B_1} = \frac{\frac{\varphi}{3}}{\frac{\varphi}{2}} = \frac{2}{3}, \qquad \text{d'où} \qquad A_2B_2 = \frac{2}{3} A_1B_1.$$

Pour un oculaire positif, le diamètre de l'ouverture du diaphragme serait $A_1B_1$ placé en avant de $L_1L'_1$ (fig. 345).

268. **Réticule. — Micromètre oculaire**. — Dans le cas d'un oculaire positif, on place souvent dans le plan du diaphragme une croisée de fils très fins (fils d'araignée ou fils de platine à la Wollaston), constituant un *réticule*. On appelle *axe optique* la ligne qui joint le deuxième point nodal de l'objectif au point de croisé des fils du réticule. L'axe optique présente cette propriété que, si un point a son image au point de croisé des fils du réticule, ce point est situé, dans l'espace, sur l'axe secondaire correspondant à l'axe optique. — On peut aussi disposer dans le plan du diaphragme une division micrométrique tracée sur verre et destinée à des mesures, ou enfin rendre mobile le réticule au moyen d'une vis micrométrique. L'oculaire doit alors présenter un tirage spécial, permettant à chaque observateur de mettre au point le réticule ou le micromètre, d'après sa vue; c'est la disposition adoptée dans les microscopes micrométriques du comparateur de Breteuil (405).

Dans le cas d'un oculaire négatif, le réticule ou le micromètre sont placés dans le plan $A_2B_2$ du diaphragme (fig. 346) et le verre de l'œil est mobile pour permettre la mise au point, d'après la vue de l'observateur. La distance des verres de l'oculaire ne restant pas constante, le système perd un peu de ses qualités optiques, néanmoins l'oculaire négatif présente une telle supériorité sur le positif que la combinaison précédente est souvent adoptée [1].

269. **Objectifs.** — Les objectifs doivent être puissants, de grande ouverture et achromatiques; on ne peut songer à les constituer par une seule lentille. Ils sont toujours formés de lentilles simples ou composées;

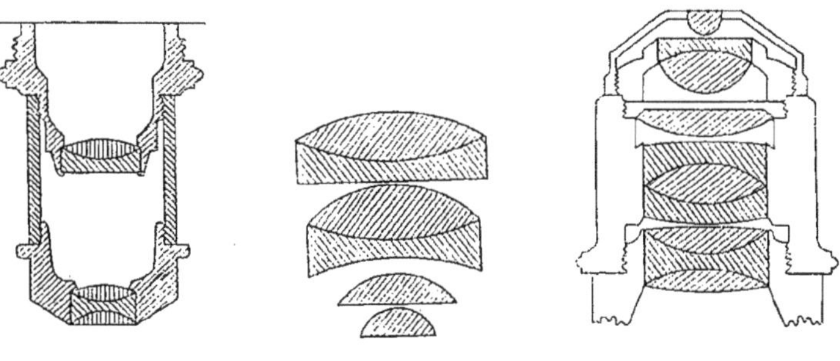

Fig. 347 I. Fig. 347 II. Fig. 347 III.

il y a toujours au moins deux lentilles composées, le nombre total de lentilles simples ou composées peut s'élever jusqu'à cinq. La surface frontale de l'objectif est toujours plane (fig. 347, I, II, III).

Les premières lentilles donnent, de l'objet AB (fig. 348), des images virtuelles $A_1B_1$, $A_2B_2$ de plus en plus éloignées de l'objectif, de manière à diminuer l'inclinaison des rayons et par suite les aberrations de sphéricité : la dernière lentille fournit de $A_2B_2$ l'image réelle $A_3B_3$ qui est regardée à travers l'oculaire. Pour réduire les aberrations de sphéricité, tout en conservant un champ aussi grand que possible, on tient grand compte, dans la combinaison optique, de l'existence des points aplanétiques du dioptre sphérique (Amici).

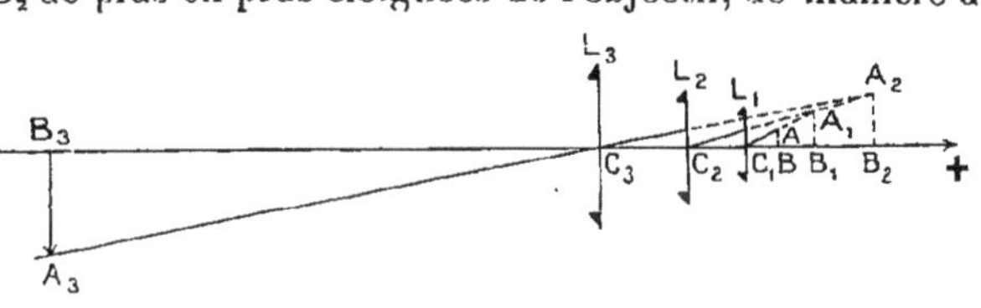


Fig. 348.

Les objectifs sont achromatiques; ils sont calculés de manière à corriger les aberrations chromatiques dues à un couvre-objet de $0^{mm},15$; comme cette épaisseur n'est pas constante, on peut, avec certaines mon-

[1] Quand on emploie un réticule avec un oculaire négatif, l'axe optique est la droite qui joint le point nodal-image $N_2$ (fig. 346) de l'objectif à l'image $r'$ du point de croisé $r$ des fils du réticule à travers la lentille de champ.

tures, déplacer les lentilles postérieures de l'objectif de manière à faire disparaître les irisations : ce sont les *objectifs à correction*.

On fabrique des objectifs dits *apochromatiques* (206) pour lesquels les aberrations de réfrangibilité sont corrigées pour trois radiations à la fois, et les aberrations de sphéricité, pour les rayons correspondant à deux radiations.

Les objectifs achromatiques ou apochromatiques se subdivisent en deux catégories : les objectifs *à sec* et les objectifs à *immersion* (*homogène*, habituellement). Ces derniers sont supérieurs aux objectifs à sec au point de vue du pouvoir séparateur et de la clarté; en outre la *distance frontale* ou distance de l'objet à la surface frontale de l'objectif est plus grande, à puissance égale, d'où une commodité pour la manipulation.

Avec les objectifs usuels :

| | | | |
|---|---|---|---|
| la distance focale varie de | 45mm | à | 1mm,5, |
| la distance frontale — | 32mm | à | 0mm,09, |
| le grandissement — | 3 | à | 167, |
| l'ouverture numérique — | 0,09 | à | 1,43. |

Pour une lentille frontale demi-boule de rayon R d'un objectif à immersion homogène, le centre de l'objet doit être placé au point aplanétique objet du dioptre sphérique; la distance frontale est donc $\frac{R}{n}$, par suite $\sin\alpha = \frac{R}{\sqrt{R^2+\frac{R^2}{n^2}}} = \frac{n}{\sqrt{n^2+1}}$, et l'ouverture numérique (263) est $\frac{n^2}{\sqrt{n^2+1}}$.

Pour un objectif à sec, la face plane doit donner de l'objet une image passant par le point aplanétique objet du dioptre sphérique, il en résulte que la distance frontale est $\frac{R}{n^2}$, donc $\sin\alpha = \frac{R}{\sqrt{R^2+\frac{R^2}{n^4}}} = \frac{n^2}{\sqrt{n^4+1}} < \frac{n^2}{\sqrt{n^2+1}}$.

*Remarque.* — Les objectifs destinés à l'emploi de radiations ultra-violettes sont construits en quartz et, comme l'image chimique est obtenue avec une radiation simple, on corrige seulement les aberrations de sphéricité.

270. **Oculaires**. — Les oculaires utilisés sont presque uniquement des oculaires composés du type négatif, ou oculaires d'Huygens, pour les raisons suivantes :

A égalité de puissance, le champ est plus considérable; cela tient au rôle de la première lentille dite *lentille de champ* ou *collecteur* (266);

Fig. 319.

Ils satisfont à la condition d'achromatisme (209);

La déviation étant à peu près également répartie entre les deux verres (253), les aberrations de sphéricité sont réduites;

L'image $A_1B_1$ (fig. 349) d'un plan de front AB, fournie par l'objectif, est une surface courbe tournant sa concavité vers l'objectif; la lentille de champ en donne une image $A_2B_2$ tournant sa concavité vers la lentille de l'œil et l'image finale est sensiblement plane; un oculaire positif exagérerait la première déformation.

L'oculaire d'Huygens permet de corriger partiellement les aberrations chromatiques de l'objectif; pour cela, il suffit que les images extrêmes V et R (fig. 350) possèdent le même diamètre apparent, c'est-à-dire que la droite VR passe par le premier point nodal O de l'œil. Un autre oculaire se prêterait du reste à la même correction, qui présente aujourd'hui un intérêt médiocre, car on sait construire des objectifs très bien achromatisés.

Les objectifs très puissants et à grande ouverture numérique, spécialement les objectifs apochromatiques, donnent des images colorées qui sont bien dans le même plan, mais qui n'ont pas la même grandeur, d'où des aberrations chromatiques de grandissement (205), surtout très sensibles sur le bord du champ qui est coloré en bleu. On emploie alors des oculaires spéciaux dits *oculaires compensateurs* qui présentent le défaut contraire, c'est-à-dire qui donnent une image rouge plus grande que l'image bleue; il en résulte que les aberrations chromatiques de l'oculaire et de l'objectif se détruisent mutuellement.

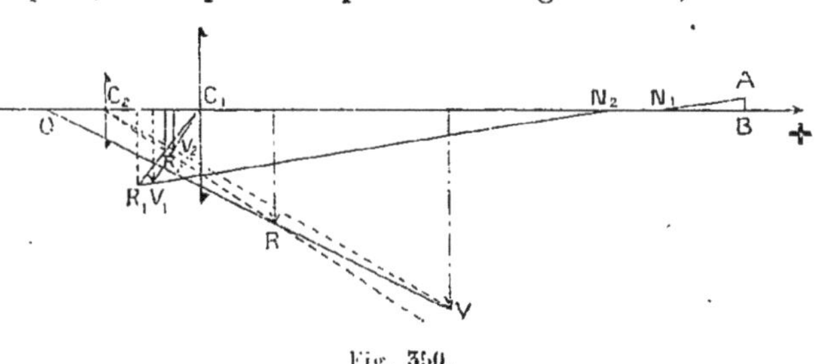


Fig. 350.

La distance focale des oculaires employés varie de 50mm à 20mm; très exceptionnellement on utilise des oculaires *chercheurs* dont la distance focale peut atteindre 100mm, et des oculaires compensateurs d'une distance focale de 10mm.

271. **Microphotographie**. — En reculant l'oculaire on obtient une image réelle que l'on reçoit sur le verre dépoli d'une chambre noire photographique, auquel on substitue une plaque sensible, après mise au point. La microphotographie permet de fixer définitivement les images et de diminuer le pouvoir séparateur par l'emploi des radiations ultra-violettes.

272. **Microscope binoculaire**. — Il en existe deux types.

1° L'appareil se compose de deux microscopes complets donnant simultanément l'image du même objet vu sous deux directions un peu différentes, d'où la sensation de relief; la mise au point se fait simultanément pour les deux systèmes optiques.

2° Il y a un seul objectif, mais le faisceau qui en provient est partagé en deux parties, l'une qui chemine comme dans un microscope ordinaire, l'autre qui est réfléchie deux fois, par des prismes à réflexion totale, pour traverser un autre oculaire.

275. **Visions des objets ultra-microscopiques**. — Pour qu'un objet soit visible, il n'est pas nécessaire que ses dimensions soient supérieures ou égales au pouvoir séparateur, cette condition est indispensable seulement lorsqu'on veut distinguer la *forme* de l'objet et non établir son *existence*. Tout objet dont les dimensions sont inférieures à $0^{\mu},2$ c'est-à-dire au pouvoir séparateur limite des microscopes (265), est dit *ultra-microscopique*.

Les conditions de visibilité d'un objet ultra-microscopique sont les suivantes :

1° Il doit être très vivement éclairé, pour diffracter beaucoup de lumière dans son ombre géométrique;

2° Les rayons issus du système éclairant ne doivent pas pénétrer directement dans l'objectif, afin que l'objet se détache très brillant sur fond sombre;

3° Les particules ultra-microscopiques éclairées doivent être en nombre suffisamment restreint, sinon leurs pseudo-images seraient trop rapprochées les unes des autres et ne se distingueraient pas.

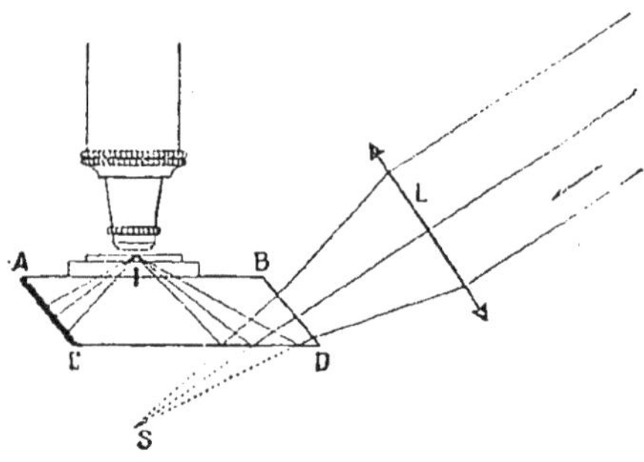

Fig. 351.

L'emploi d'un microscope est avantageux pour l'observation de ces objets, car il permet de recueillir la lumière diffractée dans tout l'angle d'ouverture de l'objectif et de séparer les images par diffraction de deux particules voisines; il faut seulement adjoindre au microscope un appareil très éclairant et tel que la lumière directe ne pénètre pas dans l'objectif. Le dispositif le plus simple, pour l'observation des particules ultra-microscopiques en suspension dans un liquide, est celui de MM. Cotton et Mouton.

Sur la platine du microscope on pose un bloc de verre parallélipipédique ABCD (fig. 351), dont l'angle en A vaut 51°, et tel que la face AC soit noircie; au-dessus on dispose la lame porte-objet, une goutte de liquide tenant en suspension les particules ultra-microscopiques à observer, une lamelle couvre-objet. Entre le prisme et la lame porte-objet, on a interposé une goutte d'un liquide de même indice que le liquide à expérimenter; on éclaire la préparation obliquement en formant l'image d'un trou lumineux éclairé par l'arc électrique, juste dans le champ du microscope (la lumière subit une première réflexion totale sur la face CD) et une autre sur la face supérieure du couvre-objet, puis elle est absorbée par la face AC. — La seule lumière qui pénètre dans l'objectif est donc de la lumière diffractée.

Les plus petites dimensions des objets ultra-microscopiques décelés par ce genre d'observations sont de 5μμ à 6μμ (le μμ est égal au millième de micron, ou millionième de millimètre).

## LUNETTES ET TÉLESCOPES

274. **Définitions.** — On désigne sous le nom de *télescopes* des instruments destinés à observer des objets éloignés. Nous en distinguerons deux sortes : 1° les *lunettes*, ou *télescopes dioptriques*, dont l'objectif est une lentille ; 2° les *télescopes proprement dits*, ou *télescopes catoptriques*, dont l'objectif est un miroir sphérique ou mieux parabolique.

### LUNETTE ASTRONOMIQUE

275. **Lunette astronomique.** — La *lunette astronomique* est une association de deux systèmes optiques centrés qui sont : 1° un *objectif* convergent achromatique, de *grande distance focale*, destiné à fournir d'un objet lointain une image réelle, située dans son second plan focal, ou un peu au delà : 2° un *oculaire*, généralement composé, destiné à observer l'image fournie par l'objectif.

276. **Construction de l'image et marche d'un pinceau lumineux.** — Soient $N_1$ et $N_2$ (fig. 352) les points nodaux de l'objectif, de distance focale F, et soient $H_1$ et $H_2$ les plans principaux de l'oculaire de

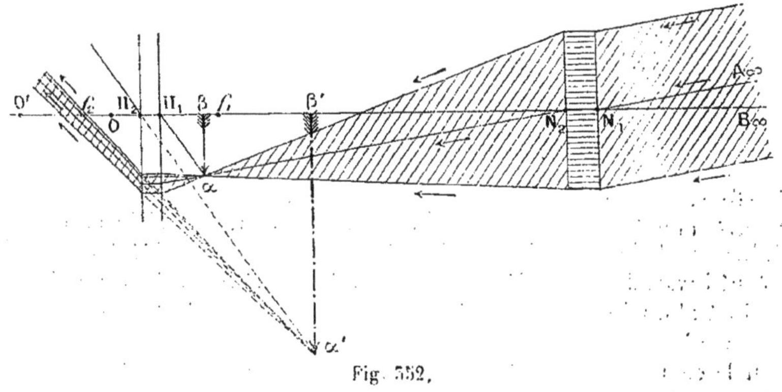


Fig. 352.

distance focale $f$, dont les foyers seront $f_1$ et $f_2$. Un objet AB, situé à une distance très grande, dans un certain plan, aura une image αβ dans le plan conjugué par rapport à l'objectif, c'est-à-dire sensiblement dans le second plan focal de l'objectif. Cette image étant placée entre le premier foyer $f_1$ et le premier plan principal $H_1$ de l'oculaire, celui-ci en donnera l'image définitive virtuelle *renversée* α'β', qui sera vue par l'œil placé derrière l'oculaire. En considérant le pinceau de rayons émis par un point A de l'objet, supposé à l'infini, il est facile de tracer sa marche complète, comme l'indique la figure.

La lunette astronomique et le microscope sont deux types extrêmes d'instruments, entre lesquels viennent prendre place toute une série d'instruments intermédiaires, destinés, dans les laboratoires de physique, à viser des objets situés à des distances plus ou moins grandes. La position des punctums dépend uniquement du tirage de l'instrument; on donne à ces appareils, formés des mêmes éléments que la lunette astronomique, le nom de *viseurs*.

277. **Mise au point.** — Pour mettre au point un objet dans une lunette, on ne peut généralement pas songer à déplacer l'instrument par rapport à l'objet, ce qui ne déplacerait que de quantités insensibles

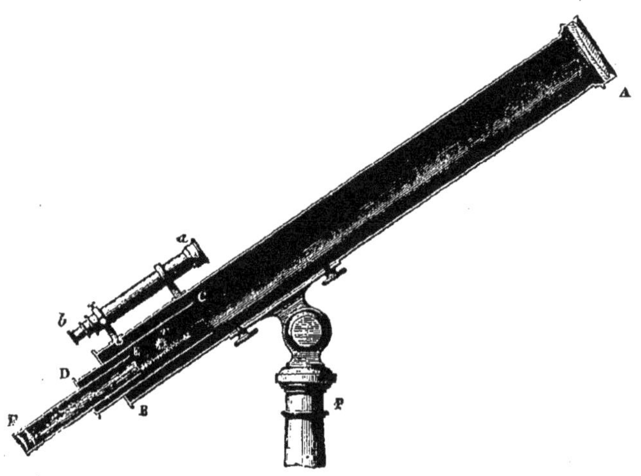


Fig. 353.

l'image $\alpha\beta$. On met donc au point en déplaçant l'oculaire par rapport à l'image $\alpha\beta$, dont la position et la grandeur sont invariables. Dans ce déplacement de l'oculaire, l'œil doit d'ailleurs être considéré comme lui restant invariablement lié, et les règles de *meilleure mise au point* dépendent alors de la position du premier point nodal de l'œil par rapport au second foyer de l'oculaire.

Or le centre de la pupille, qui est en avant de ce point nodal, doit coïncider avec le point oculaire (278) qui est en arrière de $f_2$, donc le point nodal est en O' (fig. 352), en arrière de $f_2$. Pour cette position particulière, nous savons (239, $\alpha$) que le diamètre apparent de $\alpha\beta$ est maximum lorsque $\Delta = \rho$ (*punctum remotum*); on *éloigne* le plus possible l'oculaire de l'objectif. Envisageons seulement le cas d'un emmétrope : $\rho = \infty$, et $f_1$ coïncide avec le foyer-image $\beta$ de l'objectif. Remarquons d'autre part que pour $\Delta = \infty$ on évite la fatigue d'accommodation. — Exceptionnellement si le premier point nodal de l'œil est en $f_2$ (fig. 352), le diamètre apparent de $\alpha\beta$ est indépendant de $\Delta$ et on fait encore $\Delta = \infty$ pour éviter la fatigue d'accommodation. — Enfin si le premier point nodal de l'œil est en O (fig. 352), en avant de $f_2$, le diamètre apparent de $\alpha\beta$ est maximum pour $\Delta = \varpi$ (*punctum proximum*), on est tenté de rapprocher l'oculaire le plus près possible de l'objectif, mais, même dans ce cas, pour une observation de longue durée, on rejette l'image au *punctum remotum* afin de ne pas accommoder.

Un premier tube à *tirage* CD (fig. 353) est mobile à l'intérieur du tube porte-objectif AB, et le tube porte-oculaire EF est mobile à l'intérieur de CD au moyen d'une vis à crémaillère $r$. On peut ainsi effectuer progressivement les déplacements qui conduiront avec facilité à la mise au point.

*Formule de la mise au point.* — Dans la mise au point, on devra tenir compte, d'une part, de la latitude d'accommodation de l'œil de l'observateur; d'autre part, de la position de l'image réelle $\alpha\beta$ (fig. 352), qui dépend elle-même de la position de l'objet. — Calculons la longueur totale L à donner à l'instrument dans les différents cas, c'est-à-dire la distance $\overline{\Pi_1 N_2}$ du premier plan principal de l'oculaire au deuxième plan principal de l'objectif. Désignons par D la distance de $N_1$ à l'objet, par $\Delta$ la distance $\overline{O\beta'}$ de mise au point, et par $\varepsilon$ la distance $\overline{O\Pi_2}$ du premier point nodal de l'œil au second plan principal de l'oculaire, distances comptées toutes deux à partir de O comme origine. On a :

$$L = \overline{\Pi_1\beta} + \overline{\beta N_2}.$$

Or

$$\frac{1}{\overline{\Pi_1\beta}} - \frac{1}{\Delta - \varepsilon} = \frac{1}{f}, \qquad \text{d'où} \qquad \overline{\Pi_1\beta} = \frac{f(\Delta - \varepsilon)}{f + \Delta - \varepsilon} = \frac{f}{1 + \dfrac{f}{\Delta - \varepsilon}}.$$

D'autre part

$$\frac{1}{D} - \frac{1}{\overline{N_2\beta}} = \frac{1}{F} \quad \text{ou} \quad \frac{1}{D} + \frac{1}{\overline{\beta N_2}} = \frac{1}{F}, \qquad \text{d'où} \qquad \overline{\beta N_2} = \frac{F}{1 - \dfrac{F}{D}}.$$

Il vient alors :

$$L = \frac{f}{1 + \dfrac{f}{\Delta - \varepsilon}} + \frac{F}{1 - \dfrac{F}{D}},$$

expression facile à discuter.

1° $\Delta$ *variable*, D *et* $\varepsilon$ *fixes*. — Si $\Delta$ augmente de $\varpi$ à $\rho$ pour une même vue, ou, d'une façon générale, si $\Delta$ augmente de $\varpi_M$ pour un myope à $\varpi_H$ pour un hypermétrope, ou de $\rho_M$ à $+\infty$, et de $-\infty$ à $\rho_H$, lorsqu'on passe d'un myope à un emmétrope, puis à un hypermétrope, $\dfrac{f}{\Delta - \varepsilon}$ diminue, et par suite L augmente. Donc L *varie dans le même sens que* $\Delta$. Ces variations de L sont de l'ordre de grandeur de la latitude d'accommodation dans une loupe, c'est-à-dire à peine de quelques millimètres.

2° D *variable*, $\Delta$ *et* $\varepsilon$ *fixes*. — Si D augmente, $\dfrac{F}{D}$ diminue, $1 - \dfrac{F}{D}$ augmente, et par suite L doit diminuer; le déplacement de l'oculaire pour remettre au point doit donc avoir lieu *dans le même sens* que le déplacement de l'objet observé. Ces variations, provenant de variations du point $\beta$ par rapport au second foyer de l'objectif, sont généralement plus importantes que les précédentes, parce que F est supérieur à $f$. Ainsi, par exemple, si $F = 1^m$, pour $D = \infty$, on a $\overline{\beta N_2} = 100^{cm}$, et pour $D = 50^m$, on trouve $\overline{\beta N_2} = 102^{cm}$ : il faudra donc un tirage de 2 centimètres, pour passer de la visée d'un objet à l'infini à celle d'un objet à 50 mètres. — D'ailleurs L a évidemment deux limites, déterminées par la course totale de l'oculaire par rapport à l'objectif. Si l'on désigne ces deux limites par $L_0$ et $L_1 < L_0$, il en résulte, toutes choses égales d'ailleurs, c'est-à-dire pour les mêmes valeurs de $\varepsilon$ et $\Delta$, deux limites correspondantes, $D_0$ et $D_1 > D_0$, des distances de visée; ces limites définissent le *punctum proximum* et le *punctum remotum* de la lunette. — Dans les *viseurs* ordinaires, ces limites sont finies et assez rapprochées, comme pour un œil myope; ainsi, pour un viseur de cathétomètre, $D_0$ et $D_1$ peuvent être $50^{cm}$ et $80^{cm}$. Dans une lunette astronomique $D_1$ est infini, comme pour un œil emmétrope.

278. **Anneau ou cercle oculaire.** — L'*anneau oculaire* est l'image réelle de l'objectif fournie par l'oculaire : le centre de cette image se nomme *point oculaire*. Tout rayon lumineux qui sort de l'instrument peut être considéré comme provenant d'un point de l'objectif, par consé-

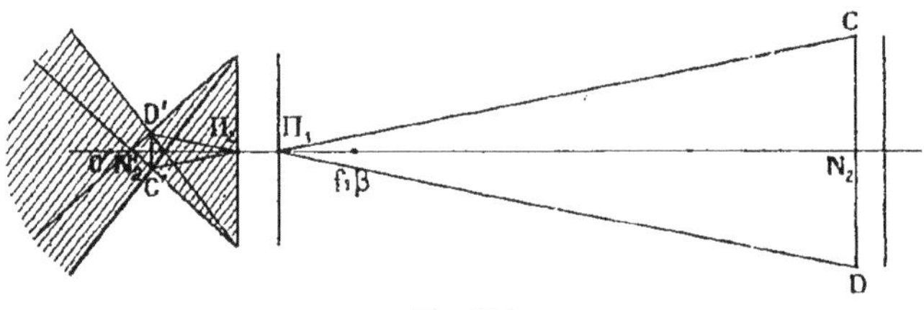


Fig. 354.

quent ce rayon passe par un point de l'anneau oculaire, et la totalité de la lumière émergente traverse donc le cercle oculaire. Il est facile de voir que l'anneau oculaire est très petit. Supposons la vision réglée pour l'infini, $f_1$ (fig. 354) est confondu avec $\beta$; soit O le diamètre de l'objectif, O' celui de l'anneau oculaire qu'on peut considérer comme l'image du plan principal-image $N_2$ dans l'oculaire; en appliquant la formule du grandissement,

$$\gamma = -\frac{f}{\sigma},$$

on a :

$$\frac{O'}{O} = -\frac{f}{F}, \qquad \text{d'où} \qquad (O') = \frac{f}{F} O;$$

or, on a toujours $\frac{O}{F} < \frac{1}{10}$, donc $(O') < \frac{f}{10}$. Mais la puissance de l'oculaire ne descend jamais au-dessous de 20 dioptries, donc $f$ est inférieur à $5^{cm}$ et $(O') < 0^{cm},5$ : c'est même d'une manière exceptionnelle qu'il peut atteindre cette dimension. Il en résulte que l'anneau oculaire est la section la plus étroite du faisceau émergent (fig. 354); il y a donc avantage à placer la pupille à l'anneau oculaire pour recevoir le plus de lumière possible et, pratiquement, le diamètre de l'anneau oculaire étant inférieur à celui de la pupille, en disposant l'œil comme il a été dit, *toute* la lumière émergente pénètre dans l'œil. Cette position avantageuse de l'œil est indiquée par un *œilleton*.

279. **Grossissement.** — Si $\omega$ est le diamètre apparent de l'objet linéaire AB (fig. 355) vu à l'œil nu, $\omega'$ celui de son image $\alpha'\beta'$ vue à travers l'instrument, par définition (217) nous avons :

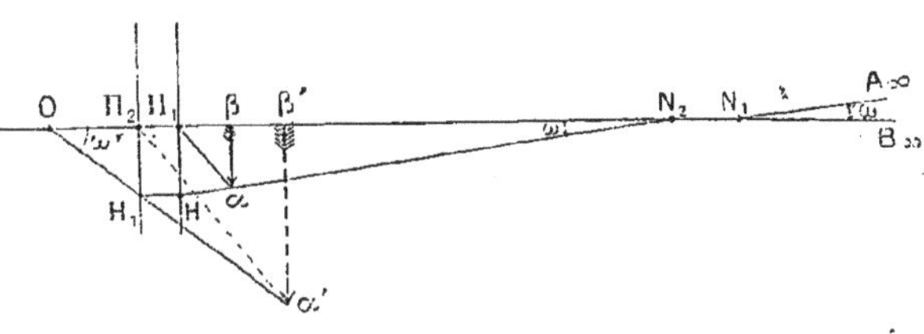

Fig. 355.

$$G = \frac{\omega'}{\omega},$$

mais $\omega'$ n'est autre chose que l'angle sous lequel on voit $\alpha\beta$ à travers l'oculaire de puissance P ; on a donc (216) :

$$\omega' = P \times \alpha\beta ;$$

d'autre part, dans le triangle rectangle $N_2\alpha\beta$ :

$$\alpha\beta = \beta N_2 \times \operatorname{tg} \omega,$$

ou sensiblement, $\omega$ étant très petit :

$$\alpha\beta = \beta N_2 \times \omega = F\omega ;$$

donc :

$$\omega' = PF\omega ;$$

d'où

$$G = PF.$$

*Le grossissement est égal au produit de la distance focale de l'objectif par la puissance de l'oculaire.*

Avec les notations habituelles (238),

$$P = \frac{1}{f}\left(1 - \frac{\varepsilon - f}{\Delta}\right);$$

donc :

$$G = \frac{F}{f}\left(1 - \frac{\varepsilon - f}{\Delta}\right) \text{ [1]}.$$

Pour une lunette donnée, G dépend de $\frac{\varepsilon - f}{\Delta}$. La discussion de G est la même que celle relative à la puissance de la loupe (259) : il convient du reste de faire attention que, dans la pratique, $\varepsilon - f > 0$, car le centre de la pupille coïncide avec le point oculaire (278), par suite l'image est

[1] Si on veut traduire que l'image est *renversée*, on donne au grossissement une valeur *négative* :

$$G = -\frac{F}{f}\left(1 - \frac{\varepsilon - f}{\Delta}\right).$$

rejetée au *punctum remotum* et G est plus grand pour un hypermétrope, plus petit pour un myope.

*Grossissement intrinsèque.* — Lorsque $\Delta = \infty$, on a le *grossissement intrinsèque* :

$$G_i = \frac{F}{f};$$

*le grossissement intrinsèque est égal au quotient de la distance focale de l'objectif par la distance focale de l'oculaire.*

Pour avoir un instrument très grossissant, il faut donc employer un objectif de grande distance focale et un oculaire très puissant; à cause des difficultés de construction F n'a pas dépassé $21^m$, $f$ n'est pas descendu au-dessous de $0^{cm},6$, donc le grossissement maximum réalisé est environ $G_i = \frac{2100}{0,6} = 3500$.

*Remarque I.* — Puisque pratiquement $\varepsilon - f > 0$ (278), il en résulte que $\Delta = \rho$, en outre $\varepsilon - f$ étant de l'ordre du millimètre, $\frac{\varepsilon - f}{\Delta} = \frac{\varepsilon - f}{\rho}$ est petit par rapport à l'unité, donc le grossissement s'écarte peu du grossissement intrinsèque.

*Remarque II.* — Nous pouvons écrire :

$$G = PF = P\varpi \times \frac{F}{\varpi}.$$

$P\varpi$ est le grossissement de l'oculaire (241); d'autre part, si nous regardons l'image $\alpha\beta = \omega F$, sans le secours d'un oculaire, nous la voyons sous le diamètre apparent maximum $\frac{\alpha\beta}{\varpi} = \frac{\omega F}{\varpi}$; par suite le grossissement de l'objectif seul est $\frac{\omega F}{\varpi} : \omega = \frac{F}{\varpi}$, d'où la proposition suivante : *le grossissement de la lunette est égal au produit du grossissement de l'objectif par celui de l'oculaire.*

280. **Grossissement d'un viseur.** — Si D est la distance de $N_1$ (fig. 552) à l'objet :

$$\beta N_2 = \frac{DF}{D - F},$$

par suite

$$\alpha\beta = \beta N_2 \times \omega = \frac{DF}{D - F}\omega \qquad \text{et} \qquad \omega' = P \times \alpha\beta = P.\frac{DF}{D - F}\omega,$$

d'où

$$G = \frac{\omega'}{\omega} = P.\frac{DF}{D - F} = \frac{F}{f} \times \frac{D}{D - F}\left(1 - \frac{\varepsilon - f}{\Delta}\right);$$

pour $D = \infty$, on retrouve la formule de la lunette astronomique.

281. **Mesure du grossissement.** — L'une des constantes de l'instrument est le grossissement intrinsèque : voici comment on le mesure :

1° *Méthode de l'anneau oculaire* (ou du *dynamètre de Ramsden*).

Nous avons établi (278) que

$$\frac{O'}{O} = -\frac{f}{F}, \quad \text{donc} : \quad G_i = \left(\frac{O}{O'}\right).$$

Le *grossissement intrinsèque est égal au rapport de deux dimensions ho-*

*mologues de l'objectif et de l'anneau oculaire, quand le système est afocal.* La mesure de $G_i$ est donc ramenée à celle de O, diamètre de l'objectif, mesure qui ne présente aucune difficulté (on se sert simplement d'un compas et d'un double décimètre), et à la mesure de O', qui est plus délicate, car O' est de l'ordre du millimètre. Pour cette dernière opération on emploie un *dynamètre de Ramsden*, composé essentiellement d'un micromètre M (fig. 356) au dixième de millimètre, tracé sur une lame de verre, et d'une loupe L avec laquelle on met au point les divisions de M. Puis, la lunette étant afocale[1], on éclaire vivement son objectif et on coupe le faisceau émergent par la lame M que l'on déplace jusqu'à ce que la section obtenue, très voisine de l'oculaire du reste, soit *minimum, à contour net, d'éclat uniforme*; cette section est l'anneau oculaire dont on lit le diamètre O' sur la division M.

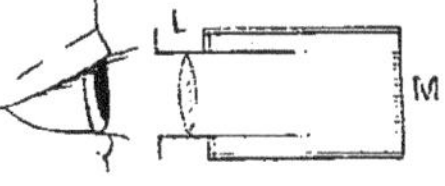

Fig. 356.

*Remarque.* — Si le premier point nodal de l'œil O (fig. 355) coïncide avec le point oculaire, le grossissement est toujours égal au rapport de de deux dimensions homologues de l'objectif et de l'anneau oculaire, quelle que soit la distance d'accommodation. En effet, à l'incident $AN_1$ (fig. 355) correspond l'émergent $N_2H$, qui se réfracte suivant $H_1O$, le diamètre apparent de l'image $\alpha'\beta'$ est donc $\omega'$ ; nous avons :

$$G=\frac{\omega'}{\omega} \quad \text{ou} \quad G=\frac{\operatorname{tg}\omega'}{\operatorname{tg}\omega}=\frac{H_2H_1}{H_2O}:\frac{H_1H}{H_1N_2}=\frac{H_1N_2}{H_2O}=\left(\frac{O}{O'}\right).$$

2° *Méthode de la chambre claire.* — La chambre claire spéciale utilisée se compose d'un prisme rectangle isocèle P (fig. 357), à réflexion totale, associé à un miroir M parallèle à la face de réflexion totale ; ce miroir est percé d'une ouverture permettant à l'œil de regarder en même temps à travers la lunette, derrière l'oculaire de laquelle est disposée la chambre claire. Une mire, perpendiculaire à l'axe de la lunette, est placée au loin, mais à une distance telle que l'on puisse encore, par l'intermédiaire de la chambre claire, voir à l'œil nu ses divisions. La lunette étant mise au point, et la visée étant faite de telle sorte que l'image de la mire se superpose exactement à la mire elle-même, on

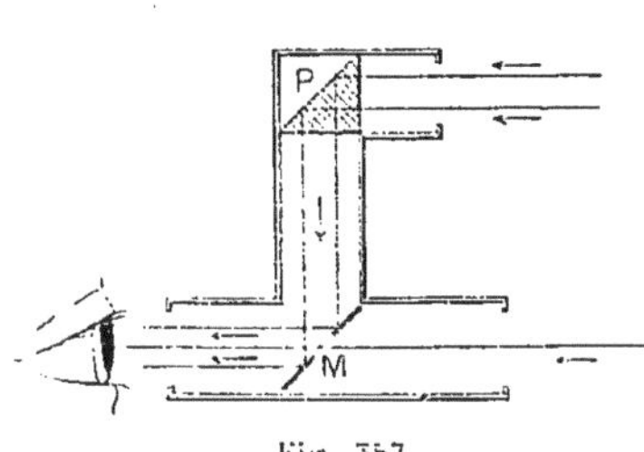

Fig 357.

[1] Pour rendre la lunette afocale, on met au point un objet à l'infini avec cette lunette, puis on regarde directement l'objet, on reporte vivement l'œil derrière la lunette : l'image doit être vue nettement sans que l'œil ait eu le temps d'accommoder. On vérifie du reste que cette image est bien à l'infini en l'observant avec une lunette auxiliaire réglée elle-même pour l'infini, placée derrière la première lunette avec laquelle on l'a centrée.

compte le nombre $n$ de divisions de la mire vue directement, que couvre une division grossie par l'instrument. Si $\omega$ est le diamètre apparent d'une division de la mire à l'œil nu, celui de $n$ divisions sera $n\omega$; c'est également celui d'une division à travers l'instrument, donc $\omega' = n\omega$ et

$$G = \frac{\omega'}{\omega} = n.$$

Dans le cas d'une lunette peu puissante, on peut se passer de chambre claire en regardant la mire à travers l'instrument, avec l'un des yeux, et directement avec l'autre.

282. **Pouvoir séparateur. — Pouvoir optique.** — Le pouvoir séparateur de la lunette, mieux que son grossissement, dont il dépend, du reste, est la qualité *essentielle* de la lunette, car, plus le pouvoir séparateur de l'instrument est petit, plus faible est la distance angulaire des détails que nous pouvons distinguer, et mieux l'instrument répond à son but, dans la plupart des cas.

Le pouvoir séparateur d'une lunette s'exprime par un angle; il dépend :

Du pouvoir séparateur de l'objectif,

Du pouvoir séparateur de l'œil.

En effet : pour que deux points situés à la distance angulaire $\omega$ puissent être vus séparément à travers la lunette, il faut d'abord que l'objectif en donne deux images distinctes; *$\omega$ est donc supérieur ou au moins égal au pouvoir séparateur $\varepsilon$ de l'objectif* (144) :

$$(1) \qquad \omega \geqslant \varepsilon;$$

la lunette donne, des deux points considérés, des images situées à la distance angulaire $G\omega$; pour que l'œil les aperçoive distinctement, il faut encore que $G\omega$ soit supérieur ou au moins égal au pouvoir séparateur de l'œil qui vaut en moyenne $1'$ (231).

$$(2) \qquad G\omega \geqslant 1'.$$

Le pouvoir séparateur de l'instrument est la plus petite valeur de $\omega$ qui satisfait à la fois à ces deux inégalités.

Dans le cas d'un objectif *bien construit*, les aberrations chromatiques et de sphéricité sont négligeables par rapport aux phénomènes de diffraction qui limitent seuls le pouvoir séparateur de l'objectif et, dans ce cas, nous avons vu (144) que

$$\varepsilon = \frac{12''}{O^{cm}}.$$

L'objectif étant la partie coûteuse de la lunette, il est bon, en général, de lui associer des oculaires permettant d'utiliser entièrement le pouvoir séparateur de l'objectif, cette condition est satisfaite si :

$$G \times \frac{12''}{O^{cm}} \geqslant 1' \text{ ou } 60'',$$

c'est-à-dire si

$$G \geqslant 5 . O^{cm},$$

car alors, deux points situés à la distance angulaire $\frac{12''}{O^{cm}}$, c'est-à-dire séparés par l'objectif, sont vus, à travers l'instrument, sous l'angle $G \times \frac{12''}{O^{cm}} > 1'$, donc aperçus distinctement par l'œil.

Nous désignerons par $G_u$ la valeur minimum de G définie par la relation précédente, c'est-à-dire $G_u = 5 . O^{cm}$ et nous l'appellerons *grossissement utile* (218) de la lunette pour un objectif donné :

$G \geqslant G_u$. — On associe à l'objectif un oculaire tel que le grossissement soit supérieur au grossissement utile, le pouvoir séparateur de la lunette est alors le même que celui de l'objectif. La puissance minimum de l'oculaire est déterminée par l'expression :

$$P_u F = G_u.$$

*Ex.* : la grande lunette de l'observatoire de Yerkes, à Chicago, est telle que $O = 101^{cm}$, $F = 18^m,90$; le grossissement utile correspondant est $G_u = 5 \times 101 = 505$; pour obtenir un grossissement supérieur à $G_u$, il faut associer à l'objectif un oculaire tel que sa puissance soit supérieure à $\frac{G_u}{F} = \frac{505}{18,9} = 26,7$ dioptries environ; le pouvoir séparateur de l'instrument est alors $\frac{12''}{101} = \frac{12}{101} \times \frac{1}{200\,000}$ radian. La Lune étant à une distance de la Terre égale à 60 rayons terrestres, on pourra, avec cette lunette, distinguer à la surface de la Lune deux points situés à la distance

$$\frac{12}{101} \times \frac{1}{200\,000} \times 60 \times 6\,366^{km} = 0^{km},227 = 227^m \text{ environ}.$$

$G < G_u$. — Les deux points situés à la distance $\frac{12''}{O^{cm}}$, séparés par l'objectif, sont vus, à travers la lunette, sous la distance angulaire $G \times \frac{12''}{O^{cm}} < G_u \times \frac{12''}{O^{cm}} = 1'$; par suite, ils ne sont pas aperçus distinctement par l'œil, et le pouvoir séparateur est limité par l'inégalité (2); il est donc égal à

$$\frac{1'}{G}$$

Fig. 358.

Ce cas se présente rarement dans la pratique, cependant il peut être utile parfois d'employer un oculaire tel que $G < G_u$ afin d'augmenter le champ (285) ou la clarté (284).

*Mesure du pouvoir séparateur.* — On vise une mire analogue à celle de la figure 358, formée par plusieurs séries de traits noirs parallèles, tels que dans chaque série l'épaisseur d'un trait soit égale à la distance de deux traits consécutifs, et on cherche quelle est la série pour laquelle on commence à ne plus distinguer les traits les uns des autres ; soit e l'épaisseur d'un trait, D la distance de la mire à l'objectif : deux points situés en regard, sur deux traits voisins, sont à la limite de visibilité distincte : le pouvoir séparateur de l'instrument est donc :

$$\frac{e}{D} \text{ radian} \quad \text{ou} \quad \frac{e}{D} \times \frac{360 \times 60 \times 60}{2\pi} \text{ secondes ;}$$

le pouvoir optique est :

$$\frac{D}{e}.$$

*Expérience.* — On vérifie aisément, en recouvrant l'objectif avec des diaphragmes dont les ouvertures sont différentes, que le pouvoir séparateur varie en raison inverse du diamètre de l'ouverture. En prenant une ouverture très petite, observant un point lumineux, on voit nettement la tache et les anneaux de diffraction (144).

283. **Limites du grossissement.** — 1° *Limite supérieure.* — Elle correspond à la puissance maximum des oculaires utilisés, c'est-à-dire à la distance focale minimum de ces systèmes, qui est $0^{cm},6$ environ ; le grossissement maximum est donc $\frac{F}{0^{cm},6}$.

2° *Limite inférieure.* — Elle est donnée par la condition $G \geqslant 5.O^{cm} = G_u$ ; or le diamètre de l'anneau oculaire $(O') = \frac{O}{G}$ : on a donc :

$$(O') \leqslant \frac{O}{5.O^{cm}} = \frac{1}{5} \text{ cm} = 2^{mm} ;$$

l'anneau oculaire est toujours inférieur à la pupille, ce qui est avantageux au point de vue du champ.

Rarement le grossissement est inférieur à $G_u$.

Lorsqu'on donne à G des valeurs supérieures à $G_u$ et croissantes, la clarté (284) et le champ (285) diminuent, le pouvoir séparateur reste constant, mais l'œil se fatigue moins pour distinguer les détails. Suivant les observations à faire, il y a avantage à employer tel ou tel grossissement : à un même objectif correspondent donc, pour les bons instruments, plusieurs oculaires.

284. **Clarté.** — 1° *Objet à diamètre apparent sensible.* — Nous avons vu (221) que :

$$C = \frac{E'}{E} \times \frac{S'}{S}.$$

Or $\frac{E'}{E} = T$ ; comme il y a trois lentilles (un verre pour l'objectif, deux pour l'oculaire composé), que pour une lentille mince le coefficient de transparence est environ 0,9, T est au maximum égal à $0,9^3 = 0,73$ ; mais dans le cas d'un objectif épais, le coefficient de transparence pour cette lentille est parfois abaissé jusqu'à 0,65, alors $T = 0,65 \times 0,9^2 = 0,53$.

α) *La pupille est plus grande que l'anneau oculaire.* — La surface S' est alors celle de l'anneau oculaire et on a $\frac{S'}{S}<1$ : donc la clarté est inférieure à T, par suite à l'unité; elle diminue avec S', c'est-à-dire lorsque le grossissement croît, pour un même objectif.

β) *La pupille est plus petite que l'anneau oculaire.* — Alors $S'=S$, la clarté est maximum ; elle est encore inférieure à l'unité. Ce dernier cas n'est pas intéressant dans la pratique.

Pour un objet à diamètre apparent sensible, la clarté est toujours inférieure à l'unité, par conséquent l'objet vu à travers l'instrument paraît moins brillant que si on le regarde directement : c'est un désavantage, mais on gagne comme grossissement et pouvoir optique.

2° *Objet sans diamètre apparent sensible.* — Nous avons établi (224) que :

$$C=\frac{E'}{E}\times\frac{S'}{S}\times G^2,$$

et nous savons que le rapport $\frac{E'}{E}=T$ varie entre 0,75 et 0,55.

α) *La pupille est plus grande que l'anneau oculaire.* — Le rapport $\frac{S'}{S}$ est inférieur à l'unité, mais $G^2$ étant très supérieur à l'unité on a toujours :

$$C=T\times\frac{S'}{S}\times G^2>1.$$

Prenons un exemple : soit une lunette pour laquelle $T=0,7$, $G=100$, $O=20^{cm}$; on a $O'=\frac{O}{100}=0^{cm},2=2^{mm}$; supposons que le diamètre de la pupille, dans le cas de la vision directe, soit de $6^{mm}$ :

$$C=0,7\times\left(\frac{2}{6}\right)^2\times 100^2=777.$$

β) *La pupille est plus petite que l'anneau oculaire.* — Dans ce cas $S'=S$ et

$$C=T\times G^2>1;$$

supposons qu'avec l'objectif de la lunette précédente on ait associé un oculaire donnant un grossissement $G=30$, alors $O'=\frac{20}{30}=0^{cm},66$ et

$$C=0,7\times 30^2=630.$$

C'est un tort de croire que, dans le cas d'un objet sans diamètre apparent sensible, pour un *objectif donné*, lorsqu'on *change d'oculaire* la clarté devient plus grande lorsque l'anneau oculaire devient supérieur à la pupille. En effet, lorsqu'on change d'oculaire, on fait varier $f$, et par suite G, c'est-à-dire l'anneau oculaire; tant que G est assez grand, l'anneau oculaire est inférieur à la pupille, $S'G^2$ est égal à la surface totale de l'objectif, donc constant, et, par suite, la clarté aussi est fixe, mais lorsque G devient suffisamment petit, l'anneau oculaire est supérieur à la pupille, S représente la surface de la pupille et $S'G^2$ décroît en même temps que G, dont l'éclat diminue, d'après la formule $C = TG^2$.

Dans le cas d'un objet sans diamètre apparent sensible, l'image apparaît encore comme un point, mais la lunette est avantageuse parce que la clarté devient supérieure à l'unité; c'est ainsi qu'à l'œil nu on aperçoit les étoiles seulement jusqu'à la sixième grandeur, c'est-à-dire 5000 environ, et qu'avec les télescopes on en voit infiniment plus, par exemple 20 millions, jusqu'à la 15e grandeur. La clarté étant bien supérieure à l'unité pour une étoile, inférieure à l'unité pour le ciel, qui a un diamètre apparent sensible, l'image de l'étoile se détache nettement à travers la lunette sur celle des parties voisines du firmament et l'astre peut même être visible en plein jour.

285. **Champ. — Diaphragme.** — L'anneau oculaire étant plus petit que la pupille, le champ de l'instrument et le champ de visibilité (222) sont confondus; d'autre part les oculaires sont construits de telle manière que tout rayon issu de l'objectif et qui rencontre la lentille de front de l'oculaire rencontre aussi la lentille de l'œil; par conséquent, dans la détermination du champ, les surfaces limitantes seront celles de l'objectif et de la première lentille de l'oculaire. Pour traiter le problème simplement, nous supposerons de plus qu'on regarde un objet placé à l'infini, l'image étant elle-même infiniment éloignée. Le champ sera défini par l'ouverture angulaire du cône de révolution ayant pour sommet le premier point nodal de l'objectif et à l'intérieur duquel sont situés les points vus à travers l'instrument.

1° *Cas d'un oculaire positif.* — Soit MM' (fig. 559) la portion utile du plan principal-image de l'objectif, L la lentille de front de l'objectif, $\alpha\beta$ le plan focal-image de l'objectif; menons les cônes tangents *intérieurement* et *extérieurement* à MM' et à L, marquons leurs intersections $\alpha_1\beta_1$, $\alpha_2\beta_2$ avec $\alpha\beta$. Tout point de l'espace dont l'image vient se former entre $\alpha_1$ et $\beta_1$ appartient au champ de *pleine lumière*, car la totalité du faisceau ayant pour sommet le point-image et pour base MM' rencontre L; au contraire, les points donnant des images en $\alpha_1\alpha_2$, $\beta_1\beta_2$ appartiennent au *champ de contour*, car une partie seulement des rayons venant de ces points et ayant traversé l'objectif rencontre L. Ce champ de contour n'a

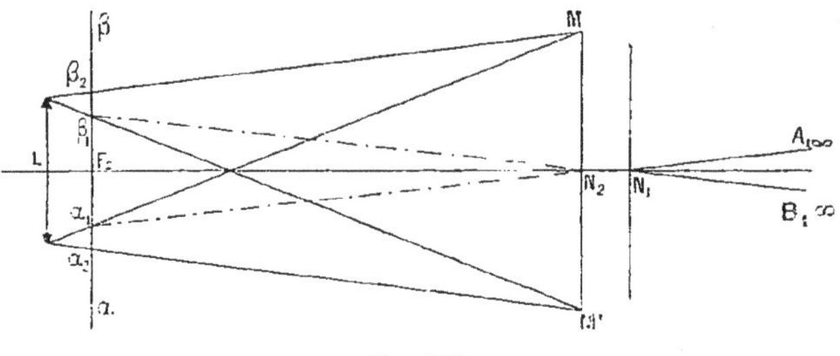

Fig. 559.

du reste aucun intérêt; on le supprime, comme correspondant à des images pour lesquelles la clarté diminue du centre vers les bords et qu'il serait imprudent de vouloir comparer aux images du champ de pleine lumière. La suppression du champ de contour s'obtient en plaçant dans le *plan de l'image réelle* $\alpha\beta$ un diaphragme centré avec l'instrument et percé d'une ouverture de diamètre $\alpha_1\beta_1$; de cette manière *tous* les rayons du champ de contour et ces rayons *seulement* sont arrêtés. Le champ de pleine lumière est déterminé par la nappe du cône $A_1N_1B_1$, ayant ses côtés parallèles à ceux du cône $\alpha_1N_2\beta_1$.

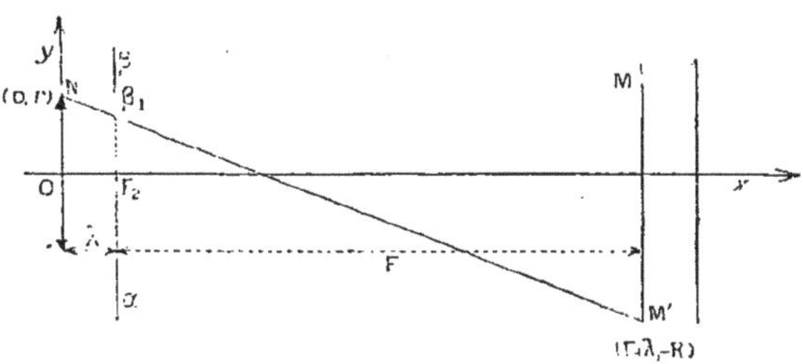


Fig. 360.

*Rayon du diaphragme.* — Désignons par R, $r$ et $\rho$ les rayons de l'objectif MM' (fig. 359), de l'oculaire ON et du diaphragme $\alpha_1\beta_1$, par F la distance focale de l'objectif et par $\lambda$ la distance de $\alpha\beta$ à O. Prenons pour axes de coordonnées l'axe principal O$x$ du système et la trace O$y$ de la lentille de front de l'oculaire. L'équation de la droite N'N (fig. 360) est :

$$\frac{y-y'}{x-x'}=\frac{y''-y'}{x''-x'} \quad \text{ou} \quad \frac{y-r}{x}=\frac{-R-r}{F+\lambda}, \quad \text{d'où} \quad y=r-\frac{R+r}{F+\lambda}x;$$

pour avoir l'ordonnée $\rho$ du point $\beta_1$, il faut faire $x=\lambda$ et il vient :

$$\rho=\frac{rF-R\lambda}{F+\lambda}.$$

*Calcul du champ de pleine lumière.* — Soit C le demi-angle au sommet du cône $\alpha_1N_2\beta_1$ (fig. 359); dans le triangle rectangle $F_2\beta_1N_2$, il vient :

$$\operatorname{tg} C=\frac{F_2\beta_1}{F_2N_2}=\frac{\rho}{F}=\frac{rF-R\lambda}{F(F+\lambda)}$$

Soit $\varphi$ la distance focale de L; nous posons :

$$\frac{r}{\varphi}=W, \qquad \frac{R}{F}=w,$$

W, $w$ sont les *raisons d'ouverture* des lentilles; W est à peu près constant et égal à $\frac{1}{6}$; $w$ est au maximum égal à $\frac{1}{20}$ et peut prendre des valeurs beaucoup plus petites.

$\alpha$) *Oculaire de Kléper.* — La vision étant réglée pour l'infini,

$$\lambda=\varphi=f, \qquad P=\frac{1}{f}, \qquad G_i=\frac{F}{f},$$

$$\operatorname{tg} C_K=\frac{rF-Rf}{F(F+f)}=\frac{\frac{r}{f}-\frac{R}{F}}{\frac{F}{f}+1}=\frac{W-w}{G_i+1}, \text{ ou sensiblement : } \frac{W}{G_i}.$$

β) *Oculaire de Ramsden* (3, 2, 3). — Dans ce cas (252) :

$$\lambda = \frac{\varphi}{4}, \qquad P = \frac{4}{3\varphi}, \qquad G_i = \frac{4}{3}\frac{F}{\varphi},$$

$$\operatorname{tg} C_E = \frac{rF - \frac{R\varphi}{4}}{F\left(F + \frac{\varphi}{4}\right)} = \frac{\frac{r}{\varphi} - \frac{R}{4F}}{\frac{F}{\varphi} + \frac{1}{4}} = \frac{W - \frac{w}{4}}{\frac{3}{4}G_i + \frac{1}{4}} = \frac{4W - w}{3G_i + 1}, \text{ ou sensiblement : } \frac{4W}{3G_i}.$$

2° *Cas d'un oculaire négatif.* — Figurons les cônes tangents intérieurement et extérieurement à MM′ et à la lentille L (fig. 361); il est facile de voir que le champ de pleine lumière s'obtient en marquant l'intersection $\alpha_1\beta_1$ du cône tangent *extérieurement*, avec le plan $\alpha\beta$, et l'ouverture $A_1N_1B_1 = 2C_n$ de ce champ est égale à $\alpha_1N_2\beta_1$. L'équation de la droite MN est, avec les mêmes notations que précédemment :

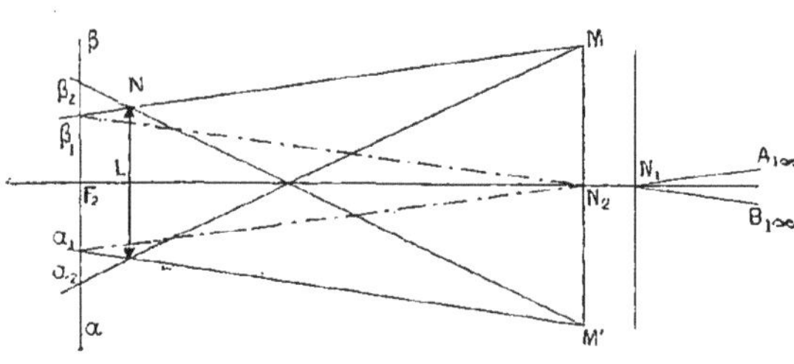

Fig. 361

$$\frac{y - r}{x} = \frac{R - r}{F - \lambda}, \qquad \text{d'où} \qquad y = r + \frac{R - r}{F - \lambda}x;$$

pour avoir l'ordonnée $\rho$ du point $\beta_1$, il faut faire $x = -\lambda$ et il vient :

$$\rho = \frac{rF - R\lambda}{F - \lambda}.$$

*Rayon du diaphragme.* — Le diaphragme doit être placé dans le plan de la première image réelle et son ouverture doit coïncider avec l'image réelle du champ de pleine lumière : les rayons du champ de contour seuls sont arrêtés et complètement. Le rayon du diaphragme est donc l'image de $F_2\beta_1$ dans la lentille L; le calcul de $F_2\beta_1$ s'effectue comme dans le cas d'un oculaire positif; s'il s'agit maintenant de l'oculaire d'Huygens 3, 2, 1 (253), le diaphragme est placé à égale distance des deux verres et le calcul donne pour grandeur $\rho'$ de l'image de $F_2\beta_1 = \rho$ :

$$\rho' = \frac{2}{3}\rho.$$

*Calcul du champ de pleine lumière* :

$$\operatorname{tg} C_n = \frac{F_2\beta_1}{F_2N_2} = \frac{\rho}{F} = \frac{rF - R\lambda}{F(F - \lambda)}.$$

Supposons qu'il s'agisse de l'oculaire d'Huygens de symbole 3, 2, 1; dans ce cas (253) :

$$\lambda = \frac{\varphi}{2} \qquad P = \frac{2}{\varphi} \qquad G_i = 2\frac{F}{\varphi},$$

et il vient :

$$\operatorname{tg} C_H = \frac{rF - \frac{R\varphi}{2}}{F\left(F - \frac{\varphi}{2}\right)} = \frac{\frac{r}{\varphi} - \frac{R}{2F}}{\frac{F}{\varphi} - \frac{1}{2}} = \frac{W - \frac{w}{2}}{\frac{G_i}{2} - \frac{1}{2}} = \frac{2W - w}{G_i - 1}, \text{ ou sensiblement } \frac{2W}{G_i}.$$

*Résumé.* — La valeur du champ est définie, suivant les cas par les expressions suivantes :

| | | |
|---|---|---|
| Oculaire de Képler | $\operatorname{tg} C_K = \frac{W - w}{G_i + 1}$, | ou sensiblement : $\frac{W}{G_i}$. |
| — de Ramsden (3,2,3) | $\operatorname{tg} C_R = \frac{4W - w}{3G_i + 1}$, | — $\frac{4W}{3G_i}$. |
| — d'Huygens (3,2,1) | $\operatorname{tg} C_H = \frac{2W - w}{G_i - 1}$, | — $\frac{2W}{G_i}$. |

1° La tangente du champ varie en raison inverse de $G_i$, donc la surface du champ varie en *raison inverse du carré du grossissement*; les instruments puissants ont un champ faible, d'où la nécessité de leur adjoindre un *chercheur* (287). Prenons un exemple particulier : soit une lunette de $G_i = 100$, munie d'un oculaire d'Huygens : la hauteur du champ à $1000^m$ est

$$h = 1000 \times 2 \operatorname{tg} C_H = 1000 \times 2 \times \frac{2 \times \frac{1}{6}}{100} = 6^m,66.$$

2° A égalité de puissance, l'oculaire le moins avantageux est celui de Képler, le plus avantageux est celui d'Huygens; les surfaces des champs correspondants sont entre elles comme les nombres

$$1^2, \quad \left(\frac{4}{3}\right)^2, \quad 2^2, \quad \text{ou} \quad 1, \ \frac{16}{9}, \ 4, \text{ c'est-à-dire sensiblement } 1, 2, 4.$$

L'oculaire d'Huygens sera donc toujours préféré aux autres, sauf dans le cas des instruments d'observatoire exigeant l'emploi d'un réticule parfaitement fixe, indépendant de l'oculaire que l'on doit pouvoir remplacer à volonté. A cet avantage relatif au champ, l'oculaire d'Huygens en joint encore d'autres concernant la correction des aberrations chromatiques, de sphéricité et de la courbure des images (270).

*Mesure du champ.* — On vise une mire très éloignée : soit $h$ la hauteur de la partie de la mire vue dans l'instrument, D sa distance à l'objectif; on a : $\operatorname{tg} C = \frac{h}{2D}$. On peut encore, dans le cas d'un oculaire positif, mesurer le diamètre $2\rho$ de l'ouverture du diaphragme, la distance focale F de l'objectif : $\operatorname{tg} C = \frac{\rho}{F}$.

286. **Réticule, axe optique.** — Dans le cas d'un oculaire positif, on place le plus souvent dans le plan du diaphragme un *réticule*, constitué par des fils très fins (fig. 362), généralement des fils d'araignée, et l'on appelle alors *axe optique* (¹), la ligne qui joint le deuxième point

(¹) On appelle aussi souvent axe optique la parallèle menée par $N_1$ à la droite définie dans le texte.

nodal $N_2$ de l'objectif au point de croisé des fils du réticule. Un point lumineux, qui fait son image au point de croisé des fils, est situé, dans l'espace, sur l'axe secondaire qui correspond à l'axe optique.

Dans le cas où la lunette est munie d'un réticule, il faut, *pour la mise au point* : 1° que l'oculaire soit mobile par rapport au réticule, afin de permettre d'abord la mise au point du réticule pour les différentes vues; 2° que le réticule soit mobile par rapport à l'objectif, pour permettre ensuite la mise au point d'objets situés à différentes distances de l'instrument. — Pour s'assurer que la mise au point est bien faite, c'est-à-dire que l'image objective $\alpha$ (fig. 363) d'un point A de l'espace coïncide avec le point de croisé R, on déplace l'œil derrière l'oculaire : la coïncidence doit persister. Supposons que $\alpha$ soit en avant de R, les images $\alpha'$ et R' paraissent superposées pour l'œil placé en O, mais si on élève l'œil en $O_1$ par exemple, la coïncidence n'existe plus et l'image $\alpha'$ paraît se déplacer par rapport à R' dans le même sens que l'œil. Le déplacement apparent aurait lieu en sens inverse, si l'image de A était en $\alpha_1$, en arrière de R. On vérifie ainsi la mise au point. Lorsque la coïncidence cherchée est seulement apparente pour une position particulière de l'œil, on dit qu'il y a erreur de *parallaxe* et on sait, à la suite des remarques précédentes, comment il convient de modifier le tirage pour obtenir une bonne mise au point.

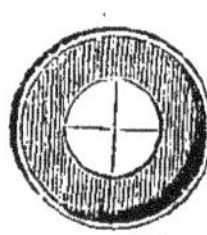
Fig. 362.

Dans les grands instruments d'observatoire, tels que les lunettes méridiennes, où l'axe optique doit conserver une position invariable par rapport à la monture, car le réglage de cet axe est long et délicat, on ne peut songer à employer un oculaire d'Huygens. Il n'en est pas de même pour les autres lunettes et on emploie très bien des réticules avec les oculaires négatifs, mais la lentille de l'œil doit pouvoir être déplacée seule, pour la mise au point du réticule, variable d'un observateur à l'autre.

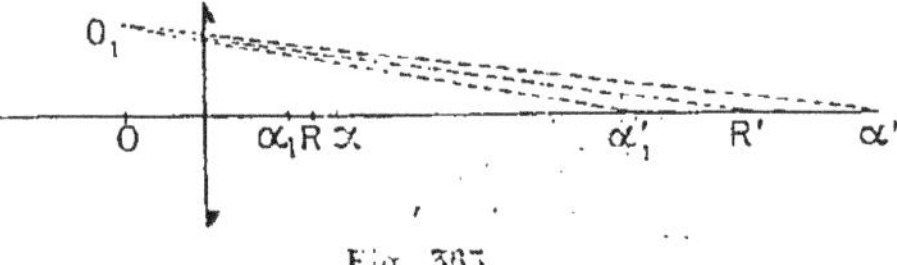

Fig. 363.

287. **Chercheur d'une lunette astronomique.** — Dans une lunette de fort grossissement, le champ est nécessairement très petit (285); d'où la nécessité d'un *chercheur* que l'on fixe à côté de la lunette principale. Le chercheur est une petite lunette *ab* (fig. 353), de grossissement faible, et par suite de champ considérable, dont l'axe optique est réglé parallèlement à l'axe optique de la lunette principale. — Lorsqu'on a découvert, à l'aide du chercheur, le point que l'on se propose de viser, on amène son image au point de croisé des fils du réticule du chercheur; il se trouve alors dans le champ de la lunette principale, et l'on peut amener son image à se former exactement au point de croisé des fils du réticule de cette lunette.

288. **Objectif.** — Il est constitué par deux lentilles, l'une, en crown, convergente, placée à l'extérieur; l'autre, en flint, divergente (fig. 308), formant un système de distance focale donnée, achromatique, stigmatique pour le point à l'infini sur l'axe et aussi très souvent pour un point à distance finie sur l'axe; enfin, le plus fréquemment, les faces en contact ont même rayon de courbure (208).

La construction des objectifs de grande distance focale est très difficile. Il faut d'abord obtenir des lentilles brutes de grandes dimensions, *homogènes*, puis les tailler convenablement pour corriger les aberrations; cette opération est longue et délicate, aussi un bon objectif de $10^{cm}$ d'ouverture vaut environ 2500 fr.; de $50^{cm}$, 200 000 fr.; de $100^{cm}$, 1 000 000 de fr.

Pour la grande lunette de l'Observatoire de Yerkes (États-Unis), $O = 101^{cm}$, $F = 18^{m},90$; celle de l'Observatoire de Meudon correspond aux données suivantes : $O = 82^{cm}$, $F = 15^{m},80$, enfin, pour celle de l'observatoire de Treptow, près Berlin, $O = 70^{cm}$, $F = 21^{m}$.

L'emploi d'un système achromatique est indispensable, à cause de l'aberration principale chromatique $Kf$ (196) des lentilles simples; ainsi, pour une lentille en crown de $f = 1^{m}$, par exemple, la distance des images focales extrêmes serait $0,03 \times 1 = 0^{m},03 = 3^{cm}$, il serait donc impossible de mettre au point à la fois les diverses images colorées. L'oculaire permet de corriger un peu les aberrations chromatiques (270). Pour que les aberrations de sphéricité soient négligeables, il faut que la double raison d'ouverture $2w$ ne dépasse pas $\frac{1}{10}$; elle est habituellement égale à $\frac{1}{12}$ [règle du pied pour pouce (129)], et, dans les grands instruments, elle prend des valeurs plus petites. Pour les objectifs *photographiques* de lunettes, qui n'ont pas besoin de donner des images aussi nettes que les objectifs *visuels*, car le grain de la plaque sensible est assez gros, on peut augmenter la raison d'ouverture, ce qui entraîne une amélioration de l'éclairement et réduit le temps de pose, en général très long; le champ est aussi plus grand.

289. **Oculaires.** — Nous avons déjà vu (285) que l'oculaire d'Huygens était employé de préférence, sauf dans le cas des grands instruments à réglage long et délicat, dont le réticule doit conserver une position rigoureusement *invariable* par rapport à la monture, *quel que soit l'oculaire*.

Il arrive souvent que le réticule comporte une partie mobile au moyen d'une vis micrométrique (403), de manière à mesurer la distance des images de deux points : si $d$ est la distance des points-images, la distance angulaire des points-objets est $\omega = \frac{d}{F}$. On peut évaluer ainsi avec précision de très petits angles, par exemple pour $F = 10^{m}$, $d = \frac{1}{100}$ mm,

$\omega = \frac{1^{mm}}{100} : 10^{m} = \frac{1}{100} : 10\,000 = 10^{-6}$ radian $= 0'',2$.

LUNETTE TERRESTRE

290. **Lunette terrestre.** — Les lunettes astronomiques donnent des images *renversées*, ce qui n'offre aucun inconvénient pour les usages auxquels ces instruments sont destinés. Pour l'observation des objets terrestres, on préfère généralement transformer l'instrument en *lunette terrestre* ou *longue vue*, en redressant l'image fournie par l'objectif. Ce redressement de l'image peut s'effectuer de plusieurs façons.

1° *Redressement par une seule lentille convergente, sans agrandissement.* — D'après les propriétés connues des lentilles (plans antiprincipaux), on sait qu'il suffit de placer une lentille L, de distance focale $\varphi$, à une distance $2\varphi$ de l'image $\alpha\beta$ à redresser (fig. 364), pour obtenir à la distance $2\varphi$ en arrière de la lentille, une image $\alpha_1\beta_1$, droite et égale à $\alpha\beta$. C'est cette image redressée $\alpha_1\beta_1$ que l'on observera avec un oculaire. L'allongement éprouvé par l'instrument, dans cette transformation de lunette astronomique en lunette terrestre, est alors $\beta_1\beta = 4\varphi$. Cet allongement est *minimum*; en effet : posons d'une manière générale, $L\beta = x$, $L\beta_1 = x_1$, $\beta_1\beta = l$; nous avons :

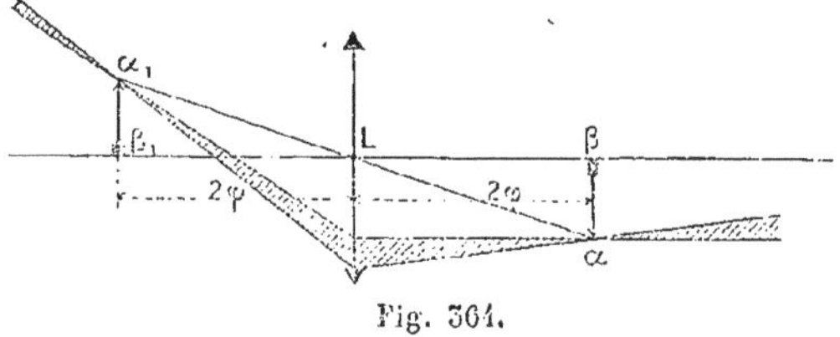

Fig. 364.

$$\frac{1}{x} - \frac{1}{x_1} = \frac{1}{\varphi},$$

$$l = -x_1 + x = \frac{x^2}{x - \varphi}.$$

Cherchons les valeurs de $x$ correspondant au minimum de $l$; elles sont données par l'équation :

$$\frac{dl}{dx} = 0 \qquad \text{ou} \qquad x(x - 2\varphi) = 0.$$

La solution $x = 0$ ne convient pas, l'image étant droite; nous ne pouvons donc accepter que la solution $x = 2\varphi$, définissant, pour l'objet, la position déjà indiquée.

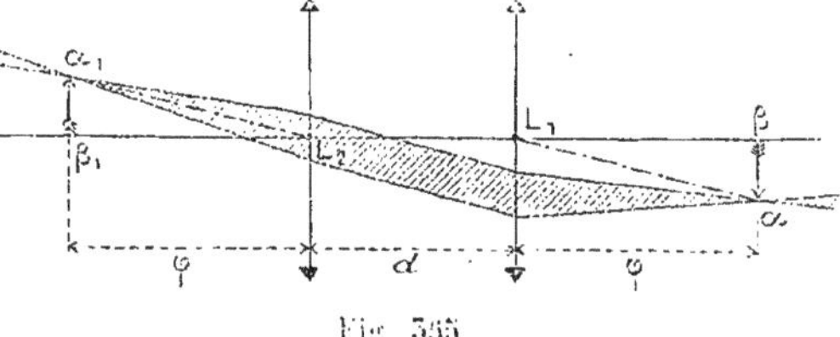

Fig. 365.

2° *Redressement par deux lentilles convergentes de même distance focale $\varphi$, sans agrandissement.* — Dans ce cas, les plans antiprincipaux du système sont évidemment : le premier plan focal de la première lentille, et le second plan focal de la seconde, quelle que soit la distance $d$ de ces deux lentilles. Il suffira donc de placer la première $L_1$ (fig. 365) à la distance $\varphi$ de l'image $\alpha\beta$ à redresser, et l'on obtiendra, à une distance $\varphi$ en arrière de la seconde lentille $L_2$, une image $\alpha_1\beta_1$ redressée et égale à $\alpha\beta$. L'allongement de la lunette est alors $2\varphi + d$. — Pour allonger l'instrument le moins possible, on pourrait prendre $d$ aussi petit que possible; mais les conditions de stigmatisme conduisent à prendre $d=\varphi$, ce qui donne un allongement de $3\varphi$.

291. **Oculaire terrestre ordinaire.** — L'oculaire terrestre généralement employé se compose, au total, de quatre verres convergents, que nous supposerons minces : le premier $C_1$ (fig. 366), de distance focale $\psi$; le second $C_2$, de même distance focale $\psi$ et séparé du premier par un intervalle $C_2C_1 = \frac{4}{3}\psi$; le troisième $C_3$, de distance focale $\varphi$ et à une distance du précédent $C_3C_2 = \frac{5\psi - \varphi}{2}$, enfin le dernier $C_4$, de distance focale $\frac{\varphi}{3}$ et séparé du précédent par l'intervalle $C_4C_3 = \frac{2\varphi}{3}$. Les deux derniers verres constituent, comme on le voit, un *oculaire négatif* d'Huygens; l'ensemble des deux premiers, qui prend le nom de *véhicule*, a pour effet de redresser l'image $\alpha\beta$ fournie par l'objectif. On peut donc considérer l'ensemble des quatre verres, ou *oculaire terrestre*, comme constituant un microscope à oculaire négatif, où le véhicule jouerait le rôle d'une sorte d'objectif.

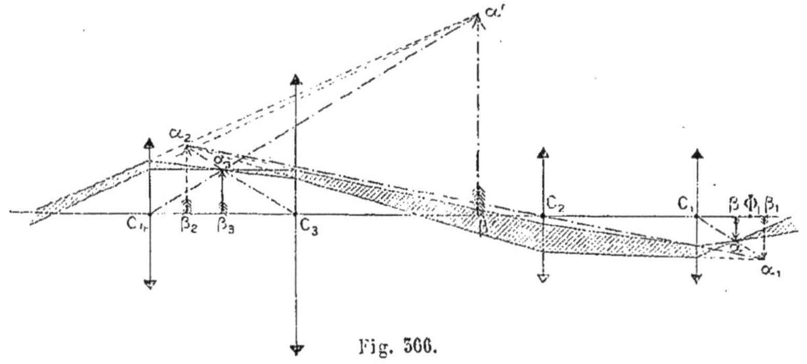

Fig. 366.

Il est facile de calculer la position du *premier plan focal* de ce système total, c'est-à-dire de déterminer le plan dans lequel doit se trouver l'image $\alpha\beta$ pour que l'image *définitive* soit à l'infini. Ce plan doit avoir pour conjugué, par rapport au véhicule tout entier, le plan situé à $\frac{\varphi}{2}$ en arrière de $C_3$, premier plan focal de l'oculaire négatif, c'est-à-dire un plan situé à $\frac{5\psi}{2}$ de $C_2$. Or, ce dernier est le conjugué d'un plan situé à une distance $x$ de $C_2$, définie par la relation :

$$\frac{1}{x} - \frac{1}{-\frac{5\psi}{2}} = \frac{1}{\psi}, \qquad \text{d'où} \qquad \frac{1}{x} = \frac{1}{\psi} - \frac{2}{5\psi} = \frac{3}{5\psi}, \qquad \text{c'est-à-dire} \qquad x = \frac{5\psi}{3}.$$

Ce plan est donc situé à $\frac{\psi}{3}$ en avant de $C_1$. Il est, à son tour, conjugué, par rapport au premier verre, du premier plan focal cherché $\Phi_1$. Si donc on appelle $\lambda_1$ la distance $\overline{C_1\Phi_1}$, on aura, pour définir cette distance frontale :

$$\frac{1}{\lambda_1}-\frac{1}{\frac{\psi}{3}}=\frac{1}{\psi}, \qquad \text{d'où} \qquad \lambda_1=\frac{\psi}{4}.$$

Le plan $\Phi_1$ est donc réel, et l'oculaire terrestre se comporte comme un oculaire *positif*.

*Mise au point.* — On déplace l'oculaire terrestre tout entier, avec l'œil qui lui est supposé invariablement lié, par rapport à l'image $\alpha\beta$ fournie par l'objectif; les règles de mise au point sont les mêmes que pour la lunette astronomique, d'après cette remarque que, dans les lentilles, l'objet et l'image se déplacent toujours dans le même sens.

*Anneau oculaire.* — C'est encore l'image de l'objectif dans l'oculaire; il jouit des mêmes propriétés que dans la lunette astronomique au point de vue du grossissement; pour le démontrer, il suffit d'opérer comme précédemment, en considérant l'oculaire comme un système épais.

*Grossissement.* — Si l'on appelle $P_n$ la puissance de l'oculaire négatif formé par les deux derniers verres, et $\gamma_v$ le grandissement linéaire du véhicule, on a pour la puissance $P_t$ de l'oculaire terrestre, d'après une formule connue (260),

$$P_T=P_n.\gamma_v.$$

De là il résulte que le grossissement de la lunette terrestre (279) est :

$$G=P_n.\gamma_v.F\,[1].$$

Si l'oculaire terrestre est celui que nous venons de définir comme le plus employé, il est facile de calculer $\gamma_v$, dans le cas limite où $\alpha\beta$ est en $\Phi_1$. Soient $\alpha_1\beta_1$ et $\alpha_2\beta_2$ les images successives données par les lentilles du véhicule : on a

$$\gamma_v=\frac{\alpha_2\beta_2}{\alpha\beta}=\frac{\alpha_2\beta_2}{\alpha_1\beta_1}.\frac{\alpha_1\beta_1}{\alpha\beta}.$$

Or, d'après les nombres trouvés précédemment pour les distances conjuguées, dans la recherche de $\Phi_1$, on a, en valeur absolue :

$$\left|\frac{\alpha_1\beta_1}{\alpha\beta}\right|=\frac{\psi}{3}:\frac{\psi}{4}=\frac{4}{3},$$

$$\left|\frac{\alpha_2\beta_2}{\alpha_1\beta_1}\right|=\frac{5\psi}{2}:\frac{5\psi}{3}=\frac{3}{2},$$

d'où

$$|\gamma_v|=\frac{4}{3}\times\frac{3}{2}=2;$$

[1] Si, tenant compte de ce que $\gamma_v$ est négatif au point de vue algébrique, on veut traduire par un nombre *positif* le grossissement de la lunette terrestre, donnant des images *droites*, on écrira algébriquement :

$$G=-P_n\gamma_v F.$$

il s'agit alors de grossissement intrinsèque, et l'on a :

$$G_i = 2\,P_R . F.$$

Le grossissement intrinsèque est donc, toutes choses égales d'ailleurs, double du grossissement intrinsèque d'une lunette astronomique qui aurait même objectif et même oculaire d'Huygens.

*Allongement de la lunette.* — L'allongement déterminé par la transformation de l'instrument en lunette terrestre, dans le cas limite de $\Delta = \infty$, est donc $\beta_2\beta$ ou :

$$\frac{\psi}{4} + \frac{4\psi}{3} + \frac{5\psi}{2} = \psi\left(\frac{1}{4} + \frac{4}{3} + \frac{5}{2}\right) = 4\psi + \frac{\psi}{12}.$$

C'est à peu près l'allongement minimum $4\psi$ qu'on pourrait obtenir avec un seul verre du véhicule; mais, avec ce verre unique, il n'y aurait pas changement de grandeur de l'image redressée, tandis qu'ici on a, ainsi qu'on vient de le voir, une image double de $\alpha\beta$. L'allongement est gênant surtout pour les lunettes peu grossissantes, tenues à la main; pour les lunettes puissantes, portées par un pied, l'allongement *relatif* est faible et ne présente pas d'inconvénient; on ne construit pas de lunette terrestre, conforme à la description précédente, d'un grossissement inférieur à 12.

*Pouvoir séparateur.* — Il est encore égal à $\frac{12''}{O^{cm}}$ pourvu que l'on ait (282) $G \geqslant 5 . O^{cm}$.

*Clarté.* — L'étude est la même que pour une lunette astronomique (284) et conduit à des résultats identiques; cependant le coefficient T est plus petit à cause de l'adjonction des deux verres du véhicule : il a diminué dans le rapport de 1 à 0,8.

*Champ de la lunette terrestre.* — En considérant l'oculaire terrestre comme un microscope dont le véhicule est l'objectif, il serait facile d'obtenir le *champ moyen* de la lunette terrestre (266). Pour cela, il suffirait de déterminer les points nodaux $n_1$ et $n_2$ du véhicule; on joindrait $n_2$ aux bords du premier verre de l'oculaire négatif, puis on mènerait par $n_1$ des parallèles qui découperaient la surface de champ moyen de l'oculaire terrestre, dans son plan focal $\Phi_1$. En joignant alors les bords de cette surface au deuxième point nodal $N_2$ de l'objectif, et en menant par $N_1$ des parallèles, on aurait le cône de champ moyen de tout l'instrument. En tenant compte de ce que, en général, $\psi = \frac{\varphi}{2}$, on trouverait que la lunette terrestre, à égalité de grossissement, a un champ moyen sensiblement plus grand que celui de la lunette astronomique. Sa valeur s'écarte peu de celle définie par l'expression $\operatorname{tg} C = \frac{0,37}{G_i}$; pour une lunette astronomique à oculaire négatif, on aurait $\operatorname{tg} C = \frac{0,29}{G_i}$.

*Diaphragmes.* — Pour limiter le champ de la lunette terrestre, on place un diaphragme entre les deux derniers verres, comme dans tout oculaire négatif. De plus, pour arrêter les rayons réfléchis ou diffusés par les parois du tube porte-objectif, on place un autre diaphragme entre les verres $C_1$ et $C_2$, dans le plan de l'image réelle de l'objectif fournie par le premier verre du véhicule, c'est-à-dire un peu au delà de son second foyer; on donne à ce second diaphragme un diamètre égal à celui de cette image.

292. **Lunette terrestre à prismes de Porro.** — Cherchons à redresser l'image donnée par l'objectif, au moyen d'un système de miroirs.

Soient deux miroirs rectangulaires $O\alpha$, $O\beta$ (fig. 367) et un point lumineux S ; prenons pour plan de la figure celui qui passe par S et qui est perpendiculaire à l'intersection O des miroirs ; S a pour image S′ dans $O\alpha$ et S′ a pour image S″ dans $O\beta$ ; S″ est symétrique de S par rapport à O. En effet : S, S′, S″ sont sur une même circonférence de centre O ; en outre

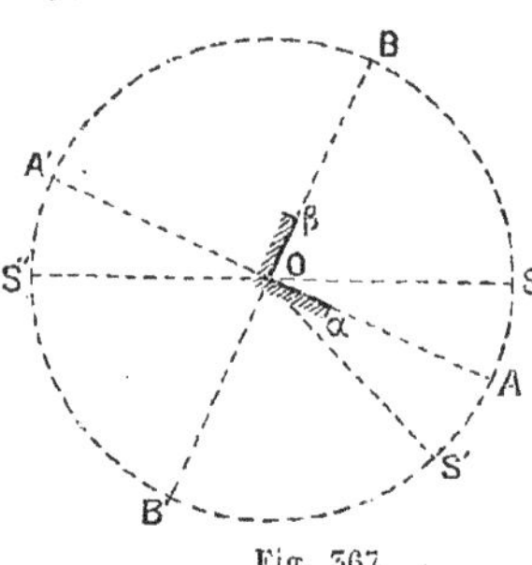


Fig. 367.

$$\widehat{S'OA} = \widehat{SOA}, \qquad \widehat{S'OB'} = \widehat{S''OB'} ;$$

donc :

$$\widehat{SOS'} + \widehat{S'OS''} = 2\widehat{S'OA} + 2\widehat{S'OB'} = 2\widehat{AOB'} = \pi.$$

L'image d'un objet dans le système des deux miroirs est donc *symétrique* de l'objet par rapport à l'*intersection* des miroirs.

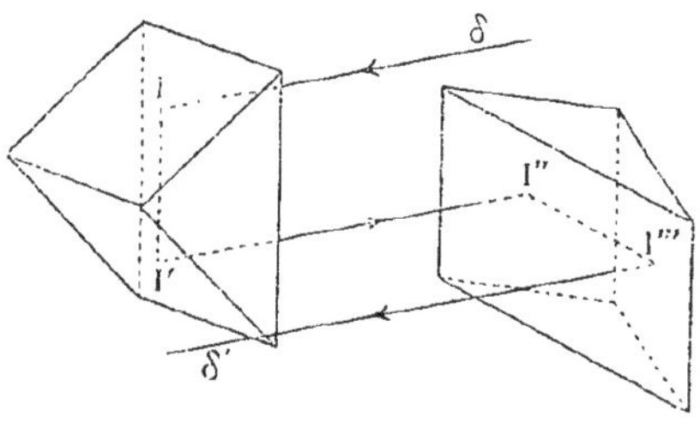


Fig. 368.

Plaçons un système de deux miroirs rectangulaires à intersection *horizontale* par exemple, derrière un objectif de lunette ; ce système donne de l'image aérienne $I_1$ fournie par l'objectif une image $I_2$ symétrique par rapport à une horizontale ; par suite, pour une personne qui observerait ces deux images dans la même direction, le haut de $I_1$ serait devenu le bas de $I_2$. Mais recevons sur un deuxième système de miroirs rectangulaires, à intersection *verticale*, les rayons issus du premier système, nous avons une troisième image $I_3$ qui est symétrique de $I_2$ par rapport à une verticale ; la partie droite de $I_2$ est donc devenue la partie gauche de $I_3$. Si nous comparons $I_1$ et $I_3$ nous voyons que la partie de $I_1$ qui était à droite et en haut devient la partie de $I_3$ qui est à gauche et en bas ; il y a eu renversement. Pour obtenir cet effet, il suffit que les intersections des deux systèmes de miroirs soient *rectangulaires* et l'ensemble de ces miroirs peut servir de véhicule. En réalité on remplace les miroirs, qui se terniraient, par des prismes à angle droit (fig. 368), la face d'incidence étant la face hypoténuse et les réflexions totales ayant lieu en I, I′, I″ et I‴ sur les faces correspondant aux côtés de l'angle droit. La figure 369 représente la coupe d'une lunette à prismes de Porro.

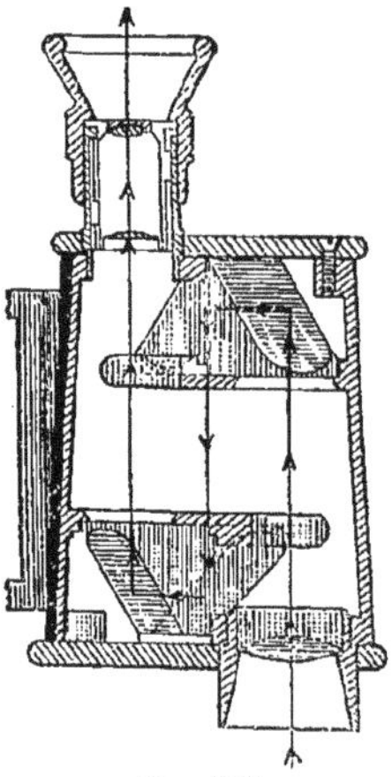

Fig. 369.

*Variation de longueur de la lunette* — Les rayons étant repliés dans la lunette, la longueur de celle-ci se trouve diminuée d'environ deux fois la distance des prismes; cette lunette terrestre est *plus courte* que la lunette astronomique, à plus forte raison plus courte que la lunette terrestre à véhicule ordinaire, d'où un avantage considérable.

Le pouvoir séparateur, la clarté sont comparables à ceux de la lunette terrestre ordinaire; le champ de pleine lumière est beaucoup plus grand; on peut supprimer le champ de contour.

Dans le cas habituel où l'on associe deux lunettes à prismes de Porro, comme l'objectif et l'oculaire ne sont pas centrés, on rend l'écartement des deux objectifs supérieur à celui des yeux et la *sensation de relief est exagérée*. Enfin, comme on peut déplacer les faisceaux latéralement, d'une longueur aussi grande que l'on veut, il est possible de faire une observation tout en se dissimulant derrière un obstacle, un mur ou un arbre par exemple, les objectifs étant seuls démasqués. On construit ces lunettes pour des grossissements compris entre 4 et 12; pour les grossissements inférieurs on emploie la lunette de Galilée et, pour les grossissements supérieurs, la lunette terrestre ordinaire, car ces instruments sont beaucoup moins coûteux que la lunette à prismes redresseurs.

## LUNETTE DE GALILÉE

293. **Construction de l'image et marche des rayons.** — La lunette de Galilée peut être considérée comme une lunette terrestre, dans laquelle le véhicule et l'oculaire sont remplacés par un seul verre

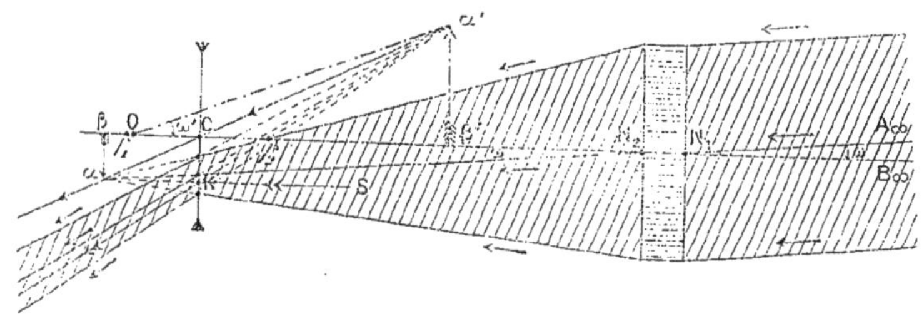


Fig. 370.

*divergent*, jouant à la fois le rôle de verre de redressement de l'image, et d'oculaire négatif (248). — La longueur de l'instrument est, par cela même, notablement diminuée.

Soit αβ (fig. 370) l'image d'un objet éloigné AB, que donnerait l'objectif dans son second plan focal. Le verre divergent mince C étant interposé *entre l'objectif et* αβ, nous avons à construire l'image d'un objet lumineux virtuel par rapport à cette lentille divergente. Considérons l'axe secondaire Cα du point α, par rapport à la lentille divergente; c'est un premier lieu du point α' cherché. Soit de même le rayon SK qui irait passer par $\alpha$, parallèlement à l'axe principal du système, si la lentille C n'existait pas ; il se réfracte comme s'il provenait de $f_2$ ; pour que les rayons $C\alpha$ et $f_2K$ se rencontrent virtuellement, il est nécessaire que l'on ait $\alpha K > Cf_2$, ou $\beta C > f_1C$. *Donc le point β doit être au delà de $f_1$*, premier foyer virtuel de la lentille divergente. — On obtiendra ainsi l'image virtuelle $\alpha'\beta'$ redressée, et agrandie par rapport à $\alpha\beta$, si $\beta$ est très près de $f_1$. — Il est alors facile de tracer la marche d'un pinceau de rayons, par exemple le faisceau cylindrique provenant du point A, comme l'indique la figure.

294. **Mise au point.** — Pour mettre au point on écarte plus ou moins l'oculaire, auquel nous supposerons l'œil O invariablement lié, de l'image $\alpha\beta$ fournie par l'objectif (fig. 370), et cela jusqu'à ce que l'image définitive $\alpha'\beta'$ se trouve dans les limites de la vision distincte. Quant à la règle de meilleure mise au point, nous remarquerons, pour l'obtenir, que le rayon SK est alors un rayon fixe dans la construction de l'image $\alpha'$ ; par conséquent, $Kf_2$ est une ligne invariablement liée à l'oculaire, qui constitue un lieu fixe du point $\alpha'$. Or, puisque l'œil est ici nécessairement en arrière de $f_2$, plus le point $\alpha'$ sera éloigné sur la direction $Kf_2$, plus l'angle $\alpha'O\beta'$ sera grand. La condition la plus avantageuse consistera donc à mettre au point pour le *punctum remotum* de l'observateur [1] ; nous avons déjà énoncé ce résultat (250) en étudiant la puissance de l'oculaire divergent.

*Formule de la mise au point.* — Calculons la variation de longueur de l'instrument, selon la vue de l'observateur et selon la distance de l'objet visé. — Posons $\overline{CN_2} = L$, $\overline{O\beta'} = \Delta$, $\overline{OC} = \varepsilon$, et appelons D la distance de $N_1$ à l'objet. On a

$$L = \overline{\beta N_2} - \overline{\beta C}.$$

Or,

$$\overline{\beta N_2} = \frac{DF}{D - F} = \frac{F}{1 - \frac{F}{D}},$$

et

$$\frac{1}{\overline{C\beta}} - \frac{1}{\Delta - \varepsilon} = \frac{1}{f}, \qquad \text{ou} \qquad -\frac{1}{\overline{\beta C}} - \frac{1}{\Delta - \varepsilon} = -\frac{1}{|f|},$$

d'où l'on tire :

$$\overline{\beta C} = \frac{|f|}{1 - \frac{|f|}{\Delta - \varepsilon}}.$$

On a donc :

$$L = \frac{F}{1 - \frac{F}{D}} - \frac{|f|}{1 - \frac{|f|}{\Delta - \varepsilon}}$$

expression qu'il est facile de discuter.

[1] On voit que, pour l'hypermétrope ayant fait la mise au point dans ces conditions, la construction de l'image $\alpha'\beta'$ n'est pas celle que représente la figure 370. Cette image serait réelle et jouerait le rôle d'objet virtuel par rapport à l'œil hypermétrope, c'est-à-dire que le point $\beta$ serait entre C et $f_1$.

1° Δ *variable*, D et ε *fixes*. — Quand Δ augmente, $\frac{|f|}{\Delta - \varepsilon}$ diminue, $1 - \frac{f_1}{\Delta - \varepsilon}$ augmente, $\frac{|f|}{1 - \frac{|f|}{\Delta - \varepsilon}}$ diminue, donc L augmente, c'est-à-dire que la longueur de l'instrument varie dans le même sens que Δ.

2° D *variable*, Δ et ε fixes. — Quand D augmente, $\frac{F}{D}$ diminue, $1 - \frac{F}{D}$ augmente, $\frac{F}{1 - \frac{F}{D}}$ diminue, donc L diminue; il faut donc rapprocher l'oculaire de l'objectif, c'est-à-dire faire éprouver à l'oculaire des déplacements de même sens que ceux de l'objet visé.

Les résultats de cette discussion peuvent être obtenus directement sans calcul.

295. **Anneau oculaire.** — L'anneau oculaire est ici virtuel; pour le construire, il suffit de tracer l'axe secondaire MC (fig. 371), puis le rayon $MHf_1$, qui se réfracte parallèlement à l'axe principal. On obtient ainsi le point A, image de M, et de même le point A', image de M'. Tout rayon sortant de l'appareil aura son prolongement passant par le point de l'anneau oculaire qui est conjugué du point de l'objectif par lequel il est entré dans l'instrument. L'œil qui reçoit ces rayons aperçoit donc l'espace comme à travers un trou, placé généralement trop près de l'œil pour que les bords en soient vus nettement, puisque l'anneau oculaire est situé entre C et $f_2$. Calculons le diamètre de l'anneau oculaire, quand la lunette est afocale. Le foyer-image β (fig. 370) de l'objectif est confondu avec le foyer-objet $f_1$ de l'oculaire et on a (fig. 371) :

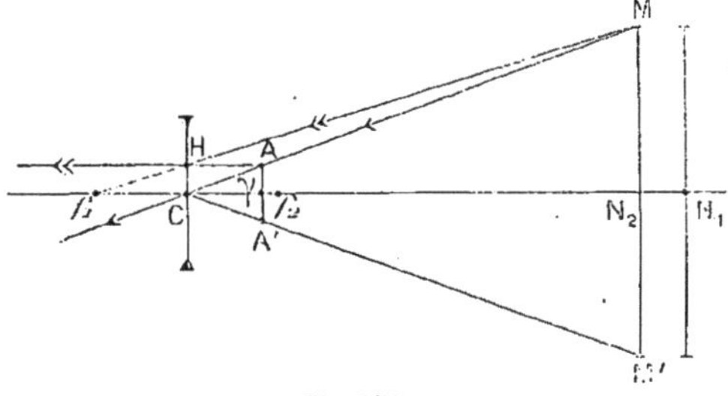

Fig. 371.

$$\frac{O'}{O} = \frac{\overline{f_1 C}}{\overline{f_1 N_2}} = \frac{-f}{F} = \frac{(f)}{F}.$$

O' n'est jamais très petit, il atteint facilement 15mm et le faisceau provenant d'un point du champ de pleine lumière et qui sort de l'instrument ne peut pénétrer tout entier dans l'œil, sa section étant bien supérieure à la pupille (300).

296. **Grossissement.** — Soit le cas d'un objet AB (fig. 370), situé pratiquement à l'infini et de diamètre apparent ω; l'objectif nous en donne une image βα, telle que :

$$\beta\alpha = \beta N_2 \times \operatorname{tg} \omega, \qquad \text{ou sensiblement :} \qquad \beta\alpha = \beta N_2 \times \omega = F\omega;$$

elle est vue, à travers l'oculaire C de puissance P, sous un diamètre apparent :

$$\omega' = P \times \beta\alpha = PF\omega,$$

d'où :

$$G = \frac{\omega'}{\omega} = PF.$$

Nous retrouvons le même théorème que pour la lunette astronomique (279). Mais nous avons démontré (250) que

$$P = \frac{1}{f}\left(1 - \frac{\varepsilon - f}{\Delta}\right),$$

ou, en mettant en évidence la valeur absolue de $f$ et ne tenant compte que de la valeur absolue de la puissance :

$$P = \frac{1}{(f)}\left(1 - \frac{\varepsilon + (f)}{\Delta}\right),$$

par suite :

$$G = \frac{F}{(f)}\left(1 - \frac{\varepsilon + (f)}{\Delta}\right).$$

On a le *grossissement intrinsèque* $G_i$ pour $\Delta = \infty$ :

$$G_i = \frac{F}{(f)}.$$

Le *grossissement intrinsèque*, qui est une constante de l'instrument, croît avec la distance focale de l'objectif, avec la puissance de l'oculaire : dans la pratique il dépasse rarement 5.

*Discussion.* — 1° *Influence de* $\Delta$. — Comme $\varepsilon$ est toujours positif, ainsi que $(f)$, il y a avantage à faire $\Delta = \rho$, c'est-à-dire à rejeter l'image au *punctum remotum*; en même temps on évite la fatigue d'accommodation. Le grossissement maximum est plus grand pour un hypermétrope que pour un emmétrope, plus considérable pour un emmétrope que pour un myope.

Le grossissement peut différer très sensiblement du grossissement intrinsèque. En effet, $\varepsilon$ ne peut être inférieur à $1^{cm},5$, $(f)$ est au moins égal à $3^{cm}$, pour un individu très myope $\rho$ peut atteindre $20^{cm}$ par exemple, par suite $\frac{\varepsilon + (f)}{\Delta} \geqslant \frac{1,5+3}{20} = \frac{4,5}{20} = 0,225$ ; ce nombre n'est pas négligeable par rapport à l'unité.

2° *Influence de* $\varepsilon$. — Pour un emmétrope et un myope il y a avantage à faire $\varepsilon$ le plus petit possible ; pour un hypermétrope, c'est le contraire ; en réalité, dans tous les cas, à cause du champ, on place l'œil aussi près que possible de l'oculaire.

297. **Mesure du grossissement.** — 1° On emploie la méthode de la chambre claire (281), ou plus simplement on vise la mire simultanément à travers l'instrument avec l'un des yeux, et directement avec l'autre œil.

2° Nous avons vu (296) que $G_i = \frac{F}{(f)}$ et que, pour une lunette afocale (295), $\frac{O}{O'} = \frac{F}{(f)}$, donc on a $G_i = \frac{O}{O'}$. Mais l'anneau oculaire étant virtuel, on ne peut songer à le mesurer avec un dynamètre; voici comment il est possible de procéder, avec une lunette rendue *afocale* (281, *Note*).

α) Nous éclairons vivement l'objectif par une source lumineuse de très petite étendue, placée dans le plan focal d'une lentille convergente d'un diamètre supérieur à celui de l'objectif et centrée avec l'instrument : les rayons émergents forment un faisceau cylindrique qui paraît provenir de l'anneau oculaire; on coupe ce faisceau par un verre dépoli et on dessine le contour de la trace éclairée dont on mesure ensuite le diamètre.

β) L'objectif étant bien éclairé, on coupe le faisceau émergent par une lame de verre inclinée à 45° sur l'axe de l'instrument; elle fait office de *chambre claire* et donne une image virtuelle de l'anneau oculaire; on place un double décimètre à l'endroit où semble se trouver cette image; on s'assure de la coïncidence en constatant qu'elle persiste si on déplace l'œil à droite et à gauche par rapport à la chambre claire et on relève, sur la règle graduée, le diamètre de l'image de l'anneau oculaire, c'est-à-dire la valeur de O'. (M. Chassagny.)

*Remarque.* — Pour appliquer ces dernières méthodes il faut s'assurer que l'anneau oculaire n'est pas réduit par un diaphragme intérieur; dans le cas contraire on peut diaphragmer l'objectif de telle manière que l'image de l'ouverture ne soit pas limitée par le diaphragme intérieur; on détermine les diamètres $O_1$ et $O_1'$ de l'ouverture et de son image :

$$G_i = \frac{O_1}{O_1'}.$$

*Résultats* : — Le grossissement est de 2 à 3 pour les jumelles de théâtre et de musée, de 4 à 5 pour celles des touristes, et quelquefois de 6 à 8 pour les lunettes employées dans l'armée et la marine.

298. **Pouvoir séparateur.** — Considérons le cas d'une lunette afocale : les rayons qui sont issus d'un point D de l'espace (fig. 372) et

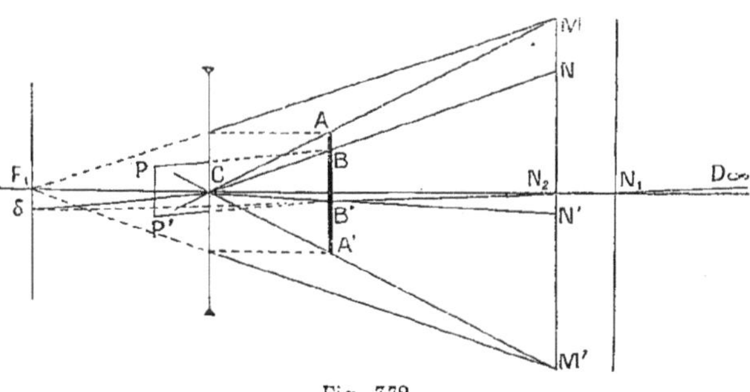


Fig. 372.

qui pénètrent dans l'œil semblent provenir de la portion BB' de l'anneau oculaire qui a même diamètre II que la pupille PP'; ces rayons ont passé par la section NN' de l'objectif qui a pour image BB' et dont le diamètre est par conséquent $G_iH$; tout se passe donc pour ce point-objet D comme si l'objectif était recouvert d'un diaphragme ayant une ouverture de diamètre $G_iH$; le pouvoir séparateur correspondant de l'objectif est par conséquent

$$\frac{12''}{G_i H^{cm}}.$$

Pour que deux points situés à la distance angulaire ω soient séparés, il faut

1° qu'ils soient séparés par l'objectif :

$$(1) \qquad \omega \geqslant \frac{12''}{G_i H^{cm}};$$

2° que leurs images soient à une distance supérieure ou égale au pouvoir séparateur de l'œil :

$$(2) \qquad G_i\omega \geqslant 1', \qquad \text{ou} \qquad \omega \geqslant \frac{1'}{G_i};$$

or,

$$\frac{12''}{G_i H^{cm}} = \frac{1'}{G_i \times 5 H^{cm}};$$

comme H est compris entre $0^{cm},5$ et $0^{cm},8$, 5 H est toujours supérieur à $1^{cm}$, par suite la plus grande des limites de ω données par les inégalités (1) et (2) est celle correspondant à (2); le pouvoir séparateur de la lunette est donc

$$\frac{1'}{G_i},$$

(ou, d'une manière plus générale, $\frac{1'}{G}$); à égalité de grossissement il est plus grand que celui d'une lunette astronomique ou terrestre bien construite; par conséquent, au point de vue du pouvoir séparateur, la lunette de Galilée ne vaut pas les autres.

On mesure le pouvoir séparateur comme pour une lunette astronomique (282).

299. **Clarté.** — Nous supposons qu'il s'agit d'un objet placé dans le champ de visibilité de pleine lumière; dans ce cas la pupille est complètement noyée dans le faisceau émergent (301).

1° *Objet ayant un diamètre apparent sensible.* — Nous savons (221) que :

$$C = \frac{E'}{E} \times \frac{S'}{S},$$

or $\frac{E'}{E} = T = 0,8$ environ; $\frac{S'}{S} = 1$; donc $C = 0,8$ environ.

L'objet vu à travers la lunette semble moins brillant qu'à l'œil nu, mais il apparaît sous un diamètre apparent plus grand. La clarté de la lunette de Galilée est nettement supérieure à celle de la lunette astronomique en général et, par suite, à celle de la lunette terrestre.

2° *Objet n'ayant pas de diamètre apparent sensible.* — Dans ce cas (221)

$$C = \frac{E'}{E} \times \frac{S'}{S} \times G^2 = T \times G^2 = 0{,}8\ G^2 \text{ environ.}$$

La clarté est plus grande que l'unité; l'objet semble encore être un point, mais un point plus brillant. La clarté de la lunette de Galilée est encore supérieure, en général, à celle de la lunette astronomique et surtout à celle de la lunette terrestre de même grossissement.

300. **Champ de pleine lumière et champ extrême, dans la lunette de Galilée.** — La lunette de Galilée étant un instrument à oculaire *négatif*, il suffit de lui appliquer les règles précédentes (285), pour délimiter son champ de pleine lumière et son champ extrême.

Pour le champ de *pleine lumière*, le cône circonscrit *extérieurement* à l'objectif et à l'oculaire (fig. 373) détermine, dans le plan $\alpha\beta$ conjugué de l'objet par rapport à l'objectif, le disque $\alpha_1\beta_1$, image fournie par l'objectif de la surface du champ de pleine lumière. Le cône de champ de pleine lumière est donc le cône $PN_1P'$, dont les génératrices sont parallèles à celles de $\alpha_1N_2\beta_1$. En supposant la lunette afocale, et conservant les mêmes notations que pour la lunette astronomique (285), on trouverait en désignant par C le demi-angle au sommet du cône PNP' :

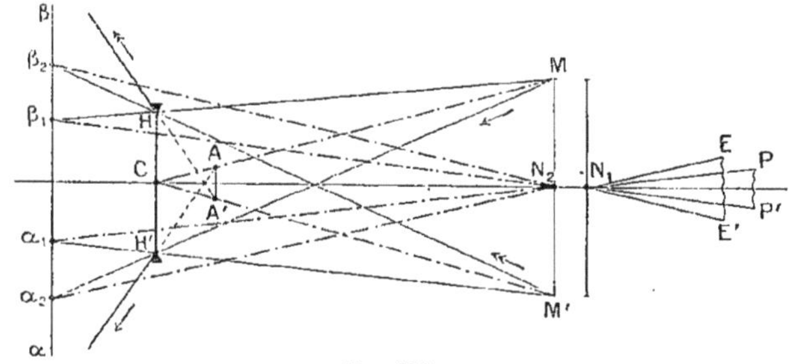

Fig. 373.

$$\operatorname{tg} C = \frac{W - w}{G_i - 1}.$$

Mais comme il n'y a nulle part d'image réelle, il n'est pas possible de limiter le champ de pleine lumière par un diaphragme.

Pour le *champ extrême*, le cône circonscrit *intérieurement* à l'objectif et à l'oculaire (fig. 373) détermine dans le plan $\alpha\beta$ une circonférence $\alpha_2\beta_2$, qui est l'image fournie par l'objectif des points qui sont à la limite du champ extrême. Le cône de champ extrême est donc le cône $EN_1E'$, de génératrices parallèles à $\alpha_2N_2\beta_2$. — Les rayons extrêmes sortant de l'instrument sont donc, dans le plan de la figure 373, $M\alpha_2$ et $M'\beta_2$. Le premier sort du bord inférieur H' de l'oculaire, de telle façon que son prolongement passe par le bord supérieur A de l'anneau oculaire; le second émerge du bord supérieur H de l'oculaire et son prolongement passe par le bord inférieur A' de l'anneau oculaire. On voit donc que tous les rayons sortant de l'instrument sont compris dans le cône circonscrit *intérieurement* à l'oculaire HH' et à l'anneau oculaire AA'. — La pupille, étant plus petite que l'oculaire, ne peut embrasser à la fois tout le champ de l'instrument; elle ne pourra l'explorer entièrement qu'en se déplaçant derrière l'oculaire; mais, en tout cas, il y a intérêt à placer l'œil le plus près possible derrière l'oculaire, comme nous l'avons déjà montré pour le grossissement (296). Le champ de l'instrument ne présente pas, en général, un grand intérêt, car on ne déplace pas l'œil derrière la lunette pour explorer l'espace; on préfère habituellement déplacer la lunette avec laquelle l'œil reste centré : ce sont donc les *champs de visibilité* ou *champs de l'œil* qui présentent de l'importance.

301. **Champs de l'œil.** — Nous appellerons *champ de pleine lumière pour l'œil*, dans la lunette de Galilée, la région de l'espace dont tous les points envoient à l'œil, à travers l'instrument, la même fraction du flux lumineux total qu'ils envoient sur l'objectif; et nous appellerons *champ extrême*, la région totale visible par l'œil (222). — Tout ce que l'on va dire de ces deux champs s'appliquerait d'ailleurs à une lunette quelconque, dans le cas où l'œil ne serait pas à l'anneau oculaire, et où les champs de l'œil ne se confondraient pas avec ceux de l'instrument.

*Détermination géométrique. — Première méthode : par la considération de l'anneau oculaire et de la pupille.* — Nous supposerons essentiellement

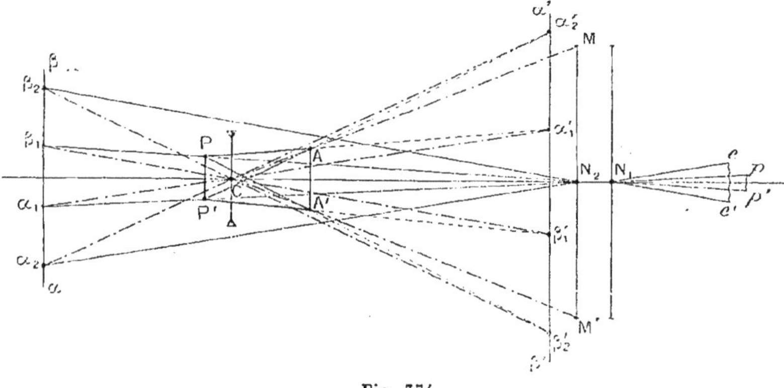


Fig. 374.

ici, comme c'est le cas dans la pratique, que l'anneau oculaire est plus grand que la pupille, c'est-à-dire que la totalité de la surface de l'objectif n'intervient pas pour la visibilité d'un point. De plus, pour faire la figure, nous supposerons que la pupille PP' est centrée sur l'axe, ce qui n'enlèvera aucune généralité au raisonnement.

Soit $\alpha\beta$ (fig. 374) le plan des images fournies par l'objectif, $\alpha'\beta'$ le plan des images définitives, conjugué de $\alpha\beta$ par rapport à l'oculaire. A leur sortie de l'instrument, les rayons émanant d'un même point constituent des cônes circonscrits à l'anneau oculaire AA' et ayant leurs sommets dans le plan $\alpha'\beta'$. Considérons le sommet $\alpha'_1$ déterminé par la ligne AP qui joint les bords supérieurs de l'anneau oculaire et de la pupille : une fraction déterminée du flux lumineux qui semble émaner de $\alpha'_1$ entre dans l'œil, et cette fraction est la même pour le cône de sommet $\beta'_1$, déterminé par la ligne A'P' joignant les bords inférieurs de l'anneau oculaire et de la pupille, ainsi que pour tout cône de sommet intermédiaire. En effet, la section de tous ces cônes, dont le sommet se déplace dans le plan $\alpha'\beta'$ et qui sont circonscrits à l'anneau oculaire, est la même dans le plan de la pupille, et comme celle-ci est toujours entièrement comprise dans cette section, elle reçoit bien de tous le même flux. — Le disque $\alpha'_1\beta'_1$, ainsi déterminé par le *cône circonscrit extérieurement à l'anneau oculaire et à la pupille*, est donc le lieu des images définitives des points du *champ de pleine lumière pour l'œil*. Le disque conjugué $\alpha_1\beta_1$ déterminé par le cône $C\alpha'_1\beta'_1$ est alors le lieu des images, fournies par l'objectif, des points qui sont vus par l'œil avec une égale clarté; par suite, ces points eux-mêmes sont compris dans le cône $pN_1p'$ ayant son sommet en $N_1$ et ses génératrices parallèles à celles du cône $\alpha_1N_2\beta_1$. — Il est à remarquer toutefois que, dans tout ceci, nous ne nous sommes pas occupés des dimensions de l'oculaire; or, il est nécessaire, pour la rigueur de ce qui précède, que les cônes de sommets $\alpha'_1$ et $\beta'_1$, circonscrits à la pupille, c'est-à-dire renfermant les rayons capables d'entrer dans l'œil, soient intégralement reçus par l'oculaire. Il est donc nécessaire que l'oculaire remplisse au moins le cône APP'A', et nous supposerons cette condition satisfaite.

D'une façon analogue, le cône circonscrit *intérieurement* à l'anneau oculaire et à la pupille détermine, dans le plan $\alpha'\beta'$, une circonférence $\alpha'_2\beta'_2$, lieu des images définitives des points à la limite du champ extrême de l'œil. Le cône $C\alpha'_2\beta'_2$ détermine, dans le plan $\alpha\beta$, la circonférence $\alpha_2\beta_2$ correspondante; de là, le cône $eN_1e'$ de *champ extrême de l'œil*, ayant pour sommet $N_1$ et ses génératrices parallèles à celles du cône $\alpha_2N_2\beta_2$. Toutefois il est évidemment nécessaire que ce cône de champ extrême de l'œil se trouve lui-même compris à l'intérieur du champ extrême de l'instrument; sinon, on devrait restreindre le champ extrême de l'œil à la portion comprise dans celui de l'appareil.

*Deuxième méthode : par la considération de l'objectif et de l'image de la pupille, envisagée comme objet lumineux réel par rapport à l'oculaire.* — Soit QQ' (fig. 575) l'image virtuelle de la pupille PP', envisagée comme objet réel, par rapport à l'oculaire divergent. Tout rayon provenant de l'objectif et dirigé virtuellement vers un point de QQ' viendra, après réfraction par l'oculaire, passer réellement par le point correspondant de PP', d'après la réciprocité des plans conjugués. Considérons donc le cône circonscrit *extérieurement* à l'objectif et à QQ'; il découpe dans le plan $\alpha\beta$ un disque $\alpha_1\beta_1$, tel que tout cône circonscrit à l'objectif, et ayant son sommet à l'intérieur de ce disque, a la même fraction de ses rayons qui traverse QQ' et par conséquent pénètre dans l'œil. Le disque $\alpha_1\beta_1$ est donc le lieu des images, fournies par l'objectif, des points du *champ de pleine lumière pour l'œil*, et l'on obtiendra ce champ en traçant le cône $pN_1p'$ ayant son sommet en $N_1$ et ses génératrices parallèles à celles du cône $\alpha_1N_2\beta_1$. — On devra d'ailleurs toujours introduire cette restriction, que les cônes circonscrits à QQ' et de sommets $\alpha_1$ et $\beta_1$ soient intégralement reçus par l'oculaire: sinon, il faudrait restreindre le champ d'égal éclat à la région pour laquelle cette condition serait satisfaite.

Le cône circonscrit *intérieurement* à l'objectif et à QQ' détermine de même la circonférence $\alpha_2\beta_2$, d'où l'on déduit le cône de *champ extrême* $eN_1e'$, dont les génératrices sont parallèles à celles du cône $\alpha_2 N_2 \beta_2$, toujours avec la même restriction que précédemment.

*Identité des deux méthodes.* — Il est aisé de montrer que le champ d'égal éclat, par exemple, déterminé par ces deux sortes de considérations, est bien le même, c'est-à-dire que le disque $\alpha_1\beta_1$ obtenu par la seconde méthode (fig. 375) est bien identique, toutes choses égales d'ailleurs, à celui que fournit la première méthode (fig. 374). Pour cela, nous remarquerons que le

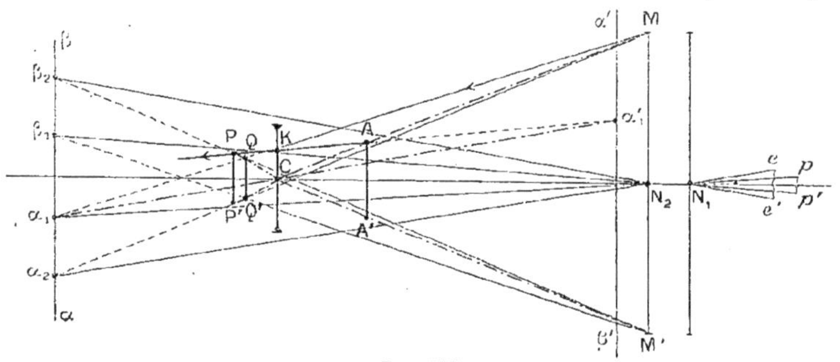


Fig. 375.

rayon MQ, arrêté au point K par l'oculaire et réfracté suivant KP, a son prolongement passant par A, bord supérieur de l'anneau oculaire, puisque ce rayon provient du bord supérieur M de l'objectif. Ce rayon détermine donc, dans le plan $\alpha'\beta'$, le même point $\alpha'_1$ que dans la première méthode. Or le point $\alpha_1$ du plan $\alpha\beta$, vers lequel ce rayon MQ est dirigé, a pour conjugué ce point $\alpha'_1$, c'est-à-dire que $\alpha_1$ et $\alpha'_1$ sont en ligne droite avec le centre optique C de l'oculaire. Donc le point $\alpha_1$ de la seconde méthode est bien le même que dans la première.

**302. Calcul de la valeur angulaire du champ d'égal éclat.** — Pour faire ce calcul, nous adopterons la première méthode; nous supposerons la pupille centrée sur l'axe, et nous nous placerons dans le

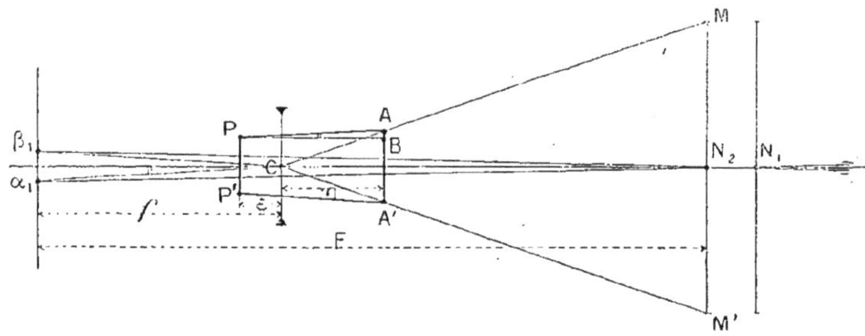


Fig. 376.

cas limite où la lunette est afocale. Pour déterminer le point $\alpha_1$, conjugué du point $\alpha'_1$ situé à l'infini sur PA (fig. 376), il faut mener par le centre optique C une parallèle $C\alpha_1$ à AP. De même, pour avoir $\beta_1$, il faut mener par C une parallèle $C\beta_1$ à A'P'. Alors, en désignant par $C_\infty$ le demi-angle au sommet du cône $\alpha_1 N_2 \beta_1$ qui sert à définir le champ de pleine lumière pour l'œil placé à la lunette de Galilée, nous avons :

$$\operatorname{tg} C_\alpha = \frac{1}{2} \cdot \frac{\alpha_1\beta_1}{F}.$$

Désignons par $a$ le rayon de l'anneau oculaire, par $u$ le rayon utile de la pupille, par $\varepsilon$ la distance comptée de la pupille à l'oculaire [1] et par $\eta$ la distance de l'oculaire à l'anneau oculaire. Menons par P une parallèle PB à l'axe principal, déterminant un angle $\widehat{APB}$ égal à $\frac{1}{2}\alpha_1 C\beta_1$. On a, d'une part,

$$\alpha_1\beta_1 = |f| \times \operatorname{arc} \alpha_1 C \beta_1,$$

et de l'autre,

$$a - u = (\varepsilon + \eta) \times \frac{1}{2} \operatorname{arc} \alpha_1 C \beta_1,$$

d'où :

$$\operatorname{arc} \alpha_1 C \beta_1 = \frac{2(a-u)}{\varepsilon + \eta},$$

et en portant dans la relation précédente,

$$\alpha_1\beta_1 = |f| \cdot \frac{2(a-u)}{\varepsilon+\eta},$$

d'où enfin :

$$\operatorname{tg} C_\alpha = \frac{|f|}{F} \cdot \frac{(a-u)}{\varepsilon+\eta}.$$

Dans cette formule, on peut remplacer $a$ par sa valeur en fonction du rayon R de l'objectif et des distances focales, ou en fonction de $|f|$ et de la raison d'ouverture $w$ de l'objectif, savoir :

$$a = R\frac{|f|}{F} = |f|\, w.$$

On peut, d'autre part, mettre en évidence le grossissement intrinsèque ; on obtiendra ainsi :

$$\operatorname{tg} C_\alpha = \frac{1}{G_i} \cdot \frac{|f| w - u}{\varepsilon + \eta}.$$

D'ailleurs

$$\frac{1}{F - |f|} - \frac{1}{\eta} = -\frac{1}{|f|} \qquad \text{d'où} \qquad \eta = |f| - \frac{f^2}{F},$$

et, en remplaçant, on obtient finalement :

$$\operatorname{tg} C_\alpha = \frac{1}{G_i} \cdot \frac{|f| w - u}{\varepsilon + |f| - \frac{f^2}{F}}.$$

On trouverait de même, pour le champ total de l'œil, une expression

[1] Cette distance est sensiblement la même que celle du premier point nodal de l'œil à l'oculaire.

analogue; il suffirait de changer $-u$ en $+u$, d'où en désignant par $C'_{oe}$ la demi-ouverture du champ total

$$\operatorname{tg} C'_{oe} = \frac{1}{G_i} \cdot \frac{|f| w + u}{\varepsilon + |f| - \frac{f^2}{F}}.$$

*Discussion.* — 1° *Influence de w.* — Dans la lunette de Galilée, le champ de pleine lumière pour l'œil dépend essentiellement de la raison d'ouverture de l'objectif et augmente avec elle. On ne peut d'ailleurs ici prendre, comme dans la lunette astronomique, un anneau oculaire égal ou inférieur à la pupille ($|f|w \leqslant u$), ce serait diminuer la clarté sans compensation. On donnera donc à $w$ une grande valeur, d'ordinaire la valeur $w = \frac{1}{5}$ (au lieu de $\frac{1}{20}$ au maximum pour un objectif de lunette astronomique); cela peut se faire ici sans inconvénient au point de vue du stigmatisme, puisque la totalité de l'objectif n'intervient pas pour la visibilité d'un point (298).

2° *Influence de f, pour un même objectif.* — Pour nous rendre compte de cette influence, divisons haut et bas par $|f|$; il vient :

$$\operatorname{tg} C_{oe} = \frac{1}{G_i} \cdot \frac{w - \frac{u}{|f|}}{1 + \frac{\varepsilon}{|f|} - \frac{|f|}{F}} = \frac{w - \frac{u}{|f|}}{G_i\left(1 + \frac{\varepsilon}{|f|}\right) - 1}.$$

Or, sous cette forme, on voit que, lorsque $|f|$ augmente, le numérateur augmente; au dénominateur, $G_i$ diminue, $\frac{\varepsilon}{|f|}$ diminue, donc le dénominateur diminue; par suite, pour cette double raison, $\operatorname{tg} C_{oe}$ augmente. — Si, par exemple, on monte le même objectif convergent successivement avec deux oculaires de Galilée de distances focales différentes, on constate qu'à celui de plus courte distance focale correspondent le plus fort grossissement et le champ le plus petit.

3° *Influence de* F, *pour un même oculaire.* — Quand F augmente, la raison d'ouverture $w$ restant constante, $G_i$ augmente et par suite le champ de pleine lumière pour l'œil diminue; donc, ce champ, comme les autres champs, varie en sens inverse du grossissement.

4° *Influence de* $\varepsilon$. — La valeur de $\operatorname{tg} C_{oe}$ sera d'autant plus grande, toutes choses égales d'ailleurs, que la distance $\varepsilon$ de l'œil à l'oculaire sera plus faible. Il y a donc intérêt, à cet égard comme au point de vue du grossissement, à placer l'œil le plus près possible de l'oculaire; $\varepsilon$ est au minimum égal à $15^{mm}$.

*Importance relative du champ extrême et du champ de pleine lumière.* — En divisant membre à membre les expressions qui donnent $\operatorname{tg} C_{oe}$ et $\operatorname{tg} C'_{oe}$, il vient :

$$\frac{\operatorname{tg} C'_{oe}}{\operatorname{tg} C_{oe}} = \frac{|f| w + u}{|f| w - u},$$

donnons à $f$, $u$, $w$, les valeurs

$$f = 3^{cm},5, \qquad u = 3^{mm}, \qquad w = \frac{1}{5},$$

dont on s'écarte peu dans la pratique :

$$\frac{\operatorname{tg} C'_{oe}}{\operatorname{tg} C_{oe}} = 2,5.$$

La surface du champ total est donc environ 6 fois celle du champ de pleine lumière, ou encore le champ de contour vaut 5 fois le champ de pleine lumière. Si l'on regarde avec une lunette de Galilée une surface d'aspect uniforme, un mur blanc par exemple, on aperçoit un cercle d'égal éclat entouré d'un anneau considérable dans lequel l'éclat diminue graduellement vers la périphérie. On ne peut supprimer le champ de contour par un diaphragme, car il n'y a pas d'image réelle; du reste étant donnée la petitesse du champ de pleine lumière, le champ de contour, quoique d'un éclat réduit dans une proportion variable, est avantageux pour l'observation.

Déterminons les valeurs de $\operatorname{tg} C_{\alpha\varepsilon}$ et de $\operatorname{tg} C'_{\alpha\varepsilon}$ avec les données précédentes et pour $G_i = 4$; on a : $F = 4f = 14^{cm}$,

$$\operatorname{tg} C_{\alpha\varepsilon} = 0{,}025, \qquad \operatorname{tg} C'_{\alpha\varepsilon} = 0{,}062;$$

pour une lunette astronomique de même grossissement on aurait :

$$\operatorname{tg} C = 0{,}097,$$

et pour la lunette terrestre équivalente le champ serait encore sensiblement plus grand. La lunette de Galilée est donc très inférieure aux autres, au point de vue du champ.

303. **Achromatisme.** — Dans une lunette de Galilée, l'objectif et l'oculaire doivent être *séparément achromatisés*. En effet, si l'on désigne par $\alpha_r\beta_r$ et $\alpha_v\beta_v$ (fig. 377) les images rouge et violette, fournies par un objectif imparfaitement achromatisé, mais dont les plans principaux des diverses radiations coïncident, ces deux images se terminent sur le même axe secondaire $N_2\alpha_v\alpha_r$, l'image violette étant plus rapprochée de $N_2$ que l'image rouge. Si l'on suppose l'oculaire parfaitement achromatisé, le point $\beta_v$ étant plus rapproché du premier foyer $f_1$ de l'oculaire que $\beta_r$, l'image définitive $\alpha'_v\beta'_v$ est plus éloignée que $\alpha'_r\beta'_r$ : dès lors, la ligne $\alpha'_v\alpha'_r$, qui joint les extrémités de ces images, coupe l'axe principal en un point A situé en avant de l'oculaire. L'œil ne peut donc se placer en ce point pour obtenir l'achromatisme apparent.

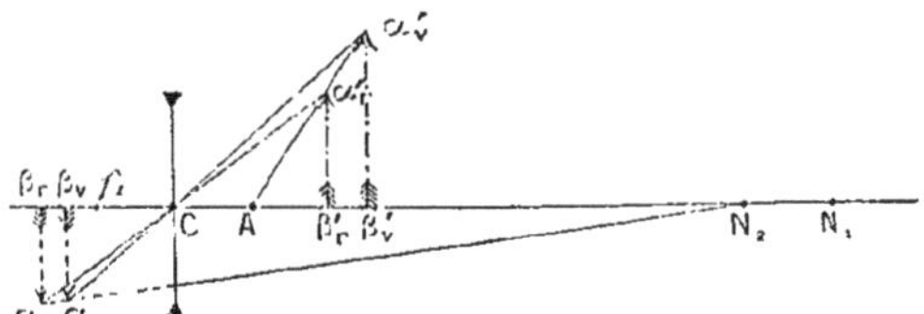

Fig. 377.

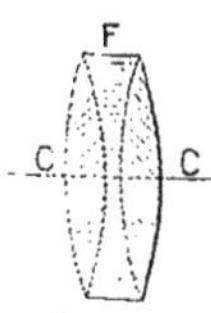

Fig. 378.

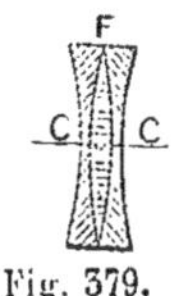

Fig. 379.

On prend généralement un objectif formé de trois verres, deux crowns convergents, C,C, et un flint divergent F (fig. 378); de même, l'oculaire (fig. 379), qui est plus petit, est formé de deux crowns divergents C,C et d'un flint convergent F.

304. **Avantages et inconvénients de la lunette de Galilée.** — La lunette de Galilée présente, comme avantages, sa clarté, sa faible

longueur; à égalité de grossissement elle est plus courte que la lunette astronomique et, à plus forte raison, que la lunette terrestre ordinaire, mais elle est plus longue que la lunette à prismes de Porro; elle est très maniable pour les faibles grossissements. Elle présente comme inconvénients : la petitesse de son champ, d'autant plus réduit que le grossissement est plus fort, c'est pourquoi son grossissement dépasse aujourd'hui rarement 5; l'impossibilité de placer un diaphragme et un réticule, puisque nulle part il ne se forme d'image réelle; elle ne se prête donc pas aux mesures. Le diaphragme que les constructeurs placent généralement entre l'objectif et l'oculaire n'a d'autre but que d'améliorer les images par limitation des faisceaux.

Les jumelles de théâtre consistent en deux lunettes de Galilée, associées pour la vision binoculaire.

305. **Loupe de Brücke.** — Elle comprend, comme la lunette de Galilée, un objectif convergent achromatique, un oculaire divergent achromatique; c'est, en somme, un microscope à oculaire divergent. La puissance intrinsèque est, en désignant par L la distance des lentilles (251) :

$$P_i = \frac{F + f - L}{Ff} = \frac{F - (f) - L}{-F(f)} = \frac{L - F + (f)}{F(f)}.$$

Avec ces instruments le grossissement commercial peut varier de 100 à 40 environ, la distance frontale de 25$^{mm}$ à 8$^{mm}$, le champ de 3$^{mm}$,7 à 1$^{mm}$,4; ils présentent le double avantage d'offrir un champ considérable et une grande distance frontale, ce qui est commode pour la manipulation : on s'en sert beaucoup pour l'étude des dissections.

## TÉLESCOPES CATOPTRIQUES

306. **Télescopes catoptriques, en général.** — Les télescopes *catoptriques*, destinés principalement à faciliter l'observation des astres, diffèrent des lunettes en ce que la lentille objective est remplacée par un miroir concave. *On supprime ainsi les aberrations chromatiques de l'objectif.* A part cette modification, la théorie de l'instrument est *la même* que celle de la lunette astronomique.

307. **Télescope de Foucault.** — Soit un miroir parabolique concave M de sommet S (fig. 380), qui, pour un objet AB à l'infini, tendrait à donner une image réelle $\alpha\beta$ située dans son plan focal. Pour permettre l'observation de cette image, sans que l'observateur intercepte lui-même les rayons incidents, on interpose un petit miroir plan $m$, incliné à 45° sur l'axe principal du miroir parabolique, et situé *entre* le sommet S du miroir et son plan focal. Ce miroir donne, de l'objet virtuel $\alpha\beta$, une image réelle $\alpha_1\beta_1 = \alpha\beta$. Cette image est située entre le premier foyer $f_1$ et le premier plan principal $H_1$ d'un système oculaire, qui est fixé dans la paroi du tube télescopique, et dont l'axe principal est perpendiculaire à celui du miroir M. Le plan de la figure 380 est le plan passant par ces deux axes; la construction de l'image, que représente cette figure, est

celle de la dimension linéaire de l'objet située dans ce plan. L'oculaire fournit, de $\alpha_1\beta_1$, une image définitive virtuelle $\alpha'\beta'$ ; il est d'ailleurs facile

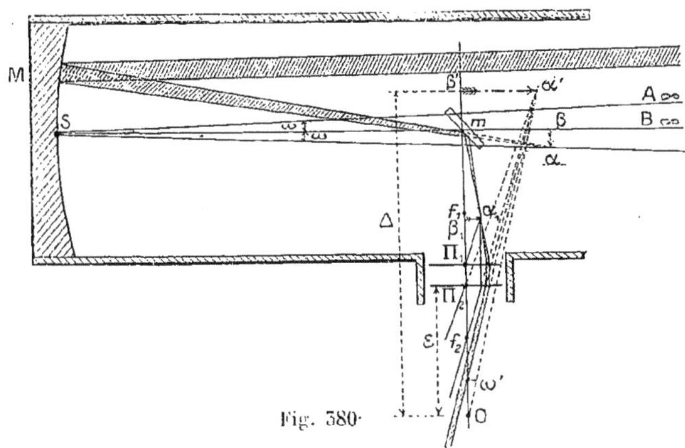


Fig. 380.

de tracer la marche d'un pinceau de rayons, venant, par exemple, du point A de l'objet, donc parallèlement à la direction AS ; c'est ce que représente la figure.

308. **Mise au point. — Cercle oculaire. — Grossissement.** — Tout ce qui a été dit à propos de la lunette astronomique est à répéter ici. — La *mise au point* s'effectue par un déplacement de l'oculaire par rapport à $\alpha_1\beta_1$.

Le *cercle oculaire* est l'image AA' (fig. 381), par rapport à l'oculaire, du symétrique M' du miroir parabolique M par rapport au miroir plan $m$. En supposant l'œil placé à l'anneau oculaire, on a, comme dans la lunette astronomique (278) $\left|\frac{O}{O'}\right| = \frac{F}{f}$. Il arrive assez fréquemment que l'anneau oculaire a un diamètre O' supérieur au diamètre Π de la pupille, néanmoins il y a encore avantage à placer l'œil à l'anneau oculaire qui est la section *minimum* et par suite *la plus éclairée* du faisceau émergent ; cette position est indiquée par un *œilleton*.

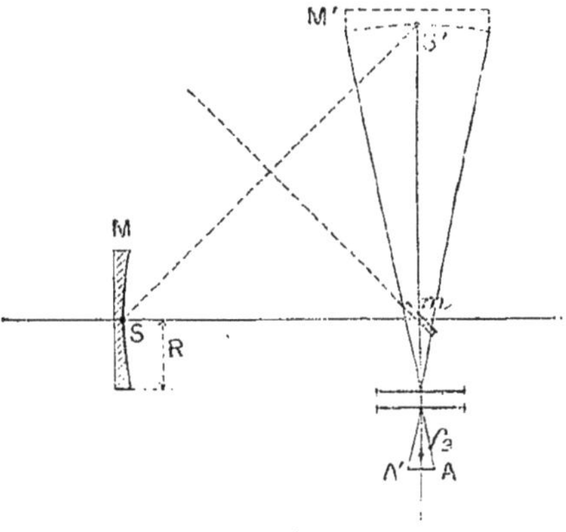


Fig. 381.

Dans le triangle rectangle $\beta\alpha S$ (fig. 380) nous avons :

$$\beta\alpha = S\beta \times \operatorname{tg}\omega, \qquad \text{ou sensiblement :} \qquad \beta\alpha = F\omega ;$$

c'est aussi la grandeur de l'image $\beta_1\alpha_1$ qui est regardée au moyen d'un oculaire de puissance P, donc

$$\omega' = PF\omega ; \qquad G = \frac{\omega'}{\omega} = PF = \frac{F}{f}\left(1 - \frac{\varepsilon - f}{\Delta}\right).$$

Le grossissement intrinsèque $G_i = \frac{F}{f}$. Nous aurions à répéter exactement pour le grossissement du télescope ce qui a été dit pour celui de la lunette astronomique (279). La mesure du grossissement s'effectue par les mêmes méthodes; la chambre claire comporte seulement le miroir qui est contre l'œil.

*Remarque.* — Comme les images fournies par un miroir bien taillé sont dépourvues d'aberrations d'une manière à peu près totale, que la raison d'ouverture de l'objectif étant grande, la tache de diffraction est réduite, ces images peuvent être regardées avec des oculaires très puissants formés habituellement de quatre verres. Pour une distance focale donnée on peut avoir un grossissement beaucoup plus considérable qu'avec une lunette dioptrique, ou, pour un grossissement donné, F peut être plus petit, l'instrument plus court, plus maniable, moins coûteux.

509. **Pouvoir séparateur.** — La théorie est la même que pour la lunette astronomique (282) :

1° $G \geqq 5.O^{cm} = G_u$. Le pouvoir séparateur est $\frac{12''}{O^{cm}}$.

2° $G < G_u$. Le pouvoir séparateur est $\frac{1'}{G}$ — On le mesure comme celui d'une lunette dioptrique.

510. **Clarté.** On répéterait également, pour le télescope, ce qui a été dit à propos de la lunette (284), sauf qu'ici O′ est souvent supérieur à Π, diamètre utile de la pupille, et, dans ce cas, la pupille est entièrement couverte par les faisceaux lumineux provenant des points du champ de pleine lumière, seul conservé, grâce au diaphragme. Le pouvoir réflecteur des miroirs M et $m$ est voisin de 0,9 pour des miroirs récemment argentés; il est à peu près égal au pouvoir de transparence d'une lentille mince; avec un oculaire à quatre verres on a :

$$T = 0{,}9^6 = 0{,}53.$$

Dans le cas de $O' > \Pi$ :

1° Pour un objet à diamètre apparent sensible... $C = T$,
2° Pour un objet sans diamètre apparent sensible.. $C = TG^2$.

Les conclusions sont les mêmes que pour les lunettes (284).

511. **Champ de pleine lumière. — Diaphragme.** — Pour qu'un rayon lumineux vienne, après réflexions sur le miroir parabolique et sur le miroir plan, rencontrer l'oculaire simple ou le premier verre de l'oculaire composé, il faut que ce rayon, supposé prolongé au delà du miroir plan, vienne rencontrer le symétrique de ce verre oculaire par rapport au miroir plan. D'autre part, les rayons provenant d'un point éloigné de l'espace, après réflexion sur le miroir parabolique, sont transformés en un cône ayant pour base ce miroir, et son sommet dans le plan focal. On est donc ramené, pour la recherche du champ de pleine lumière, le seul intéressant, au cas d'une lunette dont le miroir parabolique serait l'ob-

jectif, à points nodaux confondus au sommet S, et dont l'oculaire serait le symétrique de l'oculaire réel par rapport au miroir plan.

Donc, si l'oculaire est *positif*, le champ de pleine lumière sera déterminé par le cône circonscrit *intérieurement* à l'objectif M et au symétrique L′ de la première lentille L de l'oculaire (fig. 382). Ce cône découpe, dans le plan focal F, le diaphragme $\alpha\beta$, que l'on place en réalité dans la position symétrique par rapport au miroir plan *m*. Le cône de champ de pleine lumière est $\alpha S \beta$.

Si l'oculaire est *négatif*, on sait que c'est par le cône circonscrit *extérieurement* à l'objectif et au symétrique du premier verre oculaire, que se trouve délimitée, dans le plan focal F, la base $\alpha\beta$ du champ de pleine lumière. On sait, d'autre part, que le diaphragme, dans ce cas, doit se placer dans le plan conjugué de $\alpha\beta$ par rapport au premier verre oculaire, et que son diamètre doit être égal à celui de l'image de $\alpha\beta$ par rapport à ce premier verre. On le place, en réalité, dans une position symétrique de celle-là par rapport au miroir *m*.

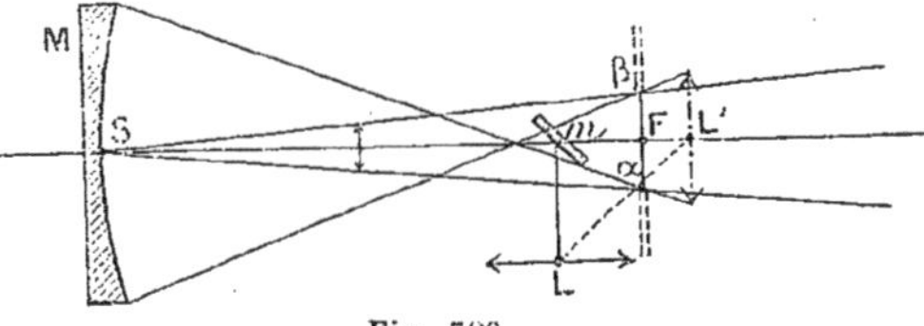

Fig. 382.

On emploie toujours un oculaire composé de quatre verres; déterminons le champ de pleine lumière de cet oculaire (291); l'ouverture du diaphragme est confondue avec ce champ : l'image de ce champ dans *m* est confondue avec l'image objective des points du champ de pleine lumière de l'instrument, qui se calcule par suite sans difficulté.

La théorie et les formules du champ de la lunette astronomique et du champ de la lunette terrestre s'appliquent au champ du télescope de Foucault; il suffit de remplacer, dans les formules, la raison d'ouverture de l'objectif dioptrique par celle du miroir parabolique.

*Dimension minimum du miroir auxiliaire.* — Il faut que tous les cônes, ayant leur sommet en un point de $\alpha\beta$ (fig. 382) et pour base M, soient complètement coupés par *m*; par suite, *m*, qui doit être petit, est limité au cône tangent extérieurement à M et à $\alpha\beta$; il y a donc avantage à rapprocher *m* de $\alpha\beta$, ou à faire usage d'un oculaire dont la lentille frontale soit voisine de *m*.

312. **Construction de l'instrument.** — 1° *Objectif.* Le miroir parabolique est construit comme il a été dit (62). Quand l'argenture est altérée, on la dissout par l'acide nitrique et on procède à une réargenture. Pour éviter les flexions et les déformations du miroir, surtout lorsqu'il est de grandes dimensions, on lui donne une grande épaisseur et on le fait reposer, dans un barillet, sur un sac de caoutchouc plein d'air; grâce à ce dispositif la pression est répartie à peu près uniformément. Mais le miroir n'étant pas fixe dans sa monture, l'axe optique[1], s'il

[1] Supposons qu'il y ait un réticule dont le point de croisé serait $\beta_1$ (fig. 380), l'axe optique serait SB.

y avait un réticule, serait de position variable, aussi, l'appareil ne se prête point aux mesures d'angles et ne comporte pas de réticule.

L'objectif ne présente pas d'aberrations de réfrangibilité ; s'il est bien construit il ne possède pas d'aberrations de sphéricité sensibles, *quelle que soit l'ouverture* ; aussi, tandis que pour les objectifs dioptriques la double raison d'ouverture n'a jamais dépassé 0,1, on a construit des miroirs paraboliques pour lesquels cette grandeur est *égale à* 0,4 $\left(w = 0,2 = \frac{1}{5}\right)$. On peut ainsi avoir des instruments courts dont le grossissement utile est considérable, et d'une grande clarté pour les objets sans diamètre apparent sensible. Enfin, comme l'objectif n'absorbe pas les radiations chimiques, le télescope catoptrique se prête bien à la photographie des astres.

La construction d'un objectif catoptrique est beaucoup plus facile et moins coûteuse que celle d'un objectif dioptrique de même ouverture ; en effet : il n'est pas nécessaire que le verre soit homogène, il n'y a qu'une surface à tailler, il n'y a pas d'aberrations chromatiques à corriger. Pour des miroirs paraboliques de $25^{cm}$, $50^{cm}$, $100^{cm}$ de diamètre, les prix sont respectivement 4000 fr., 25 000 fr., 140 000 fr. environ. On construit (1910) pour la *Carnegie Institution* de Washington un télescope de $2^{m},50$ d'ouverture.

2° *Oculaire*. L'oculaire à quatre verres est plus puissant qu'un oculaire usuel à deux lentilles ; à égalité de puissance il donne un champ plus grand ; enfin il redresse l'image fournie par l'objectif, ce qui est avantageux dans le cas, assez rare du reste, d'observations terrestres.

313. **Télescope de Newton**. — Le télescope de Foucault est une modification heureuse de celui de Newton qui comportait, comme objectif, un miroir sphérique concave en bronze poli et un oculaire à deux verres au maximum. Les aberrations de sphéricité étaient considérables, aussi les images très mauvaises ne permettaient l'emploi que d'oculaires peu puissants ; par suite, les instruments devaient atteindre des dimensions considérables pour donner des grossissements notables ; enfin, les miroirs étant en bronze, le pouvoir réflecteur maximum atteignait seulement 0,75 ; de plus ces miroirs se ternissaient vite et il fallait procéder à un nouveau polissage sans déformer la surface réfléchissante, c'est-à-dire effectuer une opération très délicate et coûteuse.

314. **Télescope d'Herschell**. — Pour éviter l'emploi du miroir auxiliaire qui arrête un peu de lumière allant à l'objectif et ne réfléchit pas toute celle qu'il reçoit, Herschell inclinait le miroir sphérique sur l'axe du tube de manière que l'image fournie par l'objectif vînt se former juste sur le bord du tube où on l'observait à l'aide d'un oculaire.

315. **Télescope de Grégory**. — Dans le télescope de Grégory[1], le miroir concave M (fig. 583) était associé, non plus à un miroir plan, mais à un petit miroir *concave m*. Ce miroir *m* donne, de la première image $\alpha\beta$ située entre son centre *c* et son foyer principal $\varphi$, une image réelle, redressée et agrandie, $\alpha_1\beta_1$, dans le voisinage du miroir M. C'est cette image qu'on examine à l'aide d'un oculaire, placé dans une ouverture percée au sommet

[1] Grégory (1638-1675), savant anglais.

du miroir M, et ce système fournit l'image définitive *droite* $\alpha'\beta'$. Il est alors facile de tracer la marche d'un pinceau de rayons, comme l'indique la figure.

*Mise au point.* — Dans ce télescope, l'oculaire est fixe, et la mise au point se fait en déplaçant le petit miroir sphérique $m$, au moyen d'une tige filetée qui le commande.

*Grossissement.* — Soit O la position du premier point nodal de l'œil (fig. 385);

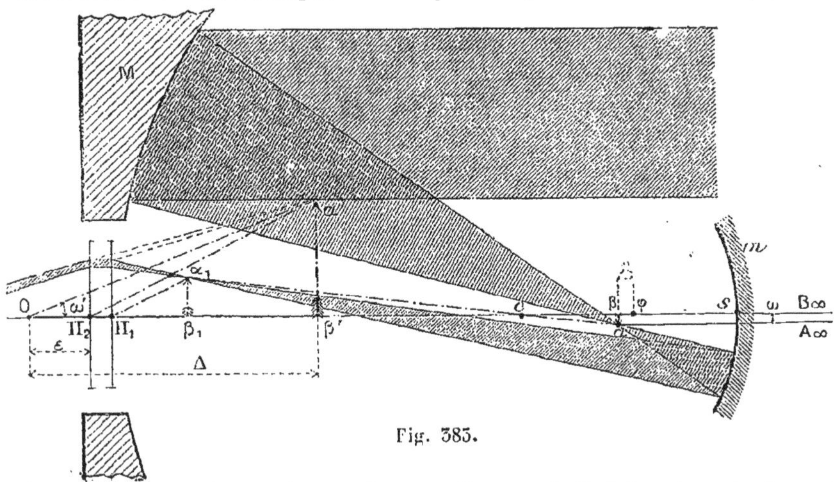


Fig. 385.

P la puissance de l'oculaire, $\gamma_m$ le grandissement linéaire du miroir auxiliaire $m$, de distance focale $\varphi$, nous avons :

$$\omega' = \mathrm{P}.\alpha_1\beta_1 = \mathrm{P}\gamma_m.\alpha\beta;$$

mais

$$\alpha\beta = \mathrm{F}\omega,$$

donc :

$$\omega' = \mathrm{P}\gamma_m\mathrm{F}\omega,$$

d'où :

$$\mathrm{G} = \frac{\omega'}{\omega} = \mathrm{P}\gamma_m\mathrm{F}.$$

On sait que $\mathrm{P} = \frac{1}{f}\left(1 - \frac{\varepsilon - f}{\Delta}\right)$ ; quant à $\gamma_m$, en désignant par $\lambda$ la distance des deux foyers principaux $\beta$ et $\varphi$ des miroirs sphériques, ce grandissement est donné par la formule de Newton : en valeur absolue, $|\gamma_m| = \frac{\varphi}{\lambda}$, d'où :

$$\mathrm{G} = \frac{\mathrm{F}}{f}\left(1 - \frac{\varepsilon - f}{\Delta}\right) \cdot \frac{\varphi}{\lambda} \text{ (1)}.$$

Pour $\Delta = \infty$, le grossissement intrinsèque est donc, en désignant par $\Lambda$ la distance des foyers principaux lorsque le système est afocal :

$$\mathrm{G}_i = \frac{\mathrm{F}}{f} \cdot \frac{\varphi}{\Lambda}.$$

Ce grossissement intrinsèque peut être très supérieur à celui d'un télescope ordinaire de Newton.

(1) Au point de vue algébrique, en posant $\overline{\varphi\beta} = \lambda$ et $\overline{\mathrm{S}\varphi} = \varphi$, segments de même signe, si l'on veut traduire par une valeur *positive* de G le fait que l'image définitive est *droite*, on écrira, puisque $\gamma_m$ est négatif, $\mathrm{G} = -\mathrm{P}\,\gamma_m.\mathrm{F} = -\frac{\mathrm{F}}{f}\left(1 - \frac{\varepsilon - f}{\Delta}\right) \cdot \frac{\varphi}{-\lambda} = \frac{\mathrm{F}}{f}\left(1 - \frac{\varepsilon - f}{\Delta}\right) \cdot \frac{\varphi}{\lambda}$.

316. **Télescope de Cassegrain** [1]. — Dans ce télescope le miroir auxiliaire, associé au miroir M pour l'observation de l'image, est un petit miroir *convexe m* (fig. 384), qui empêche la formation de la première image $\alpha\beta$, entre son sommet *s* et son foyer $\varphi$, et lui substitue l'image $\alpha_1\beta_1$ réelle et agrandie, dans le voisinage de l'oculaire $\Pi_1\Pi_2$. Celui-ci donne l'image définitive *renversée* $\alpha'\beta'$. Une fois ces images construites, il est facile de tracer, comme l'indique la figure, la marche d'un pinceau de rayons lumineux.

La mise au point s'effectue en déplaçant le miroir *m* au moyen d'une tige

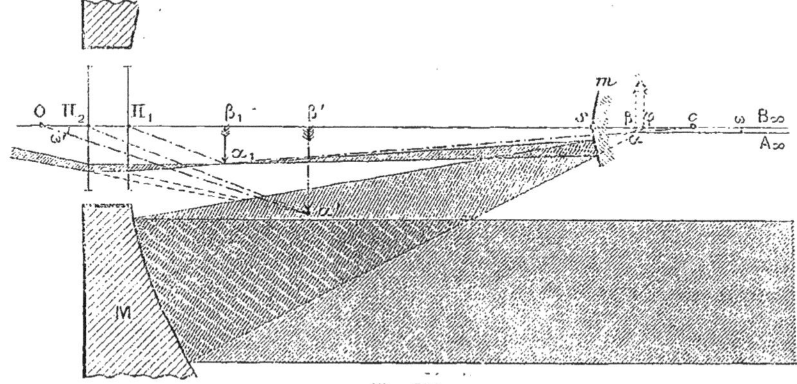


Fig. 384.

filetée qui le commande. Enfin, le grossissement, comme dans le cas précédent, est :

$$G = \frac{F}{f}\left(1 - \frac{\varepsilon - f}{\Delta}\right) \cdot \frac{\varphi}{\lambda},$$

ou, dans le cas limite du système afocal :

$$G_l = \frac{F}{f} \cdot \frac{\varphi}{\Lambda},$$

$\Lambda$ étant la limite de la distance des foyers principaux $\beta$ et $\varphi$ pour $\Delta = \infty$.

L'association des deux miroirs, l'un concave, l'autre convexe, présente en outre l'avantage de corriger en partie les aberrations de sphéricité.

317. **Historique des lunettes et télescopes**. — Les premières lunettes datent du commencement du XVII^e siècle; elles étaient dioptriques et à oculaire divergent : c'est avec l'une de ces lunettes, grossissant 30 fois environ, que Galilée fit ses belles découvertes astronomiques. Sur l'indication de Képler on remplaça l'oculaire divergent par un oculaire convergent.

Mais les aberrations de réfrangibilité, qu'on ne savait alors corriger, ne permettaient pas la construction d'appareils puissants; on remplaça donc l'objectif non achromatique par un miroir sphérique concave : le premier télescope de Newton est de 1668. Les aberrations de sphéricité des miroirs étant considérables dès que la raison d'ouverture n'est plus très petite, on revint ensuite aux objectifs dioptriques lorsqu'on eut résolu le problème de l'achromatisme (1717); mais à la suite des perfectionnements apportés par Foucault à la taille des miroirs, perfectionnements qui supprimaient les aberrations de sphéricité, la suprématie fut dévolue de nouveau aux

[1] Cassegrain, professeur au collège de Chartres; il a inventé le télescope qui porte son nom, en 1672.

appareils catoptriques. Aujourd'hui on utilise les deux sortes d'instruments; l'avantage revient tantôt aux lunettes, tantôt aux télescopes suivant le mode d'utilisation.

*Remarque.* — L'emploi des grands instruments exige une atmosphère parfaitement calme pour que les images soient bonnes; l'agitation des couches inférieures de l'atmosphère est très nuisible; aussi ferme-t-on quelquefois l'ouverture du télescope par une lentille qui, tout en concourant à la formation de l'image, permet d'éviter les courants d'air dans le tube même de l'appareil.

318. **Usages des lunettes et des télescopes dans les observatoires.** — Dans les observatoires, on utilise principalement, pour l'étude des positions et des mouvements des astres, les télescopes dioptriques ou *lunettes*, l'emploi du réticule permettant de définir avec précision l'axe optique, c'est-à-dire la ligne de visée. — Les télescopes catoptriques, ou *télescopes proprements dits*, sont plutôt employés pour les recherches d'Astronomie physique, en particulier pour la photographie (images chimiques intenses).

A part la *lunette méridienne*, mobile autour d'un axe perpendiculaire au plan méridien du lieu, et dont l'axe optique décrit ce plan, tous les autres instruments d'observatoire sont généralement installés de façon à pouvoir viser un astre dans une direction quelconque, et suivre ensuite cet astre dans son mouvement diurne. C'est ce qui est réalisé pour la *lunette équatoriale*, ou pour les *pieds parallactiques* des grandes lunettes et des télescopes.

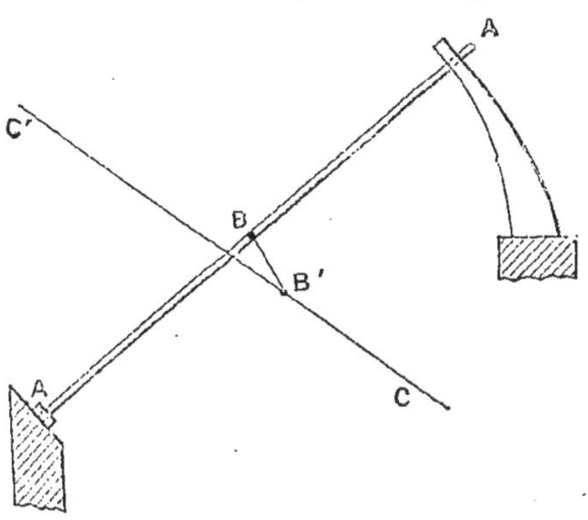


Fig. 385.

Un premier axe de rotation AA' (fig. 385) est dirigé suivant la ligne des pôles; cet axe en porte un second BB', qui lui est perpendiculaire, et autour duquel peut tourner la lunette. L'axe optique CC' de cette lunette, perpendiculaire à BB', peut donc faire un angle variable avec l'axe du monde AA', et par suite la lunette peut être orientée vers un parallèle quelconque de la sphère céleste. Si on la fixe alors à BB', et si un mouvement d'horlogerie entraîne tout l'instrument autour de l'axe du monde, avec la vitesse angulaire du mouvement diurne, la lunette suivra constamment l'astre dans son mouvement. — L'instrument est protégé par une coupole hémisphérique, dans laquelle est ménagée une ouverture que l'on amènera toujours devant la lunette, en faisant tourner la coupole.

Mais ce mode d'installation présente de sérieux inconvénients. D'une part, l'observateur est obligé de changer sans cesse de position avec l'instrument. D'autre part, pour les lunettes présentant une grande longueur, tout le corps de l'instrument se trouvant en porte-à-faux sur l'axe BB', il faut ajouter des contrepoids qui alourdissent l'appareil. Enfin, l'établissement d'une grande coupole mobile est fort coûteux. En fait, on est obligé de renoncer au système des coupoles mobiles, pour les lunettes dépassant une vingtaine de mètres. — Parmi les dispositions destinées à remédier à ces inconvénients, on peut signaler le sidérostat (51), qui permet de laisser la lunette immobile, et d'y renvoyer constamment les rayons lumineux d'un astre déterminé. Une autre solution, imaginée par Lœwy, a été généralement adoptée : c'est celle de l'*équatorial coudé*.

**319. Équatorial coudé.** — L'équatorial coudé est constitué par une lunette astronomique dont une partie, portant l'oculaire O (fig. 386), est orientée suivant l'axe du monde PP′, et tourne autour de cet axe, étant entraînée par un mouvement d'horlogerie réglé en temps sidéral; l'autre partie, portant l'objectif O′, est coudée à angle droit sur la première, c'est-à-dire orientée suivant un rayon de l'équateur céleste EE′ (fig. 387). Un miroir plan M, incliné à 45°, renvoie dans l'oculaire la lumière transmise par l'objectif; un autre miroir M′, également incliné à 45° sur O′M, est mobile autour de l'axe O′M et permet, en lui donnant une orientation déterminée au moyen d'un chercheur C, d'envoyer dans l'objectif les rayons lumineux provenant de tel ou tel astre, situé sur le cercle horaire PHP′H′ (fig. 387), perpendiculaire à CE. En faisant varier la direction O′M, c'est-à-dire la direction parallèle CE, on fait à volonté varier le cercle horaire PH : on peut donc ainsi explorer tout le ciel. Lorsque la ligne O′M, et le miroir M′, sont convenablement orientés pour recevoir les rayons d'un astre déterminé, l'instrument, par sa rotation autour de PP′, suit constamment l'astre sur le parallèle qu'il décrit dans son mouvement diurne, et l'observateur reste invariablement en O, dans la salle d'observation. Une cabane mobile abrite la partie extérieure de l'instrument.

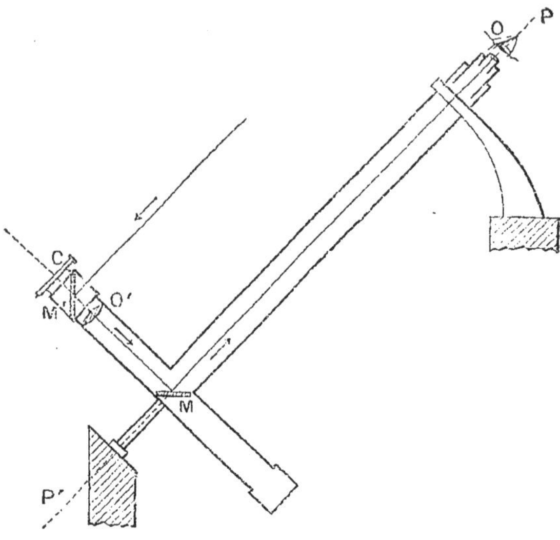

Fig. 386.

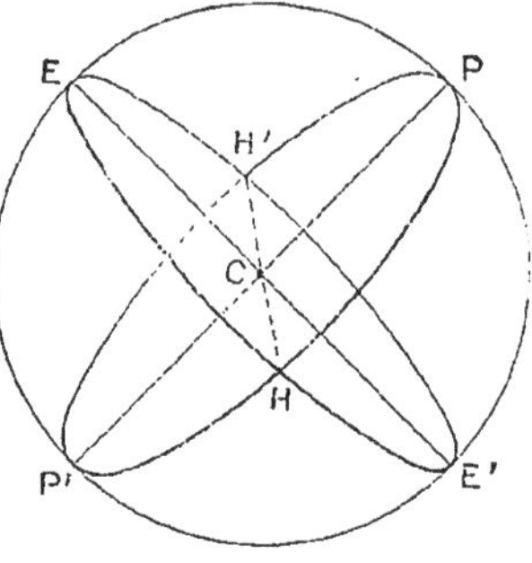

Fig. 387.

La théorie de l'équatorial coudé est exactement la même que celle de la lunette astronomique. Les images sont d'une grande netteté, pourvu que les miroirs plans aient une épaisseur suffisante pour être indéformables. Un contrepoids équilibre le tube qui porte l'objectif, et l'appareil est très stable. — Cette stabilité, en assurant la fixité et le centrage de l'objectif, permet de placer à l'oculaire tous les organes qui peuvent servir, soit à des observations spectroscopiques, soit à l'exécution de clichés photographiques [1].

**320. Photographie sidérale.** — Actuellement, dans les observatoires,

[1] Le grand équatorial coudé de l'Observatoire de Paris a servi à obtenir des clichés directs, au moyen desquels on a édité un atlas photographique de la Lune; cet atlas est de grande beauté.

on poursuit deux sortes de travaux par la photographie des étoiles :

1° On dresse une *carte photographique du ciel* comprenant les étoiles jusqu'à la 11e grandeur inclusivement : il y en aura environ 2 millions.

2° Sur des clichés photographiques, on mesure, avec des oculaires micrométriques, les distances des images des étoiles entre elles; on en déduit, connaissant la distance focale de l'objectif, les distances angulaires des étoiles. Ces déterminations très précises permettent de dresser un *Catalogue d'étoiles*.

Les objectifs des lunettes photographiques sont construits avec des verres spéciaux, aussi transparents que possible pour les radiations chimiques; comme la mise au point est faite une fois pour toutes, l'achromatisme est réalisé de telle manière que le minimum de distance focale corresponde à la radiation particulièrement intense au point de vue chimique; la raison d'ouverture est notablement plus grande que pour un objectif visuel.

## III. — OBJECTIF PHOTOGRAPHIQUE

321. **Chambre noire photographique.** — Elle est formée de deux parties rigides supportées par une tablette horizontale et réunies par des parois en cuir, extensibles, formant *soufflet* (fig. 388). La partie postérieure est fixe dans les bons appareils; elle soutient une glace dont la face dépolie est à l'avant et à laquelle on peut substituer un châssis contenant une plaque photographique, de telle manière que la face sensible de la plaque, qui est en avant, se substitue très exactement à la face dépolie de la glace. — La partie antérieure supporte un objectif; elle est mobile au moyen d'un engrenage et on la fixe par une vis de pression. Dans les appareils à *décentrement* la tablette sur laquelle est monté l'objectif peut glisser verticalement et horizontalement de manière à obtenir un champ qui ne soit pas centré avec la plaque sensible.

Fig. 388.

Les parois intérieures de la chambre noire sont peintes en noir pour éviter la lumière réfléchie ou diffusée qui enlèverait toute netteté à l'image; on prend la même précaution avec les microscopes et lunettes.

322. **Mise au point.** — L'objectif, qui est un système convergent, donne une image réelle de la région de l'espace à photographier; en déplaçant l'objectif on amène cette image à se peindre sur le verre dépoli; lorsque l'objectif est fixe, c'est la glace dépolie que l'on déplace. Pour s'assurer de la mise au point, on regarde l'image au moyen d'une

loupe ou d'un oculaire de Wollaston; l'ensemble constitué par l'objectif et cette loupe peut être assimilé à une lunette astronomique. Pendant la mise au point, l'objectif doit être complètement découvert afin d'avoir une image bien lumineuse, puis on fixe l'objectif, dans la position de réglage, par une vis de pression.

La figure 389 montre la construction de l'image A'B' de l'objet AB.

323. **Conditions que doit remplir un objectif photographique.** — On cherche à réaliser d'une manière aussi parfaite que possible les conditions suivantes :

1° L'image de chaque point de l'objet en lumière blanche est nette : objectif *stigmatique* et *achromatique*;

2° L'image d'un plan de front est un plan de front : objectif *aplanétique*, assurant la *planéité* d'une image finie;

3° L'image d'une droite est une droite : *objectif rectilinéaire* ou *rectiligne*;

4° Enfin l'éclairement de l'image est, en chaque point, proportionnel à l'éclat correspondant de l'objet.

*Remarque.* — Pour que l'image d'un point soit *bonne*, même *parfaite*

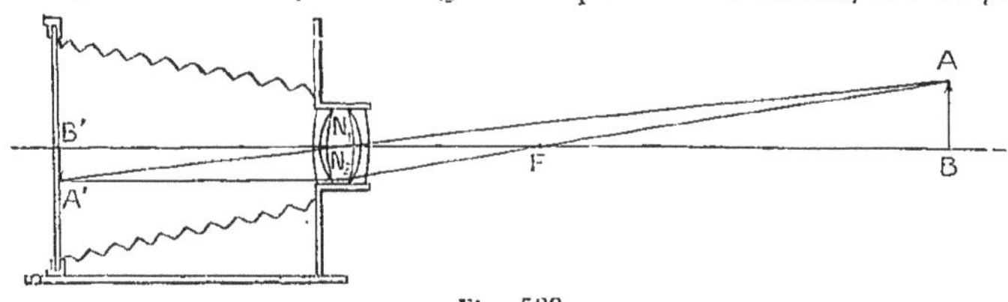


Fig. 389.

au point de vue photographique, il n'est pas nécessaire qu'elle soit réduite à un point; les photographies étant habituellement regardées à l'œil nu, il suffit que l'intersection par la plaque photographique du faisceau émergent, primitivement issu du point-objet, présente toujours des dimensions inférieures au pouvoir séparateur de l'œil (251 et 252). Pour un emmétrope regardant à $25^{cm}$, ce pouvoir séparateur est $0^{mm},075$ ; observant à $30^{cm}$, le pouvoir séparateur correspondant est $0^{mm},1$ environ; en réalité, on peut accepter des taches d'un diamètre bien supérieur sans que la netteté soit compromise. Le *diamètre* de la tache de *diffusion tolérée* en photographie est au minimum de $0^{mm},1$ ; mais on admet très souvent $0^{mm},25$.

324. **Essai expérimental d'un objectif photographique.** — *Aberrations chromatiques.* — L'objectif est toujours formé par une lentille composée achromatique ou un système de lentilles simples ou composées également achromatique. La mise au point se fait par l'observation de l'image *visuelle*, formée par les radiations lumineuses dont la plus intense correspond à $\lambda = 0^{\mu},55$; l'image *photographique* est due aux rayons chimiques dont les plus actifs correspondent à $0^{\mu},4$ environ; on achromatise le système pour ces deux radiations.

Le diaphragme, en diminuant l'ouverture du faisceau émergent, réduit la tache de diffusion, donc corrige dans une certaine mesure les aberrations de réfrangibilité.

Une manière très simple de faire l'essai pour les aberrations chromatiques consiste à photographier le titre d'un journal placé à une assez faible distance de l'appareil, l'objet étant incliné à 45° par rapport à l'axe de l'instrument : on met au point le mieux possible la lettre du milieu, puis on développe; lorsque, sur l'image photographique, c'est la même lettre qui est nette, le foyer chimique coïncide avec le foyer visuel; si c'est une autre lettre qui est nette, il y a aberration chromatique.

325. *Aberrations de sphéricité.* α) *Pour un point de l'axe.*— On construit l'objectif de manière que les foyers des rayons centraux et des rayons marginaux soient confondus. En diaphragmant on élimine plus ou moins complètement les rayons marginaux et par suite on atténue les aberrations de sphéricité.

On reconnaît qu'un objectif est stigmatique pour un point de l'axe en faisant deux photographies du même objet : pour la première on diaphragme les bords de l'objectif et pour la seconde on couvre le centre de l'objectif : les deux photographies doivent être également nettes dans la région centrale.

β) *Pour un point en dehors de l'axe.* — La caustique relative au point-objet se réduit habituellement (171) à deux *droites caustiques* rectangulaires; il y a foyer si ces droites sont confondues; on cherche à construire des objectifs satisfaisant à cette condition. On emploie aussi des ménisques convergents ayant leur concavité tournée vers la lumière incidente et diaphragmés; les faisceaux qui les traversent étant à peu près normaux aux surfaces de séparation, les droites caustiques sont confondues (fig. 213).

Pour reconnaître l'*astigmatisme*, on photographie une mire formée de circonférences concentriques et de rayons; si en mettant au point une circonférence quelconque, les rayons sont aussi au point dans le voisinage de la circonférence, l'objectif est stigmatique pour les points correspondants. — On photographie aussi quelquefois simplement un monument, un panneau de briques à joints blancs, et on regarde si le système des lignes verticales donne, sur la plaque, des images nettes en même temps que le système des droites horizontales.

Exceptionnellement il y a aberration de sphéricité, sans astigmatisme proprement dit, si on obtient une image nette à la fois d'une circonférence et des portions de rayons voisines, simplement en diaphragmant l'objectif. En diaphragmant on fait habituellement apparaître les *droites focales*.

326. *Courbure de l'image.* — L'image est généralement concave vers l'objectif. Pour la construction des objectifs, on calcule les éléments du système optique de manière à obtenir une image plane.

On met au point le centre de la mire dont il a été question plus haut : si tout est au point à la fois, c'est que l'objectif est stigmatique, aplanétique et donne une image plane de tout le champ.

Si on peut faire des mises au point successives pour chaque circonférence et les portions de rayons voisines, il y a stigmatisme, mais non planéité ; enfin dans le cas d'astigmatisme, si la position moyenne de mise au point d'une circonférence et des portions voisines de rayons est la même pour toutes les circonférences, il n'y a pas de courbure de champ ; dans le cas contraire il y a à la fois astigmatisme et courbure du champ.

En diaphragmant, on peut faire disparaître le défaut de courbure, car on obtient des taches de diffusion décroissantes, mais les focales ne se rapprochent pas et le défaut d'astigmatisme proprement dit persiste pour des longueurs même faibles des droites focales.

327. *Distorsion.* — Elle résulte de l'emploi d'un diaphragme (118) ; on la corrige aisément, dans les objectifs composés, en plaçant le diaphragme entre les deux parties principales de l'objectif (337) ; mais on sait également construire des objectifs simples rectilinéaires.

On recherche la distorsion en photographiant un quadrillage ou un monument.

328. *Éclairement. — Ouverture utile du diaphragme.* — On appelle *ouverture utile du diaphragme* la section du faisceau incident parallèle à l'axe principal qui arrive sur la plaque photographique. Lorsque le diaphragme est en avant, l'ouverture utile du diaphragme est en même temps l'ouverture réelle ; mais, dans le cas contraire, les rayons incidents qui traversent l'objectif sont ceux que leurs réfractions antérieures ont amenés à passer par l'ouverture réelle du diaphragme ; ces rayons sont donc tous à l'intérieur de l'image de l'ouverture du diaphragme à travers les verres qui le précèdent et *l'ouverture utile est l'image de l'ouverture réelle dans la portion antérieure de l'objectif* ; nous désignerons son diamètre par $F/n$ (F distance focale de l'objectif).

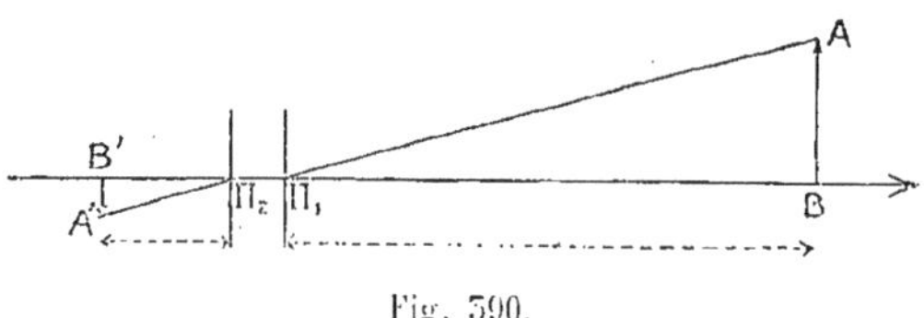


Fig. 390.

Soit E l'éclat d'un objet AB (fig. 390) de surface S, placé à la distance $x$ du plan principal-objet de l'objectif : soit $\Sigma$ l'ouverture utile du diaphragme, $e$ l'éclairement de l'image, $x'$ sa distance à l'objectif (plan principal-image).

Le flux $\Phi$ qui forme l'image est (219) :

$$\Phi = \frac{ES\Sigma}{x^2} ;$$

par suite l'éclairement

$$e = \frac{\Phi}{S'} = \frac{ES\Sigma}{x^2 S'} .$$

et comme

$$\frac{S}{x^2} = \frac{S'}{x'^2} ,$$

on a :

$$= \frac{E\Sigma}{x'^2} .$$

L'éclairement diminue quand l'image s'éloigne, c'est-à-dire quand l'objet se rapproche. Examinons le cas particulier d'un objet à l'infini :

$$e = \frac{E\Sigma}{F^2} = \frac{E \times \pi \frac{F^2}{4n^2}}{F^2} = \frac{\pi E}{4n^2}.$$

L'éclairement est le même pour les objectifs également transparents, et diaphragmés de manière que $n$ soit le même pour tous, d'où l'importance du coefficient $n$ ; aussi chaque diaphragme doit-il porter l'indication $F/n$ (Congrès de Photographie de 1900). La transparence chimique d'un objectif peut varier de 0,4 à 0,9.

Le calcul s'applique seulement au cas d'un objet voisin de l'axe ; s'il s'agit d'un élément tel que l'inclinaison du rayon moyen sur l'axe soit $\alpha$, en raisonnant comme plus haut, tenant compte de l'inclinaison du rayon par rapport à la surface d'émission et à la face antérieure de l'objectif, observant que la distance de l'élément-objet à l'objectif est $x : \cos \alpha$, on établit que l'éclairement varie comme $\cos^4 \alpha$ ; il va donc en diminuant vers les bords. Pour $\alpha = 30°$, $\cos^4 \alpha = 0,56$.

329. *Défaut de centrage.* — Si les lentilles du système ne sont pas bien centrées, en faisant tourner l'objectif, la portion la plus nette de l'image n'est pas toujours la même.

330. *Halo.* — Lorsque les photographies sont voilées au centre, on dit qu'il y a *halo* ; ce défaut est observé toutes les fois que l'image du diaphragme vient se former dans le voisinage de la plaque. On évite le halo en s'arrangeant de manière que cette image soit virtuelle et on reconnaît que la condition précédente est remplie si, en tournant l'objectif vers le ciel, on n'aperçoit pas de tache lumineuse vers le centre du verre dépoli.

331. **Mesures relatives aux objectifs photographiques.** — *Distance focale.* — On emploie l'une des méthodes étudiées précédemment (169), de préférence celle des plans antiprincipaux (Davanne et Martin) ; en même temps on obtient la position des plans focaux et principaux.

332. *Ouverture utile du diaphragme.*— On met au point pour l'infini, on remplace la glace dépolie par une feuille de carton dans laquelle on a percé un trou derrière lequel on place l'œil, et on applique sur l'objectif les pointes d'un compas que l'on écarte le plus possible, jusqu'à ce qu'on cesse de les voir ; leur distance représente alors la grandeur cherchée. En effet, le cône des rayons qui pénètrent dans l'œil provient d'incidents à l'objectif *parallèles* et il en vient ainsi des différents points de la surface frontale de l'objectif, en particulier des pointes du compas : le diamètre du faisceau incident qui traverse est donc bien égal à la distance des points extrêmes visibles de l'objectif.

333. *Profondeur du foyer.* — A cause de l'existence de la tache de diffusion tolérée, la mise au point d'un point de l'axe peut être satisfaisante pour une infinité de positions du verre dépoli, comprises entre deux positions extrêmes, dont la distance porte le nom de *profondeur du foyer* ; cette grandeur varie avec la distance à laquelle se trouve l'objet.

Si l'on fait la mise au point successivement pour les diverses courbes d'une mire à circonférences concentriques et si, pour chaque circonférence, on détermine les positions des images acceptables correspondant aux positions extrêmes du verre dépoli, le lieu des images ainsi définies enveloppe le *volume focal* (fig. 391) et l'image est nette pour toute la région LM de la plaque comprise dans le volume focal.

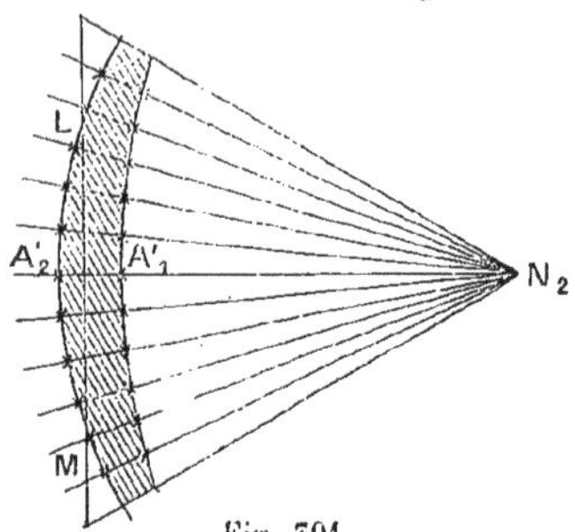

Fig. 391.

*Problème. — Déterminer la profondeur du foyer* : 1° *Le point est à l'infini.*

Soit $\varepsilon$ le diamètre de la tache de diffusion tolérée, $\frac{F}{n}$ le diamètre BC (fig. 392) de l'ouverture utile; lorsque la plaque dépolie est en F', foyer-image, l'intersection du faisceau émergent est un point; plaçons cette glace en $F'_1$ ou en $F'_2$, de manière que le diamètre de la section du faisceau par la plaque soit précisément $\varepsilon$; désignons par $u$ les distances $F'_1F' = F'F'_2$ : la similitude des triangles $F'B_1C_1$, $F'B_2C_2$, $F'BC$ nous donne :

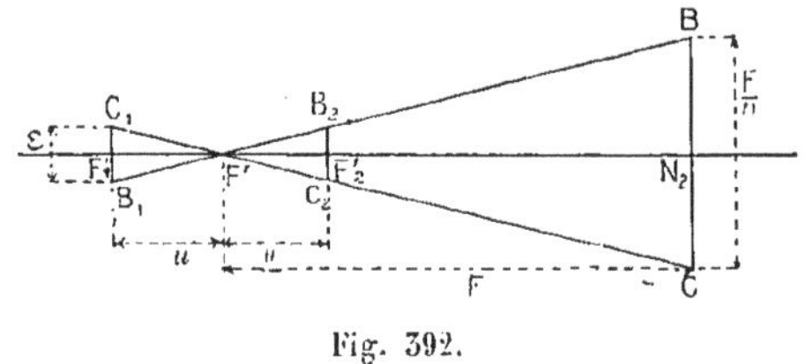

Fig. 392.

$$\frac{u}{\varepsilon} = \frac{F}{\frac{F}{n}} = n, \qquad \text{d'où} \qquad u = n\varepsilon;$$

la profondeur du foyer

$$\delta = F'_1F'_2 = 2u = 2n\varepsilon.$$

Ex. : pour $n = 10$, $\varepsilon = 0^{mm},1$, $2u = 2^{mm}$.

Pour faire une bonne mise au point, il y a avantage à diminuer la profondeur du foyer; on procédera donc à toute ouverture.

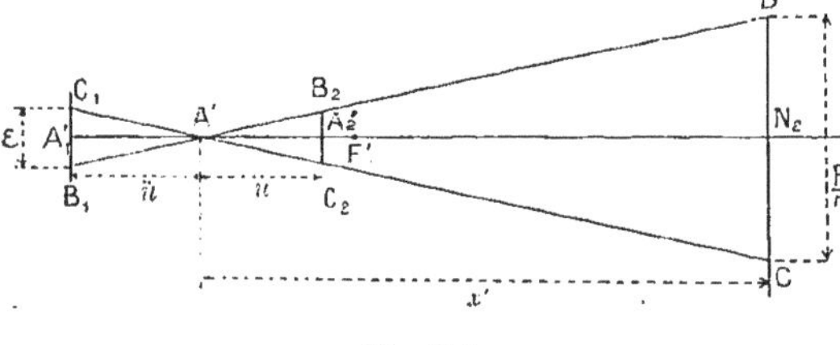

Fig. 393.

2° *Le point est à distance finie.* — Soit A' le point-image tel que $N_2A' = x'$ ; on peut donner à la glace dépolie les deux positions extrêmes $A'_1$, $A'_2$, telles que les intersections du faisceau par la glace aient alors pour diamètre $\varepsilon$, en posant $A'_1A' = A'A'_2 = u'$ et en raisonnant comme plus haut, nous avons :

$$\frac{u'}{\varepsilon} = \frac{(x')}{\frac{F}{n}}, \qquad \text{d'où} \qquad u' = \frac{n\,\varepsilon\,(x')}{F};$$

la profondeur du foyer est alors :

$$\delta' = 2u' = \delta \times \frac{(x')}{F};$$

elle augmente lorsque l'objet se rapproche; elle est de l'ordre de grandeur de $\delta$ et généralement peu différente de $\delta$.

334. *Champ*. — C'est la région de l'espace dont on obtient une image sur la plaque photographique (image acceptable pour le champ de netteté); elle dépend de la position de la plaque. On détermine généralement ce champ quand la plaque est dans le plan focal et on le caractérise par l'angle au sommet du cône sous lequel il est vu de l'objectif.

$\alpha$) Supposons que l'objectif soit monté sur une chambre noire de grandes dimensions; mettons au point pour l'infini; soit R le rayon du cercle lumineux découpé sur l'écran; le demi-angle au sommet du *champ de visibilité totale* est donné par l'expression $\operatorname{tg} \Gamma = \frac{R}{F}$.

$\beta$) Pour un diaphragme donné déterminons le rayon $r$ du cercle correspondant à une image nette; le demi-angle au sommet C du *champ de netteté*, correspondant au diaphragme donné, est défini par la relation $\operatorname{tg} C = \frac{r}{F}$. L'objectif couvrira une plaque $a \times b$, si $r > \frac{\sqrt{a^2+b^2}}{2}$.

$\gamma$) Si l'objectif est monté avec une chambre noire telle que la glace soit entièrement couverte, le *champ de l'appareil* est défini par l'angle que font les faisceaux horizontaux extrêmes (si le grand côté de la plaque est horizontal) donnant des images sur les bords verticaux. En désignant cet angle par $2C'$ et par $a$ le grand côté de la plaque : $\operatorname{tg} C' = \frac{a}{2F}$. On le mesure commodément en posant l'appareil sur une table horizontale, amenant l'image d'un point déterminé A sur l'un des bords verticaux de la glace dépolie, et traçant un trait le long de l'une des arêtes L de la tablette de l'appareil. Puis on fait tourner la chambre noire de manière à amener l'image du point A sur l'autre bord vertical de la glace; on mène encore un trait le long de l'arête L choisie précédemment; l'angle des deux droites ainsi tracées est $2C'$.

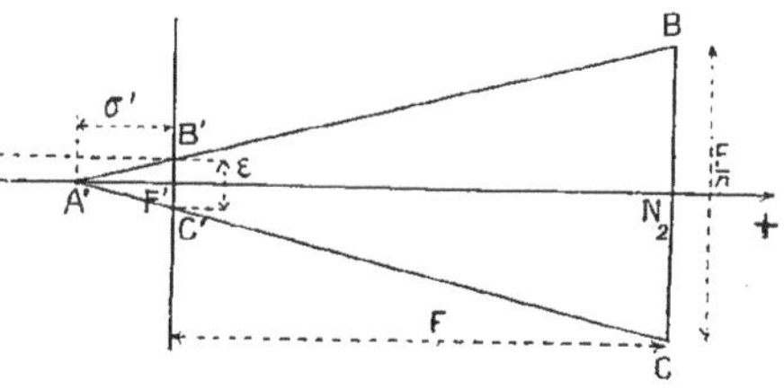


Fig. 394.

*Problème. — Déterminer la profondeur du champ. — 1° La plaque est dans le plan focal-image.*

Soit A' (fig. 394) un point tel que le cône ayant pour sommet A' et pour base l'ouverture utile du diaphragme, découpe sur la plaque placée en F' un cercle de diamètre $\varepsilon$, égal à la tache de diffusion tolérée, et déterminons A' en posant $\overline{F'A'} = \sigma'$; les triangles semblables qui ont pour sommet A' nous donnent :

$$\frac{(\sigma')}{\varepsilon} = \frac{F + (\sigma')}{\frac{F}{n}},$$

ou sensiblement, $(\sigma')$ étant petit par rapport à F :

$$\frac{(\sigma')}{\varepsilon}=n, \qquad \text{d'où} \qquad (\sigma')=n\varepsilon \qquad \text{ou} \qquad \sigma'=-n\varepsilon.$$

Le point A′ est l'image d'un point A de l'espace placé à une distance $\sigma$ du foyer-objet, telle que

$$\sigma=-\frac{F^2}{\sigma'}=\frac{F^2}{n\varepsilon};$$

cette distance est sensiblement la même que la distance D de l'objectif au point A, que l'on nomme *distance hyperfocale* :

$$D=\frac{F^2}{n\varepsilon}.$$

Tous les points qui sont à une distance de l'objectif supérieure à D donnent des images comprises entre A′ et F′; donc l'intersection par la plaque des faisceaux réfractés correspondants est inférieure à la tache de diffusion tolérée; les points considérés ont tous une image nette sur la plaque.

*Ex.* : pour un objectif de petit appareil stéréoscopique de $F=5^{cm}$, $n=10$, si on fait $\varepsilon=0^{mm},1$ on a : $D=2^m,50$, et si on admet $\varepsilon=0^{mm},25$ on trouve : $D=1^m$. Avec ces appareils, dès que la distance de l'objet est supérieure à $1^m$, il n'y a plus à faire de mise au point, aussi la plaque est-elle dans une position invariable.

2° *La plaque est en arrière du plan focal-image.* — Soit A′ (fig. 595)

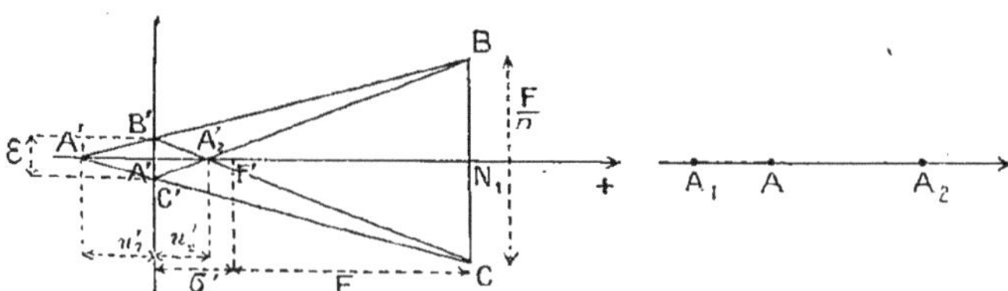


Fig. 595.

l'intersection de la plaque avec l'axe; posons $\overline{F'A'}=\sigma'$, désignons par $A'_1$ et $A'_2$ deux points tels que les cônes ayant pour sommets ces points et pour base l'ouverture utile du diaphragme découpent sur la plaque A′ des cercles de diamètre $\varepsilon$; posons $\overline{A'_1A'}=u'_1$, $\overline{A'A'_2}=u'_2$; la similitude des triangles qui ont pour sommet commun le point $A'_1$ nous donne :

$$\frac{u'_1}{\varepsilon}=\frac{u'_1+(\sigma')+F}{\frac{F}{n}},$$

et comme $u'$ est petit par rapport à $(\sigma')+F$ :

$$\frac{u'_1}{\varepsilon}=\frac{(\sigma')+F}{\frac{F}{n}},$$

d'où :

$$u'_1 = n\varepsilon \frac{F + (\sigma')}{F} = n\varepsilon \times \frac{F - \sigma'}{F};$$

en considérant les triangles semblables qui ont pour sommet commun $A'_2$, on trouverait, au degré d'approximation admis, que $(u'_1) = (u'_2)$. On a donc :

$$\overline{F'A'_1} \quad \text{ou} \quad \sigma'_1 = \overline{F'A'} + \overline{A'A'_1} = \sigma' - u'_1,$$
$$\overline{F'A'_2} \quad \text{ou} \quad \sigma'_2 = \overline{F'A'} + \overline{A'A'_2} = \sigma' + u'_2 = \sigma' + u'_1.$$

Aux points-images $A'_1$ et $A'_2$ correspondent les points-objets $A_1$ et $A_2$ tels que

$$\overline{FA_1} \quad \text{ou} \quad \sigma_1 = -\frac{F^2}{\sigma'_1} = -\frac{F^2}{\sigma' - u'_1},$$
$$\overline{FA_2} \quad \text{ou} \quad \sigma_2 = -\frac{F^2}{\sigma'_2} = -\frac{F^2}{\sigma' + u'_1}.$$

La profondeur du champ est $\overline{A_1A_2} = d$, car tous les points du segment $A_1A_2$ ont leurs images sur $A_1A'_2$, et les cônes divergents correspondants découpent, sur le plan A', des cercles de diamètres inférieurs à $\varepsilon$, donc :

$$\overline{A_1A_2} \text{ ou } d = \sigma_2 - \sigma_1 = \frac{F^2}{\sigma' - u'_1} - \frac{F^2}{\sigma' + u'_1} = \frac{2F^2 u'_1}{\sigma'^2 - u'^2_1},$$

ou sensiblement :

$$d = \frac{2F^2 u'_1}{\sigma'^2} = 2n\varepsilon F \times \frac{F - \sigma'}{\sigma'^2}.$$

Nous obtiendrons une expression plus simple en fonction de $\overline{FA} = \sigma$ :

$$(1) \qquad \sigma' = -\frac{F^2}{\sigma} \qquad \text{par suite :} \qquad d = \frac{2n\varepsilon\sigma}{F}\left(1 + \frac{\sigma}{F}\right)$$

ou, en remplaçant $n\varepsilon$ en fonction de la distance hyperfocale D :

$$d = \frac{2\sigma}{D}(F + \sigma).$$

*Application numérique.* — Cherchons quel diaphragme il faut employer, avec un objectif de $F = 20^{cm}$, pour que, en mettant au point à $10^m$ de distance, la profondeur du champ soit $5^m$.

Dans la formule (1), nous faisons : $d = 5^m$, $F = 0^m,2$ ; $\varepsilon = 0^m,0001$, $\sigma = 10^m$ (car $\sigma$ diffère très peu de la distance de l'objectif à l'objet) ; nous trouvons :

$$n = 10.$$

555. **Distance optimum pour observer une photographie.** — On verra l'image photographique sous le même aspect que l'objet en la plaçant à une distance $x'$ égale à celle du point nodal-image de l'objectif à la glace dépolie, distance peu différente de F en général.

Lorsque $x' < \varpi$ (226), il faut employer une lentille pour accommoder ; celle qui convient le mieux a pour distance focale F, l'image photographique étant habituellement dans le second plan focal : on peut prendre l'objectif; la sensation de relief est alors très accusée. Le diamètre de la tache de diffusion tolérée est, dans ce cas:

$$\varepsilon = \text{arc } 1' \times F = \frac{3F}{10\,000}.$$

356. **Objectifs simples**. — Ils sont formés de deux et quelquefois même de trois ou quatre lentilles accolées (fig. 596). Le nombre des conditions qu'on peut satisfaire croît naturellement avec le nombre des verres. Ces objectifs sont toujours achromatiques et stigmatiques; ils tournent leur concavité du côté où vient la lumière; le diaphragme est en avant à la distance $\frac{F}{5}$ environ : de cette manière ils sont traversés à peu près normalement par les faisceaux lumineux, ce qui est avantageux pour le stigmatisme.

Les objectifs simples présentent les avantages suivants :

Pour une valeur donnée de $n$ ils sont plus lumineux que les objectifs composés, car il y a moins de surfaces réfléchissantes et ils sont plus minces.

Comme ils sont, par nécessité, fortement diaphragmés, la profondeur du champ et la profondeur du foyer sont considérables.

Le diaphragme étant en avant, les premiers plans sont mieux éclairés que les derniers, dont le pouvoir actinique est plus considérable, d'où une compensation partielle.

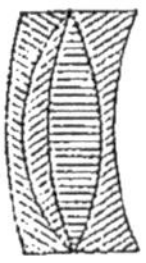

Fig. 596.

Mais les objectifs simples présentent des défauts considérables.

Le calcul montre que le stigmatisme pour un point de l'axe, est mauvais; cela ne nous surprend point, car la face concave est tournée vers l'objet, tandis que, pour la lentille d'aberrations principales minima (127), elle est convexe: il faut donc fortement diaphragmer et, puisque $n$ est grand, l'éclairement est faible. Il y a distorsion, le diaphragme n'étant pas contre l'objectif.

A cause de ces défauts les objectifs simples ne conviennent pas pour l'instantané, pour la photographie des monuments et la reproduction des dessins; on les emploie surtout pour le paysage.

L'ouverture maximum correspond à F/25 environ ; le champ est de l'ordre de 40°.

En multipliant le nombre des verres, on augmente l'ouverture utile, on corrige la distorsion; aujourd'hui on construit des objectifs simples rectilignes dont le champ peut atteindre 90° et dont l'ouverture peut être égale et même supérieure à $f/10$.

357. **Objectifs composés symétriques**. — Ils sont formés de deux systèmes identiques (fig. 597, I, II, III); chaque système est constitué par deux lentilles accolées, quelquefois trois ou même quatre. En plaçant le diaphragme au milieu de l'objectif on corrige bien la distorsion : le système frontal seul donnerait la distorsion en croissant, et l'autre, la distorsion en barillet : il y a compensation.

On impose au système les conditions d'achromatisme, de stigmatisme, d'aplanétisme et de planéité pour tout le champ.

Souvent il arrive que les points nodaux sont confondus, que les surfaces extrêmes sont sur une même sphère; le diaphragme peut être grand. Ce sont les objectifs les plus employés, dont le champ est de 50° environ, et qu'on peut diaphragmer assez souvent à $\frac{f}{8}$.

En rapprochant les lentilles et augmentant les courbures, on obtient

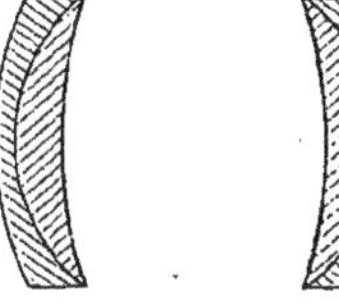
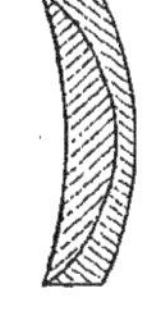

Fig. 397 I.

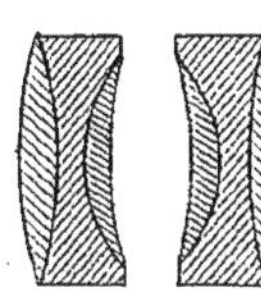

Fig. 397 II.

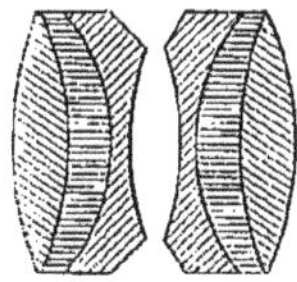

Fig. 397 III.

les *grands angulaires* pour lesquels le champ peut atteindre 100°, mais l'ouverture est petite, $\frac{f}{50}$ par exemple; ils sont donc *lents*.

En éloignant les lentilles, on diminue le champ, mais on augmente l'ouverture et par suite l'éclairement; on a des objectifs *rapides* comme les objectifs à portraits, dont le champ est de 30°, mais qu'on peut diaphragmer à $\frac{f}{6}$.

338. **Objectifs composés non symétriques.** — Ils peuvent être formés de deux, trois et même parfois de quatre systèmes de lentilles simples ou composées (fig. 398). L'un des systèmes est *normal* : le crown, moins dispersif, est aussi moins réfringent que le flint correspondant; l'autre système est *anormal*, c'est-à-dire que le crown est moins dispersif, mais plus réfringent que le flint qui lui est associé : nous avons vu (204) que ces combinaisons étaient indispensables pour corriger à la fois les aberrations chromatiques et la courbure du champ. On peut donner à ces objectifs les qualités les plus diverses, parce que le nombre d'arbitraires à fixer est grand. Il existe des objectifs fonctionnant à $\frac{f}{4}$; d'autres pour lesquels le champ embrassé peut atteindre 120° et même 140°.

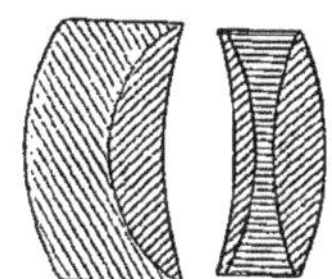

Fig. 398.

Enfin il existe des *trousses* d'objectifs, formées de lentilles composées achromatiques, dont la combinaison permet de réaliser des objectifs de distances focales très variées (pour trois lentilles, sept objectifs).

339. **Objectifs stéréoscopiques.** — Ce sont deux objectifs identiques dont les axes sont placés à une distance égale à celle des deux yeux, ou supérieure quand on veut exagérer le relief; ils donnent deux images un peu différentes; on intervertit les positifs et on les regarde avec un stéréoscope : la superposition des deux vues non identiques donne la sensation du relief.

340. **Objectifs téléphotographiques.** — Si $\omega$ est la distance angulaire de deux points éloignés, la distance des images photographiques des deux points est $\omega F$ ; il y a nécessité à augmenter F lorsque $\omega$ est petit, et c'est ce qui arrive, en général, lorsque la distance de l'objet à l'appareil est grande ; mais, avec un objectif ordinaire, l'encombrement serait excessif. Or, la distance focale d'un système de deux lentilles de distances focales $f$, $f'$, placées à la distance $e$, est (166) :

$$F = \frac{ff'}{f+f'-e};$$

nous voulons que F soit grand, pour cela il suffit que $f+f'-e$ soit petit ; de plus nous désirons que $e$ ne soit pas trop grand, car il faut éviter d'allonger l'appareil : il y a donc avantage à prendre une lentille divergente ; par exemple nous ferons $f>0$, $f'<0$ ; en outre il faut que le foyer image soit réel et le plus près possible du système, c'est-à-dire que l'on ait :

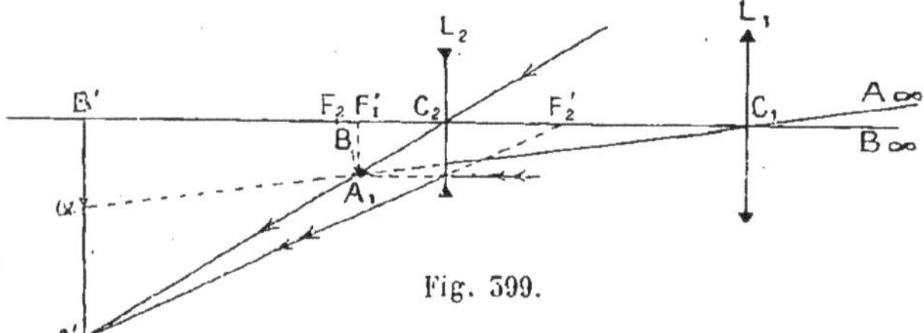

Fig. 399.

$$h' = \frac{f'(e-f)}{f+f'-e} < 0 \text{ et petit en valeur absolue }(^1);$$

avec $f'<0$, comme $f+f'-e$ est petit, on a $e-f<0$ ; la condition physique $h'<0$ entraîne l'inégalité $f+f'-e<0$.

La figure 399 montre la construction de l'image d'un objet AB très éloigné, dans un système téléobjectif. Pour une lentille convergente de distance focale $C_1B'$, la grandeur de l'image serait seulement $B'\alpha$.

Prenons un exemple :

$$f = 12^{cm}, \qquad f' = -3^{cm}, \qquad e = 9^{cm},2,$$

on a :

$$F = 180^{cm}, \qquad h' = -42^{cm}, \qquad -h'+e = 51^{cm},2.$$

La longueur totale de l'appareil est $51^{cm},2$ et la distance focale $180^{cm}$, c'est-à-dire plus de trois fois plus grande.

Ces appareils (fig. 400) sont utilisés pour obtenir la photographie d'objets à grande distance, par exemple pour avoir la photographie d'un ouvrage ennemi ; on les emploie encore pour faire de grands portraits.

Fig. 400.

(1) En retournant l'appareil, le foyer-objet devient foyer-image ; on ne peut utiliser l'appareil retourné que si : $h = \frac{f(f'-e)}{f+f'-e}$ est positif et petit ; comme $f'-e<0$, on a encore nécessairement $f+f'-e<0$.

Posons :

$$f+f'-e = -\varepsilon,$$

nous trouvons pour $h$ et $h'$ respectivement les valeurs approchées $\frac{(e-f')^2}{\varepsilon}$ et $-\frac{f'^2}{\varepsilon}$ ; on a donc $h>(h')$, par suite la lentille de front doit être la lentille convergente.

# MESURE DES INDICES DE RÉFRACTION

341. **Indice relatif et indice absolu.** — La détermination de l'indice absolu de réfraction d'une substance comprend : 1° la mesure de son *indice par rapport à l'air*; 2° la connaissance de l'*indice absolu de l'air*. — Soient en effet $n$ l'indice par rapport à l'air d'une substance prise dans des conditions déterminées, N son indice absolu dans ces mêmes conditions, $\mu_{t,\text{H}}$ l'indice absolu de l'air dans les conditions ambiantes $t$ et H de température et de pression auxquelles se rapporte la mesure de $n$; on sait (71) que l'on a :

$$\text{N} = n\mu_{t,\text{H}}.$$

Mais l'air suit la *loi de Gladstone* (361), par conséquent :

$$\frac{\mu_{t,\text{H}} - 1}{d_{t,\text{H}}} = \frac{\mu_{0,76} - 1}{d_{0,76}},$$

d'où :

$$\mu_{t,\text{H}} = 1 + (\mu_{0,76} - 1)\frac{d_{t,\text{H}}}{d_{0,76}} = 1 + (\mu_{0,76} - 1)\frac{\text{H}}{76} \times \frac{1}{1 + \alpha t};$$

or, pour la raie $\text{D}_1$, par exemple,

$$\mu_{0,76} = 1,000\,292\,6.$$

On obtient donc sans difficulté $\mu_{t,\text{H}}$; le problème est ainsi ramené entièrement à la mesure de l'indice relatif $n$, par rapport à l'air pris dans des conditions déterminées de température et de pression.

342. **Méthodes générales de mesure des indices par rapport à l'air.** — Toute expérience de réfraction peut se prêter à la mesure des indices, avec plus ou moins de facilité : les méthodes employées dans la pratique sont :

La méthode du *prisme ou du minimum de déviation*;

La méthode de la *réflexion totale*;

La méthode de la *réfraction limite*.

343. **Méthode du prisme ou du minimum de déviation.** — Lorsque le prisme est au minimum de déviation (189) :

$$r_m = r'_m; \qquad i_m = i'_m;$$

et comme (186) :

$$\text{A} = r + r', \qquad \text{D} = i + i' - \text{A},$$

dans le cas particulier du minimum de déviation :

$$r_m = \frac{\text{A}}{2}, \qquad i_m = \frac{\text{A} + \text{D}_m}{2},$$

et la relation

$$\sin i_m = n \sin r_m$$

nous donne :

$$n = \frac{\sin i_m}{\sin r_m} = \frac{\sin \frac{A + D_m}{2}}{\sin \frac{A}{2}}.$$

La mesure de l'indice $n$ est ramenée à celle des deux angles A et $D_m$, mesure qui s'effectue habituellement au moyen d'un appareil, le *goniomètre de Babinet*, que nous allons d'abord décrire.

344. **Goniomètre de Babinet.** — *Description.* — Un goniomètre se compose des parties essentielles suivantes :

1° Un *limbe gradué* GG′ (fig. 401);

2° Une *plate-forme* P, mobile autour d'un axe ZZ′ qui est perpendiculaire au plan du limbe gradué et qui passe par son centre : la figure schématique 401 représente la section de l'appareil par un plan passant

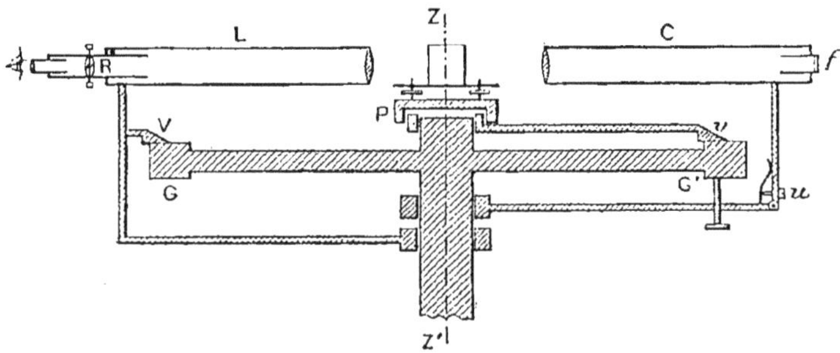


Fig. 401.

par cet axe ZZ′. — La plate-forme P peut se mouvoir autour de ZZ′, soit directement, soit par l'intermédiaire d'une alidade munie d'un vernier $v$ se déplaçant sur le limbe. La plate-forme porte un socle avec miroir plan, généralement muni de vis calantes, et sur lequel sera placé le prisme soumis à l'expérience ;

3° *Un collimateur* C, constitué par une fente $f$, dont un tirage permettra de régler la position par rapport à une lentille placée à l'autre extrémité du tube. Une vis $u$, avec ressort antagoniste, servira à rendre son axe exactement parallèle au limbe. Enfin on peut déplacer le collimateur autour de l'axe ZZ′, de façon à lui donner telle position que l'on voudra ;

4° Une *lunette* L, mobile également autour de l'axe ZZ′ et munie d'une alidade avec un vernier V qui se déplace sur le limbe. — Le réticule R de la lunette est généralement mobile dans son plan, au moyen d'une vis de réglage, ce qui permettra d'amener l'axe optique à être parallèle au limbe.

Lorsqu'on a serré la vis de pression, qui permettait de fixer la plateforme P ou la lunette L, par rapport au limbe GG′, on peut encore imprimer à P et à L des déplacements *lents* au moyen de vis de rappel, de manière à parfaire le réglage.

Enfin l'appareil est porté par un trépied avec vis calantes, en sorte qu'on pourra, s'il est nécessaire, régler l'horizontalité du limbe.

345. **Conditions d'établissement et de réglage du goniomètre.** — Nous supposerons essentiellement que le *constructeur* a établi l'axe de rotation ZZ' perpendiculaire au plan du limbe, tout à fait en son centre; les rotations de la lunette et du prisme autour de l'axe sont alors exactement mesurées par les déplacements mêmes des verniers. Il est facile de voir quelles sont les autres conditions auxquelles on devra satisfaire, par voie de *réglage*.

La direction de visée, dans une lunette, étant déterminée par l'axe optique, il est d'abord nécessaire d'assurer la *fixité de l'axe optique* pendant la durée d'une même mesure; on ne peut être assuré de cette fixité que si, pendant cette mesure, on n'a pas touché au tirage du réticule, c'est-à-dire si la lunette vise toujours à une distance fixe. Or, nous allons voir qu'on aura successivement à viser la fente du collimateur soit directement, soit par réflexion sur les faces du prisme, soit enfin par réfraction au travers du prisme. Dans ces visées, la distance des images de la fente à l'arête du prisme sera généralement variable, à moins que l'arête ne soit exactement confondue avec l'axe de rotation ZZ', et que la visée par réfraction n'ait lieu au minimum de déviation. Pour éliminer ces difficultés, il est donc nécessaire de rejeter la fente à l'infini, puisque les images par réflexion et réfraction seront alors également à l'infini : par suite, *le collimateur devra être réglé de manière à fournir de la lumière parallèle*, c'est-à-dire que la fente *f* devra être placée dans le plan focal de la lentille ; et la lunette devra être réglée comme pour une observation *astronomique*, c'est-à-dire que son réticule devra être placé dans le plan focal de l'objectif; l'image de la fente du collimateur étant rejetée à l'infini, il y a stigmatisme vrai (192) pour le prisme, c'est-à-dire une grande netteté de l'image fournie par le prisme, ce qui favorise la précision des pointés.

D'autre part, pour cette même précision du pointé dans les visées, on prend naturellement comme repères le centre de la fente et le point de croisé des fils du réticule de la lunette. On placera donc *l'axe optique de la lunette dans la même direction que l'axe optique du collimateur.*

Enfin, pour qu'on puisse appliquer les formules du prisme aux rayons provenant du centre de la fente et aboutissant au point de croisé des fils du réticule de la lunette, il faut que ces rayons aient traversé le prisme dans des plans de *section principale*. La direction de la section principale doit contenir la direction des axes optiques de la lunette et du collimateur; mais, pour que les déplacements du vernier de la lunette mesurent bien les angles de déplacement de son axe optique, il faut que *l'axe optique de la lunette soit perpendiculaire à l'axe de rotation*; par suite, il faut que *l'arête du prisme soit parallèle à l'axe de rotation.*

En résumé, les diverses parties du goniomètre devront être réglées comme il suit : 1° la *lunette* devra être pointée pour l'infini ; son axe optique devra être réglé perpendiculairement à l'axe de rotation ; 2° le *collimateur* devra être également réglé pour l'infini ; son axe optique devra être perpendiculaire à l'axe de rotation ; 3° le *prisme* devra avoir son arête parallèle à l'axe de rotation.

Nous allons effectuer ces diverses opérations dans l'ordre indiqué : nous commencerons par régler la lunette, puis le collimateur d'après la lunette, et enfin le prisme d'après le collimateur, en ajoutant comme condition, pour celui-ci, le parallélisme de la fente et de l'axe de rotation.

346. **Opérations du réglage.** — *Réglage de la lunette.* — Pour effectuer le double réglage de la lunette, indépendamment de tout autre, nous supposerons qu'elle puisse être disposée en *lunette autocollimatrice* au moyen d'un *oculaire éclairant*, comme nous allons l'indiquer.

Le tube qui porte le réticule est percé d'une ouverture latérale (fig. 402), par laquelle on pourra envoyer la lumière d'une source S sur un miroir intérieur, incliné à 45° sur l'axe principal, ou bien sur une lame

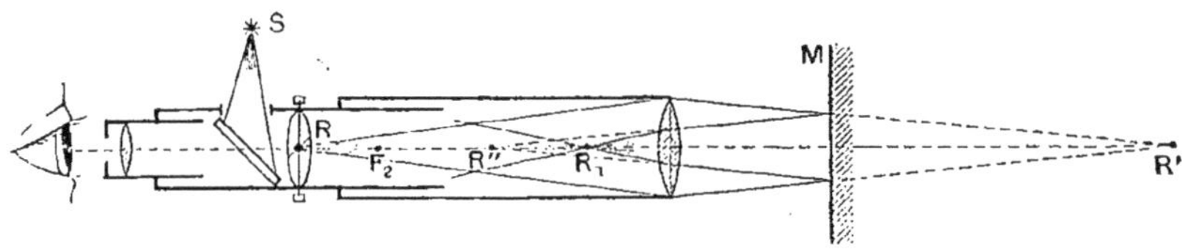


Fig. 402.

à faces parallèles. (Si c'est un miroir métallique qu'on emploie, il est percé d'une ouverture qui permet de voir le réticule à travers l'oculaire.) Le plan du réticule étant ainsi fortement éclairé, le réticule, mis au point pour l'œil placé à l'oculaire, se détache en croix sombre sur ce plan : on pourra d'ailleurs raisonner comme si le réticule formait une croix brillante sur fond sombre.

Considérons, par exemple, le cône de rayons qui proviendrait du point de croisé R des fils et tomberait sur l'objectif ; il serait transformé en un nouveau cône, de sommet R′, conjugué de R par rapport à l'objectif. Or, si l'on suppose ces rayons reçus par un plan réflecteur M, ils iraient, après réflexion, passer par le symétrique R″ de R′ par rapport au miroir ; puis, rentrant en partie dans l'objectif, ils convergeraient définitivement en $R_1$ conjugué de R″ par rapport à l'objectif. On apercevra donc, dans l'instrument, une image de retour du réticule, et cette image ne pourra être vue nettement en même temps que le réticule lui-même, qu'autant que le plan $R_1$ se confondra avec le plan R. Or il faut, pour cela, que R″ se confonde avec R′, ce qui ne peut avoir lieu que si le plan R′ est situé ou sur le miroir lui-même ou à l'infini. Mais, la lunette ayant été d'abord réglée *approximativement* sur un objet éloigné, il est impossible que le point R′ soit situé sur le miroir M, placé très près de l'objectif; si donc l'image de retour $R_1$ se trouve dans le plan R, c'est que R′ est situé à l'infini, c'est-à-dire que le réticule R est dans le plan focal $F_2$ de l'objectif. La lunette sera donc réglée *rigoureusement* en lunette astronomique, quand, par un tirage convenable du réticule, cette condition se trouvera réalisée. — D'autre part pour que le point $R_1$ soit au point R lui-même. il faut évidemment que l'axe optique de la lunette soit *perpendiculaire* au plan réflecteur M; en effet, si cet axe optique faisait un angle $\alpha$ avec la normale au miroir (fig. 403) l'image de retour $R_1$ serait telle que $R_1N_2R = 2\alpha$ ($N_2$ point nodal de l'objectif). Si donc, en faisant mouvoir le plan réflecteur, ou en déplaçant le réticule dans son plan, on fait en sorte que cette condition de coïncidence du point $R_1$ avec R soit satisfaite, l'*axe optique* se trouvera alors *perpendiculaire au plan réflecteur* (¹). — Enfin, si le plan réflecteur, supposé installé sur la plate-forme du goniomètre, est parallèle à l'axe de rotation de l'instrument, l'axe optique de la lunette sera alors perpendiculaire à cet axe de rotation : la lunette sera donc complètement réglée.

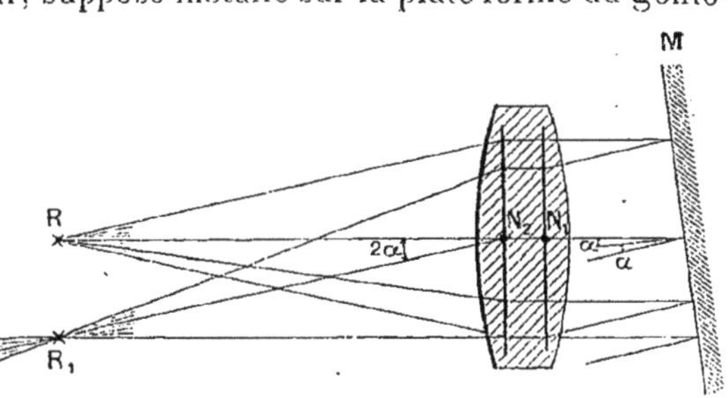

Fig. 403.

Pour réaliser toutes ces conditions à la fois, on dispose, sur la plate-forme du goniomètre, au moyen d'un peu de cire molle, une *lame à faces bien parallèles*. On l'oriente parallèlement à la droite qui joint deux des vis calantes du socle de la plate-forme, et on l'amène à être à peu près perpendiculaire à la plate-forme; il suffit, pour cela, d'observer l'image de la lame dans le miroir qui constitue le socle même de la plate-forme. On éclaire le réticule, on le met au point avec l'oculaire, puis on amène, par tirage du réticule, l'image de réflexion sur une face de la lame, dans le plan du réticule lui-même : *la lunette est alors réglée pour l'infini* (²). — Enfin, soit en appuyant sur la cire molle, soit de préférence en agissant sur les vis calantes du socle, on amène le point de croisé de l'image de retour à se superposer avec le point de croisé des fils du réticule réel : *l'axe optique de la lunette est alors perpendiculaire aux faces de la*

(¹) En appliquant cette même disposition à une lunette méridienne, on peut amener l'axe optique de cette lunette à être perpendiculaire à un bain de mercure horizontal, c'est-à-dire à avoir exactement la direction zénith-nadir. De là, le nom d'*oculaire nadiral*, qui a été donné à ce dispositif du réticule éclairé.

(²) Il est facile de voir que les points R et $R_1$ (fig. 402), lorsqu'ils ne sont pas confondus, sont toujours de part et d'autre du foyer $F_2$ de l'objectif. En déplaçant l'œil derrière l'oculaire, et observant le déplacement relatif de ces deux points, on reconnaît quel est celui qui se trouve le plus rapproché de l'œil ; on sait donc dans quel sens on doit mouvoir le réticule pour effectuer ce réglage (280).

*lame* (fig. 404). La superposition ne doit d'ailleurs pas paraître détruite quand on déplace l'œil derrière l'oculaire, d'un côté ou de l'autre, sinon il faudrait encore déplacer quelque peu le réticule et modifier simultanément, s'il en était besoin, la position de la lame. — Soit, à ce moment, $\alpha$ l'angle des faces de la lame $l$ avec l'axe de rotation ZZ'; c'est également l'angle de l'axe optique O$l$ et du limbe GG'. Si l'on déplace la lunette de 180° autour de ZZ', elle prend la position symétrique O'$l$ par rapport à l'axe de rotation, d'où résulte que l'axe optique fait alors l'angle $2\alpha$ avec la normale $l$N aux faces de la lame. Les rayons réfléchis provenant du point de croisé R des fils du réticule rentrent donc dans la lunette suivant la direction $l$O'' faisant l'angle $4\alpha$ avec l'axe optique et l'image de retour $R_1$ se trouve déplacée de $4\alpha$ par rapport au second point nodal de l'objectif. On la ramène d'une quantité égale à la moitié de ce déplacement, en déplaçant la lame soit au moyen de la troisième vis calante du socle, soit en déformant la cire molle, ce

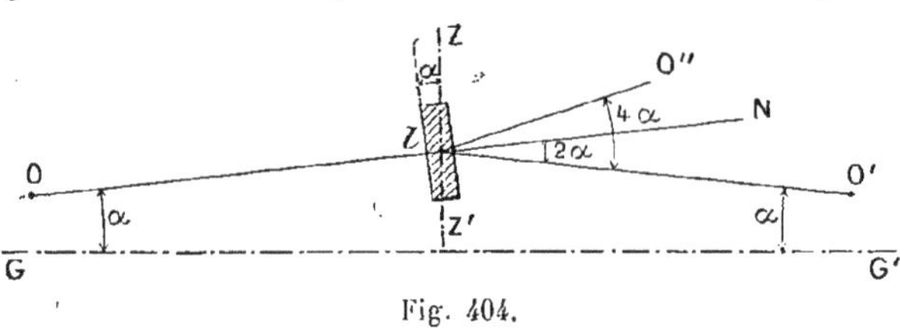

Fig. 404.

qui réduit à $2\alpha$ l'angle des rayons réfléchis et des rayons incidents provenant de R, c'est-à-dire à $\alpha$ l'angle de l'axe optique O'$l$ et de la normale $l$N aux faces de la lame; celles-ci sont alors parallèles à l'axe de rotation. On ramène ensuite le point $R_1$ sur le point R, au moyen de la vis de réglage du réticule, et l'axe optique est de nouveau perpendiculaire aux faces de la lame, c'est-à-dire *perpendiculaire à l'axe de rotation* (¹). On recommence une nouvelle rotation de 180°, pour voir si le réglage est parfait, et on le parachève s'il y a lieu.

*Réglage du collimateur.* — 1° Pour amener *la fente dans le plan focal de la lentille du collimateur*, on vise la fente dans la lunette, à travers la lame à faces parallèles, et on règle le tirage de la fente de manière qu'elle soit vue nettement au point de croisé des fils du réticule, sans que la coïncidence cesse lorsqu'on déplace l'œil derrière l'oculaire,

2° Pour rendre *l'axe optique du collimateur parallèle à l'axe optique de la lunette*, on doit amener le milieu de la fente à former son image au point de croisé des fils du réticule; il suffit, pour y parvenir, d'agir sur la vis $u$ (fig. 401) qui déplace l'axe du collimateur dans un plan perpendiculaire au plan du limbe.

3° Pour rendre *la fente parallèle à l'axe de rotation*, on vise obliquement la fente, disposée à peu près perpendiculairement au limbe, à travers la lame à faces parallèles installée sur la plate-forme; on dispose un

(¹) En réalité, au lieu de déplacer la lunette, on déplace la lame elle-même en faisant tourner la plate-forme de 180°, ce qui revient au même, et on procède de la façon indiquée.

fil $f$ du réticule parallèlement à l'image F de la fente (fig. 405), puis on déplace la lunette de façon à retrouver l'image de la fente par réflexion sur la lame. Supposons que la fente F fasse un angle $\alpha$ avec l'axe de rotation ZZ'; son image F' dans la lame fait encore l'angle $\alpha$ avec ZZ', mais en sens contraire, donc elle fait avec le fil du réticule l'angle $2\alpha$. On fait tourner la fente F dans son plan, de manière à réduire de moitié l'angle de F' avec $f$; F et F' ont tourné de $\alpha$ et par suite sont parallèles à ZZ'; puis on ramène le fil $f$ sur la fente, et l'on répète l'opération jusqu'à ce que le réglage soit définitivement effectué.

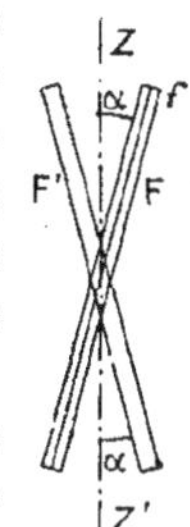

Fig. 405.

*Réglage simplifié.* — Dans certains goniomètres, où la lunette n'est pas autocollimatrice, et où il n'y a pas de vis de réglage du réticule de la lunette, l'instrument est construit de façon que l'axe optique de la lunette réglée pour l'infini soit perpendiculaire à l'axe de rotation. Avec ces goniomètres voici comment on procède : on règle la lunette pour l'infini, en visant un objet très éloigné; on règle le collimateur pour l'infini en mettant au point, dans la lunette, l'image de la fente; on rend l'axe du collimateur parallèle à celui de la lunette en faisant basculer le collimateur de manière à placer l'image de la fente au milieu du champ de la lunette; on rend le limbe horizontal au moyen d'un niveau, et la fente verticale avec un fil à plomb; on doit continuer à la voir nettement dans la lunette; puis on fait tourner le réticule de manière que l'un de ses fils coïncide avec l'image de la fente. Il ne reste plus qu'à régler le prisme.

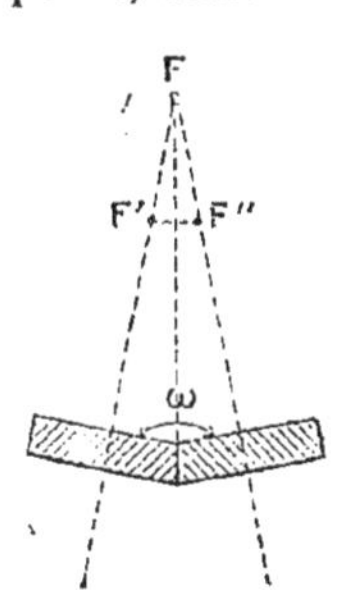

Fig. 406.

547. *Méthode de M. Lippmann.* — Si l'on ne dispose ni d'oculaire nadiral, ni d'un point éloigné, pour régler simultanément la lunette et le collimateur pour l'infini, on peut se servir d'un *bilame*, formé de deux lames à faces parallèles faisant entre elles un angle $\omega$ très voisin de $\pi$ (fig. 406). Ce bilame, disposé sur la plate-forme, donne de l'image F de la fente, produite par la lentille collimatrice, *deux* images F' et F'' dont la distance est $F'F'' = d = 2\,FF' \sin\frac{\pi-\omega}{2}$. Or, en appelant $e$ l'épaisseur et $n$ l'indice commun des lames, on a (183) $FF' = e\left(1-\frac{1}{n}\right)$; donc $d = 2e\left(1-\frac{1}{n}\right)\sin\frac{\pi-\omega}{2}$. Cette distance est *constante* : par conséquent, à mesure que la double image s'éloigne par tirage du collimateur, son diamètre apparent diminue; lorsque l'image F est à l'infini, on ne voit plus dans la lunette qu'une seule image de la fente. Le collimateur est alors réglé pour l'infini, ainsi que la lunette, dans laquelle cette image unique est au point sur le réticule. Il ne reste plus qu'à mettre les deux axes optiques dans la même direction, parallèlement au limbe.

*Réglage du prisme.* — Pour rendre *l'arête du prisme parallèle à l'axe de rotation* (ou *parallèle à la fente du collimateur*), on installe le prisme sur la plate-forme, en le fixant avec un peu de cire molle (ou même on le pose simplement sur la plate-forme), de telle manière que l'arête A (fig. 407) soit au centre du miroir(¹) et que la face AB passe par l'une des vis $V_1$ de la plate-forme. AB est perpendiculaire à $V_2V_3$ et si $A = 60^o$, AC est perpendiculaire à $V_1V_2$. On amène l'arête A à être approximativement perpendiculaire au socle, en faisant en sorte que son image, fournie par le miroir du socle, soit sensiblement dans le prolongement de l'arête elle-même. Alors, si la lunette est autocollimatrice, en agissant sur la vis $V_3$ du socle, on amène la face AB de l'angle réfringent à être perpendiculaire à l'axe optique ; on passe ensuite à la face AC, que l'on règle au moyen de la vis $V_1$ ; on fait retour à AB, et ainsi de suite par tâtonnements, en agissant alternativement sur $V_3$ pour régler AB, ce qui ne modifie pas l'orientation de AC, et sur $V_1$ pour régler AC, ce qui ne change pas l'orientation de AB, jusqu'à ce que les deux faces de l'angle du prisme soient bien perpendiculaires à l'axe optique. On est certain alors que l'arête est parallèle à l'axe de rotation.

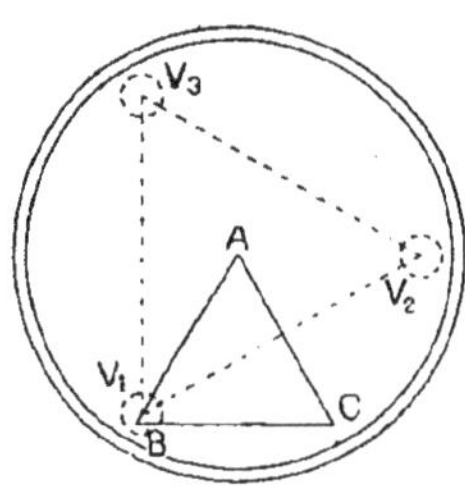

Fig. 407.

Si la lunette n'est pas autocollimatrice, on vise l'image de la fente du collimateur par réflexion sur la face AB, et au moyen de la vis $V_3$ on amène cette image à couvrir exactement le fil correspondant du réticule. On procède ensuite de même pour la face AC en agissant sur $V_1$, on fait retour à AB et ainsi de suite par tâtonnements, jusqu'à ce que le réglage soit parfait. Les deux faces sont alors parallèles à la fente et au fil correspondant du réticule ; on est donc certain que l'arête du prisme, intersection des deux faces, est parallèle à la fente et par suite à l'axe de rotation.

348. **Mesure de l'angle réfringent A du prisme.** — Le goniomètre et le prisme ayant été préalablement réglés comme il vient d'être dit, on peut, pour mesurer l'angle A, employer l'une ou l'autre des deux méthodes suivantes.

*Première méthode : déplacement de la lunette autour de l'axe de rotation.* — 1° Si la lunette de l'instrument est *autocollimatrice*, on amène son axe optique, préalablement réglé, à être perpendiculaire à l'une des faces du prisme, également réglé (fig. 408), et l'on note la position du zéro du vernier de la lunette dans cette première position $L_1$. On déplace ensuite la lunette jusqu'à la position $L_2$, où son axe optique est

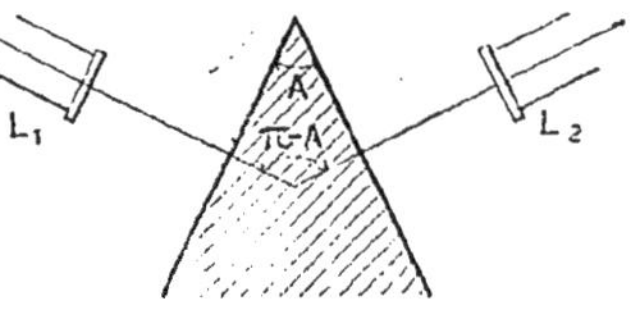

Fig. 408.

(¹) Dans le voisinage de l'arête, le prisme est souvent mal taillé, les faces sont arrondies ; on ne placera donc pas nécessairement A au centre du miroir, mais on s'arrangera toujours de manière que AB soit perpendiculaire à $V_2V_3$ ; AC sera alors à peu près perpendiculaire à $V_1V_2$ et les réglages ultérieurs en seront très facilités.

perpendiculaire à la seconde face ; on note la nouvelle position du zéro du vernier. L'angle dont on a déplacé la lunette, donné par ces deux lectures, est égal à $\pi - A$.

2° Si le goniomètre ne porte qu'une lunette *ordinaire* (sans autocollimation), on éclaire la fente, par de la lumière blanche par exemple, et on oriente le collimateur C de façon que les rayons qui en proviennent tombent à la fois sur les deux faces de l'angle réfringent A (fig. 409). Par rotation de la lunette on fait coïncider successivement le fil vertical du réticule avec les images de la fente par réflexion sur les faces de A.

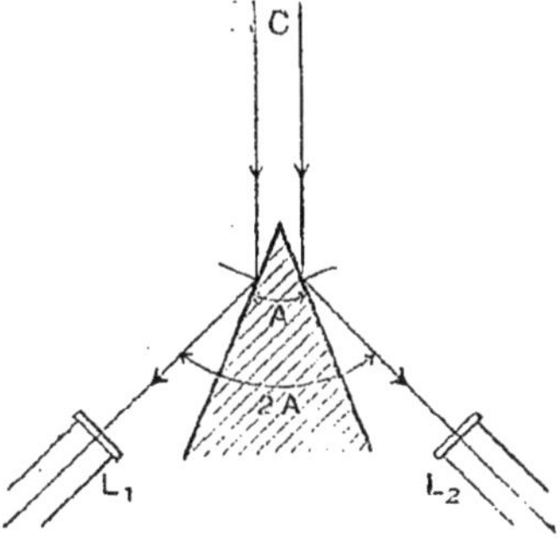

Fig. 409.

L'angle formé par les deux positions correspondantes $L_1$ et $L_2$ de la lunette, fourni par deux lectures, est égal à 2A, d'après le théorème du miroir tournant (29). — Cette méthode n'est pas toujours absolument sûre : elle fait intervenir des portions du prisme voisines de l'arête, où les surfaces ne sont pas toujours rigoureusement planes, et dont l'angle peut ne pas être celui des régions du prisme qu'on utilisera dans la réfraction, si A n'est pas au centre de la plate-forme.

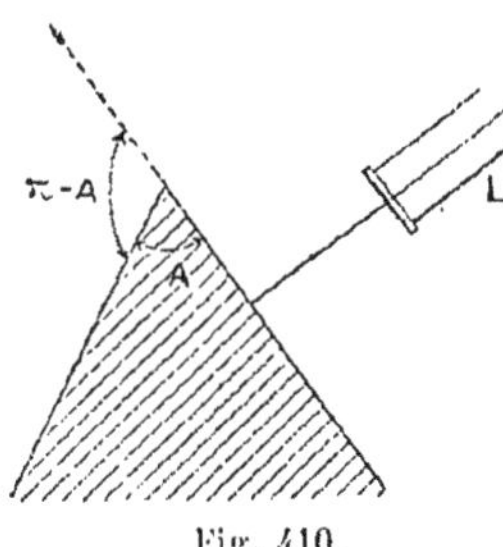

Fig. 410.

*Seconde méthode : déplacement du prisme autour de l'axe de rotation.* — Cette méthode n'est applicable qu'autant que la plate-forme est munie d'un vernier $v$ (fig. 401), se déplaçant sur le limbe, dispositif qui existe du reste dans la plupart des goniomètres. — 1° Si la lunette est *autocollimatrice*, on amène l'axe optique à être perpendiculaire à l'une des faces du prisme (fig. 410), et l'on fait ensuite tourner le prisme, par le bras du vernier de la plate-forme, de façon à amener la seconde face à être perpendiculaire à l'axe optique resté fixe. L'angle dont on a tourné le prisme, fourni par les deux lectures successives au zéro du vernier de la plate-forme, est égal à $\pi - A$.

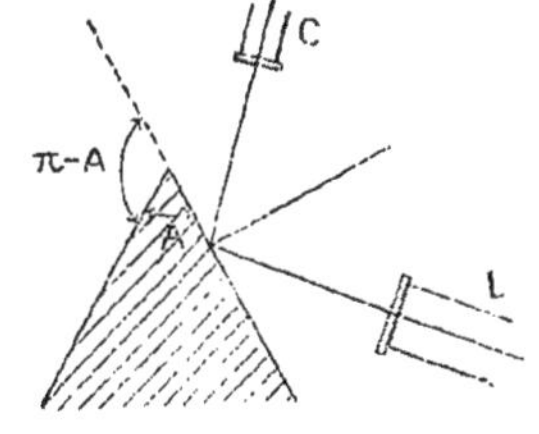

Fig. 411.

2° Si le goniomètre ne porte qu'une lunette *ordinaire* (sans autocollimation), on fait en sorte que le collimateur C envoie obliquement ses rayons sur l'une des faces de l'angle réfringent (fig. 411) et l'on fixe la lunette L de façon à faire coïncider l'image de la fente, par réflexion sur la face considérée, avec le fil vertical du réticule. On fait alors tourner la plate-forme, par son alidade, de manière à produire encore la coïncidence de l'image de la fente, par réflexion sur la deuxième face, avec le fil vertical du réticule. On a ainsi amené la seconde face à être parallèle à la position primitive de la première face, c'est-à-dire qu'on a fait tourner le prisme d'un angle $\pi - A$; cet angle est donné par les deux lectures successives au zéro du vernier de la plate-forme.

349. **Mesure de $D_m$.** — Nous supposerons, dans ce qui va suivre, que les mesures sont faites avec une lumière *monochromatique*, généralement celle d'une flamme au sodium. On opère encore souvent avec l'une des radiations fournies par un tube de Plücker à hydrogène, par un arc au mercure, ou enfin avec une raie de Fraunhofer du spectre solaire.

1° Pour mesurer $D_m$, on oriente d'abord la lunette de façon à recevoir l'image de la fente par réfraction, l'incidence étant presque rasante, puis on fait tourner le prisme de manière à diminuer l'incidence; la déviation va d'abord progressivement en diminuant, et l'on continue ainsi jusqu'au voisinage du minimum de déviation. Quand on constate que l'image de la fente s'arrête, on fixe les vis de serrage de la lunette et du prisme, et l'on continue à faire mouvoir prisme et lunette par les vis de rappel, jusqu'à ce que l'on trouve les positions du prisme et de la lunette pour lesquelles le minimum de déviation est exactement réalisé et repéré. On note la position du zéro du vernier de la lunette; puis on fait tourner la lunette de manière à viser directement la fente, si c'est possible. L'angle dont on a déplacé la lunette, fourni par les deux lectures, est l'angle de déviation minimum $D_m$.

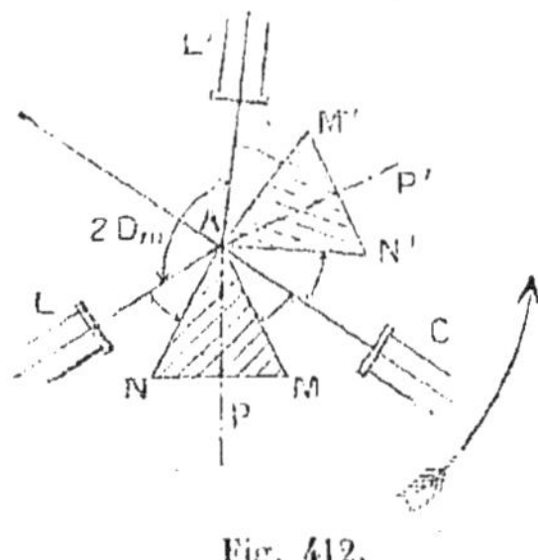

Fig. 412.

2° Si l'on ne peut pas viser directement la fente au delà de l'arête du prisme, on fait tourner le prisme de façon à l'amener dans une position M'AN' (fig. 412), telle que l'on reproduise le minimum de déviation de l'autre côté par rapport à l'axe du collimateur C, c'est-à-dire dans une position symétrique de la première par rapport à cet axe. L'angle des deux positions L et L' de la lunette est alors $2D_m$; on en déduit la valeur de $D_m$, avec une erreur moitié moindre que dans la façon de procéder précédente[1]; cette méthode est donc supérieure à la première et doit être employée de préférence.

3° Enfin, si la lunette est *autocollimatrice*, on peut, au lieu de mesurer $D_m$, mesurer simplement l'angle $i_m$ compris entre la direction d'émergence

[1] L'angle dont il faut tourner le prisme dans le sens indiqué par la flèche (fig. 412), pour l'amener de la position MAN à la position M'AN', est, en considérant les deux positions AP et AP' de la bissectrice de l'angle réfringent :

$$2\left(\frac{\pi}{2} - i_m\right) + 2\frac{A}{2} = \pi - 2i_m + A = \pi - D_m.$$

qui correspond à la déviation minimum et la normale à la face d'émergence; on applique alors la relation, $n = \frac{\sin i_m}{\sin r_m} = \frac{\sin i_m}{\sin \frac{A}{2}}$.

*Précision des mesures.* — Avant d'exprimer un résultat numérique, il *faut* déterminer la limite de l'erreur possible. Supposons que l'on commette, sur les mesures de A et de $D_m$, des erreurs $\Delta A$ et $\Delta D_m$. Il en résulte pour $n$ une erreur absolue $\Delta n$, que nous nous proposons d'évaluer. — Pour cela, désignons par $\varepsilon$ l'erreur absolue maximum que l'on puisse commettre avec le cercle gradué employé, et admettons que cette erreur ait été commise aussi bien dans la mesure de A que dans celle de $D_m$, en sorte qu'on ait $\Delta A = \Delta D_m = \varepsilon$. Comme A figure à la fois au numérateur et au dénominateur de l'expression de $n$, les erreurs de ces deux termes ne sont pas *indépendantes* l'une de l'autre et le théorème des erreurs relatives (409) risquerait de donner une limite trop élevée, nous ne l'appliquerons donc point. De la relation

$$n = \frac{\sin \frac{A + D_m}{2}}{\sin \frac{A}{2}},$$

nous tirons, en différentiant, puis divisant par $n$ :

$$\frac{\Delta n}{n} = \left(\operatorname{cotg} \frac{A + D_m}{2} - \operatorname{cotg} \frac{A}{2}\right) \frac{\Delta A}{2} + \operatorname{cotg} \frac{A + D_m}{2} \cdot \frac{\Delta D_m}{2}.$$

L'erreur totale sera maximum lorsque les erreurs partielles provenant des erreurs de A et de $D_m$ seront *séparément* maxima et de même signe. Pour atteindre cette limite nous ferons $\Delta A$ et $\Delta D_m$ égaux à $\varepsilon$ en valeur absolue et nous donnerons à leurs coefficients le *même* signe. Or le coefficient de $\Delta A$ est négatif, tandis que celui de $\Delta D_m$ est positif; la limite de l'erreur est donc fournie par la relation :

$$\frac{\Delta n}{n} = -\left(\operatorname{cotg} \frac{A + D_m}{2} - \operatorname{cotg} \frac{A}{2}\right) \frac{\varepsilon}{2} + \operatorname{cotg} \frac{A + D_m}{2} \cdot \frac{\varepsilon}{2} = \operatorname{cotg} \frac{A}{2} \cdot \frac{\varepsilon}{2}.$$

Appliquons au cas particulier

$$A = 60^\circ, \qquad n = \frac{3}{2};$$

nous avons

$$\sin \frac{A}{2} = \frac{1}{2}, \qquad \cos \frac{A}{2} = \frac{\sqrt{3}}{2}, \qquad \operatorname{cotg} \frac{A}{2} = \sqrt{3} = 1,732,$$

donc

$$\Delta n = \frac{3}{2} \times 1,732 \times \frac{\varepsilon}{2} = 1,299\varepsilon, \text{ soit environ } 1,3\varepsilon,$$

mais les différentielles $\Delta A$, $\Delta D_m$ sont des arcs, donc $\varepsilon$ doit être exprimé en radian, et dans le cas où il correspond à $1'$ on a $\varepsilon = 0,0003$, par suite

$$\Delta n = 1,3 \times 0,0003 = 0,00039 < 0,0004.$$

L'erreur est donc *inférieure à une unité du chiffre des millièmes*. En faisant usage d'un vernier à la minute, on aura donc, dans les cas analogues à celui qui précède, les 3 premières décimales exactes et la quatrième à quatre unités près.

Dans les mesures de haute précision on se sert de grands cercles gradués et on en fait la lecture au moyen de microscopes à oculaires micrométriques qui permettent d'obtenir la seconde et même le $\frac{1}{10}$ de seconde : on peut alors faire le calcul avec 5 décimales exactes et même répondre de la sixième ; enfin, lorsqu'il s'agit d'avoir, non la valeur absolue de l'indice, mais la différence d'indice d'une même substance pour deux radiations, on sait l'exprimer avec 7 décimales exactes : ce résultat est précieux pour les calculs d'achromatisme.

**350. Indices des liquides.** — Pour déterminer les indices des liquides, on les place dans des prismes creux, limités par des lames à faces parallèles (fig. 413). Tout se passe alors comme si la lumière pénétrait directement de l'air dans le liquide, ou réciproquement. En effet, soient $i$ (fig. 414), l'angle d'incidence dans l'air, $m$ l'indice de la lame, $\rho$ l'angle de réfraction correspondant, $n$ l'indice relatif du liquide par rapport à l'air, $r$ l'angle de réfraction dans le liquide; on a :

Fig. 413.

$$\sin i = m \sin \rho = n \sin r.$$

Il suffit donc de réaliser le minimum de déviation pour le prisme ainsi constitué, et de mesurer $D_m$; on mesurera A par réflexion sur les faces extérieures du prisme, et l'on pourra calculer $n$ par la formule :

$$n = \frac{\sin\left(\frac{A + D_m}{2}\right)}{\sin\frac{A}{2}}.$$

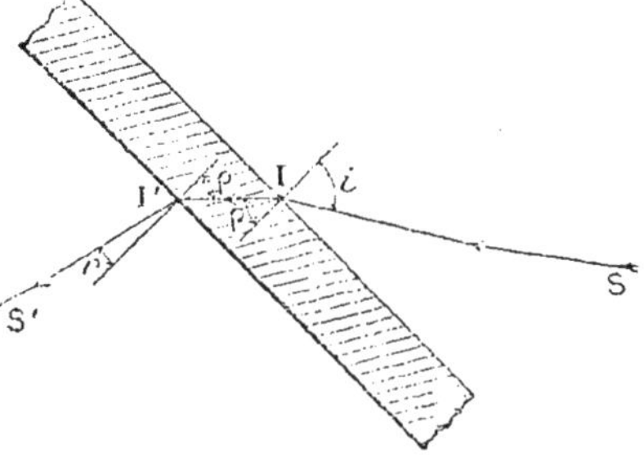


Fig. 414.

*Causes d'erreur.* — Le plus souvent, les lames qui ferment le prisme ne sont pas rigoureusement à faces parallèles. On constate alors que le prisme, simplement rempli d'air, imprime déjà une certaine déviation à l'image de la fente. D'autre part, l'angle formé par les faces externes des lames n'est pas exactement l'angle du prisme à liquide, formé par les faces internes. — On peut atténuer cette double cause d'erreur, en coupant les deux lames dans une même plaque et en les opposant sur le prisme (fig. 415) : de cette façon, si la plaque employée est légèrement prismatique, les sommets des petits prismes, de même angle $\alpha$, seront opposés l'un à l'autre. Dans ces conditions, les lames produiront des déviations de sens contraire, qui se compenseront, au moins

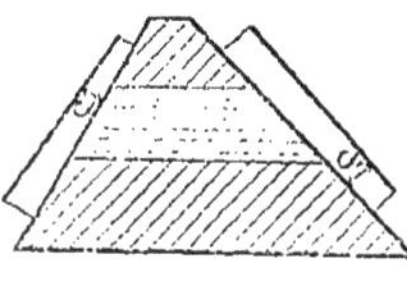

Fig. 415.

en partie; d'autre part, l'angle des faces externes sera évidemment égal à celui des faces internes.

*Influence de la température.* — Comme les indices des liquides varient très notablement avec la température, — cette variation peut atteindre plusieurs unités de la 4e décimale pour une différence de température de 1°, — il faut avoir soin de placer un thermomètre sensible dans le liquide, pour savoir à quelle température se rapporte l'indice relatif mesuré.

351. **Méthode générale de mesure des indices relatifs, par l'emploi d'un prisme. Vérification des lois de Descartes.** — On sait que, dans le plan de section principale d'un prisme (fig. 287), on a (186) :

$$(1)\quad A = r + r', \qquad (2)\quad D = i + i' - A,$$

relations qui supposent que la lumière réfractée est dans le plan de section principale (1re loi de Descartes). Joignons-y la loi du sinus :

$$(3)\quad \sin i = n \sin r, \qquad (4)\quad \sin i' = n \sin r'.$$

Entre ces quatre équations, on peut éliminer trois quantités; par exemple les angles $r$, $r'$, qu'il serait difficile de mesurer, et $i'$. Il restera une relation de la forme $\varphi(n, A, i, D) = 0$. Si, dans chaque expérience, connaissant l'angle réfringent A, on mesure les valeurs des angles $i$ et D, la relation dont il s'agit permettra de calculer la valeur correspondante de l'indice $n$; or, si les lois de Descartes sont exactes, on devra trouver que cette valeur *reste constante, aux erreurs d'expérience près*, quel que soit $i$; donc, vérifier que $n$ est constant, c'est *vérifier les lois de Descartes dans l'une de leurs conséquences.* — Pour obtenir $n$ en fonction de A, D et $i$, éliminons d'abord $i'$ et $r'$.

$$i' = D + A - i, \qquad r' = A - r,$$

donc :

$$(5)\quad \sin(D + A - i) = n \sin(A - r) = n \sin A \cos r - n \cos A \sin r;$$

éliminons $r$ entre (3) et (5) :

$$\sin(D + A - i) = n \sin A \sqrt{1 - \frac{\sin^2 i}{n^2}} - \cos A \sin i,$$

d'où :

$$\sin A \sqrt{n^2 - \sin^2 i} = \sin(D + A - i) + \cos A \sin i,$$

et

$$n^2 = \sin^2 i + \frac{[\sin(D + A - i) + \cos A \sin i]^2}{\sin^2 A}$$

$$= \frac{\sin^2(D + A - i) + 2\cos A \sin i \sin(D + A - i) + \sin^2 i}{\sin^2 A}.$$

Telle est la quantité dont on devra vérifier la constance en faisant varier $i$.

La *mesure de* A s'effectuera par l'une ou l'autre des méthodes que nous avons indiquées (348).

Pour *mesurer* $i$, on place d'abord la lunette dans une position L (fig. 416), de manière à viser directement la fente du collimateur C, au delà de l'arête du prisme; on déplace ensuite la lunette en L', de manière à retrouver, en coïncidence avec le point de croisé des fils du réticule, la fente vue par *réflexion* sur la face d'entrée. Si l'on désigne par $\omega$ l'angle de ces deux positions de la lunette, fourni par les deux lectures successives au zéro du vernier, on a évidemment $i = \frac{\pi - \omega}{2}$.

Dans l'expression de $n^2$, on ne change rien en remplaçant $i$ par $i'$, d'après le principe du retour inverse des rayons lumineux; or, si la lunette est autocollimatrice, on mesure $i'$ sans difficulté.

Pour *mesurer* D, on ramène d'abord la lunette dans la position L, on la déplace ensuite jusqu'en L'', de manière à viser la fente par *réfraction* à travers le prisme : l'angle des deux positions L et L'' est égal à D.

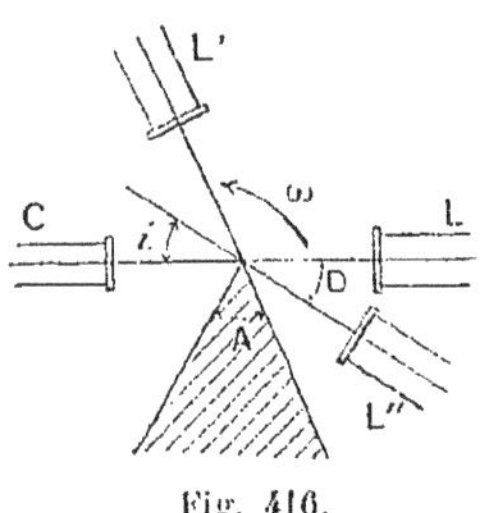

Fig. 416.

Avec ces données de l'expérience, on calculera la valeur de $n^2$. — On pourra faire varier l'angle d'incidence $i$ de 5° en 5°, par exemple, depuis une valeur voisine de 90° jusqu'à la valeur limite $i_0$ correspondant à l'émergence rasante; chaque fois on mesurera l'angle $i$, et la déviation correspondante D et on calculera $n^2$; les valeurs de $n^2$ ainsi déterminées devront être *égales, aux erreurs d'expérience près*. Or ce résultat est parfaitement exact : il constitue la *meilleure vérification* des lois de Descartes.

352. **Avantages de la méthode du minimum de déviation sur la méthode générale.** — Elle comporte la mesure de deux angles au lieu de trois : elle est plus courte;

Même si la fente du collimateur n'est pas rigoureusement dans le plan focal, les images sont bonnes et les pointés précis;

Comme il n'y a pas à mesurer l'angle $i$, les erreurs correspondant à l'évaluation de cette grandeur sont supprimées; il est vrai que le prisme peut ne pas être rigoureusement dans la position correspondant au minimum de déviation, mais la déviation réalisée différera seulement de $D_m$, d'une quantité inférieure à l'angle minimum dont il faut faire varier l'orientation de la lunette, pour que la coïncidence des fils et de l'image de la fente soit détruite : cet angle est $\frac{1'}{G}$(¹), donc très petit, inférieur en général aux erreurs de lecture du cercle gradué, c'est-à-dire négligeable.

La méthode du minimum de déviation est plus *précise* que la méthode générale : cette dernière n'est jamais employée.

*Remarque.* — Dans le cas de la méthode du minimum de déviation,

(¹) Si $l$ est la distance de l'image de la fente au fil du réticule, on les voit à travers l'oculaire, de puissance P, à la distance angulaire $Pl < 1'$; mais $l$ est vu du centre optique de l'objectif sous l'angle $\frac{l}{F} < \frac{1'}{PF} = \frac{1'}{G}$.

l'image de la fente est bonne et permet des pointés précis pour trois raisons : car on a réalisé les conditions de stigmatisme vrai, de stigmatisme approché, enfin la fente est parallèle à l'arête ; même si le réglage n'était qu'approché, l'image serait encore excellente, parce que les raisons invoquées, quoique non rigoureusement satisfaites, se compléteraient.

## MÉTHODE DE LA RÉFLEXION TOTALE

355. **Principe de la méthode : cas d'un liquide.** — Soit en G (fig. 417) une goutte de liquide posée sur la face supérieure AA′ d'un parallélépipède en verre BAA′B′ dont les angles en A et A′ sont droits : supposons que la face A′B′ soit éclairée par une lumière monochromatique diffusée dans toutes les directions ; désignons par $x$ et $n$ les indices respectifs du liquide et du verre, par rapport à l'air, pour cette radiation, et supposons que nous ayons $x < n$. Soit SI un rayon situé dans le verre et qui rencontre en I la surface de séparation CC′ du liquide et du verre ; à cet incident correspond *toujours* un réfléchi II′ qui, dans la figure, émerge suivant I′R′ en faisant un angle d'émergence $\alpha$. SI donne naissance à un réfracté si l'angle d'incidence $i$ est inférieur à l'angle limite $l$ relatif aux deux substances verre et liquide, et en désignant par $r$ l'angle de réfraction, nous avons :

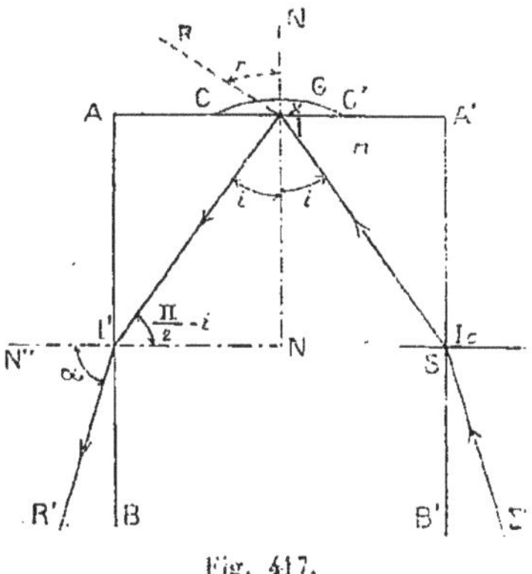

Fig. 417.

$$n \sin i = x \sin r ;$$

l'angle limite $l$ correspond à $r = 90^\circ$, donc :

$$(1) \qquad n \sin l = x.$$

Considérons l'incident de la section principale tel que $i = l$ ; l'angle d'incidence en I′ est le complément de $l$, puisque l'angle A est droit et que, par suite, AINI′ est un rectangle ; la réfraction en I′ donne donc, pour ce rayon particulier :

$$\sin \alpha = n \sin \left( \frac{\pi}{2} - l \right) = n \cos l.$$

Remplaçons cos $l$ par sa valeur tirée de (1) :

$$\sin \alpha = n \sqrt{1 - \sin^2 l} = n \sqrt{1 - \frac{x^2}{n^2}} = \sqrt{n^2 - x^2},$$

d'où :

$$(2) \qquad x = \sqrt{n^2 - \sin^2 \alpha}.$$

La mesure de $x$, connaissant $n$, est donc ramenée à la détermination de l'angle $\alpha$.

Disposons devant AB une lunette à réticule, réglée pour l'infini,

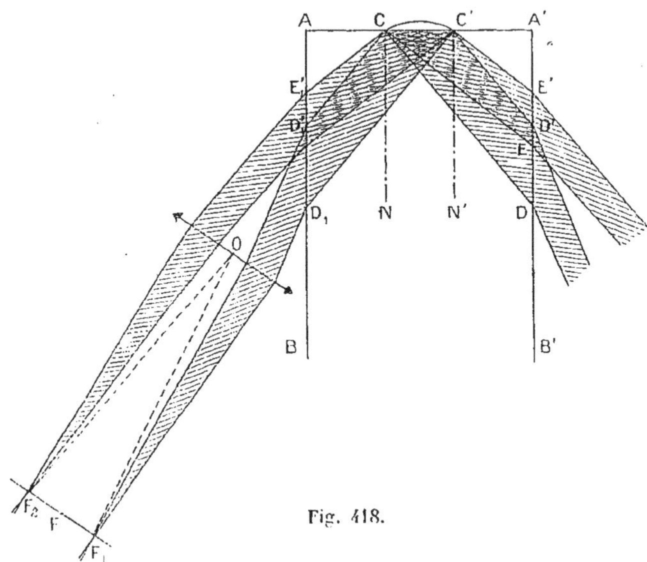


Fig. 418.

orientée suivant une direction convenable que nous allons définir, et cherchons l'apparence observée dans le plan focal de l'objectif :

Considérons un faisceau de rayons incidents parallèles DC, D'C' (fig. 418) et tels que $i < l$; ils se réfléchissent *partiellement* sur CC' et donnent un faisceau de rayons émergents parallèles qui, après réfraction à travers l'objectif O, vont converger en un point $F_1$ du plan focal F.

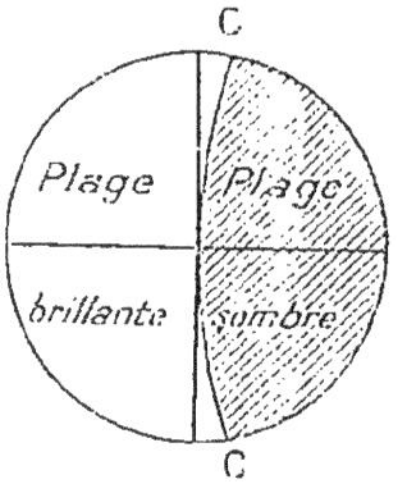

Fig. 419.

Soit un autre faisceau de rayons incidents parallèles EC, E'C', pour lesquels on a $i > l$; ces rayons sont réfléchis *totalement* sur CC' et donnent un faisceau d'émergents parallèles qui, se réfractant à travers l'objectif O, vont passer par un point $F_2$ du plan focal F.

Or les éclairements en $F_1$ et $F_2$ sont très différents, car les rayons qui convergent en $F_1$ ont été *partiellement* réfléchis et ceux qui convergent en $F_2$ ont été *totalement* réfléchis; la région des points $F_1$ est sombre par rapport à celle des points $F_2$; la séparation entre les deux régions est obtenue par les points de la courbe C (fig. 419) qui correspondent aux rayons incidents pour lesquels $i = l$, et comme pour $i < l$, au voisinage de l'angle limite, la proportion de lumière réfléchie *varie très rapidement* avec $i$ (28), la courbe de séparation entre les deux régions est très nette et on peut amener l'un des fils du réticule à être tangent à cette courbe; l'aspect est celui de la figure 419 et l'axe optique est alors orienté exactement suivant la direction des émergents qui sont parallèles à la section principale et pour lesquels $i=l$; il suffira par exemple de faire tourner la lunette jusqu'à ce que son axe optique soit normal à AB (et cela sera facile si elle est autocollimatrice), pour que la rotation de la lunette donne l'angle $\alpha$.

*Discussion.* — Pour que la méthode soit possible il faut satisfaire à deux conditions :

1° $x<n$ : le prisme est toujours d'indice élevé, supérieur ou au moins égal à 1,65.

2° Le rayon II' (fig. 417) correspondant à $i=l$ doit pouvoir sortir en I' et pour cela il faut et il suffit que l'on ait $\sin\alpha<1$, c'est-à-dire :

$$\sqrt{n^2-x^2}<1, \qquad \text{d'où} \qquad x^2>n^2-1.$$

Ainsi, un réfractomètre donné et tel que $A=90^\circ$, peut être utilisé seulement pour les liquides dont l'indice $x$ satisfait aux inégalités :

$$\sqrt{n^2-1}<x<n;$$

par exemple si $n=1,65$, les limites de $x$ sont 1,32 et 1,65.

*Mesure de n.* — La détermination de $x$ suppose $n$ connu. On mesure habituellement $n$ en taillant un prisme avec un verre de même fonte que celui de l'appareil et en appliquant la méthode du minimum de déviation dans de bonnes conditions de précision, de manière à avoir cinq décimales exactes. On peut également déposer sur le prisme un liquide d'indice connu, ou appliquer sur le prisme une lame d'indice déterminé avec interposition d'un liquide très réfringent; dans la relation (2), $n$ est alors l'inconnue.

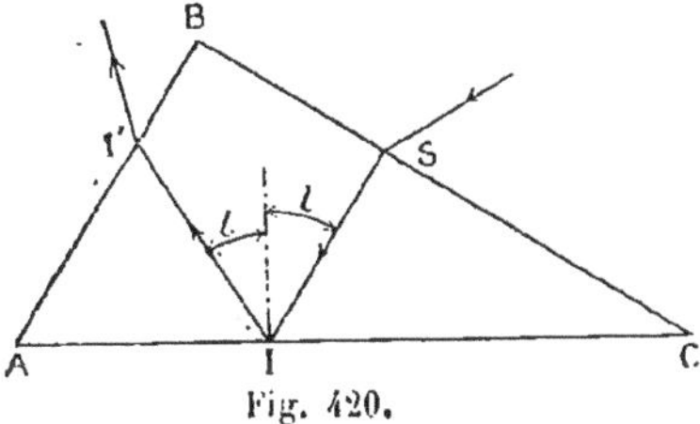

Fig. 420.

Enfin, dans certains instruments, les angles A et A' ne sont pas droits tous les deux, comme dans la figure 417, et le prisme se prête à une mesure de $n$ par réflexion totale sur l'air. En effet, si A diminue (fig. 420), l'angle d'incidence en I', qui pour l'incidence-limite en I vaut $A-l$, diminue aussi; comme cet angle doit simplement rester inférieur à l'angle limite $l'$ correspondant aux milieux prisme et air, l'angle $l$ pourra diminuer en même temps que A, c'est-à-dire correspondre à un indice $x$ plus petit; d'autre part, la formule qui donne $x$ change, mais surtout la limite inférieure de $x$ est abaissée : c'est ainsi que dans les réfractomètres de Abbe (356), $A=60^\circ$ environ et la limite inférieure de $x$, pour $n=1,75$, est 1 ; pratiquement c'est 1,3.

*Discussion de la méthode.* — Nous supposerons que $n$ est mesuré avec une précision bien supérieure à celle que nous voulons atteindre pour $x$; par suite nous allons faire $\Delta n=0$. De la relation (2) nous tirons :

$$\Delta x=-\frac{\sin\alpha\cos\alpha\,\Delta\alpha}{x};$$

soit $\varepsilon$ la limite de l'erreur commise dans la mesure de $\alpha$ : la limite de l'erreur correspondant à $x$ est donc

$$\Delta x = \frac{\sin\alpha\cos\alpha}{x}\varepsilon.$$

Faisons le calcul dans le cas particulier de $n = 1,65$, $x = 1,4$; nous trouvons :

$$\Delta x = 0,504\,\varepsilon;$$

en particulier si l'angle $\alpha$ est mesuré à une minute près, $\varepsilon = \frac{3}{10\,000}$ et $\Delta x = 0,504 \times \frac{3}{10\,000} = 0,0000912 < 0,0001$ ; on est donc sûr de la 4e décimale.

*Avantages de la méthode de la réflexion totale sur la méthode du minimum de déviation.* — Elle n'exige l'emploi d'aucun prisme pour contenir le liquide; elle permet d'opérer sur des quantités très petites de matière; elle ne nécessite pas de réglage; elle comporte la mesure d'un seul angle au lieu de deux; enfin pour une même exactitude dans la mesure des angles, elle est plus précise, car le calcul de la limite des erreurs, pour les deux méthodes, nous a donné respectivement :

$$\Delta x = 0,504\,\varepsilon, \qquad \Delta x = 1,299\,\varepsilon;$$

cette limite est de 4 à 5 fois plus petite pour la méthode de la réflexion totale que pour l'autre.

**554. Mesure de l'indice d'un solide.** — Nous taillons le solide de manière qu'il présente une face bien plane, même de petite étendue, que nous appliquons sur la face AA' (fig. 417) du prisme auxiliaire, en interposant entre les deux solides une goutte d'un liquide d'indice $n'$ très élevé : naphtaline monobromée ($n' = 1,66$), tribromure d'arsenic ($n' = 1,781$) ou sulfure de carbone ($n' = 1,62$), mais ce dernier liquide présente l'inconvénient d'être très volatil; grâce à cette précaution il ne reste point d'air interposé entre le prisme et le solide, auquel cas la réflexion totale aurait lieu sur la surface de séparation verre-air.

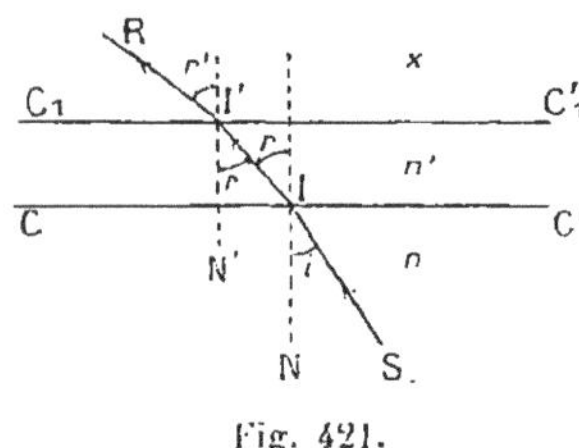

Fig. 421.

Soit un rayon incident SI (fig. 421), II' le réfracté dans le liquide, I'R le réfracté dans le solide, désignons par $i$, $r$, $r'$ les angles d'incidence et de réfraction successifs :

$$n\sin i = n'\sin r = x\sin r'.$$

Si $x < n'$ et $x < n$, on a $r' > r$ et $r' > i$; il y a réflexion totale sur la surface $C_1C'_1$, lorsque $r' = 90$ ; soit $l$ la valeur correspondante de $i$ :

$$n\sin l = x;$$

la relation est la même que si la lame solide pouvait être directement appliquée contre le prisme auxiliaire, sans interposition de liquide, ni d'air.

*Remarque.* — Souvent $n' < n$, il peut encore y avoir réflexion totale sur la surface CC', mais elle conduit à un indice qui est précisément l'indice connu $n'$; donc il ne peut y avoir confusion.

La discussion conduit aux mêmes résultats que précédemment : un appareil dont le prisme auxiliaire a un indice de valeur déterminée $n$ peut être utilisé seulement, sous la forme précédemment décrite, entre les limites $\sqrt{n^2 - 1}$ et $n$; on emploie des prismes pour lesquels $n$ atteint parfois 1,75; on ne dépasse guère cette valeur, car les flints très réfringents sont aussi très absorbants.

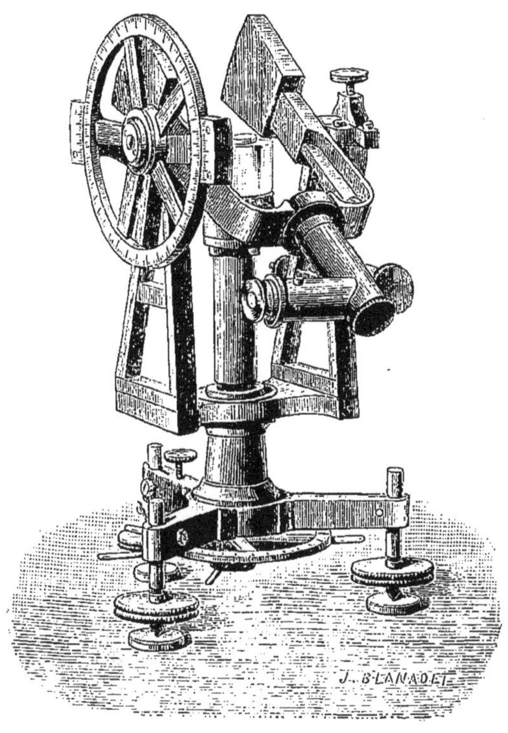


Fig. 422.

La méthode est très avantageuse par rapport à celle du minimum de déviation pour les raisons données plus haut (353); en outre, il suffit de tailler dans le solide une seule face, même très petite.

355. **Réflectomètre de Pulfrich.** — Il se compose d'un cylindre de flint très réfringent ($n_D = 1,75727$), bien poli, sur la face supérieure duquel on place une goutte du liquide ou une lame du corps solide à étudier, avec interposition de naphtaline monobromée (l'indice du liquide ou du solide doit être supérieur à 1,42); on éclaire le cylindre d'un côté, au moyen d'une flamme au sodium, et on reçoit la lumière réfléchie totalement et partiellement dans une lunette coudée à angle droit, se déplaçant par rapport à un cercle gradué (fig. 422); dans une deuxième opération on transporte la flamme au sodium de l'autre côté du cylindre et on déplace la lunette de manière à réaliser un pointé analogue au précédent : l'angle dont on a fait tourner la lunette est $\pi - 2\alpha$; on en déduit $\alpha$ et par suite $x$.

356. **Réfractomètre d'Abbe.** — L'appareil comporte :

Une lunette L (fig. 423) fixe, solidaire d'un secteur gradué S;

Un système de deux prismes rectangles, en flint, identiques, d'indice $n = 1,75$ environ; le prisme A est solidaire d'un bras muni d'un vernier qui se déplace devant la graduation de S; le prisme B, qui sert uniquement ici de support au liquide étudié, peut être maintenu contre A au moyen d'une monture à baïonnette, après avoir interposé entre les deux prismes une goutte du liquide;

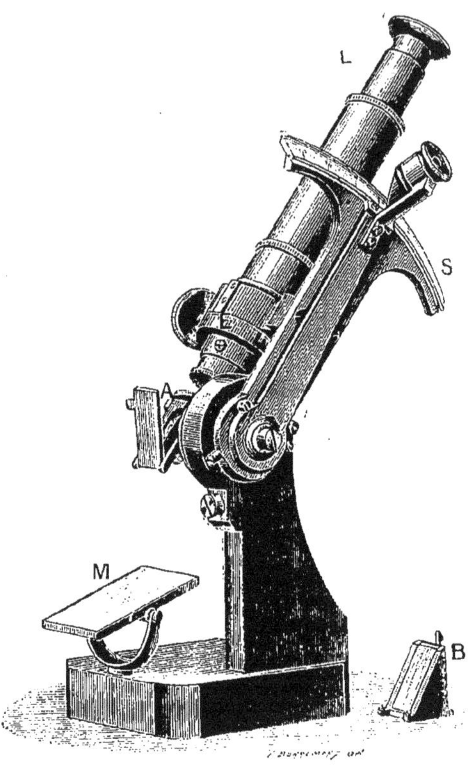

Fig. 423.

Un miroir M qui sert à renvoyer la lumière d'un brûleur au sodium ou d'une surface de grand diamètre apparent et d'éclat uniforme, le ciel par exemple.

Lorsqu'on opère avec de la lumière blanche, les courbes-limites n'ayant pas la même position pour toutes les radiations, la séparation des deux plages d'éclats différents se ferait par une bande irisée et l'appareil ne permettrait pas de mesures précises; mais derrière l'objectif de la lunette se trouve un système de deux prismes pouvant tourner l'un par rapport à l'autre, de manière à constituer un prisme à angle variable, qui fait disparaître les irisations : c'est le *compensateur* de l'appareil, placé en E. L'angle dont on fait tourner les prismes dépend évidemment de la variation d'indice de la substance, c'est pourquoi la lecture de la graduation du compensateur, quand la courbe de séparation des deux plages ne présente plus de coloration, donne directement, avec cinq décimales exactes, la différence $x_F - x_C$ des indices de la substance par rapport aux raies F et C.

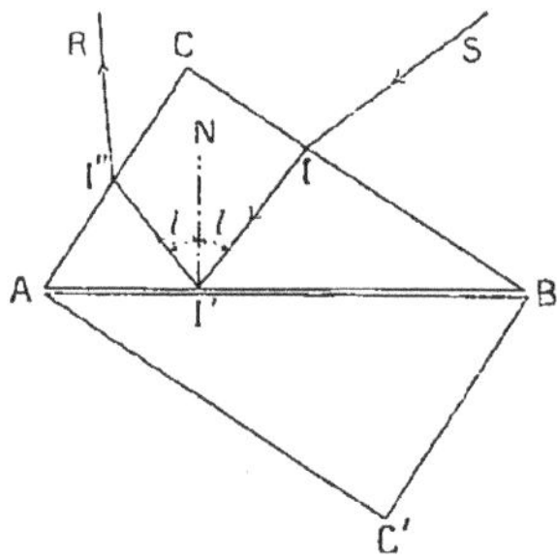

Fig. 424.

Pour avoir l'indice d'un liquide, on peut opérer de la manière suivante : interposer une goutte de ce liquide entre les deux prismes, éclairer la face

BC (fig. 424) et faire tourner le système des prismes jusqu'à ce que la courbe-limite soit tangente au fil horizontal du réticule de la lunette; la lecture du nombre de la graduation S correspondant au zéro du vernier de l'alidade mobile entraînant les prismes, donne immédiatement $x_0$ avec 4 décimales. Le plus souvent du reste, avec cet appareil, on emploie une autre méthode que nous étudierons plus loin (358). Enfin, l'indice des liquides variant assez rapidement avec la température, il est bon de pouvoir la déterminer : un dispositif spécial permet d'obtenir telle température que l'on veut et d'en faire la mesure.

Dans le cas d'un corps solide, on taille une face plane que l'on applique sur AB en interposant une goutte de naphtaline monobromée et on opère comme précédemment; la méthode s'emploie aussi pour les corps visqueux, comme le beurre, les résines.

357. **Réfractomètre de Bertrand** (fig. 425). — Il comporte une lentille demi-boule d'indice élevé; la courbe limite est sur la sphère focale-image S (fig. 426) du dioptre sphérique verre-air et sur le cône de révolution

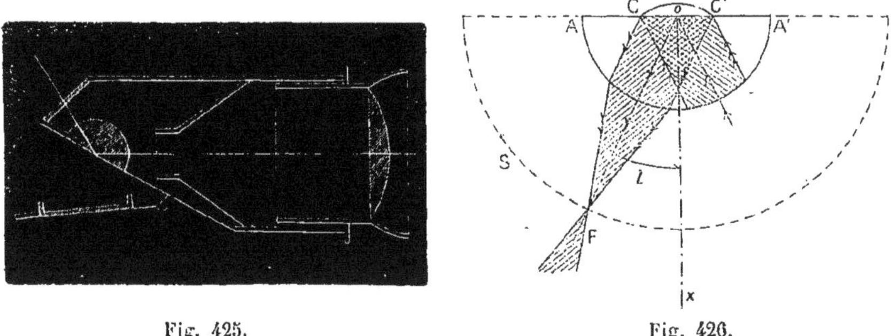


Fig. 425. Fig. 426.

d'axe Ox, de demi-angle au sommet $l$. On observe cette courbe sur un micromètre, au moyen d'une loupe : la lecture du micromètre donne immédiatement l'indice avec deux décimales. L'appareil est surtout utilisé par les minéralogistes.

## MÉTHODE DE LA RÉFRACTION LIMITE

358. **Principe de la méthode. — Cas d'un liquide.** — Disposons au-dessus des prismes BAA'B' (fig. 427) un cylindre contenant le liquide d'indice $x$ et éclairons la surface de séparation CC' par-dessus, dans toutes les directions, du côté droit de la figure : les incidents pour lesquels $i = 90^0$ donnent des réfractés correspondant à $r = l$ et qui sortent du prisme auxiliaire en faisant un angle d'émergence $\alpha$; on a, comme dans le cas précédent (353) :

$$\sin \alpha = n \sin\left(\frac{\pi}{2} - l\right) = n \cos l = n\sqrt{1 - \frac{x^2}{n^2}} = \sqrt{n^2 - x^2},$$

d'où

$$x = \sqrt{n^2 - \sin^2 \alpha}.$$

Si l'on reçoit les émergents dans une lunette *pointée pour l'infini*, tous les émergents parallèles vont passer par un même point du plan focal de l'objectif, mais *comme il n'y a pas d'émergents dans toutes les directions*, le plan focal considéré est partagé en deux régions : l'une qui ne reçoit *point* de lumière, l'autre qui est éclairée par les émergents; la ligne de séparation correspond aux rayons pour lesquels $r = l$; la différence d'apparence des deux plages est plus *grande* que dans le cas de la réflexion totale, donc le pointé est plus précis : comme au voisinage de $r = l$ la proportion de lumière réfractée varie *très vite*, le passage de l'une à l'autre région se fait très *rapidement*, la courbe de séparation est nette (fig. 428).

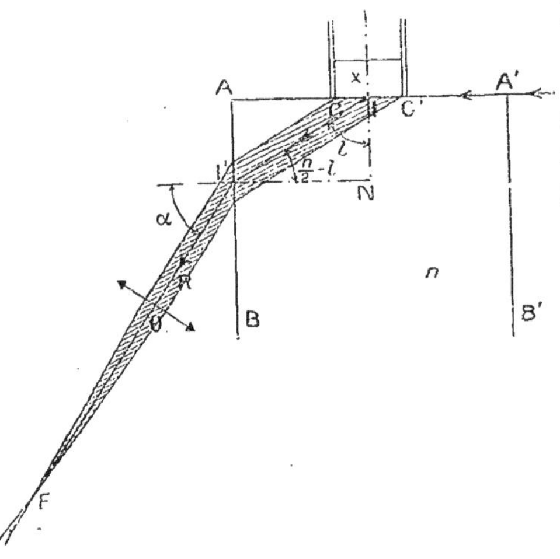


Fig. 427.

Tout ce que nous avons dit à propos de la méthode de la réflexion totale sur les limites de $x$ et la précision des mesures, peut être répété à propos de la méthode de la réfraction limite.

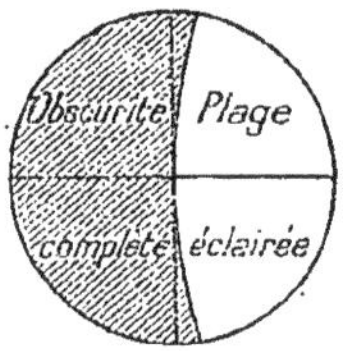


Fig 428.

**359. Mesure de l'indice d'un solide.** — Il doit posséder deux surfaces polies rectangulaires dont l'une CC′ (fig. 429) est appliquée sur le prisme auxiliaire, avec interposition d'une goutte de naphtaline monobromée; l'autre CD reçoit la lumière diffuse incidente. Si l'angle des faces polies était aigu, il n'y aurait point de rayon correspondant à l'incidence rasante.

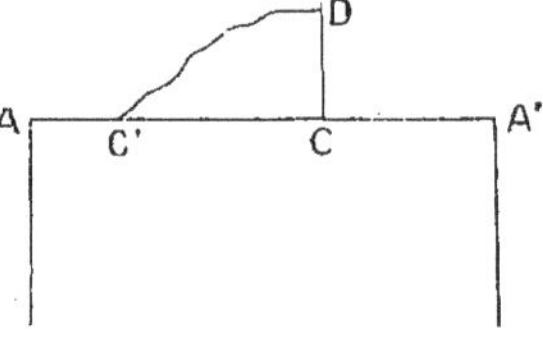


Fig. 429.

**360. Mode d'emploi des appareils de Pulfrich et d'Abbe.** — Les indications précédentes sont largement suffisantes pour comprendre comment on peut employer la méthode de la réfraction limite avec l'appareil de Pulfrich, qu'il s'agisse d'un liquide ou d'un solide.

Pour mesurer l'indice d'un liquide, avec le réfractomètre d'Abbe, on introduit ce liquide entre les deux prismes, où il forme une couche continue d'une épaisseur de 0mm,15 environ, et on éclaire le système par *transparence* à travers le prisme support; puis on fait tourner le système des prismes jusqu'à ce que la courbe de séparation, qui correspond aux rayons pour lesquels $i=90°$ ($i$, angle d'incidence dans le liquide), soit tangente au fil horizontal du réticule (la figure 430 donne la marche d'un rayon limite).

Dans le cas d'un solide on adopte le dispositif de la figure 431.

Cette méthode est extrêmement rapide et précise; elle est d'un usage constant dans les laboratoires et l'industrie.

*Remarque.* — L'angle A du prisme du réfractomètre d'Abbe étant inférieur à 90° (seulement de 60° environ) et $n$ ayant une valeur voisine de 1,75,

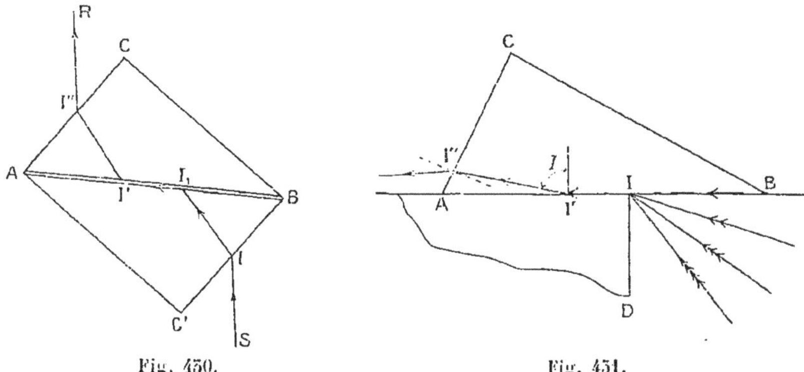


Fig. 430. Fig. 431.

l'appareil est gradué pour donner les indices compris entre 1,3 et 1,7.

361. **Résultats généraux concernant les indices de réfraction des solides, des liquides et des gaz. — Loi de l'énergie réfractive.** — On appelle *énergie réfractive* d'une substance d'indice N, de densité $d$, le rapport $\frac{N-1}{d}$ : or Gladstone [1] a énoncé la loi suivante :

*L'énergie réfractive d'une substance est constante* : $\frac{N-1}{d}=C^{te}$. — Cette loi est assez bien vérifiée pour les *gaz*. Elle est applicable aux *liquides* et aux *solides* pour les variations de densité dues aux variations de pression, mais elle ne l'est que d'une manière beaucoup moins approchée pour les variations de densité dues aux variations de température [2].

(1) Gladstone, physicien anglais; ses premiers travaux sur l'énergie réfractive datent de 1858.

(2) En employant des prismes métalliques, d'angles réfringents assez petits pour être transparents dans le voisinage de leur arête, Kundt a pu mesurer les indices de plusieurs métaux; il est arrivé à ce résultat curieux, que certains de ces indices sont inférieurs à l'unité, et que la dispersion des métaux est généralement anomale, c'est-à-dire que l'indice ne varie pas toujours en sens inverse de la longueur d'onde. Exemples :

| | Lumière rouge | Lumière blanche (indice moyen). | Lumière bleue |
|---|---|---|---|
| Argent | » | 0,27 | » |
| Or | 0,38 | 0,58 | 1,00 |
| Cuivre | 0,45 | 0,65 | 0,95 |
| Platine | 1,76 | 1,64 | 1,44 |
| Fer | 1,81 | 1,73 | 1,52 |
| Nickel | 2,17 | 2,01 | 1,85 |
| Cobalt | 2,61 | 2,26 | 2,13 |

362. **Loi de l'énergie réfractive des mélanges.** — *L'énergie réfractive d'un mélange est égale à la somme des énergies réfractives de chacun des corps qui le constituent, multipliées chacune par la proportion en masse de ce corps dans le mélange;* c'est-à-dire que si l'on représente par $\frac{N-1}{d}$ l'énergie réfractive du mélange, par $\frac{N_1-1}{d_1}$ celle de l'un des corps qui le constituent, et par $s_1$ la proportion en masse ou concentration de ce corps dans le mélange, on a :

$$\frac{N-1}{d}=\sum \frac{N_1-1}{d_1} s_1.$$

Cette loi est vérifiée par l'expérience pour les mélanges *gazeux*, pour les mélanges *liquides*, et aussi pour les mélanges dans un même cristal de *sels solides isomorphes* (Dufet).

363. **Tableaux d'indices de réfraction.** — Les tableaux suivants, extraits du livre des *Constantes optiques* de Dufet[1], donnent les indices de quelques corps solides, liquides et gazeux, pour la radiation D.

*Solides.*

| | Températures ° | Indices | Variation de l'indice pour 1°, environ : |
|---|---|---|---|
| Fluorine ($CaF^2$) | 21,5 | 1,43387 (Pulfrich). | — 0,00001 |
| Sel gemme (NaCl) | 48 | 1,54426 (Dufet). | — 0,00004 |
| Sylvine (KCl) | 22,75 | 1,49019 (Dufet). | — 0,00003 |
| Crown-glass (léger) | 22,5 | 1,52190 | + 0,000001 |
| — (lourd) | 21,5 | 1,52472 | |
| — (de baryte, lourd). | 20 | 1,57270 | |
| Flint-glass (léger) | 48 | 1,57560 | + 0,000004 |
| — (lourd) | 31 | 1,61609 | + 0,000006 |
| — (très lourd) | 20 | 1,96249 | |
| Flint-glass (de baryte, léger). | 20 | 1,57171 | |
| Diamant | 20 | 2.417 | |

*Liquides.*

| | Températures. | Indices. | |
|---|---|---|---|
| Eau | 15° | 1,33339 (Dufet) : | — 0,00009 |
| Sulfure de carbone | 20 | 1,62754 (Dufet). | — 0.0008 |
| Naphtaline monobromée | 20 | 1,66259 (Dufet). | — 0,0004 |
| Alcool éthylique | 20 | 1,3654 (Fouqué). | |
| — méthylique | 20 | 1,32945 (Landolt). | — 0,0004 |
| Chloroforme | » | 1,4466 (Haagen). | |
| Éther ($(C^2H^5)^2O$) | » | 1,3529 (Landolt). | |
| Glycérine | » | 1,4729 (Landolt). | |
| Benzine | » | 1,5016 (Gladstone). | |

*Gaz : indices absolus, pour la radiation D, dans les conditions normales.*

| | | |
|---|---|---|
| Hydrogène | 1,000 1383 | Ramsay et Travers. |
| Oxygène | 1,000 2702 | » |
| Azote atmosphérique | 1,000 2971 | » |
| Argon pur (sans néon ni hélium) | 1,000 2805 | » |
| Anhydride carbonique | 1,000 4477 | » |

[1] Dufet (1848-1905), physicien et minéralogiste français.

*Variations de l'indice en fonction de la longueur d'onde de la radiation.*

| | $\lambda =$ 671 μμ | 589 μμ | 535 μμ | 397 μμ |
|---|---|---|---|---|
| Crown ($d=2{,}40$)............. | 1,514 | 1,517 | 1,520 | 1,533 |
| Flint léger ($d=2{,}86$).......... | 1,537 | 1,541 | 1,545 | 1,563 |
| Flint lourd ($d=4{,}42$).......... | 1,701 | 1,710 | 1,719 | 1,758 |
| Fluorine..................... | 1,4325 | 1,4338 | 1,4353 | 1,4421 |
| Eau (20°).................... | 1,33085 | 1,33303 | 1,33493 | 1,34340 |
| Naphtaline monobromée (20°) | 1,651 | 1,662 | 1,673 | 1,734 |
| Air (0° et 76)................ | 1,000291 | 1,000292 | 1,000293 | 1,000299 |

# VITESSE DE LA LUMIÈRE

364. **Méthodes physiques pour la mesure de la vitesse de la lumière.** — C'est par l'observation de phénomènes astronomiques qu'on a pu d'abord constater que la lumière se propage *avec une vitesse finie*, et effectuer les premières mesures de la vitesse de propagation dans le vide interplanétaire, en prenant pour base d'observation le diamètre de l'orbite terrestre. — Bien que cette vitesse soit d'environ 300.000 kilomètres par seconde, on est parvenu à la mesurer par des expériences effectuées sur des distances incomparablement plus petites, prises à la surface de la Terre : les méthodes employées dans ce cas peuvent être appelées *méthodes physiques*, par opposition aux *méthodes astronomiques*.

Les méthodes physiques, les seules dont nous nous occuperons, sont au nombre de deux : 1° *la méthode de la roue dentée* de Fizeau (1849), reprise par Cornu (1874), par MM. Young et Forbes (1882), et enfin par Perrotin (1899-1902) ; 2° *la méthode du miroir tournant* de Foucault (1850-1862), employée aussi par M. Michelson (1879) et par Newcomb (1880).

La mesure d'une vitesse comporte celles d'un espace et d'un temps. Or, dans les méthodes physiques, l'évaluation de l'espace est relativement facile et précise, mais il n'en est pas de même pour la détermination du temps, qui est nécessairement très court, quel que soit l'espace parcouru, à cause de l'énormité de la vitesse à mesurer.

### MÉTHODE DE LA ROUE DENTÉE

365. **Principe de la méthode.** — Considérons un point lumineux P, placé au foyer principal d'une lentille convergente TT′ (fig. 432), qui

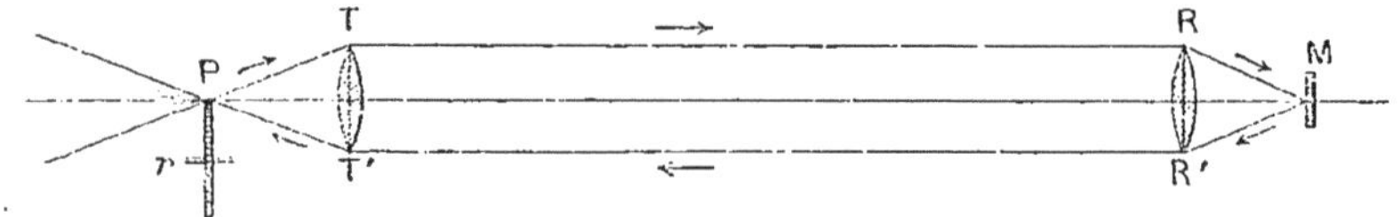


Fig. 432.

transmet la lumière à une lentille réceptrice RR′ dont l'axe principal a la même direction ; au foyer de cette seconde lentille est placé un miroir plan M, perpendiculaire à l'axe principal commun. Chaque rayon lumineux, après s'être réfléchi en M, prend au retour une direction symétrique de la direction initiale, par rapport à l'axe principal ; tous les rayons reviennent donc passer par le point P lui-même. Dans le plan mené par P perpendiculairement à PM, plaçons maintenant une roue dentée $r$, mobile autour d'un axe parallèle à PM, et dont la position sera réglée de manière que, pendant la rotation, ses dents viennent successivement passer en P et intercepter la lumière ; il n'y aura de lumière transmise qu'aux instants où un vide se présentera en P. Si les dents et les vides ont sensiblement la forme de rectangles égaux, et si la vitesse de rotation de la roue est uniforme, le point lumineux P se comportera comme une *source intermittente*, émettant la lumière pendant des temps égaux, dont la durée $\theta$ sera le temps que met un point de la circonférence de la roue à franchir une distance égale à la largeur d'un vide.

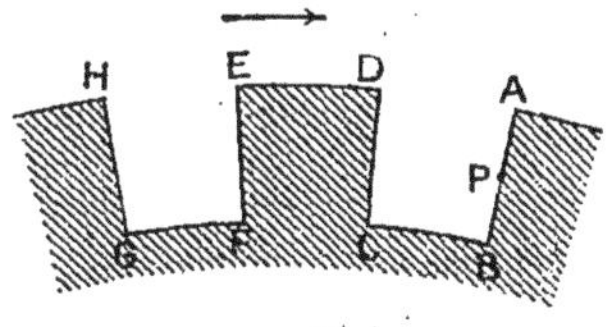

Fig. 433.

Or, si nous appelons *dent complète* l'ensemble ABCDEF (fig. 433) d'un creux et d'un plein, $\theta$ est le temps que met la roue pour avancer d'une demi-dent. En désignant par N le nombre de dents complètes de la roue et par $n$ le nombre de tours de la roue par seconde :

$$\theta = \frac{1}{2nN};$$

lorsque la vitesse de la roue croît, $\theta$ décroît. Soit D la distance PM (fig. 432), V la vitesse de la lumière ; le temps $t$ que met la lumière pour aller de P en M et revenir de M en P est :

$$t = \frac{2D}{V}.$$

Prenons, comme origine du temps, l'instant où le point P (fig. 433) vient à être démasqué par un plein de la roue ; la lumière est émise dans la direction PM du temps 0 au temps $\theta$ ; elle revient en P du temps $t$ au temps $t+\theta$ ; elle sera reçue, au moins partiellement, si du temps $t$ au temps $t+\theta$, un creux ou une portion de creux vient à passer devant P. Le phénomène est évidemment périodique, et de période $T = 2\theta$ ; grâce *à la persistance des impressions lumineuses, l'aspect est continu* pourvu que la roue ne tourne pas très lentement.

*Minima du flux lumineux de retour : éclipses.* — Si, pendant le temps $t$ que met la lumière pour aller de P en M et revenir de M en P, la roue a tourné *exactement* d'un nombre *impair* de demi-dents, lorsque le flux émis suivant PM revient en P, il ne peut passer : il y a donc *éclipse* toutes les fois que

$$t = (2K - 1)\,\theta.$$

Supposons qu'on fasse tourner la roue avec des vitesses croissantes : la relation précédente se trouve satisfaite pour les valeurs de $\theta$ correspondant à $K = 1$, $K = 2$, $K = 3$...... et on observe une série d'éclipses. La première est obtenue pour $K = 1$ : soit $\theta_1$ la valeur particulière de $\theta$, $n_1$ le nombre de tours correspondants de la roue par seconde :

$$t = \theta_1, \qquad \text{ou :} \qquad \frac{2D}{V} = \frac{1}{2n_1 N}, \qquad \text{d'où} \qquad V = 4n_1 ND ;$$

pour la 2e éclipse, $\theta$ prend une valeur $\theta_3$, $n$ devient $n_3$ et :

$$t = 3\theta_3, \qquad \text{ou :} \qquad \frac{2D}{V} = \frac{3}{2n_3 N}, \qquad \text{d'où} \qquad V = \frac{4n_3 ND}{3} ;$$

d'une manière générale, pour l'éclipse de rang K, nous désignons, par $\theta_{2K-1}$ et $n_{2K-1}$, les valeurs correspondantes de $\theta$ et de $n$ et nous avons :

$$t = (2K-1)\,\theta_{2K-1}, \qquad \text{ou :} \qquad \frac{2D}{V} = \frac{2K-1}{2n_{2K-1} N}, \qquad \text{d'où} \qquad V = \frac{4n_{2K-1} ND}{2K-1}.$$

Pour mesurer V, on détermine D, on compte le nombre N de dents de la roue, on note l'ordre K de l'éclipse et on évalue le nombre de tours par seconde $n_{2K-1}$ de la roue dentée, quand l'éclipse se produit ; cette dernière opération seule présente de grandes difficultés.

*Possibilité de la mesure.* — Avant de commencer le montage d'une expérience de mesure, il faut se rendre compte si la méthode envisagée ne présente pas de difficultés insurmontables, vu les dimensions des grandeurs à mesurer et les conditions à réaliser. Dans le cas qui nous occupe, supposons que $D = 15^{km}$, $N = 200$, et cherchons quelle vitesse il faudrait imprimer à la roue dentée pour produire la première éclipse ; la vitesse de la lumière étant $V = 300\,000^{km/sec}$, valeur approchée, fournie par les méthodes astronomiques employées avant la méthode de la roue dentée :

$$\frac{2 \times 15}{300.000} = \frac{1}{2 \times 200\, n_1}, \qquad \text{d'où} \qquad n_1 = 25.$$

Or les dents sont petites : elles ont quelques millimètres de côté à peine ; une roue de 200 dents a, par exemple, $4^{cm}$ de diamètre ; on peut sans difficulté lui imprimer une vitesse de 25 tours à la seconde et même bien supérieure, de manière à observer des éclipses de rangs 1, 2, 3, 4.... ; la méthode est donc réalisable.

*Précision de la mesure.* — On ne commet aucune erreur sur N ou sur K ; l'application du théorème des erreurs relatives (409) donne :

$$\frac{\Delta V}{V} = \frac{\Delta D}{D} + \frac{\Delta n_{2K-1}}{n_{2K-1}}.$$

L'erreur relative $\frac{\Delta D}{D}$ est négligeable devant $\frac{\Delta n_{2K-1}}{n_{2K-1}}$. Les opérations géodésiques sont aujourd'hui d'une précision telle que $\frac{\Delta D}{D} < 2 \times 10^{-6}$, ce qui entraîne pour V une erreur inférieure à $600^{m/sec}$. Mais l'erreur absolue $\Delta n_{2K-1}$ est indépendante de l'ordre de l'éclipse, ainsi que nous le verrons plus loin (365, *Rmq. 1*) ; or $n_{2K-1}$ croît proportionnellement à $2K-1$, K étant le rang de l'éclipse ; l'erreur $\Delta V$ correspondant à $\Delta n_{2K-1}$ varie donc en raison inverse de $2K - 1$, et il y a par suite avantage à observer les éclipses d'ordre élevé : Cornu a pu faire des mesures pour les éclipses de rang 1 à 21.

*Maxima du flux lumineux de retour.* — Toute la lumière émise dans la direction PM passera au retour, si au bout du temps $t$ un creux a pris exactement la place d'un creux, c'est-à-dire si la roue a tourné *exactement* d'un nombre *pair* de demi-dents, ce qui donne la condition :

$$t = 2K\theta;$$

lorsque la vitesse de la roue croît, $\theta$ diminue et prend une série de valeurs $\theta_2, \theta_4, \theta_6 \ldots \theta_{2K}$ pour lesquelles la relation précédente est satisfaite; désignons par $n_2, n_4, n_6 \ldots, n_{2K}$ les nombres de tours correspondants, par seconde, de la roue dentée, nous avons :

$$t = 2\theta_2 \quad \text{ou} \quad \frac{2D}{V} = \frac{2}{2n_2N},$$

$$t = 4\theta_4 \quad \text{ou} \quad \frac{2D}{V} = \frac{4}{2n_4N},$$

$$\ldots\ldots\ldots\ldots\ldots\ldots\ldots\ldots$$

$$t = 2K\theta_{2K} \quad \text{ou} \quad \frac{2D}{V} = \frac{2K}{2n_{2K}N}.$$

De ces expressions, on pourrait tirer V, mais il est plus difficile de noter les maxima de flux lumineux que les éclipses.

Formons la quantité $\frac{V}{4ND}$ dans les expressions précédentes et dans celles établies à propos des éclipses. Il vient :

$$\frac{V}{4ND} = \frac{n_1}{1} = \frac{n_2}{2} = \frac{n_3}{3} = \frac{n_4}{4} = \ldots\ldots \quad = \frac{n_{2K-1}}{2K-1} = \frac{n_{2K}}{2K} = \ldots\ldots,$$

par conséquent, lorsque $n$ croît en progression arithmétique, on observe une série de minima de lumière séparés par des maxima.

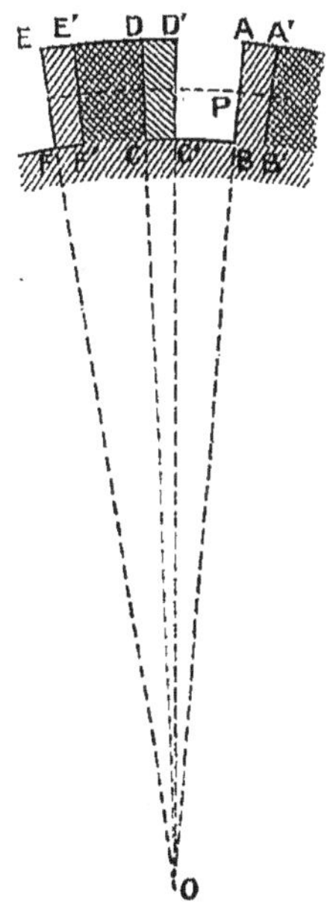

Fig. 434.

*Aspect général du phénomène.* — Nous allons examiner ce qui se produit pendant une période $T = 2\theta$; en désignant par T' le temps correspondant, durant lequel la lumière de retour peut passer, nous appellerons *illumination* le rapport $i = \frac{T'}{T}$ : l'éclat du point P varie comme $i$.

La lumière, qui vient de la source P et y revient, franchit la roue dentée, avec un intervalle de temps $t$ entre *l'aller et le retour*; au retour, chaque radiation lumineuse retrouve la roue ayant tourné depuis son émission d'un angle égal à $2\pi nt$; cette radiation passe donc, ou est arrêtée, selon que la roue lui présente alors une partie creuse ou une partie pleine. Il en résulte que la portion de lumière émise, capable d'arriver à l'œil de l'observaleur, est celle qui traverserait les vides situés entre la roue dentée et une deuxième roue qu'on déduit de la première en la faisant tourner de l'angle $2\pi nt$; dès lors il est facile de se rendre compte de l'aspect du phénomène quand $n$ varie.

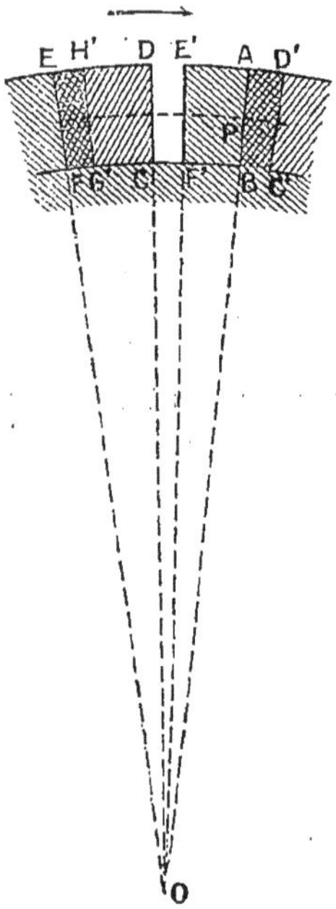

Fig. 435.

1° $n < n_1$. — La roue dentée ayant le profil ABCDEF (fig. 434), la roue fictive a tourné de moins d'une demi-dent : elle est en A'B'C'D'E'F', et $\widehat{DOD'} = 2\pi nt$; pendant le temps $T = 2\theta$, le système tourne de l'angle $\widehat{AOE}$ et le point P est démasqué seulement pendant le temps T' que met OD' à venir en OA, donc

$$i = \frac{T'}{T} = \frac{\widehat{AOD'}}{\widehat{AOE}} = \frac{\widehat{AOD} - \widehat{D'OD}}{\widehat{AOE}} = \frac{1}{2} - \frac{2\pi nt}{\frac{2\pi}{N}} = \frac{1}{2} - nNt;$$

$i$ est une fonction *linéaire décroissante* de $n$, qui varie de $\frac{1}{2}$ à 0 lorsque $n$ varie de 0 à $n_1$.

2° $n_1 < n < n_2$. — La roue fictive a tourné pendant le temps $t$ de plus d'une demi-dent et de moins d'une dent complète : elle est en C'D'E'F'G'H' (fig. 435) et $\widehat{EOE'} = 2\pi nt$. Pendant le temps T que met OE à venir en OA, le point P est démasqué seulement durant le temps T' que met OD à prendre la place de OE', donc

$$i = \frac{T'}{T} = \frac{\widehat{E'OD}}{\widehat{AOE}} = \frac{\widehat{E'OE} - \widehat{DOE}}{\widehat{AOE}} = \frac{2\pi nt}{\frac{2\pi}{N}} - \frac{1}{2} = nNt - \frac{1}{2};$$

lorsque $n$ varie de $n_1$ à $n_2$, $i$ est une fonction *linéaire croissante* de $n$, qui varie de 0 à $\frac{1}{2}$.

Nous obtiendrons des résultats analogues en donnant à $n$ des valeurs comprises successivement dans les intervalles $n_2$ à $n_3$, $n_3$ à $n_4$, etc. Si nous portons en abscisse $n$, en ordonnée l'illumination $i$, nous obtenons la figure 436.

*Remarque I.* — En réalité ce ne sont pas les éclipses *totales* que l'on observe, mais bien des *égalités* d'éclat de P, pour des valeurs très voisines du minimum, ces égalités d'éclat correspondent à deux valeurs *égales* et très petites de l'illumination; d'après la forme de la courbe précédente, la moyenne arithmétique $\frac{n'_1 + n''_1}{2}$ des nombres de tours correspondants à ces valeurs identiques de $i$ est égale à $n_1$, nombre relatif à l'éclipse totale intermédiaire. Du reste, l'éclipse totale n'est jamais obtenue à cause de l'imperfection de la denture et de l'étendue de la source lumineuse P (368).

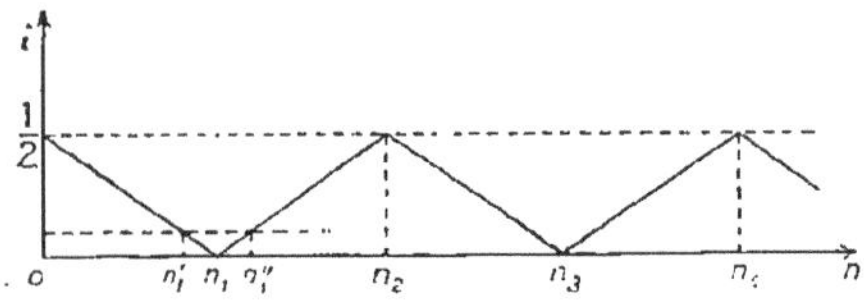

Fig. 436.

*Remarque II.* — Si les pleins étaient inférieurs aux creux, la courbe d'illumination serait celle de la fig. 437; il n'y aurait jamais éclipse totale et l'illumination resterait constante pour une infinité de valeurs de $n$; si, au contraire, les pleins étaient supérieurs aux creux, on obtien-

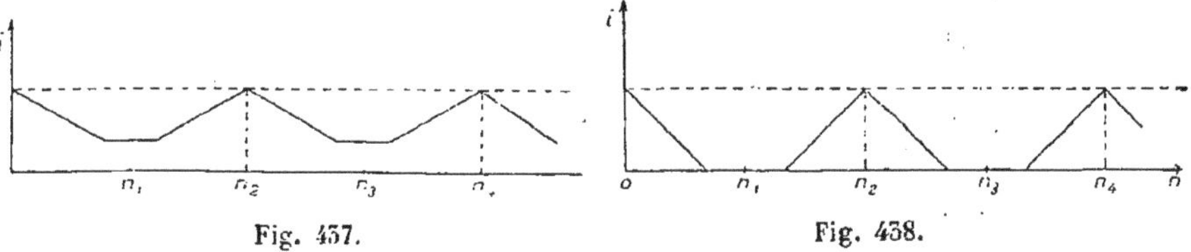


Fig. 437. Fig. 438.

drait la courbe de la figure 438; il y aurait éclipse totale pour une infinité de valeurs de $n$, variant d'une manière continue par intervalles.

**366. Dispositif expérimental.** — Il faut envoyer un faisceau lumineux de P à très grande distance, le réfléchir et le ramener en P; un miroir serait insuffisant et, pour orienter le faisceau aux deux stations, on lui fait traverser des lentilles. Ces lentilles doivent être stigmatiques et achromatiques pour un point à l'infini; on prend donc des objectifs de

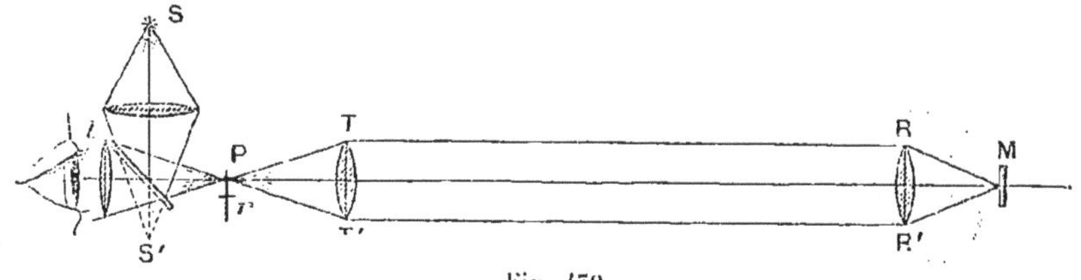


Fig. 439.

lunette astronomique; l'ensemble de l'oculaire $l$ (fig. 439) servant à observer P et de l'objectif TT' constitue une lunette astronomique; le miroir M est placé dans le plan focal d'une deuxième lunette dont l'objectif est RR'.

Il faut éclairer P, sans être gêné par l'oculaire $l$ et la tête de l'observateur : on place une source lumineuse intense en S, sur le côté et par l'intermédiaire d'une lentille et d'une lame de verre inclinée à 45° sur l'axe de la lunette, on concentre en P les rayons émis par S.

**367. Réglage de l'appareil.** — Nous nous occuperons uniquement du dispositif de Cornu, plus récent que celui de Fizeau et plus parfait.

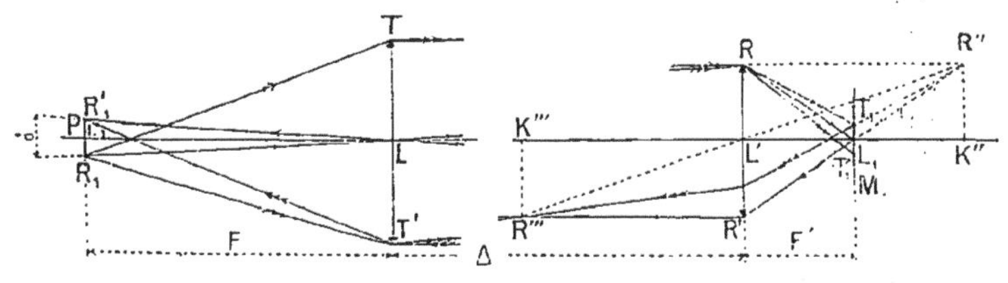


Fig. 440.

1° *Réglage du transmetteur.* — Les rayons transmis doivent rencontrer L' (fig. 440); donc la meilleure position à donner au point lumineux P, ou mieux à la surface lumineuse P, est l'image de L' à travers L; on place

donc une mire contre L' et on la met au point dans la lunette du tran
metteur; on dispose ensuite la roue dentée dans le plan du réticule, d
manière que l'image de L' vienne se former à l'intérieur d'un creux de
couronne. On règle ensuite le système éclairant de telle façon que l'imag
de la source lumineuse vienne se former sur le bord de la roue denté
il est du reste facile de voir que la portion utile de cette image est petit
En effet, les seuls rayons, qui traversant L rencontrent L', sont issus d
l'image de L' dans L; si nous désignons par $\rho$ le diamètre de cet
image, par O et O' ceux de L et L', par F et F' leurs distances focales
par $\Delta$ la distance des deux stations :

$$\frac{\rho}{O'}=\frac{F}{\Delta}, \qquad \text{d'où} \qquad \rho=\frac{O'\times F}{\Delta},$$

$\rho$ est indépendant de O et de F'; dans le cas des expériences de Corn

$O=38^{cm}$, $O'=15^{cm}$, $F=8^m{,}85$, $F'=2^m$, $\Delta=22900^m$, d'où $\rho=0^m{,}0$

ce diamètre est très petit, donc la surface utile, très faible, n'est jam
qu'une fraction de celle de l'image de la source lumineuse ; pour que
quantité de lumière reçue par le récepteur L' soit suffisante, il faut q
la source possède un grand éclat et que la raison d'ouverture de L s
grande $\left(\text{dans les expériences de Cornu, } \frac{O}{F}=\frac{1}{23}\right)$.

2° *Réglage du collimateur.* — Si nous plaçons le miroir à l'endroit
se forme l'image $L_1$ de L (fig. 440), les rayons réfléchis qui rencontr
L' iront passer par l'image de $L_1$ à travers L', c'est-à-dire par L; pu
comme ils paraissent provenir de L', ils iront passer par l'image de
dans L, c'est-à-dire qu'ils formeront une image de retour égale à la s
face utile de la source P.

Le réglage le plus délicat est celui du miroir et c'est pourquoi Corn
employé un miroir *plan* construit de la manière suivante :

Une lame de verre à faces parallèles a été coupée en deux parties ; l'u
est argentée; sur l'autre on a tracé deux traits en croix qui form
réticule. On vise avec la lunette collimatrice le transmetteur L vivem
éclairé par une source placée à son anneau oculaire, on met au po
rigoureusement avec le réticule, puis on remplace la lame-réticule par
miroir dont la face réfléchissante se trouve alors exactement dans le p
des traits du réticule.

568. **Marche d'un faisceau de rayons lumineux.** — Sup
sons les réglages précédents réalisés ; il est facile de voir, en suivant
marche d'un faisceau de rayons, que la lumière, partie d'un point de
surface utile de P, y revient à peu près intégralement, sauf, b
entendu, celle qui est absorbée ou diffusée.

Soit le faisceau issu de l'image $R_1$ de R à travers L (fig. 440) et to
bant sur cette lentille : en se réfractant il va passer R; mais rencontr
la lentille L', il se réfracte de manière à aller passer par l'image $T_1T_1'$

TT' à travers L'; cette image coïncide avec le miroir plan M; le faisceau est donc réfléchi comme s'il provenait de R'' symétrique de R, par rapport au miroir; une partie de ce faisceau réfléchi rencontre L', se réfracte et passe par l'image de $T_1L_1$ à travers L', c'est-à-dire par la portion LT'' de L; — en outre ces rayons passent par l'image R''' de R'' à travers L'; mais la distance de R''' à l'axe est égale à celle de R'' à l'axe, c'est-à-dire à RL' ou L'R', car R''K'' est plan antiprincipal de L'; de plus la distance de R''' à L ne diffère de celle de R' à L que de 2 F', quantité négligeable devant Δ; donc les rayons qui rencontrent L vont passer par l'image $R'_1$ de R' dans L, image symétrique du point d'émission $R_1$. En répétant le même raisonnement pour un point quelconque de $R_1R'_1$, on verrait que la lumière issue de ce point et tombant sur L revient passer par le point symétrique, sauf celle qui ne rencontre point L' au retour, et qui est d'autant plus considérable que le point d'émission est plus voisin du bord de $R_1R'_1$, d'où un affaiblissement d'éclat, peu sensible, du reste, sur ce bord.

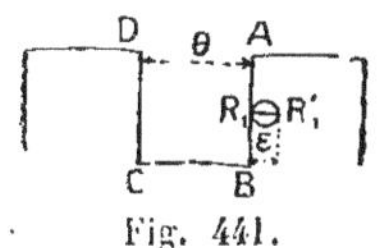

Fig. 441.

*Remarque.* — En remplaçant le miroir plan M par un miroir sphérique de centre L', tous les rayons réfléchis rencontreraient L'; ce dispositif avait été employé par Fizeau; il fournissait une image de retour d'un éclat uniforme, mais il ne permettait pas un réglage facile et précis du collimateur.

Supposons que la roue dentée tourne de manière à produire une éclipse totale : la lumière émise par $R_1$ (fig. 441), au moment où ce point vient à être démasqué, revient en $R'_1$ quand un creux a pris la place d'un plein ; cette lumière n'est donc pas arrêtée, l'éclipse n'est pas complète. Si on désigne par ε le temps que met le bord de la roue à parcourir le diamètre $R_1R'_1$, la durée de l'émission est $\theta + \varepsilon$ et la lumière est complètement arrêtée seulement pendant le temps $\theta - \varepsilon$ : dans les conditions les plus défavorables l'illumination est $\frac{\varepsilon}{\theta}$.

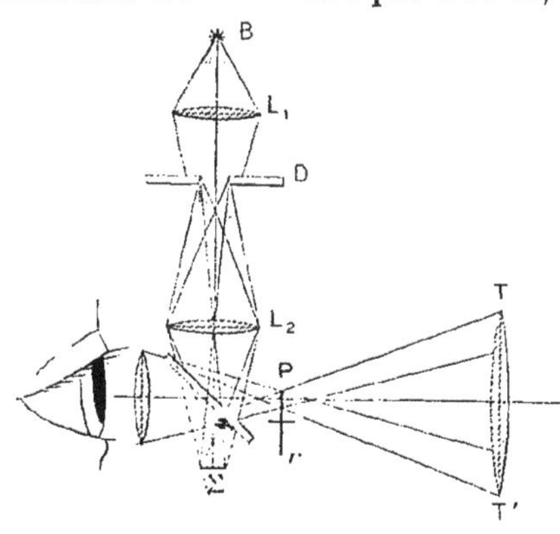

Fig. 442.

*Éclat maximum de l'image de retour observée.* — Pour constituer la source lumineuse P, dont la partie utile devait se loger dans un vide de la roue dentée, on prenait le bâton de chaux B d'un chalumeau oxyhydrique (fig. 442), et l'on concentrait sa lumière par une lentille $L_1$, sur l'ouverture circulaire d'un diaphragme D de $1^{mm},5$ de diamètre. Une deuxième lentille $L_2$ donnait de cette ouverture une image Σ, que la lame à faces parallèles renvoyait en P.

Désignons par E l'éclat qu'aurait cette source Σ et soit β la fraction d ı flux lumineux réfléchie par la lame sous l'incidence moyenne de 45° : l' de P est alors $\beta$E. L'image de retour, la roue étant *immobile*, aurait ( pour éclat $\alpha\beta$E, en désignant par $\alpha$ un coefficient d'absorption, relat' trajet PM et au retour MP. Enfin, on examine cette image de retour à vers la lame à faces parallèles, traversée sous une incidence moyenn 45°; le coefficient de transmission est donc $1-\beta$, et l'éclat intrinsèqu l'image de retour observée est $\alpha\beta(1-\beta)$E. Or le produit $\beta(1-\beta)$ de facteurs dont la somme est constante est susceptible d'un maximum ] $\beta=1-\beta$, c'est-à-dire $\beta=\frac{1}{2}$, et ce maximum est $\frac{1}{4}$. On pourrait atteindr maximum, en employant un certain nombre de lames à faces parallèles, il est évident qu'une partie de la lumière transmise par la première l est réfléchie par la seconde; qu'une fraction de cette partie est transmi nouveau par la première, et ainsi de suite. Avec un pouvoir réflecteur de le calcul montre qu'on aurait $\beta=\frac{1}{2}$ en employant cinq lames; mais l'aj ment de ces lames serait difficile et la lumière diffuse serait considéra Cornu s'est contenté de deux lames, pour lesquelles le produit $\beta(1-\beta)$ égal à 0,135. Enfin, si l'on tient compte de ce que la rotation de la roue duit de moitié cet éclat définitif moyen aux instants des maxima, o pour l'éclat intrinsèque de l'image de retour, observée lors de ces maxi

$$E'=\frac{1}{2}\alpha\beta(1-\beta)E.$$

Tel est donc l'éclat intrinsèque de l'image définitive à travers l'ocula et, si la pupille est entièrement couverte par les faisceaux lumineu. cette image, l'éclairement $e$ de l'image rétinienne (ou éclat apparent l'image observée) sera (221) :

$$e=\frac{E'S}{\delta^2}.$$

369. **Enregistrement graphique des vitesses de rotati de la roue.** — Pour faire mouvoir les roues, Cornu employait la ch d'un poids, dont le mouvement se transmettait à une série de ro

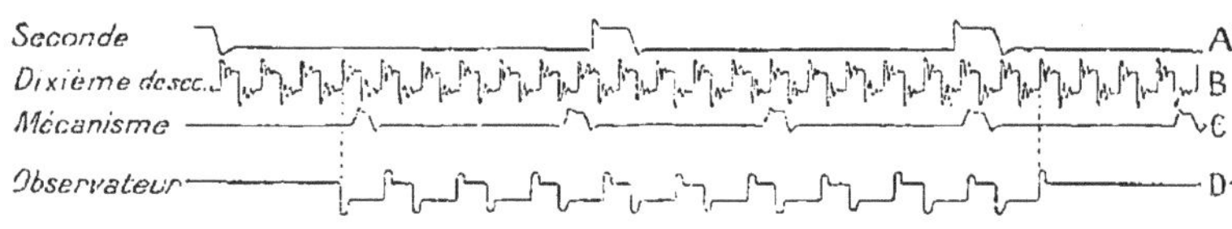


Fig. 443.

d'engrenages. Il laissait d'abord croître la vitesse de rotation; puis, voisinage d'une éclipse, il faisait usage d'un frein, de manière à ne lais varier la vitesse que lentement : il notait les instants où l'image prés tait *un même éclat*, de part et d'autre de l'éclipse. Il prenait enfin p vitesse de rotation, à l'instant de l'éclipse, la vitesse moyenne entre instants (365). Pour mesurer cette vitesse, Cornu faisait enregist simultanément, sur un tambour couvert de noir de fumée :

1° En A (fig. 443), les mouvements d'un style qui recevait une impulsi électrique chaque fois qu'un pendule battant la seconde passait par u même position ; à chacune de ces impulsions correspondait une dent su le tracé ;

2° En B, les mouvements d'un style commandé par un diapason entre tenu électriquement, dont la période était d'un dixième de seconde ; le petites sinuosités qu'on voit sur la courbe sont dues aux oscillation propres du style ;

3° En C, les nombres de tours d'une des roues de l'engrenage, indiqu par un style qui recevait son impulsion d'une came fixée à l'une des rou du mécanisme moteur; la came faisait un tour quand la roue en faisa quatre cents;

4° En D, des signaux tracés par l'opérateur, au moyen d'un sty commandé par une clef de Morse placée à la portée de sa main : appuyant sur la clef à l'approche d'une éclipse, et en envoyant u série de signaux rythmés jusqu'à ce que l'image de retour reprît, delà de l'éclipse, un même éclat, on obtenait des crochets, correspo dant à un certain intervalle de temps; les autres courbes fournissaie le nombre moyen de tours, par seconde, qu'avait effectués la rou dentée pendant ce temps.

370. **Emploi des roues à dents triangulaires.** — Cornu a rempla les roues à dents carrées de Fizeau par des roues à dents triangulaires q présentent quelques avantages : en particulier lorsqu'on fait varier la d tance de la source P à l'axe de la roue, on modifie la visibilité de l'ima de retour, de manière à obtenir une éclipse totale ou à se placer dans le de creux inférieurs, égaux ou supérieurs aux pleins, à volonté. — Si nous désignons respectivement par $\theta$, $\theta'$, les temps respectifs que mettent un creux et un plein pour passer devant un point de la source, et par $\varepsilon$ le temps que met un bord d'une dent pour parcourir le diamètre de la source, la durée d'émission est $\theta+\varepsilon$; la lumière est complètement arrêtée pendant $\theta'-\varepsilon$; si on règle la position de la source rapport à la denture de telle manière que $\theta+\varepsilon=\theta'-\varepsilon$, l'éclipse est tot — Lorsque la roue est mal centrée sur l'axe, les pleins ni les creux ne s constants, mais il se produit une compensation.

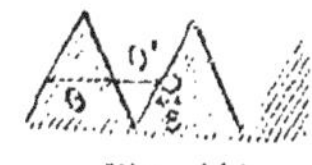

Fig. 444.

Cornu employait des roues dentées de 100 et 200 dents, en aluminiu ayant 34mm et 46mm de diamètre; en augmentant les rayons on aurait pu av un plus grand nombre de dents, mais la vitesse de rotation eût été p réduite et le produit $n$N eut diminué : les petites roues sont les plus c modes à utiliser.

371. **Historique. — Résultats.** — La méthode fut employée p la première fois, par Fizeau, en 1849; il opéra entre Montmartr Suresnes, sur une distance de 8km,633 et trouva :

$$V=315\,000\ \frac{\text{km}}{\text{sec}}.$$

Les premières expériences de Cornu furent faites en 1874, entre l'É Polytechnique et le Mont-Valérien, sur une distance de 10km,310, ont donné :

$$V=298\,500\ \frac{\text{km}}{\text{sec}}.$$

Elles furent reprises en 1876, entre l'Observatoire de Paris et la tour de Montlhéry. Les éclipses successives furent observées, de la troisième à la vingt et unième, de manière à fournir chacune un résultat numérique; on ne tint pas compte des deux premières, en raison de l'incertitude des mesures correspondantes. Les meilleures observations furent faites de nuit, par un ciel couvert, surtout après une journée pluvieuse, et les expériences furent poursuivies pendant une année. — La moyenne de toutes ces mesures donna la vitesse dans l'air $V_a$, dans les conditions moyennes H et $t$ de pression et de température. On put alors en déduire la vitesse V dans le vide, à l'aide de la formule connue:

$$V = V_a \times \mu_{t,H} \qquad \text{ou (341)} \qquad V = V_a\left(1 + 0{,}000\,2925\,\frac{H}{76}\,\frac{1}{1+\alpha t}\right).$$

Cornu trouva ainsi :

$$V = 300\,400\,\frac{\text{km}}{\text{sec}},$$

avec une précision relative qu'il estima à $\frac{1}{1000}$, c'est-à-dire avec une erreur possible de 300 kilomètres, en plus ou en moins; mais il semble que cette précision soit exagérée.

En 1882, MM. Young et Forbes ont appliqué la méthode de la roue dentée légèrement modifiée et ils ont trouvé :

$$V = 301\,382\,\frac{\text{km}}{\text{sec}}.$$

En 1899-1900, Perrotin a effectué des mesures entre l'Observatoire de Nice et la station de la Gaude, sur une distance de 12 km. environ ($11\,862^{\text{m}},22$); il utilisait une grande partie de l'appareil de Cornu; la moyenne de 1500 observations lui a donné :

$$V = 299\,900\,\frac{\text{km}}{\text{sec}} \pm 80\,\frac{\text{km}}{\text{sec}}.$$

Ces déterminations furent reprises en 1902, en utilisant comme stations l'Observatoire de Nice et le mont Vinaigre, de l'Esterel; la distance était de 46 km environ; les lunettes avaient respectivement pour ouvertures $O = 0^{\text{m}},76$ et $O' = 0^{\text{m}},38$; les conditions de distance et de clarté étaient donc meilleures; le résultat a été :

$$V = 299\,880\,\frac{\text{km}}{\text{sec}} \pm 50\,\frac{\text{km}}{\text{sec}};$$

c'est celui qui est admis aujourd'hui.

### MÉTHODE DU MIROIR TOURNANT

372. **Historique.** — La méthode du miroir tournant fut proposée dès 1838 par Arago, pour décider entre la théorie des ondulations et celle de l'émission (77). Elle fut d'abord étudiée, à ce point de vue, en colla-

boration par Foucault et Fizeau, puis séparément par chacun d'eux. Foucault le premier, en 1850, annonça que, d'après ses expériences, la vitesse de la lumière était plus grande dans l'air que dans l'eau, conformément à la théorie des ondulations. Ce résultat fut confirmé quelques jours après par Fizeau et Bréguet. Enfin, en 1862, Foucault montra que la méthode du miroir tournant pouvait être appliquée à une mesure précise de la vitesse dans l'air. — Nous intervertirons l'ordre chronologique des expériences, pour nous occuper d'abord de la mesure de la vitesse dans l'air.

375. **Principe de la méthode.** — Soit une source lumineuse, supposée formée d'une ouverture rectangulaire éclairée par le Soleil et traversée par un fil vertical très fin S (fig. 445), qui servira de repère[1]. En figurant la coupe de l'appareil par un plan horizontal, nous représenterons ce fil par sa section S. La lumière arrive sur une lentille L,

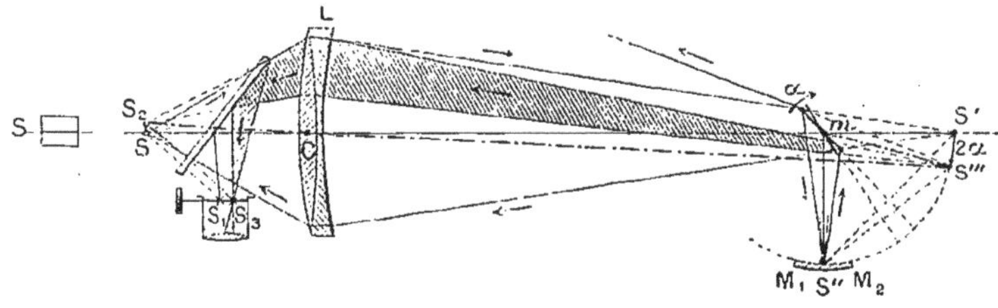


Fig. 445.

convergente et achromatique, qui donnerait en S' une image réelle de S. Entre la lentille et l'image est interposé un miroir plan $m$, qui peut recevoir un mouvement rapide de rotation autour d'un axe vertical $m$ situé dans son plan et parallèle au fil de repère. Si ce miroir était immobile, il substituerait à l'image S' une autre image S'', symétrique de S' par rapport à $m$ : lorsque le miroir est en mouvement, l'image S'' décrit une circonférence ayant pour centre le point $m$ et pour rayon $m$S'. En $M_1M_2$ est disposé un miroir sphérique concave, dont le centre est en $m$, sur l'axe de rotation du miroir plan [2].

Supposons d'abord le miroir *m immobile*, et orienté de manière que S'' se trouve sur $M_1M_2$ : le rayon $m$S'' est renvoyé suivant sa propre direction, les autres rayons prennent des directions symétriques par rapport à $m$S''. Tous ces rayons reviendraient former en S une image se superposant à l'objet, sans l'interposition d'une lame verticale à faces parallèles, inclinée à 45° sur S$m$ ; cette lame renvoie une partie des rayons au point $S_1$, symétrique de S par rapport à la lame, et c'est cette image

[1] En réalité, dans l'appareil qui servit aux mesures de la vitesse absolue de la lumière dans l'air, la source lumineuse était une mire micrométrique, constituée par une série de traits verticaux, tracés sur une lame de verre, et distants les uns des autres d'un dixième de millimètre. Cette mire était éclairée par de la lumière solaire, réfléchie par un héliostat.

[2] Dans la pratique, la distance $m$S' est bien supérieure à $m$C.

que l'on observe avec un oculaire muni d'un réticule micrométrique (¹).

Supposons maintenant le miroir $m$ en mouvement, mais animé d'une vitesse de rotation assez petite pour qu'il ne se déplace pas sensiblement pendant le temps que met la lumière pour aller de $m$ en $S''$ et revenir en $m$. Alors, tant que le point $S''$ parcourt la portion de circonférence occupée par le miroir $M_1M_2$, on a la sensation de l'image de retour $S_1$. Désignons par $\varepsilon$ l'arc d'ouverture $M_1M_2$ du miroir sphérique; comme le miroir $m$ ne tourne que de $\frac{\varepsilon}{2}$ pendant que le symétrique de $S'$ parcourt le miroir sphérique en entier, le phénomène de visibilité de $S_1$ dure, à chaque intermittence, la fraction $\frac{\varepsilon}{2} : 2\pi$, ou $\frac{\varepsilon}{4\pi}$ de la durée d'une révolution totale du miroir; ce phénomène se reproduit pour chaque révolution du miroir $m$, pendant ce même temps, si l'on suppose que $m$ n'est poli que sur une de ses faces. Grâce à la durée de la persistance des impressions lumineuses sur la rétine, l'image de retour en $S_1$ semble *permanente*, mais son éclat n'est que la fraction $\frac{\varepsilon}{4\pi}$ de l'éclat qu'elle aurait si le miroir était immobile.

Supposons enfin que le miroir $m$ soit animé d'une vitesse de rotation assez grande pour qu'il tourne d'un angle sensible $\alpha$ pendant le temps que met la lumière à franchir le trajet $mS''$ et à revenir en $m$. L'image de retour donnée par le miroir plan se fait alors, non plus en $S'$, mais en un point $S'''$, tel que l'on ait $S'''mS' = 2\alpha$ (²). *Si la vitesse de rotation reste constante, le point $S'''$ est donc un point fixe*, indépendant *de la position variable de $S''$*, en sorte que les rayons de retour sur la lentille L, marqués en hachures sur la figure, viendraient, après réfraction, reformer une image au point $S_2$, conjugué de $S'''$ par rapport à L, sans la glace sans tain qui renvoie cette image dans la position $S_3$ symétrique de $S_2$ par rapport à la lame. Cette image se trouve donc *déplacée*, par rapport à la position du repère $S_1$, d'une quantité $S_3S_1 = S_2S$. On s'aperçoit de ce déplacement, à ce que l'image de retour cesse de coïncider avec le point du croisé du réticule micrométrique, qu'on avait repéré sur $S_1$. On peut alors, au moyen de la vis micrométrique, mesurer le déplacement $S_3S_1$, que nous représenterons par $\delta$.

Désignons maintenant par $t$ la durée de l'aller et retour de la lumière entre les deux miroirs, et par $n$ le nombre de tours par seconde du miroir $m$; par V la vitesse de la lumière, par $r$ le rayon du miroir sphérique ou distance du miroir plan $m$ au miroir sphérique, on a :

$$t = \frac{2r}{V};$$

(¹) Dans l'appareil définitif, cet oculaire micrométrique était remplacé par un microscope à micromètre.

(²) On applique ici le théorème du miroir tournant (20) à un miroir qui tourne d'une façon continue.

pendant le temps $t$, le miroir a tourné de l'angle $\alpha$ tel que :

$$\alpha = 2\pi n t = \frac{4\pi n r}{V},$$

donc :

$$S'S''' = r \times 2\alpha = \frac{8\pi n r^2}{V};$$

désignons respectivement par $x$ et $x'$ les distances conjuguées CS, CS', qui sont mesurables directement : la similitude des triangles $CSS_2$ ; CS'S''' nous donne :

$$\frac{SS_2}{S'S'''} = \frac{CS}{CS'} \qquad \text{ou} \qquad \frac{\delta}{\frac{8\pi n r^2}{V}} = \frac{x}{x'}$$

d'où

$$V = \frac{8\pi n r^2 x}{\delta x'}.$$

*Possibilité de la mesure.* — Il faut que la déviation angulaire $2\alpha$ soit mesurable : cherchons par exemple le nombre de tours par seconde $n$ qu'il faudrait imprimer au miroir pour que $2\alpha = 1'$, avec $r = 15^m$ ; on aurait :

$$2\alpha = 2 \times 360 \times 60 \times n \times \frac{2 \times 15}{300.000.000} = 1',$$

d'où $n = 251$, ce qui est parfaitement réalisable.

Dans l'expérience de Foucault, les principales données étaient $n = 800$, $r = 20^m$ ; le déplacement $\delta$ de l'image a été trouvé d'environ $0^{mm},7$, quantité parfaitement mesurable avec précision.

374. **Détails de l'expérience.** — 1° *Miroir tournant.* — La rotation du miroir était produite par une petite turbine qui recevait, soit un jet de vapeur d'eau fournie par une petite chaudière, soit, dans l'appareil définitif, un courant d'air venant d'une soufflerie munie d'un régulateur. Ce courant gazeux sortait d'un tambour dont le fond horizontal présentait une série d'ouvertures inclinées, disposées comme celles du tambour d'une sirène acoustique. De même que dans la sirène, le jet gazeux rencontrait des ouvertures semblables, en nombre égal, pratiquées dans un plateau mobile autour d'un axe vertical, et inclinées en sens contraire ; c'est sur l'axe de rotation de ce plateau qu'était disposé le petit miroir en verre argenté. Ce miroir avait une largeur d'environ 14 millimètres [1].

[1] Cette largeur devait être suffisante pour recevoir tout le pinceau lumineux venant de la lentille, afin de le renvoyer sur le miroir sphérique. Soient $m$ la position du miroir à ce moment-là (fig. 446), $i$ l'angle d'incidence du rayon moyen du faisceau, $l$ la largeur du faisceau en $m$, évaluée normalement à l'axe du faisceau ; la largeur du miroir doit être sensiblement $\frac{l}{\cos i}$ ; elle sera d'autant moindre que $i$ sera plus petit. Pour une incidence de 30°, une largeur de 14 millimètres suffisait, dans l'appareil de Foucault.

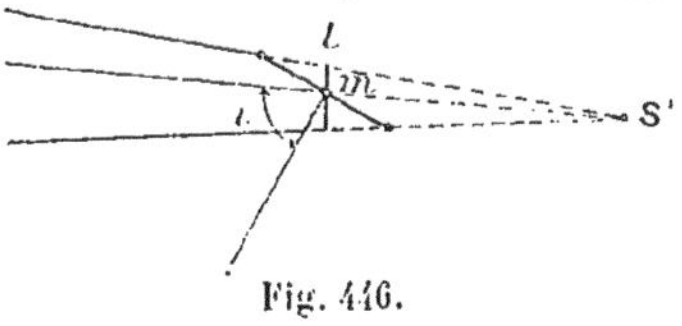

Fig. 446.

2° *Miroir sphérique.* — Pour installer l'appareil dans une salle de dimensions restreintes, et donner cependant au trajet de la lumière une longueur assez grande pour fournir V avec une précision suffisante, Foucault fut conduit à modifier la disposition précédente. — Au lieu d'un miroir sphérique ayant un grand rayon de courbure, il employait cinq miroirs, S'', T, U, V, X, ayant chacun 4 mètres de rayon de courbure, et disposés comme l'indique la figure 447. Le dernier, recevant l'axe du faisceau lumineux suivant son axe principal, le renvoyait en sens inverse, par le même trajet, sur le miroir tournant $m$. — Avec cette disposition, si l'on désigne par $2d$ le trajet de la lumière, aller et retour, l'équation qui donne le temps est :

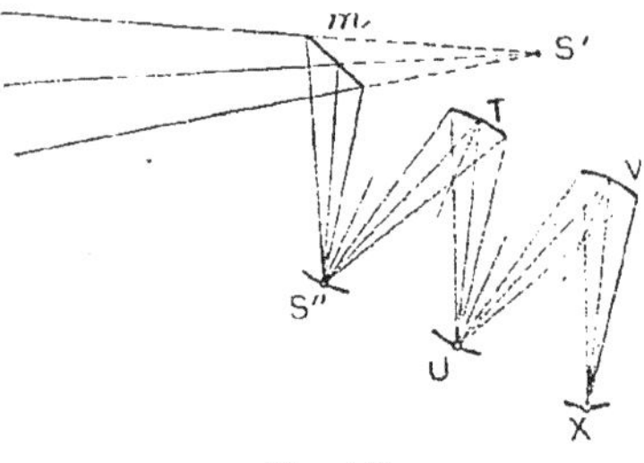

Fig. 447.

$$t = \frac{2d}{V};$$

et, en raisonnant comme précédemment, on arrive à l'expression :

$$(1) \qquad V = \frac{8\pi n r d x}{\delta x'}.$$

3° *Mesure de n.* — Pour obtenir la valeur du nombre $n$ de tours par seconde, Foucault utilisa d'abord le *son d'axe*. Comme l'axe de rotation du miroir ne coïncide jamais rigoureusement avec un axe d'inertie du système tournant et les pivots n'étant jamais parfaitement de révolution, il en résulte qu'à chaque tour du miroir il se produit des chocs ou des pressions *périodiques* engendrant un son dont la *période est celle de la rotation* de l'appareil. On peut déterminer la hauteur de ce son, et par conséquent le nombre $n$ de tours du miroir par seconde, en l'amenant à l'unisson d'un diapason étalonné.

Mais, dans ses expériences destinées à la mesure de la vitesse de la lumière dans l'air, pour s'assurer de la constance du nombre $n$ pendant l'expérience, et pour mesurer exactement ce nombre, Foucault employa la *méthode stroboscopique*, la seule précise. En voici le principe. — Supposons, par exemple, qu'il s'agisse de réaliser et de maintenir constante une vitesse de 800 tours par seconde. A l'endroit où se forment les images de retour, on place une roue dentée présentant 400 dents bien régulières, et 400 vides égaux aux dents, c'est-à-dire 800 intervalles. On fait en sorte qu'une des extrémités de l'image $S_3$ (fig. 448) arrive jusqu'à la circonférence de cette roue dentée, qui, se projetant sur le fond de l'image

$S_3$

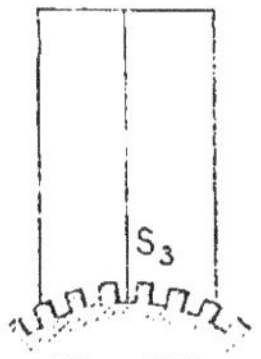

Fig. 448.

de retour, est éclairée par la lumière correspondante. Cette roue dentée est actionnée très régulièrement par un mouvement d'horlogerie et fait 2 tours par seconde. Dans ces conditions, pendant le temps $\left(\frac{1}{800}\text{ de seconde}\right)$ que le miroir plan fait un tour, la roue, qui avance de 1600 intervalles par seconde, avance juste de deux intervalles; elle substitue ainsi exactement une dent à la précédente. La roue est éclairée, d'une façon intermittente, pendant le temps très court que le point S'' (fig. 445) met à parcourir le miroir sphérique, c'est-à-dire pendant la fraction de tour du miroir plan représentée par $\frac{\varepsilon}{2} : 2\pi$ ou $\frac{\varepsilon}{4\pi}$, si ce miroir n'est poli que sur une face. Or un tour de miroir plan dure $\frac{1}{800}$ de seconde; la durée de l'éclairement de la roue est donc, à chaque intermittence, $\left(\frac{1}{800} \times \frac{\varepsilon}{4\pi}\right)$ sec., ou $\left(\frac{\varepsilon}{3200\pi}\right)$ sec.; pendant un temps aussi court, la roue ne peut pas se déplacer d'une façon visible; elle semble donc immobile pendant la durée de cet éclair. D'autre part, pendant le petit intervalle de temps qui s'écoule entre la fin d'une intermittence d'éclairement et le commencement de l'intermittence suivante, c'est-à-dire pendant $\frac{1}{800}$ de seconde, la roue tourne sans qu'on la voie, puisqu'elle n'est plus éclairée, et elle tourne de deux intervalles, c'est-à-dire qu'elle se retrouve, à l'instant où elle reparaît, toujours dans la même position relative par rapport à $S_3$. Dès lors, en vertu de la durée de la *persistance des impressions lumineuses sur* la rétine, la roue est vue d'une façon *continue*; elle paraît parfaitement immobile, d'après l'analyse précédente, si $n$ est exactement égal à 800. — Au contraire, si $n$ est supérieur à 800, la roue, n'ayant pas encore avancé de deux intervalles à l'instant où elle est éclairée de nouveau, semble rétrograder en sens inverse de son mouvement réel: si $n$ est inférieur à 800, la roue paraît tourner dans le sens de son mouvement réel. — On peut donc, en réglant l'arrivée du gaz dans la turbine, de manière que la roue dentée *paraisse fixe*, arriver à donner au miroir une vitesse de rotation déterminée, et maintenir cette vitesse constante, au moins pendant un temps suffisant.

375. **Précision de la mesure. — Résultats.** — Appliquons le théorème des erreurs relatives (409) : l'expression (1) nous donne :

$$\frac{\Delta V}{V} = \frac{\Delta n}{n} + \frac{\Delta d}{d} + \frac{\Delta r}{r} + \frac{\Delta x}{x} + \frac{\Delta x'}{x'} + \frac{\Delta \delta}{\delta}.$$

Le terme le plus important du second membre est $\frac{\Delta\delta}{\delta}$, devant lequel les autres sont négligeables, car $\delta$ est petit; on rendra la méthode plus précise en opérant de manière à augmenter $\delta$, soit en faisant croître $n$, ce qui est difficile, soit plutôt en augmentant $d$, ou même $x$; on ne peut songer à faire varier $r$, qui est de l'ordre de grandeur de $x'$.

Les expériences de Foucault, lui ont donné pour $\delta$ des nombres qui diffèrent de moins de $\frac{\delta}{100}$ ; par suite $\frac{\Delta\delta}{\delta} < \frac{1}{200}$ et l'erreur maximum serait donc de $1500 \frac{\text{km}}{\text{sec}}$; Foucault estimait qu'elle ne dépassait pas $500 \frac{\text{km}}{\text{sec}}$, et il a trouvé pour la vitesse de la lumière dans le vide :

$$V = 298\,000 \frac{\text{km}}{\text{sec}} \pm 500 \frac{\text{km}}{\text{sec}}.$$

376. **Perfectionnements apportés à cette méthode. — Expériences de M. Michelson et de Newcomb.** — La méthode du miroir tournant a été perfectionnée séparément par deux physiciens américains, M. Michelson et Newcomb. Ils se proposèrent, avant tout, d'augmenter le trajet parcouru par la lumière, entre le miroir plan et un miroir sphérique unique; M. Michelson prit $r = 605^{m}$; la vitesse de rotation étant de 258 tours par seconde, mesurée par la méthode stroboscopique; le miroir était argenté sur les deux faces, ce qui doublait l'éclat de l'image de retour, le déplacement atteignait $114^{mm}$.

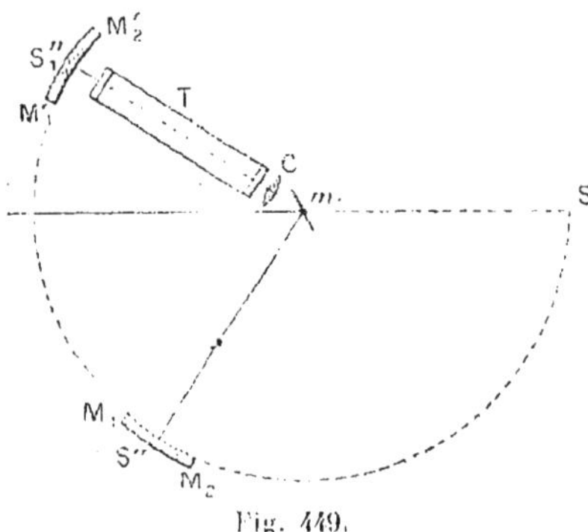

Fig. 449.

Dans les expériences de Newcomb on avait $r = 3721^{m}$: le miroir était constitué par un prisme en acier nickelé, à base carrée, d'où quatre réflexions par rotation complète; il était monté sur deux turbines et pouvait tourner tantôt dans un sens, tantôt dans l'autre ; par suite on déterminait le double du déplacement $\delta$.

Les mesures des physiciens américains ont donné, pour la vitesse V de la lumière dans le vide, en kilomètres par seconde :

299 940 ± 50 Michelson.
299 853 ± 60 —
299 860 ± 50 Newcomb.

D'après les résultats fournis par cette méthode, la vitesse V serait donc inférieure à 300 000 kilomètres à la seconde.

377. **Conclusion.** — Jusqu'en 1900, époque à laquelle Perrotin, directeur de l'observatoire de Nice, publia les résultats de ses premières expériences, la méthode de la roue dentée et celle du miroir tournant avaient toujours donné des nombres différents, constamment plus grands dans le cas de la première méthode; les différences paraissaient supérieures aux erreurs d'expérience. On avait cherché à interpréter cette divergence systématique : 1° en faisant observer que, dans la méthode de la roue dentée, l'appréciation de l'égalité d'éclat de part et d'autre d'une éclipse enlevait beaucoup de précision à la mesure, en introduisant une erreur *personnelle* à l'observateur et qu'on ne pouvait évaluer ; 2° en prétextant que la grande vitesse du miroir tournant occasionnait une

modification des ondes réfléchies, et par suite que la déviation n'était pas égale à $2\alpha$, pour une rotation $\alpha$ du miroir; or le calcul montre que cette dernière cause d'erreur entraîne seulement une variation de vitesse de $12\frac{\text{km}}{\text{sec}}$ environ, pour $n = 1000$. Mais au fur et à mesure du perfectionnement des méthodes, les divergences se sont atténuées; elles ont complètement disparu à la suite des travaux de Perrotin exécutés dans des conditions de précision qui n'avaient pas encore été réalisées. Perrotin a trouvé, par la méthode de la roue dentée, sensiblement le même résultat (371) que les physiciens américains, soit $V = 299\,880\frac{\text{km}}{\text{sec}} \pm 50\frac{\text{km}}{\text{sec}}$. Nous adopterons comme valeur approchée $V = 300\,000\frac{\text{km}}{\text{sec}}$, ou $V = 3 \times 10^{10}$ C.G.S.

378. **Comparaison des vitesses de la lumière dans l'air et dans l'eau** (1850). — Les premières expériences de Foucault, faites en 1850, avaient uniquement pour but de comparer entre elles les vitesses de **la lumière dans l'air et dans l'eau, afin de décider** entre la théorie de l'émission et la théorie des ondulations (77).

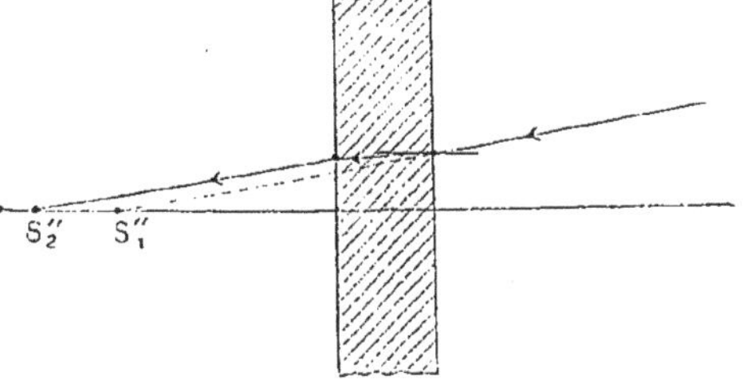

Fig. 450.

La disposition employée était celle de la figure 445, mais avec deux miroirs sphériques $M_1M_2$ et $M'_1M'_2$ (fig. 449). Entre ce dernier et le miroir plan, on plaçait un tube T plein d'eau. L'interposition de ce tube avait pour effet d'éloigner le conjugué du point S', donné par le miroir plan de ce côté. En effet, une lame à faces parallèles, plus réfringente que le milieu ambiant, éloigne un point lumineux virtuel $S''_1$ en $S''_2$ (fig. 450); pour le maintenir en $S''_1$ sur le miroir sphérique $M'_1M'_2$, il suffit d'adjoindre au tube T une lentille convergente convenable C (fig. 449). Chacun des miroirs sphériques donne naissance à une image de retour : ces images sont déviées toutes deux *dans le même sens*, le sens de la rotation du miroir. Pour distinguer les deux images, on diaphragme le miroir $M_1M_2$, en ne lui laissant que le tiers de la hauteur de l'autre. Alors l'image S'' diminue de hauteur et l'image de retour $S_3$ est plus courte que $S'_3$. — L'expérience montre que l'*image $S'_3$ est plus déviée que $S_3$* (fig. 451). Donc, pendant que la lumière parcourt le trajet $mS''_1$, dans l'eau et partiellement dans l'air, le miroir $m$ tourne d'un angle plus grand que lorsqu'elle parcourt le même trajet $mS''$ dans l'air. Ce résultat suffit pour qu'on puisse affirmer que la *vitesse $V_a$ dans l'air est plus grande que la vitesse $V_e$ dans l'eau conformément à la théorie des ondulations* (77), sans

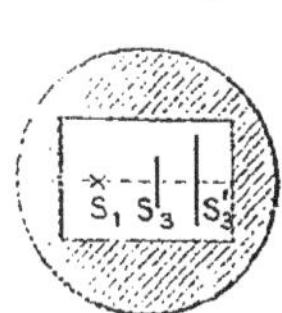

Fig. 451.

qu'il soit nécessaire de connaître la vitesse de rotation du miroir.

L'expérience permet même de calculer le rapport $\frac{V_a}{V_e}$, en mesurant les deux déplacements correspondants. En effet, désignons par $\delta_a$ et $\delta_m$ les déplacements respectifs des deux images, par $t_a$ et $t_m$ les temps mis par la lumière pour aller de $m$ en S' ou en S''$_1$ et revenir en $m$ ; nous avons évidemment :

$$\frac{\delta_a}{t_a} = \frac{\delta_m}{t_m};$$

mais, si $l$ est la longueur du tube à eau :

$$t_a = \frac{2r}{V_a},$$

$$t_m = \frac{2(r-l)}{V_a} + \frac{2l}{V_e};$$

donc :

$$\frac{\delta_a}{\frac{2r}{V_a}} = \frac{\delta_m}{\frac{2(r-l)}{V_a} + \frac{2l}{V_e}},$$

d'où :

$$\frac{V_a}{V_e} = \frac{\delta_a l + (\delta_m - \delta_a) r}{\delta_a l};$$

puisque

$$\delta_m - \delta_a > 0, \qquad V_a > V_e,$$

et on trouve sensiblement :

$$\frac{V_a}{V_e} = \frac{4}{3} \text{ environ.}$$

379. **Importance astronomique de la mesure de la vitesse de la lumière.** — Dans les méthodes *astronomiques*, qui furent employées avant les méthodes *physiques*, on calculait la vitesse V de la lumière dans le vide, en prenant pour base la connaissance de la *parallaxe solaire* horizontale : c'est-à-dire de l'angle sous lequel un observateur placé au centre du soleil, à l'horizon d'un point de notre équateur, verrait le rayon équatorial de ce point. Mais, réciproquement, la connaissance de V permet de trouver la valeur de la parallaxe solaire, grandeur qui a une très grande importance pour les calculs astronomiques; c'est donc spécialement pour les vérifications de la valeur attribuée à cette parallaxe que les mesures de la vitesse de la lumière par des méthodes physiques présentent une importance particulière. C'est dans ce but que furent faites les expériences définitives de Cornu, sous le patronage de l'Observatoire de Paris, et c'est pourquoi l'astronome Perrotin reprit cette détermination.

La Commission internationale des étoiles fondamentales a adopté comme valeur la plus probable de la parallaxe, d'après les mesures astronomiques, 8'',80. Il en résulte, pour la vitesse de la lumière dans le vide, la valeur $V = 299\,980 \frac{\text{km}}{\text{sec}}$, nombre qui se rapproche beaucoup des résultats les plus récents donnés par la méthode du miroir tournant et par celle de la roue dentée.

380. **Théorie électromagnétique de la lumière.** — D'après la théorie de Maxwell, confirmée si brillamment par les expériences de Herz, les ondes électriques et les ondes lumineuses se transmettent avec la même vitesse à travers l'éther et diffèrent seulement par la fréquence : une conséquence de cette théorie est que le rapport des unités absolues de quantité d'électricité électromagnétique (982) et électrostatique (981) est égal à la vitesse de la lumière exprimée en unités CGS, c'est-à-dire à $3 \times 10^{10}$ environ; or la mesure de ce rapport a toujours donné précisément $3 \times 10^{10}$, aux erreurs d'expérience près, et plus les déterminations sont précises, plus les résultats se rapprochent du nombre indiqué par la théorie.

## INSTRUMENTS DE MESURE DES LONGUEURS

581. — **Étalons de longueur.** — Les mesures physiques peuvent, en général, se ramener à des mesures de *longueurs*, de *masses* et de *temps*. — Nous étudierons plus loin, en traitant de la Pesanteur, la *balance*, qui sert à la mesure des masses, et le *pendule*, qui sert à celle des temps. Nous allons d'abord nous occuper de la mesure des longueurs. Mesurer une longueur, c'est la comparer à une autre longueur prise comme unité. Cette unité est le *centimètre*, c'est-à-dire la *centième partie de la longueur comprise à 0° entre deux traits gravés vers les extrémités d'une règle de platine iridié* (*étalon n° 6*, désigné par la lettre 𝔐) conservé au Bureau international des Poids et Mesures de Breteuil.

Les étalons prototypes de longueur sont des règles en platine iridié, à 10 pour 100 d'iridium, dont la section est en forme d'X (fig. 452), de manière à offrir le maximum de résistance aux flexions ; vers les extrémités de la lame médiane on a encastré deux disques d'argent sur lesquels on a tracé deux traits fins parallèles, dont la distance représente sensiblement un mètre : c'est rigoureusement un mètre par définition pour l'étalon n° 6 pris à 0°.

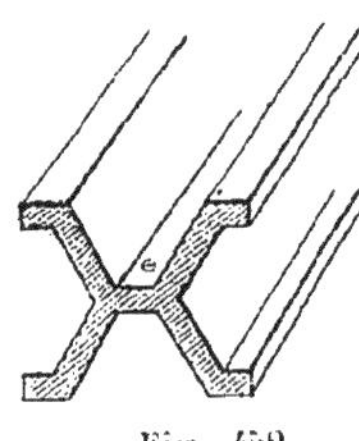

Fig. 452.

Par comparaison avec les étalons prototypes, on fabrique des règles graduées, ou étalons secondaires, subdivisées en millimètres ou même en demi-millimètres; on ne peut pousser la graduation plus loin, car elle ne serait pas lisible; ces règles sont habituellement en bronze, maillechort, acier ou cuivre; la graduation se grave sur platine ou argent. Mais les règles métriques, utilisées seules, ne nous permettent de mesurer les longueurs qu'au millimètre ou au demi-millimètre; tout au plus peut-on estimer, avec un peu d'habitude, $\frac{1}{10}$ de millimètre; on adjoint donc à ces règles des organes spéciaux, *vernier* ou *vis micrométrique*, pour apprécier les fractions de division, et suivant le dispositif adopté, répondant à des besoins divers, on a les instruments de mesure que nous allons étudier.

### I. — VERNIER

582. **Vernier rectiligne.** — Le *vernier*[1] *rectiligne* est tracé sur une réglette auxiliaire VV′ (fig. 453), mobile le long de la règle princi-

[1] Cet appareil porte le nom de son inventeur, géomètre né en 1580 à Ornans Franche-Comté), mort en 1637.

pale AB. Si l'approximation qu'on veut obtenir est exprimée par la fraction $\frac{1}{n}$ d'une division D de la règle, on donne au vernier une lon-

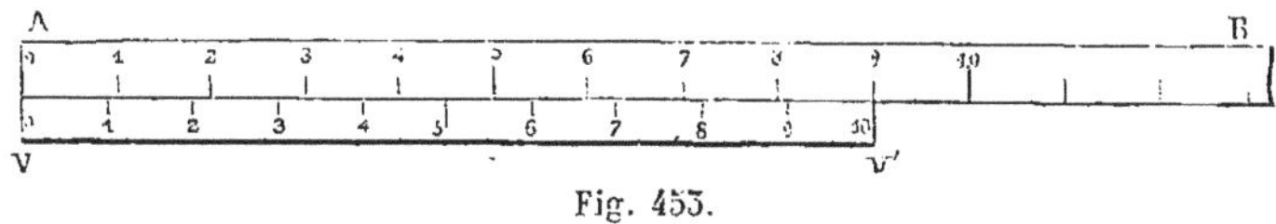


Fig. 453.

gueur égale à $n-1$ divisions de la règle, et l'on partage cette longueur en $n$ parties égales. Chaque division $d$ du vernier vaut ainsi $\frac{(n-1)\,D}{n}$, et l'on a, pour la différence $D-d$,

$$D-d=D-\frac{(n-1)\,D}{n}=\frac{D}{n};$$

c'est cette fraction $\frac{D}{n}$ que le système permettra d'évaluer, ainsi qu'on va le voir. Le vernier est dit alors *vernier au $n^{ième}$*. La figure 453 représente un vernier au dixième.

583. **Théorie du vernier au $n^{ième}$.** — *1° Le zéro du vernier étant en coïncidence avec un trait quelconque $\alpha$ de la règle, les traits successifs 1, 2,... h,..., du vernier sont en retard de* $\frac{D}{n}, \frac{2D}{n},..., \frac{hD}{n},...,$ *sur les traits correspondants $\alpha+1$, $\alpha+2$,... $\alpha+h$,..., de la règle, avec lesquels ils alternent, sans autre coïncidence nouvelle que celle du trait n du vernier avec le trait $\alpha+n-1$ de la règle.* — Cela résulte de la construction même du vernier. En effet, si le trait zéro du vernier est en coïncidence avec un trait $\alpha$ de la règle, le trait 1 du vernier est en retard sur le trait $\alpha+1$ de la règle, de la quantité $\frac{D}{n}$; le trait 2 est en retard sur le trait $\alpha+2$, de $\frac{2D}{n}$, et ainsi de suite; le trait $h$ est donc en retard sur le trait $\alpha+h$, de $\frac{hD}{n}$, et enfin le trait $n$ est en retard sur le trait $\alpha+n$, de $\frac{nD}{n}$ ou D, c'est-à-dire qu'il coïncide avec le trait $\alpha+n-1$ de la règle. D'ailleurs, entre ces deux coïncidences extrêmes les traits du vernier et ceux de la règle alternent régulièrement, car les distances de ces traits successifs à la première coïncidence satisfont à la série des inégalités suivantes :

$$d<D<2d<2D<3d<.....,$$

inégalités dont les termes généraux sont

$$hd<hD<(h+1)\,d<......$$

Or la première de ces inégalités générales est évidente par elle-même; quant à la seconde, elle résulte de la relation fondamentale $(n-1)\,D=nd$; en effet, en retranchant du premier membre $(n-h-1)\,D$, et du second $(n-h-1)\,d$, quantité inférieure à la précédente, on a l'inégalité :

$$(n-1)\,D-(n-h-1)\,D<nd-(n-h-1)\,d$$
$$hD<(h+1)\,d.$$

2° *Le zéro du vernier étant en coïncidence avec un trait quelconque de la règle, si l'on fait glisser le vernier de $\frac{hD}{n}$ dans le sens de la règle, le trait h du vernier arrive en coïncidence avec un trait de la règle, et c'est le seul qui puisse théoriquement présenter ce caractère.* Cette proposition se déduit immédiatement de ce qui précède. En effet, dans la première position, le trait $h$ du vernier était en retard de $\frac{hD}{n}$ sur le trait immédiatement suivant de la règle ; dès lors, en faisant glisser le vernier de cette quantité, on aura amené la coïncidence des deux traits (fig. 454).

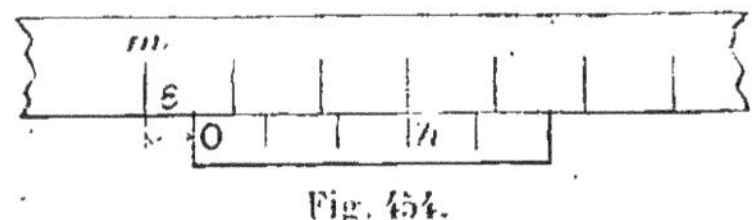

Fig. 454.

C'est bien là d'ailleurs la seule coïncidence qui puisse exister, puisque, d'après ce qu'on vient de voir, il ne saurait s'en produire d'autres qu'aux traits $h+n$ et $h-n$ du vernier, c'est à-dire en dehors des limites du vernier.

3° *Le zéro du vernier étant en coïncidence avec un trait quelconque de la règle, si l'on fait glisser le vernier de $\frac{hD}{n}+\varepsilon'$ dans le sens de la règle, $\varepsilon'$ étant plus petit que $\frac{D}{n}$, la division du vernier comprise entre les traits h et $h+1$ arrive entre deux traits consécutifs de la règle, et c'est la seule qui puisse théoriquement présenter ce caractère.*

En effet : si, après avoir déplacé le vernier dans le sens de la règle, de la quantité $\frac{hD}{n}$, ce qui amène la coïncidence entre le trait $h$ du vernier et un trait $k$ de la règle, on continue à faire glisser le vernier dans le même sens, de la quantité $\varepsilon'<\frac{D}{n}$, le trait $h+1$ ne franchit pas le trait $k+1$ et reste en retard sur lui d'une quantité $\varepsilon''$ (fig. 455), telle que $\varepsilon'+\varepsilon''=\frac{D}{n}$ ; la division du vernier comprise entre les traits $h$ et $h+1$ reste donc tout entière comprise entre les traits consécutifs $k$ et $k+1$ de la règle, et il est aisé de voir que c'est la seule qui puisse présenter ce caractère.

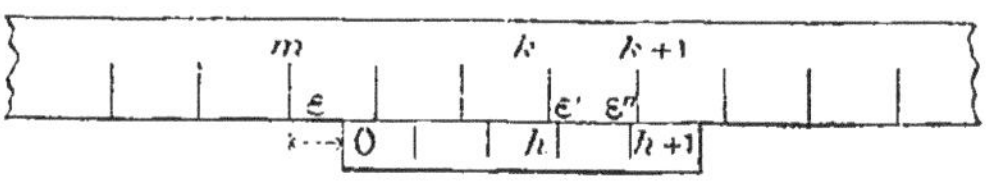

Fig. 455.

384. **Emploi du vernier pour la mesure d'une longueur.** — Supposons qu'en portant la règle sur la longueur à mesurer, on ait trouvé qu'elle contient un nombre entier $m$ de divisions de la règle, avec un reste $\varepsilon$. C'est ce reste $\varepsilon$ qu'il s'agit d'évaluer à l'aide du vernier, dont le zéro est mis en coïncidence avec l'extrémité de la longueur à mesurer. Deux cas seulement peuvent se présenter :

1° *Si l'on constate qu'il y a coïncidence d'un trait h du vernier avec un trait de la règle* (fig. 454), on aura $\varepsilon = \frac{hD}{n}$ ; par suite, la longueur $l$ à mesurer sera donnée par la relation :

$$l = \left(m + \frac{h}{n}\right) D ;$$

2° *Si l'on constate qu'une division* $(h, h+1)$ *du vernier est comprise tout entière entre deux traits consécutifs de la règle* (fig. 455), en désignant par $\varepsilon'$ l'écart du trait $h$ par rapport au trait voisin $k$ de la règle, et par $\varepsilon''$ l'écart du trait $h+1$ par rapport au trait $k+1$ de la règle, on a :

$$\varepsilon = \frac{h}{n} D + \varepsilon' \qquad \text{ou} \qquad \varepsilon = \frac{h+1}{n} D - \varepsilon'',$$

d'où

$$l = \left(m + \frac{h}{n}\right) D + \varepsilon' = \left(m + \frac{h+1}{n}\right) D - \varepsilon'',$$

et alors, puisqu'on ne connaît ni $\varepsilon'$, ni $\varepsilon''$, on pourra prendre comme valeur de $l$, soit

$$l = \left(m + \frac{h}{n}\right) D \qquad \text{(évaluation par défaut, avec une erreur } \varepsilon'\text{)},$$

soit

$$l = \left(m + \frac{h+1}{n}\right) D \qquad \text{(évaluation par excès, avec une erreur } \varepsilon''\text{)};$$

pour l'une ou l'autre de ces valeurs, l'erreur sera moindre que $\frac{D}{n}$.

*Précision de la mesure.* — Il peut se faire qu'on arrive à *estimer* laquelle des deux distances $\varepsilon'$ ou $\varepsilon''$ est la plus petite ; en choisissant alors l'évaluation correspondante, on aura une erreur absolue moindre que $\frac{D}{2n}$. En effet, $\varepsilon' + \varepsilon'' = \frac{D}{n}$ ; si donc on constate que la distance $\varepsilon'$, par exemple, est plus petite que $\varepsilon''$, on aura $2\varepsilon' < \frac{D}{n}$ ou $\varepsilon' < \frac{D}{2n}$ ; donc, dans ce cas, l'évaluation par défaut sera approchée à moins de $\frac{D}{2n}$.

De même, en additionnant les deux valeurs de $\varepsilon$ précédentes, on aurait encore $2\varepsilon = \frac{hD}{n} + \frac{(h+1)D}{n} + \varepsilon' - \varepsilon''$, ou $\varepsilon = \frac{(2h+1)D}{2n} + \frac{\varepsilon' - \varepsilon''}{2}$. Or $\frac{\varepsilon' - \varepsilon''}{2}$ est certainement inférieur à $\frac{D}{2n}$ en valeur absolue ; donc l'évaluation $\varepsilon = \frac{(2h+1)D}{2n}$ sera encore une évaluation à moins de $\frac{D}{2n}$ près, par défaut si l'on a $\varepsilon' > \varepsilon''$, ou par excès si l'on a $\varepsilon' < \varepsilon''$.

Enfin, si l'on ne pouvait constater aucune différence entre les distances $\varepsilon'$ et $\varepsilon''$, on pourrait admettre qu'elles sont l'une et l'autre égales à $\frac{D}{2n}$, et prendre comme valeur de la longueur à mesurer :

$$l = \left(m + \frac{2h+1}{2n}\right) D,$$

l'erreur serait certainement inférieure à $\frac{D}{2n}$ ; mais, comme il est impossible d'affirmer que $\varepsilon'$ n'est pas, en réalité, différent de $\varepsilon''$, on ne sait plus si l'approximation est par défaut ou par excès.

*Limite de la précision de la mesure.* — La limite de l'erreur étant $\frac{D}{2n}$, il semble qu'il y ait avantage à prendre un vernier pour lequel $n$ soit grand. En réalité, lorsque $n$ croît, la différence entre la longueur d'une division de la règle principale et d'une division du vernier devient inférieure à l'épaisseur d'un trait et il est impossible d'apprécier la coïncidence, ou du moins la coïncidence paraît persister pour plusieurs divisions successives : il y a indécision sur la valeur de $h$. Dans la pratique, pour une division au millimètre, on se sert d'un vernier au $\frac{1}{50}$ ; on peut donc repérer la position du vernier à $\frac{1}{100}$ de millimètre, c'est-à-dire à 10 $\mu$ près.

385. **Vérification d'une division au moyen de son vernier.** — Quand une division rectiligne ou circulaire possède un vernier, on peut vérifier cette division au moyen même de son vernier. En effet, si l'on amène le trait zéro du vernier en coïncidence successivement avec chaque trait de la règle ou du cercle, on doit toujours constater, si la division est bien régulière, que le trait $n$ du vernier se trouve également en coïncidence avec le $(n-1)^{\text{ième}}$ trait suivant de la division. S'il y a quelque irrégularité dans les divisions, on en sera ainsi averti, et l'on pourra déterminer les corrections à effectuer, pour rendre comparables entre elles les lectures faites sur diverses régions de la règle ou du cercle.

## CATHÉTOMÈTRE

386. **Principe.** — Le *cathétomètre* est un instrument qui sert à mesurer la distance verticale de deux points, c'est-à-dire la distance des plans horizontaux qui les contiennent, que ces points soient, ou non, sur une même verticale. — Le cathétomètre se compose, en principe, d'une lunette AB (fig. 456), qui peut se déplacer, avec un vernier $mn$ au $n^{\text{ième}}$ (fig. 457), le long d'une règle divisée MN, mobile autour d'un axe de rotation qui lui est parallèle. Cet axe de rotation ayant été réglé *verticalement* et l'axe optique de la lunette *horizontalement*, on vise successivement chacun des points et l'on repère, chaque fois, la position du zéro du vernier sur la règle. Désignons par $l_0$ le trait de la règle qui précède immédiatement le zéro du vernier, dans la première position de la lunette, qui est la plus élevée, et par $k_0$ le trait du vernier qui est en coïncidence avec un trait de la règle ; le zéro du vernier se trouve alors à une distance $\left(l_0+\frac{k_0}{n}\right)$ D du zéro de la règle. En désignant de même par $l_1$ et $k_1$ les quantités analogues dans la seconde position de la lunette, on a, pour la distance du zéro du vernier au zéro de la règle, $\left(l_1+\frac{k_1}{n}\right)$ D.

Si donc le déplacement s'est effectué dans le sens de la graduation décroissante de la règle, on a, pour la distance $d$ cherchée :

$$d = \left(l_0 - l_1 + \frac{k_0 - k_1}{n}\right) D.$$

387. *Description du cathétomètre.* — Les figures 456 et 457 représentent deux vues d'un même instrument, prises de deux positions opposées.

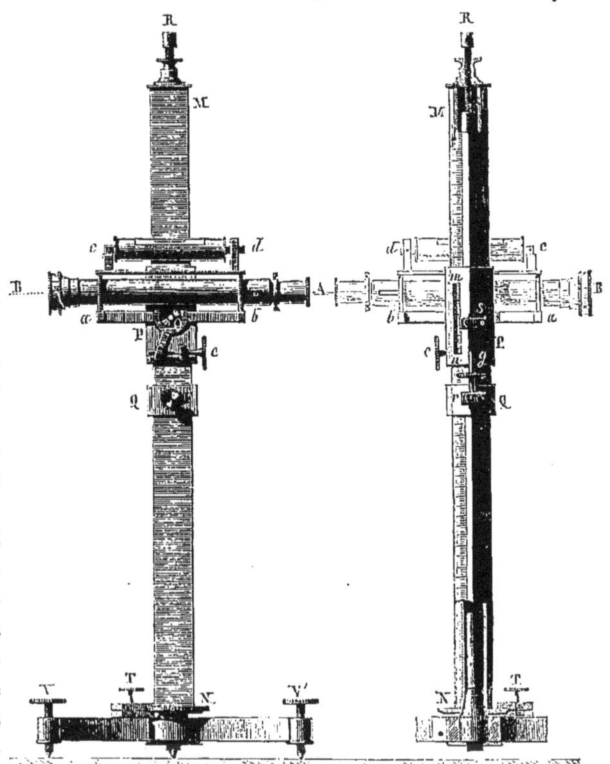

Fig. 456. Fig. 457.

La *règle*, de 1$^m$,50 environ, en laiton argenté, divisée en $\frac{1}{2}$ millimètres, est fixée à l'une des faces d'un manchon MN (fig. 457), qui a ici la forme d'un prisme triangulaire; ce manchon enveloppe exactement un cylindre d'acier, dont l'axe constitue l'*axe de rotation* de l'appareil et permet ainsi les changements d'azimut de la lunette. Une vis T sert à immobiliser le manchon MN. Le manchon s'appuie sur l'axe par la pointe de la vis R; le cylindre d'acier est fixé à un pied muni de trois vis calantes V, V', V'' pour le réglage de la verticalité de l'axe, et par suite de la règle, qui lui est parallèle.

La lunette est portée par un *chariot* qui peut glisser sur la règle, de manière à se placer à la hauteur voulue. Ce chariot se compose de deux curseurs P et Q, reliés par la vis $g$ (fig. 457) : cette vis est assujettie au curseur Q par un collier $r$, dans lequel elle tourne sans se déplacer; son filet pénètre dans un écrou $s$ fixé au curseur P. Il résulte de là que, si le curseur Q est maintenu fixé en un point de la colonne par la vis de pression F (fig. 456), la vis de rappel $g$ permet de faire monter ou descendre de quantités très petites le curseur P qui porte la lunette. Si la vis de pression F est desserrée, le chariot et la lunette peuvent se déplacer dans toute la hauteur de la colonne. Le curseur supérieur P porte le vernier $mn$ au $\frac{1}{50}$, dont la lecture se fait au moyen d'une loupe.

La lunette AB est soutenue par une *fourchette ab* (fig. 456 et fig. 457), portée par le curseur supérieur P du chariot. Elle repose sur les branches de cette fourchette par deux colliers de bronze C et C′ (fig. 458), découpés dans un même tube cylindrique travaillé avec soin, et par conséquent tous deux de même diamètre. On appelle *axe géométrique de la lunette*, l'axe commun des deux colliers. Cet axe géométrique n'éprouve donc aucun changement : 1° par *rotation* de la lunette sur ses colliers; 2° par *retournement bout pour bout* de la lunette.

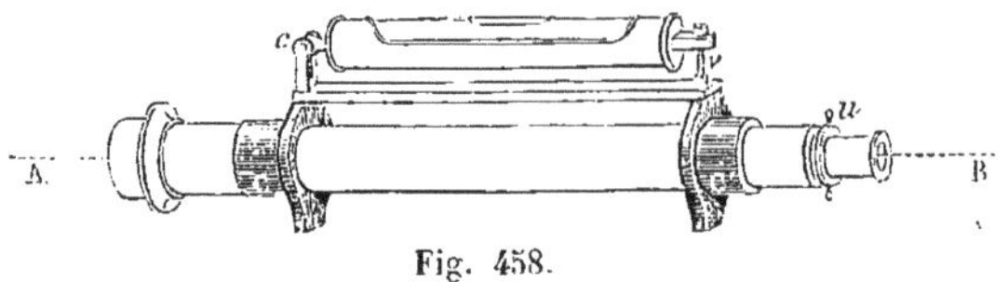

Fig. 458.

388. *Niveau à bulle, adjoint à la lunette.* — Un niveau à bulle *cd* (fig. 456 et 457) est disposé au-dessus de la lunette pour les réglages. Quelques mots sont ici nécessaires sur la théorie de cet appareil.

Le *niveau à bulle* consiste en un tube de verre légèrement cintré en forme de tore, et que son plan de symétrie coupe, à la partie supérieure convexe, suivant un arc de cercle de très grand rayon. On a rempli le tube d'alcool, et, avant de fermer le tube, on a fait bouillir le liquide, de manière à entraîner l'air : il reste donc au-dessus du liquide, après fermeture, une bulle de vapeur. Ce tube est placé dans une gaine métallique, évidée de manière à le laisser voir dans la plus grande partie de sa longueur. — A l'état de repos, la bulle occupe toujours la partie la plus élevée du niveau, et la surface libre du liquide est horizontale (sauf, par capillarité, aux points de raccordement du liquide avec la paroi du tube).

L'emploi du niveau repose sur les deux propositions suivantes : 1° par *translation du niveau*, la bulle n'éprouve aucun déplacement relatif dans le tube; — 2° par *rotation du niveau*, d'un angle ω autour d'un axe perpendiculaire à son plan de symétrie, la bulle éprouve un déplacement relatif *proportionnel à* ω. — La première proposition est évidente d'elle-même; démontrons simplement la seconde.

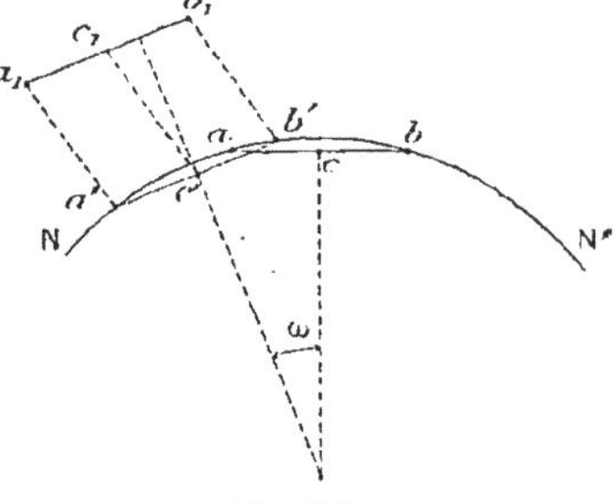

Fig. 459.

Soient NN′ le cercle de courbure du niveau, de centre O et de rayon R (fig. 459), et soit $ab$ la position de la bulle, à la partie la plus élevée du niveau. Supposons qu'une rotation ω autour d'un certain axe ait amené la *ligne* $ab$ du niveau en $a_1b_1$, faisant avec $ab$ l'angle $\omega$, et traçons la corde $a'b'$, égale et parallèle à $a_1b_1$. Si l'on joint les milieux $c_1$ et $c'$ de ces deux droites, on obtient la direction de translation qui permet de ramener $a_1b_1$ en $a'b'$ sur le cercle. Dans cette translation aucun changement n'est apporté à la position de la bulle dans le tube : donc tout s'est passé comme s'il y avait eu simplement rotation autour du centre de courbure O du niveau, d'un angle déterminé par les perpendiculaires O$c$ et O$c'$ abaissées du centre O sur $ab$ et $a'b'$, c'est-à-dire égal à $\omega$. Pendant cette rotation, la *bulle* est restée en $ab$ dans l'espace, partie la plus élevée du niveau, mais la *ligne* $ab$ du niveau est venue en $a'b'$. Le déplacement relatif des extrémités de la bulle est $aa' = bb' = d = R\omega$.

Un niveau est dit *d'autant plus sensible*, qu'une rotation plus faible $\omega$ amène un déplacement appréciable $d$ de la bulle. Cette sensibilité est donc d'autant plus grande que R est plus grand lui-même. Par exemple, si R = 50 mètres, l'angle $\omega$ auquel le niveau sera sensible pour un déplacement $d$ de la bulle égal à 1 millimètre sera, en radian,

$$\omega = \frac{d}{R} = \frac{1}{50000} \text{ ou } 4'' \text{ environ.}$$

En astronomie et en géodésie on fait usage de niveaux qui peuvent accuser des inclinaisons de 0'',01.

Pour pouvoir suivre et mesurer les déplacements de la bulle dans le tube, on grave sur le tube, perpendiculairement à sa ligne de courbure, deux graduations, dont les zéros peuvent en général comprendre entre eux la bulle. L'intersection de ces traits zéros et du plan de symétrie du niveau définit une ligne que nous appellerons la *ligne des repères* ou la *ligne de foi du niveau*.

Le niveau est fixé à la lunette par une charnière $c$ (fig. 458), perpendiculaire à sa ligne de foi; ce sera l'*axe de rotation du niveau*. La rotation est commandée par une vis $v$ (fig. 458), avec ressort antagoniste; c'est ce que nous appellerons la *vis du niveau*.

Une autre vis, la *vis de fourchette* $e$ (fig. 456), très importante pour le réglage de l'instrument, peut faire tourner simultanément la lunette et le niveau autour d'un axe O, perpendiculaire à la fois à la direction de la règle, à la ligne des repères du niveau et à l'axe géométrique de la lunette. Ces deux dernières lignes déterminent un plan parallèle à la règle, lorsque la lunette est en place dans l'instrument et s'arrête contre un butoir qui permet de réaliser ce parallélisme. Ce plan est d'ailleurs le plan même de symétrie du niveau.

389. **Conditions de réglage du cathétomètre.** — Si l'on admet que le constructeur a établi le parallélisme de la règle divisée et de l'axe de rotation, il reste à satisfaire, par voie de réglage, aux deux conditions suivantes : 1° *verticalité de l'axe de rotation*, qui assurera la verticalité de la règle; 2° *horizontalité de l'axe optique de la lunette*.

Il est aisé de voir que l'horizontalité de l'axe optique n'est pas nécessaire, s'il s'agit, comme c'est le cas le plus fréquent, de mesurer la distance verticale de deux points situés sur une même verticale, ou plus généralement à une même distance de l'axe. — Dans ce cas particulier, on peut se dispenser des opérations de réglage destinées à réaliser la seconde condition.

Le cathétomètre reposera toujours sur un support parfaitement *stable* et les pointes des vis calantes s'engageront dans des trous de *crapaudines*, disques en bronze présentant une petite cavité centrale; il serait illusoire de chercher à faire un réglage, si ces conditions n'étaient pas remplies. Au cours d'une mesure, il faut s'arranger de manière à n'avoir jamais à *soulever* l'équipage mobile, mais toujours à le *descendre*, sinon on détruirait le réglage, qui serait à recommencer, et la première visée ne compterait pas.

L'ordre que nous suivrons, pour la réalisation du réglage complet, sera le suivant :

| | |
|---|---|
| | *Deux opérations :* |
| I. Pour la verticalité de l'axe de rotation et par suite de la règle. | 1° Perpendicularité de la ligne de foi du niveau et de l'axe de rotation du cathétomètre ;<br>2° Horizontalité de la ligne de foi dans toute position autour de l'axe, c'est-à-dire dans deux positions non parallèles, par exemple deux positions rectangulaires, d'où résultera la verticalité de l'axe. |
| | *Trois opérations :* |
| II. Pour l'horizontalité de l'axe optique de lunette............ | 1° Coïncidence des axes optique et géométrique de la lunette;<br>2° Parallélisme de la ligne de foi du niveau et de l'axe géométrique de la lunette:<br>3° Retour de la ligne de foi à l'horizontalité, et, par suite, horizontalité de l'axe optique. |

390. **Réglage de la verticalité de l'axe de rotation.** — On fait un réglage *approximatif*, suffisant la plupart du temps, en se servant d'un *fil à plomb*. On place ce fil à plomb dans un plan V″N (fig. 460) et, en agissant sur les vis V, V′, on cache l'une des arêtes de la colonne du cathétomètre par le fil à plomb : l'axe de rotation de l'instrument est alors dans un plan vertical passant par V″N; puis on place le fil à plomb dans un plan passant par N et perpendiculaire à V″N et, en agissant sur la vis V″, on amène encore l'une des arêtes de la colonne à être cachée par le fil à plomb, l'axe de rotation de l'instrument est donc dans un nouveau plan vertical; si le premier réglage n'a pas été détruit, cet axe est à la fois dans deux plans verticaux : il est donc vertical. En réalité, on vérifie le premier réglage et on le rétablit, s'il y a lieu, en faisant tourner les vis V et V′ d'*angles égaux en sens contraire*, puis on revient au deuxième réglage qu'on réalise à nouveau en agissant sur la vis V″.

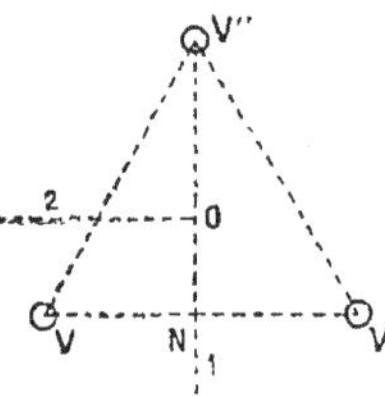

Fig. 460.

Ces opérations sont en général suffisantes ; soit à déterminer la distance $z$ de deux points situés sur la même verticale : si l'axe du cathétomètre fait un angle $\alpha$ avec la verticale, et si l'équipage a été déplacé de $l$, la distance cherchée est $z = l \cos \alpha$, donc l'erreur commise est, par excès :

$$\Delta z = l - l \cos \alpha = l(1 - \cos \alpha) = 2l \sin^2 \frac{\alpha}{2}, \text{ ou sensiblement } \frac{l\alpha^2}{2}.$$

En opérant avec soin, on peut faire en sorte facilement que $\alpha$ soit inférieur à $\frac{1}{200}$, ou environ $\left(\frac{1}{4}\right)^0$ ; pour $l = 1000^{mm}$, l'erreur $\Delta z$ sera plus petite que $\frac{1000}{2} \times \frac{1}{40000} = \frac{1}{80}$ mm, donc négligeable.

Pour obtenir un réglage *plus parfait*, s'il y a lieu, on procède ensuite aux opérations indiquées ci-après.

1° *Perpendicularité de la ligne de foi du niveau et de l'axe de rotation du cathétomètre.* — On se propose d'annuler l'angle $\alpha$ de la ligne de foi $fj$ du niveau (fig. 461) avec le plan perpendiculaire à l'axe de rotation MN, c'est-à-dire avec sa projection $hl$ sur ce plan. Or, si cet angle $\alpha$ n'est pas nul, et si l'on fait tourner le cathétomètre de 180° autour de MN, la perpendiculaire $hl$ reprendra la même direction, et la ligne $fj$ prendra une position $f'j'$ faisant avec la première un angle $2\alpha$. Mais, le plan de symétrie du niveau à bulle ayant tourné de 180° autour de l'axe du cathétomètre qui lui est parallèle, la bulle se place dans une direction horizontale, parallèle à sa direction précédente $fj$, et faisant l'angle $2\alpha$ avec la direction actuelle $f'j'$ de la ligne qu'elle occupait primitivement : désignons par $2d$ le déplacement observé de la bulle dans son tube; ce déplacement, proportionnel à $2\alpha$ (588), fournit donc une mesure de l'angle $\alpha$ que la ligne primitivement occupée par la bulle, et invariablement liée au niveau, fait avec le plan perpendiculaire à l'axe de rotation. Par suite, si l'on ramène la bulle d'une quantité $d$, au moyen d'une vis faisant pivoter le niveau autour d'un axe perpendiculaire à son plan de symétrie, ce qui le fera tourner de $\alpha$ dans son plan, on amènera cette ligne à être perpendiculaire à l'axe de rotation. Pour que cette perpendiculaire soit la ligne de foi $fj$, il faut donc et il suffit que *la bulle occupe initialement la ligne de foi.* — On procède donc comme il suit : la lunette étant dans une position quelconque (ou mieux, parallèle à deux des vis du pied, ce qui fournira un repère pour effectuer la rotation de 180°), on amène la bulle aux zéros, en agissant sur la vis de fourchette, puis on effectue une rotation de 180° autour de l'axe; on observe le déplacement $2d$ éprouvé par la bulle, et on la ramène de moitié, en agissant encore sur la vis de la fourchette : la ligne de foi est alors perpendiculaire à l'axe de rotation.

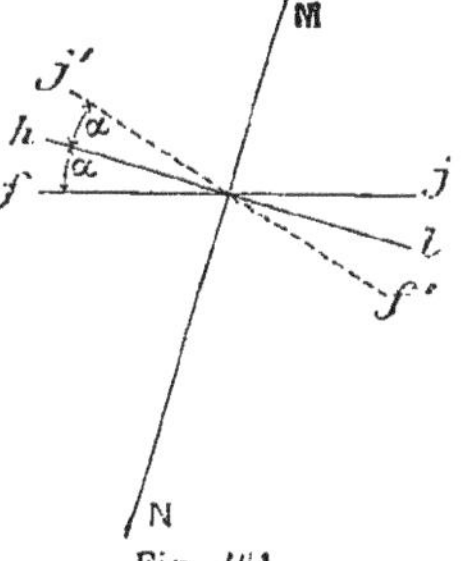

Fig. 461.

Comme vérification, on ramène la bulle aux zéros, c'est-à-dire de l'autre moitié $d$ de son déplacement, au moyen d'une vis du pied; cette vis commandant à la fois le niveau et l'axe de rotation, ce mouvement ne change pas leur situation relative; puis on effectue une nouvelle rotation de 180° autour de l'axe, et ainsi de suite, jusqu'à un réglage parfait.

2° *Horizontalité de la ligne de foi, dans deux positions rectangulaires autour de l'axe de rotation.* — Lorsque ce résultat sera atteint, la ligne de foi décrira un plan horizontal par rotation autour de l'axe auquel elle est maintenant perpendiculaire; cet axe sera donc vertical.

Soit VV' la ligne qui joint les points de contact de deux des vis du pied avec le plan du support (fig. 462); nous supposerons cette ligne *horizontale*,

Mettons la lunette parallèlement à VV' et, en agissant sur ces vis, amenons la bulle à se placer entre les zéros, c'est-à-dire la ligne de foi $fj$ à être horizontale. L'axe MN du cathétomètre est alors dans un plan vertical perpendiculaire à $fj$, c'est-à-dire dans le plan vertical passant par la perpendiculaire abaissée de la pointe V'' de la troisième vis sur VV'. Tournons le cathétomètre de 90° : la ligne $fj$ vient en $f'j'$, en restant toujours perpendiculaire à l'axe, mais elle cesse d'être horizontale; elle se place alors suivant la ligne de plus grande pente du plan qu'elle décrit. La bulle a donc quitté ses repères, avec un écart maximum; on l'y ramène en tournant la troisième vis V'', ce qui, en faisant pivoter l'instrument autour de VV', déplace l'axe dans le plan vertical qui le contient; dans cette rotation, la ligne $fj$ reste parallèle à elle-même, c'est-à-dire horizontale, et, lorsque la bulle est revenue entre ses repères, la ligne $fj$ a pris la position $f_1j_1$, la ligne $f'j'$ a pris la position $f''j''$; ce sont donc là deux horizontales rectangulaires. La ligne de foi pouvant alors être horizontale dans ces deux positions rectangulaires autour de l'axe, le plan qu'elle décrit dans sa rotation autour de cet axe est horizontal, et par suite l'axe $M_1N$ est vertical.

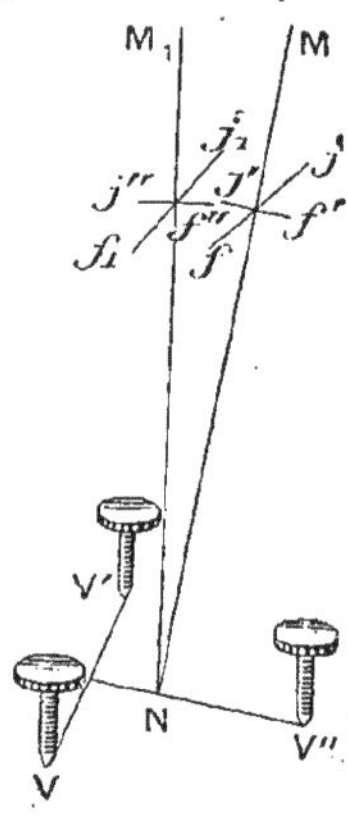

Fig. 462.

Toutefois, on doit remarquer que les hypothèses faites, horizontalité de VV', parallélisme de VV' et de $fj$, ne sont en général qu'approximativement satisfaites. Dès lors, on conçoit qu'il soit nécessaire de répéter plusieurs fois la même opération, de façon à arriver, par tâtonnements, à un réglage parfait.

*Remarque.* — La seconde partie du réglage est à reprendre chaque fois qu'on change l'instrument de support. Pour faciliter cette reprise, on emploie deux niveaux à angle droit, généralement fixés sur le pied de l'appareil. Lorsque l'appareil est réglé comme il a été dit, on règle à leur tour les niveaux du pied, au moyen de leurs vis de réglage, de façon que leurs bulles se placent entre leurs zéros. Cela fait, lorsqu'on change l'appareil de support, on se sert des vis du pied pour amener les bulles de ces niveaux entre leurs repères; l'axe est alors très sensiblement vertical. Il suffit de parachever le réglage, s'il y a lieu, par les rotations de 90°.

**391. Réglage de l'horizontalité de l'axe optique de la lunette.** — 1° *Coïncidence de l'axe optique et de l'axe géométrique.* — La lunette doit avoir été construite de façon que le centre optique C de la lentille objectif O, supposée mince, soit sur l'axe géométrique AB de la lunette (fig. 463), ou, d'une façon plus générale, que l'axe principal de l'objectif soit confondu avec l'axe géométrique. Il suffira donc d'amener également le point de croisé des fils du réticule sur l'axe géométrique de la lunette.

Fig. 463.

Soient ACB l'axe géométrique, et $Cr$ l'axe optique, supposés non confondus. On vise avec la lunette un point M d'un écran, placé à la distance de visée pour laquelle on veut utiliser le cathétomètre. On fait alors *tourner la lunette sur ses colliers*, c'est-à-dire autour de son axe géométrique; si cet axe géométrique AB ne coïncide pas avec l'axe optique, le point $r$ se déplace en décrivant une circonférence dont le plan est perpendiculaire à AB; par suite, il cesse de coïncider avec l'image du point M, laquelle continue à se former dans la direction primitive $Cr$ : le déplacement apparent du point de visée est maximum pour une rotation de 180°, le nouveau point visé étant alors le symétrique de M par rapport à AB. Lorsqu'il en est ainsi, on déplace le réticule, à l'intérieur du tube, perpendiculairement à l'axe géométrique, au moyen d'une vis $u$ (fig. 458), disposée à cet effet, jusqu'à ce qu'on l'ait amené à recevoir l'image d'un point situé à égale distance des deux points successivement visés, aux extrémités de la rotation de 180°. On recommence la même épreuve, et on ne considère le réticule comme définitivement bien placé que lorsque la visée se conserve pendant toute la rotation de la lunette autour de son axe.

Ce réglage est d'ailleurs à reprendre chaque fois que l'on change le tirage du réticule, car il peut se faire que le tirage n'ait pas lieu exactement le long de l'axe géométrique de la lunette.

2° *Parallélisme de la ligne de foi du niveau et de l'axe géométrique de la lunette.* — Soit AB l'axe géométrique de la lunette (fig. 464); $fj$, la ligne de foi, suivant laquelle se placera toujours la bulle, d'après les réglages précédents. Supposons que $fj$ fasse un angle $\alpha$ avec AB, et *retournons la lunette bout pour bout* sur ses colliers : la ligne AB ne change pas de direction dans l'espace, le point $f$ vient en $f'$ et le point $j$ en $j'$, sur une parallèle à AB; la ligne $f'j'$ fait donc un angle $2\alpha$ avec $fj$. La bulle, restée en $fj$ dans l'espace, c'est-à-dire dans la direction de l'horizontale du plan de symétrie du niveau, semble donc avoir éprouvé, par rapport à la ligne des repères venue en $f'j'$, un déplacement relatif $2d$ proportionnel à $2\alpha$. On la ramène de la moitié $d$ de ce déplacement, en agissant *sur la vis v du niveau*, ce qui fait tourner le niveau de l'angle $\alpha$, et amène ainsi $fj$ à être parallèle à AB.

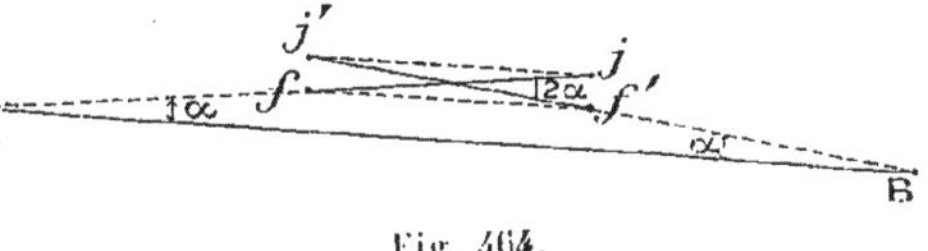

Fig. 464.

3° *Horizontalité de la ligne de foi.* — On ramène la ligne de foi à l'horizontalité, en ramenant la bulle de l'autre moitié $d$ de son déplacement précédent, *par la vis de fourchette* qui agit à la fois sur la lunette et sur le niveau, et l'on retourne de nouveau la lunette bout pour bout, jusqu'à ce qu'on réalise l'horizontalité parfaite de l'axe géométrique, et par suite de l'axe optique.

*Remarque.* — Le réglage de la coïncidence des axes optique et géométrique de la lunette est parfaitement indépendant des réglages du parallélisme de la ligne de foi du niveau à l'axe géométrique, et de la perpendicularité de ces lignes à l'axe de rotation. L'ordre de ces réglages est donc indifférent et l'on peut procéder, par exemple, dans l'ordre 2°, 3°, 1°.

392. **Relations entre la précision des diverses pièces d'un cathétomètre et la précision des mesures. — Influence des défauts d'établissement ou de réglage.** — Supposons qu'on se propose d'obtenir, dans les mesures, une précision de $\frac{1}{50}$ de millimètre. L'instrument doit alors satisfaire aux conditions suivantes :

1° Les *erreurs de la règle* doivent être inférieures à $\frac{1}{50}$ de millimètre. Cette condition dépend du degré de perfection de la machine à diviser qui aura servi à graduer la règle; on peut faire d'ailleurs la vérification de la règle au moyen de son vernier (385).

2° La *sensibilité du niveau* doit être supérieure à celle qui correspond à l'angle sous-tendu par $\frac{1}{50}$ de millimètre, à la distance de visée, afin que la ligne de visée ne puisse se déranger d'autant sans qu'on s'en aperçoive, sinon il en résulterait également des erreurs de l'ordre du $\frac{1}{50}$ de millimètre. Or, en général, d'après le tirage du réticule, la distance de visée est au maximum de 1 mètre (277, 2°) : le niveau doit donc avoir une sensibilité supérieure à celle qui correspond à l'angle sous-tendu par $\frac{1}{50}$ de millimètre à 1 mètre de distance, ce qui donne, pour l'angle évalué en radian, $\frac{1}{50000}$ ou 4″. On a vu (388) que, si les traits de division du niveau sont distants de 1 millimètre, pour que l'angle de 4″ corresponde à une division, il faut que le rayon de courbure R soit de 50 mètres.

3° Le *pouvoir séparateur* de la lunette doit permettre un pointé à $\frac{1}{50}$ de millimètre, à la distance de visée. Si l'on adopte encore 1 mètre comme distance de visée, deux points distants de $\frac{1}{50}$ de millimètre sont vus, du centre de l'objectif sous l'angle de 4″; si le pouvoir séparateur est aussi de 4″, c'est-à-dire si l'objectif a sensiblement 3 centimètres de diamètre d'ouverture (282), les deux points sont séparés. Cela est suffisant, mais non nécessaire, la précision du pointé étant supérieure au pouvoir séparateur, car on peut viser approximativement au centre de la tache de diffraction.

4° Le *réticule* doit être assez gros pour être nettement visible, et assez fin pour ne pas amener d'erreur de pointé. On préfère, à cet égard, les réticules à quatre fils formant entre eux un petit carré : on repère le point visé au centre du carré.

5° Le *défaut de parallélisme* de la règle et de l'axe de rotation doit être faible. — Si ce défaut n'est que d'une fraction de degré, on verrait, comme au paragraphe 390, qu'il n'a pas grand inconvénient.

6° Le *défaut de rectitude de la règle* doit également être faible. On s'aperçoit de ce défaut, à ce que, l'appareil étant réglé pour une position du chariot sur la règle, à la partie supérieure, la bulle, qui devrait rester aux zéros pour toute autre position du chariot, se déplace dans le niveau lorsqu'on abaisse la lunette pour des visées. S'il en est ainsi, on ramène chaque fois la bulle entre les zéros par la vis de fourchette, avant de faire les visées. Avec cette précaution, si le déplacement de la bulle est faible, l'erreur est généralement négligeable.

7° Le *défaut d'horizontalité de l'axe optique* n'a d'inconvénient que pour les visées de points qui ne sont pas sur une même verticale (389), et il est d'autant moins sensible que l'on vise plus près.

393. **Précision des mesures.** — Chaque lecture peut être faite au $\frac{1}{100}$ de millimètre; l'erreur maximum serait donc $\frac{1}{50}$ de millimètre; mais pour qu'il en soit ainsi, il faudrait un instrument de construction parfaite; pratiquement la précision de la mesure est souvent inférieure à la limite que nous venons de calculer et on substitue de plus en plus le cathétomètre à deux lunettes (405) au cathétomètre ordinaire.

394. **Compas d'épaisseur à vernier.** — Le compas d'épaisseur est un exemple de vernier au $\frac{1}{10}$, qui sert à mesurer les épaisseurs de plaques à faces parallèles, ou les diamètres de cylindres. Il se compose d'une règle AB (fig. 465) terminée par un talon AC à angle droit, et d'un autre talon parallèle DE, qui est adjoint au vernier et glisse avec lui le long de la règle, sur laquelle on le fixe au moyen de la vis de pression V. Lorsque les deux talons sont amenés exactement en contact, le zéro du vernier coïncide avec le zéro de la règle, qui est divisée en millimètres.

L'épaisseur à mesurer est placée entre les deux talons; le zéro du vernier s'est alors déplacé, sur la règle, de la quantité à mesurer. Pour évaluer cette

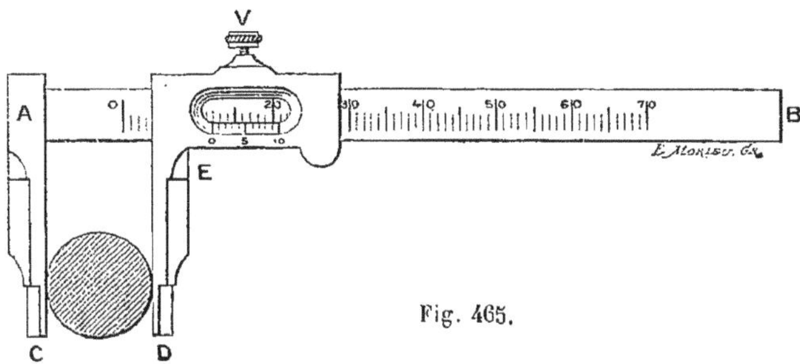


Fig. 465.

quantité, il suffit donc de lire : 1° le nombre entier de millimètres indiqué par le numéro du trait de la règle au delà duquel se trouve immédiatement le zéro du vernier; 2° la fraction décimale supplémentaire, fournie par le numéro du vernier qui se trouve en coïncidence avec un trait de la règle.

L'appareil peut même servir à mesurer le diamètre intérieur d'un tube : on s'arrange de manière que les pièces C et D soient en contact avec la surface intérieure suivant deux génératrices opposées : le diamètre cherché est égal à la distance des deux talons augmentée de l'épaisseur totale des pièces C et D, qui, par construction, est 5 millimètres.

395. **Vernier circulaire**. — Il est facile d'étendre la théorie du vernier rectiligne au cas des *verniers circulaires*, adjoints aux cercles gradués. — La mesure d'un angle consiste, en général, dans la mesure de l'arc compris entre ses côtés, dans un cercle ayant son centre au sommet de l'angle; la mesure absolue devrait se faire en fonction du rayon de ce cercle, pris comme unité de longueur : ce serait la mesure de l'angle en *radian*, unité d'angle correspondant à l'unité d'arc. Pour éviter cette difficulté, on divise la circonférence en 360 parties égales, et l'on appelle *degré* l'angle correspondant à chacune de ces 360 parties. La mesure absolue d'un angle au centre s'effectue alors par la mesure de l'arc qui lui correspond sur le limbe gradué, en fonction de la 360ième partie de la circonférence de ce cercle, prise comme unité, ou de ses sous-multiples, la *minute* et la *seconde* d'arc(1).

Pour mesurer les arcs, on adjoint au cercle gradué une alidade concentrique, mobile autour du centre, et formant vernier au $n^{ième}$, c'est-à-dire ayant une longueur égale à $n-1$ divisions du cercle et divisée en $n$ parties égales. — Par exemple, dans un cercle divisé en demi-degrés, c'est-à-dire en 720 parties, si l'on veut évaluer des angles à une minute près, on emploie un vernier au $\frac{1}{30}$. Chaque division du vernier vaut, en minutes, $\frac{29 \times 30'}{30}$ ou 29'; l'excès d'une division du cercle sur une division du vernier est de 1'; le système permet de faire des lectures à moins de 1 minute, et même, par estime, à moins de $\frac{1}{2}$ minute (384, 2°).

La limite absolue de précision d'un cercle gradué ne dépend évidemment que des dimensions de ce cercle. — Pour un cercle de 12 centimètres de diamètre, on adopte généralement une division en demi-degrés, ou 30', et un vernier au $\frac{1}{30}$, fournissant ainsi la minute. — Pour un cercle de 22 centi-

(1) Dans le système de subdivision *décimale*, on partage la circonférence en 400 *grades*, c'est-à-dire 100 grades par quadrant, au lieu de 90 degrés.

mètres de diamètre, la division est généralement faite en $\left(\frac{1}{6}\right)^{\circ}$ ou 10', et le vernier est au $\frac{1}{60}$, ce qui permet d'évaluer les 10''. — Pour un cercle de 33 centimètres, la division se fait généralement en $\left(\frac{1}{12}\right)^{\circ}$ ou 5', et le vernier est au $\frac{1}{60}$, ce qui fournit les 5''. — En utilisant des microscopes micrométriques (404), on peut atteindre la *seconde* et même le dixième de seconde.

## II. — VIS MICROMÉTRIQUE

396. **Vis.** — On donne le nom de *vis* à un solide que l'on peut supposer engendré de la manière suivante. Une hélice AB étant tracée sur un cylindre circulaire droit CC' (fig. 466), on suppose qu'un petit polygone plan, un triangle ADE, par exemple, appliqué par un de ses côtés sur une génératrice du cylindre et placé dans un méridien extérieurement au cylindre, glisse sur la surface convexe, de manière qu'un même point A de ce polygone vienne successivement coïncider avec les divers points de l'hélice. Il engendre ainsi un volume DD'D''D''' qui est en saillie par rapport à la surface du cylindre, et qu'on nomme le *filet* de la vis. — Le *pas* de la vis est la distance des points où une même génératrice du cylindre rencontre deux tours de spire consécutifs de l'hélice.

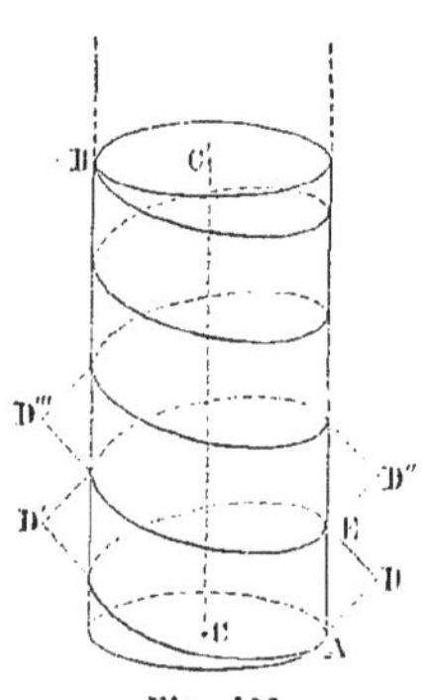

Fig. 466.

Dans une partie de sa hauteur, la vis est généralement reçue dans un *écrou*, c'est-à-dire dans une pièce solide, creusée d'une cavité déterminée par la pénétration d'une vis de même dimension. L'écrou n'est ainsi qu'une sorte de moule où les saillies de la vis sont reproduites en creux et réciproquement.

Dans les instruments où la vis est utilisée comme moyen de mesure, la mobilité de la vis ou de l'écrou est réalisée de deux manières différentes : 1° l'écrou est fixe; la vis, mobile dans son écrou, peut se déplacer dans le sens de l'axe du cylindre générateur (sphéromètre); 2° la vis est maintenue de façon à pouvoir tourner sur elle-même sans avancer, et alors l'écrou, guidé par une glissière, peut se déplacer dans le sens de l'axe (machine à diviser).

*Propriété de la vis. — Pour un tour complet, la vis, ou son écrou, se déplace suivant l'axe d'une quantité égale au pas; pour une fraction de tour, la vis, ou l'écrou, se déplace dans le sens de l'axe, de la même fraction du pas.*

397. **Vis micrométrique.** — Pour mesurer avec précision les déplacements rectilignes imprimés soit à l'axe de la vis, soit à son écrou, il suffit donc de connaître, d'une part, le pas de la vis, d'autre part le

nombre de tours et fractions de tours qu'on lui aura imprimés. Pour évaluer les fractions de tour, on adapte sur la tête de la vis un limbe ou un tambour divisé : la vis prend alors le nom de *vis micrométrique*. Dans la rotation de la vis, les divisions du tambour se déplacent en regard d'un repère fixe, qui permet de déterminer la fraction de tour réalisée. Si $p$ est la valeur du pas, N le nombre des divisions du tambour, et si l'on tourne d'une division seulement, c'est-à-dire de la fraction de tour $\frac{1}{N}$, la vis ou son écrou se déplace suivant l'axe commun, de la quantité $\varepsilon = \frac{p}{N}$. — Dans ces conditions, il est facile de réaliser le *micron* (millième de millimètre); il suffit que $p = \frac{1}{2}$ mm, et $N = 500$; l'on a alors $\varepsilon = \left(\frac{1}{2 \times 500}\right)$ mm $= \left(\frac{1}{1000}\right)$ mm $= 1\,\mu$. La précision absolue de la vis micrométrique peut donc être bien supérieure à celle du vernier.

## SPHÉROMÈTRE

398. **Description. Mode d'emploi.** — Le *sphéromètre* peut servir à mesurer, avec précision, soit l'épaisseur d'une lame à faces parallèles, soit le diamètre d'un fil, soit le rayon d'une sphère.

Il se compose d'une vis micrométrique DP (fig. 467), dont le pas $p$ est généralement d'un demi-millimètre; cette vis, terminée par une pointe mousse P, s'engage dans un écrou supporté par trois pointes d'acier mousses A, B, C; ces trois pointes forment les sommets d'un triangle équilatéral, dont le plan est perpendiculaire à l'axe de la vis, et dont le centre est sur cet axe. La tête de la vis porte un limbe LL', dont la circonférence est ordinairement divisée en $N = 500$ parties égales. Sur l'une des branches du trépied est fixée une règle RR' parallèle à l'axe de la vis; cette règle, taillée en biseau du côté du limbe, porte des divisions égales au pas de la vis, en sorte que, pour un tour de la vis, le plan du limbe s'abaisse ou s'élève d'une division de la règle. La règle fournit donc le nombre entier de tours, et le tambour les fractions de tour. Le trépied repose sur un plan de verre, parfaitement dressé à l'émeri, qui fait partie intégrante de l'appareil.

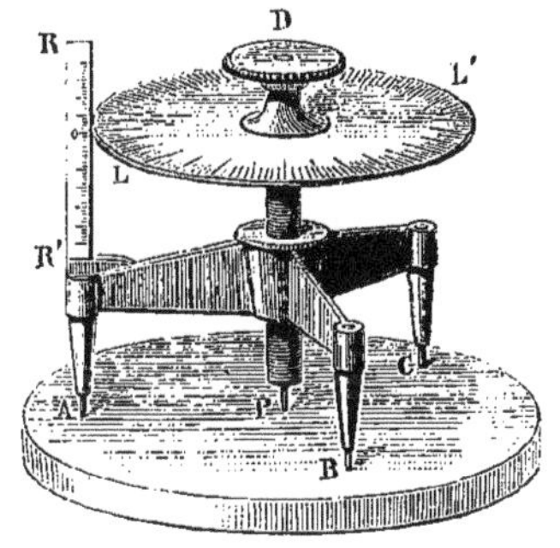

Fig. 467.

Avant de faire une mesure, il faut connaître le *zéro* de l'appareil, c'est-à-dire déterminer le numéro $h_0$ de la règle qui se trouve au voisinage du bord aminci du tambour, et le numéro $n_0$ du tambour qui est en regard du bord biseauté de la règle, lorsque la pointe P de la vis est dans le plan ABC des pointes du trépied. — Pour obtenir cette position de la vis, on commence par l'abaisser de manière que l'un des trois pieds soit un peu soulevé : en appuyant avec le doigt sur la tête D et cherchant à faire osciller la vis sur sa pointe, on entend les petits chocs que produisent, sur le plan de verre, les pieds alternativement abaissés. On constate, en outre, que si l'on imprime avec l'autre main une petite impulsion horizontale au trépied, on le fait tourner facilement autour de l'axe de la vis. On relève alors la vis lentement, jusqu'à trouver une position pour laquelle ces petits mouvements cessent de se produire, et ainsi de suite, en resserrant chaque fois, par tâtonnements, l'intervalle dans lequel ces caractères de mobilité reparaissent et disparaissent. On finit ainsi par obtenir la position cherchée, à quelques divisions près du tambour, qui fixent le degré d'approximation que comporte l'instrument; soient donc $h_0$ et $n_0$ les lectures correspondantes, prises par défaut.

Pour mesurer l'*épaisseur d'une lame*, on glisse cette lame sous la pointe de la vis relevée, et, en procédant encore de la même manière, on amène la pointe de la vis dans le plan de la face supérieure de la lame; soient $h_1$ et $n_1$ les lectures correspondantes. Si les numéros des divisions de la règle vont en croissant de bas en haut, et si ceux des divisions du tambour qui passent en regard de la règle vont en croissant dans le sens où l'on doit tourner pour remonter la vis, on a, pour l'épaisseur cherchée,

$$\varepsilon = \left(h_1 - h_0 + \frac{n_1 - n_0}{N}\right) p.$$

Pour mesurer le *diamètre d'un fil*, on en forme une boucle non fermée, que l'on recouvre d'une lame; on détermine d'abord l'épaisseur du système, puis celle de la lame seule, ce qui donne, par différence, le diamètre cherché.

*Précision de la mesure.* — Supposons qu'en cherchant à réaliser plusieurs fois le même contact, la différence des lectures soit au maximum de $n$ divisions; la limite de l'erreur commise est $\frac{np}{N}$. Il ne sert de rien d'augmenter N ; la précision de la méthode dépend presque uniquement de la manière dont on détermine les contacts; pour les apprécier avec délicatesse, on utilise différents dispositifs; le plus employé est celui de Perreaux, avec lequel on peut déterminer $\varepsilon$ à 1 $\mu$ près environ.

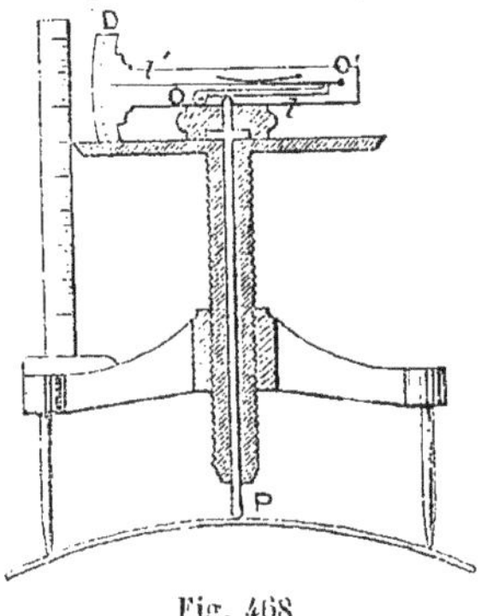

Fig. 468

399. *Sphéromètre de Perreaux.* — Il est très difficile, avec le sphéromètre ordinaire, de juger de l'instant précis du contact, car les diverses substances cèdent plus ou moins à la pression de la pointe de la vis. Pour remédier à cet inconvénient, le constructeur Perreaux a imaginé la disposition suivante. — La pointe mousse centrale P n'appartient pas à la vis micrométrique, mais à une tige indépendante, soutenue à l'intérieur de la vis (fig. 468). Sur l'extrémité supérieure de

cette tige, repose un premier levier $l$, mobile autour d'un axe O; ce levier en commande un second, mobile autour de O' et formé d'une longue aiguille $l'$, qui se déplace sur un secteur divisé D. Dès que la pointe mousse, dans la descente de la vis, arrive au contact de la surface qu'elle doit toucher, le contact est accusé par un mouvement de l'aiguille.

400. *Vérification de la sphéricité d'une surface. — Détermination du rayon de courbure.* — Le sphéromètre, comme son nom l'indique, a été inventé pour vérifier la sphéricité des surfaces et, en particulier, des surfaces des lentilles destinées aux instruments d'optique.

L'instrument reposant par son trépied sur la surface soumise à l'expérience, on amène la pointe P au contact, en procédant toujours comme il a été dit plus haut; on promène ensuite l'instrument sur les diverses régions et l'on s'assure si, dans chacune de ses positions, le contact de la pointe et des trois pieds est toujours simultanément réalisé, sans qu'il soit nécessaire de déplacer la vis dans son écrou[1].

Si cette condition est remplie, il est facile de déterminer le rayon de la sphère à laquelle appartient la surface. En effet, supposons que les pointes du trépied forment exactement les sommets d'un triangle équilatéral, ce dont on peut s'assurer en mesurant leurs distances; supposons en outre, que l'axe de la vis passe par le centre du cercle circonscrit à ce triangle, ce qu'on peut encore vérifier par la mesure des distances de la pointe P à chacune des pointes du trépied. Soient A, B, C (fig. 469), les positions des pointes du trépied sur la surface SS' considérée, et P celle de la pointe de la vis au moment du contact; soit $r$ le rayon AD du cercle circonscrit au triangle ABC, rayon qui a pu être déterminé par une mesure directe, ou déduit de la mesure de la distance $a$ de deux des pointes du trépied, au moyen de la relation $r=\frac{a}{\sqrt{3}}$ [2]. Ce rayon $r$ étant celui d'un petit cercle de la sphère dont P est le pôle, si l'on désigne par $e$ la distance du point P au plan ABC, et par R le rayon de la sphère, on aura, en considérant le triangle PAP', dans lequel AD, perpendiculaire à l'hypoténuse, est moyenne proportionnelle entre les segments qu'elle y détermine :

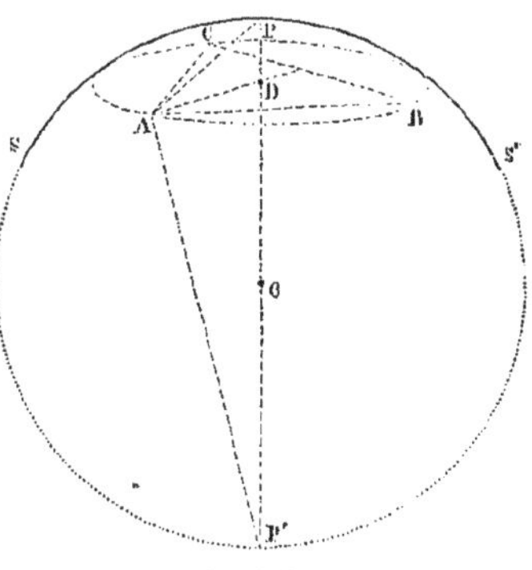

Fig. 469.

$$r^2=e(2R-e), \qquad \text{d'où} \qquad R=\frac{1}{2}\left(e+\frac{r^2}{e}\right).$$

Il reste donc à mesurer $e$; pour cela, il suffit de placer le sphéromètre sur son plan de verre, et de mesurer la quantité dont il faut abaisser la vis pour amener la pointe au contact. — Il est évident d'ailleurs que, dans cette formule, le rayon $r$ n'a pas besoin d'être déterminé avec la même précision

[1] Si les épreuves faites sur les diverses régions de la surface essayée indiquent qu'elle n'est pas régulièrement sphérique, elles font connaître en même temps celles que l'ouvrier devra soumettre à un nouveau travail.

[2] Pour pouvoir placer un même sphéromètre sur des sphères de rayons assez différents, on a imaginé des trépieds où les pointes mousses A, B, C peuvent se déplacer et se mettre dans des séries de trous formant des triangles équilatéraux concentriques différents.

absolue que $e$, puisqu'il est beaucoup plus grand. L'erreur $\Delta R$ correspondant aux erreurs $\Delta r$ et $\Delta e$ est donnée par l'expression :

$$\Delta R = \frac{r}{e}\Delta r + \frac{1}{2}\left(1 - \frac{r^2}{e^2}\right)\Delta e.$$

401. **Compas d'épaisseur à vis micrométrique, ou Palmer.** — Ce petit instrument est une application immédiate de la vis micrométrique. Il est essentiellement constitué par une vis micrométrique AB mobile dans un écrou fixe (fig. 470). Cet écrou se termine par un talon C, perpendiculaire à l'axe de la vis, et contre lequel peut venir s'appuyer l'extrémité plane B de la vis. Une division, en valeurs du pas ($p = 1$ millimètre), est gravée le long d'une génératrice de l'écrou. Le tambour est à recouvrement sur l'écrou; son bord aminci est divisé en 100 parties égales. Lorsque les deux talons B et C sont en contact : 1° le tambour cache exactement la division de l'écrou, le bord du tambour se trouvant exactement au niveau du trait zéro; 2° le trait zéro du tambour est également dirigé suivant la génératrice divisée de l'écrou, c'est-à-dire qu'alors les deux zéros coïncident.

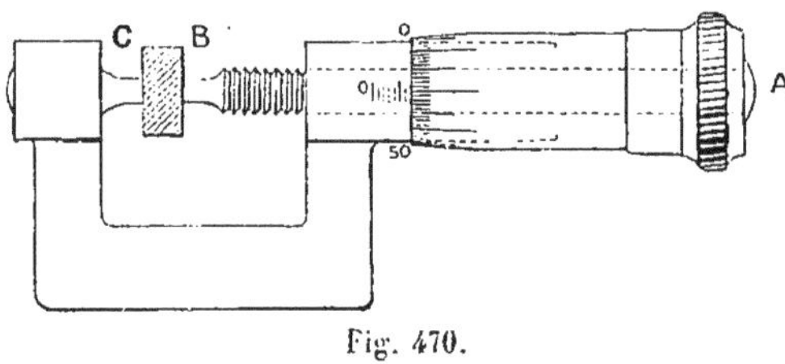

Fig. 470.

Pour mesurer l'épaisseur d'une plaque, ou le diamètre d'un cylindre ou d'une sphère, on les place entre les deux talons et l'on fait les lectures : 1° du nombre de divisions de l'écrou dégagées par le bord du tambour (nombre entier de tours, ou de millimètres); 2° du numéro de la division du tambour qui se trouve sur la ligne de division de l'écrou (fraction de tour supplémentaire, ou nombre de centièmes de millimètre). On a donc ainsi l'épaisseur ou le diamètre cherché en millimètres et centièmes de millimètre.

## MACHINE A DIVISER

402. **Description. Mode d'emploi.** — La *machine à diviser* a pour objet, soit de diviser en un certain nombre de parties égales la distance comprise entre deux traits, soit de tracer sur une règle des divisions d'une longueur déterminée, soit enfin de mesurer une longueur d'une façon précise. C'est surtout à ce dernier point de vue que nous l'envisagerons.

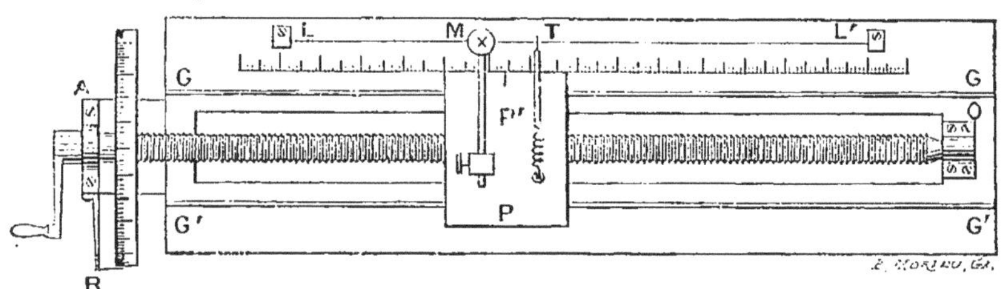

Fig. 471.

La machine à diviser se compose essentiellement d'une vis micrométrique dont la tête est munie d'un limbe divisé et dont les extrémités sont assujetties, l'une dans un collier fixe A (fig. 471), l'autre dans un ombilic pratiqué dans une pièce fixe O : l'écrou est assujetti à la face inférieure d'une plaque métallique ou chariot PP' qui repose, par deux rainures, sur des glissières GG,G'G', en forme de rails. La vis fonctionne donc comme une *vis fixe*, dont la rotation imprime à l'écrou et au chariot PP' un déplacement rectiligne, parallèle à son axe (396). Au chariot sont fixés un petit microscope M et un tracelet T, qui peuvent se déplacer perpendiculairement à l'axe de la vis. Enfin un banc de fer supporte l'objet à diviser ou à mesurer; deux repères marqués, l'un sur le chariot, en regard d'une division en valeur du pas, l'autre en regard du tambour, permettent de relever les tours et fractions de tour.

La longueur à mesurer ou à diviser LL' doit, avant tout, être assujettie de façon à être exactement parallèle à l'axe de la vis, puisque le microscope vise un point bien déterminé de son axe optique, et que, dans le déplacement du chariot, ce point décrit une parallèle à l'axe de la vis. Pour assurer ce parallélisme, on dispose l'objet à mesurer sur le banc de fer et on l'y maintient par des vis de pression, en réglant sa position par tâtonnements de manière que, l'une de ses extrémités ayant été mise au point sous le microscope, on retrouve l'autre extrémité également au point, par un simple déplacement du chariot.

Pour *mesurer une longueur* on fait les lectures $h_0$ et $n_0$, à la règle et au tambour, lorsque le microscope vise l'une de ses extrémités; puis les lectures $h_1$ et $n_1$ lors de la visée à l'autre extrémité. Si $h_1$ est supérieur à $h_0$, et si les numéros de division du tambour vont en croissant devant le repère dans le sens de rotation qui fait croître les quantités $h$ elles-mêmes, on a, pour la longueur $l$ cherchée :

$$l=\left(h_1-h_0+\frac{n_1-n_0}{N}\right)p.$$

Pour *diviser une longueur* (par exemple la tige d'un thermomètre entre 0° et 100°), on mesure cette longueur en tours et fraction de tour, c'est-à-dire en divisions du tambour. On divise le nombre obtenu par le nombre de divisions à tracer, ce qui donne la quantité dont on devra tourner le tambour pour passer d'un trait de division au suivant. On amène alors au zéro le tracelet du burin; on avance d'une division, on trace le trait 1, et ainsi de suite [1].

*Étude de la constance du pas.* — Pour étudier la constance du pas, on trace deux traits sur une lame de verre, ou sur une lame métallique, à une distance comprenant un petit nombre de fois le pas, et l'on mesure cette

[1] Dans les instruments perfectionnés (Dumoulin-Froment, Perreaux), des organes mécaniques, variables d'un constructeur à l'autre, mais dont la pratique apprend bien vite la manœuvre, servent à faciliter l'opération. Ces pièces ont pour effet d'arrêter la rotation de la vis chaque fois qu'un nouveau trait doit être tracé; et même d'augmenter la longueur des traits de 5 en 5, et de 10 en 10.

distance $d$ en employant successivement *diverses régions de la vis*, dans toute sa longueur. Les lectures faites dans une région déterminée donnent :

$$d = \left(h_1 - h_0 + \frac{n_1 - n_0}{N}\right)p.$$

Si l'on trouve pour $n_1 - n_0$ une valeur constante, on en conclut que le pas $p$ est constant. S'il en est autrement, on peut dresser un tableau, ou tracer une courbe, fournissant les valeurs moyennes du pas aux différentes régions, en fonction de l'une d'entre elles prise comme unité.

Les valeurs *relatives* du pas suffisent évidemment pour toutes les questions où l'on n'a à faire intervenir que des rapports; par exemple dans les cas où il s'agit de lois à établir ou à vérifier.

*Valeur absolue du pas.* — Si l'on veut déterminer la valeur *absolue* du pas, on peut mettre à profit les ressources particulières qu'offre l'installation du Bureau international des poids et mesures, pour mesurer en fonction du mètre étalon, *la distance* $d_0$, à 0°, des deux traits qui ont servi à étudier la vis. Si $p_0$ est la valeur absolue, à la température 0°, du pas pris comme unité, et si, dans les expériences de vérification effectuées à la température $t$, on a obtenu $m_0$ tours de la vis et $n_0$ divisions du tambour, comme représentant, dans la région correspondante de la vis, la mesure de la longueur $d_0(1 + \lambda t)$, on aura

$$d_0(1 + \lambda t) = p_0(1 + kt)\left(m_0 + \frac{n_0}{N}\right),$$

$\lambda$ et $k$ étant les coefficients de dilatation linéaire. — De cette équation, on tirera la valeur de $p_0$.

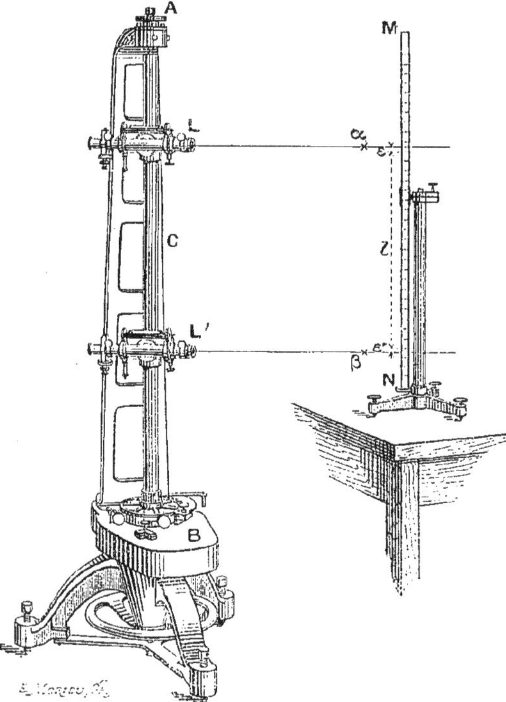

Fig. 472.

405. **Cathétomètre à deux lunettes.** — Le cathétomètre à *deux lunettes*, avec *oculaires micrométriques*, est une application de la vis micrométrique : il peut donner une précision plus grande que le cathétomètre à une seule lunette.

Deux lunettes L et L' (fig. 472), avec niveaux, et réticules mobiles dans leurs plans au moyen de vis micrométriques sont fixées à une colonne verticale C en acier, à l'aide de deux chariots d'une *seule* pièce, portant vis de fourchette, vis de pression et contrepoids. La colonne C est soutenue à ses deux extrémités dans un bâti très solide en fonte B, porté par un pied très stable, à trois vis calantes.

On procède d'abord à un réglage approché comme pour le cathétomètre à une lunette.

Le *réglage* de la perpendicularité de la ligne de foi des niveaux à l'axe de la colonne s'effectue par la vis de fourchette et des rotations de 180° (390, 1°). Ensuite le réglage de la verticalité de l'axe s'effectue par des rotations de 90°, et au moyen de trois vis placées à 120° l'une de l'autre, au sommet de la colonne, en A. — Une *règle* MN, en bronze, à division millimétrique sur platine, est fixée au voisinage des points à viser, situés sur une même verticale. On dispose cette règle verticalement, comme l'axe d'un cathétomètre ordinaire.

Le *réticule micrométrique* est constitué par un cadre $c$ (fig. 473), fixé à une vis micrométrique V; l'écrou E, que l'on tourne à la main, bute contre une pièce fixe F et porte le tambour divisé T. Le cadre, mû par la vis micrométrique, se trouve guidé par deux tiges $t$ et $t'$, avec ressorts antagonistes $r$ et $r'$, ce dernier complètement visible sur la figure. Le nombre entier de tours est déterminé par une denture fixe $d$, portée par l'oculaire, et que l'on aperçoit dans le champ du réticule; l'intervalle d'une dent à l'autre correspond exactement à un tour.

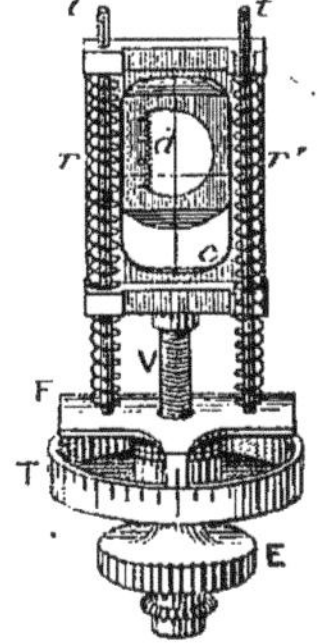

Fig. 473.

Soit $\alpha\beta$ la longueur verticale à mesurer (fig. 472). Les lunettes étant à peu près dans les positions voulues, on vise les points $\alpha$ et $\beta$. On substitue ensuite la règle aux points $\alpha$ et $\beta$, et on fait les lectures du nombre $l$ de divisions comprises sur cette règle, *par défaut*, dans la distance $\alpha\beta$. Il reste alors à évaluer les deux fractions de division $\varepsilon$ et $\varepsilon'$. Pour mesurer $\varepsilon$, on déplace le réticule de L, de façon à viser le trait de la règle situé immédiatement au-dessous de $\alpha$, et l'on détermine le nombre $m$ de divisions du tambour nécessaire pour ce changement de visée; en désignant par $\gamma$ le grandissement linéaire de l'objectif de la lunette, par $p$ la valeur du pas de la vis, par N le nombre total des divisions du tambour, et par D la valeur de la division de la règle, on a $\varepsilon D = \frac{m}{N} p . \frac{1}{\gamma}$. On *tare* ensuite le micromètre, en déterminant le nombre $\mu$ de divisions correspondant au changement de visée d'un trait au suivant. On a alors : $D = \frac{\mu}{N} . p . \frac{1}{\gamma}$, d'où $\varepsilon = \frac{m}{\mu}$. On obtiendra de même, avec la lunette L', la fraction $\varepsilon' = \frac{m'}{\mu'}$, et l'on aura $\alpha\beta = \left(l + \frac{m}{\mu} + \frac{m'}{\mu'}\right) D$.

La précision de la mesure atteint facilement le $\frac{1}{100}$ de millimètre. L'instrument est beaucoup plus précis que le cathétomètre à une lunette.

404. **Microscope micrométrique.** — Cet appareil sert à évaluer les fractions de division d'une règle ou d'un cercle gradués. Il est formé d'un microscope auquel on a adjoint un réticule à vis micrométrique, tout à fait semblable à celui des viseurs du cathétomètre à deux lunettes.

L'objectif est à faible grossissement.

L'oculaire est positif et peut être déplacé par rapport au réticule qui est à une distance invariable de l'objectif.

L'étalonnage de l'instrument se fait exactement comme celui du viseur micrométrique précédemment étudié.

405. **Comparateur.** — 1° *Modèle ordinaire.* — Il se compose d'une règle établie sur un support fixe et le long de laquelle on peut faire

glisser deux microscopes micrométriques. On met au point, avec ces microscopes, les extrémités de la longueur à mesurer, à laquelle on substitue ensuite une règle graduée; la lecture donne immédiatement le nombre entier de divisions correspondant à la longueur à évaluer, et, avec les microscopes, on détermine les fractions de division. L'appareil peut être assimilé à un cathétomètre à deux lunettes dont l'axe serait horizontal. Il porte le nom de comparateur, car il permet de comparer les règles graduées, de les étalonner par rapport à l'une d'elles mesurée à l'aide d'un étalon prototype du Bureau de Breteuil.

2° *Comparateur international du Bureau de Breteuil.* — Il se compose essentiellement de deux microscopes micrométriques $M_1$ et $M_2$ (fig. 474)

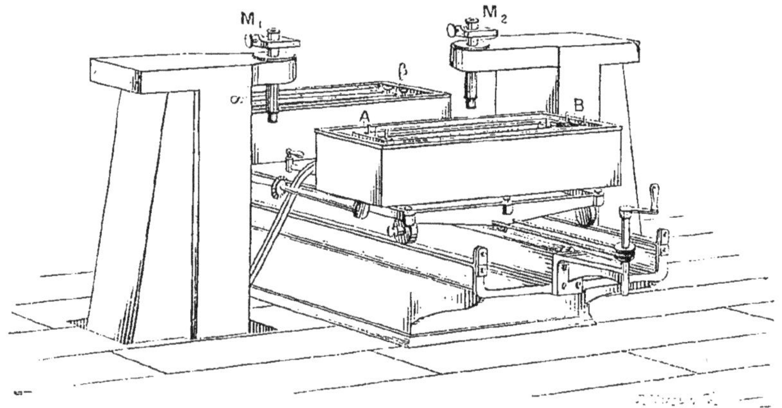


Fig. 474.

fixés dans des supports rigoureusement immobiles. Ces supports sont constitués par des piliers de maçonnerie qui s'enfoncent profondément dans le sol qu'ils ne touchent point par leurs faces latérales; ils sont isolés des planchers; à la partie supérieure de chaque pilier se trouve un entablement dans lequel on a scellé une équerre en fer portant le microscope micrométrique; pilier, équerre et microscope sont entourés par une caisse en bois recouverte de feutre, ne les touchant point, et qui laisse dépasser seulement l'objectif, l'oculaire et la vis micrométrique; elle protège l'appareil contre des variations de température rapides.

Les règles à comparer, AB, αβ, sont placées dans des auges à double compartiment, contenant de l'eau; des agitateurs permettent de brasser le liquide pour uniformiser la température que l'on fait varier à volonté par la circulation dans le compartiment extérieur d'un courant d'eau plus ou moins chaude; quatre thermomètres au $\frac{1}{10}$ de degré sont placés horizontalement le long de chaque règle; on en fait la lecture avec de petits microscopes et on peut apprécier ainsi le $\frac{1}{200}$ de degré; le couvercle supérieur est percé d'ouvertures munies de lames de verre à faces parallèles permettant les visées. Les auges sont portées par un chariot glissant sur des rails fixés sur un bâti de maçonnerie très stable; on amène les règles successivement sous les microscopes micrométriques; des vis de réglage permettent de placer les extrémités de ces règles dans les champs des microscopes pour faire les pointés; les réticules sont à deux fils parallèles très rapprochés; on place l'image du trait de la règle exactement entre les deux fils du réticule. Le grossissement commercial des microscopes varie, suivant les cas, de 80 à 250. Avec cet appareil, on peut comparer les règles métriques avec une précision de $0^{\mu},2$; aussi est-il indispensable de connaître exactement la température des règles, pour que les résultats obtenus aient une signification.

## ERREURS COMMISES DANS LES MESURES

406. **Erreurs absolues**. — Toute mesure expérimentale comporte nécessairement une erreur à cause des imperfections de nos sens et des instruments qui leur viennent en aide. L'*erreur absolue* est l'écart entre la mesure obtenue et la véritable valeur de la grandeur à mesurer, c'est donc un nombre *concret* : soit un corps qui pèse $25^{g},3$; une opération faite dans de mauvaises conditions nous a donné $25^{g},2$; l'erreur absolue est $0^{g},1$ par défaut. — Nous classerons ces erreurs absolues en *erreurs systématiques* et *erreurs fortuites*.

Les *erreurs systématiques* tiennent à un défaut constant de l'instrument ou du procédé de mesure; elles sont donc elles-mêmes constantes, en grandeur et sens, dans des conditions données et varient avec ces conditions, suivant des lois déterminées. Ainsi lorsque nous mesurons des longueurs avec une règle graduée dont les divisions sont trop grandes, nous commettons des erreurs systématiques par défaut; si nous déterminons $g$ par la méthode du pendule (474), sans tenir compte de l'amplitude de l'oscillation, nous trouvons pour $g$ des valeurs trop petites. On doit chercher à s'affranchir de ces erreurs, soit en les supprimant, soit en les évaluant avec autant de précision que possible; dans le premier cas examiné, par exemple, il nous suffira de comparer la règle graduée à un étalon, pour faire subir aux nombres exprimant des longueurs mesurées les corrections correspondantes.

Les *erreurs fortuites* sont, au contraire, des erreurs accidentelles, variables en grandeur et sens dans le cours d'une même mesure, effectuée dans les mêmes conditions. Soit à partager en deux masses égales, au moyen d'un couteau, un tas de poudre posé sur une feuille de papier, la partie de droite est tantôt plus lourde, tantôt plus légère que celle de gauche, et la différence des deux masses varie d'une façon tout à fait arbitraire. On ne peut donc assigner individuellement aucune règle aux erreurs fortuites; mais, si l'on fait intervenir une série suffisamment longue de mesures effectuées dans des conditions semblables, la *loi de répartition* de ces erreurs, établie par l'expérience et par le calcul des probabilités, apparaît généralement d'une manière bien nette : les erreurs les plus nombreuses sont les plus petites en valeur absolue. Nous allons nous servir de cette propriété pour déterminer la valeur la plus probable d'une grandeur à mesurer, ainsi que la valeur probable de l'erreur commise.

407. *Moyenne arithmétique d'une série de mesures. — Atténuation des erreurs fortuites. — Erreur moyenne.* — On mesure $m$ fois la grandeur à évaluer; on trouve généralement $m$ valeurs différentes, $a$, $a'$, $a''$.... On vient de voir que, d'une part, les petites erreurs sont les plus nombreuses; d'autre part, les erreurs fortuites peuvent être tantôt positives, tantôt négatives. Dès lors, si les mesures ont été suffisamment nombreuses, et si l'on prend la *moyenne arithmétique* de toutes ces mesures, les petites erreurs se compenseront sensiblement et, si quelque erreur plus grande ne se trouve pas compensée, elle sera du moins divisée par $m$. On prendra donc, comme valeur la plus probable de la grandeur à mesurer, abstraction faite des erreurs systématiques,

$$A = \frac{a + a' + a'' + \dots}{m}.$$

Les quantités $a - A$, $a' - A$..., s'appellent les *erreurs apparentes* des mesures successives; leur somme algébrique est identiquement nulle, de sorte que l'erreur moyenne ne peut se déterminer par la moyenne des erreurs apparentes. Mais on obtiendra cette *erreur moyenne* E, en faisant *la moyenne de leurs valeurs absolues*, et en l'affectant du double signe :

$$E = \pm \frac{|a - A| + |a' - A| + \dots}{m}.$$

408. **Erreur relative.** — L'erreur *relative* est le rapport de l'erreur absolue à la valeur réelle de la quantité à mesurer; c'est donc un nombre *abstrait*. C'est la limite à assigner à ce nombre qui, dans une suite déterminée de mesures, servira à en fixer le degré de précision. — Avec les notations précédentes, on prend, comme valeur la plus probable de cette limite, la quantité $e = \frac{E}{A}$.

L'erreur relative a une importance très grande : c'est elle qui caractérise la *valeur de la mesure*. Dire qu'on a commis au maximum une erreur absolue de $1^{\text{cm}}$ dans la mesure d'une longueur, est intéressant pour exprimer cette longueur, en donnant seulement les *chiffres exacts*, mais cela ne nous indique point si l'opération a été bien faite. Supposons que la longueur mesurée soit de $1^{\text{m}}$, l'erreur relative est $\frac{1}{100}$, donc considérable pour ce genre de déterminations; mais si la longueur évaluée est de $10^{\text{km}}$, l'erreur relative est $10^{-6}$, donc très faible, la mesure est excellente.

409. **Erreur relative d'un monôme.** — Théorème. *La limite de*

*l'erreur relative d'un monôme est égale à la somme arithmétique des nombres obtenus en multipliant la limite de l'erreur relative de chaque terme par l'exposant de ce terme dans le monôme.*

Soit l'expression :

$$x = a^{\alpha} b^{\beta} \dots l^{\lambda}.$$

Supposons que l'on ait commis respectivement sur les termes $a, b, \dots l$, les erreurs $\Delta a, \Delta b, \dots \Delta l$ ; admettons que ces erreurs soient suffisamment petites pour que nous puissions appliquer, à la détermination de l'erreur correspondante $\Delta x$, les règles du calcul différentiel :

$$\text{Log.}\, x = \alpha\, \text{Log.}\, a + \beta\, \text{Log.}\, b + \dots\dots\dots + \lambda\, \text{Log.}\, l,$$

d'où

$$\frac{\Delta x}{x} = \frac{\alpha \Delta a}{a} + \frac{\beta \Delta b}{b} + \dots + \frac{\lambda \Delta l}{l}.$$

Si, dans le second membre, nous remplaçons $\Delta a, \Delta b \dots, \Delta l$, par leurs limites $\Delta' a, \Delta' b \dots \Delta' l$, et si nous donnons à chacun des termes de la somme le signe +, nous ne pouvons qu'augmenter ce second membre, par conséquent :

$$\left(\frac{\Delta x}{x}\right) \leqslant \left(\frac{\alpha \Delta' a}{a}\right) + \left(\frac{\beta \Delta' b}{b}\right) + \dots + \left(\frac{\lambda \Delta' l}{l}\right).$$

Ce théorème est extrêmement important ; nous l'utilisons fréquemment, sous le nom de *théorème des erreurs relatives*, pour le calcul de la limite de l'erreur d'une grandeur exprimée par un monôme.

Dans des mesures bien faites, autant que possible tous les éléments doivent être déterminés avec des erreurs relatives du même ordre de grandeur, afin que toutes ces erreurs affectent les résultats de la même manière et portent sur le même chiffre.

410. **Règle pour exprimer le résultat numérique d'une mesure.** — On calcule la limite $(\Delta x)$ de l'erreur absolue commise dans la mesure de $x$, et l'unité correspondant au dernier chiffre significatif conservé doit représenter un nombre d'un ordre décimal immédiatement supérieur à $\Delta x$. On a l'habitude d'augmenter ce chiffre d'une unité si le chiffre suivant est supérieur ou égal à cinq ; souvent aussi on se donne le chiffre suivant, celui sur lequel porte l'erreur, mais alors il est bon de le marquer par un point pour indiquer qu'il n'est pas sûr.

*Exemple.* Le calcul brut d'un indice nous a donné :

$$x = 1{,}523568\dots \qquad \text{et} \qquad (\Delta x) = 0{,}0004\,;$$

on écrira :

$$x = 1{,}523, \qquad \text{ou mieux :} \qquad x = 1{,}524, \qquad \text{ou encore} \qquad x = 1{,}52\dot{3}6.$$

On pourrait enfin énoncer l'erreur formulée elle-même sur ce chiffre $\dot{5}$, sous la forme :

$$x = 1{,}5236 \pm 0{,}0004.$$

Il serait, en tout cas, maladroit ou malhonnête de donner un plus grand nombre de décimales, car ce serait attribuer à des mesures une valeur qu'elles n'ont pas.

# PESANTEUR

## I. — CHAMP DE PESANTEUR — POIDS

411. **Champ de force en général. — Intensité en un point. — Lignes de force. — Surfaces de niveau.** — On appelle *champ de force* tout espace dans lequel se manifeste l'action d'une force. Exemples : le champ de pesanteur terrestre, le champ magnétique terrestre, le champ électrique d'un conducteur électrisé.

Le *champ en un point* est la force, en grandeur, direction et sens, qui s'exerce sur l'unité de masse supposée placée en ce point (masse pesante, dans le champ de pesanteur; masse électrique positive, dans un champ électrique; masse magnétique positive, dans un champ magnétique).

On appelle *lignes de force* d'un champ un système de lignes tangentes en chaque point à la direction du champ en ce point. Par un point d'un champ passe toujours une ligne de force, et une seule. Le *sens* d'une ligne de force est le sens du champ.

On appelle *surfaces de niveau* d'un champ de force, un système de surfaces coupant orthogonalement le système des lignes de force du champ. La propriété fondamentale des surfaces de niveau est que, si une masse agissante quelconque se déplace sur une surface de niveau, ce déplacement ne donne lieu à aucun travail des forces du champ, puisque la force est constamment normale au déplacement. Pour cette raison les surfaces de niveau s'appellent aussi *surfaces équipotentielles* (440). — Quant au travail correspondant au passage d'un point à un autre du champ, il est indépendant du chemin suivi, en vertu du principe de la conservation de l'énergie. Nous nous appuierons sur cette propriété pour démontrer l'existence d'une fonction potentielle (440) pour tout système soumis uniquement à l'action d'un champ de force.

Un *champ de force* est *uniforme* si, en chaque point, ce champ est constant en grandeur, direction et sens. Les lignes de force sont alors des droites parallèles, et les surfaces de niveau sont des plans perpendiculaires à ces droites.

Nous allons faire une application de ces notions générales au champ de pesanteur terrestre, qui est, comme nous le verrons, un champ uniforme, dans un petit espace

412. **Pesanteur. — Verticale. — Lignes de force et surfaces de niveau.** — On donne le nom de *pesanteur* à la cause générale qui sollicite les corps à tomber vers la terre, et qui détermine ce mouvement de chute quand ils ne sont pas soutenus.

Pour définir le *champ de pesanteur en un point*, il faut en déterminer la *direction*, le *sens* et *l'intensité*.

Suspendons à l'extrémité d'un fil flexible une balle de plomb, par exemple : si nous prenons à la main l'autre extrémité du fil, l'effort que nous avons à faire pour soutenir le corps montre qu'il est sollicité par une *force*, à laquelle cet effort fait équilibre : cette force a évidemment même direction et même sens que le champ. — Or la *direction* de la force ne peut être que celle du fil quand il est en équilibre : cette direction est ce qu'on nomme la *verticale*; l'instrument lui-même prend le nom de *fil à plomb*. Tous les corps, en un même lieu, tombent suivant la verticale du lieu; le champ est dirigé de *haut en bas*.

La direction des lignes de force du champ de pesanteur est, en chaque point du globe, *normale à la surface des liquides en repos*. Les verticales aux divers points du globe sont donc les normales à la surface des eaux tranquilles, par exemple à la surface des mers, supposée prolongée à travers les continents. — Si l'on considère la Terre comme *sensiblement sphérique*, le système des lignes de force du champ total de pesanteur est donc constitué par les rayons mêmes de la Terre, prolongés à l'extérieur, le *sens* de ces lignes étant dirigé vers le centre, et le système des surfaces de niveau est constitué par des sphères concentriques à la Terre. Pour des points A et A′ situés à la surface de la Terre et à une petite distance l'un de l'autre (fig. 475), les verticales peuvent évidemment être considérées comme très sensiblement parallèles, étant donnée la grande distance à laquelle elles vont concourir. — Les surfaces de niveau, dans un tel espace, sont donc très sensiblement des plans horizontaux, ce qui est déjà l'un des caractères d'un champ uniforme (411).

Si l'on considère, au contraire, des verticales menées en des points suffisamment éloignés l'un de l'autre, comme A et B, ou A et C, elles font entre elles un angle d'autant plus grand que la distance des deux points est plus considérable.

Fig. 475.

Cherchons d'ailleurs l'angle $AOA' = \alpha$ que font entre elles les verticales de deux points, situés sur un même méridien, et distants de $d = 1$ kilomètre, à la surface de la Terre dont un grand cercle est $2\pi R = 40\,000$ km. On a, pour déterminer cet angle, la proportionnalité $\frac{d}{2\pi R} = \frac{(\alpha)''}{360 \times 60 \times 60}$, d'où $(\alpha)'' = \frac{d^{km} \times 360 \times 60 \times 60}{40\,000}$ et, pour $d = 1$ km, $(\alpha)'' = 35''$ environ.

Avec la subdivision du cercle en grades (595, *Note*), le *centigrade-arc*, 40 000$^{\text{ième}}$ partie de la circonférence, correspond précisément au kilomètre, au niveau moyen des mers.

On prend pour unité de longueur, en mer, le *mille marin*, qui représente la distance des deux points AA', tels que AOA' = 1' : on a donc, en désignant par $x$ cette distance :

$$\frac{x}{2\pi R} = \frac{1'}{360 \times 60'} \qquad \text{d'où :} \qquad x = \frac{2\pi R}{360 \times 60} = \frac{40\,000\,000^{m}}{360 \times 60} = 1851^{m},87,$$

soit environ 1852$^{m}$.

413. **Poids d'un corps. — Centre de gravité.** — Les diverses particules d'un corps étant sollicitées par des forces dirigées vers le centre de la Terre, toutes ces forces peuvent être, dans les cas ordinaires, considérées comme parallèles. Ce système de forces parallèles et de même sens peut être remplacé par une force résultante unique, parallèle à leur direction commune, égale à leur somme, et qu'on nomme le *poids* du corps. — Un dynamomètre indiquerait la constance du poids d'un corps, en un même lieu, dans un petit espace.

On démontre d'autre part, en Statique, que la direction de la résultante d'un tel système de forces parallèles passe par un *point fixe*, lorsque les directions des forces viennent à changer, les points d'application restant fixes, et pourvu qu'elles conservent leur parallélisme et leurs rapports d'intensité. Ce point, qu'on appelle le *centre du système de forces parallèles*, est le point d'application de la résultante elle-même. Dans le champ terrestre, le centre des forces parallèles de pesanteur s'appelle le centre de gravité du corps. Nous appellerons donc *centre de gravité* d'un corps solide indéformable, le point par lequel passe constamment le poids du corps, quelque position que l'on donne à ce corps dans l'espace, et en quelque lieu du globe qu'on le transporte.

## II. — LOIS DE LA CHUTE DES CORPS

414. **Mouvement d'un corps abandonné à lui-même.** — Dans le voisinage d'une règle verticale, abandonnons une bille d'acier, sans vitesse initiale : nous constatons que la bille tombe le long de la règle et que le mouvement paraît devenir de plus en plus rapide. Si nous recommençons avec une bille en verre, une balle de plomb, un petit lingot de cuivre, nous arrivons au même résultat ; mais, si nous prenons une feuille de papier, nous constatons que chaque point décrit une trajectoire très compliquée et que la durée de chute est plus considérable que pour les corps précédents. Pressons la feuille de papier entre nos doigts, formons-en une boule de volume aussi réduit que possible, et lâchons-la en même temps que la bille d'acier; nous constatons que les deux corps prennent des mouvements identiques. Or, dans le dernier cas, la feuille de papier offrait à l'air une surface très amoindrie; l'effet de la résistance de l'air se faisait donc moins sentir. Ainsi il semble que si les corps ne tombent pas avec la même vitesse, cela tient à la résistance de l'air. En laissant tomber ensemble des sphères métalliques du haut d'une tour, Galilée avait constaté qu'elles arrivaient en même

temps au sol : c'est que, dans ce cas, la résistance de l'air, pour chaque boule, était négligeable par rapport au poids. Du reste, pour vérifier que, si des corps tombent inégalement vite, cela tient à la résistance de l'air, il suffit d'opérer dans le vide, comme l'a fait Newton.

415. **Expérience de Newton : première loi de la chute des corps.** — Dans un gros tube de verre (fig. 476), muni d'un robinet, on a introduit des corps divers, comme des grains de plomb, de petits morceaux de papier, des barbes de plumes, etc. Après avoir fait le vide dans ce tube au moyen de la machine pneumatique, on le retourne brusquement : on constate que tous les corps arrivent ensemble à son extrémité inférieure. — Si on y laisse rentrer un peu d'air, en ouvrant un instant le robinet, et qu'on recommence l'expérience, on voit le papier et les barbes de plume rester en arrière sur les grains de plomb; le retard est d'autant plus grand qu'il est rentré plus d'air. Enfin, quand on ouvre entièrement le robinet, les différences reparaissent, aussi considérables qu'à l'air libre.

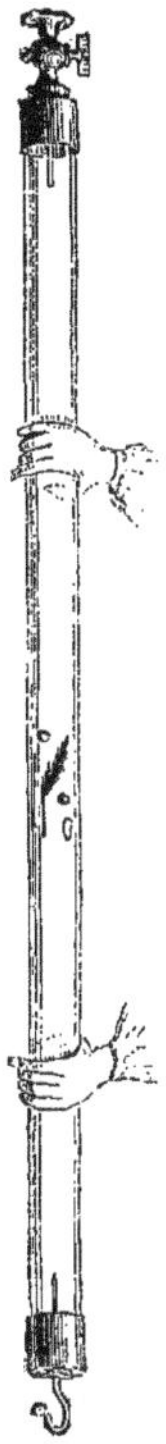

De cette expérience, nous sommes en droit de déduire la loi suivante :

**1re loi de la chute des corps,** ou **loi de Newton.** — *Dans le vide, en un même lieu, tous les corps abandonnés sans vitesse initiale prennent un mouvement de chute identique.*

416. **Étude expérimentale de la loi du mouvement de chute.** — L'étude expérimentale de la chute étant à peu près impossible à réaliser dans le vide, on est conduit à étudier la chute dans l'air, mais dans des conditions telles que la résistance de l'air soit négligeable par rapport au poids. Or, la résistance de l'air étant proportionnelle à une certaine puissance de la vitesse (501), il importe de faire en sorte que cette vitesse soit toujours faible, d'où les procédés suivants :

Fig. 476.

1° On étudie la chute *libre*, mais pendant un temps très court, de manière que la vitesse maximum soit faible; en outre, on se sert d'un mobile très dense, de forme spéciale (appareil du général Morin);

2° On diminue la force motrice qui est seulement une fraction du poids total; on étudie donc la chute *ralentie* : si la force motrice est devenue $n$ fois plus petite, la vitesse a diminué dans le même rapport, mais la résistance de l'air est environ $n^2$ fois plus faible environ; le rapport de la force perturbatrice à la force motrice est $n$ fois plus petit (plan incliné et machine d'Atwood). On a aussi l'avantage d'effectuer les mesures plus facilement et pour des temps de chute plus longs.

417. **Appareil du général Morin** (1). — *Principe de la méthode.*

(1) Le général Morin (1795-1880) s'est occupé surtout de Mécanique appliquée; en

— Cet appareil permet d'étudier directement la chute libre, en employant la méthode générale d'enregistrement graphique. On fait inscrire, par le corps qui tombe, une courbe qui représente la loi de son mouvement $y = \varphi(t)$; pour rendre négligeable la résistance de l'air, on opère pendant un temps très court, c'est-à-dire sur un petit espace de chute; le mobile est très dense, cylindro-conique et allongé.

Imaginons qu'une feuille de papier verticale se déplace d'un mouvement de *translation horizontale uniforme*, dans son propre plan et dans le sens indiqué par la flèche (fig. 477). Si un corps pesant muni d'un crayon est abandonné au point O sans vitesse initiale, il tombera suivant la verticale O$y$; mais, en vertu du mouvement de la feuille de papier suivant l'horizontale $x$O, la trace du crayon sur la feuille sera une certaine courbe. Or, d'après le principe de l'indépendance des mouvements simultanés (451), tout se passe comme si, la feuille étant fixe, on imprimait au crayon un mouvement uniforme horizontal, de sens opposé; la trace du crayon sur la feuille représentera donc la résultante de deux mouvements : d'une part, un mouvement uniforme suivant O$x$, dans le sens opposé au mouvement de translation de la feuille; d'autre part, le mouvement dont on cherche la nature, suivant la verticale O$y$. Si donc on prend O$x$ et O$y$ comme axes de coordonnées, on aura, pour définir la courbe, les équations :

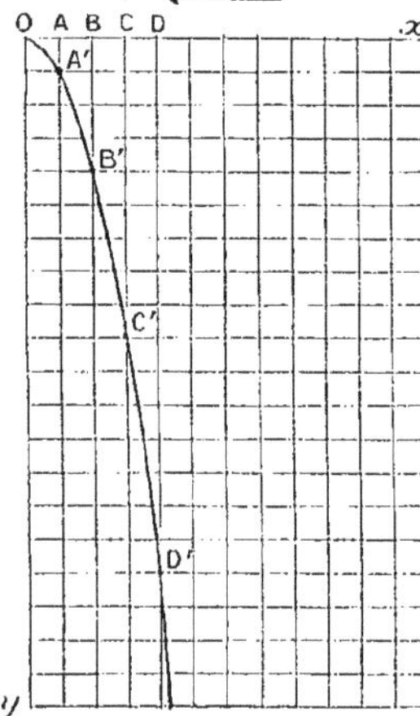

Fig. 477.

$$x = at, \qquad y = \varphi(t), \qquad \text{d'où} \qquad y = \varphi\left(\frac{x}{a}\right).$$

L'étude de cette courbe en $x$ et $y$ fournira donc la fonction $\varphi$, c'est-à-dire la loi du mouvement.

En réalité, au lieu de laisser la feuille de papier étendue, on l'enroule sur la surface d'un cylindre auquel on communique un mouvement de rotation uniforme autour de son axe vertical; le corps qui tombe est guidé dans sa chute, de façon à décrire une génératrice du cylindre. Une fois l'expérience faite, on coupe la feuille suivant une génératrice, et on la développe sur un plan. A partir de l'origine O de la courbe, on prend sur O$x$ des longueurs égales OA = AB = BC = CD... : on mène les génératrices passant par ces points et on marque leurs intersections A', B', C', D'... avec la courbe; puisque le mouvement de rotation du cylindre était uniforme, les longueurs OA, AB, BC, CD, correspondent à des temps égaux; les ordonnées AA', BB', CC', DD'..., représentent

1833, il construisit l'appareil dont il est question plus haut, étant professeur à l'École de Metz.

donc les hauteurs de chute qui correspondent à des durées de chute proportionnelles à 1, 2, 3, 4.... Or on trouve sensiblement

$$BB' = 4AA', \qquad CC' = 9AA', \qquad DD' = 16AA', \ldots$$

c'est-à-dire, qu'entre $x$ et $y$, existe une relation de la forme :

$$y = kx^2;$$

c'est l'équation d'une parabole rapportée à son axe et à sa tangente au sommet. Comme $x$ est proportionnel à $t$, la relation cherchée est de la forme

$$y = \frac{1}{2} gt^2,$$

équation d'un mouvement uniformément accéléré; on arrive donc à l'énoncé suivant :

418. **2e Loi de la chute des corps.** — *Tout corps abandonné dans le vide, sans vitesse initiale, prend un mouvement vertical, dirigé de haut en bas, uniformément accéléré.*

Les équations de ce mouvement sont :

$$y = \frac{1}{2} gt^2, \qquad v = gt.$$

De là les énoncés suivants :

*Loi des espaces. — Lorsqu'un corps est abandonné dans le vide, sans vitesse initiale, les espaces parcourus sont proportionnels aux carrés des temps employés à les parcourir.*

*Loi des vitesses. — Lorsqu'un corps est abandonné dans le vide, sans vitesse initiale, les vitesses sont proportionnelles aux temps employés à les acquérir.*

*Remarque.* — Ces lois ne sont **pas distinctes**; nous avons seulement *trois énoncés différents* de la même proposition. Pour établir ou vérifier la 2e loi de la chute des corps, on mesure les espaces ou les vitesses et les temps correspondants; on utilise donc soit l'énoncé des espaces, soit l'énoncé des vitesses. Mais, si la loi des espaces est établie, il est tout à fait inutile de vérifier la loi des vitesses qui découle de la précédente et inversement. Dans la pratique, c'est toujours la loi des espaces qui se vérifie avec *le plus de précision* : il est donc absolument superflu de faire des mesures relatives à la loi des vitesses.

*Mesure de $g$.* — On pourrait tirer de cette expérience une valeur approchée de $g$, dans un système donné de mesures, si l'on connaissait le temps $t$ correspondant à une abscisse donnée $l$ sur $Ox$. Or, si le cylindre fait, en mouvement de rotation uniforme, $n$ tours par seconde, et si R est son rayon, une abscisse $l$ prise sur $Ox$ correspond à un temps $t = \frac{l}{2\pi nR}$. On trouve ainsi, au moins approximativement, à Paris, $g = 981$ unités C.G.S. Nous aurons l'occasion de décrire une méthode plus précise pour mesurer $g$. Remarquons, en passant, que la valeur trouvée pour $g$ serait indépendante de la nature du mobile, d'où une vérification de la loi de Newton (415).

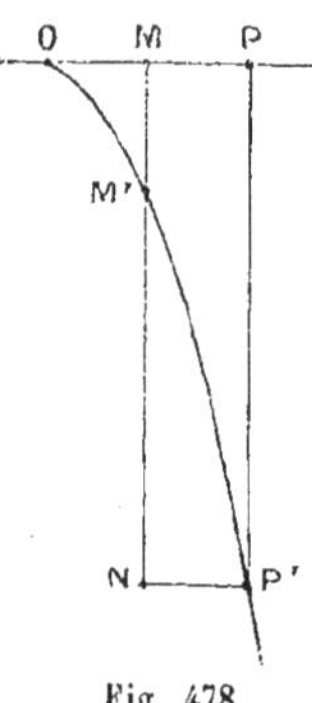


Fig. 478.

*Détermination du sommet de la courbe.* — Une difficulté peut cependant se présenter dans l'étude de la courbe : il peut y avoir incertitude sur la position exacte du sommet O (fig. 477), car on ne distingue pas toujours, d'une manière précise, en quel point la courbe se détache de sa tangente $Ox$. — Pour déterminer le point O, le plus simple est d'admettre que la courbe est une parabole, sauf à confirmer ultérieurement cette hypothèse : c'est là une méthode indirecte d'étude, qui est une des nécessités de la Physique expérimentale. On prend alors un point quelconque M' de la courbe (fig. 478), on prolonge son ordonnée MM' d'une longueur $M'N = 3MM'$; on mène par N une parallèle à $Ox$, qui détermine un autre point P' de la courbe, lequel se projette en P sur $Ox$. On prend ensuite $MO = MP$, et le point O ainsi déterminé doit être le *sommet* de la parabole, à partir duquel doit alors se faire la vérification rigoureuse de la relation $y = kx^2$.

Les coefficients angulaires des tangentes aux divers points de la courbe représenteraient des quantités *proportionnelles aux vitesses* correspondantes, $v = gt$, du corps tombant en chute libre. Mais la construction de la tangente à une courbe et la mesure d'un angle sont des opérations trop peu précises pour qu'on puisse les appliquer ici à la vérification de la loi des vitesses.

419. *Description de l'appareil.* — La feuille de papier est enroulée sur un cylindre vertical SS (fig. 479), d'environ 2 mètres de hauteur, et de 15 centimètres de diamètre. La rotation du cylindre autour de son axe est produite par un poids moteur R, attaché à l'extrémité d'une corde qui est enroulée autour d'un treuil fixé sur l'axe d'une roue dentée U; les dents de cette roue, inclinées à 45°, engrènent, d'un côté avec une vis filetée $v$, fixée sur l'axe du cylindre; de l'autre, avec l'axe d'un volant à ailettes $l$, $l$. La chute du poids moteur R imprimerait au cylindre un mouvement accéléré, mais les ailettes ont pour effet de régulariser ce mouvement,

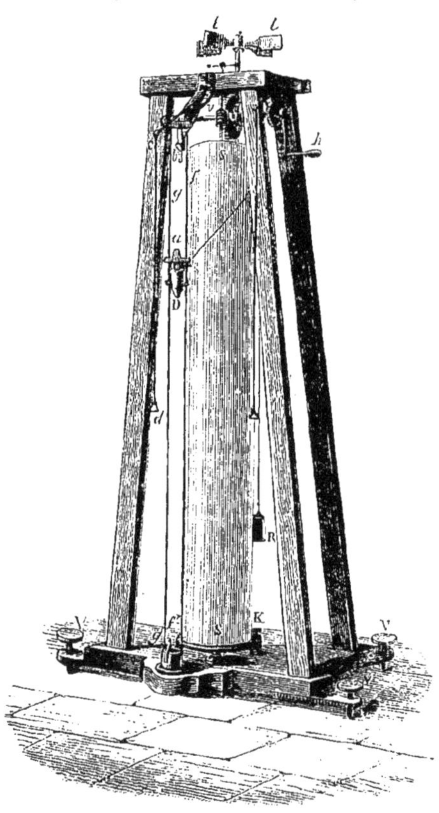

Fig. 479.

la résistance qu'elles éprouvent de la part de l'air allant en croissant avec la vitesse, et finissant par équilibrer l'action du poids moteur : les dimensions des ailettes sont généralement réglées de manière que le mouvement devienne *uniforme* lorsque le poids R est descendu des deux tiers environ de la hauteur du cylindre (1).

Si l'on veut recommencer l'expérience lorsque le poids moteur R est arrivé au bas de sa course, un encliquetage permet d'enrouler à nouveau la corde, en faisant tourner le treuil au moyen de la manivelle $h$, sans entraîner la roue U, c'est-à-dire sans faire mouvoir le cylindre ni le volant. Au contraire, quand la corde se déroule sous l'action du poids moteur R, tout le système est entraîné.

Le corps pesant, dont on doit enregistrer le mouvement de chute libre, est une masse de fonte D (fig. 479) à laquelle on donne une *forme cylindro-conique pour diminuer la résistance de l'air.* Il porte latéralement deux anneaux traversés par deux fils de fer $ff'$, $gg'$, tendus verticalement, qui lui servent de guides, de façon à éviter que, pendant la chute, le frottement du crayon contre le cylindre tournant fasse dévier le corps de la verticale. Le corps est d'abord maintenu à la partie supérieure du cylindre par un crochet $a$, dans lequel vient s'engager un crochet mobile $b$, fixé au bâti et muni d'un ressort. Lorsqu'on sait que le mouvement de rotation du cylindre est devenu uniforme, on tire sur le cordon $cd$, ce qui dégage brusquement le crochet $b$, et détermine la chute du corps; il est reçu, au bas de sa course, dans une sorte de godet de fonte garni de liège. Pendant la chute, la pointe de crayon est pressée par un petit ressort contre la feuille de papier, sur laquelle elle trace la courbe.

420. **Enregistrement chronophotographique d'un mouvement de chute libre.** — Laissons tomber une bille d'acier bien éclairée, devant un fond sombre et photographions la bille à des intervalles de temps égaux au moyen d'un appareil chonophotographique; relevons ensuite sur la plaque, au moyen d'une bonne machine à diviser, les distances des images successives, distances qui sont proportionnelles aux espaces successifs parcourus pendant des temps égaux : nous constatons que ces espaces croissent en *progression arithmétique.* — Or cette propriété appartient au mouvement uniformément accéléré :

*Lorsque les temps croissent en progression arithmétique dans un mouvement uniformément accéléré, les espaces parcourus entre ces temps croissent aussi en progression arithmétique.*

(1) On peut reconnaître, au préalable, à partir de quel instant le mouvement du cylindre devient uniforme, en enregistrant les vibrations d'un diapason sur une feuille de papier, noircie au noir de fumée, et recouvrant une portion du cylindre. L'une des branches du diapason étant munie d'un style très fin, on place le diapason de manière qu'il vibre dans un plan vertical, et que le style vienne appuyer légèrement contre la feuille, sur laquelle il trace une courbe sinusoïdale. Or, les vibrations d'un diapason sont isochrones ; donc, lorsque le mouvement du cylindre est devenu uniforme, la courbe (fig. 480) intercepte des *longueurs égales* sur la droite tracée par le diapason au repos.

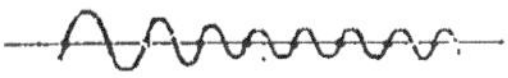

Fig. 480.

En effet : considérons les espaces parcourus aux temps $t_0$, $t_0+\theta$, $t_0+2\theta$,... $t_0+n\theta$ ; nous avons :

$$l_n=\frac{1}{2}g(t_0+n\theta)^2; \qquad l_{n-1}=\frac{1}{2}g[t_0+(n-1)\theta]^2 \qquad \text{donc} \quad l_n-l_{n-1}=\frac{1}{2}g\theta[2t_0+(2n-1)\theta],$$

l'espace parcouru de $t_0+(n-1)\theta$ à $t_0+n\theta$ croît donc en progression arithmétique comme $n$, la raison étant $g\theta^2$.

*Remarque.* — En se servant de l'appareil Morin, on pourrait se dispenser de déterminer l'origine O de la courbe ; il suffirait de mener des *génératrices équidistantes quelconques* et d'utiliser la proposition précédente.

421. **Plan incliné de Galilée**[1]. — Soit une bille M (fig. 481), placée sur un plan incliné d'un angle $\alpha$ sur l'horizon. Prenons pour plan de la figure le plan mené par le centre de la bille perpendiculairement à l'intersection du plan incliné avec l'horizon. On peut décomposer le poids P de la bille, situé dans ce plan, en deux forces, l'une MN perpendiculaire au plan incliné, l'autre MF parallèle à la ligne de plus grande pente : cette dernière, MF, sera seule efficace, au point de vue du mouvement ; l'autre, MN, ne fera qu'appuyer la bille sur le plan et sera équilibrée par la réaction normale du plan. La bille se mettra donc en mouvement, suivant la ligne de plus grande pente, sous l'action d'une force motrice MF, égale à $P \sin \alpha$. D'ailleurs, comme on pourra donner à $\sin \alpha$ (rapport de la *hauteur* BC du plan à sa *longueur* BA) des valeurs aussi petites qu'on le voudra, en diminuant BC, le mouvement pourra être aussi ralenti qu'il sera nécessaire pour faciliter les mesures.

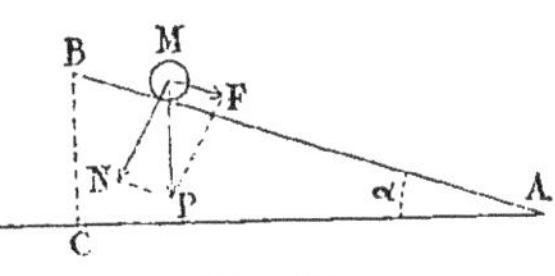

Fig. 481.

*Espaces.* — Pour étudier la loi des espaces dans ce mouvement ralenti, Galilée plaçait la bille sur une rigole, creusée suivant la ligne de plus grande pente d'un plan rigide ; le long de cette rigole était disposée une règle graduée. On faisait successivement parcourir à la bille, partant du repos, la longueur $l$ du plan incliné, puis $\frac{l}{4}, \frac{l}{9}, \dots$ Pour mesurer les temps de chute correspondants, Galilée se servait du seul instrument précis dont il disposât, la *balance*. Il déterminait les masses d'eau qui s'écoulaient, pendant chacun de ces temps, par un petit robinet placé au fond d'un vase très large, où le niveau restait très sensiblement constant : ces masses d'eau étaient évidemment proportionnelles aux temps. — Galilée trouva que, pour les longueurs de chute $l, \frac{l}{4}, \frac{l}{9}, \dots$, les masses d'eau écoulées étaient $\mu, \frac{\mu}{2}, \frac{\mu}{3}, \dots$, c'est-à-dire que *les espaces par-*

[1] Galilée (1564-1642), grand savant italien, qui s'est occupé de mathématiques, de physique et d'astronomie avec un égal succès. A dix-neuf ans il trouvait la loi de l'isochronisme des petites oscillations du pendule ; en 1609 il inventait la lunette à oculaire simple divergent qui lui permit de faire des découvertes astronomiques remarquables. Il fut traduit en 1633 devant un tribunal religieux pour abjurer ses idées sur le mouvement du système solaire. On doit le considérer comme le principal fondateur de la méthode expérimentale.

*courus étaient proportionnels aux carrés des temps employés à les parcourir.* Dans un système déterminé de mesures, la loi de ce mouvement de chute ralentie, sans vitesse initiale, est donc de la forme

$$e = \frac{1}{2}\gamma t^2.$$

De là résulte, pour la vitesse, la formule

$$v = \gamma t.$$

C'est un mouvement *uniformément varié*. Or, quelle que soit la valeur de $\alpha$, on arrive toujours au même résultat, par conséquent il est légitime de dire qu'à la limite, lorsque $\alpha = 90^o$, c'est-à-dire quand la chute est libre, le mouvement est encore *uniformément varié*.

En employant des billes de natures différentes, à une même inclinaison $\alpha$ correspond toujours la même valeur pour $\gamma$, d'où une vérification de la loi de Newton.

*Relation entre l'accélération et l'inclinaison.* — Si l'on opère sous différentes inclinaisons $\alpha$, $\alpha'$... on constate que les espaces parcourus pendant des temps égaux sont proportionnels à $\sin\alpha$, $\sin\alpha'$...; par conséquent, en désignant par $\gamma$, $\gamma'$,... les accélérations correspondantes, on a :

$$\frac{\gamma}{\sin\alpha} = \frac{\gamma'}{\sin\alpha'} = \ldots\ldots = \frac{g}{\sin 90^o} = \frac{g}{1},$$

d'où

$$\gamma = g\sin\alpha.$$

*Remarque I.* — Lorsque les inclinaisons sont $\alpha$, $\alpha'$, $\alpha''$,... les forces motrices sont $P\sin\alpha$, $P\sin\alpha'$, $P\sin\alpha''$...; d'après ce qui précède, nous voyons donc que les forces motrices sont proportionnelles aux accélérations correspondantes (435).

*Remarque II.* — Si l'on cherchait à calculer $g$ en partant de cette formule, on trouverait une valeur toujours trop petite; cela tient à ce que la bille ne glisse pas sur le plan incliné, mais roule sur son grand cercle en contact avec la ligne de plus grande pente, c'est-à-dire autour d'un axe perpendiculaire à cette ligne, passant par le point de contact, et par suite sans cesse variable, qu'on appelle, pour cette raison, *axe instantané* de rotation. Dans ce roulement, le diamètre de la bille parallèle à l'axe de rotation possède seul, grâce au changement incessant de l'axe instantané, un mouvement de translation; c'est ce mouvement, du centre de la sphère en particulier, qui constitue le mouvement de chute ralentie, d'accélération $\gamma$, que nous venons d'étudier dans le plan incliné.

Si M désigne la masse mécanique (436) de la sphère, R son rayon, I son moment d'inertie autour de l'axe instantané, et $\omega$ la vitesse angulaire autour de cet axe, lorsque le centre de gravité est descendu de la hauteur verticale $z$, on a, d'après le théorème des forces vives :

$$Mgz = \frac{1}{2}I\omega^2.$$

Or,

$$z = \frac{1}{2}\gamma t^2 \sin\alpha, \qquad \text{et (468; 472, 2°)} \qquad I = MR^2 + \frac{2}{5}MR^2;$$

d'autre part, si l'on appelle $v$ la vitesse de translation du centre à l'instant considéré, égale à sa vitesse de rotation, on a également

$$v = \gamma t = \omega R.$$

En remplaçant $\varepsilon$, I et $\omega$ dans la relation primitive, on a définitivement

$$\gamma = \frac{5}{7} g \sin \alpha.$$

Si la bille roule dans une rainure, et si $r$ est le rayon des circonférences de roulement, on a (468)

$$I = Mr^2 + \frac{2}{5} MR^2 \qquad v = \omega r,$$

et on trouve

$$\gamma = \frac{g \sin \alpha}{1 + \frac{2}{5} \frac{R^2}{r^2}}.$$

Pour une même rainure de largeur $2a$, $r^2 = R^2 - a^2$; il est alors facile de montrer que $\gamma$ est une fonction *croissante* de R : les grosses billes vont plus vite que les petites et les rejoignent, comme le confirme l'expérience.

422. **Machine d'Atwood** (1). — La machine d'Atwood, réduite à ses éléments essentiels, se compose d'une poulie R (fig. 482), très légère et très mobile autour de son axe. Sur la gorge de cette poulie, passe un fil de soie, de poids négligeable, aux deux extrémités duquel sont suspendues des charges égales M, M : ces charges restent donc en équilibre dans toute position du fil. Si l'on ajoute sur l'une d'elles une petite charge additionnelle $m$, le poids $p$ de cette petite charge joue le rôle de force motrice; la charge $M + m$ descend, l'autre charge M monte, la poulie étant entraînée par l'adhérence du fil, qui la fait tourner sans glisser sur elle. On voit ici que la force motrice $p$ est seulement une fraction du poids de la charge totale entraînée; le mouvement pourra être aussi ralenti qu'il sera nécessaire pour rendre les mesures faciles.

423. *Espaces.* Pour étudier la loi des espaces dans ce mouvement ralenti, on dispose une règle graduée le long du fil que doit parcourir la charge $M + m$. Cette charge étant abandonnée en face du zéro de la règle, sans vitesse initiale, les expériences consistent à déterminer successivement les positions que l'on doit donner à un butoir, ou curseur plein B (fig. 483), pour qu'il arrête la charge $M + m$ exactement au bout de 1, 2, 3..., unités de temps

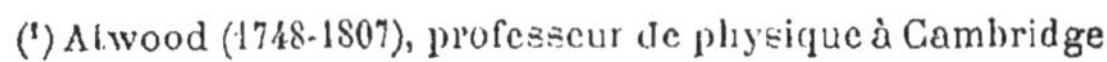

Fig. 482.

Fig. 483.

(1) Atwood (1748-1807), professeur de physique à Cambridge.

de chute. Le système étant d'abord soutenu au zéro par une plate-forme, les battements d'un métronome (467) servent à marquer l'instant précis où la charge est abandonnée, et celui où l'on devra l'entendre frapper le curseur. Si l'on cherche d'abord le nombre $n$ d'oscillations du métronome pendant lesquelles la charge parcourt la longueur totale $l$ de la règle, on trouve, d'une façon précise, que l'espace $e_1$, parcouru pendant 1 oscillation du métronome, est égal à $\frac{l}{n^2}$, et que les espaces parcourus ensuite pendant 2, 3, 4,... oscillations sont respectivement $4e_1$, $9e_1$, $16e_1$.... Les espaces parcourus dans cette chute ralentie sont dont *proportionnels aux carrés des temps employés à les parcourir*, c'est-à-dire de la forme

$$e=\frac{1}{2}\gamma t^2.$$

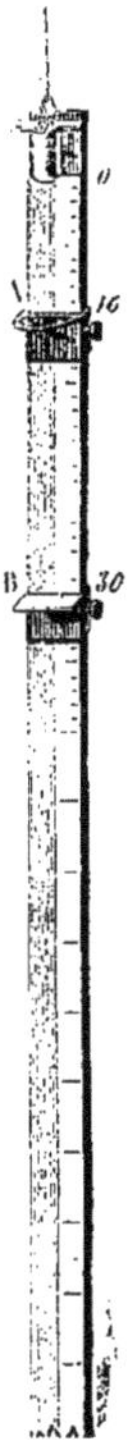

Fig. 484.

424. *Vitesses.* — De cette formule des espaces $e=\frac{1}{2}\gamma t^2$, on déduit immédiatement celle des vitesses $v=\gamma t$. On peut donc se dispenser d'étudier par l'expérience la loi des vitesses. — La machine d'Atwood se prête bien d'ailleurs à la vérification de la loi des vitesses, qui est classique. On emploie un curseur annulaire A (fig. 484) qui arrêtera au bout de 1, 2, 3,... unités de temps de chute la charge additionnelle $m$, à laquelle on donne une forme allongée. On place donc ce curseur aux traits de divisions $e_1$, $4e_1$, $9e_1$,... (en déduisant toujours la hauteur de la charge M, afin que la suppression de la surcharge $m$ ait bien lieu lorsque la base de M passe par les traits $e_1$, $4e_1$, $9e_1$...). La force motrice qui agissait sur le système étant ainsi supprimée, le mouvement devient uniforme, ainsi que le montre d'ailleurs l'expérience : la vitesse de ce mouvement uniforme est, en vertu de l'inertie (429), celle que possédait le système à l'instant de la suppression de la surcharge. Pour déterminer cette vitesse, il suffit donc de placer le curseur plein B de façon qu'il arrête la charge M au bout d'une nouvelle unité de temps : l'intervalle des deux curseurs (diminué de la hauteur de la charge M) donne la vitesse cherchée, et l'on obtient le tableau d'expériences suivant :

| Temps de chute. | Positions du curseur annulaire. | Positions du curseur plein. | vitesses. |
|---|---|---|---|
| $t_1$.......... | $e_1$.......... | $3e_1$.......... | $v_1=2e_1$ |
| $2t_1$.......... | $4e_1$.......... | $8e_1$.......... | $v_2=4e_1=2v_1$ |
| $3t_1$.......... | $9e_1$.......... | $15e_1$.......... | $v_3=6e_1=3v_1$ |
| $4t_1$.......... | $16e_1$.......... | $24e_1$.......... | $v_4=8e_1=4v_1$ |
| .... | .... | .... | ........ .... |

Il résulte bien de ce tableau : 1° que la vitesse acquise est proportionnelle au temps de chute accélérée, c'est-à-dire de la forme $v=\gamma t$; 2° que le coefficient $\gamma$, qui entre dans cette expression des vitesses, est double du coefficient $\frac{1}{2}\gamma$ qui entre dans l'expression des espaces, $e=\frac{1}{2}\gamma t^2$; en effet, si l'on fait $t=1$ dans ces formules, on a $e_1=\frac{1}{2}\gamma$, d'où $v_1=\gamma=2e_1$, ainsi que le donne l'expérience.

425. *Chute libre. — Proportionnalité des forces aux accélérations. — Calcul de g.* — Constituons la surcharge $m$ par des charges égales de poids $p'$, au nombre de 5 par exemple, que nous plaçons toutes du même côté, à droite (fig. 485), la force motrice est $5p'$; nous constatons que le mouvement est uniformément accéléré et nous mesurons l'accélération correspondante $\gamma$.

Transportons l'une des surcharges partielles à gauche; la force motrice est $3p'$; le mouvement est encore uniformément accéléré et l'accélération est $\gamma'$;

Transportons une deuxième surcharge partielle à gauche. la force motrice est $p'$, le mouvement est uniformément accéléré, d'accélération $\gamma''$.

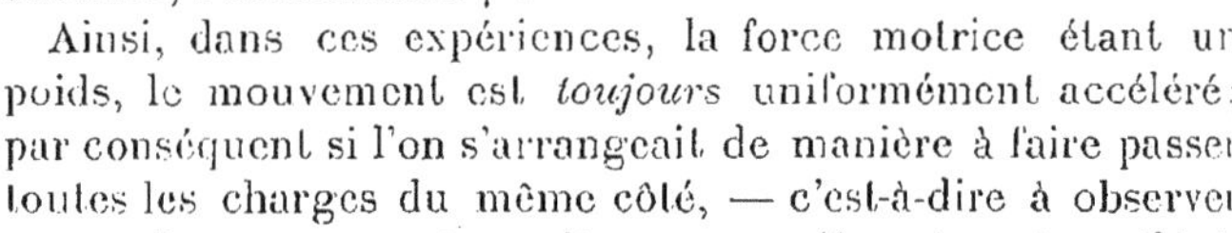

Ainsi, dans ces expériences, la force motrice étant un poids, le mouvement est *toujours* uniformément accéléré; par conséquent si l'on s'arrangeait de manière à faire passer toutes les charges du même côté, — c'est-à-dire à observer la chute libre, — le mouvement serait encore uniformément accéléré.

Fig. 485.

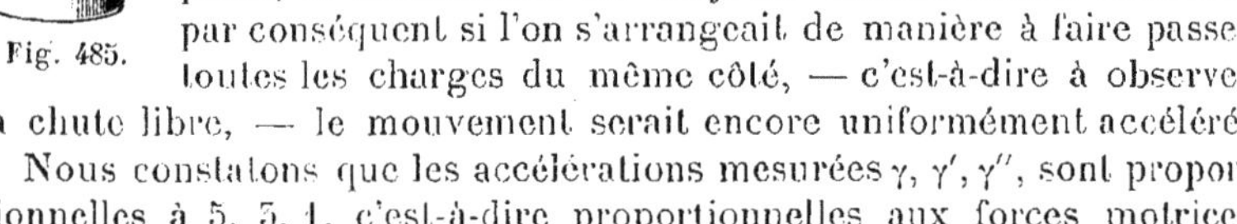

Nous constatons que les accélérations mesurées $\gamma$, $\gamma'$, $\gamma''$, sont proportionnelles à 5, 3, 1, c'est-à-dire proportionnelles aux forces motrices correspondantes : nous avons ainsi établi *le principe de la proportionnalité des forces aux accélérations* (435). Si nous désignons par P le poids d'une charge M, par $p$ le poids de la surcharge $m$ :

Quand la force motrice est $p$, l'accélération est $\gamma$;

Si la force motrice devient $2P+p$, c'est que le système tombe en chute libre, l'accélération est $g$; on a donc, en appliquant la relation entre les forces et les accélérations :

$$\frac{\gamma}{g}=\frac{p}{2P+p}, \qquad \text{d'où} \qquad g=\frac{2P+p}{p}\gamma,$$

formule d'où l'on pourrait déduire une valeur approchée de $g$ : la méthode est peu précise.

Quand nous aurons établi la notion de masse (436), nous obtiendrons d'une manière plus rapide une relation entre $g$ et $\gamma$.

426. *Influence de la poulie sur l'expression de g en fonction de* $\gamma$. — Pour tenir compte de l'influence de la poulie, en tant que masse entraînée, nous allons appliquer le théorème des forces vives.

Considérons une hauteur de chute $z$ à partir du zéro, sans vitesse initiale; soient V la vitesse commune, à cet instant, des points du fil et des masses 2M et $m$ (M et $m$ désignant non seulement les corps, mais aussi leurs *masses* mécaniques), I le moment d'inertie de la poulie par rapport à son axe, et $\omega$ sa vitesse angulaire de rotation; on a, d'après le théorème des forces vives :

$$pz=mgz=\frac{1}{2}(2M+m)V^2+\frac{1}{2}I\omega^2.$$

D'autre part, les points de la gorge de la poulie, situés à une distance R de l'axe, possèdent la même vitesse V que les points du fil, puisque le fil entraîne la poulie par adhérence et sans glisser sur elle ; donc

$$V = \omega R, \qquad \text{d'où} \qquad \omega = \frac{V}{R}.$$

En remplaçant $\omega$ dans l'expression précédente, il vient

$$mgz = \frac{1}{2}\left(2M + m + \frac{I}{R^2}\right) V^2$$

d'où

$$V^2 = \frac{2mg}{2M + m + \frac{I}{R^2}} \cdot z,$$

expression de la forme $V^2 = 2\gamma z$, le mouvement est donc *toujours* un mouvement uniformément accéléré, mais dont l'accélération $\gamma$ est donnée par la relation

$$\gamma = \frac{mg}{2M + m + \frac{I}{R^2}} \qquad \text{d'où} \qquad g = \frac{2M + m + \frac{I}{R^2}}{m} \cdot \gamma.$$

427. *Influence des frottements.* — Si l'on tenait compte du travail moteur absorbé par les frottements, on arriverait encore à une nouvelle expression de $V^2$, toujours de la forme $2\gamma z$, car le travail de frottement est évidemment proportionnel au déplacement $z$ du système. Mais la relation entre $g$ et $\gamma$ changerait encore de forme, d'où il résulte que la machine d'Atwood ne peut servir à mesurer $g$ d'une façon précise, tout en étant très bien appropriée à l'étude de la nature du mouvement de chute.

D'ailleurs, on atténue les frottements dans la machine d'Atwood au moyen de la disposition suivante. Chacun des tourillons de la poulie R (fig. 486) repose sur les jantes entre-croisées de deux galets $r$ et $r'$, mobiles autour d'axes parallèles à celui de la poulie ; chacun des galets mobiles repose par ses deux tourillons sur des coussinets. Il en résulte, pour la poulie, un *frottement de roulement* négligeable ; pour les galets, un *frottement de glissement* ; mais, bien que l'accroissement de poids du système ait pour effet d'augmenter la force de frottement, on conçoit que l'on puisse, en donnant des rayons convenables aux tourillons de la poulie, à sa jante et aux tourillons des galets, faire en sorte que le travail total de frottement, *pour un tour de la poulie*, soit notablement réduit.

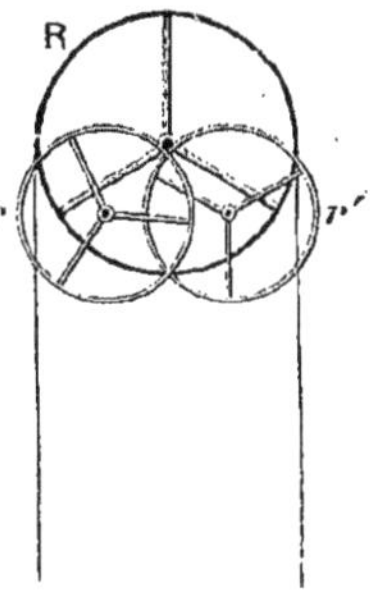

Fig. 486.

En se servant d'une machine d'Atwood bien construite et effectuant les mesures et les corrections avec le plus grand soin, on a pu déterminer $g$ au $\frac{1}{1000}$ près ; nous verrons (474) que le pendule donne des résultats infiniment plus précis.

## LES BASES EXPÉRIMENTALES DE LA MÉCANIQUE

428. **Définition de la Dynamique.** — La Dynamique est la partie de la Mécanique qui traite des mouvements, en relation avec les forces qui les

produisent. — La Dynamique repose sur un certain nombre de principes ou postulats, qui ne s'imposent pas comme des axiomes, et que l'on ne peut pas non plus démontrer *a priori*, mais dont on trouve l'indication dans quelques expériences, et une preuve indirecte dans ce fait, que toutes *les conséquences qu'on en peut déduire sont en accord constant avec l'expérimentation.*

429. **Principe de l'inertie. — Forces.** — *Un corps est incapable de modifier par lui-même son état de repos ou son état de mouvement.* Toute cause qui fait sortir un corps de son état de repos, ou qui modifie son mouvement, est appelée *force*. — Par exemple, si un point est en mouvement, et si ce mouvement n'est pas à la fois rectiligne et uniforme, c'est-à-dire si sa vitesse éprouve une variation, soit en grandeur, soit en direction, on dit qu'une force agit sur ce point. La caractéristique d'une force est donc, à cet égard, la production d'une *accélération*, telle qu'on la définit en Cinématique.

La première partie du principe de l'inertie, qu'on appelle *inertie dans le repos*, est due à Képler, et n'est autre chose que la définition même de la force. — Quant à la seconde partie, l'*inertie dans le mouvement*, elle constitue une sorte de *postulatum*, qu'une observation attentive peut bien suggérer, mais qui ne s'impose pas comme un axiome de Géométrie. L'accord de l'expérience avec toutes les conséquences qu'on déduira de ce principe en constituera une preuve indirecte.

430. **Corollaire du principe de l'inertie.** — Si une force vient à cesser d'agir sur un point entièrement libre, le principe de l'inertie indique que ce point doit continuer à se mouvoir, d'un mouvement *rectiligne* et *uniforme*.

*Vérifications expérimentales.* — 1° Disposons la machine d'Atwood comme pour l'étude de la loi des vitesses (424) et plaçons le curseur plein de manière à arrêter l'une des charges M, 1 seconde, 2 secondes, 3 secondes ... après l'arrêt de la charge additionnelle $m$ par le curseur creux; nous trouvons que ces espaces sont entre eux comme les temps correspondants, donc, la force motrice étant supprimée, le mouvement est *uniforme*.

2° Si, au bas d'un plan incliné, la bille roule sur un plan horizontal, on vérifie que les espaces parcourus sur ce plan sont proportionnels aux temps correspondants : le mouvement est *uniforme*.

431. **Principe de l'indépendance des mouvements simultanés, ou principe des mouvements relatifs.** — *Dans un système animé d'un mouvement de* translation, *c'est-à-dire dont tous les points éprouvent, dans le même temps, des déplacements parallèles et égaux, l'action d'une force sur un point matériel du système est indépendante de ce mouvement de translation; elle provoque un mouvement relatif du point, dans le système, qui est exactement le même que si le système était au repos.*

On peut considérer, par exemple, comme une indication de ce principe, l'expérience suivante. Dans un train en marche, d'un mouvement rectiligne et uniforme, une bille abandonnée sans vitesse relative initiale tombe verticalement par rapport aux parois du wagon, comme si le train était au repos. Il en serait encore de même dans un système animé d'un mouvement de translation quelconque, mais non dans un système animé d'un mouvement de rotation.

452. **Importance du principe des mouvements relatifs.** — La Terre, à la surface de laquelle nous observons des mouvements produits par des forces déterminées, est animée elle-même d'un mouvement de *translation* autour du Soleil, et d'un mouvement de *rotation* autour d'un de ses diamètres : les mouvements observés ne sont donc que des mouvements relatifs. Or, les mouvements des points de repère pris à la surface du globe pourront être assimilés à une simple translation, malgré la rotation de la Terre, tant qu'il s'agira de points voisins, et d'intervalles de temps assez courts; dans ces conditions, les mouvements relatifs que l'on étudiera, et qui seront produits par des forces déterminées, seront exactement les mêmes que les mouvements absolus qu'on eût observés, sous l'action de ces mêmes forces, si la Terre était réellement fixe. — Il n'y aura de perturbation, que si les conditions sont telles que le mouvement de la Terre ne puisse pas être assimilé à une simple translation : c'est ainsi qu'on observe, par exemple, que les corps tombant d'une grande hauteur éprouvent, par rapport à la verticale de leur point de départ, une déviation vers l'est, déviation due au mouvement de rotation de la Terre.

453. **Corollaires du principe des mouvements relatifs.** — 1^er^ *cas.* Une force constante en direction, sens et grandeur, venant à agir sur un point matériel libre, *en repos relatif* dans un système en translation, imprime à ce point un mouvement relatif *rectiligne et uniformément varié.* — En effet, il est évident d'abord que le mouvement sera rectiligne, dans le sens de la force. Prenons comme origine des temps l'instant où la force commence à agir, et soit $\gamma$ la vitesse relative du mobile dans le système au bout d'une unité de temps. En vertu du principe des mouvements relatifs, si l'on imagine un système de points animés de la même vitesse $\gamma$ que le mobile, et dans le même sens, la vitesse relative du point dans ce nouveau système, au bout d'une nouvelle unité de temps, sera $\gamma$; par suite, d'après la règle de composition des vitesses, elle sera $2\gamma$ par rapport au système primitif, auquel nous voulons rapporter le mouvement. Donc, au bout du temps $t$, la vitesse du mobile dans ce système sera $v=\gamma t$, et l'équation du mouvement relatif, en prenant comme origine des espaces le point où se trouvait le mobile au moment où la force a commencé son action, sera

$$e=\frac{1}{2}\gamma t^2.$$

*Vérification expérimentale.* — En suspendant un corps à un dynamomètre, nous constatons que son poids, en un lieu donné, est constant.

Or les mouvements étudiés avec l'appareil Morin, la machine d'Atwood, le plan incliné, sont produits par des poids ou des fractions constantes de poids, et nous avons constaté qu'ils étaient *uniformément accélérés.*

2^e^ *cas.* Lorsque le point considéré est *animé d'une vitesse initiale $v_0$ dans la direction et le sens de la force*, on aura, en raisonnant de même et conservant les mêmes origines de temps et d'espace,

$$v=v_0+\gamma t, \qquad e=v_0 t+\frac{1}{2}\gamma t^2,$$

formules dans lesquelles $v_0$ et $\gamma$ sont de même signe.

Si la force agissait *en sens inverse de la vitesse initiale $v_0$*, elle retarderait évidemment le mouvement au lieu de l'accélérer; en conservant les mêmes origines, on obtiendrait les mêmes équations, où l'accélération $\gamma$, variation algébrique de la vitesse par unité de temps, serait de signe contraire à $v_0$. — D'ailleurs, si, pour fixer les idées, on adopte comme sens positif le sens de $v_0$, et si l'on explicite le signe de $\gamma$, qui n'est plus alors qu'une valeur absolue, on a :

$$v = v_0 - \gamma t, \qquad e = v_0 t - \frac{1}{2}\gamma t^2.$$

Le mouvement est alors rectiligne et uniformément retardé, jusqu'à l'instant où l'on a $v=0$, c'est-à-dire jusqu'à l'instant $T = \frac{v_0}{\gamma}$. A partir de cet instant, le mouvement a lieu dans le sens de la force, et il devient uniformément accéléré.

*Vérification expérimentale.* — Il nous suffirait de photographier, avec un appareil chronophotographique, les mouvements d'un projectile lancé verticalement vers le bas ou vers le haut, pour en déduire, à une constante près, les espaces parcourus dans des temps égaux, et constater que les formules précédentes s'appliquent.

3e *cas*. Enfin, lorsque le point considéré est *animé d'une vitesse initiale* $v_0$ *ayant une direction différente de celle de la force*, le principe des mouvements relatifs indique encore que le mouvement de ce point, rapporté au système dans lequel il est animé de la vitesse $v_0$, est le mouvement résultant de la composition cinématique de ce mouvement rectiligne uniforme et du mouvement uniformément varié que la force lui communiquerait dans sa direction. — Soient, par exemple, OX le sens de la vitesse $v_0$ (fig. 487), et OY celui de la force, O le point où se trouve le mobile à l'instant pris comme origine des temps, et supposons, pour plus de simplicité, que cet instant soit aussi celui où la force commence son action. Au temps $t$, si la force n'agissait pas, le mobile serait sur OX en un point M, tel qu'on eût $OM = x = v_0 t$. Mais pendant ce temps $t$, pour un observateur qui ferait partie d'un système animé de la même vitesse $v_0$ dans le même sens OX, le mobile s'est déplacé dans le sens OY de la force, de la quantité $MM' = OO'$ dont il se serait déplacé en partant du point O sans vitesse initiale; c'est-à-dire qu'on a :

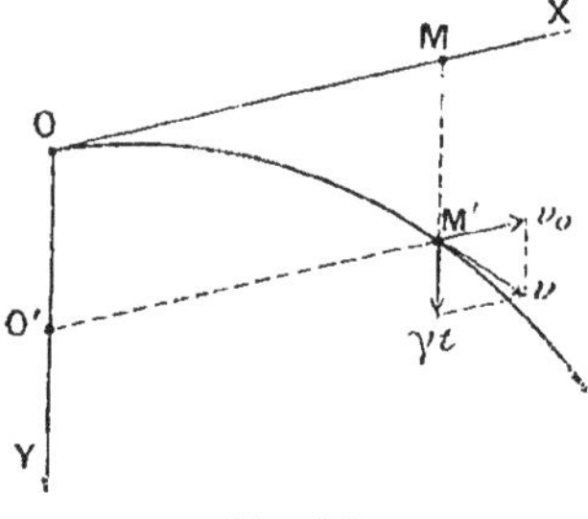

Fig. 487.

$$MM' = OO' = y = \frac{1}{2}\gamma t^2.$$

Les coordonnées du point mobile au temps $t$, par rapport aux axes OX et OY du système dans lequel il se meut, sont donc :

$$x = v_0 t, \qquad y = \frac{1}{2}\gamma t^2.$$

L'équation de la trajectoire dans ce système s'obtiendra en éliminant $t$ entre ces équations, ce qui donne :

$$x^2 = \frac{2v_0^2}{\gamma} y;$$

c'est l'équation d'une parabole.

*Vérification expérimentale.* — 1° On lance horizontalement une bille d'acier enduite d'encre le long d'une feuille de papier bien tendue et presque ver ticale; on constate que la courbe tracée par la bille est une parabole à axe vertical, comme l'indique la théorie.

On arrive au même résultat si la vitesse initiale n'est pas horizontale, mais le sommet de la parabole n'est plus à l'origine.

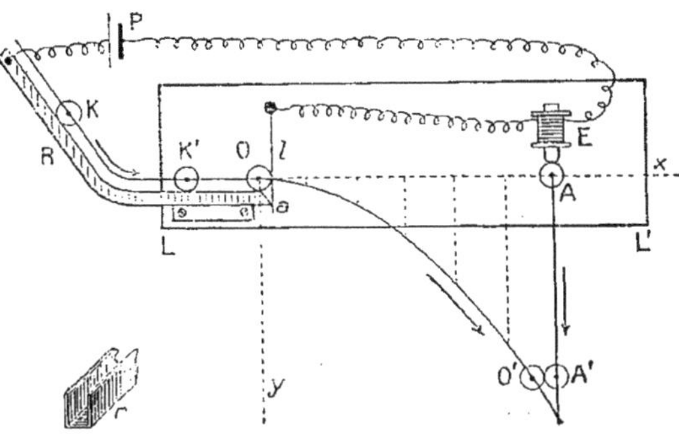


Fig. 488.

2° Si une bille est lancée horizontalement, son déplacement dans le sens vertical, sous l'influence de son poids, doit être le même que celui d'une bille partant du repos; en particulier, si au même instant et à la même hauteur, on lance une bille horizontalement et qu'on en laisse tomber une autre verticalement, elles atteignent le sol en même temps.

L'appareil de la figure 488 se prête très bien à cette vérification. Une bille abandonnée en K glisse le long du rail R, soulève en passant en O la lame très flexible $l$ fermant le circuit de l'électro-aimant E qui soutient la bille d'acier A. Les billes O et A se rencontrent en O′ et A′; la rencontre a toujours lieu, quels que soient l'écart OA et la vitesse horizontale en O.

L'expérience réussit également, conformément à la théorie, si on incline la direction $Ox$.

434. **Principe de l'indépendance des actions de forces simultanées.** — *L'effet produit par une force constante, agissant sur un point matériel, est indépendant des effets des autres forces qui peuvent agir sur ce point.* — Ce principe n'est, en réalité, qu'un complément du principe précédent, car l'action isolée de chacune des forces sur un point se traduirait par un mouvement rectiligne uniformément varié, et l'action de toute autre force est indépendante de ce mouvement.

435. **Corollaire : principe de la proportionnalité des forces aux accélérations.** — *Lorsque plusieurs forces constantes en grandeur et direction agissent successivement sur un même point matériel partant du repos, les accélérations des mouvements rectilignes uniformément variés produits par chacune d'elles sont proportionnelles à ces forces.*

En effet, soient F et F′ deux forces constantes en grandeur et direction, ayant une commune mesure $f$, en sorte que l'on ait :

$$F = nf, \qquad F' = n'f,$$

et par suite :

$$\frac{F}{F'} = \frac{n}{n'}.$$

Si la force $f$ agissait seule sur le mobile considéré, elle lui imprimerait un mouvement uniformément varié; soit $\alpha$ la valeur de l'accélération. Si $n$ forces égales à $f$ agissaient simultanément sur le même mobile, puisque l'action de chacune d'elles est indépendante de celle des autres, elles lui imprimeraient une accélération dont la valeur serait $n\alpha$. En d'autres termes, si $\gamma$ est l'accélération produite par la résultante F des $n$ forces $f$, on a $\gamma = n\alpha$. De même, la force F', ou $n'f$, communique au même mobile une accélération $\gamma' = n'\alpha$. On déduit de là :

$$\frac{F}{F'} = \frac{n}{n'} = \frac{\gamma}{\gamma'}.$$

On passerait facilement, du cas où les deux forces ont une commune mesure, au cas général.

D'autre part, le mobile sur lequel on fait agir successivement des forces différentes est généralement un corps de dimensions finies; mais, si tous ses points sont animés d'une même vitesse au même instant, on peut considérer toute la matière du corps comme réunie en un seul point, et la proposition reste applicable.

*Vérifications expérimentales.* — 1° Nous avons vérifié ce principe au moyen du plan incliné (421) dans le cas particulier où les forces motrices étaient des fractions du poids du mobile.

2° Nous avons encore vérifié le même principe, en nous servant de la machine d'Atwood (425), dans le cas particulier où les forces motrices sont des poids.

3° Il nous est toujours possible de comparer une force à un poids, par des procédés statiques, au moyen d'un dynamomètre, par exemple, et lorsque deux forces sont égales au point de vue statique, on constate qu'elles produisent les mêmes effets dynamiques. On peut donc étendre le théorème de la proportionnalité des forces aux accélérations, établi lorsque ces forces sont des poids, aux forces d'une nature quelconque.

436. **Masse mécanique; relation fondamentale $F = m\gamma$.** — Soient F, F', F''... des forces qui agissant successivement sur un même corps de poids P lui impriment des mouvements variés dont les accélérations sont respectivement $\gamma$, $\gamma'$, $\gamma''$...; désignons par $g$ l'accélération du mouvement en chute libre, au lieu considéré. D'après le principe précédent (435),

$$\frac{F}{\gamma} = \frac{F'}{\gamma'} = \frac{F''}{\gamma''} = \cdots = \frac{P}{g} = m,$$

la valeur *constante* du rapport $\frac{F}{\gamma}$ pour le corps envisagé est, par définition, la *masse mécanique* de ce corps.

Si le principe de la proportionnalité des forces aux accélérations n'était pas exact, le quotient $\frac{F}{\gamma}$ ne présenterait pas d'intérêt particulier, puisque pour un même corps, il varierait avec la force.

437. **Propriétés de la masse mécanique.** — 1° *Les masses mécaniques s'additionnent.* Soient deux corps A, A' de masses $m$, $m'$, de poids $p$ et $p'$, en un lieu où l'accélération de la pesanteur est $g$; nous avons donc :

$$p = mg, \qquad p' = m'g.$$

Réunissons les deux corps A et A'; le système AA' a un poids P qui est la résultante des deux forces parallèles et de même sens $p$ et $p'$; par conséquent

$$P = p + p' = (m + m')g, \tag{1}$$

or, si nous désignons par M la masse du système AA', nous avons nécessairement

$$P = Mg, \tag{2}$$

en identifiant les seconds membres de (1) et (2), il vient :

$$M = m + m'.$$

La masse mécanique d'un système de corps est donc égale à la somme des masses mécaniques des corps composants.

Pour établir cette propriété nous nous sommes appuyés uniquement sur la définition de la masse, sur un théorème relatif à la composition des forces parallèles, enfin sur la *loi de Newton*, puisque nous avons supposé que l'accélération au lieu considéré était la même pour A, A' et AA'.

2° *En un même lieu, les masses de différents corps sont proportionnelles aux poids correspondants.*

En effet, nous avons :

$$\frac{p}{m} = \frac{p'}{m'} = \cdots = g;$$

il en résulte que la comparaison des masses est ramenée à la comparaison des poids en un même lieu; en particulier si l'on constate que

$$p = p', \qquad \text{on a :} \qquad m = m'.$$

3° *La masse caractérise la résistance du corps au mouvement.* Puisque

$$\gamma = \frac{F}{m},$$

le mouvement d'un corps de masse $m$ est d'autant plus lent, sous l'influence d'une force donnée F, que $m$ est plus grand; c'est pourquoi l'on donne quelquefois à la masse $m$ le nom de *coefficient de résistance* au mouvement.

4° *Dans les corps homogènes de même nature, la masse est proportionnelle à la quantité de matière.* — Si l'on désigne par $m$ et $m'$, P et P', $v$ et $v'$, les masses, les poids en un même lieu et les volumes respectifs de deux corps homogènes de même nature, par $\varpi$ le poids de l'unité de volume ou poids spécifique, on peut écrire :

$$\frac{P}{P'} = \frac{m}{m'}, \qquad P = \varpi v, \qquad P' = \varpi v',$$

donc :

$$\frac{m}{m'} = \frac{v}{v'},$$

mais les quantités de matière, dans le cas considéré, sont évidemment proportionnelles aux volumes, et dans ce cas la masse mécanique caractérise bien la quantité de matière correspondante. Il suffirait de supposer que la matière est *une* pour que le terme masse soit équivalent à quantité de matière. Nous conserverons la première définition reposant seulement sur des principes vérifiés par l'expérience, pour repousser l'autre comme faisant intervenir une hypothèse, très séduisante il est vrai, et que paraissent confirmer des découvertes récentes relatives à la transmutation de la matière.

438. **Applications de la formule $F = m\gamma$.** — 1° *Cas du plan incliné* (421). Si $m$ est la masse du mobile, la force F (fig. 481) qui produit le mouvement est :

$$F = P \sin \alpha = mg \sin \alpha ;$$

comme d'autre part

$$F = m\gamma,$$

il vient en identifiant les deux expressions de F :

$$\gamma = g \sin \alpha.$$

2° *Cas de la machine d'Atwood* (422). — Désignons par M et $m$ les masses mécaniques des charges entraînées. La force qui produit le mouvement est :

$$p = mg ;$$

comme la masse totale du système entraîné est $2M + m$, et que l'accélération correspondante est $\gamma$ :

$$p = (2M + m)\gamma ;$$

en égalant les deux valeurs de $p$, on trouve :

$$\gamma = \frac{m}{2M + m} g.$$

439. **Intensité du champ de la pesanteur.** — Dans tout système d'unités absolues :

$$(1) \qquad P = mg.$$

Pour avoir la grandeur du champ en un point, il faut faire $m = 1$, donc le champ de la pesanteur en un point *s'exprime par le même nombre* que le poids de l'unité de masse placée en ce point; en particulier, dans le système CGS (513), le champ de pesanteur s'exprime par le même nombre que le poids en dynes, d'un gramme-masse. Soit $\mathfrak{G}$ le champ de pesanteur, le poids de la masse $m$ est donc

$$(2) \qquad P = m\mathfrak{G}.$$

En identifiant les expressions (1) et (2), nous voyons que :

$$\mathfrak{G} = g.$$

Le champ de pesanteur en un point n'est autre chose que l'accélération de la pesanteur en ce point; nous l'exprimerons habituellement en $\frac{cm}{sec^2}$ (514); nous pouvons écrire aussi que

$$\mathcal{T} = \frac{P}{m} \qquad \text{et par suite} \qquad \mathcal{T}(CGS) = \frac{P\,(\text{dynes})}{m\,(\text{grammes})}.$$

Le champ de pesanteur est le quotient d'une force par une masse (c'est-à-dire une accélération); ce n'est donc pas une force et il serait incorrect de l'exprimer en dynes.

440. **Fonction potentielle en général.** — *Lorsqu'un système de corps passe d'un état A à un état B, si la somme algébrique des travaux des forces agissant sur le système, pendant la transformation, dépend seulement des états A et B, il existe une fonction des paramètres qui définissent l'état du système, telle que la variation de cette fonction, quand le système passe de A à B, représente précisément cette somme algébrique de travaux.*

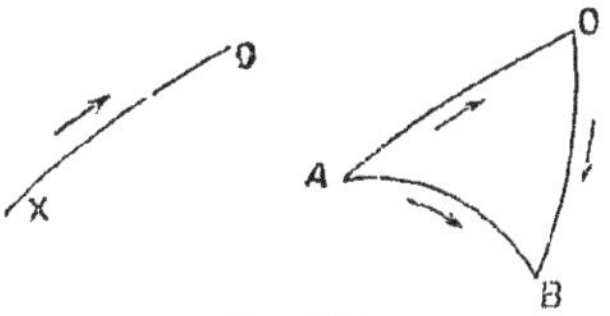

Fig. 489.

Supposons que la condition de l'énoncé soit remplie; si le système passe d'un état X quelconque à un état O fixe (fig. 489), le travail des forces $W_{(x,o)}$, pendant cette transformation, dépend uniquement de l'état X et de l'état O, et comme l'état O est fixe, il dépend seulement de l'état X, c'est-à-dire de la grandeur des paramètres qui caractérisent cet état X, donc :

$$W_{(x,o)} = f_{(x)}.$$

Si nous passons de l'état X à l'état O, et revenons à l'état X, le travail est le même que s'il n'y avait pas de transformation : il est donc nul :

$$W_{(x,o)} + W_{(o,x)} = 0, \qquad \text{par suite} \qquad W_{(o,x)} = -W_{(x,o)}.$$

Pour passer de l'état A à l'état B (fig. 489), nous pouvons d'abord passer de A à O, puis de O à B, donc

$$W_{(A,B)} = W_{(A,O)} + W_{(O,B)} = W_{(A,O)} - W_{(B,O)} = f_{(A)} - f_{(B)}$$

*Remarque.* — Le potentiel n'est déterminé qu'à une constante près. En effet, si $f_{(x)}$ est le potentiel,

$$W_{(A,B)} = f_{(A)} - f_{(B)},$$

$f_{(x)} + C$ est aussi une fonction potentielle (C, constante), car

$$[f_{(A)} + C] - [f_{(B)} + C] = f_{(A)} - f_{(B)} = W_{(A,B)}.$$

Pour fixer la constante C, on se donne arbitrairement la valeur du potentiel, que nous représenterons par V, pour un état déterminé du système.

D'après la définition même des surfaces de niveau (441), le travail accompli par le champ, pendant le transport de la masse +1 d'un point A à un autre point B de cette même surface, est nul, puisque la force est constamment normale au déplacement. Donc

$$W_{(A,B)} = 0 \qquad \text{c'est-à-dire} \qquad V_A - V_B = 0.$$

Le potentiel est le même pour tous les points d'une surface de niveau qui s'appelle *surface équipotentielle*.

441. **Potentiel d'un champ de force.** — Supposons que la masse $+1$ soit transportée de A en B (fig. 489 *bis*) et qu'il n'y ait aucune autre modification : le travail accompli par le champ dépend seulement de la position des points A et B. Supposons en effet que suivant le trajet AMB, le travail W soit plus grand que le travail W′ correspondant au trajet ANB ; nous pourrions aller de A en A par le trajet AMBNA, et le travail recueilli serait $W - W' > 0$ ; on obtiendrait ainsi de l'énergie sans rien dépenser, ce qui est impossible. Dans le cas d'un champ de force, il y a donc *potentiel*.

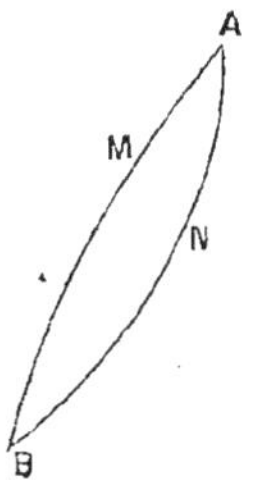

Fig. 489 *bis*.

442. **Potentiel de la pesanteur.** — Prenons trois axes de coordonnées rectangulaires dont l'un $Oz$ soit vertical (fig. 490), et supposons que la masse $+1$ passe de $A_0 (x_0, y_0, z_0)$ à $A (x, y, z)$ ; le travail accompli par le poids est :

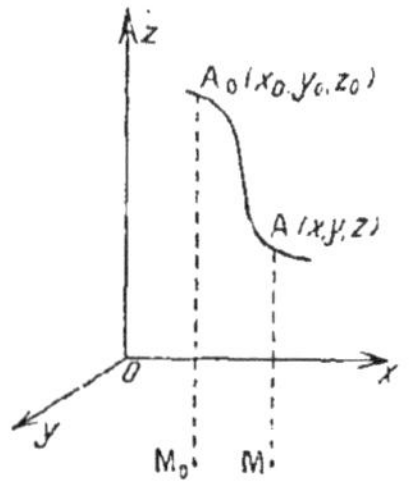

Fig. 490.

$$W_{(A,B)} = g (z_0 - z) = g z_0 - g z ;$$

la fonction potentielle est donc

$$V = g z + C.$$

On déterminera la constante C en supposant, par exemple, que, pour l'origine, $V = 0$, alors $C = 0$. Les surfaces équipotentielles ont pour équation : $z = C^{te}$ et sont des plans horizontaux : les lignes de force sont les verticales.

## III. — MESURE DES POIDS ET DES MASSES

### BALANCE

443. **Méthodes de mesure d'un poids.** — 1° On peut mesurer un poids en se servant de *dynamomètres*. Ce sont des instruments assez peu sensibles, en général, et dont les indications sont sujettes à caution, par suite de la variation d'élasticité des ressorts ou lames, variation qui nécessite une vérification fréquente de la graduation.

2° Pour avoir un poids $p$, on applique la relation $p = mg$; la mesure de $p$ est ramenée à celle de $m$, qu'on effectue avec la *balance*, et à celle de $g$, pour laquelle on emploie un *pendule* (474).

444. **Principe de la balance.** — Au moyen de la balance, on réalise avec des *masses connues* d'une boîte de poids, un système A dont le poids est égal à celui du corps proposé, au lieu de la pesée. De l'égalité des poids en un même lieu, on déduit celle des masses (437, 2°); la masse du corps est donc égale à la somme des masses marquées du système A.

445. **Constitution et vérification d'une boîte de masses échantillonnées (poids marqués).** — Comme les masses du système A à réaliser sont en nombre extrêmement considérable, il faut s'arranger de manière à les constituer avec un nombre de masses marquées aussi réduit que possible, surtout pour assurer la rapidité des opérations.

La boîte des masses échantillonnées contient d'abord les *multiples* du gramme, constitués généralement par des cylindres de laiton (fig. 491), puis les masses *divisionnaires*, formées de lames de platine rectangulaires, dont l'un des coins est relevé (fig. 492).

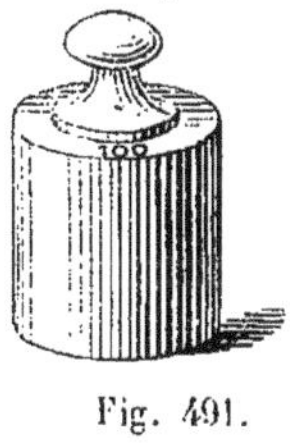

Fig. 491.

Chaque multiple ou sous-multiple décimal comprend la série des échantillons 5, 2, 1, 1, dont la somme est égale à 9; sauf pour le gramme et le milligramme, dont les séries comprennent les échantillons 5, 2, 2, 1, ayant pour somme 10.

Fig. 492.

Avec une boîte de masses allant de $1^{mg}$ à $500^{g}$ et dont la masse totale est de $1001^{g}$, on peut réaliser toute masse entière de milligrammes au plus égale à $1001^{g}$, c'est-à-dire que, par la combinaison de 30 masses échantillonnées, on peut obtenir plus d'un million de masses connues, dont les valeurs diffèrent de $1^{mg}$ pour deux masses voisines.

Les fractions de milligramme s'apprécient par des procédés spéciaux (457).

*Dans les pesées, pour éviter toute perte de temps, on essaie les masses marquées, dans l'ordre décroissant* (¹).

Pour vérifier si les valeurs *relatives* des diverses masses échantillonnées sont bien dans le rapport de leurs valeurs nominales, on peut commencer par chercher si chaque $2^{mg}$ vaut bien le double de $1^{mg}$, et cela, en vérifiant que chacun d'eux, pris séparément, produit un écart $2\alpha$ de l'aiguille de la balance, double de l'écart $\alpha$ produit par le milligramme. On cherche, ensuite, en employant la méthode de la double pesée si la masse échantillonnée $5^{mg}$ est bien égale à la somme $(2 + 2 + 1)^{mg}$; puis, si chaque $1^{cg}$ de la boîte est égal à la somme $(5 + 2 + 2 + 1)^{mg}$; si le $2^{cg}$ vaut la somme $(1 + 1)^{cg}$; si la masse échantillonnée $5^{cg}$ vaut la somme $(2 + 1 + 1)^{cg} + (5 + 2 + 2 + 1)^{mg}$; et ainsi de proche en proche, pour les séries des masses divisionnaires et pour les séries des multiples du gramme. — Si l'on reconnaît que certaines valeurs nominales sont inexactes, on détermine, par interpolation, les corrections à faire, en fonction, par exemple, de la plus petite masse prise comme unité, le milligramme.

Si l'on veut faire des mesures *absolues* de masses, dans le système C.G.S., on devra évaluer une des masses de la boîte en fonction du kilogramme-étalon du Bureau international des poids et mesures.

**446. Description de la balance.** — La balance se compose essentiellement d'un levier solide ou *fléau* AB (fig. 495), auquel on donne généralement la forme d'un losange allongé, disposé sur champ. Le fléau repose, par l'arête d'un couteau C, qui lui est implanté normalement, sur deux petits plans d'acier ou d'agate, situés dans un même plan horizontal : il peut ainsi osciller librement, à la façon d'un pendule, autour de l'axe horizontal C. Aux deux extrémités du fléau, sont fixés deux autres couteaux A et B, dont les arêtes, parallèles à l'arête C, sont tournées vers le haut, et sur lesquels reposent des crochets supportant chacun un plateau destiné à recevoir les corps à peser ou les masses échantillonnées. Les plateaux sont donc mobiles autour des couteaux A et B : qu'ils soient vides ou chargés, ils se placeront toujours de façon que les verticales de leurs centres de gravité rencontrent les arêtes correspondantes.

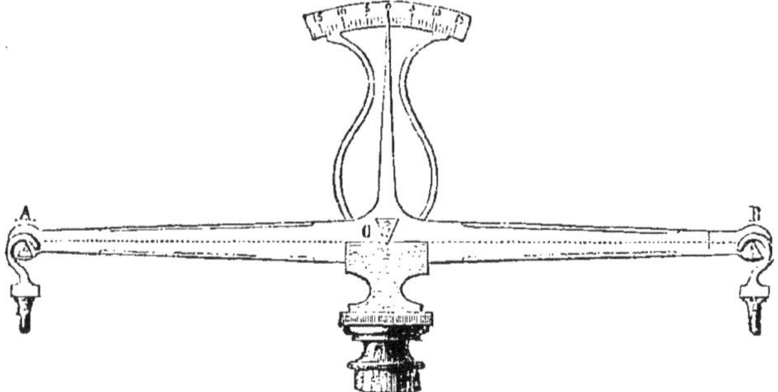

Fig. 495.

(¹) Les masses échantillonnées ne doivent pas être prises directement à la main, mais avec de petites pinces, ou *brucelles*. Pendant qu'on les dépose sur les plateaux, la balance doit être à l'arrêt; on referme ensuite les portes de la cage, on déclenche la fourchette, et ainsi de suite.

Prenons pour plan du tableau (fig. 493), le plan perpendiculaire à C et passant par le centre de gravité du fléau seul; si les trois arêtes sont dans un même plan, la ligne ACB est une ligne droite (fig. 493); sinon, ACB est une ligne brisée (fig. 494) et alors, dans la position d'*équilibre à vide* de la balance, les bras de levier des forces verticales qui, appliquées en A et B, tendent à faire tourner le fléau autour de C, sont les droites $CA_1$, $CB_1$. En faisant varier les masses marquées placées dans l'un des plateaux, on s'arrange de manière à amener la balance chargée à la même position d'équilibre que la balance vide (c'est cette position que l'on appelle généralement la position d'*équilibre* sans épithète); on constate ce résultat en observant la position que prend sur un arc de cercle gradué, fixé au support de la balance et centré en C (fig. 493), une aiguille fixée au milieu du fléau, dans son plan d'oscillation, perpendiculairement à AB. On fait généralement en sorte (456) que le zéro de la graduation corresponde à la position d'équilibre de la balance vide; des divisions égales sont tracées de part et d'autre.

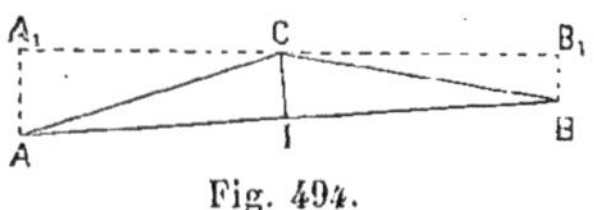

Fig. 494.

447. **Justesse. — Simple pesée.** — *Définition.* — Une balance est dite *juste*, quand, sous l'action de masses égales placées dans les plateaux, elle conserve la position qu'elle avait à vide.

*Conditions de justesse.* — Plaçons des poids égaux P dans les plateaux : si la balance est juste, c'est que les forces égales P appliquées en A et B (fig. 494) se font équilibre, donc

$$P \times CA_1 = P \times CB_1, \qquad \text{ou} \qquad CA_1 = CB_1.$$

*Pour qu'une balance soit juste, il faut et il suffit que les bras de levier $CA_1$, $CB_1$, correspondant à la position d'équilibre, soient égaux.*

Il faut de plus, évidemment, que ces bras de levier soient bien *définis*, nous verrons (448) quelles sont les conditions correspondantes.

*Simple pesée.* — Pour trouver la masse d'un corps, avec une balance juste, il suffit de placer le corps dans l'un des plateaux et de réaliser l'équilibre en plaçant dans l'autre plateau des masses marquées, en allant méthodiquement des plus fortes aux plus faibles.

*Réalisation pratique de la justesse.* — Joignons le point C au milieu I de AB (fig. 494); si le fléau prend une inclinaison telle que CI soit vertical, les bras de levier sont égaux, cette condition est toujours réalisée si I est confondu avec C, c'est-à-dire si CA = CB et si les trois couteaux sont en ligne droite.

Les constructeurs s'efforcent de satisfaire à ces *deux conditions*; en outre ils s'arrangent de manière que AB soit *horizontal* et que l'addition des plateaux ne trouble pas cette horizontalité.

*Vérification de la justesse.* — Pour voir si une balance est juste, on place un corps quelconque dans l'un des plateaux et l'on fait la tare dans l'autre plateau, de manière à amener l'aiguille au zéro; puis l'on intervertit le corps et la tare. Si l'aiguille revient se fixer au zéro, c'est que la balance est juste. En effet, posons $CA_1 = \lambda$, $CB_1 = \lambda'$ ; soit $p$ le poids du corps, $p'$ celui de la tare. En écrivant que la résultante de ces forces passe par C, on a, pour le premier équilibre :

$$p\lambda = p'\lambda'.$$

Après l'interversion, si l'équilibre primitif persiste, on a de même :

$$p'\lambda = p\lambda',$$

d'où, en ajoutant membre à membre,

$$(p+p')\lambda = (p+p')\lambda'.$$

Puisque $p+p'$ est différent de zéro, cette relation ne peut être satisfaite que si $\lambda = \lambda'$ ; c'est-à-dire si la balance est juste.

*La condition de justesse est irréalisable pour une balance de précision.* — Soit une balance sensible au $\frac{1}{10}$ de mg pour une charge de $100^g$ dont l'un des bras de levier, $l = 10^{cm}$ ; cherchons quelle devra être la longueur $l'$ de l'autre bras de levier pour qu'une simple pesée donne la masse de $100^g$ à $\frac{1}{10}$ de mg.

Désignons, d'une manière générale par $p$ l'une des charges, par $p+\varepsilon$ celle qui lui fait équilibre :

$$(p+\varepsilon)l = pl' \qquad \text{d'où} \qquad \varepsilon = p\frac{l'-l}{l} ;$$

puisque $\varepsilon$, qui représente l'erreur de la simple pesée, doit être inférieur à $\frac{1}{10}$ de mg pour $p = 100^g$, on a :

$$100 \times \frac{l'-l}{l} < \frac{1}{10.000} \qquad \text{d'où} \qquad l'-l < 10^{-6}\,l = 10^{-6} \times 10^{cm} = 0^{\mu},1 ;$$

il faudrait réaliser l'égalité des bras de levier à $0^{\mu},1$, ce qui est pratiquement impossible.

La simple pesée sera donc toujours *insuffisante* dans le cas d'une pesée de précision.

Habituellement la condition de justesse d'une balance est assez bien réalisée pour qu'on se contente d'une simple pesée, sauf si l'on désire une détermination *très précise*.

448. **Fidélité.** — *Définition.* — Une balance est *fidèle* si, pour réaliser l'*équilibre*, en plaçant un corps dans l'un de ses plateaux, n'importe comment, il faut toujours mettre la même masse dans l'autre plateau.

*Conditions de fidélité.* — Pour qu'il en soit ainsi, il faut et il suffit évidemment que les *bras de levier soient constants.*

Désignons par A le point d'application de l'une des forces : ce point d'application est quelque part sur l'arête A (fig. 494) ; le bras de levier de la force est égal à la distance du point A au plan vertical passant par

C; le bras de levier de la force appliquée en B se définit d'une manière analogue. Pour que les bras de levier soient constants, quels que soient les points d'application A et B sur les arêtes, il faut et il suffit :

1° *Que le fléau soit rigide;*

2° *Que les arêtes A, B, C soient fines;*

3° *Qu'elles soient parallèles.*

Ces trois conditions sont extrêmement *importantes*.

*Vérification de la fidélité.* — On réalise l'équilibre, puis on change la position des masses dans les plateaux, ou bien l'on fait glisser les supports des plateaux sur les arêtes des couteaux : l'équilibre doit toujours persister.

449. **Méthodes fournissant des pesées exactes, indépendamment de la justesse de la balance.** — On peut, par l'une ou l'autre des méthodes suivantes, obtenir des pesées exactes, à la limite qu'impose la sensibilité de la balance, pourvu que cette balance soit *fidèle*.

1° *Méthode de la double pesée, de Borda.* — On place le corps dans l'un des plateaux; dans l'autre plateau, on met une masse marquée immédiatement supérieure; puis on achève d'établir l'équilibre en ajoutant des masses marquées à côté du corps; soient $x$ la masse du corps, $m$ celle des masses marquées placées sur le même plateau.

On enlève alors le corps et les masses marquées voisines; on rétablit l'équilibre avec des masses marquées dont la somme est M.

Puisque le poids de la masse M a produit le même effet d'équilibre que celui de la masse $x+m$, en agissant à l'extrémité du *même bras de levier* (balance *fidèle*), c'est que

$$x + m = \mathrm{M}, \qquad \text{d'où} \qquad x = \mathrm{M} - m.$$

*Remarque.* — En réalité, il faut toujours tenir compte, dans le cas d'une pesée de précision, de la poussée de l'air (459), et si A est la masse d'air déplacée par le corps, A′ celle déplacée par la masse $\mathrm{M}-m$ des poids marqués :

$$x - \mathrm{A} = (\mathrm{M} - m) - \mathrm{A}',$$

2° *Méthode de la double pesée à charge constante.* — Si l'on doit faire une série de pesées, et qu'on veuille obtenir la même précision pour toutes, on ne change pas la masse marquée principale, qui sert à faire la tare : la charge reste constante et la sensibilité de la balance (451) ne varie pas.

3° *Méthode de transposition, de Gauss.* — On place le corps d'un côté; de l'autre, des masses échantillonnées, de façon à amener l'aiguille au zéro. On a, abstraction faite de la poussée d'Archimède,

$$xg\lambda = mg\lambda'.$$

On transporte alors le corps dans le second plateau, et l'on détermine la somme $m'$ des masses échantillonnées qu'il faut placer dans le premier pour rétablir l'équilibre. Puisque la balance est *fidèle*, les bras de levier n'ont pas changé et l'on a :

$$m'g\lambda = xg\lambda' ;$$

d'où, en multipliant en croix et divisant par $g^2\lambda\lambda'$,

$$x^2 = mm', \qquad \text{par suite} \qquad x = \sqrt{mm'}.$$

Si l'on trouve que $m'$ et $m$ diffèrent très peu l'un de l'autre, ce qui a lieu si $\lambda'$ diffère très peu de $\lambda$, comme c'est généralement le cas, on peut remplacer cette moyenne géométrique par la moyenne arithmétique. En effet, posons $m' = m + \varepsilon$, $\varepsilon$ étant une quantité telle que $\varepsilon^2$ soit négligeable devant les termes en $\varepsilon$. On aura $\sqrt{mm'} = \sqrt{m(m+\varepsilon)} = \sqrt{m^2 + \varepsilon m}$, ce qu'on peut écrire sensiblement $\sqrt{mm'} = \sqrt{m^2 + \varepsilon m + \frac{\varepsilon^2}{4}} = \sqrt{\left(m + \frac{\varepsilon}{2}\right)^2} = m + \frac{\varepsilon}{2}$, et en remplaçant $\varepsilon$ par $m' - m$,

$$\sqrt{mm'} = \text{sensiblement } m + \frac{m' - m}{2} = \frac{m + m'}{2}.$$

Il faut encore tenir compte de la poussée de l'air.

Cette méthode exige deux pesées, comme celle de Borda; elle est employée au Bureau international de Breteuil; elle élimine mieux que la méthode de Borda les erreurs fortuites, telles que celles provenant des inégalités de dilatation des bras de levier.

450. **Stabilité d'une balance.** — Une balance est *stable* pour la charge P si, l'équilibre étant établi dans le cas de cette charge, en ajoutant successivement des masses marquées faibles dans l'un des plateaux, le fléau s'incline *progressivement*.

Lorsque cette condition est réalisée, on peut obtenir l'équilibre par tâtonnements; dans le cas contraire, la balance est *folle*, on ne peut arriver à la position d'équilibre, la balance est donc inutilisable.

451. **Sensibilité d'une balance.** — Une balance est dite *sensible* à une surcharge $p$ pour une charge P lorsque, l'équilibre étant établi pour la charge P, l'addition de la surcharge $p$ fait incliner le fléau d'un angle appréciable. Cette définition est un peu vague, car la valeur d'un angle *appréciable* varie avec les procédés d'observation; mais soit $\alpha$ l'angle dont on a tourné le fléau sous l'effet de la surcharge $p$, nous appellerons sensibilité de la balance la quantité

$$\sigma = \text{limite} \left(\frac{\alpha}{p}\right)_{\text{pour } p=0}.$$

La masse de la surcharge pour laquelle le fléau se déplace d'une façon appréciable constitue la limite de l'erreur absolue que l'on peut commettre sur la pesée; sa connaissance est donc intéressante.

Pour établir l'équation de la sensibilité, prenons le cas général où la ligne ACB (fig. 495) est une ligne brisée. Posons $CA = l$, $CB = l'$, désignons par $\varphi$ l'angle de CA avec le plan vertical passant par l'arête C, dans la position d'équilibre à vide, et par $\varphi'$ l'angle de CB. Soient P et P' deux poids placés dans les plateaux, sous l'action desquels la balance prend la même position d'équilibre qu'à vide, et $\varpi$ le poids du fléau seul, appliqué en son centre de gravité G, à la distance $CG = d$ de l'arête C, quantité positive au-dessous de G et négative au-dessus. Nous admettrons, par hypothèse, que l'addition des plateaux ne modifie pas la position d'équilibre du fléau seul; dès lors, dans la position d'équilibre à vide, le centre de gravité G du fléau seul est toujours dans le plan vertical passant par l'arête C. Par suite, si l'on désigne par Q et Q' les poids des plateaux vides, on a, en égalant leurs moments par rapport au plan vertical CG,

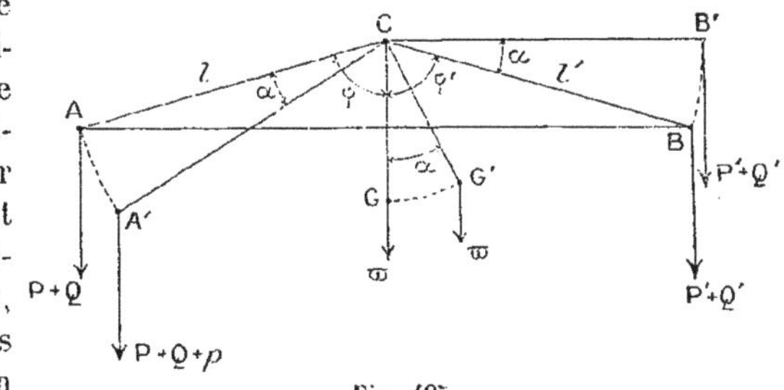


Fig. 495.

$$Ql \sin \varphi = Q'l' \sin \varphi'. \tag{1}$$

D'autre part, puisque la balance chargée des poids P et P' dans les plateaux prend encore la même position d'équilibre qu'à vide, on a, en égalant les moments des forces P et P',

$$Pl \sin \varphi = P'l' \sin \varphi'. \tag{2}$$

Ajoutons maintenant du côté A une surcharge $p$ et soit $\alpha$ l'inclinaison du fléau provoquée par cette surcharge : le point A vient en A', G en G', et B en B'. Prenons encore les moments des forces appliquées en ces points, toujours par rapport au plan vertical passant par l'arête C. On a

$$(P + Q + p)\, l \sin(\varphi - \alpha) = \varpi d \sin \alpha + (P' + Q')\, l' \sin(\varphi' + \alpha), \tag{3}$$

ou, en développant,

$$(P + Q + p)\, l (\sin \varphi \cos \alpha - \sin \alpha \cos \varphi) = \varpi d \sin \alpha + (P' + Q')\, l' (\sin \varphi' \cos \alpha + \sin \alpha \cos \varphi'),$$

et en tenant compte de (1) et (2) :

$$-(P + Q)\, l \sin \alpha \cos \varphi + pl (\sin \varphi \cos \alpha - \sin \alpha \cos \varphi) = \varpi d \sin \alpha + (P' + Q')\, l' \sin \alpha \cos \varphi'.$$

On obtient ainsi, en définitive, une équation en $\operatorname{tg} \alpha$, d'où l'on tire

$$\operatorname{tg} \alpha = \frac{pl \sin \varphi}{(P + Q + p)\, l \cos \varphi + (P' + Q')\, l' \cos \varphi' + \varpi d}. \tag{4}$$

La sensibilité

(5) $$\sigma = \text{limite}\left(\frac{\alpha}{p}\right)_{\text{pour } p=0} = \text{limite}\,\frac{\alpha}{\text{tg}\,\alpha}\times\frac{\text{tg}\,\alpha}{p}_{\text{pour } p=0}$$
$$= \frac{l\sin\varphi}{(P+Q)\,l\cos\varphi + (P'+Q')\,l'\cos\varphi' + \varpi d}.$$

452. *Sensibilité constante.* — Pour que la sensibilité soit *constante*, quelles que soient les charges P et P′ dans les plateaux, il faut que l'on ait,

$$Pl\cos\varphi + P'l'\cos\varphi' = 0,$$

ce qui, joint à l'équation (2), donne

$$\text{tg}\,\varphi = -\,\text{tg}\,\varphi',$$

c'est-à-dire que les angles $\varphi$ et $\varphi'$ doivent être supplémentaires; *la ligne* ACB *doit donc être une ligne droite.* — On a alors également, en vertu de l'équation (1), $Q\,l\cos\varphi + Q'\,l'\cos\varphi' = 0$, d'où

$$\text{tg}\,\alpha = \frac{pl\sin\varphi}{pl\cos\varphi + \varpi d}, \qquad \sigma = \frac{l\sin\varphi}{\varpi d},$$

et si $\varphi = 90^0$, c'est-à-dire si la ligne droite ACB est horizontale dans la position d'équilibre à vide, on a simplement

$$\text{tg}\,\alpha = \frac{pl}{\varpi d}, \qquad \sigma = \frac{l}{\varpi d}.$$

La dernière formule montre que la sensibilité est *proportionnelle au rapport* $\frac{l}{\varpi}$, et en raison inverse de $d$. — Pour la *stabilité* de l'équilibre sous toutes les charges, il est nécessaire que l'on ait $0 < \alpha < 90^0$, par suite $\text{tg}\,\alpha > 0$; dans ce cas, la première des équations précédentes nous donne donc, comme condition de stabilité, $d > 0$ : le centre de gravité G doit être *au-dessous* du point C, ce qui est évident *a priori*.

453. *Sensibilité variable.* — Si nous supposons réalisées les conditions pratiques de *justesse* $l = l'$ et $\varphi = \varphi'$, il en résulte, $Q = Q'$ et $P = P'$, les équations (4) et (5) deviennent

$$\text{tg}\,\alpha = \frac{pl\sin\varphi}{[2(P+Q)+p]\,l\cos\varphi + \varpi d}, \qquad \sigma = \frac{l\sin\varphi}{2(P+Q)\,l\cos\varphi + \varpi d};$$

la sensibilité est donc fonction de la charge P qui se trouve déjà dans les plateaux : deux cas sont alors possibles.

1° $\varphi < 90^0$; c'est le cas de la figure, et c'est le plus ordinaire. — On a $\cos\varphi > 0$, et alors $\sigma$ diminue, c'est-à-dire que la *sensibilité décroît quand la charge* P *augmente.* — Pour la *stabilité* de l'équilibre, il faut que $\text{tg}\,\alpha < \text{tg}\,\varphi$; or, pour $2(P+Q)\,l\cos\varphi + \varpi d = 0$, on a $\text{tg}\,\alpha = \text{tg}\,\varphi$, il faudra donc qu'on ait

$$2(P+Q)\,l\cos\varphi + \varpi d > 0.$$

Par suite, lorsqu'on a $\varphi < 90^0$, si $d$ est *positif*, l'équilibre est stable sous toute charge. Si $d$ est *négatif*, c'est-à-dire si G est au-dessus de C, l'équilibre n'est stable, pour une valeur donnée de $d$, qu'à partir d'une certaine charge totale minimum, définie par $2(P+Q)l\cos\varphi \geqq \varpi|d|$. Si l'on peut d'ailleurs faire varier $|d|$, par exemple, au moyen d'un écrou porté par le fléau (fig. 496), on pourra, dans le cas actuel, en rendant $d$ négatif, rendre *la sensibilité très grande, sous une charge donnée*, en se rapprochant de la valeur $|d| = \frac{2(P+Q)l\cos\varphi}{\varpi}$, mais tout en restant au-dessous de cette valeur limite, pour laquelle la balance deviendrait *folle*.

2° $\varphi > 90°$; alors $\cos\varphi < 0$ et par suite $\sigma$ augmente, c'est-à-dire que la *sensibilité croît avec la charge* $\Gamma$. — Pour la *stabilité* de l'équilibre, $d$ doit alors être nécessairement *positif*, et, pour une valeur de $d$, l'équilibre n'est stable que jusqu'à une charge totale maximum P, définie par $2(P+Q)l\,|\cos\varphi| \leqq \varpi d$. Si l'on peut faire varier $d$, on pourra, dans ce cas encore, *rendre la sensibilité très grande, sous une charge donnée*, en se rapprochant de la valeur $d = \frac{2(P+Q)l|\cos\varphi|}{\varpi}$, tout en restant au-dessus de cette valeur limite, pour laquelle la balance deviendrait folle ([1]).

*Remarque.* — Dans tous les cas, pour obtenir une *même sensibilité* dans une série de pesées successives, il suffira d'opérer de façon que *la charge reste toujours la même*, d'où la *pesée à charge constante* (449, 2°).

454. **Discussion relative à la construction d'une balance de précision.** — Une balance doit être *fidèle*, *stable* et *sensible*. Or, en déplaçant le centre de gravité du fléau, nous pouvons toujours réaliser la stabilité et régler la sensibilité; nous accroîtrons, du reste, la délicatesse de nos procédés d'observation en pointant l'aiguille du fléau avec un microscope, et nous pourrons apprécier des déplacements produits par des surcharges très petites, pourvu que les couteaux soient *bons*, principalement le couteau central. La qualité *essentielle* de la balance est donc la *fidélité*.

Lorsque les couteaux sont en ligne droite, et si cette ligne est horizontale pour la position d'équilibre, nous savons que la sensibilité est (452)

$$\sigma = \frac{l}{\varpi d}.$$

Il semble donc qu'il y ait avantage à prendre des fléaux *longs* et *légers*; en réalité, à cause de la rigidité du fléau, nécessaire pour la fidélité de la balance, les conditions précédentes sont incompatibles. Supposons qu'on prenne des fléaux *semblables*, de même métal et pour lesquels $d$ serait d'abord supposé avoir *la même* valeur, grâce, par exemple, à l'écrou qui surmonte le fléau (455). Si les dimensions du grand fléau sont

([1]) On peut déterminer par expérience la courbe de sensibilité d'une balance en fonction de la charge P, ou la fonction $\operatorname{tg}\alpha = f(P)$, pour une surcharge $p$ donnée, en remplaçant, par exemple, les valeurs de $\operatorname{tg}\alpha$ par les nombres correspondants de divisions du secteur gradué sur lequel se meut l'aiguille.

égales à $n$ fois les dimensions homologues du petit, pour le grand fléau $\frac{l}{\varpi}$ est $n^2$ fois plus petit que pour l'autre, car $\varpi$ varie avec le volume, proportionnellement au cube de $l$; la sensibilité serait donc $n^2$ fois plus faible; il y aurait déjà, de ce fait, désavantage à prendre le grand fléau.

D'autre part, pour que le temps d'une pesée ne soit pas trop long, il faut que la durée d'une oscillation complète du fléau ne dépasse pas une certaine valeur, 20 à 30 secondes, environ : or, cette durée d'oscillation du fléau est (466) :

$$T = 2\pi\sqrt{\frac{I}{Mgd}},$$

(M, masse du fléau; I, moment d'inertie du fléau par rapport à l'axe de suspension C) (¹);

Si donc nous voulons en outre que T soit le même, il faut que $\frac{I}{Md}$ soit fixe, ou que $d$ varie comme $\frac{I}{M}$; or, dans le cas du grand fléau, $\frac{I}{M}$ est $n^2$ fois plus grand que pour l'autre; il faudrait donc rendre $d$ également $n^2$ fois plus grand, par l'intermédiaire de l'écrou, et au total, l'expression $\frac{l}{\varpi d}$ serait $n^4$ fois plus petite pour le fléau long que pour le fléau court : la sensibilité serait en définitive $n^4$ fois plus faible. Ainsi, au point de vue de la sensibilité à égalité de durée des pesées, il y a tout avantage à prendre des fléaux *courts*.

Aujourd'hui, on construit des balances de précision dont le fléau ne dépasse pas 15 centimètres; on ne le prend pas plus petit pour les raisons suivantes :

α) Le réglage du parallélisme des couteaux prend une importance d'autant plus grande que le fléau est plus court;

β) L'influence d'un méplat du couteau central est d'autant plus à craindre que ce fléau est plus petit;

γ) Il faut pouvoir loger les plateaux.

(¹) En réalité, ce qui oscille pendant les pesées, ce n'est pas le fléau seul, mais le fléau additionné des plateaux et de leurs charges. Or une analyse plus complète de la question montre que, pour tenir compte de cette addition, il suffit d'augmenter le moment d'inertie I du fléau, par rapport à l'axe de suspension C, du moment d'inertie, par rapport au même axe, des masses des plateaux et de leurs charges supposées *concentrées* aux points A et B. Cela tient à ce que, dans l'*oscillation* du fléau, les plateaux et leurs charges sont animés d'une *translation* dont la vitesse est à chaque instant celle des points A et B. Alors, dans l'équation des forces vives, plateaux et charges se réduisent bien au rôle indiqué. Quant à la force motrice, dans le cas qui nous occupe, où la ligne ACB est droite, elle se compose uniquement du poids $Mg$ ou $\varpi$ du fléau seul, appliquée en G, car les poids des charges et des fléaux ont une résultante qui passe constamment par C, et ne produisent par conséquent aucun travail. Dans ces conditions, la durée d'oscillation de la balance complète est évidemment supérieure à celle du fléau seul, mais comme elle est d'autant plus grande que cette dernière est déjà plus grande, il est assez naturel de discuter sur celle-ci, dont l'expression est plus simple, la question de la durée des pesées.

455. **Détails de construction des balances de précision.** —

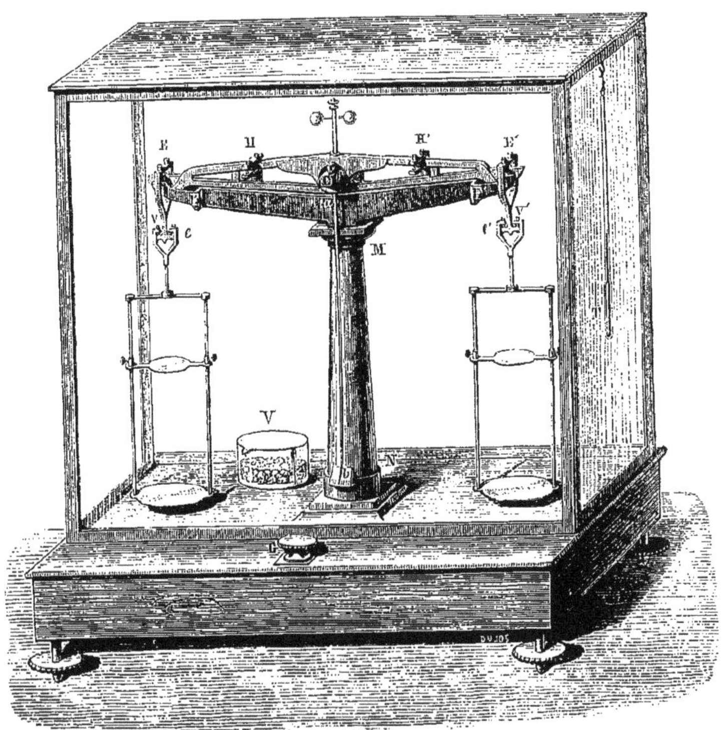


Fig. 496.

Pour augmenter la sensibilité d'une balance, on évide parfois le fléau (fig. 496), de manière à diminuer son poids $\varpi$, pour une même longueur $l$ des bras.

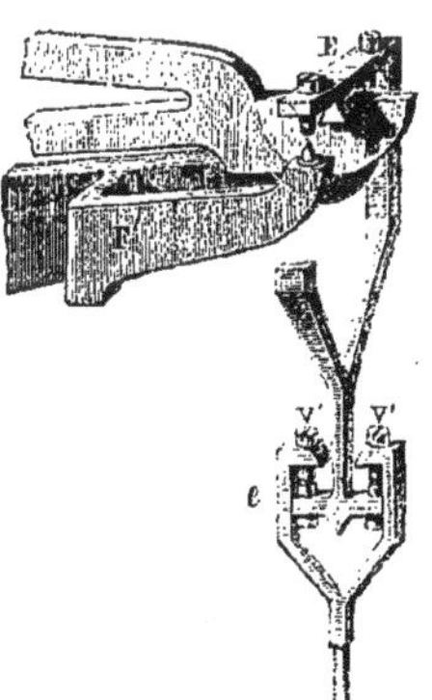


Fig. 497.

Les deux plateaux sont supportés aux extrémités du fléau par des étriers E et E′, reposant sur les couteaux extrêmes par des plans d'acier ou d'agate. La figure 497 montre la disposition employée pour donner plus de mobilité au plateau. L'étrier E en supporte un autre $e$, qui est mobile autour d'un axe déterminé par les pointes de deux vis V et V′, axe perpendiculaire à l'arête du couteau correspondant. Le plateau est ainsi mobile autour d'un système de deux axes horizontaux rectangulaires; par suite, qu'il soit vide ou chargé, il se place toujours de façon que la verticale du centre de gravité du système rencontre chacun des axes, c'est-à-dire de façon que ce centre de gravité se trouve sur la perpendiculaire commune à ces deux axes horizontaux, laquelle rencontre les arêtes des couteaux extrêmes aux points que nous avons appelés A et B dans les figures précédentes. Les points d'application ne sont pas toujours définis d'une manière aussi précise.

Le fléau est supporté par une colonne de fonte MN, établie sur une base que l'on règle horizontalement au moyen de vis calantes et d'un niveau. La colonne porte, à sa partie supérieure, un support horizontal qui vient, en traversant une ouverture pratiquée dans le fléau, recevoir le couteau C, en agate ou en acier, sur un plan de même nature.

Une pièce de fonte FF′, qu'on nomme la *fourchette*, peut s'élever ou s'abaisser à volonté, au moyen d'un système de leviers qui est contenu dans la colonne MN, et qu'on met en mouvement par la rotation du bouton G placé hors de la cage de la balance. Lorsque, en tournant ce bouton dans un sens convenable, on fait monter la fourchette, elle saisit d'abord par ses extrémités les étriers E et E′, qu'elle soulève un peu au-dessus de leurs couteaux; puis, par les deux appendices H et H′, elle soulève le fléau, de façon que le couteau du milieu C ne repose plus sur son plan d'agate; de cette façon, aucun des trois couteaux ne peut s'émousser par les frottements, quand la balance n'est pas en expérience. — Quand on veut faire une pesée, on fait descendre la fourchette en tournant le bouton G en sens contraire; elle replace alors successivement le fléau sur le plan C, puis les étriers sur leurs couteaux, et la balance oscille librement [1].

Les écarts du fléau, accusés par les déplacements de l'aiguille sur son cadran, seront d'autant plus faciles à apprécier que l'aiguille sera plus longue. Lorsque l'aiguille est placée au-dessus du fléau, on ne peut en accroître la longueur sans augmenter la hauteur de l'instrument; aussi les balances de précision portent-elles leur aiguille *au-dessous* du fléau; l'extrémité *b* de l'aiguille se meut sur un petit cadran d'ivoire, fixé à la partie inférieure de la colonne.

Enfin, nous avons vu qu'il y a avantage, dans certains cas, à pouvoir modifier la sensibilité de la balance, en modifiant la distance *d* du centre de gravité du fléau à l'axe de suspension C (451). C'est pourquoi l'on fixe au milieu du fléau une petite tige verticale sur laquelle on peut faire mouvoir, au moyen d'un pas de vis, soit un écrou métallique, soit une tige horizontale portant à ses extrémités de petites boules massives, comme dans la figure 496.

Ajoutons, pour terminer, que la balance est entourée d'une cage de verre qui la préserve des mouvements dus aux courants d'air. Pour garantir l'instrument de l'humidité ou des vapeurs acides, qui pourraient attaquer les pièces d'acier et de laiton, on place dans la cage un vase V contenant de la potasse solide, ou de la chaux vive.

[1] Quand les plateaux oscillent trop vivement, on arrête ces oscillations au moyen de légers pinceaux ou tampons, placés au-dessous des plateaux et manœuvrés au moyen d'un bouton extérieur.

456. **Réglage d'une balance.** — La balance est généralement posée sur une tablette fixée à un mur, afin de la soustraire aux trépidations; elle doit être placée dans une salle à température constante, loin de toute source de chaleur. Pour la *régler*, on procède comme il suit :

1° On commence par placer la base horizontalement, au moyen des vis calantes et d'un niveau à bulle.

2° On dégage ensuite la fourchette et l'on règle la balance de façon que, dans l'équilibre à vide, *l'aiguille se trouve au zéro*, position qui servira de repère. Pour cela, on agit, en général, sur de petits écrous mobiles sur des tiges filetées, qui sont fixées dans le prolongement du fléau ou sur le couteau central C. — Dans cette opération, qui exige parfois des tâtonnements assez longs, on peut, au lieu d'attendre à chaque fois que l'équilibre s'établisse, déterminer la position d'équilibre par la *méthode des oscillations*, qui consiste à observer un nombre impair d'élongations consécutives de l'extrémité de l'aiguille sur son cadran, à droite et à gauche; si l'on a observé un écart $a_1$ à droite, un un écart $b_1$ à gauche et un écart $a_2$ à droite, on admet que la position d'équilibre correspondrait à la division $\frac{1}{2}\left(\frac{a_1+a_2}{2}-b_1\right)$. On règle alors la position des écrous de manière que cette quantité devienne nulle.

3° On règle la *stabilité* et la *sensibilité* au moyen de l'écrou supérieur. Pour se rendre compte de la valeur de $d$, on compte la durée des oscillations de la balance; on sait, en effet, d'après la formule du pendule composé (métronome, 467) que les oscillations sont d'autant plus lentes que l'écrou supérieur est placé plus haut, c'est-à-dire que $d$ est plus petit. On fait généralement en sorte que la période d'oscillation soit de 20 à 30 secondes.

457. **Pesées précises.** — Pour faire des pesées précises, on opère toujours par la méthode de la double pesée (449, 1°). On abaisse la fourchette seulement pour constater l'équilibre et lorsque la cage est fermée. Dans la détermination progressive du nombre des masses échantillonnées qui devront être substituées au corps, on peut d'ailleurs, pour gagner du temps, ne pas attendre à chaque fois que l'équilibre s'établisse, et employer la méthode des oscillations, qui vient d'être indiquée. — Enfin, pour éviter les tâtonnements auxquels donne lieu l'emploi des masses divisionnaires les plus petites, ou pour pousser l'approximation plus loin que la plus petite d'entre elles, on peut, si la balance est assez sensible, employer l'un des artifices suivants.

α. *Interpolation proportionnelle.* — Soit M la somme des masses échantillonnées qui a amené l'aiguille en équilibre à la division $a$, à droite du zéro, par exemple, et soit $M + m$ celle qui l'a amenée en équilibre à la division $b$ à gauche. Si $m$ est suffisamment petit, on peut évaluer par proportionnalité la masse $x$ qui ramènerait l'aiguille en équilibre au zéro, et prendre $x = M + m\frac{a}{a+b}$ (451 à 453).

β. *Emploi d'un cavalier.* — Une règle RR' (fig. 498), fixée parallèlement à la ligne du fléau, porte des traits de division équidistants; le zéro est au-dessus de l'arête C, dans le plan CG; les traits 10, par exemple,

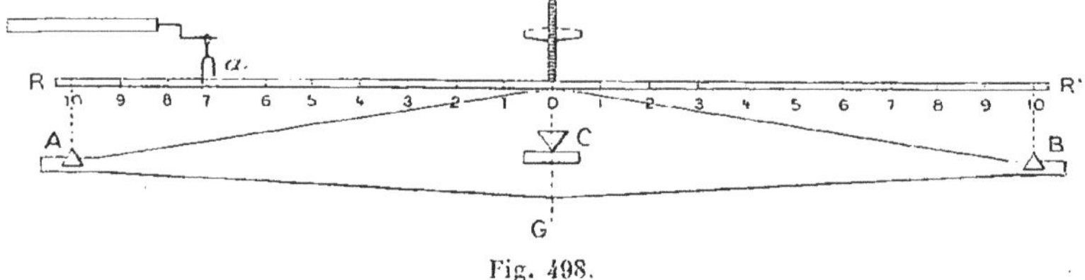


Fig. 498.

au-dessus des arêtes A et B. Un fil de platine $a$, qu'on appelle le *cavalier*, peut être placé à tel ou tel trait de division, au moyen d'une tige à baïonnette qui traverse la paroi de la cage. On donne au cavalier, selon les cas, une masse de 1 centigramme, ou de 1 milligramme; l'addition d'un cavalier à tel ou tel trait de division équivaut donc à l'addition, dans le plateau, d'un nombre de milligrammes ou dixièmes de milligramme, exprimé par le numéro de la division à laquelle le cavalier est placé.

458. **Balance apériodique de P. Curie**(¹). — Elle présente, par rapport aux balances de précision ordinaires, deux modifications qui en rendent l'emploi extrêmement avantageux.

1° La balance (fig. 499) est munie d'amortisseurs à air, grâce auxquels le fléau prend en quelques secondes sa position d'équilibre.

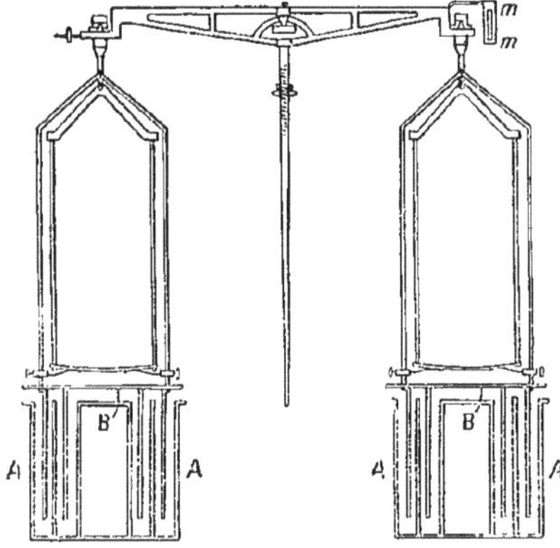


Fig. 499.

Sous chaque plateau sont fixés deux disques B supportant (fig. 499) deux cylindres concentriques, appelés *cloches* qui s'engagent dans des cavités correspondantes, ou *cuvettes* A, portées par le socle de la balance : les frottements de l'air contre les cylindres des plateaux, lorsque le fléau se déplace, amortissent complètement les oscillations.

2° On observe la position d'équilibre au moyen d'un microscope fixé dans les parois de la cage et qui vise une division micrométrique *mm* (fig. 499) placée à l'une des extrémités du fléau. Grâce à ce dispositif on peut observer des inclinaisons très faibles du fléau; on peut ainsi faire en sorte que $d$ soit grand, donc les oscillations rapides; c'est encore une raison pour laquelle les mesures sont de courte durée. En

(¹) Curie (1859-1906), physicien français, connu principalement par ses travaux sur les lois de symétrie, sur les propriétés magnétiques des corps et par ses recherches sur la radioactivité.

outre, un réglage spécial a permis de placer les trois couteaux parallèles et dans le *même plan*[1]; donc la sensibilité est indépendante de la charge (452) et l'inclinaison $\alpha$ du fléau est proportionnelle aux surcharges. On place dans les plateaux des masses marquées au moins égales à un décigramme, et les fractions de décigramme s'obtiennent immédiatement par la lecture de la division micrométrique *mm* (fig. 499) : chaque division correspond à un milligramme et on estime le $\frac{1}{10}$ de division, c'est-à-dire le $\frac{1}{10}$ de milligramme.

Curie a fait construire un modèle de balance apériodique précise au $\frac{1}{100}$ de milligramme; une grave difficulté est d'opérer à *température constante*, une différence de température de $0°,1$ pouvant entraîner une erreur de l'ordre de $0^{mg},55$, c'est pourquoi on est amené à échanger les charges par des appareils mus de l'extérieur, et à observer de loin.

Par une microbalance *spéciale* (Gray) on a pu apprécier $3.10^{-9}$ g.

459. **Correction due à la poussée de l'air.** — Soit un corps de masse $x$, sans cavité, de densité $d$, que nous avons remplacé, dans la méthode de la double pesée, par une masse marquée $m$, de densité D; soit $a$ la densité de l'air; nous devons écrire que le poids du corps, diminué de la poussée de l'air, est égal au poids des masses marquées, diminué également de la poussée de l'air correspondante, donc :

$$xg - \frac{x}{d} ag = mg - \frac{m}{D} ag,$$

d'où :

$$x = m \times \frac{1 - \frac{a}{D}}{1 - \frac{a}{d}}.$$

Si nous ne tenions pas compte de la poussée de l'air, nous prendrions pour $x$ la valeur approchée $m$; nous commettrions donc une erreur

$$\varepsilon = m - x = m - m\frac{d(D-a)}{D(d-a)} = m\frac{a(d-D)}{D(d-a)}$$

ou, très sensiblement, dans le cas des solides et liquides :

$$\varepsilon = m\frac{a(d-D)}{Dd}.$$

Si $d > D$, on a $\varepsilon > 0$, l'erreur est commise par *excès*;
$d < D$, on a $\varepsilon < 0$, l'erreur est commise par *défaut*.

Pour nous rendre compte de l'importance de l'erreur, prenons des exemples particuliers : la densité de l'air dans les conditions ordinaires

[1] Alors même que les trois couteaux ne seraient pas rigoureusement dans le même plan, il est facile de se rendre compte, $d$ étant relativement *grand*, que le terme $\varpi d$ est le plus important dans le dénominateur de l'expression de $\operatorname{tg}\alpha$ (451), par suite que $\alpha$ est proportionnel à $p$.

de pesée est environ $a = 0{,}0012$; si les poids marqués sont en laiton $D = 8{,}8$; supposons que $m = 100$ grammes :

| | | |
|---|---|---|
| pour un lingot de platine, | $d = 21{,}5$ | $\varepsilon = 0^{g},008$ |
| pour un lingot d'aluminium, | $d = 2{,}6$ | $\varepsilon = -0^{g},035$ |
| pour un morceau de sapin, | $d = 0{,}5$ | $\varepsilon = -0^{g},226$ |

Il serait donc ridicule de faire une pesée de précision de ces corps, au $\frac{1}{10}$ de milligramme par exemple, si l'on négligeait la correction relative à la poussée de l'air.

*Remarque.* — L'erreur relative est

$$\frac{\varepsilon}{x} \quad \text{ou sensiblement} \quad \frac{\varepsilon}{m} = a\frac{d-D}{Dd};$$

pour des densités $d$ comprises entre 1 et 10 par exemple, l'erreur relative varierait en valeur absolue de $10^{-5}$ à $1{,}6 \times 10^{-5}$; elle serait en général inférieure à $10^{-5}$. Les pesées dans l'air, sans correction de poussée, sont donc faites habituellement avec une précision au moins égale au millième.

460. **Mesure des forces.** — On peut toujours équilibrer une force par un poids et même, à cet effet, se servir d'une balance si la force est verticale. Souvent aussi on procède à une mesure directe soit par la méthode de *torsion* (897, 988, 1050), soit par celle des *oscillations* (474, 898, 1029).

## IV. — PENDULE — MESURE DE L'INTENSITÉ DU CHAMP TERRESTRE — MESURE DES TEMPS

### PENDULE

461. **Définitions relatives au pendule.** — On appelle *pendule*, d'une façon générale, *tout corps solide, pesant et indéformable, mobile autour d'un axe horizontal fixe*.

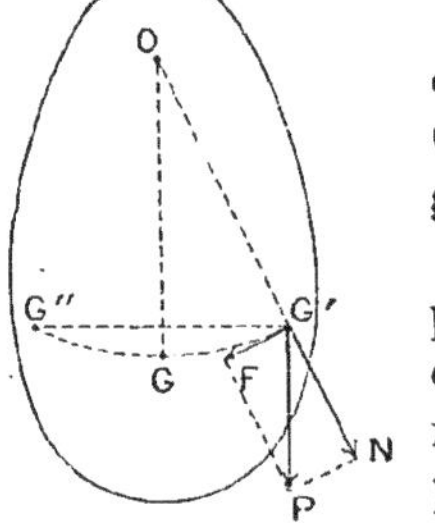

Fig. 500.

Un pareil corps est en équilibre *stable*, lorsque le centre de gravité G (fig. 500) est au-dessous de l'axe O de suspension, et que la verticale de ce centre de gravité rencontre l'axe.

Prenons pour plan de la figure un plan passant par G et perpendiculaire à l'axe au point O. Si l'on écarte le pendule de sa position d'équilibre, en amenant le point G en G′, et si on l'abandonne sans impulsion initiale, la composante F du poids P, tangente à l'arc GG′, tend à ramener le pendule à sa position première, tandis que la composante N, normale à l'arc GG′, n'a d'autre effet que d'appuyer sur le point fixe O, et est sans action sur le mouvement. A l'instant où le centre de gravité passe par la position d'équilibre G, la composante motrice du poids est nulle; mais, en vertu de l'inertie, le pendule continue son mouvement, jusqu'à ce que le travail résistant de la pesanteur ait annulé sa demi-force vive. Pour qu'il en soit ainsi, il faut que le centre de gravité remonte en G″, symétrique de G′ par rapport à la verticale OG : alors, en effet, le travail total de la pesanteur depuis l'instant du départ est nul, comme la demi-variation de force vive doit l'être lorsque le centre de gravité s'arrête. Du point G″, le centre de gravité retourne en G′, et ainsi de suite. — Théoriquement, le mouvement devrait se continuer ainsi indéfiniment, avec transformation successive d'énergie potentielle en énergie cinétique, et réciproquement. En réalité, à chaque instant du mouvement, une partie de la force vive se transmet à l'air et au support, ou est employée à vaincre les frottements, en sorte que l'énergie potentielle primitivement communiquée au système finit par être ainsi absorbée, et le mouvement s'éteint progressivement : il y amortissement (505).

L'aller de G′ en G″ constitue ce qu'on appelle une *oscillation simple*; l'aller de G′ en G″ et retour de G″ en G′ est une *oscillation double* ou *oscillation proprement dite*; l'angle GOG′ est l'*amplitude* de l'oscillation.

462. **Pendule simple**. — On appelle pendule *simple* un pendule idéal qui serait constitué par *un point matériel pesant, relié à un point fixe par un fil inextensible et sans masse.*

Soit $l$ la longueur d'un tel pendule, écarté en OB (fig. 501) d'un angle $\alpha$ par rapport à sa position d'équilibre OA; soit M la position du mobile sur l'arc AB, à un certain instant, position définie par l'angle $AOM = \theta$. Prenons pour plan de la figure le plan vertical AOB dans lequel le mobile a été écarté de sa position d'équilibre et dont il ne doit pas sortir. Prenons comme *origine des arcs* le point A de la trajectoire, en comptant positivement de A vers B et négativement de A vers B′; comme *origine des temps*, l'instant où le mobile est abandonné au point B, sans vitesse initiale. — Désignons par $e$ l'*élongation* AB de l'oscillation; posons $AM = s$, et proposons-nous de trouver la loi du mouvement $s = f(t)$. Pour cela, appliquons au mobile, descendu de B en M, le théorème des forces vives : la masse $m$ du mobile est soumise à son *poids*, et à la *tension* du fil dirigée suivant le rayon ; cette dernière force est constamment normale à la trajectoire; son travail est donc nul, et l'on a simplement,

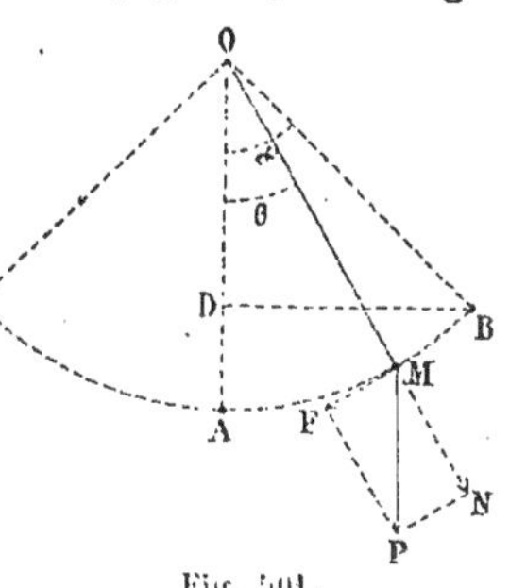

Fig. 501.

$$\frac{1}{2} mv^2 = mgl(\cos\theta - \cos\alpha) \quad \text{ou} \quad v^2 = 2gl(\cos\theta - \cos\alpha).$$

Or $v=\frac{ds}{dt}=l\frac{d\theta}{dt}$; d'autre part, l'angle $\alpha$ étant très petit par hypothèse, on peut remplacer cos $\alpha$, et par suite cos $\theta$, par les deux premiers termes de leurs développements en série, $\cos\alpha=1-\frac{\alpha^2}{2}$, $\cos\theta=1-\frac{\theta^2}{2}$ : donc,

$$\left(\frac{d\theta}{dt}\right)^2=\frac{g}{l}(\alpha^2-\theta^2).$$

En extrayant la racine carrée, et remarquant que la vitesse en M peut être positive ou négative selon que le mobile monte ou descend, on a :

$$\frac{\frac{d\theta}{dt}}{\pm\sqrt{\alpha^2-\theta^2}}=\sqrt{\frac{g}{l}}, \qquad \text{ou} \qquad \frac{\frac{1}{\alpha}\cdot\frac{d\theta}{dt}}{\pm\sqrt{1-\left(\frac{\theta}{\alpha}\right)^2}}=\sqrt{\frac{g}{l}}.$$

Or le premier membre de cette équation est la dérivée par rapport au temps d'arc $\sin\frac{\theta}{\alpha}$, ou d'arc $\cos\frac{\theta}{\alpha}$ ; le second membre est la dérivée de $\sqrt{\frac{g}{l}}\cdot t$. On a donc, en remontant aux fonctions primitives,

$$\text{arc}\begin{Bmatrix}\sin\\ \text{ou}\\ \cos\end{Bmatrix}\frac{\theta}{\alpha}=\sqrt{\frac{g}{l}}\cdot t+\text{C}^{\text{te}}.$$

Pour déterminer la constante, il suffit de faire intervenir les conditions initiales. Si l'on choisit, par exemple, arc $\cos\frac{\theta}{\alpha}$, on a pour $t=0$, $\theta=\alpha$, et arc $\cos 1=2k\pi$, donc

$$\text{arc}\cos\frac{\theta}{\alpha}=\sqrt{\frac{g}{l}}\cdot t+2k\pi,$$

d'où, en prenant les cosinus des deux membres,

$$\theta=\alpha\cos\sqrt{\frac{g}{l}}\,t\ (^1) \qquad \text{et} \qquad s=e\cos\sqrt{\frac{g}{l}}\cdot t.$$

On en déduit pour la vitesse,

$$v=\frac{ds}{dt}=-e\sqrt{\frac{g}{l}}\sin\sqrt{\frac{g}{l}}\cdot t.$$

(1) Si l'on avait pris arc $\sin\frac{\theta}{\alpha}$, on serait arrivé à la même formule finale, car cette formule dépend uniquement du choix des origines adoptées. En effet, pour $t=0$, on a $\theta=\alpha$, et arc $\sin 1=\text{C}^{\text{te}}=\frac{\pi}{2}+2k\pi$, d'où

$$\text{arc}\sin\frac{\theta}{\alpha}=\sqrt{\frac{g}{l}}\,t+2k\pi+\frac{\pi}{2};$$

en prenant les sinus des deux membres, il vient

$$\frac{\theta}{\alpha}=\sin\left(\sqrt{\frac{g}{l}}\,t+\frac{\pi}{2}\right)=\cos\sqrt{\frac{g}{l}}\cdot t,$$

ce qui est bien la même formule.

**463. Période du mouvement. — Isochronisme des oscillations de petite amplitude.** — L'arc $s$ est une fonction périodique du temps; donc le mouvement est périodique, c'est-à-dire qu'à des intervalles de temps égaux T, le mobile passe par la même position avec la même vitesse. Pour que $s$ et $v$ reprennent la même valeur, il faut et il suffit que $\sqrt{\frac{g}{l}}\cdot t$ croisse au minimum de $2\pi$; l'accroissement correspondant T du temps, ou *période*, est donc donné par la relation

$$\sqrt{\frac{g}{l}}\cdot T=2\pi, \qquad \text{d'où} \qquad T=2\pi\sqrt{\frac{l}{g}};$$

T représente le temps que met le mobile pour passer de B en B′ et revenir en B; c'est la durée d'*oscillation complète*; on considère fréquemment la durée d'*oscillation simple* qui est évidemment la moitié de T :

$$t_1=\pi\sqrt{\frac{l}{g}}.$$

L'expression de la période T, n'étant pas fonction de l'amplitude $\alpha$, renferme en elle-même la *loi de l'isochronisme des petites oscillations*, quelle que soit leur amplitude, pourvu que cette amplitude soit *assez petite* : nous verrons du reste plus loin (465) quelle est la signification exacte de cette loi.

*Remarque.* — En fonction de la période T, l'équation du mouvement peut se mettre sous une autre forme, très fréquemment employée en acoustique et en optique ondulatoire. On a, en effet, $\sqrt{\frac{g}{l}}=\frac{2\pi}{T}$; d'où, en remplaçant dans l'équation du mouvement $\sqrt{\frac{g}{l}}$ en fonction de T :

$$s=e\cos 2\pi\frac{t}{T},$$

et pour la vitesse :

$$v=-e\frac{2\pi}{T}\sin 2\pi\frac{t}{T},$$

expression qui est de la forme

$$v=b\sin 2\pi\frac{t}{T}.$$

464. Théorème. — **Le mouvement du pendule simple peut être assimilé à la projection d'un mouvement circulaire uniforme sur un diamètre fixe.**

Soit un mobile M′ (fig. 502) qui parcourt le cercle A de rayon $r$ avec une vitesse angulaire $\omega$; supposons qu'il parte de B au temps 0 et cherchons la position de sa projection M sur le diamètre fixe BB′; posons $\overline{AM}=x$; nous avons :

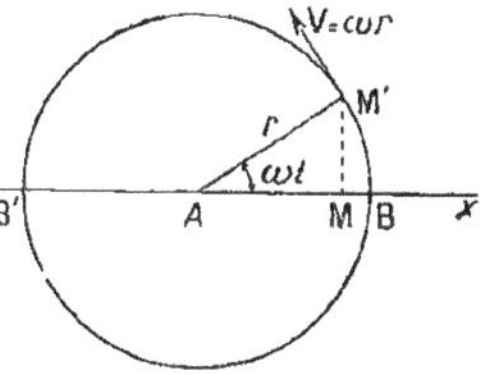

Fig. 502.

$$\overline{AM}=\overline{AM'}\cos\omega t \qquad \text{ou} \qquad x=r\cos\omega t;$$

le mouvement de M sera le même que celui du pendule simple, si l'on peut identifier $x$ et $s$; il faut et il suffit pour cela que :

$$r = e \quad , \quad \omega = \sqrt{\frac{g}{l}}.$$

La durée de l'oscillation du pendule simple est égale à la durée de révolution de M' : c'est donc

$$T = \frac{2\pi}{\omega} = 2\pi\sqrt{\frac{l}{g}}.$$

465. **Cas général d'une amplitude quelconque.** — Lorsque l'amplitude est quelconque, la durée de la période augmente avec l'amplitude, et l'on a :

$$T = 2\pi\sqrt{\frac{l}{g}}[1 + f(\alpha)],$$

$f(\alpha)$ étant une fonction qui croît avec l'amplitude $\alpha$. Le calcul donne en effet

$$f(\alpha) = \left(\frac{1}{2}\right)^2 \sin^2\frac{\alpha}{2} + \left(\frac{1.3}{2.4}\right)^2 \sin^4\frac{\alpha}{2} + \left(\frac{1.3.5}{2.4.6}\right)^2 \sin^6\frac{\alpha}{2} + \ldots.$$

Si $\alpha$ est assez petit pour que $\sin^4\frac{\alpha}{2}$, et *à fortiori* les puissances plus élevées, soient négligeables vis-à-vis de $\sin^2\frac{\alpha}{2}$, on peut réduire $f(\alpha)$ à $\frac{1}{4}\left(\frac{\alpha}{2}\right)^2$ ou $\frac{\alpha^2}{16}$, d'où la formule très fréquemment employée

$$T = 2\pi\sqrt{\frac{l}{g}}\left(1 + \frac{\alpha^2}{16}\right),$$

dans laquelle $\alpha$ doit naturellement être évalué en radian.

La loi de l'isochronisme des petites oscillations n'est donc pas *rigoureuse*, car quelque petit que soit $\alpha$, T est une fonction de $\alpha$. Admettre la loi de l'isochronisme, c'est faire dans l'évaluation de T une erreur relative $\frac{\alpha^2}{16}$; or, pour

| $\alpha =$ arc 1° | arc 2° | arc 3° | arc 4° | arc 5° |
|---|---|---|---|---|
| $\frac{\alpha^2}{16} =$ 0,000 019 | 0,000 076 | 0,000 171 | 0,000 304 | 0,000 476 |

Si la durée de l'oscillation est seulement déterminée à $\frac{1}{2000}$ près, la loi est exacte pour des amplitudes inférieures à 5° ; si la précision est de $\frac{1}{10\,000}$, la loi est vraie pour $\alpha \leqq 2°$. La loi de l'isochronisme est une loi *limite*.

466. **Pendule composé. — Cas des oscillations de petite amplitude.** — Soit O (fig. 503) l'intersection de l'axe horizontal de suspension par le plan vertical passant par G et perpendiculaire à l'axe; soient GOG' l'amplitude supposée très petite, M une position du centre de gravité à un certain instant sur sa trajectoire, position définie par l'angle GOM $= \theta$, et $a$ la distance OG. D'après le théorème des forces

vives, le centre de gravité ayant été abandonné en G′ sans vitesse initiale, écrivons que la demi-variation de force vive est égale au travail de la pesanteur pendant le temps considéré, c'est-à-dire au produit du poids $Mg$ par la projection de G′M sur la verticale OG,

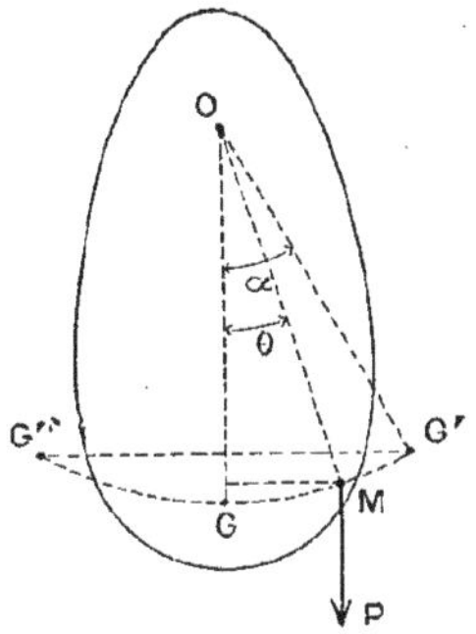

$$\frac{1}{2}\Sigma mv^2 = Mga(\cos\theta - \cos\alpha).$$

Or, en désignant par $\omega$ la vitesse angulaire de rotation du pendule à l'instant considéré, et par $r$ la distance à l'axe du point dont la vitesse est $v$, on a $v = \omega r$, d'où $\frac{1}{2}\Sigma mv^2 = \frac{\omega^2}{2}\Sigma mr^2 = \frac{I\omega^2}{2}$, en désignant par I le moment d'inertie du pendule par rapport à son axe de suspension. D'ailleurs $\omega = \frac{d\theta}{dt}$, donc

Fig. 503.

$$\frac{I}{2}\left(\frac{d\theta}{dt}\right)^2 = Mga(\cos\theta - \cos\alpha).$$

Mais, si $\alpha$ est très petit, on a sensiblement $\cos\alpha = 1 - \frac{\alpha^2}{2}$, et $\cos\theta = 1 - \frac{\theta^2}{2}$; l'équation différentielle précédente devient donc

$$I\left(\frac{d\theta}{dt}\right)^2 = Mga(\alpha^2 - \theta^2),$$

c'est-à-dire

$$\frac{\frac{d\theta}{dt}}{\pm\sqrt{\alpha^2 - \theta^2}} = \sqrt{\frac{Mga}{I}},$$

ou :

$$\frac{\frac{1}{\alpha}\frac{d\theta}{dt}}{\pm\sqrt{1 - \left(\frac{\theta}{\alpha}\right)^2}} = \sqrt{\frac{Mga}{I}}.$$

C'est la même forme d'équation différentielle que pour le pendule simple. En intégrant, et prenant les mêmes origines que précédemment, on en déduit l'équation du mouvement du point situé à l'unité de distance de l'axe :

$$\theta = \alpha\cos\sqrt{\frac{Mga}{I}}\cdot t.$$

La période d'oscillation correspondant à une amplitude très petite est donc :

$$T = 2\pi\sqrt{\frac{I}{Mga}}.$$

C'est encore la loi de l'*isochronisme des petites oscillations*, quelle que soit l'amplitude, pour un pendule composé quelconque.

467. **Pendule simple synchrone. — Axe et centre d'oscillation.** — Si l'on compare cette formule à celle qui donne la période d'oscillation d'un pendule simple, on voit que la longueur $l$ du *pendule simple synchrone du pendule composé* est définie par la relation

$$l=\frac{I}{Ma}.$$

Dans le *métronome* (fig. 504), par exemple, une petite masse additionnelle $m$ sert à faire varier la position du centre de gravité par rapport à un axe fixe de suspension O ; il en résulte, à la fois, une variation de $a$ et de I, M restant constant. Lorsqu'on élève cette masse additionnelle située au-dessus de l'axe de suspension, on remonte le centre de gravité, tout en le laissant au-dessous de l'axe, pour la stabilité de l'appareil ; on diminue donc $a$ et on augmente I, c'est-à-dire qu'on augmente $l$. On peut en effet obtenir ainsi des oscillations de très grande durée. Deux cames $c$ et $d$, représentées à part sur la figure à une échelle plus grande, sont fixées sur l'axe O, et laissent alternativement passer les dents de la roue R. Ce sont les chocs de ces dents sur les cames qui produisent les battements que nous avons utilisés à propos de la machine d'Atwood ; ces chocs compensent les causes d'amortissement et entretiennent le mouvement du pendule.

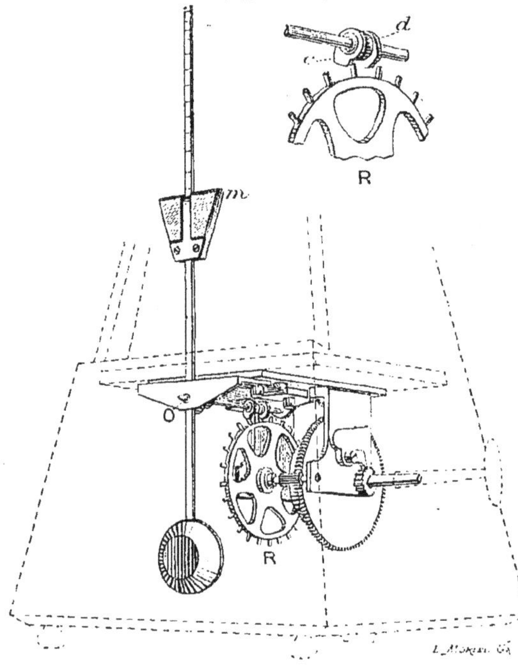

Fig. 504.

L'équation $l=\frac{I}{Ma}$ définit une surface cylindrique de révolution autour de l'axe de suspension ; c'est le lieu des points qui ont, dans le pendule composé, la même durée d'oscillation que s'ils constituaient des pendules simples. — La génératrice de cette surface, contenue dans le plan passant par l'axe de suspension et le centre de gravité, donc la plus voisine de ce point, prend le nom d'*axe d'oscillation* du pendule composé ; le point de cette droite, qui est situé dans le plan mené par G perpendiculairement à l'axe de suspension, s'appelle *centre d'oscillation*.

468. **Théorème sur les moments d'inertie.** — *Le moment*

*d'inertie I d'un corps par rapport à une certaine droite OO′ est égal au moment d'inertie $I_G$ par rapport à une droite parallèle passant par le centre de gravité, plus le produit de la masse totale M par le carré de la distance des deux droites.*

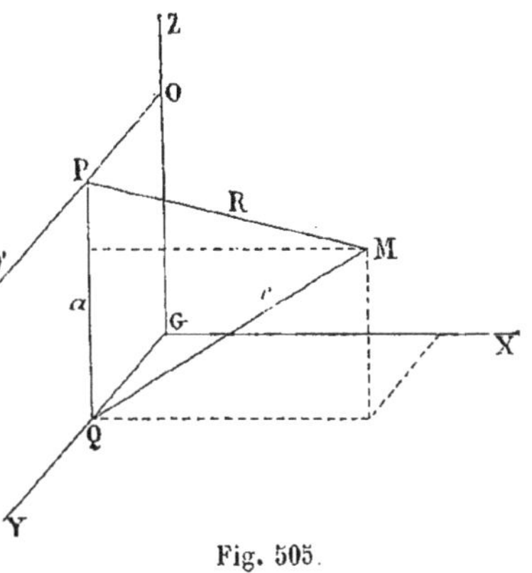

Fig. 505.

En effet, rapportons le système à trois axes rectangulaires, passant par le centre de gravité G et dont l'un GY sera parallèle à l'axe donné OO′ (fig. 505); soit M un point du corps, $m$ sa masse, $x$, $y$, $z$ ses coordonnées; désignons par R sa distance MP à l'axe OO′, par $r$ sa distance MQ à l'axe GY, et par $a$ la distance PQ de ces deux axes; on aura

$$I = \Sigma m R^2 = \Sigma m\,[x^2 + (z - a)^2] = \Sigma m\,(x^2 + z^2 - 2az + a^2)$$
$$I_G = \Sigma m r^2 = \Sigma m\,(x^2 + z^2).$$

En tenant compte de la seconde relation, et en remarquant que $a$ est une constante et que $\Sigma m = M$, on a donc pour expression de I

$$I = I_G + Ma^2 - 2a\,\Sigma mz.$$

Or $\Sigma mz$ est nul, car $g\Sigma mz$ représenterait la somme des moments des forces dues à l'action de la pesanteur par rapport au plan XGY; cette somme est égale au moment de la résultante par rapport à ce plan, et ce moment est nul, puisque ce plan contient le centre de gravité. La valeur de I se réduit donc à

$$I = I_G + Ma^2.$$

Si maintenant on remplace I par cette valeur dans l'expression de la longueur du pendule synchrone, il vient

$$l = \frac{Ma^2 + I_G}{Ma}, \qquad \text{ou} \qquad l = a + \frac{I_G}{Ma};$$

la longueur $l$ est donc toujours *supérieure à $a$*; par conséquent *l'axe d'oscillation est toujours situé de l'autre côté du centre de gravité par rapport à l'axe de suspension.*

On peut encore modifier cette expression, par l'introduction de ce qu'on appelle le *rayon de giration* du corps par rapport à une droite déterminée; c'est une quantité K définie, relativement au moment d'inertie par rapport à cette droite, par la relation $I = MK^2$; c'est donc le rayon d'une surface cylindrique de révolution, ayant pour axe la droite donnée, et sur laquelle la masse du corps devrait être entièrement répartie pour que son moment d'inertie conservât la même valeur. —

En introduisant dans l'expression de $l$ le rayon de giration $K_G$ qui correspond à $I_G$, il vient enfin

$$l = a + \frac{K_G^2}{a}.$$

La quantité $\frac{K_G^2}{a}$ représente donc la distance $a'$ de l'axe d'oscillation au centre de gravité.

469. *Variations de* l *en fonction de* a. — La longueur $l$ du pendule synchrone d'un pendule composé donné, lorsque $a$ varie, la direction de l'axe de suspension restant fixe, est une fonction du second degré de $a$, qui représente une *hyperbole* :

$$a(l - a) - K_G^2 = 0.$$

Construisons cette hyperbole par rapport à deux axes de coordonnées rectangulaires, $Oa$ (fig. 506) pris comme axe des abscisses, et $Ol$ comme axe des ordonnées. — Les *asymptotes* sont les droites $a = 0$, c'est-à-dire l'axe $Ol$, et $l = a$, c'est-à-dire la bissectrice de l'angle des axes.

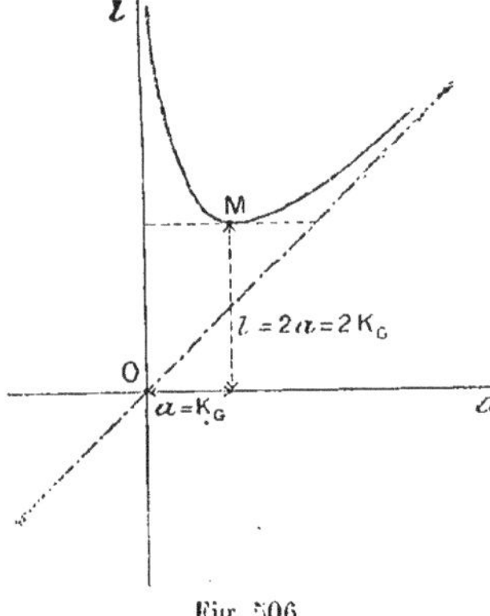

Fig. 506.

Le produit $a(l - a)$ étant constant, la somme $l$ des deux facteurs sera *minimum* pour $a = l - a$, ou $l = 2a$, c'est-à-dire $a(l - a) = a^2 = K_G^2$ ou $a = K_G$, ce qui représente le point M de la courbe, pour lequel la *longueur du pendule synchrone est minimum*. Dans ce *cas particulier*, $a' = \frac{K_G^2}{a} = a$ : l'axe de suspension et l'axe d'oscillation sont équidistants du centre de gravité. — La branche utile de courbe est donc facile à tracer, et l'on voit que $l$ prendra une valeur très grande, à la fois pour $a$ très grand et pour $a$ très petit.

470. **Réciprocité de l'axe de suspension et de l'axe d'oscillation (Huygens).** — La position de l'axe d'oscillation est donnée par la relation

$$a' = \frac{K_G^2}{a};$$

prenons pour nouvel axe de suspension l'axe précédent; la position du nouvel axe d'oscillation est définie par l'expression

$$a'' = \frac{K_G^2}{a'} = a;$$

le nouvel axe d'oscillation est donc confondu avec l'axe de suspension primitif; on dit qu'ils sont *réciproques*.

471. **Théorème du pendule réversible.** — *Si, en faisant osciller un pendule successivement autour de deux axes parallèles, dont le plan*

*contient le centre de gravité et inégalement distants de ce centre de gravité, les durées d'oscillation sont égales, la distance des deux axes est égale à la longueur du pendule simple synchrone.*

Soient $a$ et $a'$ les distances des axes au centre de gravité, $K_G$ le rayon de giration des corps pour un axe parallèle aux axes de suspension et passant par le centre de gravité. Les longueurs des pendules simples synchrones sont respectivement

$$l = a + \frac{K_G^2}{a}, \qquad l' = a' + \frac{K_G^2}{a'};$$

puisque les durées d'oscillation sont égales,

$$l = l', \qquad \text{ou :} \qquad a + \frac{K_G^2}{a} = a' + \frac{K_G^2}{a'}, \qquad \text{d'où :} \qquad (a - a')(aa' - K_G^2) = 0;$$

comme par hypothèse :

$$a - a' \neq 0, \qquad \text{on a donc} \qquad aa' - K_G^2 = 0;$$

l'un des axes étant axe de suspension, l'autre est axe d'oscillation et

$$l = a + a'.$$

**472. Recherche de quelques moments d'inertie.** — 1° *Moment d'inertie d'un cylindre homogène, par rapport à son axe.* — Ce moment d'inertie $I_A$ est évidemment fonction du rayon R du cylindre. Pour trouver cette fonction, donnons à R un accroissement $\Delta R$ (fig. 507), et soit $\Delta I_A$ l'accroissement du moment d'inertie. Si l'on désigne par $\mu$ la masse spécifique de la matière du cylindre et par H sa hauteur, l'accroissement $\Delta I_A$ est évidemment compris entre $\pi\mu H[(R+\Delta R)^2 - R^2]R^2$ et $\pi\mu H[(R+\Delta R)^2 - R^2](R+\Delta R)^2$. C'est-à-dire que $\Delta I_A$, est donné, à des infiniment petits près d'ordre supérieur à $\Delta R$, par la relation

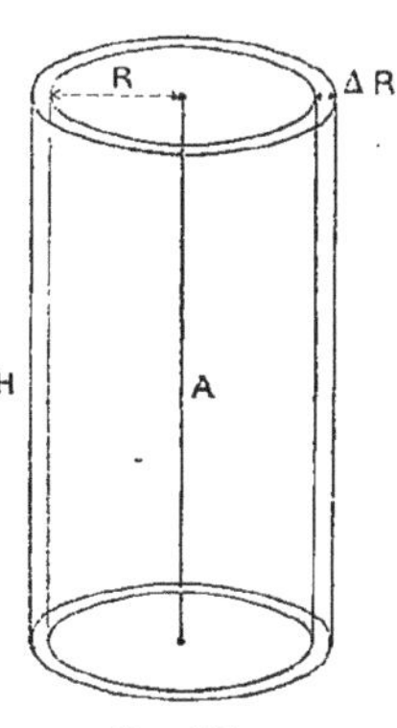


Fig. 507.

$$\Delta I_A = 2\pi\mu H R^3 \Delta R, \qquad \text{d'où} \qquad \frac{\Delta I_A}{\Delta R} = 2\pi\mu H R^3.$$

Si maintenant on fait tendre $\Delta R$ vers zéro, ce qui légitimera l'approximation précédente, il vient :

$$\frac{dI_A}{dR} = 2\pi\mu H R^3, \quad \text{d'où} \quad I_A = \int_0^R 2\pi\mu H R^3 dR = 2\pi\mu H\left(\frac{R^4}{4}\right)_0^R = \frac{\pi\mu H R^4}{2} = \pi R^2 H\mu\frac{R^2}{2} = M\frac{R^2}{2}.$$

Le *rayon de giration* $K_A$ du cylindre par rapport à son axe est donc donné par la relation

$$K_A = \frac{R^2}{2}.$$

Pour un cylindre creux de rayon intérieur $R_1$, de rayon extérieur $R_2$ :

$$I_A = \int_{R_1}^{R_2} 2\pi\mu H R^3 dR = 2\pi\mu H\left(\frac{R^4}{4}\right)_{R_1}^{R_2} = \frac{\pi\mu H}{2}(R_2^4 - R_1^4)$$

$$= \pi(R_2^2 - R_1^2)H\mu\frac{R_1^2 + R_2^2}{2} = M\frac{R_1^2 + R_2^2}{2};$$

donc $$K_A^2 = \frac{R_1^2 + R_2^2}{2}.$$

2° *Moment d'inertie d'une sphère homogène, par rapport à un de ses diamètres.* — Prenons trois axes de coordonnées rectangulaires. OX, OY et OZ (fig. 508), passant par le centre O de la sphère. Soient $x$, $y$, $z$ les coordonnées d'un point M, situé à une distance $\rho$ du centre et ayant pour masse $m$. On aura :

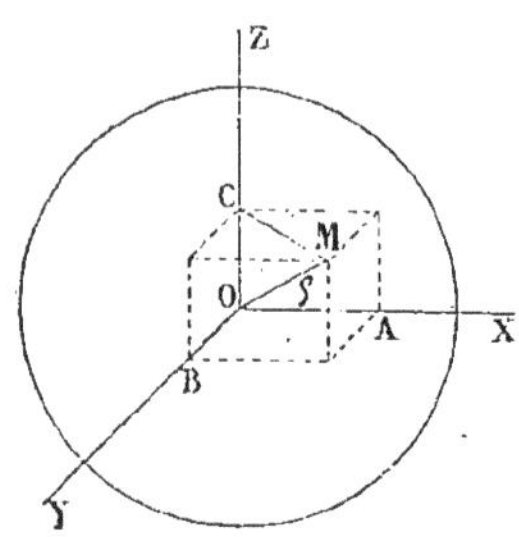


Fig. 508.

$$I_x = \Sigma m (y^2 + z^2)$$
$$I_y = \Sigma m (x^2 + z^2)$$
$$I_z = \Sigma m (x^2 + y^2).$$

Mais ces trois moments d'inertie sont évidemment égaux, par raison de symétrie. En en faisant la somme et désignant par $I_0$ le moment d'inertie cherché, on aura donc :

$$3 I_0 = 2 \Sigma m (x^2 + y^2 + z^2) = 2 \Sigma m \rho^2.$$

Or $\Sigma m \rho^2$ est une certaine fonction $\varphi$ (R) du rayon de la sphère. Donnons à R un accroissement $\Delta R$ et soit $\Delta\varphi$ l'accroissement de la fonction $\varphi$; on a, à des infiniment petits près d'ordre supérieur à $\Delta R$ (infiniment petits qui deviendront nuls à la limite),

$$\Delta\varphi = 4\pi R^2 \Delta R . \mu . R^2 = 4\pi\mu R^4 \Delta R\,;$$

à la limite

$$d\varphi = 4\pi\mu R^4 dR,$$

et

$$\varphi(R) = \int_0^R 4\pi\mu R^4 dR = 4\pi\mu \left(\frac{R^5}{5}\right)_0^R = \frac{4}{5}\pi\mu R^5;$$

donc

$$3 I_0 = \frac{8}{5}\pi\mu R^5, \qquad \text{ou} \qquad I_0 = \frac{8\pi\mu R^5}{3 \times 5} = \frac{4}{3}\pi R^3 . \mu . \frac{2 R^2}{5} = M . \frac{2 R^2}{5},$$

d'où enfin

$$K_0^2 = \frac{2}{5} R^2.$$

Si la sphère était creuse de rayon intérieur $R_1$, de rayon extérieur $R_2$, on aurait

$$\varphi(R) = \int_{R_1}^{R_2} 4\pi\mu R^4 dR = 4\pi\mu \left(\frac{R^5}{5}\right)_{R_1}^{R_2} = \frac{4}{5}\pi\mu (R_2^5 - R_1^5),$$

donc

$$I_0 = \frac{8}{15}\pi\mu (R_2^5 - R_1^5), \qquad \text{et} \qquad K_0^2 = \frac{2}{5}\frac{R_2^5 - R_1^5}{R_2^3 - R_1^3}.$$

*Application. — Longueur du pendule simple synchrone du pendule formé par un fil sans masse, supportant une sphère de rayon R.* — Si l'on désigne par $a$ la distance du point de suspension au centre O de la sphère, ou centre de gravité du système, on a (468 et 472, 2°)

$$l = a + \frac{K_0^2}{a} = a + \frac{2 R^2}{5 a}.$$

Si $a$ est assez grand et R assez petit pour que $\frac{2R^2}{5a}$ soit négligeable devant $a$, on a très sensiblement

$$l = a.$$

3° *Moment d'inertie par rapport à l'un de ses diamètres, d'un disque circulaire homogène de rayon* R *et d'épaisseur* dz.

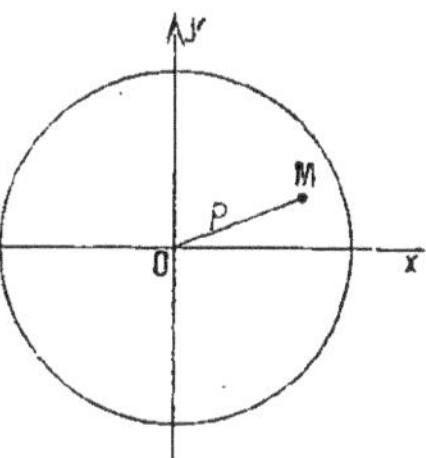

Fig. 509.

Les moments d'inertie par rapport à $Ox$ et $Oy$ (fig. 509) sont, en désignant par $m$ la masse de l'élément M placé à la distance $\rho$ du centre :

$$I_x = \Sigma my^2 \qquad I_y = \Sigma mx^2;$$

mais ces moments d'inertie sont évidemment égaux; on a donc en désignant par $I_0$ leur valeur commune.

$$2I_0 = \Sigma m(x^2 + y^2) = \Sigma m\rho^2.$$

Or $\Sigma m\rho^2$ est une fonction $\varphi(R)$ du rayon; en donnant à R un accroissement $\Delta R$, il en résulte pour $\varphi$ un accroissement

$$\Delta\varphi = \Delta\Sigma m\rho^2 = 2\pi R\Delta R dz\mu R^2 = 2\pi\mu dz R^3\Delta R,$$

et à la limite

$$d\varphi = 2\pi\mu dz R^3 dR, \qquad \text{d'où} \qquad \varphi = 2\pi\mu dz \int_0^R R^3 dR = \frac{1}{2}\pi\mu dz R^4;$$

donc

$$I_0 = \frac{1}{4}\pi\mu dz R^4 = \pi R^2 dz \mu \frac{R^2}{4}, \qquad \text{par suite} \qquad K_0^2 = \frac{R^2}{4}.$$

Si l'on avait affaire à un disque creux de rayon intérieur $R_1$, de rayon extérieur $R_2$, on écrirait :

$$\varphi = 2\pi\mu dz \int_{R_1}^{R_2} R^3 dR = \frac{1}{2}\pi\mu dz (R_2^4 - R_1^4)$$

$$I_0 = \frac{1}{4}\pi\mu dz (R_2^4 - R_1^4) = \pi(R_2^2 - R_1^2)\mu dz \frac{R_1^2 + R_2^2}{4} = M\frac{R_1^2 + R_2^2}{4};$$

donc

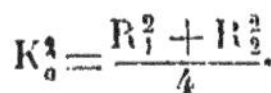

$$K_0^2 = \frac{R_1^2 + R_2^2}{4}.$$

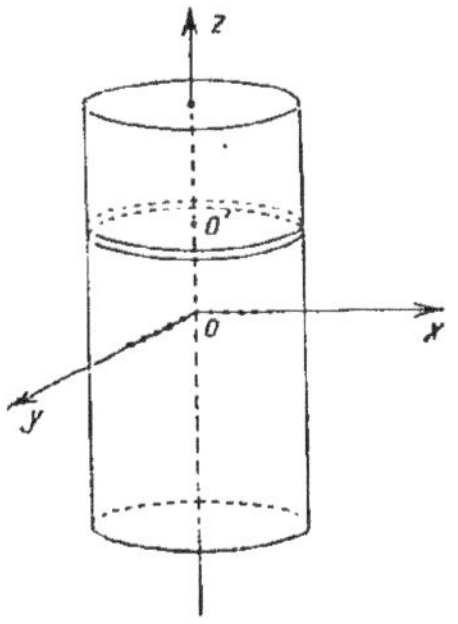

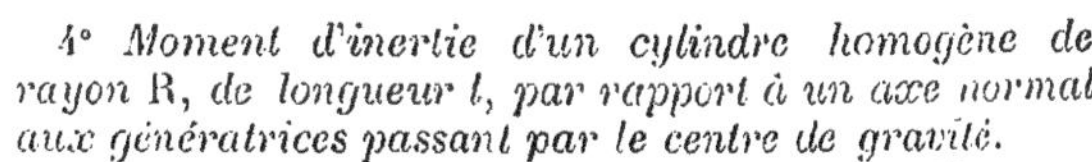

4° *Moment d'inertie d'un cylindre homogène de rayon* R, *de longueur* $l$, *par rapport à un axe normal aux génératrices passant par le centre de gravité.*

Décomposons le cylindre en tranches telles que O' (fig. 510), qui est à la distance $z$ de l'axe $Ox$; le moment de cette tranche par rapport à l'axe $Ox$ est, en appliquant le théorème sur les moments d'inertie (468) :

$$dI = \pi R^2 dz \mu \left(\frac{R^2}{4} + z^2\right),$$

Fig. 510.

donc

$$I = \pi R^2\mu \int_{-\frac{l}{2}}^{+\frac{l}{2}} \left(\frac{R^2}{4} + z^2\right) dz = \pi R^2\mu \left[\frac{R^2 z}{4} + \frac{z^3}{3}\right]_{-\frac{l}{2}}^{+\frac{l}{2}} = \pi R^2 l\mu \left(\frac{R^2}{4} + \frac{l^2}{12}\right) = M\left(\frac{R^2}{4} + \frac{l^2}{12}\right).$$

Le rayon de giration est donné par l'expression

$$K_0^2 = \frac{R^2}{4} + \frac{l^2}{12}.$$

Pour une aiguille mince, on aurait très sensiblement :

$$K_0^2 = \frac{l^2}{12}.$$

S'il s'agissait d'un cylindre creux de rayon intérieur $R_1$, de rayon extérieur $R_2$,

$$dI = \pi(R_2^2 - R_1^2)\mu dz\left[\frac{R_1^2 + R_2^2}{4} + z^2\right],$$

$$I = \pi(R_2^2 - R_1^2)l\mu\left[\frac{R_1^2 + R_2^2}{4} + \frac{l^2}{12}\right] = M\left(\frac{R_1^2 + R_2^2}{4} + \frac{l^2}{12}\right),$$

$$K_0^2 = \frac{R_1^2 + R_2^2}{4} + \frac{l^2}{12}.$$

5° *Moment d'inertie d'un prisme homogène droit à base rectangle, par rapport à un axe passant par son centre de gravité et normal à deux des faces.*

Soit O (fig. 511) le centre de gravité du prisme, dont les arêtes sont paral-

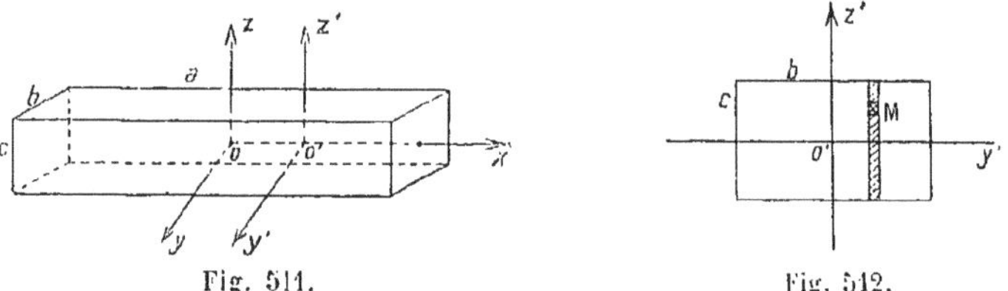


Fig. 511. Fig. 512.

lèles aux axes rectangulaires $Ox$, $Oy$, $Oz$, et qui ont pour longueurs respectives $a$, $b$, $c$; soit à prendre le moment d'inertie par rapport à $Oz$. Cherchons d'abord le moment d'inertie d'une tranche normale à $Ox$, d'épaisseur $dx$, par rapport à un axe $O'z'$ (fig. 512) passant par son centre et parallèle à $Oz$; ce moment d'inertie est :

$$\int_{-\frac{b}{2}}^{+\frac{b}{2}} c\,dx\,dy\,\mu y^2 = c\,dx\,\mu \int_{-\frac{b}{2}}^{+\frac{b}{2}} y^2 dy = c\,dx\,\mu\left(\frac{y^3}{3}\right)_{-\frac{b}{2}}^{+\frac{b}{2}} = \frac{b^3 c\,dx\,\mu}{12};$$

le moment d'inertie de cette tranche, par rapport à l'axe $Oz$ est donc :

$$dI = \frac{b^3 c\,dx}{12}\mu + bc\,dx\,\mu x^2 = bc\mu\left[\frac{b^2}{12} + x^2\right]dx,$$

d'où

$$I = bc\mu\int_{-\frac{a}{2}}^{+\frac{a}{2}}\left(\frac{b^2}{12} + x^2\right)dx = bc\mu\left[\frac{b^2 x}{12} + \frac{x^3}{3}\right]_{-\frac{a}{2}}^{+\frac{a}{2}} = abc\mu\frac{a^2 + b^2}{12} = M\frac{a^2 + b^2}{12}.$$

Le carré du rayon de giration est :

$$K_0^2 = \frac{a^2 + b^2}{12}.$$

Pour un prisme très allongé suivant $Ox$, on a très sensiblement :

$$K_0^2 = \frac{a^2}{12}.$$

473. **Vérification expérimentale des lois du pendule.** — Ces lois, découvertes expérimentalement par Galilée, sont contenues dans la formule

$$T = 2\pi\sqrt{\frac{I}{Mga}}, \qquad \text{ou} \qquad T = 2\pi\sqrt{\frac{l}{g}}.$$

1° *Loi de l'isochronisme des oscillations de petites amplitudes.* — Cette loi, applicable à un pendule de forme quelconque, se vérifie en déterminant, par exemple, la durée totale de 100 oscillations d'amplitude suffisamment petite, soit 5°, puis celle des 100 oscillations suivantes, et encore de 100 nouvelles oscillations, ainsi de suite jusqu'à arrêt presque complet du pendule. En raison de l'amortissement par l'air, l'amplitude décroît constamment et l'on constate néanmoins que la durée d'une série de 100 oscillations est *constante.*

2° *Loi des longueurs.* — *En un même lieu, la durée d'oscillation d'un pendule simple est proportionnelle à la racine carrée de la longueur du pendule.* — On opère avec un pendule formé par une petite boule, de laiton par exemple, suspendue par un fil dont on fait varier la longueur. On mesure dans chaque cas la distance $l$ du centre de la boule au point de suspension et la durée d'oscillations correspondante T. On trouve que

$$\frac{T}{\sqrt{l}} = C^{te}.$$

3° *Loi de l'indépendance de la durée d'oscillation et de la matière du pendule.* — Les mesures de $g$ faites en un *même* lieu, avec des pendules de natures *différentes*, donnent le *même* résultat aux erreurs d'expériences près, même dans le cas des mesures d'une rare précision. On a ainsi la *meilleure vérification de la loi de Newton* (415).

## MESURE DE L'INTENSITÉ DU CHAMP TERRESTRE

474. **Mesure de l'intensité de la pesanteur par le pendule.** — Une des applications les plus importantes du pendule est la mesure de l'*intensité* $g$ du champ de la pesanteur (439), ou, d'une façon plus générale, la mesure de l'intensité en un point d'un champ uniforme quelconque, par la *méthode dite des oscillations.*

En principe, pour déterminer avec le pendule l'intensité $g$ de la pesanteur en un lieu donné, il suffit d'appliquer à un pendule la formule des oscillations d'amplitude infiniment petites (463) :

$$(1) \qquad T = 2\pi\sqrt{\frac{l}{g}}, \qquad \text{d'où} \qquad g = 4\frac{\pi^2 l}{T^2},$$

et par suite de mesurer : 1° la durée T d'une oscillation ; 2° la longueur $l$

du pendule simple synchrone. On fera la correction relative à l'amplitude et on sera ainsi amené à mesurer l'amplitude.

*Discussion relative à la précision des mesures.* — De la formule qui précède, en appliquant le théorème des erreurs relatives (409), nous tirons la relation :

$$\frac{\Delta g}{g}=\frac{\Delta l}{l}+2\frac{\Delta T}{T}.$$

Si nous voulons que l'on ait $\frac{\Delta g}{g}\leq\frac{1}{100\,000}$, en répartissant également les erreurs entre $l$ et T, il faudra par exemple que

$$\frac{\Delta l}{l}\leq\frac{1}{200\,000}, \qquad \frac{\Delta T}{T}\leq\frac{1}{400\,000}.$$

## MESURE DE LA DURÉE D'OSCILLATION

**475. Méthodes de mesure.** — Pour mesurer T, on compare le pendule libre en expérience, soit à une horloge astronomique, soit à un chronomètre de précision bien réglé. Pour cette comparaison, on peut employer différentes méthodes : 1° la *méthode des passages*; 2° la *méthode des coïncidences*, qui est due à Borda; 3° la *méthode stroboscopique*, imaginée par M. Lippmann.

**476. Méthode des passages.** — Cette méthode très simple consiste à compter le *nombre des passages* du pendule par sa position d'équilibre, dans un intervalle de temps donné par l'horloge ou par le chronomètre. On a ainsi la durée moyenne d'une oscillation simple. — Au lieu de compter directement les passages, il est plus simple de les enregistrer électriquement, en chargeant le pendule lui-même de cette opération sans que sa période soit altérée : à chacune de ses oscillations simples, le pendule ferme et ouvre le circuit d'une pile; un récepteur télégraphique Morse, placé dans le circuit, fournit, sur une bande de papier qui se déroule, un nombre de traits égal au nombre des passages entre deux époques bien déterminées par le compteur de temps.

*Précision de la mesure.* — Supposons qu'au début et à la fin de l'opération nous commettions une erreur ayant pour limite $\varepsilon$ : si $t$ est la durée totale de l'expérience, l'erreur relative est inférieure à $\frac{2\varepsilon}{t}$ : elle varie en raison *inverse du temps*. Les chronomètres marquent le $\frac{1}{5}$ de seconde; nous pouvons donc faire $\varepsilon=\frac{1}{5}$ sec.; pour avoir certainement une erreur relative inférieure à $\frac{1}{400\,000}$, il faudrait que l'on ait

$$\frac{2\times\frac{1}{5}}{t}<\frac{1}{400\,000} \qquad \text{d'où} \qquad t>160\,000 \text{ sec.}$$

L'expérience devrait durer près de deux jours : le pendule serait arrêté bien avant : le comptage présenterait de grosses difficultés, à moins d'employer un procédé d'enregistrement.

477. **Méthode des coïncidences** (Borda)[1]. — Elle a été employée d'abord par Borda qui lui a donné la forme suivante : le pendule était placé en avant du balancier d'une horloge astronomique, dans une cage de verre qui les mettait l'un et l'autre à l'abri de l'agitation de l'air (fig. 513). Un disque de papier, sur lequel était tracé un trait fin vertical, était fixé au balancier ; une lunette était disposée au loin, de façon que, au repos, le fil du pendule et le trait du balancier formassent leurs images sur le fil vertical du réticule de la lunette.

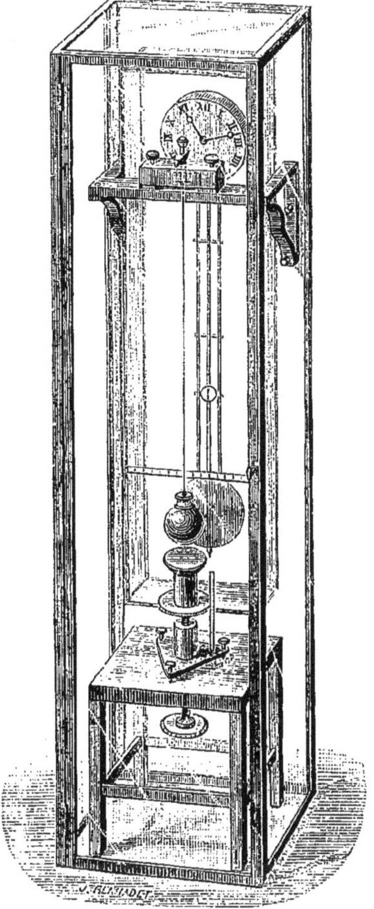

Fig. 513.

Le pendule et le balancier étant en mouvement, on appellera *coïncidence* un passage simultané, sous le fil du réticule, du fil du pendule et du trait du balancier, marchant *dans le même sens*. — Considérons une première coïncidence rigoureuse, dans la verticale, et supposons que le pendule aille, par exemple, un peu plus vite que le balancier, le passage s'effectuant en O (fig. 514) dans le sens de la flèche $f$. Au bout du temps T', période du balancier, le repère du balancier revient en O, mais celui du pendule a avancé un peu, il est en $b_1$ ; au bout du temps 2T', le repère du balancier revient encore en O, et celui du pendule a encore avancé ; il est venu en $b_2$ et ainsi, à chaque fois que le balancier repasse par O, le pendule a gagné un peu ; il arrive que le balancier passant par la

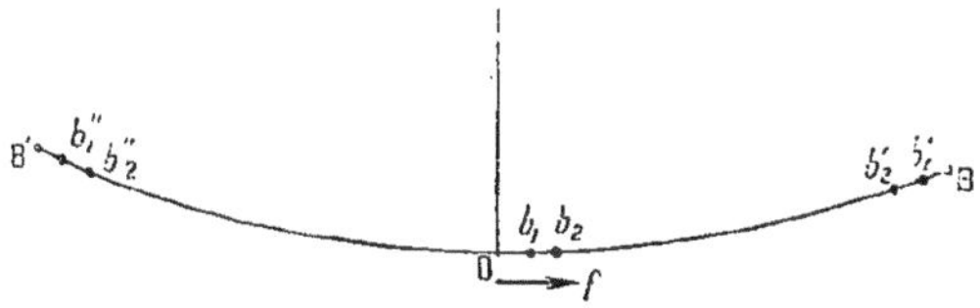

Fig. 514.

[1] Borda (1733-1799), mathématicien français ; il fut officier de marine et s'occupa avec beaucoup de succès des questions de génie maritime.

verticale suivant $f$, le pendule a atteint l'extrémité de sa course en B ; à l'oscillation complète suivante du balancier, le pendule est venu en $b'_1$, puis en $b'_2$ ; il arrive un moment où il passe par la verticale en même temps que le balancier, mais en sens inverse ; la coïncidence est très fugitive et non appréciable ; le pendule progresse sur OB', chaque fois que le balancier repasse par O suivant $f$ ; le pendule atteint sa position extrême B', puis il progresse suivant B'O, et enfin il arrive un moment où les repères du balancier et du pendule repassent tous les deux à la fois par O, dans le même sens $f$ ; il y a *coïncidence* de nouveau. Soit N le nombre d'oscillations complètes du balancier qui ont séparé deux coïncidences successives ; pendant le temps NT', le pendule a effectué *une* oscillation complète de plus que le balancier, c'est-à-dire N+1, puisqu'il a parcouru en plus le chemin OBOB'O ; donc

$$(N+1)T = NT',$$

d'où

$$T = \frac{N}{N+1} T'.$$

Si le pendule avait oscillé plus lentement que le balancier, on aurait trouvé

$$T = \frac{N}{N-1} T'. \quad (^1)$$

*Précision de la mesure.* — Nous avons supposé que l'une des extrémités des petits chemins supplémentaires était en O, et nous avons ainsi démontré qu'il y avait nécessairement coïncidence ; mais la coïncidence est-elle *rigoureuse* ? En réalité, il n'en est pas ainsi très probablement, mais, les repères ayant des épaisseurs non négligeables, la coïncidence se produit en *apparence*, sans être rigoureuse et paraît même persister pendant plusieurs oscillations complètes successives, au nombre de $n$. On prend pour l'instant où se produit la coïncidence, la moyenne arithmétique des moments où elle paraît s'établir, puis cesser ; on peut donc commettre sur N l'erreur maximum $n$. Posons donc $\Delta N = n$ et calculons l'erreur relative correspondante :

$$\text{Log. } T = \text{Log. } N - \text{Log. } (N+1) + \text{Log. } T',$$

et par suite, puisque $\Delta T' = 0$,

$$\frac{\Delta T}{T} = \frac{\Delta N}{N} - \frac{\Delta N}{N+1} = \frac{\Delta N}{N(N+1)} = \frac{n}{N(N+1)}.$$

L'erreur relative est donc inférieure à $\frac{n}{N(N+1)}$, ou sensiblement à $\frac{n}{N^2}$.

La précision de la mesure croît proportionnellement à $N^2$, c'est-à-dire au *carré* de la durée de l'expérience, d'où un premier avantage sur la méthode des passages. Si on a observé $p+1$ coïncidences successives, et si N' est le nombre d'oscillations du balancier ($N' = pN$), on a $(N'+p)T = N'T'$, d'où T, et, en raisonnant comme plus haut, on trouve que l'erreur relative est inférieure à $\frac{pn}{N'^2} = \frac{n}{pN^2}$.

(1) En réalité, le pendule de Borda avait environ 4m de longueur, et si l'on désigne par 2N le nombre d'oscillations du pendule astronomique séparant deux coïncidences successives, on établit facilement que

$$(N \pm 1)T = 2NT'.$$

Dans les expériences de Borda $n=15$, $N=1500$, $\frac{n}{N^2}=\frac{1}{150000}$ ; en observant quatre coïncidences successives, l'erreur relative est inférieure à $\frac{1}{450000}$ ; la durée des opérations est $5NT=4500\times 2=9000$ secondes ou $2^h 30^m$ ; or un pendule suspendu par un couteau *bien travaillé* peut osciller librement pendant plusieurs heures; la méthode est donc susceptible d'une haute précision, en outre il n'y a pas difficulté de comptage ni fatigue excessive.

*Dispositif Defforges.* — Dans le cas des expériences de Borda, comme on vise le balancier et le pendule avec une lunette, ils doivent nécessairement être voisins, et par suite ils s'entraînent mutuellement, par un phénomène de résonance. Le général Defforges a évité cette cause d'erreur de la manière suivante : une lentille achromatique L (fig. 515) donne de l'extrémité B du pendule, éclairée par une source lumineuse placée en avant de la fenêtre F, une image qui vient se former dans le plan d'oscillation du balancier A; ce balancier porte une toute petite ouverture, et l'image de B, que l'on pointe avec un microscope M, est visible seulement lorsqu'elle se trouve sur la fente de A, c'est-à-dire lorsque B et A passent tous les deux à la fois par la verticale, quel que soit le sens de passage du reste, si bien que la différence entre les nombres d'oscillations complètes de B et de A effectuées dans l'intervalle de deux coïncidences consécutives est seulement 0,5.

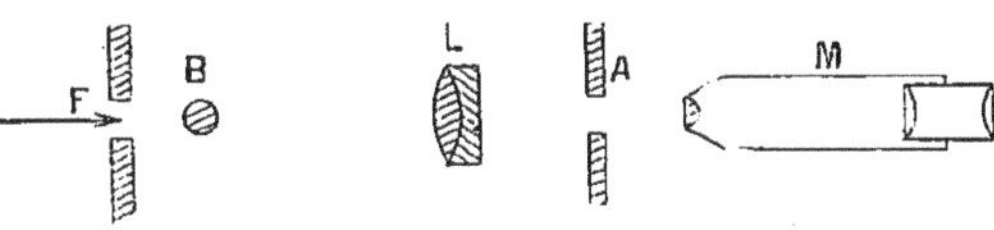

Fig. 515.

478. **Méthode stroboscopique de M. Lippmann.** — La méthode des coïncidences, généralement employée pour comparer les durées d'oscillations de deux pendules, devient d'une application difficile lorsque ces durées sont sensiblement égales. Au contraire, la méthode stroboscopique, appliquée par M. Lippmann, est d'autant plus commode que les durées d'oscillations sont plus près de l'égalité. Elle est beaucoup plus rapide et plus précise que la méthode des coïncidences. Enfin elle permet de comparer deux pendules quelconques, sans qu'il soit nécessaire de les placer dans le voisinage l'un de l'autre.

Le pendule à comparer, que nous désignerons par la lettre A, interrompt, à chaque oscillation, le circuit d'une pile électrique. Dans ce même circuit, est placé un *relais télégraphique* (électro-aimant), qui rompt, à chaque fois, le courant inducteur d'une bobine d'induction, armée d'une bouteille de Leyde. Chaque décharge de la bouteille produit une étincelle, dont on se sert pour éclairer un index constitué par un fil de platine très fin, porté par le second pendule B, et se mouvant dans le champ d'un microscope micrométrique. A chacune de ces étincelles *instantanées*, dont la période d'apparition est la période d'oscillation du pendule A, l'œil placé au microscope voit apparaître l'index du pendule B, dans la position qu'il occupe à cet instant; on note cette position. Si les deux pendules ont exactement même période, on voit l'image de l'index se projeter indéfiniment, à chaque nouvel éclair, sur la même division de l'échelle micrométrique. Si, au contraire, il y a une petite différence de marche entre les deux pendules, l'image de l'index se déplace lentement : le déplacement se produit dans le sens du mouvement du pendule B, si celui-ci est en avance; en sens inverse, dans le cas contraire. — Une expérience de quelques minutes suffit généralement pour obtenir les données nécessaires au calcul.

Pour calculer la période T de A en fonction de la période T′ du pendule-balancier B, supposons que l'élongation $e$ de B soit, par exemple, de 10 millimètres et que chaque division du micromètre corresponde à $\frac{1}{100}$ de millimètre dans le plan de visée. Soit $\varepsilon$ millimètres le déplacement de l'index de B, à chaque étincelle, dans le plan de visée, au voisinage de la verticale. Prenons comme origine des temps l'instant où le pendule B passe par la verticale, ce qui revient à diminuer les valeurs du temps $t$ de $\frac{1}{4}$ de période, dans l'équation du mouvement que nous avons établie précédemment (462); on aura

$$s = e\cos 2\pi \frac{t - \frac{T'}{4}}{T'} = e\cos\left(2\pi\frac{t}{T'} - \frac{\pi}{2}\right) = e\sin 2\pi\frac{t}{T'};$$

par suite, si $\theta$ est la différence des deux périodes,

$$\varepsilon = e\sin 2\pi\frac{\theta}{T'},$$

d'où :

$$\theta = \frac{T'}{2\pi}\arcsin\frac{\varepsilon}{e}, \qquad \text{ou sensiblement} \qquad \theta = \frac{T'}{2\pi}\cdot\frac{\varepsilon}{e}.$$

Pour évaluer numériquement $\theta$, prenons pour $2\pi$ la valeur approchée 6, et supposons que $\varepsilon$ corresponde, par exemple, à une division du micromètre, c'est-à-dire à $\frac{1}{100}$ de millimètre; on aura

$$\theta = \frac{T'}{6000}, \qquad \text{et} \qquad T' + \theta = T = T'\left(1 + \frac{1}{6000}\right),$$

d'où, entre les durées d'oscillation simple, la relation

$$t_1 = t'_1\left(1 + \frac{1}{6000}\right),$$

et si $t'_1 = 1$ seconde,

$$t_1 = 1^{\text{sec}} + \frac{1}{6000} \text{ de seconde.}$$

Or, dans une expérience rapportée par M. Lippmann, il fallait cinq minutes pour que l'image de l'index de B éprouvât un déplacement de 1 division du micromètre; or cinq minutes comprennent 150 périodes de B battant la seconde; par suite, à chaque période, l'index ne s'était déplacé que de $\frac{1}{150}$ de $\frac{1}{100}$ de millimètre, c'est-à-dire de $\varepsilon = \frac{1}{15000}$ de millimètre. Il en résultait, pour la différence $\theta$, des périodes de A et de B,

$$\theta = \frac{T'}{6}\cdot\frac{1}{15000}\cdot\frac{1}{10} = \frac{T'}{900000},$$

c'est-à-dire

$$t_1 = 1^{\text{sec}} + \frac{1}{900000} \text{ de seconde.}$$

Par la méthode des coïncidences, il eût fallu, pour déterminer une différence aussi petite, opérer sur un intervalle de plusieurs fois vingt-quatre heures, ce qui est impossible avec un pendule libre, qui ne peut osciller pendant un temps aussi long; avec la méthode stroboscopique, il a suffi d'une expérience de cinq minutes.

*Remarque.* — Le relais intercalé dans le circuit du pendule A n'introduit aucune variation de T. On peut s'en assurer en mesurant encore la période du pendule A libre, par la méthode de Borda. On pourrait aussi évaluer les périodes T et T′ de A libre et du balancier B, en fonction de la période T″ d'un pendule à relais : on éliminerait ensuite T″.

479. **Mesure de l'amplitude** $\alpha$. — Lorsqu'on fait une mesure précise de $g$, il faut nécessairement tenir compte de l'amplitude, et on applique la formule $T = 2\pi\sqrt{\frac{l}{g}}\left(1+\frac{\alpha^2}{16}\right)$ qui exige la connaissance de l'amplitude $\alpha$. Pour mesurer cette amplitude à un instant déterminé, on peut, comme le faisait Borda, disposer une règle divisée horizontale (fig. 515), dans un plan parallèle au plan d'oscillation du pendule et à une distance donnée de son axe de suspension. On détermine le trait de la règle sur lequel le fil du pendule se projette, dans la position d'équilibre, puis le trait de division extrême auquel il parvient à l'extrémité de sa course. En appelant $d$ l'élongation mesurée sur la règle, et D la distance de la règle à l'axe de suspension du pendule, on a :

$$d = D \operatorname{tg} \alpha, \qquad \text{d'où} \qquad \operatorname{tg} \alpha = \frac{d}{D}, \qquad \text{ou sensiblement} \qquad \alpha = \frac{d}{D}.$$

Si l'amplitude reste sensiblement constante pendant l'intervalle de temps auquel se rapporte la mesure de T, on porte la valeur trouvée $\alpha$ dans l'expression de T. — Si l'amplitude, sans rester constante, ne varie que faiblement pendant le temps auquel se rapporte la mesure de T, on peut prendre pour $\alpha$ la moyenne arithmétique $\frac{\alpha_0+\alpha_1}{2}$ entre l'amplitude $\alpha_0$ au début et l'amplitude $\alpha_1$ à la fin de l'intervalle considéré.

Enfin, si l'expérience se prolonge un peu trop longtemps, comme cela a nécessairement lieu dans la méthode des passages ou dans la méthode des coïncidences, on se sert d'une formule de correction (508), due à Borda, et déduite du fait expérimental que, lorsque les temps croissent en progression arithmétique, les amplitudes décroissent en progression géométrique ; cette formule est :

$$\alpha^2 = \frac{M}{2} \cdot \frac{\alpha_0^2 - \alpha_1^2}{\log \frac{\alpha_0}{\alpha_1}},$$

M étant le module de passage des logarithmes népériens aux logarithmes vulgaires : (Log nép $= \frac{1}{M}$ log vulg, avec M $=$ log vulg. $e = 0{,}4343$).

## MESURE DE LA LONGUEUR DU PENDULE SIMPLE SYNCHRONE

480. *Méthodes.* — Pour avoir $l$, longueur du pendule simple synchrone, on a employé successivement les méthodes suivantes :

1° Prendre un pendule homogène de forme géométrique suffisamment simple pour que, de la connaissance des dimensions du pendule, on puisse déduire $l$; c'est la *méthode du pendule de Borda*;

2° Réaliser un pendule réversible et mesurer la distance des arêtes des deux couteaux : c'est la *méthode du pendule réversible*.

Aujourd'hui on ne s'astreint pas à ce que le pendule soit rigoureusement réversible, mais on prend un pendule symétrique à couteaux interchangeables, se prêtant aux corrections expérimentales des mesures.

481. **Mesure de $l$, dans le cas du pendule de Borda**. — Cette méthode n'a plus qu'un intérêt historique. Le pendule de Borda était constitué par une sphère pleine de platine S (fig. 516), de 5 centimètres de diamètre environ, suspendue à un fil de fer très fin, d'environ 4 mètres de longueur. — Le mode de suspension était le suivant : au moyen d'une couche imperceptible de matière grasse, la sphère était fixée dans une calotte sphérique très mince C, de même rayon; cette calotte était munie d'une monture très légère, dont l'écrou recevait une vis dans l'axe de laquelle était maintenu le fil. A la partie supérieure, une disposition analogue reliait le fil à une tige métallique T supportée par un couteau AA', dont l'arête constituait l'axe de rotation du pendule et reposait sur deux petits plans d'acier, formant un plan horizontal fixé à un support inébranlable. Au-dessus du couteau, un écrou massif E, que l'on pouvait faire monter ou descendre sur un pas de vis, permettait de déplacer le centre de gravité et par suite le centre d'oscillation du système de suspension.

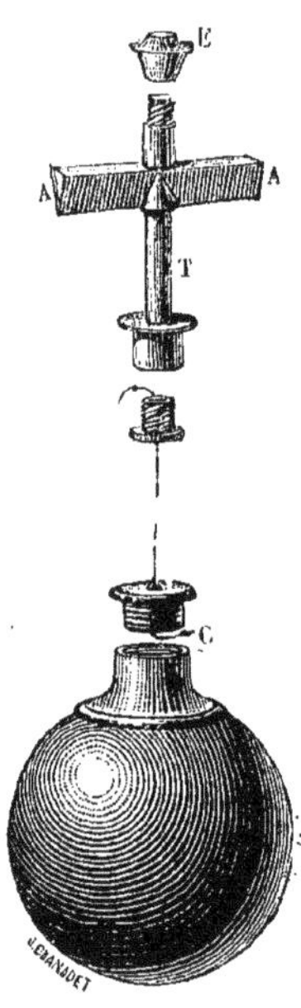

Fig. 516.

Pour mesurer $l$ dans ces conditions, nous rappellerons que la longueur du pendule synchrone d'un pendule composé constitué par un fil de masse négligeable, supportant une sphère homogène de rayon $r$, est (472, 2°)

$$l = a + \frac{2r^2}{5a},$$

$a$ désignant la distance de l'axe de rotation au centre de la sphère.

Il faut donc déterminer $r$ et $a$. — Pour déterminer $r$, Borda mesurait, au moyen d'une balance de précision, la perte de poids qu'éprouvait la sphère quand on la plongeait dans de l'eau à une température donnée; il en déduisait $r$. — Ensuite, il disposait, sous la boule suspendue à son fil, un plan d'acier bien horizontal, que l'on pouvait élever ou abaisser au moyen d'une vis micrométrique (fig. 515). On faisait monter lentement ce plan jusqu'à ce qu'il vînt en contact avec la boule, sans la soulever; on jugeait que le contact était établi, en plaçant derrière l'appareil la flamme d'une bougie, et en faisant ensuite osciller le pendule après avoir écarté très légèrement le plan; on notait la température correspondante au réglage parfait. Au pendule, on substituait alors un autre couteau supportant une règle divisée, dont le zéro correspondait à l'arête du couteau, et dont l'autre extrémité portait une languette formant vernier sur la règle. On faisait glisser cette languette jusqu'au contact du plan; on avait ainsi $a + r$, et l'on en déduisait $a$ pour la température précédemment notée.

*Influence du fil et de la calotte sphérique.* — Pour tenir compte du fil et de la calotte, le calcul montre qu'il suffit de retrancher, de la longueur fournie par les mesures, une petite quantité $\lambda$ que l'on détermine facilement, avec une approximation suffisante, par le calcul et quelques mesures; on prend alors pour $l$ la valeur

$$l = a + \frac{2 r^2}{5 a} - \lambda.$$

*Influence du couteau.* — Le couteau devant osciller lui-même, et ayant une assez grande masse, il fallait, ou en tenir compte également, ce qui eût été difficile, ou mieux, en éliminer l'influence. Pour cela, il suffisait de faire osciller le couteau seul, et de régler la position de son écrou de façon que sa durée d'oscillation fût la même que celle du pendule *total*; il est facile de démontrer que cette durée d'oscillation est aussi celle du pendule *réduit* constitué par le fil, la calotte et la sphère. En effet : soient M la masse de ce dernier pendule, I son moment d'inertie par rapport à l'axe de suspension, $a$ la distance de son centre de gravité à cet axe, la longueur du pendule simple synchrone est déjà désignée par $l$; représentons par $M'$, $I'$, $a'$, $l'$ les grandeurs analogues pour le pendule formé par le couteau seul, par $M''$, $I''$, $a''$, $l''$, celles correspondant au pendule total. Nous avons :

$$l = \frac{I}{Ma}, \qquad l' = \frac{I'}{M'a'}, \qquad l'' = \frac{I''}{M''a''}.$$

Mais $I'' = I + I'$ et, en appliquant le théorème des moments au pendule total et à ses deux parties, le plan de référence étant le plan horizontal passant par l'arête du couteau, $M''a'' = Ma + M'a'$, par conséquent

$$l'' = \frac{I + I'}{Ma + M'a'},$$

mais par réglage nous avons $l'' = l'$, ou :

$$\frac{I + I'}{Ma + M'a'} = \frac{I'}{M'a'}$$ ; ce rapport est donc égal aussi à $\frac{I}{Ma}$, ou : $l'' = l' = l$.

Les trois pendules envisagés ont donc même durée d'oscillation.

Pour faire le réglage du couteau, il suffit de calculer, au moyen d'une valeur approchée de $g$, la durée d'oscillation simple, de faible amplitude, du pendule de longueur connue $l$, et de donner au couteau cette durée d'oscillation, en déplaçant son écrou E. — On constate d'ailleurs, conformément à la théorie, que deux couteaux, ainsi réglés, dont l'un a, par exemple, une masse quadruple de celle de l'autre, fournissent la même durée d'oscillation quand on les substitue l'un à l'autre dans le système complet.

482. **Mesure de $l$, dans le cas du pendule réversible de Kater**(¹). — Ce pendule réversible AB (fig. 517), dont la première idée est due à de Prony(²), présente vers ses extrémités deux couteaux à arêtes parallèles C et C', dont le plan passe par le centre de gravité, situé entre ces deux arêtes, à des distances différentes. On peut faire osciller successivement le pendule autour de chacune de ces arêtes et l'amener à avoir exactement la *même durée d'oscillation* autour de l'une et de

(¹) Kater (1778-1835), mathématicien anglais.
(²) De Prony (1755-1839), ingénieur et savant français, auquel on doit la méthode du frein dynamométrique, pour la mesure du travail disponible sur l'arbre d'une machine à vapeur.

l'autre arête. — Quand ce résultat est atteint, le pendule remplit toutes les conditions qui caractérisent un pendule réversible (471) et la mesure de la distance des arêtes des couteaux, au moyen d'un comparateur (405), nous donne $l$.

Le pendule est constitué par une règle AB, à l'une des extrémités de laquelle est fixée une lentille pesante L (fig. 517), que le constructeur place de façon que les durées d'oscillations autour des deux arêtes soient approximativement égales. Le centre de gravité du système est évidemment plus rapproché du couteau C′, voisin de la masse L, que du couteau C, en sorte que l'on a nécessairement $a \neq a'$. Deux masses additionnelles M et N, l'une M avec vis de pression V, l'autre N avec vis de rappel, permettent de régler définitivement le pendule, de manière à obtenir l'égalité des durées d'oscillation autour des deux arêtes. Pour diminuer les tâtonnements, on construit une courbe PQ (fig. 518) en portant en abscisses les distances du couteau C à un repère de M, et en ordonnées les durées d'oscillations correspondantes autour de C; puis la courbe P′Q′, en portant encore en abscisses les distances de C au repère de M et en ordonnées les durées d'oscillation autour de C′; les points de rencontre O et O′ des courbes C et C′ définissent les abscisses de M pour lesquelles le pendule est réversible ou très sensiblement réversible. On achève le réglage en déplaçant N par la vis de rappel; on fait ainsi varier de très petites quantités la position du centre de gravité du système et par suite les durées d'oscillation autour des couteaux, jusqu'à ce que ces durées soient égales.

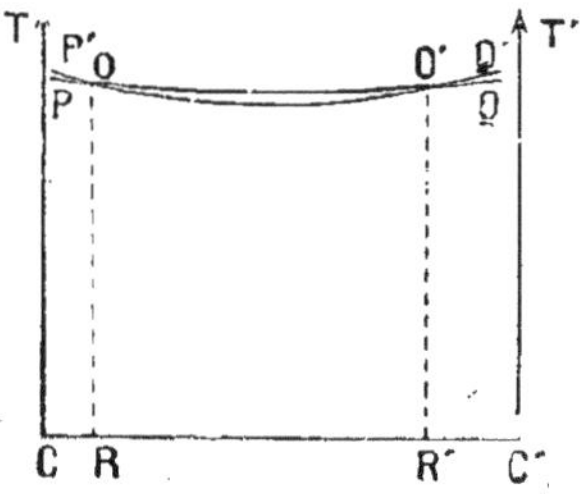

Fig. 517.



Fig. 518.

**483. Pendule réversible de réglage imparfait** (Bessel)(1). — Lorsqu'on détermine les durées d'oscillation avec une précision très grande, on conçoit qu'il soit pratiquement beaucoup trop long de réaliser l'égalité de durée d'oscillation autour des deux couteaux; mais supposons que ces durées T et T′ soient très voisines; en désignant par $a$ et $a'$ les distances des axes au centre de gravité, et par $K_G$ le rayon de giration pour un axe parallèle passant par le centre de gravité, on a :

$$K_G^2 = aa' + \varepsilon^2,$$

$\varepsilon^2$ étant petit par rapport à $aa'$; on a donc pour les périodes :

$$T = 2\pi\sqrt{\frac{a + \frac{K_G^2}{a}}{g}} = 2\pi\sqrt{\frac{a + a' + \frac{\varepsilon^2}{a}}{g}}, \quad \text{et de même} \quad T' = 2\pi\sqrt{\frac{a + a' + \frac{\varepsilon^2}{a'}}{g}};$$

(1) Bessel (1784-1846), astronome allemand.

éliminons $\varepsilon^2$ entre les expressions de T et T'; pour cela nous élevons au carré et nous multiplions la première par $a$, la seconde par $a'$; en retranchant, il vient :

$$aT^2 - a'T'^2 = \frac{4\pi^2}{g}(a+a')(a-a'),$$

d'où :

$$\frac{4\pi^2}{g}(a+a') = \frac{aT^2 - a'T'^2}{a-a'} = \mathfrak{T}^2.$$

Le premier membre de ces égalités représente le carré de la durée d'oscillation $\mathfrak{T}$ du pendule simple de longueur $a+a'$; de là nous tirerons $g$ avec précision, pourvu que le second nombre soit lui-même déterminé d'une manière précise. Or T étant très voisin de T' nous pouvons poser, $\theta$ étant petit par rapport à T :

$$T^2 = T'^2 + \theta^2,$$

et par suite il vient :

$$\mathfrak{T}^2 = T^2 + \frac{a'}{a-a'}\theta^2.$$

Il faut donc mesurer $a$ et $a'$; voici comment on procède : le pendule est constitué par une tige cylindrique creuse (fig. 519) munie de deux couteaux fixés par des colliers, et par suite interchangeables; l'appareil possède un plan de symétrie; des masses sont placées à l'intérieur de la tige, dans une position invariable et convenablement choisie, pour que le pendule soit très sensiblement réversible; les durées d'oscillations, très voisines de 1 seconde, diffèrent par exemple de $\frac{1}{1000}$; les distances $a$ et $a'$ sont voisines de $66^{cm}$ et $33^{cm}$. On place la tige du pendule sur un système de deux troncs de cône égaux réunis par leur petite base; lorsque le pendule est en équilibre, le plan vertical passant par l'axe du système de suspension contient le centre de gravité du pendule : on mesure la distance de ce plan aux arêtes des couteaux, à $\frac{1}{10}$ de millimètre environ; on commet ainsi sur $a$ et $a'$ des erreurs inférieures à $\frac{1}{3000}$, par suite l'erreur correspondant à $\frac{a'}{a-a'}$ est plus petite que $\frac{1}{1000}$; si $T - T' = \frac{1}{1000}$ sec., avec $T = 1$ sec. environ, $\theta^2 = T^2 - T'^2 = (T-T')(T+T') = \frac{2}{1000}$. Le terme correctif $\frac{a'}{a-a'}\theta^2$ est donc obtenu à moins de $2.10^{-6}$; l'erreur correspondante pour $\mathfrak{T}$ est inférieure à $10^{-6}$, donc négligeable.

Fig. 519.

484. **Calcul de $g$. — Corrections.** — 1° *Correction relative à l'amplitude.* — L'amplitude n'étant jamais infiniment petite, on la détermine et on en tient compte, comme il a été dit précédemment (479).

2° *Correction relative à la courbure des arêtes.* — Quelle que soit la perfection des couteaux, ils ne présentent pas d'arêtes vives, mais des cylindres d'un rayon moyen de 50 μ environ, qui roulent sur le support.

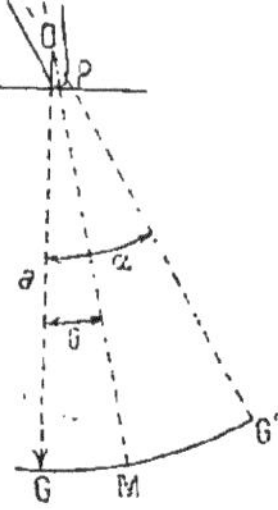

Fig. 520.

Dans la mise en équation, tenons compte de cette imperfection; désignons par $a$ la distance du centre de gravité G (fig. 520) au plan de suspension, par $\rho$ le rayon de courbure du cylindre qui termine ce couteau; admettons que tout se passe comme si la rotation avait lieu autour d'un axe passant par le centre de courbure O, c'est-à-dire que la distance du centre de gravité à cet axe soit toujours très sensiblement $a+\rho$, l'application du théorème des forces vives nous donne :

$$\frac{1}{2}\mathrm{I}\left(\frac{d\theta}{dt}\right)^2 = \mathrm{M}g(a+\rho)(\cos\theta - \cos\alpha).$$

En intégrant comme précédemment, on trouve :

$$\mathrm{T} = 2\pi\sqrt{\frac{a^2+\mathrm{K}_{\mathrm{G}}^2}{g(a+\rho)}};$$

or, nous avons posé (485) $\mathrm{K}_{\mathrm{G}}^2 = aa' + \varepsilon^2$; d'autre part :

$$\frac{1}{a+\rho} = \frac{1}{a}\cdot\frac{1}{\left(1+\frac{\rho}{a}\right)} = \frac{1}{a}\left(1 - \frac{\rho}{a} + \frac{\rho^2}{a^2}\cdots\right).$$

Nous limiterons le développement aux deux premiers termes, $\frac{\rho}{a}$ étant petit par rapport à l'unité, par suite :

$$\mathrm{T} = 2\pi\sqrt{\frac{a+a'+\frac{\varepsilon^2}{a}}{g}\left(1-\frac{\rho}{a}\right)};$$

en désignant par $\rho'$ le rayon de courbure du deuxième couteau, la durée d'oscillation autour de ce couteau est :

$$\mathrm{T}' = 2\pi\sqrt{\frac{a+a'+\frac{\varepsilon^2}{a'}}{g}\left(1-\frac{\rho'}{a'}\right)};$$

éliminant $\varepsilon^2$, en procédant comme précédemment, et négligeant les termes en $\varepsilon^2(\rho'-\rho)$ :

$$a\mathrm{T}^2 - a'\mathrm{T}'^2 = \frac{4\pi^2}{g}(a+a')(a-a') + \frac{4\pi^2}{g}(a+a')(\rho'-\rho),$$

d'où :

$$\mathcal{T}_1^2 = \frac{a\mathrm{T}^2 - a'\mathrm{T}'^2}{a-a'} = \frac{4\pi^2}{g}(a+a')\left(1+\frac{\rho'-\rho}{a-a'}\right).$$

*Interchangeons* les couteaux, et formons la quantité $\mathcal{T}_2^2$, analogue à la précédente :

$$\mathcal{T}_2^2 = \frac{4\pi^2}{g}(a+a')\left(1+\frac{\rho-\rho'}{a-a'}\right),$$

donc :

$$\mathcal{T}_1^2 + \mathcal{T}_2^2 = \frac{8\pi^2}{g}(a + a').$$

Par l'emploi du pendule à couteaux *interchangeables*, on arrive donc à réaliser *expérimentalement* la correction due à leur courbure.

Les déterminations de durées d'oscillation doivent être faites entre les mêmes amplitudes initiales et finales car $\rho$ et $\rho'$ sont des rayons de courbure moyens, qui sont constants seulement pour des amplitudes moyennes constantes.

3° *Correction due à l'influence de l'air.* — Nous voulons déterminer la valeur de $g$ dans le vide, or nous effectuons les mesures dans l'air qui agit :

par *poussée*, par *entraînement*, par *viscosité*.

Effectuons la mise en équation en tenant compte de la poussée de l'air : soit M' la masse de l'air déplacée, $s$ la distance du centre de poussée à l'axe de suspension (le centre de poussée serait confondu avec le centre de gravité dans le cas d'un pendule homogène), nous avons :

$$\frac{1}{2}I\left(\frac{d\theta}{dt}\right)^2 = (Mga - M'gs)(\cos\theta - \cos\alpha).$$

d'où nous tirons, en appliquant les méthodes de calcul déjà employées :

$$T = 2\pi\sqrt{\frac{a^2 + K_0^2}{ag}\left(1 + \frac{M's}{Ma}\right)},$$

et, en tenant compte de la courbure des couteaux :

$$T = 2\pi\sqrt{\frac{a + a' + \frac{\varepsilon^2}{a}}{g}\left(1 - \frac{\rho}{a}\right)\left(1 + \frac{M's}{Ma}\right)}, \quad \text{ou} \quad T = 2\pi\sqrt{\frac{a + a' + \frac{\varepsilon^2}{a}}{g}\left(1 + \frac{\frac{M's}{M} - \rho}{a}\right)}.$$

La masse de l'air entraîné prend une vitesse moyenne proportionnelle à $\frac{d\theta}{dt}$ ; il est facile de montrer que, pour en tenir compte, il suffit d'augmenter le terme correctif $\frac{M's}{Ma}$ ; l'effet de la viscosité de l'air est égalemement bien représenté en modifiant ce terme correctif qui prend la forme $\frac{c}{a}$, $c$ étant une constante dépendant seulement de la forme du corps et des amplitudes initiale et finale ; donc :

$$T = 2\pi\sqrt{\frac{a + a' + \frac{\varepsilon^2}{a}}{g}\left(1 + \frac{c - \rho}{a}\right)} ;$$

de même, le pendule étant *symétrique* quant à sa forme extérieure, les amplitudes initiale et finale étant les mêmes que dans la mesure précédente, il en résulte que, dans l'oscillation autour du deuxième couteau, $c$ reprend la même valeur, et alors :

$$T' = 2\pi\sqrt{\frac{a + a' + \frac{\varepsilon^2}{a'}}{g}\left(1 + \frac{c - \rho'}{a'}\right)} ;$$

formons

$$\mathcal{T}_1^2 = \frac{aT^2 - a'T'^2}{a - a'}, \quad \text{il vient : } \mathcal{T}_1^2 = \frac{4\pi^2}{g}(a + a')\left(1 + \frac{\rho' - \rho}{a - a'}\right);$$

le terme correctif en $c$ a disparu. On *échange* ensuite les couteaux et on forme $\mathcal{T}_2^2$ comme il a été dit.

L'emploi d'un pendule *symétrique* est donc avantageux pour corriger *expérimentalement* l'influence de l'air. — On préfère aujourd'hui réduire autant que possible la pression dans la cage fermée du pendule; on détermine la petite correction restante par des observations à diverses pressions L'amortissement est beaucoup diminué, le pendule peut osciller plus de vingt-quatre heures.

4° *Correction relative à l'ébranlement des supports.* — Le mieux est de prendre des supports très stables. On peut faire la correction relative à l'ébranlement des supports en opérant avec des pendules semblables, de masses égales, ayant leurs centres de gravité semblablement placés par rapport aux couteaux, mais de longueurs différentes.

*Précision des résultats.* — En employant un pendule à peu près réversible, symétrique, à couteaux interchangeables, et en opérant d'après les procédés indiqués, qui comportent la mesure de *quatre* périodes d'oscillation, on peut déterminer $g$ à $5.10^{-3}$ C.G.S. près; on donne parfois la troisième décimale, mais elle n'est pas sûre.

Grâce aux *variomètres d'Eotvös*, il est possible d'apprécier des variations de $g$ de l'ordre de $10^{-9}$ C.G.S. Un variomètre est constitué par une petite balance de torsion à fil de platine très fin; le champ de pesanteur n'étant pas le même en grandeur et direction en tous les points du barreau suspendu, il en résulte des couples qui tordent le fil, et l'orientation du levier soutenu par le fil de torsion n'est pas la même par rapport au support, dans des azimuts différents. On peut espérer obtenir, à l'aide d'instruments aussi délicats, des indications précieuses sur la répartition de la matière dans le voisinage immédiat d'un point de l'écorce terrestre.

485. **Variation de $g$ à la surface de la Terre.** — L'intensité $g$ du champ de pesanteur varie d'un lieu à un autre, à la surface de la Terre : voici les résultats de quelques mesures :

| | | |
|---|---|---|
| Équateur (niveau de la mer) | 978,030 | C.G.S., |
| Latitude de 45° (niveau de la mer) | 980,616 | |
| Paris-Observatoire (sol) | 980,943 | |
| Meudon-Observatoire | 980,919 | |
| Pavillon de Breteuil (Sèvres) | 980,941 | |
| Pôle (nombre obtenu par interpolation) | 983,216 | |

D'une manière générale $g$ croît avec la latitude, et diminue quand l'altitude croît. Pour interpréter ces résultats, nous allons nous appuyer sur la loi de l'attraction universelle due à Newton.

486. **Loi de l'attraction universelle.** — *Deux masses élémentaires s'attirent suivant la ligne qui les joint, et la force d'attraction est proportionnelle aux masses et en raison inverse du carré de leur distance.*

Si $m$ et $m'$ sont les masses, $d$ leur distance, la force d'attraction

$$f = K\frac{mm'}{d^2};$$

K s'appelle la *constante de Newton*.

La loi de l'attraction universelle a été établie en partant des lois de

Képler relatives au mouvement des planètes; elle est démontrée dans ses conséquences; en particulier elle permet d'expliquer et de prévoir les mouvements des astres. Elle a été vérifiée par des expériences directes qui conduisent à la mesure de K. L'une des méthodes les meilleures est celle de la balance de torsion employée d'abord par Cavendish; voici la forme que lui a donnée M. Boys : un fil de quartz de $\frac{1}{50}$ à $\frac{1}{500}$ de mm de diamètre supporte un levier horizontal de $2^{cm},5$ de longueur, auquel sont suspendues deux boules en or A, A' (fig. 521) pesant $1^{g},5$ à $4^{g}$; leur distance verticale est de $15^{cm}$, on place en face de chacune d'elles une sphère de plomb de $7^{kg},5$ environ; les forces d'attraction exercées par les sphères de plomb sur A et A' ajoutent leurs effets et font dévier le levier; la déviation est mesurée par une méthode optique; la connaissance des masses, de leurs distances, du couple de torsion des fils de quartz, déterminé par la méthode des oscillations (493, *Ex.*), permet de calculer K; la moyenne des mesures a donné

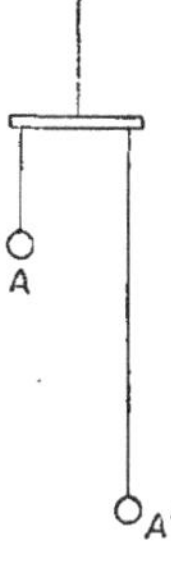

Fig. 521.

$$K = 6,7 \times 10^{-8} \text{ C.G.S.}; \qquad \text{on adopte } K = 6,667 \times 10^{-8} = \frac{1}{15\,000\,000} \text{ C.G.S.}$$

Comme conséquences de la loi de Newton on démontre (903, 904) que *l'action exercée par une couche sphérique homogène sur un point matériel placé à l'intérieur est nulle; sur un point matériel placé à l'extérieur, elle est la même que si toute la masse attirante était concentrée au centre.*

487. **Application de la loi de l'attraction universelle au cas particulier de la pesanteur.** — Nous pouvons admettre comme un fait très probable que la Terre est formée de couches concentriques homogènes; par conséquent un point placé à la surface de la Terre est attiré comme si toute la masse de la Terre était concentrée en son centre, d'où les conséquences suivantes :

1° Le poids est une force passant par le centre de la Terre;

2° Si nous appelons $p$ le poids du corps, $m$ sa masse, M celle de la Terre, R le rayon de la Terre, $g$ l'accélération de la pesanteur, nous avons :

$$p = K\frac{Mm}{R^2} = mg, \qquad \text{d'où} \qquad g = \frac{KM}{R^2};$$

en un même lieu $g$ a donc la *même* valeur pour tous les corps : c'est la loi de Newton, qu'on démontre avec beaucoup de rigueur en déterminant $g$, au même endroit, avec des pendules de natures différentes : les valeurs obtenues sont égales aux erreurs d'expériences près (473).

3° $g$ est une fonction de R et varie d'un lieu à un autre avec R.

Toutes ces conséquences sont bien vérifiées.

488. **Interprétation des variations de** $g$. — 1° *Variation avec la latitude.* Lorsqu'on se déplace de l'équateur aux pôles, en restant au niveau de la mer, $g$ croît constamment, et la variation est environ de 5 C.G.S. Cette variation est due à trois causes :

*a*) l'*aplatissement de la Terre.* La Terre est aplatie aux pôles, renflée à l'équateur; par conséquent, si nous supposons comme première approximation que l'attraction exercée par la Terre est la même que si toute la masse était concentrée au centre, lorsque nous allons de l'équateur aux pôles la masse attirée est de plus en plus près de la masse attirante, donc le poids, et par suite $g$, doit augmenter. Calculons les variations de $g$ relatives à cette cause, quand on passe de l'équateur au pôle ; désignons par $R_e$ et $R_p$ les rayons de la Terre à l'équateur et aux pôles, par $g_e$ et $g_p$ les valeurs de $g$ en ces lieux, au niveau de la mer :

$$\frac{g_p}{g_e}=\frac{R_e^2}{R_p^2}, \quad \text{d'où} \quad \frac{g_p-g_e}{g_e}=\frac{R_e^2-R_p^2}{R_p^2}=\frac{(R_e-R_p)(R_e+R_p)}{R_p^2}, \quad \text{or} \quad \frac{R_e-R_p}{R_e}=\frac{1}{299};$$

par suite, en effectuant les calculs, on trouve :

$$g_p-g_e=6{,}57 \text{ C.G.S.};$$

*b*) la *rotation de la Terre*. — Le champ de la pesanteur au point A (fig. 522) de latitude $\lambda$ situé au niveau de la mer, ou accélération *sensible* $g_\lambda$, est la résultante de l'accélération *vraie* géocentrique G et de l'accélération centrifuge $\gamma$ qui a pour expression $\omega^2 r$, ($\omega$ vitesse angulaire de rotation de la Terre, $r$ rayon du parallèle passant par A). Lorsque la latitude croît, $r$ diminue, la composante $\gamma$ diminue donc aussi ; elle est de moins en moins directement opposée à G, par suite la résultante $g_\lambda$ croît. Calculons la variation relative à la rotation de la Terre, quand on passe de l'équateur aux pôles : elle est égale à la valeur de $\gamma$ à l'équateur, ou $\gamma_e$ (1) :

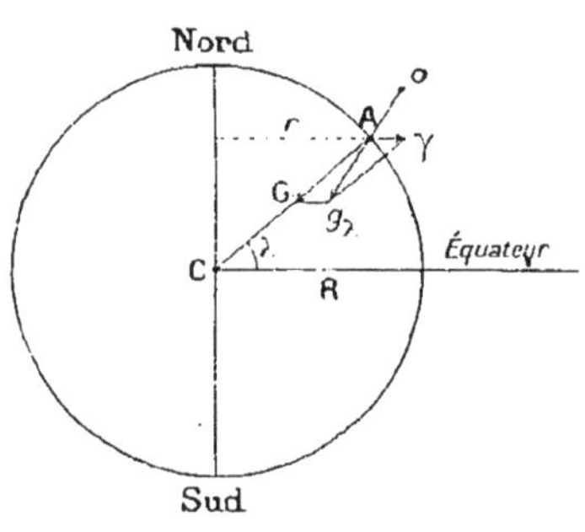

Fig. 522.

$$\gamma_e=\omega^2 R=\left(\frac{2\pi}{86164}\right)^2\times\frac{4000000000}{2\pi}=3{,}28 \text{ C.G.S.};$$

*c*) l'*attraction supplémentaire du renflement de la Terre*. — Pour les deux raisons invoquées, l'accroissement de $g$ quand on passe de l'équateur aux pôles devrait être de

$$6{,}57+3{,}38=9{,}95 \text{ C.G.S.},$$

alors qu'il est seulement, en réalité, de 5 C.G.S. — Or nous avons supposé que l'attraction de la Terre était la même que si toute la masse était concentrée en son centre; cela serait vrai si la Terre était sphérique. Mais nous pouvons décomposer la masse de la Terre en deux parties, en menant la sphère qui a pour diamètre la distance des pôles (fig. 523) : l'attraction exercée par la masse située dans cette sphère est la même

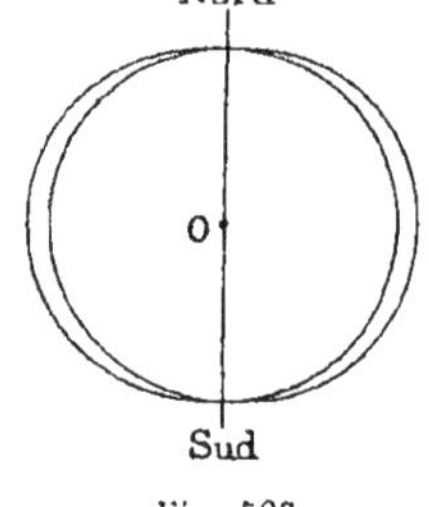

Fig. 523.

(1) La durée de révolution de la Terre, qui intervient dans le calcul de $\gamma_e$, est nécessairement 1 jour *sidéral* ou 86 164 secondes de temps solaire moyen.

que si cette masse était concentrée en O; il faut lui ajouter l'attraction exercée par le bourrelet compris entre la surface précédente et celle de la Terre, or cette attraction est plus considérable pour un point à l'équateur que pour un point aux pôles, car la grandeur des masses attirantes voisines est plus considérable dans le premier cas que dans le second. L'action du bourrelet est donc de sens contraire aux effets des deux premières causes examinées.

La variation de $g$ au niveau de la mer, en fonction de la latitude $\lambda$, est assez bien représentée par la formule

$$g_{\lambda,0^m} = g_{45,0^m}(1 - 0,00259 \cos 2\lambda), \qquad \text{et} \qquad g_{45,0^m} = 980,616 \text{ C.G.S.}$$

*Remarque.* — La variation de $g$ étant liée à la forme de la Terre, on conçoit que la détermination de $g$ en différentes stations renseigne sur la forme de la Terre.

2° *Variation de* g *avec l'altitude.* — Si à la latitude $\lambda$, on se transporte du niveau de la mer à l'altitude $z$, d'après la loi de Newton :

$$\frac{g_{\lambda,z}}{g_{\lambda,0}} = \frac{R^2}{(R+z)^2} = \frac{1}{\left(1+\frac{z}{R}\right)^2};$$

cette relation peut s'écrire approximativement, en négligeant $\frac{z^2}{R^2}$ par rapport à $\frac{z}{R}$, ce qui est très légitime :

$$\frac{g_{\lambda,z}}{g_{\lambda,0}} = \frac{1}{1+\frac{2z}{R}},$$

ou encore, au même degré d'approximation, en effectuant la division,

$$\frac{g_{\lambda,z}}{g_{\lambda,0}} = 1 - \frac{2z}{R}.$$

On tire de là

$$\frac{g_{\lambda,0} - g_{\lambda,z}}{g_{\lambda,0}} = \frac{2z}{R},$$

d'où en multipliant le premier membre haut et bas par la masse $m$ d'un corps,

$$\frac{mg_{\lambda,0} - mg_{\lambda,z}}{mg_{\lambda,0}} = \frac{2z}{R};$$

c'est-à-dire que la *perte relative du poids* d'un corps, quand on l'élève du sol à une hauteur $z$ au-dessus du sol, est $\frac{2z}{R}$. Comme on évalue le plus souvent les altitudes $z$ en mètres, cherchons la valeur du coefficient $\frac{2}{R^m}$. D'après la définition du mètre, $2\pi R^m = 40 \times 10^6$ mètres, ou $\pi R = 2 \times 10^7$, et enfin $\frac{2}{R^m} = \pi \times 10^{-7} = 3,1416 \times 10^{-7}$. On voit donc que pour $z = 3^m$, par exemple, la perte relative de poids d'un corps est d'environ $9,4 \times 10^{-7}$ ou à peu près $10^{-6}$ : ce sera une dyne par mégadyne, c'est-à-dire sensiblement 1 milligramme-poids par kilogramme-poids.

Ce résultat a été vérifié au moyen de la balance, par M. von Jolly, de la façon suivante. Il plaçait une balance au sommet d'une tour : sous l'un des plateaux, il suspendait, à 21 mètres au-dessous l'un de l'autre, deux globes de verre de mêmes dimensions, l'un contenant 5 kilogrammes de mercure, l'autre vide et scellé. Ces deux globes devaient être échangés l'un avec l'autre, pour mesurer la variation de poids du mercure avec l'altitude. Pour faire la tare, et en même temps compenser exactement les variations de poussées d'Archimède, M. von Jolly plaçait sous l'autre plateau, aux deux extrémités d'un fil identique au premier, deux globes identiques, chacun au même niveau que les précédents. Dans ces conditions, lorsqu'on faisait l'échange vertical des deux globes situés sous un même plateau, on constatait un changement de poids de $31^{\text{mg-p}},686$ en moyenne ; si les changements de poids avaient suivi exactement la loi de l'inverse du carré de la distance, la différence aurait dû être de 33 milligrammes-poids. Le petit écart par défaut peut tenir au relief du sol dans le voisinage.

On peut donc considérer comme suffisamment vérifiée par cette expérience la formule :

$$g_{\lambda,z} = g_{\lambda,0}(1 - 3 \times 10^{-7} z^{\text{m}}).$$

Mais cette formule s'applique à un point soumis uniquement à l'action émanant du centre du globe terrestre. Si, comme c'est le cas le plus général, le point considéré se trouve à une distance $R + z$ du centre de la Terre parce qu'il appartient à une région du globe présentant un relief d'altitude $z$ par rapport au niveau de la mer, il est alors nécessaire de tenir compte, non seulement de l'action émanant du centre, mais aussi de l'attraction supplémentaire exercée par les points du relief en question, attraction qui compense en partie l'éloignement du centre. Pour une région où ce relief a la forme d'un *plateau* un peu étendu, d'altitude $z$ au-dessus du niveau de la mer, on est conduit à différentes formules, voici la plus simple :

$$g_{\lambda,z} = g_{\lambda,0}(1 - 2 \times 10^{-7} z^{\text{m}}).$$

489. **Formule donnant $g_{\lambda,z}$ en un point quelconque du globe.** — Dans les conditions qui précèdent, si l'on combine les deux formules de variations

$$g_{\lambda,0} = g_{45,0}(1 - 0,00259 \cos 2\lambda),$$
$$g_{\lambda,z} = g_{\lambda,0}(1 - 2 \times 10^{-7} z^{\text{m}}),$$

on a, en remplaçant, dans la seconde formule, $g_{\lambda,0}$ par sa valeur fournie par la première,

$$g_{\lambda,z} = g_{45,0}(1 - 0,00259 \cos 2\lambda)(1 - 2 \times 10^{-7} z^{\text{m}}).$$

En effectuant la multiplication indiquée, mais négligeant le produit des deux seconds termes des parenthèses, on a la formule définitive

$$g_{\lambda,z} = g_{45,0}\,(1 - 0{,}00259 \cos 2\lambda - 2 \times 10^{-7} z^{m}),$$

formule dans laquelle la valeur de $g_{45,0}$ est 980,616 C.G.S.

Toutefois, cette formule ne donne qu'une valeur *approchée* de $g$, et les écarts observés entre les valeurs de $g$ calculées au moyen de la formule et celles obtenues par l'expérience peuvent être de plusieurs dixièmes de C.G.S.

490. **Masse de la Terre.** — De l'expression

$$g = \frac{KM}{R^2}$$

nous tirons

$$M = \frac{R^2 g}{K}.$$

Mesurer K revient à peser la Terre. En faisant $g = 981$, $R = \frac{4 \times 10^9}{2\pi}$ C.G.S., $K = 6{,}667 \times 10^{-8}$, on trouve

$$M = 5{,}99755 \times 10^{27} \text{ grammes},$$

ce qui correspond à une densité *moyenne* égale à 5,52 environ.

## DU MOUVEMENT PENDULAIRE EN GÉNÉRAL

491. **Définition.** — On dit qu'un corps est animé d'un mouvement *pendulaire* lorsque son élongation, par rapport à sa position d'équilibre, est une fonction sinusoïdale du temps. Nous distinguons deux cas :

1° Le corps est animé d'un mouvement de translation linéaire ;

2° Le corps est animé d'un mouvement de rotation autour d'un axe fixe.

492. **Mouvement pendulaire linéaire : la force est proportionnelle à l'écart.** — 1° Soit un point matériel M (fig. 524) de masse $m$ constamment attiré vers O par une force F *proportionnelle à* OM ; supposons qu'au temps 0 nous abandonnions le mobile en A sans vitesse initiale et posons :

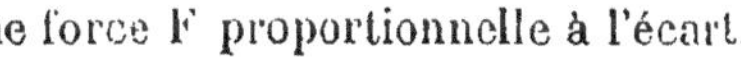

A' O F M A x

Fig. 524

$$\overline{OM} = x, \qquad \overline{OA} = a;$$

si le mobile est soumis à l'action d'une force F proportionnelle à l'écart, c'est-à-dire telle que

$$F = -K^2 x,$$

l'équation en mouvement est :

$$m\frac{d^2x}{dt^2} = -K^2 x \qquad \text{ou} \qquad \frac{d^2x}{dt^2} = -\frac{K^2}{m}x;$$

posons $\frac{K^2}{m}=n^2$, pour simplifier la notation :

$$\frac{d^2x}{dt^2}=-n^2x,$$

multiplions les deux membres par $\frac{dx}{dt}$, il vient

$$\frac{dx}{dt}\cdot\frac{d^2x}{dt^2}=-n^2x\frac{dx}{dt},$$

et en intégrant

$$\left(\frac{dx}{dt}\right)^2=-n^2x^2+C;$$

au temps $t=0$, nous avons $\frac{dx}{dt}=0$, $x=a$; donc $C=n^2a^2$, par suite :

$$\left(\frac{dx}{dt}\right)^2=n^2(a^2-x^2),$$

d'où

$$\frac{dx}{\sqrt{a^2-x^2}}=\pm n\,dt;$$

nous pouvons prendre arbitrairement le signe + ou le signe —; supposons par exemple qu'à l'instant considéré, la vitesse soit négative

$$\frac{dx}{\sqrt{a^2-x^2}}=-n\,dt,$$

et en intégrant

$$\text{arc}\cos\frac{x}{a}=C-nt,$$

d'où

$$x=a\cos(C-nt).$$

Pour $t=0$, $x=a$, donc $\cos C=1$, $C=2k\pi$ et

$$x=a\cos(2k\pi-nt),$$

ou

(1) $$x=a\cos nt.$$

Le *mouvement est pendulaire;* la période T est donnée par l'expression

$$nT=2\pi, \qquad \text{d'où} \qquad T=\frac{2\pi}{n}=2\pi\sqrt{\frac{m}{K^2}}=\frac{2\pi\sqrt{m}}{K};$$

en remplaçant $n$ en fonction de T dans (1) il vient :

(2) $$x=a\cos\frac{2\pi t}{T}.$$

2° Si, dans un mouvement rectiligne, l'élongation $x$ est fournie par la relation (1), c'est-à-dire si le mouvement est *pendulaire*, le calcul de la force produisant ce mouvement, nous donne

$$F=m\frac{d^2x}{dt^2}=-mn^2x,$$

donc, *quand le mouvement est pendulaire, la force est proportionnelle à l'écart.*

*Exemples.* — 1° Lorsqu'on suspend un poids à un ressort, qu'on tire sur ce poids et qu'on l'abandonne ensuite sans vitesse initiale, il prend un mouvement pendulaire, car la force due à la tension du ressort est proportionnelle à l'allongement du ressort, ainsi qu'on peut l'établir directement.

2° Si l'on écarte faiblement une lame élastique de sa position d'équilibre et qu'on inscrive ses vibrations, on reconnaît qu'elles sont sinusoïdales (cas d'un diapason) ; c'est que la force élastique produite par la déformation est proportionnelle à l'écart.

3° Le son, la lumière sont produits par des déformations *très petites* de milieux élastiques : corps solides, liquides, gaz, éther ; ces déformations engendrent des forces proportionnelles aux écarts, et par suite les particules qui vibrent sont animées de mouvements pendulaires.

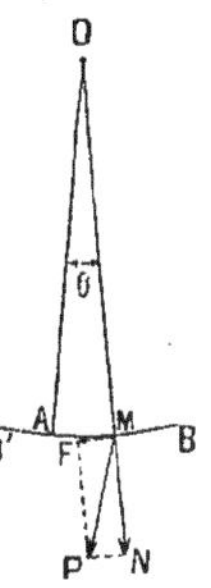

Fig. 525.

*Remarque.* — Lorsque l'amplitude de l'oscillation d'un pendule simple est très petite, on peut assimiler l'arc parcouru BB' (fig. 525) à une droite : la force qui produit le mouvement est $F = P \sin \theta = mg \sin \theta$, ou sensiblement, dans les conditions spécifiées : $F = mg\theta = m\frac{g}{l} l\theta = \frac{mg}{l}$ AM ; elle est proportionnelle à l'écart AM, elle provoque donc un mouvement pendulaire, dont la période

$$T = \frac{2\pi\sqrt{m}}{K} = \frac{2\pi\sqrt{m}}{\sqrt{\frac{mg}{l}}} = 2\pi\sqrt{\frac{l}{g}}.$$

**493. Mouvement pendulaire autour d'un axe : le moment résultant des forces par rapport à l'axe est proportionnel à l'écart.** — 1° Soit un corps mobile autour d'un axe O (fig. 526) perpendiculaire au plan du tableau ; supposons que le moment résultant des forces par rapport à l'axe O *soit de la forme* $C\theta$, $\theta$ désignant l'angle de rotation de la droite OA' du corps par rapport à sa position d'équilibre OA ; prenons $C > 0$ et supposons que l'angle de rotation devienne $\theta + d\theta$ ; d'après le théorème des forces vives, le travail des forces agissant sur le corps pendant cette rotation infiniment petite est

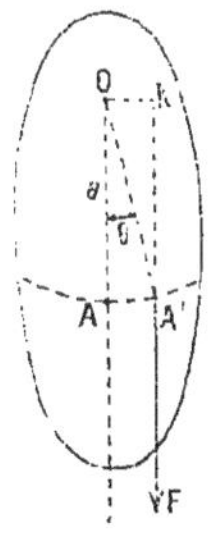

Fig. 526.

$$dW = \frac{1}{2} d.\Sigma mv^2 = \frac{1}{2} d\Sigma mr^2 \left(\frac{d\theta}{dt}\right)^2 = \frac{1}{2} d.I \left(\frac{d\theta}{dt}\right)^2 = I \frac{d^2\theta}{dt^2} d\theta ;$$

mais ce travail est aussi égal à celui d'un couple de moment $C\theta$ par rapport à l'axe, par lequel on pourrait remplacer les forces, donc

$$dW = -C\theta\, d\theta;$$

en égalant les expressions de $dW$, il vient :

$$I\frac{d^2\theta}{dt^2} = -C\theta, \qquad \text{ou} \qquad \frac{d^2\theta}{dt^2} = -\frac{C}{I}\theta;$$

posons $\frac{C}{I} = n^2$, nous pouvons écrire

$$\frac{d^2\theta}{dt^2} = -n^2\theta$$

équation déjà résolue (492), avec la notation $x$ au lieu de $\theta$; si nous désignons par $\alpha$ la valeur maximum de $\theta$, nous avons

$$\theta = \alpha \cos nt;$$

le mouvement est donc *pendulaire*, de période

$$T = \frac{2\pi}{n} = 2\pi\sqrt{\frac{I}{C}}.$$

2° Supposons que le mouvement soit *pendulaire* :

$$\theta = \alpha \cos nt$$

et désignons par K le moment résultant des forces par rapport à l'axe O au temps $t$; pour un déplacement angulaire infiniment petit $d\theta$, nous avons, en appliquant le théorème des forces vives :

$$\frac{1}{2} d\Sigma mv^2 = -K d\theta, \qquad \text{ou} \qquad I\frac{d^2\theta}{dt^2} d\theta = -K d\theta,$$

et par suite

$$K = -I\frac{d^2\theta}{dt^2} = I\alpha n^2 \cos nt = In^2\theta = C\theta.$$

*Quand le mouvement est pendulaire, le moment résultant des forces par rapport à l'axe est proportionnel à l'écart.*

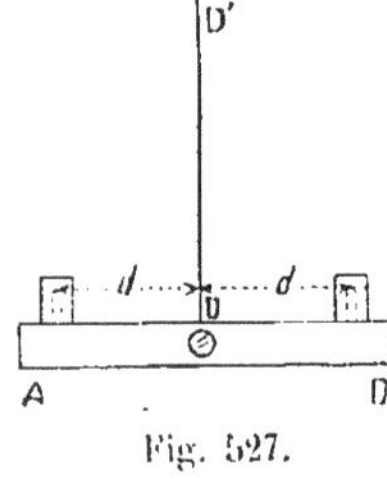

Fig. 527.

*Exemples.* — 1° Lorsqu'un corps est suspendu à un fil métallique[1], si nous venons à tordre ce fil, le corps prend un mouvement pendulaire, en particulier les oscillations sont *isochrones*. Si nous déterminons la durée T de l'oscillation, nous avons une relation entre le moment d'inertie I et la constante C du couple de torsion. Pour avoir I ou C, il nous faut une deuxième relation.

[1] Pour un fil de longueur $l$, de diamètre $d$, la constante C relative au couple de torsion est donnée par l'expression $C = \mu\frac{d^4}{l}$. Voici la valeur de $\mu$ en C.G.S., pour quelques métaux :

Argent : $\mu = 2,7 \times 10^{10}$; Cuivre : $\mu = 4,5 \times 10^{10}$; Fer : $\mu = 7,6 \times 10^{10}$

Soit le barreau AB (fig. 527) suspendu par le fil DD' et oscillant; nous avons

$$(1) \qquad T = 2\pi\sqrt{\frac{I}{C}};$$

fixons sur le barreau, et à égale distance $d$ du fil, deux petits cylindres identiques, de masse $m$, de rayon $r$; soit I' la somme des moments d'inertie de ces cylindres par rapport à l'axe de rotation :

$$I' = 2md^2 + mr^2;$$

la nouvelle durée d'oscillation

$$(2) \qquad T' = 2\pi\sqrt{\frac{I+I'}{C}};$$

éliminons C entre (1) et (2), on a :

$$I = \frac{T^2}{T'^2 - T^2} I', \qquad \text{puis} \qquad C = \frac{4\pi^2 I'}{T'^2 - T^2}.$$

2° Un corps est mobile autour d'un axe solidaire d'un ressort spiral dont l'autre extrémité est fixe; si l'on vient à faire tourner le corps, puis qu'on l'abandonne sans vitesse initiale, il prend un mouvement pendulaire : tel est le mouvement des balanciers des chronomètres (498).

3° Le corps est soumis à l'action d'une force constante, en grandeur et direction. — Le moment de la force F (fig. 526) par rapport à l'axe O est $Fa \sin\theta$; pour une élongation *infiniment petite*, ce moment est égal à $Fa\theta$, c'est-à-dire proportionnel à l'élongation $\theta$; le mouvement est donc pendulaire à la *limite* et

$$T = 2\pi\sqrt{\frac{I}{Fa}};$$

c'est le cas du pendule ordinaire pour lequel $F = Mg$; c'est aussi le cas du pendule électrique de Coulomb (898).

4° Un barreau aimanté est mobile autour d'un axe vertical. Si $\mathcal{H}$ est la composante horizontale du champ magnétique terrestre (1021), $\mathcal{M}$ le moment magnétique du barreau, nous verrons (1000) que pour une élongation angulaire $\theta$, le moment par rapport à l'axe de rotation des forces magnétiques agissant sur le barreau est $\mathcal{M}\mathcal{H}\sin\theta$; pour une élongation infiniment petite, ce moment devient $\mathcal{M}\mathcal{H}\theta$, donc proportionnel à l'élongation $\theta$ : le mouvement est pendulaire à la *limite*, et sa période

$$T = 2\pi\sqrt{\frac{I}{\mathcal{M}\mathcal{H}}}.$$

*Remarque* I. — Lorsque le moment résultant des forces par rapport à l'axe de rotation est proportionnel à $\theta$, quel que soit $\theta$, le mouvement est *rigoureusement* pendulaire, la loi de l'isochronisme se vérifie quelle que soit l'amplitude; — mais si ce moment est proportionnel à $\sin\theta$, le mouvement n'est pendulaire que pour des oscillations infiniment petites et la loi de l'isochronisme est une loi *limite*; en particulier le mouvement du pendule pesant n'est pas un mouvement pendulaire *parfait*.

*Remarque* II. — Les formules qui donnent la valeur de la période dans un mouvement pendulaire linéaire, ou de rotation sont respectivement :

$$T = 2\pi\sqrt{\frac{\text{masse}}{\text{force pour l'écart unité}}} \; ; \quad T = 2\pi\sqrt{\frac{\text{moment d'inertie par rapport à l'axe}}{\text{moment résultant pour l'écart unité}}} \; ;$$

pour passer de la première à la seconde formule, il faut remplacer *masse* par *moment d'inertie*, et *force* par *moment résultant*.

## MESURE DU TEMPS

494. **Unité de temps**. — C'est la *seconde du jour solaire moyen*. Pour définir le jour solaire moyen, nous imaginons un Soleil fictif dit *Soleil moyen* qui décrit l'*équateur* céleste avec une vitesse angulaire *constante* égale à la vitesse angulaire moyenne avec laquelle le Soleil vrai parcourt l'écliptique. Le jour solaire moyen est l'intervalle de temps qui sépare deux passages supérieurs consécutifs du Soleil moyen dans le même méridien.

495. **Appareils destinés à la mesure du temps**. — Tout phénomène périodique peut être utilisé pour mesurer le temps : pratiquement on utilise les oscillations d'un pendule pour les appareils fixes; celles d'un balancier, provoquées par un ressort spiral, pour les instruments transportables.

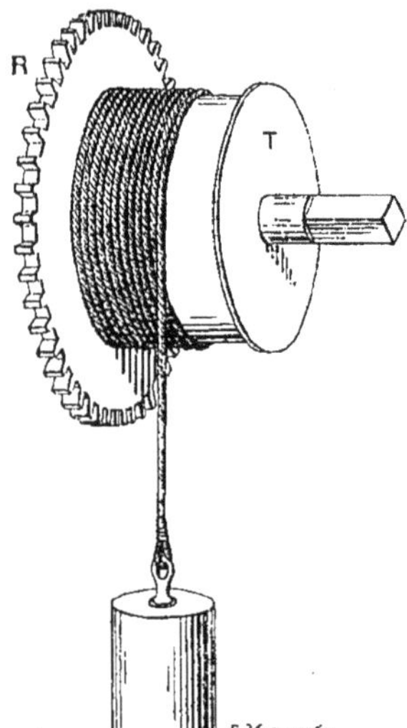

Fig. 528.

Sous l'influence de diverses causes, frottement, résistance de l'air, les oscillations sont amorties plus ou moins rapidement. Dans le cas des opérations de courte durée, on peut se servir d'un pendule libre, mais le plus fréquemment on emploie des appareils dont le mouvement est entretenu par des procédés mécaniques ou électriques. Les appareils à pendule sont les *horloges*; ceux à balancier sont les *chronomètres*, *garde-temps* ou *montres*.

496. **Horloges**. — Les organes essentiels sont : le *moteur*, le *rouage*, le *régulateur* et l'*échappement*.

*Moteur*. — Il est habituellement constitué par un poids suspendu à l'extrémité d'un cordon qu'on enroule sur un cylindre horizontal T (fig. 528) solidaire d'une roue dentée R. Cette roue tend à prendre un mouvement accéléré; en réalité elle ne peut avancer que par saccades à des intervalles de temps égaux. Quelquefois le moteur est constitué par un ressort comme pour les chronomètres (498).

*Rouage.* — Il est formé par une série de roues dentées dont l'une engrène avec la roue R du moteur; il transmet le mouvement du moteur à l'échappement; les axes de trois de ces roues portent les aiguilles des heures, des minutes et des secondes.

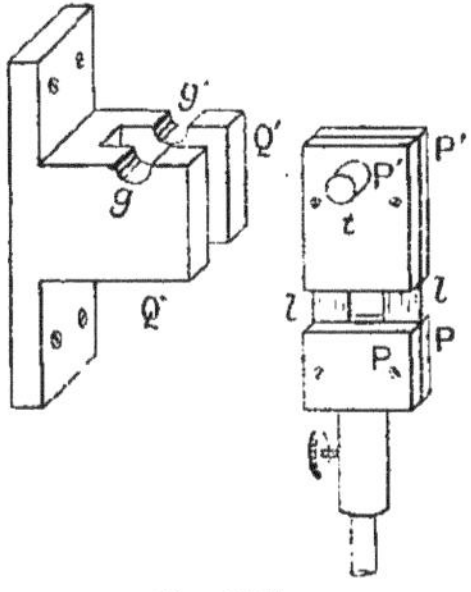

Fig. 529.

*Régulateur.* — La partie essentielle est un pendule qui n'oscille pas autour d'un couteau dont l'usure serait rapide, mais qui est rattaché au bâti fixe par un système de lames $l$ (fig. 529) très flexibles.

Grâce à l'entretien du pendule, les oscillations conservent la *même* amplitude; du reste, cette amplitude varierait-elle un peu, les oscillations étant petites, leur durée serait *très sensiblement* constante (465). Pour que les oscillations soient très isochrones, il est nécessaire que la longueur du pendule simple synchrone du régulateur reste constante, malgré les dilatations, et l'on a adopté les solutions suivantes :

L'horloge est placée dans un lieu à température aussi constante que possible et le pendule est fait en métal peu dilatable : on emploie aujourd'hui l'*invar* (acier à 35 pour 100 de nickel); on utilisait autrefois des tiges de sapin sec, vernies, taillées parallèlement aux fibres du bois, placées dans une atmosphère desséchée (les coefficients de dilatation linéaire de l'invar et du sapin sont respectivement $10^{-6}$ et $3 \times 10^{-6}$). Une solution moins parfaite, mais plus pratique, est donnée par l'emploi des pendules compensateurs : le *pendule à gril* (676) et le *pendule de Graham* (676).

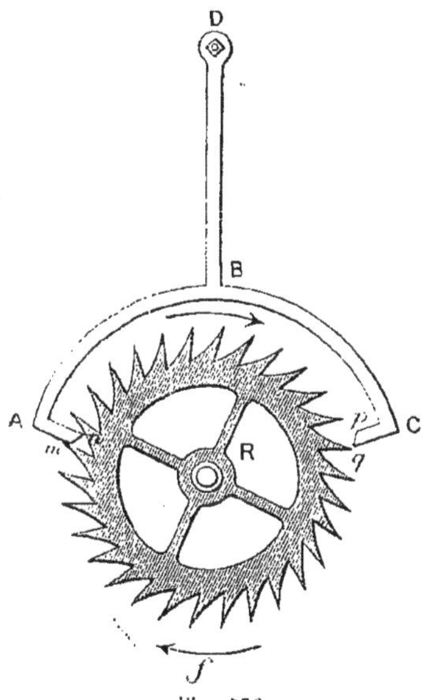

Fig. 530.

*Échappement.* — La liaison entre le régulateur et le rouage se fait par l'échappement; le plus usité est l'échappement *à ancre* imaginé par Huygens en 1657.

La roue R (fig. 530), dite *roue à rochet*, qui comporte 30 dents, est entraînée par le moteur dans le sens de la flèche $f$. Entre les dents de cette roue viennent se loger alternativement les extrémités d'une pièce ABC, mobile autour d'un axe D et qu'on appelle l'*ancre*; l'axe de rotation D est solidaire d'une pièce F (fig. 531) appelée *fourchette*, entre les branches de laquelle s'engage la tige du pendule M, de sorte que l'ancre est entraînée par le pendule et a même durée d'oscillation. Supposons que le pendule occupe sa position extrême droite, une dent de R vient appuyer sur la surface *inférieure* de A, taillée en *arc de cercle* centré sur l'axe de rotation D, et cette roue R n'avance plus. Le pendule venant vers la gauche, l'extrémité A glisse sur la dent correspondante qui n'avance toujours pas, jusqu'à ce que l'extrémité de la dent appuie sur la partie biseautée *mn* de A, alors la roue R avance et tend à tourner plus vite lorsque la dent a quitté *n*, mais le pendule étant à ce moment vers la gauche, l'extrémité C s'est engagée entre deux dents de R, et la dent supérieure vient buter contre la face *supérieure* de C, également taillée en arc de cercle de centre D, d'où un nouvel arrêt. Lorsque le pendule reviendra vers la droite, il arrivera un moment où la pointe de la dent appuiera sur la partie biseautée *pq* de C et la roue avancera, mais pour être arrêtée presque aussitôt par l'extrémité A de l'ancre. Le pendule ayant effectué une oscillation complète, d'une durée de deux secondes, R a avancé d'une dent; R fait donc un tour complet en $2 \times 30 = 60$ secondes ou une minute; R est solidaire de l'aiguille des secondes. Grâce au pendule et à l'échappement, le mouvement de R est *régularisé*.

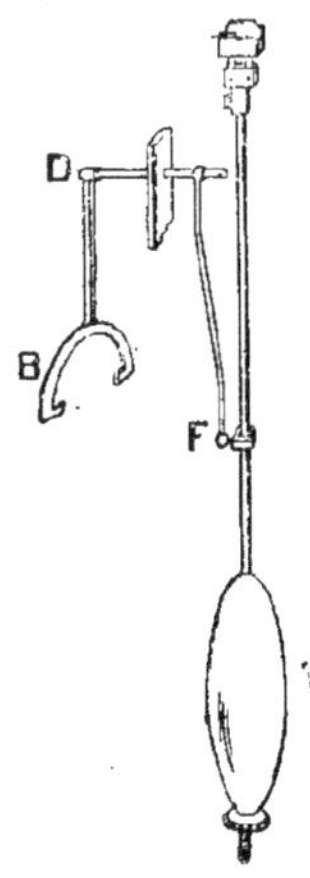

Fig. 531.

Lorsque les extrémités des dents de R appuient sur les extrémités biseautées *mn*, *pq* de l'ancre, elles lui impriment des impulsions qui, par la fourchette, se transmettent au pendule de manière à faire croître l'amplitude; ces impulsions étant faibles, il s'établit rapidement un régime permanent, résultant de la compensation des causes d'amortissement par les impulsions dont il s'agit, et l'amplitude reste *sensiblement constante* : il y a entretien mécanique.

*Résultats.* — On est arrivé à construire des horloges d'observatoire qui varient seulement de quelques secondes par an. Les variations de pression atmosphérique et d'état hygrométrique entraînant une variation de poussée pour le pendule, influent sur la marche des horloges : il y aurait lieu, pour plus de régularité, de faire osciller le pendule dans le vide.

497. **Pendule entretenu électriquement.** — L'inconstance des frottements mécaniques, le rancissement de l'huile, les variations d'état hygrométrique influent sur le rendement du rouage, qui est environ de 50 pour 100, et par suite sur la marche de l'appareil; c'est pourquoi l'on a cherché à remplacer l'entretien mécanique par un entretien électrique : plusieurs solutions ont été données, notamment par lord Kelvin et M. Lippmann; voici celle proposée récemment par M. Féry.

Un balancier A (fig. 532) est terminé à son extrémité par un aimant en fer à cheval dont les branches s'engagent, l'une dans une bobine B traversée par un courant électrique à des instants déterminés, l'autre à l'intérieur d'une masse de cuivre C située à l'extrémité d'un pendule auxiliaire. Les courants de Foucault qui prennent naissance dans la masse conductrice de C, en réagissant sur l'aimant, entraînent le pendule auxiliaire, et entretiennent ses oscillations; celles du pendule principal sont entretenues par les réactions des courants qui traversent B sur l'aimant A; le pendule auxiliaire a pour effet d'établir des contacts en R et R' grâce auxquels on lance un courant dans B ou on actionne les récepteurs qui totalisent les oscillations de A. Le pendule A n'est soumis qu'aux frottements de l'air et à l'amortissement magnétique de C, il est sans *lien matériel* avec l'extérieur, sa marche est très régulière.

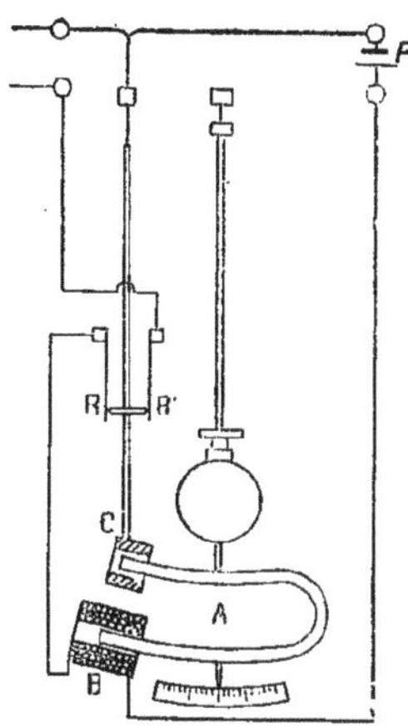

Fig. 532.

498. **Chronomètres et montres**. — Ils comprennent les mêmes parties essentielles que les horloges, mais avec des dispositifs différents.

*Moteur*. — La force motrice est due au *grand ressort*, logé à l'intérieur d'une boîte A (fig. 533) cylindrique, plate, appelée *barillet*. L'une des extrémités du ressort est fixée à un axe immobile, l'autre est accrochée à la paroi intérieure du barillet; le ressort étant enroulé, entraîne le barillet dont le mouvement est solidaire de celui des autres organes.

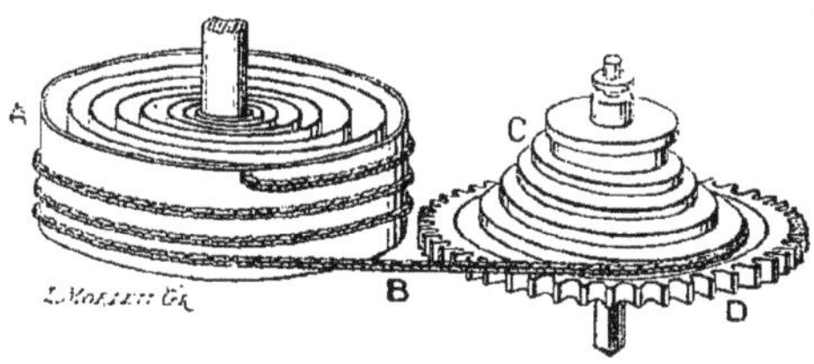

Fig. 533.

La force motrice tend à diminuer lorsque le ressort se déroule, d'où une variation dans la marche de l'appareil. Pour obvier à cet inconvénient, dans les *chronomètres de marine*, ou *garde-temps*, le barillet A entraîne une pièce C appelée *fusée*, en forme de tambour conique, par l'intermédiaire d'une *chaînette* B. Au début, la chaînette est presque complètement enroulée sur C et la force de tension de la chaînette étant relativement grande, le bras de levier est le rayon de la spire supérieure de la fusée. Quand le ressort se détend, la chaînette s'enroule sur A, se déroule sur C; la tension devient plus faible, mais le bras de levier est plus grand et le moment moteur est constant.

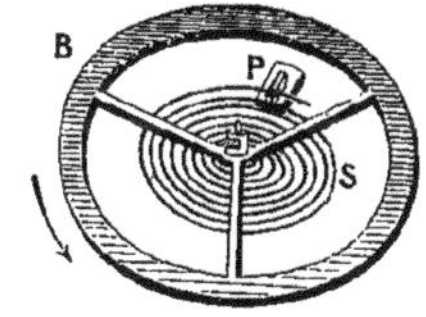

Fig. 534.

Le *rouage* ne présente rien de particulièrement intéressant.

*Régulateur*. — Il est constitué par un *balancier à ressort spiral* (Huygens). Dans les montres ce balancier est formé par une roue sans dents B (fig. 534) rattachée à un axe de rotation par trois bras; l'une des extrémités d'un ressort *spiral* plat (fig. 535) est fixée à cet axe; l'autre est fixée en P (fig. 534) : si l'on écarte le balancier de sa position d'équilibre, il effectue des oscillations isochrones (493).

Fig. 535.

Dans les *garde-temps*, le balancier est formé par deux demi-arcs AC, A'C' (fig. 536) réunis par une tige DD' appelée *barrette*; aux extrémités de la barrette se trouvent les *masses réglantes* V, V' et sur les arcs les *masses principales* M, M'. Le spiral est hélicoïdal (fig. 537).

La durée d'oscillation est proportionnelle à la racine carrée de la longueur du spiral déroulé([1]). On choisit convenablement la longueur du spiral de manière que la durée d'oscillation soit une fraction de seconde donnée. Lorsque la température varie, la longueur du spiral, l'élasticité des ressorts, le moment d'inertie changent, d'où une perturbation dans la marche de l'appareil. Dans les montres, on régularise la marche en faisant passer le spiral dans un *pince-lame* qu'on peut déplacer de quelques millimètres — on fait aussi usage de balanciers en *invar*. Dans les chronomètres, les masses V, V' servent à obtenir une durée d'oscillation déterminée, à température fixe; la compensation pour la variation de température s'établit par la déformation des arcs AC, A'C' formés de deux lames soudées, la lame intérieure étant en acier, l'extérieure en laiton. Lorsque la température croît, le spiral s'allonge, l'élasticité diminue, la durée d'oscillation tend à croître, mais les arcs AC, A'C' se recourbent davantage, le laiton étant plus dilatable que l'acier, les masses M, M' se rapprochent de l'arc et le moment d'inertie décroît. Lorsque les masses M, M' sont bien placées sur les arcs correspondants, les durées d'oscillation à 0 degré et 30 degrés

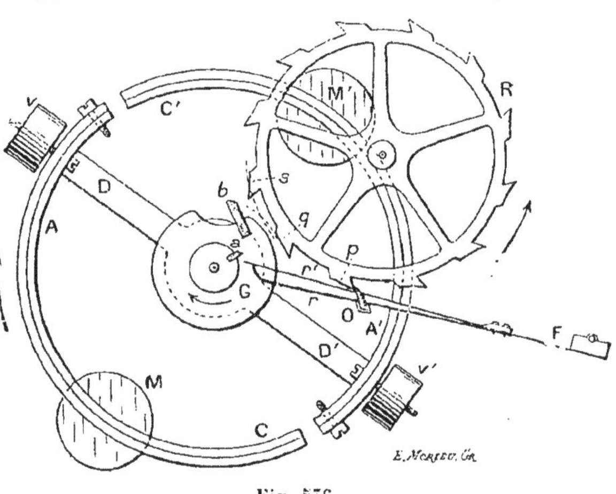


Fig. 536.

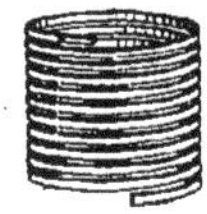

Fig. 537.

([1]) En désignant par I le moment d'inertie, par L la longueur du spiral et par M le *moment d'élasticité du ressort* (produit du moment du couple de flexion, correspondant à une rotation d'un radian, par la longueur du spiral [on fait aujourd'hui les spiraux en *élinvar* (676)], on a pour la période (formule de Phillips) :

$$T = 2\pi\sqrt{\frac{IL}{M}}.$$

sont égales et, pour des températures intermédiaires, la variation journalière du chronomètre peut être réduite à 2 ou 3 secondes.

*Échappement.* — Il existe divers modèles d'échappement : l'un des meilleurs est l'*échappement libre à détente.*

Une roue R (fig. 556) portant 12 dents est entraînée dans le sens de la flèche par le moteur; elle est arrêtée dans son mouvement par un rubis O porté par un ressort très flexible $r$, contre lequel s'appuie un autre ressort droit, très mince $r'$. Le balancier entraîne un disque circulaire échancré portant deux rubis $a$ et $b$. Lorsque le balancier oscille dans le sens de la flèche, $a$ vient heurter l'extrémité de $r'$, entraîne le système $r'r$, le rubis O, et par suite dégage la dent $p$ de la roue R, qui se met à tourner. Mais dès que $a$ ne touche plus $r'$, les ressorts se redressent, le rubis s'avance vers la roue R et arrête la dent $q$. Lorsque le balancier oscille en sens inverse de la flèche, $a$ touche $r'$, le courbe, mais est sans action sur $r$. La roue R avance donc *régulièrement* d'une dent à chaque oscillation complète du balancier, qui dure une demi-seconde [1]. L'entretien est dû au dispositif suivant : chaque fois que la roue R avance, une dent $s$ vient heurter l'extrémité du rubis $b$ et communique ainsi une impulsion au balancier, ce qui compense les causes d'amortissement.

*Équation de marche d'un chronomètre.* — En étudiant la marche d'un chronomètre à différentes températures, on établit une formule empirique qui donne les corrections à faire subir aux indications du chronomètre, en fonction du temps et de la température; les coefficients sont variables d'un chronomètre à l'autre.

Les *garde-temps* sont surtout utilisés pour faire des déterminations de longitude, en mer; l'erreur en longitude, correspondant à la variation de marche du chronomètre, dépend de la durée de la traversée; aujourd'hui on contrôle cette marche avec une grande sécurité, grâce à la réception des signaux horaires transmis par T.S.F.

*Remarque.* — La marche du balancier d'une horloge dépend de $g$; donc chaque horloge doit être réglée au lieu où elle est placée. La force motrice du balancier d'un chronomètre est une force d'élasticité, tout à fait indépendante de $g$. Donc le réglage du chronomètre est indépendant du lieu où il doit servir.

499. **Chronographe.** — Pour étudier les phénomènes en fonction du temps, on fait souvent usage d'un chronographe qui comporte :

Un cylindre enregistreur, un signal électrique inscrivant les oscillations d'un pendule battant la seconde, un signal inscrivant le phénomène à étudier.

En inscrivant les vibrations d'un diapason entretenu électriquement, on peut faciliter la subdivision de la seconde.

On peut ainsi déterminer un temps à $\frac{1}{20}$ de seconde près.

[1] Dans les montres, il y a échappement à chaque oscillation simple, c'est-à-dire à chaque cinquième de seconde.

## V. — RÉSISTANCE DES FLUIDES AU MOUVEMENT DES SOLIDES IMMERGÉS

500. **Existence des forces de résistance.** — Si nous allons très vite, à bicyclette, nous sentons nettement que l'air s'oppose à notre déplacement; nous constatons les mêmes effets lorsque nous sommes dans une automobile allant très vite, ou lorsque nous nous penchons à la portière d'un express marchant à grande vitesse.

Nous avons utilisé la résistance de l'air pour obtenir un mouvement uniforme de rotation dans l'appareil de Morin. Les cylindres enregistreurs sont, en général, armés de deux ailettes qu'on peut incliner plus ou moins sur leur axe de rotation; lorsque le plan des ailettes est perpendiculaire à l'axe de rotation, elles traversent l'air facilement, mais lorsque l'inclinaison de ce plan sur un plan perpendiculaire à l'axe de rotation croît, la résistance croît aussi, car le cylindre tourne plus lentement : avec le modèle ordinaire des laboratoires, la durée de rotation varie de 12 à 60 secondes, suivant l'orientation des ailettes.

Si nous plongeons le bras complètement dans l'eau et que nous cherchions à le déplacer rapidement, nous éprouvons une résistance qui croît avec la vitesse. — Un navire qui fend les flots éprouve une résistance considérable, qui augmente avec sa vitesse et limite la rapidité de sa marche.

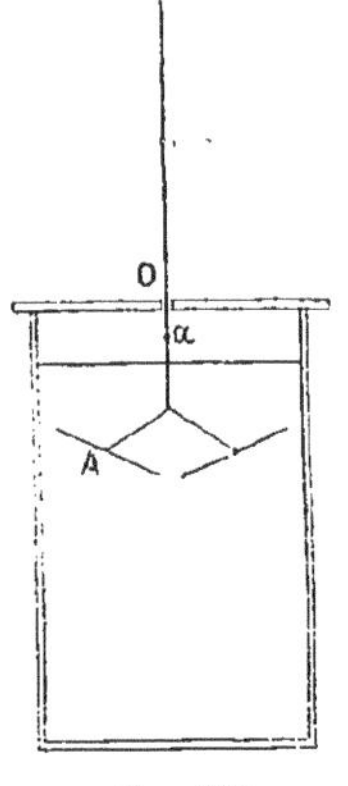

Fig. 538.

Voici une expérience classique qui nous montre l'existence des forces de résistance et nous permet même de les mesurer.

Un entonnoir tronconique A (fig. 538), de poids P, tombe à l'intérieur d'un seau cylindrique d'un diamètre un peu supérieur : il est dirigé dans son déplacement par une tige rectiligne sur laquelle on a tracé deux repères $\alpha$, $\beta$, et qui passe à travers une ouverture O; on place sur l'entonnoir, symétriquement, une charge variable P', le système est entraîné par la force $P + P'$ : cependant le mouvement devient uniforme presque dès le début; la force $P + P'$ est alors équilibrée par la résistance R du fluide et la force de frottement F de l'entonnoir et de la tige contre les parois du seau ou les bords de l'ouverture O :

$$(1) \qquad R + F = P + P'.$$

Soit $t$ l'intervalle de temps qui s'écoule entre les passages des repères $\alpha$ et $\beta$ devant O : si $d$ est la distance $\alpha\beta$, la vitesse du mouvement est $v = \frac{d}{t}$ : on la mesure facilement, et on constate que $v$ croît avec $P + P'$. — Traçons une courbe en portant $v^2$ en abscisse et $P + P'$ en ordonnée : nous obtenons une *droite*. En vertu de (1) les ordonnées de cette droite sont égales à $R + F$. Pour $v^2 = 0$, on a évidemment $R = 0$; l'ordonnée à l'origine OA (fig. 539) représente donc la force de frottement F. Il est maintenant facile d'obtenir R, pour une valeur quelconque de $v^2$ : ainsi pour $v^2 = OQ$, $R = Q'M$ (fig. 539), et, comme la courbe est une droite dans les conditions où nous avons opéré, nous en déduisons que R *est proportionnel à* $v^2$.

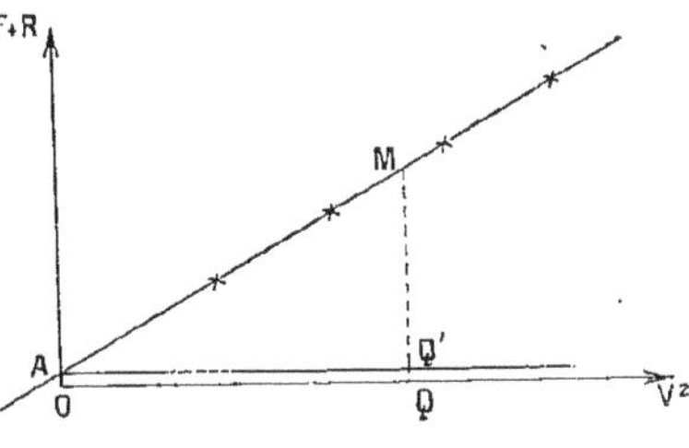

Fig. 539.

La résistance du fluide au mouvement des solides immergés est due aux forces de frottement et à un accroissement de force vive des particules fluides qui, partant de l'état de repos, acquièrent une certaine vitesse.

Nous avons supposé que le fluide était immobile et que le solide était en mouvement; lorsque c'est l'inverse qui se produit, le fluide exerce une poussée sur le solide, dans le sens de la vitesse. Nous avons tous éprouvé et constaté les effets mécaniques du vent qui pousse les navires à voile, gêne souvent la marche des trains, déracine les arbres, quand il est violent; nous savons tous, par expérience, qu'il est difficile de lutter contre un vent un peu fort.

C'est grâce aux forces qui s'exercent entre solide et fluide que les hélices peuvent prendre un point d'appui dans l'eau ou dans l'air pour faire progresser bateaux, dirigeables, aéroplanes et que les oiseaux peuvent voler.

501. **Étude de la résistance de l'air.** — Elle est extrêmement importante au point de vue de la détermination du mouvement d'un projectile et de la navigation aérienne, aussi a-t-elle donné lieu, surtout dans ces dernières années, à de nombreuses déterminations qui ne sont pas toujours très concordantes.

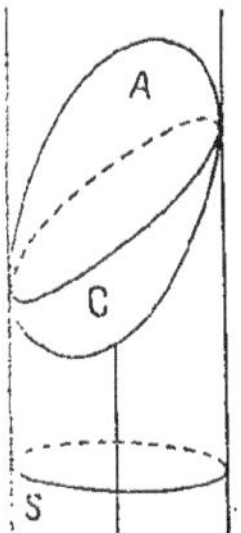

Soit un projectile A (fig. 540) de vitesse $v$; considérons le cylindre dont les génératrices sont parallèles à $v$ et qui est tangent à A, suivant la courbe C; désignons par $s$ la surface de la section droite de ce cylindre.

Fig. 540.

La résistance de l'air, que nous désignerons par R, dépend :

De la vitesse $v$ et croît avec $v$;

De la surface $s$, elle est sensiblement proportionnelle à $s$;

De la forme de la partie antérieure du corps.

Nous pouvons donc écrire

$$R = K s f(v).$$

La valeur du coefficient K dépend de la forme du corps.

*Influence de la vitesse.* — L'étude de l'amortissement du pendule (506, $\alpha$) nous montre que, pour les très faibles vitesses, celles qui sont de l'ordre de quelques centimètres par seconde, *la résistance de l'air est proportionnelle à la vitesse.*

Les expériences de MM. Cailletet et Colardeau, effectuées à la tour Eiffel (1892), par la méthode d'inscription graphique, sur une hauteur de chute de $120^m$, avec des disques plans de formes et de surfaces différentes, portant des charges variables, ont permis d'établir que, pour des vitesses inférieures à $50^{m/sec}$ *la résistance était proportionnelle à la surface du disque et au carré de la vitesse.*

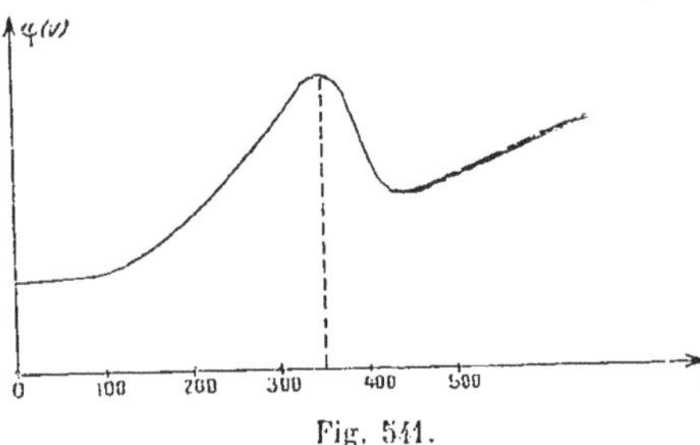

Fig. 541.

Le colonel Renard(1) a trouvé que R est proportionnel à $v^2$, tant que $v \leq 100^{m/sec}$. Des expériences de M. G. Eiffel (1907) ont confirmé très sensiblement ces résultats dans tous les cas étudiés.

Lorsque la vitesse devient supérieure à $100^{m/sec}$, et c'est le cas des projectiles, R croît plus rapidement que $v^2$; écrivons

$$f(v) = v^2 \varphi(v)$$

la fonction $\varphi(v)$ est représentée par la courbe de la figure 541; elle présente un maximum pour $v = 350^{m/sec}$; pour $v < 100^{m/sec}$, les ordonnées sont constantes; pour $v > 500^{m/sec}$, la courbe est sensiblement une droite.

502. **Vitesse limite.** — Soit un corps qui tombe librement dans l'air; il est soumis à l'action de deux forces directement opposées : son poids P, la résistance de l'air R. Au début, l'on a $P > R$, le mouvement est accéléré, mais la vitesse allant en croissant, R augmente et, si le corps tombe d'une hauteur suffisante, il arrive un moment où $R = P$, le mouvement devient *uniforme*; la vitesse maximum ainsi atteinte est appelée vitesse *limite*; elle est donnée par l'équation

$$R = P, \qquad \text{ou} \qquad K s f(v) = P.$$

Dans la plupart des cas, la vitesse limite obtenue est telle que R est proportionnel à $v^2$; on a donc

$$K s v^2 = R.$$

La valeur du coefficient K dépend de la forme de la partie antérieure du corps. Dans l'air :

| | | | | | |
|---|---|---|---|---|---|
| Pour une surface hémisphérique | $K = \frac{25}{10^8} g$ | C.G.S | ou | $K = 0{,}025$ | MKS |
| — un plan | $\frac{75}{10^8} g$ | — | ou | 0,075 | — |
| — un parachute | $\frac{165}{10^8} g$ | — | ou | 0,165 | — |
| — un parachute retourné | $\frac{65}{10^8} g$ | — | ou | 0,065 | — |

(1) Renard, (1850-1905), officier du génie français, dont les travaux en aéronautique font autorité et auquel on doit plusieurs inventions très remarquables.

Ces nombres ne sont pas, du reste, très précis, vu la difficulté des déterminations.

Cherchons, par exemple, la vitesse limite d'une sphère de rayon $r$, de densité $d$ :

$$\frac{25}{10^8} g \pi r^2 v^2 = \frac{4}{3} \pi r^3 dg, \qquad \text{d'où} \qquad v = 2310 \sqrt{rd};$$

en particulier pour un grêlon de $1^{cm}$ de diamètre, $d$ étant égal à 0,93, on trouve $v = 1570^{cm/sec} = 15^{m/sec},7$.

Les effets de la résistance de l'air sont très importants dès que la vitesse est grande; ainsi elle réduit considérablement la portée des bouches à feu, souvent de plus de moitié, et cependant on donne aux projectiles une forme particulière et on leur imprime une rotation rapide autour de leur axe; grâce à ces artifices, la résistance de l'air est fortement atténuée. Dès que la vitesse d'un train atteint 80 kilomètres à l'heure, en palier, la résistance de l'air absorbe une partie notable de la force motrice.

On compte qu'un vent de $15^{m/sec}$ exerce une pression de 27 $\frac{\text{kg-p}}{\text{m}^2}$, et si la vitesse est de $20^{m/sec}$, la pression devient 36 $\frac{\text{kg-p}}{\text{m}^2}$ ; on conçoit aisément la difficulté qu'il y a à retenir un ballon par vent violent, en rase campagne.

503. **Variation de la résistance avec la pression et la nature des gaz.** — En opérant avec un appareil à ailettes enfermé dans un récipient clos, où la pression pouvait atteindre 8 atmosphères, MM. Cailletet et Colardeau (1892) ont démontré expérimentalement que la résistance de l'air était *proportionnelle à la pression, proportionnelle à la densité du gaz par rapport à l'air*, c'est-à-dire, en résumé, *proportionnelle à la masse spécifique du gaz.*

504. **Résistance de l'eau.** — Elle est donnée par une formule identique à celle qui exprime la résistance de l'air :

$$R = K s v^2;$$

pour un navire, $s$ représente la section transversale maximum de la portion de carène immergée; le coefficient K varie énormément avec la forme même de la carène; dans le système métrique, pour un avant plat, K=80, et pour un navire bien construit, K peut descendre à 3; on voit donc quelle importance prend l'architecture navale au point de vue de la vitesse que peut atteindre un navire dont les machines ont une puissance donnée.

## AMORTISSEMENT D'UN MOUVEMENT OSCILLATOIRE

505. **Amortissement, ses causes.** — Si nous écartons de sa position d'équilibre un pendule, ou un équipage d'électromètre, de galvanomètre, il se met à osciller, et ne revient souvent au repos qu'après un grand nombre d'oscillations; l'amplitude de ces oscillations va en décroissant constamment jusqu'à zéro : on dit qu'il y a *amortisse-*

*ment*. Ce phénomène est dû en général aux causes suivantes : frottement du mobile contre le fluide ou les fluides dans lesquels il baigne : air, eau, acide sulfurique, huile de vaseline; frottement du mobile contre ses supports; réactions électromagnétiques; etc. Les forces de frottement des fluides sont fonctions de la vitesse; les autres causes d'amortissement en sont indépendantes.

506. **Étude expérimentale de l'amortissement**. — Il est extrêmement important d'étudier l'amortissement pour les raisons suivantes :

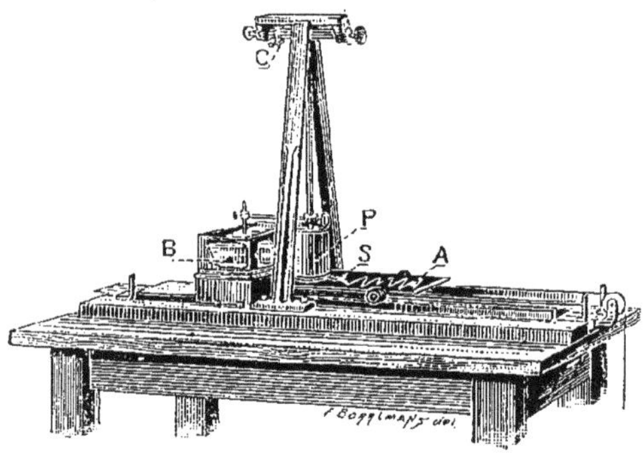


Fig. 542.

1° On recherche dans quelle mesure les causes d'amortissement modifient le mouvement des corps (durée d'oscillation d'un pendule, par exemple);

2° Il est nécessaire de connaître la loi de l'amortissement quand il y a lieu de tenir compte de la valeur de l'amplitude, pour avoir celle de la durée de l'oscillation infiniment petite.

3° Il peut être avantageux d'obtenir l'amortissement rapide d'un appareil de mesure pour qu'il prenne en peu de temps la position d'équilibre à repérer (balance, galvanomètre, électromètre).

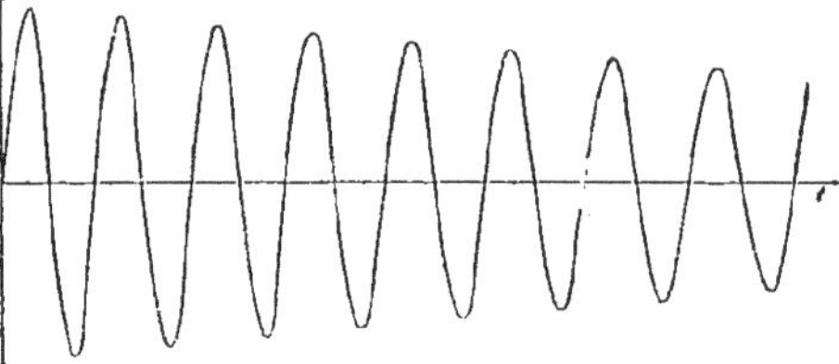

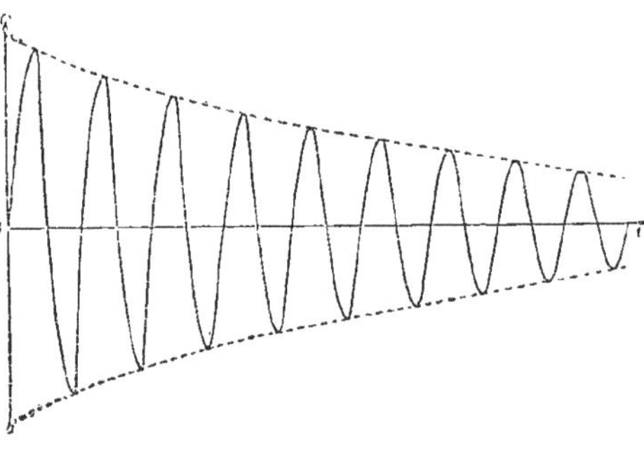

Fig. 543 *bis*.

Pour étudier l'amortissement par l'expérience, nous enregistrons le mouvement, puis, sur les courbes obtenues, nous faisons toutes les mesures nécessaires, en particulier nous relevons les amplitudes successives et les durées des oscillations.

*a*) *Forces de frottement proportionnelles à la vitesse*. — Soit le pendule P (fig. 542) muni d'un stylet S qui trace une courbe sur la plaque de verre A enduite de noir de fumée et animée d'un mouvement de translation uniforme; nous obtenons la courbe de la figure 543. Pour avoir un amortissement plus énergique nous pouvons faire plonger la palette B dans l'eau ; et nous avons la courbe de la figure 545 *bis*. Des mesures effectuées sur ces courbes nous donnent les lois suivantes :

*Les oscillations sont isochrones; les amplitudes décroissent en progression géométrique.*

Soient $\alpha_0$, $\alpha_1$, ... $\alpha_n$ les amplitudes successives du *même* côté :

$$(1) \qquad \frac{\alpha_0}{\alpha_1} = \frac{\alpha_1}{\alpha_2} = \ldots = \frac{\alpha_{n-1}}{\alpha_n} = e^{\lambda};$$

$\lambda$ porte le nom de *décrément logarithmique*; plus il est grand, plus l'amortissement est rapide.

De (1) nous tirons :

$$e^{n\lambda} = \frac{\alpha_0}{\alpha_n}, \quad \text{d'où} \quad \lambda = \frac{1}{n}\,\mathrm{Log}\,\frac{\alpha_0}{\alpha_n} = \frac{1}{n}\cdot\frac{1}{\mathrm{M}}\log\frac{\alpha_0}{\alpha_n} = \frac{2{,}3}{n}\log\frac{\alpha_0}{\alpha_n}.$$

Dans le cas des expériences de Borda (477), au bout d'une heure, l'amplitude était les $\frac{2}{5}$ de l'amplitude initiale : on avait donc

$$\lambda = \frac{2{,}3}{1800}\log\frac{5}{2} = 0{,}0002.$$

Lorsque $\lambda$ est très petit, on peut écrire :

$$e^{\lambda} = 1 + \lambda,$$

et par suite

$$1 + \lambda = \frac{\alpha_0}{\alpha_1}, \qquad \text{d'où} \qquad \lambda = \frac{\alpha_0 - \alpha_1}{\alpha_1}.$$

La comparaison des courbes du pendule très amorti et du pendule non amorti nous montre que la *durée d'oscillation complète n'a pas varié d'une manière sensible* lorsque l'amortissement est devenu plus rapide; enfin, dans le cas du mouvement très amorti, les portions successives de l'axe interceptées par la courbe d'enregistrement ne sont pas égales; *l'oscillation simple n'est donc point partagée en deux parties égales par le passage du pendule à la verticale.*

Si nous chargeons le pendule de manière à augmenter son moment d'inertie par rapport à l'axe de suspension, sans faire varier la période sensiblement, nous constatons que l'amortissement est moins rapide. *Le décrément logarithmique de l'amortissement croît avec les forces de frottement et varie en raison inverse du moment d'inertie.*

Tous ces résultats ont été trouvés par la théorie (507), en faisant l'hypothèse que les *forces de frottement sont proportionnelles à la vitesse de rotation.* De plus, dans ce cas, le calcul nous montre que le rapport de la durée T′ de l'oscillation complète amortie à la durée T de l'oscillation complète non amortie (forces de frottement nulles) est :

$$\frac{\mathrm{T}'}{\mathrm{T}} = 1 + \frac{\lambda^2}{8\pi^2};$$

donc, lorsque l'*amortissement est faible, la durée d'oscillation n'est pas modifiée sensiblement*.

Examinons le cas particulier des expériences de Borda (477) : la variation relative de la durée d'oscillation est

$$\frac{\lambda^2}{8\pi^2}=\frac{2^2.10^{-8}}{8\pi^2}=\frac{1}{2}10^{-9};$$

elle est complètement *négligeable*, étant donnée la précision de la mesure de T'; on peut donc légitimement calculer $g$ en employant une formule établie dans l'hypothèse *fausse* où les forces de frottement sont nulles.

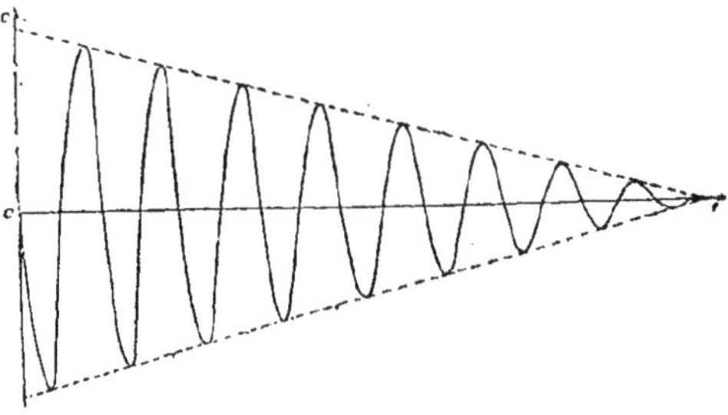

Fig. 544.

β) *Forces de frottement constantes*. — Pour produire des forces de frottement constantes, il nous suffit de serrer au moyen d'un frein C (fig. 542) la pièce cylindrique autour de l'axe de laquelle oscille le pendule, l'enregistrement nous donne la courbe de la figure 544 et nous constatons que *si les forces de frottement sont constantes, les amplitudes décroissent en progression arithmétique*.

507. **Mouvements apériodiques**. — Lorsque les forces qui produisent l'amortissement sont suffisamment grandes (506, 2°), le système n'oscille pas mais revient directement à sa position d'équilibre, on dit que le mouvement est *apériodique*. La figure 545 représente les élongations successives de l'aiguille d'une balance quand l'amortissement est plus ou moins considérable. La courbe I correspond à des oscillations non amorties, la courbe II à des oscillations amorties; III et IV correspondent à des mouvements apériodiques; l'aiguille n'arrive jamais rigoureusement à sa position d'équilibre, mais elle en vient aussi près que l'on veut; la courbe III correspond évidemment à l'amortissement le meilleur.

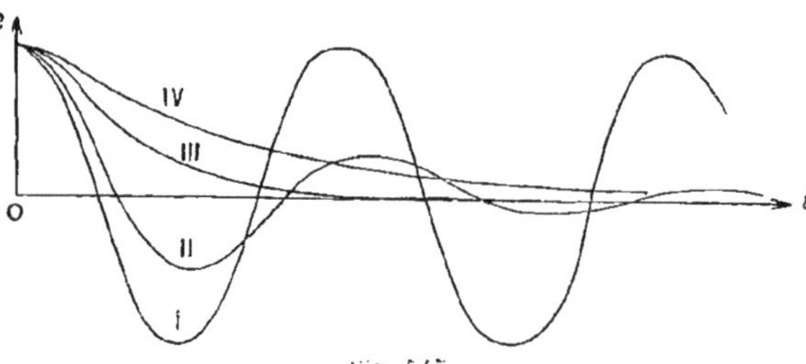


Fig. 545.

Tous ces résultats peuvent s'établir par la théorie et le calcul.

Conservons les notations du § 493 et supposons que la force de frottement soit proportionnelle à la vitesse, par suite son moment par rapport à l'axe est de la forme $f\frac{d\theta}{dt}$; évaluons le travail élémentaire lorsque l'élongation angulaire croît de $d\theta$;

$$dW = \frac{1}{2}\, d\Sigma mv^2 = \frac{1}{2}\, d\Sigma mr^2 \left(\frac{d\theta}{dt}\right)^2 = I\,\frac{d^2\theta}{dt^2}\, d\theta\ ;$$
$$dW = -C\theta d\theta - f\,\frac{d\theta}{dt}\, d\theta\ ;$$

égalons ces deux valeurs de $dW$, divisons par $d\theta$ et faisons passer tous les termes dans le premier membre, il vient :

$$(1)\qquad I\,\frac{d^2\theta}{dt^2} + f\,\frac{d\theta}{dt} + C\theta = 0.$$

Considérons l'équation

$$(2)\qquad Ix^2 + fx + C = 0.$$

1^er^ *Cas* : $f^2 - 4IC < 0$, *mouvement oscillatoire amorti.* — Les racines de l'équation (2) sont de la forme

$$x = -a \pm bi, \qquad \text{avec} \quad a = \frac{f}{2I}, \qquad b = \frac{\sqrt{4IC - f^2}}{2I},$$

et l'on a :

$$\theta = e^{-at}[A\cos bt + B\sin bt].$$

Supposons qu'au temps $t = 0$, $\theta = 0$, il vient nécessairement $A = 0$, donc (figure 545, courbe II)

$$\theta = Be^{-at}\sin bt, \qquad \text{ou :} \qquad \theta = \theta_0 e^{-at}\sin bt.$$

Posons

$$T' = \frac{2\pi}{b} = \frac{2\pi}{\sqrt{\frac{4IC - f^2}{4I^2}}} = 2\pi\sqrt{\frac{I}{C - \frac{f^2}{4I}}}.$$

Les temps correspondant aux maxima d'élongations sont ceux pour lesquels la vitesse angulaire est nulle; ils sont donc définis par l'équation

$$\frac{d\theta}{dt} = 0, \qquad \text{ou} \qquad \theta_0 e^{-at}[b\cos bt - a\sin bt] = 0, \qquad \text{d'où} \qquad \operatorname{tg} bt = \frac{b}{a}\ ;$$

si $t_1$ est la plus petite valeur de $t$ satisfaisant à cette équation, les autres racines sont de la forme $t_1 + nT'$ ($n$ nombre entier) et les élongations sont maxima à des intervalles de temps constants égaux à $T'$; il en est de même pour les époques de passage par la verticale; les *oscillations sont donc isochrones*. D'autre part, les *amplitudes décroissent en progression géométrique*; soient en effet $\theta_1$ et $\theta_2$ les élongations aux temps $t_1$ et $t_1 + T'$ :

$$\theta_1 = \theta_0 e^{-at_1}\sin bt_1, \qquad \theta_2 = \theta_0 e^{-a(t_1 + T')}\sin b(t_1 + T') = \theta_0 e^{-a(t_1 + T')}\sin bt_1\ ;$$

donc :

$$\frac{\theta_1}{\theta_2} = e^{aT'}.$$

Le mouvement oscillatoire, tout en étant isochrone, n'est *pas rigoureusement périodique*, puisque l'amplitude n'est pas constante, c'est-à-dire qu'au bout du temps $T'$ le mobile ne reprend pas à la fois la même position et la même vitesse : $T'$, quoique constant, est une *pseudo-période*. Le décrément logarithmique des oscillations est, avec la nouvelle notation $\lambda = aT' = \frac{fT'}{2I}$; l'amortissement est d'autant plus rapide que $f$ est plus grand et $I$ plus petit. Si le mouvement n'était pas amorti, sa période serait

$$T = 2\pi\sqrt{\frac{I}{C}}\ ;$$

par conséquent

$$\frac{T'}{T}=\sqrt{\frac{C}{C-\frac{f^2}{4I}}}=\frac{1}{\sqrt{1-\frac{f^2}{4IC}}}=1+\frac{f^2}{8IC};$$

mais

$$\lambda^2=a^2T'^2, \text{ ou sensiblement } \lambda^2=a^2T^2=\frac{f^2}{4I^2}\cdot\frac{4\pi^2 I}{C}=\pi^2\frac{f^2}{IC}; \text{ donc } \frac{T'}{T}=1+\frac{\lambda^2}{8\pi^2}.$$

2° *Cas* : $f^2-4IC>0$, *mouvement apériodique*. — Les racines de l'équation (2) sont réelles :

$$x=-a\pm b, \qquad \text{avec} \qquad a=\frac{f}{2I}, \qquad b=\frac{\sqrt{f^2-4IC}}{2I},$$

et l'on a :

$$\theta=e^{-at}\left[Ae^{bt}+Be^{-bt}\right].$$

Le mouvement n'est plus oscillatoire, il est dit *apériodique* ; cela n'a lieu que pour les frottements relativement considérables (fig. 545, courbe IV).

A la limite, pour $f^2-4IC=0$, on a encore un mouvement apériodique (fig. 545, courbe III) qui correspond à l'*amortissement critique* : la déviation et le retour au zéro ont lieu dans le *minimum* de temps : dans la construction des instruments de mesure à oscillations (balance, galvanomètre, etc.) on ne cherche pas à atteindre tout à fait cet amortissement.

508. **Calcul de la durée d'oscillation d'un pendule pour une amplitude infiniment petite.** — Soient $\alpha_1$, $\alpha_2$,... $\alpha_n$ les amplitudes de $n$ oscillations successives, $T_1$, $T_2$,... $T_n$ les durées des oscillations correspondantes, $T_0$ celle de l'oscillation infiniment petite, $\lambda$ le décrément logarithmique, et posons, pour simplifier les calculs, $\frac{\alpha_1^2}{16}=\beta_1$ ; nous avons, les oscillations étant de *faible amplitude* :

$$\begin{aligned} T_1&=T_0(1+\beta_1)\\ T_2&=T_0(1+\beta_2)=T_0(1+\beta_1 e^{-2\lambda})\\ &\cdots\cdots\cdots\cdots\\ T_n&=T_0\left[1+\beta_1 e^{-2(n-1)\lambda}\right]; \end{aligned}$$

en désignant par $\theta$ la durée totale des $n$ oscillations, et additionnant membre à membre, il vient :

$$\theta=T_0\left[n+\beta_1\left(1+e^{-2\lambda}+e^{-4\lambda}+\ldots e^{-2(n-1)\lambda}\right)\right];$$

d'où :

$$(1) \qquad \frac{\theta}{n}=T_0\left[1+\frac{\beta_1}{n}\left(1+e^{-2\lambda}\ldots+e^{-2(n-1)\lambda}\right)\right];$$

$\frac{\theta}{n}$ est la durée d'oscillation moyenne $T_m$ correspondant à une amplitude moyenne $\alpha_m$, telle que

$$(2) \qquad \frac{\theta}{n} \text{ ou } T_m=T_0\left(1+\frac{\alpha_m^2}{16}\right);$$

puisque $T_m$ est connu, pour calculer $T_0$, il suffit de déterminer $\alpha_m$ ; en identifiant (1) et (2), il vient :

$$\begin{aligned} \frac{\alpha_m^2}{16}&=\frac{\beta_1}{n}\left[1+e^{-2\lambda}+\ldots+e^{-2(n-1)\lambda}\right]\\ &=\frac{\beta_1}{n}\times\frac{1-e^{-2n\lambda}}{1-e^{-2\lambda}}=\frac{1}{n}\times\frac{\beta_1-\beta_{n+1}}{1-e^{-2\lambda}}; \end{aligned}$$

mais $\lambda$ étant petit,

$$1 - e^{-2\lambda} = 1 - (1 - 2\lambda + \ldots) = 2\lambda;$$

d'autre part

$$e^{\lambda} = \frac{\alpha_1}{\alpha_2} = \frac{\alpha_2}{\alpha_3} \ldots\ldots = \frac{\alpha_n}{\alpha_{n+1}}, \qquad e^{n\lambda} = \frac{\alpha_1}{\alpha_{n+1}}, \qquad \lambda = \frac{1}{n} \cdot \frac{1}{M} \log \frac{\alpha_1}{\alpha_{n+1}};$$

donc

$$\frac{\alpha_m^2}{16} = \frac{1}{n} \times \frac{\beta_1 - \beta_{n+1}}{\frac{2}{nM} \log \frac{\alpha_1}{\alpha_{n+1}}} = \frac{M}{2} \cdot \frac{\frac{\alpha_1^2}{16} - \frac{\alpha_{n+1}^2}{16}}{\log \frac{\alpha_1}{\alpha_{n+1}}},$$

$$\alpha_m^2 = \frac{M}{2} \cdot \frac{\alpha_1^2 - \alpha_{n+1}^2}{\log \frac{\alpha_1}{\alpha_{n+1}}}.$$

Cette expression est utilisée pour faire la correction d'amplitude dans la mesure de $g$ (479).

509. **Calcul de la durée d'oscillation d'un barreau aimanté, pour une amplitude infiniment petite.** — L'amortisssement étant considérable, l'amplitude initiale $\alpha_1$ est grande, très différente de l'amplitude finale $\alpha_n$ et on ne peut prendre pour terme correctif $\frac{1}{16}\left(\frac{\alpha_1 + \alpha_n}{2}\right)^2$.

Si pour $p$ oscillations successives l'amplitude varie peu, on note les temps de $p$ en $p$ oscillations et les amplitudes extrêmes : soient, par exemple, les temps $t_1$, $t_2$. .. $t_n$, les amplitudes $\alpha_1$, $\alpha_2$.... $\alpha_n$; nous calculons les termes correctifs $\beta_1$, $\beta_2$.... $\beta_{n-1}$ pour les amplitudes moyennes $\frac{\alpha_1 + \alpha_2}{2}$, $\frac{\alpha_2 + \alpha_3}{2}$.... $\frac{\alpha_{n-1} + \alpha_n}{2}$, et en désignant par $T_0$ la durée de l'oscillation d'amplitude infiniment petite :

$$t_2 - t_1 = p\,T_0(1 + \beta_1)$$
$$t_3 - t_2 = p\,T_0(1 + \beta_2)$$
$$\ldots\ldots\ldots\ldots\ldots\ldots\ldots\ldots$$
$$\ldots\ldots\ldots\ldots\ldots\ldots\ldots\ldots$$
$$t_n - t_{n-1} = p\,T_0(1 + \beta_{n-1});$$

soit $\theta$ la durée totale de l'opération, c'est-à-dire $t_n - t_1$; N le nombre total d'oscillations, ou $(n-1)p$; en additionnant membre à membre :

$$\theta = N\,T_0\left(1 + \frac{\beta_1 + \ldots\ldots + \beta_{n-1}}{n-1}\right),$$

d'où l'on tire $T_0$.

# MESURE DES GRANDEURS

## UNITÉS ABSOLUES

510. **Grandeurs.** — On appelle *grandeur*, d'une manière générale, tout ce qui est susceptible d'augmentation ou de diminution. On rencontre, tant en Mécanique qu'en Physique, des grandeurs de natures très diverses : longueur, masse, temps, vitesse, accélération, force, travail, quantité de chaleur, flux lumineux, masse électrique, masse magnétique, intensité de courant électrique, etc., etc.

511. **Mesures des grandeurs.** — Pour mesurer une grandeur, on est conduit à la comparer à une grandeur de *même nature*, choisie comme *unité*. Si l'on désigne par G une grandeur concrète, et par $u$ la grandeur de l'unité de mesure adoptée, la valeur numérique de G sera

$$n = \frac{G}{u};$$

la valeur numérique attribuée à une grandeur variera alors en raison directe de cette grandeur elle-même, et en raison inverse de la grandeur prise pour unité.

Mais ce mode de mesure suppose que l'on compare directement chaque grandeur à l'unité correspondante, de même nature qu'elle. D'une façon plus générale, on arrive à mesurer toute espèce de grandeurs, au moyen de relations établies entre les valeurs numériques de ces grandeurs elles-mêmes et celles d'autres grandeurs, de natures différentes. En d'autres termes, pour obtenir la mesure $x$ d'une grandeur de nature déterminée, on part fréquemment d'une relation préalablement établie,

$$x = f(\alpha, \beta, \gamma, \ldots),$$

dans laquelle le second membre ne contient aucun coefficient parasite et ne dépend que de paramètres $\alpha$, $\beta$, $\gamma$..., d'une autre nature que $x$; cette relation fournit ce qu'on appelle une mesure *absolue* de $x$.

*Exemples.* — Pour mesurer la surface S d'un rectangle, on ne compare pas directement cette surface à une *surface* prise pour unité. On mesure les deux dimensions *linéaires* $a$ et $b$ du rectangle, et on évalue S, sans coefficient parasite, en posant $S = a \times b$, ce qui revient à prendre pour unité de surface, la surface du rectangle dont les deux dimensions $a$ et $b$ sont égales à l'unité de longueur. — De même, pour évaluer la *vitesse* $v$ d'un mobile animé d'un mouvement uniforme, on ne la compare pas directement à la vitesse d'un autre mobile animé d'un mouvement uniforme déterminé. On mesure le chemin $e$ parcouru par le mobile dans un temps $t$ et on évalue $v$, sans coefficient parasite, par la formule $v=\frac{e}{t}$, ce qui revient à prendre, comme unité de vitesse, la vitesse d'un mobile parcourant, d'un mouvement uniforme, l'unité de longueur dans l'unité de temps.

La suppression de tout coefficient parasite, dans les expressions de ce genre, résulte donc des relations que l'on établit entre les unités de natures différentes, tandis que l'emploi d'unités n'offrant aucune liaison les unes avec les autres introduirait des coefficients particuliers, et ne fournirait que des mesures dites *arbitraires*. — La supériorité du premier système sur le second est évidente.

512. **Systèmes d'unités absolues; unités fondamentales; unités dérivées; unités pratiques.** — Soit à mesurer $m$ grandeurs de natures différentes entre lesquelles existent $n$ relations : on choisira arbitrairement les unités pour $m-n$ de ces grandeurs qui, considérées *seules*, seraient *indépendantes* : ces unités sont dites *fondamentales*; les conditions essentielles qui guident dans leur choix sont les suivantes : les unités sont bien définies, constantes et commodes pour la pratique. Puis, au moyen des $n$ relations non encore utilisées, on fixe les unités des grandeurs restantes : ces unités sont dites *dérivées*. L'ensemble des unités *fondamentales et dérivées* constitue un système d'*unités absolues* ou *système cohérent d'unités*. Il se peut que certaines de ces unités soient ou trop grandes ou trop petites dans la pratique; on leur adjoint des unités dites *pratiques*, égales aux unités absolues multipliées par une puissance de dix convenablement choisie. — Il suffit, en Mécanique, de *trois unités fondamentales* indépendantes, arbitrairement choisies, pour constituer un système complet de mesures absolues.

513. **Système C.G.S. — Unités fondamentales.** — Le système C.G.S. est un système de mesures absolues, embrassant toutes les grandeurs que l'on peut rencontrer en Mécanique et en Physique. Il a comme point de départ l'adoption de trois unités fondamentales qui sont : l'unité de *longueur*, l'unité de *masse* et l'unité de *temps*; les unités choisies sont le *centimètre*, le *gramme* et la *seconde*, d'où le nom de système C.G.S.

*Centimètre.* — Le centimètre est la centième partie de la longueur à 0° du Mètre international (étalon prototype n° 6 ou 𝔐), en platine iridié, conservé au Bureau international des poids et mesures. — Le mètre avait été défini d'abord comme devant être la dix-millionième partie du quart du méridien terrestre. En raison des erreurs inévitables dans les opérations géodésiques les mieux conduites, on conçoit que ce mètre-étalon ne peut représenter que d'une manière approchée la longueur cherchée ; aujourd'hui on sait qu'il est trop court de $0^{mm},187$ ; on a néanmoins convenu de le prendre comme *définissant le mètre*, quel qu'en puisse être l'écart par rapport à la définition théorique. — Le choix de cette unité est arbitraire et on peut se demander si la longueur ainsi définie est bien *constante* ; aussi MM. Michelson et Benoit ont-ils comparé le mètre à une longueur parfaitement fixe qui est la longueur d'onde λ de la raie rouge du cadmium : ils ont trouvé que dans l'air, à 14°,93 sous la pression normale :

$$1^{m} = 1\,553\,163\ \lambda.$$

Des mesures plus récentes, faites d'après une autre méthode, ont conduit au même résultat.

*Gramme.* — Le gramme est la millième partie de la masse du kilogramme-étalon international (étalon 𝕶) (fig. 546), en platine iridié, conservé au Bureau international des poids et mesures. — Théoriquement le kilogramme devrait représenter la masse du décimètre cube d'eau distillée, privée d'air, à la température de 4°C., température de son maximum de densité sous la pression normale [1], en réalité il s'écarte très peu de cette définition, car 1 kg d'eau à 4° occupe $1^{dm^3},000027$.

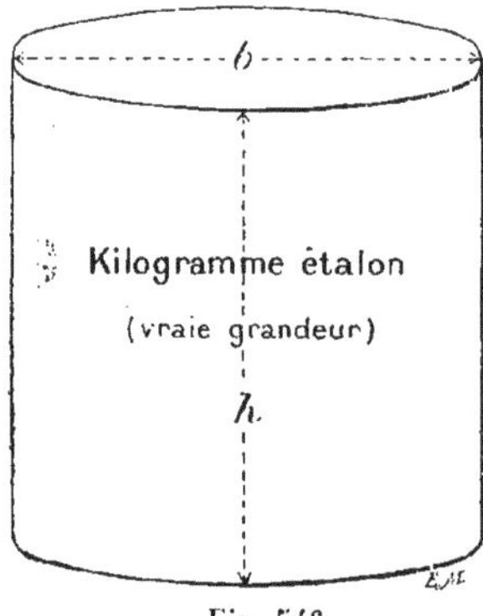

Fig. 546.

*Seconde.* — La seconde est la 86 400e partie du jour solaire moyen (494).

514. **Unités dérivées C.G.S.** — *Unité de surface.* — Dans le système C.G.S., comme dans tout système de mesures absolues, l'unité de surface doit être celle du *carré construit sur l'unité de longueur* (511); l'unité absolue C.G.S. de surface est donc le *centimètre carré.*

*Unité de volume.* — Pour une raison analogue à la précédente, l'unité C.G.S. de volume est le *centimètre cube* [1].

*Unité d'angle.* — Soit $s$ un arc correspondant à un angle au centre $\alpha$, dans une circonférence de rayon $r$: $s = r\alpha$, d'où $\alpha = \frac{s}{r}$. Si l'on fait $r = s$, on a $\alpha = 1$.

L'unité d'angle ou *radian* est l'angle au centre qui découpe un arc égal au rayon.

*Unité de vitesse.* — D'après l'équation du mouvement uniforme $e = vt$, si l'on pose $e = 1$ et $t = 1$, on a $v = 1$ ; l'unité absolue C.G.S. de vitesse

[1] Comme *unité secondaire* de volume, dans les jaugeages précis effectués par des pesées, on emploie souvent le *millilitre*, volume d'eau distillée répondant exactement, *par définition*, au gramme, c'est-à-dire à $1^{cm^3},000\,027$. Le *litre*, correspondant au kilogramme d'eau, vaut $1^{dm^3},000\,027$.

est donc celle du mouvement uniforme dans lequel l'espace parcouru est de 1 centimètre par seconde. Cette unité n'ayant pas reçu de nom spécial, nous l'appellerons *centimètre-seconde*.

*Unité de vitesse angulaire.* — Dans un mouvement de rotation uniforme, si $v$ est la vitesse d'un point placé à la distance $r$ de l'axe, la vitesse angulaire $\omega = \frac{v}{r}$ ; pour $v=1$, $r=1$, on a $\omega=1$, l'angle balayé par le rayon vecteur unité allant du mobile à l'axe est de un radian par seconde ; l'unité de vitesse angulaire est donc le *radian-seconde*.

*Unité d'accélération.* — D'après l'équation du mouvement uniformément varié, $v=\gamma t$, si l'on pose $v=1$ et $t=1$, on a $\gamma=1$ ; l'unité C.G.S. d'accélération est donc celle du mouvement uniformément varié dans lequel la vitesse s'accroît de 1 centimètre-seconde par chaque seconde de temps. Cette unité n'ayant pas reçu de nom spécial, nous l'appellerons *centimètre-seconde-seconde*.

*Unité de force : dyne.* — D'après la relation $F=m\gamma$, si l'on pose $m=1$ et $\gamma=1$, on a $F=1$. L'unité absolue C.G.S. de force, qui a reçu le nom de *dyne*, est donc la force qui, appliquée à la masse du gramme, lui communique une accélération de 1 centimètre-seconde-seconde dans sa direction.

*Unité de travail : erg.* — D'après l'équation $W=Fe$, si l'on fait $F=1$, $e=1$, on a $W=1$ ; l'unité absolue de travail C.G.S. ou *erg*, est le travail effectué par une force d'une dyne déplaçant son point d'application d'un centimètre dans sa direction.

*Unité de puissance : erg-seconde.* — La *puissance* d'une machine s'exprime par le même nombre que le travail qu'elle fournit, en marche uniforme, dans l'unité de temps. Si l'on désigne par W le travail fourni pendant le temps $t$ par une machine de puissance P, on a donc : $W=Pt$, d'où $P=\frac{W}{t}$. En faisant $W=1$, $t=1$, il vient : $P=1$. L'unité absolue de puissance C.G.S. est donc celle d'une machine qui fournit un erg par seconde ; nous appellerons cette unité l'*erg-seconde*.

515. **Unités pratiques C.G.S.** — Il arrive souvent que, dans la pratique, les unités absolues sont trop grandes ou trop petites : par exemple il serait maladroit et incommode d'exprimer en centimètres une longueur d'onde ou la distance de la Terre à la Lune. On a donc adjoint, aux unités absolues, les unités pratiques qui sont en général égales aux premières multipliées par un facteur de la forme $10^n$ ; on forme leurs noms en faisant précéder les noms des unités absolues correspondantes des préfixes déca (10), hecto ($10^2$), kilo ($10^3$), méga ($10^6$), déci ($10^{-1}$), centi ($10^{-2}$), milli ($10^{-3}$), micro ($10^{-6}$), qui indiquent combien de fois l'unité pratique vaut l'unité absolue.

Voici quelles sont les principales unités pratiques C.G.S.

*Longueur.* — Le mètre, le millimètre, le micron ($\mu$) ou millième de millimètre, l'angström ou dix-millième de micron;

*Masse.* — Le kilogramme;

*Temps.* — La minute et l'heure;

*Vitesse.* — Le mètre-seconde;

*Accélération.* — Le mètre-seconde-seconde;

*Force.* — La mégadyne $=10^6$ dynes;

*Travail.* — Le joule $=10^7$ ergs;

*Puissance.* — Le watt $=10^7$ ergs-seconde : c'est la puissance d'une machine qui fait un joule par seconde; l'hectowatt, le kilowatt.

On emploie aussi très souvent comme unités pratiques de travail le *watt-heure* et ses multiples : l'*hectowatt-heure*, le *kilowatt-heure*. Le *watt-heure* est le travail effectué par une machine d'une puissance d'un watt, en une heure; il vaut donc 3600 joules.

516. **Système M.K.S. — Unités fondamentales.** — Dans ce système, dit *système métrique*, les unités fondamentales sont : l'unité de *longueur* : le *mètre* (513); l'unité de *masse* : le *kilogramme* (513); et l'unité de *temps* : la *seconde* du jour solaire moyen (494).

On le désigne par les initiales M.K.S. de ces unités, qui sont égales aux unités correspondantes C.G.S. multipliées par des puissances de 10; il en sera de même pour les unités dérivées.

517. **Unités dérivées.** — En procédant comme pour le système C.G.S. (514) nous définirons facilement les unités dérivées de surface, de volume, de vitesse (mètre-seconde) et d'accélération (mètre-seconde-seconde).

*Unité de force.* — C'est la force qui, agissant sur un kilogramme, lui imprime une accélération de $1\frac{m}{sec^2}$; en C.G.S. :

$$F = m\gamma = 1000 \times 100 = 10^5 \text{ dynes.}$$

Cette unité n'a pas reçu de nom particulier; elle n'est pas employée dans la pratique.

*Unité de travail : joule.* — C'est le travail d'une force égale à l'unité M.K.S. déplaçant son point d'application de $1^m$; en C.G.S. :

$$W = Fe = 10^5 \times 10^2 = 10^7 \text{ C.G.S.} = 1 \text{ joule.}$$

*Unité de puissance : watt.* — C'est la puissance d'une machine faisant un joule par seconde; nous l'avons appelée *watt* (515).

518. **Unités pratiques.** — Les ingénieurs ont l'habitude d'exprimer les forces en fonction d'une unité, le kilogramme-force, qui n'est pas une unité absolue du système M.K.S., et qui néanmoins a été adoptée par la Conférence générale des Poids et Mesures de 1901, comme unité *pratique* du système métrique.

*Unité de force : kilogramme-force* (*kg-f.*). — C'est le poids du kilogramme (513) en un lieu où $g = 980,665$ C.G.S.. Cette valeur particulière de $g$, que nous représenterons désormais par $g_0$, a été obtenue par réduction, à 45° et au niveau de la mer, de la valeur trouvée au Bureau international de Breteuil (la valeur moyenne de $g$ correspondant à cette région de la Terre est un peu plus faible et égale à 980, 616 C.G.S. environ).

La valeur du kilogramme-force en M.K.S. est donnée par l'expression

$$F = m\gamma = 1 \times 9,80665 = 9,80665 \text{ M.K.S.}$$

*Unité de travail : kilogrammètre (kgm).* — C'est le travail d'un kilogramme-force déplaçant son point d'application d'un mètre; en M.K.S. :

$$W = Fe = 9,80665 \times 1 = 9,80665 \text{ M.K.S. ou joules.}$$

*Unité de puissance : 1° cheval-vapeur (H.P.).* — Le cheval-vapeur est la puissance d'une machine faisant 75 *kgm.* par seconde; en M.K.S. :

$$P = \frac{W}{t} = \frac{75 \times 9,80665}{1} = 735,499 \text{ M.K.S. ou watts, ou sensiblement } 735,5 \text{ watts.}$$

2° *Poncelet.* — Le poncelet est la puissance d'une machine qui fait 100 *kgm.* à la seconde; en M.K.S. :

$$P' = \frac{W'}{t} = \frac{100 \times 9,80675}{1} = 980,665 \text{ M.K.S. ou watts.}$$

*Applications.* — Il ne faut pas perdre de vue, dans les applications, que le kilogramme-force et le kilogrammètre valent $g_0$ fois les unités absolues M. K. S. correspondantes, sinon on s'expose à faire de graves erreurs d'unités. Prenons des exemples :

1° Soit à exprimer, en kilogrammes-forces, le poids d'un corps de masse $m$ kg, en un lieu où le champ de la pesanteur est $g$ M.K.S.

Le poids du corps est

$$P = mg \text{ M.K.S.,}$$

et comme (517)

$$1 \; kg\text{-}f = g_0 \text{ M.K.S.,}$$

il vient

$$P = m \frac{g}{g_0} \; kg\text{-}f.$$

2° Soit à calculer l'énergie cinétique d'un obus de 100 kg, animé d'une vitesse de 600 $\frac{\text{m}}{\text{sec.}}$ — Nous avons :

$$W = \frac{1}{2} m v^2 = \frac{1}{2} 100 \times 600^2 \text{ M.K.S.,}$$

et comme 1 $kgm = g_0$ M.K.S. (517), il vient donc

$$W = \frac{1}{2} \times \frac{100 \times 600^2}{g_0} = \frac{1}{2} \times \frac{100 \times 600^2}{9,88665} = 1,836 \times 10^6 \text{ kgm.}$$

519. **Inconvénients du système M.K.S.** — Il n'est pas cohérent dans toute son étendue à cause des unités pratiques de force, de travail et de puissance; par son emploi on introduit dans les calculs le coefficient 9,80 665 (ou le plus souvent la valeur approchée 9,81).

On risque de créer une confusion entre les masses et les forces qui s'expriment les unes et les autres en fonction du kilogramme (masse ou force).

Il semblerait avantageux de s'en tenir au système M.K.S. cohérent.

520. **Rapports des principales unités des systèmes M.K.S. et C.G.S.** — Le problème se résout immédiatement pour la plupart des unités et nous l'avons traité déjà dans les cas les plus intéressants.

Nous avons vu (518) que le kilogramme-force vaut 9,80 665 M.K.S, donc 9,80 665 $\times$ $10^5$ dynes, c'est-à-dire près de $10^6$ dynes ou une mégadyne; un gramme-force vaut donc sensiblement un kilodyne et le milligramme-force, une dyne.

Rappelons aussi que le kilogrammètre vaut à peu près 10 joules, le cheval-vapeur environ 735 watts, et le poncelet sensiblement un kilowatt.

Nous ramenons ainsi les unités les plus usuelles aux unités dérivées C.G.S. ou M.K.S.

521. **Dimensions des unités dérivées.** — On appelle *dimensions* d'une unité dérivée, l'expression qui indique la loi de variation de cette unité en fonction des unités fondamentales dont elle dépend.

Pour former les dimensions des unités dérivées, il suffit, d'après ce qui précède, de prendre les relations qui définissent ces unités, relations dans lesquelles on remplacera les grandeurs dont les unités sont fondamentales, par les lettres représentant ces unités.

Supposons que les unités fondamentales soient celles de longueur, de masse et de temps, que nous représenterons respectivement par L, M, T. Cherchons, par exemple, les dimensions de l'unité de surface, qui est définie par la relation $s=ab$; pour obtenir l'unité de surface il faut faire $a=b=L$, donc $S=L^2$. On obtient ainsi sans peine le tableau suivant des dimensions des unités dérivées :

| Grandeurs. | Équations de définitions. | Équations de dimensions. |
|---|---|---|
| Surface | $S=ab$ | $S=L^2$ |
| Volume | $V=abc$ | $V=L^3$ |
| Angle | $\alpha=\frac{\text{arc}}{\text{rayon}}$ | Un nombre |
| Vitesse | $v=\frac{e}{t}$ | $v=LT^{-1}$ |
| Vitesse angulaire | $\omega=\frac{v}{r}$ | $\omega=T^{-1}$ |
| Accélération | $\gamma=\frac{v}{t}$ | $\gamma=LT^{-2}$ |
| Force | $m\gamma=F$ | $F=LMT^{-2}$ |
| Travail (Work) ou énergie | $W=Fe$ | $W=L^2M\,T^{-2}$ |
| Puissance | $P=\frac{W}{t}$ | $P=L^2M\,T^{-3}$ |

522. **Changement de système d'unités absolues.** — Les systèmes d'unités absolues peuvent varier :

Avec la grandeur des unités fondamentales;

Avec le choix des grandeurs dont les unités sont fondamentales.

Dans le premier cas le changement de système ne présente pas de grandes difficultés, il n'en est pas toujours de même dans le second. Le changement de système d'unités comporte un certain nombre de problèmes que nous allons traiter.

1er *Problème.* — *Évaluer les dimensions des unités dérivées dans le nouveau système.* — Puisque les relations de définition subsistent, les équations de dimensions du premier système représentent des relations exactes pour les unités du nouveau système : on résout ces équations en considérant les nouvelles unités dérivées comme étant les inconnues. Très souvent on a avantage à remonter aux relations de définition, et à établir directement les équations de dimensions du nouveau système comme nous l'avons fait dans le cas particulier traité.

2e *Problème.* — *Étant donnée la valeur numérique* x *d'une grandeur* G *en fonction de l'unité* X, *les unités fondamentales étant* A, B, C, *trouver la valeur numérique* x′ *de cette même grandeur, en fonction de l'unité* X′, *les unités fondamentales étant* A′, B′, C′.

La valeur numérique d'une grandeur fixe varie évidemment en *raison inverse* de la grandeur de l'unité correspondante; on a donc :

$$\frac{x}{x'}=\frac{X'}{X} \qquad \text{d'où} \qquad x'=\frac{X}{X'}x,$$

le problème est ramené à trouver le rapport $\frac{X}{X'}$.

3e *Problème.* — *Trouver le rapport d'une unité* X *dans le système ayant pour unités fondamentales* A, B, C, *à l'unité de même nature* X′, *dans le système ayant pour unités fondamentales* A′, B′, C′.

Les unités X et X′ sont données par les équations de dimensions :

$$X=A^{\alpha}B^{\beta}C^{\gamma},$$
$$X'=A'^{\alpha'}B'^{\beta'}C'^{\gamma'};$$

donc

$$\frac{X}{X'}=\frac{A^{\alpha}B^{\beta}C^{\gamma}}{A'^{\alpha'}B'^{\beta'}C'^{\gamma'}}.$$

*Cas particulier.* — *Les unités fondamentales des deux systèmes sont de même nature.* Soient A et A′, B et B′, C et C′ les unités de même nature :

$$\frac{X}{X'}=\left(\frac{A}{A'}\right)^{\alpha}\cdot\left(\frac{B}{B'}\right)^{\beta}\cdot\left(\frac{C}{C'}\right)^{\gamma}.$$

*Exemple.* — Soit à trouver le rapport des unités absolues de puissance dans le système C.G.S. et dans le système de Gauss dont les unités fondamentales sont le millimètre, la masse du milligramme, la seconde.

Nous avons :

$$L=1^{cm} \qquad M=1^{g} \qquad T=1^{s},$$
$$L'=1^{mm} \qquad M'=1^{mg} \qquad T'=1^{s};$$

or

$$\frac{P}{P'}=\left(\frac{L}{L'}\right)^{2}\cdot\left(\frac{M}{M'}\right)\cdot\left(\frac{T}{T'}\right)^{-3}=10^{2}\times 1000\times 1^{-3}=10^{5}.$$

*Cas général.* — Nous chercherons la valeur numérique des rapports de trois groupes de deux unités correspondantes des deux systèmes; nous prendrons ensuite ces unités comme fondamentales (il faut évidemment que ces unités soient indépendantes) et nous serons ramenés au cas particulier précédent. Il est du reste souvent plus facile et plus simple, avec un peu d'attention, de résoudre directement le problème, sans passer par les équations de dimensions.

*Exemple.* — On prend comme unités fondamentales le mètre, le kilogramme-force, la seconde; exprimer les unités absolues de masse et de travail de ce système en C.G.S.

Posons :

$$L = 1\,\text{m}, \quad F = 1\ \text{kg-f}, \quad T = 1\ \text{sec}; \qquad L' = 1\ \text{cm}, \quad M' = 1\ \text{g}, \quad T' = 1\ \text{sec}.$$

Nous avons vu (518) que :

$$1\ \text{kg-f} = 9{,}81 \times 10^5\ \text{dynes}, \quad \text{ou} \quad F = 9{,}81 \times 10^5\ F';$$

le problème est maintenant facile; nous savons que :

$$\left(\frac{F}{F'}\right) = \left(\frac{L}{L'}\right)\left(\frac{M}{M'}\right)\left(\frac{T}{T'}\right)^{-2},$$

d'où nous tirons :

$$\left(\frac{M}{M'}\right) = \left(\frac{F}{F'}\right)\left(\frac{L}{L'}\right)^{-1}\left(\frac{T}{T'}\right)^{2} = 9{,}81 \times 10^5 \times 10^{-2} = 9{,}81 \times 10^3.$$

D'autre part :

$$\left(\frac{W}{W'}\right) = \left(\frac{F}{F'}\right)\left(\frac{L}{L'}\right) = 9{,}81 \times 10^5 \times 10^2 = 9{,}81 \times 10^7.$$

523. *Homogénéité.* — Les équations de la Mécanique ou de la Physique expriment des lois qui sont naturellement indépendantes des unités choisies pour les traduire : ces équations doivent donc subsister lorsqu'on change les grandeurs des unités. Pour cela, il est nécessaire que chaque relation soit *homogène*, c'est-à-dire que ses deux membres dépendent des unités fondamentales de la même manière, ou qu'ils aient les mêmes équations de dimensions. Alors, en effet, si l'on vient à changer les grandeurs des unités, les deux membres de l'égalité seront multipliés par un *même* coefficient numérique, et cette égalité subsistera. — Un défaut d'homogénéité dans une formule ne pourrait provenir que d'une faute de calcul.

*Exemple.* — Il est facile de vérifier l'homogénéité de la formule du pendule simple :

$$t = \pi\sqrt{\frac{l}{g}}.$$

L'équation de dimensions du premier membre est T; l'équation de dimensions du second membre s'obtient en remplaçant dans ce second membre chaque grandeur par les dimensions correspondantes; on a, dans le cas considéré : $\sqrt{\frac{L}{LT^{-2}}}$ ou $\sqrt{T^2}$, ou T; la formule du pendule simple est donc bien homogène.

# DENSITÉS ET POIDS SPÉCIFIQUES

524. **Définitions.** — Dans tout ce qui va suivre nous supposerons que nous avons affaire à des corps *homogènes*. On appelle *densité absolue* ou *masse spécifique* d'un corps, à une température et sous une pression données, la masse de l'unité de volume de ce corps dans ces conditions, en fonction de l'unité de masse adoptée. — Dans le système C.G.S., c'est la masse d'un centimètre cube du corps, exprimée en grammes. Si $m$ est la masse d'un corps de volume $v$, de densité $d$, on a les relations :

$$m = vd, \qquad \text{d'où} \qquad d = \frac{m}{v}.$$

Les dimensions de la masse spécifique sont donc :

$$d = L^{-3}M.$$

On appelle *poids spécifique absolu* d'un corps, dans des conditions et en un lieu donnés, le poids de l'unité de volume de ce corps, en fonction de l'unité de force adoptée. — Dans le système C.G.S., c'est le poids d'un centimètre cube du corps, en dynes. Si $\varpi$ est le poids spécifique d'un corps de poids $p$ de volume $v$,

$$p = \varpi v, \qquad \text{d'où} \qquad \varpi = \frac{p}{v};$$

les dimensions des poids spécifiques sont donc :

$$\varpi = L^{-2}MT^{-2}.$$

Entre le poids spécifique absolu, la masse spécifique et l'intensité $g$ de la pesanteur, nous avons la relation :

$$\varpi = dg.$$

*Remarque.* — Le poids spécifique absolu n'est pas une constante pour le corps, puisqu'il dépend de $g$.

On appelle *densité relative* d'un corps, à une température et sous une pression déterminées, le rapport entre la masse d'un certain volume de ce corps, dans ces conditions, et la masse du même volume d'un autre corps A pris comme terme de comparaison, dans des conditions également spécifiées. Si l'on prend, par exemple, les deux corps sous l'unité de volume, et si l'on désigne par $d$ et $d_A$ leurs masses spécifiques dans les conditions indiquées, la densité relative $\mu$ du corps considéré sera exprimée par la relation

$$\mu = \frac{d}{d_A},$$

nombre indépendant de l'unité absolue de masse.

On appelle de même *poids spécifique relatif* d'un corps, le rapport entre le poids d'un certain volume de ce corps, dans les conditions de température et de pression où on le considère, et le poids, dans le même lieu, du même volume d'un corps B pris comme terme de comparaison, dans des conditions également spécifiées. Or, si l'on considère, en particulier, les deux corps sous l'unité de volume, dans les conditions indiquées, on aura, en appelant $\varpi$ et $\varpi_B$ leurs poids spécifiques absolus et $\rho$ le poids spécifique relatif du corps dont il s'agit,

$$\rho = \frac{\varpi}{\varpi_B} = \frac{dg}{d_B g}, \qquad \text{ou enfin} \qquad \rho = \frac{d}{d_B},$$

nombre également indépendant de l'unité de force choisie et du lieu où se fait la comparaison.

Si, dans ces deux dernières définitions, on prend comme termes de comparaison *un même corps*, dans les mêmes conditions, on a $d_A = d_B$ et par suite $\rho = \mu$; c'est-à-dire que le *poids spécifique relatif* et la *densité relative* sont alors exprimés par un même nombre, et les deux expressions peuvent être, à cet égard, considérées comme synonymes. — Le corps de comparaison universellement adopté est l'eau, dans les conditions de son maximum de densité, à 4°, et nous désignerons par $e_4$ la masse spécifique de l'eau à 4°.

525. **Relations entre les densités et les poids spécifiques.** — Avec les notations précédentes, nous avons :

$$\varpi = dg = \mu e_4 g = \rho e_4 g ;$$

la connaissance de l'une de ces quantités et de $g$ entraîne celle des autres. La moins importante de ces grandeurs est $\varpi$, qui n'est pas une constante du corps.

Les déterminations très précises de Macé de Lépinay, de MM. Benoît et Buisson, les recherches de M. P. Chappuis et les mesures plus récentes de M. Guillaume ont donné (690) :

$$e_4 = 0{,}999\,973$$

à $10^{-6}$ près; dans la pratique, quand il s'agit de résultats dont la précision ne doit pas atteindre $3 \times 10^{-5}$, on peut donc écrire :

$$d = \mu = \rho,$$

et confondre la masse spécifique avec la densité relative ou le poids spécifique relatif, par rapport à l'eau à 4°.

Si l'on connaît $d$, on peut immédiatement calculer la masse $m$ d'un volume quelconque $v$ de ce corps, d'après la relation $m = vd$. La mesure de $d$ est ramenée à deux déterminations : celles de $m$ et de $v$.

Pour un deuxième corps, au même lieu,

$$\varpi' = d'g = \mu' e_4 g = \rho' e_4 g;$$

donc

$$\frac{\varpi}{\varpi'} = \frac{d}{d'} = \frac{\mu}{\mu'} = \frac{\rho}{\rho'}.$$

Un rapport de poids spécifique absolu peut être remplacé par un rapport de densités absolues, de masses spécifiques relatives ou de poids spécifiques relatifs.

526. **Détermination expérimentale des nombres** $d$. — A diverses températures, les densités d'un même corps varient en raison inverse des binômes de dilatation cubique (668); on a donc, sous pression constante :

$$d_t = \frac{d_0}{1 + \Delta_0^t}.$$

Il suffit, par conséquent, de déterminer la densité d'un corps à une certaine température, sous une certaine pression, et de connaître sa loi de dilatation sous cette pression, pour en déduire la densité du corps à toute autre température.

On choisira, de préférence, la densité $d_0$, à 0°, sous la pression normale. Deux méthodes précises peuvent être employées : la *méthode du flacon* et celle de la *balance hydrostatique*; nous étudierons seulement la première.

## DENSITÉS DES SOLIDES ET DES LIQUIDES

527. **Méthode du flacon : corps solides.** — Pour les échantillons de petites dimensions, on prend un flacon ayant la forme indiquée par la figure 547. On le remplit d'eau distillée récemment bouillie, et, en le plaçant dans la glace fondante à 0°, on détermine l'affleurement au trait de repère $a$ du bouchon B. On laisse ensuite le flacon revenir à la température ambiante, et, après l'avoir essuyé, on le place sur l'un des plateaux de la balance, avec le corps solide à côté, puis l'on fait la tare. On enlève le corps, et on le remplace par une masse échantillonnée M, de manière à ramener l'aiguille au zéro. La masse apparente du corps est évidemment égale à la masse apparente des poids marqués. On a alors, en désignant par $V_0$ le volume inconnu du corps à 0°, par $S_0^\theta$ la dilatation spécifique du corps de 0° à $\theta$°, par $d_0$ sa densité à 0°, par $a$ et $\delta$ les densités de l'air et des poids marqués, dans les conditions de l'expérience :

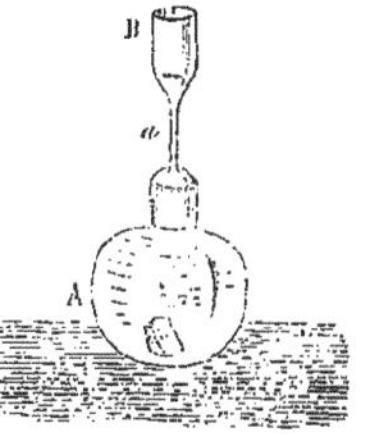

Fig. 547.

$$(1) \qquad V_0\left[d_0 - (1 + S_0^\theta)a\right] = M\left(1 - \frac{a}{\delta}\right).$$

Pour déterminer le volume $V_0$, on introduit le corps dans le flacon débouché. Après avoir laissé quelque temps le flacon dans le vide de la machine pneumatique pour enlever l'air que le corps solide a pu entraîner, on rebouche le flacon, et on détermine de nouveau l'affleurement au trait de repère, à 0°, dans la glace fondante. On laisse ensuite le flacon revenir à la température ambiante, on l'essuie, et on le reporte sur le plateau de la balance. Il y a rupture de l'équilibre primitif : on le rétablit en plaçant une masse $M_1$, sur le même plateau que le flacon. Or, la tare initiale étant restée la même, on a remplacé à 0° une masse d'eau qui occupe à 0° un volume $V_0$ égal à celui du corps, par une masse marquée $M_1$, donc la masse apparente à 0° de cette eau est égale à la masse apparente de la masse marquée $M_1$, d'où, $E_0^0$ étant la dilatation spécifique de l'eau de 0° à 0°;

$$V_0\left[e_0-(1+E_0^0)a\right]=M_1\left(1-\frac{a}{\delta}\right). \tag{2}$$

En divisant membre à membre (1) et (2), il vient :

$$\frac{d_0-(1+S_0^t)a}{e_0-(1+E_0^0)a}=\frac{M}{M_1},$$

d'où

$$d_0=\frac{M}{M_1}e_0+a\left[(1+S_0^0)-\frac{M}{M_1}(1+E_0^0)\right]. \tag{3}$$

*Précision des mesures : importance relative des diverses corrections.* — Le terme principal de (3) est $\frac{M}{M_1}e_0$, et comme $e_0=0,999840$, $d_0$ est très sensiblement égal à $\frac{M}{M_1}$; dans les mesures qui ne sont pas d'une très grande précision, on se dispense de remplir le flacon à 0°, et on prend la valeur approchée $\frac{M}{M_1}$. Il convient du reste d'observer que la détermination d'une densité avec plus de trois chiffres significatifs exacts n'a de raison d'être que pour un corps très pur, et bien homogène; souvent cette condition n'est pas réalisée.

Dans le calcul de la précision des mesures, nous pouvons nous contenter de la relation approchée

$$d_0=\frac{M}{M_1},$$

d'où

$$\frac{\Delta d_0}{d_0}=\frac{\Delta M}{M}+\frac{\Delta M_1}{M_1}.$$

Si l'on se sert d'une balance sensible à $0^{mg},1$, on a $\Delta M=0^{mg},1$, mais il n'en est pas de même pour $\Delta M_1$, car le niveau du liquide ne revient pas toujours rigoureusement au repère et il n'est pas sûr qu'en rebouchant le flacon, on conserve au volume intérieur, jusqu'au repère, toujours la même valeur; on peut admettre une erreur de $1^{mm^3}$ correspondant à $\Delta M_1=1^{mg}$: pour $V_0=20^{cm^3}$ environ, on a $M_1=20^g$ et par suite $\frac{\Delta M_1}{M_1}=\frac{1}{20\,000}$; comme $\Delta M<\Delta M_1$, $M>M_1$, on a $\frac{\Delta d_0}{d_0}<\frac{1}{10\,000}$; on peut répondre des 4 premiers chiffres significatifs seulement.

Si on faisait $e_0 = 1$, on commettrait une erreur relative voisine de $\frac{2}{10\,000}$; on ne pourrait plus répondre que des 3 ou 4 premiers chiffres significatifs, suivant la valeur de $d_0$.

Si on négligeait la correction de poussée de l'air, l'erreur relative serait sensiblement $\frac{a}{d_0}(1 - d_0) = \frac{a}{d_0} - a$. Pour $d_0 > 1$, cas habituel, le terme correctif étant négatif, on trouverait un nombre trop grand. Avec $a = 0,0012$, pour le platine $d_0 = 21,5$, l'erreur relative serait, en valeur absolue, égale à 0,00115 et pour le soufre, tel que $d_0 = 2$, elle serait de 0,0006; dans les deux cas on pourrait donner les 3 premiers chiffres significatifs; le 4e serait incertain.

Les corrections de dilatation figurent seulement dans les termes en $a$; aux températures habituelles de l'expérience, elles sont extrêmement petites, de l'ordre de $10^{-6} d_0$, et ne doivent intervenir que dans les mesures très précises.

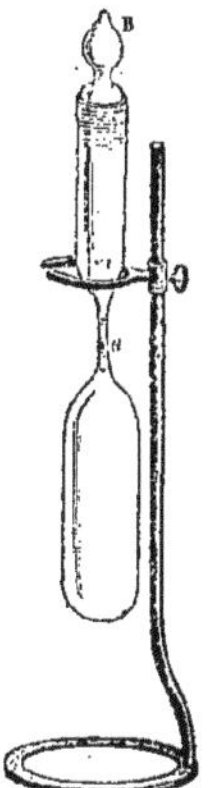

Fig. 548.

528. **Méthode du flacon : corps liquides.** — On prend un flacon ayant la forme indiquée par la figure 548, et on en fait la tare, en plaçant à côté de lui une masse échantillonnée supérieure aux masses des liquides qu'on aura à y introduire. On remplit alors le flacon du liquide qui est l'objet de l'expérience, et l'on détermine l'affleurement au trait de repère $a$, à la température de 0°. On laisse ensuite le flacon revenir à la température ambiante, on l'essuie, et on le reporte sur le plateau. Il faut, pour ramener l'aiguille au zéro, enlever de la masse initiale voisine du flacon une masse M. La masse apparente du liquide est donc égale à la masse apparente du poids marqué M. On a, en désignant par $d_0$ la densité cherchée, par $L_0^\theta$ la dilatation spécifique du liquide entre 0° et $\theta$, et par $V_0$ le volume à 0° du flacon jusqu'au trait de repère $a$,

$$V_0[d_0 - (1 + L_0^\theta)\,a] = M\left(1 - \frac{a}{\delta}\right). \tag{1}$$

On remplace alors le liquide par de l'eau, et l'on répète la même série d'opérations qu'avec le liquide, ce qui conduit à enlever de la masse initiale une certaine masse $M_1$. On a donc, pour ce nouvel équilibre, la tare étant restée la même,

$$V_0[e_0 - (1 + E_0^\theta)\,a] = M_1\left(1 - \frac{a}{\delta}\right). \tag{2}$$

En divisant membre à membre les équations (1) et (2), il vient :

$$\frac{d_0 - (1 + L_0^\theta)\,a}{e_0 - (1 + E_0^\theta)\,a} = \frac{M}{M_1},$$

d'où l'on tire

$$d_0 = \frac{M}{M_1} e_0 + a\left[(1 + L_0^\theta) - \frac{M}{M_1}(1 + E_0^\theta)\right].$$

*Précision des mesures; importance relative des diverses corrections.* — En raisonnant comme précédemment (527), nous voyons que la partie principale de l'erreur est donnée par la relation :

$$\frac{\Delta d_0}{d_0}=\frac{\Delta M}{M}+\frac{\Delta M_1}{M_1}.$$

Les valeurs de $\Delta M$ et de $\Delta M_1$ dépendent surtout de la précision avec laquelle on a ramené le niveau du liquide au repère; si l'on admet que chaque fois le ménisque est à moins de $\frac{1}{4}$ de millimètre du repère et que la section du tube, à cet endroit est de $1^{mm^2}$, pour un liquide de densité voisine de l'unité, la limite de $\Delta M$ serait $0^{mg},3$, de même celle de $\Delta M_1$; le flacon à densité ayant une capacité voisine de $20^{cm^3}$, les erreurs relatives $\frac{\Delta M}{M}$ et $\frac{\Delta M_1}{M_1}$ sont inférieures à $\frac{3}{200\,000}$, donc $\frac{\Delta d_0}{d_0}<\frac{3}{100\,000}$; on peut répondre généralement des cinq premiers chiffres significatifs.

Si on faisait $e_0=1$, l'erreur relative serait de $\frac{2}{10\,000}$, on n'aurait plus que quatre chiffres exacts.

En négligeant la poussée de l'air, on commettrait une erreur absolue sensiblement égale à

$$a(1-d_0)$$

pour $d_0>1$, le terme correctif serait négatif, pour $d_0<1$, il serait positif; pour les liquides dont la densité est voisine de l'unité, il serait faible; pour l'alcool par exemple, on aurait :

$$a(1-d_0)=0,0012\,(1-0,8)=0,00024,$$

par suite cette erreur affecterait seulement la 4e décimale.

Les corrections relatives à la température sont petites; car elles s'introduisent seulement dans les termes en $a$.

*Remarque.* — Pour déterminer la densité d'un corps solide *soluble ou attaquable par l'eau*, on opère avec un liquide de densité connue $l_0$, et on procède comme avec l'eau. En remplaçant, dans la formule précédente, la densité $e_0$ de l'eau par $l_0$, la dilatation spécifique de l'eau par celle du liquide, on a alors :

$$\frac{d_0-\left(1+S_0^t\right)a}{l_0-\left(1+L_0^t\right)a}=\frac{M}{M_1}$$

*Densités des solides.*

| | | | | | |
|---|---|---|---|---|---|
| Acier | | 7,82 | Zinc fondu | 7,04 à | 7,16 |
| Aluminium fondu | 2,56 à | 2,58 | Bronze (90 Cu + 10 Sn) | | 8,78 |
| Argent fondu | 10,40 | 10,50 | Laiton (70 Cu + 30 Zn) fondu | | 8,44 |
| Cuivre fondu | 8,80 | 8,95 | — — étiré | | 8,70 |
| — martelé | 8,85 | 8,95 | Bois de chêne | 0,6 à | 1,2 |
| Étain fondu | | 7,29 | Bois d'ébène | 1,1 | 1,5 |
| Fer forgé | 7,80 à | 7,90 | Bois de sapin | 0,5 | 0,7 |
| Or fondu | 19,26 | 19,54 | Brique | | 1,5 |
| Platine fondu | 21,2 | 21,70 | Caoutchouc | | 0,9 |
| — martelé | | 23,00 | Cire | | 0,9 |
| Plomb fondu | | 11,34 | Ébonite | | 1,1 |
| Soufre *octaédrique* (orthorhombique) | | 2,07 | Marbre | | 2,7 |
| | | | Pierre de liais | | 2,3 |
| Soufre *prismatique* (clinorhombique) | | 1,97 | Verre (*crown*) | 2,5 à | 2,7 |
| | | | Verre (*flint*) | 3 | 4 |

*Densités des liquides.*

| | | | |
|---|---|---|---|
| Acide nitrique fumant | 1,52 | Éther ordinaire | 0,736 |
| — sulfurique concentré | 1,84 | Glycérine | 1,26 |
| Alcool pur | 0,794 | Huile d'olive | 0,915 |
| Benzine | 0,885 | Hydrogène (à $-252°,5$, ébul. norm.) | 0,07 |
| Chloroforme | 1,48 | Lait | 1,03 |
| Eau à 4° | 1 | Mercure | 13,596 |
| Eau de mer | 1,026 | Pétrole lampant 0,78 à | 0,81 |
| Essence de pétrole 0,68 à | 0,70 | Sulfure de carbone | 1,293 |
| Essence de térébenthine | 0,874 | Vin | 0,99 |

## DENSITÉS DES GAZ

529. **Définitions.** — On appelle *densité* d'un gaz à $t°$ sous la pression H, la masse de 1 centimètre cube de ce gaz pris dans ces conditions de température et de pression.

On appelle *densité d'un gaz par rapport à l'air à t° sous la pression* H ([1]), le rapport qui existe entre la masse d'un certain volume de ce gaz à $t°$, sous la pression H, et la masse du *même* volume d'air, pris dans les *mêmes conditions de température et de pression.* Si M et M′ sont les masses de volumes égaux de gaz et d'air à $t°$ sous la pression H, $d_{t,\text{H}}$ la densité du gaz dans ces conditions de température et de pression, par définition

$$d_{t,\text{H}} = \frac{\text{M}}{\text{M}'}.$$

Si le gaz et l'air suivaient les mêmes lois de compressibilité et de dilatation, les volumes égaux de gaz et d'air à $t°$, sous la pression H, correspondant aux masses M et M′, seraient encore égaux à n'importe quelle température et sous une pression quelconque; $d_{t,\text{H}}$ serait une constante du gaz. En réalité, nous verrons qu'il n'en est pas ainsi; c'est pourquoi, en parlant de densité, il faut bien spécifier la température et la pression.

Dans la pratique, on détermine la densité relative à 0° pour la pression de 76 centimètres de mercure normal, ou une pression très voisine. Soit $d_{0,76}$ cette densité relative, $\Delta_{0,76}$ et $a_{0,76}$ les masses spécifiques du gaz et de l'air à 0° sous la pression 76 :

$$d_{0,76} = \frac{\Delta_{0,76}}{a_{0,76}},$$

d'où :

$$\Delta_{0,76} = a_{0,76} \times d_{0,76}.$$

Connaissant les lois de compressibilité et de dilatation du gaz, on peut

([1]) Nous entendons toujours, pour éviter toute espèce d'ambiguïté, les pressions en colonnes de mercure normal; du reste toute mesure de pression par un manomètre ou baromètre à mercure comporte une correction de température et une correction relative à $g$, qui sont faciles à faire.

ensuite calculer la masse spécifique $\Delta_{t,H}$ de ce gaz pour n'importe quelles température $t$ et pression H ; on aura de même $a_{t,H}$ et par suite $d_{t,H}=\frac{\Delta_{t,H}}{a_{t,H}}$.

530. **Calcul de la masse d'un volume V d'air ou de gaz à t°, sous la pression H.** — Soient M' la masse de l'air, M celle du gaz, $d_{t,H}$ la densité relative du gaz, par définition

$$(1) \qquad \frac{M}{M'}=d_{t,H}.$$

Amenons l'air à 0°, sous la pression de 76cm de mercure normal, il occupera un volume $V_0$; pour calculer ce volume, portons d'abord l'air à 0° sous la pression H, et soit U le volume correspondant; en désignant par $\alpha_{t,H}$ le coefficient moyen de dilatation de 0° à $t$° sous la pression donnée H (710) :

$$U=\frac{V}{1+\alpha_{t,H}t},$$

puis faisons varier la pression de H à 76; si $\varepsilon_0$ est le coefficient de Regnault (696) correspondant :

$$\frac{UH}{V_0\times 76}=1+\varepsilon_0;$$

éliminant U :

$$V_0=V\frac{H}{76}\times\frac{1}{1+\alpha_{t,H}t}\times\frac{1}{1+\varepsilon_0};$$

en désignant par $a_{0,76}$ la masse spécifique de l'air à 0°, sous la pression 76 :

$$M'=a_{0,76}\times V_0=a_{0,76}V\frac{H}{76}\times\frac{1}{1+\alpha_{t,H}t}\times\frac{1}{1+\varepsilon_0}.$$

et, tenant compte de (1):

$$M=a_{0,76}d_{t,H}V\frac{H}{76}\times\frac{1}{1+\alpha_{t,H}t}\times\frac{1}{1+\varepsilon_0}.$$

En portant d'abord la masse d'air à $t$° sous la pression 76, puis à 0° sous la même pression, nous aurions trouvé

$$V_0=V\frac{H}{76}\times\frac{1}{1+\alpha_{t,76}t}\times\frac{1}{1+\varepsilon_t},$$

et par suite

$$M=a_{0,76}d_{t,H}V\frac{H}{76}\times\frac{1}{1+\alpha_{t,76}t}\times\frac{1}{1+\varepsilon_t}.$$

*Cas d'un gaz parfait.* — Pour un gaz parfait (712) et en admettant que l'air soit lui-même un gaz parfait, $\varepsilon_0=\varepsilon_t=0$, $\alpha_{t,H}$, $\alpha_{t,76}$ sont égaux à une une constante $\alpha$; $d_{t,H}$ est une constante $d$ et on écrit :

$$M=a_{0,76}\,d\,V\frac{H}{76}\times\frac{1}{1+\alpha t};$$

c'est cette formule approchée qui est employée généralement.

531. **Détermination expérimentale des densités relatives des gaz dans les conditions normales. — Expériences de Regnault**[1]. — La méthode employée par Regnault pour déterminer les densités relatives des gaz par rapport à l'air n'est autre, en réalité, que la *méthode du flacon* pour les fluides : elle consiste, en principe, à déterminer la masse de gaz et la masse d'air qui occupent successivement, à 0°, sous la pression normale, le volume d'un ballon d'une dizaine de litres de capacité ; on prend ensuite le rapport de ces deux masses.

*Ballon-tare.* — Pour qu'une masse gazeuse prenne exactement la température 0°, dans un ballon d'une dizaine de litres de capacité, il faut toujours un temps assez long, pendant lequel les conditions ambiantes (température, pression, état hygrométrique) peuvent changer. Par suite, la poussée exercée par l'air sur le ballon pourrait varier d'une expérience à l'autre ; cette variation constituerait une cause d'erreur, dont l'importance relative est ici beaucoup trop grande pour qu'on puisse la négliger, comme on l'a fait pour les solides et les liquides. C'est pour supprimer cette cause d'erreur que Regnault employa un *ballon-tare* : la tare du ballon à densité était établie par un second ballon, de *même volume extérieur* et *fermé*. Les deux ballons, placés aux deux extrémités du fléau, c'est-à-dire aux extrémités de bras de levier sensiblement égaux, subissaient toujours les mêmes poussées ; il n'y avait plus à tenir compte des conditions ambiantes, pas plus que de leurs variations.

Pour obtenir deux ballons de même volume extérieur, on choisit deux ballons A et A' (fig. 549), l'un A' ayant un volume un peu plus petit que l'autre. On adapte au ballon A une garniture métallique à robinet, et, après avoir rempli les deux ballons d'eau, on les suspend chacun sous l'un des plateaux d'une balance ; une certaine masse échantillonnée étant placée sur le plateau qui supporte le ballon A', on achève la tare dans l'autre plateau, de façon à amener l'aiguille au zéro. On fait alors plonger les deux ballons dans l'eau : il y a rupture d'équilibre, puisque les volumes extérieurs ne sont pas identiques ; la variation de poussée (excès de la poussée de l'eau sur la poussée de l'air) est plus grande sur le ballon A que sur le ballon A' ; le ballon A' s'enfonce. On enlève alors une certaine quantité $m$ de la masse échantillonnée placée sur le plateau correspondant, jusqu'à ramener l'aiguille au zéro. Cette masse $m$, en *grammes*, représente très sensiblement (la

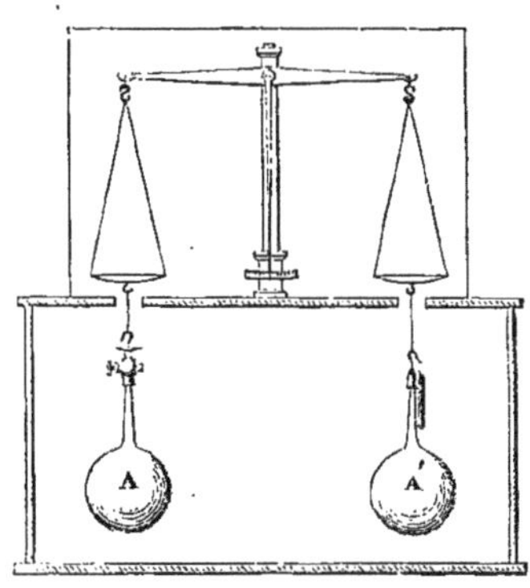

Fig. 549.

(1) Regnault (1810-1878), physicien français, professeur au Collège de France, dont les travaux ont eu principalement pour objet le perfectionnement des méthodes de mesure.

balance étant supposée juste) l'excès de la variation de poussée du ballon A sur le ballon A', c'est-à-dire l'excès de volume $u$, en *centimètres cubes*, du ballon A sur le ballon-tare A'. On façonne un petit tube de verre fermé, de manière que son volume extérieur soit $u$, on l'accroche au ballon A', et l'on recommence l'expérience. On doit constater que l'équilibre, établi dans l'air, persiste après immersion dans l'eau [1]. On vide les deux ballons, on les sèche et, après les avoir de nouveau équilibrés dans l'air, on s'assure que l'équilibre de l'aiguille au zéro subsiste indéfiniment. — On a d'ailleurs eu soin de prendre deux ballons d'un *même verre*, afin d'avoir toujours une *égale condensation* de la vapeur d'eau sur leurs surfaces.

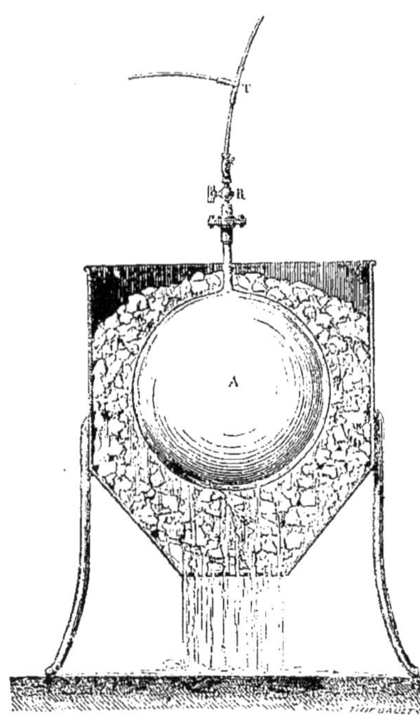

Fig. 550.

*Détermination de la densité relative du gaz.* — Le ballon A, est desséché par le procédé de Rüdberg, qui consiste à faire le vide, à laisser rentrer de l'air *sec* et à renouveler cette opération une dizaine de fois. On place le ballon dans la glace fondante (fig. 550), on fait le vide et on laisse rentrer le gaz sec et pur; on recommence l'opération plusieurs fois pour être bien sûr qu'il n'est pas resté d'air; au dernier remplissage on laisse, pendant quelques secondes, le ballon en communication avec l'atmosphère extérieure, par des tubes desséchants: le ballon est bien rempli de gaz sec à 0°, sous la pression atmosphérique H que l'on détermine avec soin. Les robinets ayant été fermés, on détache le tube T, on retire le ballon de la glace, on l'essuie [2] et on le laisse revenir à la température ambiante. On le suspend sous l'un des plateaux de la

[1] En réalité, si l'on désigne par V et V' les volumes des deux ballons, et par $l$ et $l'$ les longueurs des bras des leviers correspondants de la balance, la condition qu'on a réalisée est $Vl = V'l'$. C'est d'ailleurs la condition nécessaire et suffisante pour que les poussées, proportionnelles à V et V', s'équilibrent aux extrémités des bras de levier $l$ et $l'$.

[2] En essuyant le ballon, il faut éviter de l'électriser. Regnault a pu constater que, lorsque le ballon est essuyé avec un linge bien sec, il éprouve, de la part des pièces métalliques qui l'entourent, une attraction qui produit un accroissement apparent de son poids de 1 gramme-poids et qui est encore de 0gr-p,01 au bout de cinq heures. — Dans les expériences de Regnault, on employait, pour l'essuyage, une serviette légèrement mouillée avec de l'eau distillée, et l'on s'assurait, avec un électroscope, que le ballon ne présentait pas de trace sensible d'électricité.

balance, dans une cage desséchée par de la chaux vive (fig. 549), avec le ballon-tare A' sous l'autre plateau; on achève d'établir l'équilibre. On rapporte ensuite le ballon dans la glace fondante, et l'on y fait le vide aussi complètement que possible; on détermine la pression du gaz restant au moyen d'un *manomètre barométrique* (fig. 551), en mesurant, au cathétomètre, la petite différence de niveau qui subsiste entre le tube manométrique AB et le tube barométrique A'B' : soit $h$ cette différence, réduite en colonne de mercure à 0°. On ferme de nouveau le ballon, on l'essuie et on le rapporte sous le plateau de la balance; pour ramener l'aiguille au zéro, il faut ajouter, sur le plateau qui supporte le ballon A, une masse échantillonnée M, dont la masse apparente est évidemment égale à la masse de gaz extraite par la machine pneumatique. Or la masse apparente de cette masse échantillonnée est $M(1-\sigma)$, en désignant par $\sigma$ le rapport de la densité de l'air ambiant à la densité des masses échantillonnées; d'autre part, la masse de gaz extraite par la machine peut être considérée, d'après la loi du mélange des gaz (709), comme celle qui occupait le volume $V_0$ du ballon, à 0°, sous la pression $H-h$.

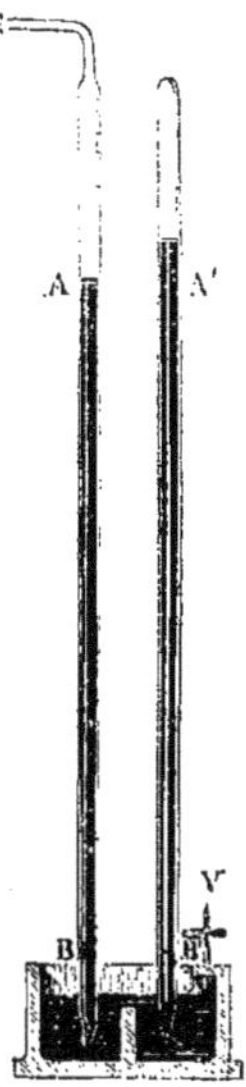

Fig. 551.

$$(1)\qquad a_{0,76}\, d_{0,76}\, V_0 \frac{H-h}{76} = M(1-\sigma).$$

Nous avons admis que $d_{0,76} = d_{0,H} = d_{0,h}$, ce qui est exact pratiquement, car les pressions 76 et H sont très voisines, parce que la loi de Mariotte est très sensiblement exacte pour les pressions inférieures à la pression atmosphérique, et que la masse de gaz restante est faible.

En répétant les mêmes opérations pour l'air, on a de même,

$$(2)\qquad a_{0,76}\, V_0 \frac{H'-h'}{76} = M'(1-\sigma).$$

Des équations (1) et (2) on tire, en éliminant $a_{0,76}$ :

$$d_{0,76} = \frac{M}{M'} \cdot \frac{H'-h'}{H-h}.$$

*Remarque.* — Il n'y a pas lieu ici, d'exprimer les pressions en colonnes de mercure normal, car les corrections affecteraient également le numérateur et le dénominateur de $d_{0,76}$.

532. **Expériences de M. Leduc.** — Lord Rayleigh a signalé, comme cause d'erreur, la *contraction* qu'éprouve le ballon A lorsqu'on y fait le vide; cette contraction est environ de $\frac{1}{4000}$. Le ballon-tare subit alors un excès de poussée, équivalent à l'action d'une certaine masse échantillonnée $\varepsilon$ qui serait placée sur le plateau A; $\varepsilon$ est d'environ

$0^{mg},5$ par litre de capacité du ballon. La correction revient donc à *ajouter* $\varepsilon$ à chaque terme de la fraction $\frac{M}{M'}$ précédente; l'erreur systématique qui résulte de cet oubli conduit à des nombres $d_{0,76}$ trop faibles ou trop forts, selon que les densités sont inférieures ou supérieures à l'unité.

Une autre cause d'erreur a été signalée par M. Leduc : c'est une légère *perte de masse* du ballon, à chaque essuyage, provenant principalement de la graisse des robinets.

Il y avait donc intérêt à reprendre ces déterminations; c'est ce qu'a fait M. Leduc. Il a employé pour ses mesures une balance sensible au $\frac{1}{10}$ de milligramme, ce qui a permis de réduire le ballon à 2 litres de capacité environ. Ce ballon était fermé par un robinet de verre, afin de permettre d'opérer même sur les gaz qui attaquent les garnitures métalliques. Enfin, le vide était fait d'une façon plus complète, au moyen d'une machine pneumatique à mercure, et la pression résiduelle était mesurée par un manomètre barométrique plus précis. — Le ballon était d'abord taré vide, avec une certaine masse échantillonnée, puis il était pesé plein de gaz, ce qui fournissait l'accroissement apparent de masse $M(1-\sigma)$. Il fallait ajouter à cette masse la correction $\varepsilon$ de contraction du ballon vide, car l'accroissement de poussée sur le ballon plein de gaz a fait enlever du plateau une masse M moindre que la masse réelle du gaz. Il fallait y ajouter également la perte de masse par essuyage, qui agit aussi dans le même sens. Pour cela, on tare de nouveau le ballon vide; si la perte de masse par rapport à la première tare est $2\eta$, la quantité $\eta$ représente la perte moyenne par essuyage cherchée.

Aujourd'hui on dispose de machines pneumatiques qui permettent de faire le vide assez rapidement et assez complètement pour qu'il n'y ait pas lieu de tenir compte de la masse de gaz restante; ainsi pour l'air, par exemple, on doit avoir :

$$a_{0,76} \times V_0 \times \frac{h}{76} \leqq 0^{gr},0001\,;$$

en faisant

$$a_{0,76}=0,001293, \qquad V_0=2000, \qquad \text{on trouve} \qquad h \leqq \frac{5}{1000}\,\text{cm}=0^{mm},05.$$

Or la machine de Fleuss donne facilement $h=0^{mm},0001$.

*Précision des mesures.* — Si nous sommes dans le cas de $h$ et $h'$ négligeables :

$$\frac{\Delta d_{0,76}}{d_{0,76}}=\frac{\Delta M}{M}+\frac{\Delta M'}{M'}+\frac{\Delta H}{H}+\frac{\Delta H'}{H'}$$

dans le cas des expériences de M. Leduc, $V_0=2^l,5$, M' est sensiblement égal à $3^g$; $\frac{\Delta M'}{M'}=\frac{1}{30\,000}$; pour un gaz de densité peu différente de l'unité $\frac{\Delta M}{M}=\frac{\Delta M'}{M'}$; avec un cathétomètre à deux lunettes, on peut avoir H ou H' à

$\frac{1}{100}$ de mm., donc $\frac{\Delta H}{H} = \frac{1}{70\,000}$ environ : la limite de $\frac{\Delta d_{0,76}}{d_{0,76}}$ est sensiblement $\frac{1}{10\,000}$.

533. **Résultats.** — Le Tableau suivant donne les résultats pour quelques gaz :

| Gaz. | Regnault. | Crafts. | Leduc. |
|---|---|---|---|
| Air | 1 | 1 | 1 |
| Azote atmosphérique | 0,97137 | 0,97138 | 0,97203 |
| Hydrogène | 0,06927 | 0,06949 | 0,06948 |
| Oxygène | 1,10564 | 1,10562 | 1,10523 |
| $CO^2$ | 1,52910 | 1,52897 | 1,5288 |

534. **Masse spécifique de l'air dans les conditions normales de température et de pression.** — Pour obtenir la masse spécifique d'un gaz quelconque, il reste à déterminer la masse spécifique de l'air dans les conditions normales de température et de pression, c'est-à-dire à 0°, sous la pression de $76^{cm}$ de mercure normal.

Cette détermination comprendra les deux opérations suivantes : 1° détermination de la masse d'air en grammes, qui remplit un ballon à 0°, sous une pression voisine de la pression normale ; 2° détermination du volume $V_0$ en centimètres cubes, de ce ballon à 0°, par un jaugeage à l'eau distillée.

1° *Mesure de la masse d'air.* — En opérant comme il a été indiqué précédemment (531), nous obtenons la masse d'air qui occupe le volume $V_0$ du ballon à 0° sous la pression $H' - h'$ :

$$(1) \qquad a_{0\,76} \times V_0 \frac{H' - h'}{76} = M'(1 - \sigma).$$

2° *Jaugeage du ballon.* — Pour jauger le ballon à l'eau distillée, Regnault faisait usage d'une balance spécialement construite pour peser au moins 10 kilogrammes à 1 milligramme près. Le ballon ouvert étant plein d'air, dans les mêmes conditions de température $\theta$, de pression H et d'état hygrométrique que l'air ambiant, on commence par en faire la tare, en plaçant sur le plateau qui supporte le ballon une masse échantillonnée supérieure à 10 kilogrammes. — Pour remplir le ballon d'eau distillée, on y introduit d'abord une petite quantité d'eau et l'on fait le vide ; l'eau bout et la vapeur d'eau entraîne l'air ; on ferme le robinet du ballon, et l'on adapte à la garniture métallique un tube siphon, que l'on fait plonger dans un réservoir d'eau distillée et bouillie. On ouvre le robinet : l'eau remplit complètement le ballon qu'on a entouré de glace, et l'on attend que toute la masse soit bien à la température 0° (ce qui demande environ 12 heures). On ferme alors le robinet : comme on a eu soin de choisir, pour cette opération, un jour où la température extérieure ne dépasse pas 8°, on peut être certain que, en revenant à la température ambiante, l'eau ne prendra pas un volume supérieur à son volume à 0°, ce qui produirait la rupture du ballon. On retire le ballon de la glace; on l'essuie et on le reporte sous le plateau de la balance, le ballon-tare étant placé sous l'autre plateau.

Il faut alors enlever, de la masse échantillonnée placée sur le plateau qui supporte le ballon, une quantité $\mu$ telle que $\mu$ $(1-\sigma)$ représente l'excès de la masse de l'eau sur la masse d'air primitive, que nous désignerons par $q$. On a donc

$$V_0 e_0 - q = \mu (1-\sigma). \tag{2}$$

Or on démontre (758) que l'air humide, sous une pression totale H, pèse autant, toutes choses égales d'ailleurs, que l'air sec sous la pression $H - \frac{3}{8}f$, en appelant $f$ la tension de la vapeur d'eau dans l'air. On a donc, en désignant par $k$ le coefficient de dilatation cubique du ballon

$$q = a_{0,76} V_0 (1 + k\theta) \frac{H - \frac{3}{8}f}{76} \cdot \frac{1}{1+\alpha\theta}. \tag{3}$$

En éliminant $q$ et V entre ces trois équations, on aura $a_{0,76}$. Les déterminations les plus récentes ont donné

$$a_{0,76} = 0{,}0012928.$$

*Remarque.* — Il est bien entendu que les pressions ont été réduites en colonnes de mercure normal, sinon on aurait la masse spécifique pour la température de 0°, la pression étant de 76 centimètres de mercure au lieu de l'expérience.

535. **Calcul de la masse spécifique de l'air à 0° sous la pression normale du lieu.** — Lorsqu'on veut éviter d'exprimer les pressions en colonnes de mercure normal, il faut connaître pour le lieu de l'expérience la masse spécifique $a'_{0,76}$ pour la température de 0° et la pression de 76 centimètres de mercure en ce lieu. Or cette pression et la pression de 76 centimètres de mercure normal étant très voisines, on peut appliquer à l'air la loi de Mariotte et écrire que les masses spécifiques sont proportionnelles aux pressions correspondantes; si $\lambda$ et $z$ sont la latitude et l'altitude du lieu :

$$\frac{a'_{0,76}}{a_{0,76}} = \frac{g_{\lambda,z}}{g_{45°,0}}, \qquad \text{d'où} \qquad a'_{0,76} = \frac{g_{\lambda,z}}{g_{45°,0}} a_{0,76},$$

ou

$$a'_{0,76} = (1 - 0{,}00259 \cos 2\lambda - 2 \times 10^{-7} z^{m})\, a_{0,76}.$$

Pour une altitude de $0^m$, on trouve ainsi :

à l'équateur : $a'_{0,76} = 0{,}001289$; au pôle, $a'_{0,76} = 0{,}001295$.

Pour une pression de 1 mégabarye, la masse spécifique de l'air à 0° est : 0,0012758.

536. **Densité des gaz par rapport à l'oxygène.** — La composition de l'air n'est pas constante et la masse spécifique de ce gaz peut varier de $\frac{1}{10\,000}$. Il est donc mauvais, dans le cas des mesures d'extrême précision, de prendre la densité par rapport à l'air. On a proposé de prendre la densité par rapport à des gaz qu'on sait obtenir très purs et toujours identiques à eux-mêmes : l'oxygène et l'hydrogène par exemple. Il y aurait avantage à prendre l'oxygène comme corps de comparaison, car la base des poids moléculaires est rigoureusement, par définition, $O^2 = 32$.

537. **De l'utilité des mesures précises : découverte de l'argon.** — La densité d'un gaz est caractéristique de ce gaz, comme tout autre coefficient physique, et si deux échantillons d'un même gaz n'ont pas la même densité, l'un de ces échantillons au moins est impur. C'est ainsi qu'en déterminant les densités de l'azote extrait de l'air et de l'azote préparé par voie chimique, lord Rayleigh et M. Ramsay ont trouvé une différence systématique en faveur du premier gaz, supérieure aux erreurs d'expérience : ils ont été amenés à expliquer ce fait et ils ont trouvé que l'azote atmosphérique renfermait dans la proportion de 1/80 un gaz, appelé *argon*, de densité 1,38, qui n'avait pas été isolé avant eux. On a pu dire, avec raison, que la découverte de l'argon était le triomphe de la 4e décimale!

# CAPILLARITÉ. — TENSION SUPERFICIELLE

538. **Définition de la pression; théorème fondamental de l'hydrostatique.** — Par un point A (fig. 552) d'un fluide en équilibre, faisons passer une paroi sur laquelle nous découpons autour de A un élément de surface de grandeur $\Delta s$; soit $\Delta f$ la force de pression que le fluide exerce sur cet élément : la pression moyenne sur l'élément est, par définition :

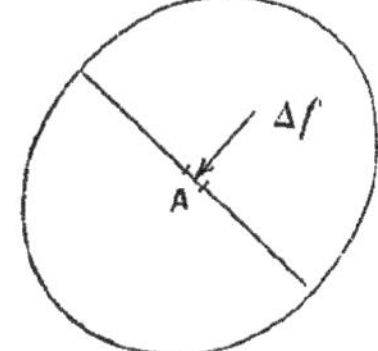


Fig. 552.

$$p_m = \frac{\Delta f}{\Delta s}.$$

et la pression en A est la limite vers laquelle tend $p_m$ pour $\Delta s = 0$, les différents points du contour se rapprochant indéfiniment de A :

$$p = \text{limite de } \frac{\Delta f}{\Delta s}_{\text{pour } \Delta s = 0}, \qquad \text{ou : } p = \frac{df}{ds};$$

les dimensions de la pression sont

$$p = \frac{F}{S} = L^{-1}MT^{-2}.$$

On établit le principe suivant, dit :

*Principe fondamental de l'hydrostatique. — La différence des pressions en deux points d'un fluide en équilibre est égale au produit de la distance verticale des deux points par le poids spécifique du fluide.*

Si $p'$ est la pression au point le plus bas, $p$ la pression au point le plus élevé, $z$ leur distance verticale, $d$ la densité du fluide :

$$p' - p = zdg.$$

Comme corollaire de ce principe :

*La surface libre d'un liquide en équilibre est plane et horizontale*, car en tout point de cette surface $p = p'$, donc $z = 0$.

539. **Phénomènes capillaires.** — L'expérience montre que la loi d'horizontalité de la surface libre d'un *liquide* en équilibre est en défaut, soit au voisinage des parois des vases, soit dans les tubes fins, appelés *tubes capillaires*, faisant partie d'un système de vases communicants. — Ainsi, au voisinage d'une paroi de verre verticale AB, tel liquide, comme l'eau, se relève (fig. 553); tel autre liquide, comme le mercure, se déprime (fig. 553 *bis*). Dans un tube de verre vertical et capillaire, l'eau s'élève au-dessus du niveau horizontal dans le vase large avec lequel il communique, et s'y termine par un *ménisque* *mpn* (fig. 553) *concave* du côté de l'atmosphère. Au contraire, le mercure, dans les mêmes conditions, se déprime au-dessous du niveau dans la partie extérieure large, et se termine par un ménisque *mpn* (fig. 553 *bis*) convexe vers l'extérieur.

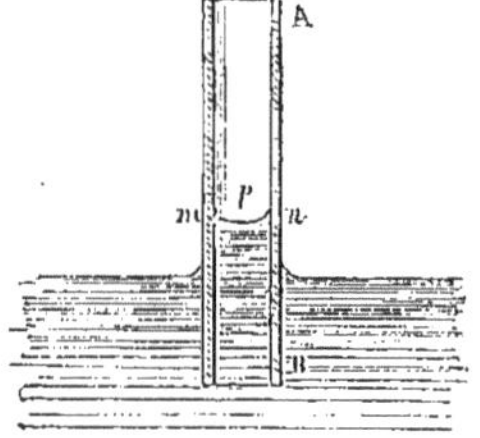

Fig. 553.

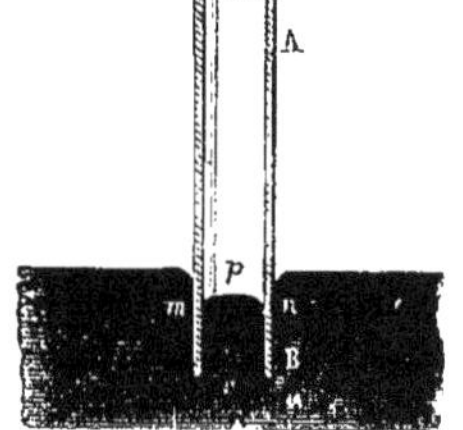

Fig. 553 *bis*.

Ces phénomènes et un grand nombre d'autres, en contradiction avec les lois de l'hydrostatique, appelés, d'une façon générale, *phénomènes capillaires*, sont dus, comme nous le verrons, à l'existence de forces autres que celles de la pesanteur. Il est donc nécessaire de tenir compte de ces forces pour traiter de la statique des liquides, dans toute sa généralité.

540. **Notion expérimentale de la tension superficielle.** — Tous les phénomènes capillaires s'expliquent par l'état spécial dans lequel se trouve la couche superficielle d'un liquide en équilibre. Nous allons voir que cette couche est assimilable à une membrane élastique qui serait tendue sur le liquide.

541. *Expériences de Pasteur*[1]. — Si l'on saupoudre de sable la surface libre du mercure dans une cuvette (fig. 554), et si l'on enfonce une baguette de verre dans le liquide, on constate

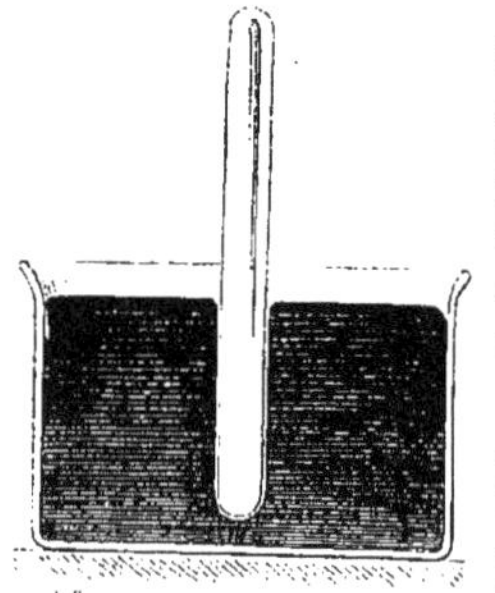
Fig. 554.

[1] Pasteur (1822-1895), chimiste français, considéré à juste titre comme l'un des plus grands bienfaiteurs de l'humanité : il est surtout connu par ses travaux sur les fermentations et comme le fondateur de la microbiologie.

que le sable disparaît comme s'il était coll[é] sur une membrane élastique, déformée et étirée par la baguette de verre. — La même expérience peut être réalisée avec de l'eau saupoudrée de lycopode, dans laquelle on enfonce un morceau de fusain. Elle réussit, en général, avec des liquides qui ne *mouillent pas* le corps solide qu'on y introduit, c'est-à-dire qui, répandus en petite quantité sur une surface plane de ce corps solide, ne s'y étalent pas en couche mince, mais conservent la forme globulaire.

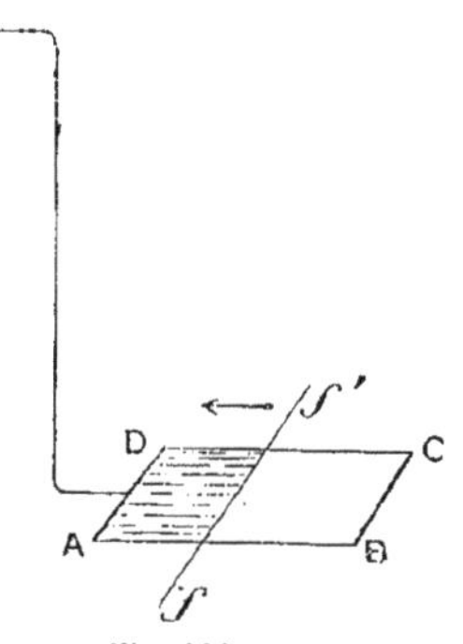

Fig. 555.

542. *Liquide glycérique.* — Parmi les liquides en contact avec l'air pour lesquels la tension superficielle se manifeste avec le plus d'intensité, on peut citer le liquide glycérique obtenu en mélangeant trois volumes de solution aqueuse de savon, à 25 grammes par litre, avec deux volumes de glycérine ; nous l'employons dans les expériences qui suivent.

543. *Expériences de Dupré.* — En trempant dans le liquide glycérique un cadre rectangulaire rigide ABCD (fig. 555), et en le retirant ensuite, on obtient une lame liquide, sur laquelle on pose un fil métallique $ff'$. Ce fil reste en équilibre là où on l'a placé; mais, si l'on perce la lame liquide d'un côté, on voit aussitôt le fil vivement attiré de l'autre côté, par les forces de tension superficielle qui lui sont appliquées normalement. — On peut encore employer un anneau métallique AA' (fig. 556) dans lequel on a disposé un rayon fixe OA et un rayon OB mobile autour du centre. Si l'on forme une lame de liquide glycérique dans l'anneau, et si l'on vient à la percer d'un certain côté du rayon mobile, on voit celui-ci se rabattre sur le rayon fixe.

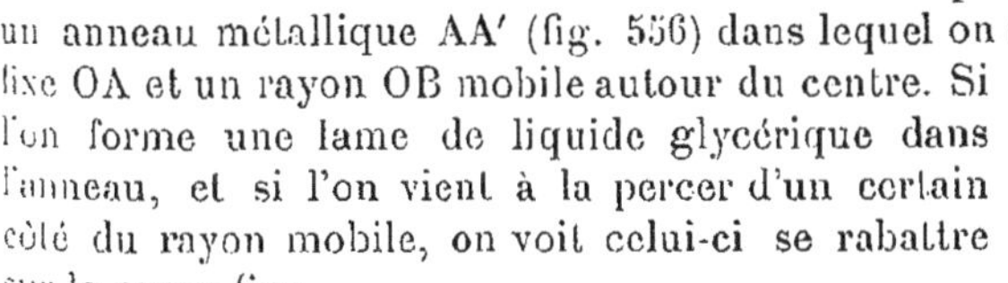

Fig. 556.

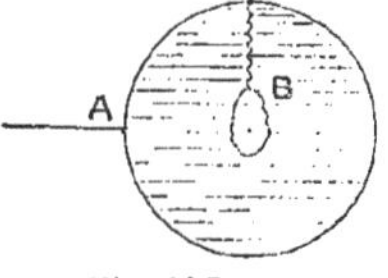

Fig. 557.

544. *Expériences de Van der Mensbrugghe.* — Une boucle B de fil de soie (fig. 557) est attachée à un anneau métallique A, que l'on trempe dans le liquide glycérique. La boucle prend sur la lame liquide une forme d'équilibre quelconque, puisque chacun de ses points est toujours en équilibre sous l'action de deux forces normales au fil, tant à l'intérieur qu'à l'extérieur. Mais, si l'on perce la lame liquide à l'intérieur de la boucle, on voit cette dernière prendre une forme *circulaire*

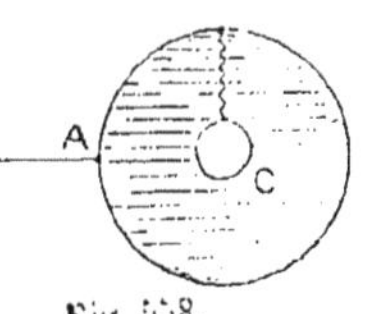

Fig. 558.

C (fig. 558), sous l'action des forces normales qui lui sont appliquées extérieurement, et qui subsistent seules.

On peut faire une expérience analogue, au moyen d'un anneau A (fig. 559), au contour duquel sont attachés en B, C, D, trois fils égaux, réunis entre eux par leur autre extrémité O, et de longueur un peu plus

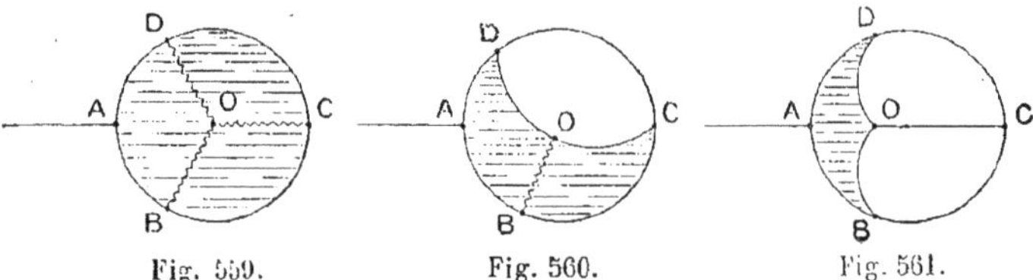

Fig. 559. Fig. 560. Fig. 561.

grande que le rayon de l'anneau. Quand on retire l'anneau du liquide glycérique, les trois fils affectent des formes qui partagent la lame liquide en trois parties quelconques (fig. 559). Si l'on perce une de ces trois lames, les deux fils qui la limitaient prennent une courbure *circulaire* commune DOC (fig 560); si l'on perce deux lames, on a deux arcs de cercle BO, DO (fig. 561) et un fil rectiligne CO.

Les courbes obtenues dans ces expériences étant des circonférences, nous en déduisons que les forces de tension superficielle sont *normales* au fil et *constantes* en chaque point.

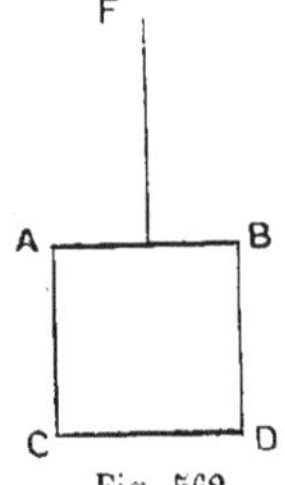

Fig. 562.

545. *Expérience de Terquem.* — On prend un cadre rectangulaire, formé de deux petites tiges métalliques AB, CD (fig. 562), réunies par des fils de chanvre AC et BD; il est soutenu par un fil F, fixé au milieu de AB. Au moment où l'on retire ce cadre du liquide glycérique, on voit les fils de chanvre prendre des courbures *circulaires* (fig. 563), sous l'action des forces de tension superficielle qui leur sont appliquées normalement de la part de la lame liquide.

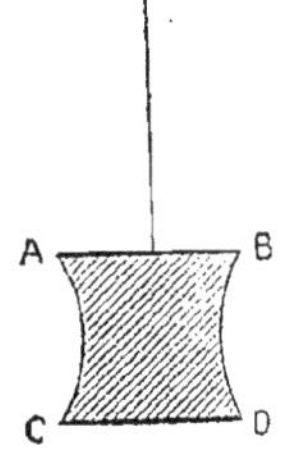

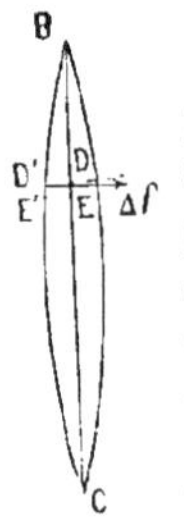

Fig. 563.

546. **Définition de la constante capillaire.** — Nous pouvons donc assimiler la surface de séparation de deux fluides non miscibles, à une membrane de caoutchouc tendue. Supposons que nous donnions un coup de couteau suivant BC (fig. 564) dans cette membrane; pour ramener en DE la portion D'E' de la coupure, de longueur $\Delta l$, il faut lui appliquer une force $\Delta f$ et nous appelons *constante capillaire* le quotient $A = \frac{\Delta f}{\Delta l}$. Les expériences de Van der Mensbrugghe (544) nous ont permis d'établir que la force $\Delta f$ était normale à la coupure et que le quotient $\frac{\Delta f}{\Delta l}$ était le même tout le long de la coupure, d'où le nom de *constante capillaire*; on l'appelle encore *tension superficielle* par unité de longueur. Les dimensions sont :

Fig. 564.

$$A = FL^{-1} = MT^{-2}.$$

L'unité de constante capillaire dépend seulement des unités de masse et de temps. L'unité de constante capillaire C. G. S. est évidemment la dyne-centimètre. Les forces de tension superficielle se manifestent uniquement dans une couche d'épaisseur extrêmement petite, environ $0^{\mu},05$, comprenant la surface de séparation; la constante A dépend de la nature des fluides en contact et de leur température.

547. **Mesure directe de la tension superficielle.** — Nous devons nous demander si la quantité A précédemment définie est facilement accessible à une détermination. Voici une méthode directe de mesure qui est basée uniquement sur la notion même de tension superficielle. — On prend un fil AB, bien tendu entre deux points fixes (fig. 565), et l'on place parallèlement une tige très fine CD, de verre ou d'autre substance, sur laquelle sont assujettis normalement deux petits disques très légers, à une distance $l$. On met ces disques au contact du fil, et l'on introduit, entre le fil et la tige, une couche du liquide étudié : il se forme ainsi une lame mince, mais qui a néanmoins une épaisseur supérieure à $0^{\mu},05$, et la tige est soutenue par une force de tension superficielle $2Al$, puisque cette force s'exerce dans les deux surfaces libres, sur la longueur $l$. On place alors des grains de sable dans un petit plateau P supporté par la tige, jusqu'à ce que la tige CD se détache; si l'on désigne par $m$ la masse totale du système quand la lame glycérique est rompue, on aura

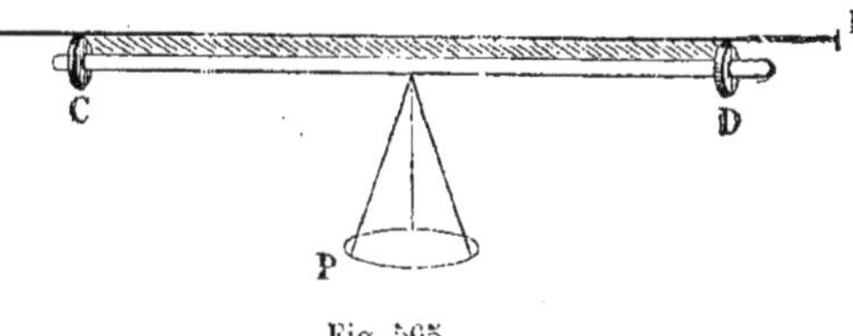

Fig. 565.

$$2Al = mg, \qquad \text{d'où} \qquad A = \frac{mg}{2l}.$$

Cette méthode directe n'est évidemment applicable qu'aux liquides qui mouillent les supports employés; elle est peu précise. Mais, tant par cette méthode que par d'autres méthodes dont quelques-unes vont être étudiées, on est parvenu à mesurer les tensions superficielles de diverses surfaces de séparation. Le tableau suivant donne quelques-unes des valeurs obtenues, en unités C.G.S. (dyne-centimètre) :

| | Air. | Eau. | Mercure. |
|---|---|---|---|
| Eau | 81 | 0 | 418 |
| Mercure | 540 | 418 | 0 |
| Sulfure de carbone | 32,1 | 41,75 | 372,5 |
| Chloroforme | 30,6 | 29,5 | 399 |
| Alcool | 25,5 | 0 | 399 |
| Essence de térébenthine | 29,7 | 11,55 | 250,5 |
| Pétrole (densité 0,7077) | 31,7 | 27,8 | 284 |
| Acide chlorhydrique ($d = 1,1$) | 70,1 | 0 | 377 |

548. **Origine de la tension superficielle.** — Il est facile de montrer que la tension superficielle est due à l'action des *forces moléculaires*, dont l'existence est mise en évidence par la cohésion des liquides. Ces forces décroissent très rapidement quand la distance augmente : l'action d'une molécule sur celles qui l'entourent n'est sensible que dans l'intérieur d'une sphère ayant pour centre cette molécule et pour rayon une longueur très petite, qu'on appelle le *rayon d'activité moléculaire*. Toutes ces actions sont d'ailleurs réciproques.

Or, si l'on considère une de ces sphères telle que A (fig. 566), située dans l'intérieur du liquide à une distance de la surface qui soit supérieure au rayon d'activité moléculaire, la molécule centrale est également attirée dans tous les sens, par celles qui l'environnent. Il n'en est pas de même pour une molécule telle que B ou C, dont la distance à la surface terminale est moindre que le rayon d'activité moléculaire : une portion de la sphère d'activité moléculaire étant alors supprimée, ou étant occupée par des molécules de nature différente (fluide, paroi), l'action de la portion de sphère qui est symétrique de celle-ci par rapport au centre n'est plus équilibrée, et la molécule est sollicitée vers l'intérieur du liquide, par une force résultante nécessairement normale à la surface. — Les molécules dont la distance à la surface est moindre que le rayon d'activité moléculaire tendent donc à pénétrer dans l'intérieur de la masse, en entraînant avec elles, en vertu des liaisons, les molécules qui sont situées de part et d'autre; les réactions de celles-ci sont des forces tangentielles à la surface, qui constituent précisément les *forces de tension superficielle*. — En généralisant, on est conduit à admettre l'existence d'une tension superficielle à toute surface de séparation, soit de deux fluides, soit d'un fluide et d'un solide.

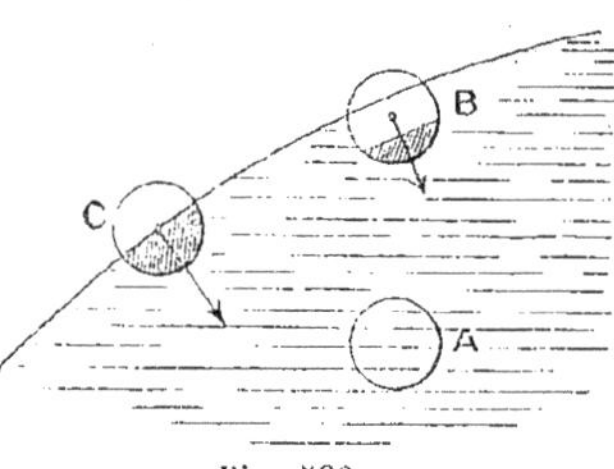

Fig. 566.

549. **Énergie superficielle spécifique d'un liquide**. — La notion de tension superficielle est susceptible d'une interprétation mécanique très simple. Puisqu'il existe des forces de tension superficielle, toute variation d'étendue de la surface libre d'un liquide donne lieu à un travail produit contre ces forces de tension ou par ces forces elles-mêmes. C'est en cela qu'un liquide s'écarte de la définition du fluide parfait; il faut, en effet, lui fournir du travail pour lui faire éprouver une variation de forme sans variation de volume. Par conséquent, toute variation de forme sans variation de volume correspond à une variation d'énergie potentielle, et, lorsqu'on veut évaluer l'énergie d'une masse liquide, il faut tenir compte de l'étendue de sa surface libre. — Nous appellerons *énergie superficielle spécifique d'un liquide* celle qui correspond à l'unité de surface libre et nous allons montrer qu'elle est égale à la constante capillaire A.

Soit, par exemple, le rectangle ABCD (fig. 555) de l'expérience de Dupré : supposons que le fil $ff'$ soit d'abord très près de AD, et qu'on place du liquide glycérique entre AD et $ff'$; portons $ff'$ en BC, et posons $AD = a$ et $AB = b$. Le travail accompli contre les forces de tension superficielle, dans chaque face de la lame liquide, est $W = Aab$; d'où, pour l'énergie superficielle spécifique,

$$\frac{W}{ab} = A.$$

D'après un théorème de mécanique, pour arriver à un équilibre stable sous la seule action des forces de tension superficielle, une masse liquide doit tendre à prendre une forme telle que son *énergie potentielle soit minimum*, c'est-à-dire que sa surface soit *minimum* sous le même volume. Or la sphère seule possède cette propriété. La forme *sphérique* doit donc être celle des gouttelettes liquides, lorsque les forces de pesanteur sont très faibles par rapport aux forces de tension, ou lorsqu'elles sont équilibrées. C'est en effet le cas de petites gouttelettes de mercure, placées sur une surface solide qu'elles ne mouillent pas; ou de gouttes liquides en suspension dans un liquide non miscible et de même densité; ou encore le cas des bulles de savon.

550. **Formule de Laplace**(¹). — Soit à évaluer la différence des pressions en deux points très voisins situés de part et d'autre de la surface de séparation et à une distance de cette surface supérieure au rayon d'activité moléculaire. Nous désignerons par $p$ la pression du côté concave et par $p'$ la pression du côté convexe.

Par un point O (fig. 567) de la surface de séparation, menons trois axes de coordonnés rectangulaires $Ox$, $Oy$, $Oz$, dont l'un $Oz$ soit normal à la surface; découpons sur cette surface un élément rectangulaire OEFG ayant pour côtés $OE = \Delta s$, $OG = \Delta s'$, situés dans les plans $xOz$, $yOz$; soient C et C' les centres de courbure des arcs OE, OG et posons $OC = R$, $OC' = R'$, $\widehat{OCE} = \Delta\alpha$, $OC'G = \Delta\alpha'$. Les fluides étant en équilibre, si nous venons à solidifier l'élément OEFG de la surface de séparation, sans aucune variation de dimension, ses particules, qui étaient primitivement immobiles, le sont encore évidemment : l'élément solidifié est donc en équilibre. Écrivons que la somme algébrique des projections sur $Oz$, des forces agissant sur l'élément, est nulle.

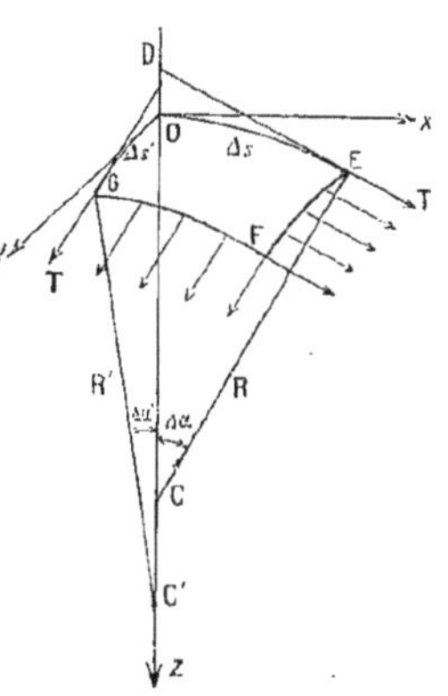

Fig. 567.

Or, le poids de l'élément, qui est d'une épaisseur très petite, est négligeable devant les autres forces :

La force de pression qui s'exerce du côté convexe est $p'\Delta s\,\Delta s'$; celle qui s'exerce du côté concave est $p\Delta s\,\Delta s'$; leur résultante, dirigée suivant $Oz$ est $(p'-p)\,\Delta s\,\Delta s'$; sa projection sur $Oz$ est $(p'-p)\,\Delta s\,\Delta s'$;

Les forces de tension superficielle qui s'exercent suivant OE et OG sont normales à $Oz$; leurs projections sur $Oz$ sont donc nulles;

La force de tension qui s'exerce suivant EF est $A\Delta s'$; elle fait avec $Oz$ l'angle CDE qui a pour complément ECD ou $\Delta\alpha$, sa projection sur $Oz$ est donc

$$A\Delta s' \cos \text{CDE} = A\Delta s' \sin \Delta\alpha,$$

ou sensiblement :

$$A\,\Delta s'\,\Delta\alpha = A\,\Delta s'\,\frac{\Delta s}{R};$$

(¹) Laplace (1749-1827), géomètre et astronome français.

nous démontrerions de même que la projection sur $Oz$ de la force de tension superficielle $A\Delta s$ appliquée en un point de GF est

$$A\,\Delta s\frac{\Delta s'}{R'}.$$

Annulons la somme des projections sur $Oz$ de l'ensemble des forces agissant sur l'élément considéré :

$$(p'-p)\,\Delta s\,\Delta s' + \frac{A\,\Delta s\,\Delta s'}{R} + \frac{A\,\Delta s\,\Delta s'}{R'} = 0,$$

d'où

$$p - p' = A\left(\frac{1}{R}+\frac{1}{R'}\right).$$

Cette formule, due à Laplace, nous montre qu'il y a un excès de pression du côté concave; on l'appelle *pression capillaire*.

Dans le cas d'une surface sphérique

$$p - p' = \frac{2A}{R}.$$

*Remarque.* — Nécessairement $\frac{1}{R}+\frac{1}{R'} = C^{te}$ (théorème de Meusnier).

*Application numérique.* — Soit à évaluer l'excès de pression capillaire à l'intérieur d'une bulle de savon de $2^{cm}$ de rayon.

Pour aller d'un point à l'intérieur de la bulle à un point à l'extérieur, nous traversons *deux* surfaces de séparation, qui ont très sensiblement même rayon, donc

$$p - p' = \frac{4A}{R} = \frac{4\times 80}{2} = 160 \text{ C.G.S.};$$

soit $x$ la hauteur de la colonne d'eau qui équilibrerait cet accroissement de pression :

$$xdg = 160, \qquad x = \frac{160}{dg} = \frac{160}{1\times 981} = 0^{cm},16 = 1^{mm},6.$$

551. **Lois expérimentales des phénomènes capillaires : tubes cylindriques verticaux; hauteur moyenne d'ascension; loi de Jurin(¹) pour les liquides qui mouillent.** — Dans le cas où un tube cylindrique vertical communique avec un vase large, et où le liquide s'élève dans ce tube, nous avons vu (539) que la colonne liquide soulevée se termine par un ménisque concave *tangent* à la paroi. Nous appellerons *hauteur moyenne d'ascension* la hauteur d'un cylindre circulaire droit, de même section que le tube, qui se terminerait par une base plane et horizontale, et aurait un volume égal au volume réel du liquide soulevé au-dessus du niveau horizontal dans le vase.

Appliquons la formule de Laplace à ce cas particulier, en désignant par $h$ la hauteur d'ascension, par $r$ le rayon du ménisque, $d$ la densité

(¹) Jurin, médecin et mathématicien anglais, mort en 1750. La loi dite de Jurin a été découverte en réalité par Borelli (1608-1672), physicien italien.

du liquide. Les points B et C (fig. 568) étant très voisins, de part et d'autre de la surface de séparation,

$$p_B - p_C = \frac{2A}{r};$$

mais si nous négligeons la variation de pression due à la colonne d'air comprise entre B et E,

$$p_B = p_E = p_D = p_C + hdg, \qquad \text{ou :} \qquad p_B - p_C = hdg,$$

par suite

$$hdg = \frac{2A}{r} \qquad \text{d'où} \qquad h = \frac{2A}{rdg}.$$

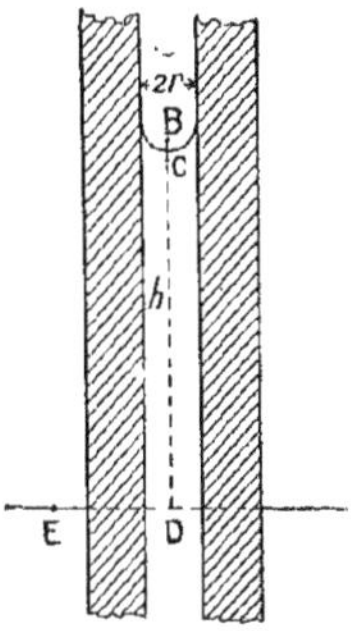

Fig. 568.

Nous arrivons ainsi à un résultat facilement vérifiable par l'expérience, établi du reste expérimentalement bien avant qu'on eût fait la théorie du phénomène et qui est connu sous le nom de loi de Jurin.

*Pour un même liquide, à une même température, les hauteurs moyennes d'ascension dans des tubes cylindriques verticaux sont inversement proportionnelles aux rayons de ces tubes.*

552. **Expériences de Gay-Lussac**[1]. — Gay-Lussac entreprit de vérifier la loi de Jurin, par le dispositif suivant. Des tubes de diverses sections $t$, $t'$, $t''$, (fig. 569), *soigneusement lavés* à l'alcool et aux acides, puis avec le liquide à étudier, étaient fixés perpendiculairement à une planchette de cuivre AB, que l'on plaçait sur les bords bien dressés d'un vase de verre V contenant le liquide. Ce vase reposait sur un trépied à vis calantes, ce qui permettait de rendre la planchette AB horizontale, et par conséquent de rendre verticaux les axes des tubes.

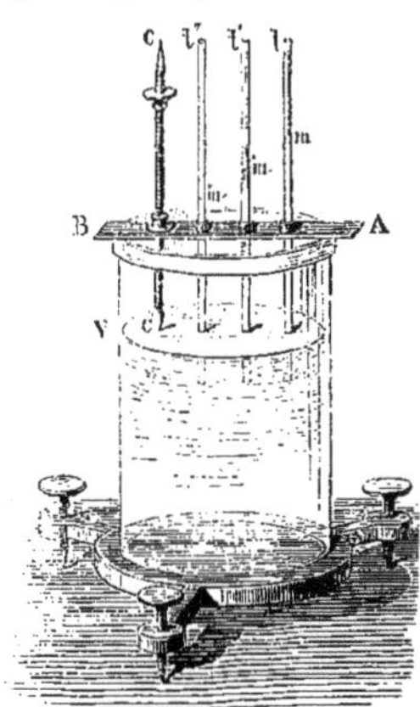
Fig. 569.

Pour faire les mesures, on amenait d'abord le liquide, par aspiration, *au-dessus de la position d'équilibre* qu'il devait prendre, précaution indispensable pour obtenir des résultats toujours identiques; on laissait ensuite le liquide redescendre et se fixer à sa position d'équilibre stable. Gay-Lussac déterminait alors au cathétomètre les distances des points $m$, $m'$, $m''$, les plus bas des divers ménisques, au plan de la surface libre horizontale dans le vase. Pour cela, il visait d'abord les points, $m$, $m'$, $m''$, et notait la position du zéro du vernier de la lunette sur la règle du cathétomètre; puis il se servait d'une vis Cc, dont il amenait la pointe $c$ au contact du liquide du vase; il enlevait ensuite un peu de liquide et visait la pointe $c$ à travers les parois du vase V. Désignons par $h$ la hauteur mesurée dans l'un des tubes

[1] Gay-Lussac, physicien et chimiste français, né en 1778 à Saint-Léonard (Haute-Vienne), mort à Paris en 1850. On lui doit, en Physique, la loi de dilatation des gaz, et en Chimie, principalement la loi volumétrique des combinaisons chimiques (1808), à laquelle se rattache la brillante hypothèse d'Avogadro (1811).

(fig. 570); pour en conclure la hauteur moyenne $h_1$, Gay-Lussac admettait que le ménisque était exactement *hémisphérique* et il calculait $h_1$ par l'équation suivante, qui exprime que le volume du liquide soulevé est la différence entre un cylindre de hauteur $h+r$, et un hémisphère de rayon $r$,

Fig. 570.

$$\pi r^2 h_1 = \pi r^2 (h+r) - \frac{2}{3}\pi r^3, \qquad \text{d'où} \qquad h_1 = h + \frac{1}{3} r.$$

Quant au rayon $r$ du tube, supposé bien calibré, Gay-Lussac l'obtenait en faisant pénétrer dans le tube un index de mercure et en mesurant, avec la machine à diviser, sa longueur $l$, (fig. 571) entre les deux lignes de raccordement avec le tube; il pesait ensuite cet index : soit $m$ sa masse. En admettant que les ménisques mercuriels qui terminent l'index sont des hémisphères, ce qui n'est pas rigoureux du reste, on a

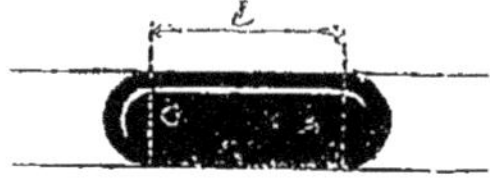

Fig. 571.

$$m = \pi r^2 ld + \frac{4}{3}\pi r^3 d,$$

d'où l'on tire $r$ par la méthode des approximations successives, en négligeant d'abord le terme en $r^3$ devant le terme en $r^2$ (1).

Connaissant $r$, on avait $h_1$. — En comparant ensuite $r$ et $h_1$, Gay-Lussac en déduisait l'exactitude de la loi de Jurin,

$$h_1 r = C^{te},$$

dans les limites de précision des mesures effectuées.

553. **Expériences d'Édouard Desains** (2). — Édouard Desains reprit les expériences de Gay-Lussac, en y apportant une précision plus grande. — Le liquide était placé dans une cuvette plate à bords graissés, afin qu'il pût s'élever au-dessus du bord (fig. 572). Une pointe était amenée à très faible distance de la surface horizontale du liquide, et non pas au contact plus ou moins imparfait. Le tube plongeait verticalement dans le liquide, et, pour déterminer la distance $h$ du point le plus bas du ménisque à la surface libre horizontale, Desains, après avoir visé ce point inférieur avec la lunette du cathétomètre, faisait descendre la lunette de façon à apercevoir la pointe et

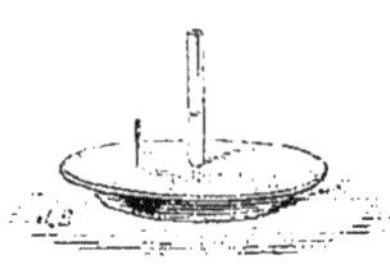

Fig. 572.

(1) Il eût été plus exact de peser deux index de longueurs différentes $l$ et $l'$, et alors, en appelant $\mu$ la somme des masses des ménisques, identiques dans tous les cas, on aurait eu

$$m = \mu + \pi r^2 ld; \qquad m' = \mu + \pi r^2 l'd,$$

d'où, par différence,

$$m' - m = \pi r^2 (l' - l) d.$$

(2) E. Desains (1811-1865), physicien français.

son image, fournie par réflexion sur la surface plane du liquide. Lorsque le point de croisé des fils du réticule paraît à la même distance des deux images fournies par l'objectif de la lunette, c'est qu'il se trouve dans le plan de la surface libre horizontale, et la différence des lectures donne $h$.

Quant au rayon du tube, Desains le déterminait *à l'endroit même où s'était arrêté le ménisque*, en coupant le tube en ce point, et mesurant le diamètre intérieur $2r$ à la machine à diviser([1]). Il va sans dire que les tubes devaient être extrêmement propres et, qu'avant toute mesure de $h$, on soulevait le liquide, par aspiration, au-dessus de sa position d'équilibre.

Pour déterminer la hauteur moyenne d'ascension, Desains opérait comme Gay-Lussac, en considérant le ménisque comme hémisphérique, au moins pour les tubes de section suffisamment petite. Quant aux tubes de section un peu plus grande, il convient de remarquer que, à mesure que le rayon du tube augmente, la courbure au point le plus bas du ménisque va en diminuant, c'est-à-dire que le rayon de courbure en ce point va en augmentant : Desains assimilait le ménisque à un ellipsoïde de révolution autour de l'axe du tube, qui serait son petit axe; il mesurait ce demi-petit axe au cathétomètre; soit $b$ sa valeur. On a alors, pour définir $h_1$, l'équation qui exprime que le volume liquide soulevé est la différence entre un cylindre de hauteur $h+b$ et un demi-ellipsoïde de révolution :

$$\pi r^2 h_1 = \pi r^2 (h+b) - \frac{2}{3}\pi r^2 b, \qquad \text{d'où} \qquad h_1 = h + \frac{1}{3} b.$$

Notons enfin que, en vue des mesures à effectuer, les unes au cathétomètre, les autres à la machine à diviser, on avait comparé la graduation du cathétomètre au pas de la machine à diviser.

Desains conclut encore à l'exactitude de la loi de Jurin, dans les limites de précision des mesures effectuées, la différence entre les résultats de l'expérience et ceux de la théorie étant seulement de quelques centièmes de millimètre.

**554. Mesure de A pour les liquides qui mouillent.** — De la formule (551)

$$h = \frac{2A}{rdg}, \qquad \text{nous tirons} \qquad A = \frac{hrdg}{2};$$

([1]) Il est préférable d'opérer ainsi, plutôt que de mesurer le rayon *moyen*, comme le faisait Gay-Lussac. En effet, l'expérience suivante, effectuée par Gay-Lussac lui-même, montre que la hauteur verticale de liquide soulevé ne dépend absolument que du rayon *à l'endroit* où s'arrête le ménisque. On place sur l'eau deux tubes ayant les formes indiquées par la figure 573, et même rayon dans leurs parties supérieures AB, où l'on fait arriver le liquide soulevé; on constate que la hauteur soulevée au-dessus du niveau extérieur MN est la même dans les deux tubes, c'est-à-dire qu'elle est indépendante de la section plongée $cd$, différente de $ab$.

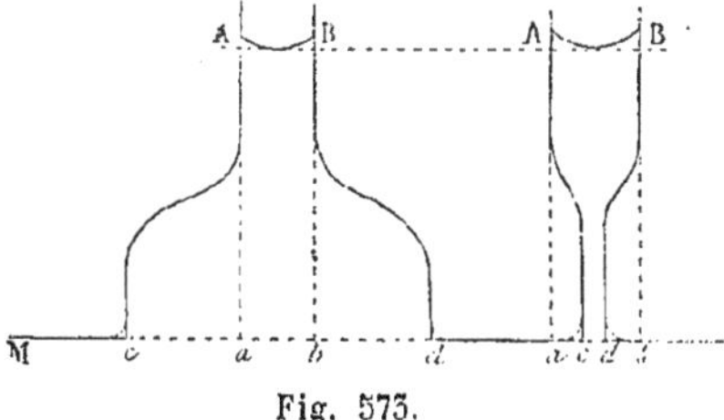

Fig. 573.

Un procédé très précis pour mesurer les dimensions de la section des tubes consiste à se servir d'un microscope à micromètre oculaire, le grandissement de l'objectif et du verre de champ ayant été préalablement déterminé (261).

or, nous savons mesurer toutes les quantités qui figurent dans l'expression de A; nous pouvons donc évaluer A : la méthode des tubes capillaires est particulièrement commode et précise pour cette détermination.

555. **Influence de la température sur l'ascension capillaire. — Expériences de M. Wolf.** — A des températures différentes, dans un même tube cylindrique, un même liquide *s'élève d'autant moins que la température est plus haute*; du reste le ménisque est modifié et, à partir d'une certaine température, il n'est plus tangent au tube.

M. Wolf a fait des mesures extrêmement précises pour étudier la variation de A en fonction de la température $t$; en opérant avec des appareils clos il a, pour certains liquides, expérimenté jusqu'à la température critique (761); dans ces conditions, il a pu voir l'ascension décroître jusqu'à être nulle à une certaine température, et la surface du ménisque devenir plane. Ainsi l'éther ordinaire, $(C^2H^5)^2O$, fournit une ascension décroissante jusqu'à la température de 191°, où les surfaces libres deviennent horizontales dans le tube capillaire et dans le vase. L'alcool, le sulfure de carbone ont donné des résultats semblables. Si, l'ascension étant nulle et les surfaces de séparation planes, on continue à chauffer, il y a vaporisation totale (759). On avait donc atteint la température critique (761), pour laquelle $A = 0$.

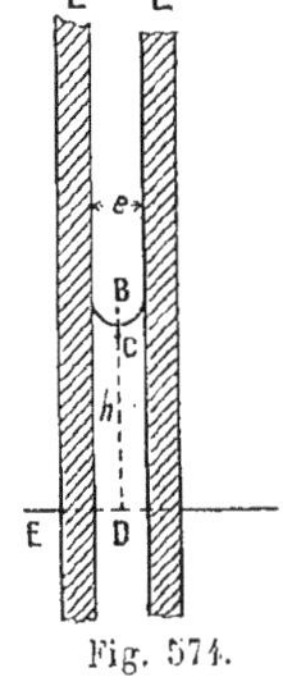

Fig. 574.

556. **Lames planes verticales parallèles : loi de Newton.** — Soient deux lames verticales parallèles L, L' (fig. 574) placées à la distance $e$, plongées dans un liquide qui mouille; lorsque $e$ est petit, on voit le liquide s'élever entre les deux lames et le ménisque leur est *tangent*. Appliquons la formule de Laplace à ce cas particulier : la surface du ménisque peut être assimilée à un demi-cylindre circulaire droit; coupons-le par un plan vertical, celui de la figure, et par un plan normal au précédent; le rayon de la première section est $\frac{e}{2}$, l'autre section est une génératrice du cylindre, donc

$$p_B - p_C = \frac{A}{\frac{e}{2}} = \frac{2A}{e};$$

mais d'autre part, en raisonnant comme précédemment (551) et avec la même notation, nous avons la relation

$$p_B - p_C = hdg,$$

donc

$$h = \frac{2A}{edg}.$$

*La hauteur moyenne d'ascension varie en raison inverse de la distance des deux lames.*

Si nous comparons cette formule à celle des tubes capillaires, $h = \frac{2A}{rdg}$, nous voyons que :

*La hauteur moyenne d'ascension est la même que dans un tube dont le rayon serait égal à la distance des lames (loi de Newton).*

557. **Lames planes verticales inclinées.** — Dans ce cas, l'intersection de la surface du liquide intérieur aux lames (fig. 575), par le plan bissecteur de l'angle dièdre des lames, est un *arc d'hyperbole équilatère*, ayant pour asymptotes l'arête du dièdre et la bissectrice du rectiligne de ce dièdre, menée dans le plan de la surface libre horizontale du liquide dans le vase.

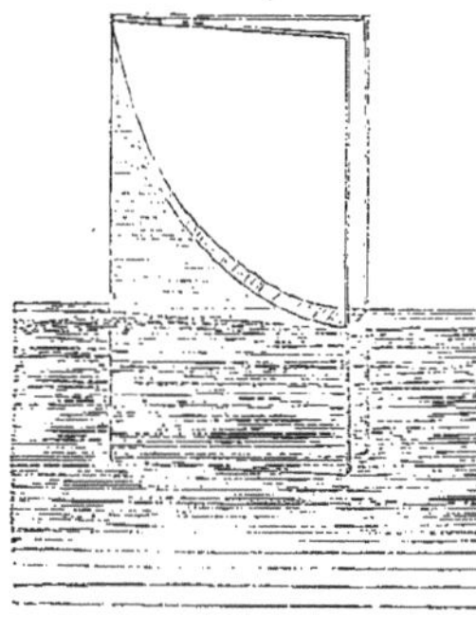

Fig. 575.

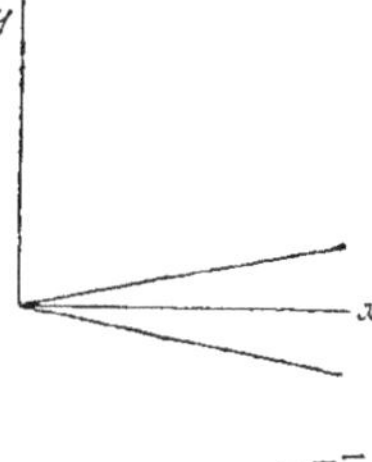


Fig. 576.

Cette loi n'est qu'une conséquence de la loi de Jurin, appliquée aux lames planes verticales parallèles. En effet, considérons, sur la courbe d'intersection par le plan bissecteur, un point où la portion de droite perpendiculaire au plan bissecteur a pour longueur $a$ (fig. 576), et soit $y$ la distance de ce point au plan de la surface libre horizontale dans le vase. On peut admettre, d'après la loi de Jurin, que la hauteur $y$ est la même qu'entre deux lames parallèles situées à la distance $a$, c'est-à-dire qu'on a

$$y = \frac{K}{a}.$$

Or, en prenant pour axe des $x$ la bissectrice du rectiligne du dièdre, menée dans le plan de la surface libre, et en appelant $\alpha$ cet angle rectiligne, on a

$$\frac{a}{2} = x \operatorname{tg}\frac{\alpha}{2}, \qquad \text{d'où} \qquad a = 2x \operatorname{tg}\frac{\alpha}{2}, \qquad \text{et} \qquad y = \frac{K}{2x \operatorname{tg}\frac{\alpha}{2}},$$

et enfin

$$xy = \frac{K}{2 \operatorname{tg}\frac{\alpha}{2}} = C^{te};$$

ce qui est l'équation d'une hyperbole équilatère. — Des expériences de vérification montrent qu'il en est bien ainsi.

558. **Lois de Jurin et de Newton dans le cas des liquides qui ne mouillent pas.** — Lorsqu'un liquide ne mouille pas, c'est le cas du mercure par exemple, on constate une dépression à l'intérieur des tubes capillaires ou le long des parois ; en même temps le ménisque est convexe et le plan tangent au ménisque, en un point de la ligne de contact avec le solide, fait avec le plan tangent à la paroi un angle différent de 0 qu'on appelle angle de *raccordement* (1).

(1) On considère seulement la portion de plan tangent à la paroi qui est du côté opposé au liquide et la portion de plan tangent au liquide qui est du côté opposé à la paroi.

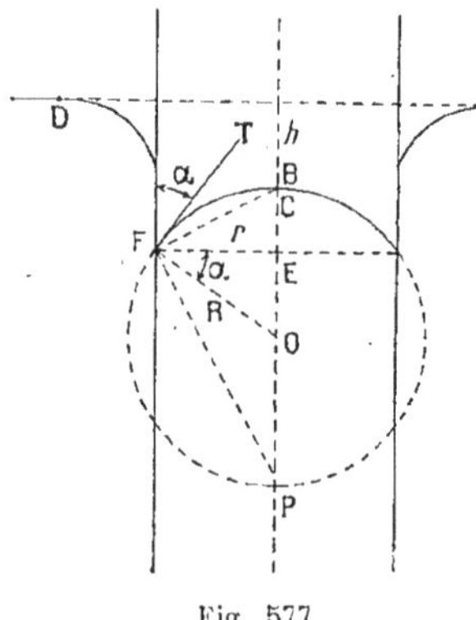

Fig. 577.

Appliquons à ce cas particulier la formule de Laplace, en supposant que le ménisque soit une surface sphérique de centre O (fig. 577), de rayon R; désignons par α l'angle de raccordement, par $r$ le rayon du tube, par $h$ la dénivellation :

$$p_C - p_D = \frac{2A}{R},$$

mais dans le triangle rectangle OEF :

$$OF = \frac{EF}{\cos\alpha}, \qquad \text{ou} \qquad R = \frac{r}{\cos\alpha};$$

en outre

$$p_C - p_D = p_C - p_0 = hdg.$$

Nous avons donc

$$hdg = \frac{2A}{R} = \frac{2A\cos\alpha}{r},$$

d'où

$$h = \frac{2A\cos\alpha}{rdg}.$$

*Pour un même liquide, à une même température, et pour une valeur constante de l'angle de raccordement, les hauteurs moyennes des dépressions dans des tubes cylindriques verticaux sont inversement proportionnelles aux rayons de ces tubes.* — C'est la loi de Jurin dans le cas des liquides qui ne mouillent pas. On la vérifie au moyen de l'appareil de la figure 578 dans lequel on verse du mercure; on mesure au cathétomètre la dépression $mn$, et le rayon du tube capillaire par les procédés habituels; on opère avec une série de ces tubes mastiqués successivement en C. Les vérifications sont beaucoup moins bonnes que dans le cas des liquides qui mouillent, à cause de la variation de l'angle de raccordement, dont la valeur dépend beaucoup de la manière dont la position d'équilibre a été atteinte.

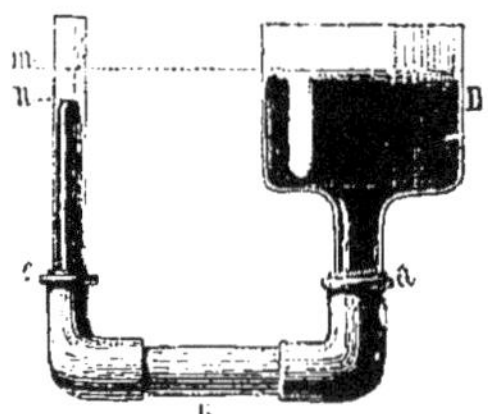

Fig. 578.

Entre des lames planes, verticales, parallèles, très rapprochées, on observe une dépression; en appliquant la formule de Laplace à ce cas particulier et en raisonnant comme précédemment (556), on trouve pour la hauteur de la dépression

$$h = \frac{2A\cos\alpha}{edg}$$

(e distance des lames) : *la hauteur moyenne de la dépression est la même que pour un tube capillaire dont le rayon serait égal à la distance des lames* : c'est la loi de Newton (556) pour les liquides ne mouillant pas.

*Correction barométrique.* — Il est très important, dans le cas d'un tube barométrique étroit, de pouvoir évaluer la dépression du ménisque due à la capillarité; or nous venons d'établir (558) que la hauteur de cette dépression

$$h=\frac{2A}{Rdg};$$

le rayon R du ménisque dépend du rayon $r$ du tube et de l'angle de raccordement $\alpha$, variable, et dont la mesure n'est pas facile; aussi nous allons exprimer R en fonction de la flèche $EC=f$ (fig. 577) du ménisque et non en fonction de l'angle $\alpha$. Dans le triangle rectangle CFP :

$$r^2=f(2R-f), \qquad \text{d'où} \qquad R=\frac{r^2+f^2}{2f}$$

par conséquent

$$h=\frac{4Af}{(r^2+f^2)dg}.$$

On dresse un tableau à double entrée donnant $h$ en fonction de $r$ et $f$, pour la température moyenne 15°.

559. **Équilibre de trois fluides non miscibles en contact.** — Soient trois fluides 1, 2, 3 (fig. 579) non miscibles, en contact suivant une arête O; solidifions, sans variation de volume, un cylindre de section infiniment petite, de longueur $dl$ et dont l'axe soit l'arête O; il est soumis à l'action des forces de tension superficielle $A_{1,2}dl$, $A_{2,3}dl$, $A_{3,1}dl$; pour qu'il soit en équilibre, il faut et il suffit que l'on ait

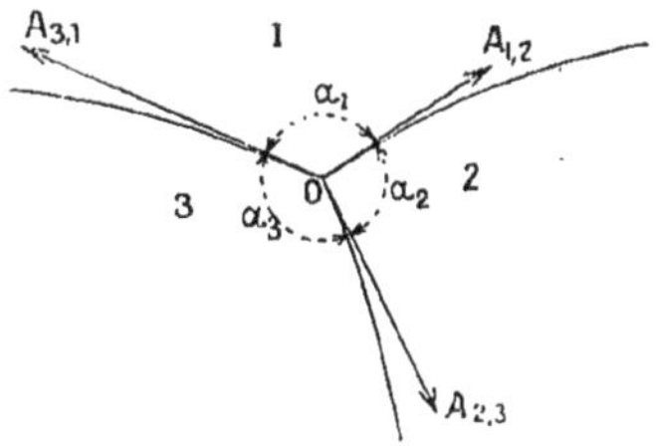

Fig. 579

$$\frac{\sin\alpha_1}{A_{2,3}dl}=\frac{\sin\alpha_2}{A_{3,1}dl}=\frac{\sin\alpha_3}{A_{1,2}dl}, \qquad \text{ou} \qquad \frac{\sin\alpha_1}{A_{2,3}}=\frac{\sin\alpha_2}{A_{3,1}}=\frac{\sin\alpha_3}{A_{1,2}}.$$

On doit pouvoir construire un triangle ayant pour côtés les tensions superficielles spécifiques $A_{1,2}$, $A_{2,3}$, $A_{3,1}$; une quelconque de ces tensions doit être plus petite que la somme des deux autres, plus grande que leur différence. Quand cette condition n'est pas remplie, l'équilibre n'est pas possible, les trois fluides n'ont pas de point commun; c'est ce qui arrive pour les fluides eau, huile, air : de l'huile versée sur l'eau s'étale jusqu'à ce que l'épaisseur de la couche soit inférieure au diamètre de la sphère d'activité moléculaire.

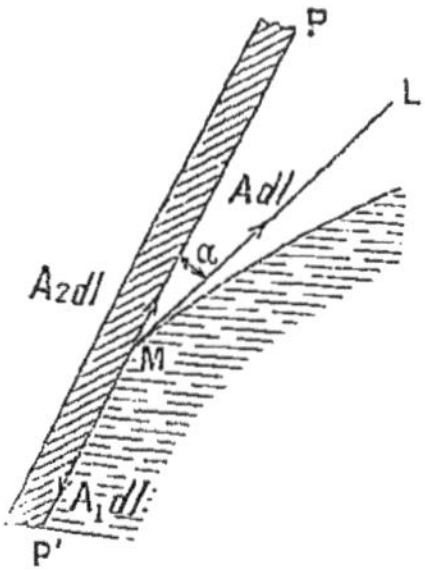

Fig. 580.

560. **Angle de raccordement d'un liquide et d'un solide.** — La considération de la tension superficielle permet de rendre compte de la constance de l'*angle de raccordement* d'un liquide et d'un solide, en contact tous deux avec un même fluide ambiant.

1° Considérons d'abord le cas où l'angle de raccordement $PML=\alpha$ (fig. 580) est aigu : c'est le cas d'un liquide *ne mouillant pas* la paroi. Prenons pour plan de la figure un plan mené par le point M perpendiculairement à la ligne de raccordement, et considérons un élément $dl$ de cette ligne, situé de part et d'autre de M; cet élément étant en équilibre, supposons-le solidifié. Comme il appartient à trois surfaces de séparation, il est soumis : 1° à une force $A\,dl$, dirigée suivant ML tangente à la surface de séparation du liquide et du fluide ambiant; 2° à une force $A_1 dl$ suivant la surface de séparation MP′ du liquide et de la paroi solide; 3° enfin à une force $A_2 dl$, suivant la surface de séparation MP du fluide ambiant et de la paroi. Pour l'équilibre, si l'on néglige le poids de l'élément $dl$, il est nécessaire que les forces de tension n'aient pas de résultante suivant la paroi, car cette résultante ferait glisser l'élément M le long de la paroi elle-même. On doit donc avoir

$$A\,dl \cos\alpha + A_2 dl = A_1 dl,$$

d'où

$$\cos\alpha = \frac{A_1 - A_2}{A}.$$

Si donc $A_1 - A_2$ est positif et plus petit que A, cette relation définit bien le cosinus d'un arc inférieur à $\frac{\pi}{2}$, et l'équilibre est possible dans ces conditions; comme, de plus, $A_1$, $A_2$ et A sont constants, $\alpha$ doit être constant. Seulement, la moindre altération des surfaces doit modifier les tensions et, par suite, la valeur de l'angle $\alpha$.

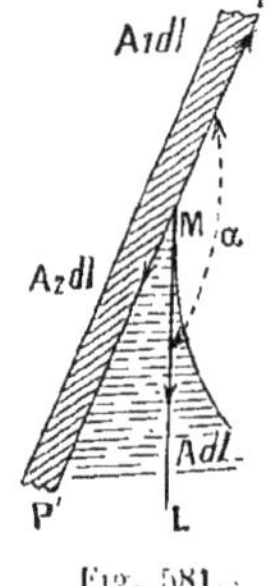

Fig. 581.

2° Considérons maintenant le cas où l'angle $\alpha$ est obtus (fig. 581) : c'est le cas d'un liquide *mouillant* la paroi. Pour obtenir l'angle de raccordement correspondant à un équilibre stable, on sait qu'il est nécessaire de faire monter le liquide au-dessus de cette position d'équilibre (552); il y a alors une couche mince de liquide au-dessus de la ligne de raccordement; par suite, à la ligne de raccordement, le contact du fluide ambiant et de la paroi se trouve supprimé. L'élément $dl$ de la ligne de raccordement est alors sollicité par les forces suivantes : 1° $A.dl$, suivant la surface de séparation ML du liquide et du fluide ambiant; 2° $A_1.dl$, suivant la surface MP qui sépare la gaine liquide à la fois de la paroi et du fluide ambiant; 3° $A_2.dl$ suivant la surface de séparation MP′ du liquide et de la paroi seule. Pour l'équilibre, il faut donc qu'on ait

$$A.dl.\cos(\pi - \alpha) + A_2.dl = A_1.dl$$

ou

$$-A.dl.\cos\alpha + A_2.dl = A_1.dl,$$

d'où

$$\cos\alpha = -\frac{A_1 - A_2}{A};$$

ce résultat donne lieu aux mêmes remarques que plus haut.

Le cas où $\alpha = \pi$ est celui d'un liquide qui *mouille parfaitement* le solide : c'est le cas de l'eau et d'une surface de verre bien nette; on sait, en effet, qu'une gouttelette d'eau s'étale sur une lame de verre bien propre; à l'intérieur des tubes capillaires dont la base plonge dans l'eau, s'élève un cylindre d'eau qui est adhérent aux parois du tube et auquel se raccorde le ménisque. — Lorsque $\alpha$ est compris entre $\pi$ et $\frac{\pi}{2}$, le liquide ne mouille qu'*imparfaitement* le solide. Pour un liquide caléfié (798), $A = 0$.

Une expérience de Gay-Lussac, sur le verre et le mercure, en contact avec l'air, permet de démontrer : 1° la constance approchée de l'angle de raccordement du mercure et du verre : dans ces conditions, cet angle est voisin de 45°; 2° la relation qui existe entre la forme du ménisque dans un tube et le phénomène d'ascension ou de dépression capillaire (539). Une boule sphérique B (fig. 582) est soufflée dans un tube capillaire BC en communication avec un tube large A. Quand le mercure arrive en 1 et en 1', on observe en 1' un ménisque fortement convexe et une dépression par rapport à 1. Quand le mercure est amené en 2 et 2', le niveau se trouve, dans la boule B, à l'endroit où la tangente à la sphère fait avec l'horizon un angle égal à $\alpha$; la surface du mercure en 2' est parfaitement horizontale, et il n'y a alors ni dépression ni ascension. Enfin, quand le mercure arrive en 3 et 3', il doit, pour faire un angle $\alpha$ avec la paroi, former en 3' un ménisque concave, et on a alors une ascension dans le tube BC par rapport au tube A.

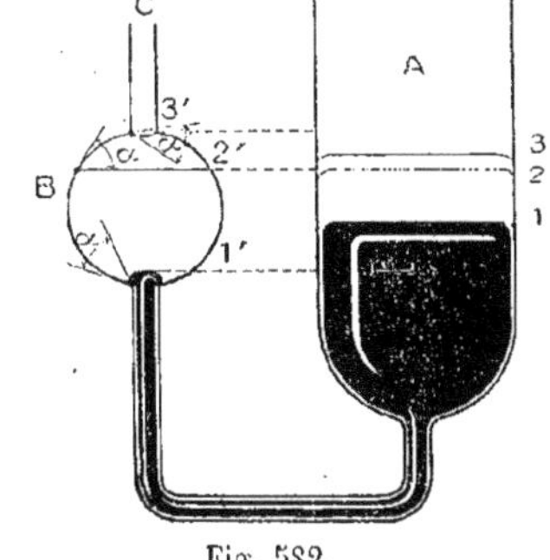

Fig. 582.

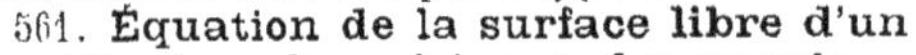

**561. Équation de la surface libre d'un liquide dans le voisinage des parois.** — 1° Supposons qu'il s'agisse d'un liquide qui mouille; la surface du ménisque dans le voisinage d'une paroi plane est cylindrique; prenons pour plan du tableau un plan normal aux génératrices, et choisissons deux axes de coordonnées rectangulaires dont l'un $Ox$ (fig. 583) soit dans le plan horizontal qui contient la surface libre.

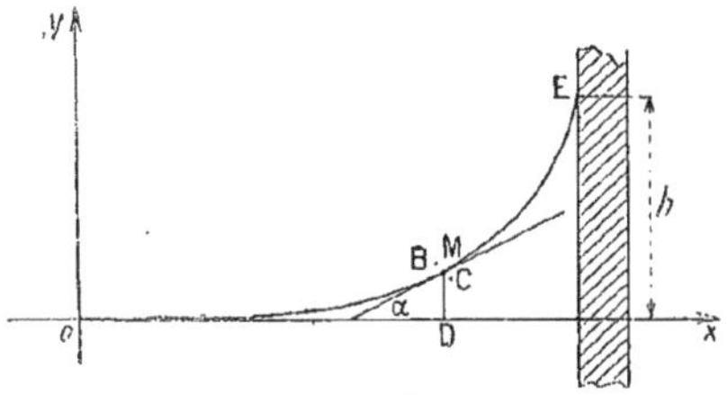

Fig. 583.

En un point M ($x$, $y$), soit R le rayon de courbure du profil de la surface de séparation, $\alpha$ l'angle de la tangente en M avec $Ox$, $ds$ un élément d'arc de courbe. Prenons deux points B et C très voisins de part et d'autre de M; coupons la surface par deux plans normaux en M, l'un étant le plan de la figure, l'autre le plan perpendiculaire qui rencontre la surface suivant une droite : la formule de Laplace nous donne :

$$p_{D}-p_{C}=\frac{A}{R}=\frac{A d\alpha}{ds}=\frac{A \sin\alpha\, d\alpha}{dy};$$

d'autre part

$$p_{B}-p_{C}=p_{D}-p_{C}=y\,dg;$$

donc

$$y\,dg=\frac{A\sin\alpha\, d\alpha}{dy},$$

d'où

$$y\,dy=\frac{A\sin\alpha\, d\alpha}{dg},$$

$$\frac{y^2}{2}=-\frac{A\cos\alpha}{dg}+C^{te};$$

or, pour $\alpha=0$, $y=0$; donc $\quad C=\frac{A}{dg}$, $\quad$ et par suite :

$$y^2=\frac{2A}{dg}(1-\cos\alpha) \qquad (1)$$

Si la paroi est verticale, la hauteur d'ascension $h$, contre la paroi, est

$$h=\sqrt{\frac{2A}{dg}}.$$

2° Si le liquide ne mouille pas, en prenant l'axe des $y$ dirigé vers le bas, nous arriverions, par un raisonnement semblable au précédent, à l'équation (1).

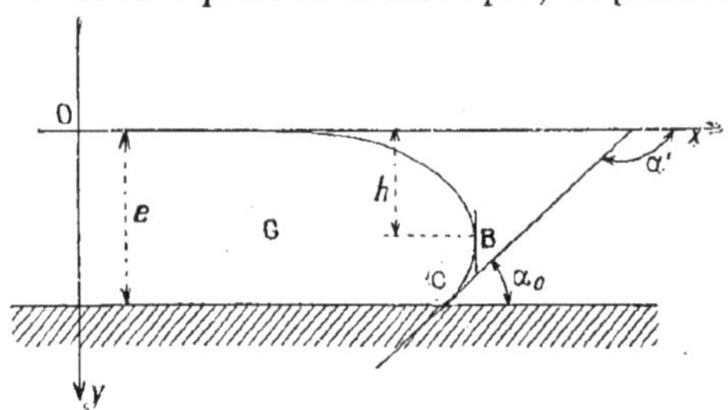


Fig. 584.

562. **Profil d'une large goutte; mesure de A et de α pour les liquides qui ne mouillent pas.** — Soit G (fig. 584) une goutte de mercure posée sur un plan de verre : si la goutte est large, on peut supposer que son intersection par un plan normal à la surface en un point et normal aussi au plan méridien de la surface passant par ce point, a une courbure négligeable devant celle de la section méridienne, au point considéré. On établit, comme plus haut (561), que l'équation du profil de la goutte est

$$y^2=\frac{2A}{dg}(1-\cos\alpha).$$

Désignons par $h$ l'ordonnée du point B où la tangente est verticale .

$$(1) \qquad h^2=\frac{2A}{dg};$$

soit $e$ l'épaisseur de la goutte, $\alpha'$ la valeur de $\alpha$ pour le point C, $\alpha_0$ l'angle de raccordement du mercure avec le verre sur lequel la goutte est posée :

$$(2) \qquad e^2=\frac{2A}{dg}(1-\cos\alpha')=\frac{2A}{dg}(1+\cos\alpha_0).$$

En résolvant (1) et (2) on trouve :

$$A=\frac{h^2dg}{2},$$

$$\cos\alpha_0=\frac{e^2}{h^2}-1.$$

La mesure de A et de $\alpha_0$ est ramenée à celle de $e$ et $h$ que l'on effectue au cathétomètre. Pour viser le sommet O (fig. 584), M. Lippmann dépose sur le mercure un fil de verre de moins de $0^{mm},05$ de diamètre, et pour viser B, il éclaire la goutte de mercure par une source placée sensiblement dans le plan horizontal B; la goutte se comporte comme un miroir cylindrique et donne de la source une focale située précisément dans le plan horizontal B.

Cette méthode est infiniment supérieure à celle des tubes capillaires pour obtenir A, dans le cas du mercure ou d'un liquide ne mouillant pas; en même temps elle donne $\alpha_0$. Cet angle $\alpha_0$ varie de 51° à 47° pour les surfaces verre-mercure, dans le cas des tubes capillaires, selon qu'on atteint la position d'équilibre par ascension ou dépression.

563. **Formes d'équilibre des liquides soumis aux seules actions moléculaires capillaires.** — On peut opérer de diverses manières, pour obtenir des liquides dans ces conditions.

1° *Liquide soustrait à l'action de la pesanteur, par immersion dans un liquide de même densité, et non miscible à lui.* — La relation fondamentale de l'hydrostatique $p'=p+zdg$ (538) subsiste évidemment, même en tenant compte des actions moléculaires capillaires, pourvu que le filet liquide considéré soit pris en dehors des couches minces dans lesquelles se manifestent les phénomènes de tension superficielle. Dans ces conditions, pour l'équilibre de la masse de liquide immergée M (fig. 585), il faut : 1° que la pression soit partout normale à la surface de séparation, en raison de la mobilité du liquide; 2° que l'accroissement de pression soit partout le même, quand on passe du côté convexe au côté concave de cette surface. En effet, soient alors deux points quelconques A et B pris dans le liquide environnant, très près de la surface de contact, mais cependant à une distance supérieure à l'épaisseur de la couche à tension superficielle; soient de même deux autres points A′ et B′ respectivement voisins des précédents, mais également à une distance de la surface de séparation supérieure à celle de la couche à tension superficielle. Soient $p$ et $p'$ les pressions en A et B, $d'$ la densité du liquide ambiant, et $z$ la distance verticale de ces deux points, on a

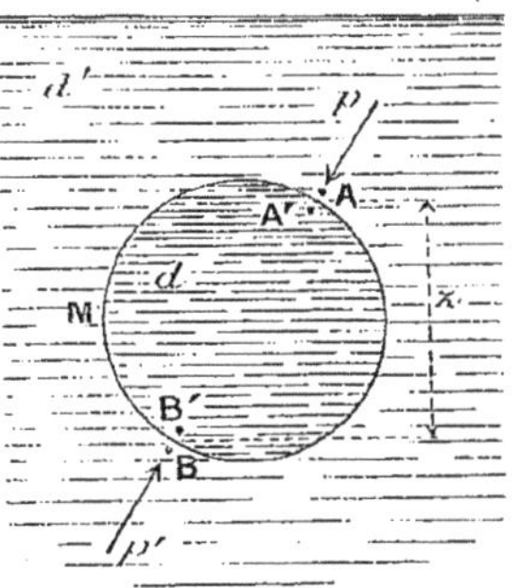

Fig. 585.

$$p'=p+zd'g. \tag{1}$$

De même, en A′ et B′, les pressions sont $p+\varpi$ et $p'+\varpi'$, en désignant par $\varpi$ et $\varpi'$ les pressions capillaires lorsqu'on passe de A à A′ et de B à B′; on a, en appelant $d$ la densité du liquide en suspension,

$$p'+\varpi'=p+\varpi+zdg; \tag{2}$$

mais $d'=d$; donc, en vertu des relations (1) et (2),

$$\varpi'=\varpi=C^{te}.$$

Par suite, puisque la constante capillaire est la même en tout point de la surface de séparation des deux liquides, on a

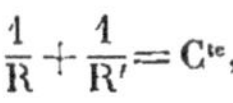

$$\frac{1}{R}+\frac{1}{R'}=C^{te},$$

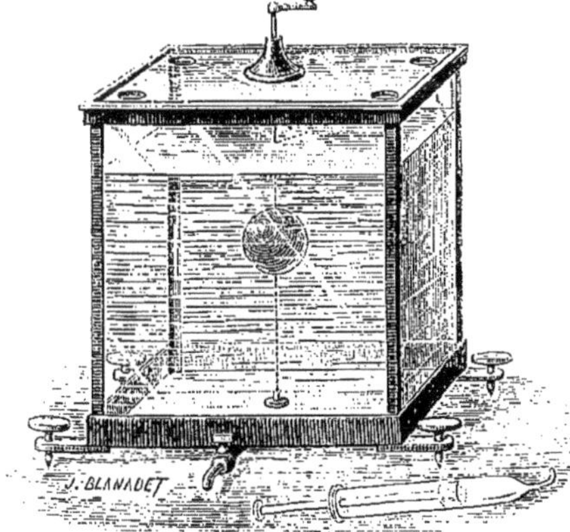

Fig. 586.

équation générale d'une classe de surfaces qu'on appelle *surfaces à courbure moyenne constante.* Dans cette classe de surfaces est comprise la *sphère*, et c'est en effet la forme sphérique qu'affectent les gouttes liquides dans ces conditions, lorsqu'on ne les soumet à aucune liaison (549). — L'expérience, qui est due à Plateau, se fait en introduisant une petite masse d'huile d'olive, au moyen d'une seringue ou d'une pipette, dans un mélange d'eau et d'alcool, composé de manière qu'il ait même densité que l'huile; la masse d'huile prend d'elle-même la forme d'une sphère (fig. 586), que l'on peut amener à avoir plusieurs centimètres de diamètre. Si l'on essaie de la déformer, elle reprend toujours sa figure primitive.

En formant la sphère d'huile autour d'une tige mince verticale, et en imprimant à cette tige un mouvement de rotation au moyen de la manivelle M (fig. 586), on voit la sphère se transformer en un ellipsoïde de révolution aplati. Quand la vitesse de rotation est suffisante, une partie de la masse liquide peut même se détacher, et former autour de l'ellipsoïde un anneau, comparable à l'anneau de Saturne (fig. 587).

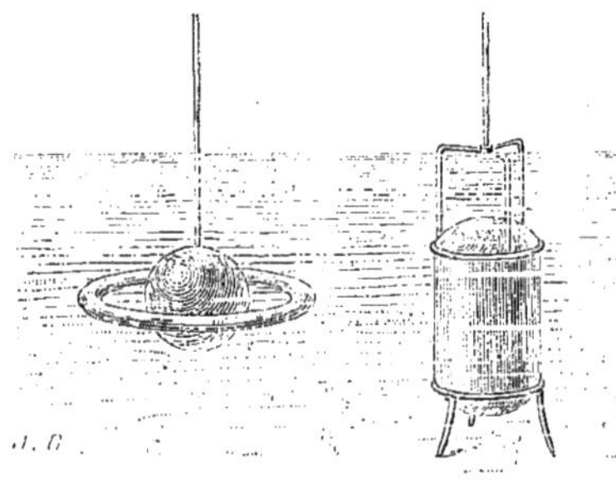

Fig. 587. Fig. 588.

Si maintenant on veut obtenir quelques autres figures satisfaisant à la condition générale, il faut assujettir la surface à passer par certains points déterminés. — On peut, par exemple, disposer vis-à-vis l'un de l'autre deux anneaux solides (fig. 588), l'un fixe, porté sur un trépied, l'autre supporté par une tige qui permet de l'abaisser ou de l'élever à volonté. La masse d'huile ayant été formée entre les deux anneaux, on arrive à lui faire prendre, en écartant convenablement les anneaux auxquels elle adhère, la forme d'un *cylindre* terminé par deux calottes sphériques. Soit alors $r$ le rayon du cylindre; en un point quelconque de sa surface, l'un des rayons de courbure principaux est infini, l'autre est $r$; la valeur de la fonction $\frac{1}{R}+\frac{1}{R'}$, sur le cylindre, est donc $\frac{1}{r}$. Soit R le rayon commun des hémisphères; sur ces hémisphères, la valeur de la fonction est $\frac{2}{R}$; on doit donc avoir

$$\frac{1}{r}=\frac{2}{R} \quad \text{ou} \quad R=2r;$$

c'est ce que vérifient les mesures.

2° *Bulles de savon.* — Les bulles de savon, constituées par des lames minces dont le poids est négligeable, doivent également satisfaire à la relation précédente :

$$\frac{1}{R}+\frac{1}{R'}=C^{te}.$$

En effet, la pression extérieure $p_e$ est la même en tout point; la pression $p_i$ du gaz intérieur qui gonfle la bulle est également partout la même. Or, en passant de l'extérieur à l'intérieur de la bulle, on traverse une épaisseur de liquide évidemment supérieure au double du rayon d'activité moléculaire, car on doit admettre que la bulle ne peut subsister qu'à cette condition, sinon les forces de tension la feraient éclater. Dans ce passage, on éprouve donc deux fois un accroissement de pression égal à la pression capillaire $\varpi$, de sorte que, en admettant l'identité des surfaces intérieure et extérieure, on doit avoir

$$p_i=p_e+2\varpi,$$

d'où

$$2\varpi=C^{te}, \quad \text{c'est-à-dire} \quad \frac{1}{R}+\frac{1}{R'}=C^{te}.$$

De là résulte la forme *sphérique* prise par les bulles de savon, quand on ne les astreint à aucune liaison. — Dans ces conditions, nous avons vu (550) que l'excès de la pression intérieure sur la pression extérieure est

$$p_i - p_e = \frac{4A}{R}.$$

Cet excès de pression est *en raison inverse du rayon* de la bulle, propriété qui a été confirmée par l'expérience.

3° *Systèmes laminaires de Plateau.* — Les systèmes laminaires de Plateau s'obtiennent au moyen de polyèdres constitués par des fils métalliques et des fils de chanvre (fig. 589); quand on les plonge dans le liquide glycérique, ces systèmes fournissent des lames liquides réunissant les diverses arêtes.

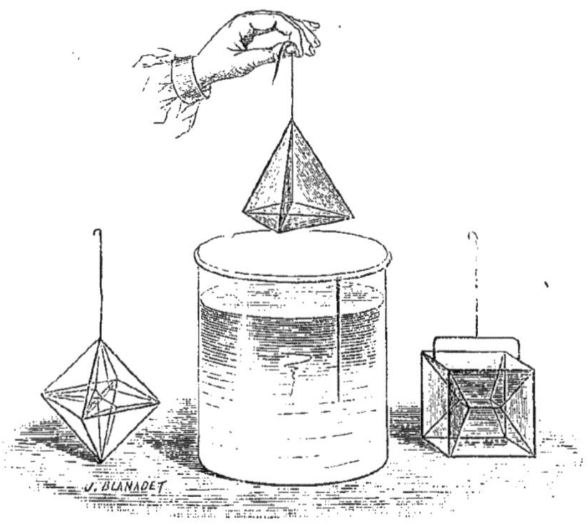

Fig. 589

Lorsqu'on passe d'un côté d'une lame mince à l'autre, tous deux en contact avec l'atmosphère, la variation totale de pression est nulle; donc, en admettant l'identité des deux surfaces de la lame, on doit avoir :

$$p + 2\varpi = p, \qquad \text{ou} \qquad \varpi = 0$$

c'est-à-dire

$$\frac{1}{R} + \frac{1}{R'} = 0.$$

Les lames doivent donc être à *courbure moyenne nulle*, classe de surfaces qui comprend évidemment le plan, mais aussi des surfaces courbes où les deux rayons de courbure principaux ne sont pas dirigés du même côté de la surface, et dont la somme algébrique des courbures peut être nulle.

Les systèmes laminaires fournissent encore une nouvelle preuve de la *constance* de la tension superficielle d'un même liquide, en contact avec un même fluide ambiant (544). En effet, on constate qu'il n'y a jamais plus de trois lames aboutissant à une même arête liquide, et qu'elles font entre elles des angles de 120° [cas d'une charpente cubique (fig. 589)]. Donc, les forces agissant normalement sur un point de cette arête commune, dans le plan de chacune d'elles, sont nécessairement égales, puisqu'elles se font équilibre et font entre elles des angles égaux.

564. **Application de la notion de tension superficielle aux corps flottants.** — Nous n'envisagerons que le cas où le corps est limité latéralement par des parois verticales. Il y a alors ascension ou dépression du liquide le long de ces parois, selon que $\alpha$ est obtus (fig. 590) ou aigu (fig. 591). Or, pour obtenir la condition d'équilibre du solide, désignons par A la tension superficielle du liquide en contact avec l'atmosphère, et par $l$ la longueur de la ligne de raccordement. La force de tension superficielle

appliquée à un élément $dl$ de cette ligne solidifiée est $\mathrm{A}dl$; sa composante verticale est, en valeur absolue, $\mathrm{A}dl \cos \alpha$; si $\alpha$ est obtus, cette composante

Fig. 590. Fig. 591.

est dirigée vers le bas; si $\alpha$ est aigu, elle est orientée vers le haut; donc, si l'on considère comme positives les forces verticales dirigées vers le bas, la composante verticale *totale* des forces de tension superficielle appliquées au solide sera exprimée, en grandeur et en signe, par $-\mathrm{A}l \cos \alpha$. Si P est le poids du corps et P' la poussée, on aura, pour l'équilibre,

$$\mathrm{P} - \mathrm{A}l \cos \alpha = \mathrm{P}'.$$

Or, P' est toujours égal au poids d'un volume $v$ de liquide, égal à celui de la portion du corps qui est située au-dessous de la surface libre horizontale, c'est-à-dire qu'on a, en désignant par $d$ la densité du liquide, $\mathrm{P}' = vdg$, et la condition d'équilibre devient

$$\mathrm{P} - \mathrm{A}l \cos \alpha = vdg.$$

Si $\alpha$ est obtus (fig. 590), $-\mathrm{A}l \cos \alpha$ est positif, et $v$ est plus grand que si l'on ne tenait pas compte de la capillarité; donc le corps s'enfonce davantage : c'est le cas habituel. Il faut tenir compte des phénomènes de capillarité dans la graduation des aréomètres et opérer toujours avec des tiges *très propres*, sinon les tensions superficielles ou les angles de raccordement seraient modifiés, et les indications de l'instrument seraient fausses.

Au contraire, si $\alpha$ est aigu (fig. 591), $-\mathrm{A}l \cos \alpha$ est négatif, et le corps s'enfonce moins que si la capillarité n'intervenait pas. — Il est intéressant de remarquer que, dans ce cas, il peut arriver que le corps flotte, bien que sa densité soit *supérieure* à celle du liquide (¹); c'est ainsi, grâce aux phénomènes de capillarité, que certains insectes peuvent marcher sur l'eau; leurs pattes sont enduites d'un corps gras qu'il suffit de dissoudre dans l'éther pour que ces insectes s'enfoncent.

565. **Formation des gouttes à un orifice capillaire.** — Observons la formation d'une goutte à l'extrémité d'une pipette à orifice capillaire; on aperçoit d'abord un mamelon à forte courbure correspondant par conséquent à une pression capillaire considérable. Si la pression intérieure est suffisamment grande, la goutte grossit de plus en plus, s'étrangle légèrement vers sa partie supérieure (fig. 592), le rayon $r$ de l'étranglement étant un peu inférieur à celui de l'orifice, et elle se détache suivant la section de cet étranglement. Il est naturel d'admettre que la rupture se produit lorsque le poids de la goutte devient un peu supérieur à la résultante des forces de tension superficielle $2\pi r\mathrm{A}$, le long du cercle d'étranglement.

Fig. 592.

Avec une pipette donnée, $r$ est constant, mais A varie d'un liquide à l'autre, par conséquent le nombre de gouttes que l'on peut obtenir avec un volume donné de liquide dépend de A, c'est-à-dire de la nature du liquide. Duclaux a imaginé un alcoomètre basé sur ce prin-

(¹) On place à la surface de l'eau une feuille de papier à cigarette et l'on y dépose une aiguille graissée; en imbibant alors la feuille, on la fait couler au fond, tandis que l'aiguille reste à la surface, en déprimant fortement le liquide autour d'elle. — On peut aussi déposer directement l'aiguille à la main, sur la surface de l'eau.

cipe; cet alcoomètre est constitué par un compte-gouttes de $5^{cm^3}$, qui, avec de l'eau pure, donne 100 gouttes : si l'on remplace l'eau par un mélange d'eau et d'alcool, A diminue plus rapidement que la densité et le nombre de gouttes croît avec le degré alcoolique. Voici quelques nombres :

| Titre alcoolique | 0 | 10 | 20 | 30 | 40 | 50 |
|---|---|---|---|---|---|---|
| Nombre de gouttes | 100 | 145 | 175 | 204 | 227 | 242 |

566. **Mouvements dus aux actions capillaires.** — Deux flotteurs mouillés (balles de liège ordinaire) placés l'un à côté de l'autre viennent toujours en contact; le même phénomène se produit si les deux flotteurs ne sont point mouillés (balles de liège recouvertes de noir de fumée); enfin il y a au contraire répulsion si l'un des flotteurs est mouillé et l'autre non. Ces mouvements s'interprètent facilement en tenant compte des forces de tension superficielle; il en est de même pour les attractions ou répulsions qui s'exercent entre les bords des vases et les corps flottants, ou pour les déplacements d'un liquide dans un tube conique.

567. **Relation entre la constante capillaire et la masse moléculaire.** — Si A est la tension superficielle d'un liquide en contact avec sa vapeur saturante, à la température $t$, V le volume moléculaire du corps à l'état liquide, $t_c$ la température critique, K une constante, on a la relation :

$$(1) \qquad AV^{\frac{2}{3}} = K(t_c + 5 - t).$$

$V^{\frac{2}{3}}$ représente la surface d'une face du cube ayant un volume égal au volume moléculaire; $AV^{\frac{2}{3}}$ est l'énergie capillaire de cette surface.

Pour un grand nombre de corps, l'expérience a donné très sensiblement $K = 2$ C.G.S.

Si dans la relation (1) on veut introduire la masse moléculaire M, on désigne par $d$ la densité du liquide :

$$V = \frac{M}{d}, \qquad \text{et par suite} \qquad Ad^{-\frac{2}{3}}M^{\frac{2}{3}} = K(t_c + 5 - t).$$

Pour éviter de déterminer $t_c$, afin d'avoir M, il suffit de mesurer la constante capillaire à une température $t'$ différente de $t$ d'au moins 25°; si A est la nouvelle valeur de la constante capillaire, $d'$ la nouvelle densité du liquide :

$$A'd'^{-\frac{2}{3}}M^{\frac{2}{3}} = K(t_c + 5 - t'); \qquad \text{donc} \qquad \left[Ad^{-\frac{2}{3}} - A'd'^{-\frac{2}{3}}\right]M^{\frac{2}{3}} = K[t' - t]$$

A et A' sont mesurés par la méthode des tubes capillaires.

567 *bis*. **Résultats généraux relatifs à A.** — La constante capillaire A relative à la surface de séparation d'un liquide avec un gaz ou une vapeur paraît indépendante, dans la limite de la précision des mesures, de l'étendue et de la forme de la surface, de la nature et de la pression du gaz, s'il est inerte. Nous savons que A diminue quand la température croît et devient nul à la température critique (555); A varie beaucoup par des traces d'impuretés, aussi ses différentes méthodes de détermination donnent-elles rarement des résultats concordants; enfin, pour un liquide en repos, A diminue en fonction du temps.

# MESURE DES PRESSIONS

## I. — PRESSION ATMOSPHÉRIQUE

568 **Expérience de Torricelli**[1]. — Si l'on admet que l'air est en équilibre hydrostatique, la pression atmosphérique à un niveau déterminé est égale au poids d'une colonne verticale d'air qui serait circonscrite à l'*unité de surface*, prise horizontalement à ce niveau, et qui se prolongerait jusqu'aux limites de l'atmosphère, où la force élastique est insensible.

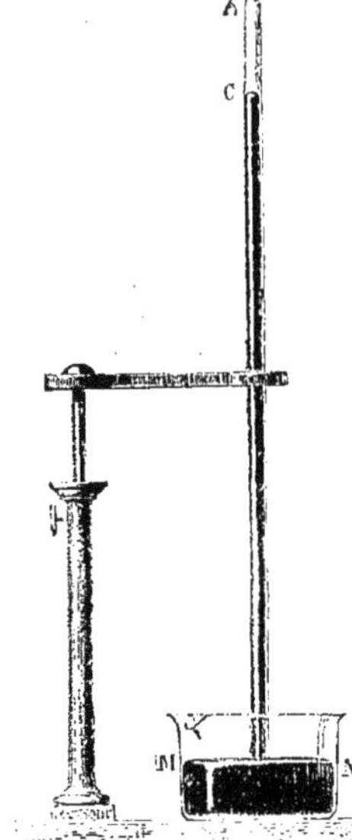

Fig. 595.

Pour répéter l'*expérience de Torricelli*, on remplit complètement de mercure un tube d'environ un mètre de longueur, on le bouche avec le doigt et, après l'avoir retourné, on le débouche dans une cuvette à mercure : on voit le mercure se détacher du sommet A du tube (fig. 595), mais se maintenir à un niveau C, dont la hauteur verticale H, au-dessus du niveau dans la cuvette, a une valeur moyenne de 76 centimètres, dans nos latitudes moyennes et au niveau de la mer.

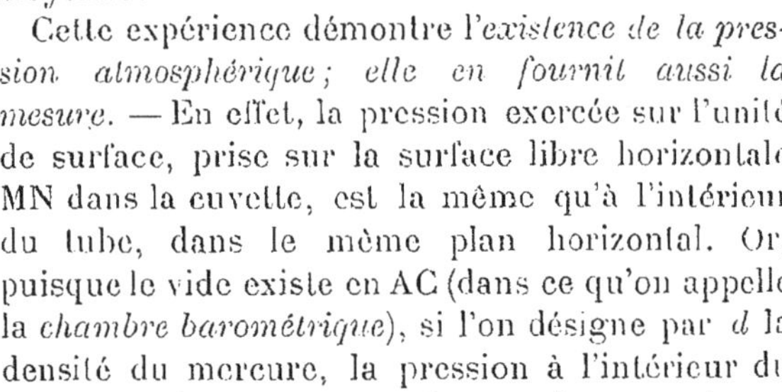
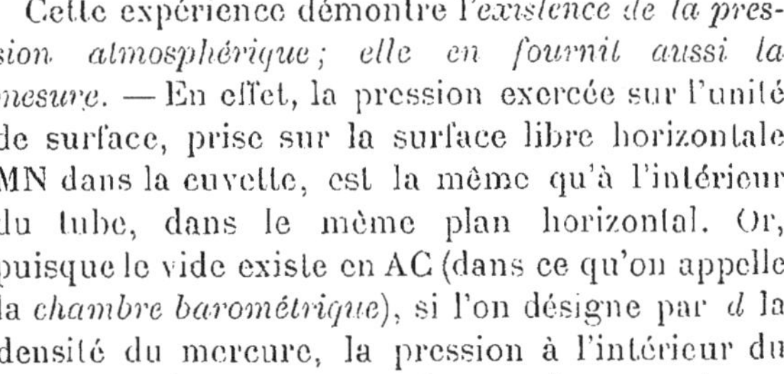

Cette expérience démontre l'*existence de la pression atmosphérique; elle en fournit aussi la mesure*. — En effet, la pression exercée sur l'unité de surface, prise sur la surface libre horizontale MN dans la cuvette, est la même qu'à l'intérieur du tube, dans le même plan horizontal. Or, puisque le vide existe en AC (dans ce qu'on appelle la *chambre barométrique*), si l'on désigne par $d$ la densité du mercure, la pression à l'intérieur du tube, au niveau MN, est $p = Hdg$ : c'est aussi la pression exercée par l'air, à l'extérieur. — La densité $d$ est environ 13,6; si donc on prend pour H la valeur moyenne 76 centimètres, et pour $g$ l'intensité de la pesanteur dans les conditions normales (518), $g_0 = 980,665$, on aura

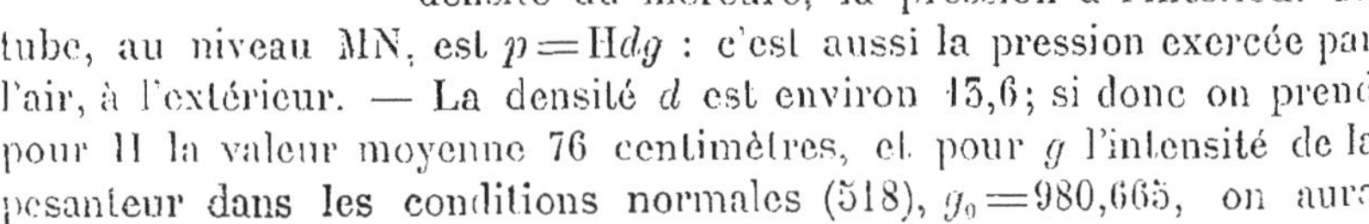

[1] Torricelli (1608-1647), élève de Galilée, succéda à son maître dans la chaire de mathématiques de l'Université de Florence.

$$p = 76 \times 13,6 \times 980,665 = 1,013,645 \text{ dynes par centimètre carré,}$$

c'est-à-dire un peu plus de 1 *mégadyne par centimètre carré*.

En *gramme-forces*, en tout lieu où $g = g_0$, on aurait

$$p = 76 \times 13,6 = 1033^{g\text{-}p} \text{ par cm}^2.$$

c'est-à-dire un peu plus de 1 *kilogramme-poids* par centimètre carré [1].

Si dans les conditions ordinaires, cette pression ne semble produire aucun effet sur les corps placés dans l'air, c'est qu'elle s'exerce normalement sur toutes les parties de leur surface : il en résulte donc simplement une poussée d'Archimède, dirigée verticalement de bas en haut, et égale en grandeur au poids de l'air déplacé. Mais, si l'on vient à supprimer ou à diminuer les forces de pression sur une partie de la surface d'un corps, les forces de pression qui s'exercent sur le reste de la surface, n'étant plus contre-balancées, se manifestent avec plus ou moins d'intensité. C'est ce que montrent les expériences connues du *crève-vessie* (fig. 594) ou des *hémisphères de Magdebourg* (fig. 595) [2].

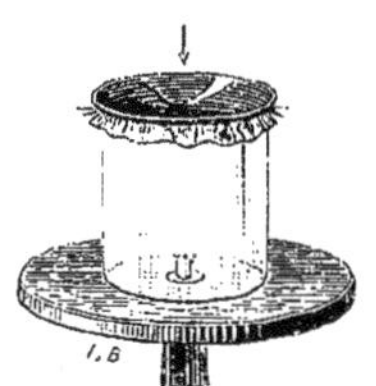

Fig. 594.

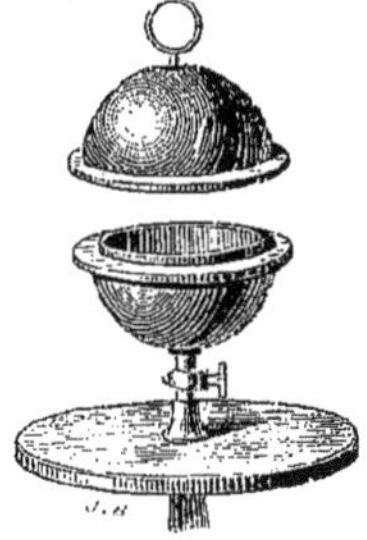

Fig. 595.

569. **Unités de pression**. — *Barye et mégabarye*. — L'unité de pression C.G.S. est la pression d'*une dyne* par *centimètre carré* : on lui donne le nom de *barye*. Cette unité étant faible pour les pressions

[1] Dans un lieu où l'intensité de la pesanteur serait $g'$ C.G.S., en supposant toujours H égal à 76 centimètres, on aurait, en *grammes-forces*,

$$p = 1033 \cdot \frac{g'}{g_0} \text{ g-f}$$

[2] Dans cette dernière expérience, en particulier, si l'on suppose qu'on ait fait le vide parfait à l'intérieur des hémisphères réunis, il est facile de calculer la force F à exercer pour détacher l'un des hémisphères de l'autre supposé fixe. Soit $p$ la pression atmosphérique, en unités de force par unité de surface; sur un élément superficiel $s$ (fig. 596), pris sur l'hémisphère considéré, s'exerce une force $ps$, qui passe par le centre O; mais on n'a évidemment à considérer que la composante dirigée perpendiculairement au plan du grand cercle MN qui sert de base à l'hémisphère, c'est-à-dire $ps \cos \alpha$, en désignant par $\alpha$ l'angle de cette direction avec la normale à l'élément. La force totale F sera donc $\Sigma ps \cos \alpha$, ou $p \Sigma s \cos \alpha$. Mais $s \cos \alpha$ est la projection $\sigma$ de l'élément $s$ sur le plan MN; par suite, $\Sigma s \cos \alpha$ n'est autre chose que *la surface du grand cercle* MN; si donc on désigne par R le rayon des hémisphères, on aura

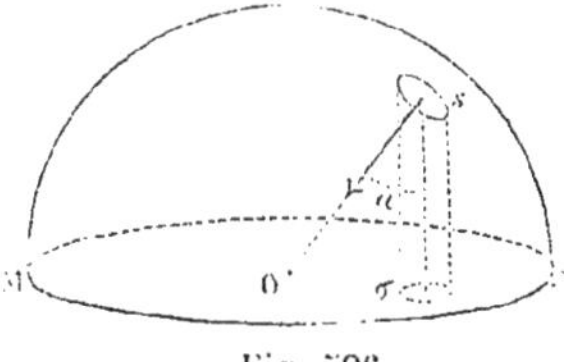



Fig. 596.

$$F = p.\pi R^2, \quad \text{ou} \quad F = \pi R^2 H dg.$$

En remplaçant R, H, $d$ et $g$ par leurs valeurs en unités C.G.S., on aura F *en dynes* pour l'évaluer *en mégadynes*, il suffira de multiplier par $10^{-6}$.

usuelles, on prend comme unité pratique la *mégabarye* qui vaut $10^6$ baryes et qu'on nomme quelquefois l'*atmosphère* C.G.S.

*Kilogramme-force par cm²*. — Les ingénieurs évaluent souvent les pressions en *kilogrammes-forces par cm²*; puisque le kilogramme-force vaut 980 665 dynes, cette unité vaut 980 665 baryes, c'est-à-dire sensiblement une mégabarye ou une atmosphère C.G.S.

*Pression en colonne de mercure*. — Très fréquemment, pour mesurer une pression, on l'équilibre par une colonne de mercure, parce que le mercure n'émet pas sensiblement de vapeur à la température ordinaire, qu'on peut se le procurer très pur et qu'il est très dense; soit H la hauteur de cette colonne, $d$ la densité du liquide, $g$ l'accélération de la pesanteur au lieu de la mesure; la pression $p$ est donnée par l'expression :

$$p = Hdg;$$

le résultat immédiat de la mesure est la hauteur H de la colonne de mercure; on a donc pris l'habitude d'évaluer les pressions en hauteurs de colonnes de mercure. Lorsqu'on dit qu'une pression est H, en colonne de mercure, cela signifie qu'elle est égale au poids d'un cylindre droit de mercure ayant pour base l'unité de surface et pour hauteur H; mais le poids n'est lui-même défini qu'à la condition de connaître la densité $d$ (ou la température) et la valeur de $g$. S'il s'agit simplement de comparer des pressions $p$ et $p'$, mesurées au même lieu, à la même température, connaissant les hauteurs H et H′ des colonnes de mercure correspondantes, il est inutile d'avoir $d$ et $g$, car comme

$$p = Hdg, \qquad p' = H'dg, \qquad \text{on a} \qquad \frac{p}{p'} = \frac{H}{H'};$$

*Pression en colonne de mercure normal*. — Pour rendre comparables entre elles les mesures effectuées dans des conditions diverses de température et de lieu, on est convenu :

1° De ramener les hauteurs de mercure observées à ce qu'elles seraient si le mercure était à la *température de* 0°, c'est-à-dire si sa densité était $d_0 = 13,596$; cette correction serait suffisante, si l'on n'avait à comparer que des mesures faites dans un *même lieu*;

2° De ramener les hauteurs de mercure observées dans des lieux différents, à ce qu'elles seraient si le mercure avait partout le même poids spécifique que dans les *conditions normales de pesanteur* (518) pour lesquelles $g_0 = 980,665$. On dit alors que les pressions sont évaluées en colonnes de *mercure normal*.

*Exprimer une pression en colonne de mercure normal, c'est donc chercher quelle serait la hauteur de la colonne de mercure qui, à 0 degré et dans les conditions normales de pesanteur, ferait équilibre à la pression considérée.*

1 atmosphère C.G.S., en colonne de mercure normal, est donnée par l'expression

$$x \times 1 \times 13{,}596 \times 980{,}665 = 10^6, \quad \text{d'où} \quad x = 75^{cm},002;$$

en colonne de mercure à Paris, on a :

$$x' \times 1 \times 13{,}596 \times 981 = 10^6, \quad \text{d'où} \quad x' = 74^{cm},975;$$

enfin $1 \frac{\text{kg-f}}{\text{cm}^2}$ vaut une colonne de mercure normal $x''$ telle que

$$x'' \times 1 \times 13{,}596 \times 980{,}665 = 980\,665, \quad \text{d'où} \quad x'' = 73{,}552.$$

*Atmosphère.* — La pression moyenne à Paris correspond à une colonne de mercure de 76 cm à 0° : c'est cette pression qu'on prend souvent en France comme unité pratique et qu'on nomme une *atmosphère*. Le poids à Paris de cette colonne de mercure de base 1 centimètre carré, que nous calculons aisément, est $1033{,}6^{g\text{-}f} = 1^{kg\text{-}f},0336$ : cette pression est donc peu différente de 1 kilogramme-force par centimètre carré; la variation relative est de $\frac{336}{10000}$ ou $\frac{1}{30}$ environ.

En baryes l'*atmosphère* vaudrait

$$76 \times 1 \times 13{,}596 \times 981 = 1.013.650, \text{ ou sensiblement 1 mégabarye.}$$

*Atmosphère normale.* — Elle correspond à 76 centimètres de mercure *normal*; elle vaut donc

$$76 \times 1 \times 13{,}596 \times 980{,}665 = 1.013.260 \text{ baryes, soit environ 1 mégabarye.}$$

Les unités atmosphère, atmosphère normale, atmosphère C.G.S. et kilogramme-force par centimètre carré sont presque équivalentes.

570. **Mesure de la pression barométrique.** — Les appareils de mesure de la pression atmosphérique se nomment *baromètres*. Dans les uns, la pression atmosphérique est équilibrée par une colonne de mercure, ce sont les *baromètres à mercure*; dans les autres, une boîte à parois élastiques, dans laquelle on a fait le vide, est déformée par la pression atmosphérique qui est équilibrée par des forces d'élasticité, ce sont les *baromètres métalliques*.

571. **Baromètre normal.** — Prenons un tube de Torricelli; pour que la pression atmosphérique soit bien donnée par l'expression $p = \text{H}dg$ (568), il faut et il suffit que la pression soit nulle en un point pris à l'intérieur du liquide et infiniment voisin du sommet. Cette condition entraîne :

1° Qu'il n'y ait aucun fluide dans la chambre barométrique, d'où la nécessité de prendre des précautions particulières dans la construction; en réalité, il y aura toujours des vapeurs de mercure, mais leur tension, qui est seulement de $0^{mm},006$ de mercure à 40 degrés, est tout à fait négligeable, vu la précision des mesures;

2° Que la *pression capillaire* soit nulle. Pour cela il faut que le ménisque présente une portion plane ; il en est ainsi lorsque la section intérieure de la chambre barométrique possède un diamètre au moins égal à 30 millimètres.

Tout baromètre à mercure remplissant les conditions précédentes est dit *baromètre normal*.

572. **Description du baromètre normal.** — On peut lui donner des formes un peu différentes. Celui du Bureau de Breteuil est formé par un tube de verre coudé A (fig. 597), de 90 centimètres de hauteur environ dont la chambre barométrique a un diamètre de 30 millimètres; la partie inférieure plonge dans une cuvette formée par un tube en U dont l'une des branches, qui a aussi 30 millimètres de diamètre, se trouve dans le prolongement de la chambre barométrique. Cette cuvette communique avec un réservoir auxiliaire que l'on peut soulever ou abaisser à volonté, ou dans lequel on fait plonger plus ou moins un piston de verre, de manière que le mercure atteigne toujours sa position d'équilibre par *ascension*; on évite ainsi les ménisques creux qui se produisent par voie descendante et ne permettent pas les visées.

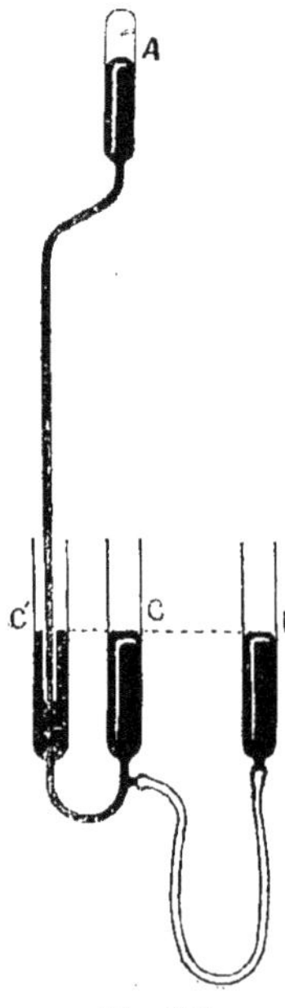

Fig. 597.

La mesure de H se fait en pointant les sommets des ménisques de mercure dans la chambre barométrique et dans la cuvette, au moyen d'un cathétomètre à deux lunettes (403), puis en substituant au baromètre une règle graduée; on obtient ainsi H à $\frac{1}{100}$ de millimètre; il est inutile de chercher une précision plus grande, à cause des variations de pression atmosphérique, au cours d'une mesure.

Pour pointer les sommets des ménisques (en réalité on viserait non un objet déterminé, mais un contour apparent qui dépendrait de l'éclairage), voici différents procédés :

A l'intérieur de la chambre barométrique on soude des pointes en verre noir dont l'extrémité recourbée vers le bas est sur l'axe de la chambre : on amène le ménisque par ascension dans le voisinage de l'une de ces pointes, et on vise à égale distance de la pointe et de son image par réflexion sur la partie plane du ménisque;

On remplace la pointe de verre par un trait d'une règle graduée disposée derrière le tube barométrique, ou encore par l'image réelle d'un fil ;

Enfin, plus simplement, on réalise un éclairage horizontal, parallèle, de faible hauteur, en disposant derrière le ménisque un petit écran, blanc à la partie supérieure, noir à la partie inférieure, la ligne de séparation étant horizontale, et on s'arrange de manière que cette ligne paraisse toujours tangente au ménisque dont le sommet se détache sur fond blanc.

Quatre thermomètres disposés le long du baromètre, dans des éprouvettes de 30 millimètres de diamètre, contenant du mercure, donnent la température moyenne du liquide barométrique.

On emploie fréquemment dans les laboratoires des baromètres normaux formés par des tubes droits de 30 à 40$^{mm}$ de diamètre intérieur ; la cuvette est en fer ; pour viser le niveau inférieur on fait communiquer la cuvette avec un tube en verre vertical, de même diamètre que le tube barométrique (fig. 598), ou encore on amène une vis à deux pointes V (fig. 599), verticale, mesurée avec la machine à diviser ou le comparateur, à affleurer le mercure de la cuvette, puis on détermine la distance de la pointe supérieure de la vis au ménisque de la chambre barométrique, en se servant du cathétomètre ; mais ce dernier dispositif est de plus en plus abandonné.

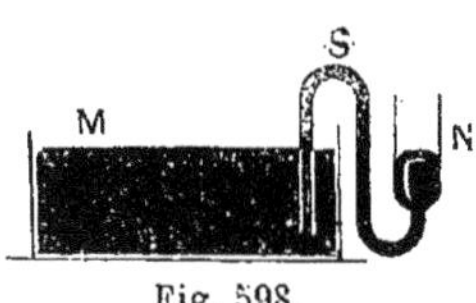

Fig. 598.

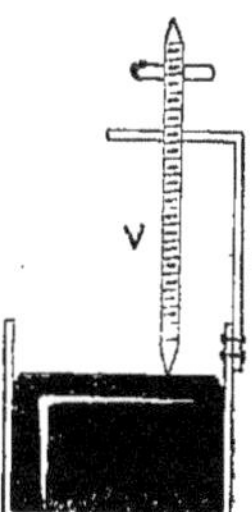

Fig. 599.

573. **Construction du baromètre normal.** — Il faut d'abord se procurer du mercure très pur, afin d'être sûr de sa densité. Pour cela, on prend du mercure *neuf*, sortant de la mine et filtré à travers un orifice étroit pour arrêter les poussières. Si le mercure a déjà servi, on le place sous une couche d'acide azotique, il se forme de l'azotate mercureux dans lequel les métaux étrangers déplacent le mercure. On décante ensuite l'acide, on lave le mercure et on le distille dans le vide.

Le verre condensant énergiquement l'humidité à sa surface, et le mercure ne mouillant pas le verre, il est difficile d'éviter la présence de r apeau d'eau et d'air dans la chambre barométrique.

Le tube ayant été fermé aux deux bouts, au moment de sa fabrication, on peut l'employer tel quel, ou bien on le lave successivement à la potasse, à l'acide azotique, à l'ammoniaque, à l'alcool, à l'éther, et on le sèche. — On soude au tube AB (fig. 600) l'ampoule C qui communique d'une part avec un tube vertical T terminé par une pointe très effilée, fermée à la lampe, d'autre part, avec un tube muni d'un robinet $r$ qui le met en communication avec une machine pneumatique à mercure. On chauffe le tube AB en promenant dans toute sa longueur, la flamme d'une lampe à alcool ; en même temps on y fait le vide d'une façon aussi parfaite que possible : de cette manière on dessèche le tube. On apporte ensuite sous l'extrémité du tube T un vase M contenant du mercure maintenu à 100 degrés ; on casse la pointe, tout en continuant à faire le vide. Le mercure monte dans T, se déverse dans l'ampoule goutte à goutte et remplit peu à peu le tube barométrique faiblement incliné. Le remplissage doit durer deux heures environ. Grâce à ces précautions

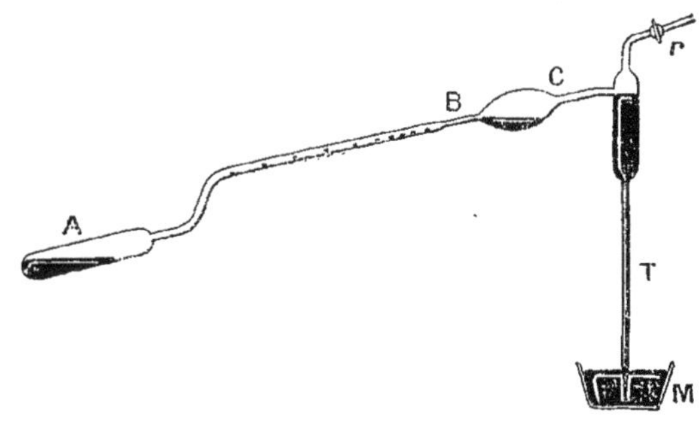

Fig. 600.

aucune bulle gazeuse ne reste emprisonnée. Quand le tube est plein, on laisse rentrer l'air en C, on redresse l'appareil, on donne un trait de lime en B et d'un coup sec on détache l'ampoule.

Pour retourner le tube sur la cuvette, on remplit celle-ci complètement, de telle manière que le ménisque dépasse les bords du verre; on incline le tube barométrique, on le chauffe dans ses mains, de manière que, par dilatation, il se forme un petit bouton de mercure à l'extrémité du tube (fig. 601) : c'est ce bouton qu'on fait pénétrer dans le ménisque de la cuvette et on redresse le tube en l'enfonçant plus complètement; il reste à fixer tube et cuvette sur un support.

Fig. 601.

574. **Vérification du baromètre.** — $\alpha$) Si la chambre barométrique ne contient ni air, ni humidité, en inclinant le tube, le mercure vient frapper violemment le sommet, d'où la production d'un bruit *sec*; dans le cas contraire le choc est amorti et le bruit est beaucoup plus faible et sourd.

$\beta$) Ou bien, on relève la hauteur barométrique pour deux positions différentes du tube barométrique par rapport à la cuvette, par suite pour deux valeurs différentes du volume de la chambre barométrique. Si les hauteurs trouvées sont les mêmes, c'est que le baromètre est bien construit, car dans le cas où il y aurait des gaz ou vapeurs sèches dans la chambre barométrique, leur pression varierait avec le volume et par suite aussi la hauteur de la colonne de mercure qui, ajoutée à cette pression variable, équilibrerait la pression atmosphérique.

575. **Corrections barométriques.** — La hauteur $n$ lue sur la règle du cathétomètre, n'est pas la hauteur véritable H de la colonne de mercure, car la règle a été graduée pour 0° et non pour la température de l'expérience qui est variable; en outre il y a lieu de tenir compte de la température pour évaluer la densité $d$ du mercure, d'où les corrections de *température*. Enfin $g$ dépend de la latitude et de l'altitude, ce qui entraîne des corrections correspondantes, et pour pouvoir comparer les résultats, on exprime la pression en colonne de mercure *normal* (569).

576. **Corrections de température** : 1° *Dilatation de la règle du cathétomètre.* — Soit $t$ la température au moment où l'on a mesuré au cathétomètre la hauteur verticale de la colonne barométrique. La graduation de la règle, généralement en millimètres, ayant été faite à la température de 0°, à $t$° chaque division vaut $1+kt$, $k$ étant le coefficient de dilatation linéaire du métal de la règle; si donc on a trouvé, comme mesure de la hauteur cherchée, $n$ divisions de la règle (nombre entier ou fractionnaire), ces $n$ divisions comprennent un nombre de millimètres représenté par $n(1+kt)$. — Telle est donc la hauteur réelle de la colonne de mercure dans le tube.

2° *Réduction en mercure à 0°.* — Le mercure du tube, dont la hauteur est $n(1+kt)$, est à la température $t$; soit $H_0$ la hauteur de mercure à

0°, qui produirait la même pression sur l'unité de surface. En écrivant que les deux colonnes ont même poids, on aura

$$H_0 d_0 g = n(1+kt)\, d_t g, \qquad \text{d'où} \qquad H_0 = n(1+kt)\frac{d_t}{d_0}.$$

Or, on verra plus loin que les densités d'un même corps à des températures différentes sont en raison inverse des binômes de dilatation cubique (668); si donc on désigne par $m$ le coefficient de dilatation cubique du mercure, on a

$$\frac{d_t}{d_0} = \frac{1}{1+mt},$$

et par suite

$$H_0 = \frac{n(1+kt)}{1+mt}.$$

Comme $m$ et $k$ sont des nombres très petits, si l'on effectue la division indiquée, et qu'on néglige le produit de $m$ et $k$, ainsi que leurs puissances, on aura

$$H_0 = n(1+kt)(1-mt), \qquad \text{ou} \qquad H_0 = n[1-(m-k)t].$$

Comme $m-k>0$, la correction est négative pour des températures supérieures à 0°.

On construit généralement des tables à double entrée, fournissant de suite la lecture corrigée, pour les diverses valeurs de $n$ et de $t$.

577. **Correction de latitude et d'altitude. Réduction en mercure normal**. — Soit $X_0$ la hauteur de mercure *normal* équivalente à $H_0$, c'est-à-dire produisant la même pression sur l'unité de surface. En exprimant que les colonnes ont même poids, on aura

$$X_0 d_0 g_0 = H_0 d_0 g_{\lambda,z},$$

d'où

$$X_0 = H_0 \frac{g_{\lambda,z}}{g_0} = n\,[1-(m-k)\,t]\,\frac{g_{\lambda,z}}{g_0},$$

ou enfin, en remplaçant $g_{\lambda,z}$ par la valeur trouvée dans l'étude de la pesanteur (489),

$$X_0 = n\,[1-(m-k)\,t]\,(1-0{,}00259\cos 2\lambda - 2\times 10^{-7}.z^{m}).$$

Si l'on effectue la multiplication indiquée, en négligeant le produit du terme de correction de la température par les autres termes de correction, on aura définitivement

$$X_0 = n\,[1-(m-k)\,t - 0{,}00259\cos 2\lambda - 2\times 10^{-7}.z^{m}].$$

*Remarque.* — La valeur de $g_{\lambda,z}$ que nous faisons intervenir dans cette correction est insuffisante dans les mesures de haute précision, car cette valeur peut différer de la valeur réelle de 4 à 5 dixièmes de C.G.S., ce qui correspondrait, pour $X_0$, à une erreur de $0^{mm},3$ à $0^{mm},4$ environ.

578. **Importance relative des diverses corrections barométriques.** — Pour évaluer, d'après la relation précédente, l'importance relative des différents termes de correction, nous allons chercher quelles sont les variations $\Delta t$, $\Delta\lambda$ et $\Delta z$ qui correspondraient à une correction $\Delta X_0$ ayant une valeur de $\frac{1}{10}$ de millimètre, pour une valeur moyenne $n = 760$ millimètres.

1° Soit $\Delta t$ une variation de température, et $\Delta X_0$ la correction de $X_0$ correspondante. On a

$$\frac{\Delta X_0}{\Delta t} = -n(m-k),$$

d'où, en valeur absolue,

$$(\Delta t) = \frac{\Delta X_0}{n(m-k)}.$$

Or $m = 0{,}00018$; pour le laiton, $k = 0{,}00002$ environ; d'où $m - k = 0{,}00016$. Si la valeur de $n$ est 760 millimètres et si l'on prend $\Delta X_0 = 0^{mm}{,}1$ il vient

$$(\Delta t) = \frac{0{,}1}{760 \times 0{,}00016} = \left(\frac{5}{6}\right)^0 \text{ environ.}$$

La correction de température est donc *très importante* puisqu'il suffit d'une variation de 1 degré dans la température, pour entraîner une correction de l'ordre du dixième de millimètre dans la hauteur du mercure, et l'on voit que pour mesurer $X_0$ au $\frac{1}{100}$ de millimètre, il faut évaluer la température à moins de $0°{,}1$.

2° Soit $\Delta\lambda$ une variation de $\lambda$, en radian, et $\Delta X_0$ la correction de $X_0$ correspondante. On a sensiblement, en admettant que $\frac{\Delta X_0}{\Delta\lambda}$ soit égal à sa limite, c'est-à-dire à la dérivée de $X_0$ par rapport à $\lambda$,

$$\frac{\Delta X_0}{\Delta\lambda} = 2n \times 0{,}00259 \sin 2\lambda, \qquad \text{d'où} \qquad \Delta\lambda = \frac{\Delta X_0}{2n \times 0{,}00259 \sin 2\lambda}.$$

Si nous supposons $\lambda$ voisin de la latitude moyenne de 45°, on a $\sin 2\lambda = 1$, et il vient :

$$\Delta\lambda = \frac{0{,}1}{2 \times 760 \times 0{,}00259} \text{ radian,}$$

ou en degrés

$$\Delta\lambda^0 = \frac{0{,}1}{2 \times 760 \times 0{,}00259} \times \frac{180}{\pi} = \frac{9}{760 \times 0{,}00259\,\pi} = 1°{,}5 \text{ environ.}$$

Pour Paris, dont la latitude est 48°48', c'est-à-dire $(\Delta\lambda)° = 3°{,}8$, on aura $\Delta X_0 = +0^{mm}{,}25$; c'est encore une correction *assez importante*.

3° Soit enfin $\Delta z$ une variation d'altitude en mètres, et soit $\Delta X_0$ la correction correspondante; on a

$$\frac{\Delta X_0}{\Delta z} = -2n \times 10^{-7},$$

d'où, en valeur absolue,

$$(\Delta z) = \frac{0{,}1 \times 10^7}{2 \times 760} = \frac{10^5}{2 \times 76} = 666 \text{ m environ.}$$

Cette correction est donc, dans la plupart des cas, peu importante. — Ainsi, pour Paris (Panthéon), où la hauteur $\Delta z$ au-dessus du niveau de la mer est de 60 mètres, la correction d'altitude est négligeable, tant qu'on ne se propose que de mesurer la pression barométrique à $\frac{1}{10}$ de millimètre près; il faudrait en tenir compte pour évaluer cette pression à $0^{mm}{,}01$.

579. **Baromètre métallique de Vidi** [1]. — C'est le modèle le plus courant. Il consiste en une boîte B (fig. 602), dont la face supérieure est cannelée, pour faciliter sa déformation ; on a fait le vide dans la boîte, avant de la fermer, en sorte que la pression extérieure tend à l'écraser ; pour contre-balancer en partie cette action, on emploie un ressort antagoniste R, qui soutient la plaque cannelée par l'intermédiaire d'une tige T soudée en son centre. — Lorsque la pression atmosphérique vient à diminuer, cette plaque se soulève sous l'action du ressort; lorsque la pression augmente, la plaque s'infléchit davantage. On transmet ces mouvements, en les amplifiant, à une aiguille mobile sur un cadran. — On gradue ces instruments en les comparant à un baromètre à mercure; on remarque d'ailleurs que les traits de graduation ainsi obtenus sont à peu près équidistants; la figure 603 donne une vue d'ensemble d'un baromètre de Vidi.

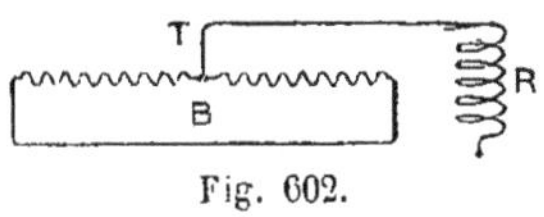

Fig. 602.

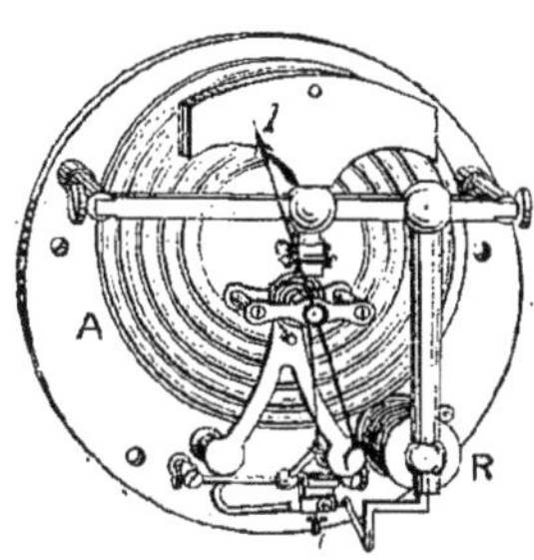

Fig. 603.

*Nécessité du vide dans la boîte barométrique.* — Supposons que l'air restant dans la boîte possède une pression $h$ en colonne de mercure; une variation de température $t$ produirait une variation de pression $h\alpha t$; si nous voulons que le baromètre donne la pression à $\frac{1}{10}$ de mm, il faut que l'on ait

$$h\alpha t \leq \frac{1}{10}{}^{\text{mm}}, \qquad \text{ou} \qquad h \leq \frac{1}{10\alpha t}{}^{\text{mm}} = \frac{273}{10t}{}^{\text{mm}}.$$

Or la variation de température peut facilement atteindre 30°; dans ce cas on devrait avoir

$$h \leq \frac{273}{10 \times 30} < 1^{\text{mm}};$$

il aurait donc fallu faire le vide, dans la boîte barométrique, à moins de $1^{\text{mm}}$ de mercure.

*Avantages et inconvénients des baromètres métalliques.* — Leurs indications sont *indépendantes de la gravité* et, par construction, sensiblement *indépendantes* aussi *de la température*; il n'y a donc pas à faire subir de correction à la lecture d'un baromètre métallique. — Ils traduisent, par des mouvements appréciables de l'aiguille, de petites variations de la pression atmosphérique. — Lorsque l'instrument se dérègle, une vis permet de faire tourner l'aiguille, et de la ramener à la division voulue.

Ces baromètres présentent un défaut très grave ; leur élasticité varie

[1] Vidi (1805-1866), mécanicien français; il construisit le baromètre anéroïde en 1844.

avec le temps, d'une manière assez lente en général, mais brusquement par un choc ou un changement de pression considérable; la graduation doit donc être vérifiée de temps en temps. En outre, il arrive souvent que les indications dépendent un peu de la température, d'où une table de correction particulière à chaque instrument pour les mesures un peu précises. Pour les mesures très précises on a toujours recours au baromètre normal.

Les baromètres métalliques sont principalement des instruments d'interpolation. Ce sont les seuls utilisables en mer, par gros temps.

La graduation est le plus souvent accompagnée d'indications météorologiques, relatives à l'état probable de l'atmosphère; le mot « Variable » correspond à la pression de 760 millimètres de mercure, pour les stations situées au niveau de la mer.

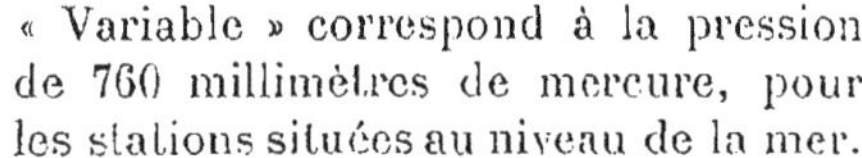


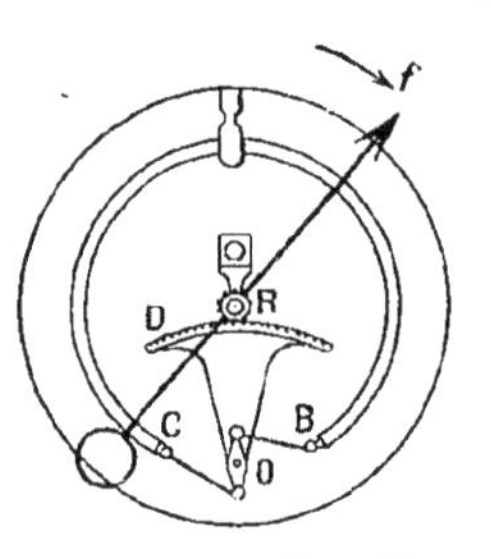


Fig. 604.

580. **Baromètre métallique de Bourdon.** — La partie essentielle est un tube aplati dont la section est représentée en A sur la figure 604 qui donne une vue d'ensemble de l'appareil; ce tube est fixé par son milieu; ses extrémités B, C commandent un levier dont le mouvement se communique à une aiguille. Lorsque la pression atmosphérique croît, le tube s'aplatit davantage, ses extrémités se rapprochent et l'aiguille tourne dans le sens de $f$; c'est le contraire qui se produit quand la pression diminue; l'appareil est gradué par comparaison.

581. **Baromètre métallique enregistreur.** — Le baromètre métallique a été transformé en baromètre enregistreur par MM. Richard frères, en associant une série de boîtes cannelées superposées (fig. 605). Chacune de ces boîtes est armée intérieurement d'un petit ressort (fig. 606), qui contrebalance en partie l'effet de la pression atmosphérique. Toutes les déformations s'ajoutent, en sorte que le déplacement du fond de la boîte supérieure est la somme de tous les déplacements; c'est ce déplacement total que l'on transmet, par un système de leviers, à une longue aiguille dont l'extrémité

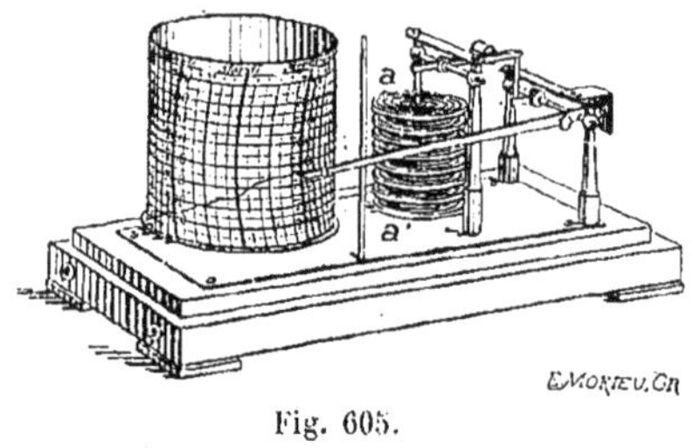


Fig. 605.

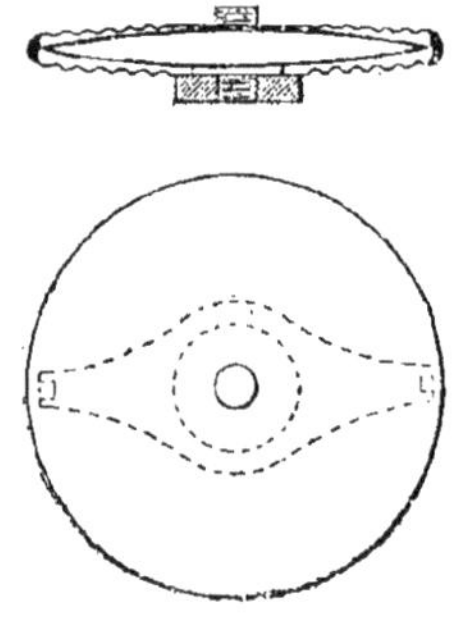

Fig. 606.

éprouve un déplacement plus grand encore. Cette extrémité porte une plume, et inscrit les variations de la pression atmosphérique sur une feuille de papier, appliquée sur la surface d'un cylindre qui tourne d'un mouvement uniforme, sous l'action d'un mécanisme d'horlogerie. — La feuille de papier est quadrillée : l'axe du cylindre étant parallèle au plan décrit par l'aiguille, les cercles de section droite sont, dans la feuille de papier développée, les parallèles à l'axe des *abscisses* ou axe des temps; les lignes d'*ordonnées* se confondent sensiblement avec les arcs de

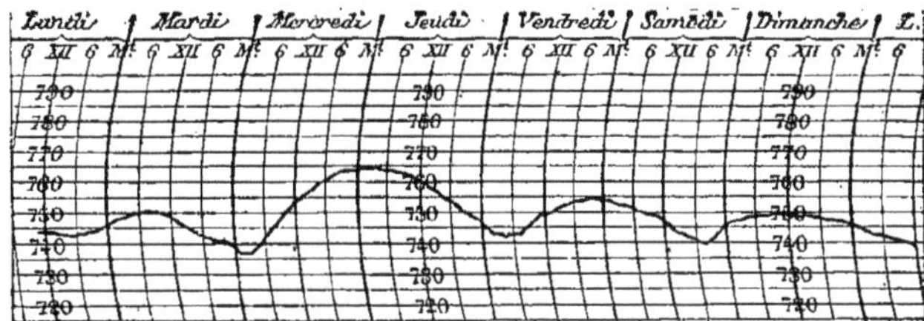


Fig. 607.

cercle décrits par la plume. Le cylindre inscripteur est d'ailleurs placé de telle façon que les ordonnées correspondent réellement à leur numérotage; sinon, une mesure faite à un moment donné, avec un baromètre à mercure, donnera la valeur absolue de l'ordonnée correspondante, d'où l'on pourra déduire les valeurs absolues de toutes les autres.

La figure 607 représente la courbe de la pression atmosphérique à Paris, du 12 au 19 février 1900.

582. **Usages du baromètre.** — Il est indispensable de connaître la pression atmosphérique dans un grand nombre de mesures de physique (densité des gaz et des vapeurs, thermométrie de précision, etc.); dans les laboratoires, on emploie le baromètre normal.

Les indications barométriques sont extrêmement précieuses en météorologie; on fait usage de baromètres enregistreurs, contrôlés par des baromètres à mercure.

La mesure simultanée, ou à des temps suffisamment rapprochés, de la pression atmosphérique en deux stations, permet de calculer la différence d'altitude de ces stations, avec une précision du même ordre de grandeur que celle fournie par les opérations géodésiques et, en général, suffisante. Pour le nivellement barométrique on se sert du baromètre à mercure, dit de Fortin, qui est transportable ; les baromètres métalliques donnent des indications bien moins sûres, à cause des changements d'élasticité qui accompagnent les grandes variations de pression ; on ne les emploie donc point pour les opérations de précision à la surface de la terre, mais ce sont les seuls pratiques pour les ascensions en ballon ou en aéroplane.

## II. — MANOMÉTRIE EN GÉNÉRAL

583. **Manomètres.** — On donne le nom général de *manomètres* aux appareils qui servent à mesurer les forces élastiques des gaz ou des vapeurs, ou les pressions des liquides.

Nous étudierons seulement les *manomètres à air libre* et les *manomètres métalliques*.

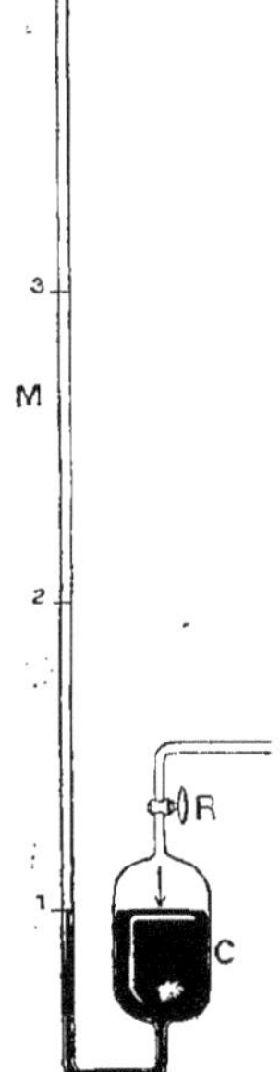

Fig. 608.

584. **Manomètres à air libre.** — Un manomètre à air libre se compose essentiellement d'un tube M (fig. 608) ouvert à l'air libre, et communiquant avec une cuvette ou réservoir C, qui contient le liquide manométrique. On met la surface du liquide de la cuvette en communication, par un tube à robinet R, avec l'espace où s'exerce la pression à évaluer. Soit alors $y$ la hauteur *verticale*, ramenée à 0°, de la colonne liquide qui s'élève dans le tube au-dessus du niveau dans la cuvette et désignons par H la pression atmosphérique au niveau de la surface libre dans le tube, pression évaluée en colonne du liquide manométrique à 0°. On aura pour la pression cherchée $p$, évaluée également en colonne du liquide manométrique à 0°,

$$p = y + \text{H}.$$

L'avantage des manomètres à air libre est qu'ils présentent une *sensibilité constante*, c'est-à-dire qu'une même variation de pression correspond toujours à une même dénivellation. En effet, pour une variation $\Delta p$, on a, abstraction faite des variations de la pression atmosphérique aux différents niveaux, une variation $\Delta y$ définie, d'après l'équation précédente, par

$$\Delta p = \Delta y.$$

On se sert couramment de ces appareils, dans les laboratoires où l'on a besoin de faire des mesures précises ; leurs dimensions sont plus ou moins grandes, selon la valeur des pressions à mesurer. M. Amagat a utilisé autrefois un manomètre à air libre, dont la grande branche, en tube d'acier surmonté d'un tube en verre, atteignait 400 mètres ; il l'avait installé au puits Verpilleux à Saint-Étienne. MM. Cailletet et Colardeau ont construit à la tour Eiffel un manomètre permettant de réaliser une pression de 300 mètres de mercure, ou 400 atmosphères environ. Ce manomètre de la tour Eiffel était constitué par un tube d'acier, de 4 millimètres environ de diamètre intérieur, partant d'un laboratoire installé dans l'un des piliers de la tour. Dans l'impossibilité de voir la colonne de mercure, pour déterminer la position de son sommet, on avait branché de distance en distance, sur le tube manométrique, des tubes de verre communiquant avec lui par des robinets. Dans chaque expérience, comme on connaissait approximativement la pression au moyen d'un manomètre métallique installé dans le laboratoire, on ouvrait le robinet convenable : le mercure montait alors dans le tube de verre correspondant, et s'y arrêtait au même niveau que dans le manomètre (¹). Des échelles sur bois verni étaient installées verticalement le long des tubes de verre; on avait réglé leur position au moyen d'un niveau d'eau, de manière que le dernier trait de division de chacune d'elles fût dans le même plan horizontal que le premier trait de la suivante. — Pour faire monter progressivement le mercure dans le tube d'acier, on se servait d'une pompe foulante, placée à la partie inférieure. — On déterminait la température moyenne de la colonne mercurielle au moyen de la résistance électrique d'un fil métallique placé le long du manomètre, cette résistance étant une fonction connue de la température.

*Corrections.* — Dans les mesures précises, il y a lieu de faire des corrections dues aux facteurs suivants :

1° *Température.* — Il faut tenir compte de la température, pour évaluer la véritable longueur de la colonne manométrique et calculer la densité du mercure. Quand la colonne manométrique est longue, la température donnée par des thermomètres plongeant dans des éprouvettes à mercure, équidistantes, placées le long de la grande branche, peut ne pas être uniforme; on divisera alors la colonne de mercure en plusieurs segments et on fera la correction pour chacun d'eux. Soit $n_1$ la longueur apparente de l'un de ces segments, de température $t_1$; la pression correspondante évaluée en colonne de mercure à 0° est

$$h_1 = n_1 \frac{1+kt_1}{1+mt_1}, \qquad \text{ou} \qquad h_1 = n_1[1-(m-k)t_1],$$

($k$ coefficient de dilatation linéaire de la règle graduée, $m$ coefficient de dilatation absolue du mercure).

2° *Latitude et altitude.* — Pour des comparaisons avec des mesures faites en d'autres lieux, il faudra évaluer la pression en colonne de mercure normal (569), et par suite tenir compte de la vraie valeur de $g$ au lieu de l'expérience. — Enfin si le baromètre qui donne H n'est pas placé au sommet de la colonne manométrique, il faudra tenir compte de la différence des pressions au niveau de la cuvette barométrique et au sommet du ménisque manométrique.

3° *Capillarité.* — Cette correction varie en sens inverse du diamètre du tube manométrique; elle est négligeable quand ce diamètre atteint $2^{cm}$; elle dépend également de la hauteur $f$ de la flèche du ménisque de mercure (558).

4° *Compressibilité du mercure.* — Supposons le mercure à 0°; soit $\mu_0$ la densité du mercure sous une pression nulle, $\mu$ cette densité sous la pression H, exprimée en colonne de mercure de densité $\mu_0$; le volume du mer-

(¹) Quand on venait à ouvrir un robinet situé trop au-dessous de la surface du mercure dans le tube manométrique, le mercure refoulé dans le tube de verre se déversait par sa partie supérieure, qui était recourbée : il était recueilli par un tube à entonnoir qui le ramenait dans le laboratoire.

cure étant $V_0$ sous la pression 0, V sous la pression H, on a établi par l'expérience que

$$\frac{V_0 - V}{V_0} = KH; \qquad \text{d'autre part} \qquad \mu_0 V_0 = \mu V;$$

de là on tire

$$\frac{\mu_0}{\mu} = 1 - KH.$$

En considérant une colonne de mercure de hauteur $z$, telle que la pression à la surface libre soit nulle; le mercure étant compressible, la colonne n'est pas homogène; nous voulons déterminer les hauteurs H de la colonne de mercure de densité $\mu_0$ qui exercerait même pression que la colonne de mercure considérée. Supposons que la colonne de hauteur $z$ croisse de $dz$; la colonne équivalente de hauteur H, croîtra de $dH$ et l'on a évidemment

$$\mu dz = \mu_0 dH, \qquad \text{d'où} \qquad dz = \frac{\mu_0}{\mu} dH = (1 - KH) dH;$$

en intégrant et remarquant que, pour $z = 0$, $H = 0$, on a :

$$z = H - \frac{KH^2}{2}.$$

De cette expression on tire H. La pression H étant exprimée en mètres de mercure, $K = 4{,}6 \times 10^{-6}$, par suite la différence $H - z = \frac{KH^2}{2}$ est petite et on peut, dans le second membre, remplacer H par $z$, il vient

$$H = z + \frac{Kz^2}{2}.$$

La correction de compressibilité croît donc comme le carré de $z$; pour la pression barométrique $z = 0^m{,}76$, $H - z = 1^\mu$, correction négligeable; pour $z = 300^m$, $H - z = 0^m{,}2$; la correction relative est $\frac{0{,}2}{300} = \frac{1}{1500}$; il faut absolument en tenir compte.

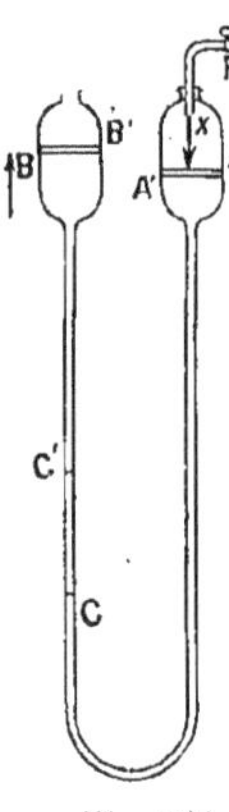

Fig. 609.

**585. Manomètres à air libre de sensibilité accrue.** 1° *Manomètre à eau.* Le liquide manométrique étant l'eau, pour une même variation de pression la dénivellation est 13,6 fois plus grande qu'avec du mercure.

Si on incline la grande branche sur l'horizon et si l'angle d'inclinaison est $\alpha$, le déplacement du niveau du liquide, mesuré sur le tube, est inversement proportionnel à $\sin\alpha$; on fait ainsi croître à volonté la sensibilité.

2° *Manomètre différentiel.* — Deux liquides non miscibles, de densité très voisines $d$ et $d'$, par exemple, de l'eau alcoolisée et de l'essence de térébenthine, sont placés dans deux vases communiquant par un long tube en U vertical (fig. 609); l'un des vases est ouvert à l'air libre, l'autre communique avec l'enceinte contenant un gaz de pression inconnue $x$; le déplacement de la surface de séparation des deux liquides est proportionnel à la variation de $x$ et inversement proportionnel à $d - d'$.

**586. Manomètres à air libre de sensibilité réduite.** — Pour mesurer les fortes pressions, les manomètres à air libre exigent une branche de grande hauteur, et par cela même ils sont encombrants, coûteux, et parfois même irréalisables; on a donc été conduit à modifier ces appareils pour leur donner une sensibilité moindre. Nous étudierons seulement le modèle le plus parfait, qui est dû à M. Amagat.

*Manomètre à pistons inégaux de M. Amagat.* — Un piston très épais A (fig. 610) glisse dans un corps de pompe qui contient du mercure et de l'huile de ricin et communique avec un tube manométrique vertical B. Il est formé vers le haut par une tige cylindrique C qui s'engage dans une cavité contenant de la mélasse. Le fluide dont on veut mesurer la pression, pénètre dans cette cavité, repousse le petit piston C et, par l'intermédiaire de C, le piston A lui-même. Écrivons que le système AC est en équilibre sous l'influence des diverses forces verticales qui le sollicitent.

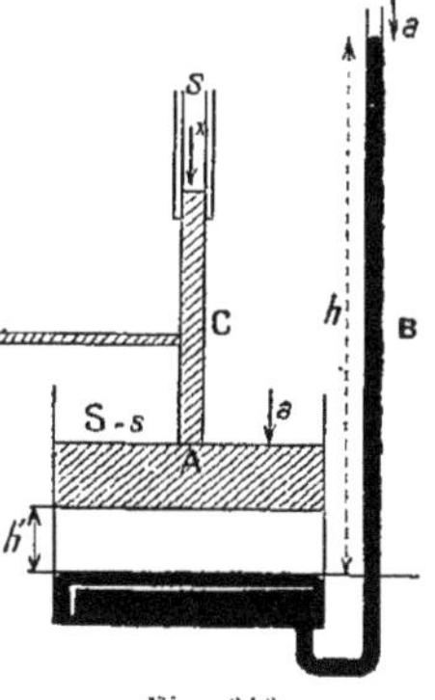

Fig. 610.

Soient $\varpi$ le poids du système, $x$ la pression inconnue, $a$ la pression atmosphérique, S la section du grand piston, $s$ celle du petit, $h$ la dénivellation du mercure dans les deux branches, $h'$ la hauteur de la colonne d'huile de ricin, $d$ et $d'$ les densités respectives de ces liquides, $g$ l'accélération de la pesanteur. Le système est entraîné vers le bas par son poids $\varpi$, par la force de pression $sx$ s'exerçant à l'extrémité du piston C, par la force de pression atmosphérique $(S-s)a$, s'exerçant sur la face supérieure du gros piston, diminuée de la section du petit piston. En un point de la face inférieure, la pression est $a+hdg-h'd'g$; donc le piston tend à être soulevé par la force $S(a+hdg-h'd'g)$. En écrivant qu'il y a équilibre nous avons :

$$\varpi+xs+(S-s)\,a=S\,(a+hdg-h'd'g)$$

d'où

$$x-a=-\frac{\varpi}{s}+\frac{S}{s}(hdg-h'd'g),$$

le terme principal du second membre est $\frac{S}{s}hdg$; la pression $x$ en colonne de mercure est sensiblement $\frac{S}{s}\,h$. Supposons, par exemple, que $\frac{S}{s}=200$; avec une branche manométrique de $12^{m}$, on peut mesurer une pression de $200\times12=2400^{m}$ de mercure ou 3150 atmosphères environ.

587. **Manomètres métalliques**. — Ces appareils sont, comme les baromètres métalliques (579), fondés sur l'élasticité des métaux.

Le manomètre métallique de Bourdon (fig. 611) se compose d'un tube de cuivre à parois assez minces, enroulé en spirale, de section sensiblement elliptique (fig. 612), le grand axe étant perpendiculaire au plan d'une spire. Une des extrémités du tube est *fixe* et communique par un tube à robinet R, avec l'espace qui contient le gaz ou la vapeur dont on veut mesurer la pression. Sous l'action des forces de pression, la spirale tend à diminuer de courbure, le tube se déroule ; son extrémité libre *a* commande, directement ou par l'intermédiaire d'un levier, une longue aiguille mobile sur un cadran divisé. — On gradue généralement l'appareil en kilogrammes-forces par centimètre carré, en le comparant à un manomètre, à air libre ou autre, déjà gradué lui-même.

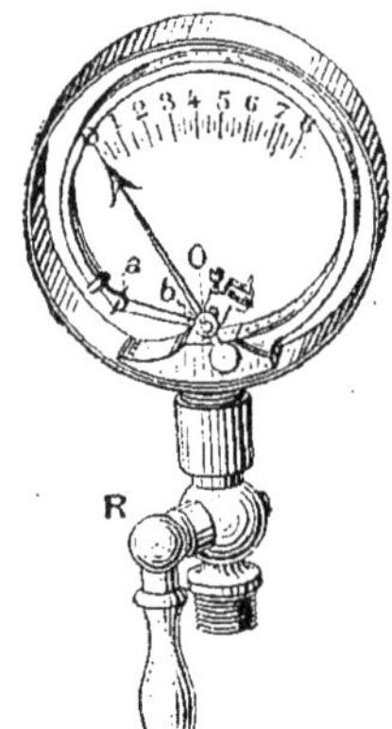

Fig. 611.

En employant des tubes à parois plus ou moins épaisses, on peut réaliser des appareils servant à la mesure de pressions plus ou moins considérables, variant de 5 à 500 kilogrammes-forces par centimètre carré.

Fig. 612.

Les manomètres métalliques ont, sur les manomètres à air libre, l'avantage de donner des indications indépendantes de la gravité ; ils ne sont pas encombrants. Mais leur élasticité variant avec le temps, les indications ne sont pas sûres, à moins de vérifier la graduation par comparaison avec un manomètre à air libre ; ils ne donnent, en général, la pression qu'à 1/100ᵉ près, ce qui est suffisant pour les besoins de l'industrie, insuffisant, en général, pour les recherches de laboratoire.

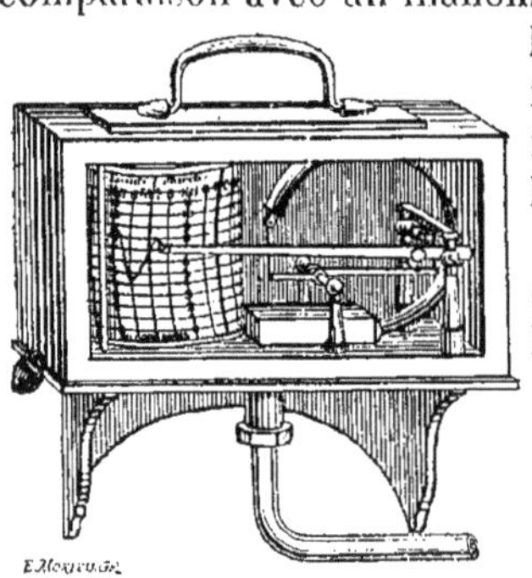
Fig. 613.

On fabrique des manomètres métalliques dans lesquels la partie essentielle est une boîte présentant une paroi déformable élastique.

*Manomètre enregistreur* (fig. 613). — L'extrémité libre du tube élastique commande un système de leviers analogue à celui du baromètre enregistreur et on obtient ainsi une courbe donnant la pression en fonction du temps. Les feuilles, suivant les appareils, sont faites pour inscrire les pressions jusqu'à 400 kilogrammes par centimètre carré. Ces instruments sont précieux pour se rendre compte de la manière dont une machine à vapeur a été conduite : ils sont d'un emploi fréquent.

# CHALEUR

## THERMOMÉTRIE

588. **Température.** — Lorsque nous touchons un corps, il nous paraît, suivant les cas, *chaud* ou *froid*. Si un corps A nous semble plus chaud qu'un corps B, nous disons que A est à une *température* plus élevée que B. Mais la notion de température ainsi acquise est *peu précise* : souvent il nous serait impossible de dire quel est, de deux corps, celui dont la température est la plus grande; elle est *fugitive* et ne peut être traduite par un nombre; en outre, les indications fournies par nos sens sont très sujettes à caution. Ainsi, plongeons la main dans une source : en été l'eau nous paraît froide, en hiver elle nous semble chaude; ou bien encore plaçons dans un vase A de l'eau très chaude, dans un récipient B de l'eau tirée depuis quelque temps, et dans un autre vase C de l'eau glacée. Si nous plongeons la main d'abord dans l'eau de A, puis dans celle de B, cette dernière nous paraît froide; si nous plaçons la main d'abord dans l'eau de C, puis dans celle de B, cette fois l'eau de B nous semble chaude. Ainsi la même eau, suivant le cas, peut nous paraître froide ou chaude.

Mais quand nous chauffons ou refroidissons un corps, nous constatons que ses propriétés *varient*. Il est donc légitime de dire que la *température est une grandeur liée aux variations de propriétés d'un corps, quand ces variations ne peuvent être attribuées à aucun autre facteur.* Nous allons précisément chercher à *caractériser la température d'un corps par la mesure d'une grandeur relative à ce corps et qui varie quand on le chauffe ou qu'on le refroidit.* Une seule condition fondamentale sera imposée pour le choix de cette grandeur : elle devra *toujours varier dans le même sens* quand le corps sera chauffé de plus en plus. Au point de vue pratique, on prendra une grandeur aussi facilement mesurable que possible.

589. **Dilatations.** — Or, quand on chauffe un corps, l'un des phénomènes les plus apparents est celui de *dilatation*. Dans les Cours, on montre la dilatation des corps solides par l'expérience classique du pyromètre à levier (fig. 614), ou en faisant passer un courant électrique

dans un fil métallique tendu qui s'allonge et présente une courbure de plus en plus grande; pour les liquides, on prend un ballon plein d'alcool coloré, fermé par un bouchon que traverse un tube étroit (fig. 615). Quand on chauffe le ballon, on voit le ménisque s'élever de plus en plus après avoir baissé de A en B, d'abord, par suite de la dilatation du verre qui a précédé celle du liquide; on observe ainsi la dilatation *apparente* du liquide. Dans le cas des gaz, les expériences de dilatation sont plus délicates, car si le volume d'un solide ou d'un liquide est à peu près indépendant de la pression, sauf pour des variations énormes de ce facteur, il n'en est pas de même pour les gaz. Avec l'appareil de la figure 616, on observe une dilatation sous pression constante; avec celui de la figure 617, on repère des variations de pression sous volume constant.

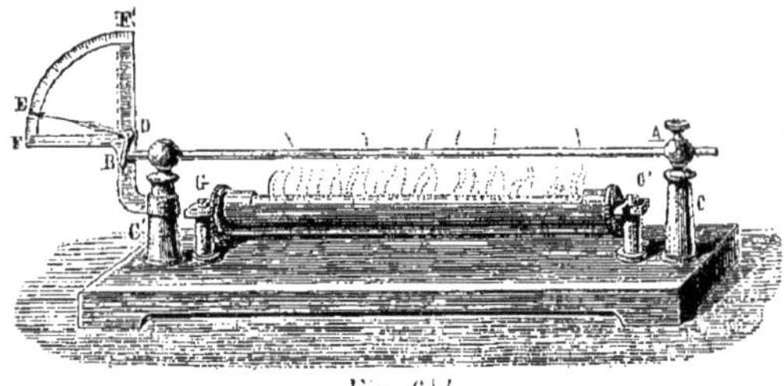

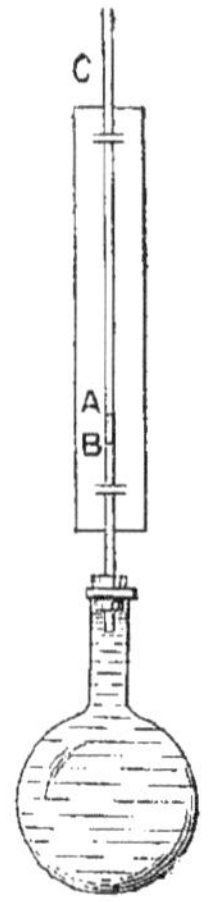

Fig. 614.

Fig. 615.

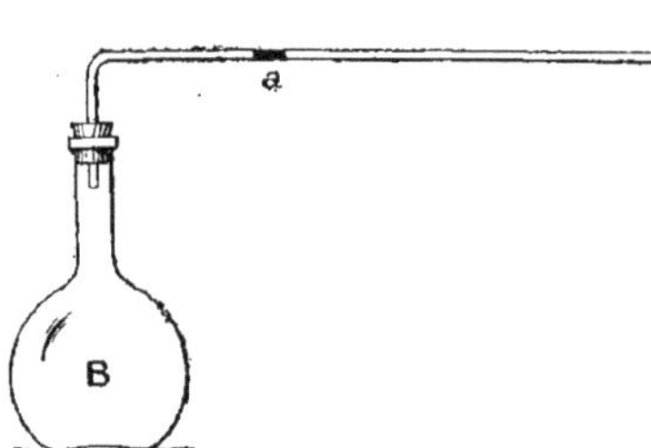

Fig. 616.

*Remarque.* — Tous les corps ne se dilatent pas quand on les chauffe.

α) Tendons, par des poids, un tube de caoutchouc feuille anglaise, de manière à tripler à peu près sa longueur; ce tube de caoutchouc étant placé à l'intérieur d'un tube métallique, qu'il ne touche pas, et que nous chauffons avec un bec Bunsen, nous constatons que le tube de caoutchouc se raccourcit.

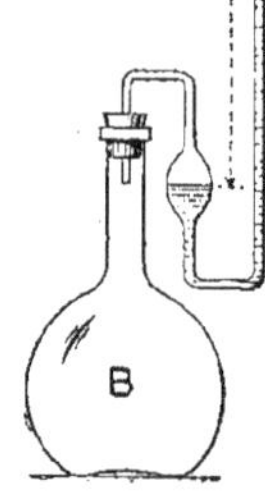

Fig. 617.

β) Nous verrons plus loin (688) que l'eau se contracte quand on la chauffe de 0° à 4°.

590. **Usage des phénomènes de dilatation pour servir à la mesure de la température.** — Exception faite des corps dont le volume ne croît pas toujours quand on les chauffe de plus en plus :

*La température d'un corps solide ou liquide peut être repérée par la mesure de son volume;*

*La température d'un gaz peut être repérée par la mesure de son volume sous pression constante ou de sa pression sous volume constant.*

La relation qui lie la température au volume (ou à la pression sous volume constant dans le cas d'un gaz) peut être arbitraire, pourvu qu'à une même valeur du volume (ou de la pression) corresponde une seule valeur pour la température et inversement; sinon dans le premier cas on ne saurait quel nombre il faudrait prendre pour caractériser la température d'après le volume (ou la pression), et dans le second cas à une même valeur numérique de la température pourraient correspondre deux volumes (ou pressions) différents des corps. La relation la plus simple satisfaisant aux conditions énoncées est la relation linéaire.

*Cas particulier d'un liquide.* — Prenons l'appareil qui nous a servi à montrer la dilatation apparente de l'alcool (fig. 615), et gravons sur le tube des divisions arbitraires que nous numérotons à partir du bas; lorsque le ménisque s'arrête en face de la division marquée 5, par exemple, nous disons que la température du liquide est 5°.

591. **Températures fixes.** — Si nous plaçons cet appareil dans de la glace fondante, et si nous recommençons l'expérience plusieurs fois, nous constatons que le ménisque s'arrête toujours au même endroit de la graduation : nous disons que nous avons réalisé une *température fixe*; de même si nous plongeons l'appareil dans de la vapeur d'eau bouillante sous pression fixe : ces enceintes à glace fondante ou à vapeur d'eau bouillante sont dites *enceintes à températures fixes*.

592. **Thermomètre. — Égalité de température.** — Si pour déterminer la température de chaque corps il fallait mesurer son volume, l'opération serait généralement longue et parfois impossible : en outre, il n'y aurait aucune relation entre les températures de deux corps.

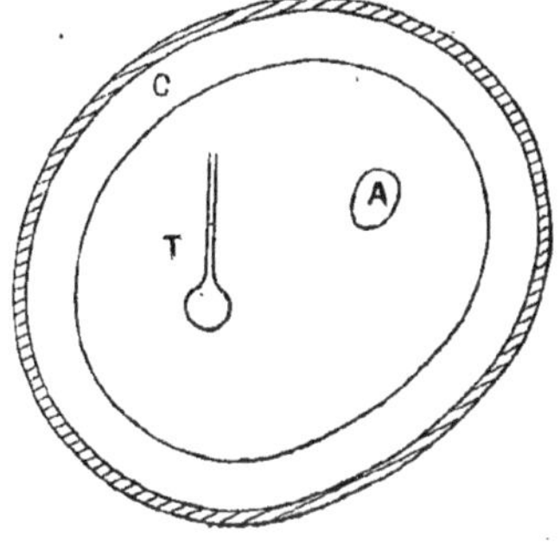

Fig. 618.

Prenons une enceinte fermée C (fig. 618), bonne conductrice de la chaleur, bien isolée du milieu extérieur au point de vue thermique, au moyen d'enveloppes de feutre, par exemple; plaçons à l'intérieur l'appareil T qui nous a servi à étudier la dilatation de l'alcool et un autre corps quelconque A; nous constatons :

1° Que les indications de T et le volume de A varient d'abord en général, puis deviennent fixes;

2° Que si A est un corps qui se dilate toujours quand on l'échauffe de plus en plus, les variations de volume de T et de A se font en sens inverse;

3° Que les valeurs finales des volumes de T et de A sont indépendantes des positions respectives de T, de A et de l'enceinte.

Par suite des échanges de chaleur entre T, A et l'enceinte, on arrive donc à un équilibre thermique; si la température de T a diminué, celle de A a augmenté, ou inversement; il paraît légitime de dire qu'au moment de l'équilibre thermique, la température de A est égale à celle de T; par suite, cette température est donnée par les indications de T, qui porte le nom de *thermomètre* : c'est dans ces conditions qu'il convient de se placer, pour mesurer la température d'un corps avec cet appareil.

Pour légitimer ce résultat, il faut encore démontrer que deux températures égales à une même troisième sont égales entre elles. Après avoir introduit A et T dans l'enceinte C, nous notons l'indication d'équilibre $t$ du thermomètre; nous recommençons l'expérience avec un autre corps B et le thermomètre T : si la température $t'$ accusée par T est égale à $t$, on voit qu'en plaçant ensemble A et B dans l'enceinte C, leurs volumes ne varient pas et T fournit toujours la même indication $t$. Dans le cas où l'on aurait $t > t'$, les corps A et B étant placés simultanément dans C, en général A diminue de volume, tandis que celui de B augmente et toujours la température d'équilibre accusée alors par T est intermédiaire entre $t$ et $t'$.

593. **Qualités d'un thermomètre**. — Nous savons (590) que la grandeur $a$ choisie pour repérer la température $t$ doit toujours varier dans le même sens lorsque le corps est chauffé de plus en plus fortement, et que la relation arbitraire établie entre $a$ et $t$ doit être telle qu'à une valeur de $a$ corresponde une seule valeur de $t$ et inversement. En outre, nous avons montré l'existence d'enceintes à température fixe (591); il est bien évident qu'un thermomètre plongé dans une de ces enceintes doit fournir toujours la même indication;

Autrement dit un *thermomètre doit être constamment comparable à lui-même*.

Mais l'usage d'un seul thermomètre n'est évidemment pas suffisant et, pour que l'on puisse comparer les résultats de mesures thermométriques effectuées avec des appareils différents, il faut que les *thermomètres soient comparables entre eux*, c'est-à-dire que placés dans la même enceinte, l'équilibre de température étant réalisé, ils donnent la même indication.

Ces qualités, exigées d'un thermomètre ou d'un ensemble de thermomètres, entraînent un choix convenable du phénomène qui sert à définir la température, du corps thermométrique et de la graduation.

Les phénomènes qui servent à définir la température sont principalement les *dilatations* (sous pression constante, dans le cas d'un gaz), ou les *variations de pression* d'un gaz sous volume constant.

594. **Choix du corps thermométrique**. — 1° *Solides*. — Lorsqu'on reporte un solide dans une enceinte à température fixe, il ne reprend pas toujours le même volume (676), surtout si la variation de température a été considérable; la trempe et le recuit peuvent modifier le volume d'un corps qui est donc une fonction, non seulement de la température, mais aussi des états antérieurs du corps. Un thermomètre à solide ne serait donc point parfaitement comparable à lui-même; du reste il est impossible de se procurer deux échantillons d'un même solide

tout à fait identiques, et pour certains métaux de provenances différentes, les différences des coefficients de dilatation (667) relatifs au même corps peuvent atteindre un dixième de leur valeur; les dilatations des solides sont faibles, ce qui exigerait des dispositifs spéciaux, très délicats, pour observer ces dilatations afin d'avoir des instruments sensibles.

Pour ces raisons, le corps thermométrique ne sera pas un solide.

2° *Liquides.* — Le volume d'un liquide, sous la pression atmosphérique, dépend uniquement de la température; il est possible de se procurer des échantillons assez purs d'un même liquide, pour qu'ils aient la même loi de dilatation; mais un liquide étant nécessairement placé dans une enveloppe, on observe seulement la dilatation *apparente*, c'est-à-dire la différence entre la dilatation totale du liquide et celle de l'enveloppe; les thermomètres à liquides présenteront donc les défauts des thermomètres à solides. Cependant, ces défauts seront atténués, la dilatation des liquides étant supérieure à celle des solides; ainsi la dilatation du mercure étant environ sept fois la dilatation cubique du verre, l'erreur de température due à un résidu de dilatation de l'enveloppe des thermomètres à mercure, sera sept fois plus petite que celle correspondant au même résidu de dilatation dans le cas d'un thermomètre uniquement en verre. Nous verrons du reste (612) comment, dans le cas des thermomètres à liquide, on peut éliminer cette erreur.

3° *Gaz.* — Le volume d'une masse de gaz, sous pression constante, est uniquement fonction de la température, de même sa pression sous volume constant; il est possible de se procurer deux échantillons d'un même gaz assez purs pour que les lois de leurs dilatations soient les mêmes; la réalisation de cette condition est du reste facilitée par ce fait que tous les gaz ont sensiblement même loi de dilatation; mais les gaz, comme les liquides, doivent être emprisonnés dans des enveloppes solides et le résidu de dilatation des enveloppes doit fausser les résultats. En réalité un gaz se dilate 140 fois plus environ qu'une enveloppe en verre, donc l'erreur résultant du résidu de dilatation de l'enveloppe solide est 140 fois plus petite que si l'on se servait d'un thermomètre à solide, en verre.

Regnault, le premier, a utilisé un thermomètre à gaz, ce gaz étant l'air.

Il faut employer un gaz qu'on puisse se procurer facilement pur et permettant d'opérer dans les limites de température les plus éloignées; or, quand on chauffe un gaz, il n'éprouve pas de changement d'état; mais lorsqu'on le refroidit suffisamment, il se liquéfie. C'est pourquoi on convient d'employer un gaz très difficilement liquéfiable : on a choisi l'hydrogène qui est le plus difficilement liquéfiable de tous, à part l'hélium, de découverte relativement récente et de préparation assez délicate.

Le *corps thermométrique normal* sera donc l'*hydrogène*.

Nous verrons plus tard (601) que le thermomètre à gaz, *tel qu'on le réalise*, est d'une sensibilité à peu près constante, quand on l'utilise sous volume constant, tandis qu'il n'en est pas de même quand on l'emploie sous pression constante.

Le thermomètre normal sera donc un *thermomètre à hydrogène à volume constant.*

595. **Choix de l'échelle thermométrique. Échelle centigrade.** — Nous avons vu (590) que la relation la plus simple à établir entre la température $t$ et la grandeur $a$ qui sert à la mesurer est une relation linéaire :

$$a = \alpha t + \beta.$$

Cette relation est complètement déterminée si l'on connaît $\alpha$ et $\beta$ : pour cela il suffit, par exemple, d'avoir les valeurs de $a$ pour deux *valeurs fixes, arbitraires*, de $t$. Dans le cas de l'échelle centigrade, qui est aujourd'hui universellement adoptée :

La *température* 0° est celle de la glace fondante pure, sous la pression atmosphérique;

La *température* 100° est celle de la vapeur d'eau qui bout sous la pression de 76 centimètres de mercure normal.

Les température 0° et 100° étant définies indépendamment du thermomètre, tous les thermomètres coïncident à ces températures.

Soient $a_0$ et $a_{100}$ les valeurs de $a$ aux températures 0° et 100°;

$$a_0 = \beta, \qquad a_{100} = 100\,\alpha + \beta; \qquad \text{d'où} \qquad \beta = a_0, \qquad \alpha = \frac{a_{100} - a_0}{100};$$

par suite :

$$a = a_0\left[1 + \frac{a_{100} - a_0}{100\,a_0}\,t\right]$$

Le rapport $c = \frac{a_{100} - a_0}{100\,a_0}$ s'appelle le *coefficient thermométrique*; par définition, cette grandeur est une constante.

La relation précédente peut encore s'écrire :

$$\frac{t}{a - a_0} = \frac{100}{a_{100} - a_0}.$$

*La température centigrade est donc proportionnelle à la variation de* a *à partir de* 0°, *le coefficient de proportionnalité étant fixé par la connaissance de la température* 100°.

Cette définition s'appliquera quelle que soit la grandeur $a$ qui sert à définir la température.

La mesure d'une température comporte d'abord celle du coefficient thermométrique, puis celle de $a$.

*Remarque.* — L'expression courante : mesurer une température, est *impropre*, car on ne cherche pas combien de fois le degré est contenu dans la température à évaluer; la température 100° ne s'obtient pas en additionnant deux températures 50°, elle ne vaut pas deux fois 50°; il serait préférable d'employer le terme *repérer* au lieu de *mesurer*.

596. **Température centigrade normale.** — *Le thermomètre normal est un thermomètre à hydrogène à volume constant, la pression du gaz à 0° étant 1ᵐ de mercure normal.*

*La température centigrade normale est une grandeur proportionnelle à la variation de pression, à partir de 0°, du gaz hydrogène sous volume constant, le coefficient de proportionnalité étant fixé par la connaissance de la température 100°.*

Si nous désignons respectivement par $P_0$, $P_{100}$, P, les pressions du gaz thermométrique à 0°, 100°, $t$°, par définition nous avons :

$$\frac{t}{P - P_0} = \frac{100}{P_{100} - P_0},$$

d'où nous tirons

$$P = P_0 + \frac{P_{100} - P_0}{100} t = P_0 \left[1 + \frac{P_{100} - P_0}{100 P_0} t\right].$$

Le coefficient thermométrique (595) est donc :

$$\beta = \frac{P_{100} - P_0}{100 P_0};$$

par définition, il est constant pour la pression $P_0$ spécifiée.

## THERMOMÈTRE NORMAL

597. **Description.** — Le thermomètre normal est très analogue au thermomètre à air de Regnault, dont il est un perfectionnement. Il se compose essentiellement d'un réservoir à hydrogène et d'un manomètre-baromètre à mercure. Nous décrirons la forme qui leur a été donnée, par M. P. Chappuis, au bureau de Breteuil.

Le réservoir est un cylindre en platine iridié de $1^m,10$ de longueur environ, d'une capacité voisine d'un litre, les parois ont une épaisseur d'un millimètre; pour déterminer sa dilatation on a tracé deux traits très fins aux deux extrémités, à environ $1^m$ de distance; en mesurant, au moyen du comparateur, la distance de ces traits à différentes températures, on en déduit la dilatation linéaire du platine iridié et par suite le coefficient de dilatation cubique [1] du réservoir, soit $k = 0,000026561$. La communication du réservoir avec le manomètre est assurée par un tube en platine de $1^m$ de longueur environ et de $0^{mm},7$ de diamètre intérieur, le volume intérieur du tube est donc seulement de $0^{cm^3},5$ : c'est le volume dit d'espace nuisible.

Le coefficient de pression intérieure $\beta_i$ (variation de volume intérieur, pour un excès de pression intérieure de 1 millimètre de mercure

[1] $k$ est la dilatation de l'unité de volume du réservoir à 0 degré, quand la température croît de 1 degré. On suppose que la dilatation spécifique du platine iridié est de la forme linéaire $K = kt$, ce qui est d'une précision suffisante, parce que K entre seulement dans les termes de correction, et qu'il s'agit de la dilatation d'un gaz.

sur la pression normale), dont on aura besoin pour les corrections, avait également été déterminé : il avait pour valeur en millimètres cubes $\beta_{1} = 0^{mm^3},02337$.

Le réservoir est placé dans une étuve à deux compartiments dans laquelle on peut faire passer un courant d'eau ou de vapeur : les thermomètres à mercure que l'on veut comparer au thermomètre normal

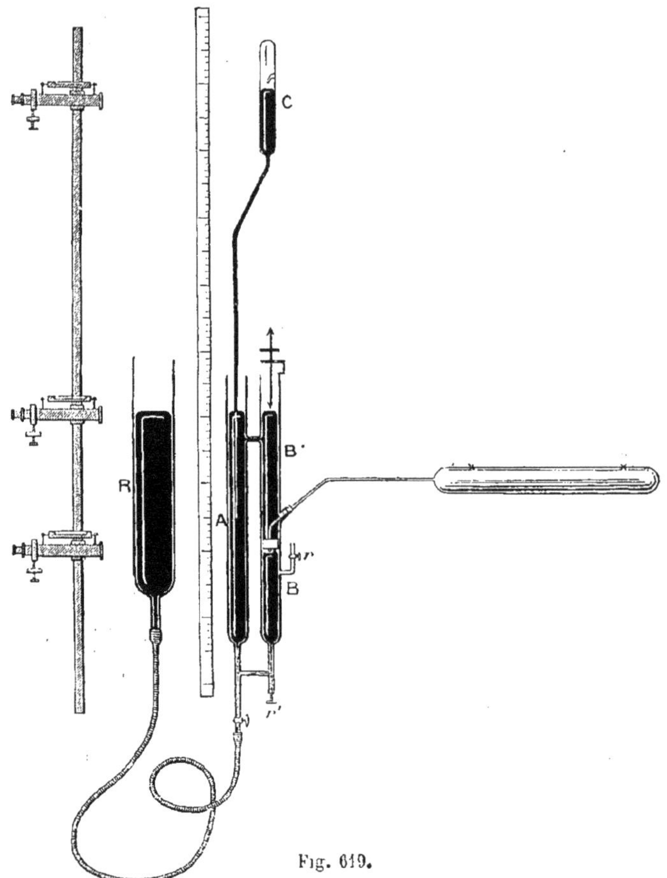


Fig. 619.

plongent dans cette même étuve. Le *manomètre-baromètre* BAC (fig. 619) présente un réservoir auxiliaire R, que l'on peut élever ou abaisser, et qui communique avec la cuvette A par un tube de caoutchouc et un robinet. Au-dessus de la branche fermée B du manomètre, se trouve un autre compartiment B′, sans communication avec B, mais communiquant avec A, et placé sur la même verticale que la chambre barométrique C et le tube B. Il sert, le cas échéant, à mesurer simplement la pression atmosphérique. Le tube B communique avec le tube d'espace nuisible du thermomètre; il porte, d'autre part, une tubulure latérale à robinet $r$, qui servira au remplissage du gaz sous la pression initiale de 1 mètre de mercure. La communication de B avec la branche ouverte A du manomètre peut être supprimée ou rétablie à volonté, par un robinet à vis $r'$. — Tout l'appareil est porté par un support très stable, auquel est également fixée une règle verticale graduée.

Le *cathétomètre* est un cathétomètre à plusieurs lunettes munies de réticules micrométriques, servant à viser chacune l'un des niveaux mercuriels; pour faciliter ces visées, on utilise : dans la chambre barométrique C, une pointe de verre noir; dans la cuvette barométrique B', une vis à pointe; dans la chambre manométrique B, une pointe noire, au contact de laquelle on amène le mercure afin que le volume occupé par le gaz dans B soit bien déterminé. On commence par mesurer une fois pour toutes : 1° le volume $V_0$ du réservoir à 0°, par un jaugeage à l'eau distillée; 2° le volume $v_0$ de l'espace nuisible à 0°, c'est-à-dire le volume occupé par le gaz thermométrique dans le tube de communication et dans le tube B quand le réglage précédemment indiqué est opéré. Le rapport $\frac{v_0}{V_0}$ doit être très petit : il est inférieur à $\frac{1}{1000}$.

598. **Remplissage du réservoir.** — Il faut dessécher le réservoir et le remplir d'hydrogène pur à 0° sous la pression de 1m de mercure environ. Pour cela on abaisse le réservoir R de manière à dégager l'ouverture de l'ajutage latéral de B; par le robinet à vis $r'$ on supprime la communication entre les deux branches du manomètre. On chauffe le réservoir et on fait le vide par l'ajutage latéral de B; on laisse rentrer de l'air sec et on fait le vide de nouveau et ainsi une dizaine de fois. [Ce procédé, qui est très efficace pour dessécher les enceintes, est dû à Rüdberg; nous l'avons déjà employé (531)].

On entoure le réservoir de glace fondante, on y fait le vide d'une manière très avancée; avec certaines machines pneumatiques, telles que la pompe Gaede, on peut faire le vide à 0mm,00001 de mercure, en quelques minutes; il est donc inutile d'employer le procédé Rüdberg (531) pour éliminer l'air suffisamment.

On remplit ensuite avec de l'hydrogène en s'arrangeant de façon que la pression du gaz soit environ de 1m de mercure, on ferme alors le robinet $r$, on rétablit la communication entre A et B et on soulève le réservoir R de manière à faire affleurer le mercure en B, contre la pointe noire de réglage. Avec le cathétomètre on mesure la distance verticale $H_0$ des niveaux du mercure en B et C, et soit $\theta$ la température de l'espace nuisible, donnée suffisamment par un thermomètre à mercure placé dans le voisinage de B.

Les conditions initiales de l'expérience sont donc :

| *Volumes.* | *Températures.* | *Pression.* |
|---|---|---|
| $V_0$ | $0^0$ | $H_0$ |
| $v_0(1 + k\theta)$ | $\theta$ | |

La pression $H_0$ n'est généralement pas la pression théorique de $1^m$ de mercure normal, mais des expériences comparatives ont montré que les résultats étaient indépendants de la pression initiale, alors même qu'elle différerait notablement de $1^m$ de mercure.

599. **Équation thermométrique.** — On porte le gaz du réservoir à la température T de la vapeur d'eau bouillante, sous la pression atmosphérique, en faisant circuler cette vapeur dans l'étuve, tout autour du réservoir, et l'on maintient constant le niveau du mercure en B en soulevant le réservoir R. Lorsque l'équilibre est bien établi, on détermine au cathétomètre la différence de niveau du mercure dans les deux branches du manomètre, ce qui fournit la nouvelle pression $H_T$ en mercure à $0^0$. On note, en même temps, la température $\theta'$ de l'espace nuisible et la pression atmosphérique. Si cette pression était de $76^{cm}$ de mercure normal, par définition on aurait $T = 100^0$. Mais la pression atmosphérique étant voisine de $76^{cm}$ de mercure normal, la température T est très voisine de $100^0$; elle est donnée par les tables de Regnault (tension maximum de la vapeur d'eau en fonction de la température), tables qu'on peut dresser dans le *voisinage* de $100^0$ avec n'importe quel thermomètre. Les conditions nouvelles de la masse gazeuse thermométrique sont donc :

| *Volumes.* | *Températures.* | *Pression.* |
|---|---|---|
| $V_0(1 + kT)$ | T | $H_T$ |
| $v_0(1 + k\theta')$ | $\theta'$ | |

Pour poser l'équation thermométrique dans le cas le plus général, nous remarquerons que, lorsqu'on a affaire à une masse de gaz dans deux états différents de volume, de température et de pression, avec un espace nuisible qui n'est qu'une fraction très petite du volume principal, si le volume principal a peu varié, on peut évidemment effectuer la série des transformations suivantes :

1° On ramène d'abord la pression H de chaque portion de volume U, pris à $\tau^0$, à la température de $0^0$ sous volume constant, par l'introduction d'un binôme de variation de pression $1 + \beta\tau$, dont le coefficient $\beta$ dépend de la pression à $0^0$, c'est-à-dire à la fois de la température initiale $\tau$ et de la pression H correspondante; on obtient ainsi, pour la pression à $0^0$ dans ce volume U, l'expression $\frac{H}{1 + \beta\tau}$;

2° On ramène ensuite chaque portion de volume U au volume $V_0$, égal au volume principal à $0^0$, en appliquant la loi de Mariotte; cette application, légitime pour le volume principal lui-même, qui a peu varié, et pour l'espace nuisible, qui n'est qu'une fraction très petite du volume principal, donne pour la pression partielle à $0^0$, exercée dans le volume $V_0$ par la portion de volume initial U, l'expression $\frac{H}{1 + \beta\tau} \cdot \frac{U}{V_0}$;

3° On écrit enfin que, dans ce volume $V_0$, la pression totale à $0^0$ est la somme des pressions partielles, d'après la loi du mélange des gaz, ce qui conduit à l'équation symbolique définitive :

$$\Sigma \frac{H}{1+\beta\tau} \cdot \frac{U}{V_0} = \Sigma \frac{H'}{1+\beta'\tau'} \cdot \frac{U'}{V_0}.$$

Or $V_0$, H et H′ étant les mêmes dans tous les termes de chaque membre, on peut écrire :

$$H \cdot \Sigma \frac{U}{1+\beta\tau} = H' \cdot \Sigma \frac{U'}{1+\beta'\tau'}.$$

On aura donc ici :

$$H_0\left[V_0 + \frac{v_0(1+k\theta)}{1+\beta_1\theta}\right] = H_T\left[\frac{V_0(1+kT)}{1+\beta T} + \frac{v_0(1+k\theta')}{1+\beta'_1\theta'}\right].$$

Le coefficient $\beta_1$ est le *coefficient de variation de pression* entre 0° et θ°, la pression à θ étant $H_0$ ; $\beta'_1$ est le coefficient analogue entre 0 et θ′, la pression à θ′ étant $H_T$ ; enfin β est le coefficient entre 0° et T, la pression finale à T étant $H_T$ ; ce dernier coefficient β est le *coefficient thermométrique* cherché, constant par définition même de la température. — Pour simplifier cette équation, on remarquera que, pour l'hydrogène, $\beta_1 = \beta'_1 = \beta$, à très peu près ; de plus ces coefficients $\beta_1$ $\beta'_1$ n'entrent que dans les termes de correction contenant le facteur $v_0$ qui est très petit par rapport à $V_0$. On aura donc en définitive, comme équation thermométrique,

$$H_0\left[V_0 + \frac{v_0(1+k\theta)}{1+\beta\theta}\right] = H_T\left[\frac{V_0(1+kT)}{1+\beta T} + \frac{v_0(1+k\theta')}{1+\beta\theta'}\right].$$

*Calcul du coefficient thermométrique* β. — L'équation précédente est du troisième degré en β. On la résout par la méthode des approximations successives, en résolvant par rapport au terme principal $1+\beta T$. On a :

$$1+\beta T = \frac{H_T V_0(1+kT)}{H_0\left[V_0 + \frac{v_0(1+k\theta)}{1+\beta\theta}\right] - H_T \frac{v_0(1+k\theta')}{1+\beta\theta'}}.$$

Pour plus de simplicité dans le raisonnement, nous supposerons $\theta' = \theta > 0$ ; alors,

$$1+\beta T = \frac{H_T V_0(1+kT)}{H_0 V_0 - (H_T - H_0)\frac{v_0(1+k\theta)}{1+\beta\theta}}.$$

Si l'on fait d'abord $\beta = 0$ dans le second membre de cette équation, on augmente le terme soustractif du dénominateur, on diminue donc ce dénominateur, et par suite on augmente la fraction, ce qui fournit une première valeur trop grande de β.

En portant cette première valeur trop grande dans le second membre, on rend le terme soustractif trop petit, c'est-à-dire le dénominateur trop grand, et par suite la seconde valeur de β trop petite. En reportant cette deuxième valeur trop petite, mais plus grande que zéro, dans le second membre, on obtient une troisième valeur trop grande, mais plus petite que la première, et ainsi de suite. — On obtient donc ainsi une série de *valeurs alternativement trop grandes et trop petites, mais tendant vers une même limite*, qui est la valeur de β cherchée ; on pourra considérer celle-ci comme obtenue avec toute l'approximation que comporte la méthode, lorsque deux valeurs successives ne différeront que d'une quantité de l'ordre de grandeur des erreurs possibles, d'après la précision des mesures. M. P. Chappuis a trouvé[1] :

$$\beta = 0{,}00366254.$$

*Mesure d'une température* t. — Pour mesurer la température $t$ d'une enceinte dans laquelle le réservoir thermométrique est plongé, on maintient le niveau du mercure au repère de la branche fermée B en déplaçant verticalement la cuvette auxiliaire R. Lorsque l'équilibre est bien établi, on mesure la différence de niveau entre les deux branches du manomètre au moyen du cathétomètre à deux lunettes; on obtient ainsi la force élastique H du gaz thermométrique. On note également, avec un thermomètre à mercure, la température ambiante $\theta'$. On a alors :

$$H_0\left[V_0 + \frac{v_0(1+k\theta)}{1+\beta\theta}\right] = H\left[\frac{V_0(1+kt)}{1+\beta t} + \frac{v_0(1+k\theta')}{1+\beta\theta'}\right],$$

équation du premier degré en $t$.

*Remarque.* — En tenant compte du coefficient de pression intérieure, $\beta_i$, $V_0$ étant le volume du réservoir à $0^o$ sous la pression initiale $H_0$, le volume du réservoir à $t^o$ sous la pression H est $V_0(1+kt) + \beta_i(H - H_0)$; il faut donc modifier l'équation précédente, ainsi du reste que celle relative à la détermination de $\beta$. La dernière équation devient

$$H_0\left[V_0 + \frac{V_0(1+k\theta)}{1+\beta\theta}\right] = H\left[\frac{V_0(1+kt)+\beta_i(H-H_0)}{1+\beta t} + \frac{v_0(1+k\theta')}{1+\beta\theta'}\right]$$

600. **Précision des mesures thermométriques au thermomètre normal.** — Pour nous rendre compte du degré d'approximation auquel peut conduire le thermomètre normal, dans l'évaluation des températures, prenons simplement l'équation thermométrique théorique, sans termes de correction :

$$H = H_0(1 + \beta t).$$

Une variation de température $\Delta t$ correspond à une variation de pression $\Delta H$, telle que

$$\Delta H = H_0\beta \cdot \Delta t, \qquad \text{d'où} \qquad \Delta t = \frac{\Delta H}{H_0\beta}.$$

Or la plus petite variation de pression $\Delta H$ que l'on puisse apprécier au cathétomètre est de l'ordre de grandeur de $0^{mm},01$ ; pour $\Delta H = 0^{mm},01$, $H_0 = 1000^{mm}$, $\beta = 0{,}003663$, on aura donc :

$$\Delta t = \frac{1}{366} \text{ ou environ } 0^o{,}003.$$

601. **Sensibilité du thermomètre normal, à variation de force élastique, comparée à celle d'un thermomètre à gaz à variation de**

(1) Ce nombre résulte des expériences faites avec l'appareil décrit. En employant un réservoir en verre dur, M. P. Chappuis a trouvé $\beta = 0{,}00366217$; on ne peut donc guère compter que sur quatre chiffres significatifs.

**volume.** — On aurait pu choisir, comme thermomètre normal, un thermomètre *à variation de volume* sous pression constante. Il est facile de montrer que cet appareil serait, comme l'avait remarqué Regnault, bien inférieur au thermomètre à variation de force élastique, au point de vue de la sensibilité.

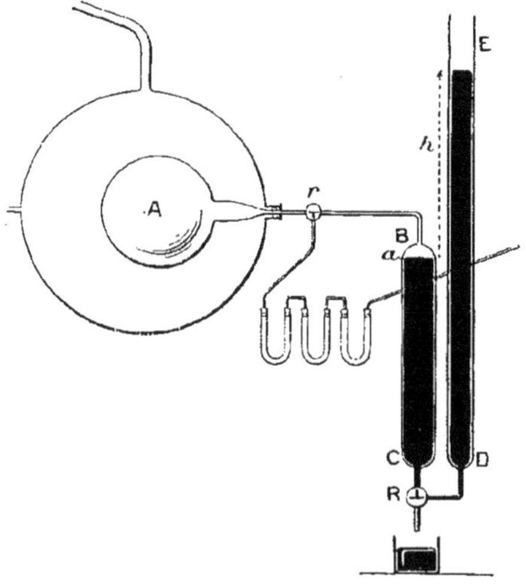

Fig. 620.

Prenons pour thermomètre à gaz à pression constante l'appareil de la figure 620, A étant le réservoir thermométrique, BCDE le manomètre; pour observer les variations de volume du gaz sous pression constante, on fera écouler du mercure des deux branches par le robinet R, de façon à ramener l'égalité de niveau entre ces deux branches. Appelons alors $u$ le volume du gaz qui se trouvera logé dans la branche BC du manomètre, entourée d'eau à température fixe $\theta$, lorsqu'on sera revenu à la même pression $H_0$ qu'au début; pour exprimer la constance du volume de la masse du gaz ramenée à $0^o$ dans ses différentes parties, sous la pression constante $H_0$, introduisons un coefficient de variation de volume $\alpha$ qui sera le coefficient thermométrique : on aura comme équation thermométrique, en négligeant l'espace nuisible et désignant par $V_0$ le volume du réservoir à $0^o$ et par $k$ son coefficient de dilatation cubique :

$$V_0 = \frac{V_0(1+kt)}{1+\alpha t} + \frac{u}{1+\alpha\theta},$$

d'où

$$u = \frac{V_0(\alpha - k)t}{1+\alpha t}(1+\alpha\theta).$$

Or, quand une grandeur à évaluer $y$ dépend de la mesure d'une autre grandeur $x$, et que l'on a $y=f(x)$, la sensibilité de cette évaluation est dite constante lorsque, entre les variations $\Delta y$ et $\Delta x$, on a la relation $\frac{\Delta y}{\Delta x} = C^{te}$. Pour cela, il faut que $f(x)$ soit une fonction linéaire. C'est ce qui aurait lieu pour les deux thermomètres à gaz, si l'on pouvait satisfaire pratiquement aux équations théoriques de définition,

$$V = V_0(1+\alpha t) \qquad \text{ou} \qquad P = P_0(1+\beta t),$$

c'est-à-dire s'il n'y avait pas de dilatation des enveloppes, et si le gaz était toujours tout entier à la température du réservoir, conditions irréalisables. — Si le rapport $\frac{\Delta y}{\Delta x}$ *croît avec* $x$, l'erreur $\Delta y$ correspondante à une même erreur $\Delta x$ va en croissant, c'est-à-dire que la sensibilité de la mesure de y *décroît quand* x *augmente*. — Si, au contraire, le rapport $\frac{\Delta y}{\Delta x}$ *décroît quand* x *croît*, l'erreur $\Delta y$ correspondante à une même erreur $\Delta x$ va en décroissant, c'est-à-dire que la sensibilité de la mesure de y *croît avec* x.

Prenons donc, dans le thermomètre *à variation de volume*, une variation de température $\Delta t$, produisant une variation de volume $\Delta u$, et considérons $\frac{\Delta u}{\Delta t}$ comme la dérivée de $u$ par rapport à $t$; on aura, d'après la relation précédente,

$$\frac{\Delta u}{\Delta t} = V_0(1+\alpha\theta)\frac{\alpha - k}{(1+\alpha t)^2}, \quad \text{ou} \quad \frac{\Delta t}{\Delta u} = \frac{(1+\alpha t)^2}{V_0(1+\alpha\theta)(\alpha - k)};$$

or le second membre croît assez rapidement avec $t$, à cause de l'importance relative du coefficient $\alpha$ (très sensiblement égal au coefficient $\beta$); ainsi le rapport des sensibilités du thermomètre aux températures 0° et 1000° est

$$(1+1000\,\alpha)^2 = (1+1000\times 0{,}00366)^2 = (4{,}66)^2 = 21{,}72.$$

Donc la sensibilité de la mesure des températures $t$, par les volumes $u$, décroît quand $t$ augmente.

Considérons maintenant le thermomètre *à variation de force élastique* sous volume constant, et, pour nous placer dans les mêmes conditions que dans le cas précédent, faisons abstraction de l'espace nuisible et ne tenons compte que de la dilatation du réservoir; on aura

$$H_0 = \frac{H(1+kt)}{1+\beta t}, \quad \text{d'où} \quad H = H_0\frac{1+\beta t}{1+kt}.$$

On tire de là

$$\frac{\Delta H}{\Delta t} = \frac{H_0(\beta - k)}{(1+kt)^2}; \quad \text{ou} \quad \frac{\Delta t}{\Delta H} = \frac{(1+kt)^2}{H_0(\beta - k)};$$

c'est une expression analogue à la précédente; elle croît encore avec $t$, mais le coefficient $k$ est beaucoup plus petit que $\alpha$, par conséquent, la sensibilité de la mesure de $t$ par la variable H décroît aussi à mesure que $t$ augmente, mais moins rapidement que dans le thermomètre à variation de volume. Ainsi, le rapport des sensibilités des thermomètres à 0° et à 1000° est, avec des enveloppes en verre pour lesquelles $k = 0{,}000026$ :

$$(1+1000\,k)^2 = (1+1000\times 0{,}000026)^2 = (1{,}026)^2 = 1{,}05.$$

*Remarque.* — M. P. Chappuis a montré que les indications d'un thermomètre à hydrogène à volume constant et à pression constante sont *identiques*; dans ce dernier cas le coefficient thermométrique est $\alpha = 0{,}0036600$.

602. **Thermomètres à gaz; thermomètre à azote.** — Primitivement Regnault avait employé, comme gaz thermométrique, l'air; nous avons vu (594) pourquoi il y avait lieu de choisir l'hydrogène. La figure 621 montre la différence de marche des thermomètres à azote et gaz carbonique, avec le thermomètre normal; entre 0° et 100°, l'écart est au maximum de 0°,01 pour le thermomètre à azote, et de 0°,05 environ pour celui à anhydride carbonique.

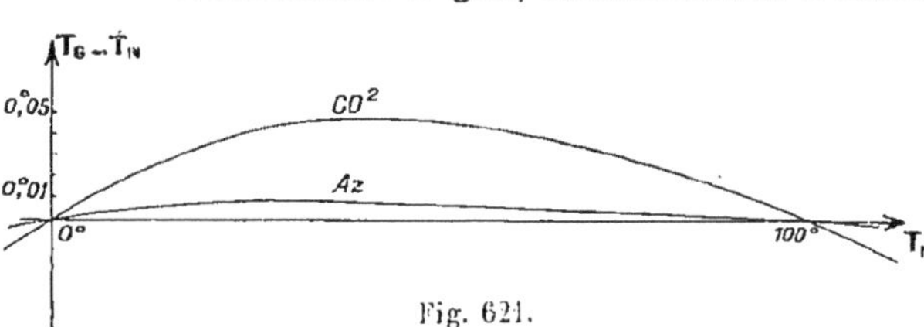

Fig. 621.

Le thermomètre à hydrogène présente un inconvénient sérieux pour la mesure des températures élevées. A ces températures, en effet, il traverse aisément le platine iridié, et il commence à réduire le verre à partir de 200°. Aussi, pour les hautes températures, on remplace le thermomètre à hydrogène par le thermomètre à azote sous pression constante, ce dernier gaz ne traversant pas le platine iridié, étant sans action sur le verre; les indications du thermomètre à azote s'écartent peu, du reste, de celles du thermomètre normal, ainsi à 500° : $T_{Az} - T_{N} = + 0°,65$. On emploie aussi l'argon.

603. **Température absolue.** — Une échelle de température, comme nous l'avons définie d'une manière générale, dépend du corps thermométrique choisi ; or la Thermodynamique nous apprend à dresser une échelle thermométrique absolument *indépendante* des propriétés des corps et qui comporte une seule arbitraire, le choix de la valeur numérique d'une température fixe quelconque. L'équation simplifiée du thermomètre à hydrogène est

$$P = P_0 (1 + \beta t)$$

avec $\beta = 0,00366254$, ou sensiblement $\beta = \frac{1}{273}$ ; or, puisque P est toujours positif, on a nécessairement $1 + \beta t \geqslant 0$ ou $t \geqslant -\frac{1}{\beta} = -273$. Prenons, comme origine des températures, cette température minimum $-273°$ centigrades, qu'on appelle le *zéro absolu;* dans cette nouvelle échelle, une température centigrade normale $t$ correspond à $T = 273 + t$. Or cette échelle des températures *coïncide* d'une manière à peu près parfaite, sauf aux températures très basses et très élevées, avec celle qui résulte de l'application d'un principe de thermodynamique, pour laquelle le *zéro centigrade* vaut 273°, et qu'on appelle échelle des *températures absolues*. On remplacera vraisemblablement l'échelle normale par l'échelle absolue dès qu'elles seront bien comparées dans toute leur étendue.

604. **Inconvénients du thermomètre normal; thermomètres pratiques.** — Le thermomètre normal est encombrant, sa manipulation est longue et délicate, il n'est point pratique. Sa seule utilité est d'assurer une bonne définition de la température et, par suite, de permettre l'étude des thermomètres pratiques. Ces derniers sont des thermomètres à liquide, la température étant définie par les variations du volume apparent du liquide thermométrique.

## THERMOMÈTRE A MERCURE

605. **Description; définition de la température.** — Le thermomètre à mercure est un thermomètre à variation de *volume apparent*. Il se compose d'un réservoir surmonté d'un tube de verre très étroit (fig. 622), dans lequel on peut suivre, sur une graduation, de petites variations du volume apparent du mercure. Lorsque la température varie, le niveau du liquide s'élève ou s'abaisse dans le tube. — A l'extrémité supérieure on doit avoir ménagé un petit renflement, bien raccordé au tube,

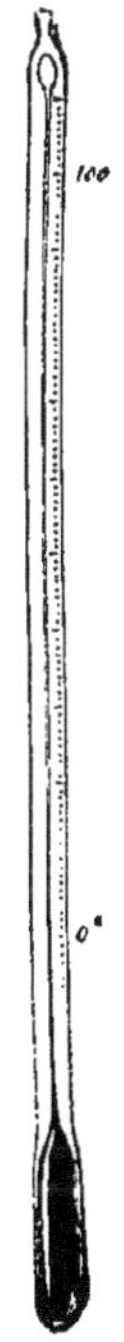

100

0°

Fig. 622.

et pouvant contenir une quantité de mercure correspondante à 50 ou 100 divisions de l'instrument.

La température accusée par ce thermomètre est une grandeur *proportionnelle à la dilatation apparente du mercure à partir de* 0°, le coefficient de proportionnalité étant défini par la connaissance de la température 100°.

Si $v_0$, $v_{100}$, $v$ sont les volumes apparents du mercure à 0°, 100°, t°, nous avons :

$$\frac{t}{v - v_0} = \frac{100}{v_{100} - v_0};$$

la dilatation apparente $v_{100} - v_0$, correspondant à la variation de température 0° à 100°, est appelée *intervalle fondamental.*

606. **Justification du choix du mercure.** — Le choix du mercure est justifié par les considérations suivantes : 1° le mercure est un liquide facile à obtenir *pur*, toujours identique à lui-même dans tous les appareils ; — 2° en tant que *métal*, il est bon conducteur de la chaleur et se met rapidement en équilibre de température avec les corps voisins ; — 3° sa *chaleur spécifique* est *faible* (0,033) ; sous une petite masse, il n'emprunte ou ne cède que très peu de chaleur pour éprouver des variations de température notables ; par suite, quand on le met en présence de corps ayant une température différente de la sienne, il ne modifie que très peu la température à évaluer ; — 4° il peut servir dans un *grand intervalle de température* ; les limites entre lesquelles on peut l'employer sont en effet, d'une part, la température de — 38°,8 au-dessous de laquelle le mercure se solidifierait et les variations du sommet de la colonne mercurielle n'indiqueraient plus les variations du volume total ; d'autre part, la température de + 357°, point d'ébullition du mercure sous la pression normale : on a même opéré jusqu'à 550°, dans des enveloppes résistant à une pression de 14 atmosphères, mais il se produit alors une distillation et une condensation non uniformes qui nuisent à la précision des déterminations ; — 5° comme le mercure ne mouille pas le verre, la masse thermométrique dont on mesure le volume apparent reste *constante*, ce qui est une condition essentielle de fidélité de l'instrument.

607. **Choix de la nature de l'enveloppe thermométrique.** — Le verre, substance transparente, s'impose comme enveloppe, mais les anomalies que présente la dilatation du verre, et qui se manifestent dans ce que nous appellerons plus loin les *variations du zéro*, ont été fort longtemps un obstacle à une détermination précise des températures par le thermomètre à mercure. Des recherches, faites principalement au Bureau international des Poids et Mesures, ont conduit à adopter un mode d'emploi par lequel on se libère presque entièrement de ces anomalies. Toutefois, les erreurs qui peuvent subsister seront d'autant moindres que ces anomalies seront plus petites elles-mêmes. Or le verre

peu fusible, ou *verre dur*, à base de soude, présente à cet égard des propriétés précieuses; c'est donc cette nature d'enveloppe qui convient le mieux aux thermomètres de précision.

608. **Construction d'un thermomètre à mercure.** — La construction d'un thermomètre à mercure, destiné à des mesures précises, est une opération longue et délicate, comprenant les diverses opérations suivantes :

1° *Choix de la tige* : on fait glisser dans le tube capillaire un index de mercure de 50$^{mm}$ de longueur environ : on mesure cette longueur à la machine à diviser pour plusieurs positions de l'index dans les différentes régions du tube; elle doit varier de moins de 1$^{mm}$. On jauge le tube par une pesée de mercure, on le lave ensuite et on le sèche.

2° *Soufflage du réservoir et de l'ampoule* : il faut souffler une ampoule, puis souder un réservoir de volume convenable, respectivement aux deux extrémités du tube. Soit $v$ le volume du tube, V celui du réservoir, $n$ la différence des températures extrêmes qu'il doit permettre de repérer, $a$ le coefficient de dilatation apparente du mercure dans le verre : V est déterminé par la relation :

$$aVn = v.$$

3° *Remplissage et réglage.* — La pointe effilée de l'ampoule B (fig. 623) étant plongée dans du mercure bien pur, on chauffe légèrement le réservoir pour en dilater l'air, dont une partie s'échappe par la pointe. Quand on laisse refroidir le réservoir, l'air restant se contracte et le mercure monte dans l'ampoule. On redresse ensuite verticalement l'appareil, et l'on chauffe de nouveau le réservoir, dont l'air s'échappe à travers le mercure de l'ampoule. On laisse refroidir : une certaine quantité de mercure descend dans le tube capillaire et pénètre dans le réservoir. On fait bouillir ce mercure : les vapeurs vont se condenser dans le mercure de l'ampoule, en entraînant l'air qui s'échappe. En laissant de nouveau refroidir, on fait pénétrer une plus grande quantité de mercure dans le réservoir, et ainsi de suite, jusqu'à ce que le réservoir et le tube capillaire soient absolument remplis. On fait alors bouillir le mercure sur un gril incliné, on détache l'ampoule, et, après avoir laissé dans l'instrument une quantité de mercure telle qu'il arrive jusqu'à l'extrémité de la tige, à la plus haute température qu'on se propose de mesurer, on ferme la tige à la lampe. — On détermine la formation du petit renflement supérieur, en ramollissant le verre à la lampe d'émailleur, et en chauffant en même temps le mercure : la pression de la vapeur mercurielle, s'exerçant sur le verre ramolli, produit en quelques instants le résultat cherché.

Fig. 623.

*Remarque.* — Avant de détacher l'ampoule on peut faire sortir l'excès de mercure et vérifier que l'allongement de la colonne thermométrique correspondant à une variation de température de 1° est bien à peu près égal au quotient de la longueur de la tige par la différence des températures extrêmes entre lesquelles le thermomètre doit servir. Si cette condition n'est pas remplie, on fait sortir le mercure du thermomètre et on change le réservoir.

609. **Graduation du thermomètre.** — *Détermination du point* 100. — L'étuve la plus pratique pour la détermination du point 100 est celle qui a été employée par M. Pierre Chappuis, au Bureau international des Poids et Mesures, et qui est une modification du modèle classique établi par Gay-Lussac. Elle permet à la fois de soustraire complètement le thermomètre à l'influence des gouttelettes d'eau liquide, et de l'observer soit en position verticale, soit en position horizontale : on verra plus loin l'intérêt de ce changement de position (618).

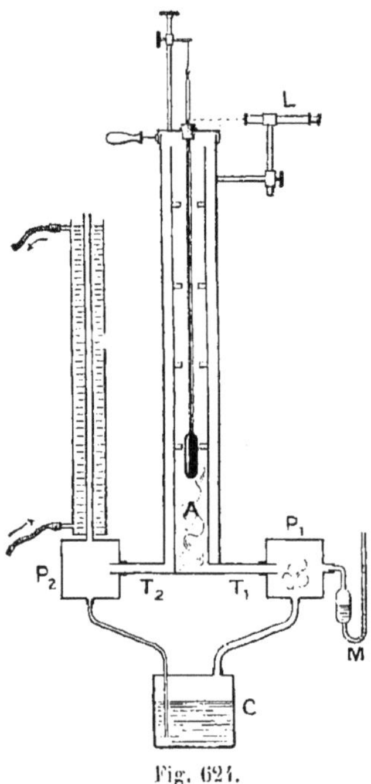

Fig. 624.

Cette étuve comprend une cheminée centrale A (fig. 624), dans l'axe de laquelle le thermomètre est fixé au moyen d'un bouchon de liège, maintenu dans une douille qui ferme exactement la partie supérieure; pour plus de précaution, le thermomètre est encore suspendu à une petite tige fixée à cette douille. L'étuve est supportée par deux tubes horizontaux $T_1$, $T_2$, placés en prolongement l'un de l'autre, et dont l'axe commun servira d'axe de rotation à tout l'appareil, dans deux paliers fixes $P_1$ et $P_2$. La vapeur fournie par la chaudière C arrive, par un tube de plomb feutré, dans le palier $P_1$; elle pénètre dans la cheminée centrale A, puis dans le manchon annulaire qui l'entoure, et elle se rend enfin, par le tube $T_2$, au palier $P_2$. Celui-ci est surmonté d'un tube à condensation, entouré d'un manchon réfrigérant à circulation d'eau froide; la vapeur condensée retourne au fond de la chaudière. — On évalue la *surpression*, c'est-à-dire l'excès de pression que peut présenter la vapeur dans la chaudière, par rapport à la pression atmosphérique, au moyen d'un petit manomètre M, à air libre et à eau colorée, qui communique avec le palier $P_1$.

On observe le sommet de la colonne de mercure dans le thermomètre au moyen d'une petite lunette-viseur L, fixée sur une tige qu'on peut déplacer à volonté parallèlement à la paroi de l'étuve. Quand le sommet de la colonne est devenu stationnaire, on marque sur la tige le point ainsi obtenu.

Pour connaître la température réalisée dans l'expérience, il faut tenir compte de la pression de la vapeur. Soit $H_1$ la pression barométrique en mercure normal, au niveau de l'appareil, $h$ la surpression dans la chaudière, donnée par le manomètre, et également réduite en mercure. La pression étant $H_1$ dans le palier $P_2$, et $H_1 + h$ dans le palier $P_1$, on prend, comme valeur de la pression *autour du thermomètre*, $H = H_1 + \frac{h}{2}$. Or l'expérience a montré que, pour une variation de pression de $27^{mm},25$, la variation de température de la vapeur d'eau est de 1° centigrade, lorsqu'on est, comme c'est ici le cas, au voisinage du point 100. En admettant une interpolation proportionnelle, on aura donc :

$$T - 100 = \frac{H^{mm} - 760}{27,25}, \qquad \text{d'où} \qquad T = 100 + \frac{H^{mm} - 760}{27,25}.$$

610. *Détermination du point zéro.* — La détermination du point zéro doit être faite *immédiatement après* l'opération précédente. Elle consiste à exposer le thermomètre *pendant un court instant* à la température de la glace fondante. On doit prendre pour cela de la glace provenant d'eau distillée; elle doit être finement râpée, fortement tassée et mouillée d'eau distillée. Toutes ces conditions sont nécessaires pour que la température de fusion soit bien constante.

La glace est placée dans une cloche C (fig. 625), munie d'un robinet d'écoulement à sa partie inférieure. Avec une baguette de verre, on y fait un trou dans lequel on plonge le thermomètre. On observe la position d'équilibre rapidement prise par le sommet de la colonne de mercure, et on la marque sur la tige.

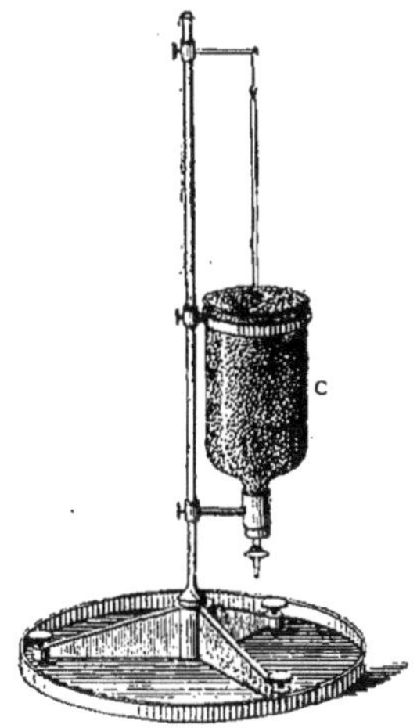

Fig. 625.

611. *Division de la tige.* — Les deux points T et 0 ayant été marqués sur la tige, il reste à diviser la tige en parties d'égale longueur. Pour cela, on mesure la longueur 0 — T, à la machine à diviser; le quotient de cette longueur par T fait connaître la longueur qu'on devra donner à une division, ou *degré* de l'instrument. — On couvre la tige d'une solution de cire et, quand la cire est sèche, on l'enlève progressivement, avec le burin de la machine à diviser, à chacun des traits de division; puis on grave à l'acide fluorhydrique.

612. **Déplacements du zéro.** — Lorsqu'un thermomètre à mercure, après la construction et la graduation, est resté pendant longtemps à la température ambiante, on constate, en le plongeant de nouveau dans la glace fondante, que le point d'arrêt du mercure, c'est-à-dire *le*

*zéro actuel, s'est élevé peu à peu*, avec le temps, au-dessus du zéro primitif; *il en est de même, et de la même quantité*, pour le point 100 : toute l'échelle semble donc éprouver un déplacement progressif, dont il faut tenir compte. C'est ce qu'on nomme l'*ascension lente* ou *marche progressive du zéro*. — Si l'on vient à porter le thermomètre à une température élevée, 150° par exemple, et qu'on le replonge dans la glace fondante, on constate que le *zéro s'est abaissé*, d'autant plus que le thermomètre a été plus fortement chauffé : c'est la *dépression rapide, immédiate du zéro*. Voici quelle est l'interprétation de ce phénomène :

Portons en abscisses les températures normales, en ordonnées les valeurs correspondantes du volume du réservoir; chauffons le thermomètre à partir de 0°, le volume initial étant OA (fig. 626), nous obtenons la courbe AMB; si nous refroidissons ensuite à 0°, le point figuratif décrit très *sensiblement une droite* BC, mais le nouveau volume du réservoir est OC > OA, donc le volume apparent du mercure est plus petit : *le zéro a baissé brusquement*. Si nous avions porté le thermomètre à une température plus élevée que celle qui correspond au point B, par exemple à celle correspondant au point B′, nous aurions obtenu, pendant le refroidissement, la droite B′C′ *parallèle à* BC et le déplacement du zéro eût été plus considérable que dans le cas précédent; ces déplacements atteignent facilement plusieurs dixièmes de degré.

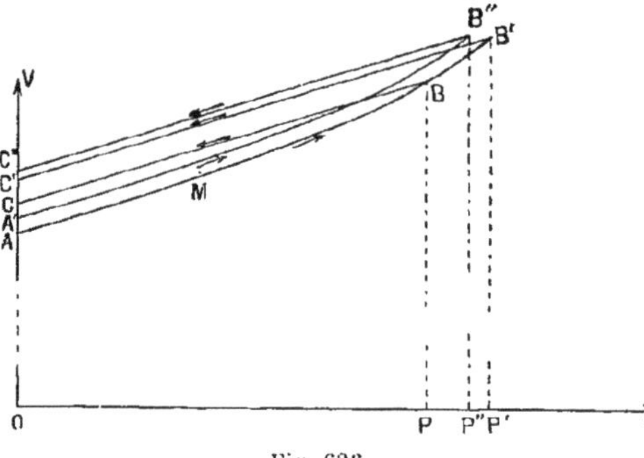

Fig. 626.

Si nous maintenons longtemps le thermomètre à 0°, le volume du réservoir diminue peu à peu et tend à reprendre la valeur initiale OA; le *zéro se relève, mais lentement*; ainsi la vitesse de déplacement par mois, pour un thermomètre en verre dur, varie de 0°,02 pour le premier mois, à 0°,0002 au bout de trois ans.

Si, le volume du réservoir étant représenté par OA′, nous chauffons le thermomètre, le point figuratif décrit la courbe A′B″ et, pendant le refroidissement, la droite B″C″ *parallèle* à BC.

En maintenant pendant *longtemps* un thermomètre à température *élevée*, on observe une ascension du zéro qui peut être considérable. On a noté dans ces conditions un déplacement atteignant 26°.

Despretz a attribué le retard dans la contraction du verre, ou phénomène d'*hystérésis*, à une sorte de *trempe*, éprouvée par le réservoir lors de sa fabrication, par suite du refroidissement brusque qu'il a subi. De ce fait, le réservoir a alors conservé, au moment de la graduation, un *résidu* de dilatation qui ne se dissipe que peu à peu. L'expérience montre, en effet, que l'on atténue notablement le déplacement progressif du zéro, soit par un *recuit* immédiat (chauffage suivi d'un refroidissement très lent), soit en abandonnant le thermomètre à lui-même après sa construction, pendant quelques années, avant de le graduer; mais cette précaution est insuffisante.

C'est pendant le *refroidissement* que la courbe des volumes du réservoir en fonction de la température normale, est une droite; or la dilatation du mercure étant sensiblement une fonction linéaire de la température normale, la *contraction apparente* du mercure, et non sa dilatation apparente, est aussi à peu près une fonction linéaire de cette température; en sorte que, pour définir la température par le thermomètre à mercure, on envisage la contraction apparente et non point la dilatation apparente : on obtient alors sensiblement la température normale.

On s'affranchit des erreurs qu'entraîne le déplacement du zéro, en déterminant ce zéro à chaque mesure de température. Lorsque la température à déterminer $t$ est positive, si le thermomètre a fourni l'indication $l_t$, et si, plongé rapidement dans la glace fondante, il donne comme position actuelle du zéro l'indication $z_t$, on prend comme valeur de $t$ la différence $t = l_t - z_t$. Dans le cas de $t < 0$, il est bon de porter le thermomètre d'abord à $0°$, puis à $t°$.

613. **Autres défauts du thermomètre à mercure.** — Nous venons de voir qu'un thermomètre à mercure n'est pas comparable à lui-même à cause du déplacement du zéro et qu'il en résulte une correction pouvant être très importante. Le thermomètre à mercure présente encore d'autres défauts :

1° Ses indications dépendent de la pression extérieure : quand elle croît, le réservoir est comprimé, son volume diminue, et le ménisque monte dans la tige de $\frac{1}{10000}$ de degré environ pour un accroissement de pression extérieure de $1^{mm}$ de mercure.

2° Ses indications dépendent aussi de la pression intérieure : le résultat de la lecture n'est pas le même suivant que le thermomètre est lu dans la position verticale ou horizontale; dans le premier cas, la pression exercée par la colonne thermométrique sur la paroi intérieure du réservoir est plus grande que dans le second cas; le volume du réservoir est plus considérable, le ménisque s'élève moins haut : la variation de hauteur du ménisque est un peu supérieure à $\frac{1}{10000}$ de degré pour chaque millimètre de la colonne thermométrique.

Les défauts que nous venons d'indiquer font qu'un thermomètre à mercure n'est pas constamment comparable à lui-même. Mais deux thermomètres à mercure ne sont pas comparables entre eux pour d'autres causes encore.

1° La température est mesurée par une contraction apparente; or la contraction apparente dépend de la contraction de l'enveloppe qui varie suivant la nature du verre, et nous verrons plus tard (626) que deux thermomètres, construits avec des verres différents, peuvent accuser dans la même enceinte des températures très nettement différentes ;

2° Nous admettons que la contraction est proportionnelle à la variation de longueur de la colonne thermométrique, ce qui revient à supposer que la section intérieure du tube est constante; or il n'en est rien et la loi qui lie la variation de volume à la longueur comprise entre la division 0 et le sommet du ménisque est nécessairement complexe et change avec le tube.

614. **Définition de la température dans le cas du thermomètre à mercure de précision; intervalle fondamental.** — Les thermomètres à mercure étant seuls pratiques, on a été amené, par nécessité, à en faire des instruments comparables entre eux, au $\frac{1}{1000}$ de degré centigrade, chaque thermomètre étant de plus forcément comparable à lui-même avec la même précision. L'étude systématique de ces instruments, qui a conduit aux résultats remarquables mentionnés précédemment, a été faite au Bureau de Breteuil par MM. P. Chappuis et Ch.-E. Guillaume.

Pour éviter les erreurs provenant de la non-identité de la nature de l'enveloppe, on a convenu, une fois pour toutes, de construire ces enveloppes avec un *verre dur* de composition spéciale et constante, peu fusible et présentant des avantages spéciaux pour la précision des mesures. Afin d'éviter les autres causes d'erreur signalées plus haut, on a adopté la définition suivante :

*La température $t^0$ est une grandeur proportionnelle à la contraction apparente vraie du mercure entre $t^0$ et $0^0$, la pression extérieure étant de $760^{mm}$ de mercure, la pression intérieure étant nulle.* Le coefficient de proportionnalité est défini par la connaissance de la température arbitraire $100^0$. La température ainsi définie dépend du verre choisi (626).

On appelle *intervalle fondamental* la contraction apparente vraie du liquide thermométrique passant de $100^0$ à $0^0$.

615. **Opérations et corrections diverses.** — A cause du déplacement du 0, pour déterminer une température $t$, il faut faire deux lectures $l_t$ et $z_t$, à $t^0$ et $0^0$ : ce sont les *lectures brutes.*

A chacune de ces lectures on fait subir :

*Une correction de calibrage* pour avoir le volume vrai à $0^0$, ou volume apparent vrai compris entre la division 0 et la division lue $l_t$ ou $z_t$; cette correction de calibrage peut atteindre, pour certains tubes, $0^0{,}1$ ;

*Une correction de pression extérieure*, si la pression extérieure sur le réservoir n'est pas de $760^{mm}$ de mercure au moment de la lecture :

*Une correction de pression intérieure*, si, au moment de la lecture, la pression intérieure n'est pas nulle, c'est-à-dire si le thermomètre n'est pas horizontal.

La différence des deux lectures corrigées donne ce que nous avons appelé la *contraction apparente vraie*, ou *lecture réduite*, en fonction d'une unité de volume qui est la centième partie du volume compris entre les divisions 0 et 100.

Si les divisions 0 et 100 n'ont pas été déterminées rigoureusement pour une pression extérieure de 760mm de mercure et pour une pression intérieure nulle, la centième partie du volume compris entre ces divisions, ou *division moyenne*, qui est prise pour unité arbitraire de volume, n'est pas tout à fait égale à la centième partie de l'intervalle fondamental; il faut donc faire subir à la lecture réduite une *correction dite d'intervalle fondamental*, qui est de l'ordre de 0°,001.

Enfin pour passer de la température exprimée en degrés du thermomètre à mercure, à la température normale, il y a lieu de faire une dernière correction (620); entre 0° et 100°, elle atteint au maximum 0°,01 environ.

616. **Correction de calibrage.** — Le calibrage thermométrique peut être fait de deux façons : 1° *avant la construction du thermomètre*, c'est-à-dire en fonction d'une *unité arbitraire*, comme nous le verrons plus loin, à propos des dilatomètres à tige; 2° *après la construction* du thermomètre, et en fonction de la *division moyenne* (100me partie du volume compris entre les traits 0 et 100). C'est seulement ce dernier procédé que nous allons décrire ici, car il est seul usité présentement pour les thermomètres de précision.

Supposons donc le thermomètre préalablement construit et gradué. L'intervalle 0 — 100 étant connu, le problème qui se pose est le suivant : *Étant donné un trait $k$, déterminer, par l'expérience, ce qu'il faut ajouter algébriquement $\Delta_k$ à ce numéro de division, pour avoir le volume exact $k + \Delta_k$, compris depuis ce trait jusqu'au zéro, en divisions moyennes de l'instrument.*

Il faut d'abord pouvoir isoler, dans la tige thermométrique, un index mercuriel de longueur convenable. Pour cela, on tient le thermomètre le réservoir en haut, et on lui imprime une secousse, de manière à engager dans la tige un index plus long que celui qu'on a en vue. On chauffe ensuite le mercure resté dans le réservoir, jusqu'à ce qu'il y ait raccordement des deux parties, et l'on note exactement le numéro du trait de division en regard duquel se fait le raccordement. On laisse alors tout le mercure se contracter par refroidissement, puis, lorsqu'il ne reste plus, au delà du trait en face duquel s'est fait le raccordement, qu'un index de la longueur voulue, on donne une secousse à la tige; la colonne se coupe de nouveau, juste en regard de ce trait, en laissant l'index cherché (¹).

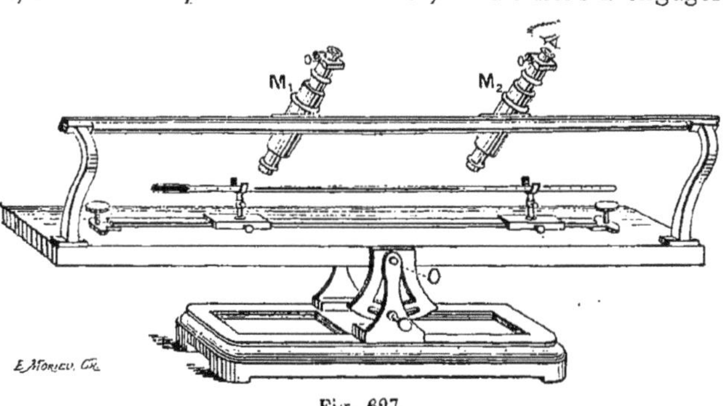

Fig. 627.

(¹) Ce résultat peut s'expliquer par l'influence d une bulle d'air très petite, que le

Supposons qu'on ait isolé de la sorte un index d'une longueur un peu supérieure à 50 divisions entières de l'intervalle 0 — 100; on dispose alors le thermomètre sur un *appareil à calibrage*.

L'appareil à calibrage se compose d'un support pour le thermomètre (fig. 627), et de deux microscopes à réticules micrométriques $M_1$ et $M_2$, mobiles sur une glissière. Par une inclinaison convenable de l'appareil autour d'un axe O perpendiculaire au thermomètre, on amène l'une des extrémités de l'index au zéro (fig. 628), et l'on note, au réticule micrométrique

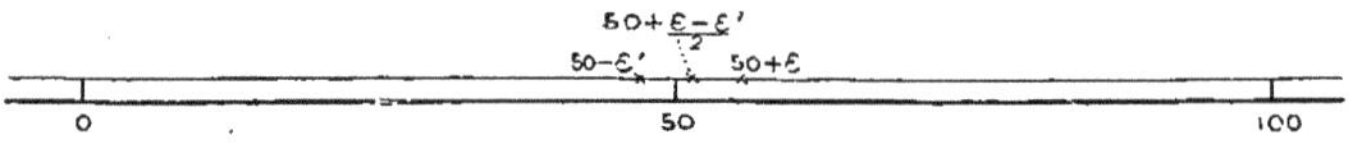

Fig. 628.

de l'un des microscopes, *taré en divisions de la tige*, la position $50+\varepsilon$ de l'autre extrémité. De même, on transporte celle-ci au trait 100, et l'on note la position $50-\varepsilon'$ de l'extrémité antérieure. On sait alors qu'il y a un même volume, du trait zéro au point $50+\varepsilon$, et du point $50-\varepsilon'$ au trait 100, puisque c'est le volume de l'index lui-même. Si donc on retranche la partie commune à ces deux volumes, comprise entre $50-\varepsilon'$ et $50+\varepsilon$, on aura égalité de volume, du trait zéro à $50-\varepsilon'$, et de $50+\varepsilon$ au trait 100. Si l'on admet que la tige soit bien calibrée dans la très petite portion qui s'étend de $50-\varepsilon'$ à $50+\varepsilon$, le milieu de cet intervalle, c'est-à-dire le point d'abscisse $\frac{50+\varepsilon+50-\varepsilon'}{2}$, ou $50+\frac{\varepsilon-\varepsilon'}{2}$, partagera l'intervalle 0 — 100 en deux volumes correspondant exactement chacun à 50 divisions moyennes. Dans ces conditions, le volume en divisions moyennes, compris depuis le zéro jusqu'au trait 50, est égal au nombre 50 diminué ou augmenté du volume $v$ (en division moyenne) compris entre les abscisses $50+\frac{\varepsilon-\varepsilon'}{2}$ et 50. Si l'on convient de considérer $v$ comme algébrique et positif si l'abscisse $50+\frac{\varepsilon-\varepsilon'}{2}$ est supérieure à 50, ou $\varepsilon>\varepsilon'$, on a alors algébriquement

$$50+\Delta_{50}=50-v, \qquad \text{d'où} \qquad \Delta_{50}=-v.$$

Or, en appelant $l$ la longueur absolue d'une division de la tige, et $\sigma$ la section *moyenne* de l'intervalle 0 — 100, le volume absolu de la division moyenne, par définition même de $\sigma$, est $l\sigma$. Si l'on appelle de même $\sigma_{50}$ la section entre les abscisses $50+\frac{\varepsilon-\varepsilon'}{2}$ et 50, le volume algébrique absolu compris entre ces abscisses est $\frac{\varepsilon-\varepsilon'}{2}.l.\sigma_{50}$; par conséquent le volume algébrique $v$, en division moyenne, est

$$\frac{\frac{\varepsilon-\varepsilon'}{2}.l.\sigma_{50}}{l\sigma}=\frac{\varepsilon-\varepsilon'}{2}.\frac{\sigma_{50}}{\sigma}.$$

Mais $\frac{\sigma_{50}}{\sigma}$ est une expression de la forme $1+\eta$, en désignant par $\eta$ une frac-

raccordement précédent a dû loger dans la paroi du tube, à cet endroit même; la secousse aurait pour effet de loger à nouveau cette bulle d'air entre les deux colonnes de mercure, qu'elle séparerait l'une de l'autre.

tion nécessairement très petite; en négligeant donc le produit $\frac{\varepsilon-\varepsilon'}{2}\cdot\eta$ des deux corrections, on aura simplement

$$v=\frac{\varepsilon-\varepsilon'}{2}, \qquad \text{d'où} \qquad \Delta_{50}=-v=\frac{\varepsilon'-\varepsilon}{2}.$$

Avec un index d'une longueur d'environ 25 divisions, on déterminera ensuite $\Delta_{25}$ et $\Delta_{75}$, et ainsi de suite de proche en proche, en isolant chaque fois un index de longueur appropriée. — On finira par obtenir ainsi le tableau complet de calibrage en division moyenne, non seulement dans l'intervalle 0 — 100, mais au delà, tableau qui permettra de faire des lectures exactes en fonction de la division moyenne.

617. **Correction de pression extérieure.** — Pour effectuer les corrections dues aux variations de la pression extérieure, on mesure, par l'expérience, ce qu'on appelle le *coefficient de pression extérieure* du thermomètre : c'est la variation de volume, en division moyenne, du réservoir thermométrique, sous l'action d'un changement de pression extérieure de 1 millimètre de mercure, à partir de la pression normale de 760 millimètres. Quand on connaîtra ce coefficient $\beta_e$, la correction $\Delta_e$ pour une pression extérieure de H millimètres sur le réservoir, sera donnée, en admettant la proportionnalité, par la formule algébrique

$$\Delta_e=\beta_e(760-\mathrm{H})^{mm} \quad (^1)$$

Pour mesurer $\beta_e$, on observe le déplacement de la colonne mercurielle lorsque l'instrument est maintenu à température constante, mais soumis à des pressions différentes. Le thermomètre T (fig. 629) est placé dans un tube muni de deux tubulures latérales à robinets; l'une, A, permet de faire communiquer l'appareil avec l'atmosphère; l'autre, B, avec un grand réservoir dans lequel on a fait le vide à la trompe. Un manomètre M indique l'excès $h$ de la pression atmosphérique sur la pression réduite; l'observation du thermomètre est faite avec une lunette-viseur L. Le thermomètre est entouré de glycérine, pour faciliter les lectures et pour diminuer l'espace de rentrée d'air par la tubulure A. On ouvre donc A, et l'on fait une lecture thermométrique $a_1$, sous la pression atmosphérique H s'exerçant à la surface de la glycérine. On ferme A, on ouvre B et l'on fait une autre lecture thermométrique $a_2$ sous la pression $\mathrm{H}-h$ à la surface de la glycérine. On ferme B, on ouvre de nouveau A, et l'on fait une nouvelle lecture $a_3$ sous la pression atmosphérique. On prend alors, comme lecture sous la pression atmosphérique, $\frac{a_1+a_3}{2}$, et l'on peut écrire, en admettant la proportionna-

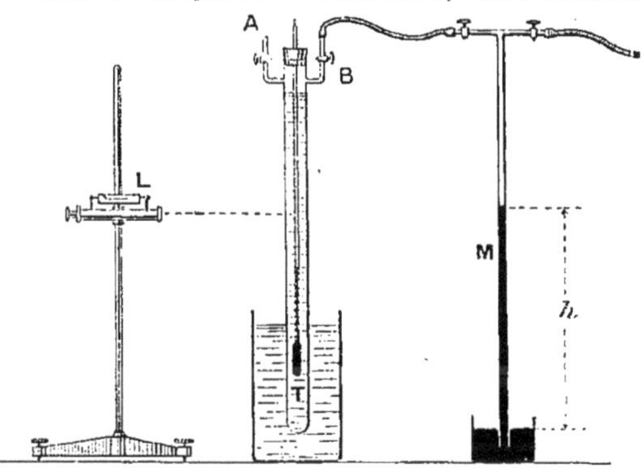

Fig. 629.

(1) Une des principales causes de variation de H provient du changement de longueur de la portion de tige thermométrique immergée, car le thermomètre peut plonger plus ou moins dans un liquide, suivant les cas.

lité des variations de lecture aux variations de pression transmises au réservoir,

$$\frac{a_1+a_3}{2}-a_2=\beta_e.[\mathrm{H}^{mm}-(\mathrm{H}-h)^{mm}]=\beta_e.h.$$

Les valeurs de $\beta_e$ tirées de cette formule varient, pour les divers instruments, de 0,00010 à 0,00015.

618. **Correction de pression intérieure.** — Pour faire cette correction, on calcule le *coefficient* $\beta_i$ *de pression intérieure*; c'est la variation totale du volume du mercure et du réservoir, en division moyenne, sous l'action d'un accroissement de colonne mercurielle verticale de 1 millimètre à partir du centre du réservoir. Ce coefficient se déduit du coefficient $\beta_e$, et des coefficients de compressibilité du mercure et du verre $\xi_m$ et $\xi_v$, par la formule

$$\beta_i=\beta_e+k(\xi_m-\xi_v).$$

$k$ étant un coefficient constant. En remplaçant les lettres par leurs valeurs, on a $\beta_i=\beta_e+0{,}000015$. Il résulte de là que $\beta_i$ varie, d'un thermomètre à l'autre, de 0,000115 à 0,000145. — Pour utiliser ce coefficient, établissons la formule de correction de pression intérieure. Soit $d$ la distance, en millimètres, du trait zéro au centre du réservoir, à partir duquel nous compterons les colonnes mercurielles; et remarquons que, si les portions supérieures du réservoir supportent une pression intérieure moindre que ce point central, les portions inférieures supportent une pression intérieure plus grande, d'où résulte une compensation. Soit de même $l$ la longueur d'une division de la tige, en millimètres, et $n$ le numéro de division auquel s'arrête la colonne mercurielle en position verticale. Soit enfin $\Delta_i$ la correction de pression intérieure, à ajouter à la lecture $n$ pour obtenir la véritable lecture, en division moyenne, qu'on aurait eue en position horizontale; on a évidemment

$$\Delta_i=(d+nl)\,\beta_i\,(^1).$$

*Remarque.* — Pour avoir la pression intérieure, il faudrait encore tenir compte de la *pression capillaire* due au ménisque; la forme du ménisque étant variable, il est impossible, dans chaque cas, d'évaluer cette pression; c'est l'une des raisons pour lesquelles la précision du thermomètre à mercure est limitée à 0°,001.

619. **Correction d'intervalle fondamental.** — Lorsqu'on a fait subir à chacune des deux lectures brutes $l_t$ et $z_t$, relatives à la mesure d'une température $t$, les trois corrections précédentes, c'est-à-dire $\Delta_l$, $\Delta_e$, $\Delta_i$, pour $l_t$, et $\Delta_z$, $\delta_e$, $\delta_i$ pour $z_t$, la différence

$$l_t+\Delta_l+\Delta_e+\Delta_i-(z_t+\Delta_z+\delta_e+\delta_i)$$

est ce qu'on appelle la *lecture réduite* $t_r$. Elle représente la température cherchée, en fonction de la division moyenne, mais non encore la température en *degrés centigrades*, car une division moyenne ne correspond pas exactement au degré centigrade. En effet, l'intervalle fondamental de 100 degrés

(1) Si l'on connaissait une valeur de $\Delta_i$, on pourrait, tout le reste étant connu, vérifier la valeur théorique de $\beta_i$. Or, par exemple, l'étuve à point 100 a permis de repérer deux positions du mercure à la même température T, l'une en position horizontale, l'autre en position verticale. Si on les a marquées toutes deux sur la tige, une fois la graduation et le calibrage effectués, le volume entre ces deux repères, évalué en division moyenne, donne la correction $\Delta_i$ correspondante, pour laquelle on connaît $d$, $l$, $n$, et l'on peut ainsi évaluer $\beta_i$.

centigrades correspond à l'intervalle qui serait compris entre les niveaux du mercure en position *horizontale*, dans la vapeur d'eau bouillant sous la *pression normale*, et dans la glace fondante, sous *pression normale* également autour du réservoir. Or aucune de ces conditions n'a été rigoureusement réalisée. Pour trouver la valeur de la division moyenne en degrés centigrades, il suffit de faire subir aux lectures correspondant aux points fixes, marqués sur la tige T et 0, les corrections qui leur correspondent en division moyenne de l'intervalle 0 — 100; soit $T + \Delta + \Delta_e + \Delta_i$ la lecture corrigée pour le trait T, en position verticale, et $\delta_e + \delta_i$ pour le zéro (car $z_i = 0$ et $\Delta_i = 0$) ; alors $(T + \Delta + \Delta_e + \Delta_i - \delta_e - \delta_i)$ divisions moyennes correspondent exactement à T° centigrades; il en résulte que la division moyenne vaut, en degrés centigrades,

$$\frac{T}{T + \Delta_T + \Delta_e + \Delta_i - \delta_e - \delta_i} = \rho;$$

par conséquent la lecture réduite $t_r$ en divisions moyennes vaut, en degrés centigrades,

$$t^{0C.} = \rho t_r.$$

La correction d'intervalle fondamental $\Delta_{if}$, c'est-à-dire la quantité à ajouter à $t_r$ pour obtenir $t^{0C.}$, est donc définie par

$$t^{0C.} = t_r\rho = t_r + \Delta_{if}, \qquad \text{d'où} \qquad \Delta_{if} = t_r(\rho - 1).$$

Le coefficient $\rho - 1$ est ce qu'on appelle l'*argument* de la Table de correction d'intervalle fondamental. Dans la pratique, au lieu de multiplier $t_r$ par $\rho$ pour obtenir $t^{0C}$, on le multiplie par l'argument $\rho$-1 pour avoir $\Delta_{if}$, d'où

$$t^{0C.} = t_l + \Delta_l + \Delta_e + \Delta_i - (z_i + \Delta_z + \delta_e + \delta_i) + \Delta_{if}.$$

Les lectures ainsi corrigées de toutes les influences perturbatrices permettent de réduire les erreurs à quelques millièmes de degré, dans l'intervalle 0 — 100, la limite étant 0°,001.

620. **Comparaison du thermomètre à mercure de précision avec le thermomètre normal.** — Les phénomènes et les corps qui servent à repérer la température, avec ces deux thermomètres, n'étant pas les mêmes, les échelles sont évidemment différentes. Voici les résultats numériques des comparaisons effectuées par M. P. Chappuis; en désignant par $T_N$ la température centigrade normale, par $T_{H_E}$ celle du thermomètre à mercure en verre dur :

| $T_N$ | —25 | 0 | 25 | 50 | 75 | 100 |
|---|---|---|---|---|---|---|
| $T_N - T_{H_E}$ | + 0,235 | 0,000 | — 0,095 | — 0,105 | — 0,082 | 0,000 |

Ces résultats sont traduits par la courbe de la figure 630. La différence maximum entre 0 et 100, a lieu pour $T_N = 40°$; elle ne dépasse guère — 0°,1.

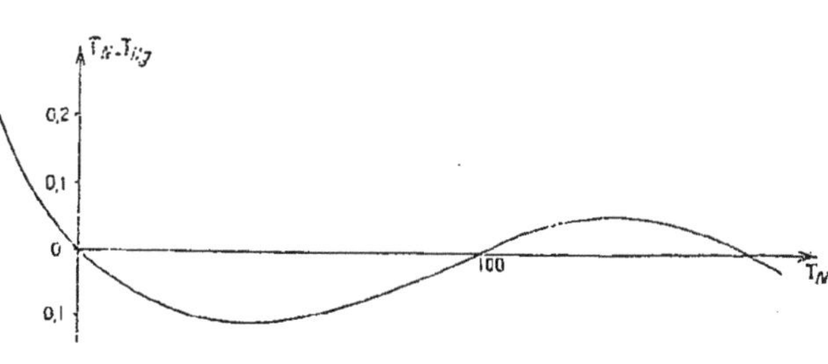


Fig. 630.

621. **Exemple d'une détermination de température avec un thermomètre à mercure de précision.** — *Un thermomètre est plongé verticalement dans un bain d'eau, le centre du réservoir étant placé à $30^{cm}$ au-dessous du niveau de l'eau et à $5^{cm},8$ de la division 0; les lectures et corrections pour ce thermomètre particulier sont données par le tableau suivant :*

| | |
|---|---|
| Lecture brute à $t^0$.................................. | $38^0,735$ |
| à $0^0$.................................. | $-\ 0^0,065$ |

| | Température à mesurer. | Zéro correspondant. |
|---|---|---|
| Pression barométrique réduite.................. | $756^{mm},2$ | $756^{mm},4$ |
| $30^{cm}$ d'eau équivalent à.......................... | $22^{mm},1$ | |
| $5^{cm},8$ — — ........................ | | $4^{mm},3$ |
| | $778^{mm},3$ | $760^{mm},7$ |
| Lectures brutes.................................. | $38^0,735$ | $-\ 0^0,065$ |
| Correction de calibrage........................ | $+\ 0^0,008$ | $0^0,000$ |
| — de pression extérieure.............. | $-\ 0^0\ 003$ | $0^0.000$ |
| — de pression intérieure............ | $+\ 0^0,039$ | $+\ 0^0,008$ |
| — de zéro.............................. | $+\ 0^0.057$ | $-\ 0^0,057$ |
| Lecture réduite.................................. | $38^0.926$ | |
| Correction d'intervalle fondamental........... | $-\ 0^0.030$ | |
| Température dans l'échelle du thermomètre à mercure.................................... | $38^0,896$ | |
| Correction de température centigrade normale. | $-\ 0^0.107$ | |
| Température centigrade normale.............. | $38^0,789$ | |

*Remarque.* — Sur cet exemple particulier, l'ensemble des corrections, pour avoir la température dans l'échelle du thermomètre à mercure, est $0^0,161$, et pour avoir la même température dans l'échelle centigrade normale, la correction totale est $0^0,054$.

622. **Correction due à la colonne émergente.** — Il arrive fréquemment que tout le thermomètre n'est pas dans l'enceinte dont on cherche la température; tout le mercure n'est pas à cette température, l'indication est donc fausse.

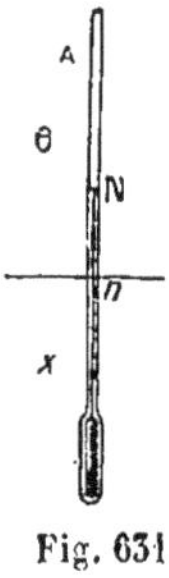

Soit un thermomètre A (fig. 631) plongé dans un bain à température inconnue $x$ : il émerge dans l'atmosphère qui est à la température $\theta$ : désignons par N la division de la tige en face de laquelle se trouve le ménisque, par $n$ la division d'affleurement de la tige dans le bain, par $a$ le coefficient de dilatation apparente (671) du mercure dans le verre; prenons pour unité de volume celui d'une division de la tige : le volume apparent de la colonne de mercure comprise entre les divisions $n$ et N est donc $N-n$; amenons ce mercure de $\theta^0$ à $0^0$, son volume sera $\frac{N-n}{1+a\theta}$, puis portons-le à $x^0$, le volume apparent deviendra $\frac{N-n}{1+a\theta}(1+ax)$, ou très sensiblement $(N-n)[1+a(x-\theta)]$ :

Fig. 631.

tout le mercure du thermomètre est alors à $x^0$, l'instrument accuse la véritable température $x$, le volume apparent total à partir du zéro est donc $x$, donné par l'expression :

$$x = n + (N-n)[1 + a(x-\theta)] = N + a(N-n)(x-\theta), \tag{1}$$

d'où

$$x = \frac{N - a(N-n)\theta}{1 - a(N-n)}$$

La correction

$$(1) \qquad x - N = a(N-n)(x-\theta)$$

croît avec N. Pour nous rendre compte de l'importance de cette correction, prenons un exemple particulier. On a toujours très sensiblement :

$$a = 0{,}00016, \qquad \theta = 15^{\circ};$$

faisons

$$n = 0, \quad N = 100; \qquad \text{il vient :} \qquad x = 101^{\circ}{,}382.$$

La correction est de plus de 1°.

*Remarque.* — La différence $x - N$ étant en général faible, dans le second membre de (1), on remplace $x$ par N et on a la relation approchée

$$(2) \qquad x - N = a(N-n)(N-\theta);$$

si on l'applique au cas précédent, on trouve

$$x - N = 1^{\circ}{,}360,$$

on fait ainsi, sur la correction, une erreur par défaut de 0°,022; la relation (2) serait donc insuffisante dans le cas d'une mesure de précision.

623. **Importance relative des diverses corrections.** — Les corrections les plus importantes sont celles relatives au déplacement du zéro et à la colonne émergente ; elles peuvent facilement atteindre l'une et l'autre plusieurs degrés; sauf dans les mesures peu précises, il y a presque toujours lieu de les faire.

Les autres corrections peuvent tout au plus altérer le chiffre des dixièmes de degré : elles sont indispensables seulement dans le cas de mesures précises.

624. **Sensibilité d'un thermomètre à mercure.** — Un thermomètre est d'autant plus sensible qu'il permet d'évaluer une fraction plus petite du degré centigrade. Sur un thermomètre à tige, cela est évidemment d'autant plus facile que la longueur $l$ de la division qui correspond au degré est plus grande. Or, si l'on désigne par $r$ le rayon de la tige supposée cylindrique, le volume correspondant au degré est $\pi r^2 l$; si nous représentons par $a$ le coefficient de dilatation apparente (671) du mercure dans le verre, par $V_0$ le volume du réservoir :

$$\pi r^2 l = a V_0,$$

d'où

$$l = \frac{a V_0}{\pi r^2};$$

$a$ est une constante qui, pour le verre dur, est égale à 0,00016 ou $\frac{1}{6250}$.

La sensibilité est proportionnelle à $V_0$, en raison inverse de $r^2$.

Pour faire croître la sensibilité, on agit en général sur $r$ plutôt que sur $V_0$ et l'on construit des thermomètres à tiges suffisamment fines, dans lesquels on subdivise facilement le degré en 50 ou 100 parties égales. Il ne faut cependant pas exagérer la finesse de la tige, à cause des erreurs qui peuvent provenir de la pression capillaire, et dont l'influence est encore mal connue.

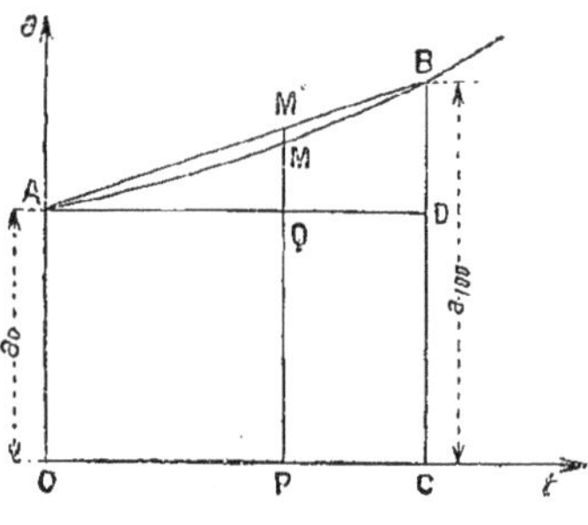


Fig. 632.

625. **Comparaison de deux échelles thermométriques.** — Soit à définir la température $\mathfrak{T}$ au moyen d'une grandeur $a$, qui est fonction de la température normale $t$ :

$$a = f(t);$$

traçons une courbe en portant en abscisse $t$, en ordonnée $a$ (fig. 632). Calculons la température $\mathfrak{T}$ qui correspond à la température normale $t$; par définition (595) :

$$\frac{\mathfrak{T}}{f(t)-f(0)} = \frac{100}{f(100)-f(0)}.$$

Or, sur la figure,

$$\mathrm{OC}=100, \quad \mathrm{OP}=t, \quad \mathrm{OA}=f(0), \quad \mathrm{OM}=f(t), \quad \mathrm{OB}=f(100);$$

en tenant compte de ces égalités il est facile de voir que

$$\frac{\mathfrak{T}}{\mathrm{QM}} = \frac{100}{\mathrm{DB}}$$

menons la droite AB, marquons l'intersection M' de PM avec AB, la similitude des triangles AQM', ADB nous donne

$$\frac{t}{\mathrm{QM'}} = \frac{100}{\mathrm{DB}}.$$

Pour que $\mathfrak{T}=t$, il faudrait que $\mathrm{QM}=\mathrm{QM'}$, c'est-à-dire que AMB fût une droite : $a$ devrait être une fonction linéaire de $t$. Dans le cas de la figure, on a $\mathfrak{T}<t$ pour les valeurs de $t$ comprises entre 0° et 100°.

626. **Comparaison des divers thermomètres à mercure.** — Soient d'une manière générale $t$ et $\mathfrak{T}$ les indications de deux thermomètres, à la même température; la différence $t-\mathfrak{T}$ est une fonction continue de l'une des températures, $t$ par exemple; elle doit s'annuler pour $t=0$ et $t=100$; on peut donc écrire

$$t-\mathfrak{T} = t(100-t)(\mathrm{A}+\mathrm{B}t+\ldots.)$$

Dans le cas des thermomètres à mercure, l'expérience prouve que la fonction $\mathrm{A}+\mathrm{B}t+\ldots$ est réduite au premier terme,

$$t-\mathfrak{T} = \mathrm{A}t(100-t).$$

Voici quelques résultats numériques :

| *Température normale.* | *Température des thermomètres à mercure :* | | | |
|---|---|---|---|---|
| | Cristal de Choisy. | Verre ordinaire. | Verre vert. | Verre de Suède. |
| 150°............ | 150,40 | 149,80 | 150,30 | 150,15 |
| 200°............ | 201,25 | 199,70 | 200,80 | 200,50 |
| 250°............ | 255,00 | 250,05 | 254,85 | 251,44 |

627. **Mesure des températures élevées.** — 1° *Méthode des thermomètres à gaz.* — On remplace l'hydrogène par l'azote ou l'argon (602); les réservoirs en verre vert peuvent servir jusqu'à 500°, ceux en porcelaine jusqu'à 1200°; ceux en platine iridié (602) permettent d'atteindre 1500°; on opère sous *volume constant* pour éviter les déformations.

2° *Méthode des couples thermo-électriques.* — Étant donné un couple thermo-électrique dont l'une des soudures est à une température fixe, la force électromotrice varie avec la température de l'autre soudure; la connaissance de cette force électromotrice permet donc, le couple ayant été étalonné, de déterminer la température de la soudure chaude. M. Le Chatelier, qui a beaucoup étudié cette question, recommande l'emploi d'un couple platine, platine-rhodié, dont les indications sont très constantes, et qui permet d'évaluer les températures jusqu'à plus de 1000° avec une erreur maximum de quelques degrés; il sert jusqu'à 1700°.

3° *Méthode des résistances électriques.* — Pour les *métaux et les alliages*, la résistance électrique croît avec la température : si $\rho_0$ et $\rho$ sont les résistances spécifiques à 0° et $t°$, l'expérience prouve qu'on a la relation

$$\rho = \rho_0 (1 + at),$$

$a$ étant un coefficient variable avec la nature du conducteur et qui, pour le platine, est voisin du coefficient de dilatation des gaz. Plus exactement pour le platine $\rho = \rho_0 (1 + 0{,}003\,448\, t - 0{,}000\,000\,535\, t^2)$.

La mesure de la résistance d'un fil de platine à une température inconnue $t$ permet donc de déterminer cette température. La méthode est sensible.

4° *Méthode calorimétrique.* — De la quantité de chaleur dégagée par une masse de platine connue, pour passer de la température inconnue $x$ à la température finale du calorimètre, on déduit $x$, la chaleur spécifique en fonction de la température ayant été déterminée par des expériences préliminaires (646). Cette méthode est due à M. Violle.

5° *Méthode des pouvoirs émissifs.* — On mesure l'énergie des radiations émises par un corps *noir* porté à la température inconnue, ou encore le pouvoir émissif de ce corps pour une radiation donnée, et on en déduit la température cherchée. Aujourd'hui cette méthode est assez précise pour permettre d'évaluer une température de 2000° à 5° près environ (MM. Lummer et Pringsheim).

6° *Méthode des indices.* — On mesure l'indice de l'air, à la température inconnue, par une méthode interférentielle; en appliquant la loi de Gladstone (561), on en déduit la température du gaz (M. D. Berthelot).

628. **Mesure des basses températures.** — 1° *Méthode des thermomètres à gaz.* — Le thermomètre à hydrogène convient très bien, ce gaz se liquéfiant seulement à — 252°,8 sous la pression atmosphérique. On peut pousser plus loin avec l'hélium qui se liquéfie seulement à — 267° sous la pression normale, et repérer des températures inférieures à cette dernière en opérant sous *pression réduite*. Il y a du reste avantage, aux basses températures, à opérer dans ces conditions, car les propriétés de l'hélium sous pression réduite sont voisines de celles des gaz parfaits, et l'on définit ainsi des températures voisines de l'échelle absolue (605).

2° *Méthode des thermomètres à liquides.* — Les thermomètres à mercure, toluène, alcool, pentane permettent d'atteindre respectivement les températures de — 38°,8, — 98°, — 130°, — 220°. Les échelles de ces thermomètres s'éloignent très sensiblement du reste, vers ces basses températures, de l'échelle thermométrique normale et il faut tenir compte de ces écarts, ainsi pour $T_N = -200°$, le thermomètre à pentane donne — 173°,99.

3° *Méthode des résistances électriques.* — Comme dans le cas de la mesure des températures élevées, cette méthode est basée sur la variation de la résistance électrique d'un fil métallique en fonction de la température; elle perd beaucoup de sensibilité vers le zéro absolu.

*Remarque.* — La méthode des couples thermo-électriques est encore applicable; on emploie parfois les couples fer-constantan ou platine-maillechort, mais on s'en tient surtout aux procédés précédents.

629. **Échelles thermométriques Réaumur** [1] **et Fahrenheit** [2]. — Dans l'échelle *Réaumur*, on marque 0 dans la glace fondante, et 80 dans la vapeur d'eau bouillante. Dans l'échelle *Fahrenheit*, les mêmes températures sont numérotées 32 et 212. — Entre la température de la glace fondante et celle de la vapeur d'eau bouillante, il y a donc 100 degrés centigrades, 80 degrés Réaumur et 180 degrés Fahrenheit; par suite, 1 degré centigrade vaut $\frac{4}{5}$ de degré Réaumur, et $\frac{9}{5}$ de degré Fahrenheit. Soit alors une même température, mesurée par les trois nombres $t_c$, $t_r$, $t_f$, en degrés des échelles centigrade, Réaumur, Fahrenheit, et proposons nous d'établir les relations qui lient ces trois nombres. Puisque 1 degré centigrade vaut $\frac{4}{5}$ de degré Réaumur, $t_c$ degrés centigrades valent $\frac{4}{5}\times t_c$ degrés Réaumur; par suite, comme le zéro est commun aux deux échelles, on a

$$\frac{4}{5}t_c = t_r. \tag{1}$$

De même, 1 degré centigrade valant $\frac{9}{5}$ de degré Fahrenheit, $t_c$ degrés centigrades valent $\frac{9}{5}\times t_c$ degrés Fahrenheit; mais, entre la glace fondante et la température commune à mesurer, il n'y a que $t_f - 32$ degrés Fahrenheit; on a donc

$$\frac{9}{5}t_c = t_f - 32. \tag{2}$$

L'échelle Réaumur est tout à fait abandonnée. Les physiciens emploient uniquement l'échelle centigrade.

[1] Réaumur (1683-1757), physicien français.
[2] Fahrenheit (1686-1740), physicien allemand.

# CALORIMÉTRIE

630. **Notion de quantité de chaleur. — Quantités de chaleur égales et multiples.** — Lorsqu'un corps s'échauffe ou se refroidit, on dit qu'il éprouve un *gain* ou une *perte de chaleur*. La chaleur est donc une *grandeur susceptible d'augmentation ou de diminution* dans un même corps.

Pour définir des quantités de chaleur *égales* ou *multiples*, nous admettrons que ces quantités de chaleur sont proportionnelles soit aux masses du combustible qui les produit, dans les mêmes conditions, soit aux masses d'une même matière dans lesquelles ces quantités de chaleur produisent, dans des conditions données, une même variation thermométrique, ou un même phénomène de changement d'état. La chaleur est donc, d'après cette définition, une grandeur susceptible de mesure, au moyen d'une unité de même espèce. Nous ne ferons d'ailleurs, à cet égard, aucune distinction entre les quantités de chaleur de diverses origines, c'est-à-dire de longueurs d'onde différentes; nous supposerons aussi que la chaleur considérée comme *cause d'échauffement* est la même à toute température et, par suite, qu'on peut comparer des quantités de chaleur à 0° et à 100°, par exemple : cette manière de voir est légitimée par ce fait d'un autre ordre, à savoir qu'une quantité de chaleur ainsi définie et mesurée, possède un *équivalent mécanique* constant, indépendant de son origine (659).

631. **Calorimétrie.** — La Calorimétrie a pour but la mesure des quantités de chaleur dont l'absorption ou le dégagement correspondent à trois sortes de phénomènes physiques ou chimiques :

1° *Dilatations*, ou variations de température accompagnées de changements de volume ou de changements de force élastique;

2° *Changements d'état*, accompagnés de variations de volume à température constante, dans les conditions indiquées par l'étude de chacun de ces phénomènes.

3° *Combinaisons chimiques*, accompagnées souvent à la fois de variations de température, de volume, de pression et de changements d'état.

Il y a donc lieu de subdiviser la Calorimétrie en trois parties, correspondant aux mesures des quantités de chaleurs suivantes :

1° *Chaleurs spécifiques*, quantités de chaleur nécessaires pour produire sur l'unité de masse des divers corps, solides, liquides, gazeux, une variation de température de 1 degré, dans des conditions déterminées;

2° *Chaleurs de changements d'état*, ou quantités de chaleur nécessaires pour produire, sur l'unité de masse des divers corps, tel ou tel changement d'état, sans variation de température, dans des conditions déterminées. On les désigne parfois sous le nom de chaleurs *latentes*, en ce sens qu'elles ne correspondent à aucune variation de température ;

3° *Chaleurs de combinaison chimique*, quantités de chaleur qui correspondent à la formation de la molécule des divers corps composés, à une température et sous un état déterminés. — Nous laisserons de côté cette troisième partie, qui appartient à la Thermochimie.

632. **Principes calorimétriques.** — *Principe des transformations inverses.* — La quantité de chaleur nécessaire pour produire une transformation, dans des conditions bien déterminées, est égale à la quantité de chaleur abandonnée par la transformation exactement inverse.

*Principe de l'égalité des échanges de chaleur.* — Lorsque deux systèmes de corps n'échangent rien avec le milieu extérieur et n'échangent entre eux que de la chaleur, il y a égalité entre la somme des quantités de chaleur gagnées par l'un des systèmes et la somme des quantités de chaleur perdues par l'autre.

Ces deux principes ne sont pas évidents, car nous savons (659) que la chaleur peut être *créée* ou *détruite*, ils constituent un cas particulier du principe de la conservation de l'énergie, appliqué à la Calorimétrie.

633. **Unité de quantité de chaleur. — Calorie.** — Le Congrès international de Physique de 1900 a choisi, pour *unité de quantité de chaleur*, la quantité nécessaire pour élever de 15° à 16° centigrades la température de 1 gramme d'eau liquide, sous la pression normale. — Cette unité thermique est la *chaleur spécifique de l'eau* (636) dans ces conditions : c'est la *calorie-gramme* ou *petite calorie*. On se sert souvent, surtout en Thermochimie, d'une unité mille fois plus grande, la *calorie-kilogramme* ou *grande calorie* [1], qui est la quantité de chaleur nécessaire pour élever 1 kilogramme d'eau liquide de 15° à 16°.

La calorie-gramme correspond à $4,187 \times 10^7$ *ergs*, c'est-à-dire $4^{\text{joules}},187$, à moins de $\frac{1}{2000}$ près (662). Elle présente l'avantage de se confondre très sensiblement, à moins de $\frac{2}{1000}$ près, avec la *calorie moyenne* de l'intervalle 0°-100°, centième partie de la quantité de chaleur nécessaire pour porter 1 gramme d'eau de 0° à 100°.

On appelait autrefois calorie la quantité de chaleur nécessaire pour élever de 0° à 1° la température de $1^g$ d'eau.

Les travaux de Regnault sur les chaleurs spécifiques de l'eau (636), par la méthode des mélanges, entre 0° et 200°, l'avaient conduit à l'expression suivante de la quantité de chaleur nécessaire pour échauffer l'unité de masse d'eau de 0° à $t°$ :

$$Q_0^t = t + 0,000\,02\,t^2 + 0,000\,0003\,t^3.$$

[1] Dans l'expression des résultats numériques on désigne ordinairement les grandes calories par la notation *Cal*; les petites calories, par la notation *cal*.

Depuis, on a trouvé, en mesurant les quantités de travail mécanique ou d'énergie électrique qui correspondent aux échauffements d'une masse donnée d'eau à partir de diverses températures, qu'en réalité la chaleur spécifique de l'eau n'est pas constamment croissante avec la température : elle passe par un minimum, au voisinage de 40° (645). Cette chaleur spécifique minimum, serait environ 0,9970, tandis que la chaleur spécifique entre 0° et 1°, ou l'ancienne calorie en fonction de la nouvelle, serait voisine de 1,0080. Tous ces nombres sont d'ailleurs assez peu différents de l'unité pour que, dans des mesures calorimétriques de précision moyenne, on puisse prendre pratiquement la chaleur spécifique moyenne de l'eau dans l'intervalle de température où l'on opère habituellement avec ce liquide, cet intervalle étant compris entre 0° et 30°, par exemple, comme égale à l'unité, quelle que soit la calorie adoptée. Une masse de M grammes d'eau exige donc, pour s'élever de $t$ à T, dans ces limites, un nombre Q de calories défini par $Q = M(T - t)$. C'est du reste parce que, dans la méthode des mélanges, la température de l'eau est toujours pratiquement voisine de 15°, qu'on a choisi une unité de quantité de chaleur, telle que la chaleur spécifique de l'eau de 15° à 16° soit rigoureusement égale à l'unité, et par suite très voisine de l'unité dans l'intervalle de températures où l'on effectue les mesures.

634. **Loi du refroidissement de Newton**. — Avant d'aborder les méthodes calorimétriques, nous énoncerons encore la loi du refroidissement de Newton, qui nous sera utile plus loin.

Lorsque la température d'un corps, qui se refroidit ou s'échauffe par rayonnement, sans changement d'état, ne diffère de celle de l'enceinte que d'un petit nombre de degrés, *la vitesse d'échauffement ou de refroidissement*, c'est-à-dire la variation moyenne de température par unité de temps, pendant un temps très court, *est proportionnelle à l'excès de la température ambiante sur la température moyenne du corps* pendant ce temps. Soit $\theta_1$ la température du corps à l'époque $x$, et $\theta_2$ sa température à l'époque $x + \Delta x$; soit $\Delta\theta$ la variation de température due au rayonnement seul pendant cet intervalle, et $\tau$ la température ambiante; on a, d'après Newton,

$$\frac{\Delta\theta}{\Delta x} = A\left(\tau - \frac{\theta_1 + \theta_2}{2}\right),$$

A, étant, sous cette forme, un coefficient positif, et la formule étant algébrique.

Le coefficient A dépend évidemment, pour un même milieu ambiant, de la nature et de la masse du corps considéré, c'est-à-dire de sa *capacité calorifique* (produit de sa masse par sa chaleur spécifique), ainsi que de l'état de la surface. — Voici, en effet, par quelles considérations Newton a été conduit à la loi précédente. Soit $\Delta Q$ la quantité de chaleur correspondante à la variation $\Delta\theta$, et soit K la capacité calorifique du corps, on a d'abord : $\Delta Q = K.\Delta\theta$. D'autre part, si S désigne la surface du corps, E un coefficient dépendant de la nature de cette surface, et $f(\tau-\theta)$ une certaine fonction de la différence $\tau-\theta$, fonction caractérisant l'intensité du rayonnement par unité de temps, pour $E=1$ et $S=1$, on a également $\Delta Q=SE.\Delta x.f\left(\tau-\frac{\theta_1+\theta_2}{2}\right)$. En égalant ces deux expressions de $\Delta Q$, il vient :

$$\frac{\Delta\theta}{\Delta x}=\frac{ES}{K}f\left(\tau-\frac{\theta_1+\theta_2}{2}\right).$$

C'est cette fonction $f$ que Newton réduit au premier terme de son développement en série, en posant :

$$\frac{\Delta\theta}{\Delta x}=A\left(\tau-\frac{\theta_1+\theta_2}{2}\right).$$

Si le corps ne reçoit ou ne perd, pendant le temps $\Delta x$, aucune autre quantité de chaleur capable de faire varier sa température, en dehors du rayonnement, on a $\Delta\theta=\theta_2-\theta_1$, ce qui fournit A. Si, indépendamment du rayonnement, il y a pour le corps une autre cause de variation de température, $\Delta\theta$ représente alors la variation sous la seule action du rayonnement; sans lui, à l'époque $x+\Delta x$, la température eût été $\theta_2-\Delta\theta$. C'est là ce que nous aurons à appliquer plus loin.

635. **Méthodes calorimétriques.** — On peut distinguer trois méthodes calorimétriques générales :

1° *Méthode à température fixe, par fusion ou condensation.* — Cette méthode consiste à déterminer la masse M d'un corps, glace à 0°, ou vapeur saturante à la température d'ébullition, dont la quantité de chaleur cherchée Q provoque la fusion (chaleur dégagée), ou détermine la condensation (chaleur absorbée). Si $\lambda$ désigne la chaleur de changement d'état du corps calorimétrique, on a $Q=M\lambda$.

2° *Méthode des mélanges.* — Elle consiste à apporter au sein d'une masse d'eau M la quantité de chaleur à mesurer Q et à déterminer les températures initiale et finale $\theta_0$ et $\theta_1$ de cette eau, ces températures étant comprises dans les limites entre lesquelles on peut considérer la chaleur spécifique de l'eau comme égale à l'unité (633). — On a algébriquement $Q=M(\theta_1-\theta_0)$.

Comme cas particulier, la température de cette masse d'eau peut être maintenue constante, par une soustraction ou une addition de chaleur Q', et alors $Q=Q'$. C'est là une variante de la méthode des mélanges, dite méthode *à température stationnaire.*

3° *Méthode du refroidissement*, fondée sur le rayonnement.

On pourrait, dans une question de calorimétrie générale, développer les principes de ces différentes méthodes, sans spécifier s'il s'agit de chaleur spécifique, de chaleur de changement d'état, ou de chaleur de combinaison. Pour plus de simplicité, nous exposerons seulement les deux premières méthodes, qui sont les plus importantes, en les appliquant d'abord à la mesure des chaleurs spécifiques en particulier.

## CHALEURS SPÉCIFIQUES

636. **Définitions relatives aux chaleurs spécifiques.** — Il y aurait lieu de considérer autant de chaleurs spécifiques que de conditions d'échauffement. Dans ce qui va suivre, il ne s'agira, d'abord, que de *chaleurs spécifiques sous pression constante.* — Pour les solides et les liquides, les chaleurs spécifiques que l'on détermine par l'expérience sont les chaleurs spécifiques sous la pression normale. Quant aux gaz, nous verrons qu'il y a lieu de les considérer successivement sous des pressions constantes assez différentes les unes des autres.

En tout cas, $Q_0^t$ désignant la quantité de chaleur nécessaire pour porter l'unité de masse d'un corps de 0° à $t$, sous un même état physique et sous pression constante, l'expérience montre que cette fonction de $t$ peut, en général, se mettre sous la forme :

$$Q = f(t) = \begin{cases} at, \text{ pour les gaz,} \\ at + bt^2, \text{ pour les solides,} \\ at + bt^2 + ct^3, \text{ pour les liquides.} \end{cases}$$

1° *Chaleur spécifique moyenne entre* 0° *et* t°. — On appelle chaleur spécifique moyenne de 0° à $t°$, la quantité $C_0^t$ définie par :

$$C_0^t = \frac{Q_0^t}{t} = \begin{cases} a, \\ a + bt, \\ a + bt + ct^2. \end{cases}$$

En fonction de cette quantité, on a réciproquement :

$$Q_0^t = C_0^t \times t.$$

2° *Chaleur spécifique moyenne entre* t° *et* $t_1°$. — On appelle ainsi la quantité :

$$C_t^{t_1} = \frac{Q^{t_1} - Q_0^t}{t_1 - t} = \begin{cases} a, \\ a + b(t_1 + t), \\ a + b(t_1 + t) + c(t_1^2 + tt_1 + t^2). \end{cases}$$

Si le corps n'existe pas à 0° sous l'état physique considéré, on généralise et on pose

$$C_t^{t_1} = \frac{Q_t^{t_1}}{t_1 - t}.$$

En tout cas, en fonction de cette quantité, on a réciproquement

$$Q_0^{t_1} - Q_0^t = Q_t^{t_1} = C_t^{t_1}(t_1 - t).$$

3° *Chaleur spécifique vraie à* $t°$. — C'est la limite de $C_t^{t_1}$, quand $t_1$ tend vers $t$. On a donc

$$C_t = \lim \frac{Q_0^{t_1} - Q_0^t}{t_1 - t} = \lim \frac{Q_t^{t_1}}{t_1 - t}, \qquad \text{pour } t_1 = t,$$

c'est-à-dire

$$C_t = \frac{dQ}{dt} = f'(t) = \begin{cases} a, \\ a + 2bt, \\ a + 2bt + 3ct^2. \end{cases}$$

637. **Capacité calorifique.** — On appelle *capacité calorifique* d'un corps *homogène*, dans des conditions et un intervalle de température donnés, le produit de sa masse $m$ par sa chaleur spécifique moyenne $c$ dans cet intervalle. Si le corps est *hétérogène*, sa capacité calorifique K est une somme de produits analogues : $K = \Sigma mc$.

## MESURE DES CHALEURS SPÉCIFIQUES MOYENNES DES SOLIDES ET DES LIQUIDES

638. **Méthode de la fusion de la glace. — Calorimètre à glace de Bunsen.** — Divers procédés ont été successivement employés pour appliquer la fusion de la glace à la Calorimétrie. Le seul appareil précis est le calorimètre de Bunsen, fondé sur la variation de volume qui acccompagne la fusion de la glace.

*Description.* — Un réservoir de verre R (fig. 633), dans lequel est soudée une éprouvette ou moufle calorimétrique A[1], contient, à sa partie supérieure, de l'eau bien privée d'air par ébullition, et, à sa partie inférieure, du mercure, qui remplit également d'une façon complète le tube large S. L'extrémité de ce tube est en forme de goulot et se raccorde avec un tube capillaire T terminé par un bouchon à l'émeri creux, qui s'engage exactement dans l'ouverture de S. Un petit entonnoir E à robinet $r$ surmonte le tube T dont la branche horizontale porte une division en parties d'égales capacités : l'appareil constitue un véritable *dilatomètre à tige* (684).

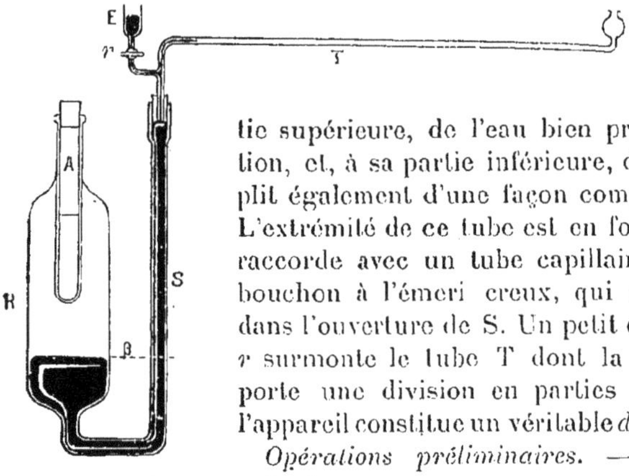

Fig. 633.

*Opérations préliminaires.* — Le tube T étant enlevé, on commence par remplir le réservoir R et le tube S d'*eau bouillie*, à la manière d'un thermomètre, l'appareil étant retourné et S plongeant dans un récipient d'eau bouillie. On redresse l'appareil, on verse par S du mercure bouilli, de manière à amener le niveau du mercure en β, à la même hauteur dans les deux branches ; on soutire l'eau qui est en S avec un siphon, on enlève

(1) Lorsque le moufle A est en verre, on place, à la partie inférieure, un dé en platine ou argent pour éviter que le moufle ne soit brisé par les chocs. Aujourd'hui on sait souder le platine au verre et on fabrique des moufles entièrement en platine.

les dernières traces d'humidité au moyen d'une machine pneumatique et d'un courant d'air sec, on achève de remplir S avec du mercure bouilli que l'on vide à l'aide d'un tube capillaire pour éviter un dépôt de bulles d'air contre les parois du tube. On congèle ensuite une partie de l'eau du réservoir, en faisant arriver dans le moufle un courant d'alcool refroidi par un mélange réfrigérant : on forme ainsi un manchon de glace autour du moufle. En réalité, il y a d'abord surfusion, la congélation est brusque, la glace obtenue *non homogène*, les mesures seraient peu précises. On remplace l'alcool refroidi par de l'eau de manière à fondre à peu près complètement la glace obtenue et on procède à une nouvelle congélation comme précédemment. La surfusion étant cette fois-ci évitée, on a de la glace *homogène*. On remplace en A l'alcool par un peu d'eau à 0°, et on entoure le tout de neige. Il ne faut naturellement pas congeler toute l'eau du réservoir R, car cette glace adhérerait alors aux parois extérieures du réservoir, et la variation de volume provenant ensuite de la fusion d'une partie de la glace autour du moufle pourrait ne provoquer aucun mouvement de retrait de la colonne mercurielle du tube capillaire. — L'appareil étant ainsi préparé, on installe le tube T, on ouvre le robinet $r$ de manière à faire avancer le ménisque de mercure à peu près jusqu'à la naissance de la graduation, vers l'extrémité ouverte du tube capillaire T; le calorimètre est prêt à être utilisé.

*Manipulation.* — L'appareil étant exactement à 0°, on apporte dans le moufle le corps à une température $t$, et on rebouche le moufle. Le corps, en cédant de la chaleur à la glace, en fait fondre une partie; il en résulte un retrait de la colonne mercurielle. La température d'équilibre est nécessairement 0°, car il reste encore de la glace et il est d'ailleurs nécessaire qu'il en soit ainsi, autrement l'opération serait à recommencer. — L'avantage capital de l'appareil, abstraction faite de sa grande sensibilité, consiste en ce que la masse de la substance étudiée étant toujours très faible par rapport à la masse d'eau du moufle, la température de cette masse d'eau ne peut pas s'élever au-dessus de 4°, température du maximum de densité. La petite quantité d'eau réchauffée reste donc ainsi au fond du moufle, et se trouve protégée contre toute perte de chaleur, par la faible conductibilité de la colonne d'eau à 0° qui la surmonte; la chaleur apportée par le corps est uniquement et entièrement employée à fondre la glace.

*Principe de la méthode.* — Soit M la masse du corps, C sa chaleur spécifique moyenne entre $t°$ et 0°; comme sa température finale est 0°, il a cédé $MCt$ calories; cette quantité de chaleur a fait fondre une masse de glace qui lui est *proportionnelle* : elle a, par suite, causé une diminution de volume qui lui est *proportionnelle* et une rétrogradation *proportionnelle* de la colonne mercurielle. Si donc on désigne par K un coefficient constant de l'instrument, $n$ étant le nombre de divisions dont le ménisque a rétrogradé, on a :

$$PCt = Kn.$$

Cette constante K représente le *nombre de calories* qui correspond à une rétrogradation de 1 division. Pour la déterminer, on introduit dans le moufle $m$ grammes d'eau à une température connue $\theta$, voisine de 50°, car la chaleur spécifique moyenne de l'eau de 0° à $\theta$° peut alors être considérée comme sensiblement égale à l'unité. Si $n_1$ est le nombre de divisions dont la colonne mercurielle rétrograde, on a : $m\theta = Kn_1$, d'où $K = \frac{m\theta}{n_1}$.

*Détails pratiques.* — En réalité, la masse d'eau $m$ est introduite dans une petite ampoule de verre, lestée d'une masse de platine pour qu'elle pénètre bien dans l'eau du moufle; pour déterminer le nombre de divisions $n_1$ relatif à l'eau seule, il faut alors retrancher du nombre total $N_1$, ce qui est relatif au platine et au verre. Pour cela, on fait une première expérience avec une certaine masse $\varpi$ de platine seul à $t$°, et l'on détermine le nombre $\mu$ de divisions correspondant, d'où, pour le nombre $\mu_1$ répondant à 1 gramme de platine et 1°, $\mu_1 = \frac{\mu}{\varpi t}$. De même, on fait une expérience avec une masse $\varpi'$ de verre seul à $t'$; on a une rétrogradation de $\mu'$ divisions, d'où, pour 1 gramme de verre et 1°, $\mu'_1 = \frac{\mu'}{\varpi' t}$. Dans l'expérience faite avec la masse $m$ d'eau, si $\varpi_1$ et $\varpi'_1$ sont les masses de platine et de verre, on a donc :

$$n_1 = N_1 - (\mu_1\varpi_1 + \mu'_1\varpi'_1)\,\theta.$$

Pour les corps attaquables par l'eau, ou solubles dans l'eau, on emploie l'artifice analogue d'une ampoule de verre lestée.

*Cause d'erreur.* — Il y a toujours dans l'appareil un léger mouvement de rétrogradation de la colonne mercurielle, lors même qu'on ne fait aucune expérience calorimétrique (2 à 3 divisions par heure). On doit attribuer cette cause d'erreur systématique à ce fait que, la glace de l'appareil se trouvant sous une pression supérieure à la pression atmosphérique, son point de fusion est légèrement inférieur à 0° (826). On s'affranchit de cette cause d'erreur en déterminant, avant une expérience, le nombre $\alpha$ de divisions dont la colonne rétrograde *lentement* par minute. Lorsqu'on fait l'expérience calorimétrique, on détermine le nombre total N de divisions dont la colonne rétrograde, et l'on note la durée $\gamma$ minutes de l'échange de chaleur. Enfin, après l'expérience, c'est-à-dire lorsque la rétrogradation lente a repris son cours, on détermine de nouveau le nombre $\beta$ de divisions de rétrogradation par minute. On admet alors, pour la cause perturbatrice seule, pendant l'expérience, une rétrogradation $\frac{\alpha + \beta}{2}$ par minute, d'où, pour le nombre $n$ de divisions de rétrogradation correspondant à l'expérience calorimétrique seule

$$n = N - \frac{\alpha + \beta}{2} \cdot \gamma$$

*Remarque.* — La méthode du calorimètre de Bunsen est rapide; elle ne comporte qu'une correction très simple, petite et par suite sûre; elle est très avantageuse toutes les fois que la quantité de chaleur à mesurer est peu considérable; ainsi, dans l'appareil primitif de Bunsen, une division correspondait à $0^{cal},07$; la glace qui entoure le moufle peut être conservée des semaines entières et le calorimètre peut servir à plusieurs opérations sans qu'il soit nécessaire de procéder à une nouvelle congélation. En Allemagne, on emploie à peu près uniquement la méthode de fusion de la glace, sous la forme que nous venons d'étudier.

639. **Méthode calorimétrique des mélanges.** — Le principe de la méthode des mélanges consiste à porter d'abord une masse déterminée M du corps à une température bien connue T, puis à l'immerger rapidement dans une masse d'eau connue ; on a noté la température initiale $\theta_0$ de cette eau, on détermine sa température $\theta_1$ d'équilibre avec le corps, puis on écrit l'égalité entre les quantités de chaleur perdue et de chaleur gagnée de part et d'autre.

Soient $\mu$ la masse d'eau, $\mu'$, $\mu''$, $\mu'''$... les masses des accessoires (vase calorimétrique, agitateur, thermomètre, etc.); soient $\gamma'$, $\gamma''$, $\gamma'''$,... les chaleurs spécifiques de ces accessoires, que l'on peut supposer constantes entre les températures $\theta_0$ et $\theta_1$; soient enfin $m$ la masse de la corbeille ou de la fiole dans laquelle sera placé le corps étudié, solide ou liquide, et $c$ sa chaleur spécifique; on a, abstraction faite des gains ou des pertes de chaleur du calorimètre, par rayonnement ou par conductibilité,

$$(MC + mc)(T - \theta_1) = (\mu + \Sigma \mu'\gamma')(\theta_1 - \theta_0).$$

Les quantités $c$, $\gamma'$ $\gamma''$..., se déterminent par des expériences préliminaires, et l'on pose $\mu + \Sigma \mu'\gamma' = \mu_0$, quantité qu'on appelle la *valeur en eau* du calorimètre, c'est-à-dire sa capacité calorifique totale. L'équation calorimétrique s'écrit alors simplement, en fonction de cette quantité,

$$(MC + mc)(T - \theta_1) = \mu_0(\theta_1 - \theta_0).$$

L'application de la méthode nécessite la mesure de masses et de températures.

*Mesure des masses.* — Elle ne présente rien de particulier, sauf pour la masse de l'eau. Au lieu de procéder par pesée, on se sert d'une fiole jaugée à 15°, dont la capacité est, suivant les cas, de 250$^{cm^3}$, 500$^{cm^3}$, 1000$^{cm^3}$. On remplit la fiole d'eau très longtemps à l'avance et, au moment de l'expérience, on enlève l'excès d'eau au-dessus du repère, puis on verse ce qui reste dans le calorimètre.

Le vase calorimétrique est en platine; pour une masse d'eau de 500 grammes, la masse du vase est de 60 grammes environ; la capacité calorifique correspondante est à peu près 2, elle est donc petite par rapport à celle de l'eau employée.

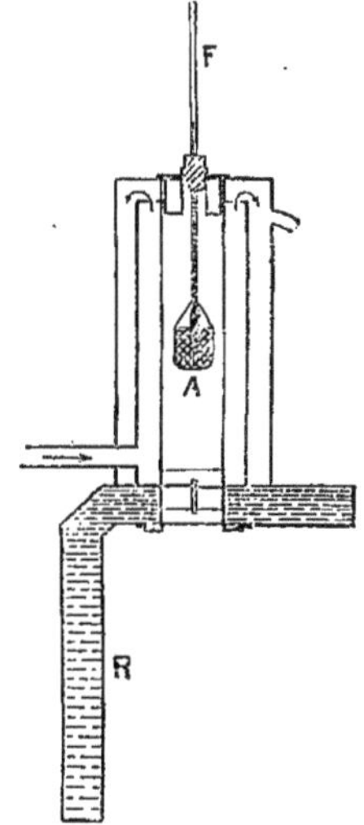

Fig. 634.

*Mesure de* T. — Le procédé le meilleur pour avoir T avec précision consiste à placer le corps dans une enceinte à température fixe, une enceinte à vapeur d'eau bouillante, par exemple, comme celle de la figure 634. Le corps est suspendu en A dans le compartiment central; la vapeur circule dans deux cylindres concentriques; un écran R à circulation d'eau froide protège le calorimètre contre le foyer qui produit la vapeur de l'étuve.

On attend que la température marquée par le thermomètre F de l'étuve soit fixe : il faut environ deux heures pour cela; on vérifie cette fixité pendant 30 minutes.

Après avoir observé la marche du thermomètre calorimétrique pour les corrections (641), on place le calorimètre sous l'ouverture de l'étuve, dont on tire le registre inférieur. On fait glisser le corps dans le calorimètre, de manière que l'eau ne jaillisse pas, on coupe le fil de suspension et on ramène le calorimètre en arrière; ces opérations doivent être faites vivement et sans à-coup cependant. La température T est la température fixe de l'étuve.

*Mesure de $\theta_0$ et $\theta_1$.* — Nous verrons un peu plus loin que ces températures doivent peu s'écarter de la température ambiante, aussi la différence $\theta_1 - \theta_0$ est-elle de l'ordre de 2 degrés environ, et par suite l'on doit prendre les masses M et $\mu_0$ dans un rapport convenable. Pour avoir cette différence avec précision, il faut employer un thermomètre très sensible. Les thermomètres calorimétriques, qui servent presque toujours dans le voisinage de 15°, marquent seulement un petit nombre de degrés, 12 environ; ils sont divisés au moins au $\frac{1}{50}$ de degré et, en faisant la lecture avec une loupe, on peut obtenir facilement le $\frac{1}{200}$ de degré. On fait aussi usage de thermomètres au $\frac{1}{100}$, ou même au $\frac{1}{200}$ de degré; dans certaines opérations particulièrement précises, on lit au moyen d'une lunette et on évalue le $\frac{1}{1000}$ de degré. Le déplacement du zéro n'a aucune influence pour la mesure de $\theta_1 - \theta_0$; il n'en est pas de même pour $T - \theta_1$, les thermomètres donnant T et $\theta_1$ n'étant pas les mêmes, aussi leurs zéros doivent être vérifiés.

*Précision de la mesure.* — Pour avoir une limite inférieure de la précision de la mesure, tenons compte seulement de l'erreur commise dans la mesure de $\theta_1 - \theta_0$; nous avons

$$\frac{\Delta C}{C} = \frac{\Delta(\theta_1 - \theta_0)}{\theta_1 - \theta_0}.$$

Si, exceptionnellement, $\theta_1$ et $\theta_0$ sont déterminés à $\frac{1}{1000}$ de degré, pour $\theta_1 - \theta_0 = 2°$, $\frac{\Delta C}{C} = \frac{1}{1000}$; le quatrième chiffre de C à partir du premier chiffre significatif n'est donc pas sûr.

*Insuffisance de l'équation calorimétrique.* — En écrivant l'équation calorimétrique, nous avons supposé que le calorimètre était *rigoureusement* isolé du milieu extérieur au point de vue thermique, et cela n'est pas exact. Le calorimètre éprouve, en effet, des pertes ou des gains de chaleur par *rayonnement*, *conductibilité*, *convection* et *évaporation*. On atténue ces causes d'erreur : 1° en faisant en sorte que la température du calorimètre diffère peu de celle du milieu ambiant; 2° en employant, pour le calorimètre, le dispositif Berthelot. Quand les causes d'erreur ne sont pas négligeables, on en tient compte par des corrections.

*Calorimètre de Berthelot*[1]. — Il est formé : 1° d'un vase en platine CC (fig. 635) à parois minces, fermé par un couvercle présentant trois ouvertures pour le passage du thermomètre, de la tige de l'agitateur et du corps; 2° d'un vase en cuivre AA, argenté intérieurement, fermé par un couvercle présentant des ouvertures qui correspondent à celles du vase CC; 3° d'une enceinte à double paroi DE, contenant une grande masse d'eau, munie d'un agitateur spécial et d'un thermomètre; 4° d'une enveloppe en feutre très épais FF, qui entoure complètement l'enceinte calorimétrique et qui assure la protection la plus *efficace*. Un couvercle formé par une feuille de carton et un gros disque de feutre, percé de toutes les ouvertures nécessaires, complète l'enveloppe extérieure. Le calorimètre est placé sur un disque de bois, et les vases AA et CC reposent sur des pointes de bouchons fixés aux sommets de deux triangles équilatéraux en bois, évidés.

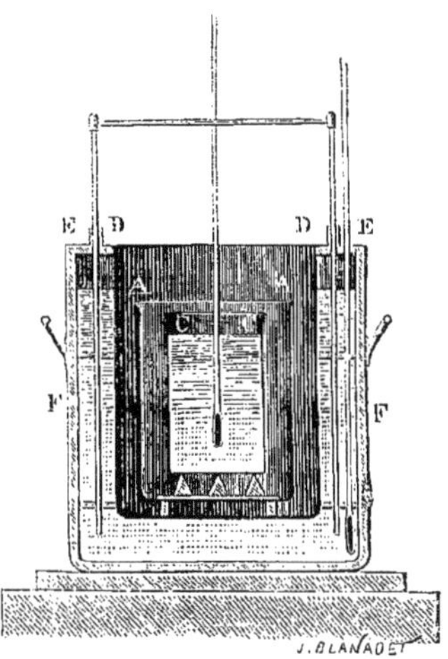

Fig. 635.

L'emploi de l'enveloppe de feutre met le calorimètre à l'abri des variations thermiques extérieures; l'enceinte d'eau le maintient dans des conditions aussi constantes que possible, dans le cours d'une expérience[2]. L'opérateur peut s'approcher du calorimètre sans apporter de perturbation notable.

Les échanges de chaleur par *conductibilité* sont faibles, car les surfaces de contact sont réduites et les milieux interposés, liège ou bois, sont mauvais conducteurs de la chaleur; en outre la différence de température entre CC et DE est petite;

Les échanges de chaleur par rayonnement sont peu considérables, car la surface de CC et la surface intérieure de AA étant polies rayonnent peu, et la chaleur envoyée par CC, par exemple, est réfléchie par AA;

L'air étant immobilisé entre les enceintes successives, il n'y a pas d'échange sensible de chaleur par *convection*;

La perte de chaleur par *évaporation* est très limitée, car l'atmosphère de CC est rapidement saturée;

(1) Berthelot (1827-1907), chimiste français célèbre par ses travaux de synthèse organique et de Thermochimie.

(2) Berthelot attribuait une grande importance à la présence de cette couche d'eau; en réalité on a pu faire des mesures très précises, alors que la double enveloppe DE était vide; la protection thermique est suffisamment assurée par le feutre.

Si la température de l'eau du calorimètre CC diffère d'un ou deux degrés au plus de celle de l'eau de l'enceinte DE, l'expérience directe montre que la température du calorimètre varie très lentement; dans ce cas, on peut considérer comme exacte l'équation calorimétrique posée. Mais si ces conditions ne sont pas remplies, il faut tenir compte des échanges de chaleur entre le calorimètre et les corps voisins ou l'air, c'est-à-dire faire des *corrections*; elles ne sont bonnes du reste qu'à la condition d'être *petites*, car les corrections sont toujours incertaines, d'où la nécessité d'employer l'appareil Berthelot ou des calorimètres équivalents.

640. **Procédé de correction par compensation, de Rumford.** — Pour atténuer l'échange de chaleur entre le calorimètre et le milieu extérieur, on peut employer le procédé de compensation imaginé par Rumford. Par une première expérience, on détermine approximativement la variation totale de température que cette expérience doit provoquer. Puis, pour une seconde expérience, qui sera l'expérience définitive, on s'arrange de façon que la température initiale du calorimètre soit inférieure à la température ambiante, de *la moitié environ* de la variation totale de température. Dans ces conditions, pendant la première phase de l'échauffement de la température initiale à la température ambiante, le calorimètre éprouve un gain de chaleur; dans la seconde phase, de la température ambiante à la température finale, il éprouve une perte, qui peut en partie compenser le gain primitif.

Considérons la courbe $\theta = f(x)$ qui représente les températures $\theta$ du calorimètre en fonction du temps $x$. Au bout des $n$ minutes que dure l'expérience calorimétrique, cette température a atteint sa valeur maximum $\theta_n$, que nous admettrons comme température d'équilibre entre le calorimètre et le corps qui y est plongé. La courbe a donc la forme indiquée par la figure 636. Cette courbe part de l'ordonnée à l'origine $\theta_0$, elle coupe la droite $\theta = \tau$, qui représente la température ambiante, atteint $\theta_n$ à l'époque $n$, puis redescend asymptotiquement vers la droite $\theta = \tau$. Considérons un intervalle de temps $\Delta x$, aux extrémités duquel les températures sont $\theta$ et $\theta + \Delta\theta$. La variation de température par rayonnement $\delta\theta$ est, d'après la loi de Newton (¹) (634), comprise entre $A(\tau - \theta)\Delta x$ et $A(\tau - \theta - \Delta\theta)\Delta x$, c'est-à-dire qu'elle est sensiblement proportionnelle à l'aire du petit trapèze compris entre les ordonnées $\theta$ et $\theta + \Delta\theta$, la droite $\theta = \tau$, et la courbe; en effet, l'aire de ce petit trapèze est comprise entre $(\tau - \theta)\Delta x$ et $(\tau - \theta - \Delta\theta)\Delta x$. Si l'on fait tendre $\Delta x$ vers zéro, en faisant la somme de toutes ces aires, le gain total de température pendant la première phase et la perte totale pendant la seconde sont donc respectivement proportionnels aux aires marquées en hachures entre la courbe, la droite $\theta = \tau$, et les ordonnées extrêmes. Pour qu'il y eût compensation exacte, il faudrait que ces deux aires fussent égales, ce qui n'aurait lieu que si la courbe $\theta = f(x)$ était une

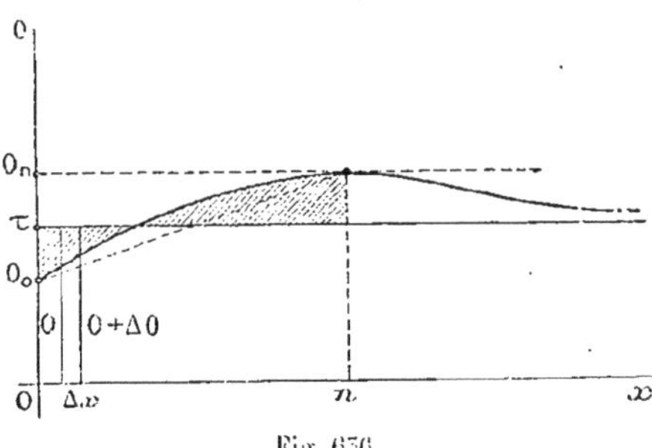

Fig. 636.

(¹) Nous admettons qu'il y a surtout échange de chaleur par rayonnement.

droite, car alors les deux aires seraient celles de deux triangles égaux. Mais la forme rectiligne est incompatible avec l'existence d'un maximum. Le gain est donc plus petit que la perte, et la compensation n'est pas rigoureuse; on la rendrait meilleure, en faisant en sorte que $\tau - \theta_0$ fût plus grand que $\theta_n - \tau$. Il est vrai qu'alors on modifierait un peu, par cela même, la forme de la courbe.

641. **Corrections calorimétriques de Regnault.** — Dans l'impossibilité de supprimer entièrement, dans les expériences calorimétriques, tout gain ou perte de chaleur provenant des diverses causes perturbatrices, Regnault effectuait les corrections nécessaires, en procédant comme il suit.

Il cherchait l'expression de la variation algébrique totale de température $\Sigma\Delta\theta$, sous l'influence des diverses causes perturbatrices, pendant la marche d'une expérience. — Soient $\tau$ la température ambiante[1] et $\theta_0, \theta_1, \ldots \theta_k, \ldots$, les températures du calorimètre aux époques $x_0, x_1, \ldots x_k, \ldots$ La variation algébrique partielle de température provenant du rayonnement seul, pendant le $k^{\text{ième}}$ intervalle de temps supposé assez court, est, d'après la loi de Newton :

$$A\left(\tau - \frac{\theta_{k-1}+\theta_k}{2}\right)(x_k - x_{k-1});$$

le coefficient A est positif, constant pour un calorimètre renfermant une même masse d'eau et placé dans une même enceinte; cette constante est indépendante de la différence de température entre l'eau du calorimètre et la source calorifique intérieure. — Supposons, d'autre part, qu'il y ait une source calorifique extérieure, en communication avec le calorimètre : par exemple, une étuve, qui amène ensuite au calorimètre un gaz ou une vapeur dont on étudie la chaleur spécifique (653) ou la chaleur de vaporisation (801); la température fixe T de cette source est toujours assez élevée, par rapport à la température $\theta$ du calorimètre, et celle-ci varie relativement peu. La quantité de chaleur transmise par conductibilité, qui dépend de la différence $T - \theta$, peut donc être considérée comme sensiblement constante, et la variation correspondante de température peut se représenter par un coefficient constant B, relatif à l'unité de temps; ce coefficient peut d'ailleurs comprendre, en outre, l'influence de l'évaporation. On a alors, pour le terme général $\Delta\theta_k$, de la variation algébrique totale de température pendant le $k^{\text{ième}}$ intervalle de temps,

$$\Delta\theta_k = \left[A\left(\tau - \frac{\theta_{k-1}+\theta_k}{2}\right) + B\right](x_k - x_{k-1}).$$

Pour obtenir $\Sigma\Delta\theta_k$, il faut déterminer les deux constantes A et B. On y procède de la façon suivante. Avant l'expérience, on établit le régime permanent des causes perturbatrices, telles qu'elles agiront

[1] Dans le cas d'un calorimètre Berthelot, c'est la température de l'eau de l'enceinte DE.

pendant l'expérience calorimétrique elle-même, et l'on relève, à deux époques $X_0$ et $X_1$, différant d'environ dix minutes, les températures $\Theta_0$ et $\Theta_1$. On a donc, puisque les causes perturbatrices seules sont alors en jeu,

$$(1) \qquad \Theta_1 - \Theta_0 = \left[A\left(\tau - \frac{\Theta_0 + \Theta_1}{2}\right) + B\right](X_1 - X_0)$$

On fait ensuite l'expérience calorimétrique, pendant laquelle on note, de trente en trente secondes par exemple, aux époques $x_0, x_1, \ldots x_k, \ldots$ les températures $\theta_0, \theta_1, \ldots \theta_k, \ldots$ du calorimètre, en dépassant même quelque peu l'époque de la température maximum (ou minimum, si l'expérience calorimétrique produisait un refroidissement du calorimètre). Enfin, l'expérience terminée, mais les causes perturbatrices continuant à agir comme pendant l'expérience elle-même, on note de nouveau aux époques $X_2$ et $X_3$, à dix minutes environ d'intervalle, les températures $\Theta_2$ et $\Theta_3$, et l'on a de même

$$(2) \qquad \Theta_3 - \Theta_2 = \left[A\left(\tau - \frac{\Theta_2 + \Theta_3}{2}\right) + B\right](X_3 - X_2)\ (^1).$$

Les équations (1) et (2) donnent A et B, et l'on connaît la valeur du terme général $\Delta\theta_k$ [2]. On prendra pour *température d'équilibre* la température $\theta_n$, à partir de laquelle $\Delta\theta_{n+1} = \theta_{n+1} - \theta_n$, et l'on formera $\sum_{k=1}^{k=n}\Delta\theta_k$, que nous écrirons simplement $\Sigma\Delta\theta$. Dès lors, sans les causes perturbatrices, la température d'équilibre calorimétrique eût été $\theta_n - \Sigma\Delta\theta$, et l'équation calorimétrique définitive devient

$$(MC + mc)(T - \theta_n) = \mu_0(\theta_n - \Sigma\Delta\theta - \theta_0).$$

C'est cette équation qui donnera C, avec une erreur relative $\frac{\Delta C}{C}$ égale à la somme des erreurs relatives commises sur tous les autres termes, la plus importante étant celle qui correspond à $\theta_n - \Sigma\Delta\theta - \theta_0$.

642. **Corrections pratiques.** — On opère habituellement en prenant les précautions suivantes. Le laboratoire calorimétrique est éclairé au nord ; il ne contient, autant que possible, aucune source de chaleur : poêle, lampe, etc. ; l'eau du calorimètre et celle de la double enveloppe ont été tirées vingt-quatre heures à l'avance et ont pris, par conséquent, la température de la salle ; on s'arrange de façon que les écarts de tem-

(1) Il est vrai que A dépend alors de la capacité calorifique totale du calorimètre, une fois l'équilibre établi entre le corps étudié et ce calorimètre ; cette capacité est donc toujours un peu plus grande que pendant l'expérience calorimétrique, mais elle en diffère toujours assez peu pour qu'il n'y ait pas lieu de tenir compte ici de sa variation.

(2) En éliminant A et B entre les équations (1), (2) et l'expression de $\Delta\theta_k$, on s'aperçoit que l'équation résultante est indépendante de la température ambiante $\tau$ *supposée constante*. Il est donc, en réalité, inutile, dans ce cas, de mesurer cette température $\tau$, puisqu'elle doit disparaître des expressions définitives.

pérature du calorimètre ne dépassent guère 2°; dans ces conditions, la correction suivante est très suffisante :

On note la marche du thermomètre calorimétrique pendant dix minutes avant l'introduction du corps chaud, pendant dix minutes après le passage du thermomètre calorimétrique par le maximum de température $\Theta_n$; on en déduit, avec les notations précédentes, que la vitesse moyenne d'accroissement de température, due aux causes perturbatrices, pendant l'expérience, est

$$u = \frac{1}{2}\left(\frac{\Theta_1 - \Theta_0}{X_1 - X_0} + \frac{\Theta_3 - \Theta_2}{X_3 - X_2}\right);$$

par conséquent, l'accroissement de température dû à ces causes, durant l'expérience, soit $n$ minutes, est $nu$, et on prend comme température finale $\Theta_n - nu$.

643. *Correction calorimétrique de Berthelot.* — Lorsque la correction calorimétrique est nécessaire, voici la méthode indiquée par Berthelot, et qui est purement empirique et indépendante de toute hypothèse.

On note la marche du thermomètre, de minute en minute, pendant cinq minutes avant de commencer l'expérience, puis pendant l'expérience, et encore pendant cinq minutes après qu'elle semble terminée. Supposons, pour fixer les idées, que la température du calorimètre se soit élevée, et soit $m^0$ l'excès maximum observé sur la température de l'enceinte. On reproduit aussitôt, en sens inverse, avec la même masse d'eau, les excès $m^0$ $(m-1)^0$, $(m-2)^0$,..., le calorimètre étant placé dans des conditions ambiantes identiques à celles de l'expérience elle-même. On réalise ces excès, en enlevant du calorimètre une certaine masse d'eau, et en la remplaçant par une masse égale d'eau plus froide : puis, pour chaque excès, on note la marche du thermomètre calorimétrique, de minute en minute, pendant dix minutes. Cela fournit, pour chacun de ces excès, la variation moyenne de température par minute, sous l'influence des causes perturbatrices. On a donc ainsi toutes les données nécessaires pour construire une courbe, en portant en abscisses les temps, et en ordonnées les valeurs de cette variation moyenne. L'aire comprise entre cette courbe, l'axe des abscisses, et les ordonnées qui correspondent aux limites de l'expérience, donne la correction algébrique totale cherchée. On prend naturellement comme température de la fin de l'expérience, la température, voisine de l'excès maximum, à partir de laquelle la variation de température suit une marche identique dans les deux cas.

644. **Résultats généraux relatifs aux chaleurs spécifiques des solides et des liquides. — Influence de la nature et de la structure du corps.** — La chaleur spécifique moyenne entre deux températures déterminées, 0° et 100° par exemple, est variable :

1° Avec la *nature* des corps : pour s'en assurer il suffit d'examiner le tableau du paragraphe 649; les chaleurs spécifiques de tous les corps autres que l'eau sont inférieures à l'unité, qui est la chaleur spécifique de l'eau entre 15° et 16° par définition de la calorie (635);

2° Avec la *variété polymorphique*; ainsi, pour le carbone, la chaleur spécifique du diamant est $C_0^{100} = 0,147$, celle du graphite est $C_0^{100} = 0,202$; celle du carbone amorphe $C_0^{100} = 0,240$; nous trouvons des résultats analogues pour le phosphore blanc ($C_0^{100}=0,189$) et pour le phosphore rouge ($C_0^{100}=0,169$); pour le sélénium vitreux ($C_0^{100}=0,1031$) et pour le sélénium métallique $C_0^{100}=0,0745$.

3° Avec les *actions mécaniques* que le corps a subies; par exemple, on a, pour le cuivre fondu, $C_0^{100}=0,0947$; pour le cuivre battu à froid, $C_0^{100}=0,0935$; pour le cuivre recuit, $C_0^{100}=0,0947$. On trouve donc ainsi des variations du genre de celles que présentent les coefficients de dilatation (676), dans les mêmes conditions;

4° Enfin avec l'*état physique*. Un même corps n'a pas la même chaleur spécifique à l'état solide et à l'état liquide; elle croît lorsque le corps fond; cette variation n'est pas très grande pour les métaux : elle est en général bien plus considérable pour les autres corps.

| | Chaleur spécifique C sous l'état solide | liquide. |
|---|---|---|
| Eau | 0,5 | 1 |
| Bronze | 0,087 | 0,107 |
| Phosphore | 0,180 | 0,240 |
| Plomb | 0,032 | 0,040 |

645. **Influence de la température.** — Si l'on détermine les quantités de chaleur nécessaires pour porter l'unité de masse d'un même corps de 0° à une température variable $t$, on constate que cette quantité $Q_0^t$ peut se représenter par une expression de la forme

$$Q_0^t = at + bt^2 + ct^3,$$

les coefficients $a$, $b$, $c$, allant en décroissant en valeur absolue et étant presque toujours tous positifs. Il en résulte que la chaleur spécifique moyenne $C_0^t$ est représentée par la formule

$$C_0^t = a + bt + ct^2;$$

la chaleur spécifique moyenne *augmente donc avec t*. Elle tend vers 0 quand la température se rapproche du zéro absolu.

Pour l'eau, il y a un minimum de chaleur spécifique vraie, peu accusé du reste, vers 30°, puis ce coefficient physique croît constamment avec la température; voici les nombres donnés par Rowland en 1878 :

| $t$ | 5° | 10° | 15° | 20° | 25° | 30° | 35° |
|---|---|---|---|---|---|---|---|
| $C_t$ | 1,0042 | 1,0019 | 1,0000 | 0,9983 | 0,9972 | 0,9967 | 0,9969. |

Les expériences de M. Barnes, poussées jusqu'à 100°, ont donné 40° pour la température du minimum de chaleur spécifique ; voici quelques résultats :

| $t$ | 10° | 20° | 30° | 40° | 50° | 60° | 70° | 80° | 90° |
|---|---|---|---|---|---|---|---|---|---|
| $C_t$ | 1,0020 | 0,9986 | 0,9973 | 0,9970 | 0,9977 | 0,9988 | 1,0001 | 1,0014 | 1,0028. |

Les résultats les plus remarquables relatifs aux variations de la chaleur spécifique avec la température sont ceux qui ont été obtenus par

Weber pour le carbone, le silicium et le bore. En opérant sur le diamant, par exemple, entre 0° et 600°, il a trouvé

$$C_t = 0,0947 + 0,000954\,t - 0,00000036\,t^2,$$

ce qui donne

$$C_0 = 0,0947 \qquad \text{et} \qquad C_{600} = 0,5375\,;$$

$C_{600}$ est environ égal à 6 $C_0$.

D'autre part, les chaleurs spécifiques des diverses variétés polymorphiques d'un même corps paraissent tendre vers une même limite, aux températures élevées.

646. *Pyromètre calorimétrique de M. Violle.* — Les considérations qui précèdent ont conduit M. Violle à une méthode particulière pour la *mesure des températures élevées* (627). En étudiant la chaleur spécifique vraie du platine, jusque vers 1500°, il a trouvé qu'elle est représentée en fonction de la température, par la formule

$$C_t = 0,0317 + 0,000012\,t.$$

Il en résulte, en remontant à la fonction primitive,

$$Q_0^t = 0,0317\,t + 0,000006\,t^2.$$

Dès lors, si l'on porte, dans une enceinte dont on veut déterminer la température, un cylindre de platine, de masse M connue, soudé à un fil fin, puis, quand il a atteint la température $x$ de l'enceinte, si on le plonge dans un calorimètre à eau, dont la température passe ainsi de $\theta_0$ à $\theta_1$, la valeur en eau étant $\mu_0$, on a

$$M\left(Q_0^x - Q_0^{\theta_1}\right) = \mu_0(\theta_1 - \theta_0);$$

ou

$$M\left[0,0317\,(x - \theta_1) + 0,000006\,(x^2 - \theta_1^2)\right] = \mu_0(\theta_1 - \theta_0),$$

c'est-à-dire en ordonnant,

$$0,000006.\,Mx^2 + 0,0317.\,Mx - M\theta_1\,(0,0317 + 0,000006\,\theta_1) - \mu_0(\theta_1 - \theta_0) = 0,$$

équation dont la racine *positive* sera la température cherchée.

647. **Lois relatives aux chaleurs spécifiques des solides. — Loi de Dulong et Petit**(¹). — Si l'on considère un tableau des chaleurs spécifiques C des corps simples à l'état solide et de leurs masses atomiques A on constate facilement que C et A varient en sens inverse et que, très sensiblement, C varie en *raison inverse* de A, d'où la loi suivante :

*Le produit de la masse atomique* A *d'un corps simple par sa chaleur spécifique* C, *sous l'état solide, est un nombre à peu près constant et voisin de* 6,4.

Cette loi fut établie par Dulong et Petit, sur douze métaux et un

(¹) Dulong (1785-1838), physicien et chimiste français; on lui doit des travaux remarquables sur la loi de Mariotte, la tension maximum de la vapeur d'eau, la dilatation du mercure; il a découvert le chlorure d'azote, l'acide hypochloreux; il est l'inventeur du cathétomètre.

Petit (1791-1820), physicien français.

métalloïde, le soufre. Elle a été généralisée par les expériences de Regnault, et peut s'énoncer en disant que *la capacité calorifique atomique des divers corps simples à l'état solide est constante*; elle résulte du tableau suivant, qui est du reste très incomplet.

| | A | C | AC |
|---|---|---|---|
| Antimoine | 120, | 0,0525 | 6,4 |
| Argent | 108 | 0,057 | 6,2 |
| Arsenic | 75 | 0,083 | 6,2 |
| Bismuth | 208 | 0,0305 | 6,3 |
| Cuivre | 63,3 | 0,095 | 6,1 |
| Étain | 118 | 0,055 | 6,5 |
| Fer | 55,9 | 0,110 | 6,1 |
| Iode | 127 | 0,054 | 6,8 |
| Nickel | 58,6 | 0,109 | 6,4 |
| Phosphore blanc | 31 | 0,189 | 5,9 |
| Platine | 194 | 0,0324 | 6,3 |
| Plomb | 206 | 0,0314 | 6,4 |
| Soufre | 32 | 0,178 | 5,7 |
| Zinc | 65 | 0,096 | 6,2 |

La loi de Dulong et Petit n'est qu'approchée, et il ne peut en être autrement, puisque C est une fonction de la température. Elle s'applique moins bien aux métalloïdes qu'aux métaux dont la chaleur spécifique est à peu près constante. La chaleur spécifique C diminue avec la température, elle tend vers 0 aux très basses températures, ainsi du reste que $\frac{dC}{dT}$ : elle est pratiquement nulle au-dessous de — 200° ; mais C tend vers une autre limite quand la température croît et cette valeur particulière satisfait à la loi de Dulong et Petit.

La loi des chaleurs spécifiques présente en Chimie une application remarquable. Quand il s'agit de fixer la masse atomique d'un corps, on doit choisir entre divers nombres proportionnels de ce corps, qui ont été déterminés par l'analyse : on prend alors sans indécision possible, celui de ces nombres qui satisfait approximativement à la loi de Dulong et Petit. — Cette loi est considérée par beaucoup de chimistes comme un critérium, pour reconnaître si un corps est simple.

648. **Loi de Neumann.** — Pour des composés métalliques d'une même classe et de formule analogue, différant seulement par le métal; (chlorure des métaux monovalents, M'Cl; des métaux bivalents $M''Cl^2$; sulfates $SO^4M'^2$, sulfates $SO^4M''$ ...), on constate que la chaleur spécifique varie en raison inverse de la masse moléculaire, d'où la loi de Neumann qui est analogue à la loi de Dulong et Petit.

*La capacité calorifique moléculaire est sensiblement la même pour tous les composés métalliques d'un même genre, de formule analogue, ne différant que par la nature du métal.* — Cette constante varie d'une classe de combinaisons à l'autre, mais sa valeur est généralement voisine d'un nombre qui représente autant de fois 6 qu'il y a d'atomes dans la molécule; on peut donc la généraliser, en disant que *la capacité calorifique est la même pour tous les composés métalliques de constitution chimique semblable.* Cet énoncé est moins précis que celui de Neumann.

649. **Loi de Wœstyne.** — De la loi de Neumann, il semble résulter que, *dans les combinaisons, les corps simples conservent sensiblement la chaleur spécifique qu'ils ont à l'état libre sous l'état solide.* Telle est en effet l'idée qui a conduit expérimentalement Wœstyne à la loi suivante.

*La capacité calorifique moléculaire d'un composé solide est la somme des capacités calorifiques des composants, pris sous le même état.*

Soit M la masse moléculaire d'un composé formé de $n$ atomes de masse atomique $m$, de $n'$ atomes de masse atomique $m'$, etc.; soit C sa chaleur spécifique, et $c$, $c'$, ..., celles des composants. On a, d'après la loi de Wœstyne,

$$MC = n\,m\,c + n'\,m'\,c' + \ldots = \Sigma\, n\,m\,c.$$

Ainsi, pour le sulfure de fer FeS, on trouve, par une expérience directe, MC = 11,75, et, en appliquant la loi, nous avons :

| | |
|---|---|
| Capacité calorifique d'un atome de fer. . . . . . . . . . | 6,1 |
| Capacité calorifique d'un atome de soufre . . . . . . . . | 5,7 |
| Capacité calorifique d'une molécule de sulfure de fer. . | 11,8 |

La différence est 0,07, ce qui donne une erreur relative de $\frac{1}{150}$ environ. Pour l'iodure cuivreux CuI la capacité calorifique moléculaire expérimentale est 13, celle déduite de la loi de Wœstyne est 12,9.

La loi se vérifie bien dans le cas des sulfures, des iodures et des alliages métalliques : elle est moins précise pour les autres corps. Avec les sels solides hydratés, elle donne 0,5 comme chaleur spécifique de l'eau à l'état solide, ce qui est aussi le résultat expérimental. Les divers oxydes fournissent, en admettant la loi, un même nombre pour la chaleur spécifique de l'oxygène : ce serait théoriquement la chaleur spécifique de l'oxygène solide; mais ce nombre, voisin de 0,29, s'écarte assez notablement de celui qui serait fourni par la loi de Dulong et Petit.

*Chaleurs spécifiques de quelques corps usuels, vers 20°.*

| | | | |
|---|---|---|---|
| Aluminium | 0,22 | Eau | 1 |
| Fer | 0,11 | Mercure | 0,0334 |
| Cuivre | 0,09 | Acétone | 0,45 |
| Étain | 0,055 | Alcool | 0,60 |
| Laiton | 0,09 | Benzène | 0,45 |
| Plomb | 0,031 | Pétrole | 0,50 |
| Verre 0,16 à | 0,19 | Essence de térébenthine | 0,42 |

## CHALEURS SPÉCIFIQUES DES GAZ

650. **Chaleurs spécifiques des gaz sous pression constante.** — Nous avons déjà vu (636) que la quantité de chaleur $Q_0^t$, à fournir à un gramme de substance pour faire varier sa température de 0° à $t°$, dépend des conditions d'échauffement, en particulier de la variation de volume ou de pression pendant la transformation.

Dans le cas des solides et des liquides, la variation de volume est faible et, la pression étant voisine de la pression normale, il n'est pas besoin de préciser les conditions d'échauffement. — Mais il n'en est pas de même pour les gaz; le volume peut varier beaucoup en fonction de la température et de la pression, et le travail fourni par le gaz au milieu extérieur dépend de la loi de variation du volume ou de la pression pendant la transformation; il en est de même de $Q_0^t$, aussi y a-t-il pour un gaz autant de chaleurs spécifiques moyennes de $0^0$ à $t^0$, qu'il y a de manières d'effectuer la transformation, c'est-à-dire une *infinité*. On est conduit à envisager deux modes de transformation particulièrement simples, sous *pression constante* et à *volume constant*, et par suite à considérer les *chaleurs spécifiques sous pression constante* et à *volume constant* qui correspondent à la fonction $Q_0^t$ dans chacun de ces cas particuliers. Lorsque la transformation a lieu à pression constante, la valeur de $Q_0^t$ est plus grande que si elle est produite à volume constant : ce résultat ne nous surprend point, car dans le premier cas le gaz cède du travail au milieu extérieur, et, dans le second cas, il n'en fournit point. Les chaleurs spécifiques d'un gaz sous pression constante sont donc plus grandes que les chaleurs spécifiques correspondantes à volume constant.

Pour déterminer la chaleur spécifique d'un gaz sous *pression constante* C, on pourrait imaginer un procédé qui consisterait à plonger dans un calorimètre un récipient contenant le gaz, récipient capable d'éprouver des variations de volume telles, que le gaz restât toujours en équilibre de pression avec l'atmosphère ambiante. Mais, la masse de gaz étant nécessairement faible par rapport à celle du récipient, l'influence du gaz sur les variations de température serait aussi très faible; par suite, les causes d'erreur prendraient une importance relative considérable. On est donc conduit à effectuer cette détermination en faisant circuler dans un calorimètre un courant gazeux sous pression constante, et en prolongeant ce courant pendant un temps suffisant pour que les effets thermiques soient réellement attribuables au gaz.

Nous indiquerons, en particulier, les expériences de Delaroche et Bérard, puis celles de Regnault.

Si l'on plongeait dans un calorimètre un récipient clos, de *volume invariable*, plein d'un gaz sous une pression et à une température initiales données, les variations de température du gaz se produiraient sans variation de volume; on déterminerait donc ainsi sa chaleur spécifique sous *volume constant* $c$, et nous verrons, en effet, que cette méthode a été employée (657), mais qu'elle prête à une critique très sérieuse; aussi détermine-t-on habituellement $c$ par une méthode indirecte, en mesurant C et le rapport $\gamma = \frac{C}{c}$ : on a $c = \frac{C}{\gamma}$.

651. **Principe des expériences de Delaroche et Bérard.** — *Méthode des températures stationnaires.* — Delaroche et Bérard ont effectué, dès 1813, des expériences fondées sur un principe général, qu'il importe de signaler.

Un corps recevant de la chaleur d'une source constante, dans une enceinte à température fixe, s'échauffe jusqu'à ce que, en raison de l'excès de sa température sur celle de l'enceinte, il arrive à perdre autant de chaleur qu'il en reçoit dans le même temps ; à ce moment, sa température devient *stationnaire*. Supposons que ce régime stationnaire soit obtenu pour un calorimètre, par le passage d'un courant gazeux de vitesse constante, sortant d'une étuve à température fixe. Si l'on désigne par M la masse de gaz qui circule alors par unité de temps dans le calorimètre, par C sa chaleur spécifique moyenne, par T la température de l'étuve et par $\theta$ la température devenue stationnaire, la quantité de chaleur apportée par le gaz est, pour chaque unité de temps $MC(T-\theta)$ ; si l'on y ajoute la quantité de chaleur K transmise dans le même temps par conductibilité, on aura, d'après la loi de Newton (634), en désignant par $\tau$ la température ambiante, et par $\lambda$ le coefficient de rayonnement :

$$MC(T-\theta)+K=\lambda(\theta-\tau).$$

De cette équation, on pourra tirer C, quand on connaîtra tout le reste.

*Dispositif expérimental.* — Pour obtenir un courant gazeux de vitesse constante, et prolonger ce courant pendant un temps assez long, tout en n'employant qu'une petite masse de gaz, Delaroche et Bérard avaient imaginé une disposition dont voici les points essentiels :

Le gaz passait alternativement d'une vessie $V_1$ (fig. 637) à une vessie $V_2$ ; le tube de communication était entouré, dans une partie de son trajet

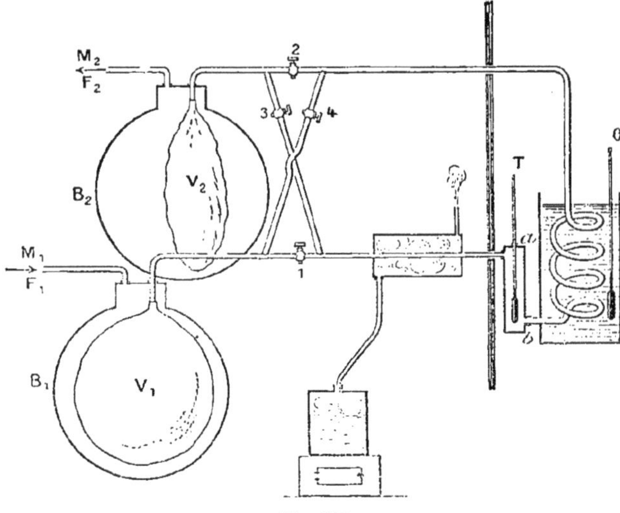


Fig. 637.

(environ un mètre), par un manchon à circulation de vapeur d'eau bouillante ; au delà, il formait un serpentin immergé dans un calorimètre. Un système de tubes et de robinets, 1, 2, 3 et 4, permettait de produire alternativement le passage du gaz de $V_1$ à $V_2$ et de $V_2$ à $V_1$, de manière qu'il continuât toujours à céder au calorimètre la chaleur qu'il recevait de l'étuve.

Pour obtenir une vitesse constante de circulation, on avait placé les deux vessies dans deux grands ballons $B_1$ et $B_2$, communiquant chacun avec une des tubulures de deux grands flacons $F_1$ et $F_2$ (non indiqués sur la figure), qui pouvaient recevoir l'eau de deux vases de Mariotte $M_1$ et $M_2$. Au début, le flacon $F_1$ étant plein d'air, et le flacon $F_2$ plein d'eau, l'air de $F_1$, chassé dans le sens de la flèche par l'écoulement de l'eau du vase de Mariotte $M_1$, se rendait dans le ballon $B_1$ et comprimait la vessie $V_1$; le gaz passait donc dans la vessie $V_2$ en comprimant dans le ballon $B_2$ l'air qui se rendait à son tour dans le flacon $F_2$, et en chassait l'eau. On intervertissait ensuite les communications, de manière à produire en sens inverse le mouvement du gaz soumis à l'expérience, et ainsi de suite.

652. *Détermination des différents termes de la formule.* — 1° *Masse M du gaz.* — Si l'on détermine le volume V d'eau qui s'est écoulée des flacons F par unité de temps, c'est le volume du gaz, mesuré à la pression atmosphérique et à la température $\tau$, de l'eau des flacons, qui a circulé de l'étuve au calorimètre, pendant l'unité de temps. On a donc

$$M = a_{0,76} d . V \frac{H}{76} \frac{1}{1+\alpha\tau}.$$

2° *Températures* T, $\tau$ *et* $\theta$. — Pour obtenir la température initiale T du gaz, Delaroche et Bérard prenaient assez arbitrairement la moyenne entre la température de la vapeur d'eau bouillante $T_1$ et la température $T_2$ indiquée par un thermomètre dont le réservoir était placé dans un tube de verre *ab* (fig. 637), intercalé entre l'étuve et le serpentin.

La température $\tau$ était donnée par un thermomètre sensible, placé dans le voisinage du calorimètre.

Quant à la température stationnaire $\theta$, Delaroche et Bérard n'attendaient pas qu'elle se produisît par le seul effet du passage du courant de gaz. Ils élevaient artificiellement la température du calorimètre à l'aide d'une lampe à alcool, jusqu'à une température voisine, mais un peu inférieure, et ils faisaient alors passer le courant gazeux. Ils observaient la température de dix minutes en dix minutes, jusqu'à ce que l'augmentation ne fût plus que 0°,01 en dix minutes. Ils notaient la température $\theta_1$ à ce moment. Puis, avec la lampe à alcool, ils chauffaient de nouveau, de quelques dixièmes de degré, de façon à être légèrement au-dessus de la température stationnaire, et ils attendaient que l'abaissement ne fût plus que de 0°,01 par dix minutes. Ils notaient la température $\theta_2$ à ce moment, et prenaient

$$\theta = \frac{\theta_1 + \theta_2}{2}.$$

3° *Coefficient de conductibilité* K. — On arrête le courant gazeux ; la température stationnaire devient $\theta'$, et elle est alors maintenue uniquement par la conductibilité. On a donc, en désignant par K' la valeur particulière de K dans ces conditions, la nouvelle équation

$$K' = \lambda(\theta' - \tau).$$

Delaroche et Bérard trouvèrent $\theta' - \tau = 3°,1$. Mais, dans cette dernière partie de l'expérience, la différence entre la température de l'étuve et la température stationnaire était de 90°, tandis que, pendant le passage du gaz, elle n'avait été que de 72 degrés ; cela se conçoit *a priori*, car il faut que la fixité de la température, produite d'abord par la conductibilité et le courant gazeux, se produise ici par la conductibilité seule. Si donc on admet que le coefficient de conductibilité varie proportionnellement à l'excès de la température de l'étuve sur celle du calorimètre, on a :

$$\frac{K}{K'} = \frac{72}{90} = \frac{8}{10}, \qquad \text{d'où} \qquad K = \lambda \times 3^o,1 \times \frac{8}{10} = \lambda \times 2^o,5.$$

Par conséquent, l'équation primitive devient :

$$MC(T - \theta) = \lambda(\theta - \tau - 2^o,5).$$

4° *Coefficient de rayonnement* λ. — Pour déterminer le coefficient λ, Delaroche et Bérard opérèrent de deux façons différentes.

La première consiste à supprimer simplement le courant gazeux et à abandonner le calorimètre à lui-même. Soit $\mu_0$ sa valeur en eau, et $\theta''$ sa température au bout de l'unité de temps adoptée; on a, d'après la loi de Newton,

$$\mu_0(\theta - \theta'') = \lambda\left(\frac{\theta + \theta''}{2} - \tau\right), \qquad \text{d'où l'on tire } \lambda.$$

L'autre façon de procéder consiste à faire passer lentement un courant d'eau chaude, qui produit le même effet que le courant de gaz. Si la température stationnaire est Θ, la température ambiante τ', la température de l'eau T', températures *voisines* de θ, τ et T, on a, en appelant M' la masse d'eau qui circule par unité de temps,

$$M'(T' - \Theta) = \lambda(\Theta - \tau' - 2^o,5),$$

d'où l'on tire encore λ [1].

A ces expériences de Delaroche et Bérard on peut objecter, d'une part, que les gaz n'étaient ni secs, ni purs, en raison des phénomènes d'osmose à travers les vessies; d'autre part, que la température T résultait d'une évaluation arbitraire; enfin, que l'uniformité de température dans le calorimètre n'était pas assurée par agitation.

Wiedmann a repris ces expériences en 1876, en appliquant la même méthode et en se mettant à l'abri des causes d'erreur que nous venons de signaler. Les vessies étaient en caoutchouc imperméable; l'étuve était remplie de tournure de cuivre, ce qui permettait de mieux assurer au gaz la température de la vapeur d'eau.

655. **Méthode de Regnault. — Principe de la méthode.** — Considérons un courant gazeux qui traverse, sous pression constante, et avec une vitesse constante, une étuve dont il prend exactement la température T. Ce courant passe dans un calorimètre, qui est à une température initiale $\theta_0$ : il s'établit, à chaque instant, un équilibre de température entre le gaz et le calorimètre. On note, de minute en minute, les températures successives du calorimètre, $\theta_0, \theta_1, \ldots, \theta_k, \ldots, \theta_n$.

Désignons par M la masse totale de gaz qui a traversé l'appareil pendant $n$ minutes : il est passé, par minute, une masse $\frac{M}{n}$ de gaz; supposons que chacune de ces masses $\frac{M}{n}$ se soit refroidie de la température T à la température moyenne du calorimètre pendant la minute considérée, et désignons d'une façon générale par $\Delta\theta_k$ la variation algébrique de

[1] Le coefficient λ ne fut déterminé que pour l'air; pour tous les autres gaz, Delaroche et Bérard s'étaient contentés d'éliminer λ, en déterminant le rapport $\frac{C}{C_a}$ de la chaleur spécifique cherchée C à celle de l'air $C_a$, c'est-à-dire la chaleur spécifique *par rapport à l'air*.

température du calorimètre sous l'influence des causes perturbatrices pendant la $k^{ième}$ minute; on a alors les $n$ équations successives suivantes :

$$(1)\quad \frac{M}{n} C \left( T - \frac{\theta_0 + \theta_1}{2} \right) = \mu_0 (\theta_1 - \Delta\theta_1 - \theta_0),$$

..................................

$$(k)\quad \frac{M}{n} C \left( T - \frac{\theta_{k-1} + \theta_k}{2} \right) = \mu_0 (\theta_k - \Delta\theta_k - \theta_{k-1}),$$

..................................

$$(n)\quad \frac{M}{n} C \left( T - \frac{\theta_{n-1} + \theta_n}{2} \right) = \mu_0 (\theta_n - \Delta\theta_n - \theta_{n-1}).$$

En faisant la somme de ces $n$ équations, il vient,

$$MC \left( T - \frac{\theta_0 + \theta_n}{2n} - \frac{1}{n} \sum_{k=1}^{k=n-1} \theta_k \right) = \mu_0 \left( \theta_n - \sum_{k=1}^{k=n} \Delta\theta_k - \theta_0 \right);$$

le terme correctif $\sum_{k=1}^{k=n} \Delta\theta_k$ se détermine à la façon ordinaire (641). Cette équation fournira C, lorsqu'on connaîtra M.

*Appareil de Regnault.* — L'appareil de Regnault comprenait quatre parties : le réservoir du gaz, le régulateur de vitesse, l'étuve et le calorimètre.

Le *réservoir*, pour les expériences sous la pression atmosphérique, était un cylindre V (fig. 658), de 35 litres de capacité, en cuivre cerclé de fer. Il était entouré d'une grande masse d'eau, à température sensiblement constante, et communiquait d'une part avec un grand manomètre à air libre, d'autre part avec un *régulateur de vitesse*, consistant en un robinet à *pointeau* R dont une figure spéciale donne le détail : on manœuvrait ce régulateur au moyen d'une vis micrométrique, à tambour divisé *b* mobile devant un repère B. — Pour obtenir une vitesse d'écoulement constante à travers un étroit orifice séparant deux parties d'un même gaz à des pressions différentes, il faut maintenir cette différence de pression constante. Or la pression atmosphérique règne dans l'étuve et le calorimètre. Il suffit donc que le tube présente, au delà du robinet, un petit étranglement *e*, provoquant un léger excès de pression sur la pression atmosphérique ; on maintiendra cet excès constant, en le mesurant au moyen d'un manomètre à eau ou à acide sulfurique M, et en ouvrant progressivement le robinet à pointeau, à mesure que la pression décroîtra dans le réservoir.

L'*étuve* E était constituée par un bain d'huile, chauffé par une lampe à alcool, et dans lequel était immergé un serpentin en laiton mince (de 8 millimètres de diamètre et dix mètres de long). Un thermomètre, assujetti dans le couvercle de l'étuve de manière que son réservoir vînt toucher la paroi du serpentin à sa sortie de l'étuve, donnait la température T du gaz en ce point.

Le *calorimètre* CD était formé par des caisses cylindriques en laiton, superposées; pour augmenter la surface de contact du gaz avec la paroi, on avait placé, à l'intérieur de chacune de ces caisses, une lame de laiton enroulée en spirale; l'une de ces lames est représentée à part, en A. Un thermomètre, placé dans le calorimètre, permettait d'évaluer $\frac{1}{200}$ de degré. Un agitateur, mû mécaniquement, rendait la température uniforme.

Pour raccorder l'étuve au calorimètre et éviter les effets de la conductibilité, Regnault employait un tube de liège, dans l'intérieur duquel se terminait le serpentin à sa sortie de l'étuve. Ce liège, après avoir pénétré dans le

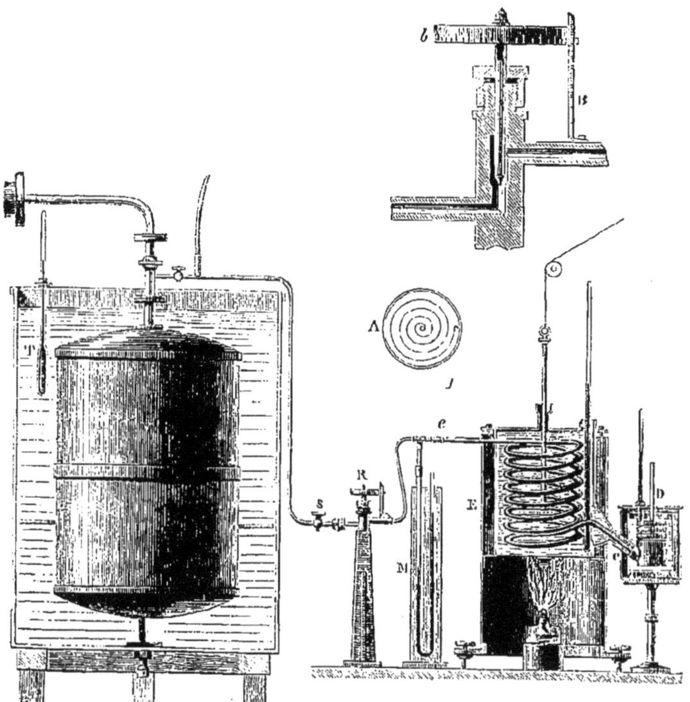


Fig. 638.

calorimètre, s'amincissait vers son extrémité, et se prolongeait par un tube de verre, substance également peu conductrice, qui amenait le gaz jusque dans la première boîte calorimétrique.

*Détermination de la masse* M *de gaz.* — Pour déterminer la masse M de gaz qui avait traversé le calorimètre pendant les $n$ minutes d'une expérience, Regnault mesurait au manomètre la pression $H_0$ dans le réservoir V au commencement de l'expérience, et il déterminait de nouveau la pression $H_1$ à la fin. Si le volume du récipient était absolument invariable, malgré les changements de température et de pression intérieure, et si le gaz suivait exactement la loi de Mariotte, la masse initiale de gaz dans le récipient serait de la forme

$$M_0 = a_{0,76} d V \frac{H_0}{76} \frac{1}{1+\alpha_0 t_0} = \frac{AH_0}{1+\alpha_0 t_0},$$

A étant une constante, et $\alpha_0$ étant le coefficient de dilatation du gaz sous la pression constante $H_0$. La masse finale de gaz dans le récipient serait de même, en désignant par $\alpha_1$ le coefficient sous la pression $H_1$,

$$M_1 = \frac{AH_1}{1+\alpha_1 t_1},$$

d'où

$$M = M_0 - M_1 = \frac{AH_0}{1+\alpha_0 t_0} - \frac{AH_1}{1+\alpha_1 t_1}.$$

En réalité, aucune des conditions que nous avons admises n'est rigoureusement satisfaite. Mais les variations de température sont assez faibles pour n'avoir pas d'influence sensible sur le volume du récipient : Regnault posait alors, pour la masse $\Pi$ de gaz remplissant le récipient sous une pression H à la température $t$, la formule générale

$$\Pi = \frac{AH + BH^2 + CH^3}{1+\alpha t},$$

A, B, C étant trois constantes, et $\alpha$ étant le coefficient de dilatation sous la pression constante H; il tenait d'ailleurs compte de l'influence de la pression sur la valeur de ce coefficient, pour les fortes pressions H sous lesquelles il opérait.

Il fallait alors déterminer les trois constantes A, B, C. Pour cela, Regnault tarait à vide le ballon qui lui avait servi à l'étude des densités relatives des gaz (531), avec une masse échantillonnée sur le même plateau; puis il mettait ce ballon en communication avec le réservoir, dans lequel il venait de mesurer la pression H au manomètre. Il supprimait la communication et déterminait l'accroissement de masse $\Delta\Pi$ du ballon; il déterminait de même la variation correspondante $\Delta H$ de la pression dans le réservoir. Le rapport de ces quantités, très petites par rapport à $\Pi$ et H, est sensiblement la dérivée de $\Pi$ par rapport à H. On a donc

$$\frac{\Delta\Pi}{\Delta H} = \frac{A + 2BH + 3CH^2}{1+\alpha t}.$$

On répétait ensuite deux expériences analogues, pour deux pressions H' et H'', choisies de façon que H, H' et H'' fussent des pressions notablement différentes. Les deux dernières expériences donnaient :

$$\frac{\Delta\Pi'}{\Delta H'} = \frac{A + 2BH' + 3CH'^2}{1+\alpha' t'},$$

$$\frac{\Delta\Pi''}{\Delta H''} = \frac{A + 2BH'' + 3CH''^2}{1+\alpha'' t''}.$$

Ces trois équations déterminent A, B, C. Par suite, dans l'expérience calorimétrique, on a

$$M_0 = \frac{AH_0 + BH_0^2 + CH_0^3}{1+\alpha_0 t_0}, \qquad M_1 = \frac{AH_1 + BH_1^2 + CH_1^3}{1+\alpha_1 t_1}, \qquad \text{d'où} \qquad M = M_0 - M_1.$$

*Étude de l'influence de la valeur de la pression.* — Pour faire circuler le gaz sous une pression supérieure à la pression atmosphérique, on transportait au bout de l'appareil, entre le calorimètre et l'atmosphère, le robinet régulateur R, l'étranglement du tube qui lui faisait suite, et le manomètre situé entre eux. Avec le robinet à pointeau, on maintenait constant l'excès de pression entre le manomètre et l'atmosphère : le gaz avait alors, dans l'étuve et le calorimètre, la même pression que dans le récipient. Il fallait donc que cette pression variât peu, ce à quoi Regnault parvenait en employant un récipient beaucoup plus grand (250 litres au lieu de 35). Sur cette masse plus considérable de gaz, les variations de pression produites par la masse de gaz écoulé étaient assez petites pour qu'on pût prendre la moyenne des pressions initiale et finale, comme représentant sensiblement la pression constante de l'expérience.

654. **Résultats généraux sur les chaleurs spécifiques des gaz.** — Toutes les chaleurs spécifiques des gaz entre 0° et 100°, sous pression atmosphérique constante, sont inférieures à l'unité, sauf celle de l'hydrogène, qui est égale à 3,410. — Le tableau suivant donne quelques-uns des résultats obtenus :

| | |
|---|---|
| Air | 0,2377 |
| Oxygène | 0,2175 |
| Azote | 0,2438 |
| Oxyde de carbone | 0,2450 |
| Hydrogène | 3,410 |

*Influence de la température.* — La chaleur spécifique C sous pression constante, entre les limites de température des expériences de Regnault, est sensiblement *indépendante de la température* T définie par le thermomètre à air, pour l'air, l'hydrogène, c'est-à-dire pour les gaz qui se rapprochent le plus du gaz parfait, dans ces limites. Ex. pour l'air :

| | | |
|---|---|---|
| entre — 30° et + 10° | | C = 0,23771 |
| 0° | 100° | 0,23741 |
| 0° | 200° | 0,23751 |

*la quantité de chaleur absorbée est à peu près proportionnelle aux variations de température.*

Pour le gaz carbonique, au contraire, sous la pression normale, C *augmente* avec T ; voici les nombres fournis par Regnault :

| | | |
|---|---|---|
| entre — 30° et + 10° | | C = 0,18427 |
| 10° | 100° | 0,20246 |
| 10° | 210° | 0,21692 |

*Influence de la pression.* — La chaleur spécifique C sous pression constante, entre les limites de pression des expériences de Regnault, est très sensiblement *indépendante de la pression*, pour l'air, l'hydrogène et même le gaz carbonique, mais ce résultat est inexact dans le cas de pressions plus élevées. Ainsi M. Amagat a établi que, pour le gaz carbonique, *à des températures supérieures à la température critique*, la chaleur spécifique C croît d'abord avec la pression, passe par un maximum, puis décroît. La pression pour laquelle C est maximum croît continuellement avec la température. — Pour les températures *inférieures à la température critique*, la chaleur spécifique C commence encore par croître avec la pression, jusqu'à la tension maximum. Elle subit, avec le changement d'état, une certaine variation; puis la chaleur spécifique du liquide qui succède au gaz décroît constamment, et de moins en moins rapidement, à mesure que la pression continue à croître. Il résulte de là que, si la variation de C est positive lors du changement d'état, le maximum de C a lieu à l'état liquide; si la variation de C lors du changement d'état est négative, le maximum de C a lieu à l'état de vapeur saturante. Donc, dans tous les cas, ce maximum de C a lieu sous la tension maximum. — On peut remarquer encore qu'il a toujours lieu sous des pressions croissantes avec la température, puisque les tensions maxima croissent avec la température. Toutes les pressions correspondant au maximum de C forment donc une suite régulière qui, tant que la liquéfaction est possible, représente la courbe des tensions maxima; au delà du point critique, la courbe des températures et pressions correspondant au maximum de C forme une sorte de *prolongement de la courbe des tensions maxima*.

655. **Lois relatives aux chaleurs spécifiques des gaz sous pression constante. — Gaz simples : loi de Delaroche et Bérard.** — Si nous examinons un tableau des chaleurs spécifiques des gaz simples, nous constatons d'abord qu'elles varient en sens inverse des densités, puis très sensiblement en *raison inverse* des densités, d'où la loi suivante :

*Le produit de la chaleur spécifique d'un gaz simple, sous pression constante, par la densité relative est constant.* La valeur de cette constante est 0,24, nombre très voisin de la chaleur spécifique de l'air, dont la densité relative est l'unité : l'air, mélange de deux gaz simples, se comporte donc, au point de vue de la loi, comme un gaz simple.

On énonce encore souvent la loi sous la forme suivante : *La capacité calorifique sous pression constante de volumes égaux de gaz simples, pris dans les mêmes conditions de température et de pression, est la même.*

Il est facile de voir que les deux énoncés sont équivalents. En effet : soit V le volume commun, dans les conditions $t$ et H; soient $a_{t,\text{H}}$ la masse spécifique de l'air dans ces conditions, et $d$ la densité relative d'un gaz par rapport à l'air, dans les mêmes conditions. On a, pour la masse $m$ du volume V du gaz : $m = a_{t,\text{H}}d\text{V}$; et pour la capacité calorifique correspondante,

$$\text{C}m = \text{C}a_{t,\text{H}}d\text{V}.$$

Pour un autre gaz, on aura de même :

$$\text{C}'m' = \text{C}'a_{t,\text{H}}d'\text{V}.$$

Si $\text{C}m = \text{C}'m'$, il en résulte :

$$\text{C}d = \text{C}'d' = \text{C}^{\text{te}} = 0{,}24.$$

Voici quelques résultats justifiant la loi :

| | C | $d$ | C$d$ |
|---|---|---|---|
| Air | 0,237 | 1 | 0,237 |
| Oxygène | 0,217 | 1,105 | 0,240 |
| Azote | 0,243 | 0,972 | 0,237 |
| Hydrogène | 3,409 | 0,069 | 0,236 |
| Chlore | 0,121 | 2,450 | 0,296 |
| Brome | 0,056 | 5,477 | 0,304 |

La loi est vérifiée d'une manière satisfaisante pour les premiers gaz difficilement liquéfiables; il n'en est pas de même pour les deux derniers.

La loi de Delaroche et Bérard est à rapprocher de la loi de Dulong et Petit (647). En effet, si l'on divise par $d$, densité de l'hydrogène par rapport à l'air, l'expression précédente devient

$$\frac{Cd}{d_H} = C^{te}.$$

Or, en appelant $M_m$ la masse moléculaire, on sait que $\frac{d}{d_H} = \frac{M_m}{2}$ : donc, pour les gaz simples qui suivent la loi de Delaroche et Bérard, on a $CM_m = C^{te}$, c'est-à-dire que :

*La capacité calorifique moléculaire de ces gaz simples est constante et voisine de* 7 [Pour les gaz monoatomiques (A, He,..) elle est 5].

Si l'on remarque d'ailleurs que, pour la plupart des gaz simples, la masse moléculaire $M_m$ est le double de la masse atomique $A_a$, on arrive à la relation $CA_a = C^{te}$. C'est là une forme de la loi de Delaroche et Bérard, identique à la loi de Dulong et Petit (647). On peut donc dire, en généralisant, que :

La *capacité calorifique atomique* des divers corps simples est *constante*, dans l'état gazeux comme dans l'état solide. — Dans l'état gazeux, cette constante est à peu près moitié de ce qu'elle est dans l'état solide. En particulier, pour l'hydrogène, dont la masse atomique est l'unité et la chaleur spécifique 3,4, la valeur du produit est 3,4; c'est sensiblement la moitié de 6,4, constante de la loi de Dulong et Petit.

656. **Gaz composés.** — 1° *Gaz formés sans contraction.* — Dulong et Petit avaient dit que :

La *capacité calorifique de volumes égaux de gaz composés, formés sans contraction, est la même que celle des gaz simples dans les mêmes conditions de température et pression*, c'est-à-dire que ces gaz suivent aussi la loi de Delaroche et Bérard. — En particulier, pour l'oxyde azotique, l'oxyde de carbone et l'acide chlorhydrique, les valeurs respectives du produit $Cd$ sont : 0,241, 0,237, 0,233. Ces gaz sont diatomiques comme la plupart des gaz simples; la loi s'interprète facilement, en admettant que les atomes gazeux conservent leur capacité calorifique dans les combinaisons [cette hypothèse est analogue à la loi de Wœstyne (649)].

2° *Gaz formés avec contraction.* — Quant aux gaz composés formés *avec une même contraction*, Dulong et Petit avaient également énoncé que ces gaz ont, à volumes égaux, *même capacité calorifique*, capacité différente d'ailleurs de celle des gaz simples dans les mêmes conditions. — Cette loi n'a pas été confirmée par les expériences de Regnault, comme on le voit par les nombres suivants :

| Gaz | $H^2S$ | $H^2O$ | $CO^2$ | $Az^2O$ | $SO^2$ | $CS^2$ |
|---|---|---|---|---|---|---|
| Produit $Cd$ | 0,29 | 0,30 | 0,33 | 0,34 | 0,34 | 0,41 |

*Remarque.* — Si les atomes des corps gazeux conservaient leur capacité calorifique dans les combinaisons, des gaz composés de même atomicité $n$ auraient même capacité calorifique moléculaire. On aurait, $C_a$ étant la chaleur spécifique d'un gaz simple constituant, $Cd = \frac{CM_m}{28,8} = \frac{\Sigma C_a A_a}{28,8} = \frac{n \times 3,4}{28,8} = 0,12\,n$ ; ce résultat n'est pas vérifié.

657. **Chaleur spécifique des gaz sous volume constant. Mesure directe.** — La chaleur spécifique $c$ des gaz, sous volume constant, a été l'objet de mesures *directes*. M. Joly (de Dublin), en 1894, a déterminé cette quantité par la méthode du calorimètre à vapeur de Bunsen. — Soit une sphère métallique pleine de gaz à $t$, et supportée par un fléau de balance. On la fait plonger dans un calorimètre à vapeur saturante et sèche, à T; il se condense, sur la boule, une certaine quantité de vapeur, qui la porte à la température T. On détermine la masse M de liquide condensé. Si l'on désigne par $m$ la masse du gaz, par $c$ sa chaleur spécifique sous volume constant, par $\mu$ la masse de la sphère, par $\gamma$ sa chaleur spécifique, par $\lambda_T$ la chaleur de vaporisation à T°, on a

$$(mc + \mu\gamma)(T - t) = M\lambda_T,$$

équation d'où l'on tire $c$. — M. Joly a ainsi déterminé les chaleurs spécifiques sous volume constant, pour l'air, l'hydrogène et le gaz carbonique, entre 0° et 100°, et sous des pressions initiales allant jusqu'à 100 atmosphères pour le gaz carbonique. Dans ces conditions, $c$ croît avec la pression.

La critique de cette méthode directe est que le terme correctif $\mu\gamma$ est du même ordre de grandeur que le terme $mc$.

658. **Détermination du rapport $\frac{C}{c}$.** — On détermine le plus souvent par l'expérience le rapport $\frac{C}{c} = \gamma$; si l'on connaît préalablement C, on en déduit $c$. On utilise des transformations adiabatiques d'une masse constante de gaz de pression P, de volume V, car dans ce cas $PV^\gamma = C^{te}$.

Trois méthodes pour déterminer $\gamma$:

1° On produit une compression adiabatique faible d'un gaz, et on déduit la variation de température correspondante, ou plutôt une grandeur correspondante (expérience de Clément et Desormes).

2° On détermine la vitesse du son dans le gaz. Le son se propage par une série de compressions adiabatiques qui traversent le gaz à partir de la source sonore; la formule de Laplace, qui donne la vitesse de propagation du son, contient précisément le coeffient $\gamma$ que l'on considère comme l'inconnue. Cette méthode est plus précise que la précédente.

3° On utilise la connaissance des coefficients de compressibilité et de dilatation.

*Résultats.* — Le coefficient $\gamma$ est sensiblement le même pour les gaz ou vapeurs de même atomicité.

Pour les gaz ou vapeurs monoatomiques (He, Ne, A, Kr, Xe, Hg)........................................ $\gamma = 1,66$.
— — diatomiques.................. $\gamma = 1,38$ à $1,39$.
— — triatomiques.................. $\gamma = 1,29$.

Pour les gaz d'une atomicité supérieure à 3, $\gamma$ varie de 1,2 à 1,1.

**Le coefficient $\gamma$ diminue quand l'atomicité croît : il est caractéristique de l'atomicité et ce résultat est parfois utilisé en Chimie pour déterminer l'atomicité d'un élément gazeux.**

*Remarque.* — Nous démontrerons (714) que $M_m$ (C-c) = 2; connaissant la valeur de $M_mC$, qui est 7 ou 5, et celle de $\gamma$, soit $\frac{5}{7}$ ou $\frac{5}{3}$, pour les gaz simples diatomiques ou monoatomiques, nous en déduisons immédiatement la valeur de $M_mc$, qui est 5 ou 3. Nous avons ainsi des valeurs approchées de C et de $c$.

# PRINCIPE DE L'ÉQUIVALENCE DE LA CHALEUR ET DU TRAVAIL

659. **Notion de l'équivalence entre une quantité de chaleur et une quantité de travail.** — L'observation montre qu'il apparaît de la chaleur, chaque fois qu'il y a disparition de force vive sans qu'il y ait production d'un travail équivalent. Ainsi, lorsqu'une balle de fusil rencontre la plaque d'une cible, elle ne prend après le choc qu'une vitesse insensible en sens contraire, et le travail résistant produit n'est pas égal à la demi-force vive initiale; mais il se produit un dégagement de chaleur, qui rend la balle brûlante, parfois même elle a l'aspect de la grenaille qu'on obtient en projetant du plomb fondu dans l'eau : la balle a donc été fondue au moment du choc. De même, les boulets tirés sur des plaques de blindage éprouvent, dans les mêmes conditions, une élévation de température qui peut les porter à l'incandescence.

Les phénomènes de *choc* ne sont d'ailleurs pas les seuls où l'on constate la production d'une certaine quantité de chaleur, accompagnant la perte d'une certaine quantité de force vive ou de travail. Le *frottement* des corps les uns contre les autres, en diminuant à chaque instant les vitesses dont ils étaient animés, développe également de la chaleur. Ainsi, le frottement du moyeu d'une roue contre son essieu, lorsque les surfaces frottantes ne sont pas suffisamment enduites de matière grasse, arrive à les rendre brûlantes, et peut même parfois y mettre le feu; lorsqu'on lime une pièce métallique, la surface attaquée devient brûlante; enfin c'est grâce à la chaleur dégagée par le frottement qu'on enflamme les allumettes.

A ces observations courantes, il convient d'ajouter l'expérience exécutée à la fonderie de canons de Munich, en 1798, par Rumford. Un cône d'acier trempé, mis en mouvement autour de son axe par deux chevaux venait frotter contre les parois d'une cavité pratiquée dans une pièce de fer; le tout était plongé dans une caisse de sapin contenant environ 10 litres d'eau froide. Au bout de deux heures et demie, l'eau était en pleine ébullition.

Les expériences classiques qui permettent de montrer la transformation d'énergie mécanique en chaleur par choc ou frottement sont extrêmement nombreuses.

*Inversement*, dans la machine à vapeur, il y a *dépense* d'une certaine quantité de chaleur, fournie par le combustible, et *production* d'une certaine quantité de force vive communiquée aux organes de la machine, ou d'un travail effectué par ces organes. Si, comme l'a fait Hirn [1], à la

[1] Hirn (1815-1890), ingénieur français auquel on doit des déterminations très variées de l'équivalent mécanique de la calorie.

manufacture de Logelbach, près Colmar, on évalue la quantité de chaleur Q cédée à l'eau par le foyer et la quantité de chaleur Q' recueillie au condenseur, quand la machine tourne à vide, on trouve sensiblement $Q = Q'$; mais quand elle fournit du travail, Q est notablement supérieur à Q', donc la quantité de chaleur disparue $Q - Q'$ est transformée en travail.

En présence de ces résultats, on a dû se demander si, dans tous ces phénomènes divers, il n'existe pas un rapport constant entre la *quantité de chaleur* produite ou dépensée, et la *quantité de force vive ou de travail* dépensée ou produite.

C'est en effet la conclusion à laquelle ont conduit toutes les expériences de mesure, et on l'énonce sous la forme suivante, qui a reçu le nom de *principe de l'équivalence de la chaleur et du travail.*

*Principe. — Lorsqu'un système, après une série de transformations, prend un état final identique à l'état initial, et s'il n'y a que des échanges de chaleur et de travail entre le système et le milieu extérieur* :

1° *Si le système a fourni du travail, il a reçu de la chaleur;*

2° *S'il a reçu du travail, il a fourni de la chaleur;*

3° *Il y a un rapport constant entre la quantité de travail fournie ou reçue et la quantité de chaleur reçue ou fournie.*

En désignant par W le travail fourni par le système ($W > 0$ si le travail est vraiment cédé, $W < 0$ si le travail est reçu); par Q la quantité de chaleur reçue par le système ($Q > 0$ si la chaleur est réellement reçue, $Q < 0$ si elle est cédée), on a, dans les conditions de l'énoncé,

$$\frac{W}{Q} = J \text{ (constante).}$$

Ce rapport *constant* a été improprement appelé l'*équivalent mécanique de la chaleur*; il est plus correct de dire qu'il représente l'*équivalent mécanique de l'unité de quantité de chaleur*. La valeur numérique de ce rapport dépendra évidemment des unités qui auront servi à évaluer, d'une part, le travail, d'autre part, la quantité de chaleur; dans le système C.G.S., ce sera l'équivalent de la *petite calorie*, en *ergs* ou en *joules*; dans le système métrique, ce sera l'équivalent de la *grande calorie*, en *kilogrammètres* (¹).

*Remarque.* — Il est facile de se rendre compte que toutes les conditions indiquées dans l'énoncé du principe de l'équivalence doivent être remplies pour que cet énoncé soit correct. Ainsi lorsqu'on fond de la glace, le système reçoit à la fois de la chaleur et du travail (car il y a diminution de volume), mais l'état final n'est pas identique à l'état initial; lorsqu'on lance un courant dans une dynamo, elle se met à tourner, fournit du travail, en même

(¹) Le Congrès de physique de l'Exposition de 1900 a émis le vœu que les résultats des expériences calorimétriques soient finalement exprimés en unités mécaniques C.G.S. (ergs ou joules); mais que, dans le cas où ces nombres sont obtenus par une transformation d'unités, les résultats immédiats des expériences soient aussi indiqués, vu l'incertitude de la valeur attribuée à J.

temps elle s'échauffe et cède de la chaleur; si l'on choisit l'instant initial et l'instant final lorsque le régime permanent est établi, la première condition de l'énoncé est satisfaite, mais la deuxième ne l'est point, car la dynamo reçoit de l'énergie électrique, le principe ne s'applique pas.

Nous donnerons plus loin (664) un énoncé plus général du principe de l'équivalence.

660. **Expérience fondamentale de Joule sur le frottement.** — On doit à Joule[1] un grand nombre d'expériences sur la mesure de J; les premières sont de 1849 et les dernières datent de 1878. Dans ces expériences, Joule a employé une quantité déterminée de travail mécanique pour produire, par le frottement, une quantité de chaleur qu'il mesurait avec précision. Les parties principales de l'appareil sont les suivantes :

Deux masses égales de plomb G, G′ de 14$^{kg}$,5 (fig. 639), suspendues, au même niveau, par des cordons qui s'enroulent sur les axes B, B′ de deux poulies, sont abandonnées à l'action de la pesanteur; elles impriment un mouvement de rotation à ces deux poulies, dont les gorges portent des fils qui viennent s'enrouler sur le cylindre de bois F et l'entraînent dans leur mouvement. Sur l'axe vertical autour duquel tourne le cylindre, sont montées des palettes de laiton qui se meuvent au sein d'une masse d'eau de 5 à 6 kilogrammes, contenue dans un calorimètre C, cloisonné de manière à laisser passer les palettes tout en immobilisant l'eau le plus possible. Le frottement de l'eau contre les palettes, et contre la paroi du calorimètre, a pour effet de rendre le mouvement uniforme, au bout de quelques instants; à partir de ce moment, au travail moteur de la pesanteur ne correspond aucun accroissement de force vive, mais une élévation de température de l'eau et des pièces solides du calorimètre, c'est-à-dire la production d'une certaine quantité de chaleur.

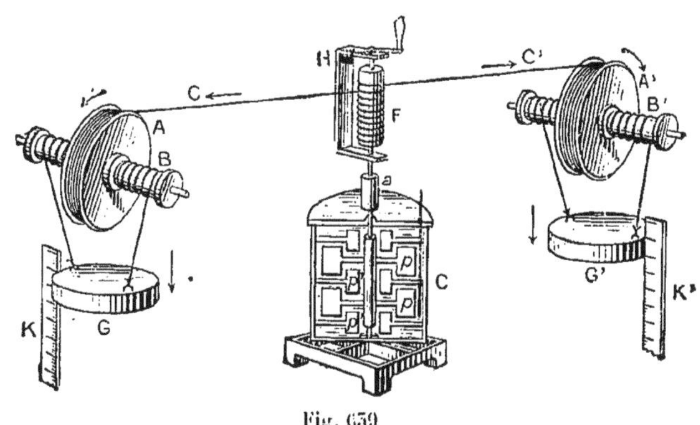

Fig. 639

*Mesure de Q.* — On déterminait, au moyen d'un thermomètre très sensible, l'élévation de température du calorimètre à la fin de l'expérience; on en déduisait, au moyen des chaleurs spécifiques connues, et toutes corrections calorimétriques faites, la quantité de chaleur produite,

[1] Joule (1818-1889), physicien anglais auquel on doit des expériences très nombreuses pour la mesure de l'équivalent mécanique de la calorie, des recherches sur la détente adiabatique des gaz et la loi relative à l'effet calorifique d'un courant dans un conducteur.

Q calories. — En réalité, pour obtenir un accroissement de température nettement appréciable, Joule était obligé de renouveler le mouvement de chute jusqu'à vingt fois. A chaque fois, pour remonter les masses G et G' à leurs points de départ sans entraîner les palettes à l'intérieur du calorimètre, on séparait l'axe du treuil F de celui des palettes, en $a$, et on le rendait mobile sur deux pivots H ; alors, au moyen de la manivelle, on remontait les deux masses, et l'on rétablissait ensuite la liaison entre les deux parties de l'axe, pour répéter l'expérience. Après vingt opérations semblables, on divisait par 20 la quantité totale de chaleur produite, ce qui donnait la quantité de chaleur Q correspondant à l'une d'elles. L'élévation de température totale était seulement de 0°4 dont 0°,05 pour les corrections

*Mesure de W.* — Soit M la valeur commune de la masse des disques G, G'; la force motrice est $2Mg$, et $h$ étant la hauteur de chute, le travail effectué pendant la chute des poids est représenté par le produit $2Mgh$. Il faut remarquer d'ailleurs que ce travail $2Mgh$ n'est pas tout entier employé à produire l'échauffement du calorimètre. Tout d'abord, l'eau ne se retrouve pas tout à fait à la fin dans les mêmes conditions qu'au début, bien qu'elle n'ait pas acquis de vitesse sensible, mais en lui enlevant la quantité de chaleur Q on reviendrait précisément à l'état initial. Désignons donc par W la portion du travail qui a été transformée en chaleur; par $w$ la force vive totale acquise par les différentes pièces, et dissipée dans le choc des masses M et M' sur le sol; par R le travail absorbé par les résistances passives en dehors du calorimètre (en particulier aux coussinets des galets qui supportent, comme dans la machine d'Atwood (427), les axes des poulies); on aura :

$$2Mgh = W + w + R. \tag{1}$$

Pour déterminer R et $w$, qui sont des fonctions de la vitesse et de la hauteur de chute, on fait une nouvelle expérience, dans laquelle on sépare le treuil F du calorimètre, et on change le sens de l'enroulement du fil C' sur le cylindre F; la masse G' étant alors au bas de sa course, et la masse G à l'origine, on détermine, par tâtonnements, quelle masse $m$ il faut ajouter du côté G pour que le poids additionnel de cette masse communique aux masses G et G' la vitesse finale $v$ qui a été observée dans l'expérience primitive, et mesurée sur la règle divisée ($v$ était environ de $5\frac{\text{cm}}{\text{sec}}$ et on avait $m = 205^{\text{g}}$). On a alors, pour la même hauteur de chute $h$,

$$mgh = w + \frac{1}{2}mv^2 + R \text{ [1]}, \tag{2}$$

d'où, en retranchant (2) de (1) membre à membre,

[1] En réalité, les frottements des pivots et des cordons, et par suite le terme R, n'étaient plus alors absolument les mêmes que dans l'expérience primitive, car ici l'appareil n'est plus symétrique : la pression sur l'axe du cylindre est augmentée du côté de la surcharge, et il y a, en outre, aux pivots H, des frottements qui n'exis-

$$(2M - m) gh = W - \frac{1}{2} mv^2,$$

c'est-à-dire

$$W = (2M - m) gh + \frac{1}{2} mv^2.$$

*Critique.* — L'expérience durant environ 40 minutes, les corrections calorimétriques ont une importance considérable et elles sont incertaines; il ne semble pas que la précision dépasse $\frac{1}{100}$.

*Résultats.* — La moyenne des expériences de Joule, avec ce dispositif, avait donné pour une grande calorie, en unités du système métrique,

$$J = 424^{kgm},12.$$

En remplaçant l'eau par le mercure et le laiton par le fer, Joule trouva

$$J = 424^{kgm},25 \quad \text{et} \quad J = 425^{kgm},51\,;$$

en faisant frotter un cône de fonte plein contre un cône de fonte creux, le système étant immergé dans un calorimètre, les mesures donnèrent

$$J = 424,8 \quad \text{et} \quad J = 424,9.$$

Tous ces nombres sont remarquablement concordants, quoique les surfaces frottantes aient varié ainsi que les procédés de mesure.

La moyenne 424,7 de ces nombres correspond, en unités C.G.S., à $J = 4^J,17$ pour une petite calorie.

*Autre expérience de Joule.* — Le calorimètre à palettes est placé sur un flotteur : quand l'axe tourne, le cylindre tend à être entraîné; on l'équilibre par un couple produit au moyen de deux poids égaux fixés aux extrémités de deux fils tendus dans une gorge creusée à la partie supérieure du calorimètre et passant sur deux poulies. Si M est la masse de l'un de ces poids, $d$ le diamètre de la gorge du calorimètre, la valeur du couple est $C = Mgd$; si l'axe a fait $n$ tours ($n$ est donné par un compte-tours), le travail transformé en chaleur est $W = 2\pi n C = 2\pi n Mgd$.

Rowland (1879) a perfectionné ce dispositif, notamment en entraînant l'axe par un moteur à pétrole; le travail par seconde étant plus considérable, l'expérience dure moins, ce qui est avantageux pour les corrections calorimétriques. Ainsi, pour une valeur en eau de 8 787$^g$, l'élévation de température était $0^o,6$ par minute. Le nombre trouvé est $J = 426^{kgm},8$ pour la grande calorie, en $4^J,187$ pour la petite calorie, à $\frac{1}{1000}$ près. C'est au cours

taient pas dans l'expérience primitive. Joule évaluait ce nouveau frottement $r$ par une nouvelle expérience, dans laquelle, le cylindre étant placé horizontalement et supporté par les mêmes pivots, on cherchait quelle était la surcharge $\mu$ nécessaire pour lui donner la vitesse uniforme $v$ des expériences calorimétriques. Le travail correspondant $\mu gh$ est alors égal à $r$ augmenté de la force vive du système, facile à calculer, comme on l'a vu à propos de la machine d'Atwood (426). On peut donc évaluer $r$ et en retrancher l'expression du premier membre de l'équation (2), en faisant, par exemple, porter la correction sur $m$. C'est ce que nous supposerons fait. Il est bon d'ajouter, d'ailleurs, pour légitimer tout cela, que le terme correctif $mgh$ n'excède pas $\frac{1}{140}$ du travail total $2Mgh$.

de ces mesures que Rowland a trouvé qu'une même quantité de travail ne correspond pas à une même variation de température de l'eau tout le long de l'échelle thermométrique, et qu'il a étudié la variation de la chaleur spécifique de l'eau en fonction de la température (645).

Des mesures effectuées par M. Miculescu au laboratoire de M. Lippmann, en 1891, ont conduit au même résultat. Le couple C était mesuré par un frein électrique, et la quantité de chaleur par une méthode de zéro, très sensible, le calorimètre étant placé dans une double enveloppe où l'on faisait circuler de l'eau froide avec une vitesse constante, de manière à maintenir invariable la température du calorimètre, en enlevant la chaleur créée par frottement.

661. **Calcul de l'équivalent mécanique de la calorie, par les chaleurs spécifiques des gaz** (MAYER)[1]. — On a vu (650) que, pour un même gaz, la chaleur spécifique C sous pression constante est plus grande que la chaleur spécifique $c$ sous volume constant : la différence $C-c$ correspond au travail *extérieur* de dilatation de l'unité de masse, sous pression constante, pour une élévation de température de 1°. L'expérience a en effet montré à Joule que, pour les gaz les plus voisins de l'état gazeux parfait, la détente sans travail extérieur n'est accompagnée d'aucune variation de température. Cette expérience consistait à comprimer de l'air à 22 atmosphères dans un récipient métallique A (fig. 640), à faire le vide dans le récipient B ; les deux vases étant plongés dans un calorimètre de faible capacité calorifique, on les faisait communiquer et l'on constatait que la température du calorimètre, et par suite de la masse gazeuse, ne *variait pas* : ce résultat est de la plus haute importance. Soit alors $v_0$ le volume initial de l'unité de masse du gaz, ou le volume spécifique, à 0° par exemple, et sous la pression constante $p_0$, la dilatation pour 1° est $v_0\alpha$. Si le gaz était emprisonné dans un cylindre de section égale à l'unité, fermé par un piston mobile poussé par la force de pression $p_0$, le piston se déplacerait de $v_0\alpha$ et le travail cédé au milieu extérieur pendant la dilatation du gaz serait $p_0v_0\alpha$. On a donc, en désignant par J l'équivalent mécanique en ergs de la petite calorie,

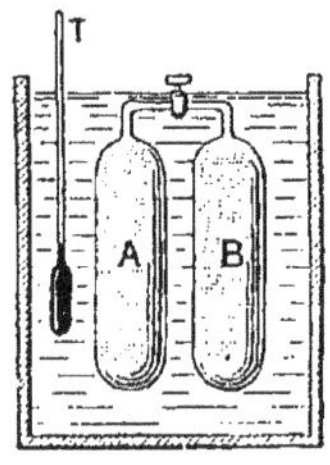

Fig. 640.

$$J(C-c)=p_0v_0\alpha, \qquad \text{d'où} \qquad J=\frac{p_0v_0\alpha}{C-c};$$

c'est là ce qu'on appelle la relation de Robert Mayer.

Prenons, par exemple, pour $p_0$ la pression normale à Paris,

$$p_0=76\times 13{,}596\times 981;$$

supposons, d'autre part, qu'il s'agisse de l'air : on a alors $v_0=\frac{1}{0{,}001293}$, $\alpha=0{,}00367$, $C=0{,}2377$, $\frac{C}{c}=1{,}40$ environ, d'où $c=0{,}1697$. On tire de là

$$J=4^{\text{j}},231.$$

*Remarque.* — L'écart de cette valeur de J, par rapport au nombre $4^{\text{j}},187$ indiqué plus haut (660), doit être attribué surtout à l'incertitude sur la valeur

[1] Mayer (1814-1878), médecin allemand ; ses réflexions sur la chaleur animale le conduisirent à énoncer le principe de l'équivalence, d'une importance capitale.

de $\frac{C}{c}$, car tout le reste est bien déterminé. Posons, en effet, $\frac{C}{c}=x$; il vient alors

$$J=\frac{\alpha p_0 v_0}{C\left(1-\frac{1}{x}\right)}=\frac{\alpha p_0 v_0}{C}\cdot\frac{x}{x-1};$$

soit $dJ$ l'erreur sur J, correspondant à une erreur $dx$ sur $x$; on a sensiblement, en dérivant,

$$\frac{dJ}{dx}=-\frac{\alpha p_0 v_0}{C}\frac{1}{(x-1)^2},\quad \text{c'est-à-dire}\quad dJ=-\frac{\alpha p_0 v_0}{C}\frac{dx}{(x-1)^2},$$

d'où

$$\frac{dJ}{J}=-\frac{dx}{x(x-1)},\quad \text{ou}\quad dJ=-\frac{J dx}{x(x-1)}.$$

En remplaçant $x$ par sa valeur moyenne 1,4 et J par sa valeur moyenne probable $4^J,187$, on a sensiblement

$$dJ=-7{,}5\,dx.$$

Si donc on admet $dx=\pm\frac{1}{100}$, on voit que J peut varier de $4^J,112$ à $4^J,262$. Étant données les difficultés de la mesure de $\frac{C}{c}$, on peut donc considérer l'accord comme satisfaisant.

662. **Historique.** — Le principe de l'équivalence a été découvert par Sadi Carnot (1), mais c'est seulement en 1871, à la suite de la publication de notes manuscrites jusqu'alors inédites, que les titres de Sadi Carnot, concernant le principe de l'équivalence, ont été établis. « La chaleur, écrivait-il, n'est autre chose que la puissance motrice qui a changé de forme; partout où il y a production de force motrice, il y a destruction d'une quantité proportionnelle de chaleur. » Carnot avait donné $J=370^{kgm}$, sans dire comment il obtenait ce résultat.

Robert Mayer formula le principe de l'équivalence en 1842, peu de temps avant que Joule, ignorant les travaux de Mayer, ne publiât la même découverte. De nombreux savants ont contribué à établir le principe de l'équivalence; en dehors des travaux déjà cités, il convient de faire une mention spéciale à ceux de Hirn qui a mesuré J : 1° en déterminant la quantité de chaleur produite par la destruction d'une certaine quantité de force vive; 2° en mesurant le travail produit par la vapeur, dans le cylindre d'une machine à vapeur, et la quantité de chaleur détruite correspondante. Toutes les méthodes de mesure employées ont donné des résultats assez différents, mais plus les méthodes ont été précises et plus les résultats ont été voisins; ils diffèrent entre eux de quantités inférieures aux erreurs d'expérience : le principe de l'équivalence est donc établi par l'expérience; il est un cas particulier d'un principe beaucoup plus général, énoncé par Helmholtz, et d'une importance considérable : *le principe de la conservation de l'énergie.*

*Résultats.* — L'équivalent mécanique de la calorie est, en C.G.S. :

$$J=4{,}187\times10^7,\qquad \text{ou}\qquad 4{,}187 \text{ joules à } \frac{1}{1000} \text{ près.}$$

(1) Sadi Carnot (1796-1832), fils de Lazare Carnot l'organisateur de la Victoire, est l'un des plus grands savants du XIX^e siècle; il a découvert les deux principes fondamentaux de la Thermodynamique.

Pour une calorie-kilogramme, J serait 1000 fois plus grand et vaudrait par conséquent

$$4187 \text{ joules} \quad \text{ou} \quad \frac{4187}{9,80665} = 426,95 \text{ kilogrammètres.}$$

Dans les calculs approchés on prend souvent J = 425 kgm.

On a très souvent à envisager l'inverse de J, c'est-à-dire l'*équivalent calorifique* de l'unité de travail; on le représente habituellement par la lettre A; nous aurons donc :

$$\text{en C.G.S. :} \quad A = \frac{1}{4,187 \times 10^7} = 2,388 \times 10^{-8} \text{ calorie par erg} = 0,2388 \text{ cal. par joule;}$$

$$\text{en M.K.S. :} \quad A = \frac{1}{426,95} = 2,342 \times 10^{-3} \text{ kilocalorie par kilogrammètre.}$$

663. **Unité C.G.S. absolue de quantité de chaleur.** — L'unité *absolue* C.G.S. de quantité de chaleur serait celle qui répondrait à l'unité de travail. Avec cette unité, l'équivalent mécanique serait égal à 1. La calorie ne serait plus alors que l'unité *pratique* de chaleur. — En particulier, si l'on prend la quantité de chaleur correspondant à l'erg, et à laquelle M. Lippmann a proposé de donner le nom de *thermie*, la calorie de l'intervalle 15°-16° vaudrait $4,187 \times 10^7$ thermies.

Au point de vue des équations de dimensions, on peut considérer une quantité de chaleur, soit comme une énergie, soit comme une grandeur d'une espèce particulière. Dans ce dernier cas, on rattache la chaleur à la température, que l'on considère comme évaluée au moyen d'une *quatrième unité fondamentale*, représentée par le symbole $\Theta$. L'équation de dimensions de l'unité de chaleur se déduit de l'équation de mesure d'une quantité de chaleur Q, en fonction de la masse $m$ d'eau à laquelle elle communique une variation de température $\theta$, c'est-à-dire $Q = m\theta$. On tire de là, d'après la règle connue (521), pour l'équation de dimensions de l'unité de quantité et de chaleur,

$$Q = M\Theta.$$

Toutes les équations de dimensions des divers coefficients calorifiques se déduisent ensuite de celle-là. En particulier, l'unité de mesure de l'équivalent mécanique J a pour équation de dimensions

$$J = \frac{W}{Q} = L^2T^{-2}\Theta^{-1}.$$

664. **Énergie.** — On appelle *énergie d'un système la quantité totale de travail qu'il peut fournir sans qu'on ne lui donne rien*. On ne sait pas mesurer l'énergie d'un système, mais les variations de cette grandeur; on les exprime en unités mécaniques ou en unités calorifiques.

Soit un système qui ne peut éprouver que des transformations mécaniques ou calorifiques, Q la quantité de chaleur qu'il reçoit, W le travail qu'il fournit; en vertu du principe de l'équivalence, sa variation *d'énergie totale* exprimée en unités thermiques est $Q - AW$.

Supposons qu'on fonde 1 g de glace sous la pression atmosphérique, sans élévation de température : $Q = 80$ calories, $W = -9,1 \times 10^4$, l'énergie du système a bien augmenté de $Q - AW = 80 - 2,4 \times 10^{-8} \times (-9,1) \times 10^4$, car si l'on revient à l'état initial, on recueille la quantité de chaleur $Q = 80^c$ et le travail $-W = 9,1 \times 10^4$ ergs. Donc, en fondant le gramme de glace, on a emmagasiné de l'énergie; la matière doit être considérée comme un *réservoir d'énergie*, et nous admettons que, sous un état déterminé, elle en contient une quantité déterminée. Cette énergie emmagasinée porte le nom d'*énergie interne*, et si nous désignons par $U_0$ sa valeur lorsque le système est à l'état initial, par $U_1$ sa valeur correspondant à l'état final :

$$Q - AW = U_1 - U_0.$$

Lorsque, pendant la transformation, il y a variation d'*énergie cinétique* ou *externe* du système $\left(\frac{1}{2} \Sigma m v^2\right)$, la variation d'énergie totale est la somme des variations d'énergie interne et d'énergie externe : soient $w_0$ et $w_1$ les énergies cinétiques du système en unités mécaniques, correspondant à l'état initial et à l'état final, on a la relation générale

$$Q - AW = U_1 - U_0 + A(w_1 - w_0).$$

Énoncer le principe de l'équivalence dans le cas général, c'est dire que, dans toute transformation mécanique ou calorifique d'un système, lorsque les quantités $Q$, $W$, $U_0$, $U_1$ $w_0$, $w_1$, sont mesurables, elles sont unies par la relation précédente dans laquelle A est une *constante*.

Lorsque l'état initial est identique à l'état final, le cycle des transformations est *fermé*, $U_1 = U_0$, $w_1 = w_0$ et par suite $Q - AW = 0$ : nous retrouvons l'énoncé primitif (660).

*Application* : Dans l'expérience de Joule sur la détente sans travail (661) $W = 0$, $Q = 0$, donc $U_1 - U_0 = 0$, ce que l'on traduit par l'énoncé suivant.

*Loi de Joule : L'énergie interne d'un gaz parfait dépend seulement de sa température.*

Si nous portons 1 gramme du gaz de 0° à $t^0$, sous volume constant, nous avons

$$W = 0, \quad Q = ct_1, \quad \text{donc :}$$

$$ct_1 = U_1 - U_0, \qquad \text{d'où} \qquad U_1 = U_0 + ct_1.$$

Nous avons ainsi la loi de variation de l'énergie interne du gaz en fonction de la température.

665. **Principe de la conservation de l'énergie.** — Lorsque le travail fourni par un système résulte d'une transformation mécanique, calorifique, chimique, électrique, etc., on dit que l'on a affaire à de l'énergie mécanique, calorifique, chimique, électrique.... Lorsque, dans un système *isolé*, on voit disparaître une forme d'énergie A, on voit apparaître toujours une forme d'énergie B, et si l'on peut mesurer ces quantités d'énergie, on trouve qu'elles sont *équivalentes*. Helmholtz a généralisé ces résultats, que l'on énonce ainsi :

*L'énergie totale d'un système isolé est constante*;

ou encore :

*L'énergie totale d'un système isolé se transforme, mais sa grandeur est invariable.*

# DILATATIONS

## I. — DILATATIONS EN GÉNÉRAL

666. **Dilatation spécifique d'une substance isotrope entre $0^o$ et $t^o$.** — Nous supposerons, dans ce qui va suivre, qu'il s'agit expressément de *dilatation sous pression constante* (la pression atmosphérique en général).

L'expérience montre que la dilatation $\Delta_0^t$ de l'unité de volume à $0^o$ d'un corps isotrope (2), sous pression constante, entre les températures 0 et $t$ de l'échelle normale est une fonction de $t$ dont la représentation graphique, par rapport à deux axes de coordonnées rectangulaires $Ot$ et $O\Delta$, affecte en général la forme de la courbe OMM, (fig. 641) (1). En l'absence de toute loi théorique de dilatation, on est donc conduit à mettre $\Delta_0^t$ sous la forme empirique d'un développement en série, suivant les puissances croissantes de la température,

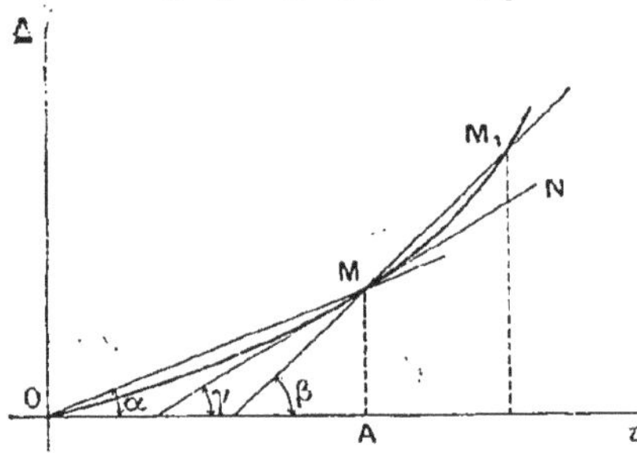

Fig. 641.

$$\Delta_0^t = f(t) = at + bt^2 + ct^3 \ldots$$

les coefficients $a$, $b$, $c$,... devant, pour légitimer cette forme de développement, aller en décroissant en valeur absolue. C'est ce que nous appellerons, pour simplifier le langage, la *dilatation spécifique* ou *loi de dilatation* de la substance considérée. Dans l'état actuel de la science, on a dû se borner, dans le développement de cette fonction, aux deux ou trois premiers termes.

Quoi qu'il en soit, si $V_t$ est le volume du corps à la température $t$, et si $V_0$ est son volume à $0^o$, on a

$$V_t = V_0(1 + \Delta_0^t) \qquad \text{d'où} \qquad \Delta_0^t = \frac{V_t - V_0}{V_0};$$

La quantité $\Delta_0^t$ est donc indépendante de l'unité de volume qui aura été choisie.

667. **Coefficients de dilatation.** — 1° *Coefficient moyen entre* $0_0$

(1) Dans cette figure, on a pris, pour représenter les valeurs de Δ, une unité de longueur beaucoup plus grande que pour représenter les valeurs de $t$.

*et* t. — On appelle coefficient moyen entre 0° et $t$ la quantité $\delta_{0,t}$ définie par l'égalité

$$\delta_{0,t}=\frac{\Delta_0^t}{t}, \qquad \text{ou} \qquad \delta_{0,t}=a+bt+ct^2+\dots$$

C'est la variation *moyenne* de volume, par degré, entre 0° et $t$, de l'unité de volume à 0°. — Ce coefficient est représenté proportionnellement par le coefficient angulaire de la corde OM de la courbe précédente (fig. 641). En effet, soit $l$ la longueur qui a été choisie pour représenter $t=1$, et soit $l'$ la longueur adoptée pour représenter $\Delta=1$, $l$ et $l'$ étant rapportées à une unité commune, telle que $\frac{l}{l'}=k$. On a, pour l'abscisse du point M, $OA=lt$; pour l'ordonnée, $AM=l'\Delta_0^t$; et, en désignant par $\alpha$ l'inclinaison de OM sur $Ot$,

$$\frac{AM}{OA}=\operatorname{tg}\alpha=\frac{l'\Delta_0^t}{lt}=\frac{l'}{l}\delta_{0,t}, \qquad \text{d'où} \qquad \delta_{0,t}=\frac{l}{l'}\operatorname{tg}\alpha=k\operatorname{tg}\alpha.$$

En fonction de ce coefficient moyen $\delta$, on a

$$V_t=V_0(1+\delta t).$$

La quantité $1+\delta t$ ou $1+\Delta_0^t$ est ce qu'on appelle le *binôme de dilatation cubique*. On suppose le plus souvent $\delta$ constant, c'est-à-dire $\Delta_0^t$ de la forme $at$; nous verrons qu'en réalité $\delta$ est une fonction de $t$.

2° *Coefficient moyen entre* t *et* $t_1$. — On appelle coefficient moyen entre $t$ et $t_1$ la quantité $\delta_{t,t_1}$ définie par la relation

$$\delta_{t,t_1}=\frac{\Delta_0^{t_1}-\Delta_0^t}{t_1-t}=\frac{V_{t_1}-V_t}{V_0(t_1-t)}$$

C'est la variation *moyenne* de volume, par degré, entre $t$ et $t_1$, de l'unité de volume à 0°. En désignant par $\beta$ l'angle d'inclinaison de la corde $MM_1$ (fig. 641) sur l'axe $Ot$, on a

$$\delta_{t,t_1}=k\operatorname{tg}\beta.$$

Ce coefficient $\delta_{t,t_1}$ est une fonction à la fois de $t$ et $t_1$,

$$\delta_{t,t_1}=\frac{a(t_1-t)+b(t_1^2-t^2)+c(t_1^3-t^3)+\dots}{t_1-t}=a+b(t+t_1)+c(t^2+tt_1+t_1^2)+\dots$$

3° *Coefficient de dilatation à* t° *ou coefficient vrai*. — On appelle ainsi la quantité $\delta_t$ définie par

$$\delta_t=\lim\delta_{t,t_1}, \text{ pour } t_1=t,$$

c'est-à-dire

$$\delta_t=\frac{d\Delta}{dt}=\frac{1}{V_0}\frac{dV}{dt}=a+2bt+3ct^2+\dots$$

Si l'on désigne par $\gamma$ l'angle d'inclinaison de la tangente MN (fig. 641) sur l'axe $Ot$, on a

$$\delta_t=k\operatorname{tg}\gamma.$$

*Remarque.* — Pour les corps qui, à 0°, n'existent pas sous l'état physique considéré, on définit encore $\delta_{t,t_1}$ de la façon suivante, qui est d'ailleurs plus générale :

$$\delta_{t,t_1}=\frac{1}{V_t}\cdot\frac{V_{t_1}-V_t}{t_1-t}, \qquad \text{d'où} \qquad V_{t_1}=V_t[1+\delta(t_1-t)];$$

cela revient à définir $\Delta_t^{t_1}$ par l'équation

$$\Delta_t^{t_1}=\frac{V_{t_1}-V_t}{V_t},$$

et alors on a

$$\delta_t=\frac{1}{V_t}\cdot\frac{dV}{dt};$$

c'est la dérivée de Log. népérien de $V_t$ par rapport à $t$. Dans l'étude de la dilatation des fluides, M. Amagat a considéré uniquement ces coefficients, car ils interviennent plus naturellement dans les formules de Thermodynamique.

668. **Relation entre les densités et les binômes de dilatation cubique d'une même substance.** — *Les densités d'une même substance isotrope à diverses températures sont en raison inverse des binômes de dilatation cubique correspondants.* Considérons, en effet, un corps de masse M; soient $V_0$, $V_t$, $V_{t'}$,... ses volumes sous pression constante, et $D_0$, $D_t$, $D_{t'}$,... ses densités, aux températures $0$, $t$, $t'$,... En exprimant que la masse reste constante, on a

$$M=V_0D_0=V_tD_t=V_{t'}D_{t'}=\ldots$$

et, en remplaçant $V_t$ et $V_{t'}$ par leurs valeurs,

$$D_0=D_t(1+\Delta_0^t)=D_{t'}(1+\Delta_0^{t'})=\ldots,$$

ou

$$D_0=D_t(1+\delta t)=D_{t'}(1+\delta' t')=\ldots.$$

669. **Relation entre les binômes ou les coefficients de dilatation linéaire et cubique d'une même substance solide isotrope.** — On définirait la dilatation linéaire spécifique $\Lambda_0^t$ d'une substance solide isotrope, comme on a défini $\Delta_0^t$ : c'est la variation de longueur, entre 0° et $t$, de l'unité de longueur à 0°. On définirait également les trois coefficients de dilatation linéaire $\lambda_{0,t}$, $\lambda_{t,t_1}$, $\lambda_t$, comme on a défini les coefficients de dilatation cubique.

De ces définitions mêmes, on peut conclure que le binôme de dilatation cubique d'un solide isotrope est le cube de son binôme de dilatation linéaire, et que par suite, dans la pratique, on pourra considérer la dilatation cubique spécifique comme étant le triple de la dilatation linéaire spécifique, ou les coefficients de dilatation cubique comme étant triples des coefficients de dilatation linéaire correspondants. — En effet. un solide isotrope reste semblable à lui-même par dilatation. On a donc.

en écrivant que les volumes sont entre eux comme les cubes de deux dimensions linéaires homologues,

$$\frac{V_t}{V_0} = 1 + \Delta_0^t = \frac{L_t^3}{L_0^3} = (1 + \Lambda_0^t)^3 = 1 + 3\Lambda_0^t + 3(\Lambda_0^t)^2 + (\Lambda_0^t)^3.$$

Or le nombre $\Lambda_0^t$ est toujours une fraction très petite, et dont on n'a qu'une valeur approchée; dès lors, pour rester dans les limites de l'approximation expérimentale obtenue, on pourra fréquemment considérer les termes $3(\Lambda_0^t)^2$ et $(\Lambda_0^t)^3$ comme négligeables devant $3\Lambda_0^t$, ce qui revient à prendre, dans la pratique,

$$\Delta_0^t = 3\Lambda_0^t$$

et par conséquent, pour les coefficients correspondants,

$$\delta_{0,t} = 3\lambda_{0,t}, \qquad \delta_{t,t_1} = 3\lambda_{t,t_1}, \qquad \delta_t = 3\lambda_t.$$

*Remarque.* — L'approximation indiquée n'est pas toujours légitime. En moyenne $\Lambda_0^t$ s'écarte peu de $10^{-5}t$; par suite, en négligeant $3(\Lambda_0^t)^2$ par rapport à $3\Lambda_0^t$, on commet une erreur relative de $10^{-5}t$; ainsi pour $t = 100°$, cette erreur relative serait $10^{-3}$; pour ne pas en tenir compte, il faudrait qu'on ne puisse obtenir $\Lambda_0^t$ avec une précision supérieure au millième.

670. **Coefficients d'augmentation de pression d'un gaz.** — Soit $P_0$ la pression d'un gaz à 0°, P sa pression à $t°$, le volume étant *invariable*; on peut toujours écrire :

$$P = P_0(1 + \Delta_0^t),$$

relation dans laquelle $\Delta_0^t$ est une fonction continue de la température s'annulant pour $t = 0$, analogue à la fonction de dilatation sous pression constante et qui en diffère seulement parce que, *a priori*, nous ne savons pas si elle est indépendante de $P_0$.

Les coefficients d'augmentation de pression sous volume constant se définissent en partant de la fonction $\Delta_0^t$, tout comme les coefficients de dilatation sous pression constante.

Dans le cas des gaz, nous désignerons plus particulièrement par $\alpha$ les coefficients de dilatation sous pression constante, et par $\beta$ les coefficients d'augmentation de pression sous volume constant.

Par définition (596), le coefficient $\beta_0^t$ relatif à l'hydrogène pour $P_0 = 1^m$ de mercure normal est *constant*, $\Delta_0^t$ est dans ce cas une fonction linéaire de la température; tous les coefficients $\beta$ correspondants sont égaux

671. **Dilatation apparente.** — Soit un liquide placé dans une enceinte graduée pour la température de 0°, et désignons par $V_0$ le volume occupé par le liquide à 0°, nous le déterminons par une simple lecture. Supposons que le système soit porté à $t°$ : le ménisque du liquide s'arrête en face d'une division qui correspond au volume $V_a$ à 0°. A $t°$, le liquide semble donc occuper le volume $V_a$, qu'on appelle volume *apparent*; en

réalité, si nous désignons par $K_0^t$ la dilatation de l'enveloppe, chaque division est devenue $1+K_0^t$ et le volume apparent $V_a$ correspond au volume réel

$$V = V_a(1+K_0^t).$$

Entre le volume apparent $V_a$ à $t^0$ et le volume à $0^0$, nous pouvons établir une relation de la forme

$$V_a = V_0(1+A_0^t),$$

$A_0^t$ étant une fonction continue de la température, s'annulant pour $t=0$ et que l'expérience nous permettra de déterminer et représenter, comme la dilatation spécifique absolue $\Delta_0^t$ (666). $A_0^t$ est la dilatation *spécifique apparente*, à laquelle correspondent les coefficients de dilatation apparente.

Le coefficient moyen de dilatation apparente de 0 à $t^0$ est : $a_0^t = \frac{A_t}{t}$.

— — — — $t$ à $t_1$ est : $a_t^{t_1} = \frac{A_{t_1} - A_t}{t_1 - t}$.

— vrai — — à $t^0$ est : $a_t =$ limite $a_t^{t_1}$,

pour $t_1 = t$, c'est-à-dire $\frac{dA_t}{dt}$.

672. **Relation entre la dilatation absolue, la dilatation apparente et la dilatation de l'enveloppe.**

Avec les notations choisies nous avons :

$$(1) \qquad V = V_0(1+\Delta_0^t);$$

$$(2) \qquad V_a = V_0(1+A_0^t)$$

$$(3) \qquad V = V_a(1+K_0^t).$$

Éliminons $V_a$ entre les deux dernières équations :

$$(4) \qquad V = V_0(1+A_0^t)(1+K_0^t);$$

en égalant les seconds membres de (1) et de (4) et divisant par $V_0$, il vient :

$$1+\Delta_0^t = (1+A_0^t)(1+K_0^t);$$

d'où

$$(5) \qquad \Delta_0^t = A_0^t + K_0^t + A_0^t K_0^t.$$

Cette relation nous permet de calculer l'une quelconque des trois quantités qui y figurent en fonction des deux autres.

Généralement $A_0^t$ et $K_0^t$ sont petits par rapport à l'unité et on peut négliger leur produit devant leur somme; la relation précédente s'écrit alors :

$$(6) \qquad \Delta_0^t = A_0^t + K_0^t.$$

*Remarque.* — Il faut être prudent quand on fait cette approximation : $A_0^t$ est, pour les liquides, en général, de l'ordre de $10^{-3}t$, $K_0^t$ est pratiquement voisin de $3 \times 10^{-5}t$; la partie principale du second membre est

$A_0^t$ ; négliger $A_0^t K_0^t$, c'est commettre une erreur relative voisine de $3\times10^{-5}t$; par exemple, pour $t=100$, elle est de $3\times10^{-3}$ environ; l'erreur absolue est sensiblement $3\times10^{-4}$ et par suite ne peut être tolérée dans le cas de mesures précises.

De la relation (6) on déduit une relation analogue entre les coefficients de dilatation correspondants.

## II. — MESURE DES DILATATIONS LINÉAIRES DES SOLIDES ISOTROPES

673. **Méthodes principales.** — La connaissance de la dilatation linéaire d'un solide isotrope entraîne immédiatement celle de la dilatation cubique (669).

Les dilatations linéaires à mesurer étant petites, de l'ordre du millimètre, on a cherché d'abord à les *amplifier*, d'où la méthode de Lavoisier et Laplace par exemple, mais la précision était seulement apparente, car la détermination du rapport d'amplification présentait peu de sécurité.

Alors, au lieu d'amplifier les dilatations, on observe les extrémités des règles soumises à l'expérience, avec des microscopes à réticule micrométrique (404), et on mesure ainsi directement les allongements : c'est la *méthode du comparateur*, la seule que nous étudierons.

Il convient de signaler aussi :

La méthode différentielle, intéressante surtout au point de vue géodésique et non pour la mesure même des dilatations.

La méthode interférentielle de Fizeau, qui permet de mettre en évidence des dilatations de l'ordre de $0^\mu,03$.

674. **Méthode du comparateur.** — La méthode du comparateur (405) est actuellement employée au Bureau international des poids et mesures pour l'étude des dilatations des règles métriques. — Elle consiste, en principe, à *comparer*, au moyen de microscopes micrométriques, les longueurs que prend, à diverses températures, la règle étudiée, à la longueur connue d'une règle-étalon, maintenue à température fixe.

Pour cela, on amènera successivement trois règles dans la même position, au-dessous du *comparateur* constitué par deux microscopes verticaux $M_1$, $M_2$ (fig. 642) :

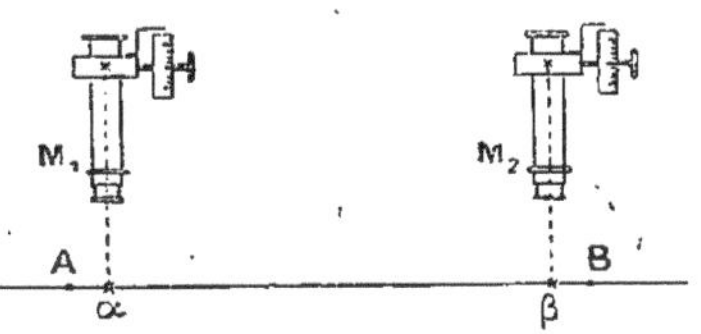

Fig. 642.

1° La *règle-étalon* $\alpha\beta$, à température constante $\theta$, sert à repérer les réticules micrométriques des deux microscopes sur les images objectives de deux traits $\alpha$ et $\beta$ gravés vers ses extrémités;

2° La *règle à étudier* AB, maintenue d'abord à la température 0°, fournit les nombres de divisions $m_1$ et $m_2$, lues sur les deux tambours, dont il faut tourner les vis micrométriques pour passer de la visée des repères $\alpha$ et $\beta$ à celle des repères A et B de cette règle; si l'on désigne par $\gamma_1$ et $\gamma_2$ les grandissements linéaires objectifs des deux microscopes, par N le nombre total de divisions de leurs tambours, par $p_1$ et $p_2$ les pas de leurs vis micrométriques, on a

$$\frac{A\alpha}{\left(\frac{m_1}{N}\right)p_1} = \frac{1}{\gamma_1}, \qquad \frac{B\beta}{\left(\frac{m_2}{N}\right)p_2} = \frac{1}{\gamma_2},$$

d'où

$$A\alpha = \frac{m_1}{N}\cdot p_1 \cdot \frac{1}{\gamma_1}, \qquad B\beta = \frac{m_2}{N}\cdot p_2 \cdot \frac{1}{\gamma_2};$$

3° Enfin, une *règle divisée en millimètres* ([1]) permet de mesurer les grandissements linéaires $\gamma_1$ et $\gamma_2$, c'est-à-dire de *tarer* les micromètres, en visant deux traits successifs de sa division avec chacun des microscopes. Soient $\mu_1$ et $\mu_2$ les nombres de divisions des tambours, qui correspondent à un déplacement de 1 millimètre dans le plan de visée; on a :

$$\gamma_1 = \frac{\left(\frac{\mu_1}{N}\right)p_1}{1}, \qquad \gamma_2 = \frac{\left(\frac{\mu_2}{N}\right)p_2}{1},$$

d'où résulte, en fraction de millimètre,

$$A\alpha = \frac{m_1}{\mu_1}, \qquad B\beta = \frac{m_2}{\mu_2}.$$

On en conclut la longueur $L_0$ de la règle étudiée à 0°, en fonction de la longueur $l = l_0(1+\lambda\theta)$ de la règle-étalon, en millimètres, et de $A\alpha$ et $B\beta$,

$$L_0 = l_0(1+\lambda\theta) \pm \frac{m_1}{\mu_1} \pm \frac{m_2}{\mu_2},$$

les signes variant suivant les sens des déplacements des vis micrométriques.

On répète ces mêmes opérations en portant la règle étudiée à $t°$, et prenant la règle-étalon à une température $\theta_1$ très voisine de $\theta$, ce qui fournit de même

$$L_t = l_0(1+\lambda\theta_1) \pm \frac{m'_1}{\mu_1} \pm \frac{m'_2}{\mu_2}.$$

De ces deux déterminations, on déduit $\Lambda_0^t = \frac{L_t - L_0}{L_0}$, pour le métal de la règle étudiée. — En faisant varier $t$, on cherche à mettre la loi de dilatation de ce métal sous la forme $at + bt^2$.

*Précision de la mesure.* — Chaque longueur $L_0$, $L_t$ est mesurée avec une précision maximum de $0^\mu,2$ on a donc la dilatation totale à $0^\mu,4$ pour le mieux; la règle ayant $1^m$ de longueur, l'erreur relative a pour limite $\frac{0,4}{10^6} = 4 \times 10^{-7}$.

([1]) Aux extrémités d'une règle-étalon, vers les deux traits qui définissent la longueur de cet étalon se trouvent à chaque bout deux traits distants d'un demi-millimètre du trait principal, pour permettre d'étalonner les microscopes micrométriques.

675. **Méthode différentielle.** — Dans cette méthode, on évalue la dilatation d'une règle, en mesurant la différence entre cette dilatation et celle d'une autre règle, dont la loi de dilatation est bien connue.

Deux règles métalliques de métaux différents, platine P (fig. 645) et cuivre C, par exemple, sont placées parallèlement l'une à l'autre, et réunies à l'une de leurs extrémités par un talon T. Les extrémités libres portent des tiges de laiton deux fois coudées à angle droit et terminées par deux réglettes en laiton $r$ et $r'$, qui peuvent glisser l'une contre l'autre. L'une des réglettes est divisée en $\frac{1}{5}$ de millimètre, l'autre porte une division formant vernier au $\frac{1}{20}$ avec la précédente : on peut donc évaluer ainsi le $\frac{1}{100}$ de millimètre. — On entoure les règles de glace fondante, et l'on repère, à la loupe, la position du zéro du vernier. On chauffe ensuite à $t^o$ ; les règles se dilatent, et l'on mesure à la loupe le déplacement $\varepsilon_0^t$ du zéro du vernier. Or, si $L_0$ et $l_0$ sont les longueurs des barres de cuivre et de platine à $0^o$, et si l'on désigne par $\Lambda_0^t$ et $\lambda_0^t$ les dilatations spécifiques linéaires de leurs deux substances, on a, en écrivant que $\varepsilon_0^t$ est l'excès d'allongement de l'une des règles sur l'autre,

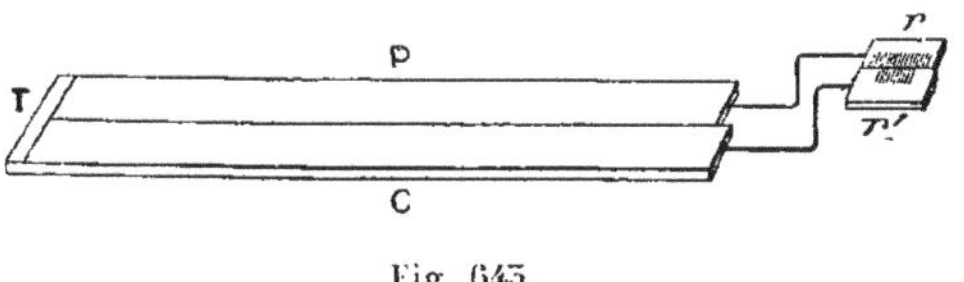

Fig. 645.

$$\varepsilon_0^t = L_0\Lambda_0^t - l_0\lambda_0^t,$$

si $\lambda_0^t$ est connu pour le platine, on en déduira, pour le cuivre,

$$\Lambda_0^t = \frac{\varepsilon_0^t + l_0\lambda_0^t}{L_0},$$

quantité que l'on pourra chercher à mettre sous la forme $at + bt^2$, en répétant l'expérience à des températures différentes.

*Remarque.* — Cette méthode différentielle, appliquée par Dulong et Petit, n'est que la *réciproque* de la méthode thermométrique imaginée par Borda, pour mesurer la température des règles géodésiques. En effet, si l'on connaît $\Lambda_0^t$ et $\lambda_0^t$, ainsi que les longueurs des règles à $0^o$, et si l'on mesure $\varepsilon_0^t$, on peut déduire de cette mesure la *température moyenne* de la règle bimétallique ; on peut, par suite, connaître la *longueur de la règle-étalon* à tout instant. Or, on conçoit que cette température moyenne ne pourrait être mesurée d'une façon précise, en cours d'expérience, par des thermomètres qui seraient placés le long d'une règle de 4 mètres de longueur ; la température est mesurée d'une façon beaucoup plus sûre, par cette *dilatation apparente* de l'une des règles par rapport à l'autre, et ainsi l'appareil est son propre thermomètre.

676. **Résultats relatifs aux dilatations linéaires.** — 1° La dilatation $\Lambda_0^t$ n'est pas proportionnelle à la température. Ainsi une barre de cuivre de $1^m$ de longueur à $0^o$ s'allonge de $1^{mm},7$, de $0^o$ à $100^o$ et de $5^{mm},7$ de $0^o$ à $300^o$ ; les dilatations d'une barre de fer de $1^m$ sont respectivement, pour les mêmes variations de température, $1^{mm},2$ et $4^{mm},4$.

On a cherché à représenter les dilatations linéaires des solides par une formule à deux termes.

Les mesures effectuées *au comparateur*, entre des limites de température déterminées, ont permis d'obtenir avec une grande précision, pour un certain nombre de métaux, les coefficients $a$ et $b$ de la formule $\Delta_0^t = at + bt^2$; parfois on ajoute un 3e terme $ct^3$. On a pris comme limites les températures 0° et 60°, au delà desquelles on n'a aucun intérêt à opérer, pour ce qui concerne les étalons métriques.

| | |
|---|---|
| Platine fondu ........................ | $\Lambda_0^t = (8{,}026\,t + 0{,}0055\,t^2).10^{-6}$ |
| Platine iridié à 8 pour 100 d'iridium.. | $\Lambda_0^t = (8{,}516\,t + 0{,}0038\,t^2).10^{-6}$ |
| Cuivre natif........................... | $\Lambda_0^t = (16{,}108\,t + 0{,}0091\,t^2).10^{-6}$ |
| Cuivre métallurgique.................. | $\Lambda_0^t = (15{,}960\,t + 0{,}0102\,t^2).10^{-6}$ |
| Plomb fondu.......................... | $\Lambda_0^t = (28{,}284\,t + 0{,}0119\,t^2).10^{-6}$ |

La dilatation $\Lambda_0^t$ croît plus rapidement que la température; les coefficients de dilatation sont de l'ordre du cent-millième.

Pratiquement, le platine est un des métaux les moins dilatables, son coefficient moyen est $\lambda_{0,t} = 0{,}000008$; le plomb est un des plus dilatables, $\lambda_{0,t} = 0{,}000028$.

Remarquons que la fonction $\Lambda_0^t$ est variable d'un échantillon à l'autre et peut être modifiée par la trempe, le recuit, le martelage, l'écrouissage.

Pour certains corps tel que le verre, il n'existe pas véritablement de fonction $\Lambda_0^t$, à cause des phénomènes d'hystérésis de dilatation (612). Au reste, dans la pratique, il suffit de connaître les valeurs approchées de la dilatation. Voici quelques coefficients de dilatations linéaires de 0° à 100°.

| | $\lambda_0^{100}$ |
|---|---|
| Laiton (71g Cu + 29g Zn)............................ | $1{,}9 \times 10^{-5}$ |
| Fer.................................................. | $1{,}2 \times 10^{-5}$ |
| Platine.............................................. | $0{,}9 \times 10^{-5}$ |
| Invar (acier à 35 pour 100 de nickel)................ | $0{,}1 \times 10^{-5}$ |
| Verre ............................................... | $0{,}8 \times 10^{-5}$ |
| Bois de chêne (le long des fibres)................... | $0{,}4 \times 10^{-5}$ |
| Quartz fondu......................................... | $0{,}07 \times 10^{-5}$. |

*Applications.* — 1° Il faut tenir compte des phénomènes de dilatation dans les constructions métalliques, car les forces développées par ces phénomènes sont énormes.

2° Dans la mesure d'une longueur au moyen d'une règle graduée, il ne faut pas perdre de vue que la graduation est exacte seulement pour une température, celle de 0° généralement. A toute autre température, il faut faire une correction (576, 1°), sauf bien entendu si cette correction est inférieure à la précision des mesures.

Il est un cas particulier où l'on attache une grande précision à la mesure des longueurs, c'est lorsqu'il s'agit d'opérations géodésiques. La longueur de la règle-étalon dépend de sa température; or il est très difficile d'avoir avec exactitude la température d'une règle, car il faut réaliser l'équilibre de température (592). On a parfois utilisé une règle plongée dans de la glace fondante, mais ce procédé présente de sérieux inconvénients pratiques. Sur les indications de Borda et Lavoisier on a fait usage pendant très longtemps d'un étalon bimétallique formé de deux règles fer et cuivre, de 4m de longueur à 0° : de la différence de leurs longueurs à $x^0$, on déduisait la température moyenne inconnue $x$ et par suite la longueur exacte de l'une de ces règles constituant l'étalon principal (675). Pour mesurer une base avec une règle bimétallique, il faut une équipe de 50 hommes qui avance de 400m par jour en moyenne.

La découverte de l'alliage acier-nickel auquel on a donné le nom d'*invar* a permis de faciliter singulièrement la mesure d'une base géodésique. Les aciers au nickel se partagent, au point de vue des phénomènes de dilatation, en deux groupes : 1° ceux qui sont à moins de 25 pour 100 de nickel : lorsqu'on les refroidit, ils se contractent jusqu'à une température $t_m$ qui dépend de la teneur en nickel, puis ils se dilatent; si on les chauffe à partir d'une température $t < t_m$, ils se dilatent immédiatement et la courbe de réchauffement est différente de la courbe de refroidissement obtenue précédemment : ils présentent donc des phénomènes de dilatation *irréversibles*; 2° les aciers à plus de 25 pour 100 de nickel sont, au contraire, *réversibles* et leur dilatabilité est minimum quand ils contiennent 35 pour 100 de nickel : c'est cet alliage qu'on appelle le métal *invar*.

Fig. 644.

Aujourd'hui on emploie des règles géodésiques en métal invar, de 4m de longueur, à section en forme d'H, de 4cm de côté. Chaque règle est placée dans une caisse en aluminium; on peut viser les extrémités de la règle; deux thermomètres sont placés dans le creux de la règle, leurs réservoirs étant logés dans des blocs d'aluminium en contact avec la règle : ils prennent la température de celle-ci avec une précision très suffisante. Une équipe de 50 hommes mesure en moyenne une base de 800m par jour.

Fig. 645.

On a encore facilité ces mesures, en substituant à la règle en invar un fil en acier invar de 1mm,7 de diamètre, de 24m de longueur, tendu par des poids de 10kg et portant à chaque extrémité une réglette divisée en millimètres, dont les traits viennent se placer en face d'un repère installé sur le terrain. Comme la dilatation de ces fils est comprise entre 0μ,1 et 0μ,2 par degré et par mètre, il suffit de connaître la température à 5° près pour la correction de dilatation, qui est faite à moins de $10^{-6}$. Avec ces fils en invar, une équipe de 10 hommes peut mesurer journellement, en moyenne, une base de 6000m : on voit de suite quelle économie énorme résulte de l'emploi des nouveaux appareils.

3° La marche d'une horloge ou d'un chronomètre est bonne si la durée d'oscillation du régulateur est constante ; mais sous l'influence des phénomènes de dilatation le moment d'inertie varie, le centre de gravité se déplace; nous avons vu (496, 498) comment on pouvait corriger ces défauts par l'emploi de pendules ou balanciers compensateurs ou bien encore en employant l'invar pour la construction de ces pièces. Il y a aussi avantage à faire les ressorts spiraux en acier à 28 ou 40 pour 100 de nickel (*élinvar*) dont *l'élasticité est indépendante de la température* (498).

4° La dilatation du quartz fondu étant très faible, les appareils en quartz résistent très bien aux variations brusques de température; on fait maintenant des tubes à essais et des ballons en quartz fondu.

677. **Dilatation des cristaux.** — Comme les dimensions des cristaux

sont généralement petites, on est obligé de se servir d'une méthode très sensible pour étudier la dilatation de ces corps. On emploie la méthode interférentielle de Fizeau, qui consiste à produire des franges d'interférence, analogues aux anneaux de Newton, entre une face du cristal et une lame de verre, et à étudier les déplacements de ces franges quand la température varie : on en déduit la variation de distance du cristal et de la lame et par suite la dilatation du cristal.

Voici les résultats principaux :

Sauf pour les cristaux du système cubique, qui se comportent au point de vue de la dilatation comme des solides isotropes, la dilatation varie avec la direction ; l'angle de deux directions quelconques est fonction de la température.

Il existe toujours, dans un cristal, trois directions rectangulaires dont les angles restent constants quand la température varie; on les appelle *axes principaux de dilatation*; les coefficients de dilatation suivant ces axes sont les *coefficients de dilatation principaux*; deux au moins sont différents. Pour les cristaux des systèmes quadratique, hexagonal et rhomboédrique, l'axe quaternaire, senaire ou ternaire est un axe principal de dilatation ainsi que toute direction perpendiculaire, et les coefficients de dilatation suivant les directions perpendiculaires aux axes quaternaire, senaire ou ternaire sont tous égaux. Dans tous les autres systèmes les trois coefficients de dilatation principaux sont tous inégaux.

Il est facile de voir que le coefficient de dilatation cubique est la somme des coefficients de dilatation principaux.

Les cristaux se dilatent, en général, dans toutes les directions, quand la température s'élève; certains se dilatent suivant une direction principale de dilatation, se contractent suivant une autre; ainsi le coefficient de dilatation linéaire du spath d'Islande est positif suivant la direction de l'axe ternaire, négatif dans toute direction perpendiculaire. Le coefficient de dilatation cubique peut être négatif : c'est le cas de l'iodure d'argent.

## III. — MESURE DES DILATATIONS DES LIQUIDES

678. **Méthode générale.** — Pour connaître la loi de dilatation des liquides ou des gaz, il faut, en général, établir préalablement celle de l'enveloppe qui les contient. Mais, d'autre part, la détermination de la loi de dilatation d'une enveloppe, par l'étude de la dilatation linéaire d'une règle de même nature, n'offrirait pas une garantie suffisante d'exactitude, l'enveloppe et la règle ayant été soumises à des opérations différentes qui ont pu modifier inégalement leurs propriétés. — La méthode générale suivante, qui est due à Dulong et Petit, résout la difficulté.

On cherchera d'abord à obtenir, *par une méthode indépendante de l'enveloppe*, la loi de dilatation *d'un liquide déterminé*, convenablement choisi. Cette donnée fondamentale une fois acquise, on étudiera la dilatation *de l'enveloppe* destinée aux expériences, en y introduisant ce liquide lui-même. L'enveloppe ainsi étudiée pourra servir à déterminer la loi de dilatation *d'un liquide quelconque* ou *d'un gaz*.

Le liquide qui a été choisi pour les opérations préliminaires est le *mercure*, qu'on peut toujours obtenir à l'état de pureté, qui ne mouille pas et est peu volatil.

## DILATATION SPÉCIFIQUE ABSOLUE DU MERCURE

679. **Étude de la dilatation spécifique absolue du mercure. — Principe de la méthode.** — Le principe de la méthode consiste à mesurer une même pression $p$ par deux colonnes mercurielles verticales, *à des températures différentes*; le résultat sera absolument indépendant de la forme des vases, et par conséquent de leur dilatation. En écrivant l'équivalence de ces deux colonnes mercurielles, on a, si la température de chacune d'elles n'est pas entièrement uniforme,

$$p = \Sigma h_t d_t g = \Sigma h_t' d_t' g.$$

Or, en désignant par $M_0^t$ la dilatation spécifique absolue du mercure, on sait que (668)

$$d_t = \frac{d_0}{1+M_0^t}, \qquad d_t' = \frac{d_0}{1+M_0^{t'}},$$

d'où, en remplaçant,

$$\Sigma \frac{h_t}{1+M_0^t} = \Sigma \frac{h_t'}{1+M_0^{t'}},$$

relation qui exprime que la somme des colonnes mercurielles, réduites à 0°, est la même de part et d'autre.

C'est ce principe qui a servi de base, d'une part, à la méthode de Dulong et Petit; d'autre part, à la méthode de Regnault; les deux méthodes diffèrent simplement par la manière de créer la pression à mesurer.

680. **Méthode de Dulong et Petit.** — Dans la méthode de Dulong et Petit, ou méthode des vases communicants, la pression à mesurer est celle qui s'exerce dans un plan de niveau commun, par lequel les deux colonnes mercurielles sont en contact.

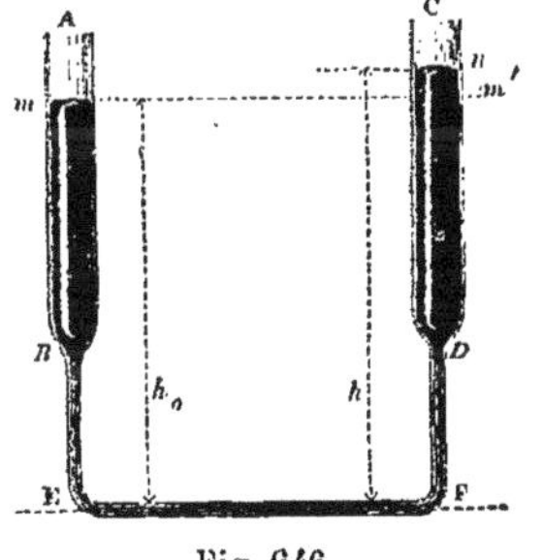

Fig. 646.

Deux larges tubes verticaux AB et CD (fig. 646) sont réunis par un tube *fin* BEFD, dont la partie EF est *horizontale*. Ces deux vases communicants renferment du mercure : la branche AE est tout entière maintenue à 0°; l'autre branche CF est en entier portée à $t$°. Dans ces conditions, l'expérience montre qu'il s'établit un équilibre hydrostatique (¹), dans lequel les niveaux libres $m$ et $n$ ne sont pas dans un même plan horizontal. Puisqu'il y a équilibre, c'est que les

(¹) Les niveaux $m$, $n$ (fig. 646) étant immobiles, on peut émettre deux hypothèses : *a*) Dans le tube capillaire l'écoulement du liquide ne peut se faire que dans une direction, par suite $m$ et $n$ étant immobiles, la colonne capillaire EF est en équilibre,

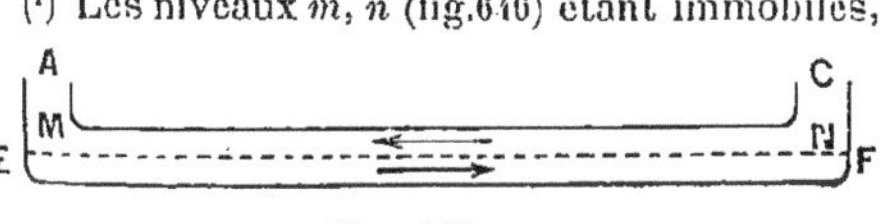

Fig. 647.

pressions aux extrémités E et F du tube *horizontal fin* EF sont égales; par suite, écrivons que les deux colonnes mercurielles $h_t$ et $h$, réduites à 0°, sont égales de part et d'autre, on a ainsi

$$h_0 = \frac{h}{1 + M_0^t}, \qquad \text{d'où} \qquad M_0^t = \frac{h - h_0}{h_0};$$

il en résulte, pour le coefficient moyen entre 0 et $t$,

$$m_{0,t} = \frac{M_0^t}{t} = \frac{h - h_0}{h_0 t} = \frac{\varepsilon}{h_0 t},$$

en posant $\varepsilon = h - h_0$, distance verticale des deux niveaux libres

*Appareil de Dulong et Petit.* — Le tube *fin* EF était disposé sur une règle PMN (fig. 648), en forme de T; trois vis calantes et deux niveaux à angle droit servaient à placer horizontalement ce tube. Un manchon de glace fondante était disposé autour de la branche AE. Un second manchon, placé autour de la branche CF, était rempli d'huile, qu'un fourneau en maçonnerie permettait de porter à des températures croissantes. Un thermomètre à air raréfié, dont le réservoir $t'$ occupait toute la hauteur du bain d'huile, servait à mesurer les températures, au moyen d'un manomètre dont le mercure se déprimait sous la pression croissante de l'air chaud. Une règle divisée verticale, placée dans le manchon de glace fondante, se terminait par un repère $r$, situé à une distance de l'axe EF mesurée par cette règle elle-même.

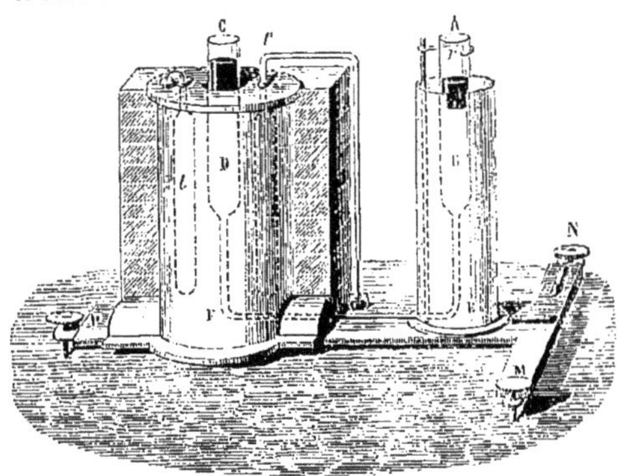

Fig. 648.

La façon d'expérimenter était alors la suivante. On chauffait l'huile jusqu'au voisinage de la température à réaliser, et l'on fermait alors les ouvertures du fourneau : la température passait bientôt par un maximum, puis restait quelque temps stationnaire, ce dont on profitait pour faire les mesures. — On notait les indications relatives à la température. On ouvrait une porte du manchon à glace, et l'on écartait la glace pour apercevoir le niveau du mercure dans le tube A,

et, puisqu'elle est horizontale, les pressions aux points E et F sont égales.

β) Le mercure peut circuler dans les deux sens à l'intérieur de EF, et puisque les niveaux $m$ et $n$ ne bougent point, c'est que la masse qui s'écoule de A vers C est égale à celle qui se dirige de C vers A; il existe alors nécessairement à l'intérieur de EF une surface d'égale pression MN (fig. 647); au-dessous de cette surface, le liquide circule de A en C et au-dessus, il va de C en A; on ne fait pas d'erreur sensible en supposant que cette surface est confondue avec le plan horizontal passant par l'axe du tube *capillaire*.

puis l'on versait un peu de mercure à 0° dans ce tube, pour faire monter le mercure chaud au-dessus du couvercle du manchon d'huile.

On mesurait alors, au cathétomètre, les distances du repère $r$ au niveau A et au niveau C. On en déduisait ainsi à la fois $\varepsilon$, avec la précision du cathétomètre, et $h_0$, avec la précision de la règle plongée dans la glace.

*Précision des mesures. — Résultats.* — Si l'on applique le théorème des erreurs relatives (409) au calcul du coefficient $m_{0,t}$ on a, en désignant par $\Delta m$, $\Delta\varepsilon$, $\Delta h_0$ et $\Delta t$ les erreurs absolues correspondantes,

$$\frac{\Delta m}{m_{0,t}} = \frac{\Delta\varepsilon}{\varepsilon} + \frac{\Delta h_0}{h_0} + \frac{\Delta t}{t}.$$

Si donc on veut que l'erreur relative sur tous les termes soit à peu près la même, afin que chacune d'elles affecte le résultat de la même façon, il faut mesurer la petite quantité $\varepsilon$ avec une erreur absolue beaucoup moindre que celle que l'on peut commettre sur $h_0$. C'est là ce qui conduisit Dulong et Petit à imaginer, pour ces expériences, le premier cathétomètre.

Soit par exemple, dans le cas de l'appareil de Dulong et Petit, $h_0 = 555$ millimètres, et soit, dans une de leurs expériences, $\varepsilon = 10$ millimètres pour $t = 100^\circ$. Si $\Delta\varepsilon = \frac{1}{50}$ de millimètre, on a $\frac{\Delta\varepsilon}{\varepsilon} = \frac{1}{500}$. Alors $\Delta h_0$ pourrait être d'environ 1 millimètre, et $\Delta t$ de $\frac{1}{5}$ de degré, sans apporter d'erreur relative plus grande que $\frac{\Delta\varepsilon}{\varepsilon}$. Il suffit donc que $\Delta h_0$ et $\Delta t$ soient inférieurs à ces limites; et s'il en est ainsi, $\frac{\Delta m}{m_{0,100}}$ sera au plus égal à $\frac{3}{500}$. Comme $m_{0,100} = \frac{10}{555 \times 100} = \frac{1}{5550} = 0{,}000180$, on aura $\Delta m = \frac{0{,}000180 \times 6}{1000}$, c'est-à-dire à peu près $0{,}000001$, ou une unité de l'ordre des millionièmes.

Dulong et Petit trouvèrent ainsi que le coefficient moyen $m_{0,t}$ augmente avec la température $t$ donnée par le thermomètre à air, comme le montrent les nombres suivants :

$$m_{0,100} = \frac{1}{5550}, \qquad m_{0,200} = \frac{1}{5425}, \qquad m_{0,300} = \frac{1}{5300}.$$

681. **Modifications apportées par Regnault à l'appareil de Dulong et Petit.** — On a fait aux expériences de Dulong et Petit les critiques suivantes :

1° *La hauteur* $h_0$ *était trop faible* (55 centimètres environ); en effet, pour une même valeur de $t$, la différence de niveau $\varepsilon$ est proportionnelle à $h_0$; dès lors, plus $h_0$ est grand, plus l'erreur relative sur $\varepsilon$ est petite, toutes choses égales d'ailleurs;

2° *La température du bain d'huile n'était pas uniformisée* par agitation;

3° *Les températures étaient mal définies*; car, d'une part, le réservoir à gaz était mal desséché; d'autre part le coefficient thermométrique de Gay-Lussac, dont se servaient les expérimentateurs, $\alpha = 0{,}00375$, était trop élevé;

4° *Les températures des surfaces libres du mercure*, en contact avec l'air dans les deux tubes, étaient *différentes* de 0° et $t^\circ$, sous une certaine épaisseur.

5° Il n'est pas sûr que la masse de mercure, chassée de la branche froide AB (fig. 648) par le mercure ajouté en A pour rendre visibles les niveaux en A et C, ait déjà pris la température $t$ au moment de la mesure.

Ces diverses causes d'erreur ont été éliminées, en grande partie, dans le dispositif suivant, qui a été réalisé par Regnault pour reprendre la question par la méthode même de Dulong et Petit.

Des tubes de fer, de $1^m,50$ de hauteur, formaient un cadre rectangulaire ABDC (fig. 649), dont la branche horizontale supérieure était interrompue; les deux portions $Aa$, $Cc$, étaient terminées par des éprouvettes de verre $ab$, $cd$, redressées verticalement. La branche AB était maintenue à une température $t$ constante, par une circulation d'eau froide; la branche CD était portée, par un manchon d'huile convenablement agitée, à une température T mesurée par un thermomètre normal; enfin, les éprouvettes, rapprochées l'une de l'autre, qui renfermaient les surfaces libres observées, se trouvaient à une même température $\theta$ bien déterminée, ce qui éliminait l'influence perturbatrice des températures aux surfaces libres. Des repères gravés sur les tubes horizontaux, à la hauteur des axes des trois tubes BD, $Cc$, $Aa$, permettaient de régler l'horizontalité de chacun d'eux. On mesurait les distances verticales $h$ et $h'$, des niveaux libres aux axes des tubes horizontaux supérieurs correspondants, ainsi que les distances H et H' de ces axes à l'axe du tube inférieur. En écrivant l'équivalence des colonnes de mercure de gauche et de droite, on a :

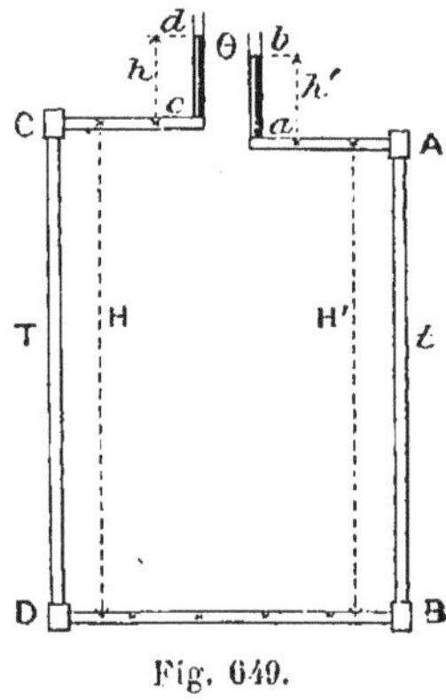

Fig. 649.

$$\frac{h}{1+M_0^\theta}+\frac{H}{1+M_0^T}=\frac{h'}{1+M_0^\theta}+\frac{H'}{1+M_0^t},$$

d'où l'on tire :

$$\frac{H}{1+M_0^T}=\frac{H'}{1+M_0^t}-\frac{h-h'}{1+M_0^\theta},$$

équation que l'on résout par rapport à $M_0^T$, en employant la méthode des approximations successives, exposée plus loin (683).

682. **Méthode de Regnault**. — Dans la méthode de Regnault, on comprime de l'air dans un récipient R (fig. 650), maintenu à une température constante par un bain d'eau froide; ce récipient est mis en communication avec deux manomètres à air libre, $abBA$ et $dcCD$, qui contiennent du mercure porté à des températures différentes : la branche AB est maintenue à une température $t$, par une circulation d'eau froide; la branche CD est portée, par un manchon d'huile constamment agitée, à une température T mesurée par un thermomètre normal. Les deux éprouvettes $ba$ et $cd$, qui établissent les communications entre le récipient R et les manomètres, sont à une température commune $\theta$ qui se maintient constante, grâce à l'écoulement du trop-plein de l'eau du manchon AB sur la branche $Cc$. Enfin, pour éviter les perturbations de température, qui se produiraient au voisinage des surfaces libres A et D en contact avec l'atmosphère, on réunit les tubes manométriques à leur partie supérieure par un tube horizontal AD, percé d'un orifice O

sur sa génératrice supérieure. On comprime le gaz dans le récipient R jusqu'à ce que le mercure forme une gouttelette en O, et l'on admet que, grâce à cette communication, la pression est la même, de part et d'autre, dans le plan horizontal qui passe par l'axe du tube AD. — Des repères tracés sur ce tube à la hauteur de son axe, ainsi que sur les portions B*b* et C*c*, permettent de placer bien horizontalement les trois axes, AD, B*b* et C*c*, au moyen de vis de réglage.

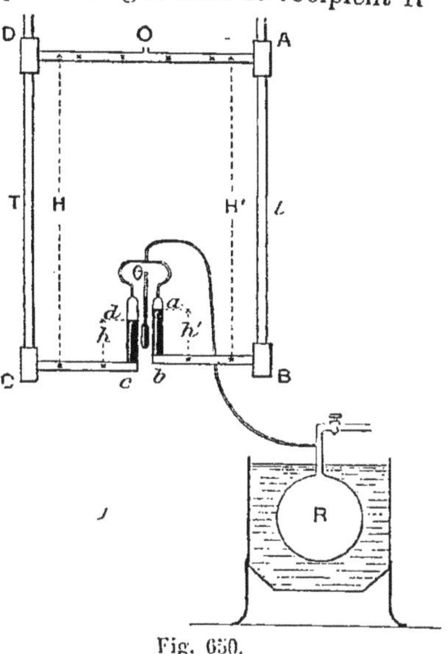

Fig. 650.

On mesure au cathétomètre les distances verticales $h$ et $h'$ des niveaux du mercure en $d$ et en $a$ aux axes des tubes correspondants C*c* et B*b*, puis les distances verticales H et H' des axes de chacun de ces tubes à l'axe du tube horizontal supérieur. En écrivant l'équivalence des colonnes de mercure de gauche et de droite, réduites à zéro, on a :

$$\frac{H}{1+M_0^T}-\frac{h}{1+M_0^0}=\frac{H'}{1+M_0^t}-\frac{h'}{1+M_0^0},$$

d'où

$$\frac{H}{1+M_0^T}=\frac{H'}{1+M_0^t}+\frac{h-h'}{1+M_0^0}.$$

683. **Calcul de la loi de dilatation du mercure.** — L'inconnue de l'équation précédente est $M_0^T$. Résolvons donc cette équation par rapport au binôme correspondant :

$$1+M_0^T=\frac{H}{\frac{H'}{1+M_0^t}+\frac{h-h'}{1+M_0^0}}.$$

Le terme le plus important du dénominateur est évidemment le premier, et les conclusions qu'on pourra tirer de la considération de ce terme ne peuvent être infirmées par le second, lors même que $h-h'$ serait négatif. Or, pour pouvoir calculer $M_0^T$, il faudrait connaître $M_0^t$ et $M_0^0$. Comme on ne les connaît pas exactement, appliquons la *méthode des approximations successives*.

Faisons d'abord $M_0^t=M_0^0=0$[1]. Le dénominateur de l'expression de $1+M_0^T$ est alors trop grand; par suite, la valeur de $M_0^T$ et les valeurs

[1] Il serait plus rapide de remplacer $M_0^t$, $M_0^0$ par leurs valeurs approchées déduites des expériences de Dulong et Petit.

analogues $M_0^{T'}$, $M_0^{T''}$,..., ainsi calculées seront toutes trop petites. Avec ces valeurs trop petites, calculons une formule à deux termes,

$$M_0^T = \alpha_1 T + \beta_1 T^2.$$

Cette formule fournira des valeurs de $M_0^t$ et $M_0^0$, trop petites, d'après ce qui précède, mais supérieures à zéro. En les portant dans les équations précédentes, qui donnent $1 + M_0^T$, $1 + M_0^{T'}$, $1 + M_0^{T''}$,..., le dénominateur de chacune d'elles sera encore rendu plus grand qu'il ne devait l'être, mais moins cependant que précédemment. On calculera donc, avec ces équations rectifiées, de nouvelles valeurs de $M_0^T$, $M_0^{T'}$, $M_0^{T''}$,.. , encore trop petites, mais plus grandes que précédemment, et appartenant à une nouvelle équation

$$M_0^T = \alpha_2 T + \beta_2 T^2,$$

dont la courbe figurative serait tout entière au-dessus de la précédente. — On continue de la sorte jusqu'à ce que les coefficients $\alpha$, $\beta$, dans deux calculs successifs, ne présentent plus respectivement que des différences de l'ordre de grandeur de celles qu'on peut prévoir, d'après la précision relative des mesures effectuées. On arrive ainsi, par des *valeurs successivement croissantes et tendant vers une limite*, à l'équation définitive $M_0^T = aT + bT^2$, qui représente le phénomène étudié, avec la précision des mesures effectuées.

Cette équation avait été mise par Regnault sous la forme parabolique à trois termes; mais la discussion des résultats montre que l'on peut tout aussi bien représenter la loi de dilatation du mercure par une expression du second degré, sans que les écarts entre les résultats du calcul et ceux de l'expérience soient supérieurs aux erreurs possibles. Tel est, en effet, le *critérium* auquel on doit s'adresser pour déterminer, dans un développement en série, le terme auquel on doit s'arrêter en pareil cas. — Nous nous contenterons donc d'une formule à deux termes seulement :

$$M_0^T = 0{,}0001801\,T + 0{,}00000002\,T^2.$$

## DILATATIONS DES LIQUIDES AUTRES QUE LE MERCURE

Les méthodes employées sont : 1° la méthode du *dilatomètre à tige*; 2° la méthode de la *balance hydrostatique*; 3° la méthode du *dilatomètre à poids*, et, comme variante, la méthode du *flacon à densités*.

Nous nous occuperons seulement de la première, la plus importante.

684. **Méthode du dilatomètre à tige ou des thermomètres comparés** [1]. — L'enveloppe, qui a la forme d'un thermomètre à tige,

[1] Les deux enveloppes sont en effet celles de thermomètres à tige ; on compare, en définitive, la dilatation du liquide à celle du mercure qui sert à définir la température.

doit être soumise d'abord à une étude préliminaire, dont les diverses phases sont : 1° le *calibrage de la tige*; 2° la détermination du *volume du réservoir*; 3° la détermination de la *loi de dilatation de l'enveloppe*. Toutes ces opérations se font avec du mercure.

1° *Calibrage de la tige.* — Si la tige a été divisée en parties d'*égales longueurs*, à la machine à diviser, l'opération du calibrage consiste à déterminer, en fonction d'une unité arbitraire, le *volume* compris depuis chaque trait de division jusqu'au zéro. Pour cela, après avoir introduit un index de mercure dans le tube, on le place sur un appareil à calibrage, analogue à celui que nous avons employé pour le calibrage thermométrique (fig. 627). Cet appareil est muni, soit de microscopes micrométriques, soit simplement de viseurs, dont le grossissement permet d'apprécier à l'œil les dixièmes de division. En pressant sur une poire de caoutchouc, adaptée à l'extrémité du tube, on peut déplacer l'index à volonté. — Supposons d'abord que, dans une région NN′ (fig. 651), on ait

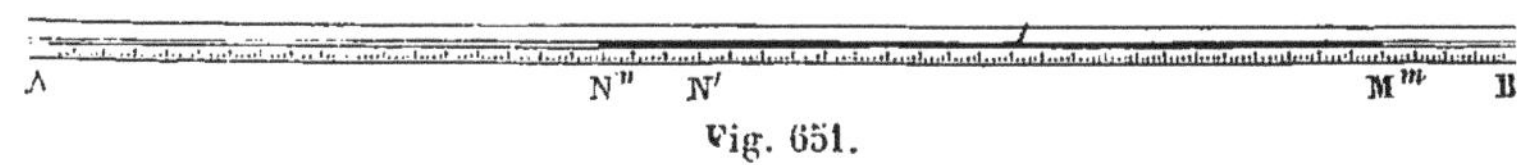


Fig. 651.

préalablement reconnu que la tige AB est bien calibrée, et prenons la division de cette région comme *unité*. Si un index va d'abord du trait N au trait M, puis ensuite du trait $n$ de l'intervalle NN′ au trait $m$, le volume d'une division de l'intervalle M$m$ est $\frac{n-N}{m-M}$. On continue ainsi de proche en proche, à droite et à gauche de NN′, avec des index de longueurs appropriées, et l'on dresse le *tableau de calibrage*.

Une autre méthode consiste à diviser le tube en parties d'*égales capacités*. On introduit dans le tube un index de faible longueur et on le déplace de manière qu'il vienne occuper, bout pour bout, une série de positions successives : chacun des intervalles compris entre les points obtenus est ensuite partagé en parties d'égales longueurs. On obtient des divisions qui peuvent différer de longueur, d'un point du tube à un autre, mais qui ont très sensiblement même capacité; le numéro de chaque trait de division représente le volume compris depuis ce trait jusqu'au zéro, en fonction du volume commun des divisions.

2° *Détermination du volume du réservoir.* — Un réservoir ayant été soudé à la tige, il s'agit de déterminer le volume $V_0$ de ce réservoir jusqu'au zéro de la graduation, en fonction de l'unité de volume du calibrage de la tige. Pour cela, on procède encore avec du mercure, par des pesées. On tare l'enveloppe vide, avec une masse échantillonnée placée sur le même plateau, et on y introduit du mercure, comme pour construire un thermomètre. L'appareil étant plongé dans la glace, on détermine le point d'affleurement; puis on laisse l'appareil revenir à la température ambiante, on l'essuie et on le reporte sur le plateau de la balance. Pour équilibrer la même tare, on est obligé d'enlever une masse échantillonnée M'. On a donc, en désignant par M la masse exacte de mercure, par D sa densité dans les conditions ambiantes, par $a$ et $\delta$ celles de l'air et des masses échantillonnées dans les mêmes conditions,

$$M\left(1-\frac{a}{D}\right)=M'\left(1-\frac{a}{\delta}\right),$$

d'où, pour M, une expression de la forme $M=\lambda M'$.

Or, si $u_0$ est le volume compris depuis le trait d'affleurement jusqu'au zéro, en unité de volume du calibrage, et si $w_0$ est le volume absolu à 0° de cette unité de volume, on a, en désignant par $D_0$ la densité du mercure à 0°,

$$M=(V_0+u_0)\,w_0D_0.$$

On fait alors sortir de l'appareil une masse de mercure $m$, que l'on détermine par une masse échantillonnée $m'$, telle que $m=\lambda m'$, et l'on détermine encore l'affleurement dans la glace fondante. Soit $v_0$ le volume compris depuis ce nouveau trait d'affleurement jusqu'au zéro, on a :

$$(M-m)=(V_0+v_0)\,w_0D_0,$$

d'où

$$\frac{M}{M-m}=\frac{M'}{M'-m'}=\frac{V_0+u_0}{V_0+v_0};$$

cette équation donne le volume cherché $V_0$.

Si l'on voulait connaître également $w_0$, il suffirait de remarquer que

$$m=\lambda m'=(u_0-v_0)\,w_0D_0, \qquad \text{d'où} \qquad w_0=\frac{\lambda m'}{(u_0-v_0)\,D_0}.$$

Pour avoir le plus de précision possible, il est bon que, dans le premier remplissage, le mercure arrive presque à l'extrémité ouverte de la tige, et que, dans le second cas, il dépasse peu le zéro de la graduation.

3° *Détermination de la loi de dilatation de l'enveloppe.* — Cette détermination s'effectue au moyen du mercure que l'enveloppe contient. On porte à $t$°; le mercure s'arrête à un trait de division dont le volume $v_1$ jusqu'au zéro est donné par le tableau de calibrage (volume supposé non dilaté). On a donc en écrivant que le volume du contenu est égal au volume du contenant :

$$(V_0+v_0)\,w_0\left(1+M_0^t\right)=(V_0+v_1)\,w_0\left(1+E_0^t\right)$$

et, en divisant par $w_0$ :

$$(V_0+v_0)\left(1+M_0^t\right)=(V_0+v_1)\left(1+E_0^t\right)$$

$M_0^t$ étant connu, cette relation nous permet de calculer $E_0^t$.

*Étude de la dilatation d'un liquide.* — Les opérations préliminaires précédentes ayant été effectuées, on enlève le mercure et on le remplace par le liquide à étudier. On détermine le point d'affleurement dans la glace fondante; soit $u_0$ le volume compris depuis le trait d'affleurement jusqu'au zéro, en divisions du calibrage. On porte à $t$°; soit $u_1$ le volume compris depuis le nouveau trait d'affleurement jusqu'au zéro, abstraction faite de la dilatation de l'enveloppe; on a, en écrivant l'égalité de volume du contenu et du contenant,

$$(V_0+u_0)\left(1+L_0^t\right)=(V_0+u_1)\left(1+E_0^t\right)$$

équation d'où l'on tire $L_0^t$. Cette méthode est particulièrement avantageuse pour les liquides volatils.

*Remarque* I.—Pour éviter les corrections relatives aux colonnes émergentes du dilatomètre employé et du thermomètre qui l'accompagne, il faut utiliser des étuves à liquide d'une profondeur suffisante pour que le liquide étudié et le mercure thermométrique soient portés entièrement à une température uniforme : il en résulte une réelle difficulté pratique très bien surmontée aujourd'hui, ainsi avec l'étuve de M. Gouy on peut obtenir une température constante à 0°,001 sur une hauteur de 50^cm^.

*Remarque* II. — En mettant dans l'enveloppe à la fois un liquide de dilatation connue et un solide, on peut déterminer la dilatation cubique du solide.

685. **Résultats généraux relatifs aux dilatations des liquides.** — 1° La dilatation n'est pas une fonction linéaire de la température; elle croît *plus rapidement* que la température et on peut la représenter par une formule à deux termes ou à trois termes :

$$\Delta_0^t=at+bt^2+ct^3;$$

ainsi pour l'alcool éthylique, entre les températures 0° et 60°,

$$a=0{,}0010414 \qquad b=0{,}0000007836 \qquad c=0{,}00000001762;$$

la courbe des dilatations tourne toujours sa convexité vers l'axe des températures, convexité d'autant plus accusée que le liquide est plus volatil : les coefficients vrais de dilatation croissent avec la température;

2° Pour les liquides autres que le mercure, l'eau et les liquides surchauffés, les coefficients de dilatation sont de l'ordre du millième; voici quelques nombres :

| | | | |
|---|---|---|---|
| Acétone | $\delta_0^{50}=0{,}00162$ | Essence de térébenthine | $\delta_0^{100}=0{,}00100$ |
| Alcool | $\delta_0^{80}=0{,}00105$ | Glycérine | $\delta_0^{100}=0{,}00053$ |
| Aniline | $\delta_0^{100}=0{,}00092$ | Huile d'olive | $\delta_0^{100}=0{,}00074$ |
| Benzine | $\delta_0^{80}=0{,}00138$ | Pétrole | $\delta_0^{100}=0{,}00104$ |
| Chloroforme | $\delta_0^{63}=0{,}00140$ | Sulfure de carbone | $\delta_0^{40}=0{,}00147$ |
| | | Toluène | $\delta_0^{100}=0{,}00121$ |

Il est faux de dire que les liquides se dilatent *beaucoup* moins que les gaz : ils se dilatent environ trois fois moins seulement. Quand on mesure avec précision la densité d'un liquide, il faut toujours tenir compte de sa température, et quand on se sert d'un aréomètre ou d'un alcoomètre pour une température différente de 15° (ces appareils sont en effet gradués pour 15°), il y a lieu de faire une correction relative à la variation de densité du liquide par dilatation.

3° M. Amagat a pu préciser, soit l'influence de la température, soit l'influence de la valeur de la pression constante sous laquelle on opère : ses résultats se rapportent à des coefficients de dilatation différents de ceux que nous avons l'habitude de considérer (667).

α) *Influence de la température.* — M. Amagat, en définissant le coefficient moyen $\delta_t^{t'}$, par l'égalité (667, *Rem.*) $\delta_t^{t'} = \frac{1}{V_t} \cdot \frac{V_{t'} - V_t}{t' - t}$, a trouvé que : *le coefficient $\delta_t^{t'}$, sous pression constante, augmente régulièrement quand t augmente, la différence t' — t restant constante ; l'augmentation est d'autant moins rapide que la pression constante à laquelle se rapporte $\delta_t^{t'}$ est plus grande, à partir d'une valeur suffisante.*

Par exemple, pour l'éther $(C^2H^5)^2O$, sous une pression de 200 atmosphères :

$$\delta_0^{20} = 0{,}001320,$$
$$\delta_{40}^{60} = 0{,}001469,$$
$$\delta_{80}^{100} = 0{,}001614,$$

tandis que, sous une pression de 1000 atmosphères, entre ces mêmes limites, on a :

$$\delta_0^{20} = \delta_{80}^{100} = 0{,}0009.$$

β) *Influence de la pression. — Le coefficient $\delta_t^{t'}$ diminue régulièrement quand la pression augmente ; la diminution est d'autant moins rapide que la pression est déjà plus élevée.*

Exemple : sous des pressions qu'on a fait varier de 1 à 5000 atmosphères, on a obtenu, pour le coefficient moyen de l'éther entre 0° et 20°,

| | | |
|---|---|---|
| $\delta_0^{20}$ | 1 atmosphère | 0,001582 |
| | 1000 atmosphères | 0,000894 |
| | 2000 — | 0,000680 |
| | 5000 — | 0,000579 |

686. **Dilatations des liquides surchauffés.** — Lorsqu'on veut étudier les dilatations des liquides à des températures supérieures à leurs points d'ébullition sous la pression atmosphérique, il faut, pour les empêcher de bouillir, les placer dans des espaces clos, de façon qu'ils soient constamment soumis à des pressions représentées par les tensions maxima de leurs vapeurs saturantes. L'expérience a montré que, dans ces conditions, le coefficient vrai à $t^0$, d'un liquide ainsi surchauffé, *augmente rapidement avec la température* : il peut même *atteindre et dépasser de beaucoup la valeur du coefficient de dilatation des gaz sous la pression atmosphérique*, $\frac{1}{273}$, lorsque le liquide se rapproche de ce que nous appellerons sa *température critique* (761), limite extrême au delà de laquelle l'état liquide ne peut subsister.

Thilorier, le premier, avait signalé cette propriété pour l'anhydride carbonique liquide $CO^2$, dont la température critique est voisine de 31°. Or, de 0° à 30°, la dilatation de ce liquide est d'environ la moitié de son volume initial; par suite, le coefficient moyen, entre ces limites, est $\delta_0^{30} = \dfrac{\frac{1}{2} V_0}{30 V_0} = \dfrac{1}{60}$; c'est plus de quatre fois le coefficient de dilatation ordinaire des gaz, $\dfrac{1}{273}$.

Les expériences de Drion, effectuées par la méthode du dilatomètre à tige, ont porté sur l'anhydride sulfureux $SO^2$, le chlorure d'éthyle $C^2H^5Cl$, le peroxyde d'azote $AzO^2$; elles ont montré que, pour chacun de ces corps à l'état liquide, le coefficient de dilatation vrai atteint la valeur du coefficient de dilatation des gaz, à une température qui est, pour chacun d'eux, notablement inférieure à sa température critique.

D'autre part, les recherches de Hirn, sur l'eau en particulier, ont montré que la dilatation de l'eau, dans ces conditions, croît rapidement avec la température : ainsi, 1 décimètre cube d'eau à 4° prend un volume de 1043$^{cm^3}$ à 100°, et de 1159$^{cm^3}$ à 200°. On a trouvé depuis que ce volume, à la température critique $t_c = 365°$, devient environ 2900$^{cm^3}$; il est alors presque triple de sa valeur initiale.

Enfin, les expériences de MM. Amagat, Cailletet et Mathias ont porté encore sur l'anhydride sulfureux, mais au voisinage de sa température critique, qui est de 156°; elles ont donné $\delta_{150}^{152} = 0,4457$ et $\delta_{155,5}^{156} = 0,7571$. Pour ce corps, le coefficient de dilatation croît donc avec une grande rapidité au voisinage de la température critique, et arrive à acquérir une valeur égale à 200 fois celle des gaz.

## DILATATION DE L'EAU

687. **Importance de la connaissance de la loi de dilatation de l'eau.** — L'eau joue un rôle considérable dans la nature; la connaissance de ses coefficients physiques et de leurs variations est, pour cette raison, particulièrement intéressante.

On fait souvent des jaugeages à l'eau; il faut donc connaître sa densité.

On détermine la densité des solides ou des liquides par rapport à l'eau, et pour appliquer soit la méthode du flacon (527, 528), soit celle de la balance hydrostatique, il est indispensable d'avoir la densité de l'eau; dans ces opérations, on a surtout besoin de la densité de l'eau à 0°.

Les densités relatives étant définies par rapport à l'eau prise à la température du maximum de densité, il faut déterminer cette densité maximum.

Lorsqu'on a construit le kilogramme-étalon, on a cherché à réaliser une masse en platine égale à celle d'un décimètre cube d'eau distillée et pure (513) à la température du maximum de densité; on avait donc dû déterminer cette masse en fonction des unités de masse alors adoptées et pour cela établir nécessairement la loi de dilatation de l'eau. Nous n'avons pas à reconstruire le kilogramme-étalon qui est bien déterminé, mais comme sa réalisation n'a pas été parfaite, nous avons à évaluer, pour les raisons énoncées précédemment, la densité maximum de l'eau en fonction de la nouvelle unité de masse, et par suite nous reprenons le même problème, mais dans un autre but.

688. **La dilatation de l'eau est anormale.** — L'expérience classique de Hope nous permet de montrer l'existence d'un maximum de densité et de déterminer la température correspondante. Le principe de cette expérience est le suivant : dans une masse liquide, dont les différentes tranches sont à des températures inégales, la température qui correspond à la densité la plus élevée est nécessairement celle de la couche inférieure.

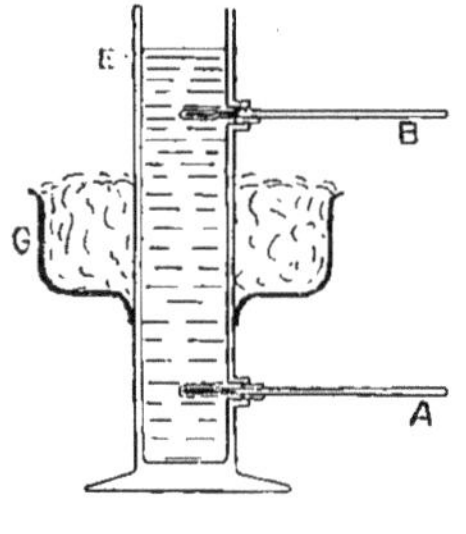

Fig. 652.

Si nous refroidissons par un mélange réfrigérant, placé dans la galerie annulaire G (fig. 652), l'eau de l'éprouvette E, primitivement à la température uniforme de 10°, par exemple, nous constatons que le thermomètre inférieur A accuse des températures rapidement décroissantes jusque vers 4°, puis il reste stationnaire pendant longtemps et reprend sa marche descendante seulement si l'on prolonge beaucoup l'expérience. Au contraire, le thermomètre B baisse d'abord très lentement, puis d'une manière rapide, atteint 4°, baisse encore et marque 0° quand le thermomètre A est encore à 3°, par exemple. La marche des deux thermomètres est représentée par la figure 653 : lorsque le thermomètre A marque 4°, la température accusée par B descend, par exemple, de 8° à 1°; par conséquent la densité de l'eau à 4° est supérieure ou au moins égale à la densité de l'eau pour n'importe quelle température comprise entre 8° et 1°; il y a maximum de densité à 4°.

Despretz a rendu plus précise la détermination de la température du maximum de densité en opérant par refroidissement et par réchauffement, sur une masse d'eau considérable, construisant les courbes relatives à quatre thermomètres et prenant des moyennes : il a trouvé $t_m = 3°,987$. Par la même méthode appliquée dans de meilleures conditions d'exactitude, M. de Coppet a donné $t_m = 3°,982$.

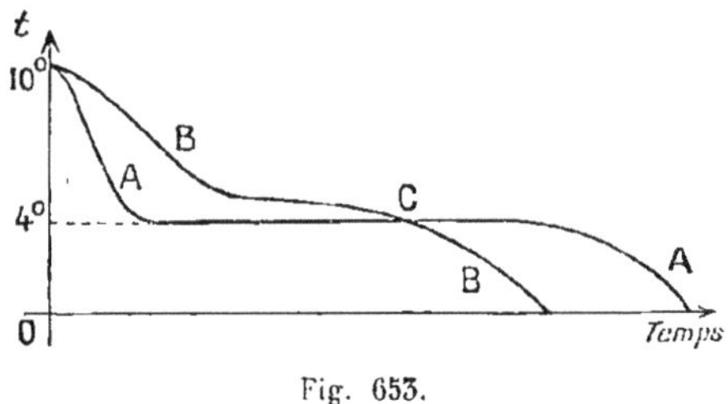

Fig. 653.

Remarquons, du reste, que la détermination précise de $t_m$ présente une grande difficulté due à ce que, au voisinage de $t_m$, la densité varie lentement; d'ailleurs ce n'est pas la connaissance de $t_m$ qui nous intéresse, mais bien celle de la densité maximum, or une erreur de 0°,01 sur $t_m$ entraîne une erreur de $10^{-7}$ seulement pour cette densité.

689. **Méthode du dilatomètre à tige : expériences de**

**Despretz**[1]. — Parmi les expériences faites par Despretz pour déterminer la loi de dilatation de l'eau dans le voisinage du maximum de densité, les plus complètes sont celles qui ont été effectuées par la méthode du dilatomètre à tige.

L'appareil était constitué par trois thermomètres à mercure, alternant avec deux dilatomètres à eau, suspendus tous à la même hauteur dans un vase cylindrique en cuivre, fermé, que Despretz plaçait dans un vase en terre rempli d'eau plus ou moins froide, ou d'un mélange réfrigérant; il faisait la lecture des thermomètres et dilatomètres quand la température devenait stationnaire, c'est-à-dire, pratiquement, lorsque sa variation en 2 minutes était inappréciable. L'enveloppe de chaque dilatomètre avait été étudiée par des opérations préliminaires et remplie d'eau pure bien purgée d'air ; l'expérience décrite donnait les volumes apparents $v_t$ de l'eau liquide, depuis $+30°$, par exemple, jusqu'à $-10°$, grâce à la surfusion, pendant laquelle l'anomalie se poursuit. — Soient $v_t$ le volume apparent à $t°$, et $v_0$ le volume à $0°$; en appelant $L_0^t$ la loi de dilatation de l'eau liquide, et $K_0^t$ celle de l'enveloppe, on a, en écrivant l'égalité de volume du contenant et du contenu,

$$v_t(1+K_0^t)=v_0(1+L_0^t),$$

d'où

$$1+L_0^t=\frac{v_t}{v_0}(1+K_0^t). \tag{1}$$

Or, le calcul montre qu'on peut mettre le second membre sous la forme $1+mt+nt^2+pt^3$, les valeurs des coefficients $m$, $n$, $p$ étant données par l'expérience. Ces coefficients obtenus, on a donc $L_0^t$ pour toutes les températures comprises entre $-10°$ et $+30°$, on connait donc la loi de dilatation cherchée.

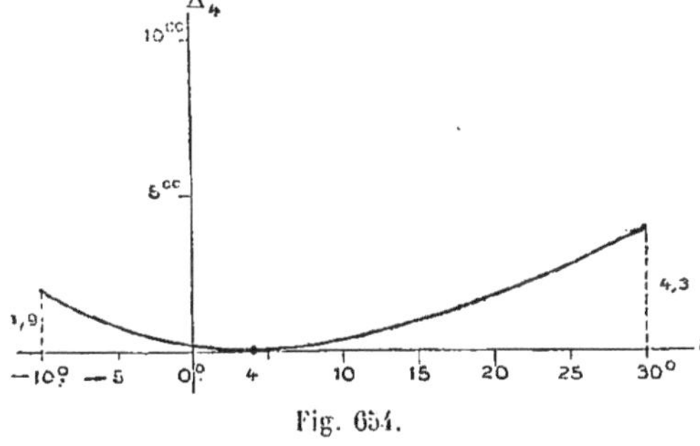

Fig. 654.

La température du minimum de volume, ou du maximum de densité, est donnée par la relation $\frac{dL_0^t}{dt}=0$, ou

$$3pt^2+2nt+m=0.$$

D'après les résultats obtenus par Despretz, l'une des racines de cette équation était en dehors des limites $-10°$ et $+30°$; elle ne pouvait pas convenir, car le second membre de (1) n'est représenté par l'expression $1+mt+nt^2+pt^3$ qu'entre $-10°$ et $+30°$. L'autre racine, voisine de $4°$, était seule

[1] Despretz (1792-1863), physicien français auquel on doit des recherches sur la loi de Mariotte, la dilatation des liquides et la conductibilité calorifique.

acceptable ; sa valeur exacte était 4°,007. On admet aujourd'hui que $t_m$ est égal à 4° à moins de 0°,01. La figure 654 représente, à l'échelle indiquée, les augmentations de volume de 1 décimètre cube d'eau à 4°, entre —10° et + 30°. — Les valeurs numériques de quelques-unes de ces augmentations sont données en centimètres cubes dans le tableau suivant, ainsi que les densités correspondantes, en fonction de la densité maximum prise comme unité

| Températures. | Augmentations de volume. | Densités | Températures. | Augmentations de volume. | Densités. |
|---|---|---|---|---|---|
| — 9°......... | 1$^{\text{mc3}}$,579 | 0,998451 | 16°.......... | 0$^{\text{cm3}}$273 | 0,999727 |
| — 5°......... | 0,698 | 0,999302 | 20°.......... | 1,775 | 0,998230 |
| 0°......... | 0,132 | 0,999868 | 25°.......... | 2,958 | 0,997071 |
| 4°......... | 0 | 1 | 30°.......... | 4,546 | 0,995675 |
| 8°......... | 0,124 | 0,999876 | | | |

On voit, par les nombres qui correspondent à 0° et à 8°, que la dilatation, toutes choses égales d'ailleurs, est même plus grande au-dessous de 4° qu'au-dessus. Remarquons aussi combien la contraction de 0° à 4° est faible.

On représente la dilatation de l'eau, et par suite sa densité relative $\mu_t$, par des formules empiriques : voici deux des plus récentes qui conviennent, la première entre 0° et 42°, la deuxième entre 17° et 102° :

$$\mu_t = 1 - \frac{[t - 3,98]^2}{503\,570} \cdot \frac{t + 283}{t + 67,26},$$

$$\mu_t = 1 - \frac{[t - 3,983]^2}{466\,700} \cdot \frac{t + 273}{t + 67} \cdot \frac{350 - t}{365 - t}.$$

690. **Densité maximum de l'eau.** — Connaissant la loi de dilatation de l'eau, si nous avions la densité de ce liquide à une température donnée, nous pourrions calculer la densité pour une autre température quelconque. Or, on détermine la densité de l'eau par les méthodes ordinaires, c'est-à-dire celles du flacon et de la balance hydrostatique. Du reste, en prenant la densité de l'eau par ces méthodes, à différentes températures, on obtient aussi la loi de dilatation de l'eau.

C'est en utilisant la méthode de la balance hydrostatique que Lefèvre-Gineau a réalisé d'une manière tout à fait remarquable le kilogramme-étalon ; la même méthode a été employée par Hällström et plus récemment par Macé de Lépinay, seul ou en collaboration avec MM. Benoît et Buisson, ou MM. Fabry et Pérot, puis par M. P. Chappuis et enfin par M. Guillaume. Si nous plongeons un corps solide dans l'eau, la poussée $Mg$ est égale au poids de l'eau déplacée ; si nous déterminons le volume V du solide immergé, nous avons la densité de l'eau : $d = \frac{M}{V}$. L'une des difficultés de la méthode est la mesure de V avec précision. Pour parler seulement des expériences les plus récentes, Macé de Lépinay et ses collaborateurs mesuraient les dimensions de cubes de quartz par une méthode interférentielle ; M. P. Chappuis opérait avec des cubes en crown dont les dimensions étaient également obtenues par une méthode interférentielle, mais différente de celle des précédents expérimentateurs; enfin M. Guillaume a utilisé des cylindres de bronze dont il déterminait les dimensions par une méthode de contacts mécaniques. Voici les résultats obtenus :

| Observateurs. | Densité maximum de l'eau. |
|---|---|
| Macé de Lépinay, Benoît et Buisson.......... | 0,999972 |
| P. Chappuis.................................. | 0,999974 (ou 73). |
| Guillaume.................................... | 0,999971 |

Ces nombres sont remarquablement concordants, surtout si l'on songe qu'ils ont été obtenus par des procédés tout à fait différents quant à la mesure de V. On doit donc admettre comme densité maximum de l'eau :

$$e_m = 0,999973,$$

à un demi millionième près. Il en résulte que la densité de l'eau à 0°

$$e_0 = 0,999841$$

Le *litre* ou volume occupé par un kilogramme d'eau à la température du maximum de densité vaut

$$1^{dm^3},0000287\,;$$

c'est l'unité pratique dans les jaugeages par l'eau.

Remarquons à quel point les expériences de Lefèvre-Gineau ont été bien conduites, puisque le kilogramme-étalon diffère du kilogramme théorique de moins de $3 \times 10^{-5}$.

691. **Influence de la pression sur la température du maximum de densité de l'eau.** — M. Amagat a constaté que la température du maximum de densité de l'eau baisse quand la pression augmente. D'après ses expériences, l'abaissement est d'environ 1° par 50 atmosphères, de telle sorte que, vers 200 atmosphères, la température du maximum de densité serait voisine de 0°, le point de fusion lui-même étant alors descendu à — 1°,5, l'abaissement de $t_m$ est donc plus rapide que celui de la température de solidification. Sous la pression de 3000 atmosphères, l'eau ne présenterait plus aucune anomalie de dilatation.

692. **Dilatations des solutions aqueuses.** — Les solutions des sels dans l'eau ont également un maximum de densité; mais, de même que le point de congélation de l'eau s'abaisse par la présence d'un sel dissous (848), la température du maximum de densité des solutions salines est également plus basse que celle de l'eau pure.

La température du maximum de densité baisse plus rapidement que le point de congélation et peut alors descendre au-dessous de ce point : on ne peut plus alors constater l'existence du maximum de densité qu'avec la solution sous-refroidie. Par exemple, l'eau de mer, sans surfusion, se congèle à — 1°,88, et son maximum de densité n'est atteint qu'à — 3°,67.

## IV. — COMPRESSIBILITÉ ET DILATATION DES GAZ

693. **Fonction caractéristique des fluides gazeux.** — Dans une masse gazeuse de forme telle que la différence de niveau $h$ pour deux points quelconques de cette masse soit toujours très petite, afin que, $d$ étant la densité du gaz, le terme $hdg$ soit négligeable devant la pression $p$ en l'un de ces points, on peut dire que la pression est la *même* en tous les points de la masse considérée et parler de la pression ou force élastique de la masse gazeuse elle-même. Nous avons vu (584 à 587) comment on peut mesurer cette pression.

Si nous chauffons une masse gazeuse sous volume constant, la pression croît (589); si nous la refroidissons, le volume restant invariable, la pression diminue; la pression à volume constant est donc une fonction de la température.

Soit une masse d'air emprisonnée en BM (fig. 655); si nous soulevons ou abaissons la cuvette A, nous faisons varier le volume occupé par le gaz, mais nous constatons aussi que la pression a varié, car la distance verticale des niveaux du mercure en A et M a changé : la pression à température constante est donc fonction du volume. Lorsque nous redonnons à la masse de gaz un volume et une température déterminés, la pression reprend toujours la même valeur.

En résumé la pression $p$ d'une masse gazeuse donnée dépend essentiellement de deux variables indépendantes, le volume $v$ et la température $t$ et de deux seulement; en d'autres termes, les trois quantités $p$, $v$, $t$ sont liées entre elles, de façon que l'on peut poser, pour l'unité de masse, par exemple,

$$f(p, v, t) = 0.$$

Cette fonction $f$ est appelée la *fonction caractéristique* des fluides gazeux.

L'étude expérimentale de cette fonction se partage comme il suit :

1° On maintient $t$ constant; c'est l'étude de la *compressibilité*, ou de la *loi des isothermes des gaz*, qui sera représentée par une relation

$$\varphi(p, v) = 0.$$

2° On maintient $p$ constant; c'est l'étude de la *loi de dilatation sous pression constante*, qui sera représentée par une relation

$$\chi(v, t) = 0.$$

3° On maintient $v$ constant; c'est l'étude de ce qu'on appelle la *dilatation sous volume constant*; la loi sera représentée par une relation

$$\psi(p, t) = 0.$$

Cette troisième étude n'est d'ailleurs qu'un contrôle des deux autres, car la relation $\psi(p, t) = 0$ doit être le résultat de l'élimination de $v$ entre les deux relations précédentes.

## LOI DES ISOTHERMES DES GAZ, OU LOI DE MARIOTTE

694. **Loi de Mariotte**[1]. — Au moyen de l'appareil de la figure 655, mesurons les volumes occupés par la masse gazeuse *constante* emprisonnée en BM, et les pressions correspondantes, la température étant celle de la salle, qui ne varie pas sensiblement au cours des mesures. Chaque volume s'obtient par la lecture de la graduation du réservoir BC; la pression en M, exprimée en colonne de mercure, est égale à la pression atmosphérique qui s'exerce en A, évaluée en colonne de mercure, augmentée ou diminuée, suivant le cas, de la distance verticale AM.

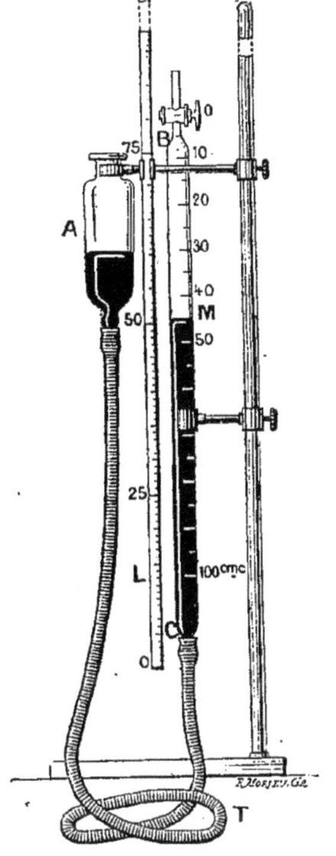

Fig. 655.

On constate sans peine que si la pression croît, le volume diminue; que si la pression devient deux, trois, quatre fois plus grande ou plus petite, le volume devient deux, trois, quatre fois plus petit ou plus grand. On est donc conduit à la loi suivante :

*A température constante, les volumes d'une même masse de gaz sont en raison inverse des pressions correspondantes.* — La traduction algébrique de cet énoncé est

$$\frac{v}{v'} = \frac{p'}{p}$$

d'où

$$pv = p'v' = \dots = C^{te}; \qquad (1)$$

cette relation donne l'énoncé suivant :

*A température constante, le produit du volume d'une même masse de gaz par la pression correspondante est constant.*

L'équation (1) est l'équation générale des isothermes des gaz; la valeur de la constante dépend de la température, de la nature et de la masse des gaz (on rapporte les résultats généralement à une masse égale à l'unité). C'est habituellement sous la forme de la relation (1) qu'on vérifie ou qu'on emploie la loi de Mariotte.

[1] Mariotte (1620-1684), énonça le premier avec netteté la loi de compressibilité des gaz, qui cependant a été découverte aussi vers la même époque par le physicien anglais Boyle. On doit considérer Mariotte comme le véritable initiateur de la Physique expérimentale en France.

On peut encore employer un autre énoncé. Si l'on tient compte des relations

$$vd = v'd' \ldots = C^{te},$$

qui expriment la constance de la masse considérée, et si l'on divise membre à membre ces égalités par les relations (1), il vient :

$$\frac{d}{p} = \frac{d'}{p'} \ldots = C^{te}.$$

De là, une autre forme de la loi de Mariotte, qui a l'avantage de s'appliquer, non pas seulement à une même masse de gaz, mais à des masses différentes d'un même gaz :

*A température constante les masses spécifiques d'un même gaz sont proportionnelles aux pressions correspondantes.*

695. **Étude expérimentale de la loi de Mariotte**. — L'étude expérimentale de la loi de Mariotte peut se faire, soit par la méthode *directe* de mesure des volumes et des pressions d'une même masse, ainsi que nous avons déjà procédé, soit par la méthode *indirecte* des pesées. En effet, les masses *d'un même gaz*, qui remplissent *un même volume*, à une même température, sont proportionnelles aux densités de ce gaz; dès lors, d'après le dernier énoncé de la loi de Mariotte, elles devraient être proportionnelles aux pressions du gaz dans ce volume. Nous retrouverons cette méthode indirecte d'étude de la compressibilité, à propos des densités relatives des gaz et des vapeurs (708 et 816). Occupons-nous d'abord de la méthode directe.

Les expériences de Mariotte ne permettaient de vérifier la loi de compressibilité que d'une façon approximative. — Despretz, le premier, fit voir, en 1827, que les divers gaz ne suivent pas tous la même loi de compressibilité. En effet, en soumettant des volumes égaux de deux gaz différents à un même accroissement de pression, dans un piézomètre, il constata que ces volumes ne restaient pas égaux entre eux: le gaz carbonique, le gaz sulfureux, par exemple, se comprimaient plus que l'air. Les expériences de Dulong et Arago (1830), faites dans le but de graduer le manomètre à air comprimé, paraissaient établir que l'air suit la loi de Mariotte jusqu'à la pression limite atteinte, soit 27 atmosphères, mais la méthode était peu précise aux pressions élevées. — Les expériences de Pouillet (1837) confirmèrent celles de Despretz, mais elles étaient très incomplètes; il fallait donc, d'une part, voir si l'air lui-même suit la loi de Mariotte: d'autre part, chercher la loi de compressibilité propre à chaque gaz.

696. **Expériences de Regnault**. — Regnault, dans des expériences commencées en 1847, étudia la compressibilité de l'air et de quelques gaz, aux températures ordinaires, entre une et trente atmosphères.

Un tube à gaz portait à sa partie supérieure un robinet $r$ (fig. 656) bien travaillé et pouvant maintenir le gaz sous de très fortes pressions. Le tube présentait deux repères $a$ et $b$, placés de façon que le volume $V_0$

compris entre $a$ et $r$ fût partagé en deux parties égales par le repère $b$; ces volumes avaient été déterminés par un jaugeage au mercure. — Une certaine masse du gaz est enfermée dans le volume $V_0$ sous une pression $P_{0,1}$, pression initiale de la première expérience. On réduit ce gaz au volume $\frac{V_0}{2}$ que, pour plus de généralité, nous appellerons $V_1$; la pression devient $P_{1,1}$, pression finale de la première expérience, et l'on pose

$$\frac{V_0 P_{0,1}}{V_1 P_{1,1}} - 1 = \varepsilon_1,$$

$\varepsilon_1$, représentant, aux erreurs près, l'écart de la loi de compressibilité du gaz par rapport à la loi de Mariotte, entre les pressions $P_{0,1}$ et $P_{1,1}$. — Cela fait, au lieu de continuer à comprimer cette *même* masse de gaz, on ouvre *lentement* le robinet $r$, qui communique avec un réservoir contenant le même gaz, sous une pression suffisante pour qu'une nouvelle masse gazeuse entre dans le tube : quand le mercure a été refoulé jusqu'au repère $a$, on ferme le robinet $r$. On comprime de nouveau, avec la pompe, jusqu'à ramener le mercure en $b$. Si, dans cette seconde expérience, $P_{0,2}$ et $P_{1,2}$ sont les pressions initiale et finale, on a :

$$\frac{V_0 P_{0,2}}{V_1 P_{1,2}} - 1 = \varepsilon_2,$$

et ainsi de suite, jusqu'à la limite des pressions que permet de mesurer le manomètre à air libre. — Dans ces conditions, les erreurs relatives $\frac{\Delta V_0}{V_0}$ et $\frac{\Delta V_1}{V_1}$, c'est-à-dire d'une façon générale les erreurs $\frac{\Delta v}{v}$, restent constantes pendant toute la série des mesures. — Les quantités $\varepsilon$ indiqueront bien le sens et l'ordre de grandeur des écarts de la compressibilité du gaz par rapport à la loi de Mariotte, depuis 1 jusqu'à 30 atmosphères.

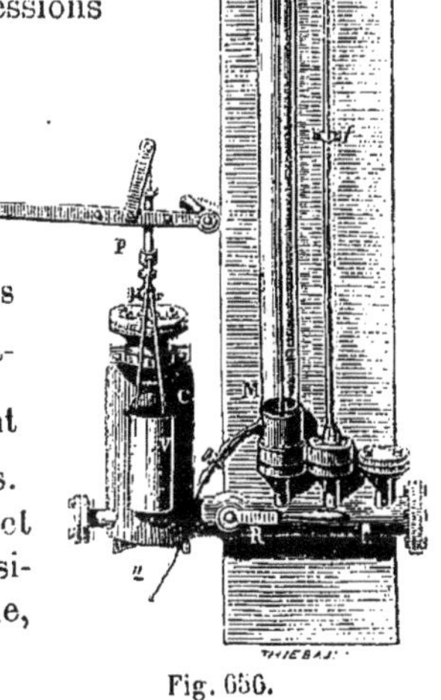

Fig. 656.

*Appareil.* — Le *tube à gaz* présentait, au voisinage des repères $a$ et $b$, des graduations dont les volumes avaient été déterminés en fonction de $V_0$, par des pesées de mercure; s'il arrivait alors que, dans une expérience, on ne ramenât pas exactement les niveaux du mercure en $a$ ou en $b$, on effectuait une réduction aux volumes $V_0$ et $V_1$ par application de la loi de Mariotte, ce qui est ici légitime.

Le *tube manométrique* à air libre était formé de tubes de 3 mètres, reunis par des colliers à gorge. Ces tubes étaient fixés verticalement, à l'intérieur du laboratoire du Collège de France, le long d'une planche, et au dehors, le long d'un mât. Un cathétomètre fixe fournissait, dans chaque expérience, la hauteur verticale du niveau du mercure dans le tube à gaz au-dessus du repère $a$. Quant à la distance de ce même repère au niveau du mercure dans le tube manométrique, pour l'obtenir, on avait gravé sur les tubes, à l'intérieur du laboratoire, des repères à environ un mètre de distance; avec un second cathétomètre, qui pouvait s'installer sur des supports fixés au mur à diverses hauteurs, on avait déterminé les distances verticales successives de ces repères les uns aux autres, et du premier au repère $a$. Il suffisait donc, dans une expérience où le mercure s'arrêtait entre deux de ces repères, d'aller déterminer, avec le cathétomètre mobile, la distance de son niveau au repère immédiatement inférieur. Enfin la partie des tubes placée hors du laboratoire avait été graduée, à partir du dernier repère, en $\frac{1}{2}$ millimètres; l'observateur s'élevait sur un ascenseur, pour aller y relever le niveau du mercure. On commettait évidemment là une erreur absolue $\Delta p$ plus grande que précédemment, mais, comme la pression $p$ était elle-même alors plus grande, la précision relative pouvait rester sensiblement la même que dans les premières mesures.

Pour se mettre à l'abri des fuites qui pouvaient se produire par la pompe sous des pressions considérables, on l'avait placée latéralement (fig. 656) et un robinet R permettait de l'isoler des tubes et d'obtenir, pendant les mesures, des niveaux absolument invariables.

Regnault prenait soin de faire subir aux nombres donnés directement par l'expérience, dans la mesure des pressions, les diverses corrections de rigueur lorsqu'on fait des mesures précises (584). Enfin, il tenait compte de la légère variation de température que pouvait éprouver le gaz et ramenait tous les résultats à température constante.

697. **Résultats.** — 1° Toutes les corrections faites, Regnault calcula, pour chaque expérience, de numéro d'ordre $k$, la quantité $\varepsilon_k$ définie par l'équation

$$\varepsilon_k = \frac{V_0 P_{0,k}}{V_1 P_{1,k}} - 1;$$

d'ailleurs, comme $V_0 = 2V_1$, on a

$$\varepsilon_k = \frac{2 P_{0,k}}{P_{1,k}} - 1.$$

Pour tous les gaz étudiés, cette quantité se trouva toujours supérieure à la somme des erreurs relatives de toutes les mesures prises. La conclusion était donc *qu'aucun de ces gaz ne suivait exactement la loi de Mariotte*; l'air était dans ce cas.

2° Les gaz étudiés se partageaient en deux catégories :

α) L'*hydrogène, qui est moins compressible* que ne l'indique la loi de Mariotte, c'est-à-dire pour lequel les quantités $\varepsilon_k$ sont *négatives*;

β) *Tous les autres gaz, qui sont plus compressibles* que ne l'indique la loi de Mariotte, c'est-à-dire pour lesquels les quantités $\varepsilon_k$ sont *positives*. dans les limites de 1 à 50 atmosphères, à la température de 15°.

Pour donner une idée de la grandeur des écarts entre la loi de compressibilité des gaz et la loi de Mariotte, il suffira de citer, pour quelques gaz, les valeurs des pressions capables d'amener le volume à $\frac{1}{2}$, puis à $\frac{1}{16}$ de sa valeur initiale, pressions qui, d'après la loi de Mariotte, devraient être 2 et 16 atmosphères :

| | Volume $\frac{1}{2}$. | Volume $\frac{1}{16}$. |
|---|---|---|
| Hydrogène | 2,001 | 16,162 |
| Azote | 1,999 | 15,860 |
| Air | 1,998 | 15,804 |
| Gaz carbonique | 1,985 | 13,926 |

Regnault traduisit l'ensemble de ses résultats par des courbes représentant, pour chaque gaz, les valeurs expérimentales de $\varepsilon_k = f(P_{0,k})$, et indiquant l'allure générale du phénomène; il se servit également de formules empiriques (698).

698. **Loi empirique de compressibilité, propre à chaque gaz, dans les limites des expériences de Regnault.** — Les expériences de Regnault permettent, du reste, d'établir la loi empirique de compressibilité de chaque gaz.

Soient $p_0$ et $v_0$ la pression et le volume initial d'une masse gazeuse, à la température moyenne de 15°, la pression $p_0$ étant égale à 1 atmosphère, point de départ des expériences. Soient $v$ le nouveau volume, et $p$ la nouvelle pression, comprise dans les limites des expériences. On peut écrire :

$$\frac{pv}{p_0 v_0} = 1 + f\left(\frac{v_0}{v} - 1\right),$$

ou

$$\frac{pv}{p_0 v_0} = 1 + \varphi\left(\frac{p}{p_0} - 1\right),$$

les fonctions $f$ et $\varphi$ devant s'annuler pour $v = v_0$ ou $p = p_0$. — Prenons, par exemple, la première de ces fonctions sous la forme parabolique à deux termes

$$\frac{pv}{p_0 v_0} = 1 + A\left(\frac{v_0}{v} - 1\right) + B\left(\frac{v_0}{v} - 1\right)^2.$$

Il s'agit de déterminer les coefficients A et B, au moyen de deux expériences, et de constater ensuite, pour légitimer cette forme de développement, que les autres expériences peuvent être calculées par la formule obtenue, avec des écarts ne surpassant pas ceux que l'on doit attendre des erreurs des expériences elles-mêmes. C'est bien, en effet, ce qui a lieu. On peut aussi calculer les coefficients A et B en se servant des valeurs des coefficients $\varepsilon_k$ déduits de la courbe de Regnault, et grâce auxquels on établit de proche en proche la loi de compressibilité cherchée.

Le coefficient A devra être *négatif* pour les gaz plus compressibles que ne l'indiquerait la loi de Mariotte, puisqu'alors, pour $p > p_0$, on a $pv < p_0 v_0$. Quant au coefficient B, il devra, pour légitimer la forme de développement adoptée, être beaucoup plus petit que A en valeur absolue.

Voici les valeurs de quelques-uns de ces coefficients :

| | A. | B. |
|---|---|---|
| Hydrogène | + 0,0005472 | + 0,0000008415 |
| Air | — 0,0011054 | + 0,000019381 |
| $CO^2$ | — 0,0085318 | — 0,000007285 |

On pose, le plus souvent,

$$\frac{p_0 v_0}{pv} = 1 + A_{p_0}^{p}(p - p_0),$$

le coefficient $A_{p_0}^{p}$ étant *positif* pour un gaz plus compressible, et *négatif* pour un gaz moins compressible que ne l'indique la loi de Mariotte. Ce coefficient peut être considéré comme constant, si $p - p_0$ n'est pas trop grand; sinon, A est de la forme $a + b(p - p_0)$, c'est-à-dire qu'on a

$$\frac{p_0 v_0}{pv} = 1 + a(p - p_0) + b(p - p_0)^2.$$

Voici, du reste, d'après MM. Leduc et Sacerdote, les valeurs de A pour quelques gaz, à 16°, entre 1 et 2 atmosphères :

| | |
|---|---|
| Hydrogène | $-\ 8 \times 10^{-6}$ |
| Azote | $+\ 5 \times 10^{-6}$ |
| $CO^2$ | $75 \times 10^{-6}$ |
| $Az^2O$ | $82 \times 10^{-6}$ |
| $SO^2$ | $265 \times 10^{-6}$ |

699. **Recherches postérieures à celles de Regnault. — Température critique.** — Depuis les expériences de Regnault, l'étude de la compressibilité des gaz a été l'objet de nombreuses recherches; elle a été reprise, en particulier, par Natterer (1851), Andrews (1867), Cailletet (1870), M. Amagat (1878), M. P. Chappuis, lord Rayleigh, etc. — Tous ces physiciens ont fait varier les pressions entre des limites beaucoup plus étendues, en opérant à diverses températures. Ce sont les résultats de ces recherches que nous allons successivement résumer.

Et d'abord, au point de vue de l'influence de la température, Andrews démontra qu'il existe pour chaque gaz, une température particulière, dite *température critique* (761), qui sépare nettement les phénomènes de compressibilité en deux phases bien distinctes : aux températures *inférieures* à la température critique, le gaz est liquéfiable par compression; aux températures *supérieures* à la température critique, la liquéfaction est impossible, quelque grande que soit la pression. — Cette température critique est celle au voisinage de laquelle nous avons vu les coefficients de dilatation des liquides acquérir des valeurs si considérables (686).

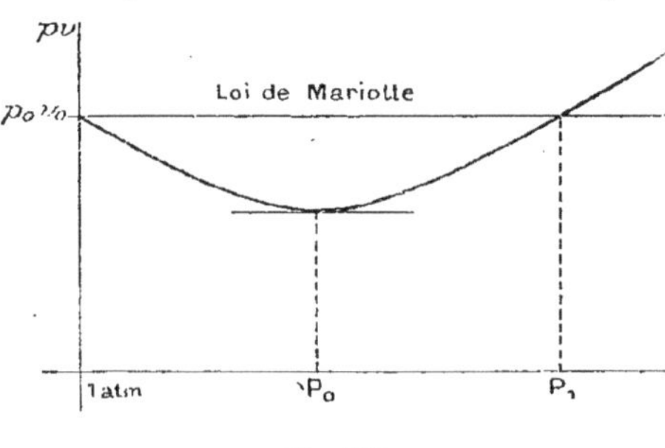


Fig. 657.

700. **Expériences de Natterer; maximum de compressibilité, ou minimum du produit** $pv$. — En opérant sur l'air, l'oxygène, l'azote, l'oxyde de carbone, à la température ordinaire, qui est supérieure à la température critique

de chacun de ces gaz, Natterer a établi qu'ils se compriment d'abord plus que ne l'indique la loi de Mariotte, c'est-à-dire que le produit $pv$ va en décroissant quand la pression augmente; puis, qu'à partir d'une certaine pression $P_0$, dépendant du gaz, le produit $pv$ va en croissant avec la pression, le gaz se comprime alors moins que ne l'indique la loi de Mariotte; il y a donc *minimum du produit pv* pour la pression $P_0$, ou *maximum de compressibilité* pour cette même pression. A partir d'une certaine pression $P_1$, le produit $pv$ reprend sa valeur initiale $p_0v_0$ puis la dépasse; l'isotherme affecte la forme de la courbe de la figure 657.

Les expériences de Natterer ont été poussées jusqu'à 2700 atmosphères, les mesures étaient peu précises.

701. **Expériences d'Andrews.** — En opérant sur le gaz carbonique, Andrews a montré (761) que, pour ce corps :

Si la température est inférieure à la température critique, $t_c = 31°,4$, le produit $pv$ décroît constamment quand la pression croît, le gaz se comprime plus que ne l'indique la loi de Mariotte;

Si la température est supérieure à la température critique, le gaz se comprime d'abord plus que ne l'indique la loi de Mariotte, puis il se comprime moins; il existe donc à chaque température, dans les limites de l'expérience, une pression correspondant à un maximum de compressibilité.

*Remarque.* — Il ne faut pas être étonné que l'existence d'un maximum de compressibilité ait échappé à Regnault, car il n'a pas opéré sous des pressions suffisantes.

702. **Expériences de Cailletet.** — Elles ont confirmé les écarts entre la loi de compressibilité de l'azote et la loi de Mariotte, ainsi que l'existence d'un maximum de compressibilité.

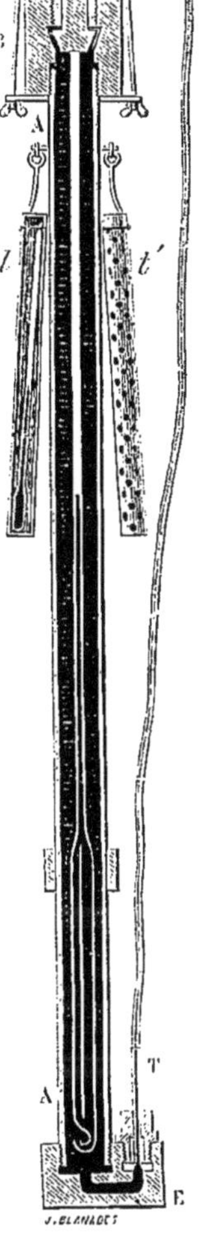

Fig. 658.

Dans l'appareil de Cailletet, le tube à gaz avait la forme d'un thermomètre à tige, à gros réservoir (fig. 658); cette forme a pour effet de diminuer l'importance de l'erreur relative $\frac{\Delta v}{v}$ sur le volume, en permettant de diminuer l'erreur $\Delta v$ qui correspond à une erreur commise sur la longueur occupée par le gaz dans le tube, à partir du moment où son volume $v$ est réduit à celui de la tige capillaire. Ce tube à gaz, soigneusement gradué dans sa partie capillaire, avait été doré intérieurement; il portait à sa partie inférieure un petit tube en U, destiné au remplissage. Une gouttelette de mercure, logée dans la partie large du tube pendant le remplissage, venait fermer le petit tube en U lorsqu'on redressait verticalement le tube à gaz, pour le transporter dans le tube-laboratoire AA. Celui-ci était constitué par une cuve profonde à mercure, en acier, de $1^m,80$ de hauteur, dans laquelle on enfermait le tube à gaz, en le maintenant par un bouchon à vis BCD. L'extrémité E du tube-laboratoire communiquait avec un tube d'acier flexible TT, de 3 millimètres de diamètre intérieur, et d'environ 250 mètres de long : ce tube était mis en communication avec un réservoir de mercure, placé à l'air libre.

On descendait lentement l'appareil dans un puits, au moyen d'un fil d'acier enroulé sur un treuil horizontal, en même temps qu'un autre treuil vertical déroulait le tube manométrique, logé dans une rainure hélicoïdale. Le mercure, en s'élevant dans le tube à gaz par suite de l'accroissement de pression, dissolvait l'or ; lorsque l'appareil était ramené en haut du puits et démonté, on avait ainsi le volume $v$ qu'avait occupé la masse gazeuse. D'autre part, la quantité dont on avait déroulé le fil d'acier fournissait la pression $p$ correspondante. — Pour faire les corrections de température, on avait suspendu au tube-laboratoire deux thermomètres à maxima, $t$ et $t'$ ; comme la température augmente à mesure qu'on descend dans l'intérieur du sol, ces thermomètres donnaient, dans chaque expérience, la température correspondante à l'instant où la pression avait été la plus grande.

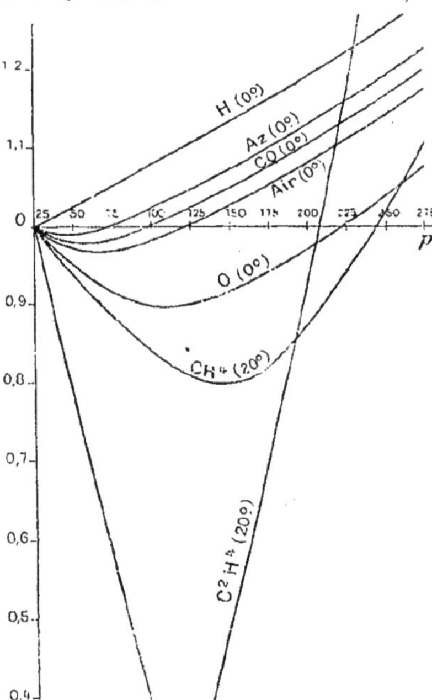

Fig. 659.

On avait ainsi tous les éléments nécessaires pour étudier, à température constante, les variations du produit $pv$, considéré comme une fonction de $p$.

Cailletet a trouvé que, pour l'azote à $15^o$, le minimum du produit $pv$ est atteint lorsque $p = 80$ atmosphères, et que le produit $pv$ reprend la valeur initiale correspondant à la pression atmosphérique pour $p = 120$ atmosphères. Ces nombres ont été corrigés par M. Amagat.

**705. Expériences de M. Amagat aux températures ordinaires.** — M. Amagat a d'abord opéré aux températures ordinaires ; les pressions étaient mesurées au moyen d'un manomètre à air libre installé soit au puits Verpilleux, à St-Étienne, soit dans l'une des tours de l'église de Fourvières, à Lyon, ou encore à l'aide d'un manomètre à pistons inégaux (586) ; elles ont atteint 420 atmosphères. Le tube à gaz avait la même forme que celui de Cailletet, mais la partie étroite était placée en dehors du bloc de compression, de telle sorte qu'on pouvait lire directement les volumes ; elle était entourée d'un manchon d'eau froide pour maintenir la température constante et permettre d'en faire la mesure aisément.

Les résultats des recherches de M. Amagat, sur les divers gaz étudiés, sont représentés par les courbes de la figure 659. Pour construire ces courbes, on a porté en abscisses les pressions en mètres de mercure, et en ordonnées les valeurs des produits $pv$, le produit initial $p_0v_0$ pris comme point de départ à l'origine étant égal à 1, et l'abscisse initiale étant égale à 25 mètres de mercure. Pour tous les gaz, sauf l'hydrogène, on observe un minimum du produit $pv$; dans le cas de l'azote à 15°, ce minimum correspond à $p = 47^m$ de mercure ou 62 atmosphères. — Pour l'hydrogène la courbe $pv = f(p)$ est tout entière au-dessus de la droite qui représenterait la loi de Mariotte. $pv = p_0v_0 = 1$. Von Wroblewski a du reste observé un minimum du produit $pv$ pour l'hydrogène, aux très basses températures, ($t < -170°$)

704. **Expériences de M. Amagat de 0° à 260°. — Réseau d'isothermes d'un fluide.** — M. Amagat a fait ensuite varier la température, pour étudier la déformation des isothermes : il a opéré jusqu'à 1000 atmosphères et 260°, ou jusqu'à 3000 atmosphères et 50°. Les résultats obtenus, pour un fluide déterminé, permettent de construire le *réseau des isothermes*.

La mesure des pressions a été effectuée au moyen du manomètre à pistons inégaux (586).

Pour la mesure des volumes, M. Amagat a employé soit la méthode *des regards*, soit la méthode *des contacts électriques*.

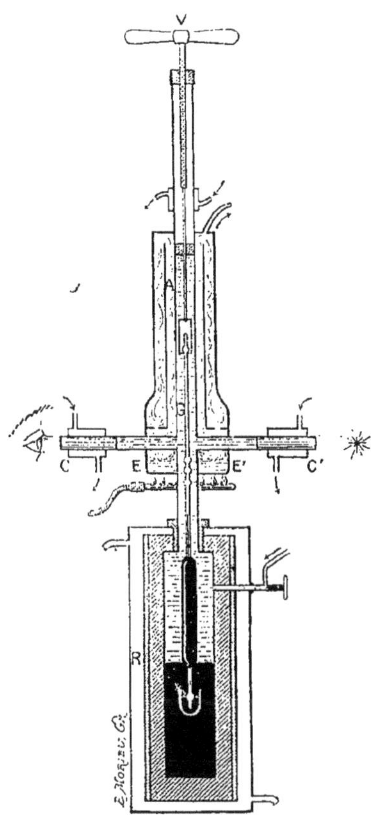

Fig. 660.

705. *Méthode des regards*. — A partir d'une pression de 400 atmosphères, M. Amagat a constaté qu'il fallait, pour éviter la rupture du tube à gaz, comprimer le verre à la fois à l'extérieur et à l'intérieur. Le tube à gaz G (fig. 660) est donc suspendu à l'intérieur d'un tube-laboratoire en acier A, comme dans les expériences de Cailletet. Ce tube-laboratoire porte une branche en croix CC', fermée par des lames de quartz à faces parallèles, ou *regards*. Une vis d'acier V, passant dans un écrou de bronze et dans une boîte à cuir, permet de faire monter ou descendre le tube à gaz dans le tube-laboratoire, de façon à amener telle ou telle de ses divisions dans l'axe même des regards. Ce tube-laboratoire est vissé lui-même sur un réservoir R à mercure, à la surface duquel on envoie de la glycérine pour comprimer le gaz. Enfin on chauffe le gaz au moyen

d'une étuve EE', dans laquelle on fait bouillir de l'eau pour produire la température de 100°, du benzoate de méthyle pour atteindre 200°, ou du benzoate d'amyle pour obtenir 260°. — On peut ainsi toujours lire directement le volume $v$ du gaz, en amenant le niveau du mercure dans le tube fin à la hauteur de l'axe des regards.

706. *Méthodes des contacts électriques.* — Cette méthode est celle qui a été employée pour les pressions de 1000 à 3000 atmosphères, la température moyenne n'ayant pas alors dépassé 50°. — Le tube à gaz porte soudés, de distance en distance, des fils de platine qui communiquent tous extérieurement entre eux par un fil fin de platine $ff'$ (fig. 661). Le tube à gaz G est placé dans une cuvette à mercure en acier A, frettée sur toute sa longueur; le fil de platine $ff'$, bien isolé de l'appareil, fait partie d'un circuit électrique fermé, dont font aussi partie le mercure et la cuvette. A mesure que la compression fait monter le mercure dans le tube à gaz, le courant passe plus facilement par ce mercure que par les portions du fil isolé qui sont en regard. Il en résulte une variation brusque de résistance, et par suite une variation brusque d'intensité, aussitôt indiquée par un galvanomètre; on est donc averti de l'instant précis où le mercure arrive aux divers points de soudure des contacts successifs, et l'on connaît, par cela même, le volume $v$ du gaz à ce moment.

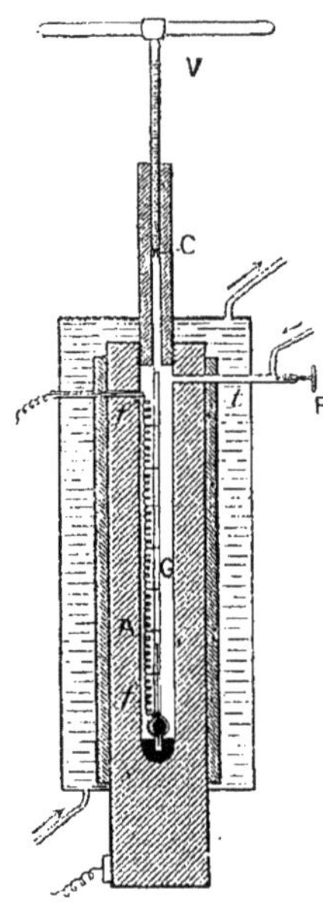

Fig. 661.

Latéralement la cuvette d'acier laisse passer un tube $t$, qui amène le liquide par lequel se transmet la pression, jusqu'à 400 atmosphères. A partir de ce moment, on ferme ce tube par un robinet à pointeau R, et l'on continue à comprimer au moyen d'une vis V, qui chasse devant elle le cuir embouti C. Enfin, un cylindre extérieur, à circulation d'eau, permet de porter la température jusqu'à 50°.

707. **Résultats**. — Le réseau des isothermes du gaz carbonique, par exemple, rapportées à la masse unité de ce gaz, est représenté par les courbes de la figure 662.

1° Pour une température $t = 0°$(761), inférieure à la température critique $t_c = 31°,4$, lorsque la pression $p$ croît, le produit $pv$ commence par décroître et l'on a d'abord la branche AB de l'isotherme. Puis, arrive la *liquéfaction*, pendant laquelle la pression $p$ reste constante (pression maximum); l'isotherme est alors représentée par la parallèle BC à l'axe des ordonnées. Enfin, lorsque la liquéfaction est complète, le liquide très peu compressible, donne, après un minimum D, une branche DE sensiblement rectiligne et dont le coefficient angulaire est positif.

2° Pour une température $t' = 20°$, un peu plus élevée, mais toujours inférieure à la température critique, l'isotherme est située tout entière au-dessus de la précédente; la liquéfaction commence en un point B' situé plus bas que B, mais finit en un point C' plus haut que C, après quoi la courbe fournit une branche sensiblement parallèle à DE. Les portions rectilignes BC, B'C',... sont donc de plus en plus petites, et tendent vers zéro à mesure que l'on se rapproche de l'isotherme critique. Le lieu des extrémités de ces parties rectilignes est une courbe dite courbe de saturation ou de liquefaction ayant, d'après ce qui précède, un contact en un point Γ avec l'isotherme critique. Cette isotherme critique (trait fort) présente en ce point Γ une *inflexion*, avec tangente parallèle à l'axe des ordonnées (Andrews). — L'abscisse du point Γ est appelée la *pression critique*; le volume correspondant est le *volume critique* du gaz étudié, si la masse du gaz est égale à l'unité.

3° Pour une température $t''=80°$, supérieure à la température critique, l'isotherme ne présente plus de point d'inflexion à tangente parallèle à l'axe des ordonnées. Le minimum du produit $pv$ a lieu en

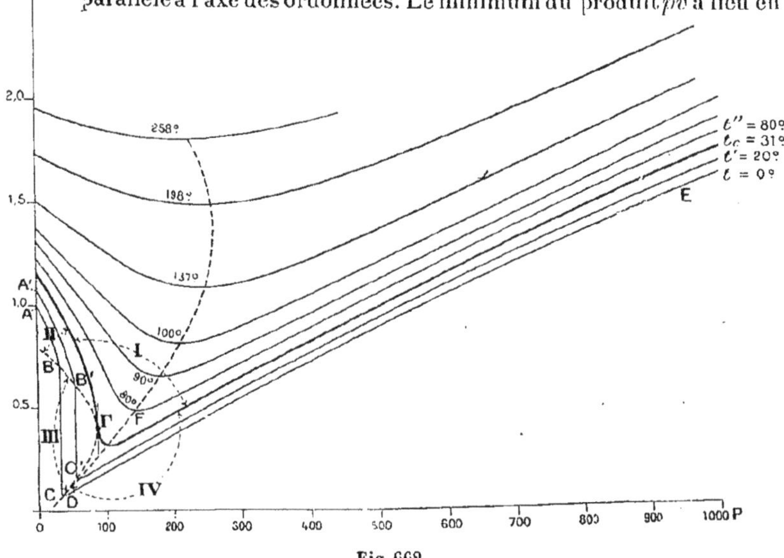


Fig. 662.

un point F, après lequel la courbe redevient sensiblement une droite parallèle aux droites de compressibilité du fluide liquide. Toute inflexion finit même par disparaître aux températures élevées. — En réalité, les diverses courbes n'ont pas été obtenues jusqu'à l'axe même des ordonnées; c'est par extrapolation qu'elles ont été prolongées jusqu'à cet axe comme l'indique la figure.

L'isotherme critique partage le plan en quatre régions : 1° au-dessus de l'isotherme critique, la région I du *gaz non liquéfiable* par compression; 2° au-dessous de l'isotherme critique, et au-dessus de la courbe de saturation, la région II du *gaz liquéfiable* par compression; 3° à l'intérieur de la courbe de saturation, la région III de coexistence du *fluide liquide* et de sa *vapeur saturante*; c'est une région de *discontinuité* entre l'état entièrement gazeux et l'état entièrement liquide, c'est-à-dire de discontinuité dans la fonction caractéristique $f(p, v, t)=0$; 4° au-dessous de l'isotherme critique et au-dessous de la courbe de saturation, la région IV, où ne peut exister que le *fluide liquide*.

Si, au lieu d'opérer avec le gaz carbonique, on prend un autre gaz quelconque, le réseau d'isothermes a absolument la même allure et donne lieu aux mêmes remarques.

Les résultats généraux que M. Amagat a déduits de cette étude, au point de vue de la compressibilité des fluides gazeux ou liquides, sont les suivants :

1° Pour toute température $t < t_c$ (température critique), le gaz se comprime plus que ne l'indique la loi de Mariotte, jusqu'à liquéfaction.

2° Pour toute température $t > t_c$, et qui ne s'éloigne pas trop de $t_c$, le gaz se comprime d'abord plus que ne l'indique la loi de Mariotte, puis il se comprime moins; il y a donc un minimum du produit $pv$. Sous les fortes pressions, l'isotherme du gaz est presque parallèle à celle du liquide; la compressibilité du gaz est donc alors comparable à celle du liquide; la loi de Mariotte est, dans ce cas, tout à fait insuffisante.

3° La pression qui correspond au minimum de $pv$ croît d'abord avec $t$, passe par un maximum, puis décroît. — D'après la forme des courbes du réseau pour le gaz carbonique, à mesure que la température s'élève, on voit que le minimum du produit $pv$ tend à disparaître; on peut donc penser que c'est à une propriété de ce genre que l'on doit la forme spéciale du réseau de l'hydrogène, aux températures supérieures à 0°. Ce gaz se trouve alors, en effet, très éloigné de sa température critique (—241°). En se rapprochant donc du point critique, on pouvait penser que l'anomalie de l'hydrogène devrait disparaître, et qu'il présenterait, comme les autres gaz, un maximum de compressibilité. C'est ce qu'a vérifié Wroblewski, aux basses températures.

4° Les branches des isothermes qui correspondent aux très hautes pressions (de 1000 à 3000 atmosphères) ne sont pas absolument rectilignes comme on l'avait cru d'abord, leur équation n'a pas la forme linéaire $pv = k + bp$; elles sont légèrement *concaves* du côté de l'axe des pressions, et rien ne peut faire prévoir s'il existe une direction asymptotique. Néanmoins, pour les pressions un peu fortes, on peut admettre la loi linéaire comme première approximation et adopter la relation précédente qui s'écrit

$$p(v - b) = k.$$

La quantité $b$, proportionnelle au coefficient angulaire des parties sensiblement rectilignes telles que DE, est ce qu'on appelle le *covolume*, ou volume limite pour $p$ infini.

5° La loi de Mariotte est toujours applicable, comme première approximation, quand les variations de pression sont faibles et que les pressions ne sont pas considérables.

Il resterait enfin, pour compléter le programme d'étude de la compressibilité, à étudier la compressibilité aux différentes températures *sous les basses pressions.* C'est là un sujet très difficile, à cause de l'importance que prend alors l'erreur relative $\frac{\Delta p}{p}$ dans la mesure des pressions, par suite de la petitesse de $p$ et de l'adhérence du gaz aux parois. Aussi, les quelques résultats énoncés à ce sujet par divers physiciens sont-ils assez divergents. Cependant les expériences les meilleures, comme celles de M. Amagat, de lord Rayleigh, de M. Battelli, nous permettent d'affirmer que si les gaz ne suivent pas rigoureusement la loi de Mariotte aux basses pressions, ils s'en écartent très peu.

708. **Méthode d'étude indirecte de la compressibilité d'un gaz par pesées.** — Déterminons les masses M et M′ de gaz qui remplissent successivement un même ballon à la température $t$ sous les pressions P et P′, et pour cela opérons comme il a déjà été indiqué (531); soient $d$ et $d'$ les masses spécifiques du gaz à $t^o$ sous les pressions P et P′; nous avons évidemment :

$$\frac{M}{M'}=\frac{d}{d'}.$$

Supposons qu'une masse constante du gaz occupe à $t^o$

le volume V sous la pression P,
le volume V′ sous la pression P′,

étudier la loi de compressibilité du gaz entre P et P′, c'est déterminer la valeur du rapport

$$\frac{VP}{V'P'}=1+\varepsilon;$$

or

$$Vd=V'd'; \qquad \text{donc} \qquad \frac{V}{V'}=\frac{d'}{d}=\frac{M'}{M}; \qquad \text{par suite} \qquad \frac{M'P}{MP'}=1+\varepsilon.$$

709. **Mélange des gaz à température constante; loi de Dalton.** — 1° *Gaz parfaits.* — En mettant en communication deux ballons (fig. 663) remplis l'un d'hydrogène, l'autre de gaz carbonique à la pression atmosphérique et à la température de la salle d'expériences, les ballons étant superposés de manière que le ballon d'hydrogène fût le plus élevé, Berthollet constata :

*Que le mélange était homogène;*

*Que la pression finale était encore la pression atmosphérique initiale.*

Soient V, V′ les volumes respectifs des ballons, P la pression de chacun des gaz : si les gaz étaient *parfaits*, et si chacun occupait seul le volume total V + V′ du mélange, leurs pressions respectives, données par la loi de Mariotte, seraient :

$$p=\frac{V}{V+V'}P \qquad p'=\frac{V'}{V+V'}P.$$

Faisons la somme :

$$p+p'=P,$$

d'où la loi suivante énoncée par Dalton[1] et dite loi du mélange des gaz parfaits.

[1] Dalton (1766-1844), professeur de physique à Manchester; il est connu surtout par ses travaux sur la vaporisation.

*La pression d'un mélange de plusieurs gaz parfaits sans action chimique est la somme des pressions partielles des différents gaz, considérés chacun comme occupant le volume total du mélange à la température actuelle.*

Si P, V sont la pression et le volume du mélange, $p$, $v$ la pression et le volume d'un des gaz constituants à la même température, la loi de Dalton se traduit par la formule

$$P = \Sigma \frac{pv}{V}, \qquad \text{ou} \qquad PV = \Sigma pv.$$

2° *Gaz réels.* — Nous venons de voir que les gaz ne suivent pas exactement la loi de Mariotte; par suite, l'interprétation que nous avons donnée de l'expérience de Berthollet, d'après la loi de Mariotte, et qui nous a conduits à la loi de Dalton, est inexacte.

Prenons, en effet, le cas de deux gaz plus compressibles que ne l'indique la loi de Mariotte, par exemple le gaz carbonique $CO^2$ et l'oxyde azoteux $Az^2O$; supposons-les pris à volumes égaux, sous la pression normale de 76 centimètres de mercure. Par diffusion dans un volume total double, chacun d'eux prendrait, d'après sa loi de compressibilité propre, une pression supérieure à la moitié de sa pression initiale (707); $CO^2$ prendrait une pression de $38^{cm},1$, et $Az^2O$ une pression de $38^{cm},11$; la pression totale, envisagée comme la somme des pressions partielles, devrait donc être de $76^{cm},21$, supérieure de $0^{cm},21$ à la pression initiale; ce résultat est en désaccord avec l'expérience de Berthollet, qui réussit très bien avec ces deux gaz.

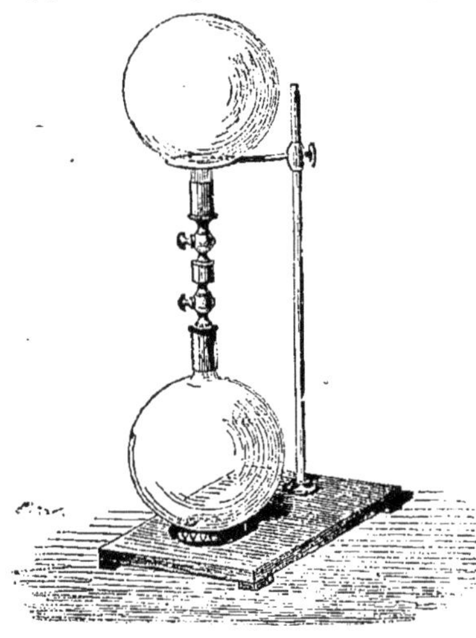

Fig. 663.

MM. Leduc et Sacerdote, en répétant l'expérience de Berthollet sur d'autres gaz, ont bien observé que, dans les conditions de cette expérience, certains gaz donnent lieu à des variations de pression; mais ces variations de pression sont, sinon contraires à celles que l'on déduirait de l'énoncé de Dalton et de la loi de compressibilité propre de ces gaz, tout au moins d'un ordre de grandeur différent. Ainsi le mélange de $CO^2$ et $SO^2$, à volumes égaux, sous la pression normale, donne lieu à une augmentation de pression de $1^{mm},56$, tandis que, d'après l'énoncé de Dalton, la variation calculée devrait être de $4^{mm},8$. — Ces variations de pression se produisent, en général, quand les gaz sur lesquels on opère ne sont pas dans ce que nous appellerons plus loin *des états correspondants* (765).

Si donc on fait abstraction de ces anomalies par rapport à la loi de diffusion, le seul énoncé correct de la loi du mélange des gaz réels à température constante, est le suivant :

*Le volume total du mélange est la somme des volumes de chacun des gaz, supposé soumis à la pression finale du mélange.* C'est ce que nous appellerons *l'énoncé des volumes*, par opposition à l'énoncé des pressions de Dalton.

Pour établir une relation générale entre le volume V du mélange, sa pression P, et les volumes et pressions, $v$, $p$, $v'$, $p'$, ..., des gaz avant le mélange, il faut donc commencer par ramener les gaz à la pression finale P, d'après leurs lois de compressibilité propre, et écrire ensuite que le volume total V est la somme des volumes ainsi calculés. — Soit $x$ le volume du premier gaz sous la pression P ; on a

$$\frac{xP}{vp} = 1 - \varepsilon, \qquad \varepsilon \text{ étant de la forme } A(P-p);$$

si P est supérieur à $p$, la quantité $\varepsilon$ est *positive* pour un gaz plus compressible que ne l'indique la loi de Mariotte, ce qui est le cas général; si P est inférieur à $p$, la quantité $\varepsilon$ est *négative* pour ce même gaz; donc, dans tous les cas, le coefficient A est positif pour un tel gaz. De même, pour le second gaz,

$$\frac{x'P}{v'p'} = 1 - \varepsilon' = 1 - A'(P - p').$$

et ainsi de suite. On tire de là

$$x = \frac{vp}{P}[1 - A(P-p)],$$
$$x' = \frac{v'p'}{P}[1 - A'(P-p')],$$
$$\dots\dots\dots\dots\dots\dots\dots\dots$$

d'où, par suite,

$$V = \Sigma x = \Sigma \frac{vp}{P}[1 - A(P-p)] = \frac{1}{P}\Sigma vp[1 - A(P-p)],$$

ou

$$VP = \Sigma vp[1 - A(P-p)].$$

Inversement, si l'on résout cette équation par rapport à P, considéré comme inconnue, pour un volume V donné du mélange, on a

$$(V + \Sigma Avp)P = \Sigma vp(1 + Ap),$$

d'où

$$P = \frac{\Sigma vp(1 + Ap)}{V + \Sigma Avp}.$$

Si les coefficients A étaient nuls, c'est-à-dire si les gaz suivaient, non seulement la loi de Berthollet, mais aussi la loi de Mariotte, on aurait

$$VP = \Sigma vp \qquad \text{d'où, à volonté,} \qquad P = \frac{1}{V}\Sigma vp, \qquad \text{ou} \qquad V = \frac{1}{P}\Sigma vp,$$

c'est-à-dire soit *l'énoncé des pressions* de Dalton, soit *l'énoncé des volumes*.

## DILATATION DES GAZ

710. **Coefficients de dilatation**. — Nous avons vu qu'en chauffant un gaz (589), nous faisions varier à volonté son volume ou sa pression ou ces deux grandeurs à la fois; pour étudier ces phénomènes, nous nous arrangeons de manière à faire varier seulement le volume *ou* la pression et par suite nous aurons à déterminer deux sortes de coefficients dont nous rappelons les définitions :

1° *Coefficient sous pression constante*. — Le coefficient moyen $\alpha$ de dilatation d'un gaz sous pression constante, entre 0° et $t$°, se définit, comme pour tout état physique (667), par l'équation

$$\alpha = \frac{v - v_0}{v_0 t}.$$

2° *Coefficient sous volume constant.* — Le coefficient moyen $\beta$ d'accroissement de pression sous volume constant, entre 0° et $t°$, est donné par l'expression

$$\beta = \frac{p - p_0}{p_0 t}.$$

711. **Principe des expériences de Gay-Lussac.** — Les premières expériences un peu précises sur la dilatation des gaz sont dues à Gay-Lussac; la méthode qu'il utilisa de préférence est celle du dilatomètre à tige.

On remplit le dilatomètre avec un gaz sec : un index de mercure sépare le gaz de l'atmosphère extérieure; on refroidit à 0° et on note la division $n_0$ de la tige à laquelle s'arrête l'index de mercure. Si $V_0$ et $v_0$ sont les volumes à 0° du réservoir et d'une division de la tige, le volume du gaz à 0° est $V_0 + n_0 v_0$.

On porte ensuite le dilatomètre dans de l'eau à $t°$; l'index s'arrête en face de la division $n$; le volume occupé par le gaz à $t°$ est, en appelant K le coefficient de dilatation cubique de l'enveloppe : $(V_0 + nv_0)(1 + Kt)$; par suite, si la pression est restée constante, on a

$$(V_0 + n_0 v_0)(1 + \alpha t) = (V_0 + nv_0)(1 + Kt),$$

d'où l'on tire $\alpha$. — Si la pression a varié de H à H', cette variation est toujours faible, on peut donc appliquer la loi de Mariotte; le volume du gaz à $t°$ sous la pression H serait

$$(V_0 + nv_0)(1 + Kt)\frac{H'}{H},$$

et l'équation donnant $\alpha$ deviendrait :

$$(V_0 + n_0 v_0)(1 + \alpha t) = (V_0 + nv_0)(1 + Kt)\frac{H'}{H}.$$

712. **Loi de Gay-Lussac.** — A la suite des expériences que nous venons de rappeler, Gay-Lussac remarqua que le coefficient $\alpha$ était indépendant de la nature du gaz et de la température $t$; Davy, ayant opéré sous diverses pressions, trouva que $\alpha$ était indépendant de la pression, d'où l'énoncé suivant, connu sous le nom de loi de Gay-Lussac (la dernière partie revient à Davy) :

*Le coefficient moyen de dilatation d'un gaz de* 0° *à* t°, *sous pression constante, est indépendant :*

*De la nature du gaz,*

*De la température* t,

*De la pression.*

Gay-Lussac avait donné $\alpha = 0{,}00375$; cette valeur est erronée.

Les expériences de Regnault n'ont pas confirmé la loi de Gay-Lussac, pas plus que la loi de Mariotte. Ce sont donc là deux lois limites, caractérisant ce qu'on appelle un *état gazeux parfait*; mais, comme certains gaz s'en écartent assez peu, il est utile d'envisager d'abord ce cas théorique.

*Remarque.* — La dernière partie de l'énoncé de la loi de Gay-Lussac est une conséquence de la loi de Mariotte, supposée exacte à 0° et à $t^0$, entre les deux pressions considérées. En effet, soient $v_0$, $p_0$ et $v_1$, $p_1$ deux états à 0° de la même masse de gaz. On a, d'après la loi de Mariotte,

$$p_0 v_0 = p_1 v_1.$$

Portons la masse à $t^0$, à partir de l'un ou de l'autre état; en appelant $\alpha$ et $\alpha'$ les coefficients correspondants, on a les deux nouveaux états

$$\begin{matrix} v_0(1+\alpha t) & p_0 & t, \\ v_1(1+\alpha' t) & p_1 & t, \end{matrix}$$

d'où, en vertu de la loi de Mariotte,

$$v_0(1+\alpha t)p_0 = v_1(1+\alpha' t)p_1,$$

et, en tenant compte de la loi de Mariotte à 0°,

$$\alpha = \alpha'.$$

713. **Gaz parfait. — Identité des deux coefficients $\alpha$ et $\beta$. — Fonction caractéristique** $f(p, v, t) = 0$. — Soit $v_0$, $p_0$ l'état d'une masse gazeuse à 0°. Portons-la à $t^0$, sous pression constante, ou sous volume constant; on aura les deux états,

$$\begin{matrix} v_0(1+\alpha t) & p_0 & t, \\ v_0 & p_0(1+\beta t) & t, \end{matrix}$$

d'où, en appliquant la loi de Mariotte à $t^0$,

$$p_0 v_0(1+\alpha t) = p_0 v_0(1+\beta t),$$

et par suite

$$\alpha = \beta.$$

Soit maintenant un troisième état quelconque, $p$ et $v$, à la température $t^0$: on a, d'après la loi de Mariotte,

$$pv = p_0 v_0(1+\alpha t).$$

Pour un autre état quelconque

$$p'v' = p_0 v_0(1+\alpha t');$$

on a donc

$$p_0 v_0 = \frac{pv}{1+\alpha t} = \frac{p'v'}{1+\alpha t'} = \cdots\cdots$$

714. **Calcul de la constante des gaz parfaits.** — Multiplions par $\alpha$ les deux membres de l'égalité

$$\frac{pv}{1+\alpha t} = p_0 v_0,$$

nous avons

$$\frac{pv}{\frac{1}{\alpha}+t} = p_0 v_0 \alpha, \qquad \text{ou} \qquad pv = p_0 v_0 \alpha\left(\frac{1}{\alpha}+t\right).$$

Posons :

$$p_0 v_0 \alpha = R; \qquad \frac{1}{\alpha}+t = T;$$

cela revient à compter les températures à partir de la température $-\frac{1}{\alpha}$ degrés centigrades, qu'on appelle *zéro absolu,* car on a nécessairement $\frac{1}{\alpha}+t \geqslant 0$ et par suite : $t \geqslant -\frac{1}{\alpha}$; la température T est dite *température absolue* (605); la relation des gaz parfaits s'écrit sous la forme simplifiée :

$$pv = RT.$$

La valeur de R dépend de la masse de gaz dont il s'agit et varie proportionnellement à cette masse; elle dépend également du système d'unités mécaniques choisies; elle est la même pour tous les gaz, si elle se rapporte à la masse moléculaire, puisque, d'après la *loi d'Avogadro,* les molécules occupent toutes le même volume $v$ dans les mêmes conditions de température T et pression $p$. Plaçons-nous dans ce cas, en prenant le système C.G.S.; il nous suffira de calculer R pour un gaz déterminé, par exemple pour 2g d'hydrogène, la pression étant de 76cm de mercure à Paris :

$$\alpha = \frac{1}{273}; \qquad p_0 = 76 \times 13,596 \times 981;$$

d'autre part, la densité de l'hydrogène étant $d = \frac{1}{14,4}$, nous avons

$$2 = 0,001293 \times \frac{1}{14,4} \times v_0, \qquad \text{d'où} \qquad v_0 = \frac{28,8}{0,001293}.$$

En effectuant les calculs, nous trouvons :

$$R = 8,27 \times 10^7.$$

*Remarque.* — Ce nombre est sensiblement le double de l'équivalent mécanique de la calorie en C.G.S.; or nous avons vu (661) que

$$J = \frac{p_0 v_0 \alpha}{C - c},$$

$p_0 v_0 \alpha$ se rapportant à 1g du gaz; la masse moléculaire étant M :

$$J = \frac{\frac{R}{M}}{C - c} = \frac{R}{M(C-c)}, \qquad \text{d'où} \qquad M(C-c) = \frac{R}{J} = 2.$$

La différence des capacités calorifiques moléculaires d'un gaz sous pression constante et sous volume constant est donc égale à 2 (658).

715. **Formule relative à un mélange de gaz parfaits.** — Soit un mélange A des gaz parfaits $A_1$, $A_2$...; désignons par P, V, $t$ la pression, le volume et la température du mélange, par $p_1$, $v_1$, $t_1$,.... les grandeurs correspondantes des gaz $A_1$,.... Nous supposons que les gaz considérés obéissent aux lois de Mariotte, de Gay-Lussac et de Dalton. Désignons par $x_1$, $x_2$,... les pressions des gaz $A_1$, $A_2$,... quand ils occupent séparément le volume V à la température $t$, nous avons :

$$\frac{x_1 V}{1+\alpha t} = \frac{p_1 v_1}{1+\alpha t_1}, \qquad \text{d'où} \qquad x_1 = \frac{1+\alpha t}{V} \times \frac{p_1 v_1}{1+\alpha t_1}$$

et de même :

$$x_2 = \frac{1+\alpha t}{V} \times \frac{p_2 v_2}{1+\alpha t_2}; \qquad \ldots\ldots.$$

d'après la loi de Dalton (709)

$$P = x_1 + x_2 + \dots,$$

ou

$$P = \frac{1+\alpha t}{V}\left[\frac{p_1 v_1}{1+\alpha t_1} + \frac{p_2 v_2}{1+\alpha t_2} + \cdots\right],$$

relation qui se met sous la forme symétrique

$$\frac{PV}{1+\alpha t} = \frac{p_1 v_1}{1+\alpha t_1} + \frac{p_2 v_2}{1+\alpha t_2} + \cdots \qquad = \Sigma \frac{p_k v_k}{1+\alpha t_k}.$$

Le mélange se comportant comme un gaz parfait, $\frac{PV}{1+\alpha t}$ est constant, par conséquent

$$\Sigma \frac{p_k v_k}{1+\alpha t_k} = C^{te}.$$

716. **Gaz réels. — Inégalité des coefficients $\alpha$ et $\beta$.** — Sans rien préjuger de la loi de Gay-Lussac, et sachant simplement que la loi de Mariotte est inexacte pour les gaz réels, on peut en tirer certaines conséquences : 1° les coefficients moyens $\alpha$ et $\beta$ entre $0^\circ$ et $t^\circ$ sont différents; 2° le sens des écarts de la loi de compressibilité à $t^\circ$, par rapport à la loi de Mariotte, fait connaître le signe de la différence $\alpha - \beta$; 3° si l'on connaît la loi empirique de compressibilité (698) sous la forme

$$(1) \qquad \frac{pv}{p_0 v_0} = 1 + A\left(\frac{v_0}{v} - 1\right) + B\left(\frac{v_0}{v} - 1\right)^2,$$

on peut même relier la différence $\alpha - \beta$ au coefficient principal A de cette loi de compressibilité.

En effet, soient $u_0$ et $\varpi_0$ l'état initial de la masse gazeuse à $0^\circ$. Portons-la à $t^\circ$ sous pression constante, ou sous volume constant. On obtient les deux nouveaux états

$$\begin{array}{ccc} u_0(1+\alpha t) & \varpi_0 & t, \\ u_0 & \varpi_0(1+\beta t) & t. \end{array}$$

Or, $t$ étant par hypothèse plus grand que zéro, $\varpi_0(1+\beta t)$ est plus grand que $\varpi_0$; si donc, entre ces pressions, le gaz est *plus compressible* que ne l'indique la loi de Mariotte, le produit du volume par la pression diminue quand la pression augmente; on a, par suite,

$$\varpi_0 u_0 (1+\beta t) < \varpi_0 u_0 (1+\alpha t), \quad \text{d'où} \quad \beta < \alpha, \quad \text{c'est-à-dire} \quad \alpha - \beta > 0.$$

Si, au contraire, le gaz est *moins compressible* que ne l'indique la loi de Mariotte, on a

$$\varpi_0 u_0 (1+\beta t) > \varpi_0 u_0 (1+\alpha t), \qquad \text{d'où} \qquad \alpha - \beta < 0.$$

Ces prévisions sont confirmées par l'expérience.

Enfin, si dans la formule de compressibilité précédente (1), à $t^\circ$, on remplace $p_0$ par $\varpi_0$, $v_0$ par $u_0(1+\alpha t)$, $p$ par $\varpi_0(1+\beta t)$ et $v$ par $u_0$ il vient, en supprimant haut et bas $\varpi_0 u_0$ dans le premier membre :

$$\frac{1+\beta t}{1+\alpha t} = 1 + A\alpha t + B\alpha^2 t^2,$$

ou

$$\frac{1+\beta t}{1+\alpha t}-1=\frac{(\beta-\alpha)t}{1+\alpha t}=\mathrm{A}\,\alpha t+\mathrm{B}\alpha^2 t^2,$$

d'où

$$\frac{\beta-\alpha}{\alpha}=(\mathrm{A}+\mathrm{B}\,\alpha t)(1+\alpha t)=\mathrm{A}+(\mathrm{A}+\mathrm{B})\,\alpha t+\mathrm{B}\alpha^2 t^2.$$

Si la température $t^0$ est peu élevée (cas des expériences de Regnault, $t=15^0$), comme A et B sont petits, ainsi que $\alpha$, on doit avoir sensiblement,

$$\frac{\alpha-\beta}{\alpha}=-\mathrm{A}.$$

*Autre forme de la relation.* — Si à $t^0$, quand la pression passe de la valeur $\varpi_0$ à la valeur $\varpi_0(1+\beta t)$, le coefficient de Regnault a la valeur particulière $\varepsilon$, on a :

$$\frac{\varpi_0 u_0(1+\alpha t)}{\varpi_0 u_0(1+\beta t)}=1+\varepsilon, \qquad \text{d'où} \qquad \alpha=\beta+\frac{\varepsilon}{t}+\varepsilon\beta;$$

pour $t>0$, dans le cas des gaz plus compressibles que ne l'indique la loi de Mariotte, on a $\varepsilon>0$, par suite $\alpha>\beta$; pour tout autre gaz, on obtient l'inégalité $\alpha<\beta$.

**717. Principe de la mesure du coefficient** $\beta$. — Nous avons vu (597 à 599) comment on opérait pour obtenir le coefficient $\beta$ relatif à

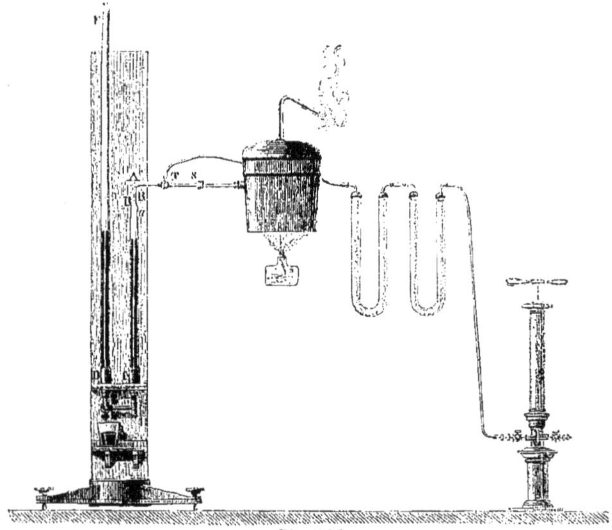

Fig. 664.

l'hydrogène; dans le cas d'un gaz autre que l'hydrogène nous nous servirons d'un appareil analogue au thermomètre normal et nous aurons à suivre la même marche.

Le réservoir est en verre et communique avec un manomètre à air libre par un tube très fin (fig. 664); on le dessèche par la méthode de Rüdberg (531) et on le remplit de gaz pur et sec à la température de 0°, sous une pression $H_0$, la pression atmosphérique habituellement ; soient $V_0$ et $v_0$ les volumes du réservoir et du tube de communication à 0°, $k$ le coefficient de dilatation cubique de l'enveloppe, $\theta$ la température du laboratoire. On porte ensuite le réservoir à T°, au moyen d'une étuve à vapeur, on ramène le mercure au même niveau dans la branche fermée du manomètre : soient alors H la pression du gaz et $\theta'$ la température du laboratoire.

Les deux états successifs du gaz sont caractérisés par les données suivantes :

| | Volumes. | Températures. | Pressions. |
|---|---|---|---|
| État initial | $V_0$ | $0^0$ | $H_0$ |
| | $v_0(1+k\theta)$ | $\theta$ | $H_0$. |
| État final | $V_0(1+kT)$ | T | H |
| | $v_0(1+k\theta')$ | $\theta'$ | H. |

En raisonnant comme pour le thermomètre normal (599), nous établirons la relation cherchée qui doit nous donner β. Plus simplement nous appliquerons la formule d'un mélange de gaz (715) : $\Sigma \frac{p_k v_k}{1+\alpha t_k} = C^{te}$, en observant que le volume restant à peu près constant, on a affaire à une augmentation de pression, et que la masse principale de gaz passant de 0° à T°, le coefficient β correspond nécessairement à l'intervalle 0° — T°. On a donc :

$$\left[V_0 + \frac{v_0(1+k\theta)}{1+\beta\theta}\right] H_0 = \left[\frac{V_0(1+kT)}{1+\beta T} + \frac{v_0(1+k\theta')}{1+\beta\theta'}\right] H,$$

équation du 3e degré en β que l'on résout par la méthode des approximations successives (599).

**718. Principe de la mesure du coefficient** $\alpha$. — L'appareil (fig. 665) est le même que dans le cas précédent, la branche fermée du manomètre étant entourée d'un bain d'eau à température connue $t^0$. Pour la première partie, on opère exactement comme dans le cas précédent, mais le réservoir étant porté à T°, on fait écouler du mercure à la fois des deux branches du manomètre jusqu'à ce que la pression du gaz emprisonné soit la même sensiblement que

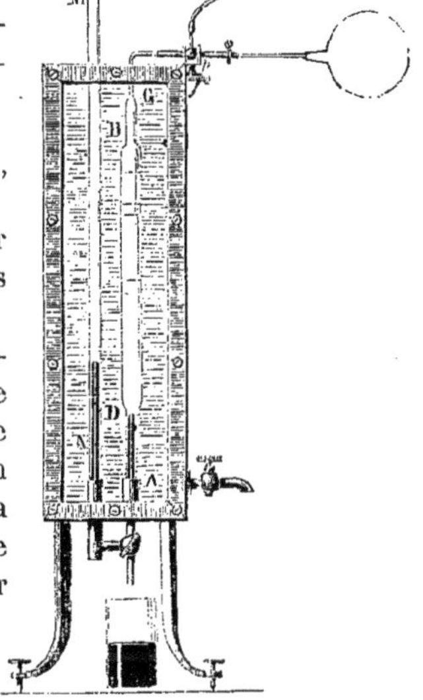

Fig. 665.

dans le premier cas; si la pression initiale $H_0$ est la pression atmosphérique, cette condition est remplie, lorsque les niveaux du mercure dans les deux branches sont sensiblement à la même hauteur; soient

$H_0+h$ la pression finale des gaz, $u_0(1+kt)$ le volume du gaz emprisonné dans la branche fermée du manomètre; en conservant les mêmes notations que dans le cas précédent, les états successifs de la masse totale du gaz sont caractérisés par les données suivantes :

| | Volumes. | Températures. | Pressions. |
|---|---|---|---|
| État initial | $V_0$ | $0^0$ | $H_0$ |
| | $v_0(1+k\theta)$ | $\theta$ | $H_0$. |
| État final | $V_0(1+kT)$ | $T'$ | $H_0+h$ |
| | $v_0(1+k\theta')$ | $\theta'$ | $H_0+h$ |
| | $u_0(1+kt)$ | $t$ | $H_0+h$. |

Nous pourrions chercher à ramener la masse gazeuse tout entière à $0^\circ$ sous la pression $H_0$ dans le premier cas, tout entière à la température $T^0$ et sous la pression $H_0+h$ d'abord, dans le second cas, puis à $T^0$ et sous la pression $H_0$. Plus simplement nous appliquerons la relation (715) : $\Sigma\frac{p_k v_k}{1+\alpha t_k}=C^{te}$, en faisant attention que, la pression variant très peu, il s'agit de coefficients de dilatation sous pression constante et que la masse principale de gaz passant de $0^\circ$ à $T^\circ$, on peut identifier tous les coefficients $\alpha$ de la formule avec le coefficient moyen de dilatation sous pression constante de $0^\circ$ à $T^\circ$; il vient :

$$\left(V_0+\frac{v_0(1+k\theta)}{1+\alpha\theta}\right)H_0=\left[\frac{V_0(1+kT)}{1+\alpha T}+\frac{v_0(1+k\theta')}{1+\alpha\theta'}+\frac{u_0(1+kt)}{1+\alpha t}\right](H_0+h),$$

équation du $4^e$ degré en $\alpha$, que l'on peut résoudre par la méthode des approximations successives (599).

719. **Méthode indirecte de l'étude de la dilatation d'un gaz par pesées.** — En opérant comme pour la recherche d'une densité gazeuse (551), nous déterminons :

La masse $M_0$ de gaz qui occupe le volume $V_0$ d'un ballon à $0^\circ$, sous une pression $H_0$ ;

La masse $M$ du même gaz qui occupe le volume $V_0(1+kT)$ du ballon à $T^\circ$, sous la pression $H_0+h$ voisine de $H_0$.

On en déduit que :

La masse 1 de gaz occupe le volume $\frac{V_0}{M_0}$, à $0^\circ$; sous la pression $H_0$,

— 1 — $\frac{V_0(1+kT)}{M}$, à $T^\circ$, sous la pression $H_0+h$.

Les pressions $H_0$ et $H_0+h$ étant très voisines, on peut, dans le dernier cas, ramener la masse 1 à la pression $H_0$ et calculer le volume $V$ correspondant en appliquant la loi de Mariotte :

$$VH_0=\frac{V_0(1+kT)}{M}(H_0+h),\qquad \text{d'où}\qquad V=\frac{V_0(1+kT)}{M}\times\frac{H_0+h}{H_0}.$$

On connaît les volumes de la même masse 1 de gaz, à $0^\circ$ et à $T^\circ$, sous la pression $H_0$ : nous avons donc :

$$\frac{V_0(1+kT)}{M}\times\frac{H_0+h}{H_0}=\frac{V_0}{M_0}(1+\alpha T),$$

relation d'où l'on tire $\alpha$.

720. **Recherches modernes sur la dilatation des gaz.** — M. P. Chappuis a étudié les lois de dilatation sous volume constant, pour quelques gaz pris sous une pression initiale de 1 mètre de mercure, en mesurant avec une grande précision les différences de marche que présentent des thermomètres construits avec ces gaz, par rapport au thermomètre normal à hydrogène.

Voici le principe de ces expériences. Soit $\Delta_G$ la loi de dilatation d'un gaz sous volume constant, c'est-à-dire la variation relative $\frac{P-P_0}{P_0}$ de sa force élastique; on veut déterminer, par exemple,

$$\Delta_G = \alpha T_H + \beta T_H^2 + \gamma T_H^3 + \delta T_H^4 + \ldots.$$

Or, la température $T_G$, fournie par le thermomètre rempli du gaz en question, serait donnée, en fonction de la température $T_H$ du thermomètre à hydrogène, par l'équation

$$T_G = \frac{\Delta_G}{\left(\frac{\Delta_{100}}{100}\right)} = \frac{\alpha T_H + \beta T_H^2 + \gamma T^3 + \delta T_H^4 + \ldots}{\alpha + 100\beta + 100^2\gamma + 100^3\delta + \ldots}.$$

Il résulte de là, pour la différence de marche $T_H - T_G$, une expression, facile à calculer, de la forme

$$T_H - T_G = T_H(100 - T_H)(A + BT_H + CT_H^2 + \ldots),$$

en posant

$$A = \frac{\beta + 100\gamma + 100^2\delta + \ldots}{\alpha + 100\beta + 100^2\gamma + 100^3\delta + \ldots},$$

$$B = \frac{\gamma + 100\delta + \ldots}{\alpha + 100\beta + \ldots},$$

$$C = \frac{\delta + \ldots}{\alpha + 100\beta + \ldots},$$

$$\ldots\ldots\ldots\ldots\ldots\ldots$$

Or l'expérience montre que cette différence de marche peut se limiter au terme en $T_H^2$, c'est-à-dire au coefficient C, ce qui limite le développement de $\Delta_G$ au terme $T_H^4$, de coefficient $\delta$. Les coefficients A, B, C sont fournis par les mesures de différences de marche; il s'agit donc d'en déduire $\alpha$, $\beta$, $\gamma$ et $\delta$. Pour cela une expérience faite à 100° donne

$$\Delta_{100} = 100\alpha + 100^2\beta + 100^3\gamma + 100^4\delta,$$

d'où

$$\frac{\Delta_{100}}{100} = \alpha + 100\beta + 100^2\gamma + 100^3\delta.$$

Soit S cette quantité connue; les équations précédentes donnent alors

$$\begin{aligned} \delta &= CS, \\ \gamma &= BS - 100\delta, \\ \beta &= AS - (100\gamma + 100^2\delta), \\ \alpha &= S - (100\beta + 100^2\gamma + 100^3\delta). \end{aligned}$$

Pour l'azote, M. P. Chappuis a trouvé ainsi

$$\Delta_{Az} = 0{,}00366700\,T_H - 2{,}096 \times 10^{-8}\,T_H^2 - 5{,}045 \times 10^{-10}\,T_H^3 + 4{,}8 \times 10^{-12}\,T_H^4.$$

Pour le gaz carbonique, les résultats sont analogues.

Ces résultats, déduits de l'étude des différences de marche des thermomètres, sont beaucoup plus précis que ceux des expériences de Regnault.

**721. Résultats.** — Voici quelques coefficients moyens de dilatation entre 0° et 100°, la pression initiale étant d'une atmosphère :

| | 100 β | 100 α | | 100 β | 100 α |
|---|---|---|---|---|---|
| Hydrogène ........... | 0,3667 | 0,3665 | Gaz carbonique........ | 0,3668 | 0,3710 |
| Air .................... | 0,3665 | 0,3670 | Oxyde azoteux ........ | 0,3676 | 0,3719 |
| Azote.................. | 0,3668 | 0,3670 | Gaz sulfureux ......... | 0,3845 | 0,3903 |
| Oxyde de carbone..... | 0,3667 | 0,3669 | Cyanogène ............ | 0,3829 | 0,3877 |

Il nous suffit de jeter un coup d'œil sur ce tableau pour voir immédiatement que :

1° Le coefficient $\alpha$ ou le coefficient $\beta$ n'est pas le même pour tous les gaz; cependant, pour les gaz difficilement liquéfiables, les valeurs de $\alpha$ ou de $\beta$ sont peu différentes, et très voisines de $\frac{1}{273}$ ou 0,003663;

2° Pour tous les gaz plus compressibles que ne l'indique la loi de Mariotte, nous avons $\alpha > \beta$, ainsi que nous l'avions prévu (716); pour l'hydrogène, au contraire, on trouve $\alpha < \beta$ dans les conditions des mesures. La différence $\alpha - \beta$ est faible pour les gaz difficilement liquéfiables; elle est beaucoup plus grande pour les autres;

3° *Influence de la température.* — Voici les coefficients de dilatation $\alpha$ du gaz carbonique, la pression initiale étant d'une atmosphère :

| | | |
|---|---|---|
| de 0° à | 50° | 100 $\alpha$ = 0,3714 |
| — | 100° | = 0,3710 |
| — | 150° | = 0,3706 |
| — | 200° | = 0,3704 |
| — | 250° | = 0,3703 |

Le coefficient moyen $\alpha_0^t$ diminue quand la température croît ; il en est de même pour le coefficient $\beta_0^t$.

4° *Influence de la pression.* — Lorsqu'on fait varier la pression initiale, les températures extrêmes étant 0° et 100°, on trouve les résultats suivants :

| | Pression initiale | 100 α | | Pression initiale | 100 β |
|---|---|---|---|---|---|
| Air................ | 760mm..... | 0,3670 | Air................ | 760mm..... | 0,3665 |
| | 2620....... | 0,3696 | | 3656....... | 0,3709 |
| Gaz carbonique... | 760....... | 0,3710 | Gaz carbonique... | 760....... | 0,3668 |
| | 2523....... | 0,3846 | | 1743....... | 0,3752 |

Les coefficients de dilatation *croissent* donc avec la *pression* initiale: pour les fortes pressions, c'est l'inverse, ainsi dans le cas de l'air, lorsque la pression varie de 100 à 1000 atmosphères, $\alpha_0^{15}$ passe de 0,00360 à 0,00210.

En résumé, les trois parties de la loi de Gay-Lussac sont fausses.

5° Les coefficients moyens de dilatation des gaz s'approchent d'autant mieux de l'égalité, que les pressions initiales sont plus faibles, de telle sorte qu'on peut considérer la loi de Gay-Lussac comme une *loi limite*, vraie seulement pour les gaz sous des pressions très réduites, les gaz s'écartant d'autant plus de cette loi qu'ils sont soumis à des pressions plus élevées

**722. Représentation graphique des coefficients de dilatation, par les réseaux d'isothermes.** — Les réseaux, tracés par M. Amagat, permettent une représentation graphique très simple des coefficients moyens $\alpha_{t,t'}$ et $\beta_{t,t'}$ définis par les équations (667, 3°, *Rem.*)

$$\alpha_{t,t'}=\frac{1}{v}\cdot\frac{v'-v}{t'-t}, \qquad \beta_{t,t'}=\frac{1}{p}\cdot\frac{p'-p}{t'-t},$$

et, par suite, de leurs limites $\alpha_t$ et $\beta_t$, définies par les relations

$$\alpha_t=\frac{1}{v}\cdot\frac{dv}{dt}, \qquad \beta_t=\frac{1}{p}\cdot\frac{dp}{dt}\ (^1).$$

Considérons, en effet, le réseau des isothermes d'un gaz (fig. 666), c'est-à-dire les courbes $pv=f(p)$, rapportées à une même masse de ce gaz. Soit une abscisse $OP=p$, à laquelle correspondent les ordonnées $PM=pv$, et $PM'=pv'$, sur les isothermes relatives aux températures $t$ et $t'$. La différence $MM'$ des deux ordonnées représente $p(v'-v)$, d'où l'on tire

$$\frac{MM'}{PM}=\frac{p(v'-v)}{pv},$$

et, par conséquent,

$$\frac{MM'}{PM(t'-t)}=\frac{1}{v}\cdot\frac{v'-v}{t'-t}=\alpha_{t,t'}.$$

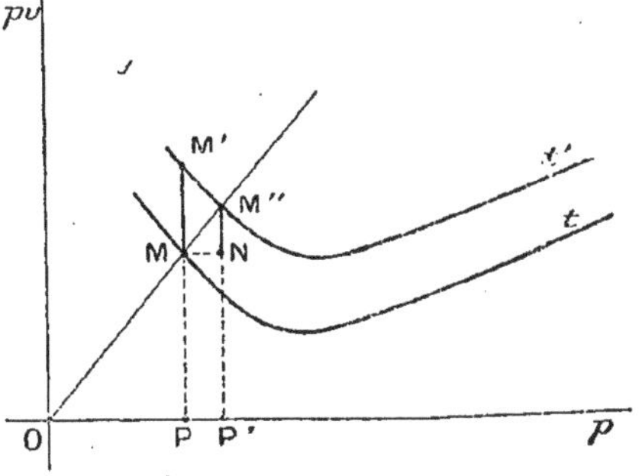

Fig. 666.

Pour arriver de même à la représentation du coefficient $\beta_{t,t'}$, remarquons que, dans les réseaux de M. Amagat, *toute droite passant par l'origine des coordonnées est une droite d'égal volume*, c'est-à-dire pour les divers points de laquelle le volume de la masse gazeuse est le même. En effet, une telle droite a pour équation, dans ce système de coordonnées, $pv=kp$, d'où $v=k$, quel que soit $p$. — Considérons donc la droite OM, qui coupe l'isotherme relative à la température $t'$ au

(1) Les coefficients ainsi définis sont plus commodes pour les calculs thermodynamiques que ceux que l'on définit à la façon des coefficients thermométriques. Ils représentent les dérivées de $\text{Log}.v$ ou $\text{Log}.p$ par rapport à la température : donc pour que ces coefficients soient constants à toute température, il faudrait que $\text{Log}.v$ et $\text{Log}.p$ fussent des fonctions linéaires de la température. — Dans le cas d'un gaz parfait, pris comme gaz thermométrique, il est aisé de voir qu'il n'en est pas ainsi, et que les coefficients précédents $\alpha_t$ et $\beta_t$ représentent l'inverse de la température *absolue* correspondante (714) : en effet, la loi des gaz parfaits, en y introduisant la température absolue, devient (714) $\frac{pv}{T}=R$; si donc $v$ est constant, par exemple, on tire de là $p=cT$, d'où $\text{Log}.\,p=\text{Log}.\,c+\text{Log}.\,T$, et, par suite, en dérivant,

$$\frac{1}{p}\cdot\frac{dp}{dT}=\frac{1}{p}\cdot\frac{dp}{dt}=\beta_t=\frac{1}{T}.$$

Il en serait de même pour $\alpha_t$, en supposant alors $p$ constant.

point M″, d'abscisse $OP' = p'$ et d'ordonnée $P'M'' = p'v$. Menons par le point M la parallèle MN à l'axe des abscisses, jusqu'à la rencontre de M″P′. On a

$$NM'' = v(p' - p), \qquad \text{d'où} \qquad \frac{NM''}{PM} = \frac{v(p'-p)}{pv} = \frac{p'-p}{p},$$

et par suite,

$$\frac{NM''}{PM(t'-t)} = \frac{1}{p} \cdot \frac{p'-p}{t'-t} = \beta_{t,t'}.$$

Le coefficient $\beta_{t,t'}$ est donc inférieur ou supérieur au coefficient correspondant $\alpha_{t,t'}$, selon que NM″ est inférieur ou supérieur à MM′.

On peut ainsi déduire, des tableaux d'expériences qui ont servi à tracer les réseaux d'isothermes, les variations des coefficients $\alpha$ et $\beta$. Nous nous bornerons aux résultats généraux indiqués par M. Amagat.

723. **Résultats des expériences de M. Amagat relatives à la dilatation des gaz.** — **Coefficient de dilatation $\alpha_t$.** — 1° *Le coefficient de dilatation sous pression constante $\alpha_t$, correspondant à une température fixe* t, *croît d'abord avec la pression, passe par un maximum, puis diminue.*

*Le maximum de $\alpha_t$ a lieu pour une pression un peu inférieure à celle qui correspond au minimum de $pv$; il en résulte qu'aux températures élevées, ce maximum de $\alpha_t$, en fonction de la pression, tend à disparaître comme le minimum de $pv$.*

2° *Le coefficient de dilatation sous pression constante $\alpha_t$, correspondant à une pression fixe $p$, croît d'abord avec la température, passe par un maximum, puis diminue.*

*Pour des valeurs de $p$ de plus en plus grandes, le maximum de $\alpha_t$ a lieu à des températures de plus en plus élevées et il est de moins en moins accentué.*

3° *A partir d'une certaine température, d'autant moins élevée que la pression est plus faible, l'accroissement de volume devient proportionnel à l'élévation de température.*

*Il en résulte que le volume est proportionnel à la température absolue diminuée d'une constante d'autant plus petite que la pression est plus faible, et qui est nulle pour les gaz parfaits.*

**Coefficient de pression B.** — M. Amagat appelle *coefficient de pression* la dérivée $B = \frac{dp}{dt}$, pour $v = C^{te}$.

1° *Le coefficient de pression croît rapidement quand le volume décroît.*

2° *Le coefficient de pression, pour un volume fixe, varie peu avec la température.*

Si l'on mène les isothermes correspondant à des températures croissant en progression arithmétique et une droite pour laquelle $v = C^{te}$, les isothermes découpent sur cette droite des segments sensiblement égaux.

3° *A des températures suffisamment élevées, ou même à toutes les températures pour des pressions suffisantes, le volume étant fixe, la pression devient proportionnelle à la température absolue diminuée d'une constante, fonction du volume, croissant quand celui-ci diminue et qui est nulle pour les gaz parfaits.*

**Coefficient de dilatation $\beta_t$.** — 1° *Le coefficient $\beta_t$ correspondant à un volume fixe varie sensiblement en raison inverse de la pression.*

Ce résultat est une conséquence d'une loi déjà donnée. En effet :

$$\beta_t = \frac{1}{p}\frac{dp}{dt} = \frac{B}{p}$$

et nous avons vu précédemment que, pour un volume fixe, B était sensiblement constant.

2° *Le coefficient $\beta_t$ correspondant à une température fixe, croît d'abord avec la pression, passe par un maximum, puis diminue;*

*Le maximum est d'autant plus atténué que la température est plus élevée;*

*A partir d'une certaine température, ce maximum tend à disparaître;*

*Le coefficient $\beta_t$ est alors sensiblement constant et indépendant de* p.

En effet, les isothermes tendent alors à devenir des droites parallèles, comme dans le cas de l'hydrogène. Soient donc les isothermes $MM_1$ et $M'M'_1$ (fig. 667), relatives aux températures $t$ et $t + dt$. On a (722)

$$\beta_t^p = \frac{MN}{PM.dt} = \frac{MM''}{OM.dt},$$

$$\beta_t^{p_1} = \frac{M_1N_1}{P_1M_1.dt} = \frac{M_1M''_1}{OM_1.dt}.$$

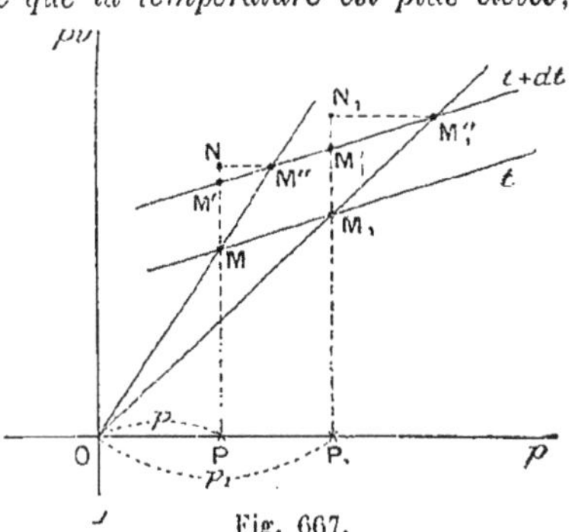


Fig. 667.

Or, si $MM_1$ et $M''M''_1$ sont parallèles, on a $\frac{MM''}{OM} = \frac{M_1M''_1}{OM_1}$, d'où $\beta_t^p = \beta_t^{p_1}$. Il en serait de même pour une température donnée quelconque, à partir d'une pression suffisante, par suite de la forme sensiblement rectiligne et parallèle des isothermes.

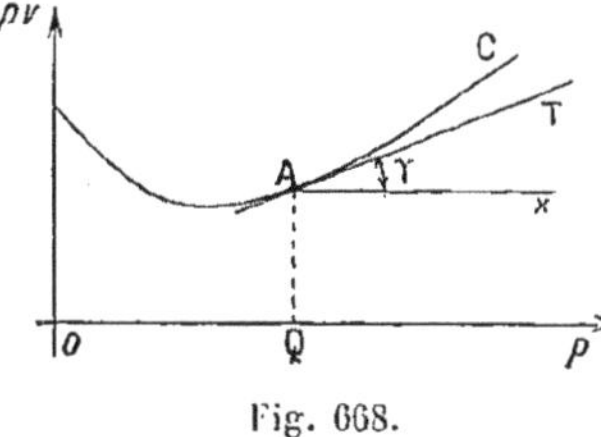


Fig. 668.

**Théorème de M. Amagat.** — *Si à la température* t, *le minimum du produit pv a lieu pour la pression $p_m$ :*

pour $p < p_m$, on a : $\alpha_t > \beta_t$;

pour $p > p_m$, on a : $\alpha_t < \beta_t$.

Considérons une isotherme C (fig. 668) du fluide dans le système de coordonnées de M. Amagat : $x = p$, $y = pv$, et calculons le coefficient angulaire de la tangente en un point A de la courbe; si $\gamma$ est l'angle de cette tangente avec l'axe des abscisses :

$$\text{(1)} \qquad \operatorname{tg}\gamma = \frac{dy}{dx} = \frac{d(pv)}{dp} = v + p\frac{dv}{dp}_{(t=C^{te})}.$$

Or, par définition, nous avons :

$$\alpha_t = \frac{1}{v}\frac{dv}{dt}_{(p=C^{te})} \qquad \beta_t = \frac{1}{p}\frac{dp}{dt}_{(v=C^{te})};$$

entre $p$, $v$, $t$ existe une relation

$$f(p, v, t) = 0,$$

d'où

$$f'_p dp + f'_v dv + f'_t dt = 0;$$

pour

$$dp = 0 \qquad \frac{dv}{dt} = -\frac{f'_t}{f'_v}, \qquad \text{d'où} \qquad \alpha_t = -\frac{1}{v}\frac{f'_t}{f'_v}$$

$$dv = 0 \qquad \frac{dp}{dt} = -\frac{f'_t}{f'_p}, \qquad \text{d'où} \qquad \beta_t = -\frac{1}{p}\frac{f'_t}{f'_p}$$

$$dt = 0 \qquad \frac{dv}{dp} = -\frac{f'_p}{f'_v} = -\frac{v\alpha_t}{p\beta_t};$$

en remplaçant $\frac{dv}{dp}$ par sa valeur dans (1), il vient :

$$\operatorname{tg}\gamma = v\left(1 - \frac{\alpha_t}{\beta_t}\right);$$

or, pour $p < p_m$, $\operatorname{tg}\gamma < 0$, donc $\alpha_t > \beta_t$
$p = p_m$, $\operatorname{tg}\gamma = 0$, donc $\alpha_t = \beta_t$
$p > p_m$, $\operatorname{tg}\gamma > 0$, donc $\alpha_t < \beta_t$.

Lorsque la température s'élève, le minimum de $pv$ tend à disparaître, $\operatorname{tg}\gamma$ est toujours $> 0$, donc :

*A une température suffisamment élevée, on a toujours* $\alpha_t < \beta_t$.

*Remarque.* — Les différentes lois que nous venons d'énoncer sont assez complexes; cependant pour les pressions et températures élevées, elles ont une tendance à la simplification; ainsi, à température élevée, le maximum de $\alpha_t$ ou de $\beta_t$ tend à disparaître, et l'accroissement de volume sous pression constante ou l'accroissement de pression sous volume constant devient proportionnel à l'élévation de température.

**Coefficient de compressibilité.** — La température étant constante, le coefficient de compressibilité est $\mu = \frac{1}{v}\frac{dv}{dp}$.

1° *Le coefficient de compressibilité décroît quand la pression augmente;*
2° *Le coefficient de compressibilité croît avec la température.*

724. **Étude indirecte de la compressibilité, par la connaissance des lois de variation des coefficients de dilatation avec la pression.** — Nous avons vu déjà (716) comment on pouvait établir une relation entre $\alpha$, $\beta$ et $\varepsilon$ (coefficient de Regnault); il est donc possible de déduire le coefficient $\varepsilon$ de la connaissance de $\alpha$ et de $\beta$. A titre d'exemple, voici une remarque due à Potier :

*Un gaz plus compressible que ne l'indique la loi de Mariotte, entre deux pressions données* $p_0$ *et* $p_1$, *à la fois à la température* 0° *et à la température* $t$, *se rapproche plus de la loi de Mariotte à* $t$° *qu'à* 0°, *si les coefficients moyens de dilatation entre* 0° *et* $t$° *augmentent avec la pression, de* $p_0$ *à* $p_1$. — En effet, soient $v_0$, $p_0$ et $v_1$, $p_1$ deux états de la même masse de gaz à 0°. Si $p_1$ est supérieur à $p_0$ et si le gaz est plus compressible que ne l'indique la loi de Mariotte, on a

$$\frac{p_0 v_0}{p_1 v_1} = 1 + \varepsilon_0,$$

$\varepsilon_0$ étant l'écart *positif* par rapport à la loi de Mariotte, à 0°, entre $p_0$ et $p_1$. Portons le gaz à $t$° sous pression constante, $p_0$ ou $p_1$, on aura, comme nouveaux états de la masse gazeuse,

$$v_0(1 + \alpha_{p_0}.t), \quad p_0, \quad t,$$
$$v_1(1 + \alpha_{p_1}.t), \quad p_1, \quad t,$$

d'où pour l'écart $\varepsilon_t$, positif par hypothèse à $t$° comme à 0°,

$$\frac{p_0 v_0(1 + \alpha_{p_0}.t)}{p_1 v_1(1 + \alpha_{p_1}.t)} = 1 + \varepsilon_t;$$

c'est-à-dire

$$1 + \varepsilon_t = (1 + \varepsilon_0)\frac{1 + \alpha_{p_0}.t}{1 + \alpha_{p_1}.t}.$$

Or nous supposons que l'expérience donne $\alpha_{p_1} > \alpha_{p0}$, $p_1$ étant lui-même plus grand que $p_0$. Il en résulte

$$1 + \varepsilon_t < 1 + \varepsilon_0, \qquad \text{ou} \qquad \varepsilon_t < \varepsilon_0.$$

Réciproquement, si l'on sait que $\varepsilon_t$ est inférieur à $\varepsilon_0$, on en pourra conclure que le coefficient moyen $\alpha$ croît avec la pression.

Il en serait de même si l'on s'était servi des coefficients $\beta$, sous la pression initiale $p_0$ ou $p_1$, en supposant toujours un gaz plus compressible que la loi de Mariotte entre $p_0$ et $p_1$, et le coefficient $\beta$ croissant avec la pression.

Enfin, les conclusions seraient encore identiques pour un gaz moins compressible que ne l'indique la loi de Mariotte entre $p_0$ et $p_1$, mais dont les coefficients $\alpha$ ou $\beta$ entre $0^0$ et $t^0$ décroîtraient pour des valeurs croissantes de la pression constante ou de la pression initiale.

725. **Conclusions de l'étude de la dilatation et de la compressibilité des gaz.** — La loi de Mariotte et la loi de Gay-Lussac ne sont rigoureusement exactes ni l'une ni l'autre; il n'y a donc pas de gaz satisfaisant à la définition des gaz parfaits. Cependant on peut, comme *première approximation*, admettre ces deux lois au voisinage de $0^0$, pour de faibles variations de pression à partir de la pression atmosphérique. On emploie alors la relation

$$\frac{pv}{1+\alpha t} = p_0 v_0, \qquad \text{avec} \qquad \alpha = \frac{1}{273}.$$

Comme *seconde approximation*, on peut, tout en conservant la forme de la relation, tenir compte de la nature des gaz, en introduisant dans la formule des coefficients de dilatation différents pour les différents gaz; de plus, selon qu'il s'agira plus particulièrement d'une variation de volume ou d'une variation de pression, on introduira, soit un coefficient $\alpha$, soit un coefficient $\beta$, ou même un coefficient moyen, s'il s'agit à la fois d'une variation de volume et d'une variation de pression.

Enfin, comme *troisième approximation*, on pourra se servir de la formule de Van der Waals.

726. **Formule de Van der Waals.** — Commençons par simplifier la formule des gaz parfaits, par l'introduction de ce qu'on appelle la *température absolue* T, ainsi que nous avons déjà fait (714). La relation obtenue est

$$pv = \mathrm{RT}, \qquad \text{avec} \qquad \mathrm{R} = \alpha\, p_0 v_0.$$

Or, la loi $pv = \mathrm{RT}$ n'étant pas exacte pour les gaz réels, Van der Waals, guidé par des considérations théoriques, a proposé, d'une façon générale, pour les fluides réels, tant à l'état gazeux qu'à l'état liquide, la relation

$$\left(p + \frac{a}{v^2}\right)(v - b) = \mathrm{RT},$$

dans laquelle $a$, $b$, et R sont des constantes caractéristiques de chaque fluide. Le coefficient $b$ est ce qu'on appelle le *covolume*, c'est le volume limite pour $p = \infty$; il est égal à quatre fois le volume des molécules constituant le fluide; le terme $\frac{a}{v^2}$ est ce qu'on nomme la *pression interne*, provenant des actions moléculaires, lorsque le volume est devenu assez petit pour les rendre sensibles. Les valeurs numériques de ces constantes dépendent des unités adoptées pour mesurer $p$ et $v$. Ainsi, en prenant comme unités de pression et de volume la pression atmosphérique et le volume occupé à 0° par un gramme de fluide sous la pression unité, dans la formule se rapportant précisément à cette masse de substance, R est toujours voisin de $\frac{1}{273}$ ou 0,00366; pour l'éthylène on a, avec ces unités, $a = 0{,}01$ et $b = 0{,}003$.

La formule de Van der Waals s'accorde à peu près avec l'ensemble des travaux de M. Amagat; cependant, elle ne paraît pas être encore la véritable fonction caractéristique des fluides; on en a proposé d'autres renfermant un plus grand nombre de coefficients arbitraires; ainsi Clausius a employé la relation :

$$\left[p + \frac{a}{\mathrm{T}(v+\alpha)^2}\right](v - b) = \mathrm{RT}.$$

Remarquons du reste que ces diverses équations sont du troisième degré en $v$; mais, dans les limites où elles donneraient trois valeurs réelles de $v$ pour une même valeur de $p$, la liquéfaction crée une discontinuité dans la fonction; la branche théorique d'isotherme est alors remplacée par une portion de ligne droite, qui répond à la tension maximum de la vapeur saturante (764).

## RÈGLE DES PHASES

727. **Phase.** — On appelle *phase*, *toute masse homogène*.

*Exemples* : Le système formé par de la glace, de l'eau et de la vapeur d'eau comporte trois phases : une phase solide, une phase liquide, une phase gazeuse.

Une solution non saturée constitue une phase;

Le système formé par une solution saturée d'un sel en présence d'un excès du sel non dissous comporte deux phases;

D'une manière plus générale, une solution de $n$ sels, et le résidu solide formé par $p$ d'entre eux en excès comprend $p+1$ phases, dont $p$ phases solides constituées par les $p$ sels en excès, et une phase liquide qui est la solution.

Si dans une enceinte fermée nous décomposons du carbonate de calcium par la chaleur :

$$CO^3Ca = CaO + CO^2,$$

le système est formé de trois phases : la phase gazeuse anhydride carbonique, la phase solide chaux et la phase solide carbonate de calcium.

*Remarque.* — Lorsqu'une masse homogène est séparée en plusieurs parties, elle ne compte néanmoins que pour *une* phase.

728. **Systèmes de même espèce.** — Deux systèmes sont dits de *même espèce*, si les phases de l'un ont même composition que celles de l'autre, et, par suite, s'ils diffèrent seulement par les masses de leurs phases.

729. **Équilibre.** — Un système est en *équilibre* si la masse et la composition de chaque phase ne changent pas. L'équilibre est *stable* si une variation infiniment petite $\Delta f$ d'un facteur $f$, tel que la température ou la pression, produisant une transformation infiniment petite, la variation $-\Delta f$ de ce facteur ramène *toujours* le système à l'état initial. Nous trouverons de nombreux exemples de systèmes en équilibre stable.

*L'équilibre est instable* si une variation infiniment petite $\Delta f$ d'un facteur tel que la température ou la pression peut produire un changement notable, de manière à atteindre un équilibre stable, la variation $-\Delta f$ ne *permettant pas* de revenir à l'état initial.

*Exemples d'équilibre instable.* — Un mélange d'hydrogène et d'oxygène à la température ordinaire : car l'introduction d'un peu de mousse de platine dans le mélange provoque une combinaison et l'apparition d'eau; — un mélange d'hydrogène et de chlore : un faisceau de rayons solaires traversant ce mélange occasionne la formation d'acide chlorhydrique; — un liquide surfondu : il se solidifie au contact d'une parcelle du même corps à l'état solide; — un liquide surchauffé, une dissolution sursaturée, une vapeur sous une pression supérieure à la pression maximum.

*Remarque.* — La stabilité ou l'instabilité dépendent du facteur $f$ considéré.

730. **Facteurs de l'équilibre.** — On appelle *facteur de l'équilibre* toute grandeur dont la variation change l'état du système, en modifiant la masse ou la composition des phases.

*Exemples* : Soit une dissolution de sel dans l'eau, en présence de vapeur d'eau.

Si la température croît, de l'eau se vaporise; la masse de la phase dissolution diminue, celle de la phase vapeur augmente, la richesse de la solution en sel change. La *température* est donc un facteur de l'équilibre.

Si nous augmentons la pression, la vapeur se condense, la masse de la phase vapeur diminue, celle de la phase solution augmente, la solution se dilue. La *pression* est donc un facteur de l'équilibre.

Supposons que, par un procédé quelconque, nous puissions enlever une certaine masse de sel dissous et la remplacer par une masse égale d'eau : la solution étant moins concentrée, la tension de vapeur augmente et de l'eau va se vaporiser; l'équilibre a été troublé par la variation de la concentration de la solution. D'une manière générale les *concentrations des composants* (731) sont des facteurs de l'équilibre. Le *champ électrique*, le *champ magnétique*, les *radiations*, les *catalyseurs* sont aussi des facteurs de l'équilibre.

731. **Composants.** — Tout corps simple ou composé qui entre dans la constitution d'un système est dit *composant* du système, et l'on appelle *concentration d'une phase* pour un composant A, la masse S du composant A, par unité de masse de la phase.

Deux systèmes de même espèce ont mêmes composants; les facteurs de l'équilibre : pression, température et concentrations sont donc les mêmes, et *fixer les conditions de l'équilibre pour l'un des systèmes revient à déterminer les mêmes conditions pour l'autre.*

Il est du reste facile de se rendre compte que l'équilibre est indépendant des masses des phases. En effet : soit un système en équilibre dans un récipient complètement fermé; si nous cloisonnons ce récipient de manière à diminuer la masse des phases, en isolant totalement des fractions de ces phases, nous ne changeons évidemment rien à l'équilibre.

732. **Composants indépendants.** — Entre les masses des éléments qui constituent un système d'une espèce donnée, existent nécessairement des relations résultant de la composition chimique du système envisagé.

On dit qu'un système est formé par C composants *indépendants*, s'il est possible de choisir C corps simples ou composés satisfaisant aux conditions suivantes :

1° *Tout système de* **même espèce** *que celui proposé peut être obtenu* *intégralement par un choix convenable des masses des C corps considérés*;

2° *Le nombre des corps ainsi choisis est minimum.*

Nous verrons qu'il existe souvent plusieurs manières de choisir les composants, mais leur nombre est toujours le même pour un système donné.

*Remarque.* — Puisqu'en passant d'un système à un autre système de même espèce, la masse d'une phase varie arbitrairement, il faut que chaque phase puisse être constituée intégralement par les composants indépendants; donc, la connaissance des concentrations de la phase par rapport aux composants indépendants suffira pour déterminer la composition de la phase, — et pour l'ensemble des phases interviennent évidemment les concentrations par rapport à tous les composants.

*Autres définitions.* — Si tout système de l'*espèce proposée* contient $m$ corps simples et si, pour respecter la composition de ces systèmes, il existe entre les masses des éléments $n$ relations, le nombre des composants indépendants est $C = m - n$.

Ou encore : si pour constituer un système *d'espèce donnée*, on peut choisir arbitrairement les masses de C corps simples ou composés, et de C seulement, le nombre des composants indépendants du système considéré est C.

Ces dernières définitions se confondent avec la précédente.

*Exemples* : 1° Soit le système formé par les phases glace, eau liquide, vapeur d'eau;

Le système ne comporte qu'un composant indépendant : l'eau.

(Si l'on adoptait les dernières définitions, il serait facile de voir que le système est formé de deux éléments, l'hydrogène et l'oxygène, à l'état de combinaison, qu'entre les masses de ces éléments il existe une relation; qu'on peut prendre arbitrairement seulement la masse de l'un d'eux.)

2° Introduisons de l'eau dans une enceinte où l'on a fait le vide et portons au-dessus de 1000°; il y a dissociation :

$$H^2O \rightleftarrows H^2 + O$$

il n'y a encore qu'un composant indépendant, l'eau (les autres définitions donnent la même valeur pour C).

3° Supposons que nous ayons introduit dans l'enceinte un excès d'hydrogène : il y a deux composants, l'eau et l'hydrogène ou l'hydrogène et l'oxygène.

4° Si nous chauffons de l'acide iodhydrique dans un ballon,

$$HI \rightleftarrows H + I$$

il n'y a encore qu'un composant indépendant; de même, si nous avons placé dans l'enceinte des masses d'hydrogène et d'iode proportionnelles à leurs masses atomiques.

5° Mais s'il y a un excès d'hydrogène ou d'iode, $C = 2$.

6° Une dissolution d'un sel, hydraté ou non, dans l'eau : deux composants indépendants, le sel et l'eau.

7° Provoquons, dans une enceinte où l'on a fait le vide, la dissociation du spath d'Islande

$$CO^3Ca \rightleftarrows CaO + CO^2;$$

les phases d'un système de *même espèce* sont :

La phase solide $CO^3Ca$,
La phase solide $CaO$,
La phase gazeuse $CO^2$.

On pourra prendre comme composants indépendants :

$CO^2$ et $CaO$ (leur combinaison partielle donnant $CO^3Ca$),

$CO^2$ et $CO^3Ca$ (ce dernier corps, en se décomposant partiellement, donnera $CaO$),

$CaO$ et $CO^3Ca$ (ce dernier corps, en se décomposant partiellement, fournira $CO^2$).

De toutes façons, il y a deux composants indépendants, et deux seulement.

753. **Variance d'un système**. — Dans tout ce qui va suivre, nous supposons que nous avons affaire à un système en état d'équilibre stable, comportant C composants indépendants : 1, 2, 3.... C, répartis en $\varphi$ phases : $\alpha$, $\beta$.... $\lambda$, et que nous agissons sur ce système uniquement par variation de température et de pression.

Les facteurs de l'équilibre sont :

La température et la pression, soit 2 facteurs ;

Les concentrations de chaque composant indépendant dans chaque phase : pour les C composants indépendants et les $\varphi$ phases, cela fait $C\varphi$ facteurs de l'équilibre.

Au total, l'équilibre dépend de $2 + C\varphi$ facteurs.

Or, il y a entre les $\varphi$ phases au moins $\varphi - 1$ surfaces de séparation ; considérons une surface de séparation entre deux phases ; pour que les phases séparées soient en équilibre, il faut que la masse d'un composant qui traverse la surface dans un sens soit égale à celle qui traverse cette surface en sens contraire, ce qui donne une équation par composant et par surface ; pour les C composants et par surface, cela fait C équations, et pour les $\varphi - 1$ surfaces de séparation, nous obtenons entre les facteurs de l'équilibre $C(\varphi - 1)$ relations.

Dans chaque phase, la somme des concentrations des composants est, par définition, égale à l'unité, d'où $\varphi$ relations nouvelles. Nous avons donc, en somme, $C(\varphi - 1) + \varphi$ relations entre les $2 + C\varphi$ facteurs de l'équilibre ; par suite, le nombre des facteurs *indépendants* de l'équilibre est

$$V = 2 + C\varphi - [C(\varphi - 1) + \varphi] = C + 2 - \varphi.$$

Ce nombre s'appelle la *variance* du système; la relation précédente résume la *règle des phases* qui s'énonce ainsi :

734. **Règle des phases.** — *Le nombre des facteurs indépendants de l'équilibre d'un système de C composants indépendants répartis en φ phases, est*

$$V = C + 2 - \varphi \text{ [1]}.$$

*Conséquences* : Si l'on se donne V facteurs indépendants de l'équilibre, tous les facteurs de l'équilibre sont déterminés, l'état du système l'est aussi, aux masses près des phases.

*Remarque I.* — Nous avons supposé qu'il y avait seulement $\varphi - 1$ surfaces de séparation, c'est là un nombre *minimum*. Or, lorsque deux phases sont en équilibre avec une même troisième, on démontre par l'expérience qu'elles sont encore en équilibre si elles se touchent (règle de l'équivalence des phases); c'est pourquoi il nous suffit de considérer le nombre minimum des surfaces de séparation existant dans un système de même espèce que le système proposé.

La règle des phases, qui est très générale et dont l'importance est considérable, a été découverte par le mathématicien américain J. Willard Gibbs[2], et développée ensuite par le chimiste hollandais Bakhuis Roozeboom.

*Remarque II.* — Il arrive parfois que la règle des phases est en contradiction avec l'expérience, et qu'on observe des états d'équilibre dans des conditions où ils ne devraient pas subsister. Ainsi la tension de dissociation du carbonate de calcium n'a jamais pu être rigoureusement déterminée, et les résultats des mesures varient énormément d'un expérimentateur à l'autre; nous observons des solutions sursaturées (859), des liquides surfondus (827) ou présentant un retard à l'ébullition (785), des vapeurs sursaturées (755). Mais, dans les raisonnements que nous avons faits, nous avons négligé de tenir compte des forces capillaires ou d'attraction moléculaire qui peuvent avoir une importance considérable lorsque l'une des phases ne présente que des surfaces à très grande courbure. Les exceptions à la règle des phases sont seulement apparentes.

735. **Calcul des masses des phases.** — Supposons que nous connaissions les masses des composants indépendants $M_1$, $M_2$... $M_c$ et les concentrations; cherchons les masses des phases : $M_\alpha$, $M_\beta$... $M_\lambda$, ce qui

[1] D'une manière plus générale, la variance est égale à l'excès du nombre C+2 des facteurs de l'équilibre pour une phase, sur le nombre φ des phases. Ainsi chaque fois qu'au contact d'une phase on apporte une autre phase ayant les mêmes composants indépendants, la variance, ou *nombre de degrés de liberté* de la première phase, diminue d'une unité.

[2] Willard Gibbs (1839-1902). Les travaux purement théoriques de ce savant, dans le domaine de la Thermodynamique, ont eu l'influence la plus heureuse sur le développement de la Chimie : la règle des phases n'est qu'une des lois nombreuses découvertes par W. Gibbs. C'était un esprit très pénétrant, en avance sur son siècle. Ses mémoires ayant été publiés dans des revues peu répandues, n'ont été connus que très tardivement : ils n'avaient pas été compris tout d'abord.

fait $\varphi$ inconnues. D'une manière générale, désignons par $S_{\text{H}\delta}$, la concentration du composant indépendant H dans la phase $\delta$; dans les phases $\alpha$, $\beta$... $\lambda$ les masses du composant 1 sont respectivement $S_{1\alpha}M_\alpha$, $S_{1\beta}M_\beta$... $S_{1\lambda}M_\lambda$, par conséquent

$$S_{1\alpha}M_\alpha + S_{1\beta}M_\beta + \ldots \quad S_{1\lambda}M_\lambda = M_1;$$

nous obtiendrons une équation analogue pour chaque composant, soit au total C équations pour $\varphi$ inconnues; le nombre des inconnues arbitraires est donc

$$K = \varphi - C,$$

et en tenant compte de l'expression de la variance :

$$K = 2 - V.$$

*Discussion.* — Supposons que l'on se soit donné V facteurs indépendants de l'équilibre, par suite les concentrations sont déterminées, ainsi qu'on l'a admis dès le début du problème présent; voyons s'il est possible de se donner en plus *arbitrairement* les masses des composants indépendants pour en déduire les masses des phases.

1° $V > 2$; alors $K < 0$ : il y a plus d'équations que d'inconnues pour calculer les masses des phases, cela fait trop de données arbitraires, le problème est en général impossible;

2° $V = 2$; donc $K = 0$ : il y a autant d'équations que d'inconnues, les masses des phases sont déterminées, les données sont compatibles et suffisantes;

3° $V < 2$; par suite $K > 0$ : il y a moins d'équations que d'inconnues, il reste $K = 2 - V$ indéterminées, les données sont compatibles mais insuffisantes.

## APPLICATIONS DE LA RÈGLE DES PHASES

756. **Systèmes à variance négative** : $V < 0$. — Il y a plus d'équations que d'inconnues, l'équilibre est en général impossible, une ou plusieurs phases disparaissent jusqu'à ce que $V = 0$. On ne connaît pas d'exemple de système à variance négative.

757. **Systèmes invariants** : $V = 0$. — L'état d'équilibre est complètement défini : il ne peut subsister qu'à une température, sous une pression et pour des concentrations déterminées.

Les masses des phases ne sont pas connues, si l'on se donne seulement les masses des composants (755).

Pour $C = 1$, $\varphi = 3$. Dans le plan des $t$, $p$ (température, pression), se trouvent trois courbes relatives aux états d'équilibre des phases prises deux à deux, formant ainsi trois systèmes univariants distincts ($C = 1$, $\varphi = 2$) : ces courbes passent par le même point qui correspond à l'équilibre des trois phases et qu'on nomme *point triple*. Ex. : un corps pur sous trois phases coexistantes (845).

Pour $C=2$, $\varphi=4$. L'association des phases par trois permet d'obtenir quatre systèmes univariants ($C=2$, $\varphi=3$), donnant chacun une courbe dans le plan des $t, p$; chacune de ces courbes passe par le point du plan qui correspond à l'état d'équilibre des quatre phases. C'est un *point quadruple*. Ex. : considérons le cas d'un sel anhydre, comme le chlorure de sodium, et de l'eau, les quatre phases sont : le sel anhydre, la glace, la dissolution saturée, la vapeur d'eau.

D'une manière générale, pour un système invariant de C composants, ayant par conséquent $C+2$ phases, dans le plan des $t, p$, le point qui correspond à l'équilibre du système est un point multiple d'ordre $C+2$.

738. **Systèmes univariants** : $V=1$. — L'on peut disposer arbitrairement de l'un des facteurs de l'équilibre, par exemple, de la température.

Si l'on se donne un des facteurs de l'équilibre, soit la température, tous les autres sont déterminés; l'un quelconque de ces facteurs est donc une fonction de la température; pour la pression, par exemple, $p=f(t)$ et les états d'équilibre du système correspondent, dans le plan des $t, p$, à une courbe.

Quand on se donne à la fois un facteur de l'équilibre et les masses des composants, les masses des phases ne sont pas complètement déterminées : il faut une autre donnée, comme le volume total ou la masse de l'une des phases (735).

Pour $C=1$, $\varphi=2$ : c'est, par exemple, le cas présenté par un corps pur pris sous deux phases coexistantes; nous l'étudierons complètement plus loin (749, 824, 844).

Pour $C=2$, $\varphi=3$ : prenons comme exemple le cas de deux liquides incomplètement miscibles tels que l'eau et l'éther, en présence de leurs vapeurs mélangées, ou encore celui de la dissociation du carbonate de calcium.

Pour $C=3$, $\varphi=4$ : soit l'aluminate de calcium décomposé par l'eau

$$Al^2O^3, 3\,CaO, 10\,H^2O = Al^2O^3, 2\,CaO, 6\,H^2O + CaO, H^2O + 3\,H^2O$$

les composants sont $Al^2O^3$, CaO, $H^2O$ ; les deux aluminates, peu solubles, forment deux phases; la solution et la vapeur fournissent les deux autres phases.

739. **Systèmes bivariants** : $V=2$. — L'état d'équilibre dépend de deux facteurs, la température et la pression, par exemple; un autre facteur de l'équilibre est complètement déterminé quand on se donne température et pression; ainsi, pour une concentration $s$, on a : $s=f(t, p)$. On emploiera un système de représentation dans l'espace.

Si l'on se donne deux facteurs de l'équilibre et les masses des composants, les masses des phases sont aussi déterminées.

*Exemple* : Pour $C=1$, $\varphi=1$ ; c'est le cas présenté par un corps pris sous une phase; nous avons vu en effet (693) que l'état d'une masse de gaz donnée dépendait uniquement de sa température et de sa pression;

Pour $C=2$, $\varphi=2$ ; prenons, par exemple, la dissolution d'un sel en présence d'un excès de sel : pour une pression et une température données, l'état d'équilibre est complètement déterminé, et si l'on se donne en plus les masses des composants, les masses des phases sont aussi parfaitement définies.

740. **Systèmes plurivariants** : $V>2$. — Pour définir l'état d'équilibre du système, il faut se donner V facteurs de l'équilibre. Posons $V=2+r$ : si nous connaissons la masse des composants, le nombre des masses des phases arbitraires est (735)

$$K=2-V=-r;$$

nous avons donc plus d'équations que d'inconnues pour déterminer les masses des phases, d'où, en général, une impossibilité.

Si nous nous donnons V facteurs indépendants de l'équilibre, nous ne pouvons nous donner les masses de tous les composants, mais celles de $C-r$ seulement.

Ou encore, nous pouvons nous donner les masses de tous les composants et seulement deux facteurs de l'équilibre, la température et la pression, car en comptant les concentrations et les masses des phases comme inconnues, nous avons $C\varphi+\varphi$ inconnues et le nombre des équations, que nous trouvons en raisonnant comme plus haut (733 et 735), est :

$$\varphi+C(\varphi-1)+C=C\varphi+\varphi,$$

c'est-à-dire précisément égal au nombre des inconnues.

*Un système plurivariant est complètement déterminé quand on connaît sa température, sa pression et les masses de tous les composants* ;

C'est le cas présenté par une solution non saturée d'un sel dans l'eau, la température, la pression, les masses de l'eau et du sel étant connues.

## LOIS DU DÉPLACEMENT DE L'ÉQUILIBRE

741. **Déplacement de l'équilibre par variation de température (Van't Hoff).** — *Lorsqu'un système est en équilibre stable sous pression constante, une légère élévation de température provoque une transformation endothermique ; un léger abaissement de température entraîne une transformation exothermique.*

L'ensemble des règles relatives au déplacement de l'équilibre a d'abord été donné par Willard Gibbs, puis, d'une manière indépendante, par Van't Hoff et M. Le Châtelier. Nous emprunterons aux *Leçons sur le Carbone*, de M. Le Châtelier, un grand nombre des exemples cités plus loin.

*Exemples.* — Pour les corps tels que la vapeur d'eau, l'anhydride carbonique, le carbonate de calcium, dont la dissociation s'effectue avec une absorption de chaleur, une élévation de température à pression constante augmente la masse dissociée.

Pour l'oxyde de carbone, l'acétylène, l'oxyde azotique, qui se dissocient avec dégagement de chaleur, le premier en anhydride carbonique et charbon, les autres en leurs éléments, une élévation de température accroît la stabilité (d'où la production de l'acétylène dans l'*œuf électrique*, et la préparation de l'oxyde azotique au *four électrique*, par voie de synthèse).

La plupart des sels se dissolvent, dans une solution *infiniment voisine de la saturation*, avec absorption de chaleur : c'est le cas du chlorure et de l'azotate de potassium, du sulfate de sodium à dix ou à sept molécules d'eau ; pour ces sels, la solubilité croît avec la température.

Le sulfate de sodium anhydre, l'hydrate de calcium, se dissolvent dans les solutions voisines de la saturation, avec dégagement de chaleur; donc leur solubilité diminue quand la température s'élève.

Inversement, la variation de la solubilité en fonction de la température nous renseignera sur le signe de la chaleur de dissolution (836).

La chaleur de vaporisation étant toujours positive, une élévation de température du système liquide-vapeur produira nécessairement la vaporisation. De même, comme la chaleur de fusion est positive, un accroissement de température du mélange solide-liquide provoque la fusion.

Lorsque la transformation n'est ni exothermique, ni endothermique, la variation de température se trouve sans influence sur l'état d'équilibre, ainsi dans la réaction d'éthérification de l'alcool par l'acide acétique :

$$CH^3\text{-}CH^2OH + CH^3\text{-}COOH = CH^3\text{-}COOC^2H^5 + H^2O,$$

la proportion d'alcool éthérifié est la même à toute température (on a opéré de 15° à 220°), soit environ 0,66.

742. **Déplacement de l'équilibre par variation de pression** (**M. Le Chatelier**). — *Lorsqu'un système est en équilibre stable à température constante, une légère augmentation de pression provoque une transformation qui diminue le volume total du système; une légère diminution de pression entraîne une transformation qui augmente le volume total du système.*

*Exemples* : Considérons les dissociations suivantes :

$$CO^2 \rightleftarrows CO + O,$$
$$H^2O \rightleftarrows H^2 + O,$$
$$2.O^3 \rightleftarrows 3.O^2;$$

elles se produisent avec augmentations de volume; donc une augmentation de pression accroît la stabilité du gaz carbonique, de la vapeur d'eau, de l'ozone.

Pour la dissociation :

$$2CO \rightleftarrows CO^2 + C,$$

il y a diminution de volume : par suite, un accroissement de pression augmente la proportion d'oxyde de carbone décomposé.

Considérons la réaction :

$$H^2O + CO \rightleftarrows H^2 + CO^2,$$

il n'y a point de variation de volume ; l'équilibre du système est alors indépendant de la pression.

Dans le cas de la dissociation de l'acide iodhydrique :

$$HI \rightleftarrows H + I,$$

il y a en réalité une légère augmentation de volume, car la densité de l'iode diminue quand la température s'élève, et en réalité $I^2$ correspond à plus de 2 volumes chimiques : une augmentation de pression augmente la stabilité de l'acide iodhydrique.

En général, lorsqu'un sel se dissout, il y a contraction : la solubilité croît donc avec la pression, mais la contraction étant faible, il faut des variations de pression énormes pour produire des variations de solubilité appréciables.

Pour le chlorure de sodium à 15°, la solubilité est accompagnée d'une contraction en opérant à toute pression inférieure à 1530 atmosphères ; au contraire, pour les pressions supérieures à 1530 atmosphères, il y a dilatation. La solubilité du chlorure de sodium dans l'eau à 15° passe donc par un maximum pour une pression de 1530 atmosphères.

Dans certains gisements de sel gemme, on procède à l'exploitation de la manière suivante : on pratique des sondages dans lesquels on fait arriver de l'eau et on extrait avec des pompes la solution salée. Or, si cette solution est saturée à la partie inférieure du puits, où la pression peut atteindre 50 atmosphères, par exemple, d'après ce qui précède, la solubilité diminuant quand la pression décroît au-dessous de 1530 atmosphères, la solution laisse déposer de petites quantités de sel au fur et à mesure de son ascension dans la canalisation, et ces dépôts finissent par obstruer les tuyaux, d'où la nécessité de procéder à une extraction assez rapide pour que l'eau n'ait pas le temps de se saturer et d'abandonner du sel.

Pour le chlorure d'ammonium, qui se dissout avec augmentation de volume, un accroissement de pression diminue la solubilité.

*Remarque.* — Une élévation de température, un accroissement de pression ont respectivement pour effet de provoquer une transformation avec absorption de chaleur ou diminution de volume, c'est-à-dire une transformation qui, s'accomplissant *seule* à partir de l'état initial, entraînerait un abaissement de température (s'il n'y avait pas échange de chaleur) ou une diminution de pression (si le volume restait fixe). D'une manière plus générale, on peut énoncer le principe suivant :

*La modification très petite de l'un des facteurs de l'équilibre, dans le cas de l'équilibre stable, provoque une transformation dans un sens tel que si cette transformation se produisait d'elle-même, le système étant isolé, elle tendrait à amener une variation de sens inverse du facteur considéré.*

## CHANGEMENTS D'ÉTAT PHYSIQUE

743. **Les divers états de la matière.** — On classe les corps en *solides* et *fluides*, ce dernier groupe comprenant les *liquides* et les *gaz*.

Un *solide* est un corps qui possède une forme propre et qui ne peut être déformé sans dépense de travail; en outre, si l'on supprime la force qui a produit une déformation très petite, le corps tend à reprendre sa forme primitive : on dit qu'il est *élastique*; s'il la reprend rigoureusement, il est parfaitement élastique. Nous subdivisons les solides en corps *isotropes* et corps *anisotropes* (2).

Un *fluide* est un corps dont la déformation sans changement de volume s'effectue sans dépense d'énergie : les liquides et les gaz sont des fluides.

Un *liquide* n'a pas de forme propre, il prend celle du vase qui le contient et son volume est limité par une surface plane et horizontale; il est parfaitement *élastique* par compression.

Un *gaz* n'a pas de forme propre : il prend celle du vase qui le renferme; il remplit ce vase complètement, quel qu'en soit le volume et ne présente point de surface libre, car il tend à prendre un volume aussi grand que possible : on dit qu'il est *expansible*; il est parfaitement *élastique* par compression ou dilatation.

Nous verrons (762 et 829) que les distinctions précédentes n'ont rien d'absolu, que les états solide, liquide, et gazeux *parfaits* n'existent pas, et qu'il est possible de passer d'une manière continue d'un état à l'autre, exception faite pour les solides anisotropes; il n'en est pas moins vrai que cette classification a une très grande importance au point de vue des applications et de l'étude des propriétés des corps.

744. **Changements d'état.** — Nous arrivons à fondre de la glace sans aucune difficulté, puis à faire passer l'eau de fusion à l'état de vapeur d'eau. Par refroidissement nous obtenons les transformations inverses. Le même corps, l'eau, a donc pu prendre successivement les trois états solide, liquide et gazeux. Ce résultat est général et l'on peut dire avec Lavoisier[1] : « solidité, liquidité, fluidité aériforme sont trois états différents de la même matière, trois modifications particulières par lesquelles presque toutes les substances peuvent successivement passer ». A l'époque où l'illustre savant français écrivait ces lignes (1790), bien des substances solides n'avaient pu être fondues, peu de gaz avaient été liquéfiés, et l'affirmation de Lavoisier paraissait singulièrement risquée;

[1] Lavoisier (1743-1794), doit être considéré comme le fondateur de la Chimie moderne. Ses travaux sont des chefs-d'œuvre d'observation et de sagacité; ils ont été presque toujours inspirés par un souci pratique.

mais aujourd'hui, grâce à la puissance des procédés dont nous disposons pour produire des températures très basses ou très élevées, les substances *réfractaires* ont été fondues, les gaz *permanents* ont été liquéfiés; les idées de Lavoisier sur les changements d'état sont entièrement justifiées.

## I. — VAPORISATION

745. **Vaporisation en général.** — Le phénomène de la *vaporisation* est le passage de l'état liquide à l'état gazeux. Ce passage peut avoir lieu, soit par la surface libre, c'est ce qu'on appelle l'*évaporation*; soit dans toute la masse, c'est le phénomène de l'*ébullition*.

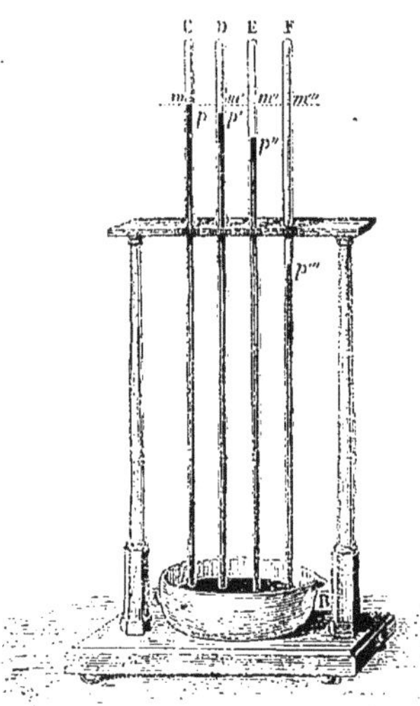

Fig. 669.

D'autre part, au point de vue du milieu dans lequel la vapeur se produit, il faut considérer le cas où la vaporisation a lieu dans le vide, et le cas où la vaporisation a lieu dans un espace déjà occupé par un gaz ou une autre vapeur.

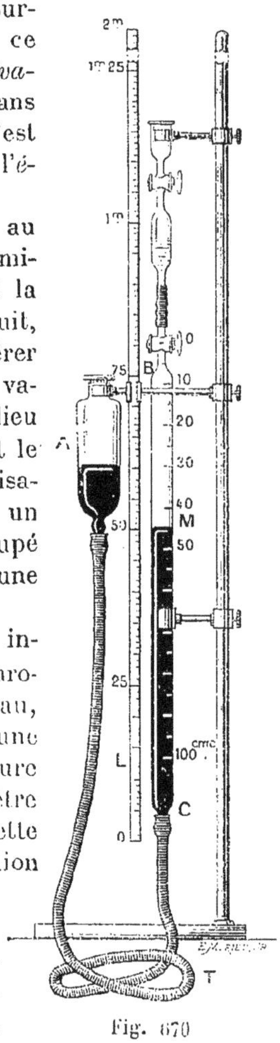

46. **Vaporisation dans le vide.** — En introduisant dans les espaces vides des baromètres D, E, F (fig. 669) divers liquides, l'eau, l'alcool, l'éther, par exemple, on observe une dépression *immédiate* de la colonne de mercure par rapport au niveau *m* dans un baromètre témoin C, placé sur la même cuvette AB. Cette dépression est due évidemment à la formation de vapeur dans la chambre barométrique, d'où la proposition suivante :

*La vaporisation dans le vide est instantanée.*

Pour l'eau, aux températures ordinaires, la dépression $m'p'$ est assez faible; pour l'alcool, elle est plus grande, $m''p''$; pour l'éther, elle est dlus grande encore, $m'''p'''$. *Ces dépressions mesurent la force élastique des*

Fig. 670

*vapeurs ainsi produites, à la température de l'expérience.* Mais il y a lieu de distinguer deux sortes de vapeurs : 1° une *vapeur saturante*, c'est-à-dire une vapeur en présence d'un excès du liquide générateur ; 2° une *vapeur non saturante* ou *sèche*.

Pour étudier les lois des vapeurs, servons-nous de l'appareil déjà utilisé à l'occasion de la loi de Mariotte (694). Le tube BC (fig. 670) est surmonté d'un entonnoir contenant de l'éther. En abaissant le réservoir A on produit en BM une chambre barométrique, et on y introduit un peu d'éther en ouvrant légèrement le robinet O qu'on referme aussitôt. Si l'on abaisse plus ou moins A, on offre à la vapeur un espace plus ou moins grand et par suite on peut avoir à volonté une vapeur sèche ou saturante.

747. **Vapeur sèche.** — 1° *Température constante.* — Si nous lisons le volume $v$ occupé par la vapeur sèche en BM et mesurons la pression correspondante $p$, nous constatons que

$$vp = \text{C}^{\text{te}} :$$

*Les vapeurs sèches suivent la loi de Mariotte.*

2° *Pression constante.* — Si nous entourons la branche BM d'un bain d'eau et si nous maintenons constante la pression de la vapeur en manœuvrant A, nous constatons que le volume de la vapeur croît avec la température, comme si nous avions affaire à un gaz; on pourrait aussi opérer sous volume constant et l'on arriverait encore aux mêmes résultats que pour les gaz, donc :

*Les vapeurs sèches suivent la loi de Gay-Lussac.*

La mesure des densités de vapeur nous montre que ces résultats sont seulement approchés (816). En résumé, les lois de Mariotte et de Gay-Lussac s'appliquent aux vapeurs sèches, comme aux gaz, mais point rigoureusement. Il n'y a pas de distinction entre les gaz et les vapeurs sèches aux points de vue considérés.

748. **Vapeur saturante.** — 1° *Température constante.* — Lorsque nous soulevons A (fig. 670), la pression croît d'abord constamment, puis il vient un moment où la différence des niveaux du mercure en A et M est *constante*, par suite la pression de la vapeur est invariable ; mais si nous regardons à l'intérieur de la chambre M, nous constatons alors la présence d'éther liquide : la vapeur est *saturante*. Inversement, si nous abaissons A, la pression de la vapeur est constante tant que la vapeur est saturante ; puis, lorsque le liquide a disparu, la vapeur étant donc sèche, si le volume croît, la pression diminue constamment. Nous trouvons facilement pourquoi la pression de la vapeur saturante est indépendante du volume : quand nous réduisons ce volume, nous constatons que la masse liquide augmente, il y a donc condensation ; si, au contraire, nous augmentons le volume offert à la vapeur saturante, la masse du liquide diminue, une certaine fraction du liquide vaporise.

On établit encore souvent la loi de la vapeur saturante à température constante par l'expérience de la cuve profonde : quand on soulève ou qu'on abaisse sur une cuve profonde un baromètre à vapeur saturante, pour offrir à la vapeur des volumes N'B', N''B'' (fig. 671), plus ou moins grands, on constate que le niveau du mercure dans le tube, abstraction faite de la faible couche de liquide, reste à une distance invariable du niveau M de la cuvette. L'épaisseur de la couche liquide diminue légèrement dans le premier cas, augmente dans le second, mais c'est la seule variation.

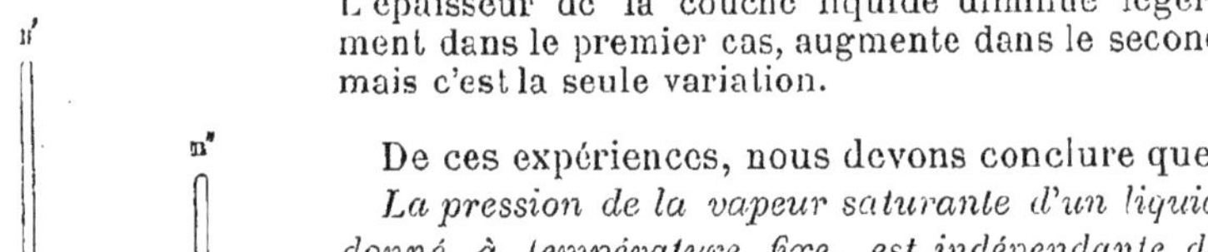

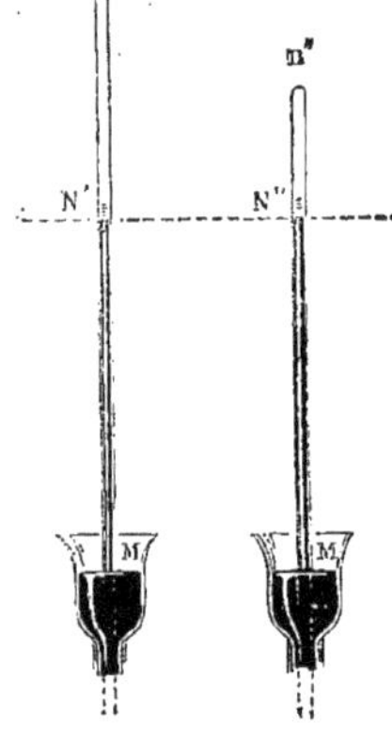

Fig. 671.

De ces expériences, nous devons conclure que :

*La pression de la vapeur saturante d'un liquide donné, à température fixe, est indépendante des masses ou volumes respectifs des phases liquide ou vapeur.*

Remarquons, en outre, qu'à la température de l'expérience, la pression de la vapeur saturante est toujours supérieure aux différentes valeurs de la pression de la vapeur sèche ; la première pression est donc la *pression maximum* de la vapeur à cette température.

L'expérience de la vaporisation de divers liquides dans des tubes barométriques (746), nous montre qu'à température constante, cette pression maximum dépend de la nature du liquide.

2° *Température variable.* — Si nous chauffons, avec une lampe à alcool, par exemple, l'un des tubes barométriques à vapeurs saturantes de la figure 669, nous constatons que le ménisque de mercure baisse rapidement; par conséquent, *la pression maximum croît avec la température.* D'après ce que nous avons vu précédemment (748), nous pouvons donc dire que :

*La pression maximum de vapeur d'un liquide donné est seulement fonction de la température.* Nous verrons (750) comment on peut déterminer cette fonction.

749. **Équilibre des phases liquide et vapeur d'un corps pur.** — La loi des vapeurs saturantes, que nous venons d'établir par l'expérience, peut être déduite immédiatement de la *règle des phases* (734).

En effet : si nous considérons le système formé par les phases liquide et vapeur d'un corps pur, en présence l'une de l'autre, nous avons, avec la notation habituelle :

$$C = 1, \qquad \varphi = 2, \qquad \text{donc} \qquad V = C + 2 - \varphi = 1 + 2 - 2 = 1,$$

le système est *univariant* ; l'état d'équilibre dépend seulement d'un facteur qui peut être à volonté la température ou la pression; en particulier, si l'on choisit la température comme facteur indépendant de l'équilibre, la loi visée s'énonce ainsi :

*A une température donnée, le mélange des phases liquide et vapeur d'un corps pur ne peut être en équilibre que sous une pression déterminée qui est fonction de la température.*

750. **Principes des méthodes de mesure des pressions maxima d'une vapeur, en fonction de la température : cas particulier de l'eau.** — 1° *Méthode des manomètres barométriques.* — Tant que la pression maximum ne dépasse pas une vingtaine de centimètres de mercure, on peut employer la méthode des tubes barométriques (fig. 669), la partie supérieure étant entourée d'un bain liquide porté et maintenu à température convenable : la mesure de la distance verticale des ménisques de mercure, dans le baromètre et dans le tube à vapeur saturante, donne la pression cherchée, la température étant fournie par les indications d'un thermomètre plongeant dans le bain.

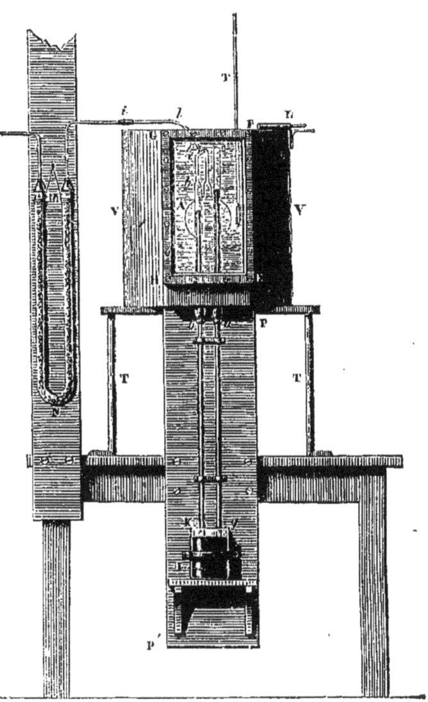
Fig. 672.

Pour éviter que le mercure soit en contact avec l'excès de liquide, ce qui fausse les mesures, on fait communiquer le tube $bh$ (fig. 672) avec un ballon A contenant une ampoule pleine de liquide on fait le vide dans le ballon, on note la pression résiduelle et la température, puis on fait éclater l'ampoule en approchant quelques charbons allumés, on introduit le liquide du bain et on le porte à température convenable. La paroi du bain à travers laquelle on effectue les visées doit être une lame de verre plane à faces parallèles. Si l'opération est faite à $t^0$ et si la lecture de la différence du niveau donne $h$, en désignant par $\varepsilon_0$ la pression de l'air résiduel, mesurée à la température ambiante $\theta$, et appelant $k$ le coefficient de dilatation linéaire de la règle graduée, $m$ le coefficient de dilatation cubique du mercure, il est facile d'établir que la tension maximum $F_t$ est donnée, en colonne de mercure à 0°, par l'expression :

$$F_t = \frac{h(1+k\theta)}{1+mt} - \varepsilon_\theta[1+\beta(t-\theta)].$$

En employant des mélanges réfrigérants fluides de chlorure de calcium ($CaCl^2 + 6H^2O$) et de glace pilée, puis des bains d'eau, Regnault a pu, par la méthode précédente, déterminer $F_t$, pour la glace ou l'eau, de —30° à 0° et de 0° à 60° environ.

2° *Méthode par ébullition.* — Lorsque la pression maximum à mesurer devient un peu considérable, la méthode précédente est peu pratique; on lui substitue la suivante, basée sur une loi de l'ébullition, que nous établirons plus tard (786) :

Loi. — *Lorsqu'un liquide bout sous une pression donnée, la température de sa vapeur est précisément celle pour laquelle la pression maximum de vapeur est égale à la pression supportée par le liquide.*

L'appareil comporte une chaudière C (fig. 673), qui communique avec un grand ballon B très résistant et plongé dans l'eau froide, par l'intermédiaire d'un tube incliné, entouré d'un réfrigérant à eau courante. Le ballon B est en relation avec un manomètre et avec une pompe de compression ou une machine pneumatique. On commence par comprimer de l'air en B, ou à le raréfier, de manière à atteindre une pression H toujours très voisine de la pression maximum $F_t$, pour laquelle on détermine $t$. Dans la méthode précédente, on se donnait arbitrairement $t$ et on mesurait $F_t$; maintenant, on se donne $F_t$ et on cherche $t$. En chauffant le liquide contenu dans C, on constate que la température accusée par le thermomètre T, qui plonge dans la vapeur, va d'abord en croissant, puis reste *stationnaire* : alors le liquide est en ébullition; grâce à la condensation qui se produit dans le réfrigérant, et à la grande masse d'air emprisonnée, la pression accusée par le manomètre est très sensiblement constante et voisine de H. La lecture simultanée ou très rapprochée du thermomètre T et du manomètre donne $t$ et $F_t$.

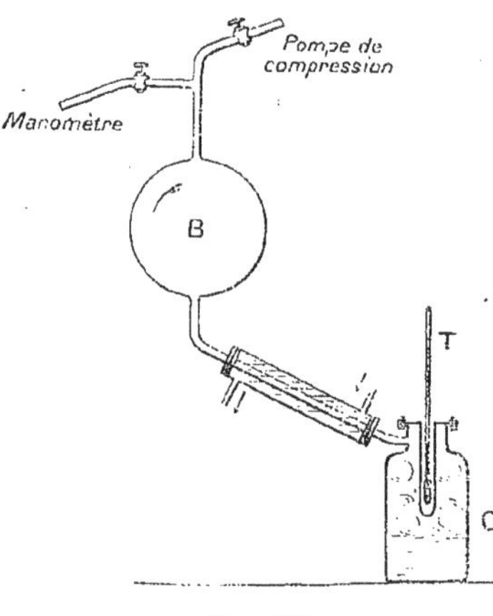

Fig. 673.

En opérant pour l'eau par cette méthode, Regnault a pu pousser les expériences jusqu'à 236° et une pression de 50 atmosphères.

751. **Résultats· formule de Duperray**. — La pression maximum de la vapeur d'eau croît très rapidement avec la température ; pour nous en convaincre, il nous suffira de consulter le tableau suivant qui reproduit les résultats obtenus par Regnault.

PRESSIONS MAXIMA DE LA VAPEUR D'EAU EN MILLIMÈTRES DE MERCURE, ENTRE — 10° ET 100°

| Température. | Pression en millimètres. | Température. | Pression en millimètres. |
|---|---|---|---|
| — 10° | 2,09 | 50° | 91,98 |
| 0° | 4,60 | 60° | 148,79 |
| + 10° | 9,16 | 70° | 233,09 |
| 20° | 17,39 | 80° | 354,64 |
| 30° | 31,55 | 90° | 525,45 |
| 40° | 54,91 | 100° | 760,00 (1 atm.). |

PRESSIONS MAXIMA DE LA VAPEUR D'EAU, EN KILOGRAMMES PAR CENTIMÈTRE CARRÉ, ENTRE 100° ET 230°

| Température. | Pression en $\frac{kg}{cm^2}$. | Température. | Pression en $\frac{kg}{cm^2}$. |
|---|---|---|---|
| 100° | 1,033 | 151° | 5 |
| 119°,5 | 2 | 179° | 10 |
| 133° | 3 | 211° | 20 |
| 143° | 4 | 230° | 28 |

On a cherché à représenter ces résultats par des formules empiriques; la plus simple, et qui est suffisamment précise au-dessus de 100°, pour les températures auxquelles on porte les générateurs des machines à vapeur, a été donnée par Duperray. Si $P_t$ est la pression maximum de la vapeur d'eau à $t$ degrés centigrades, pression exprimée en kilogrammes-forces par centimètre carré, on a la relation:

$$P_t = \left(\frac{t}{100}\right)^4.$$

Ainsi, à la température de 200° centigrades, la pression maximum de la vapeur d'eau est :

$$P_{200} = \left(\frac{200}{100}\right)^4 = 2^4 = 16 \text{ kg-f par cm}^2.$$

Les locomotives sont précisément timbrées à 16 kg-f par cm².

D'après la formule précédente, la pression maximum de la vapeur d'eau croît comme la quatrième puissance de la température centigrade : ce résultat ne s'applique pas aux températures inférieures à 100°, ni aux températures voisines de la température critique (761).

752. **Pressions maxima des autres liquides**. — Les mêmes méthodes, appliquées aux liquides autres que l'eau, fournissent des résultats analogues. Un liquide intéressant à cet égard est le mercure. Regnault a étudié ce corps par la méthode d'ébullition, jusque vers 500° : il a trouvé $F_{500} = 8$ atmosphères, tandis que $F_{100} = 0^{mm},28$ de mercure seulement. — MM. Cailletet, Colardeau et Rivière ont continué cette étude jusqu'à 880°, au moyen d'un manomètre métallique, étalonné par comparaison avec le manomètre à air libre de la tour Eiffel (584). Les températures étaient données par un couple thermo-électrique platine-platine rhodié, également étalonné par rapport au thermomètre normal. Ces expériences ont permis de contrôler les résultats de Regnault et de prolonger les déterminations de 500° à 880°, où $F_{880} = 162$ atmosphères. Les expériences n'ont pu être poussées plus loin, car à 880° le tube-laboratoire en fer laisse filtrer le mercure, et l'on ne peut atteindre ainsi la température critique.

De 40° à 100° la pression de la vapeur de mercure varie seulement de $0^{mm},006$ à $0^{mm},28$; on conçoit que, dans les mesures effectuées à l'aide des baromètres ou manomètres à mercure, à la température de l'atmosphère, il n'y ait pas lieu de tenir compte de la pression maximum de la vapeur de mercure.

753. **Courbe des pressions maxima de la vapeur d'eau**. — Si nous portons en abscisses les températures, en ordonnées les pres-

sions maxima de la vapeur d'eau, nous obtenons une courbe qu'on nomme naturellement *courbe des pressions maxima de la vapeur d'eau* ou encore *courbe d'ébullition*. Sa forme dépend évidemment des échelles choisies et des unités de pression utilisées.

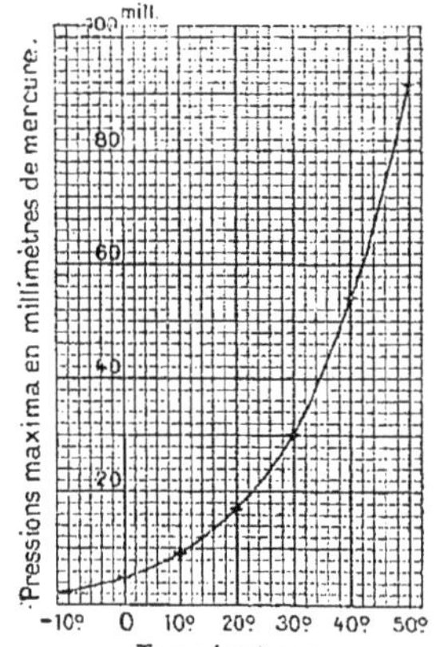


Fig. 674.

Prenons, par exemple, du papier quadrillé au millimètre, et portons en abscisses les températures centigrades, en ordonnées les pressions en millimètres de mercure; adoptons l'échelle suivante : sur l'axe des abscisses, un millimètre correspond à une variation de température de 2° et, sur l'axe des ordonnées, un millimètre représente une variation de pression de 2 millimètres de mercure; nous obtenons la figure 674 qui est la courbe des pressions maxima de la vapeur d'eau de — 10° à 50°.

Pour des températures plus élevées, nous adopterons une autre échelle. Traçons, par exemple, la courbe d'ébullition de l'eau pour les températures comprises entre 100° et 230°, les pressions étant évaluées en kilogrammes-forces par centimètre carré. Si 1 millimètre sur l'axe des abscisses représente encore 2 degrés et si 1 millimètre sur l'axe des ordonnées correspond à $0,5 \frac{\text{kg-f}}{\text{cm}^2}$, nous obtenons la figure 675.

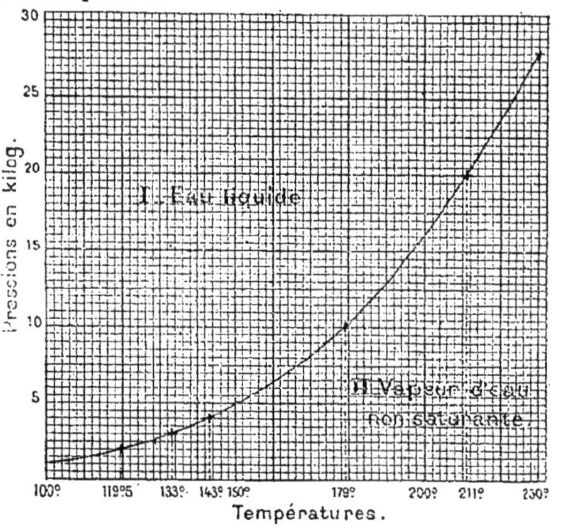


Fig. 675.

La courbe des pressions maxima de la vapeur d'eau est représentée dans son ensemble par la figure 676, les pressions étant exprimées en atmosphères; pour un liquide quelconque, la courbe des pressions maxima a encore la même allure. Nous verrons (761) que, du côté des températures croissantes, la courbe est limitée à un point C (fig. 676) qui correspond à une température $t_c$ dite température critique, et qui, pour l'eau, est 365°. Examinons seulement ce qui se passe pour toute température inférieure à la température critique.

Les points de la courbe des forces élastiques maxima (fig. 676) correspondent aux états d'équilibre d'un système *univariant* : liquide et vapeur saturante. Ils partagent le plan en deux régions. Prenons un point A dans la région I : à la température $t = OP$ correspondant à ce point, on a $F_t = PM < PA$; par conséquent à la température $t$, sous la pression PA, il ne peut pas y avoir de vapeur à l'état stable et pour tout point de la région I, l'état stable est l'*état liquide*. — Pour le point B situé dans la région II, on a $F_t = PM > PB$, par conséquent pour la température $t$ correspondant au point B, la pression PB étant inférieure à $F_t$, l'état stable du corps est l'état de *vapeur non saturante*.

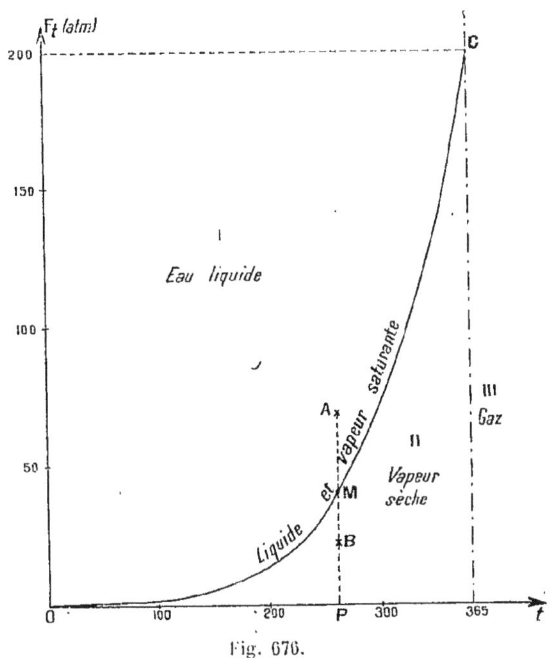


Fig. 676.

Chacun des points des régions I et II définit un état d'équilibre pour un système bivariant : corps pur sous une seule phase.

Si l'on passe de la région I à la région II ou inversement, *en traversant la courbe des pressions maxima*, quel que soit le chemin suivi, au moment où l'on atteint la courbe, on observe un changement d'état : vaporisation ou liquéfaction ; c'est ce que nous avons vu dans nos premières expériences de vaporisation (748) ; en abaissant le réservoir A (fig. 669) le liquide passe progressivement à l'état de vapeur saturante, puis de vapeur sèche ; inversement, en soulevant A, la vapeur sèche devient vapeur saturante, puis on obtient une liquéfaction complète

Cependant, dans certains cas, on peut franchir la courbe des pressions maxima sans provoquer de changement d'état ; un point de la région I peut correspondre à une phase vapeur non saturante, un point de la région II peut caractériser la température et la pression d'une phase liquide, mais ces phases sont en état d'*équilibre instable* ou *faux équilibre*. Voici quelques expériences relatives à ces retards de transformation.

754. **Retard à la vaporisation.** — $\alpha$) Chauffons au bain-marie,

dans un tube bien lavé à l'acide sulfurique, du sulfure de carbone A (fig. 677) recouvert d'une couche d'eau B : nous atteignons par exemple la température de 55° sans observer d'ébullition ; or le sulfure de carbone bout à 45° sous la pression atmosphérique, donc (786) $F_{45} = 76^{cm}$ de mercure : par suite $F_{55} > 76^{cm}$ de mercure, qui est la pression à laquelle nous observons la phase liquide à la température de 55°, le point A (fig. 678) définissant la température et la pression de cette phase est bien dans la région II, de la vapeur non saturante.

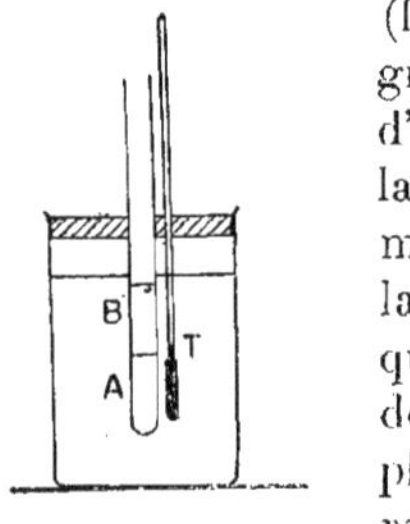

Fig. 677.

L'équilibre est instable, car il suffit d'apporter une bulle d'air dans le liquide, soit au moyen d'une petite cloche en verre, par exemple, soit en projetant des fragments de solides qui entraînent une gaine d'air, pour observer aussitôt l'ébullition du sulfure de carbone.

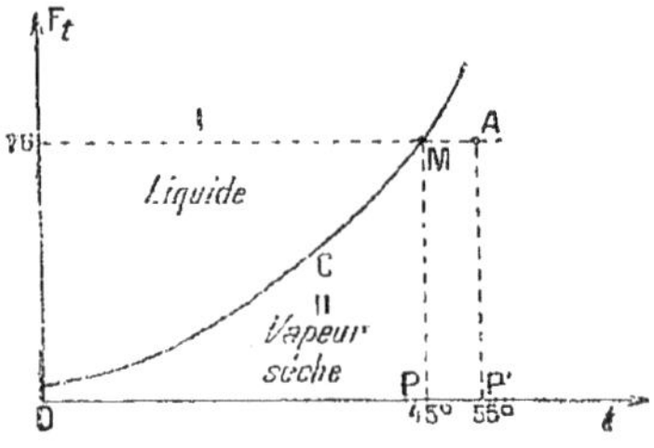

Fig. 678.

β) Des gouttes d'eau suspendues dans un mélange d'huile de lin et d'essence de girofle, ayant même densité que l'eau, ont pu être portées à 178° sous la pression atmosphérique, sans entrer en ébullition ;

γ) Si l'on fait bouillir longuement de l'eau dans le tube ABC (fig. 679) de manière à chasser tout l'air et qu'on scelle ensuite le tube à la lampe, on peut porter la branche AB à 135° en la chauffant au bain-marie dans une solution concentrée de chlorure de calcium, sans produire l'ébullition, et cependant la pression dans le tube est la pression maximum de la vapeur d'eau à la température de la branche froide C : on peut donc observer la phase eau liquide à 135°, sous une pression de quelques centimètres de mercure ;

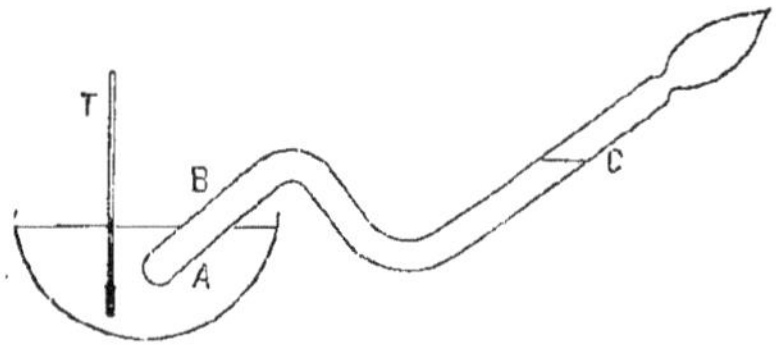

Fig. 679.

δ) On enfonce le tube à robinet T (fig. 680) dans une cuve profonde, le robinet R étant ouvert ; on verse de l'eau bien privée d'air dans l'entonnoir, on soulève légèrement le tube et on ferme le robinet lorsqu'il y a de l'eau de part et d'autre : on peut ensuite élever le tube de manière que la hauteur de la colonne de mercure au-dessus de la cuve atteigne $80^{cm}$ par exemple, sans observer trace de vaporisation, et dans ce cas le liquide n'est soumis à aucune pression positive ; le point figuratif de l'état de la phase eau liquide appartient certainement à la

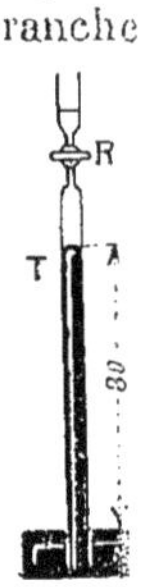

Fig. 680.

région II (fig. 676). Il y a faux équilibre : l'introduction d'une bulle d'air provoque immédiatement la vaporisation.

755. **Retard à la condensation.** — $\alpha$) On lave un flacon A (fig. 681), on y laisse un peu d'eau en le remplissant d'air filtré sur coton, on ferme l'une des tubulures par un bouchon portant un tube à robinet R, et par l'autre tubulure le flacon est mis en relation avec une poire en caoutchouc. La vapeur d'eau du flacon est nécessairement saturante ; en pressant la poire de caoutchouc, on comprime l'atmosphère du flacon, d'où une petite élévation de température ; on attend quelques secondes pour que l'atmosphère du flacon soit de nouveau à la température ambiante ; elle est toujours saturée d'humidité. Si l'on cesse maintenant de presser la poire de caoutchouc, il se produit une détente, d'où un abaissement de température de l'atmosphère du flacon ; puisque la vapeur d'eau était saturante avant la détente, le refroidissement devrait provoquer une condensation, or il n'en est rien ; la vapeur est donc *sursaturante* ; le point figuratif de cet état de la vapeur se trouve dans la région de la phase liquide stable. C'est un *faux équilibre* : il suffit, en effet, d'introduire des poussières ou un peu de fumée dans le flacon, par le tube à robinet, et de répéter l'expérience, pour observer un brouillard provenant de la condensation de la vapeur.

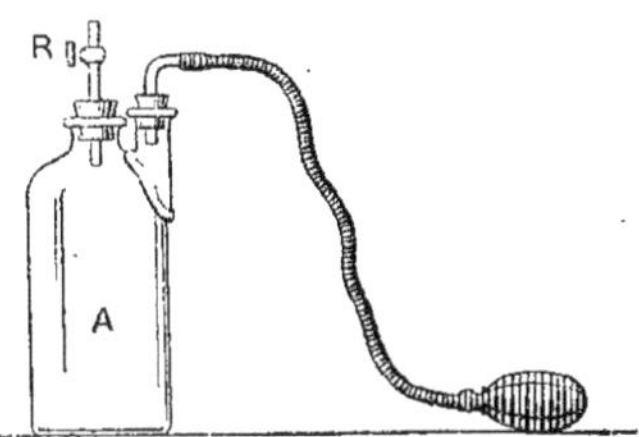

Fig. 681.

$\beta$) En comprimant une vapeur non saturante, à température constante, dans une enceinte dépourvue de poussières et de gouttelettes de liquide, on a pu dépasser la pression maximum correspondant à la température de l'expérience, sans observer de condensation (MM. Wüllner et Grotrian) ; l'introduction de gouttelettes liquides ou de poussières faisait cesser cet état.

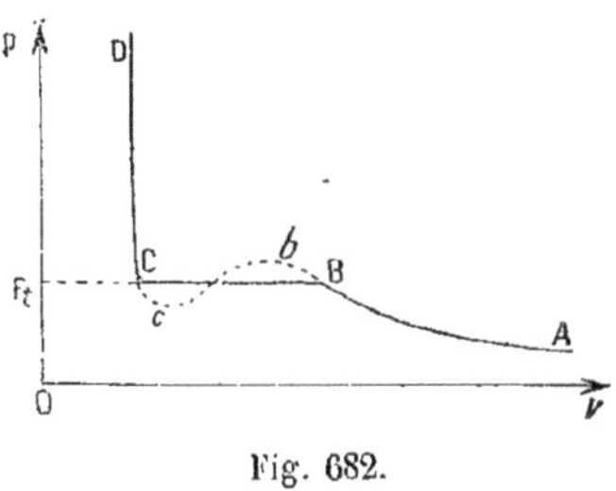

Fig. 682.

*Remarque.* — Si, à température constante, nous comprimons une vapeur sèche (la température étant inférieure à ce que nous appellerons (761) la température critique), l'isotherme dans le plan des $vp$ est formée de trois parties :

La courbe AB (fig. 682) qui correspond à la vapeur sèche ;

La droite BC qui correspond à la vapeur saturante ;

La courbe CD qui se rapporte au liquide. Il y a des points anguleux, donc discontinuité pour l'isotherme, en B et C.

Si l'on procède de manière à avoir retard à la condensation ou retard à la vaporisation, on peut obtenir les branches B$b$, C$c$ ; mais il n'a pas été possible de raccorder directement ces branches qui correspondent à des états instables.

756. **Pression maximum d'une vapeur dans une atmosphère gazeuse. Loi de Dalton, du mélange des gaz et des vapeurs saturantes.** — Dans un flacon F (fig. 683), à deux tubulures, contenant un peu de mercure, plonge le tube AB. A l'autre tubulure on adapte un entonnoir à robinet contenant de l'éther. L'atmosphère du flacon est à la pression atmosphérique. On fait couler de l'éther dans le flacon, en ouvrant le robinet et en exerçant une pression à la surface du liquide, au moyen d'une poire en caoutchouc, puis on ferme aussitôt le robinet. On voit alors le mercure s'élever *lentement* dans le tube manométrique BA, et, enfin atteindre une *position fixe*. Le volume de l'atmosphère emprisonnée n'ayant pas varié sensiblement, l'excès de pression, mesuré par la hauteur $h$ de la colonne de mercure soulevée, représente par définition la pression de la vapeur saturante dans l'atmosphère du flacon (nous supposons qu'il y a un excès d'éther liquide). Or si $F_t$ est la tension maximum de vapeur d'éther dans le vide, à la température de l'expérience, on constate que $h = F_t$, d'où la loi suivante, dite *loi de Dalton* :

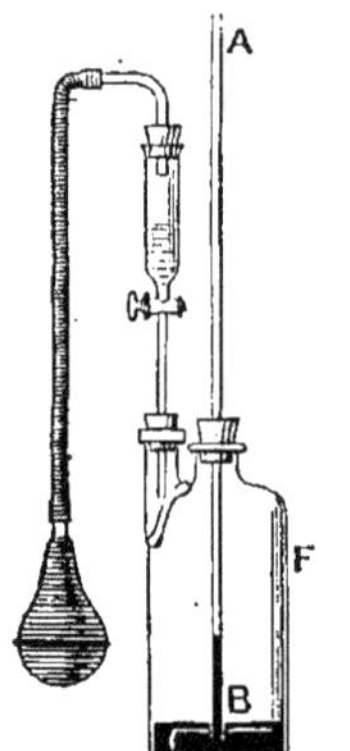

Fig. 683.

*La pression maximum d'une vapeur est la même dans une atmosphère gazeuse que dans le vide, à la même température.*

La limite de vaporisation est donc régie par la même loi dans une atmosphère gazeuse et dans le vide; une seule différence dans l'allure du changement d'état : la vaporisation dans le vide est instantanée, tandis que dans une atmosphère gazeuse elle est d'autant plus lente que la pression est plus élevée.

La loi de Dalton n'est pas rigoureuse, — et systématiquement $h$ est un peu inférieur à $F_t$, — mais dans la plupart des cas on peut l'admettre.

*Applications.* — Dans un mélange de gaz et de vapeur saturante, la pression du mélange se compose donc de la pression du gaz, considéré comme occupant tout le volume, augmentée de la pression maximum de la vapeur saturante dans le vide à la même température. — Si le mélange passe par divers états, sans cesser de rester saturé, on appliquera au gaz seul la loi des gaz parfaits, en considérant sa pression comme égale à la différence entre la pression totale et la pression maximum correspondante de la vapeur saturante. Soient, par exemple, $V$, $H$, $t$, $F_t$, un premier état du mélange saturé, $V'$, $H'$, $t'$, $F_t'$, un second état, dans lequel la vapeur est restée saturante. On aura, entre ces grandeurs, la relation

$$\frac{V(H - F_t)}{1 + \alpha t} = \frac{V'(H' - F_{t'})}{1 + \alpha t'},$$

et si $t' = t$, cette relation se réduira à

$$V(H - F_t) = V'(H' - F_t).$$

Considérons, en particulier, un gaz qui, s'il était seul, suivrait exactement la loi de Mariotte, et supposons-le saturé d'une vapeur à température constante; il est aisé de voir qu'il se présenterait alors comme *plus compressible* que ne l'indique la loi de Mariotte. En effet, la pression $H'$ qui le réduit au volume $V'$ inférieur à $V$ est donnée par la relation précédente,

$$H' = \frac{VH}{V'} - \left(\frac{V}{V'} - 1\right) F_t.$$

Or, si le gaz était seul, ce serait

$$H_1' = \frac{VH}{V'}.$$

Mais, puisqu'on a $V' < V$, il en résulte $\frac{V}{V'} > 1$, d'où $H' < H'_1$, c'est-à-dire que le gaz paraîtra, dans ces conditions, plus compressible que ne l'indique la loi de Mariotte.

757. **Mélange des gaz et des vapeurs non saturantes.** — Dans la pratique on considère les mélanges de gaz et vapeurs non saturantes comme des mélanges de gaz parfaits, tant que, dans les modifications éprouvées par le mélange, la vapeur n'arrive pas à saturation. On a donc pour le mélange dans un certain état V, H, $t$, en fonction des états antérieurs des gaz ou vapeurs composant le mélange (715),

$$\frac{VH}{1+\alpha t} = \Sigma \frac{v_k h_k}{1+\alpha t_k}.$$

Dans deux états différents V, H, $t$, et V', H', $t'$, du mélange, on aura de même

$$\frac{VH}{1+\alpha t} = \frac{V'H'}{1+\alpha t'},$$

à condition, bien entendu, que la vapeur du mélange ne soit pas devenue saturante. Pour s'en assurer, il suffit d'appliquer la même loi des gaz parfaits à la vapeur seule, connaissant sa pression partielle $f$ dans le premier état; on a alors, pour sa nouvelle pression partielle $f'$ dans le second état, $\frac{Vf}{1+\alpha t} = \frac{V'f'}{1+\alpha t'}$, et l'on doit avoir $f' < F_{t'}$.

S'il n'en est pas ainsi, on retombe sur le cas d'un mélange de gaz et de vapeur saturante, et l'on a

$$\frac{V(H-f)}{1+\alpha t} = \frac{V'(H'-F_{t'})}{1+\alpha t'}.$$

Mais les gaz réels, et *a fortiori* les vapeurs, ne suivent pas exactement la loi des gaz parfaits, et en particulier la loi de Mariotte. Par conséquent, les formules précédentes, même à température constante, ne peuvent pas être absolument rigoureuses, et ne constituent qu'une première approximation, généralement suffisante pour les besoins de la pratique.

758. **Problème.** — *Déterminer la masse d'un volume V d'air humide, sous la pression H, à la température $t^0$, la tension de la vapeur d'eau étant f.*

On doit considérer l'air humide comme formé d'un mélange d'air sec et de vapeur d'eau. D'après la loi de Dalton :

L'air sec occupe le volume V, sous la pression $H-f$, à la température $t^0$;
la vapeur d'eau — V, — $f$, — $t^0$.

Désignons par $d$ la densité de la vapeur d'eau : les masses d'air sec et de vapeur d'eau sont données respectivement par les expressions (530) :

$$M_1 = a_{0,76} \times V \times \frac{H-f}{76} \times \frac{1}{1+\alpha t}, \qquad M_2 = a_{0,76} \times d \times V \frac{f}{76} \times \frac{1}{1+\alpha t};$$

donc la masse totale d'air humide est :

$$M = M_1 + M_2 = a_{0,76} V \frac{H-(1-d)f}{76} \times \frac{1}{1+\alpha t};$$

on prend souvent $d = \frac{5}{8}$ et il vient :

$$M = a_{0,76} V \frac{H - \frac{3}{8}f}{76} \times \frac{1}{1+\alpha t}.$$

*Remarque* : Si l'air est saturé d'humidité, on fait simplement $f = F_t$.

## POINT CRITIQUE

**759. Vaporisation totale : expériences de Cagniard de la Tour**[1]. — Un tube en verre très résistant ABCDE (fig. 684) contient : en AB de l'alcool, en BCD du mercure, en DE de l'air ; on le plonge dans un bain d'huile et on chauffe : un thermomètre donne la température du bain et, par suite, celle de l'alcool emprisonné ; du volume occupé par l'air en DE, on déduit la pression. Or, voici ce que Cagniard de la Tour observa, en réalisant l'expérience qui vient d'être décrite :

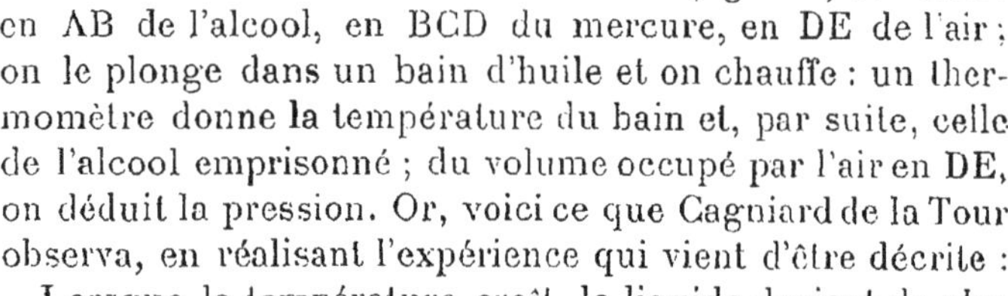

Lorsque la température croît, le liquide devient de plus en plus mobile, son volume augmente, puis il arrive un moment où la surface de séparation des deux phases cesse d'être nette, et disparaît ensuite complètement ; le liquide s'est donc transformé entièrement en vapeur, on dit qu'il y a eu *vaporisation totale*.

Le même phénomène fut observé avec l'éther, l'alcool, le sulfure de carbone ; mais, dans l'un ou l'autre cas, il se manifestait seulement si les tubes étaient remplis de *masses convenables* de liquides.

Faraday avait conclu, des expériences de Cagniard de la Tour, qu'il était peu vraisemblable qu'un gaz fût liquéfiable à une température supérieure à celle de la vaporisation totale, et il expliquait par cette raison, ses insuccès relatifs à la liquéfaction d'un certain nombre de gaz dits *permanents* (hydrogène, oxygène, azote, oxyde azotique, oxyde de carbone, méthane).

Fig. 684.

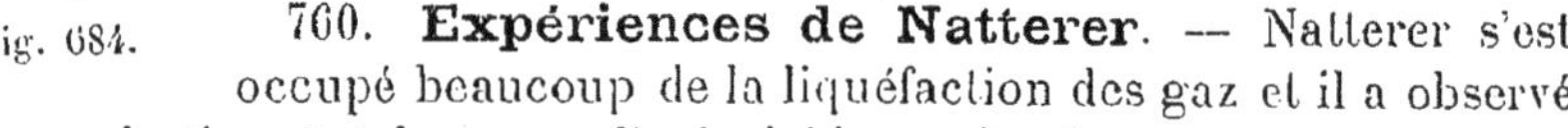

**760. Expériences de Natterer.** — Natterer s'est occupé beaucoup de la liquéfaction des gaz et il a observé la vaporisation totale pour l'anhydride carbonique, en chauffant progressivement ce corps liquide dans des tubes scellés :

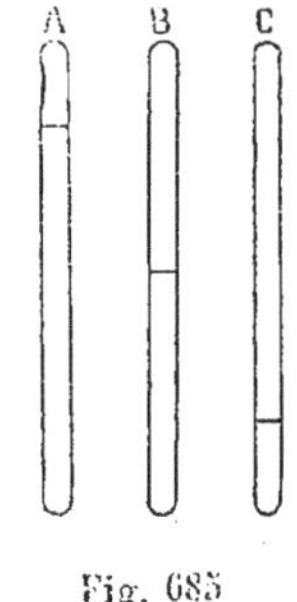

Fig. 685

Soient les tubes A, B, C, (fig. 685) contenant de l'anhydride carbonique sous les phases liquide et vapeur. En A, le volume du liquide est beaucoup plus considérable que celui de la vapeur ; c'est l'inverse qui a lieu pour le tube C, et en B les volumes des deux phases sont à peu près égaux.

Si nous chauffons A, nous constatons que la surface de séparation des deux phases s'élève de plus en plus, et il arrive un moment où il n'y a plus de vapeur ; la température de disparition de la vapeur étant inférieure à 31 degrés.

Si l'on opère avec C, quand la température croît, le ménisque descend

[1] Cagniard de la Tour (1777-1859), ingénieur français auquel on doit de nombreuses inventions mécaniques ; il s'est beaucoup occupé de l'élasticité des solides. Il a construit, pour la mesure de la hauteur des sons, une sirène qui est classique.

de plus en plus dans le tube, et à une certaine température, plus petite que 31°, la phase liquide disparaît complètement.

Avec le tube B, le phénomène est complètement différent : le niveau du liquide ne change pas beaucoup de position quand la température s'élève, mais aux environs de 31°, ce niveau cesse d'être net, s'estompe et disparaît complètement : l'aspect du tube est alors uniforme, il y a eu *vaporisation totale*.

Si l'on opère par refroidissement, avec A et C, on voit réapparaître des surfaces de séparation nettes, vers le sommet du tube pour A, vers le bas pour C, et à des températures toujours inférieures à 31° ; avec le tube B, on observe d'abord comme un brouillard très dense, qui se sépare en régions striées, puis on voit apparaître un ménisque qui devient rapidement très net, la température est alors environ 31°.

761. **Expériences d'Andrews**[1]**; notion de point critique.** — Ayant cherché à liquéfier les gaz dits *permanents*, Andrews échoua dans sa tentative (1861), quoiqu'il eût opéré sous des pressions extrêmement élevées. Pour rechercher la cause de son insuccès, il résolut d'étudier systématiquement les conditions de liquéfaction d'un gaz facilement liquéfiable et d'en déduire, par analogie, celles qu'il faudrait réaliser pour liquéfier un gaz quelconque. Il fut ainsi amené à établir le réseau des isothermes de l'anhydride carbonique.

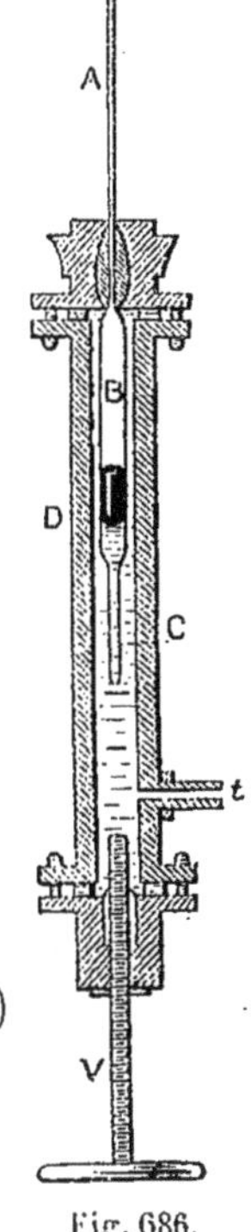

Fig. 686.

Le gaz était contenu dans un tube de verre AC (fig. 686), comprenant une tige capillaire A fermée à son extrémité supérieure, et un réservoir B (de $2^{mm},5$ de diamètre intérieur) soudé à un tube plus fin C (de $1^{mm},5$ de diamètre intérieur). Le tube AC étant ouvert aux deux bouts, on y faisait passer pendant très longtemps un courant de gaz carbonique pur; on plongeait l'extrémité C dans du mercure, on fermait la pointe A à la lampe; en chauffant un peu le réservoir, on en faisait sortir une petite quantité de gaz carbonique et, par refroidissement, du mercure pénétrait jusque dans le tube large. On coupait en grande partie le tube C, on mastiquait AB dans une garniture métallique fermant hermétiquement un cylindre de cuivre rempli d'eau, et portant au fond une vis V, qui devait servir à la compression. Deux appareils semblables étaient associés, leurs réservoirs d'eau étant mis en communication l'un avec l'autre, de sorte qu'on pouvait employer l'une ou l'autre des deux vis à produire la pression ; le second de ces appareils contenait de l'air sec, et servait de manomètre ; tous deux étaient plongés dans une même cuve, ce qui permettait d'obtenir telle ou telle température, et de la maintenir constante pendant toute la durée d'une expérience.

(1) Andrews, physicien et chimiste anglais, dont la principale découverte est relative à la température critique.

Pour représenter graphiquement la marche du phénomène, traçons le réseau des isothermes du fluide étudié, par rapport à deux axes de coordonnées rectangulaires $Ov$ et $Op$ (fig. 687), en prenant pour abscisses les volumes, et pour ordonnées les pressions. Pour le gaz carbonique, par exemple, sur l'isotherme relative à la température $t = 13°,1$, la *liquéfaction* commence au point A dont l'ordonnée est 40 atmosphères ; le volume diminue ensuite, sous tension maximum constante, du point A au point B, où toute la masse est liquide. Si cette masse est l'*unité*, l'abscisse du point A est le volume spécifique $u_v$ de la vapeur saturante, l'abscisse du point B est le volume spécifique $u_l$ du liquide, et l'abscisse d'un point M quelconque de la portion rectiligne AB représente le volume spécifique total $u$ du mélange. — Pour l'isotherme relative à la température $t' = 21°,5$, la liquéfaction commence en un point A′, dont l'abscisse est inférieure à celle de A, et toute la masse est à l'état liquide en un point B′, dont l'abscisse est supérieure à celle de B. Cela tient à ce que la densité d'une vapeur saturante croît avec la température, et, qu'au contraire, celle du liquide, dans les mêmes conditions, décroît (821). — A partir de 31°,4, Andrews *n'observait plus de liquéfaction,* mais, pour $t_c = 31°,4$, il obtenait, en un point C, d'ordonnée égale à 72,9 atmosphères, une *inflexion* avec tangente parallèle à l'axe des volumes. Cette tangente représente évidemment la limite des portions rectilignes des isothermes précédentes, et le lieu des extrémités A, A′,..., B, B′,..., est une courbe, indiquée sur la figure 687, limitant la région de discontinuité de la fonction caractéristique ; on l'appelle *courbe de saturation* ; elle est tangente en C à l'isotherme passant par ce point. Pour les températures supérieures à 31°,4, on ne trouve plus de tangente d'inflexion parallèle à l'axe des volumes, et toute inflexion finit même par disparaître. Le point C est ce qu'on appelle le *point critique* ; l'isotherme correspondante est l'*isotherme critique*, dont la température

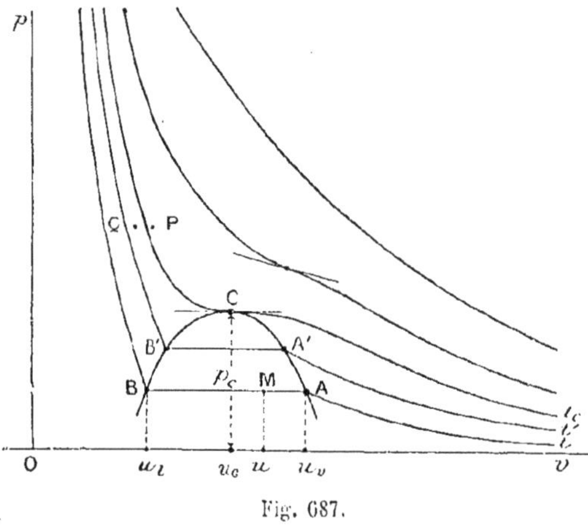

Fig. 687.

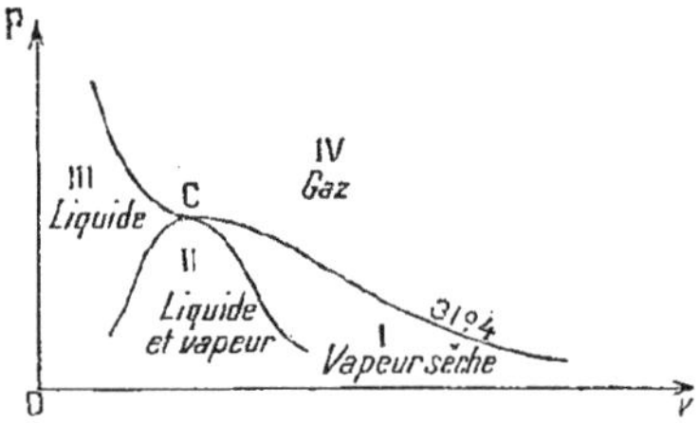

Fig. 688.

$t_c$ est la *température critique*; l'ordonnée du point C est la *pression critique* $p_c$ : son abscisse, s'il s'agit de l'unité de masse, est le *volume critique spécifique* $u_c$, dont l'inverse est la *densité critique* $\Delta_c$. Si, au lieu de l'unité de masse, on considère une masse $m$, le *volume critique* correspondant est $v_c = mu_c$.

On voit maintenant pourquoi, dans la détermination des pressions maxima de vapeur (750), il est impossible de dépasser une température limite qui est la température critique.

Représentons dans le plan des $v, p$ (fig. 688), la courbe de saturation et l'isotherme critique; elles partagent le plan en quatre régions :

La région I correspond à la vapeur sèche ;
— II — — saturante ;
— III — phase liquide ;
— IV — au gaz ;

nous appelons plus particulièrement *gaz*, un corps qui est à une température *supérieure* à sa température critique.

Toutes les fois que nous passons de la région I à la région III en coupant la courbe de saturation, au moment où nous atteignons cette courbe, il y a *discontinuité*, les phases vapeur et liquide en présence sont douées de propriétés différentes ; au contraire, cherchons à passer de la région I à la région III sans couper la courbe de saturation : nous pourrons y arriver d'une infinité de manières, mais il nous suffira d'en décrire une seule pour établir un résultat très curieux et très important.

762. **Passage continu de l'état gazeux à l'état liquide.** — Dans l'éprouvette d'un appareil Cailletet (771), nous avons du gaz carbonique à la température de 20°, par exemple, et sous la pression atmosphérique ; le gaz n'est pas liquéfié, car, pour le gaz carbonique, $F_{20} = 56,3$ atmosphères ; le point figuratif de l'état du gaz est dans la région I (fig. 689). Portons ensuite la température de 20° à 40°, en entourant l'extrémité de l'éprouvette d'un bain liquide à 40°, et pendant cette transformation maintenons la pression constante : le point figuratif atteint un point de l'isotherme 40° dans la région IV ; comprimons jusqu'à 80 atmosphères environ, nous arrivons en B en décrivant l'isotherme AB. Remplaçons ensuite l'eau chaude du manchon par de l'eau à 20°, et durant cette transformation faisons en sorte que la pression ne change pas : le point figuratif décrit la droite BD et nous atteignons le point D qui est dans la région III. Or, le chemin suivi a franchi deux fois la courbe de séparation FCG, et dans l'appa-

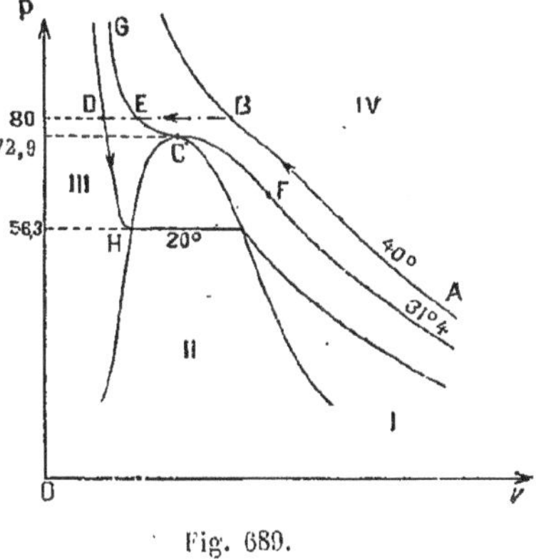

Fig. 689.

rence du corps nous n'avons observé aucune modification ; bien mieux, si nous avons déterminé les constantes physiques du corps, comme l'indice, pendant les transformations, nous avons constaté qu'elles varient d'une manière absolument *continue*, même lorsque nous passons par les points de rencontre avec FCG. Cela ne nous surprend point quand nous passons par le premier de ces points, car il n'y a pas de distinction absolue entre une phase gazeuse et une phase vapeur non saturante ; il n'en est pas de même lorsque nous passons par E. Tout le long de la portion d'isotherme critique CG, les propriétés du liquide et du gaz sont donc infiniment voisines : il est par conséquent légitime de dire que le *fluide passe d'une manière continue de l'état gazeux à l'état liquide.*

On pourrait penser qu'il y a eu retard de transformation et que, le point figuratif étant en D, nous avons affaire à une phase gazeuse instable ; or il suffit de décomprimer à température constante pour constater l'apparition de la phase vapeur dès qu'on atteint le point H.

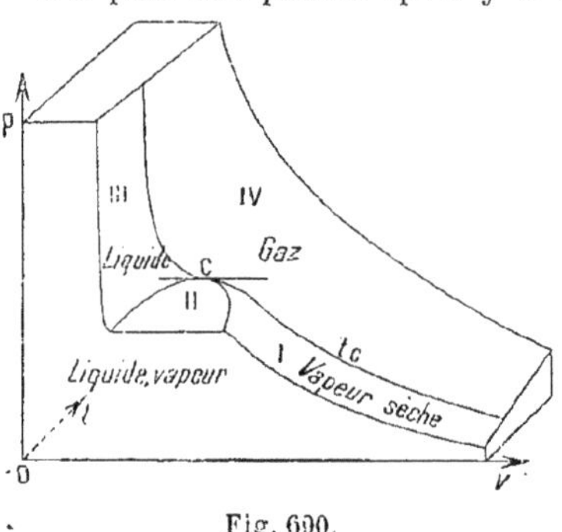

Fig. 690.

*Représentation de l'état d'un fluide.* — Entre les trois variables $p$, $v$, $t$ relatives à l'unité de masse d'un fluide existe une relation ; si par rapport à un système d'axes, dans l'espace, nous déterminons le point de coordonnées $p$, $v$, $t$, la relation dont il s'agit définit une surface qui est partagée en quatre régions par l'isotherme critique et la courbe de saturation (fig. 690) ; chacune de ces régions correspond respectivement à la vapeur non saturante, à la vapeur saturante, au liquide et au gaz.

765. **Interprétation des expériences de Natterer** (760). — Le point figuratif du mélange des deux phases vapeur et liquide étant en M (fig. 691), correspondant à un volume spécifique $u$, cherchons quelles sont les masses respectives du liquide et de la vapeur. Si pour une masse 1 du mélange il y a $x$ de liquide et $y$ de vapeur :

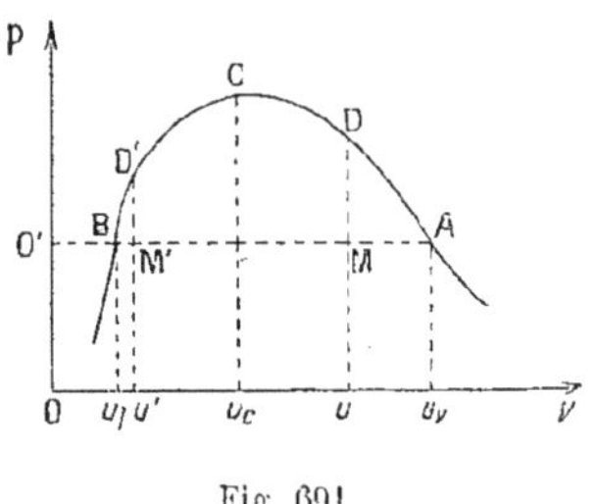

Fig. 691.

$$x + y = 1 ; \tag{1}$$

d'autre part écrivons que la somme des volumes occupés par les masses $x$ de liquide et $y$ de vapeur est égale à $u$. Or le volume spécifique du liquide, $u_l$, est l'abscisse du point B ; celui de la vapeur, $u_v$, est l'abscisse du point A ; on a donc

$$u_l x + u_v y = u ; \tag{2}$$

des équations (1) et (2) nous tirons :

$$\frac{x}{y} = \frac{u_v - u}{u - u_l} = \frac{\text{MA}}{\text{BM}}.$$

Supposons que nous disposions d'un tube de Natterer tel que le volume spécifique du mélange $u$ soit plus grand que le volume critique $u_c$ et chauffons : le volume spécifique est constant (en négligeant la dilatation de l'enveloppe); le point figuratif M (fig. 691) décrit une parallèle à l'axe des pressions; quand la température croît, le rapport $\frac{MA}{MB}$ diminue; le volume du liquide décroît constamment et celui de la vapeur augmente; quand on atteint le point D, la phase liquide a complètement disparu.

Si le volume spécifique du mélange a une valeur $u' < u_c$, le point figuratif M' décrit encore une parallèle à l'axe des pressions quand on chauffe; le rapport $\frac{M'A}{M'B}$ va constamment en croissant; le volume de la phase liquide augmente, celui de la phase vapeur diminue et quand on arrive en D', la vapeur a complètement disparu.

Enfin si $u = u_c$, le rapport des volumes des phases vapeur et liquide est à peu près fixe et le ménisque disparaît quand le point figuratif atteint le point C (Cette conclusion est discutable, mais en tous cas le ménisque disparaît à une température très voisine de $t_c$).

764. **Théorie cinétique des gaz : équation caractéristique des fluides.** — Nous avons vu (726) que, pour un gaz, la relation $pv = RT$ est insuffisante, aussi a-t-on cherché une relation plus rigoureuse. Cette relation aurait pu être donnée par l'expérience, mais les tâtonnements eussent été extrêmement nombreux : Van der Waals a établi, par la théorie cinétique des gaz, une forme de relation très satisfaisante.

C'est Bernoulli qui, le premier, a envisagé les gaz comme constitués par des particules, très petites, très nombreuses, appelées molécules, se déplaçant en ligne droite avec des vitesses énormes et venant frapper les parois des vases qui les renferment. On suppose que la vitesse, pour un gaz, est seulement fonction de la température; la pression serait due aux chocs répétés des molécules sur les parois. Supposons le gaz emprisonné dans un cylindre de 1 cm² de section : si la longueur du cylindre devient deux fois plus petite, le volume est lui-même deux fois plus petit, mais chaque molécule ayant à parcourir un chemin 2 fois plus court, le nombre des chocs par unité de temps est 2 fois plus considérable : la pression a doublé. On voit ainsi que la pression varie en raison inverse du volume (loi de Mariotte); il suffit de supposer que le carré de la vitesse est proportionnel à la température absolue pour obtenir la relation des gaz parfaits

$$pv = RT. \qquad (1)$$

A la température de 0° centigrade, les vitesses moyennes respectives des molécules d'hydrogène, d'oxygène, de gaz carbonique seraient respectivement, d'après certains calculs, $1843\frac{m}{sec}$, $461\frac{m}{sec}$, $392\frac{m}{sec}$. Mais nous n'avons pas tenu compte des dimensions des molécules; en réalité, si $v$ est le volume total du gaz, l'espace libre est inférieur à $v$; tout se passe, au point de vue pression, comme si le volume était réduit à $v - b$; $b$ est ce qu'on appelle le *covolume* et, d'après la théorie, il est égal à 4 fois le volume total des molécules.

Enfin les molécules exercent des attractions les unes sur les autres, à très courte distance; les molécules extrêmement voisines des parois sont attirées vers l'intérieur de la masse gazeuse, sans que cette action soit contrebalancée par l'attraction d'autres molécules, d'où un accroissement de pression vers l'intérieur, qu'on appelle *pression interne*. Si le volume devient deux fois plus petit, les molécules exerçant une attraction efficace sur les molécules correspondant à une portion de paroi de 1 cm² sont deux fois plus nombreuses; cette action s'exerce sur un nombre de molécules deux fois plus considérable; la pression interne est 4 fois plus grande; elle varie donc en raison inverse du carré du volume, elle est de la forme $\frac{a}{v^2}$. Dans la formule des gaz parfaits, nous complétons ainsi les termes $p$ et $v$ et il vient :

$$\left(p+\frac{a}{v^2}\right)(v-b)=\mathrm{RT}; \qquad (2)$$

c'est la formule de Van der Waals. Il est remarquable que cette formule, établie par la théorie, représente d'une manière presque parfaite les résultats de l'expérience.

*Forme des isothermes.* — Si l'on fait $\mathrm{T}=\mathrm{C}^{te}$ dans la relation (2) on obtient l'équation d'une isotherme.

Désignons par $\mathrm{T}_c$ la température critique absolue. Pour toute valeur de T supérieure à $\mathrm{T}_c$, l'équation (2) représente l'isotherme dans toute son étendue, et en faisant $p=\mathrm{C}^{te}$, on a une équation du troisième degré en $v$, qui admet une seule racine réelle.

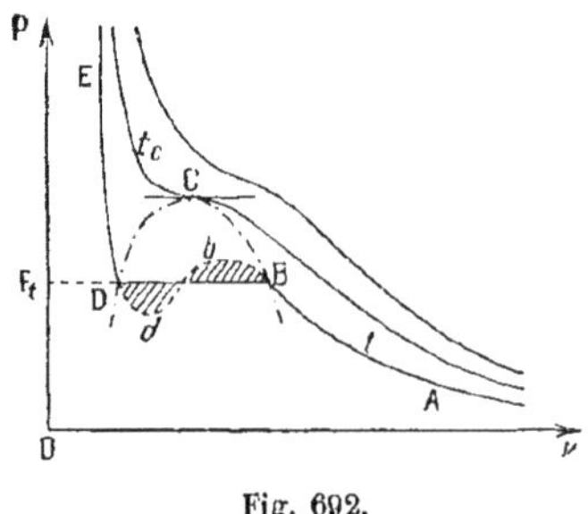


Fig. 692.

Pour toute valeur de T inférieure à $\mathrm{T}_c$, la relation (2) ne représente pas l'isotherme dans toute son étendue, à cause de la discontinuité du passage de l'état vapeur à l'état liquide. Si nous coupons l'isotherme par la droite $p=\mathrm{F}_\mathrm{T}$, nous obtenons les points d'intersection en cherchant les racines de l'équation (2) qui est du troisième degré en $v$ : les trois racines sont réelles; les racines extrêmes sont égales aux volumes spécifiques du liquide et de la vapeur saturante; pour les valeurs de $v$ comprises entre ces racines, la courbe définie par l'équation de Van der Waals n'est plus l'isotherme réelle: elle est remplacée par la droite BD (fig. 692): nous avons vu du reste (755, β) qu'on avait pu réaliser de faux équilibres correspondant aux branches B*b*, D*d*. Enfin, on démontre en Thermodynamique que les aires comprises entre la courbe B*bd*D et la droite BD sont égales, ce qui définit complètement la position de la droite BD par rapport à l'isotherme.

*Calcul des constantes critiques en fonction des coefficients de l'équation de Van der Waals.* — De l'équation de Van der Waals, nous tirons :

$$p=-\frac{a}{v^2}+\frac{\mathrm{RT}}{v-b};$$

l'équation de l'isotherme critique peut donc s'écrire :

$$p=-\frac{a}{v^2}+\frac{\mathrm{RT}_c}{v-b};$$

les coordonnées du point critique C satisfont à cette équation; en outre, le point critique est un point d'inflexion à tangente parallèle à l'axe des volumes, on doit donc avoir pour les coordonnées de ce point :

$$\frac{dp}{dv}=0, \qquad \frac{d^2p}{dv^2}=0;$$

formons ces équations; les constantes critiques sont donc fournies par les relations :

$$p_c=-\frac{a}{v_c^2}+\frac{\mathrm{RT}_c}{v_c-b}; \qquad (1)$$

$$(2)\quad \frac{2a}{v_c^3}-\frac{RT_c}{(v_c-b)^2}=0 \quad \text{ou} \quad (2')\quad \frac{2a}{v_c^3}=\frac{RT_c}{(v_c-b)^2};$$

$$(3)\quad \frac{3a}{v_c^4}-\frac{RT_c}{(v_c-b)^3}=0 \quad \text{ou} \quad (3')\quad \frac{3a}{v_c^4}=\frac{RT_c}{(v_c-b)^3}.$$

Divisant membre à membre (2′) par (3′), il vient, après calculs :

$$v_c=3b.$$

Remplaçons $v_c$ par sa valeur dans (2′), on obtient :

$$T_c=\frac{8a}{27Rb},$$

et enfin de (1), on tire :

$$p_c=\frac{a}{27b^2}.$$

765. **Équation de l'isotherme réduite; loi des états correspondants.** — Exprimons $a$, $b$, R en fonction des constantes critiques; nous trouvons aisément que :

$$b=\frac{v_c}{3},\qquad a=3p_cv_c^2,\qquad R=\frac{8}{3}\frac{p_cv_c}{T_c};$$

remplaçons les constantes $a$, $b$, R par ces valeurs, dans l'équation de Van der Waals, et divisons les deux membres par $\frac{p_cv_c}{3}$, il vient :

$$\left(\frac{p}{p_c}+3\frac{v_c^2}{v^2}\right)\left(3\frac{v}{v_c}-1\right)=8\frac{T}{T_c}.$$

Posons :

$$\frac{p}{p_c}=\varpi,\qquad \frac{v}{v_c}=\varphi,\qquad \frac{T}{T_c}=\Theta$$

l'équation précédente s'écrit :

$$\left(\varpi+\frac{3}{\varphi^2}\right)(3\varphi-1)=8\Theta;$$

dans cette équation ne figure plus aucun coefficient relatif au corps; elle est donc la *même* pour tous les corps; on lui donne le nom d'équation *réduite*. Lorsque pour deux corps les grandeurs $\Theta$, $\varpi$, $\varphi$ sont égales, on dit qu'elles sont *correspondantes*; en particulier lorsque les températures et les pressions sont correspondantes, les volumes sont nécessairement correspondants; les corps sont dits à des *états correspondants*. L'*équation réduite* ne correspond, pour aucune valeur de $\varphi$ et de $\varpi$, à la portion rectiligne de l'isotherme réelle, mais étant donnée la relation qui définit la position de cette droite par rapport à l'isotherme réelle, dans le changement de coordonnées indiqué, pour deux températures correspondantes de deux fluides, les portions rectilignes d'isothermes transformées coïncident.

Comme avec le mode de représentation adopté, *il n'y a qu'un seul réseau d'isothermes commun à tous les fluides*, on en déduit un ensemble de propriétés appelé *loi des états correspondants*; voici les propositions les plus importantes :

1° *A des températures correspondantes, les tensions maxima de tous les liquides sont correspondantes* [la loi de Dalton (791) ne serait qu'un cas particulier de cet énoncé];

2° *A des températures correspondantes, les volumes spécifiques de toutes les vapeurs saturantes sont correspondants;*

3° *A des températures correspondantes, les volumes spécifiques de tous les liquides, sous la tension maximum de leurs vapeurs, sont correspondants.*

4° *A des températures correspondantes, les coefficients de dilatation* $\alpha$ *et* $\beta$ *(sous pression constante, ou sous volume constant) des divers gaz sont les mêmes.*

766. **Vérification de la loi des états correspondants.** — La loi des états correspondants paraît liée à la formule de Van der Waals, dont elle a été déduite, et l'on sait aujourd'hui que cette formule de Van der Waals ne suffit plus pour représenter l'ensemble des expériences de M. Amagat. Mais, en réalité, il en serait encore de même avec une formule quelconque à *trois* constantes (M. Meslin),

$$f(p, v, T, a, b, R) = 0;$$

car, si l'on détermine $p_c$, $v_c$, $T_c$ en fonction de $a$, $b$, R, et si l'on remplace ensuite $a$, $b$, R en fonction des éléments critiques, on a

$$F(p, v, T, p_c, v_c, T_c) = 0;$$

or cette équation est nécessairement homogène et ne doit par conséquent dépendre que des rapports $\frac{p}{p_c}, \frac{v}{v_c}, \frac{T}{T_c}$ ; il en résulte une relation de la forme

$$\Phi(\varpi, \varphi, \Theta) = 0.$$

Il en serait encore de même, en généralisant, si l'on prenait pour unités les coordonnées de deux points correspondants quelconques.

Si donc la loi des états correspondants se trouvait exacte, indépendamment de la formule de Van der Waals, on en devrait conclure que la fonction caractéristique réelle des fluides ne renferme, comme la formule de Van der Waals, que trois coefficients indépendants, caractéristiques de chacun d'eux. La loi des états correspondants constituerait donc une loi naturelle très remarquable. Or M. Amagat a fait observer que l'on peut vérifier la loi des états correspondants, indépendamment de la connaissance exacte de la fonction caractéristique et des constantes critiques. En effet, si la loi des états correspondants est une loi naturelle, les réseaux d'isothermes de tous les corps, rapportés aux constantes critiques et représentés à une même échelle, doivent se superposer exactement en un seul et même réseau. D'ailleurs, comme un changement d'unités revient à un changement d'échelle sur les axes de coordonnées, il suffira de multiplier les abscisses d'un réseau par un coefficient et les ordonnées par un autre coefficient, pour que sa coïncidence avec un autre réseau puisse avoir lieu, si une telle coïncidence doit exister. Il doit donc toujours être possible, d'après cela, de superposer, ou d'intercaler exactement, sans aucune intersection, en projection ou en photographie avec de la lumière parallèle, deux réseaux tracés par rapport à des échelles quelconques, en les inclinant convenablement l'un par rapport à l'autre autour de parallèles aux axes de coordonnées. C'est effectivement le résultat auquel est parvenu M. Amagat pour les deux réseaux du gaz carbonique et de l'éthylène, par exemple, ou pour les trois réseaux du gaz carbonique, de l'air et de l'éther, dans les limites communes. — Une autre méthode de vérification repose sur la remarque suivante : si l'on trace les isothermes en prenant pour coordonnées de chaque point les logarithmes des coordonnées ordinaires, il suffit d'effectuer de simples translations parallèles aux axes pour amener la coïncidence. En effet, les logarithmes de deux valeurs numériques d'une même grandeur, par rapport à deux unités, ne diffèrent que par une constante (M. Raveau).

La loi des états correspondants ne présente pas, en réalité, la généralité qu'on lui a attribuée tout d'abord; elle ne donne lieu à des vérifications vraiment satisfaisantes qu'à la condition de ranger les corps par groupes (M. S. Young et M. Mathias), et il faudrait bien se garder de considérer comme précis des coefficients ou des grandeurs physiques calculés par application de cette loi; mais les nombres ainsi obtenus sont approchés et leur connaissance peut être utile.

767. **Détermination expérimentale des constantes critiques.** — 1° *Méthode des densités.* — Elle est basée sur une loi extrêmement intéressante dite *loi du diamètre rectiligne*, due à MM. Cailletet et Mathias :

Si l'on porte en abscisses les températures, en ordonnées les densités absolues du liquide et de la vapeur saturante, on obtient deux branches de courbe qui se rejoignent au point unique correspondant à la température critique; en outre :

*Le diamètre conjugué de la direction de l'axe des ordonnées est rectiligne.*

Le coefficient angulaire de ce diamètre est négatif; il en résulte que la densité absolue de la vapeur saturante varie moins rapidement que celle du liquide. A la température de solidification du liquide, la densité de ce liquide est sensiblement trois fois la densité critique (M. Mathias); la densité absolue de la vapeur est à peu près nulle.

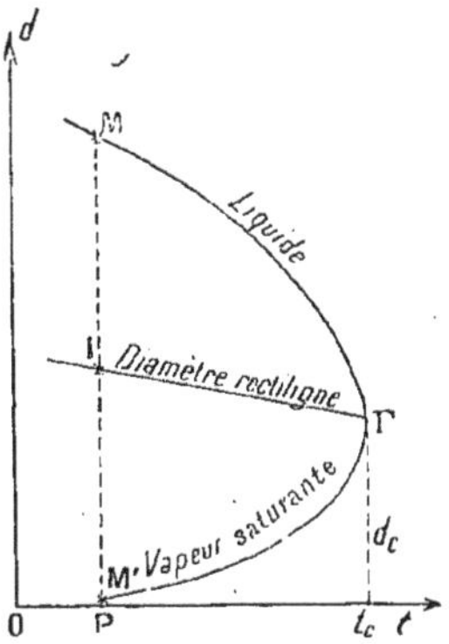

Pour avoir les masses spécifiques $d$ et $d'$ du liquide et de sa vapeur saturante à une température donnée $t^0$, on introduit une masse déterminée M du fluide dans un tube gradué (par exemple le tube de l'appareil Cailletet, gradué et calibré dans la partie étroite), maintenu à $t^0$; on évalue les volumes respectifs V et V′ du liquide et de la vapeur, on a donc

$$Vd + V'd' = M;$$

en comprimant un peu le fluide, on provoque une condensation de vapeur et on observe les nouveaux volumes $V_1$ et $V'_1$ des deux phases : on a la relation

$$V_1 d + V'_1 d' = M;$$

ces deux équations permettent de calculer $d$ et $d'$.



Fig. 693.

On construit donc la courbe des densités, en opérant pour des températures aussi voisines que possible de la température critique $t_c$; on mène le diamètre rectiligne : l'intersection du diamètre avec la courbe est le point Γ (fig. 693) qui a pour coordonnées $t_c$ et $d_c$, d'où $v_c = \frac{1}{d_c}$; on obtient $p_c$ en déterminant la pression maximum de vapeur à $t_c$ par la courbe des forces élastiques, ou en faisant usage de formules empiriques reconnues exactes dans le voisinage immédiat de $t_c$.

2° *Méthode de la vaporisation totale.* — On opère avec des tubes de Natterer (760) remplis d'une manière inégale du fluide et on détermine, par de nombreux tâtonnements, la température *maximum* de disparition du ménisque; cette température est $t_c$. Il est indispensable de porter le tube à une température bien connue, pendant longtemps : M. Gouy a construit, à cet effet, une étuve qui permet de maintenir une température constante à 0°,0001 environ. On note la disparition du ménisque, en observant au moyen d'une lunette la réflexion sur le ménisque d'un rayon lumineux descendant; quand le ménisque est remplacé par une zone de densité variable, la proportion de lumière réfléchie change très rapidement.

Connaissant $t_c$, on détermine $p_c$, comme il a été dit à propos de la méthode précédente, et $d_c$ en cherchant la densité du liquide ou de la vapeur pour la température $t_c$.

3° *Méthode de MM. Cailletet et Colardeau.* — Le principe de cette méthode extrêmement ingénieuse, qui a été appliquée par ses auteurs à la détermination de la température et de la pression critiques de l'eau, est le suivant :

Supposons que l'on chauffe successivement diverses masses d'un même liquide dans un tube, dont le volume est sensiblement constant. Tant que la densité moyenne de remplissage (quotient de la masse totale par le volume du tube) est nettement inférieure à la densité critique (761), la masse de liquide est insuffisante pour remplir le tube de vapeur saturante jusqu'à la température critique ; tout le liquide se trouve donc entièrement réduit en vapeur à une température θ, nettement inférieure à la température critique. A partir de ce moment, dans le volume constant du tube, la pression de la vapeur non saturante varie à peu près proportionnellement à la température; on obtient donc ainsi une droite AB (fig. 694), située au-dessous de la courbe des pressions maxima, et dont le coefficient angulaire est d'autant plus élevé que la pression initiale, c'est-à-dire la température θ, est elle-même plus grande. Au contraire, lorsque la densité moyenne de remplissage est nettement supérieure à la densité critique, la masse de liquide est trop grande pour qu'un mélange de liquide et de vapeur puisse persister jusqu'à la température critique; le liquide résorbe donc peu à peu la vapeur, et le tube se trouve entièrement rempli de liquide à une température θ inférieure à la température critique. La pression du liquide croît ensuite plus rapidement que la pression maximum, et l'on obtient alors une droite AB′, située au-dessus de la courbe des pressions maxima; le coefficient angulaire de cette droite est d'autant plus faible que la masse de liquide est plus petite, c'est-à-dire que la température θ, à laquelle le tube sera entièrement plein de liquide, est plus élevée. Ces diverses droites, AB, AB′..., forment donc comme des barbes de plume, se détachant de part et d'autre de la courbe des tensions maxima ; le point extrême C de cette courbe, dont les coordonnées sont la température critique $t_c$, et la pression critique $p_c$, peut se définir comme étant la limite supérieure des points d'attache de ces barbes de plume.

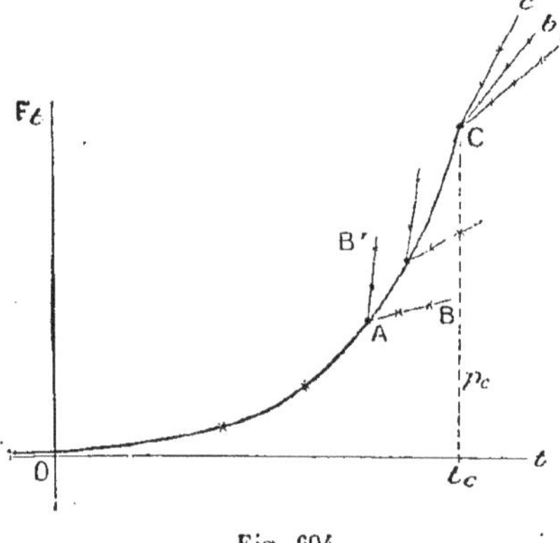


Fig. 694.

MM. Cailletet et Colardeau chauffaient de l'eau dans un tube d'acier, sous des densités moyennes légèrement inférieures à la densité critique ; le phénomène de Cagniard de la Tour se produisait à des températures un peu inférieures à la véritable température critique, et l'on obtenait ainsi des barbes inférieures *a*, *b*, *c*, qui auraient dû théoriquement se détacher en des points différents, mais qui semblaient provenir d'un *point unique* C. Ce point est donc le point critique cherché, et cela s'explique par l'inflexion que présente l'isotherme critique au sommet Γ de la courbe de saturation (761) : en vertu de cette inflexion, la pression dans le tube ne change pas sensiblement, pour des masses voisines de celle dont le volume du tube est le volume critique. Dans le cas de l'eau, les coordonnées du point C seraient : $t_c = 365°$, et $p_c = 200^{atm},5$.

4° *Méthode des isothermes d'Andrews.* — On détermine expérimentalement les isothermes pour un intervalle de températures comprenant la température critique ; on calcule alors les coefficients de l'équation de Van der Waals et on en tire les constantes critiques ; les résultats obtenus sont en général peu précis, à cause de l'imperfection de la fonction adoptée pour représenter la compressibilité et la dilatation des fluides.

CONSTANTES CRITIQUES

| | $t_c$ | $p_c$ (en atmosphères). | $d_c$ |
|---|---|---|---|
| Hélium | — 268° | 2,75 | » |
| Hydrogène | — 241° | 19,4 | 0,034 |
| Azote | — 145°,1 | 33,6 | 0,327 |
| Oxyde de carbone | — 139°,5 | 35,5 | 0,328 |
| Oxygène | — 118°,8 | 50,8 | 0,429 |
| Argon | — 122°,4 | 48,0 | » |
| Oxyde azotique | — 93°,5 | 71,2 | 0,524 |
| Méthane | — 81°,8 | 54,9 | 0,145 |
| Anhydride carbonique | + 31°,35 | 72,9 | 0,464 |
| Chlore | + 146° | 93,5 | 0,547 |
| Anhydride sulfureux | + 157°,2 | 78,9 | 0,520 |
| Ether ordinaire | + 194°,8 | 35,60 | 0,262 |
| Alcool éthylique | + 243°,1 | 62,96 | 0,275 |
| Eau | + 365° | 200,5 | 0,329 |

TEMPÉRATURES D'ÉBULLITION ET DE SOLIDIFICATION

| | Ébullition. | | Solidification. |
|---|---|---|---|
| | Pression. | Température. | |
| Hydrogène | 76cm | — 252°,8 | — 259° |
| | 6 | — 258° | |
| Air | 76 | — 194°. | |
| Azote | 74 | — 195°,7 | — 210°,5 |
| | 6 | — 204° | |
| Oxygène | 76 | — 181°,4 | — 227° |
| | 2 | — 200°,4 | |
| Argon | 76 | — 186° | — 189° |
| Éthylène | 76 | — 102°,5 | — 169° |
| Alcool éthylique | 76 | 78°,3 | — 130° env. |
| Toluène | 76 | 110°,0 | — 98,° |

## II. — LIQUÉFACTION DES GAZ

768. **Définition. — Conditions de liquéfaction.** — La liquéfaction est le passage d'un corps de la phase gaz ou vapeur à la phase liquide.

Soit un gaz liquéfié à la température $t$, la pression à laquelle il est soumis est la pression maximum de vapeur $F_t$ ; désignons par $\varpi$ et $\theta$ la pression et la température initiales.

On doit avoir :

1° $t < t_c$ ; si la température initiale $\theta$ est supérieure à la température critique, il est indispensable de refroidir le gaz de manière à atteindre une température $t$ satisfaisant à la condition indiquée.

2° Il faut que le gaz soit porté à une pression P supérieure ou au moins égale à $F_t$, ou, en langage algébrique, il faut que l'on ait :

$$P \geqslant F_t.$$

Pour réaliser cette inégalité on peut procéder de différentes façons :

α) Diminuer $t$, par suite on diminue $F_t$ et il arrive un moment où la pression initiale $\varpi$ est supérieure ou au moins égale à $F_t$ : on a ainsi les méthodes par *refroidissement.*

β) Augmenter P : ce sont les méthodes par *compression.*

γ) Diminuer $t$ et par suite $F_t$, et en même temps augmenter P ; c'est une combinaison des méthodes précédentes : on opère alors par *refroidissement et compression.*

Les méthodes du second groupe sont suffisantes seulement lorsque la température initiale θ, qui est la température ambiante, est inférieure à la température critique ; c'est le cas de la plupart des liquéfactions industrielles ; anhydrides carbonique et sulfureux, ammoniac, chlorure de méthyle.

769. **Méthodes de liquéfaction par refroidissement.** — 1° On peut employer comme agent réfrigérant la *glace* : on fait passer le gaz dans un tube ou un matras entouré de glace (fig. 695) et il se liquéfie ; c'est le cas du peroxyde d'azote, de l'anhydride hypochloreux.

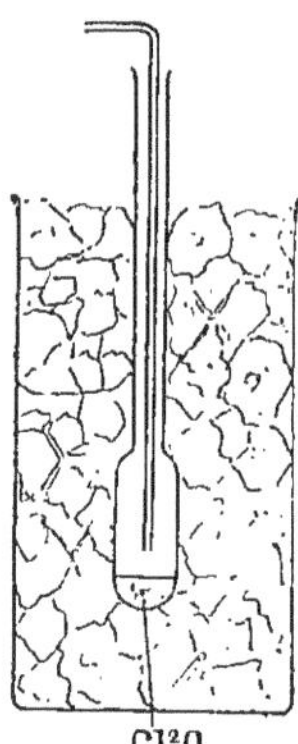

Fig. 695.

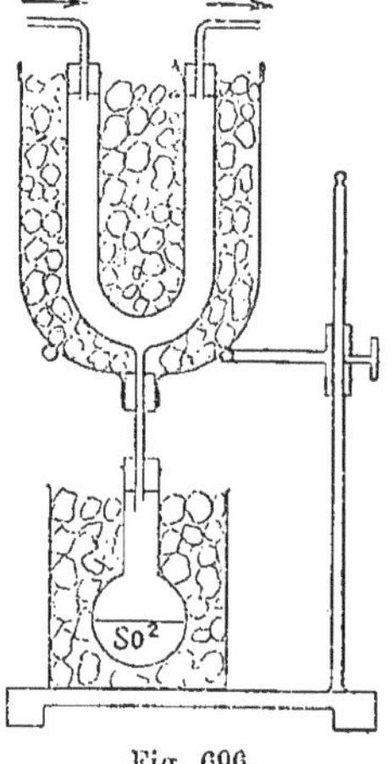

Fig. 696.

2° On utilise un *mélange réfrigérant* : en employant le mélange réfrigérant de glace et sel marin (— 21°,5), avec l'appareil de la figure 696, on liquéfie l'anhydride sulfureux (— 8°) ; en employant celui de chlorure de calcium hexahydraté et de glace (— 40°), on obtient l'ammoniaque liquide (— 38°) ;

3° Pour avoir une réfrigération plus énergique, on fait évaporer des *gaz liquéfiés*. Le gaz à liquéfier arrive par le tube A (fig. 697) ; le gaz liquéfié employé comme agent réfrigérant est en B ; on en provoque l'évaporation en aspirant sa vapeur par une trompe ; pour protéger l'agent réfrigérant contre les causes de réchauffement, on place B à l'intérieur d'un vase C où l'on fait le vide, les parois externes de B, internes de C étant recouvertes de feuilles de papier d'étain pour s'opposer au rayonnement ; aujourd'hui, du reste, on trouve dans le commerce des enveloppes à vide (775) très efficaces comme protection thermique.

En évaporant l'anhydride sulfureux liquide, on peut provoquer la liquéfaction du chlore, de l'ammoniaque, du cyanogène ; par évaporation de la neige carbonique, on peut liquéfier l'ammoniaque.

L'exemple le plus intéressant de ce procédé de liquéfaction nous est offert par la machine frigorifique à cascade de M. Kammerlingh Onnes de l'Université de Leyde; elle comporte trois cycles :

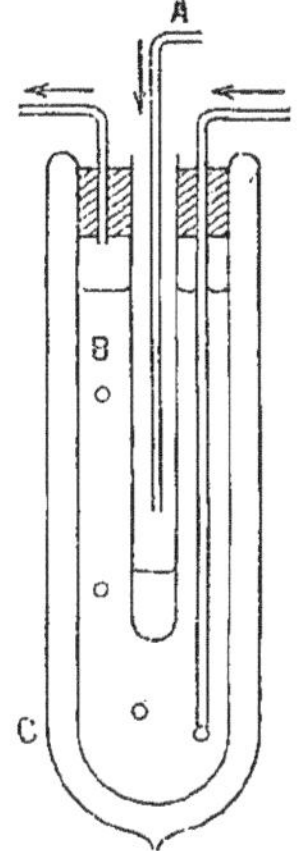

Fig. 697.

Premier cycle : on provoque l'évaporation dans le vide du chlorure de méthyle liquide : on obtient ainsi une température de — 70° : le gaz est ensuite comprimé, liquéfié, et renvoyé au réservoir initial. Les vapeurs de chlorure de méthyle circulent, avant d'être liquéfiées, dans un *échangeur de températures* qui se compose de deux tubes concentriques A et B (fig. 698); les vapeurs passent dans l'espace annulaire, tandis que de l'éthylène circule dans le tube central, en sens inverse.

Deuxième cycle : l'éthylène gazeux refroidi par les vapeurs de chlorure de méthyle est comprimé et liquéfié. On le vaporise ensuite en faisant le vide, on atteint ainsi —150°; ces vapeurs d'éthylène circulent dans un premier échangeur de température, de manière à refroidir le gaz à liquéfier, puis dans un deuxième échangeur de température où elles sont refroidies elles-mêmes par les vapeurs de chlorure de méthyle, enfin elles sont comprimées et liquéfiées.

Troisième cycle : le gaz à liquéfier, air, oxygène, azote, est comprimé et lancé dans l'échangeur de température parcouru par le gaz éthylène à — 150° : la liquéfaction se produit.

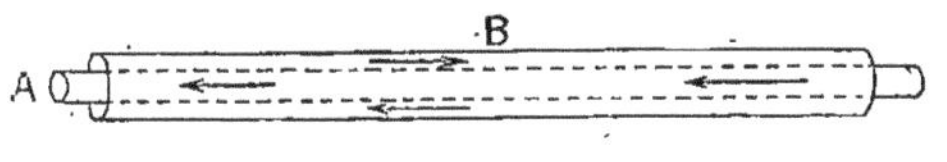

Fig. 698.

4° Les méthodes de refroidissement par *détente*. Elles sont extrêmement importantes, au point de vue théorique et au point de vue pratique; c'est pourquoi nous allons les étudier en particulier.

770. **Détente avec production de travail extérieur**. — Soit un gaz comprimé en A (fig. 699), au fond d'un cylindre complètement isolé du milieu extérieur au point de vue thermique : désignons par $P_0$, $V_0$, $T_0$ les conditions initiales du gaz; supposons que l'on cesse de pousser le piston ; il est alors soulevé par le gaz qui se détend ; soient P, V, T les conditions finales du gaz ; la détente a été *adiabatique*, c'est-à-dire qu'il n'y a eu aucun échange de chaleur entre le gaz et le milieu extérieur (on suppose que la capacité calorifique des parois du cylindre est nulle et que l'isolement thermique de celui-ci est parfait); dans ce cas, C et $c$ étant les chaleurs spécifiques du gaz sous pression et à volume constants, on établit, en Thermodynamique, la relation

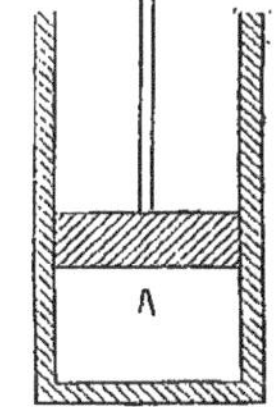

Fig. 699.

$$PV^{\frac{C}{c}} = P_0V_0^{\frac{C}{c}};$$

mais d'autre part :

$$PV = RT, \qquad P_0V_0 = RT_0;$$

calculons T en fonction de $T_0$ et des pressions P, $P_0$ :

$$\frac{T}{T_0}=\frac{PV}{P_0V_0}, \qquad \text{or} \qquad \frac{V}{V_0}=\left(\frac{P_0}{P}\right)^{\frac{c}{C}}=\left(\frac{P}{P_0}\right)^{-\frac{c}{C}};$$

donc

$$\frac{T}{T_0}=\left(\frac{P}{P_0}\right)^{1-\frac{c}{C}};$$

dans le cas particulier des gaz diatomiques (658) $\frac{C}{c}=1,4$ et il vient

$$T=T_0\left(\frac{P}{P_0}\right)^{\frac{2}{7}}, \qquad \text{ou} \qquad \log T=\log T_0+\frac{2}{7}(\log P-\log P_0).$$

Faisons le calcul dans un cas particulier :

Pour $P_0=200$ atm, $P=1$ atm, $T_0=273°$ (c'est-à-dire 0° centigrade), on trouve : $T=74°$ (c'est-à-dire −199° centigrades); l'abaissement de température a été de 200 degrés environ; le procédé de réfrigération est donc très énergique. En réalité l'abaissement de température n'est pas aussi considérable que celui calculé, car la détente n'est jamais parfaitement adiabatique et le travail résistant peut être très inférieur à celui qu'on a fait entrer en ligne de compte.

771. **Expériences de M. Cailletet.** — C'est à M. Cailletet que revient l'honneur d'avoir le premier indiqué et utilisé cette méthode.

L'éprouvette T (fig. 700), qui contient le gaz, est mastiquée dans une

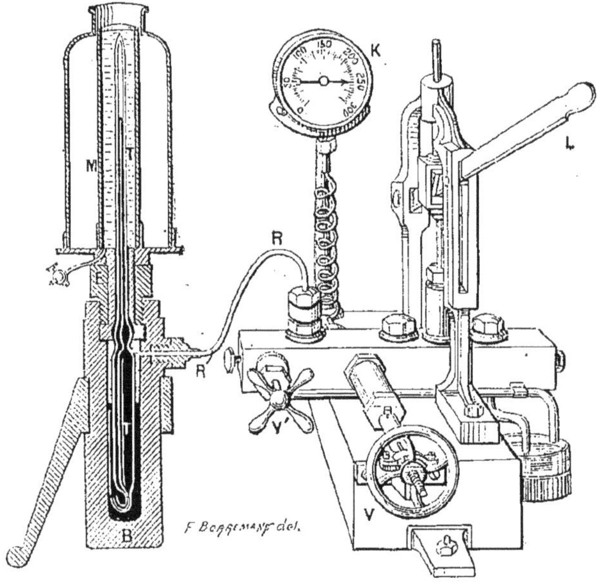


Fig. 700.

pièce métallique A que l'on fixe dans un bloc de compression par un écrou E. Au moyen d'une pompe aspirante et foulante on injecte de l'eau au-dessus du mercure, on le refoule et on comprime le gaz; on peut atteindre facilement des pressions de plusieurs centaines d'atmosphères. Dans l'éprouvette M on peut mettre un liquide, un mélange réfrigérant, un gaz liquéfié s'évaporant sous la pression atmosphérique ou sous pression réduite, pour refroidir préalablement à la détente le gaz de T. La détente se produit en ouvrant un robinet à pointeau commandé par la manivelle V'; on peut aussi faire varier le volume du gaz de petites quantités, en agissant sur le volant V qui entraîne un piston plongeur.

En 1877, M. Cailletet soumit les gaz réputés alors permanents (hydrogène, oxygène, azote, oxyde azotique, oxyde de carbone et méthane) à des pressions de 300 atmosphères et provoqua une détente brusque à 1 atmosphère : dans chaque cas il observa, à l'intérieur du tube à gaz, l'apparition d'un *brouillard* formé évidemment des gouttelettes provenant d'une liquéfaction partielle du gaz.

Cette méthode a été perfectionnée en refroidissant le gaz, avant détente, par évaporation dans le vide de gaz liquéfiés (éthylène, anhydride carbonique, air), et en utilisant aussi la *détente ménagée* (778). Ainsi M. Dewar, en comprimant de l'hydrogène à 200 atmosphères, le refroidissant successivement par la neige carbonique ($-79^\circ$), par l'air liquide évaporé sous la pression atmosphérique ($-190^\circ$), et par l'air liquide évaporé dans le vide ($-205^\circ$), puis le laissant se détendre à 1 atmosphère, a pu liquéfier ce gaz par masses considérables dès 1895.

772. **Détente sans production de travail extérieur notable.** — Nous avons vu (661) que lorsqu'un gaz se détend dans le vide, sa température ne varie pas. Mais l'expérience de Joule, qui nous a servi à établir ce résultat, est peu précise, vu la grande capacité calorifique des récipients et du calorimètre, par rapport à celle du gaz. C'est pourquoi Joule et lord Kelvin ont fait, sur ce même sujet, de nouvelles expériences dont le principe est le suivant :

Le gaz comprimé, maintenu à température constante, s'écoule à travers un tampon de coton et se détend en le traversant; on constate que, dans ces conditions, il y a un abaissement de température (pour l'hydrogène il faudrait opérer au-dessous de $-190^\circ$) à peu près proportionnel à la variation de pression, et qui est de $0^\circ,25$ environ par atmosphère; on peut le calculer par la formule empirique

$$\Delta t = 0{,}276\,(p_1 - p_2)\left(\frac{1}{1+\alpha t}\right)^2.$$

Cet abaissement de température est dû à deux causes :

1° Lorsque le gaz se détend, il reçoit un travail de la part du compresseur et il fournit un travail pour refouler l'air extérieur. Si le gaz était *parfait*, c'est-à-dire s'il suivait les lois de Mariotte, de Gay-Lussac et de Joule, ces deux travaux se feraient compensation. Dans la réalité il n'en est pas ainsi; il y a donc production de *travail extérieur* dont le signe est positif pour tous les gaz dans les conditions ordinaires de température et de pression, sauf pour l'hydrogène.

2° Il y a accroissement d'énergie interne (664), les molécules du gaz s'étant éloignées les unes des autres malgré les forces d'attraction qui s'exercent entre elles; il en est résulté une perte de chaleur par production de *travail intérieur*, un abaissement de température qui s'ajoute à celui provenant de la production d'un *travail extérieur total positif*.

773. **Liquéfaction de l'air; machine de Linde.** — C'est ce refroidissement par détente sans travail extérieur notable que M. Linde, de Munich, a utilisé pour la liquéfaction industrielle de l'air, dès 1898. Seulement, comme la pression critique de l'air est 40 atmosphères, et sa température critique — 140°, si l'on voulait obtenir cette température, à partir de $t=0°$ par exemple, au moyen d'*une seule détente*, il faudrait avoir théoriquement $p_1 - p_2 \geqq 500$ atmosphères avec $p_2 \geqq 40$ atmosphères; c'est-à-dire $p_1 \geqq 540$ atmosphères. Ce sont là des pressions absolument irréalisables dans la pratique industrielle. — M. Linde se contente de détendre d'abord l'air de $p_1=220$ atmosphères à $p_2=20$ atmosphères, ce qui fournit un premier abaissement de température, d'environ 50°. Avant de retourner au compresseur, l'air refroidi par cette première détente parcourt un serpentin, qui enveloppe celui par lequel arrive l'air comprimé à 220 atmosphères; la température de l'air qui arrive est ainsi abaissée; une nouvelle détente l'abaisse encore d'environ 50°, et ainsi de suite jusqu'à ce que l'air finisse par se liquéfier à chaque détente. Il y a donc une *accumulation de refroidissements successifs*, grâce au contre-courant gazeux, jusqu'à ce que le régime permanent soit établi.

Il importe de ne pas détendre l'air jusqu'à $p_2=1$ atmosphère. Le travail de compression, à température constante, est proportionnel à $\text{Log}\,\frac{p_1}{p_2}$. En effet, pour une variation de volume $dv$, le travail $dW$ produit par le gaz est

$$dW = pdv,$$

et si le gaz passe de la pression $p_1$ à la pression $p_2$ :

$$W = \int_{p_1}^{p_2} pdv;$$

d'autre part, à température constante,

$$pv = A \qquad \text{ou} \qquad pdv + vdp = 0;$$

donc :

$$W = \int_{p_1}^{p_2} -vdp = \int_{p_1}^{p_2} -A\frac{dp}{p} = -A\,\text{Log}\,\frac{p_2}{p_1} = A\,\text{Log}\,\frac{p_1}{p_2}.$$

Or le travail cédé par le gaz en se détendant de $p_1$ à $p_2$ est égal au travail absorbé pour la compression de $p_2$ à $p_1$.

D'après la formule de Joule et lord Kelvin, l'abaissement de température ne dépend que de la différence $p_1 - p_2$. Il faut donc augmenter $p_1 - p_2$, sans augmenter trop $\frac{p_1}{p_2}$. Or pour $p_1=220$ atmosphères, et $p_2=1$ atmosphère, on aurait $p_1 - p_2 = 219$, ce qui n'abaisserait la température que de quelques degrés de plus, et donnerait $\frac{p_1}{p_2} = 220$, tandis que $p_2 = 20$ atmosphères donne $p_1 - p_2 = 200$, et $\frac{p_1}{p_2} = \frac{220}{20} = 11$ seulement; or Log 220 : Log 11 = 2,25.

La machine de Linde est constituée comme l'indique la figure schématique 701 : un premier compresseur C puise l'air à l'extérieur, et le comprime d'abord à 20 atmosphères; un second C′ le porte ensuite à 220 atmosphères et l'envoie dans le serpentin *sss*, dont la première partie est entourée d'un réfrigérant *r* qui abaisse sa température. Le serpentin *s* se termine par un robinet R, qui sert à détendre le gaz dans un espace A jusqu'à 20 atmosphères, comme on le constate avec un manomètre. Un

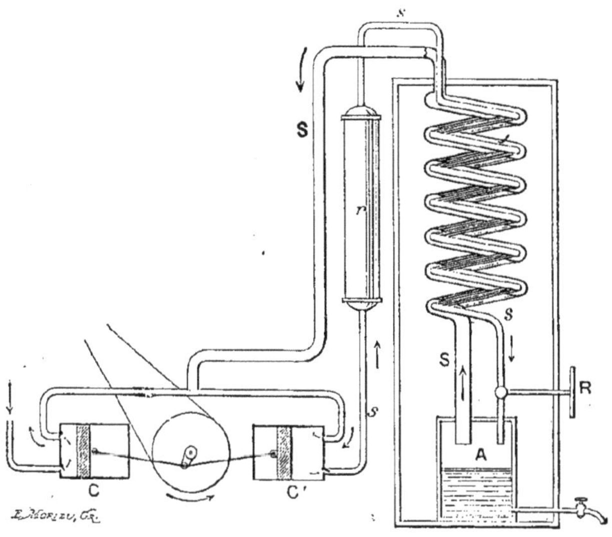


Fig. 701.

second serpentin SS, qui enveloppe le premier, reprend le gaz et le ramène au compresseur C′; pendant ce trajet, il refroidit le gaz qui vient en sens inverse par le serpentin intérieur; il est ensuite comprimé de nouveau lui-même, par le compresseur C′, à 220 atmosphères, puis détendu à nouveau, et ainsi de suite jusqu'à liquéfaction en A, où l'on recueille l'air liquide. — On peut ainsi obtenir, avec une machine utilisant une puissance de 18 à 20 chevaux, 7 à 8 litres d'air liquide à l'heure, soit environ 0l,40 par cheval-vapeur-heure.

774. **Liquéfaction de l'air ; machine de G. Claude.** — Le gaz se détend en faisant tourner un moteur, il y a donc production d'un *travail extérieur*, beaucoup plus considérable que dans le cas précédent.

L'air comprimé à 40 atmosphères pénètre dans le tube A (fig. 702), va travailler dans le moteur à air B, d'où il s'échappe à la pression atmosphérique; il passe alors dans un faisceau tubulaire F placé à l'intérieur d'un récipient cylindrique L, appelé le *liquéfacteur*, et qui communique directement avec A; puis, l'air s'échappe par la région annulaire de l'échangeur de température CA. Le gaz se refroidit en traversant le moteur à air, *cède des frigories*(¹) à l'air du liquéfacteur et à celui qui arrive en A; de cette manière l'air qui vient se détendre dans le moteur est refroidi peu à peu, progressivement, jusqu'à ce qu'il atteigne la température de —100°; en s'échappant du moteur, il est à —190°, il refroidit l'air du liquéfacteur à —140°; à cette température, et sous la pression de 40 atmosphères, le gaz du liquéfacteur se liquéfie; l'air qui s'échappe du faisceau du liquéfacteur est à —140°; il cède encore des frigories à l'air qui entre en A.

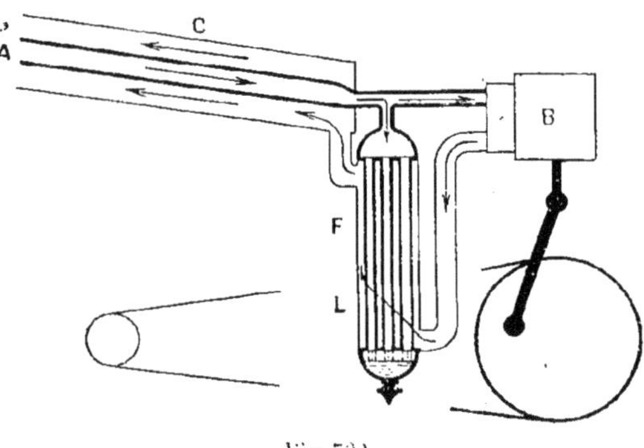

Fig. 702.

Par l'interposition du liquéfacteur, le gaz qui pénètre dans le moteur est à —100° seulement; c'est-à-dire assez loin de son point de liquéfaction; dans ces conditions, il travaille bien et l'abaissement de température est notable, le rendement de l'appareil est bien supérieur à ce qu'il serait sans liquéfacteur.

On graisse le moteur à l'éther de pétrole rectifié, qui est encore liquide à —210°.

M. G. Claude a amélioré son appareil par l'emploi de deux détentes successives, de 40 à 20 atmosphères et de 20 atmosphères à 1 atmosphère; il utilise dans ce cas un appareil dit *compound* par analogie avec les machines thermiques où la vapeur se détend successivement dans plusieurs cylindres. De cette façon, le gaz qui s'échappe de chaque moteur est seulement à —160°; il a travaillé dans de meilleures conditions que s'il avait été refroidi jusqu'à —190°, c'est-à-dire au voisinage *immédiat de sa liquéfaction*, car, dans ce dernier cas, le gaz se comporte presque comme un liquide et, par suite, son travail d'expansion est faible.

Le rendement atteint avec les machines ordinaires est de 0¹,60 d'air liquide par cheval-vapeur-heure, et avec l'appareil compound, pour le même travail dépensé, on produit 0¹,85 d'air liquide; le procédé de Claude est plus avantageux que celui de Linde.

775. **Conservation de l'air liquide.** — On ne peut évidemment songer à enfermer l'air liquide dans un récipient complètement clos; car, d'une part, il s'échaufferait, et dès qu'il arriverait à sa température critique, $t_c$ —140°,

(¹) La *frigorie* est la quantité de froid nécessaire pour refroidir 1 gramme d'eau de 16° à 15°; *céder des frigories* est synonyme d'*absorber des calories*.

il se transformerait complètement en air gazeux; d'autre part, comme 1 litre d'air liquide provient d'à peu près 1 mètre cube d'air gazeux dans les conditions normales, l'air gazeux, en revenant à la température ordinaire, exercerait, dans le volume qu'il occupait à l'état liquide, une pression d'environ 1000 *atmosphères*, ce qui pourrait être dangereux.

A l'air libre au contraire, l'air liquide se maintient de lui-même à la température pour laquelle sa pression de vapeur est de 1 atmosphère, c'est-à-dire à sa température d'ébullition, qui est de — 194° environ. La conservation de l'air liquide, dans ces conditions, a été rendue pratique grâce à l'emploi de vases de verre, cylindriques ou sphériques (fig. 705), à double paroi; entre les parois on a fait un vide, plus avancé même que le vide de Crookes: c'est le vide de Hittorf, dans lequel la décharge électrique ne passe plus. Ces vases avaient été imaginés dès 1887 par M. d'Arsonval, pour conserver plus longtemps du chlorure de méthyle à l'air, à sa température d'ébullition de — 24°. M. Dewar a eu l'idée d'argenter intérieurement la double paroi de ces vases, pour diminuer encore son pouvoir absorbant. Le vide réduit à $\frac{1}{15}$ la vitesse d'évaporation; il en est de même pour l'argenture; l'emploi simultané de ces deux procédés de protection thermique réduit à $\frac{1}{200}$ la vitesse d'évaporation. Dans ces conditions, la perte par apport extérieur de chaleur, à la température de — 194°, pour un vase argenté cylindrique, d'un litre environ de capacité, peut être réduite à 20 grammes d'air liquide à l'heure. L'emploi de l'air liquide devient ainsi très pratique dans les laboratoires. Les vases en verre étant très fragiles, Dewar les a remplacés par des vases métalliques, mais, comme il n'est pas possible de pousser le vide aussi loin dans la cavité, on y remédie en la remplissant de charbon qui absorbe les gaz restants dès que le vase contient de l'air liquide. On bouche par un tampon de coton.

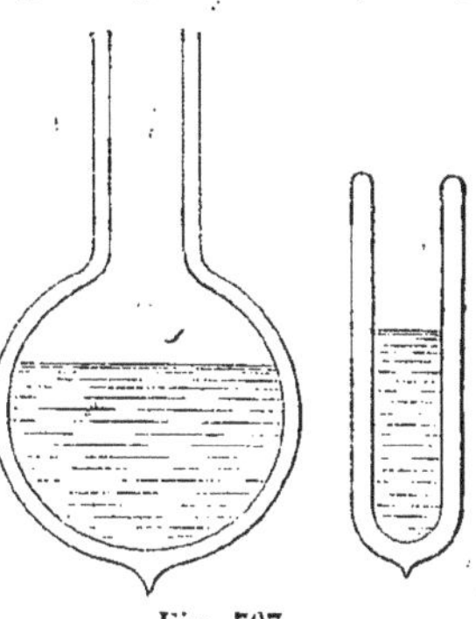

Fig. 705.

La production de l'air liquide en grandes quantités, et sa distillation fractionnée (795), ont permis d'isoler les nouveaux gaz qui accompagnent l'argon dans l'atmosphère: l'*hélium* et le *néon*, plus volatils que l'argon; le *crypton* et le *xénon*, moins volatils.

776. **Usages de l'air liquide.** — 1° On utilise l'air liquide pour obtenir de basses températures. L'emploi de l'air liquide a permis d'étudier les corps à des températures qu'on ne pouvait atteindre autrefois, et l'on a ainsi découvert des propriétés nombreuses et intéressantes. En général, l'énergie chimique diminue quand la température décroît, ainsi à — 194° la plaque photographique n'est plus impressionnée par la lumière, le sulfure de calcium n'est plus phosphorescent, mais en revanche la paraffine devient phosphorescente. Le caoutchouc, la viande, les œufs deviennent durs et cassants comme du verre; le plomb est beaucoup moins mou qu'à la température ordinaire; la résistance électrique des métaux a diminué considérablement; il en est de même pour les chaleurs spécifiques;

2° L'air liquide est utilisé pour la préparation de l'oxygène et de l'azote par séparation de ces deux corps, chacun de ces gaz ayant des applications très importantes (795);

3° Un mélange d'air liquide, à 0,5 d'oxygène, et de poudre de charbon constitue un explosif puissant, mais qui conserve ses propriétés seulement pendant un temps limité par suite de l'évaporation du liquide;

4° L'air liquide sert à tremper fortement l'acier;

5° Si l'on fait communiquer un récipient dans lequel on veut faire un vide très avancé, d'abord avec une machine pneumatique, puis avec un tube plein de charbon de bois et plongeant dans l'air liquide, les gaz sont absorbés par le charbon, et la pression finale est telle que la décharge électrique ne peut plus passer;

6° On a construit des moteurs à air liquide : leur rendement économique ne paraît pas satisfaisant.

777. **Méthodes de liquéfaction par compression.** — Elles sont applicables toutes les fois que la température critique est nettement supérieure à la température ordinaire : c'est ainsi qu'avec l'appareil Cailletet on liquéfie facilement, par simple compression, le gaz carbonique, l'acide chlorhydrique, l'andhyride sulfureux, l'ammoniaque, le cyanogène.

α) La compression s'obtient habituellement en injectant des masses de gaz de plus en plus considérables dans un récipient résistant, au moyen d'une pompe aspirante et foulante qui puise le gaz dans un gazomètre; c'est ainsi que l'on opère pour les liquéfactions *industrielles*, celle de l'air exceptée. Si, pour arriver à la liquéfaction, il faut atteindre une pression élevée, il y a un réel avantage, au point de vue pratique, à procéder en deux temps : ainsi, pour avoir l'anhydride carbonique liquide, on comprime d'abord le gaz à $10^{\frac{kg\text{-}p}{cm^2}}$, dans un gazomètre résistant; puis, au moyen d'une autre pompe, on le fait passer de $10^{\frac{kg\text{-}p}{cm^2}}$ à la pression de liquéfaction, soit $56^{atm},5$ à $20^{\circ}$.

β) On produit encore la compression en réduisant le volume d'une masse constante de gaz (cas des expériences faites avec l'appareil Cailletet).

γ) Par réaction, décomposition ou dissociation, on provoque le dégagement d'une masse de gaz considérable, à l'intérieur d'un réservoir résistant. La compression était ainsi réalisée par Thilorier, pour liquéfier le gaz carbonique qu'il obtenait en attaquant la craie par l'acide sulfurique; par M. Pictet, qui produisait de l'hydrogène ou de l'oxygène sous pression en chauffant, dans un obus, un mélange de formiate de potassium et de potasse dans le premier cas, du chlorate de potassium dans le second; Carré avait liquéfié le gaz ammoniac sous pression en chauffant une solution ammoniacale en vase clos.

778. **Méthodes de liquéfaction par compression et refroidissement.** — Le type de ces méthodes est celle dite du *tube de Faraday*. Dans l'une des branches A (fig. 704) d'un tube en V à parois épaisses, on place les substances qui, en réagissant ou se décomposant, donnent le gaz à liquéfier; on scelle la branche B à la lampe; puis on chauffe la branche A, tandis que l'on refroidit la branche B. Le gaz se dégage en A, s'accumule dans le tube, se comprime et enfin est refroidi en B. Il se liquéfie en B lorsque la pression qu'il atteint devient égale à la pression maximum de vapeur correspondant à la température de B.

Par ce procédé, Faraday a liquéfié un très grand nombre de gaz :

l'ammoniaque, préparé par la dissociation du chlorure d'argent ammoniacal, $AgCl, 3\,NH^3$ ; le chlore, obtenu en chauffant des cristaux d'hydrate de chlore ; le cyanogène, provenant de la décomposition, par la chaleur, du cyanure de mercure ; l'acide chlorhydrique, l'anhydride sulfureux, l'hydrogène sulfuré, le protoxyde d'azote, produits par les procédés classiques.

En 1845, dans une série d'expériences, Faraday comprimait les gaz au moyen de deux pompes accouplées ; la pression pouvait atteindre 50 atmosphères : le refroidissement était obtenu par évaporation dans le vide de la neige d'anhydride carbonique additionnée d'éther (mélange de Thilorier) ; la température descendait jusqu'à — 110°. Dans ces conditions, six gaz seulement ne purent être liquéfiés : on les appela alors gaz *permanents* : nous les avons déjà énumérés (771).

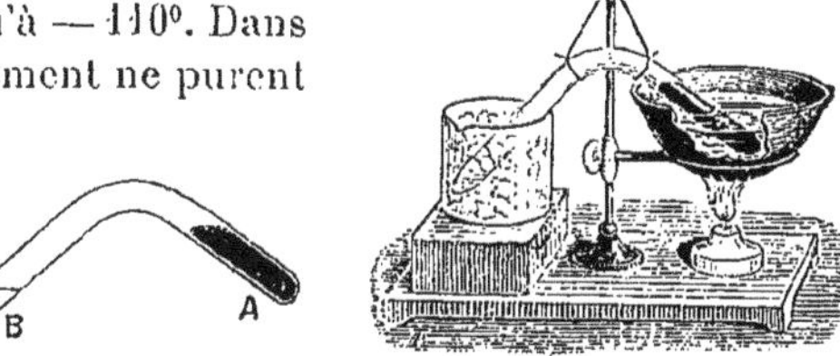


Fig. 704.

Les expériences de Wroblewski et Olzewski se rattachent aux méthodes par compression et refroidissement. Le gaz était refroidi : 1° par évaporation d'éthylène liquide dans le vide, le bain d'éthylène entourant complètement la partie supérieure d'un tube Cailletet recourbé deux fois, à angle droit ; 2° par détente ; mais au lieu de laisser la pression descendre jusqu'à 1 atmosphère, Wroblewski et Olzewski arrêtaient la détente vers 40 atmosphères : c'est ce que l'on a appelé la *détente ménagée* ; la température atteinte était un peu plus élevée que par détente complète, mais, en revanche, la pression était beaucoup plus forte et les conditions de liquéfaction meilleures.

779. **Applications des gaz liquéfiés.** — Nous avons déjà vu (776) quelles étaient les principales applications de l'air liquide ; nous nous occuperons seulement des autres gaz liquéfiés.

1° *Production du froid.* — La plupart des *machines frigorifiques* sont à gaz liquéfiés : une pompe aspire la vapeur du liquide, une autre pompe comprime cette vapeur de manière à la liquéfier. Le bac dans lequel se produit l'évaporation est entouré d'eau ou d'un liquide difficilement congelable (solution de chlorure de calcium ou de sel marin dans l'eau) ; dans le premier cas on obtient de la glace, dans le second un liquide très froid qu'on fait circuler dans les salles dont on veut abaisser la température, soit pour régulariser une fermentation, soit pour conserver des matières alimentaires. On emploie principalement l'ammoniaque liquide, dans les machines frigorifiques, l'anhydride sulfureux étant de plus en plus délaissé.

Dans les laboratoires on utilise comme agents réfrigérants, outre l'air liquide, le chlorure de méthyle et surtout l'anhydride carbonique liquide. — Lorsqu'on ouvre dans l'air une bouteille d'anhydride carbonique liquide, dont l'orifice est placé en bas, la pression de l'anhydride gazeux chasse vivement le liquide, que la détente brusque transforme partiellement en anhydride solide, ou *neige carbonique*. On recueille cette neige en recevant le jet dans une serviette ou dans un sac de toile. — L'anhydride carbonique ne peut exister dans l'air qu'à l'état *solide* ou à l'état *gazeux*, car à l'état liquide, il tend à prendre la température pour laquelle sa tension de vapeur est égale à 1 atmosphère; or, à cette température, qui est de — 80°, l'anhydride carbonique est solide. La neige carbonique est donc un corps sublimable (846) : on ne peut la fondre qu'en tube scellé, sous une pression au moins égale à $5^{atm}$. — La neige carbonique constitue un réfrigérant utilisable, mais comme elle ne mouille pas les corps, on la mélange alors à des liquides, dans les vases à double paroi (fig. 697). Avec de l'éther ou de l'acétone, on obtient ainsi une température de — 80°: avec du chlorure de méthyle, on arrive à — 85°; avec de l'acétone, on peut même descendre à — 115°, à la condition de refroidir préalablement l'acétone, et d'évaporer dans le vide.

2° *Production de force motrice ou de pression*. — On a construit des moteurs à anhydride carbonique liquide; on utilise aussi ce gaz liquéfié pour pulvériser la bouillie cuprique, faire monter la bière depuis le fût placé dans la cave jusque dans la salle du café, pour obtenir des pressions énormes au-dessus des bains d'acier liquide, afin d'éviter les soufflures dans les blocs provenant de leur solidification, etc.

3° *Les gaz liquéfiés, agents chimiques*. — Sous forme liquide, un corps a une densité beaucoup plus grande qu'à l'état gazeux; il est plus transportable et plus maniable. On utilise couramment l'anhydride sulfureux liquide pour le blanchiment, la désinfection, l'extinction des incendies; sa manipulation n'est pas sans risques graves; on a aussi employé le chlore liquide, mais sous cette forme son maniement est extrêmement dangereux.

780. **Historique**. — C'est Faraday qui a fait le plus pour la liquéfaction des gaz : en 1845 il les avait tous liquéfiés, sauf six.

Andrews (1869) établit la notion de température critique et montra dans quelle voie il fallait poursuivre les recherches (761).

En 1877, Cailletet obtint la liquéfaction, à l'état de brouillards, des gaz réputés permanents : il utilisait le froid produit par la détente. Von Wroblewski et M. Olzewski, en perfectionnant le procédé de Cailletet, eurent ces corps à l'état de liquides statiques, sauf l'hydrogène ; il était réservé à M. Dewar d'obtenir le premier de grandes quantités d'hydrogène liquide.

MM. Hampson et Linde ont indiqué séparément une méthode de refroidissement progressif et pour ainsi dire indéfini d'un gaz : en employant des échangeurs de température, le gaz détendu refroidit de plus en plus le gaz comprimé. Avec les appareils de MM. Linde et Claude, la production de l'air liquide est devenue tout à fait pratique et c'est par tonnes qu'on prépare journellement ce produit. L'industrie des gaz liquéfiés s'est développée parallèlement à l'industrie du froid et elle présente aujourd'hui un intérêt économique considérable.

La dernière conquête, dans le domaine de la liquéfaction des gaz, est la préparation de l'hélium liquide. Elle a été réalisée par M. Kammerlingh Onnes le 10 juillet 1908. Le gaz, comprimé à 100 atmosphères, refroidi successivement par de l'air liquide et de l'hydrogène liquide, venait se détendre dans une éprouvette entourée d'hydrogène liquide dont on provoquait l'évaporation rapide à la pression de 6 centimètres de mercure; la température du réfrigérant était de 15° absolus; l'hélium s'est liquéfié à 3° absolus ou — 270° centigrades; c'est la température la plus basse qui ait été atteinte.

## ÉVAPORATION

781. **Évaporation.** — L'*évaporation* est la formation des vapeurs à la surface d'un liquide.

Dans une atmosphère limitée, où l'on n'absorbe pas la vapeur produite, l'évaporation cesse lorsque la saturation est atteinte.

Dans une atmosphère illimitée (ou encore dans une atmosphère limitée, où l'on absorbe la vapeur au fur et à mesure de sa production), le liquide finit par se réduire entièrement en vapeur. C'est de ce dernier cas seul que nous allons nous occuper.

782. **Vitesse d'évaporation. — Formule d'évaporation de Dalton.** — On appelle *vitesse d'évaporation* d'un liquide, dans une atmosphère illimitée ou équivalente, la masse de liquide qui s'évapore par unité de temps. Dalton, qui a étudié les influences des diverses conditions dont dépend cette grandeur, a réuni les résultats de ses observations dans la formule

$$v = \frac{CS(F_t - f)}{H},$$

en désignant par $v$ la vitesse d'évaporation, par S la surface d'évaporation, par $F_t$ la pression maximum de vapeur du liquide, à la température de ce liquide, par $f$ la pression actuelle de la vapeur du même liquide dans l'atmosphère, et par H la pression extérieure totale [1]; la quantité C est un coefficient qui dépend de la vitesse de renouvellement de l'air à la surface du liquide; ce renouvellement est d'ailleurs nécessaire pour que la formule s'applique, car, dans ces conditions, la vapeur présente toujours très sensiblement, près de la surface du liquide, la pression $f$. Le coefficient C augmente et tend vers une limite finie, quand la vitesse de passage de l'air à la surface du liquide augmente indéfiniment.

783. **Froid produit par l'évaporation.** — L'évaporation, qui est l'une des formes de la vaporisation, exige de la chaleur (799); si donc on n'en fournit pas au liquide qui s'évapore, il en emprunte à lui-même, et sa température s'abaisse. Il peut même arriver de la sorte à se solidifier, et le dégagement de la chaleur de solidification peut servir à une nouvelle vaporisation. C'est ce que l'on constate par l'expérience connue de Leslie, qui consiste à congeler une petite masse d'eau, en déterminant son évaporation en présence d'acide sulfurique, sous la cloche de la machine pneumatique. — C'est ce qui a également conduit à la machine pneumatique d'Édouard Carré, pour la production artificielle de la glace.

## ÉBULLITION

784. **Description du phénomène.** — L'*ébullition* est la production de bulles de vapeur dans la masse même du liquide et non pas seulement à sa surface libre.

Chauffons de l'eau dans un ballon et regardons attentivement. Nous voyons d'abord des bulles gazeuses, petites et nombreuses, se former contre les parois, dans la région chauffée, puis leur volume augmente;

[1] M. Laval a proposé de mettre, à la place de H, une expression de la forme $H^n$, $n$ étant un nombre fractionnaire dont la valeur, voisine de l'unité, dépend du liquide et de la nature du gaz qui le surmonte.

certaines de ces bulles se détachent et viennent crever à la surface. Avec un ballon muni d'un tube à dégagement se rendant sous une éprouvette disposée sur la cuve à mercure, le ballon et le tube étant pleins d'eau, les bulles dégagées viendraient se loger au sommet de l'éprouvette; nous constaterions qu'elles sont constituées par de l'air. Ce gaz était resté adhérent aux parois, emprisonné entre le liquide et le verre, ou bien il était dissous dans l'eau.

En continuant à chauffer, nous voyons la température s'élever à près de 100°; en même temps les bulles qui étaient restées adhérentes au ballon grossissent, puis se détachent, et montent à travers la masse liquide. Au début, le volume de chaque bulle *diminue* au fur et à mesure qu'elle s'élève, et elle ne peut atteindre la surface. La raison de ce phénomène est simple : chaque bulle est constituée en très grande partie par de la vapeur qui se condense en traversant les couches de liquide supérieures, plus froides que les couches profondes. Mais il arrive un moment où le volume des bulles *croît* quand elles s'élèvent : la température du liquide est devenue à peu près uniforme par agitation ou convection, la vaporisation à l'intérieur de chaque bulle augmente en même temps que la pression décroît, ce qui explique l'accroissement de volume. Si l'on recueille ces bulles, en opérant comme nous avons déjà fait, on constate qu'elles sont formées surtout de vapeur d'eau, mais qu'elles contiennent aussi un peu d'air.

A partir du moment où les bulles de vapeur s'élèvent jusqu'à la surface du liquide, le thermomètre plongé dans le liquide marque une température à peu près *fixe*, 100° si la pression est de 76cm de mercure.

785. **Retard à l'ébullition.** — Si l'ébullition dure depuis longtemps, on constate que les bulles qui se détachent du fond du ballon sont moins nombreuses, plus volumineuses et produisent en arrivant à la surface de violents soubresauts; si on les recueille, on reconnaît qu'elles ne renferment plus que des traces très minimes d'air; enfin la température du liquide s'élève et peut atteindre 101°, 102° et plus.

Il semble donc que la présence des bulles d'air soit indispensable pour obtenir une ébullition régulière. Du reste nous pouvons nous placer dans des conditions telles que le liquide en soit complètement dépourvu. Pour cela, lavons un ballon à la potasse afin de dissoudre les matières grasses, à l'acide azotique et à l'acide sulfurique pour détruire les matières organiques qui retiennent des bulles d'air par adhérence, versons dans ce ballon de l'eau bien bouillie et chauffons : le thermomètre atteint 100° et dépasse cette température de 1 ou 2 degrés sans qu'il y ait ébullition; *il y a retard à l'ébullition*. Mais si l'on apporte dans le liquide une bulle d'air, par exemple en enfonçant verticalement une petite cloche de verre placée à l'extrémité d'une tige de même nature, on voit des bulles de vapeur se former au contact de la bulle d'air; en même temps la température diminue, et, si l'on chauffe très modérément, elle se fixe à 100° : l'ébullition est *normale*. Gernez a montré qu'une bulle d'air de $1^{mm^3}$ peut donner naissance à 500 000 bulles de vapeur, et cependant chaque bulle de vapeur entraîne une petite quantité d'air, car si l'on reçoit l'une de ces bulles venant de A dans une cloche pleine d'eau B (fig. 705), de cette cloche partent de nouvelles bulles de vapeur. De la mousse de platine, des poussières projetées dans un liquide pour lequel il y a retard à l'ébullition produisent immédiatement la cessation de ce retard, par suite de l'apport des couches d'air adhérentes à ces solides.

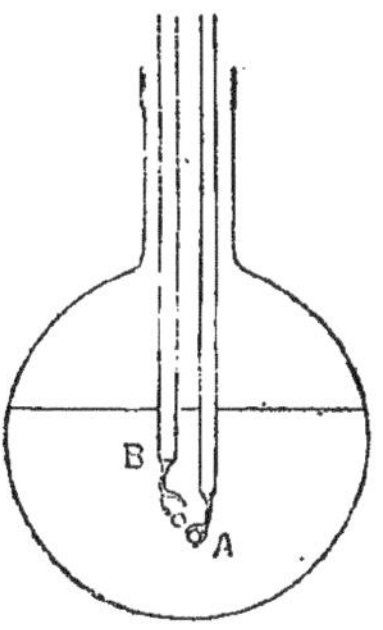

Fig. 705.

Nous avons déjà eu l'occasion de voir (754) plusieurs expériences établissant nettement le retard à l'ébullition par l'absence de bulles gazeuses dans la masse du liquide ; l'expérience réalisée avec le sulfure de carbone est d'une exécution particulièrement facile.

786. **Influence de la pression sur la température d'ébullition.** — Pour faire varier la pression à la surface du liquide qui doit bouillir, nous pouvons utiliser l'appareil suivant :

Un ballon A (fig. 706) communique par un tube incliné, entouré d'un réfrigérant à eau froide, avec un ballon B qui est en relation lui-même avec un manomètre d'une part, et avec une machine pneumatique ou une pompe de compression d'autre part. Deux thermomètres plongeant l'un dans le liquide, l'autre dans la vapeur, nous donneront la température de chaque phase. Nous commençons par réaliser dans l'enceinte une pression arbitraire H et nous chauffons : la température accusée par les thermomètres s'élève peu à peu, puis, l'ébullition se produisant, le thermomètre qui plonge dans la vapeur indique une température rigoureusement fixe $t$, tandis que l'autre reprend une marche ascendante mais très lente, due évidemment à ce que l'ébullition prive le liquide de plus en plus de bulles d'air. Grâce à l'artifice du réfrigérant ascendant la pression reste constante, car la vapeur se condense au fur et à mesure de sa formation, et les variations de pression qui résulteraient d'une production et d'une condensation de vapeur momentanément inégales ne peu-

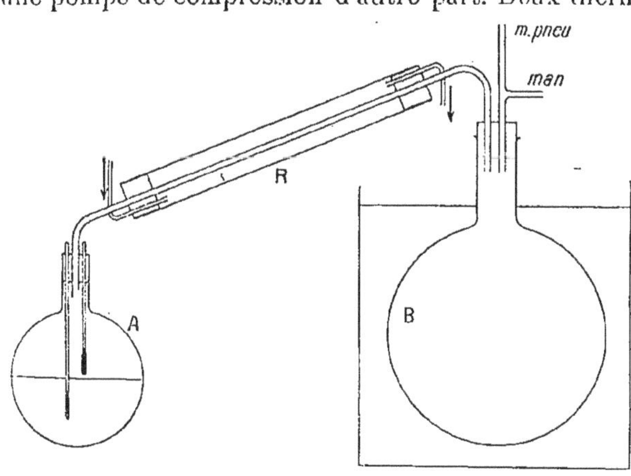

Fig. 706.

vent être que faibles, la masse de gaz du mélange étant notable par rapport à celle de la vapeur. Or quelle que soit la pression réalisée H, on trouve toujours que

$$F_t = H;$$

nous pouvons donc énoncer les lois suivantes, dites *lois de l'ébullition.*

1re *Loi. — Lorsqu'un liquide bout sous pression constante, la température de sa vapeur est fixe.*

2me *Loi. — Lorsqu'un liquide bout sous pression constante, la température de sa vapeur (dans le voisinage de la surface libre) est telle que la pression maximum de vapeur à cette température est égale à la pression de l'atmosphère qui surmonte le liquide.*

On énonce quelquefois ces mêmes lois en remplaçant les mots *température de la vapeur* par *température du liquide.* Sous cette dernière forme les lois sont seulement *approchées*, car par suite du retard à l'ébullition ou surchauffe, la température du liquide peut s'écarter notablement de celle de la vapeur; il en est de même lorsque le liquide contient des substances dissoutes. De plus la pression varie avec les différentes tranches de liquide; il en résulte que la température d'un liquide en ébullition n'est pas absolument uniforme et qu'elle croît lorsqu'on considère des couches de plus en plus profondes (au voisinage de 100° la variation de température est, pour l'eau, de 1° pour une variation de pression de 2cm,725 de mercure ou 37cm d'eau).

Pour toutes ces raisons nous appelons *température d'ébullition*, celle de la vapeur au voisinage de la surface du liquide, et, pour déterminer le point 100, nous plongeons le thermomètre dans la vapeur et non dans le liquide (609). La température d'*ébullition normale* est celle qui correspond à une pression d'une atmosphère normale : elle dépend de la nature des liquides (voir tableau, p. 736). Pour la déterminer, il convient de plonger toute la colonne thermométrique dans la vapeur et de la protéger contre le refroidissement; c'est pourquoi on adopte le dispositif de la figure 624, dont le principe a été indiqué par Berthelot.

La température du liquide en ébullition est la même que celle de sa vapeur, si l'on réalise les conditions qui suivent; dans ce cas les lois énoncées s'étendent aussi, naturellement, à la température du liquide.

1° Le liquide doit être pur et ne présenter qu'une faible épaisseur (quelques centimètres);

2° Il doit renfermer des bulles gazeuses, d'autant plus nombreuses que la source de chaleur est plus intense (afin que la vaporisation soit suffisante pour absorber toute la chaleur fournie par le foyer). On réalise cette dernière condition en plaçant dans le liquide de petites billes ou de petits fragments de verre, ou encore une lame de palladium hydrogéné.

*Vérification directe de la deuxième loi de l'ébullition, dans le cas de la pression atmosphérique.* — Un tube en U (fig. 707), dont la petite branche est fermée en A et la grande branche ouverte, contient en A une goutte d'*eau* privée de gaz, puis du mercure jusqu'en C, un peu au-dessus de la courbure B. On chauffe ce tube dans de la *vapeur d'eau*, l'ébullition ayant lieu sous la pression atmosphérique, et l'on constate que le mercure arrive à l'égalité de niveau MN dans les deux branches du tube. Or, en M règne la pression atmosphérique H; en N règne la pression maximum $F_t$, correspondant à la température $t$ de la vapeur du même liquide, qui est en ébullition sous la pression H. On a donc bien $F_t = H$, et cela quel que puisse être H.

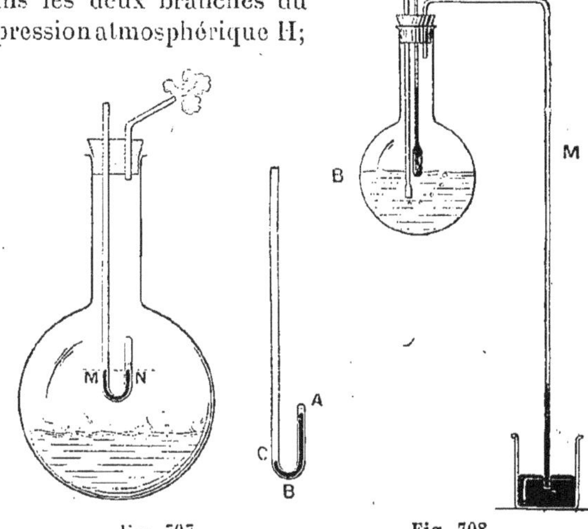


Fig. 707. Fig. 708.

*Autres expériences montrant la variation de la température d'ébullition en fonction de la pression.* — 1° Dans le ballon B (fig. 708), on fait bouillir de l'eau pendant longtemps de manière à chasser tout l'air de l'appareil, puis on cesse de chauffer : on constate que l'ébullition continue, mais les bulles de vapeur partent uniquement de la cloche à air C, si le ballon a été préalablement bien lavé; le mercure monte dans le tube M, ce qui prouve que la pression diminue; en même temps la température accusée par T baisse.

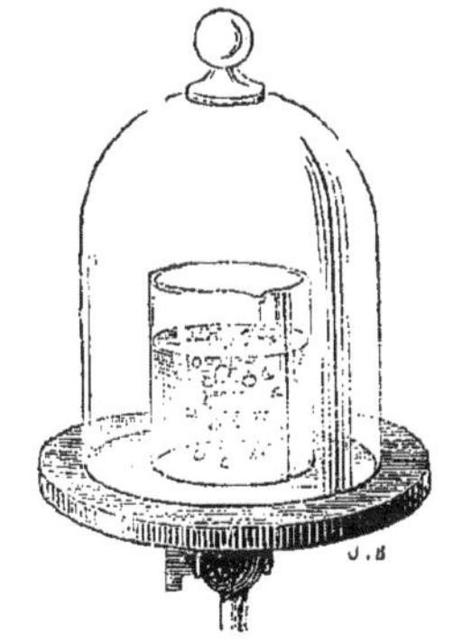

Fig. 709.

2° Plaçons de l'eau, à 40°, par exemple, sous la cloche d'une machine pneumatique (fig. 709) : l'ébullition se produit quand la pression n'est plus que de $5^{cm},49$ de mercure; si nous continuons à faire le vide, la température du liquide qui bout baisse en même temps que la pression; on peut même arriver à 0° pour la pression de $0^{cm},46$, et si l'on absorbe rapidement la vapeur d'eau formée, l'eau se solidifie (appareil de Carré pour la fabrication de la glace par le vide, et expérience de Leslie) ;

3° Faisons bouillir de l'eau dans un ballon à long col, pendant une dizaine de minutes, de manière à chasser tout l'air de l'appareil, fermons par un bon bouchon de caoutchouc et retournons le ballon en plongeant l'extrémité du col dans l'eau (fig. 710).

L'ébullition cesse, mais il suffit de verser de l'eau froide sur le sommet du ballon pour que le phénomène recommence : l'eau froide provoque une condensation de vapeur, une diminution de pression, et le liquide est encore à une température suffisante pour bouillir sous la nouvelle pression.

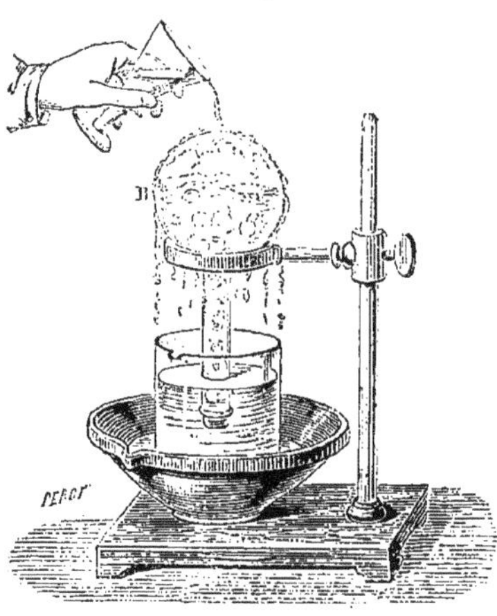

Fig. 710.

787. **Applications des lois de l'ébullition.** — 1° Nous avons vu (750, 2°) que pour déterminer la relation qui existe entre la température et la pression maximum de vapeur, on peut d'abord se donner cette dernière grandeur et, par application de la deuxième loi de l'ébullition, fixer la température correspondante.

2° On peut mesurer une pression en déterminant la température d'ébullition qui lui correspond : c'est ce que l'on fait en pleine mer, pour contrôler la marche des baromètres métalliques, ou en montagne, pour procéder à un nivellement barométrique. Au voisinage de $760^{mm}$ de mercure, pour l'eau, une variation de pression de $27^{mm},25$ correspond à une variation de température de 1° ; en mesurant la température d'ébullition à $0°,01$, on a la pression à $0^{mm},3$ environ. Il faut employer des thermomètres très sensibles au voisinage de 100°. Au sommet du Mont-Blanc ($4810^{m}$), l'eau bout à 85° environ, et au sommet du Saint-Gothard ($3000^{m}$), la température d'ébullition moyenne est 92°.

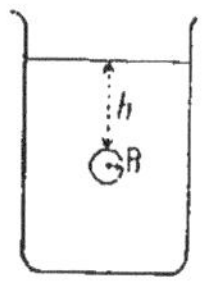


Fig. 711.

788. **Théorie de l'ébullition.** — Soit une bulle de vapeur (fig. 711) de rayon R, placée à la profondeur $h$ dans un liquide à la température $t$; désignons par H la pression à la surface libre du liquide, en colonne de ce liquide de densité $d$, et par $F_t$ la pression de la vapeur saturante à $t°$, également en colonne du liquide. La pression en un point très voisin de la surface de la bulle et à l'extérieur est donc $H + h$, et si l'on pénètre dans la bulle, en tenant compte de la pression capillaire, la pression à l'intérieur est (550).

$$H + h + \frac{2A}{Rdg}.$$

La bulle contient de l'air dont la pression, dans le mélange, varie en raison inverse du volume, et proportionnellement au binôme de dilatation $1 + \alpha t$; elle est donc de la forme $K\frac{1+\alpha t}{R^3}$; la pression de la vapeur saturante dans le mélange est $F_t$; la pression du mélange est donc

$$K\frac{1+\alpha t}{R^3} + F_t,$$

et, par suite, pour qu'il y ait ébullition, il faut que la bulle puisse subsister, c'est-à-dire que l'on ait :

$$(1) \qquad H + h + \frac{2A}{Rdg} = K\frac{1+\alpha t}{R^3} + F_t.$$

Lorsque la température $t$ croît, le premier membre de (1) reste à peu près constant, car il diffère peu de $H+h$, et comme $F_t$ et $1+\alpha t$ augmentent, R croît, d'une manière très rapide quand $F_t$ devient voisin de $H+h$, et la bulle suffisamment grosse est alors soulevée par la poussée du liquide qu'elle traverse : le liquide est en ébullition.

*Cas des grosses bulles de gaz, couche de liquide peu profonde.* — On peut négliger les termes en R et $h$ par rapport aux autres et il vient :

$$H = F_t,$$

la pression de la vapeur ne pouvant dépasser sensiblement H, nous retrouvons ainsi la deuxième loi de l'ébullition appliquée à la température du liquide (786).

*Importance de la présence de bulles gazeuses.* — S'il n'y avait pas de bulles gazeuses, l'équation (1) se réduirait à :

$$H + h + \frac{2A}{Rdg} = F_t.$$

Or, au moment où la bulle de vapeur commencerait à se former, R serait extrêmement petit, le terme $\frac{2A}{Rdg}$ serait très grand et il faudrait atteindre une température $t$ bien supérieure à celle définie par la relation $H = F_t$, d'où retard à l'ébullition.

*Division des bulles gazeuses.* — Il peut paraître étonnant qu'une seule bulle de gaz puisse servir à la formation d'un très grand nombre de bulles de vapeur. Soit $V_0$, le volume initial d'une bulle de gaz saturée d'humidité à la température $t_0$, la pression totale étant H; chauffant à $t°$, la bulle prend un volume V défini par l'équation

$$V_0(H - F_{t_0}) = V(H - F_t), \qquad \text{d'où} \qquad V = V_0\frac{H - F_{t_0}}{H - F_t},$$

lorsque $t$ tend vers la température d'ébullition, $H - F_t$ tend vers 0, et V croît indéfiniment; en réalité, la bulle se détache dès qu'elle atteint un volume suffisant, mais il en reste toujours une petite partie adhérente à la paroi, qui devient le siège d'une nouvelle évaporation interne, et le phénomène décrit se poursuit pendant très longtemps.

789. **Liquide chauffé en vase clos.** — 1° *La température est uniforme.* — Soit P la pression de l'air qui surmonte le liquide; $t$ étant la température, la pression de la vapeur saturante est $F_t$, celle du mélange est $P + F_t$. Or, pour qu'il y ait ébullition, il faut (786) que la température $t$ du liquide soit *au moins égale* à celle pour laquelle $F_t$ égale la pression de l'atmosphère qui surmonte le liquide, c'est-à-dire, dans le cas

examiné, $P+F_t$ : il y a donc impossibilité, le *liquide ne peut bouillir* C'est ce qui arrive quand on chauffe de l'eau dans la marmite de Papin ; l'eau s'évapore au fur et à mesure que la température croît, et la pression croît ainsi jusqu'à ce que la soupape de sûreté soit soulevée. Si l'on vient à ouvrir cette soupape, la pression à l'intérieur devient immédiatement la pression atmosphérique, le liquide est placé dans les conditions où il peut bouillir ; un jet de vapeur s'échappe et se condense immédiatement ; la détente produit, du reste, un refroidissement tel qu'on peut placer la main dans le brouillard de condensation sans être brûlé.

Dans les *autoclaves* à stérilisation (fig. 712), très utilisés en microbiologie ou encore pour la préparation des conserves alimentaires, et qui sont très analogues à la marmite de Papin, on s'arrange de manière que la soupape laisse fuser la vapeur pour une pression de 2 $\frac{\text{kg-p}}{\text{cm}^2}$, ce qui correspond à la température de 120°, à laquelle tous les germes fermentescibles sont détruits. La lecture d'une température est ici remplacée par celle d'une pression.

2° *La température n'est pas uniforme.* — α) Prenons d'abord le cas d'un appareil tel que celui de la figure 713, à *réfrigérant ascendant*. La vapeur se condensant au fur et à mesure

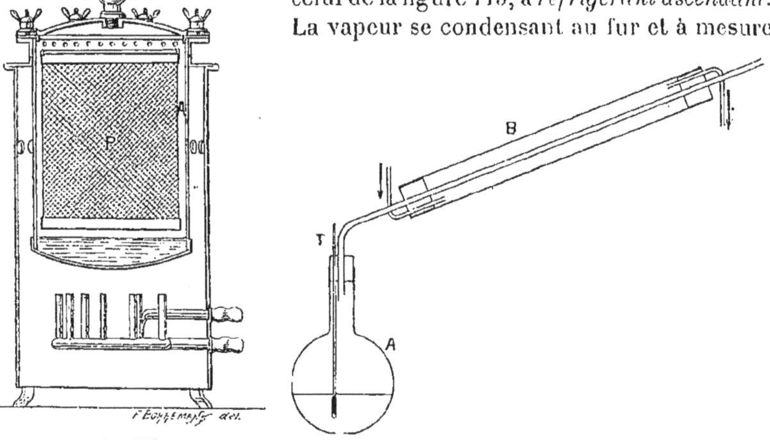


Fig. 712.

Fig. 713.

de sa formation, la pression reste égale à la pression initiale et l'ébullition se produit sans difficulté. En outre, comme le liquide provenant de la condensation de la vapeur revient dans la chaudière, l'ébullition peut être prolongée indéfiniment (ce dispositif est employé surtout quand on veut maintenir longtemps en contact un liquide et un solide, ou deux liquides à la température d'ébullition, pour les faire réagir l'un sur l'autre).

β) Soit l'appareil de la figure 714 muni d'un *réfrigérant descendant*. La vapeur se condensant dans la partie froide, au fur et à mesure de sa formation, la pression reste constante et le liquide peut bouillir dès que la température est suffisante, mais comme le liquide ne revient pas dans la chaudière, l'ébullition dure un temps limité. Le passage des corps, par ébullition et condensation, de la chaudière au récipient F, est une *distillation* simple. On emploie ce procédé pour séparer un solide d'un liquide, par exemple.

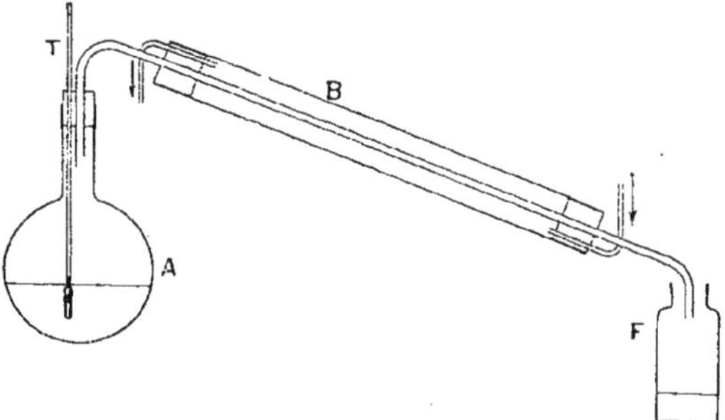

Fig. 714.

*Principe de la paroi froide* : Soient deux récipients A et B (fig. 715) aux températures T et $t$, telles que l'on ait $T > t$, et contenant un liquide. Le liquide qui est en A émet de la vapeur jusqu'à ce que sa pression soit $F_T$, mais cette vapeur se condense en B, jusqu'à ce que sa pression soit seulement $F_t$. Alors, l'atmosphère n'est plus saturée en A, où se produit une nouvelle vaporisation, suivie d'une nouvelle condensation en B, de telle sorte que, finalement, tout le liquide se retrouve en B, et la tension de la vapeur est $F_t$, d'où la proposition suivante due à Watt [1].

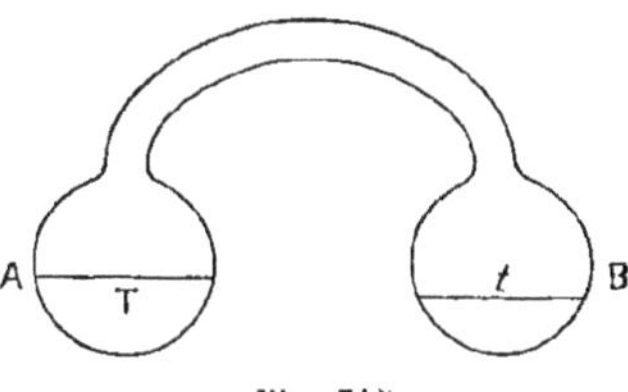

Fig. 715.

*La pression d'équilibre d'une vapeur saturante, dans une enceinte dont les divers points ne sont pas à la même température, ne peut être que la pression maximum correspondant à la température la plus basse de l'enceinte.*

790. **Ébullition des solutions.** — La température $\theta$, pour laquelle on a $F_\theta = H$ pression de l'atmosphère extérieure, est, dans le cas d'une solution d'un solide, supérieure à la température $t$ pour laquelle la même condition est satisfaite avec le liquide pur (786). Par suite, la température d'ébullition $\theta$ d'une solution saline est supérieure à la température d'ébullition $t$ du liquide pur sous la même pression. Seulement la température de la *vapeur*, à une faible distance du liquide, retombe rapidement de $\theta$ à $t$. — On utilise cette propriété des solutions, pour obtenir des *bains-marie* à température $\theta$ supérieure à 100°. Ainsi, une solution saturée de chlorure de sodium ne bout qu'à 110°; une solution saturée de chlorure de calcium bout seulement à 180°. Nous trouverons plus loin une application intéressante de la détermination des points d'ébullition des solutions (852).

[1] Watt (1736-1819), physicien et mécanicien anglais auquel on doit les perfectionnements les plus importants de la machine à vapeur (condenseur, tiroir, détente).

791. **Loi de Dalton, des pressions maxima aux températures équidistantes des points d'ébullition normale.** — Pour terminer cette étude de l'ébullition, signalons la loi suivante, qu'avait énoncée Dalton : *A égale distance de leurs points d'ébullition normale, les divers liquides présentent la même pression maximum.*

Si cette loi était générale, elle aurait une signification géométrique très simple. Figurons en effet les courbes de pressions maxima de deux liquides (fig. 716), et considérons la droite $y = 1$ atmosphère, qui coupe ces courbes en des points E et E', correspondant aux températures $t_e$ et $t'_e$ d'ébullition normale, Si l'on donne à $t_e$ et $t'_e$ un accroissement $\theta$ quelconque, les nouveaux points figuratifs M et M' des deux courbes devraient avoir même ordonnée. Ces deux points devraient donc être sur une même parallèle à l'axe des abscisses; la seconde courbe ne serait autre que la première, qui aurait éprouvé une translation de $t'_e - t_e$ parallèlement à l'axe des abscisses. En d'autres termes, il n'y aurait à déterminer qu'une seule courbe de pressions maxima, pour les connaître toutes. En réalité, cette loi n'a pas la généralité que lui avait attribuée Dalton; mais elle est vraie pour des groupes de corps analogues, comme, par exemple, les acides de la série grasse, en Chimie organique.

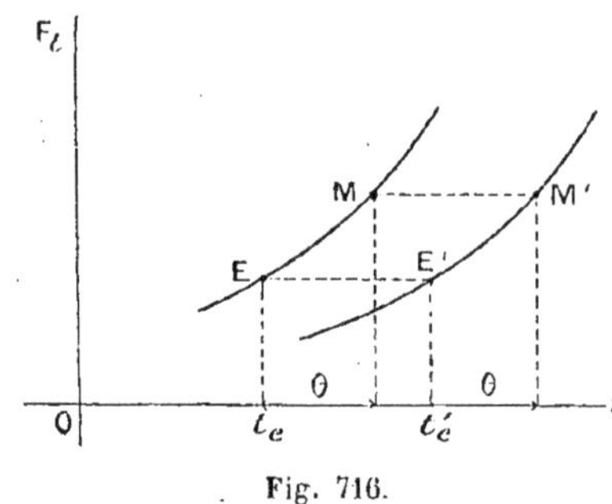

Fig. 716.

TEMPÉRATURES D'ÉBULLITION NORMALE.

| | | | |
|---|---|---|---|
| Hydrogène | — 252°,8 | Alcool éthylique | 78°,5 |
| Oxygène | — 181°,4 | Benzène | 80° |
| Anhydrique sulfureux | — 10° | Eau | 100° |
| Chlorure d'éthyle | 12°,5 | Essence de térébenthine | 156° |
| Ether ordinaire | 34°,6 | Aniline | 183°,9 |
| Sulfure de carbone | 46°,3 | Napthalène | 217°,7 |
| Chloroforme | 61°,2 | Mercure | 357° |
| Alcool méthylique | 64°,7 | Soufre | 444°,5 |

## DISTILLATION

792. **Distillation simple.** — Lorsqu'on réduit, par ébullition, un liquide ou un mélange de liquides en vapeur, et qu'on condense cette vapeur dans une autre partie de l'appareil, de manière à séparer le liquide en ébullition du liquide condensé, on dit qu'il y a *distillation*. Cette opération a pour but de purifier un liquide en le séparant des substances qu'il a dissoutes, ou encore de séparer les uns des autres des liquides inégalement volatils.

Comme exemple de distillation simple, nous pouvons citer la préparation de l'eau distillée. L'appareil employé s'appelle un *alambic*. L'eau de la *chaudière* A (fig. 717) est portée à l'ébullition; la vapeur arrive dans le dôme B, puis dans le serpentin EE' entouré d'eau froide que l'on renouvelle constamment en faisant arriver un courant d'eau froide par

FF', à la partie inférieure du bain; en s'échauffant aux dépens de la vapeur condensée dans EE', cette eau se dilate, devient plus légère, monte

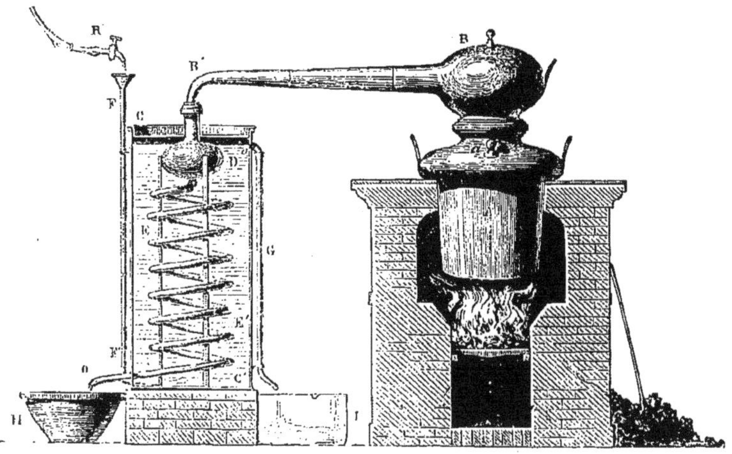


Fig. 717.

et s'écoule par le tube *o*G. Lorsqu'on distille le vin au moyen d'un alambic Salleron, de B en E (fig. 718), l'alcool se retrouve tout entier dans le premier tiers condensé; en complétant avec de l'eau pure le volume initial et en prenant la densité du mélange alcool-eau ainsi obtenu, avec un alcoomètre gradué, on a le titre alcoolique du vin.

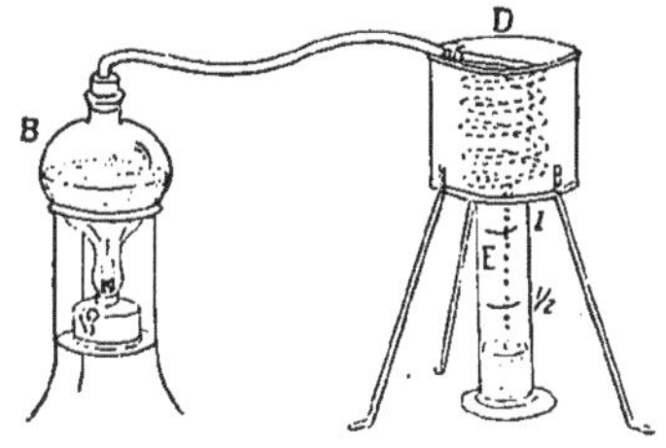


Fig. 718.

793. **Distillation fractionnée.** — Si l'on distille un mélange de liquides inégalement volatils, en général (794) le mélange qui passe à la distillation au début est plus riche que celui restant dans l'alambic, pour les liquides les plus volatils, et plus pauvre quant aux autres. Mais pour arriver à une séparation intégrale, il faudrait procéder à un très grand nombre de distillations successives; on obtient beaucoup plus rapidement le résultat cherché par les appareils à distillation fractionnée.

Le type classique de ces appareils est le tube de Lebel et Henninger d'un usage constant dans les laboratoires. Il est composé d'une série d'ampoules A, B, C (fig. 719) communiquant par *a*, *b*, *c*, et réunies par des tubes recourbés *a'*, *b'*, *c'*; à la base de chaque ampoule se trouve une petite toile en platine. Les vapeurs qui arrivent dans les boules s'y condensent; chaque boule contient du liquide qui ne peut s'écouler par *a*, *b*, *c* à cause des phénomènes de capillarité et parce que les vapeurs qui arrivent par ces ouvertures s'opposent au passage du liquide; mais le liquide s'écoule par les tubes latéraux *a'*, *b'*, *c'* dès qu'il a atteint leurs orifices supérieurs; inversement les vapeurs ne peuvent passer par $a'$, $b'$, $c'$, car elles devraient soulever une colonne liquide trop considérable; elles montent par les ouvertures $a$, $b$, $c$. Voyons ce qui se passe dans l'une des ampoules : les vapeurs les moins volatiles qui cherchent à traverser la couche liquide, sont condensées; elles cèdent de la chaleur, élèvent la température du liquide et vaporisent les parties les plus volatiles qui passent dans l'ampoule supérieure. Il y a donc un lessivage méthodique des vapeurs par le liquide, de telle manière que le corps le plus volatil arrive à la partie supérieure du tube, le corps le moins volatil étant ramené toujours à la partie inférieure et tombant dans le ballon. Un thermomètre placé en T donne la température d'ébullition du liquide qui arrive à ce thermomètre. Supposons qu'il s'agisse d'un mélange d'alcool et d'eau : la température de T s'élève peu à peu jusqu'à 78°,5, puis reste fixe : pendant tout ce temps on condense en D de l'alcool presque pur, puis il arrive un moment où la température varie rapidement de 78°,5 à 100° : on change le récipient de condensation et l'on recueille un mélange d'alcool et d'eau; enfin la température de T atteint 100° et s'y fixe : on condense alors de l'eau.

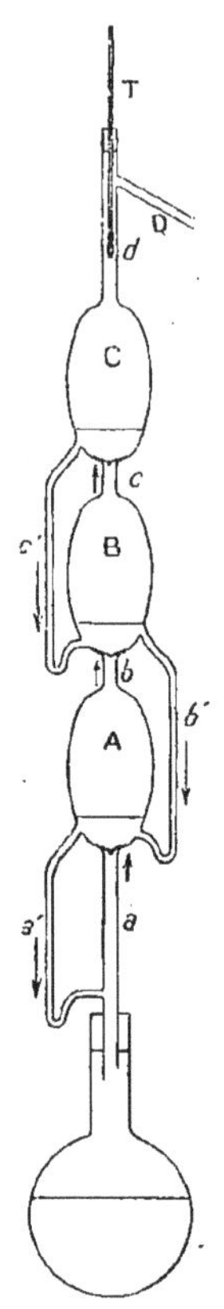

Fig. 719.

La séparation de deux liquides n'est pratique par distillation fractionnée, que si la différence de leurs températures d'ébullition est au moins de 20° en général.

Les appareils à plateaux, pour la rectification des liquides alcooliques, sont basés sur le même principe. Une colonne verticale est divisée en une série de compartiments A, B, C... (fig. 720) par des cloisons horizontales. Chacune est munie de deux ouvertures : l'une O est traversée par un tube T dont l'extrémité inférieure baigne dans le liquide du compartiment B; l'autre O', à bords relevés, est recouverte d'une cloche D dont les bords ne touchent pas le plancher du compartiment C. Les vapeurs qui tendent à passer de B en C ne peuvent monter par le tube T dont l'extrémité inférieure est masquée par une couche de liquide, mais elles passent par O' et barbotent à travers la couche liquide de C. Au fur et à mesure de la condensation, l'excès du liquide qui est en C s'écoule par le tube T, ne pouvant passer par O' dont les bords sont trop relevés. Il y a encore un lessivage méthodique de la vapeur par le liquide; à la partie supérieure de la colonne à plateaux on recueille de l'alcool à 95° et à la partie inférieure de l'eau ne renfermant plus que des traces d'alcool.

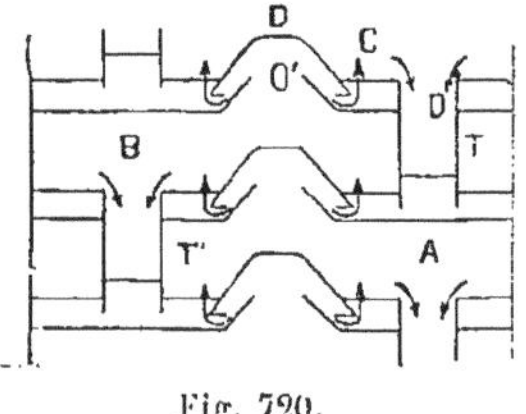

Fig. 720.

La séparation des carbures d'hydrogène des goudrons se fait dans des appareils analogues. Les vapeurs traversent une colonne à plateaux A (fig. 721), puis viennent dans une série de boules B maintenues à 80°, température d'ébullition du benzène. Les vapeurs plus condensables que le benzène sont liquéfiées dans ces boules et ramenées dans la colonne à plateaux : les vapeurs de benzène sont condensées dans le réfrigérant R. Lorsqu'on ne recueille plus rien à l'extrémité du serpentin E, c'est qu'il n'y a plus de benzène dans le mélange; on remplace le bain à 80°, entourant les boules B par un bain à 110°, température d'ébullition du toluène qui passe alors à la distillation.

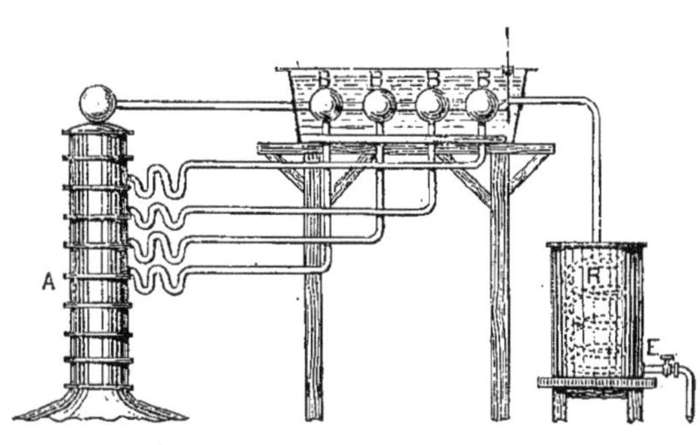

Fig. 721.

794. **Ébullition d'un mélange homogène de liquides.** — Nous supposons que la pression est constamment la pression atmosphérique normale, et, en outre, que les deux liquides sont complètement dissous l'un dans l'autre; nous désignerons ces liquides par 1 et 2, par $T_1$ et $T_2$ leurs températures d'ébullition normale, avec l'hypothèse $T_1 < T_2$, par $s_1$ et $s_2$ leurs concentrations respectives dans le mélange. Nous portons le mélange à l'ébullition sous la pression H. Le système est bivariant car $C = 2$, $\varphi = 2$ (phase liquide et phase vapeur); la pression étant donnée, ainsi que les concentrations $s_1$ et $s_2$, la température T d'ébullition est déterminée, ainsi que les concentrations $s_1'$, $s_2'$ de la phase vapeur.

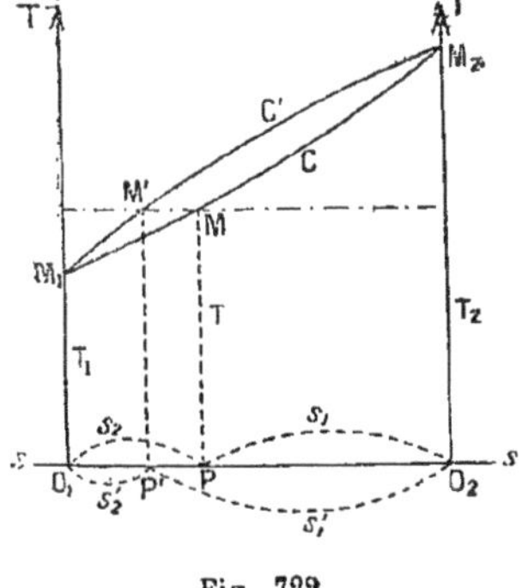

Fig. 722.

Adoptons la représentation suivante :

Sur une droite $O_1O_2 = 1$ (fig. 722), prenons un point P tel que $O_1P = s_2$ : on a, par suite, $O_2P = s_1$; par le point P menons une ordonnée $PM = T$, température d'ébullition du mélange; M représente la composition de la phase liquide et sa température d'ébullition ; de même portons $O_1P' = s_2'$, $O_2P' = s_1'$, et $P'M' = T$ : le point M' représente la concentration de la phase vapeur et la température T correspondante.

Les lieux de M et de M' sont deux courbes C et C' qui passent par les points $M_1$, $M_2$ tels que $O_1M_1 = T_1$, $O_2M_2 = T_2$; de plus, l'expérience montre que la *courbe* C' *est toujours au-dessus de la courbe* C. De la forme de ces courbes nous allons déduire les lois du phénomène :

1° *Les ordonnées de C sont constamment croissantes lorsque $s_1$ varie de 1 à 0.* — La courbe C a l'apparence dessinée sur la figure 722. Si l'on porte le mélange de concentrations $s_1$, $s_2$ à l'ébullition, elle se produit pour la température $T = PM$; les concentrations de la phase vapeur sont $s'_1$ et $s'_2$, et comme $s'_1 > s_1$, la vaporisation a pour effet d'appauvrir la phase liquide par rapport au corps 1; donc le point figuratif va se rapprocher de $O_2$, la température d'ébullition s'élèvera constamment et tendra vers $T_2$; la phase liquide et la phase vapeur tendront à ne plus contenir que le corps le moins volatil.

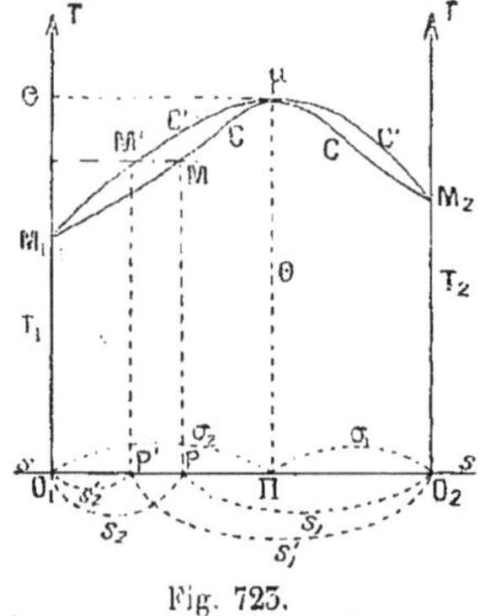

Fig. 723.

Le cas que nous venons d'étudier est extrêmement général, c'est, par exemple, celui des dissolutions aqueuses d'alcool méthylique, d'alcool éthylique, d'acide acétique, d'acide butyrique.

2° *Les ordonnées de C passent par un maximum lorsque $s_1$ varie de 1 à 0.* — La courbe C est représentée par la figure 723, le point $\mu$ relatif à l'ordonnée maximum $\theta$ correspond aux concentrations $\sigma_1$, $\sigma_2$; la courbe $C'$ est tangente à la courbe C en $\mu$.

Il est facile de voir, en raisonnant comme plus haut que, si la concentration initiale $s_1 > \sigma_1$, on a $s'_1 > s_1$; par ébullition la phase liquide s'appauvrit par rapport au corps 1, dont la concentration $s_1$ diminue jusqu'à $\sigma_1$, la température d'ébullition croît jusqu'à $\theta$, puis les deux phases ayant même composition, cette composition et la température d'ébullition sont fixes; si $s_1 < \sigma_1$, on a $s'_1 < s_1$; la phase liquide s'enrichit en liquide 1, $s_1$ croît, et tend vers $\sigma_1$, par suite la température d'ébullition croît et tend vers $\theta$.

De toute façon la composition et la température finales des deux phases sont constantes et représentées par les coordonnées du point $\mu$ : on ne peut songer à séparer les deux corps par ébullition.

*Ex.* : les mélanges eau-acide chlorhydrique, eau-alcool propylique, eau-alcool butyrique, sulfure de carbone-alcool éthylique, tétrachlorure de carbone-alcool méthylique.

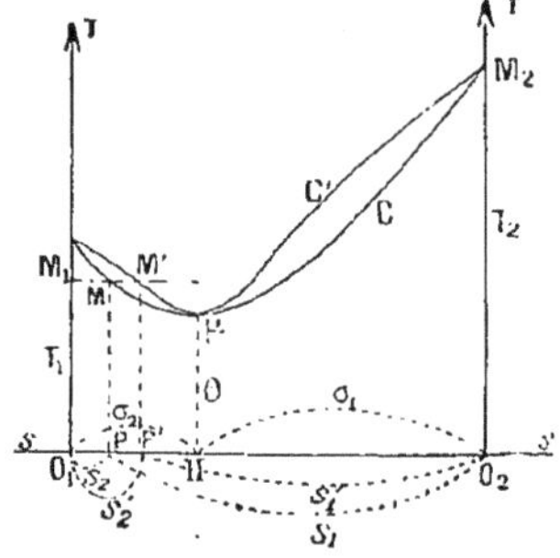

Fig. 724.

3° *Les ordonnées de la courbe C passent par un minimum lorsque $\sigma_1$ décroît de 1 à 0.* La courbe C a l'apparence dessinée sur la figure 724; le point $\mu$ correspond à l'ordonnée minimum $\theta$ et aux concentrations $\sigma_1$, $\sigma_2$; la courbe $C'$ est tangente à la courbe C en $\mu$.

Si $s_1 > \sigma_1$, on a $s'_1 < s_1$; la phase liquide s'enrichit en liquide 1, la température d'ébullition croît et tend vers $T_1$; si $s_1 < \sigma_1$, on a $s'_1 > s_1$, la phase liquide s'appauvrit en liquide 1, la température d'ébullition croît et tend vers $T_2$.

La séparation des corps 1 et 2 par distillation est possible.

Si, dès le début, on avait $s_1 = \sigma_1$, la composition des phases et la température d'ébullition devraient rester constantes, mais cet état d'équilibre est instable.

*Ex.* : le mélange eau-acide formique.

*Application.* — La température d'ébullition d'un mélange d'eau et d'alcool sous pression constante étant fonction de la composition du mélange, on peut déterminer cette composition par la mesure de la température d'ébullition : on opère ainsi avec l'ébullioscope Malligand (fig. 725).

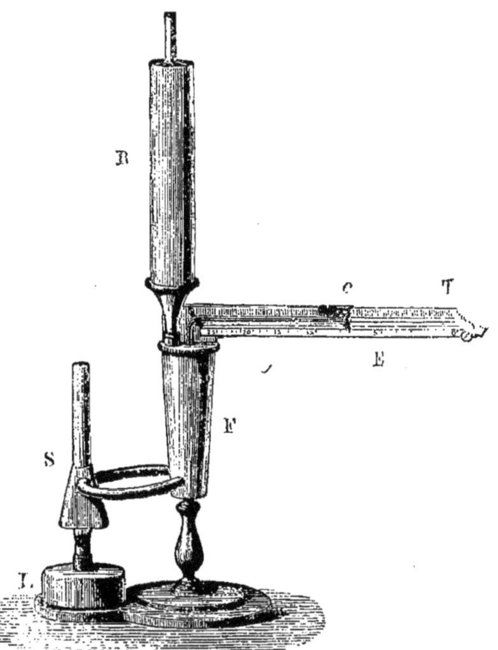

Fig. 725.

On commence par faire bouillir de l'eau pure en F et on amène le zéro de l'échelle mobile E en face de l'extrémité de la colonne thermométrique, puis on remplace l'eau par du vin et on relève la division de la graduation en face de laquelle s'arrête le ménisque de mercure : on a ainsi le titre alcoolique à $\frac{1}{10}$ de degré. Les opérations sont très rapides, surtout quand on opère avec une série d'échantillons : elles sont suffisamment précises pour les besoins du commerce.

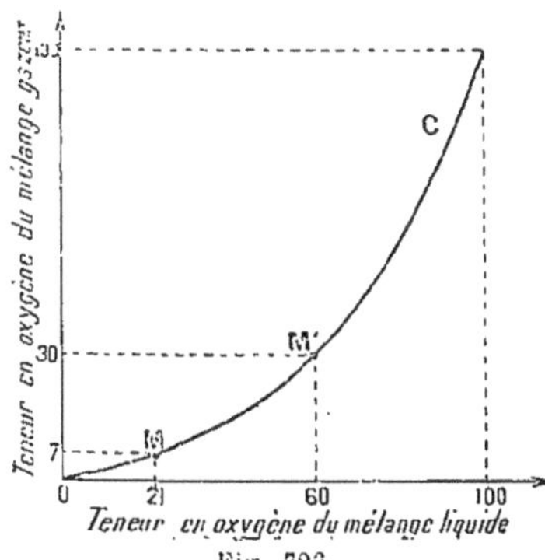

Fig. 726.

795. **Séparation de l'azote et de l'oxygène de l'air liquide.** — L'azote et l'oxygène ayant pour température d'ébullition normale respectivement — 195°,7 et — 181°,4, soit une différence de température de 14°, placée vers le bas de l'échelle, il semble possible de les séparer à peu près intégralement par distillation, mais il ne faut pas songer pour cela à une distillation simple. En effet, si nous considérons la courbe de la figure 726, nous voyons que l'air liquide à 21 pour 100 d'oxygène donne

de l'air gazeux à 7 pour 100 d'oxygène seulement; lorsque le liquide titre 60 pour 100 d'oxygène, le mélange gazeux en contient 30 pour 100, et pour avoir 20 litres d'oxygène à 90 pour 100, il faudrait distiller un kilogramme d'air liquide. Aussi M. G. Claude a-t-il substitué à la séparation par simple distillation un procédé dit de *liquéfaction avec retour en arrière*.

L'appareil se compose d'un réservoir AB (fig. 727) dont les deux parties sont réunies par un faisceau tubulaire F, les tubes extérieurs F' communiquant avec un collecteur C; ce réservoir AB est en grande partie situé à l'intérieur d'un autre réservoir, contenant de l'oxygène liquide dont nous allons voir la provenance; une colonne à plateaux surmonte le réservoir à oxygène.

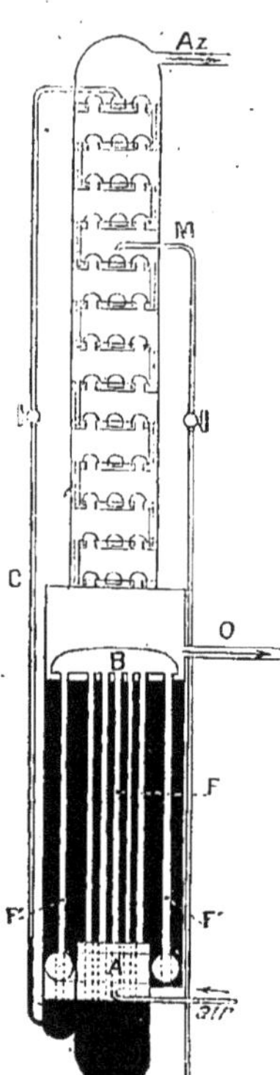

Fig. 727.

On fait arriver en A de l'air comprimé à $5 \frac{\text{kg-f}}{\text{cm}^2}$; étant refroidi par l'oxygène liquide extérieur, il se liquéfie en donnant en A de l'air liquide à 48 pour 100 d'oxygène, puisque la phase vapeur a 21 pour 100 de ce même corps. Le résidu gazeux, qui est de l'azote presque pur, pénètre de haut en bas dans le faisceau F' où il achève de se liquéfier; on collecte donc en C de l'azote liquide, en C' de l'air liquide à 48 pour 100 d'oxygène.

Le liquide puisé en C' est déversé en M, au tiers supérieur de la colonne à plateaux; comme il contient 48 pour 100 d'oxygène, il va rectifier les vapeurs qui proviennent de la partie inférieure de cette colonne et ne laisser passer que de l'air gazeux à 21 pour 100 d'oxygène. L'azote presque pur, collecté en C, est déversé à la partie supérieure de la colonne à plateaux et achève de rectifier l'air compris dans le tiers supérieur de cette colonne, de telle manière qu'à la partie supérieure se dégage de l'azote presque pur. L'oxygène qui retombe dans le réservoir inférieur est au même degré de pureté, soit 98 à 99 pour 100.

L'air, en se liquéfiant en A, vaporise l'oxygène du réservoir et par suite l'azote de la colonne à plateaux : il y a donc production continue d'azote et d'oxygène.

L'expression de *retour en arrière* vient du fait suivant: l'air liquide, sous l'influence de son poids, tombe dans la colonne à plateaux et rencontre un gaz progressivement plus riche en oxygène que celui qui lui a donné naissance: une partie de l'oxygène se condense et prend la place d'une partie de l'azote qui se vaporise.

M. G. Claude a perfectionné son appareil de manière à pouvoir séparer les gaz de l'air, autres que l'oxygène et l'azote, en particulier le néon.

*Applications industrielles.* — Aujourd'hui, par les procédés Claude, on obtient $1^{m^3}$ d'oxygène et $4^{m^3}$ d'azote par cheval-vapeur-heure, ce qui met ces gaz à un prix ignoré jusqu'alors; aussi leur emploi dans l'industrie devient-il de plus en plus pratique et il tend à jouer un rôle considérable.

On utilise l'oxygène : dans les chalumeaux pour faire de la soudure autogène ou couper rapidement des plaques de fer, même de grande épaisseur; pour obtenir de hautes températures dans les fours métallurgiques; pour préparer l'anhydride sulfurique par la méthode de contact, ou le chlore par le procédé Deacon.

L'azote est employé pour la fabrication de la cyanamide calcique et des cyanures.

## CALÉFACTION

**708. Description et lois du phénomène.** — Sur une plaque métallique horizontale fortement chauffée, déposons une petite quantité d'eau, nous constatons qu'au lieu de s'étaler, le liquide prend la forme d'une goutte plus ou moins aplatie qui, tantôt reste immobile, tantôt est animée d'un mouvement vibratoire rapide; elle disparaît peu à peu par évaporation.

On peut être surpris que l'eau n'entre pas en ébullition quoique la plaque soit à une température T bien supérieure à 100° ; mais il est facile de vérifier que *le liquide ne touche pas la plaque*.

1° On provoque la caléfaction d'une goutte d'eau teintée par un peu d'encre, on place une bougie de manière à éclairer horizontalement la face supérieure de la plaque, et on constate qu'on peut apercevoir une portion de la source lumineuse, en regardant entre la goutte et la plaque (fig. 728).

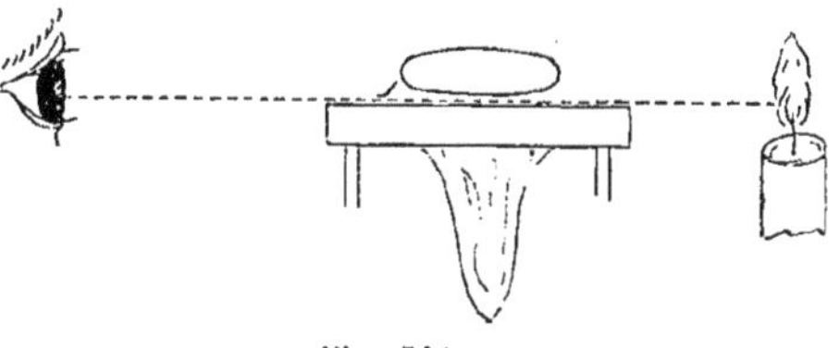

Fig. 728.

2° On caléfie une goutte d'eau acidulée et on intercale la goutte et la plaque dans le circuit d'une pile et d'une sonnerie ou d'un galvanomètre, on constate que le courant ne passe pas; il n'y a donc pas contact entre le liquide et la plaque.

Ces expériences nous montrent qu'il existe un matelas de vapeur interposé entre la plaque et la goutte; le liquide reçoit de la chaleur seulement par rayonnement et non par conductibilité; cette chaleur provoque une évaporation rapide et, par suite, la formation de la couche de vapeur interposée qui, s'échappant sur les bords, doit être constamment renouvelée. Si l'on cesse de chauffer, la plaque se refroidit, et, à un moment donné, la goutte s'étale et disparaît rapidement. L'interprétation de ce phénomène est simple : la goutte recevant moins de chaleur, la vaporisation est plus lente, l'épaisseur de la couche de vapeur interposée diminue, et il arrive un moment où l'une des aspérités de la plaque pénétrant dans la goutte, y apporte rapidement par conductibilité, une quantité de chaleur suffisante pour provoquer la vaporisation presque immédiate du liquide.

On peut vérifier directement, au moyen d'un thermomètre à réservoir très aplati, ou avec des pinces thermo-électriques, que la température $t$ du liquide est inférieure à sa température d'ébullition $t_e$.

Les phénomènes de caléfaction peuvent donner lieu à des expériences très curieuses. Dans une capsule de platine au rouge, versons du chlorure de méthyle ou de l'anhydride sulfureux, puis de l'eau; en vidant rapidement la capsule, nous recueillons de la glace; ce résultat ne doit pas nous étonner, les températures d'ébullition normale des liquides caléfiés dont il s'agit étant —21° et —10°. C'est encore grâce à la caléfaction qu'une personne peut, sans être brûlée, couper rapidement, avec le bras trempé préalablement dans l'eau, un jet de fonte en fusion.

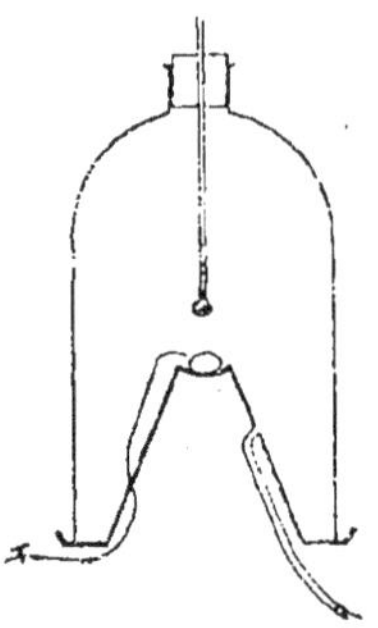

Fig. 729.

Lorsque la pression décroît, la température d'ébullition $t_e$ et la température $t$ du liquide caléfié diminuent : c'est ce que Gossart a vérifié en produisant la caléfaction de l'eau sous une cloche pneumatique à platine conique en cuivre (fig. 729). Pour la pression de $4^{mm},6$ de mercure, $t_e = 0°$, par suite $t < 0°$ ; Gossart constata en effet que, sous la pression de $4^{mm},6$ de mercure, l'eau caléfiée était à l'état de glace.

797. **Température minimum de la plaque.** — Pour un liquide donné et une pression donnée, la caléfaction cesse dès que la température de la plaque a atteint une valeur minimum $T_m$ : cette valeur est, pour le même liquide et la même pression, variable d'une plaque à l'autre ; elle est d'autant plus basse que le poli de la surface portante est plus parfait ; cela s'interprète facilement, car si les aspérités sont moins hautes, l'épaisseur de la couche de vapeur protectrice est moins grande, et cette couche peut être conservée par un rayonnement moins actif. Avec des lames de platine doré ou argenté, polies avec beaucoup de soin, Gossart a pu réaliser la caléfaction de l'eau pour $T_m = 80°$ sous la pression atmosphérique, et $T_m = 15°$ pour une pression de quelques millimètres de mercure seulement. On peut donc avoir $T_m < t_e$.

Nous avons vu que si la caléfaction cesse, la vaporisation du liquide est extrêmement rapide : cette remarque nous permet d'expliquer les explosions de chaudière pendant le refroidissement. Soit une chaudière avec un fort dépôt de tartre ; pour produire une vaporisation suffisamment active, il faut porter la paroi au rouge ; or, supposons qu'un morceau de tartre vienne à se détacher, une portion de paroi intérieure est à nu ; tant qu'elle est au rouge, il n'y a pas contact entre cette surface et l'eau, mais dès que la températere T de la paroi devient $T_m$, très supérieure à $t_e$ pour une paroi rugueuse, le liquide touche la paroi, d'où production immédiate d'une grande quantité de vapeur qui ne peut s'écouler assez rapidement par les soupapes de sûreté, la pression devient énorme, la chaudière saute.

798. **Phénomènes capillaires qui accompagnent la caléfaction.** — On ne peut attribuer la forme des gouttes caléfiées qu'à un phénomène de tension superficielle. En photographiant une large goutte d'eau caléfiée, Gossart a pu déterminer la constante capillaire A relative à la surface eau-air par la connaissance du profil exact de la goutte (562).

Toutes les fois qu'on peut produire des gouttes liquides, entourées d'une couche de vapeur ou d'un autre corps qui empêche leur contact avec les corps solides ou liquides voisins, on observe l'*état sphéroïdal*; c'est ainsi qu'on peut faire rouler des gouttes de liquide sur ce liquide même et conserver une large goutte de mercure sur une lame d'or plongée préalablement dans l'alcool; dans le premier cas, c'est la vapeur qui s'oppose au contact entre le globule et le liquide; dans le second cas, c'est une mince couche d'alcool qui empêche le mercure de s'étaler sur la lame d'or.

## CHALEUR DE VAPORISATION

799. **La vaporisation absorbe de la chaleur.** — Nous avons déjà vu (769) que la vaporisation des gaz liquéfiés peut produire des abaissements de température considérables, d'où l'emploi de ces corps comme agents frigorifiques, dans l'industrie et les laboratoires.

Rappelons aussi qu'on produit de la glace au moyen de la machine pneumatique de Carré, simplement en provoquant la vaporisation rapide d'une partie de l'eau à congeler.

Un thermomètre, dont le réservoir est entouré d'un tampon de coton imbibé d'éther, accuse une température rapidement décroissante, surtout si l'on agite le thermomètre pour activer la vaporisation de l'éther.

L'évaporation de la sueur refroidit le corps et en régularise la température; c'est pourquoi les chauffeurs de paquebots ou les ouvriers qui travaillent à la gueule des fours, doivent boire énormément pour évaporer beaucoup, afin d'éviter une élévation de température trop notable de leur organisme. Bref, toute vaporisation est accompagnée d'une absorption de chaleur.

800. **Définition.** — On appelle *chaleur latente de vaporisation* d'un liquide à $t^0$, la quantité de chaleur $\lambda_t$ qu'il faut fournir à l'unité de masse de ce liquide à $t^0$ pour le transformer en vapeur saturante à cette même température. — L'expérience montre que cette quantité est essentiellement fonction de la température $t$.

La chaleur latente de vaporisation est la somme de deux termes: l'un qui correspond à la variation d'énergie interne (664) et qui dépend évidemment du déplacement relatif des molécules: on l'appelle *chaleur interne de vaporisation*; l'autre qui correspond au travail fourni par le corps au milieu extérieur pendant la vaporisation, toujours accompagnée d'un accroissement de volume; ce dernier terme est la *chaleur externe de vaporisation*. Si $p$ est la pression, $u_l$ et $u_v$ les volumes spécifiques du liquide et de la vapeur, la chaleur externe de vaporisation est $Ap(u_v - u_l)$, et en désignant par $\lambda_i$ la chaleur interne de vaporisation, nous avons

$$\lambda_t = \lambda_i + Ap(u_v - u_l).$$

On appelle *chaleur totale de vaporisation* d'un liquide à $t^0$, la quantité de chaleur $\Lambda_t$, qu'il faut fournir à l'unité de masse de ce liquide pour la porter d'abord de $0^0$ à $t^0$ à l'état liquide, sous une pression égale à la tension maximum à $t^0$, et la réduire ensuite en vapeur saturante à $t^0$, sans aucune autre élévation de température. — Cette quantité $\Lambda_t$ est également fonction de $t$.

Si l'on désigne par $Q_0$ la quantité de chaleur à fournir à l'unité de masse pour la porter, à l'état liquide, de 0° à $t°$, dans les conditions spécifiées, on a évidemment :

$$\Lambda_t = Q_0 + \lambda_t.$$

801. **Principe de la mesure des chaleurs de vaporisation** — On emploie habituellement la méthode des mélanges. L'appareil se compose en principe d'une chaudière communiquant avec un serpentin S (fig. 730), à l'extrémité duquel se trouve un réservoir C pour recueillir le liquide obtenu par condensation; serpentin et réservoir sont plongés dans un calorimètre; ils sont mis en relation avec une machine pneumatique ou une pompe de compression par un tube B, de manière à réaliser dans l'enceinte la pression P pour laquelle le liquide bout à la température proposée $t°$. On provoque alors l'ébullition du liquide, et on fait passer le courant de vapeur dans le serpentin pendant un temps suffisant pour obtenir une élévation de température convenable du thermomètre calorimétrique, puis on pèse le liquide provenant de la vapeur condensée : soient M sa masse, $t$ la température d'ébullition, $\theta_0$ la température initiale du calorimètre, $\theta_n$ sa température finale, $\Sigma\Delta\theta$ la somme algébrique des variations de température du calorimètre sous l'influence des causes perturbatrices, $\mu$ la valeur en eau du calorimètre, $c$ la chaleur spécifique du liquide. Nous écrivons que la somme des quantités de chaleur cédées par la vapeur : 1° en se condensant à $t°$; 2° en se refroidissant à l'état liquide de $t$ à $\theta_n$, est égale à la quantité de chaleur gagnée par le calorimètre, toutes corrections effectuées :

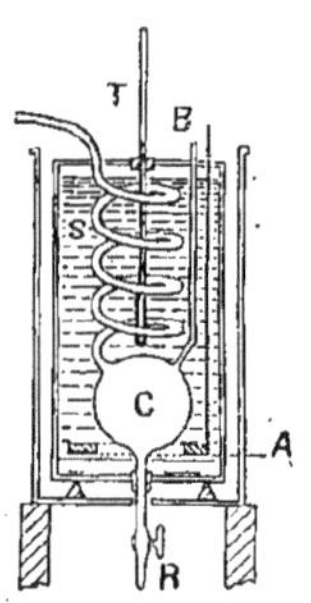

Fig. 730.

$$M\lambda_t + Mc(t - \theta_n) = \mu(\theta_n - \Sigma\Delta\theta - \theta_0),$$

équation d'où l'on tire $\lambda_t$, la chaleur spécifique $c$ du liquide ayant été préalablement déterminée.

Dans la pratique, on éprouve une grosse difficulté à amener de la vapeur sans gouttes liquides dans le serpentin ; on protège la canalisation par un manchon de vapeur. Pour opérer à une pression différente de la pression atmosphérique, il faut faire communiquer l'appareil avec un réservoir assez grand pour que la pression soit sensiblement *constante*, malgré la production et la condensation de vapeur qui ne se font pas rigoureusement compensation à chaque instant.

802. **Appareil de Berthelot, pour la mesure de la chaleur de vaporisation à la température d'ébullition normale.** — Il peut être intéressant de pouvoir faire des mesures rapides sur de petites quantités de liquide, à la température d'ébullition normale : l'appareil de Berthelot répond à ces conditions; nous allons le décrire.

Une fiole FF (fig. 731), fermée à sa partie supérieure, est traversée par un tube TT, ouvert à ses deux extrémités. Ce tube, soudé dans le fond de la fiole, se raccorde par un rodage à l'émeri avec un serpentin calorimétrique SS, terminé par un réservoir R, et communiquant avec l'atmosphère par le tube A. L'ébullition du liquide placé dans la fiole a donc lieu sous la pression atmosphérique; la vapeur formée, protégée contre le refroidissement extérieur, se condense seulement dans le serpentin, qui est immergé dans un calorimètre Berthelot. Des écrans de carton protègent le calorimètre contre le rayonnement du foyer, qui est constitué ici par une couronne de gaz *ll*, recouverte d'une toile métallique.

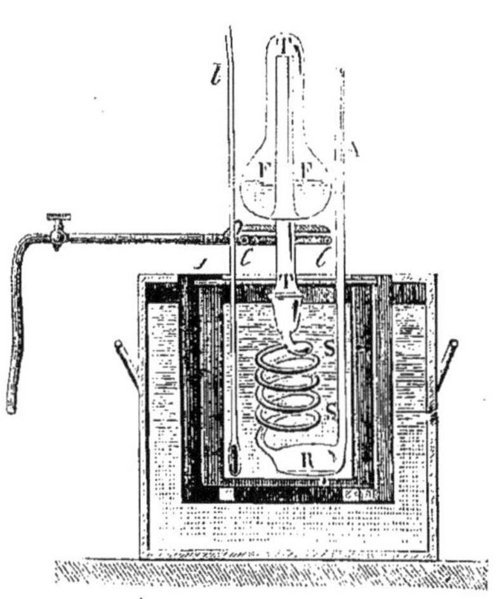

Fig. 731.

*Manipulation.* — On pèse la fiole contenant le liquide; on la chauffe et on note la marche du thermomètre calorimétrique pendant la période qui précède l'ébullition. Lorsque la distillation commence, la température du calorimètre varie rapidement : c'est la deuxième période de l'expérience, elle dure de 2 à 4 minutes, de manière à obtenir une élévation de température de 3° environ. On cesse de chauffer, on enlève la fiole que l'on bouche, et après refroidissement on la pèse; sa diminution de masse donne M. On suit encore la marche du thermomètre calorimétrique jusqu'à ce qu'elle soit devenue régulière.

Cet appareil est employé surtout dans le cas des liquides organiques dont on a seulement de petites quantités. En opérant sur l'eau, Berthelot a trouvé $\lambda_{100} = 536{,}2$, nombre très voisin de celui donné par Regnault après des expériences très soignées, soit $\lambda_{100} = 537$ : cette concordance établit l'excellence du procédé Berthelot.

803. **Résultats généraux.** — Les expériences de Despretz sur l'eau l'avaient conduit à adopter pour ce corps $\lambda_{100} = 540$. Regnault opéra sous des pressions très diverses, jusqu'à 14 atmosphères, et il chercha à représenter les résultats par une formule empirique :

$$\Lambda_t = a + bt + ct^2 + \dots$$

il trouva que, dans l'intervalle de températures pour lequel il avait fait les mesures, il pouvait borner le développement de la fonction $\Lambda_t$ aux deux premiers termes :

$$\Lambda_t = 606{,}5 + 0{,}305\ t,$$

d'où :

$$\lambda_t = 606,5 - 0,695\, t;$$

en particulier pour $t = 100^\circ$:

$$\Lambda_{100} = 637, \qquad \lambda_{100} = 537;$$

plus rigoureusement, la chaleur spécifique moyenne de l'eau entre 0° et 100° n'étant pas tout à fait égale à l'unité, on a

$\lambda_{100}$ 536,67. Des déterminations récentes donnent $\lambda_{100} = 538,4$.

La chaleur totale de vaporisation de l'eau n'est pas indépendante de la température, contrairement à une proposition formulée par Watt.

La chaleur latente de vaporisation de l'eau n'est pas indépendante non plus de la température; Southern et Creighton avaient faussement affirmé le contraire.

La formule empirique de Regnault n'est évidemment applicable que dans l'intervalle de températures pour lequel elle a été établie, de 100° à 195°; elle nous montre très nettement toutefois que la chaleur latente de vaporisation diminue quand la température s'élève.

En Thermodynamique on établit que $\lambda_t$ est lié à la température absolue T par une formule due à Clapeyron([1]); cette formule est :

$$\lambda_t = \mathrm{AT}\,(u_v - u_l)\,\frac{dp}{dt},$$

dans laquelle $u_l$ et $u_v$ sont les volumes spécifiques du liquide et de la vapeur à T, $\frac{dp}{dt}$ étant le coefficient angulaire de la tangente à la courbe des pressions maxima $p = f(t)$ pour la température T. Or nous savons qu'à la température critique $u_v = u_l$ (761), d'autre part $\frac{dp}{dt}$ n'est pas infini; donc pour cette température $\lambda_t = 0$ : ce résultat a été vérifié directement par l'expérience, pour quelques gaz liquéfiés (807).

Au voisinage de la température critique $\lambda_t$ est au moins une fonction du second degré en $t$.

*Application de la formule de Clapeyron.* — Soit à calculer dans le cas de l'eau la variation de pression $\Delta p$ qui correspond à une variation de température $\Delta t = 1^\circ$, pour $t = 100^\circ$, nous allons supposer que $\frac{\Delta p}{\Delta t}$ est très sensiblement égal à $\frac{dp}{dt}$, et de l'équation de Clapeyron nous tirons :

$$\Delta p = \frac{\lambda_t}{\mathrm{AT}\,(u_v - u_l)}\,\Delta t,$$

dans laquelle nous faisons :

$$\lambda_t = 537, \qquad \mathrm{A} = \frac{1}{4,18 \times 10^7}, \qquad \mathrm{T} = 373, \qquad u_l = 1;$$

([1]) Clapeyron (1799-1864), ingénieur français dont le principal travail scientifique a trait à la chaleur latente de vaporisation.

d'autre part nous tirons $u_v$ de l'expression

$$1 = 0{,}001293 \times \frac{5}{8} \times u_v \times \frac{1}{1 + \frac{100}{273}};$$

tous calculs faits, il vient

$$\Delta p = 3{,}7 \times 10^4 \text{ baryes.}$$

Cette pression $\Delta p$ correspond à une colonne de mercure de hauteur $\Delta x$, telle que

$$\Delta x \times 13{,}596 \times 981 = 3{,}7 \times 10^4, \qquad \text{d'où} \qquad \Delta x = 2^{cm},7.$$

L'expérience donne le même résultat.

804. **Loi de Trouton.** — *La chaleur de vaporisation moléculaire* (produit de la chaleur de vaporisation par la masse moléculaire), *à la température $t^e$ d'ébullition normale, est proportionnelle à la température absolue* $T_e$.

Si l'on désigne par $\lambda_e$ la chaleur de vaporisation à la température $t_e$ d'ébullition normale, par M la masse moléculaire et par $T_e$ la température absolue d'ébullition normale, c'est-à-dire $t_e + 273$, on trouve en effet, d'après les résultats expérimentaux, que pour un grand nombre de liquides, de constitutions chimiques très variées, on a

$$\frac{M\lambda_e}{T_e} = C^{te}.$$

C'est ce que montre le tableau suivant :

| Substances | M. | $\lambda_e$. | $T_e$. | $\frac{M\lambda_e}{T_e}$. |
|---|---|---|---|---|
| Trichlorure de phosphore, $PCl^3$... | 137,5 | 51,4 | 76 + 273 | 20,07 |
| Tétrachlorure de carbone, $CCl^4$.... | 154 | 46,4 | 76,74 + 273 | 20,42 |
| Sulfure de carbone, $CS^2$........... | 76 | 86,7 | 46 + 273 | 20,52 |
| Iodure de méthyle, $CH^3I$........... | 142 | 46,1 | 43,8 + 273 | 20,66 |
| Bromure d'éthylène, $C^2H^4Br^2$...... | 188 | 43,8 | 131,5 + 273 | 20,38 |
| Benzène, $C^6H^6$.................... | 78 | 94,4 | 80,2 + 273 | 20,85 |
| Formiate de méthyle, $H.COOCH^3$.. | 60 | 110,1 | 31,8 + 273 | 21,68 |
| Diéthylamine, $AzH(C^2H^5)^2$.......... | 73 | 91 | 56 + 273 | 20,07 |
| Chlorure stannique, $SnCl^4$......... | 260 | 30,5 | 113,9 + 273 | 20,49 |

La formule précédente n'est qu'un cas particulier d'une formule plus générale, déduite de la loi des états correspondants, dans le cas où les températures d'ébullition normale sont *correspondantes*,

$$\frac{\lambda M}{T} = F\left(\frac{T}{T_e}\right).$$

805. **Chaleur de vaporisation des gaz liquéfiés. — Expériences de Favre et Silbermann.** - Les premières expériences sur ce sujet furent faites par Favre et Silbermann, au moyen du *calorimètre à mercure*. C'est une sorte de thermomètre à gros réservoir R (fig. 752), constitué par une sphère de fonte d'un litre environ de capacité. Dans ce réservoir est ménagé un moufle M, destiné à l'introduction des gaz liquéfiés. Un tube capillaire de verre T, divisé en parties d'égale capacité, permet de suivre les variations du ménisque de mercure qui correspondent aux variations de volume provoquées par les absorptions ou les dégagements de chaleur dans le moufle. — Un piston à vis V sert à faire varier le ménisque de mercure dans le tube capillaire, pour la commodité des mesures; on observe ce ménisque à la loupe. Pour éviter des variations de volume du mercure qui seraient produites par des influences perturbatrices extérieures, on place le réservoir à mercure dans une caisse en bois B, remplie d'ouate.

Soit $Q$ la quantité de chaleur absorbée ou dégagée dans le moufle, $n$ le nombre de divisions dont le ménisque se déplace dans la tige T; $Q$ est proportionnel à la dilatation apparente du mercure, donc à $n$, ce que l'on écrit

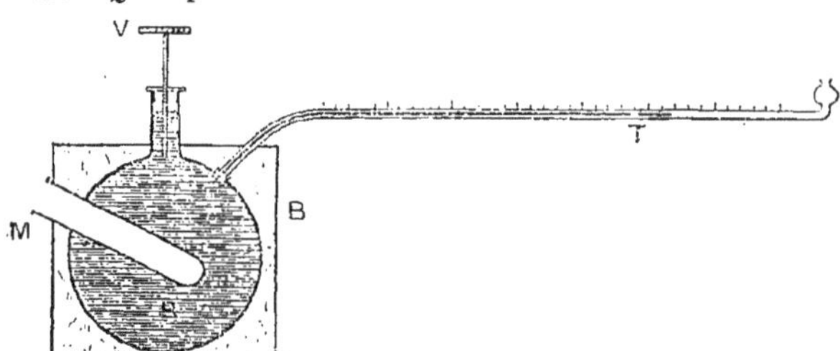


Fig. 732.

$$Q = kn;$$

$k$ est une constante de l'appareil, que l'on détermine en apportant dans le moufle une quantité de chaleur connue, comme dans le cas du calorimètre de Bunsen (638).

En introduisant donc dans le moufle une éprouvette renfermant le gaz liquéfié qui est l'objet de l'expérience, on détermine sa chaleur de vaporisation à la température $\theta$ d'ébullition sous la pression de l'atmosphère. Pour avoir la masse du liquide évaporé, il suffit de recueillir le gaz provenant de l'ébullition, comme le faisaient Favre et Silbermann. Si l'on en détermine le volume dans des conditions données, on aura sa masse M, d'où

$$M\lambda_0 = Q = kn.$$

806. **Expériences de M. James Chappuis.** — M. James Chappuis a opéré par la méthode du calorimètre à glace de Bunsen. Ce qu'il a déterminé, c'est donc la chaleur de vaporisation à 0°. — On fait bouillir le liquide à cette température, en mettant en communication le récipient métallique R (fig. 733) qui le contient avec un espace où règne une pression égale à la pression maximum à 0°. Cette communication est établie par l'intermédiaire d'un serpentin S, qui entoure le réservoir R, et qui est immergé avec lui dans le moufle du calorimètre de Bunsen. Ce calorimètre fonctionne ici en sens inverse de son fonctionnement habituel : il s'y produit de la glace, ce qui en fait sortir du mercure. On utilise donc l'appareil comme dilatomètre à poids : on s'arrange pour que le mercure, au début de l'expérience, arrive exactement à l'extrémité d'une pointe effilée et recourbée, qui termine le tube capillaire. On détermine alors la masse de mercure qui s'écoule dans une coupelle, ce qui fournit la masse de glace produite, ou la quantité de chaleur soustraite au calorimètre par la masse de liquide qui a été vaporisée. Quant à cette masse de liquide, on l'obtient en pesant le récipient avant et après l'expérience.

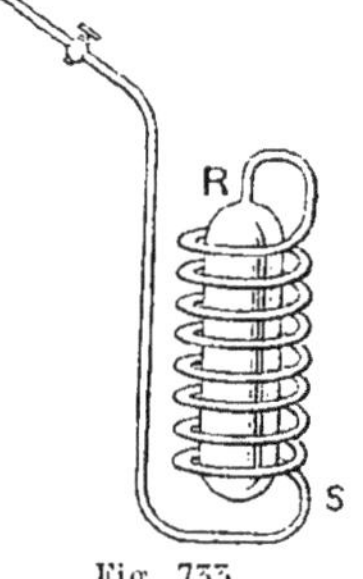


Fig. 733.

Soit $m$ la perte de masse fournie par ces pesées. Cette quantité $m$ est, en réalité, inférieure à la masse du liquide vaporisé, car le volume de ce liquide est occupé par de la vapeur saturante à 0°, qui en a pris la place, et qui est ainsi restée dans l'appareil. Soit donc $\mu$ la masse réellement vaporisée, $\delta_l$ la masse spécifique du liquide et $\delta_v$ celle de sa vapeur saturante à 0° ; le volume qu'occupait le liquide vaporisé est $\frac{\mu}{\delta_l}$, et la masse de vapeur qui en a pris la place est $\frac{\mu}{\delta_l}\delta_v$. En exprimant que $\mu$ est égal à la masse de vapeur sortie de l'appareil, plus celle qui y est restée, on obtient l'équation

$$\mu = m + \frac{\mu}{\delta_l}\delta_v, \qquad \text{d'où} \qquad \mu = \frac{m}{1 - \frac{\delta_v}{\delta_l}}.$$

807. **Expériences de M. Mathias.** — M. Mathias a fait des expériences plus complètes, en opérant à des températures variées, sous des pressions égales aux pressions maxima qui correspondent à chacune d'elles. Il est allé ainsi, en évitant la détente, jusqu'à la température critique, afin de vérifier la formule de Clapeyron, qui donne $\lambda_t = 0$ à cette température.

La méthode qu'a employée M. Mathias, la seule qui puisse être ici d'une application générale, est la méthode des mélanges, réglée de manière à obtenir une température *stationnaire* du calorimètre, comme l'avaient déjà fait Delaroche et Bérard (651) et, après eux, Hirn et M. d'Arsonval. On compense l'abaissement de température, qui serait provoqué dans le calorimètre par l'évaporation du gaz liquéfié, en réchauffant l'eau au moyen d'un

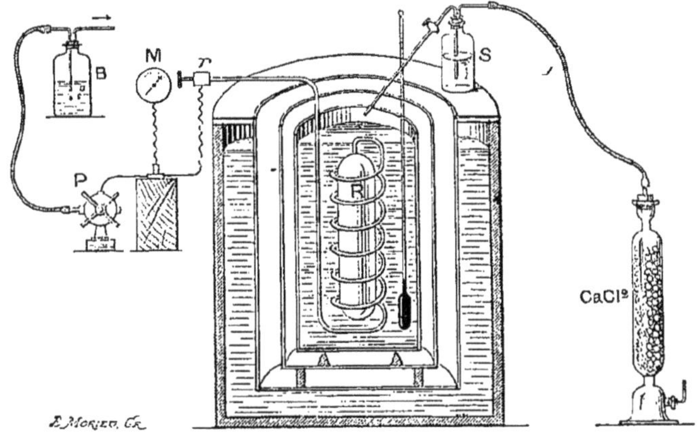


Fig. 734.

filet d'acide sulfurique; l'eau doit d'ailleurs être agitée, pour assurer l'uniformité et la constance de sa température. Si $m$ est la masse d'acide sulfurique concentré, écoulée dans le calorimètre renfermant une quantité d'eau déterminée, la quantité de chaleur Q correspondante est donnée par une formule empirique, $Q = \frac{am}{b + m}$, $a$ et $b$ étant deux constantes que l'on détermine expérimentalement. On peut ainsi obtenir une température constante, dans chaque expérience, et faire varier la température d'une expérience à l'autre. A chaque fois, l'ébullition du liquide se produit sous la pression maximum qui correspond à la température réalisée; on maintient cette pression constante, au moyen d'un robinet à pointeau et d'un manomètre.

L'appareil se compose d'un *récipient* R (fig. 734) en cuivre doré, renfermant le gaz liquéfié. Ce récipient est soudé à un serpentin; il communique, par un raccord isolant en celluloïd, avec un premier robinet à pointeau $r$, un manomètre M, un second robinet à pointeau P, et enfin un barboteur B à glycérine. D'autre part, un siphon laisse tomber goutte à goutte l'acide sulfurique, en quantité convenable, d'un vase S dans l'eau du calorimètre, où est immergé le récipient et son serpentin. L'air qui vient remplacer l'acide en S est préalablement desséché sur du chlorure de calcium.

808. *Résultats.* — La figure 735 indique la forme des courbes qui représentent la relation $\lambda_t = f(t)$ pour les trois liquides étudiés, $N^2O$, $CO^2$ et $SO^2$.

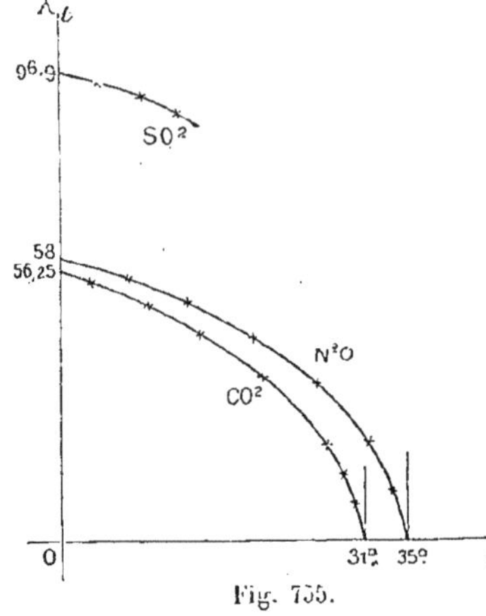

Fig. 735.

On voit que $\lambda_t$ décroît quand $t$ augmente. — D'autre part, pour deux de ces liquides, $CO^2$ et $N^2O$, l'expérience a pu être poussée jusqu'à la température critique (31°,4 pour le premier, 35° pour le second), et l'on voit que $\lambda_t$ *s'annule à ces températures*, conformément à la formule de Clapeyron (803).

De plus, la tangente à la courbe en ces points est parallèle à l'axe des ordonnées, c'est-à-dire que son coefficient angulaire $\frac{d\lambda_t}{dt}$ est infini. Il est aisé de voir qu'il devait en être ainsi. En effet, on a vu, à propos des densités $\delta_l$ et $\delta_v$ d'un liquide et de sa vapeur saturante (767), que les deux courbes de densités en fonction des températures se raccordent au point critique où la tangente est parallèle à l'axe des ordonnées. On a donc alors $\left(\frac{d\delta_l}{dt}\right)_c = -\infty$ et $\left(\frac{d\delta_v}{dt}\right)_c = +\infty$; mais on a, pour les volumes spécifiques, $u_l = \frac{1}{\delta_l}$ et $u_v = \frac{1}{\delta_v}$, d'où $\frac{du_l}{dt} = -\frac{\left(\frac{d\delta_l}{dt}\right)}{\delta_l^2}$ et $\frac{du_v}{dt} = -\frac{\left(\frac{d\delta_v}{dt}\right)}{\delta_v^2}$; par suite, au point critique, $\left(\frac{du_l}{dt}\right)_c = +\infty$ et $\left(\frac{du_v}{dt}\right) = -\infty$. Or, d'après la formule de Clapeyron, à la température critique :

$$\left(\frac{d\lambda_t}{dt}\right)_c = A\left[T\frac{dp}{dt} \times \frac{d(u_v - u_l)}{dt}\right]_c;$$

mais

$$\left[\frac{d(u_v - u_l)}{dt}\right]_c = \left(\frac{du_v}{dt}\right)_c - \left(\frac{du_l}{dt}\right)_c = -\infty;$$

comme tous les autres termes restent finis et positifs, on a donc bien $\left(\frac{d\lambda_t}{dt}\right)_c = -\infty$, ce que viennent confirmer les courbes précédentes du gaz carbonique et de l'oxyde azoteux.

Pour le gaz carbonique, la fonction parabolique représentant $\lambda_t$ peut se mettre sous la forme

$$\lambda_t = 117,313(31 - t) - 0,466(31 - t)^2.$$

En résumé, les expériences de M. Mathias ont permis de vérifier ou d'établir les résultats suivants :

1° A la température critique $\lambda_t = 0$;

2° A la température critique $\frac{d\lambda_t}{dt} = -\infty$;

3° Dans le voisinage de la température critique $\lambda_t$ est une fonction parabolique de la température.

L'allure générale de la courbe $\lambda = f(t)$ est celle de la figure 735 : on y voit une partie sensiblement rectiligne, pour laquelle une fonction du premier degré, comme celle de Regnault (803), représente bien le phénomène.

## DENSITÉS DES VAPEURS

809. **Densité par rapport à l'air, d'une vapeur non saturante, dans des conditions déterminées.** — On appelle densité d'une vapeur, par rapport à l'air, à $t^0$ sous la pression H, le *rapport de la masse* M *d'un certain volume de vapeur pris à* $t^0$, *sous la pression* H, *à la masse* M' *du même volume d'air, pris dans les mêmes conditions de température et de pression*. Cette définition est la même que pour un gaz (529). Si $d_{t,\text{H}}$ désigne la densité relative, on a donc, par définition,

$$d_{t,\text{H}} = \frac{M}{M'}.$$

Au lieu de déterminer par l'expérience la masse M', on la calcule le plus souvent en considérant l'air comme un gaz parfait. Soient V, H et $t$, le volume, la pression et la température de l'air et de la vapeur ; on a (550) :

$$M' = a_{0,76}.V.\frac{H}{76}.\frac{1}{1+\alpha t}, \qquad \text{d'où} \qquad d_{t,\text{H}} = \frac{M}{a_{0,76}.V.\frac{H}{76}.\frac{1}{1+\alpha t}},$$

et par suite

$$\text{(1)} \qquad M = a_{0,76}.d_{t,\text{H}}.V.\frac{H}{76}.\frac{1}{1+\alpha t}.$$

Dans cette dernière formule, le produit des quatre facteurs du second membre autres que $d_{t,\text{H}}$ exprime donc la masse d'air qui occupe le même volume que la vapeur, dans les mêmes conditions ; le facteur $d_{t,\text{H}}$ est la densité relative de la vapeur par rapport à l'air, dans ces conditions $t$ et H.

*Remarque.* — Cette manière d'envisager la densité relative des vapeurs non saturantes, par rapport à l'air considéré comme *gaz parfait*, a l'avantage d'indiquer dans quelles conditions la vapeur se comportera elle-même comme un gaz parfait. En effet, lorsqu'on trouvera que $d_{t,\text{H}}$ est indépendant des variations de $t$ et de H, c'est que, dans ces conditions, le volume V, la pression H et la température $t$ d'une même masse M de la vapeur considérée satisferont à l'équation $\frac{VH}{1+\alpha t} = C^{te}$, c'est-à-dire à la formule des gaz parfaits.

810. **Méthode de Gay-Lussac, perfectionnée par Hoffmann.** — Dans la méthode de Gay-Lussac, on forme une masse déterminée M de vapeur, à une température déterminée $t$ ; on mesure son volume V et sa pression H, et l'on en déduit sa densité par rapport à l'air considéré comme un gaz parfait, d'après la formule précédente :

$$d_{t,\text{H}} = \frac{M}{a_{0,76}.V.\frac{H}{76}.\frac{1}{1+\alpha t}}.$$

Aujourd'hui pour appliquer cette méthode, on emploie toujours le dispositif d'Hoffmann qui présente sur celui de Gay-Lussac les avantages suivants : il est plus simple, permet de faire les opérations beaucoup plus rapidement, avec une précision supérieure, à des températures plus élevées, et pour des pressions plus faibles.

L'appareil se compose d'un tube barométrique A (fig. 756) de $1^m$ de hauteur environ, de $15^{mm}$ de diamètre intérieur, entouré d'un manchon dans lequel on fait passer un courant de vapeur d'un corps convenablement choisi (eau, alcool amylique, aniline...), de façon à obtenir la température $t$ à laquelle on veut faire la mesure. Le tube AB porte une graduation en centimètres cubes, à partir du sommet, et, sur la partie diamétralement opposée, une graduation en millimètres.

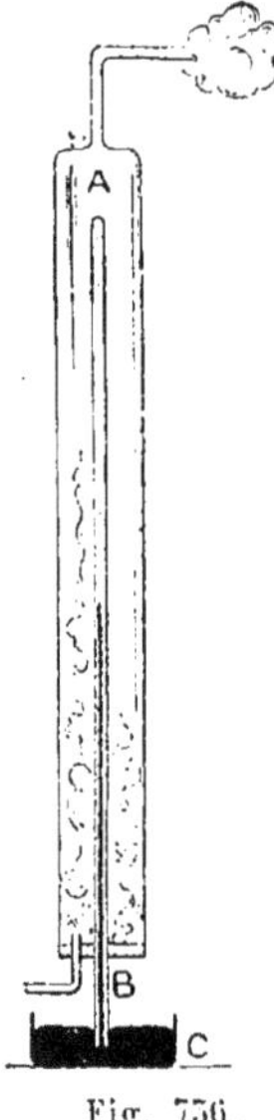

Fig. 756.

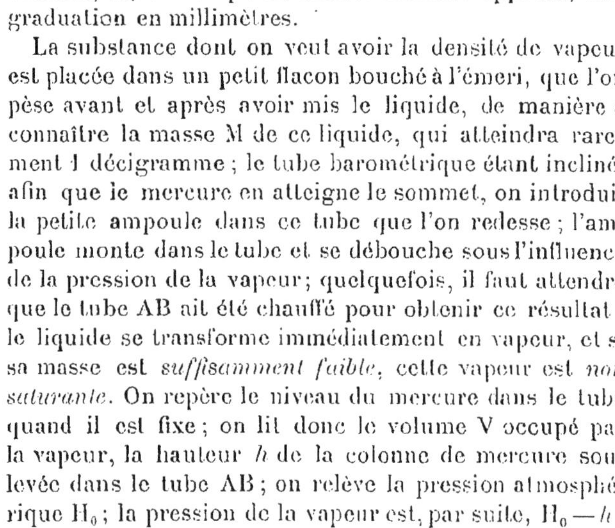

La substance dont on veut avoir la densité de vapeur est placée dans un petit flacon bouché à l'émeri, que l'on pèse avant et après avoir mis le liquide, de manière à connaître la masse M de ce liquide, qui atteindra rarement 1 décigramme ; le tube barométrique étant incliné, afin que le mercure en atteigne le sommet, on introduit la petite ampoule dans ce tube que l'on redesse ; l'ampoule monte dans le tube et se débouche sous l'influence de la pression de la vapeur; quelquefois, il faut attendre que le tube AB ait été chauffé pour obtenir ce résultat : le liquide se transforme immédiatement en vapeur, et si sa masse est *suffisamment faible*, cette vapeur est *non saturante*. On repère le niveau du mercure dans le tube quand il est fixe ; on lit donc le volume V occupé par la vapeur, la hauteur $h$ de la colonne de mercure soulevée dans le tube AB ; on relève la pression atmosphérique $H_0$ ; la pression de la vapeur est, par suite, $H_0 - h$ ; cette vapeur est non saturante si $H_0 - h < F_t$ ; $t$ étant la température de la vapeur qui circule dans le manchon, température d'ébullition sous la pression $H_0$ du corps qui fournit cette vapeur ; $t$ est une température bien connue.

La méthode décrite s'applique jusqu'à 250° environ, pour des pressions petites ; elle est rapide : la durée d'une opération est habituellement de moins d'une heure.

*Précision des mesures.* — Nous avons vu (809) que

$$d_{t,H} = \frac{M}{a_{0,76} \cdot V \cdot \frac{H}{76} \cdot \frac{1}{1+\alpha t}};$$

donc (409)

$$\frac{\Delta d_{t,H}}{d_{t,H}} = \frac{\Delta M}{M} + \frac{\Delta V}{V} + \frac{\Delta H}{H} + \frac{\Delta(1+\alpha t)}{1+\alpha t};$$

l'erreur relative la plus importante est habituellement $\frac{\Delta M}{M}$, M étant très petit; en opérant avec soin, on peut avoir la densité à 0,01 près.

811. **Méthode de Dumas.** — La méthode de Dumas consiste à placer la vapeur dans des conditions telles, qu'elle remplisse un volume déterminé V, à une température $t$ et sous une pression H déterminées. La quantité à mesurer est la masse M de cette vapeur.

On prend un ballon B (fig. 757), d'une capacité de $500^{cm^3}$ au maximum, dont le col est étiré en une pointe effilée A, et l'on effectue la série des opérations suivantes :

1° On met sur le plateau d'une balance le ballon plein d'air dans les conditions extérieures, à une température $\theta$, une pression H, la pression de la vapeur d'eau étant $f$; on fait la tare en plaçant dans l'autre plateau un ballon fermé, de même verre et sensiblement de même volume que le ballon à densité ; on met aussi à côté de ce ballon-tare un poids marqué assez considérable pour que, dans l'opération suivante, il n'y ait pas lieu de changer la tare, et on achève de réaliser l'équilibre avec des poids marqués.

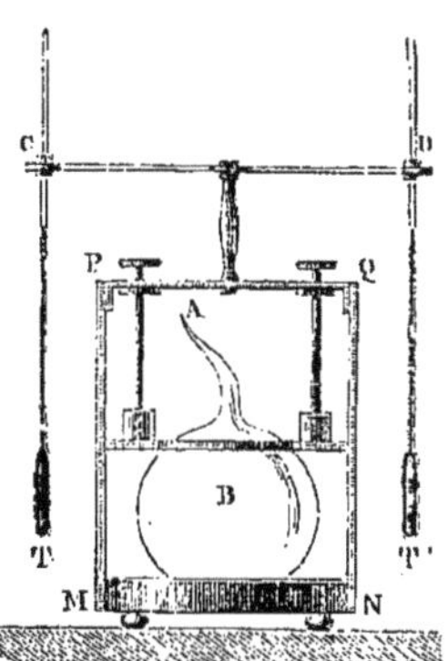

Fig. 757.

2° On introduit dans le ballon une petite quantité du liquide à étudier, en dilatant d'abord l'air intérieur, et plongeant ensuite la pointe A dans le liquide. On dispose alors le ballon dans un support spécial MNPQ, et on le porte dans un bain dont la température $t$ doit être supérieure à la température d'ébullition du liquide sous la pression atmosphérique. La vapeur qui se forme chasse l'air, et, au bout d'un certain temps, l'excès de liquide ayant disparu, le jet de vapeur qu'on avait vu sortir par la pointe cesse de se produire ; on ferme alors la pointe à la lampe. On a donc ainsi rempli le ballon de vapeur non saturante, à une pression égale à la pression barométrique H. On note la température $t$ du bain, qu'on a rendue uniforme en faisant tourner la traverse CD qui porte les thermomètres T et T'. On reporte le ballon, bien essuyé et revenu à la température ambiante, sur le plateau de la balance. Supposons que, pour ramener l'aiguille au zéro, il faille enlever, à côté du ballon à densité, une certaine masse $\mu$ ; cette masse $\mu$, corrigée de la poussée de l'air, représente l'excès de la masse M de la vapeur sur la masse $m$ de l'air que contenait le ballon dans les conditions extérieures ; nous écrivons donc :

$$(1) \qquad \mu(1-\sigma) = M - m.$$

D'autre part, en désignant par $V_0$ le volume du ballon à $0_0$, on a (758) :

$$(2) \qquad m = a_{0,76} \cdot V_0(1+k\theta) \cdot \frac{H - \frac{3}{8}f}{76} \cdot \frac{1}{1+\alpha\theta}.$$

Si l'on connaissait $V_0$, l'équation (2) donnerait $m$, et alors l'équation (1) fournirait M. Il reste donc à jauger le ballon.

3° Pour *jauger le ballon*, on détache la pointe sous de l'eau distillée récemment bouillie ; l'eau remplit complètement le ballon, s'il n'y est pas resté d'air, c'est-à-dire si l'opération a été bien faite. On reporte alors le ballon sur le plateau de la balance : soit $\mu'$ la masse échantillonnée qu'il faut enlever de la masse initiale pour rétablir l'équilibre. On a, en désignant par $e_\theta$ la densité de l'eau à la température ambiante $\theta$,

$$(3) \qquad \mu'(1-\sigma) = V_0(1+k\theta)e_\theta - m.$$

Nous avons trois équations à trois inconnues $m$, $V_0$, M ; nous éliminons $m$ et nous calculons $V_0$ et M, par suite $d_{t,H}$ :

$$d_{t,H} = \frac{M}{a_{0,76} \cdot V_0(1+kt) \cdot \frac{H}{76} \cdot \frac{1}{1+\alpha t}}.$$

Au lieu d'effectuer le jaugeage par une pesée, comme il vient d'être dit, on se contente parfois de faire passer l'eau du ballon dans une éprouvette graduée, qui donne immédiatement $V_0(1+k\theta)$ ; il suffit alors de porter cette valeur dans l'équation (2). — Le jaugeage peut aussi s'effectuer avec du mercure. — Pour l'opération du jaugeage par pesée, on ne prendra pas la balance qui sert à peser le ballon plein de vapeur, mais une balance supportant une charge plus considérable, avec laquelle on pèsera d'abord le ballon plein d'air.

812. *Extension de la méthode aux basses pressions et aux températures élevées.* — Pour opérer sous une pression inférieure à la pression atmosphérique, on met le ballon en communication avec un espace vide et froid, où l'on a raréfié l'air jusqu'à une pression connue ; quand l'excès de liquide et de vapeur a distillé vers cet espace froid, on opère comme précédemment.

Pour opérer au-dessus de 300°, on peut, comme l'ont fait H. Sainte-Claire Deville et Troost, remplacer le ballon de verre par un ballon de porcelaine, qui reste indéformable jusqu'à plus de 1000°. Sur le col du ballon, on place un petit bouchon conique de porcelaine, qui laisse sortir la vapeur tant qu'elle se dégage : on ferme ensuite le ballon en fondant, au chalumeau oxhydrique, la partie supérieure du col et la surface du bouchon. — On peut, d'ailleurs, obtenir une série de températures de plus en plus élevées, en plaçant le ballon dans une étuve maintenue à une température *constante*, par l'ébullition d'un corps convenablement choisi (mercure, soufre, cadmium, zinc...).

*Difficultés de la méthode.* — 1° Si le corps n'est pas absolument pur, et s'il renferme une impureté moins volatile que la substance sur laquelle on veut opérer, la proportion de cette impureté dans l'atmosphère restante peut être considérable et fausser beaucoup les résultats ;

2° Lorsqu'on met trop peu de liquide dans le ballon, tout l'air ne pourra être chassé ; on reconnaîtra la présence de l'air à ce que, pour le jaugeage, le ballon ne se remplit pas complètement d'eau ;

3° Si l'on ne ferme pas le ballon aussitôt après que la vapeur est devenue sèche, l'air pénètre dans le ballon par diffusion ;

4° Dans le cas où l'on ferme le ballon avant vaporisation complète du liquide, non seulement on opère sur une vapeur qui est saturante, mais encore la masse du liquide restant peut être une fraction notable de la masse de la vapeur, d'où une erreur considérable ; — il faut donc fermer le ballon juste à temps.

5° Comme la pointe effilée est plus froide que le ballon, de la vapeur se condense vers la pointe : on fait disparaître le liquide qui en provient, en chauffant la pointe avant sa fermeture.

6° La méthode de Dumas est d'une application très longue ; pour faire une mesure avec soin, il faut presque une demi-journée.

*Correction de la bulle.* — Il est difficile d'éviter une bulle d'air au moment du jaugeage ; si elle est petite, la mesure sera bonne à la condition de faire une correction ; si elle est considérable, il faut recommencer les opérations.

On fait passer la bulle dans une éprouvette graduée : soit $v$ le volume de la bulle saturée d'humidité à $\theta°$ ; la masse de cet air est

$$m' = a_{0,76}\, v \cdot \frac{H - F_\theta}{76} \cdot \frac{1}{1+\alpha\theta},$$

l'équation (3) deviendra

$$(3') \qquad \mu'(1-\sigma) = [V_0(1+K\theta) - v]\,e_0 + m' - m\,;$$

l'équation (1) transformée est

$$(1') \qquad \mu(1-\sigma) = M + m' - m\,;$$

à la température de $t°$, au moment de la fermeture du ballon, la masse d'air $m'$ restant dans ce ballon avait dans le mélange une pression $h$ donnée par la formule

$$\frac{V_0(1+Kt)\,h}{1+\alpha t} = \frac{v\,(H - F_0)}{1+\alpha\theta},$$

la pression de la vapeur était seulement $H - h$, d'où

$$M = a_{0,76} \cdot d_{t,H} \cdot V_0(1+Kt) \cdot \frac{H-h}{76} \cdot \frac{1}{1+\alpha t}.$$

De cette relation, on tire $d_{t,H}$.

*Précision de la mesure.* — Le théorème des erreurs relatives (409) nous donne :

$$\frac{\Delta d_{t,H}}{d_{t,H}} = \frac{\Delta M}{M} + \frac{\Delta V_0}{V_0} + \frac{\Delta H}{H} + \frac{\Delta(1+Kt)}{1+Kt} + \frac{\Delta(1+\alpha t)}{1+\alpha t}.$$

L'erreur relative la plus considérable est, en général, $\frac{\Delta M}{M}$, car la masse M est habituellement inférieure à 1 gramme, le poids du ballon, surtout dans le cas d'un ballon de porcelaine, étant assez considérable et interdisant, par suite, l'emploi d'une balance extrêmement sensible. Dans les mesures très soignées, l'erreur relative totale est de l'ordre des millièmes ; dans des mesures rapides, faites par un expérimentateur habile, elle peut atteindre facilement plusieurs centièmes.

813. **Méthode de Victor Meyer.** — Cette méthode rapide, souvent employée dans les laboratoires de chimie, consiste à opérer sur une masse donnée M de vapeur, et à déterminer *par une expérience directe*, la masse M' d'air qui occupe le même volume dans les mêmes conditions, sans connaître ni ce volume, ni, d'une manière précise, ces conditions elles-mêmes.

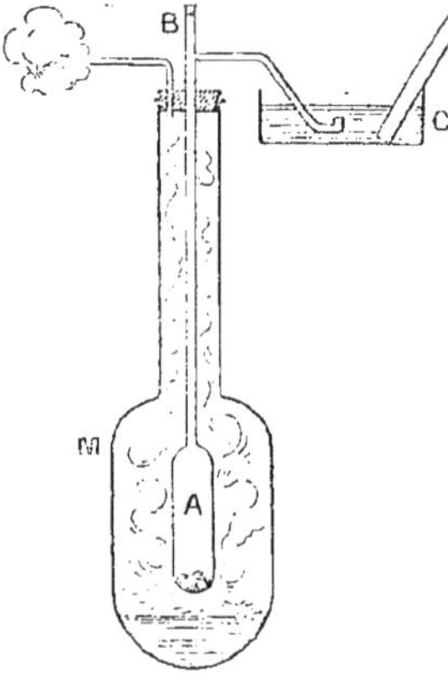


Fig. 738.

L'appareil consiste en un réservoir A (fig. 738), surmonté d'un tube assez large B, d'environ 60 centimètres de hauteur, que l'on peut fermer par un bouchon et qui porte, au-dessous, un tube abducteur se rendant dans une cuve à eau C. L'appareil est placé dans un manchon M, dont la température $t$ sera maintenue constante par l'ébullition d'un liquide convenablement choisi. L'air échauffé se dilate et sort par bulles à travers la cuve à eau ; quand ces bulles cessent de se produire, l'air intérieur est à la température de l'étuve. On débouche alors le tube et l'on fait tomber dans le réservoir[1], dont le fond est garni d'une couche d'amiante pour amortir le choc, une petite ampoule E (fig. 739) contenant une masse connue M du corps soumis à l'expérience (1 décigramme au plus). On referme *rapidement*, on laisse sortir la bulle d'air déplacée par l'introduction du bouchon, et l'on place sur le tube abducteur une éprouvette graduée, pleine d'eau, pour recueillir l'air que la production de la vapeur va chasser de l'appareil. D'après la loi du mélange des gaz et des vapeurs non saturantes (757), *cet air occupait le volume que prend la vapeur, sous la même pression et à la même température*, à condition que le tube B soit assez long et que l'opération soit faite assez rapidement pour qu'il ne puisse y avoir diffusion de la vapeur vers les parties supérieures, pendant l'expérience.

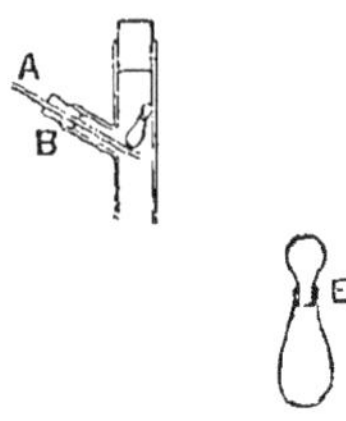


Fig. 739.

La masse de cet air est donc la masse cherchée M'; on la détermine en mesurant le volume U de l'air humide dans l'éprouvette graduée, à la température $\theta$ de la cuve et sous une pression totale H que l'on évalue. On a, en désignant par $F_\theta$ la pression maximum de la vapeur d'eau à la température $\theta$,

$$M' = a_{0,76} \cdot U \cdot \frac{H - F_\theta}{76} \cdot \frac{1}{1 + \alpha\theta},$$

[1] Dans certains appareils, l'ampoule E est maintenue en place dès le début par une petite tige de verre A (fig. 739), qu'on tire à travers le bouchon B et qu'on ramène ensuite à sa position primitive.

et l'on obtient la densité relative cherchée en appliquant la formule de définition $d = \frac{M}{M'}$.

*Application aux hautes températures.* — Au-dessous de 500°, on emploie des réservoirs en verre de 100 centimètres cubes de capacité environ; entre 500 et 1500°, on fait usage de récipients en porcelaine ayant à peu près un volume intérieur de 20 centimètres cubes; enfin, entre 1500° et 2000°, on utilise des réservoirs en iridium qui jaugent environ 5 centimètres cubes.

La pression est la pression atmosphérique; la température est connue avec assez de précision : c'est la température d'ébullition normale du liquide de l'étuve. On emploie habituellement les corps suivants pour porter le manchon A à la température voulue : eau (100°); benzène monochloré (120°); alcool amylique (139°); aniline (185°,9); naphtalène (217°,7); mercure (357°); soufre (444°,5); zinc (918°).

*Précision de la mesure.* — Nous avons (409)

$$\frac{\Delta d}{d} = \frac{\Delta M}{M} + \frac{\Delta M'}{M'}.$$

La grandeur des masses à mesurer M et M' dépend essentiellement de celle du volume du réservoir A; ce volume varie de 100 centimètres cubes à 5 centimètres cubes environ quand on passe de la température ordinaire à 2000°; il en résulte que M est compris entre quelques décigrammes et quelques milligrammes.

La précision de la mesure de M' dépend de celle de la mesure du volume occupé par l'air déplacé, volume compris entre 100 centimètres cubes et 0$^{cm^3}$,5. Pour les températures inférieures à 500°, l'erreur relative $\frac{\Delta d}{d}$ est facilement inférieure à 0,01; à 2000°, elle peut atteindre 0,1.

La méthode de V. Meyer est, parmi les trois méthodes courantes, la plus rapide et presque toujours la plus précise; elle a donc une importance prépondérante.

814. **Résultats de l'étude des densités de vapeurs non saturantes.** — L'expérience montre que la densité $d_{t,H}$ d'une même vapeur non saturante varie, en général, avec $t$ et H. Mais ces variations peuvent être attribuées à deux causes bien différentes. — Les unes sont dues à des phénomènes de dépolymérisation moléculaire. — Les autres sont attribuables à ce que la vapeur ne se comporte pas comme un gaz parfait. — Ces deux sortes de variations sont d'ailleurs très différentes quant à leur ordre de grandeur, ainsi qu'on va le voir.

815. **Variations de la densité de vapeur, dues à des variations moléculaires.** — Pour certains corps, la densité de vapeur varie, avec les conditions dans lesquelles on la détermine, entre des limites très étendues : par exemple, dans le rapport de 3 à 1, ou de 2 à 1, etc. Ces variations s'expliquent par des phénomènes de dépolymérisation moléculaire. — Ainsi, pour le soufre, la densité de vapeur est

6,6 à 500°; elle n'est plus que 2,2 à 860°. Ces deux valeurs de la densité correspondent aux formules moléculaires $S^6$ et $S^2$; sous pression très réduite, à basse température, la densité de vapeur de soufre correspond à une molécule octoatomique $S^8$. — Pour l'iode, la densité de vapeur, d'abord égale à 8,82, ce qui correspond à la molécule $I^2$, diminue à mesure que la température croît, ou à mesure que la pression décroît; en particulier, une élévation progressive de température fait tendre la densité vers une valeur qui n'est plus que moitié de sa valeur initiale à partir de 900°, ce qui correspondrait à une molécule monoatomique, de formule I. — Pour le peroxyde d'azote, la densité de vapeur, qui est 2,6 à 25°,7, c'est-à-dire au voisinage du point d'ébullition, devient 1,59 à 134°, puis reste constante. A cette dernière valeur de la densité, correspond la formule moléculaire $NO^2$, tandis que la première valeur correspond à un mélange de molécules $NO^2$ et $N^2O^4$. — La densité du pentachlorure de phosphore, qui est 5,08 à 182°, atteint 3,65 à 327° et correspond alors seulement à la moitié de la masse moléculaire de $PCl^5$; on admet qu'à cette température le pentachlorure de phosphore est complètement dédoublé suivant la formule

$$PCl^5 = PCl^3 + Cl^2.$$

816. **Variations de la densité, provenant des écarts de la vapeur par rapport à l'état gazeux parfait. — Étude indirecte de la compressibilité et de la dilatation d'une vapeur non saturante.** — Pour les vapeurs en général, l'expérience montre que : — 1° *la densité d'une vapeur non saturante, à température constante, décroît quand la pression diminue*; — 2° *la densité d'une vapeur non saturante, sous pression constante, décroît quand la température s'élève.* — Par exemple, la densité relative de la vapeur d'eau varie comme l'indiquent les tableaux suivants :

| 107° | Pressions | 38cm de mercure | 76cm de mercure |
|---|---|---|---|
| | Densités | 0,622 | 0,645 |

| Pression atm. | Températures | 107° | 120° | 150° | 200° | 250° |
|---|---|---|---|---|---|---|
| | Densités | 0,645 | 0,625 | 0,620 | 0,619 | 0,618 |

Ces variations peuvent servir à l'étude de la compressibilité et de la dilatation des vapeurs. — En effet, formons la relation qui lie le volume, la pression et la température d'une masse constante de vapeur, à sa densité par rapport à l'air considéré comme gaz parfait dans ces conditions. On a, pour une masse constante M de vapeur, dans deux états différents :

$$M = a_{0,76} . d_{t,H} . V . \frac{H}{76} \frac{1}{1+\alpha t} = a_{0,76} . d_{t',H'} . V' . \frac{H'}{76} \frac{1}{1+\alpha t'},$$

$\alpha$ étant le coefficient de dilatation des gaz parfaits. On en tire la relation fondamentale

$$\frac{VH}{1+\alpha t} d_{t,H} = \frac{V'H'}{1+\alpha t'} d_{t',H'}.$$

En faisant, dans cette relation, soit $t'=t$, soit $H'=H$, elle va nous servir à étudier, par les densités, soit la *compressibilité* à température constante, soit la *dilatation* sous pression constante.

1° *Compressibilité.* — Si l'on fait $t'=t$, la relation précédente devient

$$VHd_{t,H}=V'H'd_{t,H'}, \qquad \text{d'où} \qquad \frac{d_{t,H'}}{d_{t,H}}=\frac{VH}{V'H'}.$$

Or si H' est supérieur à H, l'expérience donne $d_{t,H'}>d_{t,H}$, et par suite $V'H'<VH$; la vapeur est donc *plus compressible que ne l'indiquerait la loi de Mariotte.* — Si l'on pose alors $\frac{VH}{V'H'}=1+\varepsilon$, la quantité $\varepsilon$ étant l'écart par rapport à la loi de Mariotte, à la température $t$, entre les pressions H et H', on aura :

$$\frac{d_{t,H'}}{d_{t,H}}=1+\varepsilon;$$

on pourra donc calculer $\varepsilon$, en déterminant les densités.

2° *Dilatation.* — Si l'on fait $H'=H$ dans la relation générale précédente, elle devient

$$\frac{V}{1+\alpha t}d_{t,H}=\frac{V'}{1+\alpha t'}d_{t',H}, \qquad \text{d'où} \qquad \frac{d_{t',H}}{d_{t,H}}=\frac{1+\alpha t'}{1+\alpha t}\cdot\frac{V}{V'};$$

or, en désignant par $\gamma$ le coefficient moyen de dilatation de la vapeur sous la pression H, de 0 à $t$ ou à $t'$ (ce qui est toujours légitime lorsque $t'$ est voisin de $t$) :

$$\frac{V}{V'}=\frac{1+\gamma t}{1+\gamma t'};$$

par suite

$$\frac{d_{t',H}}{d_{t,H}}=\frac{1+\alpha t'}{1+\alpha t}\times\frac{1+\gamma t}{1+\gamma t'}.$$

Or, si $t'$ est supérieur à $t$, l'expérience donne $d_{t',H}<d_{t,H}$, il en résulte $\gamma>\alpha$; la vapeur est donc *plus dilatable qu'un gaz parfait*, et d'autant plus qu'elle est plus voisine de l'état de saturation.

817. **Densité limite et densité théorique.** — Dans certaines conditions de température et de pression, l'expérience montre que la densité d'une vapeur non saturante devient sensiblement indépendante de la température $t$ et de la pression H. Il en est généralement ainsi pour les températures élevées et pour les basses pressions, c'est-à-dire quand la vapeur est loin de ses conditions de saturation ; elle se comporte alors sensiblement comme un gaz parfait. Cette densité est ce qu'on appelle la *densité limite.* On ne se borne donc pas à une mesure, mais on fait des déterminations à des températures de plus en plus élevées, par exemple; en portant en abscisses les températures, en ordonnées les densités, on obtient une courbe avec asymptote parallèle à l'axe des températures (fig. 740); l'ordonnée de cette asymptote est la densité limite cherchée. Elle sert, en Chimie, à fixer le nombre qui représentera la masse moléculaire d'un corps, d'après la *loi d'Avogadro*, ou loi de la

constance du volume moléculaire des gaz, dans toutes les conditions de température et de pression. En effet, la densité limite, en fournissant une valeur, au moins approchée, de la masse moléculaire réelle, permet de choisir parmi les divers multiples simples entre lesquels on pourrait hésiter, car la discontinuité qui existe entre ces divers multiples ne laisse aucune ambiguïté sur la masse moléculaire exacte ainsi fixée.

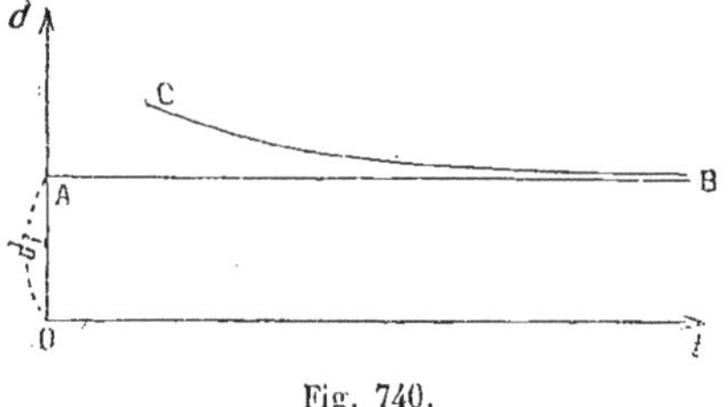

Fig. 740.

On appelle alors *densité théorique* la densité que l'on devrait obtenir si la loi d'Avogadro était absolument rigoureuse, c'est-à-dire si les volumes moléculaires étaient rigoureusement identiques dans les mêmes conditions : c'est la densité *calculée* d'après cette loi, avec la masse moléculaire *exacte*. La loi chimique d'Avogadro est une loi limite, comme les lois physiques de Mariotte et de Gay-Lussac; elle ne s'appliquerait rigoureusement qu'à l'état gazeux parfait.

818. **Densités des vapeurs saturantes.** — L'état d'une vapeur saturante est entièrement défini par son volume et sa température, puisque la pression maximum $F_t$ est fonction de la température seule. On aurait donc, pour la densité relative,

$$d_t = \frac{M}{a_{0,76}\cdot V \cdot \frac{F_t}{76}\cdot\frac{1}{1+\alpha t}},$$

d'où pour la densité absolue,

$$\Delta_t = \frac{M}{V} = a_{0,76}\,\frac{F_t}{76}\cdot\frac{1}{1+\alpha t}\,d_t.$$

Ce que l'on déduit en général de l'expérience directe, c'est la densité absolue $\Delta_t$, ou $\frac{M}{V}$, ou encore son inverse $\frac{V}{M}$, c'est-à-dire le *volume spécifique* de la vapeur saturante. Nous avons déjà vu (767) comment MM. Cailletet et Mathias déterminent simultanément les masses spécifiques de la vapeur saturante et du liquide, dans les mêmes conditions de température et de pression.

819. **Expériences de MM. Fairbairn et Tait.** — On fait passer une masse d'eau connue dans un ballon A (fig. 741) ne contenant que du mercure : l'eau se réduit partiellement en vapeur; on fait bouillir l'eau de l'enceinte B de manière à chasser tout l'air, puis on ferme le robinet R. Si l'on continue à chauffer, tant que la vapeur contenue en A est saturante, le ménisque de mercure *d* conserve la même position dans le col du ballon A, mais dès que cette vapeur n'est plus saturante, sa pression croît moins rapidement que celle de la vapeur saturante de B et le mercure monte dans le col de A. On note, à ce mo

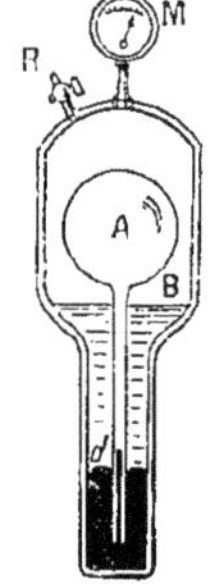

Fig. 741.

ment précis, la pression au manomètre M, on a ainsi la température; or, à cette température, la masse d'eau introduite en A est exactement saturante pour le volume observé qu'on détermine par jaugeage; on a donc facilement $\Delta_t$.

820. **Expériences de M. Pérot.** — Pour déterminer les densités des vapeurs saturantes, M. Pérot a employé une méthode qui est une modification de la méthode de Dumas pour les vapeurs non saturantes (811). — On produit une atmosphère de vapeur saturante, non pas directement dans le ballon à densités, mais dans un espace clos, vide d'air, et contenant le ballon également vide. La vapeur saturante remplit alors ce ballon : on le ferme au moyen d'un fil amené à l'incandescence par un courant électrique. On effectue ensuite les diverses opérations que nous avons décrites à propos de la méthode de Dumas : on en déduit M et V, c'est-à-dire $\Delta_t$.

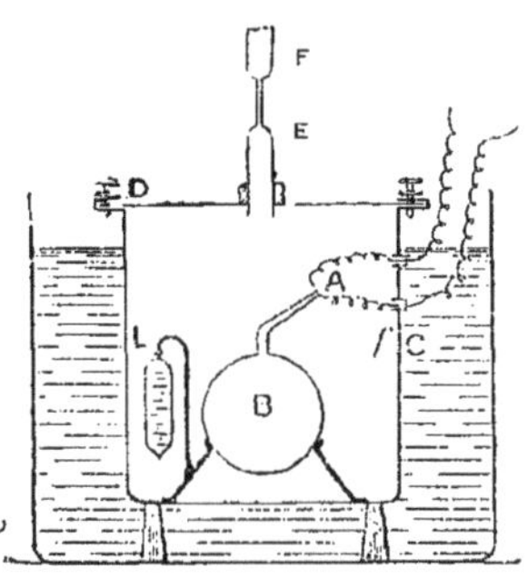

Fig. 742.

Le ballon B, à pointe effilée A (fig. 742), a été préalablement taré plein d'air sec; on le place dans une chaudière C en bronze, avec une ampoule L, remplie du liquide dont on veut étudier la vapeur saturante. On boulonne le couvercle D de la chaudière, et on la met en communication, par un tube de verre EF qui passe à travers un presse-étoupe, avec une machine pneumatique réalisant un vide sec; le vide fait, on ferme à la lampe la partie étranglée du tube de communication. On porte alors la chaudière dans un bain à température $t$; l'ampoule L se brise par la dilatation, et l'on a fait en sorte que la quantité de liquide soit plus que suffisante pour saturer tout l'espace qui lui est offert. Le ballon se remplit donc de vapeur saturante : on le ferme, comme il vient d'être dit, en faisant passer un courant électrique par un fil $f$, bien isolé de la chaudière. Enfin, on démonte l'appareil, et l'on achève comme dans la méthode de Dumas.

821. **Résultats.** — Pour une vapeur saturante, on trouve d'abord que la densité absolue $\Delta_t$ croît à peu près proportionnellement à $\frac{F_t}{1+\alpha t}$, tant que $F_t$ est plus petit que la pression atmosphérique H; la densité relative $d_t$ serait alors presque indépendante de $t$. — Mais, au-dessus du point d'ébullition normale, c'est-à-dire lorsqu'on a $F_t > H$, et que $F_t$ croît rapidement avec la température, on trouve que $\Delta_t$ croît plus rapidement que $\frac{F_t}{1+\alpha t}$, c'est-à-dire que la densité relative croîtrait également avec $t$. Si l'on rapproche ces résultats de ceux qu'a donnés l'étude des vapeurs non saturantes (816), on voit que l'*effet de la pression* l'emporte ici sur l'*effet de la température*. — On remarque d'ailleurs, d'autre part, que la densité du liquide correspondant décroît dans les mêmes conditions.

Nous avons déjà vu (767, 1°) que cette étude, poursuivie jusqu'à la température critique, est venue confirmer l'hypothèse de Jamin, à savoir que *le liquide et sa vapeur saturante ont, à la température critique, et sous la pression critique*, c'est-à-dire à la limite des deux états, *la même masse spécifique*. En outre, nous savons que la courbe des densités $d=f(t)$ (fig. 695) admet un diamètre rectiligne pour les cordes parallèles à l'axe des ordonnées : c'est la loi du diamètre rectiligne de MM. Cailletet et Mathias, si importante pour la recherche de la température et de la densité critique ; — ce diamètre a un coefficient angulaire négatif, par suite la variation de densité du liquide, en fonction de la température, est plus rapide que celle de la vapeur saturante ; enfin la densité critique est le tiers de celle du liquide à la température de solidification (M. Mathias).

## III. — FUSION ET SOLIDIFICATION

822. **Fusion.** — La *fusion* est le passage d'un corps de l'état solide à l'état liquide. Lorsqu'on élève progressivement la température d'un solide sous pression constante, plusieurs cas peuvent se présenter :

1° Le corps fond brusquement, c'est ce qui se produit pour la glace, le phosphore, la naphtaline, le plomb, etc., on dit qu'il y a *fusion nette* ;

2° Le corps passe de l'état solide à l'état liquide par une série d'états *pâteux* intermédiaires ; *exemples* : la cire à cacheter, le quartz, le verre, le fer ; c'est le cas de la *fusion pâteuse* ;

3° Le corps passe directement de l'état solide à l'état de vapeur : il y a *sublimation*. C'est ce qui se produit pour la neige d'anhydride carbonique, l'arsenic, l'anhydride arsénieux, le pentachlorure de phosphore sous la pression atmosphérique. Nous verrons qu'on peut fondre ces substances en opérant sous une pression suffisamment élevée (846).

4° Le corps se décompose : ce fait se produit pour un grand nombre de substances de la Chimie organique, telles que la cellulose, la dextrine, les matières albuminoïdes. Pour certains corps il y a dissociation : c'est le cas du carbonate de calcium, et on ne peut arriver à le fondre qu'en opérant en vase clos : les produits gazeux de la dissociation, en s'accumulant, exercent une pression considérable, s'opposent à une décomposition complète du corps et on atteint la température de fusion : on a pu fondre du carbonate de calcium en le chauffant dans un canon de fusil fermé par un bouchon à vis.

*Corps réfractaires*. — On appelait ainsi, autrefois, les corps non décomposés par la chaleur qui étaient infusibles ; aujourd'hui, grâce à la production de hautes températures, obtenues en particulier par l'emploi du four électrique qui donne 3500°, il n'y a plus de substances réfractaires à proprement parler. On réserve toutefois ce nom aux corps qui ne fondent pas aux températures les plus élevées des feux de forge : tels sont l'argile, la magnésie, la chaux, le carbone, le bore, le silicium, la silice.

En résumé tous les corps sont fusibles, sauf ceux qui sont décomposés par la chaleur, ou qui se subliment dans les conditions de pression de l'expérience : nous nous occuperons uniquement de ceux qui subissent la fusion nette.

823. **Loi de la fusion et de la solidification nettes.** — Chauffons de la naphtaline dans un tube A (fig. 743) et, pour que l'échauffement soit régulier et uniforme, plaçons A à l'intérieur d'un tube B qui plonge dans de l'eau; notons la marche du thermomètre T de minute en minute, et *mélangeons* constamment les différentes couches de naphtaline pour avoir une température uniforme; si nous portons en abscisses les temps, en ordonnées les températures, nous obtenons une courbe analogue à celle de la figure 744. Du temps 0 au temps $\tau_1$, la température a augmenté constamment, la naphtaline était entièrement solide; du temps $\tau_1$ au temps $\tau_2$, la température a conservé la valeur constante 79° et nous avions alors à la fois de la naphtaline solide et de la naphtaline liquide; enfin à partir de $\tau_2$ la température est allée en croissant et nous n'avions plus que de la naphtaline liquide.

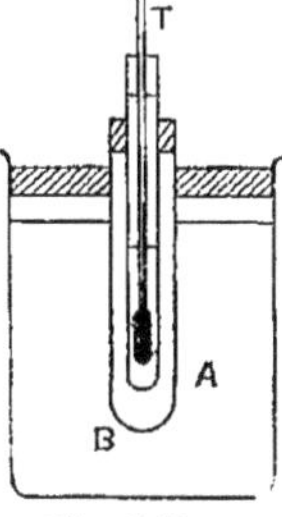

Fig. 743.

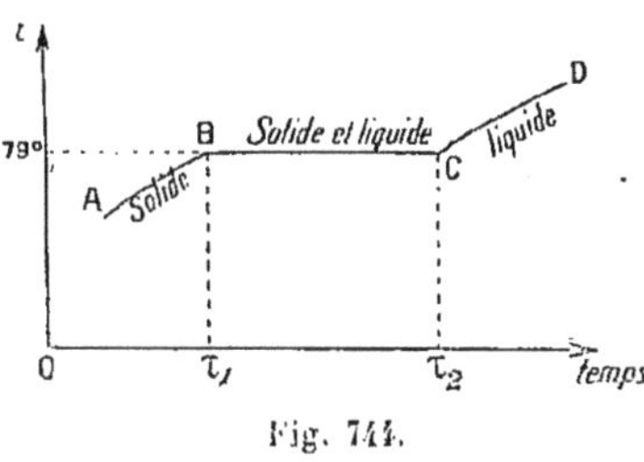

Fig. 744.

En résumé, sous la pression atmosphérique, la naphtaline a fondu à la température de 79°; tant que nous avons eu le mélange des deux phases solide et liquide, la température n'a point changé quoique le mélange ait reçu de la chaleur, la température du bain-marie étant supérieure à 79°; mais la phase solide a diminué, la phase liquide a augmenté; la chaleur a donc simplement provoqué la fusion, d'où la notion de chaleur de fusion (831); enfin au-dessous de 79° nous avions la phase solide, au-dessus la phase liquide; à 79° seulement les deux phases à la fois.

Nous pouvons ensuite opérer par refroidissement et nous obtenons une courbe analogue à celle de la figure 745, présentant encore un palier pour la température de 79°, palier qui correspond au mélange des phases solide et liquide.

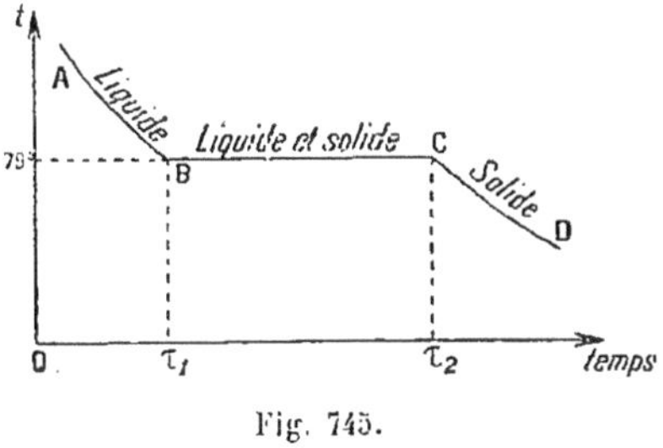

Fig. 745.

La solidification se produit donc à la température de 79°, qui est aussi la température de fusion.

Tant que les phases solide et liquide coexistent, la température est *constante*, et cependant ce mélange perd de la chaleur, la température du milieu extérieur étant inférieure à 79°; la solidification dégage donc de la chaleur.

Il serait intéressant de rechercher maintenant ce qui se passerait dans le cas où la température extérieure serait 79° : on constaterait que les phases solide et liquide du mélange conserveraient leurs masses respectives; ces phases seraient donc *en équilibre*. Pour cette dernière expérience, au lieu d'opérer avec de la naphtaline, il est plus pratique de prendre de la glace :

Si l'on place de la glace râpée dans un verre et qu'on en prenne la température, en agitant constamment, on constate que cette température se fixe à 0°, tant que dure la fusion;

Quand, dans une enceinte dont la température est inférieure à 0°, on place de l'eau, la température de cette eau baisse jusqu'à 0°, puis reste constante tant que dure la solidification;

Enfin, si dans de la glace fondante on plonge un ballon formant réservoir d'un dilatomètre à tige et contenant un mélange d'eau et de glace, on constate que le niveau du liquide dans la tige du dilatomètre ne bouge pas, ce qui prouve que les phases glace et eau se conservent, c'est-à-dire sont *en équilibre* à 0°.

En opérant avec d'autres corps qui subissent la fusion nette, nous obtiendrions des résultats tout à fait analogues : nous pouvons donc formuler les conclusions suivantes :

*Lorsqu'on chauffe un corps pur à fusion nette, sous la pression atmosphérique il entre toujours en fusion à la même température;*

*Tant que dure la fusion, pour une pression fixe, la température du mélange des phases solide et liquide, agitées suffisamment, est constante.*

A ces propositions relatives au phénomène de fusion correspondent les propositions suivantes pour la solidification :

*La solidification, sous la pression atmosphérique, se produit toujours à la même température, qui est aussi la température de fusion;*

*Tant que dure la solidification, la pression étant fixe, la température du mélange des phases solide et liquide, suffisamment agitées, est constante.*

Enfin, nous pouvons ajouter la loi suivante :

*Lorsque la température du milieu extérieur est la température de fusion, le mélange des phases solide et liquide est en équilibre.*

Les lois établies dans le cas où la pression est la pression atmosphérique sont également vraies pour une pression quelconque, mais constante.

La température de fusion jouit des caractères suivants :

1° A cette température, on peut avoir indifféremment fusion ou solidification, c'est-à-dire réaliser des transformations *réversibles* : il y a fusion ou solidification suivant que la température du milieu extérieur est supérieure ou inférieure à la température de fusion;

2° A cette température, les deux phases solide et liquide sont en équilibre, lorsque la température du milieu extérieur est également la température de fusion;

3° A cette température, on peut avoir les phases solide, liquide, ou les deux à la fois ; pour une température inférieure, la phase solide est seule stable ; pour une température supérieure on a toujours la phase liquide.

Remarquons enfin que la constance de la température de fusion, sous une pression donnée, est un caractère de pureté d'un corps, insuffisant du reste pour affirmer que le corps est pur.

La température de fusion sous la pression atmosphérique est dite la *température de fusion normale*.

TEMPÉRATURES DE FUSION NORMALE

| | | | |
|---|---|---|---|
| Mercure | — 38°,8 | Etain | 232° |
| Glace | 0° | Bismuth | 269° |
| Benzène | 5°,4 | Plomb | 327° |
| Acide acétique | 16°,7 | Aluminium | 657° |
| Phosphore | 44°,3 | Argent | 960° |
| Acide stéarique | 68°,4 | Cuivre | 1083° |
| Napthalène | 79° | Or | 1067° |
| Sodium | 97°,0 | Fer doux | 1505° |
| Soufre quadratique | 115° | Platine | 1755° |

824. **Équilibre d'un corps pur sous les phases solide et liquide coexistantes : application de la règle des phases.** — La loi de l'équilibre, que nous venons d'établir par l'expérience, pouvait être obtenue immédiatement en utilisant la règle des phases. En effet, pendant la fusion, il n'y a qu'un composant, le corps pur lui-même, et deux phases, donc

$$V = C + 2 - \varphi = 1 ;$$

le système est univariant : en se donnant la pression, la température d'équilibre est déterminée.

Loi : *Sous une pression déterminée, le mélange des phases solide et liquide d'un corps pur ne peut être en équilibre qu'à une température déterminée.* — Cette température est la température de fusion pour la pression considérée.

Si $p$ est la pression, $t_f$ la température d'équilibre correspondante, $t_f$ est une fonction de $p$ ; nous le démontrerons expérimentalement (826).

La pression étant donnée, la composition et les propriétés de chaque phase sont aussi connues, et si l'on possède la masse totale du composant, il reste encore une indéterminée (755) pour fixer les masses respectives de chaque phase.

825. **Changements de volume qui accompagnent la fusion.** — Les changements de volume qui accompagnent la fusion peuvent s'étudier par les méthodes générales du dilatomètre à poids, ou du dilatomètre à tige, ou encore par la détermination des densités.

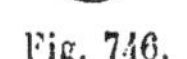

Fig. 746.

1° *Méthode du dilatomètre à poids.* — Décrivons l'application qui en a été faite par Bunsen pour déterminer le changement de volume éprouvé par l'unité de volume de glace en fondant. — Dans un dilatomètre à poids de forme particulière, indiquée par la figure 746, on a introduit une masse M d'eau distillée bien privée d'air, puis du mercure jusqu'à l'extrémité de la pointe capillaire. La glace étant formée, et tout l'appareil étant bien à la température 0°, on tare la coupelle de l'appareil. Ensuite, on fait fondre la glace et l'on ramène l'eau liquide à 0°. Une certaine quantité $m$ du mercure de la coupelle est entrée dans l'appareil, pour combler le vide produit par la fusion; on détermine cette masse $m$ par la balance. Si l'on désigne par $D_0$ la densité du mercure à 0°, par $e_0$ celle de l'eau liquide, et par $d_0$ celle de la glace, on a, pour la différence entre le volume de la glace et celui de l'eau,

$$\frac{m}{D_0}=\frac{M}{d_0}-\frac{M}{e_0};$$

on tire de là $d_0=0,91674$, et on prend souvent comme valeur approchée $\frac{11}{12}$. Si maintenant on désigne par $\varepsilon$ la variation de volume rapportée à l'unité de volume du solide, on a, en écrivant que la masse n'a pas changé,

$$d_0=(1+\varepsilon)e_0, \qquad \text{d'où} \qquad \varepsilon=\frac{d_0}{e_0}-1=\frac{0,91674}{0,999840}-1=-0,083;$$

un décimètre cube de glace ne donne donc que 917 centimètres cubes d'eau à 0°; ou inversement, un décimètre cube d'eau à 0° donne 1090 centimètres cubes de glace ([1]).

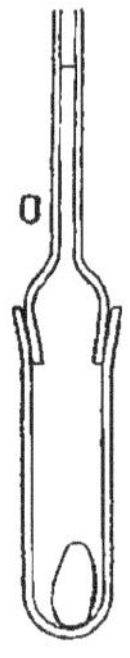

2° *Méthode du dilatomètre à tige.* — On enferme le solide à étudier dans un dilatomètre (fig. 747), avec un liquide sans action chimique ni dissolvante sur lui, et l'on détermine de la sorte la dilatation du corps étudié, jusqu'au delà du point de fusion. Soit, par exemple, $V_0$ le volume du solide à 0°, et $U_0$ le volume du liquide auxiliaire, volumes connus par les masses exactes et les densités à 0°. Désignons par $\Delta_0^t$ la variation de volume de l'unité de volume à 0° du solide étudié entre 0° et $t°$, par $L_0^t$ la dilatation spécifique du liquide auxiliaire, par $R_0$ le volume à 0° du réservoir en fonction du volume d'une division de la tige, et par $v_0$ le volume à 0° de cette division, par $E_0^t$ la loi de dilatation de l'enveloppe; soient $n_0$ le numéro du trait d'affleurement à 0°, et $n$ à $t°$. On a, en écrivant l'égalité du volume du contenu et du contenant à 0° et à $t°$,

Fig. 747.

$$V_0+U_0=(R_0+n_0)v_0, \tag{1}$$

$$V_0(1+\Delta_0^t)+U_0(1+L_0^t)=(R_0+n)v_0(1+E_0^t); \tag{2}$$

un jaugeage donne $v_0$; de l'équation (1) on tire $R_0$; de l'équation (2) on tire $\Delta_0^t$.

Or, si $t_f$ est la température de fusion, pour $t'<t_f$ mais très voisin, et

([1]) M. Leduc a déterminé cette constante par la méthode du flacon et l'on admet aujourd'hui la valeur qu'il a donnée : $d_0=0,9176$; à 0° le kilogramme de glace occupe 1089,8 centimètres cubes.

pour $t'' > t_f$, et également très voisin, on a deux valeurs $\Delta_0^{t'}$ et $\Delta_0^{t''}$, telles que la différence $\Delta_0^{t''} - \Delta_0^{t'}$ tend en général vers une limite différente de zéro quand $t''$ et $t'$ tendent vers $t_f$. Cette limite est donc la variation de volume qu'éprouve, en fondant, la masse du corps solide qui occupe l'unité de volume à 0°.

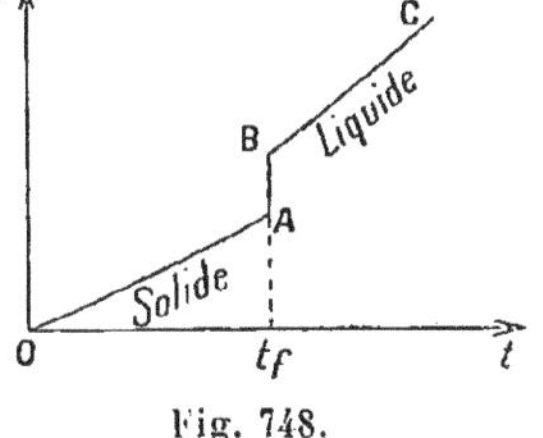


Fig. 748.

3° *Méthode des densités.* — On détermine les densités respectives du solide et du liquide, dans le voisinage de $t_f$, par l'une des méthodes classiques. Pour la glace, par exemple, on a employé la méthode du flacon, en faisant solidifier progressivement de l'eau pure et bien bouillie dans un flacon à densité, ou bien encore en utilisant la méthode de la balance hydrostatique, le liquide employé étant du pétrole, ou enfin en réalisant par tâtonnements un mélange d'eau et d'alcool dans lequel la glace, complètement immergée, restait en suspension.

*Représentation graphique; résultats.* — Quelle que soit d'ailleurs la méthode utilisée, on peut traduire les résultats des expériences par des courbes $\Delta = \varphi(t)$. On voit alors, sur le graphique, de quelle façon se

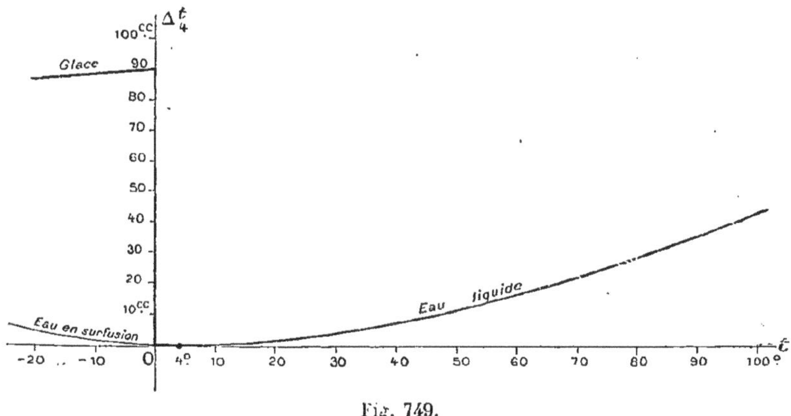


Fig. 749.

fait le raccordement entre la courbe de dilatation du solide et celle du liquide. — Pour les corps à fusion *brusque*, on a une courbe analogue à celle de la figure 748, il y a *discontinuité* dans la variation de volume pour $t_f$; ainsi pour l'eau, par exemple, la figure 749 représente, à une même échelle, les variations relatives de volume de 1 décimètre cube d'eau à 4°, soit à l'état de glace, soit à l'état d'eau en surfusion entre — 20° et 0°, soit à l'état liquide entre 0° et 100° (¹). Pour les corps à fusion

(¹) Le coefficient moyen de dilatation de la glace entre — 20° et 0° est environ 0,000120; il est de l'ordre de grandeur de celui du mercure; celui de l'eau surfondue est, entre les mêmes limites, — 0,000150; enfin celui de l'eau liquide, entre 4° et 20°, est environ 0,000100.

pâteuse, la courbe est semblable à celle de la figure 750 ; la variation de volume est *continue*.

D'une manière générale, les corps *augmentent* de volume en fondant; aussi observe-t-on que pendant la fusion les parties solides sont au fond du bain ; *exemples* : le phosphore, le soufre. Pour très peu de corps, au contraire, la fusion est accompagnée d'une *contraction* ; il faut citer principalement la glace : les morceaux de glace flottent sur l'eau ; la fonte : les fragments de fonte solide émergent un peu du bain de fonte fondue.

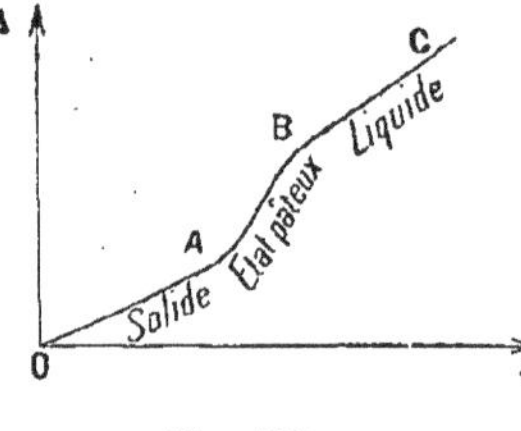

Fig. 750.

La solidification de l'eau dans un récipient fermé est susceptible de produire, par suite de l'augmentation de volume qui accompagne la congélation, un accroissement de pression énorme, d'où résulte, le plus souvent, la rupture du vase.

826. **Influence de la pression sur le point de fusion. — Courbe de fusion.** — La règle des phases nous a permis de prévoir que la température de fusion $t_f$ est une fonction de la pression $p$. Les lois du déplacement de l'équilibre (742) vont nous indiquer dans quel sens un accroissement de pression fait varier $t_f$.

Soit un système solide-liquide en équilibre sous la pression $p$ : donnons un accroissement de pression $\Delta p$ ; d'après la loi de M. Le Chatelier, il va se produire une transformation qui entraînera une diminution de volume $\Delta v < 0$.

1° Si le corps diminue de volume en fondant (glace) l'accroissement de pression produira la fusion et, facilitant la fusion, abaissera $t_f$, qui varie en sens contraire de $p$ ;

2° Dans le cas général d'un corps qui augmente de volume en fondant, l'accroissement de pression va provoquer la solidification, et pour fondre le corps il faudra le porter à une température plus élevée : $t_f$ croît avec $p$.

Ces deux règles sont renfermées dans la formule de Thermodynamique suivante, donnée par James Thomson en 1849,

$$L = AT_f(u_l - u_s)\frac{dp}{dt_f};$$

dans cette formule, L est la chaleur de fusion, A est l'inverse de l'équivalent mécanique de la calorie (662), $T_f$ la température absolue de fusion, $u_l$ et $u_s$ les volumes spécifiques du liquide et du solide au point de fusion, $\frac{dp}{dt_f}$ le coefficient angulaire de la tangente à la courbe $\varphi(t_f, p) = 0$ au point d'abscisse $t_f$. Comme L est toujours positif, si l'on a $u_l > u_s$, $dp$ et $dt_f$ sont de même signe : c'est le cas général ; si l'on a $u_l < u_s$, $dp$ et $dt_f$ sont de signes contraires : c'est le cas de la glace. La formule de J. Thomson est tout à fait analogue à la formule de Clapeyron dont nous avons fait usage pour le système liquide-vapeur (803).

1° *Corps dont le volume diminue par la fusion.* — *Expériences de lord Kelvin*[1] (Sir W. Thomson) *sur la glace.* — Ces expériences furent faites par William Thomson pour vérifier la formule établie par son frère James Thomson. On enferme dans un piézomètre (fig. 751) de la glace et de l'eau, la glace étant maintenue au fond du piézomètre par une plaque de plomb. On introduit dans l'appareil un manomètre à air comprimé M et un thermomètre enfermé dans une enveloppe de verre scellée à la lampe, de façon que le thermomètre n'éprouve pas lui-même l'effet des changements de pression. Dans ces conditions, en comprimant au moyen du piston à vis V qui ferme l'appareil, on constate que la température d'équilibre s'abaisse à mesure que la pression augmente [2]. L'expérience donne une variation d'environ 0°,0075 pour un accroissement de pression de 1 atmosphère, résultat conforme à la formule de J. Thomson.

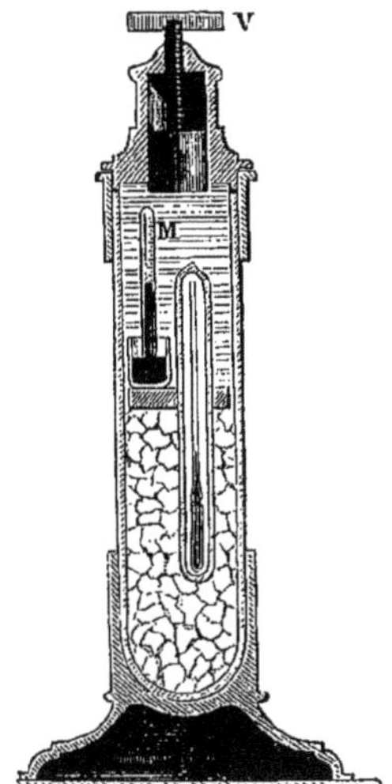

Fig. 751.

En effet, de cette formule nous tirons :

$$dt_f = \frac{AT_f}{L}(u_l - u_s)\,dp,$$

faisons le calcul de $dt_f$ dans le système C.G.S, pour une variation de pression de 1 atmosphère :

$$A = \frac{1}{4,18 \times 10^7}, \quad T_f = 273, \quad L = 80, \quad u_l = 1, \quad u_s = 1,09, \quad dp = 76 \times 13,6 \times 981;$$

il vient :

$$dt_f = -0^{\circ},0075.$$

Voici du reste les nombres obtenus dans les expériences de lord Kelvin (W. Thomson) :

| Pressions. | Températures | |
|---|---|---|
| atm. | observées | calculées. |
| 1 | 0°,00 | 0°,00 |
| 8,1 | —0°,059 | —0°,061 |
| 16,8 | —0°,129 | —0°,126 |

La concordance entre les mesures et la théorie est aussi satisfaisante que possible.

*Expériences de M. Amagat.* — De l'eau est comprimée fortement en A (fig. 752) en enfonçant le piston I, sous lequel se trouve un cuir embouti,

(1) Lord Kelvin (sir W. Thomson) (1824-1907), fut l'un des plus grands savants de l'Angleterre. Il a touché à toutes les branches de la Physique et il a laissé partout la marque de son génie : il avait été élevé à la pairie en récompense des services immenses rendus par lui à la Science.

(2) Le thermomètre était à éther, gradué de + 1° à — 0°,6, l'éther se contractant, dans ces conditions, huit à neuf fois plus que le mercure.

au moyen d'une vis V; en même temps on refroidit l'eau par un mélange réfrigérant placé dans une caisse qui entoure la pièce A ; deux regards R, R permettent d'observer la couche très mince de liquide qui est placée entre eux; on constate que l'eau reste liquide à une température bien inférieure à 0°, sous une pression élevée, et si l'on décomprime il arrive un moment où l'on voit apparaître les cristaux de glace (fig. 753) : la pression à cet instant est celle qui correspond à une température de fusion égale à la température du mélange réfrigérant.

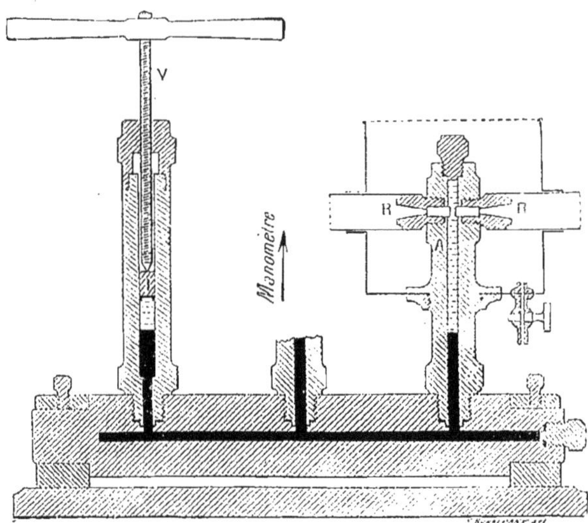

Fig. 752.

*Expérience de M. Mousson*. — En comprimant de la glace dans un tube en acier refroidi à — 18°, M. Mousson est parvenu à la fondre, car une tige de cuivre déposée à la partie supérieure de la glace en A (fig. 754) se retrouvait en A' à la fin de l'expérience.

Fig. 753.

*Expérience de regel*. — Si l'on suspend un poids un peu lourd à un fil de fer passé autour d'un morceau de glace (fig. 755), on voit ce fil pénétrer peu à peu dans le bloc de glace,

Fig. 754. Fig. 755.

le traverser complètement sans le séparer en deux parties distinctes.

Des fragments de glace étant fortement comprimés entre deux moules de buis (fig. 756) se soudent et donnent une lentille de glace parfaitement transparente et homogène (Tyndall).

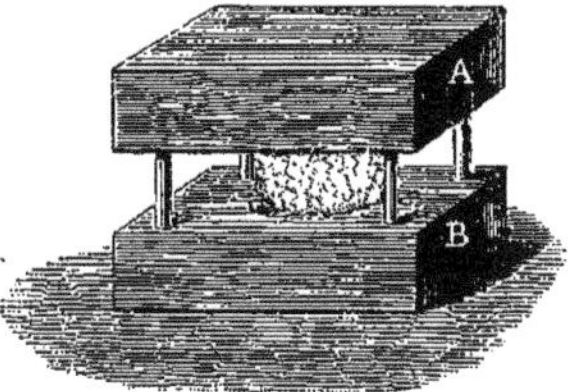

Fig. 756.

Ces expériences s'interprètent facilement. Sous pression la glace qui est à 0°, ou même à une température inférieure à 0°, fond en donnant de l'eau qui est à une température encore plus basse, mais dès que cette eau est seulement soumise à la pression atmosphérique, elle se solidifie ; c'est le phénomène du *regel*.

La marche des glaciers est due également à la fusion de la glace sous pression et au regel.

*Résultats numériques.* — M. Tammann a donné les points de fusion de la glace jusqu'à 2200 kg-f par cm² :

| $p$ (en kg-f : cm²) | 1 | 336 | 615 | 860 | 1155 | 1625 | 2200 |
|---|---|---|---|---|---|---|---|
| $t_f$ | 0° | — 2°,5 | — 5°,0 | — 7°,5 | — 10°,0 | — 15°,0 | — 22°,1 |

*Représentation géométrique des résultats.* — Traçons la courbe $t = \varphi(p)$, en portant $t$ en abscisse, $p$ en ordonnée ; dans le cas qui nous occupe on a $\frac{dp}{dt} < 0$, par suite la courbe présente l'apparence de celle de la figure 757, qui partage le plan en deux régions.

Fig. 758.

Tout point pris sur la courbe définit un état d'équilibre des phases solide et liquide, formant un système univariant.

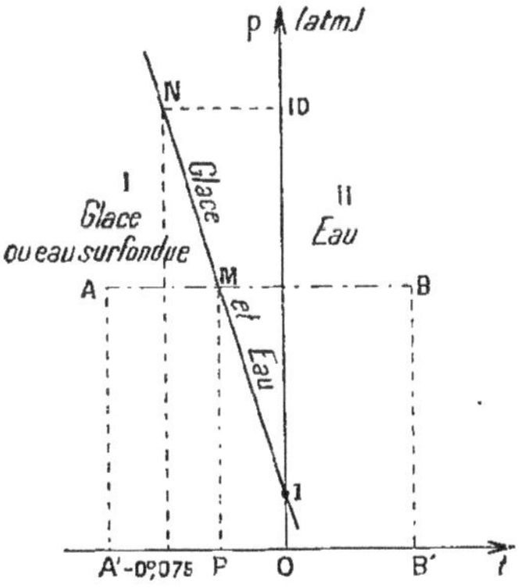

Fig. 757.

Un point quelconque A de la région I correspond à la phase glace qui constitue un système bivariant. En effet : pour la pression correspondant au point A, la température de fusion est représentée par OP, elle est supérieure à la température OA′ définie par le point A. Exceptionnellement le point A peut correspondre au liquide surfondu (827), mais cet état n'est pas stable.

De même un point quelconque B de la région II correspond à la phase eau liquide, formant un système bivariant. La température OB′ correspondant au point B est, en effet, supérieure à la température de fusion OP pour la pression représentée par B′B.

2° *Corps dont le volume augmente par la fusion. — Expériences de Bunsen.* — Des expériences furent faites en 1850 par Bunsen, sur des corps dont le point de fusion s'élève avec la pression. Le corps à étudier est enfermé à l'extrémité EF (fig. 758) de l'une des branches d'un tube recourbé ADF, au-dessus du mercure qui achève de remplir ce tube ainsi que le renflement AB qui le surmonte. La dilatation du mercure de ce renflement comprimera le corps étudié, ainsi que l'air situé à la partie supérieure de la branche BMC. De la variation de volume de l'air, on déduira la pression exercée dans l'appareil.

On commence par porter l'appareil dans un bain à une température supérieure de quelques degrés à la température de fusion normale, de manière à fondre le corps et à réaliser en même temps la pression voulue, qui sera d'autant plus considérable que la dilatation du mercure sera plus grande, c'est-à-dire qu'on aura davantage enfoncé le renflement AB dans le bain chaud ; on laisse refroidir lentement, on enfonce progressivement AB de manière à maintenir la pression constante et on note la température du bain au moment de la solidification.

Pour éviter l'erreur provenant d'une surfusion on procède également de la manière suivante : on fond le corps en enfonçant FEA dans le bain chaud, on le solidifie sous pression en enfonçant ensuite suffisamment le renflement AB et on réchauffe le bain très lentement jusqu'au moment où l'on observe la fusion ; on note alors la température du bain $t_f$ et la pression $p$ indiquée par le manomètre à air comprimé MC.

Le *blanc de baleine* (palmitate de cétyle) a donné les résultats suivants :

| Pressions | 1atm | 29atm | 96atm | 141atm |
|---|---|---|---|---|
| Points de fusion | 47°,7 | 48°,3 | 49°,7 | 50°,5; |

c'est-à-dire une variation d'environ 0°,02 par accroissement de pression de 1 atmosphère.

Une *paraffine* (mélange de carbures solides $C^n H^{2n+2}$) a donné :

| Pressions | 1atm | 85atm | 100atm |
|---|---|---|---|
| Points de fusion | 46°,3 | 48°,9 | 49°,9; |

c'est une variation d'environ 0°,05 par accroissement de pression de 1 atmosphère.

*Expériences de M. Amagat.* — En opérant avec l'appareil précédemment décrit (826), M. Amagat est parvenu à solidifier le benzène à + 22° sous une pression de 700 atmosphères environ, alors que ce corps se solidifie seulement à 0° sous la pression atmosphérique. Il est parvenu également à solidifier sous pression le tétrachlorure de carbone qui avait été observé seulement à l'état liquide : voici quelques points de fusion relatifs à ce dernier corps.

| $p$ (en atm.) | 210 | 620 | 900 | 1100 |
|---|---|---|---|---|
| $t_f$ | — 0°,15 | 0° | 10° | 19°,25. |

M. Tammann a fait de très nombreuses expériences sur la variation du point de fusion en fonction de la pression.

*Vérification de la formule de J. Thomson.* — Les expériences précédentes montrent bien que, conformément à la formule de J. Thomson, si $u_l - u_s > 0$, on a aussi $\frac{dp}{dt_f} > 0$. Dans quelques cas on a pu déterminer les quantités L, $T_f$, $u_l$, $u_s$, calculer le $dt_f$ correspondant à $dp = 1$ atmosphère, et le comparer à la valeur fournie par l'expérience directe; voici quelques résultats :

| | Élévation du point de fusion. | |
|---|---|---|
| | Observée | Calculée |
| Acide acétique | 0°,02425 | 0°,02421 |
| Benzène | 0°,0294 | 0°,02936 |
| Naphtylamine α | 0°,0170 | 0°,0170 |
| Paratoluidine | 0°,0187 | 0°,0188. |

*Représentation graphique des résultats.* — Puisque $\frac{dp}{dt_f} > 0$, la courbe de fusion a la forme de celle de la figure 759; elle sépare dans le plan deux régions; nous verrions comme précédemment que, dans la région I, l'état solide est seul possible (sauf le cas de surfusion dont nous parlerons plus loin), et que, dans la région II, le liquide seul peut exister. Sur la courbe elle-même, le phénomène est réversible, les deux phases peuvent coexister en proportions quelconques.

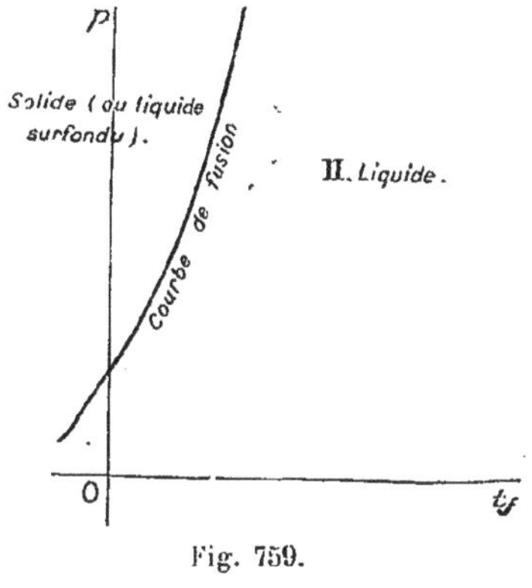


Fig. 759.

*Conséquences.* — Pour produire une fusion, il faut passer d'un point de la région I (fig. 759) à un point de la région II : il y a toujours fusion lorsqu'on atteint la courbe de séparation; le chemin décrit peut être quelconque, on peut faire varier la température ou la pression, ou les deux à la fois.

Inversement, pour obtenir une solidification il faut passer de la région II à la région I; dans le cas général de la figure 759, on procédera par abaissement de température ou accroissement de pression, et les *liquides incongelables*, que l'on peut rapprocher des *corps réfractaires* sont simplement des corps qui n'ont pas été suffisamment refroidis ou comprimés; comme on sait aujourd'hui obtenir avec facilité les très basses températures, il n'y a guère de liquides incongelables, le sulfure de carbone se solidifie à —112°,8, l'alcool à —130°, l'hydrogène à —259°. Rappelons que M. Amagat a solidifié le tétrachlorure de carbone par compression [1].

[1] Dans le cas où la solidification se produit ainsi par compression, à des températures de plus en plus élevées à mesure que la pression augmente, on voit les cristaux obtenus *descendre* au fond du liquide. On en conclut que la densité du solide est plus grande que celle du liquide, ou que le volume spécifique du liquide $u_l$ est plus grand que celui $u_s$ du solide, conformément à la formule de J. Thomson. Au contraire, pour l'eau, on voit les cristaux de glace formés par décompression *monter* dans le liquide.

827. **Surfusion.**— Fondons du phosphore en B dans le tube A (fig. 760) sous une couche d'eau C, en chauffant l'eau du ballon dans lequel le tube a été disposé, puis laissons refroidir très lentement. Le thermomètre T marque, par exemple, 55 degrés, alors que la température de fusion normale du phosphore est 44°,5, cependant le phosphore est encore liquide : on dit qu'il y a *surfusion*. Le point figuratif de l'état du phosphore surfondu est dans la région I (fig. 759) du solide. La surfusion constitue une exception à la première loi de la solidification.

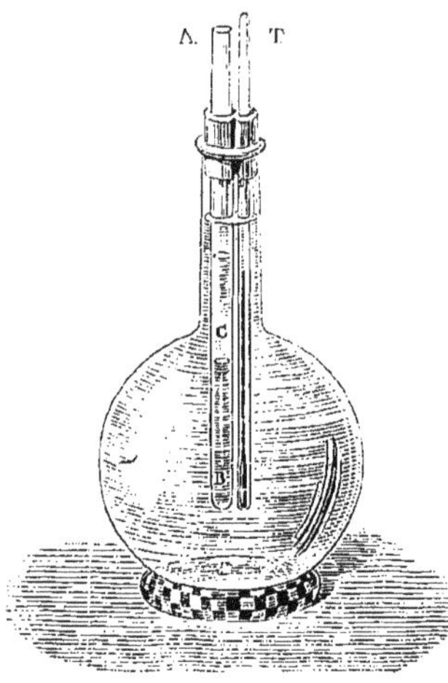

Fig. 760.

Si l'on vient à toucher le phosphore surfondu au moyen d'une baguette de verre propre, il ne se produit aucun changement, mais si la baguette a été en contact avec un morceau de phosphore blanc, la surfusion cesse immédiatement, de même si l'on projetait un fragment de phosphore blanc dans le phosphore surfondu, — du phosphore rouge pur ne provoque point de changement d'état. Par ce seul fait qu'il suffit de très peu de phosphore blanc pour faire cesser la surfusion, on dit qu'elle correspond à un équilibre *instable*.

On répète facilement l'expérience de surfusion avec l'eau. Le réservoir d'un thermomètre T (fig. 761) est emprisonné dans une ampoule A contenant de l'eau bouillie. On refroidit lentement cette eau au moyen d'un mélange réfrigérant, et l'on voit le thermomètre marquer —5° par exemple, sans que l'eau ait été solidifiée, mais si l'on agite l'appareil, la congélation se produit immédiatement et la température s'élève jusqu'à 0 degré, température de solidification normale. — L'eau contenue dans des tubes capillaires peut être refroidie à —20°, par exemple, sans se congeler; on obtient un résultat semblable avec des gouttes d'eau tenues en suspension dans un mélange de chloroforme et d'huile d'amandes douces, de même densité que l'eau.

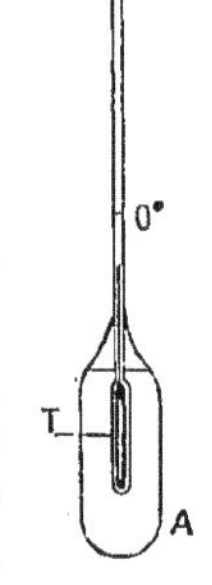

Fig. 761.

L'acide orthophosphorique ($t_f = 58°,6$), le salol ($t_f = 42°$), l'hyposulfite de sodium pentahydraté ($t_f = 48°$), le nitrate de calcium ($t_f = 49°$), l'acétate de sodium ($t_f = 59°$), le soufre ($t_f = 114°$) peuvent donner lieu à de faciles expériences de surfusion. La glycérine, dont le point de fusion est environ 17°, reste liquide par surfusion, jusqu'à une température inférieure à 0°. Par ces exemples nombreux, nous voyons que le phénomène de surfusion est à peu près *général*; pour solidifier un liquide, il faut presque toujours le refroidir à une température inférieure à celle de fusion.

La surfusion cesse *toujours* au contact d'une parcelle du corps solide ou d'un corps solide de *même forme cristalline* et, au moment où la surfusion cesse, la température remonte et atteint habituellement la température de fusion, qu'elle ne peut évidemment point dépasser.

828. **Détermination de la température de fusion normale.** — 1° *Par échauffement.* — On introduit une parcelle du corps à fondre dans un tube capillaire A (fig. 762) que l'on lie à un thermomètre T. On place le thermomètre et le tube à l'intérieur d'un tube B plongeant dans un bain d'eau ou d'acide sulfurique que l'on chauffe progressivement : on note la température indiquée par T au moment où la substance fond. Parfois, B contient aussi du liquide du ballon. On fait souvent deux opérations : la première, rapide, donne $t_f$ à 10° près ; dans le deuxième, on porte T à 15° au-dessous de la valeur probable de $t_f$ et on cesse de chauffer : le liquide du ballon chauffe alors *lentement* le solide jusqu'à fusion.

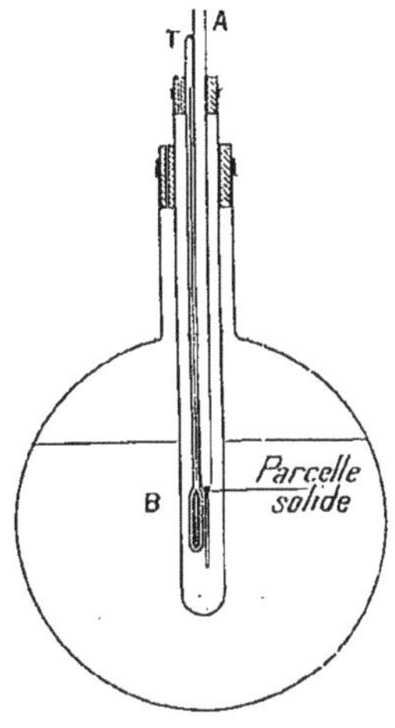

Fig. 762.

2° *Par refroidissement.* — La température de solidification peut se définir comme étant la *limite supérieure des températures que peut atteindre de lui-même un liquide en surfusion, lorsqu'on fait cesser la surfusion.*

M. Gernez s'est servi de cette propriété pour déterminer les points de fusion, en plaçant le réservoir d'un thermomètre au milieu de la substance à étudier, liquide, et en y faisant tomber une parcelle du corps solide. On commence donc par fondre le corps dans un tube à essais, puis on le laisse refroidir et atteindre la surfusion ; on y projette alors un fragment du solide : la solidification se produit et la température remonte jusqu'à $t_1$ ; cette température $t_1$ est un peu inférieure à $t_f$, à cause des influences du refroidissement extérieur. On prépare alors un bain à la température $t_1$, et l'on répète la même expérience ; on obtient une température $t_2$, encore un peu inférieure à $t_f$ ; et ainsi de suite, jusqu'à ce qu'on obtienne deux températures ne présentant plus de différence notable. La limite est évidemment $t_f$.

*Remarque.* — Les expériences qui nous ont conduit aux lois de la fusion et de la solidification (825) nous permettent aussi de déterminer $t_f$.

829. **Les idées nouvelles sur le phénomène de fusion : expériences de M. Tammann.** — La distinction que nous avons établie entre les solides et les liquides, basée sur des phénomènes mécaniques, est tout à fait insuffisante. Lorsque nous déformons un corps nous avons à envisager :

Les forces de *viscosité*, qui existent seulement pendant la déformation ;

Les forces de *rigidité*, qui subsistent après la déformation et qui tendent à faire reprendre au corps sa forme primitive.

Un solide serait parfait si les forces de viscosité étaient infinies ; un liquide serait parfait s'il ne possédait ni force de viscosité, ni force de rigidité. Or, sous de fortes pressions les solides peuvent s'écouler, se mouler sur les parois des vases dans lesquels on les presse, transmettre les pressions dans tous les sens, se diffuser l'un dans l'autre, se dissoudre mutuellement, se souder, réagir chimiquement; un liquide comme l'eau présente des forces de viscosité : sans cela, dans l'expérience de Joule (660), il n'y aurait pas de frottements intérieurs et point de travail transformé en chaleur. Emprisonnons une mince couche de liquide entre deux cylindres verticaux concentriques, l'extérieur étant immobile, et l'intérieur étant porté par un fil métallique fin placé dans le prolongement de l'axe. Tordons le fil d'un angle $\alpha$ à la partie supérieure; généralement le cylindre intérieur tourne du même angle $\alpha$, dans le même sens, son mouvement étant seulement retardé par les forces de viscosité : il n'y a pas de force de rigidité. Mais il arrive aussi que le cylindre tourne d'un angle $\beta < \alpha$, le fil reste tordu de l'angle $\alpha - \beta$ sous l'influence des forces de rigidité : c'est le cas, par exemple, d'une solution aqueuse de gélatine dont la rigidité est faible, environ $2.10^{12}$ fois plus petite que celle de l'acier, mais l'existence de cette rigidité ne peut être niée.

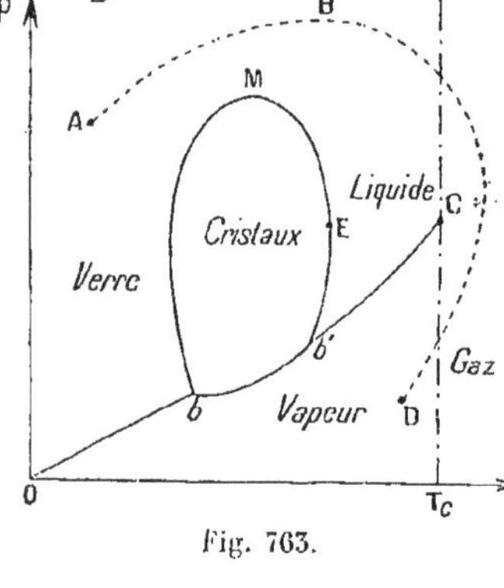


Fig. 763.

Nous connaissons deux espèces de corps à l'état solide : les solides *cristallisés* ou *anisotropes*, dont les propriétés varient avec la direction dans le cristal, et les solides *vitreux* ou *isotropes*, ayant des propriétés identiques dans toutes les directions.

Par la fusion *pâteuse*, on peut passer d'un manière absolument *continue* d'un corps *solide amorphe* au *corps liquide*; par exemple, en fondant du verre, tous les coefficients physiques et mécaniques varient sans aucune discontinuité : il n'est donc pas possible d'établir une distinction absolue entre le solide vitreux et le liquide, de même qu'entre le liquide et le gaz. Mais les propriétés d'un solide cristallisé sont toujours nettement différentes de celles du liquide de fusion, par conséquent le passage *de l'état cristallisé à l'état liquide constitue la véritable fusion*. On distinguera donc deux états principaux : l'*état cristallisé*, et l'*état amorphe* qui comprend les solides vitreux, les liquides et les gaz; pour pouvoir passer d'une façon continue du solide vitreux au liquide et au gaz, il suffit que la courbe de séparation de ces phases présente un point d'arrêt auquel toutes les discontinuités disparaissent; en décrivant un chemin de manière à éviter la courbe de séparation, en contournant ce point d'arrêt, on réalise le passage continu cherché. La figure 763 représente d'une manière générale, d'après M. Tammann, les conditions de température absolue et de pression qui correspondent aux différents états d'un corps; pour réaliser la fusion pâteuse, il suffira de contourner la courbe $bMb'$, par exemple de décrire le chemin AB, et si l'on parcourt le chemin ABD, le corps est toujours à l'état amorphe : c'est d'abord un solide vitreux de plus en plus visqueux, puis un liquide, un gaz, enfin une vapeur.

M. Tammann a réalisé de nombreuses expériences, sous des pressions qui ont atteint parfois 5000 atmosphères, pour déterminer la courbe $bMb'$; dans aucun cas il n'est parvenu à la tracer complètement, mais pour le sulfate de sodium déshydraté, par exemple, il a atteint et dépassé le point E (fig. 763), c'est-à-dire établi que la portion de courbe $b'$EM tourne bien sa concavité du côté de l'axe des pressions, la température de fusion croissant d'abord avec la pression, puis diminuant quand la pression continue à croître. Dans le cas de chlorure de phosphonium il a pu suivre la courbe de fusion jusqu'à 102°, alors que la température critique est 50° seulement; ce résultat peut s'interpréter aisément avec le mode de représentation de M. Tammann ; il a été retrouvé pour d'autres corps.

En dehors de la variété de glace ordinaire, M. Tammann en a obtenu deux autres, d'une densité supérieure à l'unité, sous la pression de 2700 atmosphères, à — 60° et à — 80° ; il a tracé leurs courbes de fusion.

830. **Cristallisation par fusion.** — Un corps fondu, qu'on laisse refroidir lentement, à l'abri de toute agitation, cristallise habituellement; on fait souvent l'expérience avec du soufre; le bismuth donne aussi, par ce procédé, de très jolis cristaux; avant solidification complète on fait écouler l'excès de liquide de manière à dégager les cristaux déjà formés.

Pour provoquer la cristallisation il faut amener le corps à une température satisfaisant aux conditions suivantes :

1° L'état cristallisé est stable;

2° Il peut se produire spontanément des germes cristallins;

3° Ces germes cristallins peuvent se développer.

Or, fréquemment les germes cristallins n'apparaissent que pour une température très sensiblement inférieure à celle à laquelle ils peuvent se développer rapidement; si donc on refroidit rapidement le liquide, on peut l'amener à une température telle que l'état cristallisé soit stable, mais la vitesse de cristallisation étant pratiquement nulle, le corps conservera indéfiniment l'état vitreux instable : un refroidissement plus énergique amènera le corps à l'état vitreux stable. Mais si l'on chauffe un verre, qui contient des germes cristallins, à une température un peu inférieure à celle de fusion, de manière à diminuer sa viscosité et à favoriser le développement des germes, ceux-ci grossissent et on observe une *dévitrification*, c'est-à-dire une *cristallisation*.

## CHALEUR DE FUSION

831. **Définition.** — On appelle *chaleur de fusion* d'un corps solide, la quantité de chaleur qu'il faut fournir à l'unité de masse de ce corps pour le fondre, *sans élévation de température*.

832. **Mesure d'une chaleur de fusion par la méthode des mélanges.** — La méthode des mélanges est celle qui a été généralement employée pour la mesure des chaleurs de fusion. Le procédé de détermination varie, suivant qu'il s'agit d'un corps *solide* aux températures ordinaires, ou d'un corps *liquide* à ces mêmes températures.

1° *Corps solide aux températures ordinaires.* — Soit $t_f$ la température de fusion; on porte une masse M du corps à une température T supérieure à $t_f$, et on la plonge dans un calorimètre, dont la température initiale est $\theta_0$. Le liquide commence par se refroidir de T à $t_f$, il se solidifie ensuite à cette température, puis se refroidit à l'état solide, de la température $t_f$ à la température d'équilibre $\theta_n$. — En désignant par $\mu$ la capacité calorifique totale du calorimètre, par $C_s$ et $C_l$ les chaleurs spécifiques moyennes du solide et du liquide respectivement entre $t_f$ et $\theta_n$, T et $t_f$, et par $\lambda$ la chaleur de fusion cherchée, on a, par application des principes calorimétriques,

$$MC_l(T - t_f) + M\lambda + MC_s(t_f - \theta_n) = \mu(\theta_n - \Sigma\Delta\theta - \theta_0);$$

la quantité $\Sigma\Delta\theta$ représente la somme algébrique des variations de température étrangères à l'expérience calorimétrique (641). Dans cette équation, il y a trois inconnues, $\lambda$, $C_l$ et $C_s$; on fera trois expériences dans des conditions que nous allons déterminer.

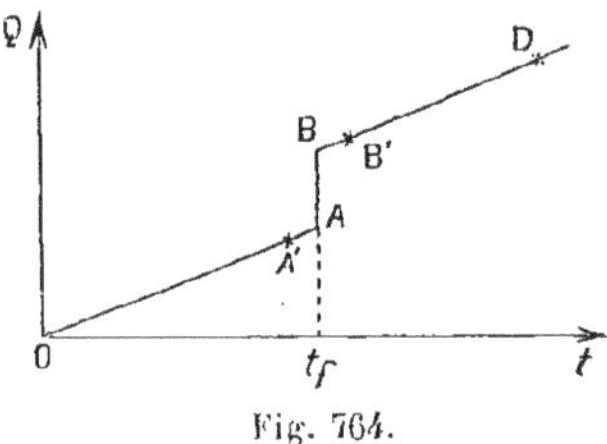

Fig. 764.

Portons en abscisses les températures, en ordonnées les quantités de chaleur Q nécessaires pour faire passer de 0° à T° un gramme du corps; nous avons une courbe telle que celle de la figure 764; la différence des ordonnées des points A et B correspondant à la température $t_f$ est la chaleur de fusion cherchée $\lambda$ : cette grandeur sera d'autant mieux déterminée que les expériences nous permettront de placer les points A et B avec plus de précision. Or, Q se compose de la quantité de chaleur nécessaire pour porter 1 gramme du corps solide de 0° à $\theta_n$, puis de $\theta_n$ à T° comme plus haut; donc

$$Q = C_s\theta_n + \frac{\mu}{M}(\theta_n - \Sigma\Delta\theta - \theta_0).$$

On déterminera les ordonnées de deux points A' et B', très voisins de A et B, c'est-à-dire qu'on fera deux expériences en portant le corps à une température un peu supérieure à $t_f$, puis à une température un peu inférieure à $t_f$; pour avoir l'orientation de B'D sans ambiguïté, il faut faire une autre expérience en portant le corps à une température T suffisamment supérieure à $t_f$.

2° *Corps liquide aux températures ordinaires.* — On solidifie le corps et on le refroidit à une température $t$ inférieure à son point de fusion $t_f$, puis on le plonge dans l'eau d'un calorimètre dont la température initiale est $\theta_0$; le solide s'échauffe jusqu'à $t_f$, fond à cette température, et le liquide provenant de la fusion s'échauffe de $t_f$ à $\theta_n$, température d'équilibre avec le calorimètre. Il va sans dire que la masse de l'eau doit être suffisante pour qu'elle n'arrive pas à se solidifier. L'équation calorimétrique est

$$MC_s(t_f - t) + M\lambda + MC_l(\theta_n - t_f) = \mu(\theta_0 - \theta_n + \Sigma\Delta\theta).$$

Dans cette équation, il y a encore trois inconnues $C_s$, $C_l$ et $\lambda$; on devra donc faire trois expériences, de manière à obtenir trois équations indépendantes, fournissant $C_s$, $C_l$ et $\lambda$. Dans deux de ces expériences, on portera initialement le corps à des températures très voisines de $t_f$ et prises de part et d'autre; dans la troisième expérience, on portera le corps à une température $t$ suffisamment inférieure à $t_f$.

*Cas de la glace.* — L'eau rentre dans la catégorie des corps qui sont liquides aux températures ordinaires. On opère de deux manières : 1° On introduit dans l'eau du calorimètre, qui est à une température $\theta_0$, une masse de glace préalablement portée à une température inférieure à 0°, température que nous désignerons algébriquement par $t$ ($t$ étant ici négatif). En appelant $\theta_n$ la température finale, on a

$$MC_s(0^\circ - t) + M\lambda + M(\theta_n - 0^\circ) = \mu(\theta_0 - \theta_n + \Sigma\Delta\theta),$$

ou

$$MC_s[t] + M\lambda + M\theta_n = \mu(\theta_0 - \theta_n + \Sigma\Delta\theta).$$

Avec une seconde équation analogue, on obtiendra $C_s$ et $\lambda$. — La masse de glace employée M se mesurera évidemment par l'accroissement de masse du calorimètre, préalablement taré avec une masse échantillonnée supérieure à M.

En opérant ainsi, Person a trouvé $C_s = 0,5$ et $\lambda = 80,02$ ; Regnault a donné $\lambda = 79,29$ [1].

2° Dans les expériences de Desains et de la Provostaye, la glace était à la température même de 0° ; alors l'équation devient simplement :

$$M\lambda + M\theta_n = \mu(\theta_0 - \theta_n + \Sigma\Delta\theta),$$

d'où

$$\lambda = -\theta_n + \frac{\mu}{M}(\theta_0 - \theta_n + \Sigma\Delta\theta).$$

Ces expériences donnèrent $\lambda = 79,17$ ; Regnault avait trouvé, par la même méthode, $\lambda = 79,06$.

*Précision des mesures.* — Desains et de la Provostaye ont opéré avec un soin extrême : la glace fondante était soigneusement essuyée avec du papier buvard, avant son introduction dans le calorimètre, et on tenait compte de l'eau évaporée.

Remarquons d'abord que si le zéro du thermomètre n'a pas été vérifié, on commet de ce fait, sur $\lambda$, une erreur égale au déplacement du zéro, à cause du premier terme $-\theta_n$ de l'expression de $\lambda$ ; mais le déplacement du zéro n'entraîne aucune erreur quant au second terme dans lequel figure une *différence* de température.

Si nous faisons $\theta_n = 12^\circ$, $\theta_0 - \theta_n = 3^\circ$, $\lambda = 80^{cal}$, nous trouvons que le rapport $\frac{\mu}{M}$ est voisin de 30 : c'est une valeur dont on doit peu s'écarter pour effectuer une bonne opération ; les masses $\mu$ et M étant mesurées avec une haute précision, ainsi que la température $\theta_n$, l'erreur principale commise dans l'évaluation de $\lambda$ sera

$$\Delta\lambda = \frac{\mu}{M}\Delta[\theta_0 - \theta_n + \Sigma\Delta\theta],$$

les températures $\theta_0$ et $\theta_n$ étant mesurées au $\frac{1}{200}$ de degré par exemple, nous aurons $\Delta\lambda = \frac{30}{100} = 0,3$.

833. **Détermination de la chaleur de fusion de la glace, par la méthode du calorimètre de Bunsen.** — Le calorimètre à glace de Bunsen, précédemment décrit (638), peut servir à mesurer des

[1] Tous les résultats sont exprimés en fonction de la calorie à 15°.

chaleurs de fusion. En particulier, il fournit facilement la chaleur de fusion de la glace elle-même.

On introduit dans le moufle calorimétrique une masse $m$ d'eau à la température 0 : on note une rétrogradation de $n$ divisions de la colonne mercurielle. Si $\mu$ est la masse de glace fondue et $\lambda$ sa chaleur de fusion, on a

$$m\theta = \mu\lambda. \tag{1}$$

Or, si $u_0$ est le volume à $0^0$ d'une division de la tige graduée du calorimètre, le volume $nu_0$ est la différence des volumes occupés par la masse $\mu$ à l'état de glace et à l'état d'eau. On a donc, en désignant par $d_0$ et $e_0$ les densités de la glace et de l'eau à $0^0$,

$$nu_0 = \frac{\mu}{d_0} - \frac{\mu}{e_0}. \tag{2}$$

En éliminant $\mu$ entre (1) et (2), on a

$$m\theta = \frac{\lambda n u_0}{\dfrac{1}{d_0} - \dfrac{1}{e_0}} \text{ (1)}.$$

Si l'on connaît $e_0$ et $d_0$, on tire de cette équation la valeur de $\lambda$. — C'est à l'occasion de cette mesure, que Bunsen détermina $d_0$ par la méthode du dilatomètre à poids (825, 1°).

Bunsen trouva de la sorte, pour la chaleur de fusion de la glace, en fonction de la chaleur spécifique moyenne de l'eau liquide entre $0^0$ et $100^0$, le nombre 80,03. Comme, dans l'état actuel de nos connaissances, la chaleur spécifique moyenne de l'eau, de $0^0$ à $100^0$, est très sensiblement égale à l'unité, en fonction de la calorie définie par l'intervalle $15^0$ à $16^0$, on peut donc dire que les expériences de Bunsen ont fourni, avec l'unité calorimétrique actuellement adoptée, le nombre $\lambda = 80,03$.

*Remarque de M. Leduc.* — La méthode des mélanges donne pour $\lambda$ un nombre voisin de 79,2; celle de Bunsen donne environ 80, d'où une différence systématique de $\frac{0,8}{80}$ ou $\frac{1}{100}$ environ. M. Leduc a fait observer qu'une petite erreur relative, commise dans la mesure de $d_0$, suffisait à expliquer la différence signalée. La principale difficulté pour déterminer la densité de la glace est d'obtenir de la glace *sans bulles*, la présence de ces bulles diminuant évidemment la densité. Bunsen avait trouvé (825, 1°) $e_0 = 0,91674$; en opérant par la méthode du flacon et prenant les plus grandes précautions pour éliminer les bulles, M. Leduc a trouvé $e_0 = 0,9176$, ce qui conduit au nombre $\lambda = 79,15$, très voisin de celui

(1) Cette équation montre que la constante $k$ du calorimètre (638), nombre de calories correspondant à une rétrogradation de 1 division, a pour expression

$$k = \frac{\lambda u_0}{\dfrac{1}{d_0} - \dfrac{1}{e_0}}.$$

fourni par la méthode des mélanges. M. Leduc a proposé de supprimer la dernière décimale, dont on ne peut répondre et, tenant compte des résultats de Desains et de la Provostaye, de Regnault, il a indiqué comme valeur très probable $\lambda = 79,2$. — On prend souvent, pour les calculs approchés, $\lambda = 80$.

## DISSOLUTIONS

On appelle *dissolution* ou *solution* un mélange homogène liquide.

Nous avons à distinguer trois cas : la solution dans un liquide (ou *solvant*) d'un solide, d'un liquide ou d'un gaz.

Nous nous occuperons spécialement du premier cas et, d'une manière plus particulière, des solutions aqueuses des sels.

La dissolution d'un solide est une véritable fusion, le liquide provenant de la fusion et le solvant formant ensuite un mélange homogène.

834. **Concentration.** — C'est le rapport de la masse $m$ du corps dissous à la masse M du solvant : $s = \frac{m}{M}$. Dans le cas où l'on a affaire à la solution aqueuse d'un sel hydraté, $s$ est le quotient de la masse du sel anhydre par la masse totale de l'eau de la dissolution (eau employée pour effectuer la solution et eau provenant du sel).

*Autre définition.* — On appelle encore concentration la masse du corps dissoute dans l'unité de masse de la solution : c'est la définition que nous avons adoptée pour la concentration d'une phase (731); il existe une relation simple entre la concentration $s'$ ainsi définie et la concentration $s$. En effet,

$$s' = \frac{m}{M+m} = \frac{\frac{m}{M}}{1+\frac{m}{M}} = \frac{s}{1+s}, \qquad \text{d'où} \qquad s = \frac{s'}{1-s'}.$$

Nous adopterons la première définition qui est la plus employée.

*Détermination d'une concentration.* — Nous prenons une masse $\mu$ de solution et nous évaporons à siccité : soit $m$ la masse du corps solide restant (anhydre dans le cas d'une solution aqueuse) ; la masse du solvant est $M = \mu - m$, par suite $s = \frac{m}{\mu - m}$.

835. **Solution non saturée et solution saturée.** — Dans 100 grammes d'eau, à la température ordinaire, projetons, par exemple, 5 grammes de sel marin : après agitation ils se dissolvent; ajoutons encore 5 grammes de sel marin, ils se dissolvent également ; mais si nous avons mis 40 grammes de sel marin au total, un excès de ce corps reste non dissous. Dans les premiers cas la solution était encore susceptible de dissoudre une nouvelle quantité de sel, nous disons qu'elle était *non saturée*; dans le dernier cas, c'est-à-dire lorsqu'il y a un excès de sel non dissous, nous avons affaire à une solution *saturée*.

Le nombre des composants est $C = 2$, dans les deux cas ; pour une solution non saturée il n'y a qu'une phase, $\varphi = 1$, donc $V = C + 2 - \varphi = 3$; si l'on se donne la température et la pression, l'état du système n'est pas déterminé, il faut encore se donner la concentration. Pour une solution saturée $\varphi = 2$ et $V = 2$ : en se donnant la pression et la température, l'état du système est déterminé et les masses respectives des phases sont même connues si l'on se donne les masses des composants (735). La concentration d'une solution saturée est donc une fonction de la température et de la pression. Dans ce qui va suivre, nous supposerons, sauf indication contraire, que la pression est la pression atmosphérique.

On appelle *coefficient de solubilité* c la masse de corps dissous dans 100 grammes de solvant :

$$s = \frac{c}{100}, \qquad \text{d'où} \qquad c = 100\,s.$$

836. **Chaleur de dissolution.** — Supposons que pour dissoudre une masse $dm$ du corps solide dans une solution de concentration s, à la température $t$, sans qu'il y ait variation de température, on soit obligé de *fournir* une quantité de chaleur $dQ$ : on peut écrire :

$$dQ = \lambda dm, \qquad \text{d'où} \qquad \lambda = \frac{dQ}{dm};$$

le facteur $\lambda$ est dit *chaleur de dissolution* à la température $t$, pour la concentration s : c'est une fonction de s et de $t$ qui peut être tantôt positive, tantôt négative, à la même température, suivant la valeur de s.

837. **Variation de la solubilité en fonction de la température.** — Nous portons en abscisse la température, en ordonnée la concentration de la solution saturée à cette température : deux cas peuvent se présenter :

1° *A une température* t *correspond une seule solution saturée.* — Tous les sels anhydres et un grand nombre de sels hydratés sont dans ce cas.

Très fréquemment la solubilité croît avec la température; d'après la loi du déplacement de l'équilibre (744), c'est que la chaleur de dissolution pour les solutions saturées est positive (nitrate, chlorate et chlorure de potassium, sulfate de cuivre, alun, etc.);

Ou bien la solubilité est à peu près indépendante de la température : la chaleur de dissolution pour les solutions saturées est sensiblement nulle (chlorure de sodium).

Enfin la solubilité diminue quand la température croît; la chaleur de dissolution de la solution saturée est négative (sulfate de sodium anhydre, sulfate de calcium, hydrate de calcium).

Voici quelques nombres relatifs aux solubilités de trois substances correspondant aux cas envisagés :

| | | | | | | | |
|---|---|---|---|---|---|---|---|
| $NO^3K$ | $t =$ | 0° | 20° | 40° | 60° | 80° | 100° |
| | $s =$ | 0,13 | 0,37 | 0,64 | 1,11 | 1,72 | 2,47 |
| NaCl | $t =$ | 0° | 20° | 40° | 60° | 80° | 100° |
| | $s =$ | 0,355 | 0,360 | 0,366 | 0,372 | 0,382 | 0,396 |
| $SO^4Na^2$ anhydre | $t =$ | 33° | 40° | 60° | 70° | 80° | 100° |
| | $s =$ | 0,501 | 0,488 | 0,454 | 0,443 | 0,433 | 0,423 |

Les courbes de la figure 765 représentent les solubilités des sels précédents.

Une courbe de solubilité telle que C (fig. 766) sépare le plan en deux régions. Pour tout point A de la région I, la concentration $s = PA$ est inférieure à la concentration PM de la solution saturée : nous avons affaire à une solution non saturée. Tout point M de la courbe correspond à une solution saturée. Enfin pour tout point B de la région II la concentration $s = PB$ est supérieure à celle de la solution saturée pour la même température : nous verrons (839) que de pareilles solutions existent, mais elles sont en *faux équilibre* : ce sont les solutions *sursaturées*. Supposons que nous partions d'une solution non saturée correspondant au point A (fig. 766), et refroidissons ; nous atteignons le point M' de la courbe C, la solution devient saturée ; puis, continuant à refroidir, l'excès de sel dissous se dépose normalement ; nous parcourons la courbe C. Mais il peut se faire que le sel reste entièrement dissous ; nous atteignons B', par exemple, la solution est alors *sursaturée*.

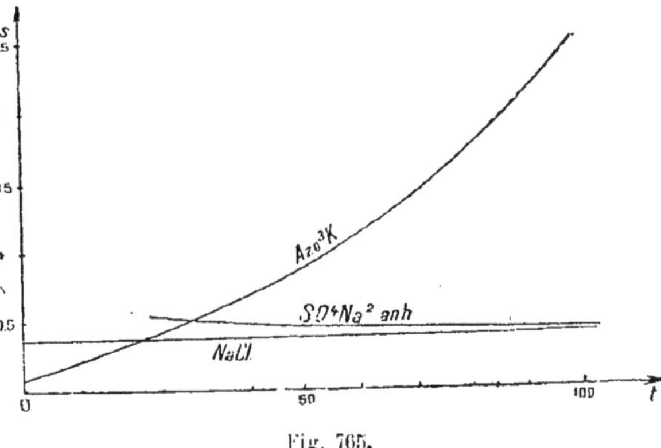


Fig. 765.

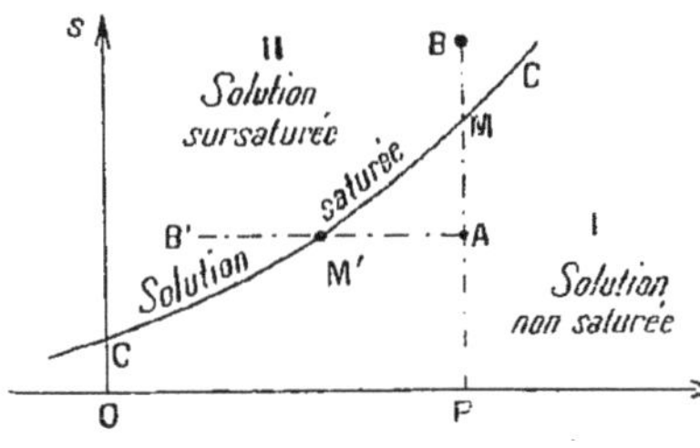


Fig. 766.

*Remarque.* — Lorsqu'une courbe de solubilité présente des points anguleux, cela indique un changement dans la nature du corps dissous ; on doit admettre la formation d'hydrates nouveaux.

Si l'on construit les courbes $x = t$, $y = s'$ (834), on obtient des droites ou des portions de droite.

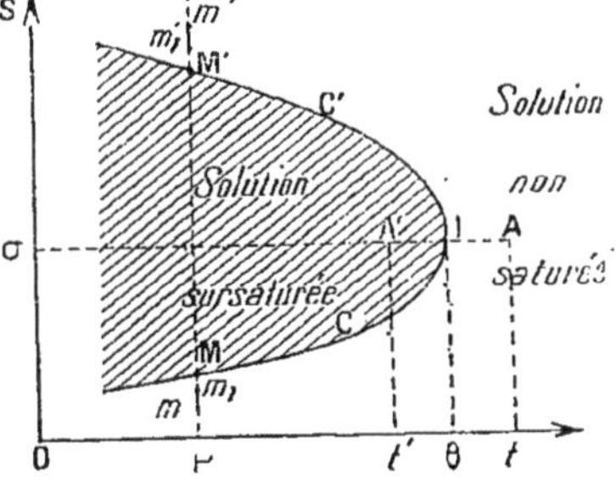


Fig. 767.

2° *A une même température correspondent deux solutions saturées.* — Seuls certains sels hydratés sont dans ce cas. A une même température $t$, les solutions saturées correspondantes sont représentées par les points

M et M′ (fig. 767); soit $\sigma$ la concentration du sel hydraté (rapport de la masse du sel anhydre à la masse d'eau d'hydratation); on a toujours $PM < \sigma$, $PM' > \sigma$. Les lieux des points M et M′ sont deux courbes C, C′, qui se raccordent en un point I, dit *point indifférent*, la tangente en I étant parallèle à l'axe des concentrations. L'ensemble des courbes C, C′ partage le plan en deux régions : tout point pris à l'extérieur de la région limitée par CC′ correspond à une solution non saturée. En effet, soit la solution représentée par $m$; si nous ajoutons du sel, nous augmentons la concentration, nous venons en $m_1$, en nous rapprochant de C; si nous avons affaire à une solution correspondant à $m'$, en ajoutant du sel, nous diminuons la concentration et venons en $m'_1$, de manière à nous rapprocher de C′. Lorsqu'on aura atteint les points M ou M′, l'excès de sel ajouté ne se dissoudra point. La région comprise à l'intérieur de M et M′ correspond aux *dissolutions sursaturées*.

Le point I mérite bien le nom de *point indifférent*, car, pour une solution correspondant au point I nous pouvons faire dissoudre du sel ou en précipiter sans modifier les compositions des phases et par suite leur équilibre.

Enfin la température $\theta$ correspondant à I est la *température de fusion de l'hydrate*. Supposons en effet qu'à une température $t > \theta$ nous ayons une solution de concentration $\sigma$, représentée par le point A et refroidissons; quand nous atteignons le point I, une partie du sel se dépose : la composition du sel étant la même que celle de la dissolution, cette dernière peut être considérée comme le sel fondu : le dépôt du sel solide est une solidification, $\theta$ est la température de solidification de l'hydrate. Du reste si nous chauffons l'hydrate solide, à toute température inférieure à $\theta$ il ne peut y avoir fusion, car la partie fondue constituerait une dissolution sursaturée en présence d'un excès de sel; à une température supérieure à $\theta$ on ne peut observer une portion du sel fondue en présence d'un excès de sel solide, car la partie fondue serait une solution non saturée en présence d'un excès de sel. La température de fusion est donc bien $\theta$.

On a pu déterminer expérimentalement les courbes C, C′ et la température $\theta$ pour un grand nombre de sels; voici quelques résultats :

| Substances. | $\theta$ |
|---|---|
| $2FeCl^3 + 12H^2O$ | $+37°$ |
| $+ 7H^2O$ | $+32°,5$ |
| $+ 5H^2O$ | $+56°$ |
| $+ 4H^2O$ | $+73°,5$ |
| $HgCl^2 + 12H^2O$ | $-16°,3$ |
| $CaCl^2 + 6H^2O$. | $+30°,2$. |

838. **Cristallisation par dissolution.** — Ayant une solution non saturée figurée par un point de la région I (fig. 766), il s'agit d'atteindre la courbe de saturation et de faire comme si l'on voulait pénétrer dans la région II. Nous avons deux procédés à notre disposition :

1° *Accroissement de la concentration.* — On ne peut songer à faire varier $s$ en ajoutant du sel solide, puisque nous voulons au contraire retirer le sel solide de la solution ; il faut donc diminuer la masse du solvant ; on procède par vaporisation du solvant : c'est ce qui arrive, par exemple, lorsqu'on évapore l'eau de mer dans les marais salants, ou lorsqu'on fait bouillir l'eau des sources salées pour achever la concentration et provoquer le dépôt de sel : dès que la solution est saturée, le corps dissous se précipite au fur et à mesure de la disparition du solvant.

On peut aussi, dans le cas des solutions étendues, faire croître la concentration par la congélation du solvant, mais nous verrons (841) que par ce procédé seul on ne peut séparer totalement le corps dissous du solvant.

2° *Variation de la température.* — Généralement le corps est plus soluble à chaud qu'à froid ; on prépare donc une solution concentrée à chaud et on laisse refroidir. Le point figuratif de l'état de la solution parcourt d'abord la droite AM' (fig. 766), puis la solution étant saturée, le sel commence à se déposer, la solution reste alors complètement saturée pendant le refroidissement et le point figuratif décrit la courbe C. On fait ainsi cristalliser l'alun, le nitrate de potassium, le sulfate de cuivre et, d'une manière générale, presque tous les sels.

859. **Sursaturation.** — Il arrive assez souvent que, par refroidissement lent de la solution, le point figuratif franchisse la courbe C (fig. 766) et pénètre dans la région II ; le dépôt de sel ne s'est pas effectué, la solution contient plus de sel qu'une solution normale, elle est dite *sursaturée*. L'expérience réussit très facilement avec les sels de sodium suivants : l'hyposulfite, le sulfate, l'acétate, le phosphate ; avec le nitrate de calcium ; il suffit de faire disparaître très complètement toutes les parcelles solides et de provoquer un refroidissement lent, tout en maintenant les solutions à l'abri des poussières de l'air.

L'état d'équilibre d'une solution sursaturée est *instable* ; l'agitation de la solution, la vibration des parois par frottement suffisent souvent à provoquer la cessation de la sursaturation, et l'*addition d'un cristal du sel dissous ou d'un sel isomorphe* produit *toujours* la cristallisation de l'excès de sel dissous. Ainsi, dans une solution sursaturée de sulfate de sodium, projetons un cristal du sel $SO^4Na^2 + 10\,H^2O$ : la sursaturation cesse immédiatement ; nous obtiendrions le même résultat avec un cristal du sel isomorphe $CrO^4Na^2 + 10\,H^2O$. Si l'on a fait *bouillir longuement* la solution de sulfate de sodium, on observe au fond du ballon la formation d'un dépôt de sulfate de sodium anhydre ; si l'on refroidit au-dessous de 8°, on obtient une couche de cristaux de l'hydrate $SO^4Na^2 + 7H^2O$ et la solution est néanmoins sursaturée par rapport au sel $SO^4Na^2 + 10\,H^2O$, car l'addition d'un cristal de ce sel provoque encore une cristallisation abondante. Tous ces résultats s'interprètent facilement par l'examen des courbes de solubilité. De même une solution sursaturée d'hyposulfite de sodium laisse déposer fréquemment des cristaux $S^2O^3Na^2 + 2\,H^2O$, en restant sursaturée pour le sel $S^2O^3Na^2 + 5\,H^2O$.

Si, dans deux solutions sursaturées d'hyposulfite et d'acétate de sodium superposées dans la même éprouvette, on fait tomber un cristal d'hyposulfite, il traverse la solution d'acétate sans en faire cesser la sursaturation et fait prendre en masse la solution d'hyposulfite. Un cristal d'acétate fait cristalliser la solution correspondante.

L'identité de forme cristalline est donc nécessaire pour faire cesser la sursaturation. Cette propriété a été utilisée par Gernez dans les conditions suivantes : l'acide racémique, qui est inactif à la lumière polarisée, est formé de deux sortes de cristaux dont les formes cristallines sont symétriques l'une de l'autre, mais non superposables; ils constituent l'acide tartrique *droit* et l'acide tartrique *gauche* qui font tourner l'un à droite, l'autre à gauche, le plan de polarisation de la lumière. Une solution d'acide racémique étant sursaturée, par l'addition d'un cristal d'acide tartrique droit on provoque la formation de cristaux de même forme, qu'on enlève, puis on ajoute un cristal d'acide tartrique gauche et on fait cristalliser uniquement ce deuxième corps. On procède de la même manière pour séparer les cristaux de chlorate de sodium *droit* et *gauche*. Il est bon de remarquer qu'une solution saturée d'un sel peut dissoudre des quantités notables d'un autre sel, la présence du premier corps modifiant seulement la solubilité du second, sans l'annuler.

Les germes nécessaires pour faire cesser la sursaturation sont très petits : voici une expérience qui le démontre.

Si l'on fait passer un courant d'air dans une solution sursaturée de sulfate de sodium, après avoir lavé cet air ou l'avoir filtré à travers un tampon de coton, on ne provoque point de cristallisation; mais si l'on néglige ces précautions, ou même si l'on projette dans la solution sursaturée le tampon de coton qui a servi à filtrer l'air, la sursaturation cesse rapidement; les germes cristallins étaient parmi les poussières de l'air; on a établi que leur masse minimum susceptible de provoquer la cristallisation était de l'ordre du dix-millionième de milligramme.

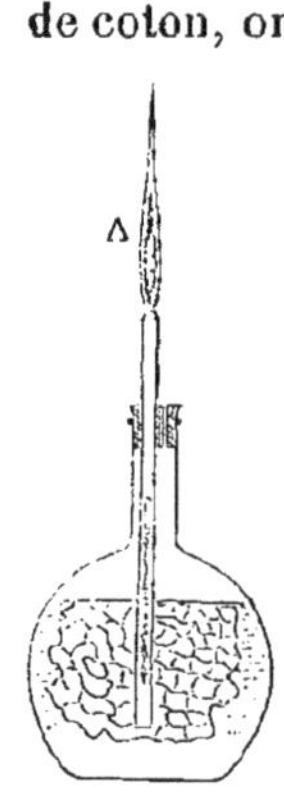

Fig. 768.

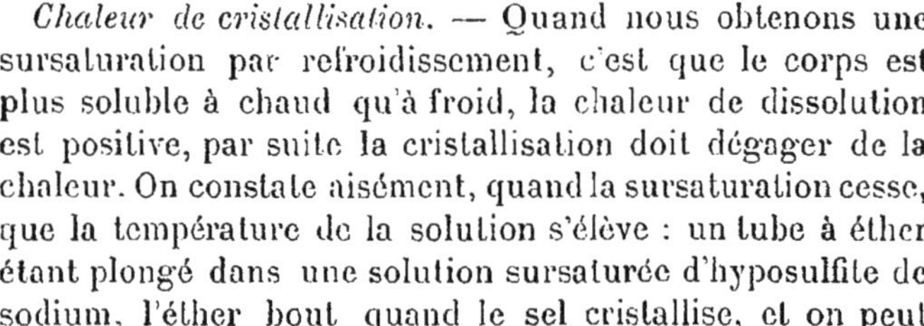

*Chaleur de cristallisation.* — Quand nous obtenons une sursaturation par refroidissement, c'est que le corps est plus soluble à chaud qu'à froid, la chaleur de dissolution est positive, par suite la cristallisation doit dégager de la chaleur. On constate aisément, quand la sursaturation cesse, que la température de la solution s'élève : un tube à éther étant plongé dans une solution sursaturée d'hyposulfite de sodium, l'éther bout quand le sel cristallise, et on peut enflammer la vapeur d'éther (fig. 768). La chaleur de cristallisation était autrefois utilisée pour le chauffage par bouillottes, qui contenaient des solutions, rapidement sursaturées par refroidissement, d'azotate de calcium; quand la sursaturation cessait, il y avait un dégagement de chaleur considérable.

840. **Influence de la pression sur la solubilité.** — Elle est assez faible, la dissolution étant accompagnée d'une petite variation relative de volume.

Nous avons vu (742) qu'en général la dissolution était accompagnée d'une contraction, par suite l'accroissement de pression entraîne une augmentation de solubilité.

Si la dissolution produit une augmentation de volume, c'est le cas du chlorure d'ammonium, la solubilité diminue quand la pression croît.

Le chlorure de sodium présente les deux cas (742) : à 15°, quand la pression croît, la solubilité croît d'abord jusqu'à ce que la pression atteigne 1550 atmosphères, puis la solubilité diminue si la pression augmente.

841. **Point d'eutexie, mélange eutectique.** — Refroidissons une solution non saturée, la solubilité étant plus grande à chaud qu'à froid ; deux cas vont se présenter :

1° *La solution est très concentrée.* — Nous avons déjà étudié ce cas (837). Par refroidissement nous atteignons la courbe C (fig. 769) de saturation, puis, si nous projetons dans la solution de petits cristaux, de manière à éviter la sursaturation, le point figuratif décrit la courbe C, du sel se dépose, nous pouvons atteindre une température inférieure à 0° et avoir en équilibre les phases solution et sel solide; enfin, quand nous atteignons un certain point $\mu$ de la courbe C, toute la solution restante se prend en masse, en donnant des cristaux distincts de sel et de glace. Nous appellerons $\theta$ et $\sigma$ les coordonnées de $\mu$.

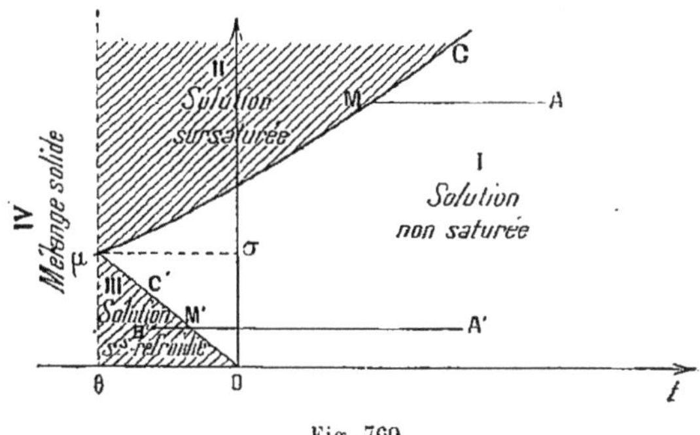


Fig. 769.

2° *La solution est très étendue.* — Refroidissons cette solution dans laquelle nous projetons des fragments de glace; il arrive un moment où nous voyons des cristaux de glace apparaître dans la solution et s'y développer: la concentration va donc en augmentant et le point figuratif décrit une courbe C' qui est très sensiblement une *droite passant par l'origine*; la congélation commence donc à une température $t' < 0$, et l'abaissement du point de congélation par rapport à celui du solvant pur est ($t'$), sensiblement proportionnel à la concentration, d'après la forme de C' [loi de Blagden (848)]. — Si l'on refroidit suffisamment, il arrive un moment où l'on atteint le point $\mu$, le même que dans l'expérience précédente, et on observe encore une solidification complète de la solution en cristaux de glace et cristaux de sel. Le phénomène est très net lorsqu'il s'agit d'un sel coloré comme le permanganate de potassium : le mélange, examiné au microscope, présente des cristaux noirs violacés de permanganate et des cristaux incolores de glace.

Le point $\mu$ est dit *point d'eutexie*, le mélange des phases solides, solvant et corps dissous, est un *mélange eutectique*.

Si, en refroidissant la solution, on n'avait point projeté des cristaux de glace, le point figuratif aurait pu venir en B' et nous aurions eu une solution sursaturée en glace, dite *solution sous-refroidie* : l'apport de quelques cristaux de glace aurait fait cesser immédiatement cette sursaturation.

*Conclusion.* — 1° A toute température inférieure à θ, le seul état stable est le mélange de deux phases solides, sans action l'une sur l'autre; il ne peut y avoir de solution.

2° A toute température supérieure à θ, l'état stable sera représenté par un point compris entre les courbes C et C' correspondant à une solution non saturée, ou situé sur ces courbes et correspondant à une solution saturée en sel ou en glace.

842. **Théorie des mélanges réfrigérants.** — Lorsqu'on mélange deux corps, dont l'un au moins est solide, susceptibles de fournir une dissolution, il y a toujours un phénomène thermique qui provient :

1° D'une fusion absorbant de la chaleur;

2° Et parfois d'une combinaison (une hydratation, par exemple), qui dégage de la chaleur.

Suivant les cas, il y a, en définitive, absorption ou dégagement de chaleur, et le mélange est *réfrigérant* ou *réchauffant*. Ainsi, le mélange de quatre parties de glace et d'une partie d'acide sulfurique ordinaire est réfrigérant; si nous renversons les proportions, le mélange est réchauffant. De même, en dissolvant dans l'eau le sel $CaCl^2 + 6H^2O$, nous obtenons un mélange réfrigérant; avec le chlorure de calcium anhydre, ce serait un mélange réchauffant.

Mélangeons deux corps susceptibles de donner une solution dont la température du point d'eutexie soit θ :

1° Si le mélange est fait à une température inférieure à θ, les deux corps restent à l'état solide et sont sans action l'un sur l'autre, la température ne change pas;

2° Si le mélange est fait à une température supérieure à θ, nous obtenons une solution; l'état final, étant un état d'équilibre stable, sera représenté par un point situé entre les courbes C et C' ou sur ces courbes; la position de ce point dépendra de la température initiale et des proportions des deux corps. Supposons qu'il s'agisse du mélange glace et sel marin : s'il y a beaucoup de sel et peu de glace, nous obtenons une solution saturée en sel; le point figuratif est sur C; s'il y a peu de sel et beaucoup de glace, la solution est saturée en glace; le point se trouve sur C'; enfin, si le mélange de glace et de sel correspond à la concentration σ, nous atteignons le point μ.

*La température la plus basse qu'on puisse réaliser avec un mélange réfrigérant est donc celle de son point d'eutexie*; il est bon de mélanger les substances suivant une proportion définie par la concentration correspondant au point d'eutexie. La première proposition nous montre bien pourquoi il est impossible d'atteindre des températures de plus en plus basses en refroidissant les constituants d'un mélange réfrigérant au moyen d'un autre mélange réfrigérant, et opérant ainsi de proche en proche.

Voici, pour quelques solutions aqueuses, les coordonnées du point d'eutexie :

| Sel | θ | σ |
|---|---|---|
| Sulfate de potassium........................ | — 1°,9 | 0,10 |
| Nitrate de potassium........................ | — 2°,8 | 0,13 |
| Chlorure de potassium........................ | — 10°,9 | 0,30 |
| Nitrate d'ammonium........................ | — 10°,7 | 0,45 |
| Chlorure de sodium........................ | — 21°,3 | 0,33. |

Le mélange réfrigérant glace et sel marin est l'un des plus actifs ; en outre, il est peu coûteux, d'où son emploi fréquent. La proportion de sel à ajouter pour fondre de la neige ou de la glace dépend, du reste, de la température initiale.

Comme mélange réfrigérant pratique, on peut encore citer celui d'acide chlorhydrique (5 parties) et de sulfate de sodium décahydraté (8 parties), permettant d'atteindre — 18°.

843. **Alliages.** — Supposons que nous fondions ensemble deux métaux, ou deux sels, par exemple du plomb et du bismuth, et représentons les résultats en portant en abscisses les températures, en ordonnées les concentrations du bismuth et du plomb dans la phase liquide, respectivement à partir des axes $Ot$ et $O't'$ (fig. 770).

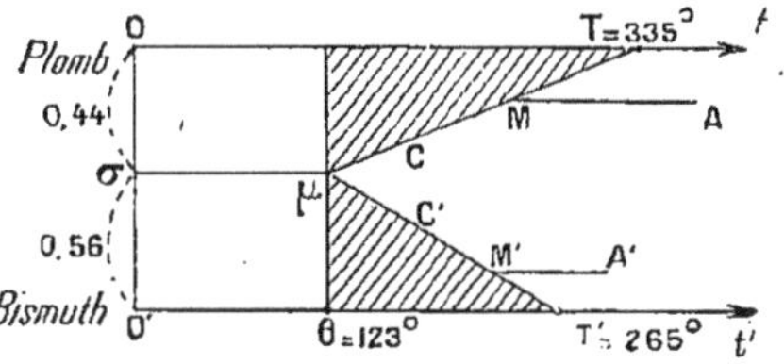

Fig. 770.

Si le mélange est riche en plomb, pendant le refroidissement le point figuratif décrit d'abord le chemin AM, puis du plomb se dépose et le point décrit la courbe C jusqu'à ce que nous atteignons un certain point $\mu$, alors la masse se solidifie à température constante $\theta$, et nous avons séparément des cristaux de plomb et de bismuth, c'est-à-dire un mélange eutectique. Si le mélange liquide était riche en bismuth, le point figuratif décrirait d'abord la courbe C' jusqu'à ce qu'il ait atteint le point d'eutexie $\mu$. Nous observons encore des phénomènes tout à fait analogues à ceux donnés par la dissolution d'un sel ; à toute température inférieure à $\theta$ (dans le cas ci-dessus $\theta = 123°$), nous avons un mélange eutectique ; à toute température supérieure à $\theta$, l'état stable est celui de la phase liquide, en présence ou non d'un excès de l'un des métaux. Enfin la température de solidification d'un alliage n'est pas constante, sauf si cet alliage a la composition du mélange eutectique correspondant.

*Remarque.* — Un point de fusion fixe n'est pas un caractère suffisant de la pureté d'un corps.

## IV. — SUBLIMATION — POINT TRIPLE

844. **Définition. Lois du phénomène.** — La *sublimation* est le passage direct d'un corps de l'état solide à l'état de vapeur :

La glace, le camphre, l'iode, par exemple, émettent directement des vapeurs.

Si nous considérons le système formé par les phases solide et vapeur d'un corps pur, $C=1$, $\varphi=2$, donc sa variance

$$V = C + 2 - \varphi = 1,$$

et par suite nous avons la loi suivante :

*A une température donnée, le mélange des phases solide et vapeur d'un corps pur ne peut être en équilibre que sous une pression déterminée.*

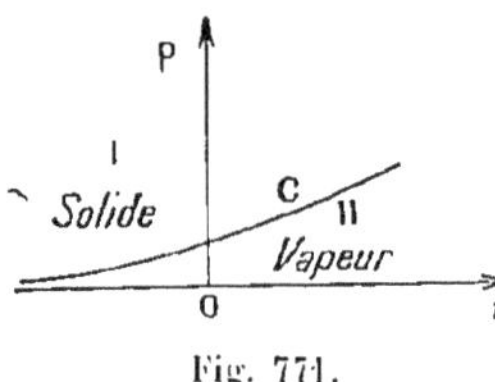

Fig. 771.

Soit $p$ la pression d'équilibre pour la température $t$, la relation $p=f(t)$ définit une courbe C (fig. 771), dite courbe de *sublimation*, qui sépare le plan en deux régions : la région I pour laquelle l'état stable est l'état solide, la région II pour laquelle la phase stable est la vapeur.

Pour mesurer la pression d'équilibre $p$, il suffit de placer le solide dans une enceinte communiquant avec un manomètre, de faire le vide dans l'enceinte qu'on porte à une température connue, et de relever la pression; souvent on éprouve de grandes difficultés dans cette dernière mesure, car la pression est très petite.

845. **Équilibre d'un corps pur sous trois phases coexistantes. Variance du système; point triple.** — Nous avons $C=1$, $\varphi=3$, par suite :

$$V = C + 2 - \varphi = 1 + 2 - 3 = 0$$

le système est *invariant*, tous les facteurs de l'équilibre sont déterminés.

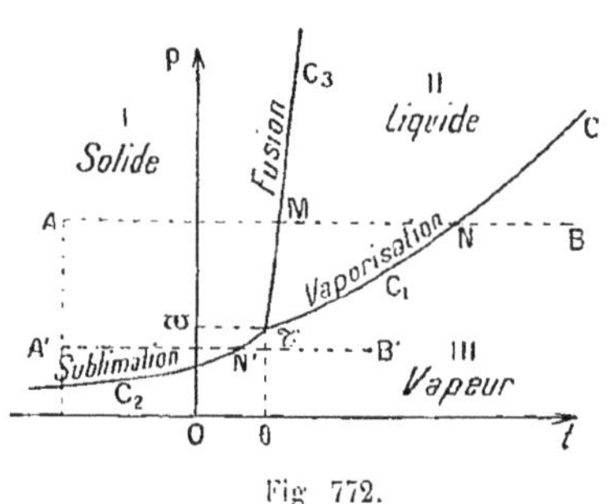

Fig 772.

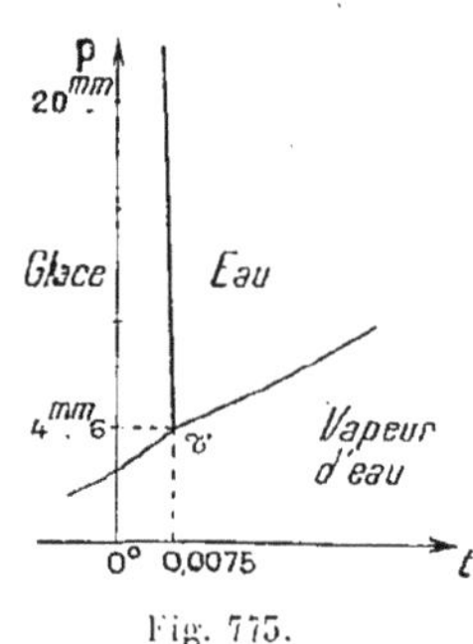

Fig. 773.

*L'équilibre d'un corps pur sous trois phases coexistantes ne peut avoir lieu qu'à une température et sous une pression déterminées.*

Soient $\theta$ et $\varpi$ cette température et cette pression d'équilibre; elles définissent dans le plan des $t$, $p$ un point $\mathcal{T}$ (fig. 772), dit *point triple*. Nous avons, dans ce plan, la courbe $C_1$ de vaporisation, la courbe $C_2$ de sublimation, la courbe $C_3$ de fusion qui définissent les états d'équilibre des phases solide, liquide et vapeur prises deux à deux; puisque le point $\mathcal{T}$ correspond à l'état d'équilibre des trois phases à la fois, il correspond aussi aux états d'équilibre des trois phases prises deux à deux, il appartient donc à la fois aux trois courbes considérées, d'où le nom de *point triple*. Les courbes partagent le plan en trois régions qui correspondent aux trois états du corps.

D'après la disposition des courbes $C_1$ et $C_3$, la pression d'un point de la région du liquide est toujours supérieure à $\varpi$ : un *corps ne peut donc être liquide sous une pression inférieure à celle du point triple.*

Les coordonnées du point triple sont :

| | | |
|---|---|---|
| Pour l'eau (fig. 773) : | $\theta = 0^0,0075$, | $\varpi = 4^{mm},6$ de mercure. |
| Pour l'anhydride carbonique : | $\theta = -57^0$, | $\varpi = 5$ atmosphères. |

846. **Condition de fusion sous pression fixe.** — Chauffons un corps sous pression fixe $p$ : le point figuratif de l'état du corps décrit une parallèle à l'axe des températures. Deux cas peuvent se présenter :

1° $p > \varpi$. Nous partons de A (fig. 772), par exemple; la droite décrite AB rencontre d'abord la courbe de fusion en M : le corps passe alors de l'état solide à l'état liquide. C'est ce qui arrive lorsque nous chauffons de la glace sous la pression atmosphérique.

2° $p < \varpi$. La droite décrite A'B' (fig. 772) rencontre d'abord la courbe de sublimation en N', le solide passe directement à l'état de vapeur. C'est le cas de la neige d'anhydride carbonique sous la pression atmosphérique.

*Pour qu'un solide puisse être fondu sous une pression donnée, il faut que cette pression soit supérieure à celle du point triple.*

Nous concevons maintenant pourquoi certains corps, tels que l'arsenic, l'anhydride arsénieux, le pentachlorure de phosphore, l'anhydride carbonique solide, ne peuvent être fondus sous la pression atmosphérique et, pour arriver à les obtenir à l'état liquide, nous prévoyons qu'il est nécessaire de les chauffer sous une pression suffisante, c'est-à-dire sous une pression supérieure à $\varpi$; on y arrive, par exemple, en les emprisonnant dans des tubes scellés : la vapeur s'accumule dans le tube et exerce la pression nécessaire. Quand on ouvre le tube, après refroidissement, on trouve une masse solide homogène provenant nécessairement du liquide solidifié.

847. **Positions relatives des courbes de vaporisation du liquide surfondu et de sublimation.** — L'expérience prouve que la première courbe est toujours au-dessus de la seconde; voici comment on opère, d'après Gernez, pour le démontrer dans le cas de l'acide acétique, qui fond à 17°.

Dans la branche A (fig. 774) d'un tube en U, on place de l'acide acétique liquide et dans la branche B de l'acide acétique solide; le tube est introduit à une température inférieure à 17°, dans une grande masse de sciure de bois; le liquide de A est en surfusion. Or, invariablement, si l'expérience dure un temps suffisant, *on trouve tout l'acide acétique à l'état solide en* B. Désignons par $F_1$ la tension de vaporisation, par $F_2$ la tension de sublimation; si l'on a $F_1 > F_2$, le liquide se réduit en vapeur en A jusqu'à ce que la pression soit égale à $F_1$, mais dans la branche B cette vapeur se condense de manière que sa pression soit seulement $F_2$. La pression étant devenue inférieure à $F_1$ dans A, une nouvelle vaporisation de l'acide acétique liquide se produit, suivie d'une nouvelle condensation en B, et ainsi tout l'acide acétique passe en B; c'est bien ce que montre l'expérience.

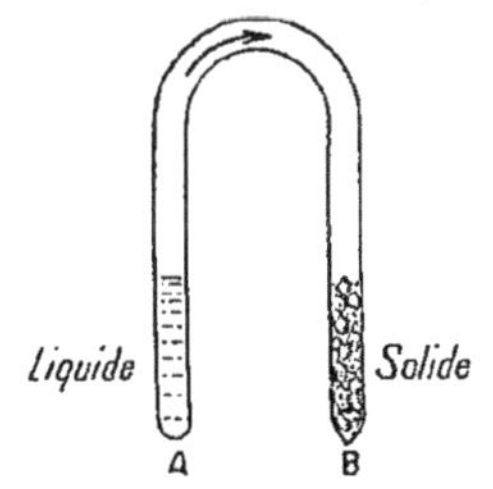

Fig. 774.

En faisant l'hypothèse $F_1 < F_2$, et raisonnant comme plus haut, nous verrions que l'acide acétique devrait passer de B en A, ce qui est contraire à l'expérience.

Des mesures directes, dans le cas de l'eau, ont montré qu'à — 5° et — 10° par exemple, la tension de vaporisation surpassait la tension de sublimation respectivement de 0,155 et 0,22 millimètre de mercure.

*Démonstration théorique.* — Supposons que la courbe de vaporisation $C_1'$ (fig. 775) du liquide surfondu soit au-dessous de la courbe de sublimation $C_2$ : nous allons démontrer que cela est impossible.

Prenons un point A entre les deux courbes et supposons qu'il représente les conditions de température et de pression pour une phase liquide. Ce point A étant à gauche de la courbe de fusion $C_3$, le liquide se congèle;

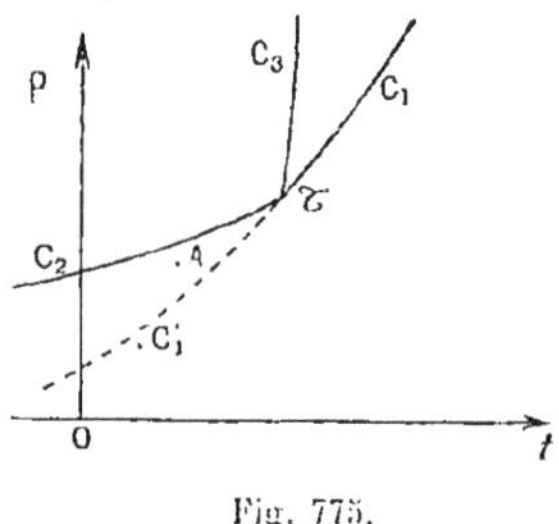

Fig. 775.

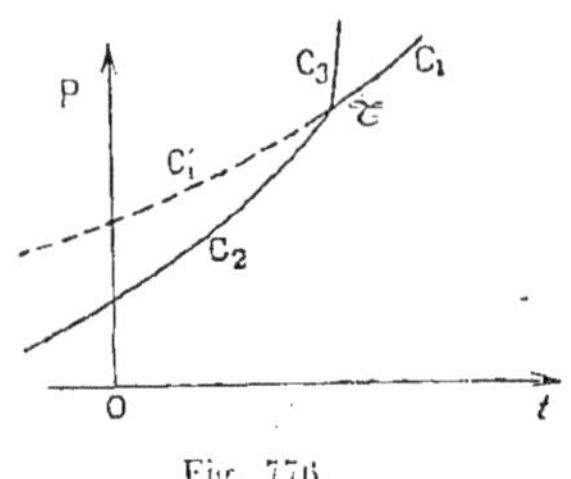

Fig. 776.

A étant au-dessous de $C_2$, le solide se sublime ; A étant au-dessus de $C_1'$ la vapeur se liquéfie. Le corps a donc décrit un cycle fermé sous pression constante, à température constante, avec une force vive nulle, sans recevoir en définitive du travail extérieur : cela est *impossible*. Les courbes $C_1'$, $C_2$ sont placées nécessairement comme dans la figure 776.

## V. — CRYOSCOPIE — ÉBULLIOSCOPIE — TONOMÉTRIE

848. **Influence d'un corps dissous sur le point de fusion. Loi de Blagden**[1]. — Considérons le système formé par une solution très étendue, de concentration donnée, sous la pression atmosphérique :

$$C = 2, \qquad \varphi = 1, \qquad V = 3;$$

puisque nous avons pression et concentration, un seul facteur de l'équilibre, la température, est indéterminé.

Supposons qu'en refroidissant le système nous fassions apparaître la phase glace, nous avons : $C = 2$, $\varphi = 2$, donc $V = 2$ ; la pression et la concentration étant données, la température est déterminée, donc :

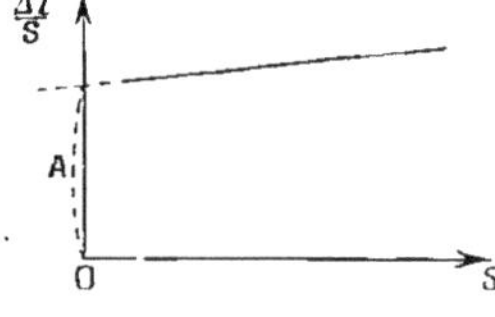

Fig. 777.

*Sous une pression déterminée, la température de congélation d'une solution de concentration donnée est également déterminée.*

Si nous refroidissons, la quantité de glace congelée étant de plus en plus grande, la concentration croît : donc, *la température de congélation diminue quand la concentration croît.*

(1) Blagden (1748-1820), physicien anglais.

On établit facilement ce résultat par l'expérience, et dès 1788, Blagden démontra que, pour les solutions aqueuses :

*L'abaissement du point de congélation d'une dissolution est proportionnel à la concentration.*

En choisissant comme solvant, non seulement l'eau, mais des liquides organiques comme l'acide formique, l'acide acétique, le benzène, Raoult généralisa la loi. Il portait en abscisses les concentrations $s$, en ordonnées les quotients de l'abaissement $\Delta t$ du point de congélation, par la concentration correspondante, et obtenait une droite très sensiblement parallèle à l'axe des concentrations (fig. 777), pour les solutions d'une concentration $s < 0{,}05$, mais non pour les solutions infiniment diluées. C'est l'ordonnée à l'origine A de cette droite que Raoult prenait pour valeur constante du rapport $\frac{\Delta t}{s}$.

849. **Loi de Raoult.** — Pour un même solvant, et dans le cas des solutions non électrolysables, Raoult constata que le coefficient A variait en sens inverse de la masse moléculaire M du corps dissous et, plus exactement, en *raison inverse* de M, d'où l'énoncé suivant :

*Loi de Raoult. — L'abaissement du point de congélation d'une solution étendue non électrolysable est :*

*Proportionnel à la concentration,*

*En raison inverse de la masse moléculaire du corps dissous.*

Si nous désignons par K une constante, la loi de Raoult se traduit par la formule

$$\Delta t = K \frac{s}{M}.$$

Voici, pour quelques solvants, les valeurs de K :

| *Solvant* : | Eau | Acide formique | Acide acétique | Benzène | Nitrobenzène. |
|---|---|---|---|---|---|
| K : | 1850 | 2780 | 3860 | 5000 | 7070. |

*Abaissement moléculaire du point de congélation.* — Raoult désignait par abaissement moléculaire du point de congélation, l'abaissement qu'aurait produit une molécule-gramme dissoute dans 100 grammes de solvant, en admettant que la loi fût applicable pour cette concentration ; désignons par K' cette grandeur :

$$K' = K \frac{\frac{M}{100}}{M} = \frac{K}{100}.$$

Pour Van't Hoff, l'abaissement moléculaire se rapporte à une molécule-gramme dissoute dans 1000 grammes de solvant ; soit K'' cette grandeur, nous avons :

$$K'' = \frac{K}{1000};$$

il y a donc une indétermination pour définir l'abaissement moléculaire du point de congélation, aussi vaudrait-il mieux s'en tenir à la constante K.

*Solutions équimoléculaires.* — Soient $m$ la masse du corps dissous, $m'$ cell du solvant :

$$\Delta t = K\frac{m}{m'M} = K\frac{\frac{m}{M}}{m'}$$

le nombre des molécules dissoutes dans $m'$ de solvant est $n = \frac{m}{M}$ et on peu écrire

$$\Delta t = K\frac{n}{m'}.$$

Deux solutions sont *équimoléculaires* si, pour la même masse $m'$ du même solvant, ou pour le même volume, les solutions étant étendues, elles contiennent le même nombre $n$ de molécules dissoutes; il résulte de la loi de Raoult que *pour des solutions équimoléculaires étendues, non électrolysables, l'abaissement du point de congélation est le même.* Le phénomène dépend donc, non de la nature des molécules, mais de leur nombre par unité de volume ou de masse de la solution.

850. **Cryoscopie.** — *Principe.* — Supposons que, pour un solvant particulier, nous ayons déterminé la constante K; puis que, pour une solution de concentration connue $s$, relative à un corps de masse moléculaire inconnue M, nous ayons mesuré l'abaissement $\Delta t$ du point de congélation; de la relation de Raoult, nous tirons :

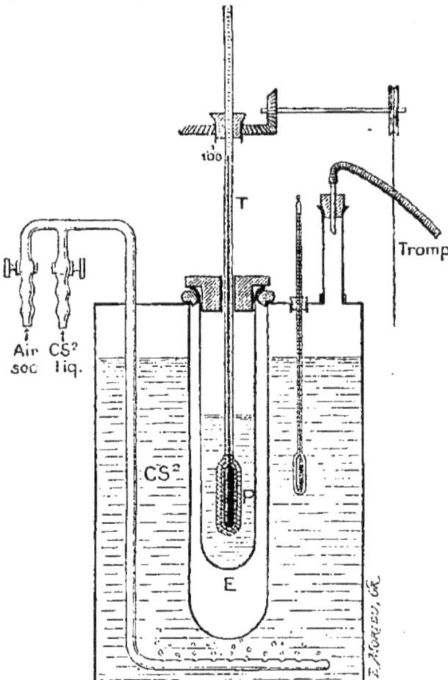

Fig. 778.

$$M = \frac{Ks}{\Delta t},$$

et nous obtenons la valeur M de la masse moléculaire. Cette méthode de détermination des masses moléculaires est appelée *cryoscopie*.

*Appareil de mesures.* — L'appareil cryoscopique de Raoult se compose d'une éprouvette E (fig. 778) contenant le liquide cryoscopique, dans lequel plonge un thermomètre T ; ce thermomètre est gradué au $\frac{1}{100}$ de degré, et son réservoir est entouré d'une toile de platine P ; on le fait mouvoir autour de son axe comme agitateur, au moyen d'un double engrenage conique et d'une manivelle. L'éprouvette cryoscopique est logée dans une autre plus large, qui plonge dans du sulfure de carbone, ou mieux encore, c'est une éprouvette à air liquide sans argenture intérieure. On provoque dans ce sulfure de carbone, au moyen d'une trompe, un appel d'air sec qui en active l'évaporation : le refroidissement qui en résulte amène la congélation du liquide cryoscopique.

On règle le courant d'air de manière à amener la température du liquide à être inférieure de $0^{o},5$ environ à celle de congélation, et on ajoute une très petite parcelle de solvant solidifié, pour faire cesser la sursaturation en solvant solide ; la température remonte, on la note quand elle est stationnaire.

Il faut déterminer successivement, et avec le *même* thermomètre, les températures de congélation du solvant pur et de la solution ; $\Delta t$ doit atteindre $1^{o}$ environ. La surfusion ne doit pas être trop considérable, car dans le cas contraire, au moment où la température deviendrait stationnaire, la concentration aurait varié d'une manière sensible, à cause de la solidification d'une masse notable de solvant.

*Précision des résultats.* — La valeur de M, fournie par cette méthode, est seulement approchée, car la loi de Raoult n'est pas rigoureuse, et les mesures, principalement celle de $\Delta t$, comportent des erreurs. Par une opération de précision moyenne, on doit avoir M à 10 pour 100 près, ce qui est suffisant pour permettre de choisir la valeur vraie de M parmi les nombres fournis par l'analyse chimique.

851. **Influence d'un corps dissous sur le point d'ébullition. Loi de Raoult**(1). — Nous avons déjà vu (790) que la présence d'une substance dissoute avait pour effet d'élever la température d'ébullition sous *pression fixe*.

Ce résultat peut être prévu. Considérons une solution non saturée de concentration donnée, en ébullition sous pression fixe ; le système est formé de la solution et de sa vapeur, donc $C = 2$, $\varphi = 2$, par suite $V = 2$. Puisqu'on se donne la concentration de la solution et la pression, la température est *déterminée*. Quand nous chauffons, la température s'élève, le solvant se vaporise, la concentration augmente : *la température d'ébullition croît avec la concentration.*

En opérant avec des solutions de même nature, Raoult a constaté que l'élévation de la température d'ébullition sous pression fixe croissait avec la concentration, *proportionnellement* à la concentration ; puis, en opérant avec un même solvant et des corps dissous de natures différentes, il observa que, pour une même concentration, l'élévation de la température d'ébullition variait en *raison inverse* de la masse moléculaire du corps dissous. Ces relations sont exactes seulement pour les solutions étendues non électrolysables, le corps dissous étant peu volatil par rapport au solvant ; pratiquement, la différence des points d'ébullition doit être, au minimum, de $120^{o}$. Les résultats indiqués sont réunis dans l'énoncé suivant :

*Loi de Raoult. — L'élévation de la température d'ébullition d'une solu-*

(1) Raoult (1830-1903), chimiste français auquel on doit de nouvelles méthodes pour la détermination des masses moléculaires, opération qui est d'une importance considérable.

*tion étendue, non électrolysable, d'un corps peu volatil par rapport au solvant, est :*

*Proportionnelle à la concentration;*

*En raison inverse de la masse moléculaire du corps dissous.*

Cette loi se traduit, avec la notation habituelle, par la formule

$$\Delta t = K\frac{s}{M},$$

K est une *constante* dont la valeur dépend du solvant :

| *Solvant* : | Eau | Alcool | Acétone | Benzène | Acide formique | Acide acétique. |
|---|---|---|---|---|---|---|
| K : | 520 | 1150 | 1680 | 2490 | 2500 | 3180 |

*Élévation moléculaire du point d'ébullition.* — La définition est tout à fait semblable à celle relative à l'abaissement moléculaire du point de congélation (849); avec la notation de Raoult, cette constante est $K' = \frac{K}{100}$; avec celle de Van't Hoff, on a $K'' = \frac{K}{1000}$.

*Solutions équimoléculaires.* — Si $m$ est la masse du corps dissous, $m'$ celle du solvant que nous supposerons constante, $n$ le nombre de molécules dissoutes :

$$\Delta t = K\frac{\frac{m}{m'}}{M} = K\frac{\frac{m}{M}}{m'} = K\frac{n}{m'};$$

pour les solutions équimoléculaires (849) relatives au même solvant, $\Delta t$ est le même.

852. **Ébullioscopie.** — *Principe.* — De la formule de Raoult (851), nous tirons :

$$M = \frac{Ks}{\Delta t}.$$

Si, pour un solvant donné, nous avons déterminé la constante K, et que, pour une dissolution de concentration connue $s$, faite avec ce solvant et un corps de masse moléculaire inconnue M, nous avons déterminé l'élévation $\Delta t$ de la température d'ébullition, nous pouvons calculer M. La recherche de M par cette méthode constitue l'*ébullioscopie.*

*Appareil de mesures.* — On éprouve de grandes difficultés à déterminer avec quelque précision la température d'ébullition d'une *solution* :

1° Il faut éviter le *retard à l'ébullition* ou *surchauffe* (785) et, pour cela, réaliser deux conditions :

α) Le liquide doit renfermer des bulles gazeuses abondantes ; β) il faut le chauffer avec sa propre vapeur, car si on le chauffait directement par une source de chaleur extérieure un peu intense, le thermomètre accuserait toujours une température supérieure à la température d'ébullition véritable, avec des écarts variables d'une expérience à l'autre.

2° La température d'ébullition dépend de la pression : la hauteur de la colonne liquide qui surmontera le réservoir du thermomètre devra être à peu près constante. Les variations de la pression barométrique au cours d'une expérience, qui est de courte durée, sont négligeables.

3° Il faut condenser la vapeur et la faire revenir dans la chaudière pour que la concentration ne change pas.

4° La détermination des températures d'ébullition du solvant pur et de la solution doit être faite avec le même thermomètre, chauffé au moins pendant une demi-heure, à l'étuve, pour que le déplacement du zéro (612), relatif à la température d'ébullition ait eu le temps de se produire totalement.

L'appareil se compose d'un tube de verre A (fig. 779) contenant au fond un peu de mercure, des perles de verre et le solvant ou la solution ; il est entouré d'une enceinte annulaire E dans laquelle on fait bouillir le solvant. Dans un tube central contenant un peu de mercure, on a introduit le thermomètre T, gradué de manière à permettre de lire le centième de degré, et qui doit occuper une position invariable ; le réfrigérant R condense la vapeur au fur et à mesure de sa formation. Le liquide de A est porté à l'ébullition par les bulles de vapeur qui prennent naissance dans les bulles gazeuses retenues par les perles de verre. On lit la température quand elle est devenue stationnaire.

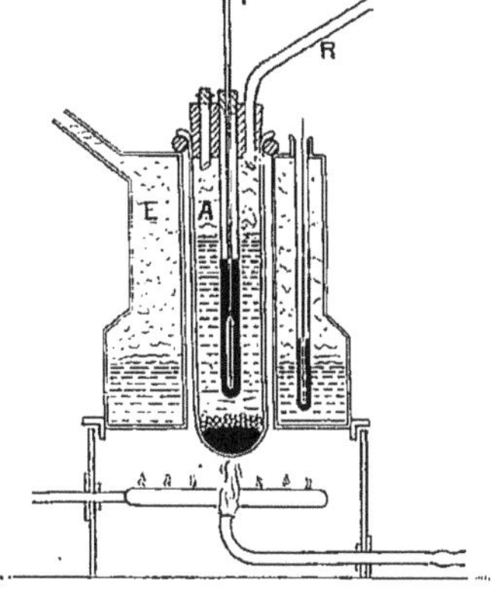

Fig. 779.

*Précision de la méthode.* — On ne peut avoir pour M la valeur véritable, car la loi de Raoult est seulement approchée, et on commet nécessairement des erreurs dans la mesure des différentes grandeurs en fonction desquelles on exprime M, l'erreur principale étant relative au terme $\Delta t$. L'ébullioscopie est moins précise que la cryoscopie, on peut admettre que l'erreur correspondant à la première méthode est, en moyenne, égale à deux fois celle relative à la deuxième.

853. **Influence d'un corps dissous sur la tension maximum. Loi de Babo et Wüllner.** — Le système formé par une solution non saturée d'un corps pur et sa vapeur est tel que $C = 2$, $\varphi = 2$, donc $V = 2$; si l'on se donne la concentration de la solution et la température, la pression maximum de vapeur de la solution *est déterminée*.

Si l'on diminue la pression à température constante, on provoque la vaporisation d'une certaine quantité de solvant, on augmente la concentration : donc une *diminution de pression maximum correspond à un accroissement de la concentration.*

Soient F et F' les pressions maxima d'un solvant pur et d'une solution à la même température, la diminution absolue de pression maximum est $F - F'$ et la diminution relative est $\frac{F - F'}{F}$. Babo et Wüllner ont établi que :

*La diminution relative de pression maximum de vapeur est proportionnelle à la concentration de la solution.*

854. **Loi de Raoult.** — Raoult a confirmé la loi de Babo et Wüllner pour des solvants autres que l'eau et pour un grand nombre de corps dissous; il a en outre remarqué que, pour des solutions étendues, non électrolysables, de même concentration, $\frac{F-F'}{F}$ était inversement proportionnel à la masse moléculaire du corps dissous, d'où l'énoncé suivant :

*La diminution relative de pression maximum, pour une solution étendue, non électrolysable, est :*

*Proportionnelle à la concentration,*

*En raison inverse de la masse moléculaire du corps dissous.*

Cette loi se traduit par la formule

$$\frac{F-F'}{F}=K\frac{s}{M}. \tag{1}$$

Voici les valeurs du coefficient K pour quelques solvants :

| *Solvant :* | Eau | Benzène | Alcool éthylique | Ether ordinaire | Acétone. |
|---|---|---|---|---|---|
| K : | 18,5 | 79,6 | 46,5 | 77 | 59. |

Si nous prenons les poids moléculaires M′ des solvants, nous avons :

| M′ = | 18 | 78 | 46 | 74 | 58 |
|---|---|---|---|---|---|

d'où la relation approchée :

*La constante K est égale à la masse moléculaire du solvant.*

*Autre forme de la relation de Raoult.* — Si nous désignons par $n$ le nombre de molécules du corps dissous et par $n'$ le nombre de molécules du solvant qui sont dans la solution, Raoult a établi que

$$\frac{F-F'}{F}=\frac{n}{n+n'};$$

lorsque la solution est très étendue, $n$ est négligeable devant $n'$ et on peut écrire:

$$\frac{F-F'}{F}=\frac{n}{n'};$$

si $m$ et $m'$ sont les masses du corps dissous et du solvant, M et M′ leurs masses moléculaires :

$$\frac{F-F'}{F}=\frac{\frac{m}{M}}{\frac{m'}{M'}}=M'\frac{\frac{m}{m'}}{M}=M'\frac{s}{M}$$

en comparant cette expression à (1), nous voyons bien que

$$K=M'.$$

855. **Tonométrie**. — De (1) nous tirons :

$$M=K\frac{Fs}{F-F'}.$$

Si, en opérant avec un solvant pour lequel la constante K a été déterminée, on a fait une solution de concentration connue $s$, relative à un corps de masse moléculaire inconnue M, la mesure de F et de F′ permet de calculer M. Cette méthode de détermination des masses moléculaires est la *tonométrie*. Elle est peu employée, car la cryoscopie et l'ébullioscopie sont d'une application plus pratique en général; elles sont en même temps plus précises. Ramsay a cependant utilisé la tonométrie avec beaucoup de succès pour la recherche des masses moléculaires des métaux en solution dans le mercure; F et F′ étaient mesurés à 260°; voici quelques résultats :

| *Métaux :* | Lithium | Argent | Étain | Plomb |
|---|---|---|---|---|
| M = | 7,05 | 109,2 | 116 | 196; |

les masses moléculaires exactes, déduites des analyses chimiques, sont :

| 7,05 | 108 | 119 | 207. |
|---|---|---|---|

Les corps considérés sont monoatomiques.

On mesure F et F′ par la méthode des tubes barométriques (750, 1°), ces tubes étant entourés d'un bain liquide pour avoir une température bien constante.

**856. Relation entre la tonométrie et l'ébullioscopie.** — Soient C et C′ (fig. 780) les courbes des tensions maxima du solvant pur et d'une solution *étendue*; au *voisinage* du point A, correspondant à la température d'ébullition T du solvant pur, sous la pression F, on peut admettre que les courbes C et C′ se déduisent l'une de l'autre par translation suivant l'axe des températures. Or, si nous chauffons la solution sous la pression F, elle bout à la température T′ correspondant au point B′ et nous avons $\Delta T = \overline{AB'}$. Dans le triangle rectangle AB′A′ :

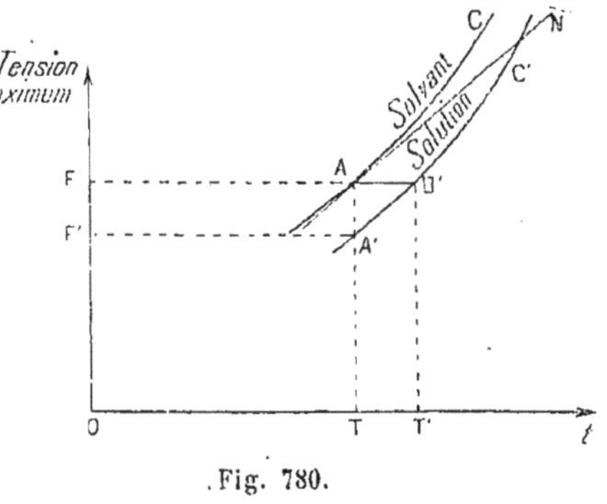


Fig. 780.

$$\Delta T \text{ ou } \overline{AB'} = \overline{A'A} \operatorname{cotg} \widehat{AB'A'},$$

mais $\widehat{AB'A'}$ est sensiblement égal à $\widehat{B'AN}$, donc

$$\Delta T = \overline{A'A} \operatorname{cotg} \widehat{B'AN} = (F - F') \frac{dT}{dF}$$

et, en tenant compte de la relation (1) de tonométrie :

$$\Delta T = KF \frac{dT}{dF} \cdot \frac{s}{M}.$$

Mais, pour une pression fixe d'ébullition, F et $\frac{dT}{dF}$ sont constants, donc

$$\Delta T = K' \frac{s}{M},$$

(avec $K' = C^{te}$); c'est la formule de l'ébullioscopie (852).

**857. Relation entre la tonométrie et la cryoscopie.** — Soient $C_1$, $C_2$, $C_3$ (fig. 781), les courbes relatives aux équilibres des trois phases du solvant pur, prises deux à deux, AB la courbe des tensions de vapeur d'une solution très étendue. Supposons que nous fassions les mesures de cryoscopie en vase clos, sous la pression de la vapeur du solvant pur, ce qui ne changera évidemment pas beaucoup les résultats :

Lorsque le solvant pur se congèle, nous avons en équilibre les trois phases du solvant : la température de congélation est donc $\theta$, correspondant au point triple $\mathcal{T}$;

Lorsque la solution abandonne du solvant par congélation, nous avons en équilibre les phases : solvant solide, dissolution et vapeur du solvant pur : le point figuratif est nécessairement A, à la rencontre des courbes $C_2$ (équilibre du solvant solide et de sa vapeur) et AB (équilibre de la solution et de la vapeur du solvant); la température de congélation est $t$, correspondant au point A; l'abaissement du point de congélation est donc $\theta - t$, représenté par AD ; d'autre part la diminution de pression maximum de vapeur à la température $\theta$ est représentée par $E\mathcal{T}$ (E, intersection de AB avec l'ordonnée de $\mathcal{T}$). Dans le voisinage de $\mathcal{T}$ la courbe AEB est parallèle à $C_1$, par suite le rapport $\frac{AD}{E\mathcal{T}}$ dépend seulement de la forme des courbes $C_1$ et $C_2$ dans le voisinage de $\mathcal{T}$, pour un même solvant il est constant :

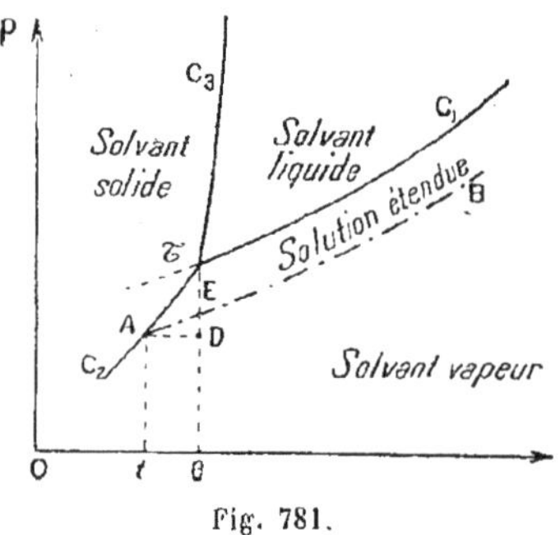

Fig. 781.

$$\frac{\Delta t}{F - F'} = C^{te},$$

et en remplaçant $F - F'$ par sa valeur que nous fournit la relation fondamentale de la tonométrie, on arrive à la formule de la cryoscopie.

858. **Valeur théorique des coefficients des formules de cryoscopie et ébullioscopie.** — Van't Hoff a retrouvé par la théorie la loi de la tonométrie, et il a montré que les lois de la cryoscopie et de l'ébullioscopie en étaient des conséquences ; les relations établies permettent de calculer les constantes des formules de cryoscopie et d'ébullioscopie. En désignant, pour le solvant pur, par L la chaleur latente de fusion ou la chaleur latente de vaporisation à la température d'ébullition, par T la température absolue de congélation ou d'ébullition, selon qu'il s'agit de cryoscopie ou d'ébullioscopie, on a

$$K = \frac{2T^2}{L}.$$

L'accord est remarquable entre les valeurs ainsi calculées et celles déterminées par l'expérience. Voici, par exemple, les constantes cryoscopiques calculées pour quelques solvants :

| *Solvant :* | Eau | Acide formique | Acide acétique | Benzène | Nitrobenzène |
|---|---|---|---|---|---|
| K : | 1870 | 2810 | 3850 | 5250 | 6860. |

il suffira de rapprocher ces nombres de ceux donnés précédemment (849) pour voir combien la concordance est satisfaisante.

859. **Dissociation électrolytique.** — Nous savons que les solutions électrolysables, dissolutions des acides, bases ou sels dans l'eau, font exception aux lois de Raoult (849, 851 et 854) : elles font également exception à la

loi de Van't Hoff relative à la pression osmotique. Dans chaque cas, tout se passe comme si le nombre des molécules dissoutes était plus considérable qu'il n'est en réalité. Pour interpréter ces résultats, pour rendre compte des phénomènes d'électrolyse, de conductibilité électrique et aussi pour des raisons d'ordre chimique, on a été amené à supposer que les molécules des électrolytes se dissocient plus ou moins complètement en *ions* : le métal et le reste du sel; et qu'un ion produit, pour la variation des points de congélation ou d'ébullition, le même effet qu'une molécule; ainsi une molécule de chlorure de sodium NaCl donnant deux ions, Na et Cl, ces deux ions entraînent la même variation du point d'ébullition que deux molécules d'un corps non dissocié.

Soit $\Delta t$ l'abaissement du point de congélation *calculé* par application de la loi de Raoult, $\Delta t'$ l'abaissement *mesuré*; supposons que sur $n$ molécules dissoutes il y en ait $nd$ de dissociées, $d$ étant la *fraction de dissociation*, rapport du nombre de molécules dissociées au nombre de molécules dissoutes, chacune des molécules dissociées ayant fourni un nombre d'ions égal à $i$; il y a, dans la solution $n(1-d)$ molécules non dissociées, $ndi$ ions, l'ensemble produisant le même effet que $n(1-d)+ndi=n[1+d(i-1)]$ molécules non dissociées, on a donc :

$$\frac{\Delta t}{\Delta t'}=\frac{n}{n[1+d(i-1)]}=\frac{1}{1+d(i-1)},$$

relation qui permet de calculer le coefficient $d$. On trouve ainsi, par exemple, qu'en solution aqueuse étendue, les sels correspondant à un acide fort et à une base forte sont à peu près totalement dissociés.

# ÉLECTROSTATIQUE

## I. — NOTIONS FONDAMENTALES

860. **Historique.** — Thalès de Milet, philosophe grec du VIIe siècle avant J.-C., reconnut que l'ambre (en grec, *electron*) acquiert, par le frottement, la propriété d'attirer les corps légers; cette propriété, présentée également par d'autres corps, fut attribuée à une cause spéciale qui reçut le nom d'électricité. En 1727, le physicien anglais Gray constata que les corps bons conducteurs peuvent être électrisés; un Français, Du Fay, reconnut qu'il y avait deux espèces d'électricité. Coulomb établit la loi des attractions et des répulsions électriques (1785); Volta découvrit la pile (1795); Œrstedt signala l'action du courant sur l'aiguille aimantée (1819); Ampère et Arago formulèrent les lois de l'électromagnétisme. En 1831, Faraday découvrit les courants d'induction, d'où dérive toute l'industrie électrique; mais ces courants étant nécessairement alternatifs, on ne sut pas tout d'abord les utiliser. Gramme, simple ouvrier mécanicien, construisit, en 1870, un commutateur permettant de redresser le courant alternatif dans le circuit extérieur: la dynamo était créée, et depuis cette époque l'industrie électrique a marché à pas de géant. Aujourd'hui on emploie les courants alternatifs aussi bien que les courants continus. Les derniers progrès sont marqués par l'utilisation des courants biphasés et triphasés, par le transport de l'énergie électrique sous des voltages de 60000 volts et plus, par la découverte des analogies des vibrations électriques et lumineuses (Maxwell et Herz), découverte qui a entraîné celle de la télégraphie et de la téléphonie sans fil.

861. **Électrisation par frottement : Corps mauvais conducteurs et corps bons conducteurs. — Isolants.** — Certains corps, tels que l'ambre, le verre, l'ébonite, la résine, le soufre, etc., acquièrent la propriété d'attirer les corps légers lorsqu'on les frotte en les tenant *directement* avec la main; on dit qu'ils sont *électrisés* et l'état électrique ne se manifeste *qu'aux points frottés*. Pour vérifier cette électrisation on emploie avec avantage un pendule formé d'une petite balle de sureau A (fig. 782) suspendue à une potence métallique BC par un fil de soie très fin : on approche le corps frotté de la balle A : si elle est attirée, le corps est électrisé.

D'autres corps, comme les métaux, le bois, l'ivoire, ne peuvent s'électriser par frottement que s'ils sont tenus par l'intermédiaire d'un corps de la catégorie précédente; d'ailleurs, sur ces corps, l'état électrique ne se manifeste pas seulement aux points frottés, il apparaît aussitôt en *tous leurs points*, ce qui en rend la constatation plus délicate; mais nous décrirons plus loin (864) un appareil sensible qui, même dans ce cas, permet de reconnaître l'électrisation.

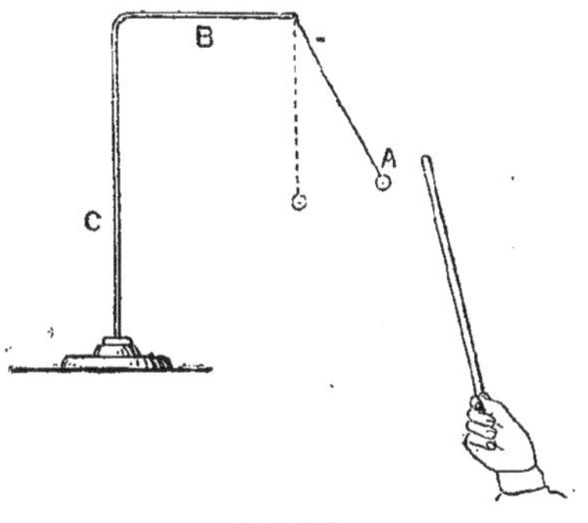

Fig. 782.

Nous interprétons facilement ces résultats en disant que les premiers corps sont *mauvais conducteurs* de l'électricité qui reste là où elle a été développée par frottement, tandis que les seconds sont *bons conducteurs*, l'électricité obtenue sur la région frottée se répandant sur tout le corps, sans difficulté. — On conçoit que les phénomènes électriques aient été découverts d'abord au moyen des corps mauvais conducteurs, et que, pour constater que les corps bons conducteurs s'électrisent par frottement, il ait fallu les *isoler* par l'intermédiaire des mauvais conducteurs, de façon à empêcher l'électricité des premiers de se perdre dans le sol. Dans ces conditions, les corps mauvais conducteurs prennent le nom d'*isolants*.

En réalité, il n'existe pas d'isolant parfait; les corps sont tous plus ou moins conducteurs; mais, tandis que, sur un fil de cuivre, la rapidité de propagation de l'électricité est de l'ordre de grandeur de la vitesse de la lumière, sur un fil de soie le déplacement n'est que de quelques millimètres à l'heure. Un des meilleurs isolants connus est la paraffine, pourvu que sa surface soit à l'abri des poussières : on lui donne de la solidité en la mélangeant avec un peu de soufre à chaud (diélectrine), l'ébonite, fabriquée en incorporant environ un quart de soufre au caoutchouc, est aussi un excellent isolant; le verre isole bien pourvu que sa surface soit *propre* et sèche; verni à la gomme-laque, il est moins sensible à l'humidité. L'air et les gaz, même renfermant de la vapeur d'eau, sont aussi de très bons isolants et si, généralement, la déperdition de l'électricité dans l'air humide paraît très rapide, cela tient au dépôt d'humidité qui se produit sur les supports de verre. On diminue beaucoup la déperdition électrique du verre en le chauffant, ou en le recouvrant d'un vernis à la gomme-laque, comme il a été dit plus haut.

862. **Électrisation par contact.** — Pour électriser un corps conducteur isolé, il est inutile de le frotter directement. Il suffit de le toucher en un de ses points avec un corps électrisé; celui-ci perd aussitôt une partie de son électricité, qui se porte sur toute la surface extérieure du conducteur touché.

863. **Attractions et répulsions électriques. — Distinction de deux espèces d'électricité.** — Utilisons un pendule *isolé*, c'est-à-dire susceptible de conserver l'électricité. Il se compose encore d'une petite balle de sureau A (fig. 783) suspendue par un fil de soie F très

fin à une potence en verre B; l'isolement électrique du pendule est encore assuré par un bloc de paraffine C.

Si, après avoir frotté avec une étoffe de laine un bâton de verre poli, on l'approche de la balle A (fig. 784) d'un pendule électrique, la balle est attirée; après quelques instants de contact avec la surface du verre, la balle ayant pris à cette surface une partie de son électricité, on constate qu'elle est *repoussée*. De même, si l'on frotte un bâton de résine, de cire ou d'ébonite, et qu'on l'approche de la balle d'un autre pendule semblable A' (fig. 784), cette balle ayant pris une partie de l'électricité de la résine, est également repoussée. — Au contraire, si l'on approche le bâton de verre de la balle A', chargée de l'électricité de la résine, il y a *attraction*. De même, si l'on approche le bâton d'ébonite de la balle A, chargée de l'électricité du verre, il y a encore attraction. De ces expériences nous concluons qu'il y a au *moins deux espèces d'électricité*. Ces électricités, que nous appellerons *vitrée* et *résineuse*, ont donc des actions contraires sur un même pendule.

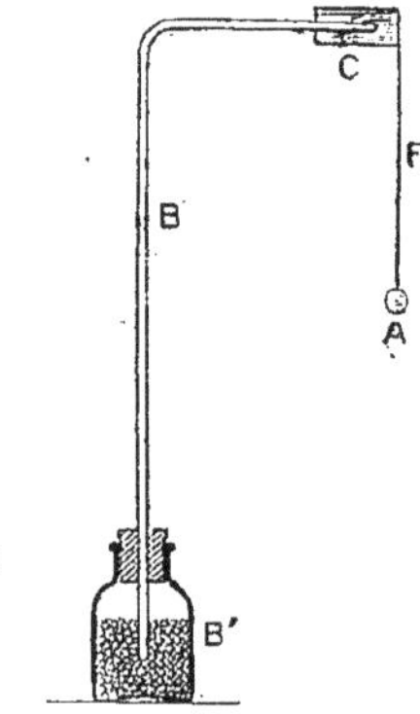

Fig. 783.

On peut constater enfin que, si l'on prend un corps quelconque, électrisé, et si on le présente successivement à deux pendules, A, A' (fig. 784), dont l'un est chargé d'électricité vitrée, et l'autre d'électricité résineuse, ce corps exerce toujours une répulsion sur l'un de ces pendules, et une attraction sur l'autre, c'est-à-dire qu'il manifeste toujours, soit les propriétés de l'électricité *vitrée*, soit les propriétés de l'électricité *résineuse*; nous en concluons qu'il y a *seulement deux espèces d'électricité*.

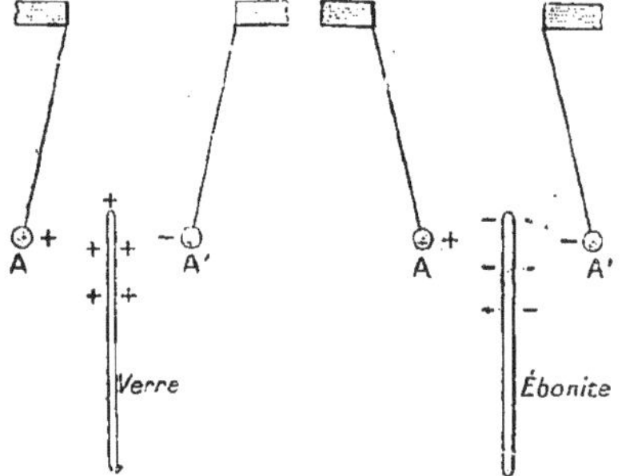

Fig. 784.

Les expressions d'électricité *résineuse* et d'électricité *vitrée* peuvent prêter à ambiguïté. Ainsi le verre frotté avec de la laine prend l'électricité vitreuse; frotté avec de la soie, il se charge d'électricité résineuse; le verre dépoli frotté avec de la laine se charge également d'électricité résineuse. Pour éviter toute équivoque, on a remplacé l'expression d'électricité vitrée par celle d'électricité *positive*, et l'expression d'électricité résineuse par celle d'électricité *négative*; nous légitimerons plus loin (870) ces deux qualificatifs.

De l'ensemble de ces expériences, on peut donc tirer les conclusions générales suivantes :

1° *Il y a deux modes d'électrisation*, ou, comme l'on dit, *deux espèces d'électricité : l'électricité positive et l'électricité négative*;

2° *Les corps chargés d'électricité de même signe se repoussent*;

3° *Les corps chargés d'électricités de signes contraires s'attirent.*

864. **Électroscope à feuilles d'or.** — La connaissance des propriétés qui précèdent a conduit à la construction d'un électroscope plus sensible que le pendule électrique : c'est l'électroscope à feuilles d'or. Une tige de cuivre *a* (fig. 785) supporte deux feuilles d'or *f*, *f*, et un plateau de cuivre *p* ou une boule métallique *s*. La tige *a* traverse un bouchon de paraffine ou de diélectrine; les feuilles d'or sont logées à l'intérieur d'une boîte métallique dont la paroi antérieure est une lame de verre et dont la paroi postérieure présente une graduation permettant de lire l'écartement des feuilles.

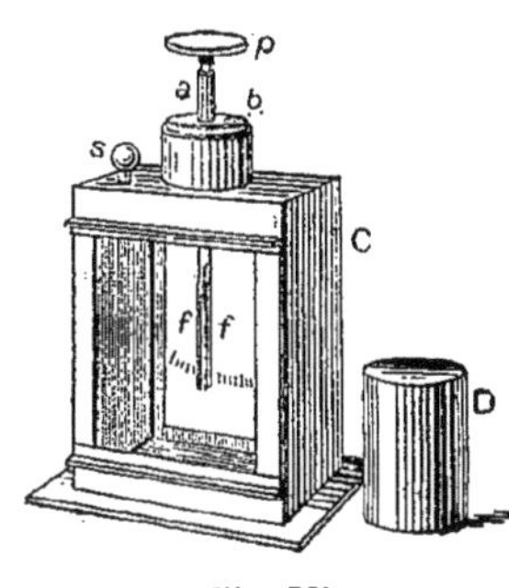

Fig. 785.

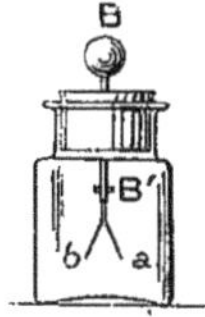

Fig. 786.

Dans certains modèles, l'une des feuilles est remplacée par une lame de cuivre verticale, immobile. A la boîte métallique on peut substituer un flacon de verre (fig. 786), toutes les fois qu'il n'est pas nécessaire d'avoir un instrument très sensible.

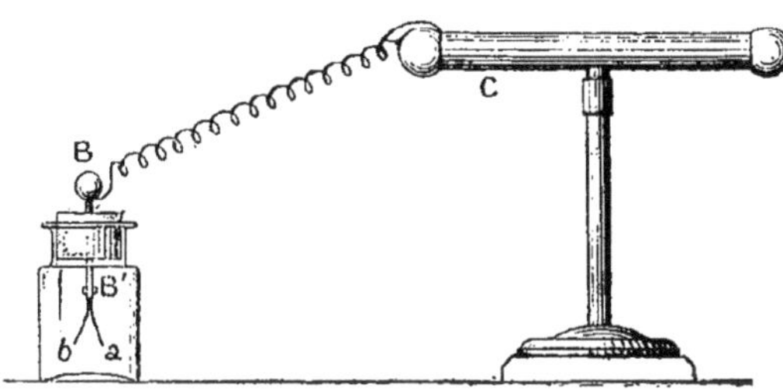

Fig. 787.

Il est facile de constater avec cet appareil que, si l'on bat avec une peau de chat un cylindre métallique C (fig. 787), isolé sur de la paraffine, et communiquant par un fil métallique avec la boule de l'électroscope, le cylindre s'électrise immédiatement. — Si l'on veut, de plus, reconnaître le signe de cette électrisation, il suffit d'approcher le bouton B d'un pendule électrisé positivement ou négativement.

865. — **Développement simultané des deux électricités, par le frottement.** — 1° Frottons l'un contre l'autre un plateau de verre poli C (fig. 788) et un plateau de bois recouvert d'une étoffe de laine B, ces deux plateaux étant supportés par deux manches de verre; on constate, après les avoir séparés, que le plateau de verre charge positivement un électroscope à feuilles d'or, tandis que l'autre plateau

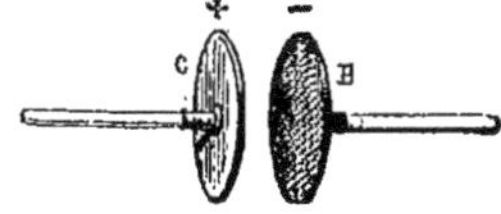

Fig. 788.

charge négativement un autre électroscope. Les deux plateaux ont donc acquis par frottement des électrisations *contraires*...

2° Plaçons une feuille de papier bien sec sur le plateau d'un électroscope et frottons cette feuille avec un morceau de peau de chat fixé à l'extrémité d'un bâton de cire à cacheter : lorsqu'on retire la peau de chat, on constate que l'électroscope est chargé négativement et que la peau de chat est électrisée positivement.

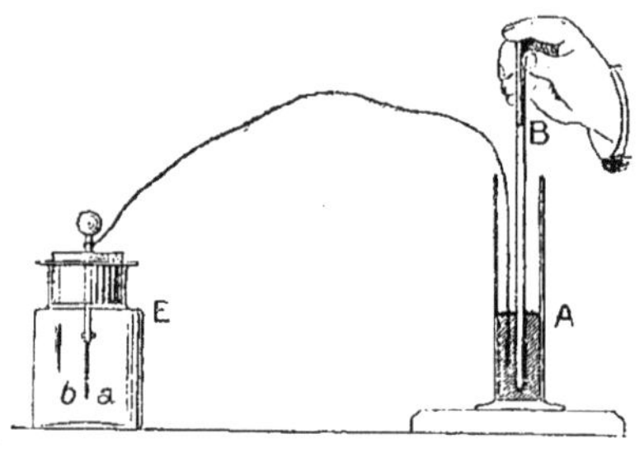

Fig. 789.

3° On coiffe un bâton d'ébonite d'un bonnet de soie soutenu par un fil également en soie; on frotte le bonnet contre le bâton et on constate en les séparant, que le bonnet est chargé positivement tandis que l'extrémité frottée du bâton est électrisée négativement.

5° Une éprouvette A (fig. 789) pleine de mercure bien sec est placée sur un gâteau de paraffine : le mercure est mis en communication avec un électroscope E; on enfonce dans le mercure un bâton de verre très sec B et on constate, en le re-

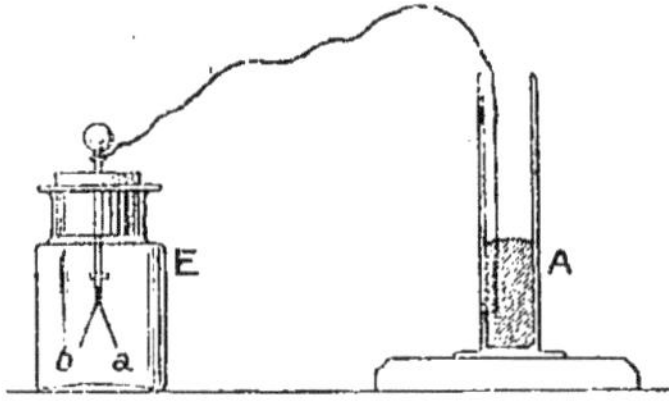

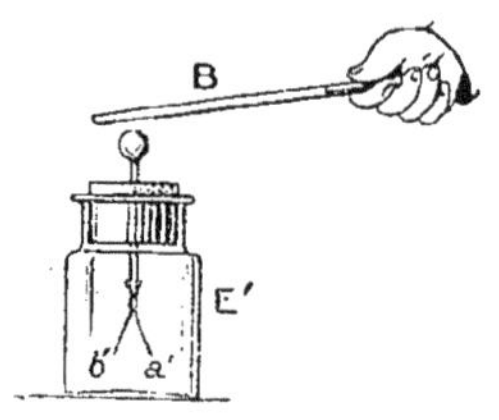

Fig. 790.

tirant, qu'il est chargé positivement, tandis que le mercure est électrisé négativement (fig. 790).

5° Deux personnes étant montées sur deux tabourets isolants, l'une frappe l'autre au moyen d'une peau de chat; chacune touche un électroscope dont les feuilles divergent aussitôt et on constate que la personne frappée a été électrisée négativement, l'autre positivement.

De ces expériences on conclut que *deux corps différents se chargent toujours, par frottement, des deux électricités de signes contraires*.

866. **Distribution superficielle de l'électricité sur les conducteurs en équilibre.** — Il est intéressant de rechercher comment l'électricité est distribuée dans un conducteur en équilibre; cette étude a été faite par Coulomb; nous la reprendrons par les expériences suisuivantes :

1° *Conducteur creux de Coulomb.* — M. Lippmann a modifié le dispositif de Coulomb, de la manière suivante. Un vase métallique A (fig. 791), de forme cylindrique, peut se fermer par un couvercle $b$, auquel est suspendue, par un fil de soie, une petite boule métallique B. On électrise le cylindre, isolé sur un support de paraffine, et l'on constate, avec un électroscope, que la boule B, en touchant un point de la surface *externe* du cylindre, se charge d'électricité. Au moyen d'une tige de verre munie d'un crochet on descend maintenant la boule dans le cylindre, puis on fait basculer légèrement le support, de façon à amener le contact entre la boule B et la surface *interne* du cylindre; ensuite, au moyen de la tige de verre, on retire la boule, on ramène le couvercle à l'état neutre, en le mettant en communication avec le sol, et l'on constate à l'électroscope que la boule B n'est pas électrisée. L'électricité se trouve exclusivement sur la surface externe du vase A.

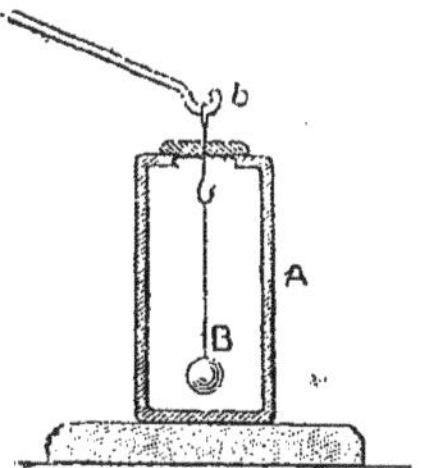

Fig. 791.

2° *Hémisphères de Cavendish.* — Une sphère S (fig. 792), supportée par un fil de soie, peut être entièrement enveloppée par deux hémisphères H et H' munis de manches isolants, et qui forment une sphère plus grande. Électrisons la sphère S et enveloppons-la complètement avec les hémisphères, puis établissons le contact en un point. En supprimant ensuite le contact et séparant les hémisphères, on constate à l'électroscope, que la sphère S n'est plus électrisée, mais l'électricité se retrouve sur les hémisphères. Un seul point de contact a donc suffi pour faire passer toute l'électricité de l'intérieur à l'extérieur du système.

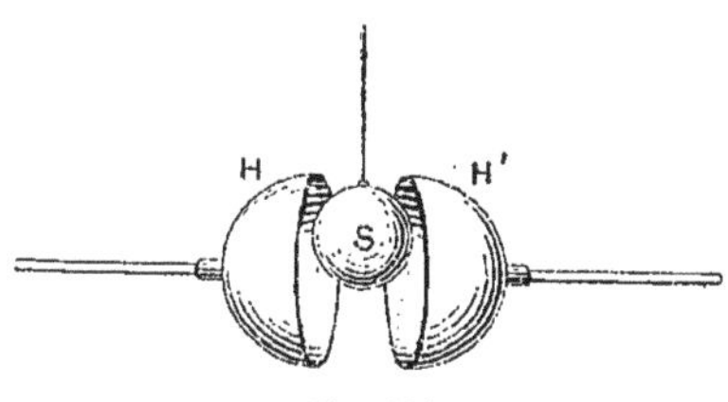

Fig. 792.

3° *Cage de Faraday.* — Enfin, l'expérience suivante, qui est due à Faraday, montre qu'il en est encore de même pour un conducteur dont la surface est *discontinue*. On dispose, tant à l'intérieur qu'à l'extérieur d'une cage métallique, des pendules formés de balles de sureau suspendues par des fils conducteurs de chanvre. La cage étant isolée, on la met en communication avec une machine électrique en activité : les pendules extérieurs divergent seuls; les pendules intérieurs demeurent verticaux, ce qui prouve qu'ils ne reçoivent pas d'électricité.

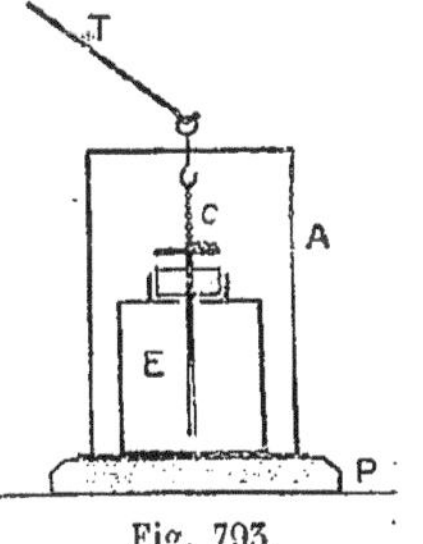

Fig. 793.

On peut donner à cette expérience une très grande sensibilité, en plaçant sur un gâteau de paraffine P (fig. 793), une lame de cuivre, un électroscope à feuilles d'or, et surmontant le tout d'une cloche A en toile métallique. Par une tige T et une chaînette métallique c, on met en relation l'électroscope avec une machine électrique en activité : les feuilles d'or ne divergent pas, elles ne sont donc point chargées. — Plus simplement encore on peut supprimer la cage A et faire communiquer le plateau de l'électroscope avec sa cage par une feuille d'étain : les feuilles d'or ne se séparent point quand on charge l'électroscope.

Des expériences qui précèdent nous déduisons la loi suivante :

*Dans un conducteur en équilibre électrique, l'électricité est uniquement à la surface.*

867. **L'action de l'électricité superficielle d'un conducteur en équilibre est nulle sur tout point intérieur à ce conducteur.** — Cette seconde propriété a été démontrée par Faraday, comme suite à la précédente. Faraday fit construire une chambre dont les parois étaient revêtues de feuilles de métal. Cette chambre étant isolée, il s'enferma à l'intérieur, avec des électroscopes très sensibles. Or, pendant qu'on faisait communiquer la chambre avec une machine électrique puissante, en activité, les électroscopes n'indiquaient aucune action électrique intérieure, et Faraday put répéter dans ces conditions diverses expériences d'électricité; les résultats étaient les mêmes en ramenant la cage à l'état neutre : *l'action de la charge extérieure de la cage est donc nulle en tout point pris à l'intérieur.*

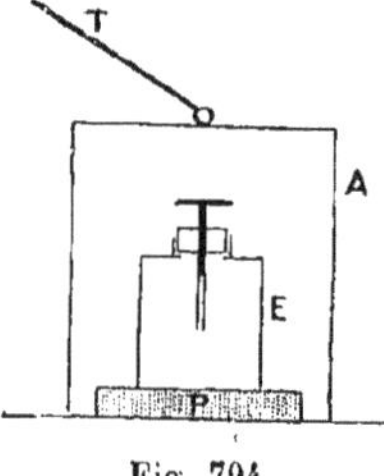

Fig. 794

On peut répéter cette expérience, en plaçant un électroscope à feuilles d'or E (fig. 794) sous une enveloppe A formée d'une toile métallique; E est isolé ou non de cette enveloppe. On met l'enveloppe en communication avec une machine électrique, et l'on constate que les feuilles de l'électroscope sont toujours pendantes, que la cage soit à l'état neutre ou qu'elle soit chargée.

868. **Cylindre de Faraday. — L'électricité est une grandeur mesurable.** — Sur le plateau d'un électroscope plaçons un cylindre métallique A (fig. 795) dont la hauteur soit égale au moins à deux fois et demie le diamètre, et faisons communiquer les parois de la cage avec le sol [1] : les feuilles font entre elles un angle nul et sont en face du zéro de la graduation. Le système décrit constitue un *cylindre de Faraday.*

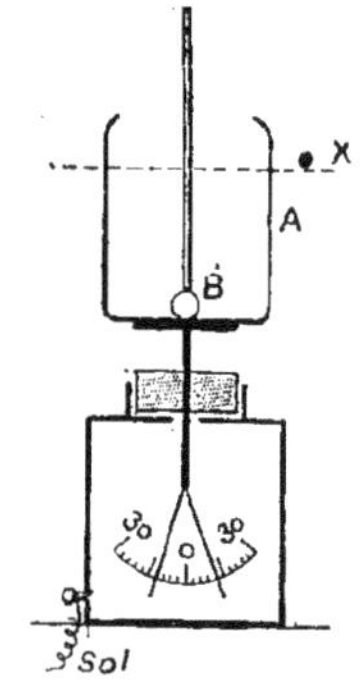

Fig. 795

Apportons dans le cylindre A une petite sphère métallique B électrisée positivement : dès qu'elle a pénétré dans le cylindre, nous constatons que les feuilles d'or divergent, et quand elle a atteint une certaine profondeur X, la *divergence reste constante*, et prend une certaine valeur $\alpha$, même lorsque la sphère touche le cylindre. A ce moment la charge de B passe tout entière sur le cylindre, d'après une propriété démontrée

[1] Pour mettre au sol il est bon de relier le conducteur à une canalisation d'eau ou de gaz.

précédemment (866) : du reste en retirant la sphère B, nous constatons qu'elle est à l'état neutre.

Ramenons le cylindre à l'état neutre et introduisons dans ce cylindre un autre corps B′ électrisé positivement ; nous observons une déviation $\alpha'$ ;

Si $\alpha'=\alpha$, nous disons que la charge de B′ est *égale* à celle de B ;

Si $\alpha'>\alpha$, la charge de B′ est *supérieure* à celle de B ;

Si $\alpha'<\alpha$, la charge de B′ est *inférieure* à la charge de B ;

Si B′ est électrisé négativement et si l'on a encore $\alpha'=\alpha$, on dit que la charge de B′ est égale à *celle* de B, mais de *signe contraire*.

Puisque nous savons reconnaître si une charge électrique est égale, supérieure ou inférieure à une autre charge, *l'électricité est une grandeur mesurable*.

869. **Graduation d'un électroscope à feuilles d'or : électromètre**. — Si nous touchons une grosse sphère électrisée avec une petite sphère conductrice B isolée, il est facile de vérifier, au moyen du cylindre de Faraday, qu'à chaque contact la sphère B emporte la même quantité d'électricité [1].

Le cylindre de Faraday étant à l'état neutre, nous en touchons le fond avec la boule B électrisée et nous notons la déviation $\alpha_1$ ; nous rechargeons la boule B de manière à avoir la même charge que précédemment, et nous amenons encore B en contact avec le fond du cylindre, soit $\alpha_2$ la nouvelle déviation, et ainsi de suite.... Si nous prenons pour unité de quantité d'électricité la charge de la boule B, il est légitime de dire que les charges successives du cylindre de Faraday sont 1, 2, 3... $n$, correspondant aux déviations $\alpha_1$, $\alpha_2$, $\alpha_3$..., $\alpha_n$.

L'appareil ainsi gradué peut servir à mesurer des quantités d'électricité : c'est un *électromètre*. En effet, introduisons un corps dans le cylindre de Faraday, sans qu'il soit nécessaire du reste de l'amener au contact et notons la déviation $\alpha_n$, quand elle est devenue *constante* ; la charge du corps est $\pm n$ ; nous déterminerons le signe en recherchant si la charge est positive ou négative.

Cette méthode de mesure est insuffisante, car l'unité de masse électrique est *arbitraire*, mais elle permet d'évaluer le *rapport* de deux masses électriques quelconques, c'est-à-dire d'effectuer des mesures *relatives*.

870. **Conservation de l'électricité**. — Soient une série de conducteurs isolés $A_1$, $A_2$, $A_3$... ayant des charges positives $q_1$, $q_2$, $q_3$... que nous mesurons sans toucher le cylindre de Faraday avec ces corps, et les conducteurs $A'_1$, $A'_2$, $A'_3$... ayant les charges négatives $-q'_1$, $-q'_2$, $-q'_3$... ; si nous introduisons l'ensemble des conducteurs dans le cylindre de Faraday, deux cas peuvent se présenter :

1er cas : $$q_1+q_2+q_3+\cdots > q'_1+q'_2+q'_3+\cdots,$$

[1] Plus rigoureusement, on mettra la sphère B en communication avec l'un des pôles d'une pile ayant une centaine d'éléments, dont l'autre pôle sera au sol ; ou bien encore on l'amènera en contact au *même* point avec l'armature intérieure d'une batterie moyennement chargée, l'armature extérieure étant au sol.

le cylindre de Faraday est chargé positivement et la valeur de la charge totale est

$$Q = q_1 + q_2 + q_3 + \dots \qquad -(q'_1 + q'_2 + \dots).$$

2° cas : $q_1 + q_2 + q_3 + \dots \qquad < q'_1 + q'_2 + q'_3 + \dots,$

le cylindre de Faraday est chargé négativement et la grandeur de cette charge, en tenant compte du signe, est encore

$$Q = q_1 + q_2 + q_3 + \dots \qquad -(q'_1 + q'_2 + q'_3 + \dots).$$

Ce résultat justifie les noms d'électricité *positive* et d'électricité *négative* (863) et l'attribution d'un signe aux charges. Arbitrairement on a convenu de considérer l'électricité vitrée comme positive.

Si au lieu d'introduire successivement et séparément les différents conducteurs A dans le cylindre de Faraday, on les met d'abord tous en communication, ou bien si l'on établit des communications quelconques entre des groupes de ces conducteurs, de manière à changer la répartition des charges, on trouve invariablement la *même* charge totale, d'où le principe de la conservation de l'électricité.

*Lorsqu'un système de conducteurs est isolé, la répartition des charges électriques sur ces conducteurs peut changer, mais la somme algébrique de ces charges est constante.* Cette somme algébrique est dite la charge totale du système.

Après avoir constaté que les échanges de charges entre des conducteurs d'un système isolé ne modifient pas la charge totale, nous savons aussi d'une manière certaine qu'en faisant passer cette charge sur un cylindre de Faraday, nous ne la changeons pas. Le cylindre de Faraday est un instrument précieux : non seulement il nous permet de comparer les masses électriques, mais aussi de les *additionner*, sans connaître la valeur de chacune d'elles.

871. **Principe de la conservation de l'électricité dans le cas de l'électrisation par frottement.** — Nous venons de voir qu'en faisant passer de l'électricité d'un corps à un autre, la charge totale ne variait pas; en est-il de même si on développe de l'électricité par frottement? Reprenons les expériences décrites (865) pour établir que, par frottement, nous développons à la fois les deux sortes d'électricité :

1° Si nous déchargeons successivement les deux plateaux B et C dans un cylindre de Faraday, nous constatons que la déviation finale est nulle. — On peut encore approcher l'ensemble des deux plateaux d'un pendule électrique ou du plateau d'un électroscope à feuille d'or : il n'y a ni attraction, ni divergence.

2° La feuille de papier peut être placée au fond d'un cylindre de Faraday : lorsque la peau de chat est à l'intérieur du cylindre, la divergence des feuilles d'or est nulle.

3° Si l'on introduit dans le cylindre de Faraday à la fois le bonnet de soie et le bâton d'ébonite, la divergence est nulle; le bonnet de soie et le bâton d'ébonite donnent séparément des divergences égales.

4° Quand le bâton de verre est plongé dans le mercure, la divergence des feuilles est nulle : les charges de signes contraires sont donc égales; — on pourrait du reste faire l'expérience en plaçant l'éprouvette dans un cylindre de Faraday et mesurer ensuite la charge du bâton de verre.

5° Si les deux personnes se donnent la main, après électrisation, chacune restant en communication avec un électroscope, les feuilles d'or retombent.

Ces expériences justifient la proposition suivante :

*Lorsqu'on électrise par frottement deux corps isolés, ils prennent des charges égales et de signes contraires.*

La charge initiale du système des deux corps étant égale à 0, il en est de même après électrisation; le principe de la conservation de l'électricité est donc encore vrai lorsqu'on crée de l'électricité par frottement; il est absolument *général*, quelles que soient les transformations électriques subies, pourvu que le système soit isolé.

Lorsqu'un corps est à l'état *neutre*, nous pouvons supposer qu'en chaque point sont des masses électriques égales et de signes contraires, la somme totale des charges est nulle.

## DISTRIBUTION ÉLECTRIQUE

872. **Étude expérimentale de la distribution électrique par la méthode du plan d'épreuve.** — Un *plan d'épreuve* est constitué par un disque métallique N (fig. 796) de 1 centimètre de diamètre environ, supporté par une tige isolante P longue et fine, de verre paraffiné, d'ébonite ou de diélectrine par exemple; on doit toujours saisir la tige du bout des doigts, par l'extrémité opposée au disque. On applique le disque tangentiellement à la surface conductrice pour laquelle on veut étudier la distribution. L'électricité se portant tout entière à la surface des conducteurs (866), et le disque du plan d'épreuve ayant pris la place d'un élément de la surface du conducteur, si on l'éloigne normalement, on peut admettre qu'il emporte toute l'électricité répartie préalablement sur l'élément recouvert[1]. En introduisant le plan d'épreuve dans un cylindre de Faraday gradué en électromètre, on mesure ainsi, en fonction d'une unité arbitraire, la charge de l'élément, et on peut comparer les charges correspondant à des éléments quelconques.

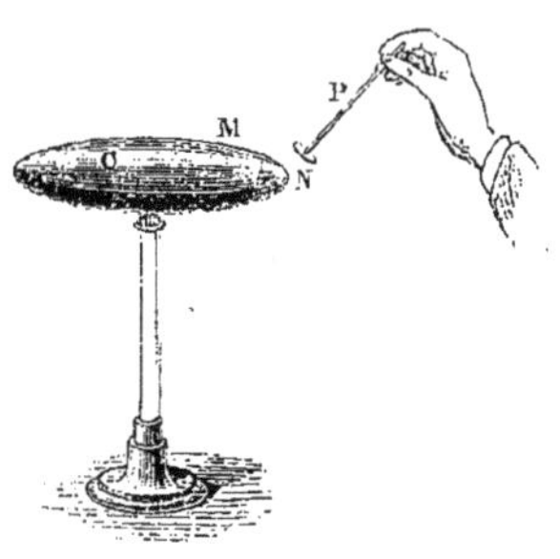

Fig. 796.

873. **Densité électrique.** — Considérons autour d'un point A de la surface d'un conducteur, un élément de surface $\Delta s$, et soit $\Delta q$ la charge

[1] Plus rigoureusement on peut dire que la charge enlevée est proportionnelle à la densité électrique (873) au point de contact.

de cet élément; on appelle *densité électrique* au point A la limite du quotient $\frac{\Delta q}{\Delta s}$, lorsque $\Delta s$ tend vers 0; plus simplement, d'une manière moins précise, la densité électrique au point A est exprimée par le même nombre que la charge située sur un élément de 1 centimètre carré pris autour du point.

Lorsqu'on fait une expérience avec le plan d'épreuve, si la surface du disque est $s$ centimètres carrés, si on désigne par $\sigma$ la densité électrique au point où l'on applique le disque, la quantité d'électricité enlevée par le plan d'épreuve est $s\sigma$, elle est donc proportionnelle à la densité $\sigma$; par conséquent le rapport des charges emportées par le plan d'épreuve, en deux points de la surface du conducteur, est égal au rapport des densités en ces deux points. Comme il y a toujours déperdition d'électricité, on opère de la façon suivante pour comparer les densités :

On mesure la charge emportée de $A_1$ : soit $q_1$ sa valeur; celle emportée de $A_2$, de grandeur $q_2$; on rétablit le contact au point $A_1$ et on enlève une charge $q'_1 < q_1$; on admet qu'au moment où la charge de l'élément $A_2$ était $q_2$, celle de l'élément $A_1$ était $\frac{q_1 + q'_1}{2}$; le rapport des densités $\sigma_1$, $\sigma_2$ en $A_1$ et $A_2$ est donc

$$\frac{\sigma_1}{\sigma_2} = \frac{q_1 + q'_1}{2q_2};$$

cette méthode de mesure, employée par Coulomb, est dite *méthode des contacts alternés*.

*Résultats.* — 1° Dans le cas d'une sphère, la densité est la même en tous les points, ce qui est évident *a priori*, par raison de symétrie; on représente les résultats en portant sur la normale, en chaque point de la surface, une longueur proportionnelle à la densité en ce point : on a l'apparence de la figure 797;

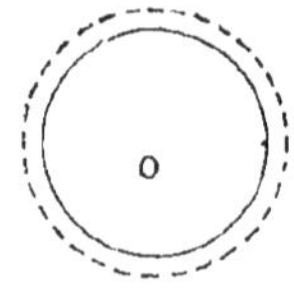

Fig. 797.

2° Pour un ellipsoïde de révolution autour du grand axe, on constate que la densité va en décroissant de l'extrémité du grand axe à celle du petit axe; aux extrémités des axes, les densités sont proportionnelles aux longueurs des axes correspondants (fig. 798);

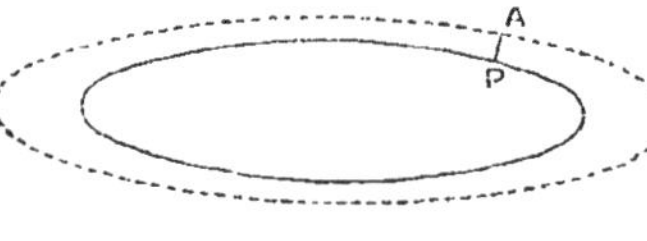

Fig. 798.

3° S'il s'agit d'un disque circulaire à bords arrondis, la densité est surtout grande vers les bords, à peu près uniforme sur les parties planes (fig. 799);

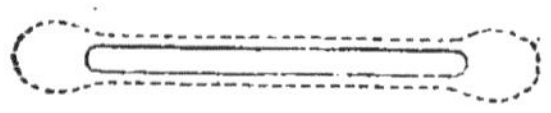

Fig. 799.

4° Pour un cylindre ouvert à une extrémité, il n'y a point trace d'électrisation sur la surface intérieure, sauf vers les bords de l'ouverture; ce cylindre se comporte donc, à ce point de

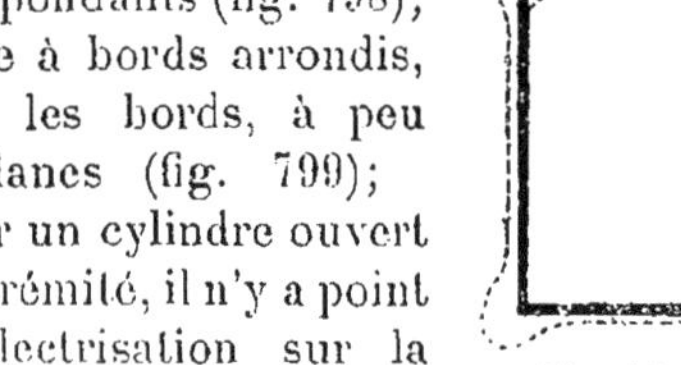
Fig. 800.

vue, à peu près comme un conducteur fermé; la distribution est représentée par la figure 800.

874. **Pression électrostatique**. — Si nous considérons la charge répartie sur un élément de surface $\Delta s$ pris autour d'un point A, elle est repoussée par les charges situées sur le reste de la surface (nous supposons que nous avons affaire à un conducteur unique suffisamment éloigné de tout autre corps); la force résultante $\Delta f$ ne peut être que normale à la surface, car si elle était oblique elle admettrait une composante tangentielle sous l'effet de laquelle la charge de l'élément serait entraînée, un conducteur ne pouvant s'opposer à l'écoulement de l'électricité sous l'influence d'une force, même très petite. On appelle *pression électrostatique* au point A la limite du rapport $\frac{\Delta f}{\Delta s}$, quand $\Delta s$ tend vers 0; plus simplement, mais d'une manière moins précise, la pression électrostatique est représentée par le même nombre que la force qui tend à entraîner la charge répartie sur 1 centimètre carré de surface pris autour du point A. Nous établirons (919) que cette grandeur est proportionnelle au *carré* de la densité électrique.

875. **Pouvoir des pointes**. — L'étude de la distribution électrique (872) nous montre que l'électricité se porte sur les pointes. Par conséquent, si nous avons un conducteur électrisé muni d'une pointe, la densité y est très grande, surtout vers l'extrémité; aussi, la pression électrostatique est considérable à l'extrémité de la pointe et l'électricité passe du conducteur dans l'air qui est repoussé par le conducteur, d'où un mouvement de convection grâce auquel le conducteur est rapidement déchargé ; s'il est en relation avec une source d'électricité, celle-ci s'écoule constamment.

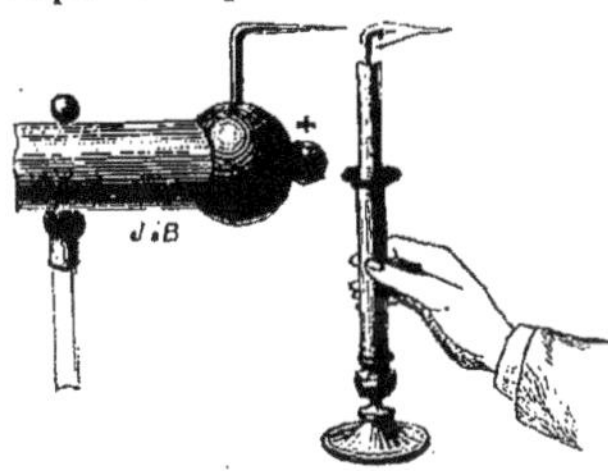

Fig. 801.

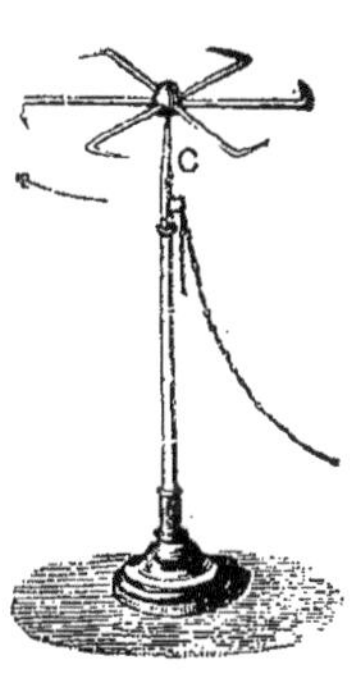

Fig. 802.

Le courant d'air provoqué par une pointe électrisée suffit à souffler une bougie (fig. 801); l'air électrisé étant repoussé par la pointe, inversement la pointe est repoussée par l'air électrisé, d'où l'explication de l'expérience du tourniquet électrique (fig. 802).

Pour conserver de l'électricité sur un conducteur, il est donc nécessaire qu'il ne présente pas de pointe sur sa surface extérieure, et les machines électriques doivent être débarrassées de leurs poussières, qui peuvent présenter des arêtes vives, et par suite favoriser l'écoulement de l'électricité, rendre l'amorçage de la machine très difficile et même impossible.

## INFLUENCE ÉLECTRIQUE

876. **Champ électrique.** — Nous appelons *champ électrique* toute région de l'espace dans laquelle se manifestent des forces d'origine électrique. Si, par exemple, en plaçant un pendule électrique isolé et chargé en A (fig. 803), nous constatons que le fil de suspension ne reste pas vertical, mais vient en OA', c'est que le pendule a été dévié par une force d'origine électrique, nous disons que le point A fait partie d'un champ électrique. Pour déceler l'existence d'un champ électrique, nous pourrions encore nous servir de l'électroscope de Coulomb, formé d'un disque de clinquant C (fig. 804), supporté par un fil de cocon à l'extrémité d'une aiguille isolante très fine et très légère; si l'aiguille ne reste pas horizontale ou si elle prend une direction sensiblement fixe quand on fait tourner le support, c'est qu'elle est placée dans un champ électrique.

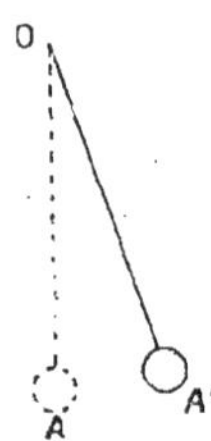

Fig. 803.

Toutes les fois que *dans un champ électrique, nous introduisons un conducteur à l'état neutre, nous constatons qu'il s'électrise.* Soit, par exemple, le champ électrique de la sphère C (fig. 805), électrisée positivement; si nous en approchons le cylindre isolé AB, nous constatons, au moyen du plan d'épreuve, qu'il est électrisé négativement en A, positivement en B, que la surface est séparée en deux régions chargées d'électricités de signes contraires par une ligne où la densité est nulle, qu'on appelle la *ligne neutre.* Si l'on met AB (fig. 806) en communication avec le sol, *quel que soit le point de contact*, il ne reste sur le cylindre que de l'électricité négative.

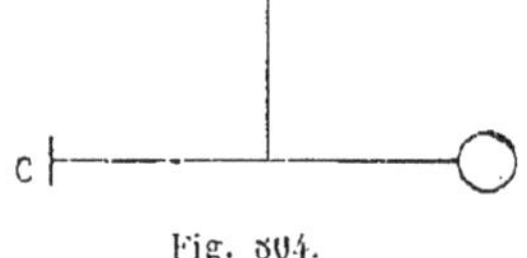

Fig. 804.

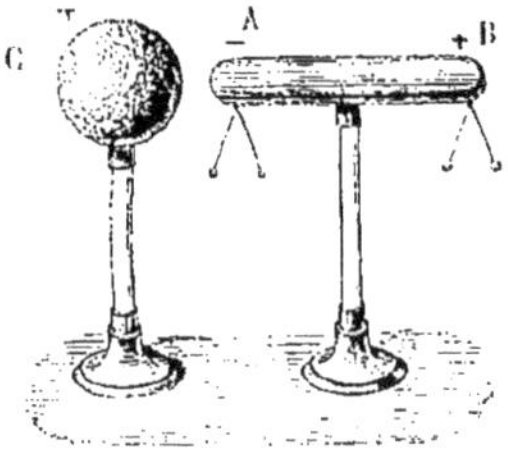

Fig. 805.

Ce mode d'électrisation est dit *électrisation par influence* ou *induction électrostatique.* Remarquons, en passant, que les quantités d'électricité développées par influence sont *égales* et de *signes contraires*, puisqu'elles proviennent du dédoublement du fluide neutre. Enfin, nous savons isoler l'une des deux charges électriques obtenues par induction.

Fig. 806.

Le plateau d'un électroscope à feuilles d'or est un conducteur; s'il est placé dans un champ électrique, le plateau s'électrise par influence, les feuilles d'or reçoivent l'électricité qui est repoussée du plateau : elles divergent. L'électroscope à feuilles d'or nous permet donc de reconnaître l'existence d'un champ électrique.

On appelle *inducteur* le corps électrisé qui crée le champ électrique, et *induit* le corps électrisé par influence.

On appelle *champ électrique en un point* la force qui agit sur l'unité de masse électrique placée en ce point ; il est représenté par un vecteur. On suppose que l'unité de masse placée au point considéré n'apporte aucune perturbation au champ : son action doit être absolument négligeable.

877. **Électrisation par influence d'un conducteur creux, l'inducteur étant placé dans la cavité.** — Nous distinguerons deux cas :

1° *Le conducteur creux est isolé.* — Nous allons nous servir comme conducteur creux d'un cylindre de Faraday profond B (fig. 807) ; ce conducteur n'est pas complètement fermé, mais les lois de l'induction sont cependant les mêmes, comme le prouve l'expérience, pourvu que le corps influençant soit enfoncé suffisamment dans le cylindre.

Introduisons dans le cylindre une boule A portée à l'extrémité d'un manche isolant, et désignons par $q$ sa charge : dès que nous enfonçons A dans le cylindre, nous voyons que les feuilles d'or divergent (868), et qu'à partir d'une certaine profondeur la divergence reste constante.

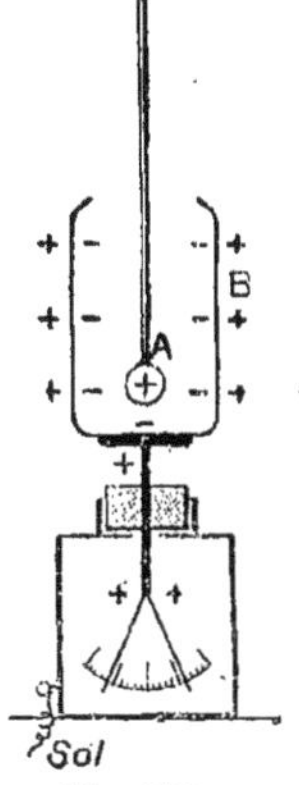

Fig. 807.

α) Avec un plan d'épreuve, nous constatons que la surface intérieure est électrisée négativement et que la surface extérieure est chargée positivement. Ces charges sont évidemment égales en valeur absolue, puisqu'elles proviennent de la décomposition du fluide neutre ; nous les désignerons par $-q'$ et $+q'$. L'explication du phénomène est bien simple : la charge positive de A attire l'électricité négative de B et repousse l'électricité positive jusqu'à ce qu'il y ait équilibre.

Mettons le cylindre au sol et isolons-le de nouveau ; les feuilles d'or retombent ; avec le plan d'épreuve, nous constatons que la surface extérieure du cylindre n'est pas chargée ; touchons le cylindre avec la boule A, les feuilles d'or restent verticales, le système est tout entier à l'état neutre. Or, lorsqu'on a mis le cylindre au sol, sa charge est devenue $-q'$ ; en touchant le cylindre avec A, la charge totale est devenue $q-q'$, et nous avons constaté qu'elle était nulle, donc $q'=q$.

*Les charges induites sont de signes contraires et égales en valeur absolue à la charge inductrice.*

β) Lorsque nous déplaçons la boule A dans le cylindre, nous constatons, à l'aide du plan d'épreuve, que la *distribution intérieure change*, mais la *distribution extérieure ne varie pas*, même si l'on touche le cylindre avec A.

γ) Si dans le voisinage du cylindre de Faraday, à l'extérieur, on plac des appareils électriques très sensibles : pendules électriques, électroscopes divers, on constate que leurs indications ne changent pas lorsqu'on déplace la boule A dans le cylindre, même lorsque la boule vient à toucher le cylindre : la charge intérieure de B et la charge de A disparaissent, la charge extérieure de B reste invariable en grandeur et distribution ; de là, on conclut que *la charge inductrice*, c'est-à-dire de l'inducteur, *et la charge induite intérieure ont une action nulle en tout point pris à l'extérieur*.

Ainsi, les phénomènes électriques qui se passent dans la cavité du conducteur induit ne produisent aucun effet électrique sur les corps

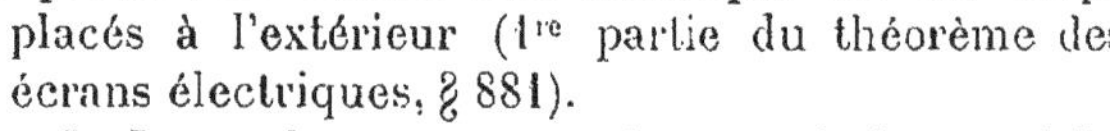
placés à l'extérieur (1re partie du théorème des écrans électriques, § 881).

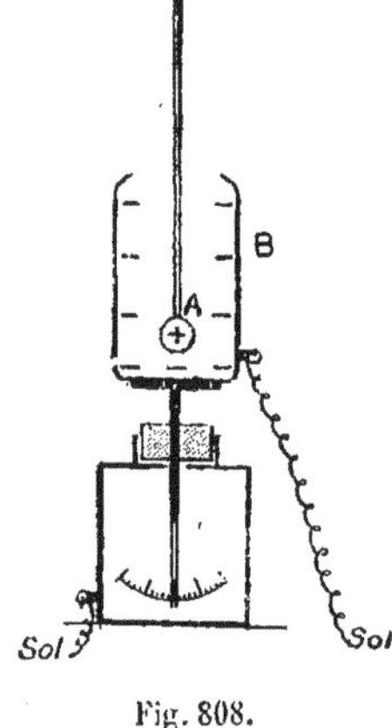

Fig. 808.

2° *Le conducteur creux n'est pas isolé.* — α) Le cylindre étant au sol, nous constatons avec le plan d'épreuve, après introduction de la boule A (fig. 808) que la surface extérieure n'est pas électrisée, que la surface intérieure est électrisée négativement.

En supprimant la communication avec le sol et touchant le cylindre avec A, nous constatons que tout le système est à l'état neutre :

*La charge induite est donc égale et de signe contraire à la charge inductrice.*

β) La *distribution intérieure* du conducteur creux dépend de la position de l'inducteur (méthode du plan d'épreuve).

γ) On ne provoque aucun phénomène électrique à l'extérieur du cylindre en déplaçant A dans le cylindre, même en touchant le cylindre avec A, ce qui fait disparaître à la fois les charges inductrice et induite.

*L'action de ces charges est donc nulle en tout point pris à l'extérieur du conducteur creux.*

878. **Électrisation par influence d'un conducteur placé à l'intérieur d'un conducteur creux** — C'est le cas de l'expérience qui nous a servi (876) à montrer l'électrisation d'un conducteur dans tout champ électrique. En effet, les parois de la salle constituent le corps creux à l'intérieur duquel est placé le corps induit.

Nous avons déjà établi que les masses induites sont de signes contraires et égales; elles n'ont aucune relation simple avec la masse inductrice; on peut cependant démontrer qu'elles lui sont inférieures en valeur absolue. Pour cela, il suffit de mettre l'induit au sol, de supprimer cette communication et de réunir par un fil conducteur l'induit et l'inducteur; en chaque point du système, la densité est de même signe que la charge inductrice.

La grandeur et la distribution des charges induites dépendent de la grandeur de la charge inductrice et des positions relatives de l'induit, de l'inducteur et du conducteur creux.

Si l'induit communique avec le corps creux, on peut considérer sa surface comme faisant partie de la surface intérieure du corps creux induit : la charge est tout entière de signe contraire à la charge inductrice, elle n'est qu'une fraction de la charge inductrice.

879. **Cas où le conducteur induit est déjà électrisé.** — Les charges développées par influence se superposent simplement à celles existant déjà.

880. **Champ à l'intérieur d'un conducteur creux.** — En répétant l'expérience de la cage de Faraday (866, 5°), nous avons vu qu'un électroscope placé à l'intérieur de la cage ne donnait signe d'aucune électrisation, quels que fussent les phénomènes électriques produits à l'extérieur. Par conséquent le champ électrique en un point quelconque à l'intérieur du conducteur creux est nul, autrement dit, la résultante des actions des masses électriques réparties à l'extérieur du conducteur creux ou sur sa surface extérieure est *nulle* pour tout point pris à l'intérieur de ce conducteur. Si l'on déplace des corps électrisés à l'extérieur et dans le voisinage du conducteur creux ou qu'on modifie leurs charges, on change simplement la distribution électrique sur la surface extérieure du conducteur creux, mais non le champ à l'intérieur.

881. **Écrans électriques.** — Un conducteur creux A (fig. 809) partage l'espace en deux régions I et II. Nous venons de voir (880) que les charges de la région I et de la surface extérieure de A produisent un champ nul en tout point de II, et nous avons démontré expérimentalement (877) que les charges de la région II et de la surface intérieure de A produisent un champ nul en tout point de I. Les deux régions I et II sont donc complètement *indépendantes* au point de vue électrique, et le conducteur creux constitue un *écran électrique parfait*.

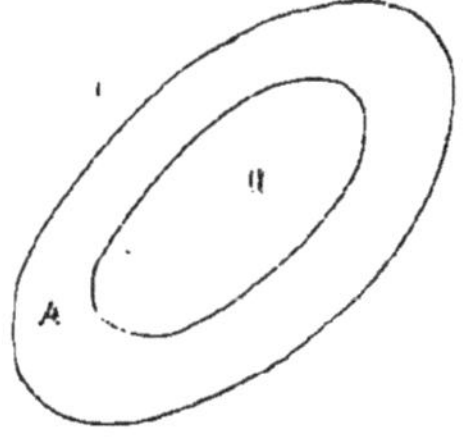

Fig. 809.

Cette propriété des conducteurs creux est extrêmement précieuse; elle nous permet d'opérer à l'abri de champs électriques inconnus et variables. C'est ce qui arrive lorsque nous faisons des expériences dans une salle fermée dont les parois forment écran et, à cause de cette propriété, les parois de la cage d'un électroscope doivent être conductrices. Il n'est pas nécessaire, du reste, que le conducteur ne présente point de discontinuité; ainsi nous pouvons protéger électriquement un électroscope en l'entourant seulement d'une toile métallique (867).

Les phénomènes d'influence ne peuvent se produire à travers les conducteurs, mais bien à travers les isolants, d'où le nom de *diélectriques* qui a été donné à ces derniers corps par Faraday. Les expériences d'influence dont nous avons parlé pourraient être répétées dans un milieu isolant autre que l'air; on pourrait, par exemple, remplir le cylindre de Faraday avec du pétrole, de la benzine, de l'essence de térébenthine et électriser le cylindre par influence en immergeant une boule électrisée dans le liquide : il n'y aurait rien de changé dans les masses induites, dans leur distribution, et aussi dans les phénomènes décrits.

882. **Polarisation des diélectriques.** — Le phénomène d'influence se produit également dans la masse des diélectriques, mais beaucoup plus lentement que dans les conducteurs. Il donne naissance à un état d'électrisation dans lequel on trouve alternativement, dans le sens du champ inducteur, des quantités équivalentes d'électricité négative et positive. C'est là ce qu'on appelle la *polarisation des diélectriques*. Par exemple, si l'on soumet une pile de lames de mica à l'influence d'un champ inducteur dont la direction est perpendiculaire aux lames, on constate, sur chacune d'elles, de l'électricité négative sur une face, et de l'électricité positive sur l'autre. La polarisation tend à disparaître quand le champ qui l'a produite s'annule.

## APPLICATIONS DES PHÉNOMÈNES D'INFLUENCE

883. **Pendule non isolé et pendule isolé.** — 1° Si d'un pendule non isolé A (fig. 810) nous approchons un corps B électrisé positivement, par exemple, il développe par influence sur A une charge négative, et une charge positive qui est repoussée dans le sol; il y a attraction entre les charges de B et de A. Le même phénomène se produit lorsqu'un corps électrisé attire un corps léger en communication avec le sol.

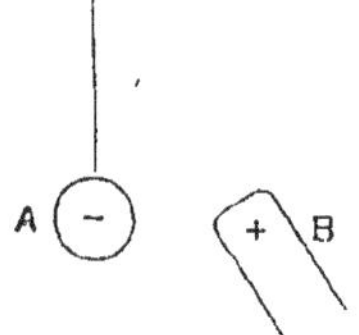

Fig. 810.

2° Si nous avons affaire à un pendule isolé A (fig. 811), il se charge par influence de deux masses électriques $-q'$ et $+q'$ qui restent toutes deux sur A; nous verrons (899) que les forces d'attraction et de répulsion sont proportionnelles aux masses et en raison inverse du carré de la distance; la masse $-q'$ étant plus près de B que la masse $+q'$, la force d'attraction l'emporte sur la force de répulsion, mais l'appareil est évidemment moins sensible que le pendule non isolé.

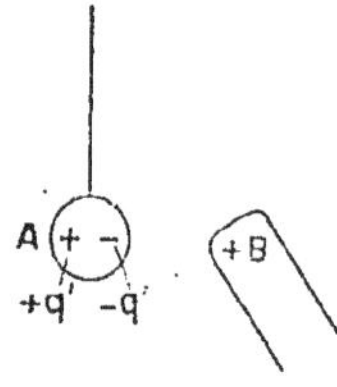

Fig. 811.

3° Supposons que nous voulions reconnaître, non seulement si un corps est électrisé, mais encore quelle est la nature de sa charge. Pour cela nous chargeons la balle de sureau d'un pendule isolé avec une électricité de nom connu; par exemple, nous présentons à ce pendule un bâton d'ébonite électrisé négativement; la balle A est attirée, arrive au contact du bâton d'ébonite, se charge d'une masse $-q$ d'électricité et est repoussée.

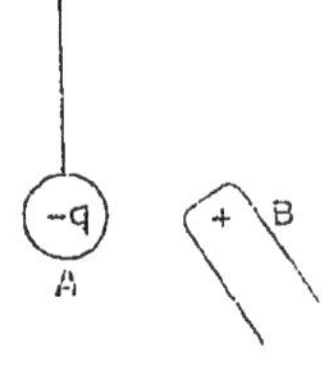

Fig. 812.

Si nous approchons de A un corps B chargé positivement (fig. 812), il y a attraction entre la charge négative de A et la charge positive de B. Il pourrait se faire que, B étant très près, il apparaisse par influence sur A une charge positive $+q'$ (fig. 813); la charge négative serait $-(q+q')$ et plus près de B que la charge $+q'$ : il y aurait encore attraction.

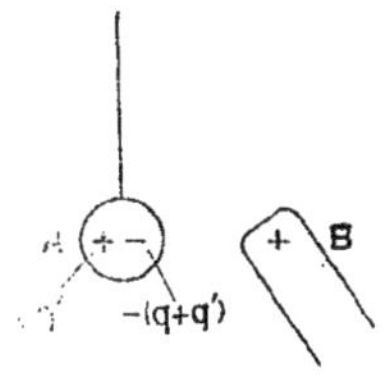

Fig. 813.

Si on présente à A (fig. 814) un corps B chargé négativement et qu'on l'en approche lentement, il y a d'abord répulsion entre les charges négatives de A et B, mais en approchant B suffisamment on fait apparaître sur A une charge positive $+q'$, la charge négative étant alors $-(q+q')$. La charge $+q'$ est plus petite en valeur absolue que la charge $-(q+q')$, mais elle est plus près de B et lorsque A et B sont assez rapprochés, la force d'attraction l'emporte sur la force de répulsion. C'est pourquoi, en recherchant par le moyen d'un pendule isolé, électrisé, portant une charge de signe connu, le signe d'une autre charge électrique, dans le cas d'une répulsion il n'y a aucune hésitation à avoir; dans le cas d'une attraction, les indications sont valables seulement si le corps en expérience a été approché du pendule avec lenteur.

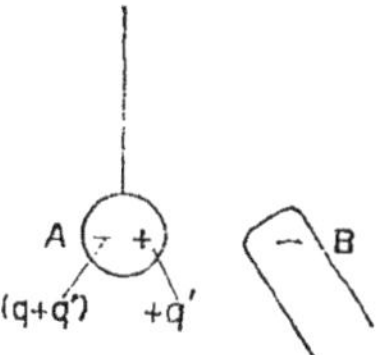

Fig. 814.

884. **Théorie de l'électroscope à feuilles d'or.** — 1° Supposons que l'électroscope soit à l'état neutre, la cage étant au sol.

Si nous approchons du plateau de l'électroscope un corps chargé positivement, par exemple, il décompose le fluide neutre du plateau, retient l'électricité négative sur la face supérieure du plateau et repousse l'électricité positive dans les feuilles qui divergent.

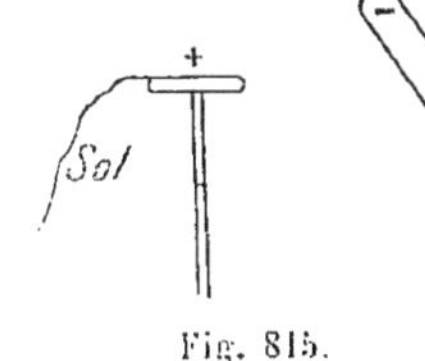

Fig. 815.

Un corps électrisé négativement produirait aussi une divergence des feuilles.

2° Si nous voulons reconnaître la nature de la charge, nous allons d'abord charger l'électroscope avec une électricité de nom connu.

Pour cela nous approchons lentement du plateau un bâton d'ébonite électrisé négativement : les feuilles divergent; nous touchons le plateau avec le doigt : les feuilles retombent (fig. 815); nous retirons le doigt et nous éloignons ensuite le bâton d'ébonite : les feuilles divergent de nouveau (fig. 816). Le plateau s'était chargé par influence d'électricité positive, et les feuilles d'électricité négative; en mettant le plateau au sol nous avons fait écouler l'électricité négative; en éloignant le bâton d'ébonite, une partie de l'électricité positive retenue sur le plateau s'est écoulée dans les feuilles.

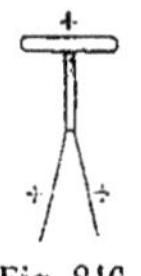
Fig. 816.

α) Approchons du plateau un corps chargé positivement : il repousse de plus en plus de l'électricité positive dans les feuilles dont la divergence croît constamment.

β) Approchons lentement du plateau un corps chargé négativement, la charge positive des feuilles d'or est de plus en plus attirée vers le plateau : les feuilles se rapprochent. — Il peut même arriver que la charge des feuilles soit complètement attirée sur le plateau : les feuilles retombent; si l'on continue à rapprocher l'inducteur, il décompose le fluide neutre du plateau, retient l'électricité positive et repousse dans les feuilles l'électricité négative : les feuilles vont diverger de plus en plus (fig. 817). Il peut arriver que la charge négative des feuilles soit supérieure en valeur absolue à leur charge positive initiale, dans ce cas l'écart final des feuilles a augmenté par rapport à l'écart initial. Quand les feuilles se rapprochent, on ne doit pas hésiter à conclure; si elles s'éloignent, il faut que le phénomène soit observé pour un rapprochement lent du corps en expérience, afin de pouvoir énoncer le résultat avec certitude.

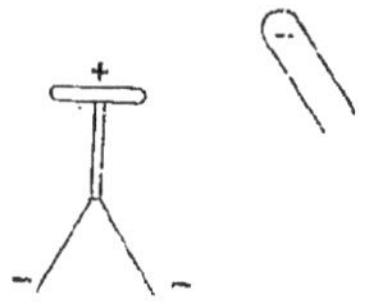

Fig. 817.

885. **Électrisation par influence : électrophore.** — Nous avons vu (876) qu'en plaçant un conducteur isolé dans un champ électrique, il s'électrisait par influence et prenait deux charges égales et de signes contraires; en le faisant communiquer avec le sol, il perd l'une des charges; supprimant la communication avec le sol et éloignant l'induit de l'inducteur, la charge de l'induit devient libre : tel est le principe du fonctionnement de l'*électrophore*.

Cet appareil se compose d'un gâteau de paraffine A (fig. 818) ou, plus généralement, d'un diélectrique solide, placé dans un moule conducteur B; une tige conductrice $t$ traverse le gâteau et le dépasse très légèrement. En frottant la surface du gâteau avec une peau de chat, cette surface s'électrise négativement et sa charge pénètre peu à peu dans les couches supérieures où elle se conserve très longtemps.

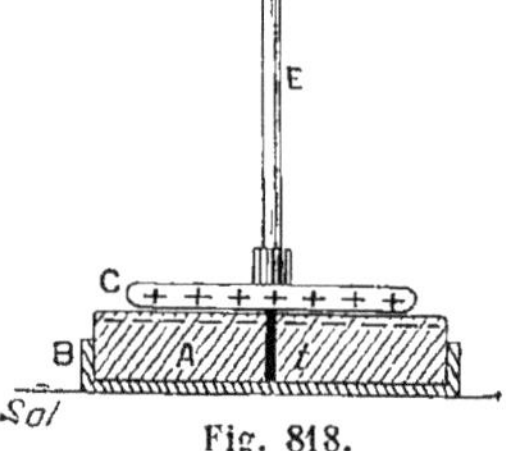


Fig. 818.

On applique sur A un disque conducteur C muni d'un manche isolant E. Par influence, C se charge positivement, la charge négative correspondante s'écoule dans le sol par la tige $t$. Si on soulève C, sa charge devient libre; on peut, par exemple, la faire passer sur un cylindre de Faraday dans lequel C serait introduit.

886. **Décharger un corps dans un conducteur creux, sans qu'il y ait contact.** — Munissons intérieurement le conducteur creux A (fig. 819) de pointes et apportons un corps B, électrisé positivement, par exemple. Le fluide neutre des pointes est décomposé par influence; la charge positive est repoussée sur la surface extérieure de A; la charge négative s'écoule par les pointes (875) et vient neutraliser celle de B.

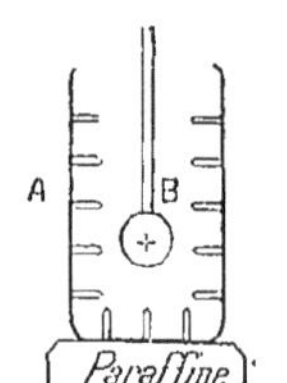


Fig. 819.

Il n'est pas nécessaire que A soit un conducteur creux complètement fermé; dans les machines électriques, par exemple, pour produire la décharge d'un corps B comme il vient d'être indiqué, on fait simplement passer ce corps entre les dents d'un peigne en fer à cheval.

### PRINCIPE DES MACHINES A INFLUENCE

887. **Organes principaux des machines électriques: classification.** — Dans toute machine électrostatique, on distingue : un *producteur* d'électricité, un *transporteur*, un *collecteur*.

Le *transporteur* est habituellement un plateau de verre que le *producteur* charge par *frottement* ou par *influence* : dans le premier cas on a une *machine à frottement*, dont le type classique est la machine de Ramsden; dans le second cas on a une *machine à influence*; ces dernières seules sont utilisées aujourd'hui, encore les remplace-t-on par la bobine de Ruhmkorff, sauf pour certaines applications médicales. — Le *collecteur* comprend un peigne en fer à cheval entre les branches duquel passe le transporteur. Lorsque le disque de verre tourne, emportant une charge électrique, celle-ci, grâce au phénomène d'influence interprété plus haut (886), passe sur le peigne, et de là sur les conducteurs isolés qui sont en communication avec lui.

Nous diviserons les machines à influence en deux groupes :

1° *Les machines à addition.*

Soit un *producteur* A (fig. 820), à charge constante, un *transporteur* constitué par une boule B supportée par un manche isolant et qui, dans la position indiquée communique au sol; un *collecteur* C constitué par un cylindre de Faraday isolé. Lorsque le transporteur est en B, il se charge par influence d'une masse constante $-q$ d'électricité; amené en B′, il cède cette charge $-q$ au collecteur, et ainsi chaque fois qu'il passe de B en B′. La charge totale du collecteur croît donc en *progression arithmétique.*

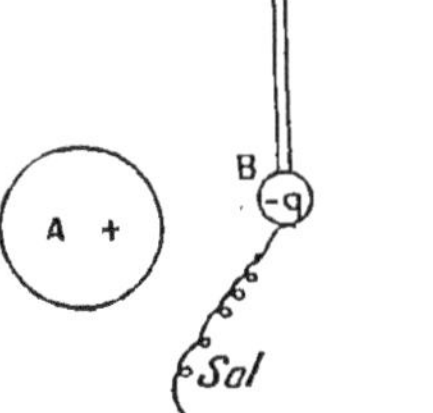

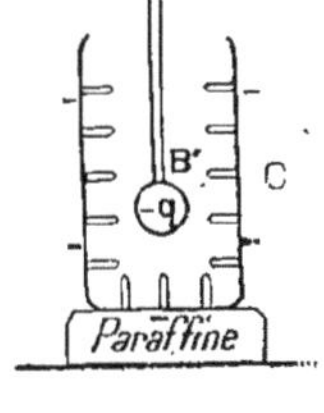

Fig. 820.

2° *Les machines à multiplication.*

Supposons que la charge du *producteur* aille en croissant; pour cela il suffit de faire communiquer le producteur avec le collecteur, la charge développée par influence va aussi en croissant et on apporte dans le collecteur des charges de plus en plus grandes; ces machines ont rapidement un débit plus élevé que les précédentes; aussi leur sont-elles préférées.

Soit la machine théorique suivante : les deux cylindres C et C′ (fig. 821) sont en même temps producteurs et collecteurs; les boules B et B′, sont les transporteurs et sont amenées respectivement en $B_1$ et $B'_1$. Désignons par $q$ et $-q$ les charges initiales de C et C′; les charges induites sur B et B′ sont proportionnelles aux charges inductrices, donc de la forme $-aq, +aq$ : en apportant B et B′ en $B_1$ et $B'_1$, la charge de C devient $q+aq=(1+a)q$; et celle de C′ est $-(1+a)q$. La charge induite sur B′ est donc cette fois $a(1+a)q$ et en apportant B′ dans C, la charge de C devient $(1+a)q+a(1+a)q=(1+a)^2q$ : celle de C′ vaut

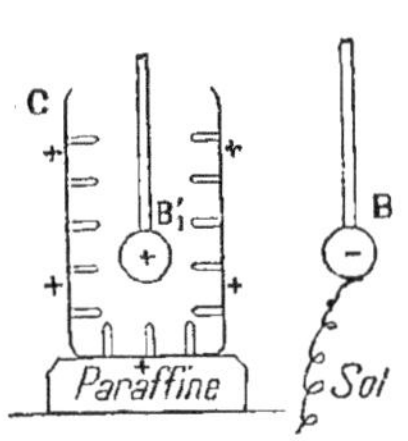


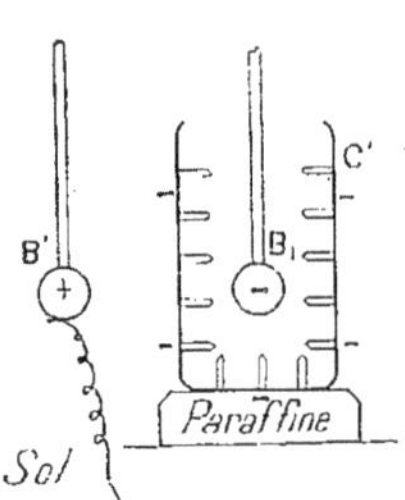


Fig. 821.

$-(1+a)^2q$. Ainsi chaque fois qu'on introduit B et B′ dans les collecteurs correspondants, la charge de ces collecteurs est multipliée par $(1+a)$ ; les charges croissent en *progression géométrique*. Aussi suffit-il de charges initiales très faibles, produites, par exemple, par le frottement d'un petit balai métallique, ou d'un ressort, pour que la machine s'amorce rapidement et présente un débit considérable : ce sont là de gros avantages.

888. *Replenisher de lord Kelvin.* — C'est le type des machines à influence à multiplication. Il se compose de deux portions A et B (fig. 822 et 823) de cylindre métallique, isolées, munies de deux ressorts métalliques *a*, *b*. Dans le voisinage de A se trouve un ressort *c*, dans le voisinage de B, un ressort *d*, réunis par un conducteur; deux pièces métalliques convexes P et Q sont supportées par une tige d'ébonite; elles peuvent tourner autour d'un axe O qui est en même temps l'axe des portions de cylindre A et B; dans ce mouvement de rotation, elles touchent simultanément *a* et *b*, ou *c* et *d*.

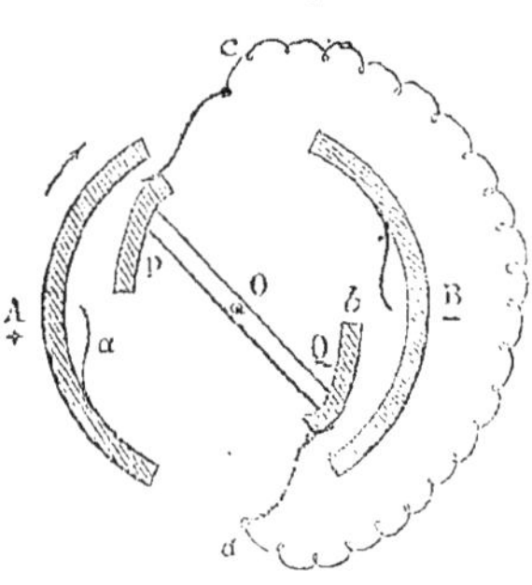


Fig. 822.

Supposons A électrisé positivement et PQ tournant dans le sens de la flèche. Lorsque P est en contact avec *c*, il se charge négativement par influence et la charge induite positive s'écoule en Q; faisons tourner PQ, P vient en contact de *b* et sa charge négative passe sur la surface extérieure de B ; Q touche *a* et sa charge positive passe sur A. Ainsi chaque fois que P et Q touchent les ressorts *c* et *d*, ils se chargent par influence et quand ils sont en contact avec *a* et *b*, ils cèdent leurs charges à A et B ; A reçoit toujours des charges positives, B des charges négatives, et les charges induites cédées vont en croissant comme les charges inductrices réparties sur A et B.

Si l'on faisait tourner P et Q en sens inverse de la flèche, les charges de A et de B iraient en diminuant.

Le replenisher, représenté en grandeur naturelle sur la figure 823 est uniquement un appareil auxiliaire de l'électromètre absolu de lord Kelvin (962). Pour le transformer en machine fournissant de l'électricité d'une manière continue, on pourrait opérer de la manière suivante :

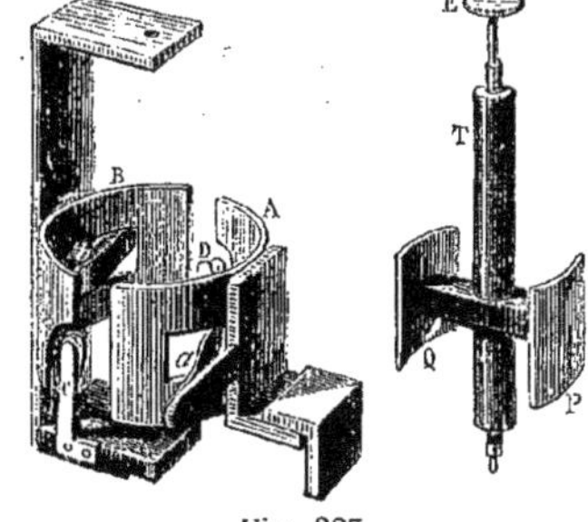

Fig. 823.

Les inducteurs A et B (fig. 822) étant fortement chargés, on supprime la communication entre $c$ et $d$ que l'on met séparément en relation avec des collecteurs isolés C' et D', les armatures d'un condensateur, par exemple. La charge positive induite en $c$ est repoussée en C', de même la charge négative induite en $d$ est repoussée en D', les autres charges induites venant s'accumuler sur les inducteurs A et B par suite de la rotation de PQ.

Il arrive parfois que la machine se désamorce d'elle-même et c'est un grave inconvénient. Lorsque la charge accumulée en C' est considérable, il peut se faire que l'effet de cette charge sur P ne permette plus à ce conducteur P de se charger négativement par influence : une partie de la charge positive de C' s'écoule sur P et est ensuite portée sur l'inducteur B dont la charge négative est en partie neutralisée, et ainsi de suite. La machine se désamorce donc, puis s'amorce en sens inverse. On remédie à ce défaut par l'emploi d'un *conducteur diamétral*. En $c'$ et $d'$ (fig. 824) sont deux ressorts qui communiquent constamment et lorsque les pièces métalliques P et Q viennent contre $c'$ et $d'$, pour P c'est l'influence de A qui est prépondérante toujours et ce conducteur se charge négativement, tandis que Q est toujours électrisé positivement.

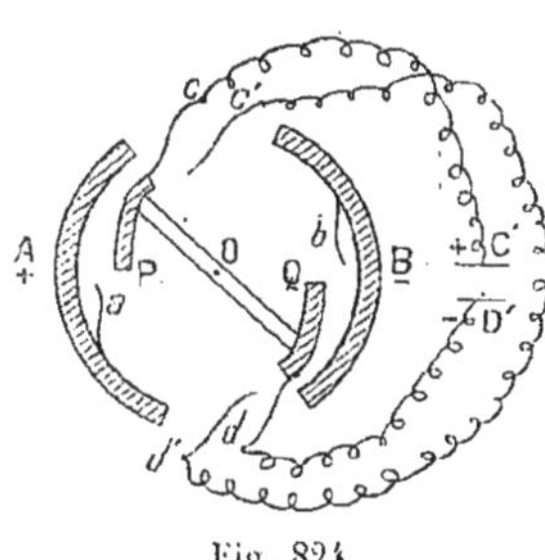

Fig. 824.

889. *Machine de Wimshurst*. — Elle se compose de deux plateaux en verre identiques A et B (fig. 825) tournant autour du même axe, avec la même vitesse, mais en sens inverse ; chacun porte sur la face extérieure des bandes d'étain qui viennent frotter contre les balais $a$, $a'$ ou $b$, $b'$ disposés aux extrémités des tiges de cuivre correspondantes, faisant entre elles un angle de 60° environ. Enfin, dans le plan diamétral horizontal sont des peignes P, P' dont chacun communique : d'une part avec l'armature intérieure d'une bouteille de Leyde, les armatures extérieures étant réunies par une tige conductrice ; d'autre part avec des tiges conductrices terminées par des boules M et M', qu'on peut amener en contact ou écarter à volonté.

Chaque fois qu'une pastille passe sous un balai tel que $a$, elle s'électrise sous l'influence de la charge du secteur électrisé qui est en face et la charge induite est entraînée par le plateau, jusqu'au moment où par influence elle passe sur l'un des peignes du collecteur. Pour amorcer, les boules M et M' sont mises en contact.

890. **Limite de charge et voltage**. — Il semble qu'on puisse accumuler indéfiniment de l'électricité sur les collecteurs ; en réalité, il arrive un moment où le voltage (924) est suffisamment élevé pour que les pertes d'électricité par les supports ou l'air compensent la production électrique ; ce voltage peut être assez faible par les temps humides, quand les supports en verre sont recouverts de buée. Du reste, avec un isolement parfait, il arrive

rait un moment où une étincelle se produirait entre les deux parties du collecteur ou entre les collecteurs et les objets voisins, et la machine se déchargerait.

Avec une bonne machine de Wimshurst, on obtient facilement une étin-

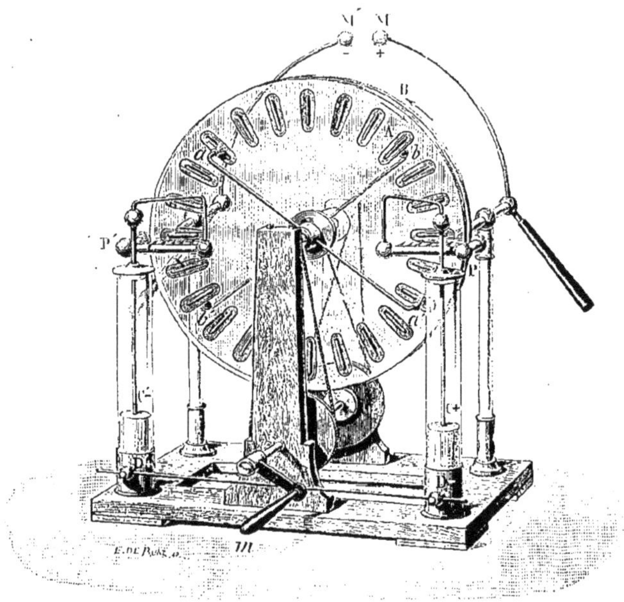

Fig. 825.

celle de 15 centimètres, correspondant à une différence de potentiel de 50000 volts environ (977).

891. **Débit et puissance d'une machine électrostatique**. — Le débit est la quantité d'électricité que la machine fournit par seconde. Le débit croît avec la vitesse de rotation : il est à peu près indépendant du potentiel quand celui-ci est très loin du potentiel maximum que l'on peut atteindre ; il est de l'ordre du dix-millième d'ampère. Le débit d'une machine électrostatique est donc faible par rapport à celui d'une pile, mais le voltage est incomparablement plus élevé.

La puissance des machines électrostatiques est toujours faible : elle est de l'ordre du watt, aussi ces machines ne sont-elles d'aucune utilité pour l'industrie.

892. **Réversibilité des machines électrostatiques**. — Pour mettre en mouvement le transporteur d'une machine à influence, on éprouve une résistance, non seulement parce qu'il faut vaincre les forces de frottement, mais aussi à cause des forces d'attraction ou de répulsion qui s'exercent entre les organes électrisés de la machine. C'est en surmontant ces forces qu'on transforme de l'énergie mécanique en énergie électrique. Si nous parvenons à électriser les organes de la machine exactement comme pendant son fonctionnement, sous l'influence des forces électriques le transporteur tend à tourner en sens inverse du mouvement qui lui est normalement imprimé. — L'expérience confirme ces prévisions : faisons communiquer pôles à pôles deux machines de Wimshurst, mettons la pre-

mière en mouvement, la courroie de la deuxième étant enlevée afin de supprimer autant que possible les forces de frottement ; les plateaux de la dernière machine se mettent à tourner : il y a transport d'énergie mécanique par les charges électriques.

## II. — LOI DE COULOMB

893. **La force d'origine électrique s'exerçant entre deux éléments électrisés est fonction de leur distance.** — Lorsque nous approchons un corps électrisé, un bâton d'ébonite, par exemple, d'un pendule électrisé, nous constatons que la déviation du pendule, et par suite la force d'attraction ou de répulsion, est d'autant plus grande que le bâton d'ébonite est plus près du pendule ; donc en désignant par $f$ la force d'attraction ou de répulsion qui s'exerce entre deux éléments électrisés, par $d$ leur distance, $f$ est une fonction décroissante de $d$, quand $d$ croît. Coulomb[1] a déterminé cette fonction dès 1785 et il a trouvé que la loi des attractions et répulsions électriques est la même que celle de l'attraction des masses pesantes, découverte par Newton :

*Les actions électriques varient en raison inverse des carrés des distances.*

Pour établir ce résultat, Coulomb a employé deux méthodes indépendantes : la méthode *de la balance de torsion* (894), pour le cas des répulsions ; la méthode *des oscillations* (898), ou méthode générale du pendule (493, 3°), pour le cas des attractions.

894. **Balance de torsion. — Principe d'une mesure.** — Coulomb a dû commencer par chercher à obtenir une méthode permettant de mesurer des forces très petites, comme les actions électriques dont il s'agissait de trouver la loi : il y est arrivé par l'étude préalable des lois de la torsion d'un fil métallique. Nous avons vu (493, 1°) qu'étant donné un fil métallique fixé par une de ses extrémités et tendu verticalement par un poids suspendu à son autre extrémité, si l'on vient à tordre l'extrémité inférieure d'un certain angle, et si l'on abandonne ensuite le fil à lui-même, les oscillations sont *isochrones*, même pour des angles de torsion considérables. Il en résulte que les réactions élastiques de torsion peuvent être considérées comme réduites à un couple proportionnel à chaque instant à l'angle de torsion $\alpha$ [2]. Ce couple est donc de la forme $C\alpha$, et si l'on désigne par I le moment d'inertie du système oscillant par rapport à l'axe de rotation, la période T du mouvement est donnée par la formule

$$T = 2\pi\sqrt{\frac{I}{C}}.$$

(1) Coulomb (1736-1806), physicien français connu principalement pour avoir énoncé les lois relatives aux actions des masses électriques et magnétiques ; ses travaux sur l'élasticité sont très importants.

(2) On peut également démontrer cette proportionnalité par la méthode *statique*. On relie un fil métallique à un plateau de balance par l'intermédiaire d'une pince de pile, on tient le fil horizontalement, on équilibre la balance, et on tord le fil de 180° ; on constate une rupture d'équilibre, que l'on compense par $p$ grammes ; on tord à nouveau de 180°, et l'on trouve qu'il faut encore ajouter $p$ grammes pour rétablir l'équilibre primitif, et ainsi de suite.

Cette expression permet de déterminer C, c'est-à-dire la valeur du couple de torsion pour un angle de torsion d'un radian; C porte encore le nom de *constante de torsion* du fil.

L'expérience montre d'ailleurs que le moment $C\alpha$ du couple correspondant à une torsion $\alpha$ (en radians), pour un fil de longueur $l^{cm}$, de diamètre $d^{cm}$, peut se représenter par la relation

$$C\alpha = \left(\gamma \frac{d^4}{l} \alpha\right) \text{ dynes-centimètres,} \qquad \text{d'où} \qquad C = \gamma \frac{d^4}{l};$$

$\gamma$ s'appelle le coefficient de Coulomb. Pour l'argent, $\gamma = 2{,}66 \times 10^{10}$ C.G.S.; pour les fils de cocon de soie, $\gamma d^4 = 3 \times 10^{-5}$ C.G.S.; ce produit est tellement faible que les fils de cocon sont appelés *fils sans torsion*. — Dans la balance de torsion de Coulomb, que nous allons décrire, un fil d'argent de 1 mètre de longueur, et de masse égale à 1 centigramme, donnait naissance, pour une torsion de 1°, à une réaction qui, rapportée à un bras de levier de 1 décimètre, était de $\frac{1}{2000}$ de mg-poids: cette balance était donc extrêmement sensible[1].

895. *Description de la balance.* — La balance de torsion de Coulomb se compose d'un fil d'argent, fixé à son extrémité supérieure dans un bouton $f$ (fig. 826), et supportant à sa partie inférieure une aiguille de gomme-laque suspendue horizontalement. L'aiguille porte à l'une de ses extrémités une petite boule en moelle de sureau argentée $b$; à l'autre extrémité, un contrepoids $d$, et au-dessous du fil un poids tenseur O, généralement en gomme-laque. A la partie supérieure de la balance, se trouve une pièce que nous appellerons le *micromètre de torsion*. Le micromètre se compose d'abord du bouton $f$ (fig. 826), qui peut se déplacer autour de l'axe du tambour $t$ qui le supporte; on peut évaluer la rotation en observant le déplacement du repère $r$ sur une graduation tracée sur le tambour $t$. Le tambour est lui-même mobile, à frottement dur, sur le tambour fixe $t'$, qui termine la colonne cylindrique de verre dont l'axe est occupé par le fil. — La colonne est fixée au centre d'un plateau de verre AC, qui ferme un grand cylindre de verre BD dans lequel se meut l'aiguille de gomme-laque. Cette cage sert de support à tout l'appareil; elle porte une graduation de 360 degrés, collée sur son pourtour, à la hauteur de

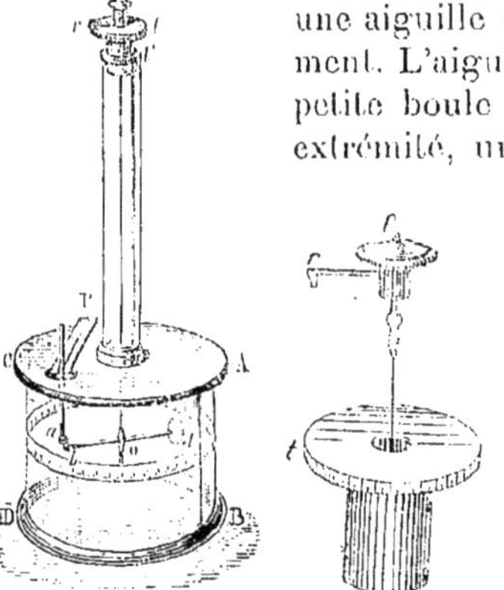

Fig. 826.

(1) En lançant une flèche dont la pointe plonge dans du quartz fondu, M. Boys obtient des fils cylindriques bien réguliers d'un diamètre pouvant atteindre $0^{\mu},5$ et qui permettent de construire des balances de torsion d'une sensibilité incomparable (486). Leur zéro est fixe: il n'en est pas de même pour une balance à fil métallique.

l'aiguille [1]. — Enfin, dans le couvercle de la cage, à une distance de son centre égale à la demi-longueur de l'aiguille, est pratiquée une ouverture par laquelle on peut introduire dans la balance une autre boule conductrice $a$, soutenue à l'extrémité d'une tige isolante P. C'est la *boule fixe* de la balance ; $b$ est la *boule mobile*. La longueur de la tige isolante de la boule fixe est réglée de telle façon que les centres des deux boules se trouvent dans un même plan horizontal. C'est entre ces deux boules, et à des distances très grandes par rapport à leurs rayons, que vont se manifester les actions électriques qu'équilibrera la torsion du fil d'argent.

896. *Réglage de la balance.* — On commence par faire répondre l'ouverture du couvercle au zéro de la graduation de la cage. On tourne ensuite le bouton $f$ de manière à placer le repère $r$ au zéro de la graduation du tambour $t$, et l'on fait tourner ce tambour dans le tambour $t'$, jusqu'à ce que le plan passant par le fil et le centre de la boule $b$ soit orienté suivant le diamètre 0°-180° de la graduation de la cage. On introduit enfin la boule $a$, ce qui écarte légèrement la boule $b$ ; la faible torsion qui en résulte suffit pour maintenir les deux boules en contact. — D'ailleurs, le fil d'argent doit toujours être placé bien au centre de la division tracée sur la cage de verre. On obtient ce résultat au moyen des vis calantes, et on s'en assure par ce fait que, dans deux positions de l'aiguille, il y a égalité entre les arcs qui séparent chacune de ses extrémités de la ligne 0°-180°.

897. *Étude de la loi des répulsions électriques.* — La balance étant réglée, on introduit par l'ouverture du couvercle un corps électrisé, avec lequel on touche la boule fixe. Les boules $a$ et $b$ étant au contact se chargent de la même électricité, et immédiatement se repoussent : la boule mobile s'écarte du zéro, d'un angle $\alpha$ que nous supposerons évalué en radians. Cette boule est alors en équilibre sous l'action du couple de torsion, proportionnel à $\alpha$, et de la force de répulsion électrique F.

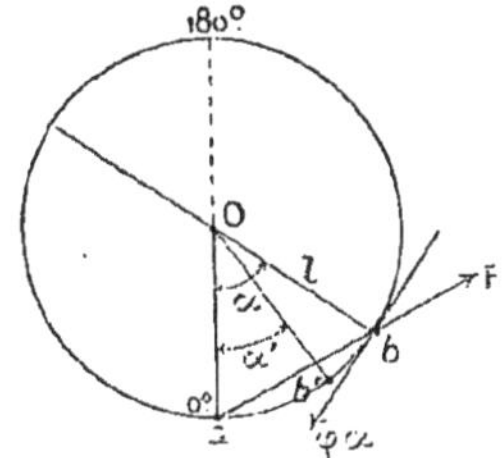

Fig. 827.

Pour établir l'équation d'équilibre, considérons une section horizontale de l'appareil par les centres des boules (fig. 827). La boule fixe est en $a$, sur la ligne 0°-180° : la boule mobile est en $b$. La force F s'exerce suivant $ab$ ; son moment par rapport à l'axe O est $F\,l\cos\frac{\alpha}{2}$; cette force doit équilibrer le couple de torsion dont le moment par rapport à l'axe O est $C\alpha$, donc $F\,l\cos\frac{\alpha}{2} = C\alpha$.

Si l'on cherche maintenant à rapprocher la boule mobile de la boule fixe, par la rotation du bouton $f$, et si on l'amène ainsi en $b'$, à une

(1) Aujourd'hui pour mesurer la rotation de l'équipage mobile, on fixerait en O un miroir et on appliquerait la méthode de Poggendorff (60).

distance angulaire $\alpha'$ de la boule $a$, par rotation d'un angle $\beta$ au micromètre, la torsion totale du fil est $\alpha' + \beta$, et si F' représente la nouvelle force électrique, on doit avoir, pour ce nouvel équilibre,

$$F' l \cos\frac{\alpha'}{2} = C(\alpha' + \beta),$$

et ainsi de suite.

Pour en tirer la loi de variation des répulsions électriques F, F',..., avec les distances $ab$, $ab'$,.... admettons, avec Coulomb, la *loi newtonienne*. La force F est alors de la forme $\frac{k}{\overline{ab}^2}$ en désignant par $k$ la force répulsive à l'unité de distance. Comme d'autre part $\frac{ab}{2} = l \sin\frac{\alpha}{2}$, on devra avoir, si l'hypothèse est exacte,

$$\frac{k}{4 l^2 \sin^2\frac{\alpha}{2}} \cdot l \cos\frac{\alpha}{2} = C\alpha,$$

$$\frac{k}{4 l^2 \sin^2\frac{\alpha'}{2}} \cdot l \cos\frac{\alpha'}{2} = C(\alpha' + \beta),\ldots$$

d'où l'on tire

$$\frac{k}{4 l C} = \alpha \sin\frac{\alpha}{2} \operatorname{tg}\frac{\alpha}{2} = (\alpha' + \beta) \sin\frac{\alpha'}{2} \operatorname{tg}\frac{\alpha'}{2} = (\alpha'' + \gamma) \sin\frac{\alpha''}{2} \operatorname{tg}\frac{\alpha''}{2} = C^{te}.$$

Or, remarquons avec Coulomb que $\sin\frac{\alpha}{2} \operatorname{tg}\frac{\alpha}{2}$ peut être très sensiblement remplacé par $\frac{\alpha^2}{4}$, car, si l'un des facteurs est plus petit que $\frac{\alpha}{2}$, l'autre est plus grand, et, pour les angles dont il s'agit, la compensation est à peu près exacte. De plus, si l'on fait successivement

$$\alpha' = \frac{\alpha}{2}, \qquad \alpha'' = \frac{\alpha'}{2} = \frac{\alpha}{4},$$

on devra simplement constater que

$$\alpha = \frac{1}{4}\left(\frac{\alpha}{2} + \beta\right) = \frac{1}{16}\left(\frac{\alpha}{4} + \gamma\right),$$

ou, en remplaçant les torsions totales successives par les lettres T, T', T'',

$$T = \frac{1}{4} T' = \frac{1}{16} T'', \qquad \text{c'est-à-dire} \qquad T' = 4\,T, \qquad T'' = 16\,T.$$

C'est ce que l'expérience confirme. Coulomb trouva en effet les nombres suivants :

| Écart angulaire. | Torsion au micromètre supérieur. | Torsion totale. |
|---|---|---|
| $36^0$ | $0^0$ | $36^0$ |
| $18^0$ | $126^0$ | $144^0 = 4 \times 36^0$ |
| $8^0\frac{1}{2}$ | $567^0$ | $575^0\frac{1}{2} = 15{,}98 \times 36^0$ |

Si, à la dernière ligne, l'écart angulaire était 9° au lieu de 8° 1/2, la torsion totale serait 576°, c'est-à-dire exactement $16 \times 36°$ : ces différences ne sont pas supérieures à celles qu'on peut attribuer aux erreurs d'expérience, et principalement à la déperdition. On peut donc énoncer ce résultat expérimental :

*Les forces de répulsion qui s'exercent entre deux éléments électrisés, varient en raison inverse des carrés des distances.*

*Critique des expériences de Coulomb.* — Une cause d'erreur importante est la déperdition d'électricité ; on pourrait établir une compensation en mesurant l'angle de torsion pour la déviation $\alpha$, pour la déviation $\alpha'$ et, de nouveau, pour la déviation $\alpha$ ; on prendrait la moyenne arithmétique des nombres correspondant à la déviation $\alpha$.

On suppose que les masses électriques sont concentrées aux centres des boules $a$, $b$ ; cette hypothèse serait tout à fait justifiée si la distribution était uniforme (904), mais il n'en est pas ainsi et l'erreur produite de ce fait devient notable quand les boules sont très rapprochées.

Enfin, il y a de l'électricité induite sur les parois de la cage, et qui altère encore les résultats.

898. **Méthode des oscillations.** — Coulomb rencontra une difficulté dans l'emploi de la balance de torsion pour l'étude des attractions électriques : la boule mobile, que l'on avait préalablement écartée du zéro, se précipitait souvent sur la boule fixe, sans trouver de position d'équilibre avant le contact. Aussi a-t-il employé de préférence, dans ce cas, la méthode des oscillations :

Coulomb suspendait à un fil de cocon sans torsion (894), une aiguille horizontale de gomme-laque $a$ (fig. 828) ; à l'une des extrémités de cette aiguille se trouvait un petit disque métallique conducteur $b$, et à l'autre extrémité un petit contrepoids. En face, à une certaine distance, très grande par rapport à la demi-longueur de l'aiguille, on disposait, dans le même plan horizontal, le centre d'une sphère métallique S fortement électrisée, puis on chargeait le disque d'une électricité différente, en le mettant simplement, pendant un temps très court, en communication avec le sol.

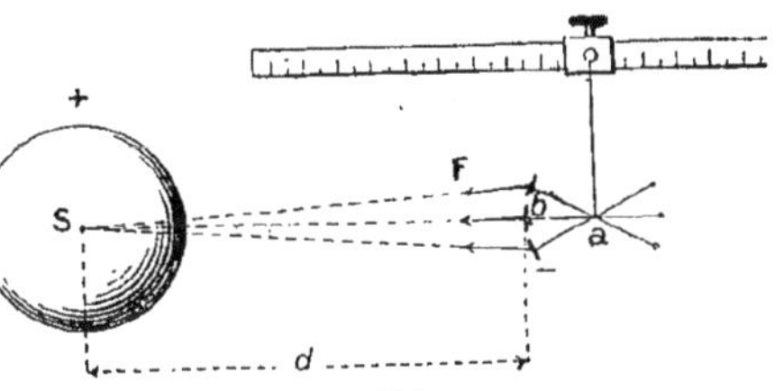

Fig. 828.

Il suffisait alors d'écarter légèrement l'aiguille de sa position d'équilibre ; elle exécutait, de part et d'autre, des oscillations qui devenaient isochrones lorsque leur amplitude était suffisamment faible. L'action de la charge de la sphère sur $b$ est la même que si cette charge était placée au centre S (903) ; par suite, pour les faibles amplitudes, $b$ est soumis à une force sensiblement *constante en grandeur et direction.* Nous savons (493, 3°) que, dans ces conditions, le mouvement est *pendulaire*, et la période T est donnée par la formule

$$T = 2\pi\sqrt{\frac{I}{Fl}},$$

$l$ étant la distance de l'axe de rotation au disque, et I le moment d'inertie du système par rapport à l'axe du fil de cocon. — On fait ensuite varier la distance du disque au centre de la sphère. Si $d, d', d''$ sont les valeurs successives de ces distances, mesurées sur une règle graduée, F, F′, F″ les valeurs correspondantes de la force d'attraction, T, T′, T″ les durées d'oscillation, on a

$$T = 2\pi\sqrt{\frac{I}{Fl}}, \qquad T' = 2\pi\sqrt{\frac{I}{F'l}}, \qquad T'' = 2\pi\sqrt{\frac{I}{F''l}},$$

d'où l'on tire

$$(1) \qquad T^2F = T'^2F' = T''^2F''.$$

Or, on constate, par l'expérience, que l'on a sensiblement

$$\frac{T}{d} = \frac{T'}{d'} = \frac{T''}{d''};$$

Coulomb trouva en effet

| Distance des centres. | Durée de 15 oscillations. | |
|---|---|---|
| 9 pouces. | 20 secondes. | |
| 18 — | 41 — | au lieu de 40 secondes. |
| 24 — | 60 — | — 54 — |

L'erreur était donc de $\frac{1}{10}$, dans la troisième expérience ; mais elle s'explique par la déperdition électrique de la sphère et du disque.

Si l'on remplace alors, dans les relations homogènes (1) précédentes, les quantités $T^2$, $T'^2$, $T''^2$ par les quantités proportionnelles $d^2$, $d'^2$, $d''^2$, on a

$$F d^2 = F' d'^2 = F'' d''^2 = C^{te}.$$

C'est encore la loi de variation en raison inverse des carrés des distances.

Donc, d'une façon générale, on peut énoncer la loi suivante :

*Les attractions ou les répulsions qui s'exercent entre deux éléments électrisés varient en raison inverse des carrés des distances.*

899. **Loi de Coulomb. Unité de masse électrique.** — Le phénomène des attractions et des répulsions électriques conduit à la notion de *quantité d'électricité*, ou de *masse électrique* que nous avons déjà acquise d'une autre manière (868), et en fournit la *mesure*. Par définition, deux éléments B et B′ sont dits chargés de *masses égales* d'électricité de même espèce, lorsqu'ils agissent sur un même élément A, placé à la même distance $d$, avec des *forces égales*. Un élément est dit chargé d'une *masse électrique double* d'une autre de même espèce, lorsqu'il agit sur le même élément A, à la même distance $d$, avec une *force double*. Enfin, deux éléments sont dits chargés de *quantités d'élec-*

*tricité équivalentes*, d'espèces différentes, lorsqu'en agissant sur un même élément A, à la même distance $d$, l'un produit une attraction, l'autre une répulsion égale, au sens près. Pour nos comparaisons des masses électriques nous avons pris *arbitrairement* un élément électrisé A à la distance $d$; il est bien évident que nos définitions sont seulement légitimes, si le rapport des charges de B et de B' est *indépendant* de la charge de A et de la distance $d$, pourvu que ces deux dernières grandeurs soient *constantes*; or ce résultat a toujours été reconnu exact.

Il résulte des définitions précédentes que, si l'on fait choix d'une unité arbitraire d'électricité positive, et d'une unité équivalente d'électricité négative, la formule qui exprime l'action qui s'exerce entre des masses $q$ et $q'$, à la distance $r$, est

$$F = K\frac{qq'}{r^2}.$$

On a l'habitude de réunir dans un même énoncé la loi de Coulomb et la définition des masses électriques :

*Deux éléments électrisés s'attirent ou se repoussent suivant la ligne qui les joint, et la force d'attraction ou de répulsion est proportionnelle aux masses électriques et en raison inverse du carré de la distance.* La force F est répulsive, si $q$ et $q'$ sont de même espèce; attractive, si $q$ et $q'$ sont d'espèces différentes. Quant au coefficient K, ce n'est pas un simple facteur numérique, dépendant des unités de longueur, de force et de masse électrique; c'est une quantité physique, qui dépend aussi de la nature du milieu isolant interposé entre les masses électriques. On en doit conclure que les actions électriques ne sont pas de simples actions à distance, mais que le milieu isolant interposé joue un rôle essentiel dans leur transmission. — Le coefficient K représente numériquement la force avec laquelle, *dans le milieu considéré*, l'unité de masse agit sur la quantité égale ou équivalente, placée à l'unité de distance; en d'autres termes, c'est la force avec laquelle deux éléments chargés de cette façon réagissent sur les obstacles qui les maintiennent séparés, à travers ce milieu. La valeur du coefficient K est maximum dans le vide. — On peut donc choisir l'unité de masse électrique de façon que K soit égal à l'unité dans un certain milieu, ou dans le vide par exemple. Dans l'air, aux conditions normales, K est alors égal à $\frac{1}{1,00059}$, c'est-à-dire sensiblement à l'unité; dans l'essence de térébenthine, $K = \frac{1}{2,21}$; dans la paraffine, $K = \frac{1}{2,32}$; dans l'ébonite, $K = \frac{1}{2,5}$. Nous verrons plus tard (976) comment ces nombres ont été obtenus. Lorsque des conducteurs sont interposés, on peut encore appliquer la loi de Coulomb en donnant à K la valeur relative au diélectrique, mais il faut tenir compte des charges induites.

*L'unité C.G.S. de masse électrique, positive ou négative*, qu'on appelle *l'unité électrostatique*, est alors *la masse qui, agissant sur une masse électrique égale ou équivalente, placée dans le vide (ou dans l'air), à 1 centimètre de distance, la repousse ou l'attire avec une force de 1 dyne.*

. Cette unité *théorique* électrostatique étant trop petite pour les besoins de la pratique, on a été conduit à prendre comme *unité pratique* le *coulomb*, qui vaut $3 \times 10^9$ unités électrostatiques C.G.S. (983).

Pour nous faire une idée de la grandeur du coulomb, calculons, par exemple, la force répulsive qui s'exercerait entre deux corps conducteurs chargés chacun de 1 coulomb, distants de 10 kilomètres et placés dans l'air. La valeur de cette force F, en dynes, serait

$$F = \frac{qq'}{r^2} = \frac{3 \times 10^9 \times 3 \times 10^9}{(10^6)^2} = 9 \times 10^6 \text{ dynes},$$

c'est-à-dire 9 mégadynes, soit environ $9^{\text{kg-f}}$. Deux éléments chargés de 1 microcoulomb ($3 \times 10^3$ unités électrostatiques), et placés à 1 centimètre de distance, dans l'air, se repousseraient avec une force de $9 \times 10^6$ dynes, ou encore 9 mégadynes. — Les quantités d'électricité auxquelles on a affaire en Électrostatique sont toujours évaluées par de très petites fractions de coulomb.

900. **Dimensions de la masse et de la densité électrique.** — L'équation de dimensions de l'unité électrostatique de quantité d'électricité se déduit de la formule sans coefficient $F = \frac{q^2}{r^2}$. On en tire $q = r\sqrt{F}$, d'où (521).

$$q = L(LMT^{-2})^{\frac{1}{2}} = L^{\frac{3}{2}} M^{\frac{1}{2}} T^{-1}.$$

La densité électrique superficielle (873) est $\sigma = \frac{\Delta q}{\Delta s}$; on a donc pour équation de dimensions :

$$\sigma = \frac{q}{s} = \frac{L^{\frac{3}{2}} M^{\frac{1}{2}} T^{-1}}{L^2} = L^{-\frac{1}{2}} M^{\frac{1}{2}} T^{-1}.$$

901. **Identité des définitions des masses électriques par le cylindre de Faraday et la balance de Coulomb.** — Prenons un cylindre de Faraday de *petites dimensions* que nous chargeons de masses électriques en progression arithmétique : $q$, $2q$, $3q$... et mesurons avec une balance de Coulomb la force de répulsion exercée par le cylindre sur la boule électrisée $b$ de l'équipage mobile ; pour une distance constante du cylindre et de la boule, nous constatons que cette force varie comme les nombres 1, 2, 3..., par conséquent la balance de Coulomb définit les charges du cylindre comme proportionnelles à 1, 2, 3... ; elle nous fournit donc pour le rapport de deux charges électriques le même nombre que le cylindre de Faraday. En nous servant de la balance de Coulomb pour mesurer les charges électriques, nous établirions encore le principe de la conservation de l'électricité ; ainsi Coulomb a vérifié que, touchant avec une boule A de charge électrique $q$, une boule identique à l'état neutre, la charge de A n'était plus que $\frac{q}{2}$.

On pourrait répéter les expériences citées précédemment (870) en mesurant les charges au moyen d'une balance de Coulomb, ces charges étant introduites dans un cylindre de Faraday de petites dimensions.

902 **Démonstration théorique de la loi de Coulomb.** — En s'appuyant, d'une part, sur ce que l'action de l'électricité superficielle d'un conducteur est nulle en tout point intérieur à ce conducteur (867); d'autre part, sur ce que la distribution sur une sphère est uniforme, on peut donner, de la loi de Coulomb, une démonstration théorique due au mathématicien J. Bertrand.

Désignons par $\varphi(r)$ la force attractive ou répulsive qui s'exerce à la distance $r$ entre deux masses électriques élémentaires égales, que nous prendrons pour unité de masse. Posons

$$r^2\varphi(r) = \mathrm{F}(r).$$

Nous allons démontrer que $\mathrm{F}(r)$ est constant. S'il ne l'est pas, il augmente ou diminue; soient donc $r_1$ et $r_2$ deux limites assez rapprochées pour que $\mathrm{F}(r)$ augmente toujours quand $r$ varie de $r_1$ à $r_2$. Considérons un conducteur sphérique isolé, de diamètre $\mathrm{AB} = r_1 + r_2$ (fig. 829), chargé d'électricité positive par exemple. Prenons, en particulier, le point P sur le diamètre AB, tel que $\mathrm{AP} = r_1$ et $\mathrm{BP} = r_2$, et imaginons un plan passant par P et perpendiculaire à AB. Ce plan partage la sphère en deux zones, et nous allons voir que l'unité de masse électrique, supposé placée en P, et sollicitée en sens inverse par ces deux zones, ne peut être en équilibre que si $\mathrm{F}(r)$ est constant. En effet, concevons un cône d'ouverture infiniment petite $d\omega$, ayant son sommet en P. Il découpe sur la couche sphérique deux éléments de surface C et D, à distances $\mathrm{PC} = \rho_1$ et $\mathrm{PD} = \rho_2$, et dont les normales font avec PC et PD le même angle $\alpha$. Ces éléments ont pour valeur

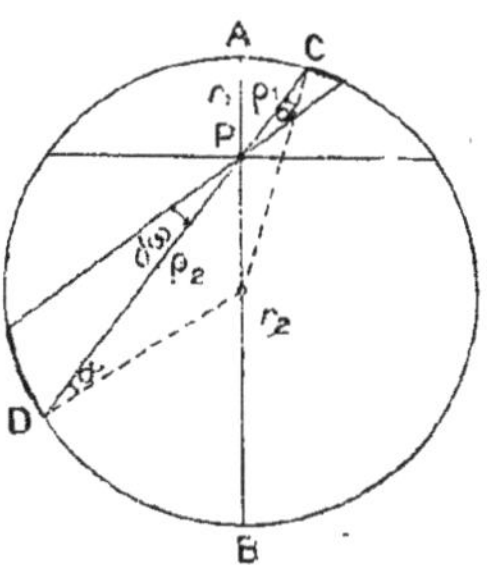

Fig. 829.

$$\frac{\rho_1^2 d\omega}{\cos\alpha}, \quad \text{et} \quad \frac{\rho_2^2 d\omega}{\cos\alpha}.$$

Les actions de ces éléments de surface, de densité électrique $\sigma$, sur la masse $+1$ placée en P, sont dirigées suivant l'axe du cône, et directement opposées; elles sont proportionnelles aux surfaces et ont pour valeurs

$$\frac{\sigma d\omega}{\cos\alpha}\rho_1^2\varphi(\rho_1) = \frac{\sigma d\omega}{\cos\alpha}\mathrm{F}(\rho_1), \quad \text{et} \quad \frac{\sigma d\omega}{\cos\alpha}\mathrm{F}(\rho_2).$$

Mais $\rho_1$ et $\rho_2$ sont nécessairement compris entre $r_1$ et $r_2$, et l'on a $\rho_2 > \rho_1$: donc, d'après l'hypothèse, $\mathrm{F}(\rho_2) > \mathrm{F}(\rho_1)$. — Le raisonnement qui précède s'applique à tous les éléments suivant lesquels on peut décomposer les deux zones, par des cônes d'ouverture infiniment petite ayant leur sommet en P. Toutes les actions des éléments de la zone inférieure l'emporteront donc sur les actions correspondantes des éléments de la zone supérieure. Par conséquent, le champ électrique en P ne serait pas nul, contrairement à l'expérience. Il faut donc, pour l'équilibre, que l'on ait :

$$\mathrm{F}(\rho_1) = \mathrm{F}(\rho_2) = \mathrm{K},$$

et alors

$$\varphi(r) = \frac{\mathrm{F}(r)}{r^2} = \frac{\mathrm{K}}{r^2};$$

c'est-à-dire que *les actions électriques doivent être en raison inverse des carrés des distances*, comme l'a trouvé Coulomb.

903. **Action d'une couche sphérique homogène sur une masse électrique placée à l'intérieur.** — En nous appuyant sur cette loi que le champ électrique, à l'intérieur d'un conducteur en équilibre, est nul, et sur ce fait que la distribution électrique sur une sphère conductrice est uniforme, nous venons d'établir la loi de Coulomb. — Inversement admettons la loi de Coulomb comme établie par l'expérience et cherchons à évaluer le champ dû à une couche sphérique homogène en un point à l'intérieur. Soit en P (fig. 829) une masse électrique $+1$ ; désignons par $\sigma$ la densité électrique de la couche sphérique homogène. Considérons un cône de sommet P, d'ouverture sphérique infiniment petite $d\omega$, qui découpe sur la sphère deux éléments C, D, de surfaces $ds_1$, $ds_2$ ; les actions des charges de ces éléments sur la masse $+1$ placée en P sont directement opposées : évaluons l'une d'elles. La force de répulsion ou d'attraction $f_1$ exercée par l'élément électrisé C est :

$$f_1 = \frac{\sigma ds_1}{\rho_1^2}, \qquad \text{mais} \qquad ds_1 = \frac{\rho_1^2 d\omega}{\cos\alpha}, \qquad \text{donc} \qquad f_1 = \frac{\sigma d\omega}{\cos\alpha};$$

on aurait, pour la force $f_2$ relative à l'élément D, la même expression. La couche sphérique homogène pouvant être découpée en une série d'éléments dans les actions en P se font équilibre, la résultante de toutes ces forces *est nulle*.

904. **Action d'une couche sphérique homogène sur une masse électrique placée à l'extérieur.** — Soit une couche de densité $\sigma$ répartie sur une sphère de rayon R, une masse $+1$ placée en P (fig. 830) à la distance $OP = D$ du centre O de la sphère.

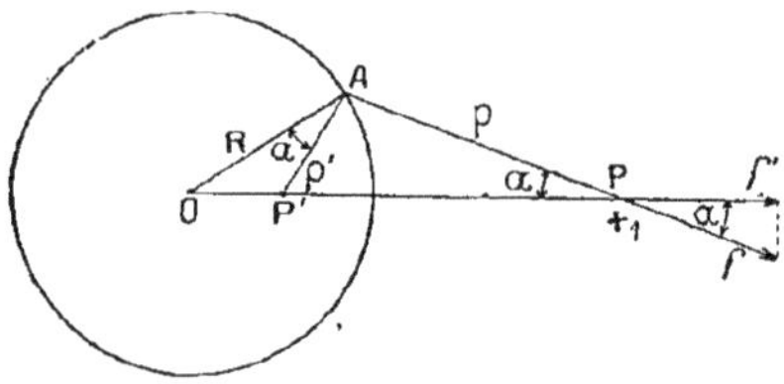

Fig. 830.

L'action de l'élément électrisé A de surface $ds$, et tel que $AP = \rho$, sur la masse $+1$ placée en P, est la force $f = \frac{\sigma ds}{\rho^2}$. Mais, par raison de symétrie, la résultante des forces $f$ est dirigée suivant OP et égale à la somme des projections $f'$ des forces $f$ sur OP ; on a

$$f' = f\cos\alpha = \frac{\sigma ds \cos\alpha}{\rho^2}.$$

Soit P′ le conjugué de P par rapport à la circonférence O ; posons $P'A = \rho'$ et désignons par $d\omega$ l'ouverture sphérique du cône ayant pour sommet P′ et pour base l'élément A ; les triangles OPA, OP′A étant semblables, comme ayant un angle commun O, compris entre côtés proportionnels $\left(\overline{OP} \times \overline{OP'} = \overline{OA}^2, \text{ d'où } \frac{OP}{OA} = \frac{OA}{OP'}\right)$, on a donc $\widehat{OAP'} = \widehat{OPA} = \alpha$, par suite :

$$ds = \frac{\rho'^2 d\omega}{\cos\alpha}, \qquad \text{et} \qquad f' = \sigma\frac{\rho'^2}{\rho^2}d\omega = \sigma\frac{R^2}{D^2}d\omega.$$

La résultante H des forces $f'$ est égale à leur somme. Désignons par Q la charge totale de la sphère O :

$$H = \Sigma f' = \Sigma\sigma\frac{R^2}{D^2}d\omega = \sigma\frac{R^2}{D^2}\Sigma d\omega = \frac{4\pi R^2\sigma}{D^2} = \frac{Q}{D^2}.$$

*L'action d'une couche sphérique homogène sur une masse électrique placée à l'extérieur est la même que si toute la masse était concentrée au centre de la sphère.*

905. **Action d'une couche annulaire homogène sur un point électrisé placé sur l'axe de l'anneau.** — Nous allons supposer d'abord que l'anneau est d'épaisseur infiniment petite.

Soit $\sigma$ la densité de la couche électrique; posons $OP = a$ (fig. 831), $OPA = \alpha$, $APA' = d\alpha$; nous avons :

$$OA \text{ ou } r = OP \operatorname{tg} \alpha = a \operatorname{tg} \alpha;$$

$$AA' \text{ ou } dr = \frac{a d\alpha}{\cos^2 \alpha},$$

la charge répartie sur l'anneau considéré est :

$$dQ = \sigma \,.\, 2\pi r dr = 2\pi\sigma a^2 \frac{\sin \alpha\, d\alpha}{\cos^3 \alpha};$$

cette charge est placée à une distance $PA = \frac{PO}{\cos \alpha} = \frac{a}{\cos \alpha}$ du point P et, d'autre part, si l'anneau était divisé en éléments, il faudrait additionner les projections $f'$, suivant OP, des forces élémentaires $f$ relatives à chaque élément. La résultante cherchée $dH$ a donc pour expression :

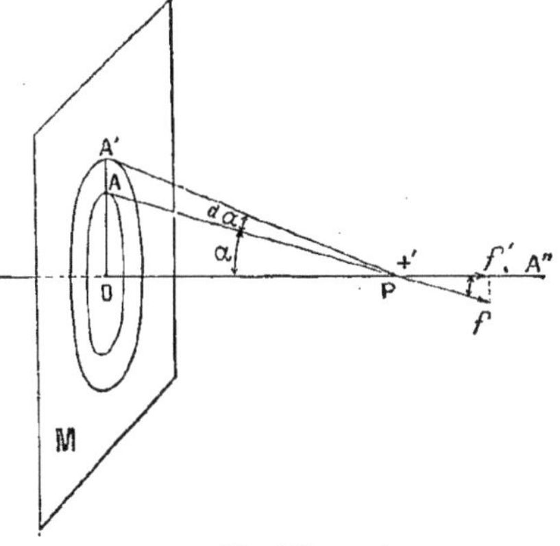

Fig. 831.

$$dH = 2\pi\sigma a^2 \frac{\sin \alpha\, d\alpha}{\cos^3 \alpha} \times \frac{1}{\frac{a^2}{\cos^2 \alpha}} \cos \alpha = 2\pi\sigma \sin \alpha\, d\alpha.$$

2° Pour un anneau tel que l'on ait $\widehat{OPA} = \alpha_0$, $\widehat{OPA'} = \alpha_1$, la résultante cherchée H serait :

$$H = \int_{\alpha_0}^{\alpha_1} 2\pi\sigma \sin \alpha\, d\alpha = 2\pi\sigma \int_{\alpha_0}^{\alpha_1} \sin \alpha\, d\alpha = 2\pi\sigma[-\cos \alpha]_{\alpha_0}^{\alpha_1} = 2\pi\sigma(\cos \alpha_0 - \cos \alpha_1).$$

906. **Action d'une couche plane homogène indéfinie sur un point électrisé placé à l'extérieur.** — Il suffit de découper le plan en une série d'anneaux concentriques, pour ramener le problème au précédent, et la valeur de H s'obtient en faisant $\alpha_0 = 0$, $\alpha_1 = 90°$; il vient :

$$H = 2\pi\sigma.$$

907. **Distribution électrique et influence électrique.** — Nous avons étudié la distribution et l'influence électriques uniquement par l'expérience (872 à 879); ces sujets peuvent être abordés par une autre méthode.

Le champ en un point à l'intérieur d'un conducteur en équilibre est nécessairement nul (867). A la démonstration expérimentale de ce fait nous pouvons joindre la démonstration théorique suivante : si en ce point il y avait de l'électricité, et si le champ n'y était pas nul, l'électricité serait entraînée, par conséquent le conducteur ne serait pas en équilibre électrique; s'il n'y avait pas d'électricité au point considéré, il s'y trouverait du fluide neutre qui, sous l'influence du champ, serait décomposé, l'électricité positive s'écoulant dans un sens, la négative dans l'autre; donc le conducteur ne serait pas encore en équilibre électrique.

Étant donné un conducteur ou un système de conducteurs ayant chacun une charge électrique déterminée, traiter le problème de la distribution ou de l'influence électrique, c'est chercher comment doivent être réparties les charges pour que le champ en tout point d'un conducteur quelconque soit nul. Ce problème est en général trop compliqué pour pouvoir être résolu.

## III. — CHAMP ÉLECTRIQUE

**908. Définitions. Dimensions du champ électrique en un point.** — Nous avons déjà eu l'occasion de définir le *champ électrique*, d'une manière générale, et le *champ électrique en un point* (876). Nous avons vu aussi que tout champ électrique était limité à la surface des conducteurs; cependant si un conducteur présente une cavité avec des corps électrisés, isolés, il y a champ électrique dans la cavité elle-même, mais le champ extérieur au conducteur et le champ de la cavité sont complètement indépendants l'un de l'autre (881). Il y a champ électrique seulement dans les diélectriques et à la surface des conducteurs.

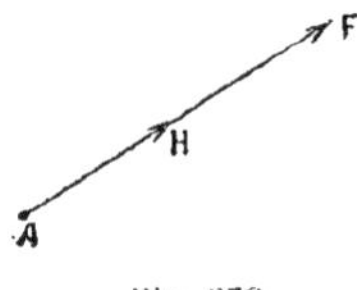

Fig. 832.

Soit H le champ électrique en un point A (fig. 832); ce champ est représenté par un vecteur : pour connaître le champ en un point, il ne suffit pas d'avoir sa grandeur, mais encore sa direction et son sens.

Plaçons en A une masse électrique $q$ : elle est soumise à l'action de la force

$$F = qH, \qquad \text{d'où} \qquad H = \frac{F}{q}.$$

Le champ en A est égal à l'*unité* (électrostatique C.G.S), si, plaçant en ce point une masse $+1$, elle tend à être entraînée par une force égale à une dyne.

Les dimensions du champ se déduisent immédiatement de la relation précédente

$$H = \frac{F}{q} = \frac{LMT^{-2}}{L^{\frac{3}{2}}M^{\frac{1}{2}}T^{-1}} = L^{-\frac{1}{2}}M^{\frac{1}{2}}T^{-1}.$$

*Remarque*. — Le champ en un point *n'est pas une force*.

**909. Lignes de force; tubes de force.** — Une *ligne de force* électrique est une ligne tangente, en chaque point, à la direction du champ en ce point : son *sens* est le même que celui du champ; la courbe C (fig. 833) est une ligne de force.

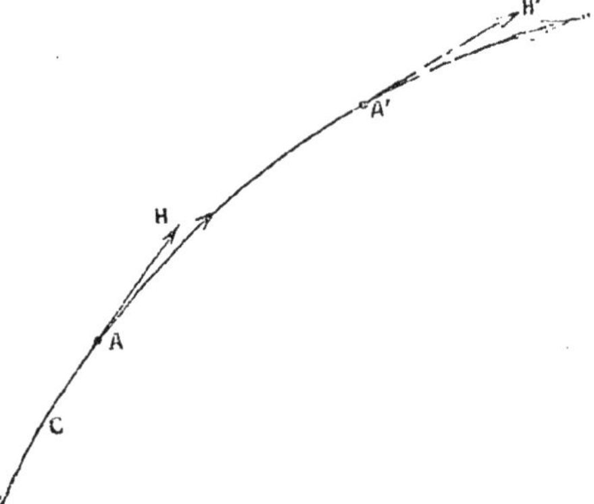

Fig. 833.

En chaque point de la surface d'un conducteur en équilibre électrique, le champ ne peut être que normal à la surface du conducteur (874); les lignes de force sortent *normalement* des conducteurs, ou y aboutissent *normalement*.

L'ensemble des lignes de force qui s'appuient sur un contour fermé C′ (fig. 834) constitue un *tube de force*.

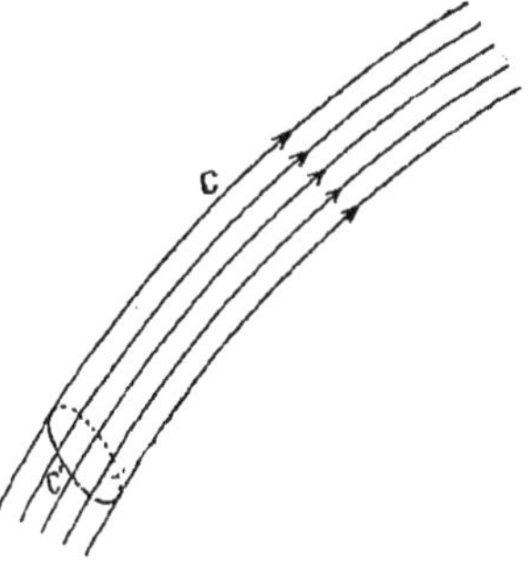


Fig. 834.

910. **Surfaces de niveau.** — On appelle *surface de niveau* les surfaces orthogonales aux lignes de force. Leur propriété caractéristique est que, si une masse électrique se meut sur une surface de niveau, le travail des forces électriques est constamment nul, puisque le déplacement est sans cesse normal à la force. — Il résulte de là que le travail dépensé pour faire passer une masse électrique quelconque d'une surface de niveau déterminée à une autre surface de niveau également déterminée, ne dépend ni du chemin parcouru, ni du point de départ, ni du point d'arrivée.

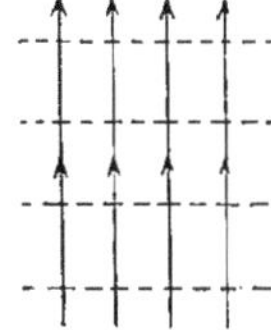

Fig. 835.

D'après ce qu'on a vu plus haut (909), au sujet de la direction des lignes de force à la surface d'un conducteur électrisé, toute surface conductrice est une surface de niveau.

911. **Représentation de quelques champs de force.** — 1° *Un champ uniforme en direction et sens* : Les lignes de force sont des droites parallèles et les surfaces de niveau des plans perpendiculaires aux lignes de force (fig. 835). Nous démontrerons (917) que, dans toute région de ce champ ne présentant pas de masses électriques, l'intensité du champ est constante;

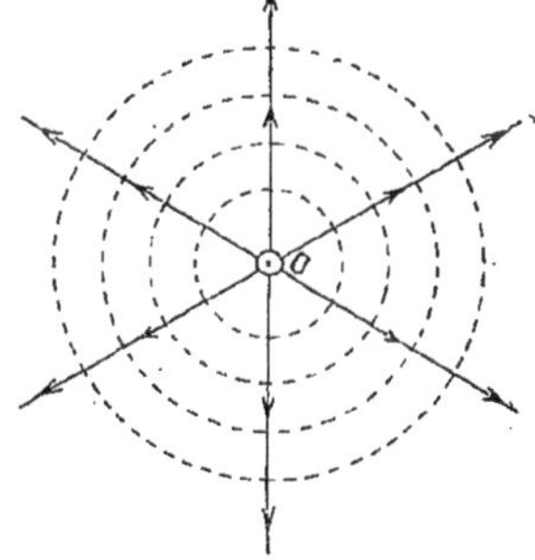


Fig. 836.

2° *Champ d'une masse électrique placée en un point.* — Les lignes de force sont des droites passant par le point électrisé O (fig. 836) et les surfaces de niveau des sphères ayant pour centre ce point. Les lignes de force partent du point si la masse électrique est positive, elles y aboutissent dans le cas contraire.

3° *Champ de deux masses électriques égales et de signes contraires.* — Soient les masses $+q$ et $-q$ placées en A et A′ (fig. 837); traçons les lignes de force situées dans le plan de la figure; ce sont des courbes fermées allant de A en A′, qui partent de A, aboutissent en A′; elles sont deux à deux symétriques par rapport à AA′; la perpendiculaire $Oy$ à AA′, passant par le milieu O de AA′, est un axe de symétrie pour les lignes de force.

Les surfaces de niveau ont pour méridiennes des courbes fermée autour de A ou de A′ ; ces courbes sont deux à deux symétriques pa rapport à $Oy$ qui est une méridienne particulière de ces surfaces.

4° *Champ de deux masses égales et de même signe.* — Soient les charge. $+q$, $+q$ placées en A et A′ (fig. 838) ; les lignes de force partent de

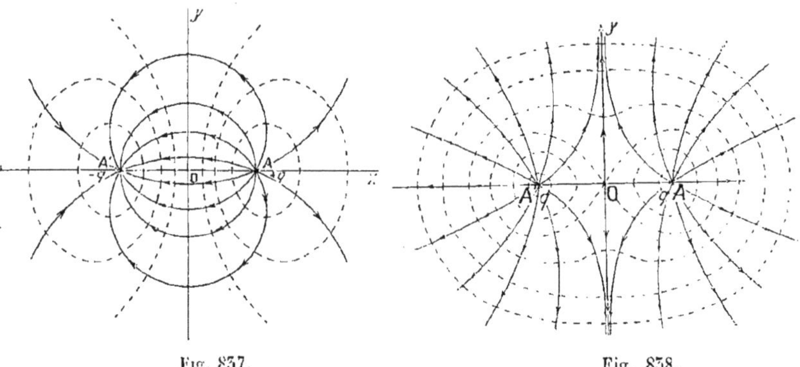

Fig. 837. Fig. 838.

et A′, elles sont deux à deux symétriques par rapport à AA′ et à la perpendiculaire $Oy$ à AA′ menée par le milieu O de AA′ ; $Oy$ est une ligne de force particulière.

Les surfaces de niveau ont des méridiennes symétriques par rapport à AA′. Ces méridiennes sont partagées en deux groupes : les unes entourent à la fois A et A′ ; à la limite nous avons celle passant par O ; elles sont symétriques par rapport à $Oy$ ; les autres entourent A ou A′ et sont symétriques deux à deux par rapport à $Oy$. Nous apprendrons (926) à déterminer les équations de ces courbes.

912. **Flux de force à travers un élément de surface.** — On appelle *flux de force* traversant un élément superficiel $\Delta s$ (fig. 839) quelconque, tracé dans un champ de force, le produit de l'élément $\Delta s$ par la composante du champ, normale à cet élément. Si H est le champ en un point de $\Delta s$, et $\alpha$ l'angle que H fait avec la normale à l'élément, le flux de force est $\Delta s \, H \cos \alpha$ ; si l'on pose $H \cos \alpha = H_n$, l'expression du flux devient $H_n \, \Delta s$. — Si l'on remarque, d'autre part, que $\Delta s \cos \alpha$ est la projection $\Delta \sigma$ de l'élément $\Delta s$ sur la surface de niveau correspondante, on peut encore dire que le flux de force d'un élément de surface est le produit $H \Delta \sigma$ de l'intensité du champ par la projection de l'élément de surface considéré sur la surface de niveau qui passe par le centre de cet élément.

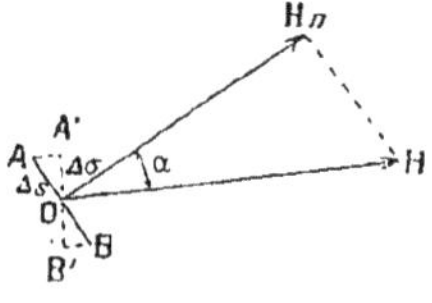


Fig. 839.

*Remarque I.* — Le flux qui traverse un élément ne peut être nul que si le champ est nul, ou si le champ est tangent à l'élément.

*Remarque II.* — Lorsque $\Delta s$ fait partie d'une surface fermée, on fixe un sens positif sur la normale, celui de l'*intérieur à l'extérieur*, alors $\alpha$ est parfaitement déterminé, le flux de force est affecté d'un signe ; la somme de ces flux élémentaires est le flux *sortant* de la surface fermée considérée.

913. **Conservation du flux de force, dans l'intérieur d'un tube de force électrique de forme conique.** — Dans le cas d'une masse agissante unique, réduite à un point, les tubes de force sont des cônes ayant leur sommet en ce point, et les surfaces de niveau sont des sphères ayant ce même point pour centre.

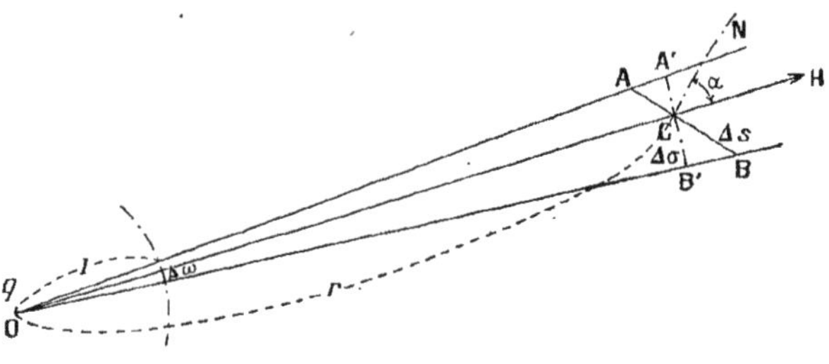

Fig. 840.

Considérons un tube de force, d'une ouverture sphérique très petite $\Delta\omega$ ; soit AB (fig. 840) une section de ce tube de force ; évaluons le flux $\Delta\Phi$ qui traverse l'élément AB. Par définition

$$\Delta\Phi = H . \Delta s \cos \alpha .$$

Or $H = \frac{q}{r^2}$; d'autre part l'élément $\Delta s \cos \alpha$ est la projection de l'élément AB sur un plan perpendiculaire à OC ; c'est, à un infiniment petit du second ordre près, la section A'B' du cône par un plan normal à OC ou par la sphère de rayon $OC = r$ ; appelons $\Delta\sigma$ la surface de cette section :

$$\Delta s \cos \alpha = \Delta\sigma = r^2 \Delta\omega ,$$

donc

$$\Delta\Phi = \frac{q}{r^2} r^2 \Delta\omega = q\,\Delta\omega ,$$

et pour un cône d'ouverture finie $\omega$ :

$$\Phi = \Sigma\Delta\Phi = \Sigma q \Delta\omega = q \Sigma \Delta\omega = q\omega .$$

*Lorsque le champ est dû à un point électrisé, le flux de force qui traverse une section quelconque d'un tube de force est égal au produit de la masse électrique par l'ouverture sphérique du tube de force ; il est donc constant.*

914. **Théorème de Gauss.** — *Le flux de force sortant d'une surface fermée est égal au produit par $4\pi$ de la somme algébrique des masses électriques situées à l'intérieur de la surface.*

Nous allons distinguer deux cas :

1° *Le champ est dû à une masse unique.*

Ce cas se subdivise lui-même en deux autres.

$\alpha$). *Le point électrisé est à l'extérieur de la surface fermée.* — Soit O le point électrisé (fig. 841). Une droite quelconque, menée par O et rencontrant la surface S, la traverse nécessairement un nombre *pair* de fois ; par exemple, la droite OAA′ rencontre la surface aux deux points A, A′. Considérons un cône élémentaire de sommet O, admettant OA pour génératrice ; il découpe sur la surface deux éléments AB, A′B′ ; soient $\Delta\Phi$ et $\Delta\Phi'$ les flux sortant de la surface par ces éléments ; d'après le théorème précédent (915) on a $(\Delta\Phi) = (\Delta\Phi')$. Mais pour $q > 0$ on a $\Delta\Phi < 0$, car $\alpha > \frac{\pi}{2}$, $\Delta\Phi' > 0$, car $\alpha' < \frac{\pi}{2}$, donc

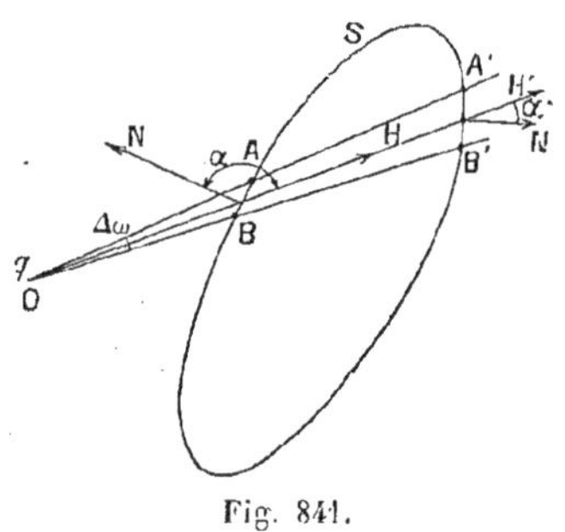

Fig. 841.

$$\Delta\Phi + \Delta\Phi' = 0.$$

Dans le cas de $q < 0$ on établirait sans plus de difficulté la même relation.

On peut découper la surface S en une infinité d'éléments se correspondant, AB, A′B′, tels que les flux sortant par ces éléments soient deux à deux égaux et de signes contraires : le flux sortant total est donc *nul*.

$\beta$). *Le point électrisé est à l'intérieur de la surface.* — Soit O (fig. 842) ce point : une droite menée par O, et d'un seul côté, rencontre la surface un nombre *impair* de fois ; par exemple la droite OA traverse la surface une fois. Le cône élémentaire AOB découpe l'élément de surface AB, par lequel *sort* un flux élémentaire $\Delta\Phi$ donné en grandeur et signe par l'expression

$$\Delta\Phi = q \,.\, \Delta\omega.$$

Or, pour obtenir le flux total, nous menons une infinité de cônes élémentaires de sommet O, occupant tout l'angle solide autour de O, et l'on a

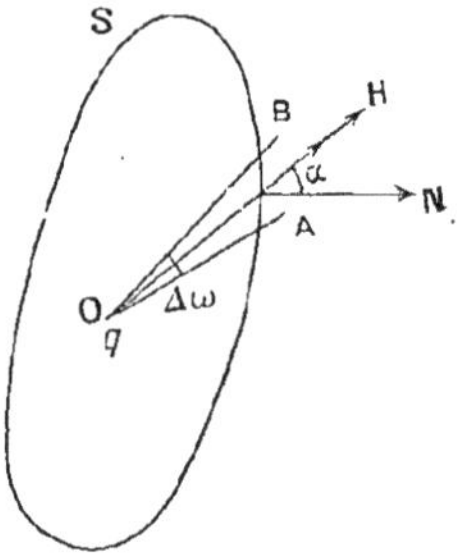

$$\Phi = \Sigma\Delta\Phi = \Sigma q \,.\, \Delta\omega = q\Sigma\Delta\omega = 4\pi q.$$

Fig. 842.

2° *Le champ est dû à un nombre quelconque de masses électriques.* — Soient les masses extérieures $q_1, q_2, q_3 \ldots$, produisant en C (fig. 843) les champs $H_1, H_2, H_3 \ldots$ ; les masses intérieures $q'_1, q'_2, q'_3 \ldots$ donnant en C les champs $H'_1, H'_2, H'_3 \ldots$ ; désignons par H le champ résultant en C, par $\alpha_1, \alpha_2, \alpha_3 \ldots, \alpha'_1, \alpha'_2, \alpha'_3 \ldots$, et $\alpha$ les angles respectifs des différents champs énumérés avec la direction positive de la normale en C ; d'après un théorème de mécanique :

$$H \cos\alpha = H_1 \cos\alpha_1 + H_2 \cos\alpha_2 + \ldots + H'_1 \cos\alpha'_1 + H'_2 \cos\alpha'_2 + \ldots ;$$

soit $\Delta s$ la surface de l'élément AB; multiplions les deux nombres de l'égalité précédente par $\Delta s$ :

$$H\Delta s \cos \alpha = H_1 \Delta s \cos \alpha_1 + \ldots + H'_1 \Delta s \cos \alpha'_1 + \ldots,$$

d'où la proposition suivante : *le flux sortant par l'élément* AB *est égal à la somme algébrique des flux sortant par cet élément et dus séparément aux différentes masses constituant le champ.*

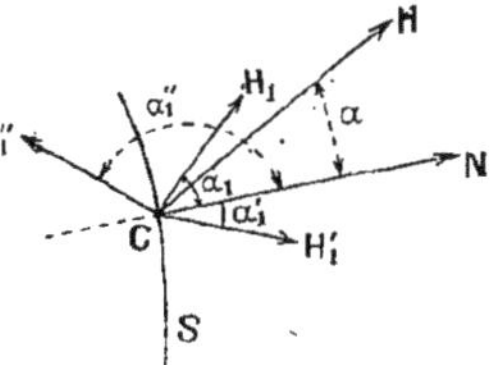

Fig. 843.

En faisant la somme pour tous les éléments, nous arrivons à la même proposition pour le flux sortant par la surface entière; désignons par $\Phi$ ce flux, par $\Phi_e$ la somme des flux dus aux masses extérieures, et par $\Phi_i$ la somme des flux dus aux masses intérieures :

$$\Phi = \Phi_e + \Phi_i;$$

mais

$$\Phi_e = 0, \qquad \Phi_i = 4\pi(q'_1 + q'_2 + \ldots) = 4\pi Q_i,$$

donc

$$\Phi = 4\pi Q_i$$

ce qui est la traduction algébrique du théorème de Gauss.

*Remarque.* — Nous avons supposé qu'il n'y avait pas de masse électrique sur la surface fermée S.

915. **Théorème de Coulomb.** — *Le champ en un point infiniment voisin de la surface d'un conducteur et* **à l'extérieur**, *est égal au produit par* $4\pi$ *de la densité électrique* $\sigma$ *dans le voisinage du point considéré.*

Menons le tube de force qui passe par le contour de l'élément AB (fig. 844) de la surface du conducteur; limitons-le par un élément A'B' parallèle, de même surface $\Delta s$ par conséquent; enfin, considérons à l'intérieur du conducteur une surface AMB. Appliquons à la surface fermée AMBB'A'A le théorème de Gauss et, pour cela, désignons par H le champ en un point de A'B'. Ce champ étant normal à AB, par suite à A'B', le flux qui sort par A'B' est $H\Delta s$; celui qui sort par la surface latérale du cylindre est nul, le champ en chaque point étant tangent à la surface; le flux qui sort par AMB est nul, le champ étant nul en chaque point de AMB (867); la somme des masses électriques situées à l'intérieur de la surface est $\sigma\Delta s$, et il n'y a point de masse électrique sur la surface, donc (914)

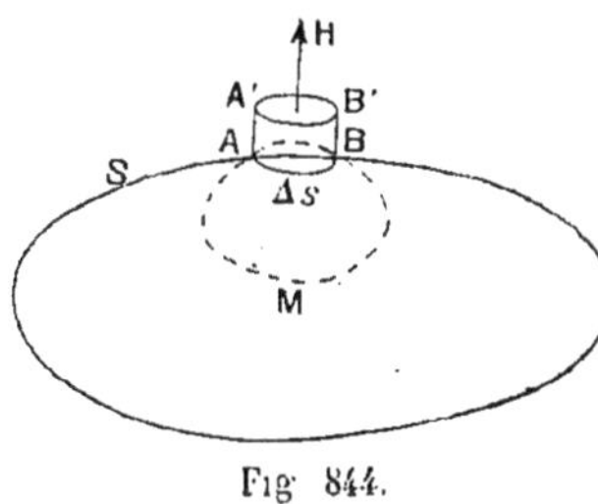

Fig. 844.

$$H\Delta s = 4\pi\sigma\Delta s, \quad \text{d'où} \quad H = 4\pi\sigma.$$

916. **Propriété des tubes de force.** — Soient AB, A'B' (fig. 845) deux sections d'un tube de force; appliquons à la surface fermée ABB'A'A le théorème de Gauss, en supposant qu'il n'y ait point de masse électrique à l'intérieur de cette surface ni sur cette surface. Désignons par $\Phi_1$ et $\Phi'$ les flux qui sortent par AB et A'B'; le flux qui sort par les faces latérales du tube de force est nul, puisqu'en chaque point le champ est tangent à la surface; d'après le théorème de Gauss :

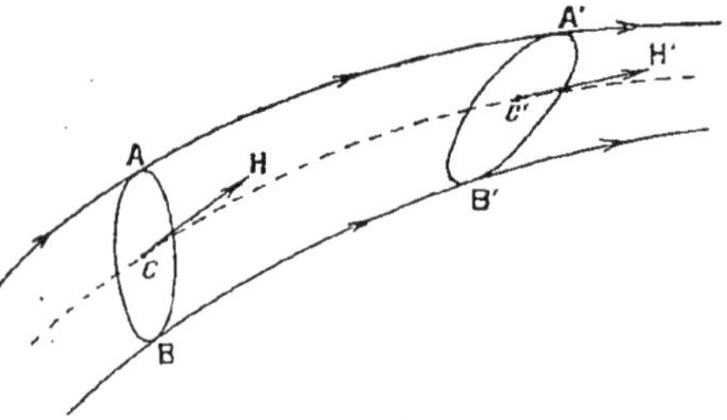

Fig. 845.

$$\Phi_1 + \Phi' = 4\pi Q_i = 0;$$

mais le flux $\Phi_1$ qui sort par AB est égal et de signe contraire au flux $\Phi$ qui entre par AB, donc

$$-\Phi + \Phi' = 0, \quad \text{ou} \quad \Phi = \Phi',$$

par suite, avec les restrictions indiquées, *les flux de force qui traversent deux sections quelconques d'un même tube de force, dans le même sens, sont égaux.*

*Remarque.* — On peut comparer le flux de force qui traverse une surface au volume du liquide qui traverse par seconde une surface découpée dans un cours d'eau, le vecteur champ étant remplacé par le vecteur vitesse. Le cas du flux de force qui se conserve correspond à une canalisation étanche; si la portion du tube de force comprise entre AB et A'B' contenait une masse totale positive, on aurait $\Phi' > \Phi$ : la canalisation aurait reçu du liquide par les parois; dans le cas d'une charge totale négative comprise à l'intérieur de ABB'A', on aurait $\Phi' < \Phi$ : la canalisation non étanche aurait laissé échapper du liquide par les parois.

917. **Champ uniforme.** Théorème. — *Lorsqu'un champ électrique est constant en direction et sens, il est aussi constant en grandeur, pourvu qu'il n'y ait point de masse électrique dans l'espace considéré.*

Un tube de force est alors un cylindre; considérons deux sections droites S et S' d'un même tube de force (fig. 846); soient $\Delta s$ leur grandeur commune, H et H' les champs relatifs à ces sections. D'après le théorème précédent

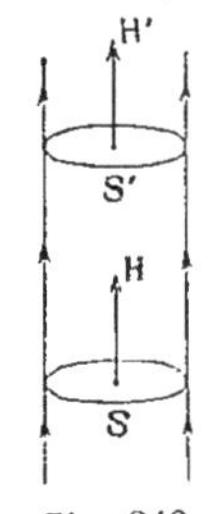

Fig. 846

$$H\Delta s = H'\Delta s, \qquad \text{d'où} \qquad H = H'.$$

Le long d'une même ligne de force le champ est donc *constant.* Nous verrons bientôt (928) que si deux surfaces de niveau infiniment voisines sont parallèles, le champ est constant pour tous les points d'une même surface de niveau; par suite, dans le cas considéré, il est constant pour tout l'espace.

918. **Représentation complète d'un champ électrique.** — Soient deux sections droites AB et A'B' (fig. 847) d'un tube de force, $s$ et $s'$ les surfaces

correspondantes, H et H′ les champs pour ces sections, nous savons que (916)

$$Hs = H's'.$$

Prenons d'une manière régulière, sur $s$, N points par unité de surface, et par ces points menons des lignes de force : il y en a $Ns$ qui rencontrent toutes la section A′B′ : soit N′ le nombre des points d'intersection de ces lignes avec A′B′, par unité de surface; il y en a donc $N's'$, et par suite

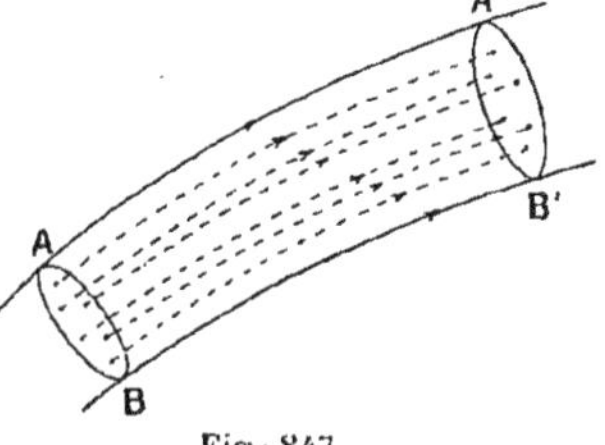

Fig. 847.

$$Ns = N's'; \quad \text{d'autre part} \quad Hs = H's'.$$

Si l'on a fait $H = N$, nécessairement $H' = N'$. On aura donc la valeur du champ en prenant un élément normal aux lignes de force, d'une surface égale à l'unité, et en cherchant le nombre de points de rencontre de cet élément avec les lignes de force tracées. Dans le cas où le champ est dû à un conducteur électrisé, par chaque unité de surface du conducteur, on mènera un nombre de lignes de force égal à $4\pi\sigma$. Ce mode de représentation a été indiqué par Faraday.

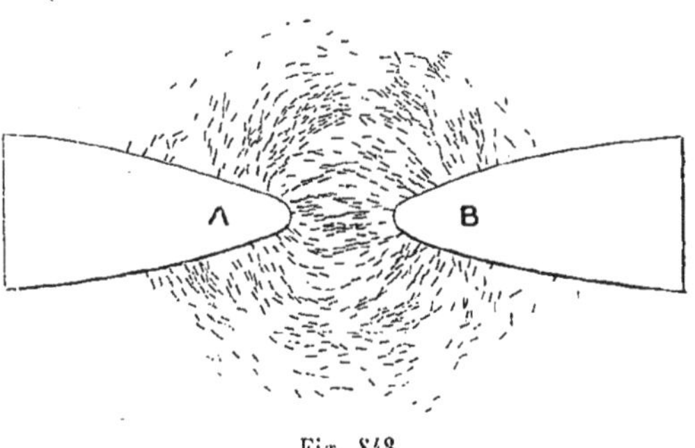

Fig. 848

Une expérience simple permet de matérialiser les lignes de force d'un champ, c'est-à-dire d'obtenir ce qu'on appelle un *spectre électrique*. — On colle deux feuilles d'étain A et B (fig. 848) sur une plaque de verre et on les électrise en les mettant en communication avec les pôles d'une machine électrique. On saupoudre la plaque avec des crins de brosse, coupés en petits fragments, et l'on obtient les lignes de force du plan de la surface du verre. La figure 848 est la réduction d'une photographie directe obtenue sur une feuille de papier sensible, placée sous la plaque de verre dans ces conditions.

919. **Pression électrostatique.** Théorème. — *En un point de la surface d'un conducteur où la densité électrique est $\sigma$, la pression électrostatique est $2\pi\sigma^2$.*

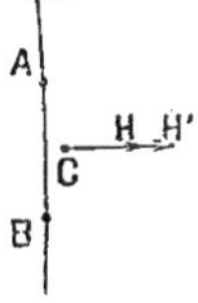

Fig. 849.

La masse +1 placée en C (fig. 849), point infiniment voisin de l'élément AB et à l'extérieur du conducteur, est soumise au champ H′ dû à la charge de l'élément AB et au champ H dû aux masses électriques réparties sur le reste de la surface. D'après le théorème de Coulomb (915),

$$H + H' = 4\pi\sigma. \tag{1}$$

Prenons le point C′ (fig. 850) symétrique de C par rapport à AB. Le champ en C′ se compose encore des champs H′ et H dus respectivement aux charges de l'élément AB et du reste de la surface, mais ces champs sont directement opposés et nous savons (867) que leur résultante est nulle; nous avons donc :

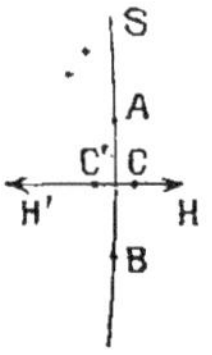

$$\text{(2)} \qquad H - H' = 0.$$

Des équations (1) et (2) nous tirons, résultat très important :

$$H = 2\pi\sigma.$$

Fig. 850.

La charge de l'élément $\Delta s$ est soumise à l'action du champ H; elle tend donc à être entraînée par la force

$$\Delta F = H.\sigma\Delta s = 2\pi\sigma^2\Delta s.$$

Or, par définition (874), la pression électrostatique

$$\varpi = \frac{\Delta F}{\Delta s}; \qquad \text{donc} \qquad \varpi = 2\pi\sigma^2$$

Lorsque la densité $\sigma$ croît suffisamment, la pression électrostatique arrive à vaincre la résistance des diélectriques, d'où le pouvoir des pointes (875).

*Autre démonstration.* — Supposons que la couche électrique ait une certaine épaisseur et soit ABB′A′ (fig. 851) celle qui recouvre l'élément AB de surface $s$, et située à l'intérieur d'un cylindre normal à l'élément. Menons en CD et C′D′ deux surfaces parallèles à AB et infiniment voisines, désignons par $\Delta q$ la masse électrique comprise entre elles, par $q$ celle qui se trouve entre AB et CD et enfin par Q la masse totale qui recouvre l'élément considéré. Cherchons la valeur H du champ en un point de CD; pour cela nous menons la surface AMB intérieure au conducteur et, en raisonnant comme dans le cas du théorème de Coulomb (915), nous trouvons

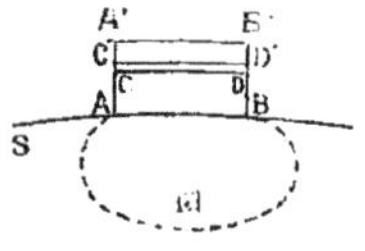

Fig. 851.

$$Hs = 4\pi q; \qquad \text{d'où} \qquad H = \frac{4\pi q}{s}.$$

La tranche électrique CDD′C′ tend donc à être entraînée par la force

$$\Delta F = H\Delta q = \frac{4\pi}{s} q\Delta q,$$

et pour toute la masse électrique correspondant à l'élément AB, la force de pression électrostatique est

$$F = \Sigma\,\Delta F = \frac{4\pi}{s}\Sigma\, q\Delta q = \frac{4\pi}{s}\cdot\frac{Q^2}{2} = 2\pi\frac{Q^2}{s};$$

Par définition la pression électrostatique

$$\varpi = \frac{F}{s}\ ; \qquad \text{donc} \qquad \varpi = 2\pi\frac{Q^2}{s^2} = 2\pi\sigma^2.$$

*Dimensions de la pression électrostatique.* — Puisque $\varpi = \frac{\Delta F}{\Delta s}$, les dimensions de la pression électrostatique sont celles d'une pression

$$\varpi = L^{-1}MT^{-2}.$$

On pourrait aussi les calculer en fonction des dimensions de $\sigma$.

920. **Éléments correspondants.** — Considérons un tube de force dont la surface découpe sur deux conducteurs, deux éléments AB, A'B' (fig. 852) qui sont dits *éléments correspondants*, et supposons qu'il n'y ait aucune charge électrique à l'intérieur ou sur la surface du tube de force dont il s'agit; par les contours des éléments AB et A'B', menons à l'intérieur des conducteurs les surfaces AMB, A'M'B', appliquons à la surface fermée totale AMB B'M'A'A le théorème de Gauss ; le flux sortant par la surface du tube de force est nul, le champ étant tangent à cette surface en chaque point ; le flux sortant par AMB ou A'M'B' est également nul, car le champ est égal à 0 en chaque point de ces surfaces (867); par conséquent, si $q$ et $q'$ représentent les charges respectives des éléments AB et A'B', on a :

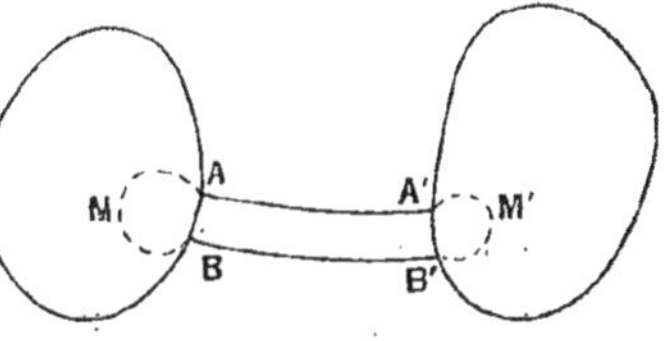

Fig. 852.

$$0 = 4\pi(q + q'), \qquad \text{ou} \qquad q + q' = 0.$$

*Les charges de deux éléments correspondants sont égales et de signes contraires* (avec les restrictions imposées).

921. **Théorème de Faraday.** — A l'intérieur d'un conducteur creux C (fig. 853) à l'état neutre, introduisons des corps électrisés A, B,... dont la charge totale est égale à Q ; ils développent, par influence, sur les parois intérieure et extérieure de C, deux charges égales et de signes contraires : $-Q'$ et $+Q'$.

A l'intérieur du conducteur C, traçons une surface fermée $\Sigma$, à laquelle nous allons appliquer le théorème de Gauss. Le champ, en chaque point de cette surface est nul (880), par suite, le flux total sortant est nul ; nous avons donc :

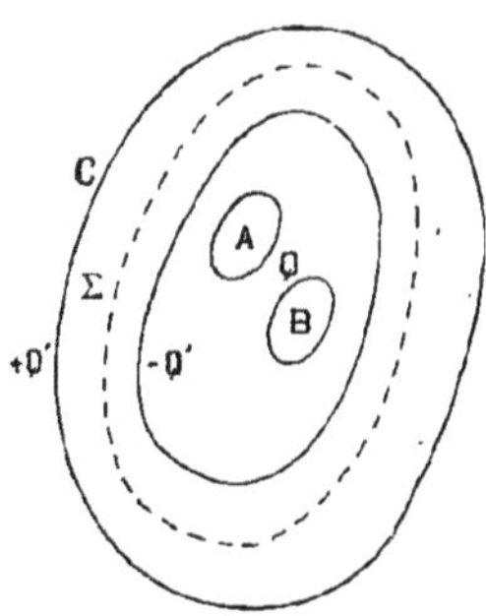

Fig. 853.

$$0 = 4\pi(Q - Q'), \qquad \text{d'où} \qquad Q' = Q$$

*La charge induite sur la surface intérieure d'un conducteur creux, par des charges inductrices placées à l'intérieur de ce conducteur, est égale à la somme des charges inductrices changée de signe.*

Considérons, par exemple, le cas d'un seul inducteur A (fig. 854) électrisé positivement : les lignes de force qui sont issues de A aboutissent à la paroi intérieure de C et découpent sur les surfaces en regard de A et de C,

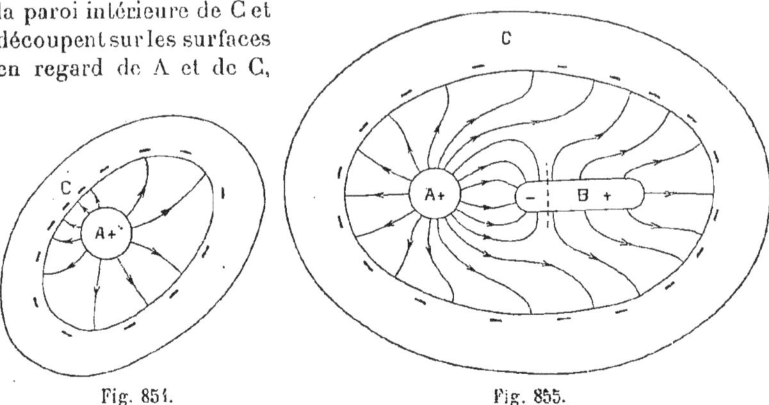


Fig. 854. Fig. 855.

des éléments correspondants : les charges de A et C sont donc bien égales et de signes contraires (877).

Dans le cas où, à l'intérieur de C (fig. 855) sont placés A et un corps neutre isolé B, une partie des lignes de force de A aboutit à B, mais des lignes de force partent aussi de B pour aboutir à C. Si $q$ est la valeur absolue de la charge des surfaces correspondantes de A et B, c'est aussi la valeur absolue de la charge des surfaces correspondantes de B et de C, puisque les charges de B sont égales et de signes contraires ; il en résulte encore que la charge de A est égale et de signe contraire à la charge intérieure totale de C.

922. **Application du théorème de Gauss : champ d'une couche sphérique homogène.** Nous avons déjà traité ce problème en appliquant la loi de Coulomb (903, 904). Le théorème de Gauss nous en donne une solution beaucoup plus simple.

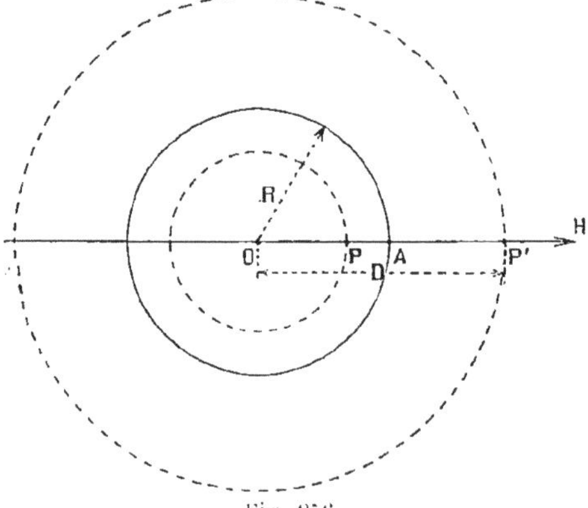


Fig. 856.

Désignons par Q la charge de la sphère de rayon R.

1° *Le point est à l'intérieur.* — Soit le point P (fig. 856). Par raison de symétrie, le champ H est nécessairement dirigé suivant OP. Considérons la sphère de centre O, de rayon OP et appliquons le théorème de Gauss à cette surface :

$$4\pi \overline{OP}^2 \, H = 0, \quad \text{d'où} \quad H = 0.$$

*Le champ est nul en tout point à l'intérieur* (905).

2° *Le point est à l'extérieur.* — Soit P′ (fig. 856) ce point, tel que OP′ = D ; le champ H, en P′, est orienté suivant OP′ par raison de symétrie. Appliquons le théorème de Gauss à la sphère de centre O, de rayon OP′ :

$$4\pi D^2 . H = 4\pi Q, \qquad \text{d'où} \qquad H = \frac{Q}{D^2}.$$

*Pour un point à l'extérieur, le champ est le même que si toute la masse était concentrée au centre* (904).

*Cas particulier : le point est sur la surface.* — Nous avons établi (919) que, pour un point de la surface d'un conducteur,

$$H = 2\pi\sigma.$$

Il y a donc *discontinuité* au point de vue du champ, quand on passe de l'intérieur du conducteur à la surface même, et de la surface à l'extérieur.

## IV. — POTENTIEL ÉLECTRIQUE

923. **Recherche de la fonction potentielle.** — Lorsqu'on fait passer la masse + 1 d'électricité d'un point A à un point B d'un champ électrique, le travail ne peut dépendre que des positions des points A et B dans le champ (441) ; il existe donc une fonction des coordonnées de ces points dont la variation, quand on passe de A à B, représente le travail des forces électriques pendant le déplacement de la charge + 1 de A à B (440) ; nous allons le démontrer directement. Cette fonction est appelée le *potentiel* électrique du champ considéré. Nous allons envisager deux cas :

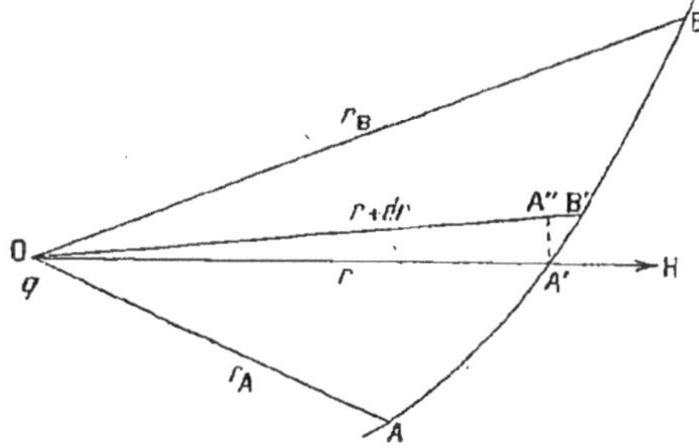

Fig. 857.

1° *Le champ est dû à une seule masse électrique.* — Soit en O (fig. 857), la masse $+q$ et supposons qu'on déplace la masse + 1 de A à B. Évaluons le travail élémentaire $d$W du champ pour le déplacement infiniment petit A′B′ et posons OA′ $= r$, OB′ $= r + dr$, OA $= r_A$, OB $= r_B$. De O comme centre, menons la circonférence de rayon $r$ qui coupe OB′ en A″ ; A″B′ $= dr$, et cette grandeur A″B′ peut être considérée comme la projection du chemin parcouru sur la direction de la force H, donc

$$dW = H dr = \frac{q}{r^2} dr,$$

d'où :

$$W_A^B = \int_A^B \frac{q}{r^2} dr = \left(-\frac{q}{r}\right)_A^B = \frac{q}{r_A} - \frac{q}{r_B}.$$

Posons

$$V = \frac{q}{r} + C, \text{ (C constante)};$$

nous avons

$$V_A - V_B = \left(\frac{q}{r_A} + C\right) - \left(\frac{q}{r_B} + C\right) = \frac{q}{r_A} - \frac{q}{r_B} = W_A^B.$$

V est donc le *potentiel* du champ. Cette fonction n'est déterminée qu'à une constante près. On fait habituellement $C = 0$, ce qui consiste à considérer comme nul le potentiel pour un point situé à l'infini.

2° *Le champ est dû à un nombre quelconque de masses électriques.*

Soient les masses $q_1$, $q_2$, $q_3$... placées respectivement aux distances $r_{1,A}$, $r_{2,A}$... $r_{1,B}$, $r_{2,B}$... des points A et B. Le travail du champ résultant est égal à la somme algébrique des travaux des champs composants : donc, pour le transport de la masse $+1$ de A à B, on a, en s'appuyant sur le résultat précédent :

$$W_A^B = \left(\frac{q_1}{r_{1,A}} - \frac{q_1}{r_{1,B}}\right) + \left(\frac{q_2}{r_{2,A}} - \frac{q_2}{r_{2,B}}\right) + \cdots = \Sigma\left(\frac{q}{r_A} - \frac{q}{r_B}\right) = \Sigma\frac{q}{r_A} - \Sigma\frac{q}{r_B},$$

la fonction potentielle est donc :

$$V = \Sigma\frac{q}{r} + C, \text{ (C constante)};$$

on fait encore généralement $C = 0$.

924. **Potentiel en un point.** — *Le potentiel en un point* A (ou *voltage* en A) est la quantité $V = \Sigma\frac{q}{r_A}$ ; si l'on transporte la masse $+1$ du point considéré à l'infini :

$$W_A^\infty = \Sigma\frac{q}{r_A} - \Sigma\frac{q}{\infty} = \Sigma\frac{q}{r_A} = V.$$

*Le potentiel en un point est une grandeur représentée par le même nombre que le travail accompli par les forces électriques pendant le transport de la masse $+1$ du point considéré à l'infini.* Mais le potentiel n'est pas un travail ; ainsi, les dimensions du potentiel sont données par la relation suivante :

$$V = \frac{q}{r} = \frac{L^{\frac{3}{2}} M^{\frac{1}{2}} T^{-1}}{L} = L^{\frac{1}{2}} M^{\frac{1}{2}} T^{-1};$$

ces dimensions ne sont pas celles du travail.

*Unité électrostatique C.G.S. de potentiel. — Le potentiel en un point sera l'unité C.G.S. électrostatique, si le travail accompli par les forces électriques agissant sur la masse $+1$ (C.G.S. électrostatique), pendant son transport du point considéré à l'infini, est égal à 1 erg.*

Si, au lieu de transporter la masse $+1$ du point considéré à l'infini, on transporte la masse Q, le travail électrique accompli est évidemment Q fois plus considérable, puisque la force n'est plus H (H champ total), mais QH ; donc

$$W = QV. \quad (1)$$

*Unité pratique de potentiel : volt.* — L'unité pratique C.G.S. de travail est le joule qui vaut $10^7$ ergs ; l'unité pratique de quantité d'électricité est le coulomb qui vaut $3 \times 10^9$ C. G. S. électrostatique ; l'unité pratique de potentiel correspond évidemment au joule et au coulomb : c'est le *volt*.

*Le potentiel en un point est égal à un volt, si le travail accompli par les forces électriques agissant sur une masse de 1 coulomb, pendant son transport du point considéré à l'infini, est égal à un joule.* D'après la relation (1), on a :

$$1 \text{ joule} = 1 \text{ coulomb} \times 1 \text{ volt}, \qquad \text{d'où} \qquad 1 \text{ volt} = \frac{1 \text{ joule}}{1 \text{ coulomb}}.$$

Si nous exprimons le joule et le coulomb en C.G.S., nous avons le volt en C. G. S.

$$1 \text{ volt} = \frac{10^7 \text{ C.G.S.}}{3 \times 10^9 \text{ C.G.S.}} = \frac{1}{300} \text{ C.G.S.}$$

*Autre définition du potentiel.* — Le potentiel en un point est encore égal au travail de la force électrique pendant le transport de la masse $+1$ du point considéré au *sol*. En effet, pour transporter cette masse du point A (fig. 858) à l'infini, nous pouvons d'abord aller de A au point B du sol, et à travers la terre, de B au point diamétralement opposé C, enfin de C à l'infini ; nous avons :

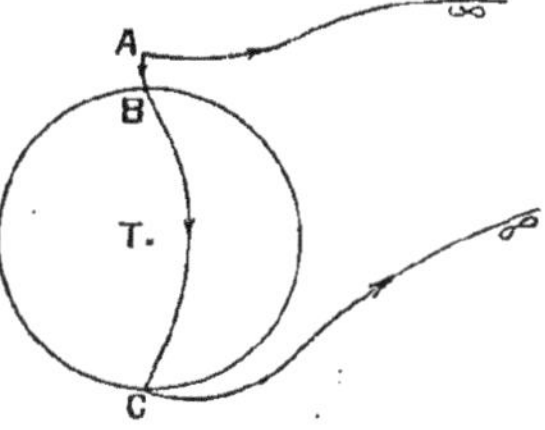

Fig. 858.

$$V_A = W_A^\infty = W_A^B + W_B^C + W_C^\infty ; \quad (1)$$

or, $W_B^C = 0$, car, la terre étant conductrice, le champ est nul en chacun de ses points ; d'autre part $W_C^\infty = V_C = \Sigma \frac{q}{r_C}$. Or le point C étant à une distance des masses qui créent le champ électrique, de l'ordre du diamètre terrestre, c'est-à-dire de 12 700 kilomètres environ, $\Sigma \frac{q}{r_C}$, c'est-à-dire $W_C^\infty$, est négligeable par rapport aux autres termes de l'égalité (1) ; on a donc :

$$V_A = W_A^B \text{ (B point du sol).}$$

925. **Expression du travail électrique.** — Soit à transporter la masse Q du point A au point B, pour lesquels les potentiels sont respectivement $V_A$ et $V_B$ ; désignons par $W_A^B$ le travail des forces électriques pendant ce déplacement. Supposons que nous déplacions la masse Q du point A à l'infini (ou au sol), en passant par le point B, nous avons :

$$W_A^B + W_B^\infty = W_A^\infty, \qquad \text{ou} \qquad W_A^B + QV_B = QV_A,$$

d'où

$$W_A^B = Q(V_A - V_B).$$

926. **Surfaces équipotentielles.** — Une surface équipotentielle est définie par l'équation

$$V = C^{te}.$$

Soit à transporter la masse +1 du point A (fig. 859) à un point infiniment voisin B d'une surface équipotentielle : le travail correspondant

$$W_A^B = V_A - V_B = 0;$$

ce travail étant nul, c'est que le champ H est perpendiculaire au déplacement AB : il en est ainsi quelle que soit la position de B, donc H est perpendiculaire à tout chemin situé dans S et passant par A, H est normal à la surface équipotentielle, qui est donc confondue avec une surface de niveau (910).

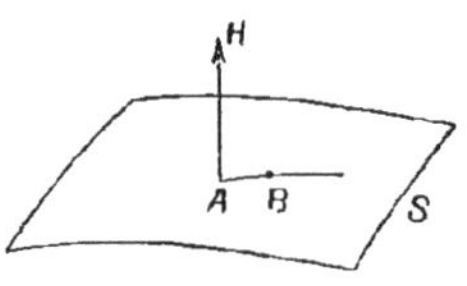

Fig. 859.

*Deux surfaces équipotentielles ne peuvent se couper.* — Supposons que les surfaces de niveau de potentiels V et V' ($V \neq V'$) aient un point commun A ; dans le transport de la masse +1 du point A au point A, en passant de la première à la seconde surface de niveau, le travail électrique est $V - V'$ ; mais ce travail est évidemment nul : on devrait donc avoir $V - V' = 0$, ce qui est contraire à l'hypothèse.

*Quelques surfaces équipotentielles.* — Soit à tracer les surfaces équipotentielles d'un champ dû à *deux masses égales* de signes contraires ou de même signe (911, 3° et 4°).

1° *Les masses sont de signes contraires.* Nous avons :

$$V = \frac{q}{r} - \frac{q}{r'} = C^{te}, \qquad \text{ou} \qquad \frac{1}{r} - \frac{1}{r'} = C^{te}.$$

c'est l'équation des méridiennes des surfaces équipotentielles, en coordonnées bipolaires : nous pouvons construire ces courbes point par point.

Pour $V = 0$, nous avons la perpendiculaire au milieu de AA' (fig. 837), pour $V > 0$, nous obtenons des courbes fermées autour de A : lorsque V croît, ces courbes se rapprochent de plus en plus de circonférences de centre A ; pour $V < 0$, nous avons des courbes analogues autour de A' ; la droite AA' est un axe de symétrie.

2° *Les masses sont de même signe.* Dans ce cas

$$V = \frac{q}{r} + \frac{q}{r'} = C^{te}, \qquad \text{ou} \qquad \frac{1}{r} + \frac{1}{r'} = C^{te}.$$

Les méridiennes admettent deux axes de symétrie : AA' (fig. 838) et la perpendiculaire $Oy$ à AA', menée par le milieu O de AA'. Une surface équipotentielle remarquable est celle qui passe par O ; en posant $AA' = 2a$, pour cette surface $V = \frac{2q}{a}$. Si $(V) > \left(\frac{2q}{a}\right)$, la méridienne est une courbe fermée qui enveloppe A ou A' ; elle tend vers une circonférence de centre A ou A′ lorsque V croît en valeur absolue; pour $(V) < \left(\frac{2q}{a}\right)$, la méridienne est une courbe fermée qui enveloppe à la fois A et A′ : enfin, lorsque V tend vers 0, la méridienne tend vers une circonférence de rayon infini et de centre O.

927. **Propriétés du potentiel électrique d'un conducteur.** — 1° Le potentiel *est constant pour tout point d'un conducteur.* En effet quand on transporte la masse + 1 d'un point A à un point B d'un conducteur, en suivant un chemin tracé tout entier dans le conducteur, le champ est nul, donc le travail électrique est nul :

$$W_A^B = 0; \qquad \text{or} \qquad W_A^B = V_A - V_B, \qquad \text{donc} \qquad V_A - V_B = 0.$$

2° *La surface d'un conducteur est équipotentielle.* — C'est une conséquence de la proposition précédente; nous en concluons, résultat déjà obtenu par un autre raisonnement (874), que *le champ en chaque point de la surface d'un conducteur est normal à cette surface.*

3° *Lorsqu'on met en communication, par un fil long et fin, deux conducteurs électrisés, ils sont amenés à un même potentiel, intermédiaire entre*

Fig. 860.

*leurs potentiels primitifs.* — En effet, la communication a pour résultat de constituer un conducteur unique, aux divers points duquel le potentiel doit être partout le même. Cherchons comment doit se faire l'écoulement d'électricité, pour aboutir à cet état d'équilibre. — Soient $V_1$ et $V_2$ les deux potentiels primitifs, et supposons $V_1 > V_2$; relions le fil de communication d'abord au conducteur dont le potentiel est $V_2$. Approchons l'extrémité X de ce fil (fig. 860) du point O du conducteur dont le potentiel est $V_1$. Entre les points O et X, le potentiel varie de $V_1$ à $V_2$; le travail du champ pour faire passer la masse + 1 de O à X étant $V_1 - V_2 > 0$, la composante du champ dans la direction OX est dirigée de O vers X : lorsque la distance entre ces deux points devient assez faible, l'électricité positive s'écoule donc dans le sens OX, puisque le fil n'oppose aucune résistance sensible au mouvement de l'électricité. L'électricité positive s'écoule ainsi dans le sens des potentiels décroissants; par suite, l'électricité négative s'écoule dans le sens des potentiels croissants. Le conducteur à potentiel le plus élevé perd de l'électricité positive, ou gagne de l'électricité négative; son potentiel $\Sigma\frac{q}{r}$ diminue [1], tandis que le potentiel de l'autre conducteur augmente, puisque le fil de

(1) La densité électrique varie proportionnellement en chaque point (932).

communication, supposé très fin, ne retient pour lui-même qu'une quantité négligeable d'électricité. Le potentiel d'équilibre est donc bien *intermédiaire* entre les potentiels primitifs.

La différence de potentiel des conducteurs nous apparaît donc comme la propriété électrique qui règle les échanges d'électricité entre eux, exactement comme la *différence de niveau* règle les échanges de liquide entre des vases communicants, ou comme la *différence de température* règle les échanges de chaleur.

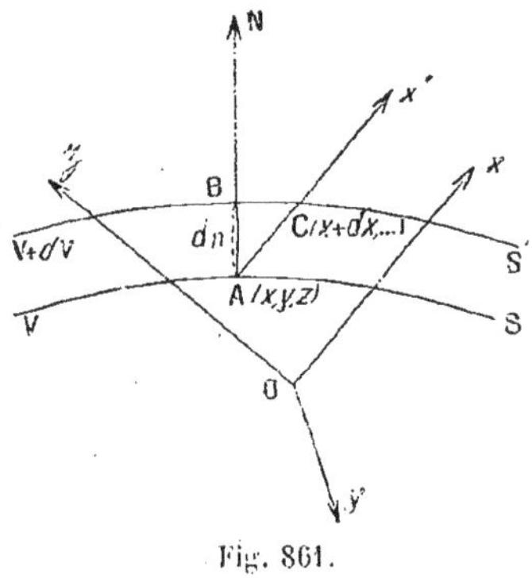


Fig. 861.

928. **Expression du champ en fonction de la variation du potentiel le long d'une ligne de force.** — Soient deux surfaces équipotentielles infiniment voisines S et S' (fig. 861), de potentiels V et $V+dV$ ; par le point A de S menons la normale AN à S, qui rencontre S' en B ; prenons un sens positif, quelconque du reste, sur AN ; posons $\overline{AB}=dn$ ; le champ H est dirigé suivant AN, mais son sens n'est pas encore défini ; évaluons le travail électrique $dW$ pendant le transport de la masse $+1$ de A en B :

$$dW = Hdn, \qquad \text{d'autre part} \qquad dW = V_A - V_B = V - (V + dV) = -dV,$$

donc

$$Hdn = -dV, \qquad \text{d'où} \qquad H = -\frac{dV}{dn};$$

cette relation est extrêmement importante. Si nous marchons dans le sens positif de l'axe ON, $dn>0$ et deux cas peuvent se présenter :

1° $dV>0$, on a $H<0$, le champ est dirigé dans le sens négatif de l'axe AN, c'est-à-dire dans le sens *des potentiels décroissants* ;

2° $dV<0$, on a $H>0$, le champ est dirigé dans le sens positif de l'axe AN, c'est-à-dire encore dans le sens des *potentiels décroissants*.

Lorsqu'on chemine le long d'une ligne de force, dans le sens du champ, le potentiel est donc toujours décroissant, et une ligne de force qui part d'un conducteur ne peut aboutir à ce conducteur.

Pour une même valeur de $dV$, le champ est d'autant plus grand en valeur absolue que $dn$ est plus petit, c'est-à-dire que les surfaces équipotentielles sont plus rapprochées.

*Remarque très importante.* — Les phénomènes électriques dépendent de la grandeur du champ ; or la grandeur du champ dépend non de la valeur absolue du potentiel le long d'une ligne de force, mais de la *variation* de potentiel ; en d'autres termes, si les surfaces de niveau conservent la même forme et si l'on fait varier de la *même quantité* les valeurs absolues de leurs potentiels, le champ, en chaque point, ne varie pas

C'est précisément ce qui se produit lorsqu'on provoque un phénomène électrique dans l'une des régions séparées par un écran électrique (881) : on fait varier de la même quantité le potentiel en chaque point de l'autre région.

*Application.* — Nous avons déjà vu (917) que lorsqu'un champ est constant en direction et sens, s'il n'y a pas de masses électriques dans l'espace considéré, le champ est constant en grandeur le long d'une ligne de force ; il est aussi constant en grandeur le long d'une surface de niveau, car si nous considérons une surface de niveau infiniment voisine, c'est un plan parallèle, donc $dn$ et par suite $-\frac{dV}{dn}$ est constant. Le champ est donc constant en grandeur dans tout l'espace considéré.

Si le champ H est *constant* entre deux surfaces de niveau S et S', de potentiels V et V' ($V < V'$) placées à la distance $e$, dans le transport de la masse $+1$ de S à S', le travail

$$W = V - V' = H \times e, \qquad \text{d'où} \qquad H = \frac{V - V'}{e},$$

*quel que soit e* : c'est un résultat *très important.*

929. **Expression de la composante du champ suivant une direction quelconque.** — Prenons trois axes de coordonnées rectangulaires $Ox$, $Oy$, $Oz$ (fig. 861) et par le point A $(x, y, z)$ menons la droite $Ax'$ parallèle à $Ox$, qui rencontre la surface de niveau S' en C $(x + dx, y, z)$, désignons par X, Y, Z, les composantes du champ en A, suivant les axes de coordonnées. Pendant le transport de la masse $+1$ de A en C, le travail électrique

$$dW = V_A - V_C = V - (V + dV) = -dV,$$

mais

$$dV = \frac{\partial V}{\partial x} dx + \frac{\partial V}{\partial y} dy + \frac{\partial V}{\partial z} dz ;$$

pour le point C, $dy = dz = 0$, donc $dV = \frac{\partial V}{\partial x} dx$, et par suite

$$(1) \qquad dW = -\frac{\partial V}{\partial x} dx ;$$

d'autre part le travail des composantes Y et Z est nul, ces forces étant normales au déplacement, et $AC = dx$, donc

$$(2) \qquad dW = X\,dx ;$$

comparant (1) et (2), il vient :

$$X = -\frac{\partial V}{\partial x} ;$$

on aurait de même :

$$Y = -\frac{\partial V}{\partial y}, \qquad \text{et} \qquad Z = -\frac{\partial V}{\partial z}.$$

**930. Potentiel d'une couche sphérique homogène.** — 1° *Pour un point à l'intérieur.* — Nous savons (903) que le champ est nul, donc le potentiel est constant; il suffit, par conséquent, de faire le calcul pour un point particulier, pour le centre O (fig. 862), par exemple. Soit Q la valeur de la charge, et R le rayon de la sphère :

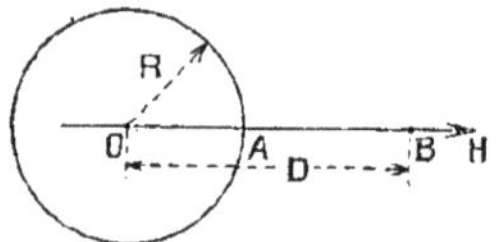


Fig. 862.

$$V_0 = \Sigma \frac{q}{r} = \frac{1}{R} \Sigma q = \frac{Q}{R}.$$

2° *Pour un point à l'extérieur.* — Soit le point B (fig. 862), tel que OB = D; le champ H est dirigé suivant la droite OB et nous avons :

$$H = -\frac{dV}{dD};$$

d'autre part, nous avons trouvé que (904)

$$H = \frac{Q}{D^2},$$

donc

$$-\frac{dV}{dD} = \frac{Q}{D^2}, \qquad dV = -\frac{Q}{D^2} dD, \qquad V = \frac{Q}{D} + C^{te};$$

or pour $D = \infty$, $V = 0$, donc $C^{te} = 0$, et $V = \frac{Q}{D}$.

**931. Mesure des potentiels par l'électroscope.** — Supposons que nous ayons gradué un électroscope comme il a été dit (869), mettons la cage au sol; elle est au potentiel 0 par définition. Faisons communiquer la boule de l'électroscope avec le corps électrisé C (fig. 863), par un fil *long et fin*; nous constatons que la déviation est *constante*, quel

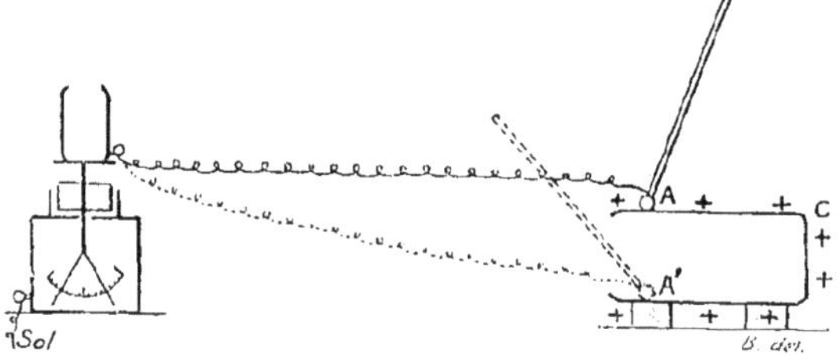


Fig. 863.

que soit le point de contact, A ou A', par exemple. Si le corps C est électrisé positivement, l'électroscope se charge aussi positivement, et soit $n$ sa charge (en fonction de l'unité arbitraire employée), nous disons que le potentiel du corps $V = n$; si au contraire C est chargé négativement, il en est de même de l'électroscope; si la charge de cet électroscope est negative et égale à $-n'$, par définition nous disons que le potentiel de C est $V = -n'$.

L'unité de potentiel choisie est *arbitraire*, mais le potentiel ainsi défini est égal au potentiel mathématique à un facteur constant près. En effet, si C est à l'état neutre (nous examinons le cas simple d'un corps unique), son potentiel mathématique est 0 : l'électroscope nous donne ce résultat; si C est chargé positivement, son potentiel mathématique est positif; l'électroscope se charge positivement et définit un potentiel expérimental également positif; dans le cas où C est chargé négativement, nous pouvons formuler un résultat analogue au précédent; si la charge de C devient 2, 3... $n$ fois plus grande, la densité en chaque point devient elle-même 2, 3... $n$ fois plus considérable; par suite, dans l'expression $V = \Sigma \frac{q}{r}$, les charges $q$ deviennent 2, 3,... $n$ fois plus grandes, et aussi le potentiel mathématique. Mais la charge de l'électroscope croît comme celle de C et le nombre fourni par l'électroscope est précisément proportionnel à sa charge.

Nous verrons bientôt (962 à 967) comment on mesure les potentiels en valeur absolue.

*Remarque.* — L'électroscope gradué en électromètre joue, dans la mesure des potentiels, le même rôle que le thermomètre pour la mesure des températures.

932. **Théorème sur les états d'équilibre.** — *La superposition de plusieurs états d'équilibre est encore un état d'équilibre.* — Pour qu'il y ait équilibre, il faut et il suffit que le champ soit nul en chaque point pris à l'intérieur d'un conducteur, ou que le potentiel soit constant. Or cette condition étant réalisée pour chaque état d'équilibre, l'est aussi par la superposition des différents états d'équilibre, car le champ total en chaque point sera la résultante des champs composants qui sont nuls; ou encore, le potentiel en chaque point pour un conducteur sera la somme de potentiels constants : il sera également constant.

Nous admettons en outre qu'il ne peut y *avoir qu'une distribution d'équilibre*; ainsi, doubler, tripler... la charge d'un conducteur unique, revient à superposer deux, trois... états d'équilibre identiques, c'est-à-dire à doubler, tripler... la densité en chaque point.

## V. — CAPACITÉ ÉLECTROSTATIQUE

933. **Définition.** — Soit un conducteur A isolé en présence des conducteurs $A_1, A_2... A_n$ en *communication avec le sol*; désignons par C la charge qu'il faut donner au conducteur A pour le porter au potentiel 1 : si nous venons à doubler, tripler... la charge de A, il en est de même des charges induites sur $A_1, A_2... A$, car on peut considérer le nouvel état d'équilibre comme résultant de la superposition de $n$ états d'équilibre identiques (932), et le potentiel de A devient 2, 3... $n$ fois plus grand; donc pour porter le conducteur A au potentiel V, il faut lui donner la charge

$$Q = CV.$$

La constante de proportionnalité C porte le nom de *capacité*.

*La capacité est une grandeur égale numériquement à la quantité d'élec-*

*tricité qu'il faut donner au conducteur pour le porter au potentiel unité, quand tous les conducteurs voisins sont au sol* [1].

Le terme capacité électrostatique rappelle l'expression capacité calorifique ; il y a en effet une analogie entre ces deux grandeurs, mais aussi des différences très essentielles.

Cherchons quels sont les facteurs qui influent sur la capacité :

α) Sur le plateau d'un électroscope, plaçons un cylindre métallique contenant une petite chaîne et électrisons le cylindre; si, au moyen d'une tige de verre, nous soulevons la chaînette, nous constatons que les feuilles de l'électroscope se rapprochent, donc le potentiel diminue, et comme la charge est restée constante, la capacité a augmenté. *La capacité dépend de la forme et de la grandeur de la surface du conducteur.*

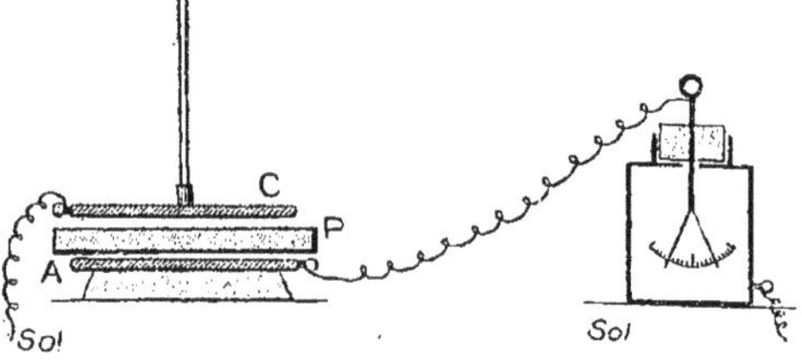

Fig. 864.

β) Électrisons le plateau isolé A (fig. 864) et mettons-le en communication avec la boule d'un électroscope; notons la déviation ω des feuilles : elle correspond à un potentiel V.

Approchons du plateau A un autre plateau métallique C communiquant au sol; les feuilles d'or font un angle $\omega' < \omega$; cet angle diminue quand le plateau auxiliaire se rapproche de A qui est donc à un potentiel $V' < V$. Comme la charge de A est restée constante, sa capacité est allée en croissant. Par conséquent la *capacité d'un conducteur dépend de la forme, de la position et de la grandeur des conducteurs voisins.*

γ) Introduisons, entre les deux plateaux A et C de l'expérience précédente, un gâteau P de paraffine ou une lame de verre; les feuilles d'or se rapprochent encore, la déviation devient $\omega'' < \omega'$ : elle correspond à un potentiel $V'' < V'$ : la charge de A étant restée constante, sa capacité a encore augmenté.

*La capacité dépend de la nature du diélectrique qui entoure le conducteur isolé.*

934. **Unité C.G.S. électrostatique de capacité et unité pratique de capacité : farad, microfarad.** — De la relation

$$Q = CV, \qquad \text{nous tirons} \qquad C = \frac{Q}{V}.$$

Si pour $Q = 1$, $V = 1$, on a également $C = 1$.

*L'unité électrostatique C.G.S. de capacité est la capacité d'un conducteur qui, par une charge égale à l'unité électrostatique C.G.S., est porté au potentiel unité électrostatique C.G.S.*

[1] Nous supposons également que le conducteur est placé dans un conducteur creux fermé (salle à parois conductrices), qui est au sol, pour ne pas avoir à tenir compte de l'électricité atmosphérique.

Les dimensions de la capacité électrostatique sont :

$$C = \frac{Q}{V} = \frac{L^{\frac{3}{2}} M^{\frac{1}{2}} T^{-1}}{L^{\frac{1}{2}} M^{\frac{1}{2}} T^{-1}} = L.$$

L'unité pratique de quantité d'électricité étant le coulomb, l'unité pratique de potentiel étant le volt, l'unité pratique de capacité, appelée *farad* (*f*) *est la capacité d'un conducteur qui est porté au potentiel d'un volt par une charge d'un coulomb.*

Entre ces unités on a la relation,

$$1 \text{ farad} = \frac{1 \text{ coulomb}}{1 \text{ volt}};$$

exprimons le coulomb et le volt en C.G.S, et nous aurons le farad en C.G.S.

$$1 \text{ farad} = \frac{3 \times 10^9 \text{ C.G.S.}}{\frac{1}{300} \text{ C.G.S.}} = 9 \times 10^{11} \text{ C.G.S.}$$

Cette unité étant en général trop grande pour les applications, on emploie fréquemment comme unité pratique secondaire, le *microfarad* (*μf*) qui vaut un millionième de farad :

$$1 \text{ microfarad} = 10^{-6} \text{ farad} = 9 \times 10^5 \text{ C.G.S.}$$

955. **Capacité d'une sphère isolée, loin de tout conducteur.** — Soit une sphère de rayon R, de charge Q, de capacité C, portée au potentiel V ; par définition nous avons :

$$C = \frac{Q}{V};$$

d'autre part, nous avons établi (930) que

$$V = \frac{Q}{R};$$

donc :

$$C = \frac{Q}{\frac{Q}{R}} = R.$$

*La capacité d'une sphère isolée, loin de tout conducteur, s'exprime en unités électrostatiques C.G.S. par le même nombre que son rayon en centimètres.* En particulier la capacité d'une sphère de $1^{cm}$ de rayon est égale à l'unité électrostatique C.G.S.

Soit à exprimer la capacité C de la Terre. Son rayon est environ de 6370 kilomètres, on a donc :

$$C = 6{,}37 \times 10^8 \text{ C.G.S.} = \frac{6{,}37 \times 10^8}{9 \times 10^{11}} f = 0{,}708 \times 10^{-3} f = 708 \mu f.$$

On voit, d'après ces nombres, combien le farad est une unité considérable; c'est pourquoi on a été conduit à prendre une unité pratique secondaire, le microfarad.

936. **Énergie électrique d'un conducteur unique.** — Soit un conducteur de capacité C, porté au potentiel V par la charge Q, et désignons par W son énergie électrique, nous avons (933) :

$$Q = CV.$$

Supposons qu'on augmente la charge du conducteur de la quantité $dQ$, son énergie électrique augmente de $dW$. Si nous laissons écouler la charge $dQ$ dans le sol, le conducteur revient à l'état initial et le travail électrique recueilli pendant cette transformation représente évidemment $dW$; or si la charge $dQ$ passe du potentiel V au potentiel 0, le travail électrique accompli est

$$dW = VdQ = \frac{Q}{C}\,dQ,$$

d'où

$$W = \frac{Q^2}{2C} + C^{te};$$

or, pour $Q = 0$, on a évidemment $W = 0$, donc :

$$W = \frac{1}{2}\frac{Q^2}{C} = \frac{1}{2}QV = \frac{1}{2}CV^2.$$

*L'énergie électrique d'un conducteur unique est proportionnelle au carré de sa charge ou au carré de son potentiel;*

*Elle est la même que si toute sa charge passait, pendant la décharge, du potentiel constant $\frac{V}{2}$ au potentiel 0.*

937. **Énergie d'un système de conducteurs.** — Soient les conducteurs $A_1$, $A_2$, $A_3$... ayant pour charges $Q_1$, $Q_2$, $Q_3$... et pour potentiels $V_1$, $V_2$, $V_3$..., désignons par W leur énergie électrique.

Supposons que nous ayons multiplié toutes les charges par $x$; nous avons encore un état d'équilibre (932); les charges deviennent $xQ_1$, $xQ_2$, $xQ_3$... et les potentiels sont $xV_1$, $xV_2$, $xV_3$... Multiplions maintenant les charges par $x + dx$. Quand nous passons de l'état précédent à ce dernier, il est facile d'exprimer l'accroissement d'énergie $dW$. En effet, la charge du conducteur $A_1$ a augmenté de $dx.Q_1$; comme elle est au potentiel $xV_1$ l'écoulement dans le sol de l'accroissement de charge donnerait le travail $dx.Q_1 \times xV_1$, et pour tous les conducteurs nous aurions :

$$dW = dx.Q_1 \times xV_1 + dx.Q_2 \times xV_2 + ... = (Q_1V_1 + Q_2V_2 + ...)\,xdx.$$

Supposons que $x$ ait varié de $x_0$ à $x_1$; l'énergie électrique a varié de $W_0$ à $W_1$ et nous avons :

$$W_1 - W_0 = (Q_1V_1 + Q_2V_2 ...)\frac{x_1^2 - x_0^2}{2} = \frac{x_1^2 - x_0^2}{2}\Sigma QV.$$

Pour passer de l'état neutre au premier état électrique envisagé, il suffit de faire $x_1 = 1$, $x_0 = 0$, et nous avons

$$W = \frac{1}{2}\Sigma QV.$$

Dans l'expression $\Sigma QV$, n'interviennent pas :

1° Les corps en communication avec le sol, pour lesquels $V=0$;

2° Les corps isolés qui étaient primitivement à l'état neutre et qui se sont électrisés seulement par influence.

En réalité tous ces corps font varier W, car, par leur présence, ils modifient la valeur du potentiel des autres conducteurs.

*Cas particulier d'un conducteur isolé, en présence d'autres conducteurs en relation avec le sol.* — Dans ce cas $\Sigma QV$ se réduit à un seul terme ; en outre C étant la capacité du conducteur isolé :

$$Q = CV,$$

et par suite :

$$W = \frac{1}{2} QV = \frac{1}{2} \frac{Q^2}{C} = \frac{1}{2} CV^2,$$

tout comme pour un conducteur unique (mais les conducteurs non isolés modifient C).

## CONDENSATEURS

938. **Définition.** — Nous avons vu (935) qu'il était possible de modifier la capacité d'un conducteur par son association avec d'autres conducteurs en relation avec le sol, et par interposition d'un diélectrique autre que l'air. Si, en particulier, on désire augmenter l'énergie électrique d'un conducteur, on peut y arriver en augmentant sa capacité, d'où l'emploi de *condensateurs*.

On appelle *condensateur un système de deux conducteurs disposés de manière à augmenter la capacité de l'un d'eux.* Celui qui est en communication avec le sol s'appelle le *condenseur*, celui qu'on met en relation avec la source est le *collecteur*. Dans l'expérience rappelée (935), le système des deux plateaux A et C et du gâteau P de paraffine constitue un condensateur, A est le collecteur, C le condenseur.

Le *pouvoir condensant* est le rapport qui existe entre la capacité du condensateur et celle du collecteur lorsqu'il est seul.

939. **Condensateurs usuels.** — 1° *Bouteille de Leyde.* Dans une bouteille on introduit des feuilles de clinquant qui constituent l'*armature interne* ou *collecteur*. Une tige de cuivre maintenue par un bouchon verni à la gomme-laque pénètre dans la bouteille et est terminée par une pointe effilée ; à l'autre extrémité elle porte une boule. L'*armature externe* ou *condenseur* est constituée par une feuille de papier d'étain collée sur le fond et sur les deux tiers inférieurs de la surface latérale, le reste de cette surface étant verni à la gomme-laque.

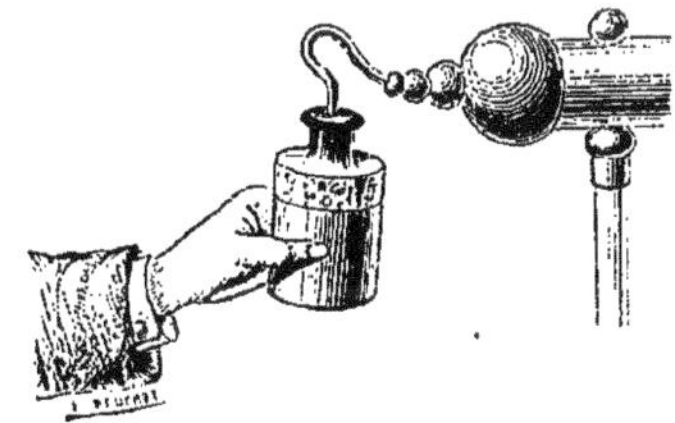

Fig. 865.

On charge la bouteille de Leyde en la tenant à la main (fig. 865) et en mettant en relation la tige métallique avec l'un des pôles d'une machine électrique en activité, l'autre pôle étant au sol.

L'assemblage de grosses bouteilles de Leyde, ou *jarres*, constitue une *batterie* (fig. 866). Généralement ces bouteilles sont placées dans une caisse C dont la paroi intérieure et le fond sont tapissés d'une feuille de papier d'étain communiquant avec la poignée de la caisse qu'on relie à une conduite de gaz ou d'eau : de cette manière toutes les armatures extérieures sont au sol. Les armatures internes sont également toutes mises en communication avec un conducteur central D : on a ainsi une *batterie en surface*. La capacité d'une batterie de jarres est de l'ordre du centième de microfarad.

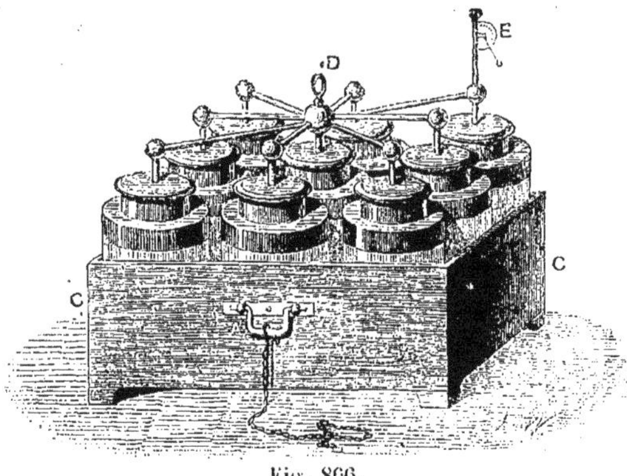

Fig. 866.

2° *Condensateurs plans.* — Nous aurons l'occasion (962 à 964) d'étudier des appareils dans lesquels on fait usage de condensateurs plans.

Les *condensateurs étalons* sont formés par des lames de mica (fig. 867) obtenues par clivage, d'une épaisseur de $0^{mm},1$ environ, sur les deux faces desquelles on dépose une mince couche d'argent par voie chimique. On les empile les unes sur les autres ; on a ainsi, entre chaque lame de mica, une double feuille métallique *f*. On fait communiquer ensemble toutes les feuilles métalliques de rang impair et ensemble aussi toutes les feuilles métalliques de rang pair ; ces assemblages constituent : l'un le collecteur, l'autre le condenseur du condensateur plan. On obtient, de cette façon, des condensateurs d'une capacité de l'ordre du microfarad, ayant un volume bien inférieur à celui de ce livre.

Fig 867.

Souvent aussi on constitue des condensateurs plans par la superposition de feuilles d'étain séparées par des feuilles de papier paraffiné (condensateur de Fizeau pour bobines Ruhmkorff).

Le carreau de Franklin est formé par une simple lame de verre sur les faces de laquelle on a collé des feuilles d'étain, de manière à laisser des marges vernies à la gomme laque.

940. **Capacité d'un condensateur dont la lame diélectrique**

**est d'épaisseur constante et très petite.** — Nous supposons que l'épaisseur $e$ de la lame est petite par rapport aux rayons de courbure des surfaces des armatures. Considérons deux éléments correspondants AB, A'B' (fig. 868) du collecteur et du condenseur; soient V le potentiel du collecteur; $\sigma$ la densité sur AB; $\Delta Q$ sa charge; $\Delta S$ sa surface. Le champ pouvant être considéré comme uniforme dans l'intervalle AB, A'B' (lignes de force parallèles et absence de masses électriques entre AB et A'B'), on sait que (928) :

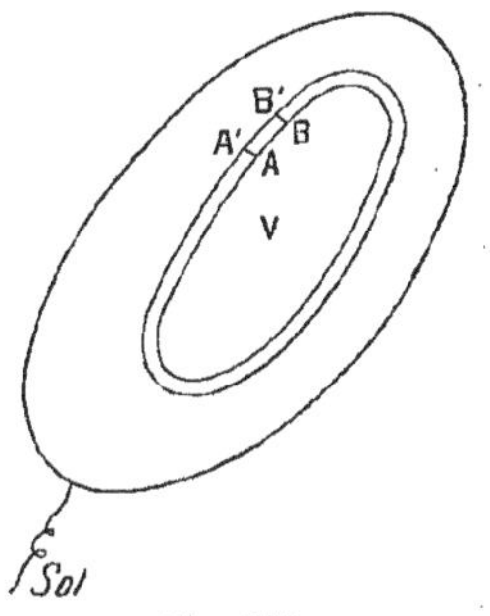

Fig. 868.

$$H = \frac{V}{e};$$

mais le théorème de Coulomb (915) nous donne :

$$H = 4\pi\sigma;$$

en égalant ces deux expressions de H, nous obtenons la relation

$$\sigma = \frac{V}{4\pi e}, \qquad \text{d'où} \qquad \sigma\Delta S \text{ ou } \Delta Q = \frac{V}{4\pi e}\Delta S.$$

Faisons la somme des quantités $\Delta Q$ pour tous les éléments de surface du collecteur de charge Q, de surface S :

$$Q = \Sigma\Delta Q = \Sigma\frac{V}{4\pi e}\Delta S = \frac{V}{4\pi e}\Sigma\Delta S = \frac{V}{4\pi e}S;$$

C étant la capacité cherchée :

$$C = \frac{Q}{V} = \frac{S}{4\pi e}.$$

941. **Capacité du condensateur sphérique.** — Soit la sphère conductrice A (fig. 869), de rayon R, portée au potentiel V, et l'enveloppe sphérique conductrice B de rayon intérieur R', concentrique à A et qui communique avec le sol. Désignons par C la capacité du condensateur, par Q la quantité d'électricité qui s'est écoulée sur le collecteur; par influence, la face intérieure de B s'est chargée de la quantité d'électricité — Q (877).

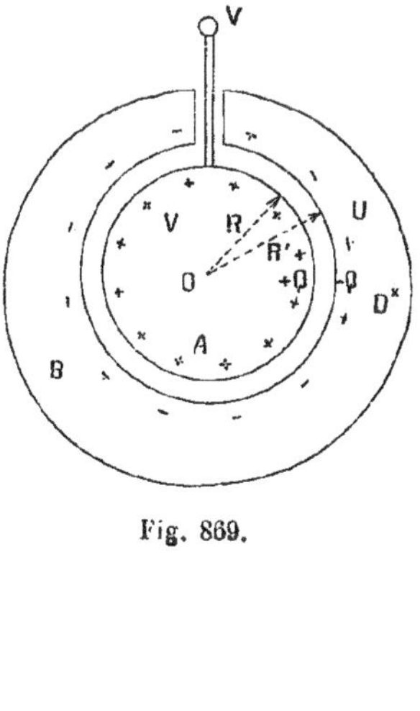

Fig. 869.

Le potentiel en tout point de A est constant; calculons cette grandeur pour le centre O; nous avons :

$$V = \frac{Q}{R} - \frac{Q}{R'} = Q\frac{R' - R}{RR'},$$

d'où

$$C = \frac{Q}{V} = \frac{RR'}{R' - R}.$$

Si le collecteur était seul, sa capacité serait

$$C' = R;$$

le pouvoir condensant du système est donc

$$\frac{C}{C'} = \frac{R'}{R' - R};$$

si $R' - R = e$ est petit par rapport à R, le pouvoir condensant est sensiblement $\frac{R}{e}$ : on augmente ainsi considérablement la capacité du collecteur par adjonction d'un condenseur.

*Remarque.* — Si $e$ est petit par rapport à R, on peut écrire

$$C = \frac{R^2}{e} = \frac{4\pi R^2}{4\pi e} = \frac{S}{4\pi e},$$

relation déjà trouvée (940).

*Cas où le condenseur n'est pas au sol.* — Soit U le potentiel du condenseur B : il est dû aux charges réparties à l'extérieur de B et sur la surface extérieure de B, enfin aux charges Q et — Q situées sur A, et la face interne de B. Mais pour un point D de B, extérieur aux couches sphériques homogènes de masses Q et — Q, le potentiel dû à ces couches est le même que si ces couches étaient concentrées à leur centre O (950) : cela fait un terme nul. Or en tout point pris à l'intérieur de la surface extérieure du conducteur B, le potentiel dû aux masses réparties sur cette surface et à l'extérieur est *constant*; calculons donc le potentiel en O. Il se compose :

1° Du terme U représentant le potentiel dû à la charge de la surface extérieure de B et aux charges extérieures à B;

2° De la somme $\frac{Q}{R} - \frac{Q}{R'}$ représentant le potentiel dû aux couches réparties sur les faces en regard des armatures, donc :

$$V = U + \frac{Q}{R} - \frac{Q}{R'}, \qquad \text{d'où} \qquad Q = \frac{RR'}{R - R'}(V - U).$$

Cette relation montre que Q est proportionnel, non au potentiel V, mais à la différence $V - U$; la constante de proportionnalité est appelée, dans ce cas, la capacité du condensateur.

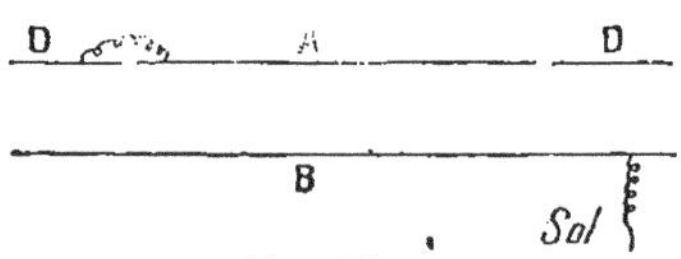

Fig. 870.

**942. Capacité du condensateur plan.** — Soit un condensateur plan constitué par un disque plan A (fig. 870), de surface S, en face duquel se trouve un plateau parallèle B, à la distance $e$. A est porté au potentiel V, B est au sol : pour que le champ entre A et B soit uniforme, nous entourons A d'un *anneau de* *garde* D, conducteur plan, dans le prolongement de A, dont il est séparé par une lame d'air de très faible épaisseur; D est aussi porté au potentiel V. Désignons par $\sigma$ la densité électrique sur la face inférieure de A, et par Q la charge totale de cette face. Le champ étant uniforme entre A et B, nous avons (928) :

$$H = \frac{V}{e};$$

d'autre part, d'après le théorème de Coulomb (915) :

$$H = 4\pi\sigma;$$

en égalant ces deux expressions de H, nous trouvons :

$$\sigma = \frac{V}{4\pi e}, \qquad \text{d'où} \qquad S\sigma \text{ ou } Q = \frac{S}{4\pi e} V;$$

par suite :

$$C = \frac{Q}{V} = \frac{S}{4\pi e}.$$

*Remarque I.* — Cette formule est encore évidemment vraie dans le cas particulier où l'épaisseur $e$ du diélectrique est très petite; nous retrouvons ainsi une formule générale (940).

*Remarque II.* — Si, au lieu d'être maintenu au potentiel 0, le plateau B avait été porté au potentiel U, on aurait eu :

$$Q = \frac{S}{4\pi e}(V - U).$$

945. **Condensateur cylindrique.** — Soient deux cylindres concentriques à bases circulaires (fig. 871), de rayon $r$ et R, l'armature interne étant au potentiel V, l'armature externe au potentiel 0. Considérons deux plans passant par l'axe et formant un dièdre mesuré par un angle plan de grandeur $\omega$; coupons par deux plans perpendiculaires à l'axe, distants entre eux de $l$, et prenons l'un comme plan de figure. — Les surfaces équipotentielles étant évidemment des cylindres concentriques, toutes les lignes de force sont normales à l'axe, et le volume ainsi déterminé est un tube de force. Si l'on désigne par $H_1$ le champ sur l'armature interne, et par $H_2$ le champ sur l'armature externe, par $s_1$ et $s_2$ les arcs interceptés sur ces armatures par les côtés de l'angle $\omega$, on a, d'après le théorème de la conservation du flux de force (916) :

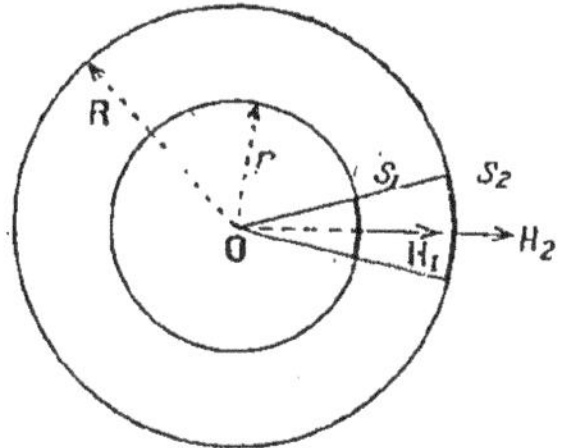

Fig. 871.

$$H_1 l s_1 = H_2 l s_2;$$

mais

$$\frac{\omega}{1} = \frac{s_1}{r} = \frac{s_2}{R}$$

d'où, en remplaçant $s_1$ et $s_2$ par leurs valeurs,

$$H_1 l r\omega = H_2 l R\omega,$$

ou

$$H_1 r = H_2 R = A,$$

(A, constante). — De même, si H et V sont le champ et le potentiel en un point situé à une distance $\rho$ de l'axe ($r<\rho<R$), on a $H\rho = A$, donc

$$H = \frac{A}{\rho} = -\frac{dV}{d\rho},$$

d'où, en remontant aux fonctions primitives,

$$V = -A \operatorname{Log} \rho + C^{te}.$$

Appliquons cette formule générale aux deux armatures, nous aurons :

$$V = -A \operatorname{Log} r + C^{te},$$
$$0 = -A \operatorname{Log} R + C^{te};$$

d'où, par soustraction,

$$V = A \operatorname{Log} \frac{R}{r}, \qquad \text{et par suite,} \qquad A = \frac{V}{\operatorname{Log} \frac{R}{r}}.$$

D'ailleurs, la densité superficielle $\sigma$ sur l'armature interne a pour expression, d'après le théorème de Coulomb (915) :

$$\sigma = \frac{H_1}{4\pi} = \frac{A}{4\pi r} = \frac{1}{4\pi r} \cdot \frac{V}{\operatorname{Log} \frac{R}{r}}.$$

Si S est la portion de surface de l'armature interne comprise entre les deux plans perpendiculaires à l'axe, la masse Q répandue sur l'armature interne est

$$Q = S\sigma = \frac{SV}{4\pi r \operatorname{Log} \frac{R}{r}}.$$

Mais $S = 2\pi r l$, par suite :

$$Q = \frac{2\pi r l V}{4\pi r \operatorname{Log} \frac{R}{r}} = \frac{lV}{2 \operatorname{Log} \frac{R}{r}}.$$

La capacité C, pour la longueur $l$, est donc

$$C = \frac{Q}{V} = \frac{l}{2 \operatorname{Log} \frac{R}{r}} = \frac{l}{\frac{2}{M} \log \frac{R}{r}},$$

(le module des logarithmes vulgaires, $M = 0,4343$), et par unité de longueur

$$C_1 = \frac{1}{2 \operatorname{Log} \frac{R}{r}} = \frac{M}{2 \log \frac{R}{r}}.$$

Si l'on pose $R = r + e$, en appelant $e$ l'épaisseur de la couche d'air qui forme le diélectrique, on a

$$C = \frac{l}{2 \operatorname{Log}\left(1 + \frac{e}{r}\right)}.$$

Si l'on développe en série le logarithme népérien, on a

$$\operatorname{Log}\left(1 + \frac{e}{r}\right) = \frac{e}{r} - \frac{e^2}{2r^2} + \frac{e^3}{3r^3} \cdots,$$

et si $e$ est très faible par rapport à $r$, la série se réduit sensiblement à son premier terme $\frac{e}{r}$, d'où

$$C = \frac{l}{2\frac{e}{r}} = \frac{rl}{2e}.$$

En multipliant haut et bas par $2\pi$, on retrouve la formule connue (940)

$$C = \frac{2\pi rl}{4\pi e} = \frac{S}{4\pi e}.$$

La formule rigoureuse

$$C = \frac{l}{2 \operatorname{Log}\frac{R}{r}}$$

est très utile pour les études relatives aux câbles sous-marins, qui constituent en effet des condensateurs cylindriques énormes.

*Remarque.* — Si le condenseur avait été porté au potentiel U, on aurait établi sans peine que

$$Q = \frac{l}{2 \operatorname{Log}\frac{R}{r}}(V - U).$$

On a supposé qu'il n'y avait aucune perturbation dans la distribution électrique, vers les extrémités des cylindres : il suffit pour cela d'employer des *cylindres de garde*.

944. **Application des formules de capacité.** — Dans les formules de capacité que nous venons d'établir, on exprime les grandeurs en unités C.G.S. et on obtient les capacités en unités C.G.S. électrostatiques : on convertit ensuite sans difficultés les valeurs ainsi obtenues, en farads ou microfarads, s'il y a lieu, comme c'est le cas habituel.

945. **Pouvoir inducteur spécifique des divers diélectriques.** — L'expérience fondamentale qui nous a servi à établir le principe de la condensation (933, $\gamma$) conduit à cette conclusion, que la capacité électrique d'un condensateur dépend de la nature du diélectrique interposé entre ses armatures; on a vu, en effet, qu'on augmente la capacité du collecteur, en substituant une lame de verre, ou de paraffine, à une couche d'air de même épaisseur. C'est dire, en d'autres termes, que la nature du corps isolant joue un rôle essentiel dans la transmission de la

force électrique, et que les actions d'influence ou d'*induction électrique* ne sont pas de simples actions à distance, indépendantes de la nature du milieu interposé.

On appelle *pouvoir inducteur spécifique*, ou *constante diélectrique d'un isolant déterminé, le rapport* k *de la capacité d'un condensateur construit avec ce diélectrique, à la capacité du condensateur à air de mêmes dimensions.*

La capacité C d'un condensateur d'épaisseur très petite et constante $e$ et de surface S, sera alors donnée, en unités absolues C.G.S., par la formule

$$C = k\frac{S}{4\pi e}, \qquad \text{ou en farads :} \qquad C = k\frac{S}{4\pi e}\cdot\frac{1}{3^2\times 10^{11}}.$$

Si l'on désigne par $a$ l'épaisseur d'air qui, à égalité de surface d'armature, fournit la même capacité que l'épaisseur $e$ du diélectrique, c'est-à-dire l'épaisseur d'air équivalente, on voit que, par identification, on a

$$a = \frac{e}{k}, \qquad \text{d'où} \qquad k = \frac{e}{a};$$

le pouvoir inducteur spécifique peut donc encore se définir *le rapport de l'épaisseur du diélectrique à l'épaisseur d'air qui, à égalité de surface des armatures, donne la même capacité à un condensateur.*

Voici quelques valeurs numériques du pouvoir inducteur spécifique des diélectriques les plus importants.

| | | | |
|---|---|---|---|
| Ébonite | 2,8 à 2,97 | Verre | 6,2 à 7,6 |
| Mica | 8 | Air ($0^0$ et $76^{cm}$) | 1 |
| Paraffine | 2,22 à 2,32 | $CO^2$ (id.) | 1,000356 |
| Soufre | 4 | Hydrogène (id.) | 0,999674 |
| Térébenthine | 2,2 | (Pour le vide | 0,9994) |

D'après ce tableau, avec le verre, une surface de 20 mètres carrés, sous une épaisseur de 1 millimètre, représente à peu près la capacité du microfarad.

946. **Relation entre le pouvoir inducteur spécifique k et le coefficient K de la loi de Coulomb, $F = K\frac{qq'}{r^2}$.** — Il est à remarquer que, dans la recherche de l'expression algébrique du potentiel V en un point de diélectrique (925), si l'on avait pris la loi de Coulomb sous sa forme générale $F = K\frac{qq'}{r^2}$, on aurait trouvé $V = K\Sigma\frac{q}{r}$. Par suite, le potentiel d'une sphère conductrice de rayon R, chargée d'une quantité d'électricité Q, et isolée dans ce diélectrique, eût été

$$V = K\frac{Q}{R}, \text{ et la capacité } C = \frac{R}{K};$$

enfin la capacité d'un condensateur à lame mince d'épaisseur constante, formé avec ce diélectrique, eût été de même

$$C = \frac{1}{K}\cdot\frac{S}{4\pi e}, \qquad \text{d'autre part} \quad C = k\frac{S}{4\pi e}.$$

On voit ainsi que la constante diélectrique $k$ représente l'inverse du coefficient K de la loi de Coulomb, coefficient que nous avions arbitrairement fait égal à l'unité, dans l'air. L'existence de la constante diélectrique montre donc bien la nécessité du coefficient K dans l'expression générale de la loi des actions électriques.

Aujourd'hui on rapporte souvent les pouvoirs inducteurs spécifiques, comme les indices de réfraction, à celui du vide pris comme unité, ce qui revient à faire $k=1=K$ dans le vide, et non plus dans l'air. Les pouvoirs inducteurs spécifiques de tous les gaz sont alors, comme leurs indices absolus de réfraction, un peu supérieurs à l'unité, et différents d'un gaz à un autre.

*Remarque.* — Pendant le transport de la masse $+1$ du collecteur au condenseur, les seules charges qui créent le champ entre les deux armatures sont celles réparties sur les surfaces en regard, par conséquent la grandeur des forces électriques qui travaillent durant le transport envisagé dépend seulement du diélectrique interposé et non de celui qui peut exister dans toute autre région de l'espace.

947. **Relation théorique entre le pouvoir inducteur spécifique d'un diélectrique et son indice de réfraction.** — Il résulte de la théorie électromagnétique de la lumière de Maxwell, que la constante diélectrique $k$ serait égale au carré de l'indice de réfraction pour les radiations de très grande longueur d'onde. L'expérience semble confirmer cette théorie, comme le montrent les quelques nombres suivants :

| | $\sqrt{k}$. | $n$. |
|---|---|---|
| Benzène | 1,49 | 1,50 |
| Diamant | 2,25 | 2,49 |
| Térébenthine | 1,49 | 1,45 |

948. **Principales formules d'électrostatique, lorsque le diélectrique n'est pas l'air.** — En désignant par $k$ le pouvoir inducteur spécifique du diélectrique dans lequel baignent les conducteurs électrisés, la loi de Coulomb se traduit par la formule

$$f=\frac{1}{k}\frac{qq'}{d^2};$$

le théorème de Gauss s'écrit:

$$\Phi=\frac{1}{k}\Sigma 4\pi Q_i;$$

le champ en un point infiniment voisin de la surface d'un conducteur et à l'extérieur est :

$$H=\frac{4\pi\sigma}{k};$$

la pression électrostatique :

$$\varpi=\frac{2\pi\sigma^2}{k}.$$

Voici quelques capacités :

| | |
|---|---|
| Sphère conductrice isolée | $kR$ |
| Condensateur à lame diélectrique mince, d'épaisseur constante | $\frac{kS}{4\pi e}$ |
| Condensateur sphérique | $k\frac{RR'}{e}$ |
| — plan | $k\frac{S}{4\pi e}$ |
| — cylindrique | $\frac{kl}{2\,\mathrm{Log}\frac{R}{r}}$. |

*Exemple.* — Soit à calculer la capacité d'une jarre, la surface d'une armature étant 10 dm², l'épaisseur de la lame de verre 1mm, et le pouvoir inducteur spécifique du verre ayant pour valeur 6.

Nous nous trouvons dans le cas du condensateur à lame diélectrique mince et d'épaisseur constante :

$$C = \frac{kS}{4\pi e} = \frac{6\times 10^3}{4\times 3,14\times 0,1} = 4,77\times 10^3\ \text{C.G.S.} = \frac{4,77\times 10^3}{9\times 10^{11}}f = 5,3\times 10^{-9}f$$
$$= 5,3\times 10^{-3}\mu f.$$

949. **Décharge d'un condensateur**. — Cette décharge peut se faire de deux manières :

1° *Décharges successives.* — On isole une bouteille de Leyde chargée, et l'on touche alternativement avec le doigt l'une et l'autre armature. On obtient, à chaque fois, une petite étincelle, et ces étincelles vont progressivement en diminuant.

Il est facile de s'en rendre compte. Considérons, par exemple, le condensateur sphérique isolé (fig. 869), et supposons qu'on mette son armature interne en communication avec le sol : on amène ainsi cette armature au potentiel zéro. Soit $Q$ sa charge initiale et $Q_1$ celle qu'elle conserve après le contact; l'armature externe garde une charge $-Q_1$ et il passe sur sa face extérieure, de rayon $R''$, une charge $-(Q-Q_1)$. On a donc, puisque le potentiel de l'armature interne est zéro :

$$0 = \frac{Q_1}{R} - \frac{Q_1}{R'} - \frac{Q-Q_1}{R''}, \qquad \text{d'où} \qquad Q_1 = \frac{Q}{R''}\,\frac{1}{\frac{1}{R}-\frac{1}{R'}+\frac{1}{R''}} = aQ,$$

$a$ étant un coefficient plus petit que l'unité.

La charge disparue est $Q - Q_1$ ou $Q(1-a)$. Si l'on touche maintenant l'armature externe, on envoie au sol la charge $-(Q-Q_1)$. Après ces deux premières étincelles, le condensateur est ramené à un état analogue à l'état initial, avec cette différence que la charge sur A est $Q_1$ au lieu de $Q$.

Après deux nouveaux contacts alternatifs, il restera sur A une charge $Q_2 = aQ_1 = a^2Q$; on a donc enlevé $Q_1 - Q_2 = Q_1(1-a) = aQ(1-a)$ sur A, $-aQ(1-a)$ sur B, et ainsi de suite.

En résumé, les différents contacts font disparaître successivement sur A des quantités d'électricité

$$Q(1-a), \qquad aQ(1-a), \qquad a^2Q(1-a), \ldots$$

Ces quantités sont en progression géométrique; leur somme, pour un nombre infini de ces contacts, serait

$$Q(1-a)(1+a+a^2+...)=Q.$$

car la somme entre parenthèses a précisément pour limite $\frac{1}{1-a}$.

Si l'on dispose deux petits pendules, formés d'une balle de sureau supportée par un fil conducteur de lin, et communiquant chacun avec l'une des armatures de la bouteille, on observe que le pendule de l'armature touchée retombe, tandis que celui de l'autre armature se relève. — L'expérience peut également se faire avec un condensateur à plateaux, dont les faces externes portent des pendules (fig. 872).

Enfin, la décharge successive s'effectue d'elle-même dans l'expérience du *carillon électrique*. Une petite balle métallique isolée par un fil de soie B

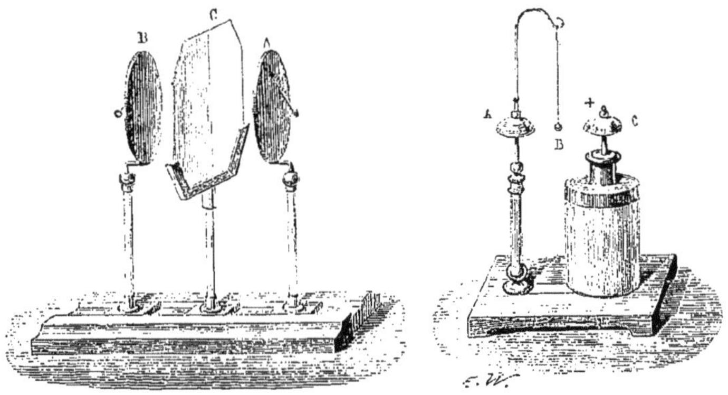


Fig. 872. Fig. 873.

(fig. 873) est suspendue entre deux timbres A et C, communiquant chacun avec l'une des armatures de la bouteille, chargée et isolée. La balle est par exemple d'abord attirée par le timbre C; elle prend une partie de la charge de l'armature interne, et est alors repoussée; en même temps, elle est attirée par le timbre A, auquel elle porte sa charge, neutralisant ainsi une partie de celle de l'armature externe, et ainsi de suite.

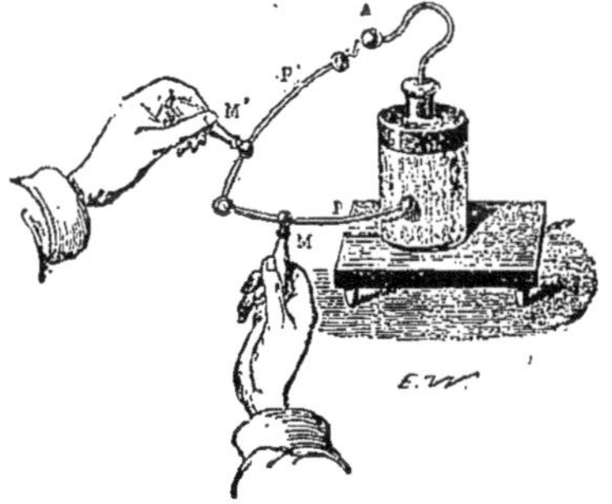


Fig. 874.

2° *Décharge instantanée.* — La décharge instantanée d'un condensateur s'obtient en établissant une communication, par un corps conducteur, entre les deux armatures du condensateur. C'est ce que l'on peut faire en appliquant une main sur l'une des armatures, et venant toucher l'autre armature avec l'autre main; mais la combinaison des électricités contraires à travers le corps humain produit une commotion qui est souvent pénible et parfois dangereuse. Aussi on se sert d'un *excitateur* formé de deux arcs métalliques P et P' (fig. 874), articulés à charnière et dont les extrémités libres sont terminées par des boules. Pour opérer sur des condensateurs fortement chargés, on isole même les arcs métalliques de l'excitateur par des manches de verre M, M'. On met l'une des boules en contact avec l'une des armatures du condensateur et l'on approche l'autre boule de l'autre armature. Lorsque la distance devient suffisamment faible, une étincelle, ou plutôt une série en apparence ininterrompue d'étincelles extrêmement rapprochées, de $10^4$ à $10^5$ par seconde (décharge oscillante), éclate entre cette boule et la seconde armature ; cette étincelle est beaucoup plus sonore et plus brillante que celles de la décharge successive.

950. **Charges résiduelles.** — Un condensateur à lame de verre n'est jamais ramené à l'état neutre après une seule décharge ; quelques instants après, on peut encore obtenir une deuxième étincelle, moins forte que la première, et accusant sur le condensateur un *résidu* d'électricité. Après la deuxième étincelle, on en peut observer encore une troisième, et ainsi de suite. — Ces charges résiduelles s'expliquent, comme on va le voir, par la pénétration de l'électricité dans la lame isolante solide qui sépare les deux armatures.

Fig. 875.

Une bouteille de Leyde (fig. 875) est formée d'armatures A et B constituées par des pièces métalliques pouvant se détacher du bocal de verre intermédiaire C. On charge cette bouteille et on la place sur un support isolant; on enlève avec la main l'armature intérieure, ce qui conduit son électricité dans le sol ; on retire ensuite le vase de verre C, et l'on met l'armature extérieure B en communication avec le sol. Si l'on recompose alors la bouteille, on peut encore obtenir une et même plusieurs décharges très fortes. C'est donc dans *le verre* que se trouvaient en plus grande partie les charges électriques, et l'on conçoit la difficulté que l'on éprouve à définir la capacité d'un tel condensateur et, par suite, le pouvoir inducteur spécifique du diélectrique. On définit ces grandeurs dans deux cas : ou bien pour une charge *instantanée*, les électricités n'ont pas le temps de pénétrer d'une manière appréciable dans le diélectrique, ou encore pour une charge à *saturation*.

951. **Rigidité électrostatique.** — Lorsqu'on élève la différence de potentiel entre les armatures d'un condensateur, il arrive un moment où une étincelle jaillit et perce la lame diélectrique ; lorsque cette lame est solide, et c'est le cas habituel, le condensateur est hors d'usage, car il ne

peut supporter que des différences de potentiel beaucoup plus faibles que celles pour lesquelles il était construit, et son énergie électrique maximum est ainsi très réduite. C'est pourquoi il est utile de connaître la différence de potentiel maximum que peut supporter une lame diélectrique sans être percée ; cette grandeur caractérise la *rigidité électrostatique* du diélectrique ; elle dépend évidemment de la nature et de l'épaisseur de l'isolant ; on l'exprime en kilovolts par centimètre ; voici quelques nombres :

| Substances. | Rigidité électrostatique. |
|---|---|
| Verre | 75 à 300 kv : cm. |
| Mica | 600 à 750 |
| Papier paraffiné | 400 à 500 |
| Huiles minérales | 50 à 80 |

Les batteries ordinaires de jarres peuvent supporter à peine 25 kilovolts.

952. **Effets généraux de la décharge électrique.** — La décharge d'un conducteur électrisé transforme son énergie potentielle électrique en travail mécanique, ou en énergie cinétique (vibrations sonores, lumineuses ou calorifiques, ondes électriques). On doit remarquer, du reste, que la décharge n'est plus un phénomène *électrostatique*, mais un phénomène *électrodynamique* ; elle constitue un *courant électrique*.

Les courants électriques produits par les machines dites *statiques*, dont nous avons dit quelques mots (887), et avec lesquelles on charge d'ordinaire les condensateurs, correspondent à de grandes chutes de potentiel, en volts, mais à de très faibles quantités d'électricité, en coulombs. Au contraire, avec les *piles* ou *accumulateurs*, autres sources d'électricité, les chutes de potentiel sont faibles, mais les quantités d'électricité mises en mouvement sont beaucoup plus considérables. Quant aux effets généraux produits, ils sont analogues dans les deux cas; ils ne diffèrent que par leurs intensités. — Ces effets consistent dans les diverses manifestations connues de l'énergie : effets physiologiques, mécaniques, chimiques, calorifiques, lumineux. Nous nous réservons d'étudier spécialement les effets calorifiques, à propos des expériences de Riess sur les décharges des batteries (954), qui nous donneront un moyen pratique de mesurer l'énergie électrique ; auparavant nous dirons quelques mots des autres effets.

Les effets *physiologiques* consistent en commotions plus ou moins violentes. Lorsqu'on tire une étincelle d'une machine électrique, on ne ressent qu'une légère piqûre, si la machine est faiblement chargée. Si la charge est plus forte, comme dans le cas d'une bouteille de Leyde, on éprouve une commotion dans le poignet ou le coude. La commotion peut même être ressentie à la fois par plusieurs personnes placées à la suite les unes des autres, de manière à faire la chaîne; la première prend dans la main la panse de la bouteille, la dernière approche le doigt de la tige. — Les décharges de batteries fortement chargées peuvent être dangereuses et même mortelles.

Les effets *mécaniques* se produisent surtout lorsque la décharge traverse un corps solide *mauvais conducteur*. Le corps est alors généralement percé ou brisé (perce-carte, perce-verre).

Les effets *chimiques* de la décharge électrique consistent généralement en phénomènes endothermiques de décomposition ou de combinaison, comme, par exemple, la décomposition du gaz ammoniac, la production de peroxyde d'azote par les étincelles, la production d'ozone par l'étincelle ou par l'effluve.

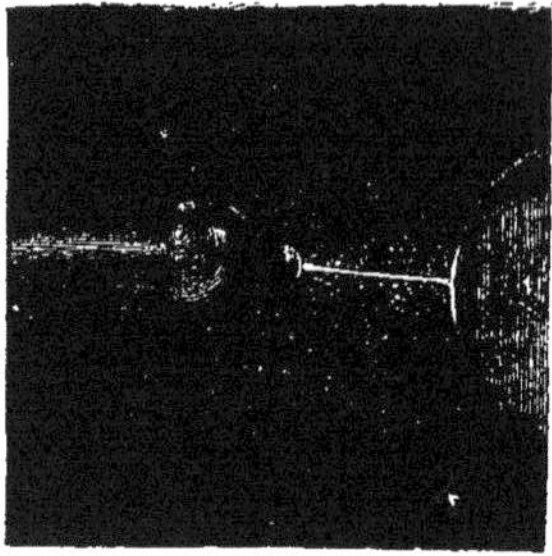

Fig. 876.

Les effets *lumineux* de la décharge dans l'air ou les gaz ont des aspects très différents, suivant les conditions de pression principalement, et que l'on peut rapporter à cinq types principaux : l'*étincelle* proprement dite, l'*aigrette*, l'*effluve*, les *lueurs* et les *rayons cathodiques*.

L'*étincelle*, qui éclate entre les pôles d'une machine, apparaît comme un trait rectiligne (fig. 876), lorsqu'elle est courte; ce trait lumineux est d'autant plus large que la quantité d'électricité qui intervient est plus considérable. A mesure que sa longueur augmente, le trait devient plus grêle et moins lumineux; il prend une forme en zigzag et tend à se ramifier de plus en plus (fig. 877). — La longueur de l'étincelle dans l'air peut d'ailleurs fournir une indication approximative sur la différence de potentiel correspondante (977).

L'*aigrette* (fig. 878), qui se produit sur les parties aiguës ou proéminentes

Fig. 877.

des conducteurs chargés positivement, présente une teinte pâle, violacée; les parties chargées négativement apparaissent comme simplement recouvertes d'une couche lumineuse; par exemple, une pointe négative porte à son extrémité une petite étoile brillante.

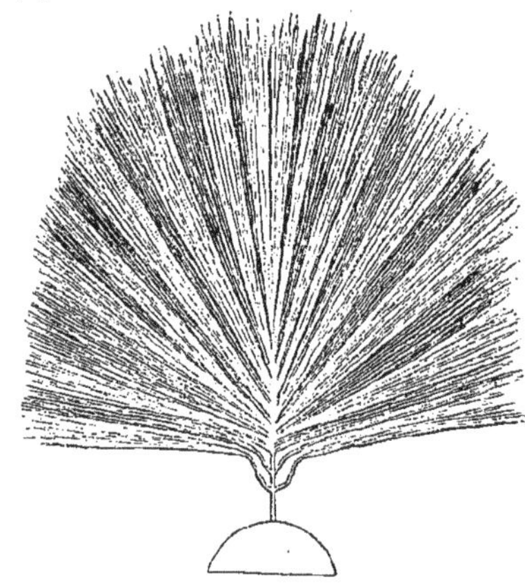

Fig. 878.

L'*effluve* s'observe par la décharge lente entre les armatures d'un condensateur dont les faces en regard sont recouvertes d'une mince couche isolante : l'espace compris entre les armatures est faiblement lumineux : la lumière émise est homogène, d'apparence violette, visible seulement dans l'obscurité. C'est par l'effluve qu'on prépare l'ozone dans les laboratoires ou dans l'industrie.

Les *lueurs* apparaissent dans les gaz dont on diminue la pression, qui est alors de l'ordre du millimètre de mercure. La lueur semble toujours partir du pôle positif; le pôle négatif est entouré d'une auréole violacée, suivie d'un espace plus obscur. La teinte est rose avec l'air, blanche avec l'anhydride carbonique, d'un bleu violet avec l'hydrogène. — Pour un certain degré de vide (quelques dixièmes de millimètre de mercure), la lueur se transforme en strates alternativement brillantes et obscures. C'est le phénomène de la *stratification*.

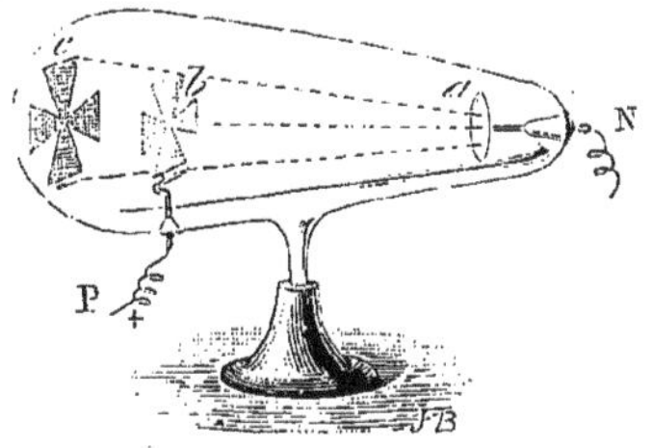

Fig. 879.

Enfin, si l'on pousse encore plus loin la raréfaction (jusqu'à quelques millièmes de millimètre de mercure), les lueurs disparaissent, et le passage de l'électricité ne se manifeste que par une fluorescence verdâtre du verre, à l'opposé de l'électrode négative ou *cathode*. On a alors le phénomène des *rayons cathodiques*. Ces rayons cathodiques paraissent être constitués par des particules très petites dites *électrons* négatifs et projetées normalement en ligne droite par la cathode; ainsi la croix d'aluminium $b$ (fig. 879) donne naissance à une ombre $c$ sur la paroi fluorescente opposée à la cathode $a$. Toute surface, verre, platine, etc., frappée par les rayons cathodiques, émet à son tour des radiations invisibles connues sous le nom de *rayons de Rœntgen*, ou *rayons X*.

953. **Effets calorifiques de la décharge.** — Les effets calorifiques sont surtout faciles à mettre en évidence, en faisant passer la décharge au travers des métaux. — Si l'on opère avec une batterie et que la décharge passe à travers un fil métallique fin, placé entre les boules d'un *excitateur universel* (fig. 880), on voit le fil rougir, souvent même fondre et se volatiliser. — Un fil de soie doré, par exemple, donne, sur une feuille de carton placée derrière, une poussière violacée provenant de la volatilisation de l'or. — Si le fil métallique fin est placé dans un liquide, entre deux tiges métalliques A et B (fig. 881) isolées par un support d'ébonite, l'ébranlement communiqué au liquide est tel que le verre est brisé; c'est l'expérience dite de la *torpille électrique*, mettant en évidence un effet mécanique de la décharge (952).

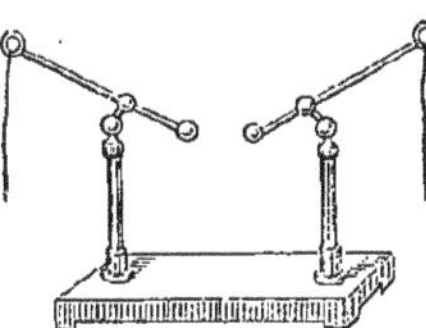
Fig. 880.

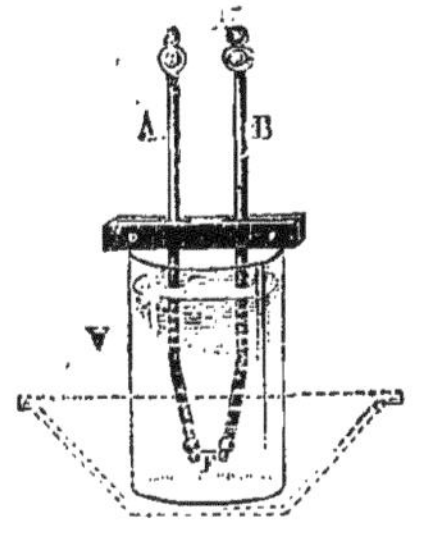

Fig. 881.

## ÉNERGIE ÉLECTRIQUE DES CONDENSATEURS

954. **Mesure de l'énergie électrique d'un condensateur ou d'un système de condensateurs : thermomètre de Riess.** — Il existe deux sortes de décharges : lorsqu'on met en relation les armatures d'un condensateur par un fil gros et court, ce conducteur ne s'échauffe pas sensiblement, l'étincelle est très nourrie et brillante : la majeure partie de l'énergie électrique se transforme dans l'étincelle même : c'est la décharge *disruptive*. Si, au contraire, dans le trajet du circuit de décharge, se trouve un fil métallique long et fin, l'énergie

dissipée dans l'étincelle est presque nulle : c'est ce qu'on appelle la décharge *conductive*. La majeure partie de l'énergie électrique se retrouve alors sous forme de chaleur, dans le fil de communication. — On peut donc, dans ce cas, mesurer l'énergie électrique W du condensateur ou du système de condensateurs par la quantité de chaleur dégagée dans le circuit. Si l'on désigne par J l'équivalent mécanique en joules de la petite calorie (659), par $q$ la quantité de chaleur en calories, par W l'énergie électrique en joules, on doit avoir :

$$Jq = W.$$

Riess s'assura d'abord que, si le circuit de décharge est formé de deux parties, dont l'une est un fil long et fin, et dont l'autre est un conducteur à large section, la chaleur dégagée dans cette dernière partie est négligeable ; il en est de même de la chaleur inévitablement dégagée par l'étincelle. L'expérience montre, en effet, que la chaleur dégagée par une décharge électrique, dans les différents conducteurs du circuit, est proportionnelle à ce qu'on appelle la *résistance* de chacun d'eux. La résistance R d'un conducteur est proportionnelle elle-même à sa longueur $l$ et en raison inverse de la section $s$, c'est-à-dire que l'on a $R = \rho \frac{l}{s}$ ; $\rho$ étant un coefficient qui dépend de la nature du conducteur.

Le problème expérimental est donc alors ramené à la mesure de la quantité de chaleur dégagée par la décharge de la batterie *dans un fil long et fin*. Riess l'a résolu en employant le *thermomètre électrique* qui porte son nom. Ce thermomètre se compose d'un ballon de verre S (fig. 882) auquel est soudé un tube étroit, bien calibré et divisé en parties d'égale longueur, qui vient aboutir à la partie inférieure d'un large réservoir E. Dans le ballon est placé un fil de platine enroulé en spirale; il communique avec deux conducteurs A, B, qui traversent les parois du ballon, et servent à mettre la spirale en relation avec les armatures de la batterie, par l'intermédiaire d'un excitateur qui provoquera la décharge au moment voulu. Le tube divisé est fixé sur une planchette qu'on peut incliner d'un certain angle sur l'horizon ; il contient un liquide mouillant bien le verre, du *xylol* par exemple :

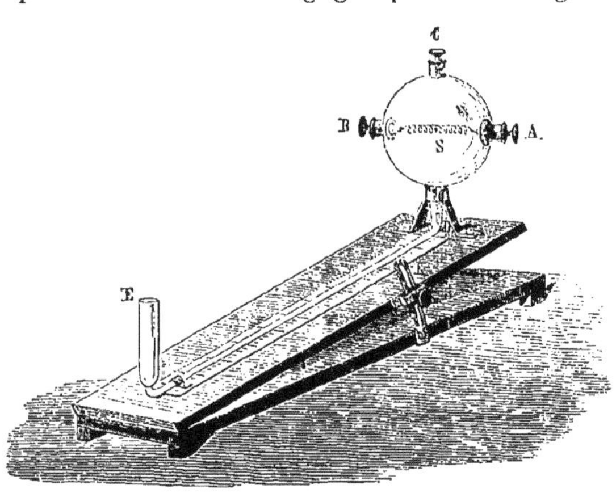

Fig. 882.

Considérons ce qui se passe quand une décharge traverse le fil. Soit $\mu$ la masse du fil et $\gamma$ sa chaleur spécifique, $m$ la masse de l'air, $c$ sa chaleur spécifique à volume constant, et $t$ la température de tout l'appareil au commencement de l'expérience. Pendant la décharge, le fil est porté de la température $t$ à la température inconnue T, et la quantité de chaleur $q$ correspondante, cédée par la décharge, est

$$q = \mu\gamma(T - t).$$

Mais, dans les conditions de l'expérience, le fil cède presque instantanément une partie de cette chaleur à l'air, et il s'établit entre ces deux corps un équilibre de température caractérisé par la température finale $t'$. Si l'on écrit que la quantité de chaleur perdue par le fil est égale à la quantité gagnée par l'air, on a l'équation

$$\mu\gamma(T - t') = mc(t' - t),$$

en admettant, ce qui a lieu, que l'expérience est assez rapide pour que l'air ne cède pas de chaleur au ballon. La température $t'$, à laquelle s'élève finalement l'air, est fort peu différente de $t$, car on ne constate qu'un déplacement de quelques centimètres du liquide dans le tube divisé; on peut donc remplacer $t'$ par $t$ dans le premier membre de cette dernière équation, puisque, T ayant une valeur très grande, l'erreur ainsi produite sur $T - t'$ restera dans les limites des erreurs expérimentales. On aura alors

$$\mu\gamma(T - t) = q = mc(t' - t).$$

On voit d'ailleurs que la substitution de $t$ à $t'$ revient à admettre que la quantité de chaleur apportée au fil par la décharge est *tout entière cédée à l'air*.

Cette équation montre que la quantité $q$ est proportionnelle à $t' - t$. Or, cette variation de température $t' - t$ de l'air a pour effet une simple variation de pression, car on peut considérer le gaz comme s'étant dilaté à volume constant, puisque le tube à liquide est étroit. Si donc on appelle H la pression initiale, $h$ l'accroissement de pression, on a, conformément à la loi de Gay-Lussac (712),

$$\frac{1 + \alpha t'}{1 + \alpha t} = \frac{H + h}{H}, \qquad \text{d'où} \qquad \frac{t' - t}{1 + \alpha t} = \frac{1}{\alpha} \cdot \frac{h}{H}.$$

Mais $h$ est évidemment proportionnel au nombre $n$ de divisions dont le liquide s'est déplacé dans le tube. Donc, finalement, $t' - t$ est proportionnel à $n$, et par suite $q$ l'est aussi, ce que nous voulions démontrer. — On a donc ainsi une mesure relative de $q$, et par conséquent de W.

Pour s'assurer que l'échauffement d'un conducteur à large section est négligeable, comme nous l'avons dit, Riess enfermait ce conducteur dans son thermomètre, à la place du fil de platine, et réciproquement; le déplacement du liquide dans le thermomètre était insensible dans le premier cas. — Riess a fait la même vérification pour l'étincelle.

955. **Mesure pratique de la charge d'un condensateur : bouteille de Lane.** — Pour vérifier la relation qui existe entre l'énergie d'un condensateur ou d'un système de condensateurs et sa charge, il nous faut, en plus du thermomètre de Riess, un appareil permettant de mesurer la charge.

Riess se servait de la *bouteille électrométrique de Lane.* — Cet appareil (fig. 883) se compose d'une bouteille de Leyde fixée sur une planchette, et qui présente, en regard de la boule A de son armature interne, une boule B qu'on peut en approcher à une distance connue, au moyen d'une vis micrométrique F. La boule B communique, par une tige DC, avec l'armature externe de la bouteille.

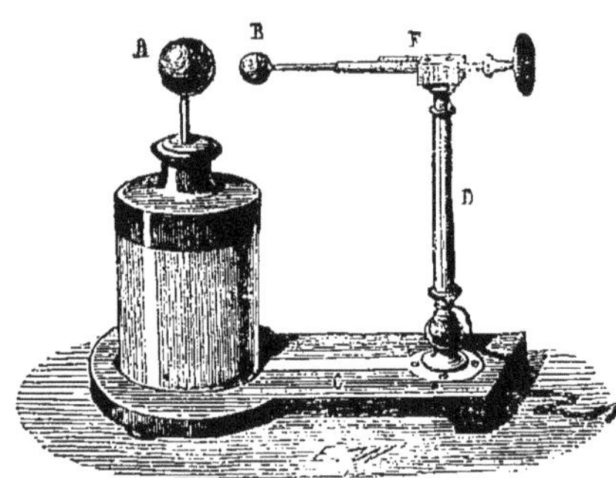

Fig. 883.

Pour donner à un condensateur (ou à une association de condensateurs) une charge déterminée, on l'isole et l'on met en communication son armature externe avec l'armature interne de la bouteille de Lane, dont l'armature externe est au sol; enfin, on met l'armature interne de la batterie en communication avec la source électrique : on a ainsi réalisé l'association en *cascade* (959). On peut aussi isoler la bouteille de Lane et l'interposer entre la source et le condensateur, ce qui est habituellement plus simple.

Supposons que la source ait communiqué une charge $+q$ à l'armature interne du condensateur, une charge $-q$ a été appelée sur la face intérieure de l'armature externe, et par conséquent la charge $+q$ correspondante a passé nécessairement sur l'armature interne de la bouteille de Lane; enfin, une charge $-q$ a été appelée sur la face intérieure de l'armature externe de la bouteille de Lane, tandis que la charge $+q$ correspondante s'est écoulée dans le sol. — Quand la pression électrostatique sur les boules B et A arrive à surmonter la résistance de l'air, une décharge se produit; comme la pression électrostatique est une fonction de la charge, la décharge aura lieu pour une valeur déterminée de celle-ci, toujours la *même* pour une même distance explosive, et dans les mêmes conditions atmosphériques. Si $Q_0$ représente la charge de la bouteïlle de Lane au moment considéré, la décharge qui se produit ramène la bouteille à l'état neutre, sans rien changer aux charges en regard dans le condensateur, à cause du phénomène d'écran produit sur les deux charges par l'armature externe du condensateur. A chaque étincelle de la bouteille, la charge de la batterie s'est donc accrue de $Q_0$.

Par suite, après N étincelles de la bouteille de Lane, la charge de l'armature interne du condensateur sera $NQ_0 = Q$, et la charge de la face intérieure de l'armature externe : $-NQ_0=-Q$. — On peut donc charger ainsi le condensateur de quantités d'électricité qui sont des multiples de la charge explosive de la bouteille de Lane.

956. **Charger un condensateur à un potentiel constant.** — Soit pour mesurer une capacité, soit pour vérifier la relation qui existe entre l'énergie électrique d'un condensateur et la différence de potentiel de ses armatures, il est bon de pouvoir charger le condensateur de telle manière que cette différence de potentiel soit constante. Pour cela il suffit de faire communiquer les armatures du condensateur avec les boules d'un excitateur universel (fig. 880); dans le même circuit on intercale le thermomètre de Riess, quand il faut mesurer l'énergie; la décharge éclate lorsque la différence de potentiel correspond à une distance explosive (977) égale à celle des deux boules; cette différence est *constante*, pour une valeur *fixe* de la distance des boules.

957. **Énergie électrique d'un condensateur.** — Nous avons établi (936) que

$$W=\frac{1}{2}CV^2=\frac{1}{2}\frac{Q^2}{C}$$

On vérifiera aisément, au moyen du thermomètre de Riess et de la bouteille de Lane, que l'énergie électrique W d'un condensateur quelconque est proportionnelle à $Q^2$, par exemple. En effet, W est proportionnel au nombre de divisions $n$ dont le liquide se déplace dans le tube du thermomètre de Riess; Q est proportionnel au nombre N d'étincelles fournies par la bouteille de Lane : il suffit donc de vérifier que $n$ est proportionnel à $N^2$.

958. **Énergie électrique d'une batterie en surface.** — Nous avons vu (939) comment on réalisait une *batterie en surface*, que l'on désigne encore sous le nom d'association *en parallèle*.

Supposons qu'il y ait $n$ jarres identiques, la capacité de chacune d'elles étant C. L'armature extérieure forme écran pour la jarre à laquelle elle appartient, qui se charge alors comme si elle était seule; il en résulte que la charge totale $Q_s$ est égale à $n$ fois la charge Q d'une bouteille :

$$Q_s=nQ=nCV; \qquad \text{d'où, pour la capacité : } C_s=nC.$$

L'énergie de la batterie (957) :

$$W_s=\frac{1}{2}Q_sV=\frac{1}{2}nCV^2=\frac{1}{2}\frac{Q_s^2}{nC},$$

d'où les lois suivantes :

1° *La capacité d'une batterie en surface de* n *bouteilles identiques est égale à* n *fois la capacité d'une bouteille*;

2° *Pour une charge à potentiel constant, l'énergie électrique de la batterie en surface est proportionnelle au nombre de bouteilles ;*

3° *Pour une charge électrique constante, l'énergie électrique de la batterie est en raison inverse du nombre de bouteilles.*

Pour vérifier la première loi, on place dans le circuit de décharge un excitateur dont les boules sont à une distance *invariable* pendant toutes les expériences. On charge la batterie en intercalant une bouteille de Lane et on compte le nombre d'étincelles N de la bouteille de Lane nécessaires pour obtenir une décharge de la batterie : on constate que N est proportionnel au nombre de bouteilles $n$.

Pour vérifier la deuxième loi, on intercale dans le circuit de décharge à la fois un excitateur dont les boules sont à une distance *fixe* et un thermomètre de Riess : la décharge se produit toujours pour la même différence de potentiel des armatures : le nombre de divisions $n'$, dont le ménisque du liquide se déplace, dans le thermomètre de Riess, est proportionnel au nombre de bouteilles $n$.

Enfin, on vérifie la troisième loi de la manière suivante : on charge la batterie en produisant un même nombre d'étincelles à la bouteille de Lane intercalée dans le circuit de charge, et on provoque la décharge en la faisant passer dans un thermomètre de Riess : le nombre de divisions $n''$ dont se déplace le ménisque du liquide du thermomètre est en raison inverse du nombre de bouteilles $n$.

*Remarque I.* — Si les condensateurs de la batterie avaient des capacités différentes, $C_1$, $C_2$,... $C_n$, chacun d'eux se chargeant comme s'il était seul, la capacité de la batterie serait

$$C_s = C_1 + C_2 + \dots C_n.$$

*Remarque II.* — Les condensateurs étalons sont des associations en surface de condensateurs plans dont les capacités connues sont entre elles comme les masses d'une boîte de poids (445).

**959. Énergie électrique d'une batterie en cascade.** — Dans l'association *en cascade* ou association *en série*, les bouteilles sont isolées : l'armature interne de la première bouteille $A_1$ (fig. 884) est mise en communication avec la source, dont nous désignerons toujours le potentiel par V ; son armature externe communique avec l'armature interne de la seconde bouteille $A_2$ ; l'armature externe de celle-ci, avec l'armature interne de la troisième bouteille $A_3$, et ainsi de suite, jusqu'à l'armature externe de la bouteille $A_n$, qui est mise en communication avec le sol. — Soit $V_1$ le potentiel commun de l'armature externe de $A_1$ et de l'armature interne de $A_2$ ; $V_2$ le potentiel commun de l'armature externe de $A_2$ et de l'armature interne de $A_3$, etc. Si C est la capacité d'une bouteille, la charge $Q_0$ distribuée sur l'armature

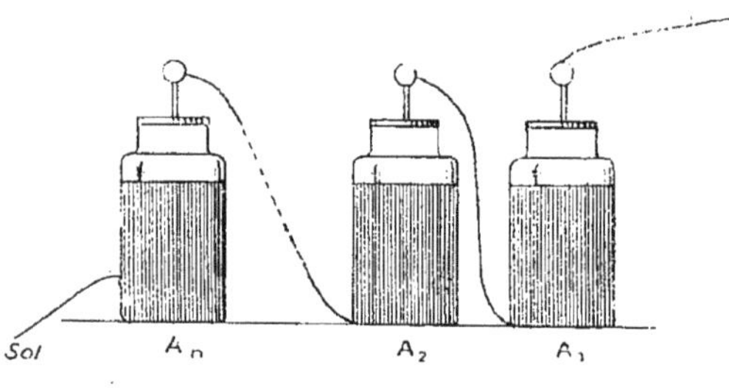

Fig. 884.

interne de la première bouteille de la cascade, en fonction de la différence de potentiel des deux armatures est :

$$Q_c = C(V - V_1).$$

Cette charge induit, sur la face interne de l'armature externe de cette bouteille, une charge $-Q_c$; elle développe, par conséquent, une charge $+Q_c$, qui se répartit sur la face externe de cette même armature, et sur l'armature interne de $A_2$. Si nous admettons que cette charge se porte presque entièrement sur l'armature interne de $A_2$, dont la capacité est beaucoup plus grande que celle de l'armature externe de $A_1$, nous avons, dans la seconde bouteille supposée identique à la première et dont les armatures sont aux potentiels $V_1$ et $V_2$ :

$$Q_c = C(V_1 - V_2).$$

De même, la charge répandue sur l'armature interne de la troisième bouteille est :

$$Q_c = C(V_2 - V_3),$$

et sur la $n^{\text{ième}}$ bouteille

$$Q_c = C(V_{n-1} - 0).$$

Additionnons ces égalités membre à membre :

$$nQ_c = C(V - V_1 + V_1 - V_2 + V_2 - V_3 \ldots - V_{n-1} + V_{n-1} - 0) = CV,$$

d'où

$$Q_c = \frac{C}{n}V.$$

Il en résulte que la capacité de la cascade [1], c'est-à-dire le rapport entre la charge de chaque armature interne et la différence de potentiel des armatures extrêmes, est :

$$C_c = \frac{Q_c}{V} = \frac{C}{n}$$

cette capacité est égale à la $n^{\text{ième}}$ partie de la capacité C d'une seule bouteille.

La seule charge qui intervient au point de vue de l'énergie est celle de l'armature interne de la première bouteille, car la charge totale de l'armature externe d'une bouteille et de l'armature interne de la bouteille suivante, qui sont au même potentiel, est nulle, et l'armature externe de la dernière bouteille est au potentiel 0 ; on a donc (937) :

$$W_c = \frac{1}{2}Q_cV = \frac{1}{2}\frac{CV^2}{n} = \frac{1}{2}n\frac{Q_c^2}{C}.$$

Nous pouvons donc énoncer les lois suivantes :

1° *La capacité d'une batterie en cascade de* n *bouteilles identiques est égale à la capacité d'une bouteille divisée par* n;

[1] Le terme capacité ne correspond pas ici identiquement à la définition donnée (933).

2° *Pour une charge à potentiel constant, l'énergie varie en raison inverse du nombre de bouteilles;*

3° *Pour une charge électrique constante, l'énergie est proportionnelle au nombre de bouteilles.*

Ces lois se vérifient exactement de la même manière que celles de la batterie en surface.

*Remarque I.* — Si nous comparons les expressions de $W_s$ et de $W_c$, nous constatons qu'au point de vue de l'énergie électrique, et pour un nombre de bouteilles donné :

A potentiel constant, l'association en surface est plus avantageuse;

A charge constante, c'est l'association en cascade qui correspond à l'énergie la plus grande.

Habituellement, la quantité d'électricité à fournir pour la charge n'est pas limitée : il suffit de faire fonctionner la machine source d'électricité, jusqu'à ce qu'on atteigne une différence de potentiel voisine du potentiel de rupture, mais plus petite. L'association en surface est préférée, en général, car elle est d'une réalisation plus facile, mais si l'on dispose d'une source à grand débit et à haut voltage, pour éviter de percer les lames isolantes (951), on peut réunir les condensateurs en cascade, de telle manière que le quotient du potentiel de la source par le nombre de bouteilles soit inférieur au potentiel de rupture. Enfin, on peut réunir en surface plusieurs séries de condensateurs associés déjà en cascade.

*Remarque II.* — Soit E la différence de potentiel maximum que chaque condensateur peut pratiquement supporter; calculons, dans le cas de $n$ bouteilles associées successivement en surface et en cascade, l'énergie électrique maximum correspondante; pour la cascade, la différence de potentiel V entre les armatures extrêmes est alors $n$E; on a donc :

$$W_s = \frac{1}{2} n C V^2 = \frac{1}{2} n C E^2, \qquad W_c = \frac{1}{2}\frac{CV^2}{n} = \frac{1}{2}\frac{Cn^2E^2}{n} = \frac{1}{2} n C E^2;$$

par suite :

$$W_s = W_c;$$

l'énergie maximum est la même dans les deux cas.

*Remarque III.* — Lorsque les condensateurs associés en cascade ont des capacités différentes $C_1$, $C_2$..., $C_n$, en conservant les mêmes notations que dans le cas particulier précédemment étudié, on a les relations :

$$Q_c = C_1(V - V_1), \quad \text{d'où} \quad \frac{Q_c}{C_1} = V - V_1,$$

$$Q_c = C_2(V_1 - V_2), \quad \text{d'où} \quad \frac{Q_c}{C_2} = V_1 - V_2,$$

$$\cdots\cdots\cdots\cdots \qquad \cdots\cdots\cdots\cdots$$

$$Q_c = C_n(V_{n-1} - 0), \quad \text{d'où} \quad \frac{Q_c}{C_n} = V_{n-1} - 0$$

et additionnant membre à membre les égalités en $\frac{Q_c}{C_n}$ :

$$Q_c\left(\frac{1}{C_1} + \frac{1}{C_2} + \cdots \frac{1}{C_n}\right) = V, \quad \text{d'où} \quad \frac{V}{Q_c} = \frac{1}{C_c} = \frac{1}{C_1} + \frac{1}{C_2} + \cdots + \frac{1}{C_n}.$$

L'inverse de la capacité de la batterie en cascade est égale à la somme des inverses des capacités des condensateurs qui la constituent.

## VI. — ÉLECTROMÉTRIE

Le problème général de l'électrométrie comprend la mesure des *charges*, la mesure des *potentiels* et la mesure des *capacités*.

960. **Électromètre à feuilles d'or.** — L'électroscope à feuilles d'or (864) est un véritable condensateur, dont les feuilles d'or forment l'armature interne, et dont l'armature externe est constituée par la cage en communication avec le sol. La capacité $c$ de l'armature interne ne varie pas sensiblement avec l'écart des feuilles d'or; il en résulte que la charge $q$ des feuilles ne dépend que de la différence $v$ des potentiels des deux armatures, et varie proportionnellement à cette différence. Nous avons vu comment cet appareil permet d'effectuer des mesures *relatives* de masses électriques (869), de potentiels (931), et par suite de capacités. Pour faire des mesures *absolues* il suffit d'étalonner l'appareil en se servant d'une masse d'électricité connue en valeur absolue, ou d'une source électrique à potentiel constant et connu (pile étalon).

Le modèle classique de l'électroscope à feuilles d'or donne un écart appréciable pour une cinquantaine de volts; mais on construit aujourd'hui des appareils infiniment plus sensibles et plus pratiques, nous allons décrire l'un d'eux.

961. **Électromètre de Wilson.** — Il se compose essentiellement d'une feuille d'or F (fig. 885) suspendue à une tige métallique isolée; la feuille est attirée en dehors de la verticale par une plaque métallique P en communication avec la cage et le sol. On peut à volonté avancer ou reculer cette plaque et faire varier l'inclinaison de la cage qui bascule autour de l'axe O sous l'action de la vis V et du ressort R; de cette manière on règle la sensibilité de l'appareil.

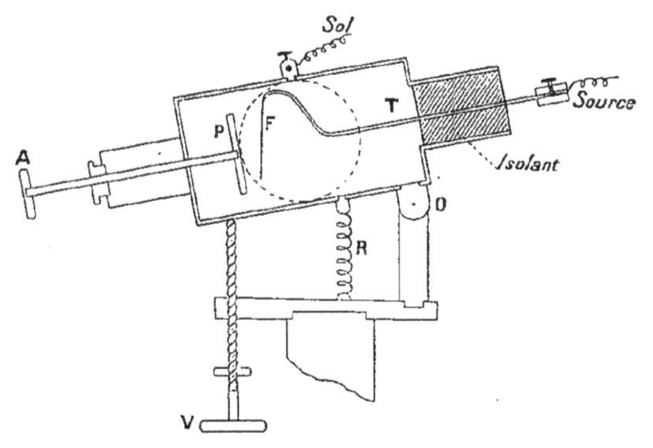


Fig. 885. — Electromètre Wilson.
(Le microscope et le support ne sont pas figurés.)

L'équilibre de la feuille peut être stable pour tout le déplacement ou instable pour une partie; les courbes C, C′ C″ de la figure 885 *bis* correspondent aux différents cas possibles. (V. potentiel de la feuille, $\alpha$ sa déviation.) Pour la courbe C il y a stabilité complète et sensibilité constante mais faible; dans le cas de la courbe C″ il y a instabilité de A en B (partie pointillée) et grande sensibilité locale dans le voisinage de A et de B. On règle l'appareil de manière à avoir une courbe telle que C′ car la stabilité est alors complète pour toute la course de la feuille et la sensibilité est grande dans la région DE.

On observe la tranche de la feuille d'or au moyen d'un microscope d'un grossissement commercial voisin de 40, et présentant un micromètre oculaire.

D'après ce qui vient d'être dit, la sensibilité varie entre des limites très différentes; on règle facilement l'appareil de manière à observer une déviation d'une division du micromètre pour 1/500e ou 1/400e de volt. L'atmosphère de la cage peut être desséchée par un fragment de sodium.

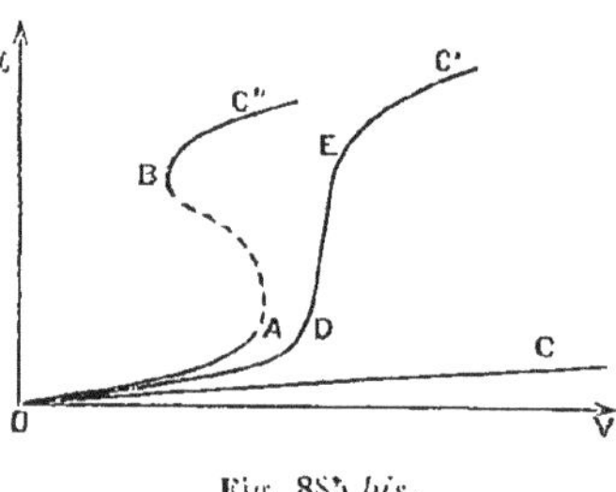

Fig. 885 *bis*.

962. **Électromètre absolu de lord Kelvin (W. Thomson).** — *Principe.* — Soient deux plateaux circulaires A et B (fig. 870) portés respectivement aux potentiels $V_1$ et $V_0$ et placés à une distance $d$ l'un de l'autre. On a entre ces deux plateaux, ainsi qu'on l'a vu (942), un champ électrique sensiblement uniforme, sauf vers les bords; il est parfaitement uniforme dans la région moyenne, et les lignes de force sont des perpendiculaires communes aux deux plateaux. Or, en admettant que le champ soit absolument uniforme, et en ne s'occupant que des couches électriques en regard, il est facile de calculer l'action attractive de l'un des plateaux sur l'autre. En effet, si l'on désigne par $\sigma$ la densité superficielle uniforme, commune au signe près, des couches en regard sur les deux plateaux, la pression électrostatique, normale sur chacun d'eux, est $2\pi\sigma^2$. Or l'électricité de l'un des plateaux n'a, à cet égard, aucune action sur la couche électrique de ce plateau lui-même, puisque cette action serait tangentielle et n'aurait aucune composante normale. Donc la pression $2\pi\sigma^2$ par unité de surface sur chaque plateau ne provient que de l'action de l'autre plateau. Par suite, la force attractive F de l'un des plateaux sur l'autre, de surface S, est

$$F = 2\pi\sigma^2 S.$$

D'ailleurs, en désignant par H l'intensité du champ, on a (928) :

$$H = \frac{V_1 - V_0}{d} = 4\pi\sigma,$$

d'où

$$\sigma^2 = \frac{(V_1 - V_0)^2}{16\pi^2 d^2},$$

et par conséquent,

$$F = 2\pi \frac{(V_1 - V_0)^2}{16\pi^2 d^2} S = \frac{(V_1 - V_0)^2}{8\pi d^2} S.$$

On tire de là :

$$V_1 - V_0 = d\sqrt{\frac{8\pi F}{S}}.$$

Donc, pour mesurer $V_1 - V_0$, en unités absolues dans le système C. G. S., il suffira de mesurer S en centimètres carrés, $d$ en centimètres et F en dynes. En conservant les mêmes unités, on aurait, en volts (924),

$$(V_1 - V_0)^{\text{volts}} = 300 d \sqrt{\frac{8\pi F}{S}}.$$

*Description de l'appareil.* — Le plateau supérieur AB (fig. 886) est découpé de telle façon que sa partie centrale S puisse se mouvoir indépendamment de la portion annulaire qui l'entoure, tout en restant constamment en communication métallique avec elle. Cette partie annulaire constitue ce que lord Kelvin a nommé l'*anneau de garde*. Cet anneau est fixe, et, lorsque le disque mobile est situé dans le plan de l'anneau de garde, comme la distance entre les bords du disque et ceux de l'anneau est extrêmement petite, on peut considérer le système comme formant un seul et même plan ; on peut, par suite, admettre en toute rigueur que, dans la portion du plateau supérieur qui correspond au disque seul, la distribution est uniforme. Or, comme c'est ce disque qui sera attiré, la formule précédente sera applicable, mais seulement dans les conditions que l'on vient de supposer, c'est-à-dire lorsque le disque sera dans le plan de l'anneau de garde ; s'il en sortait, il constituerait à lui seul un plateau présentant l'influence perturbatrice des bords. — Pour les mesures, il faudra donc *toujours* ramener le disque dans le plan de l'anneau de garde. Pour cela, le disque S est soutenu par trois ressorts très flexibles, solidaires d'un écrou que traverse une vis micrométrique, fixée au couvercle supérieur de tout l'appareil, et dont la tête porte un tambour divisé. Cette vis, en tournant sur elle-même, fait monter ou descendre le disque. Le disque porte une fourchette à laquelle est fixé un fil très fin $f$ (fig. 887) ou un cheveu ; lorsque le disque se trouve exactement dans le plan de l'anneau de garde, on règle une mire d'ivoire de façon que le cheveu se projette juste sur la mire, entre deux points noirs très rapprochés sur une même verticale ; on constate

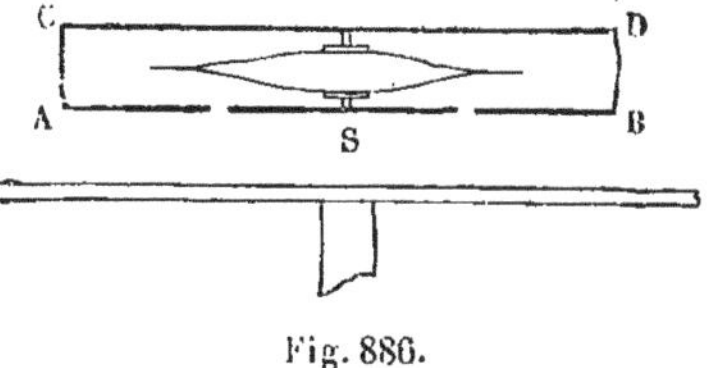

Fig. 886.

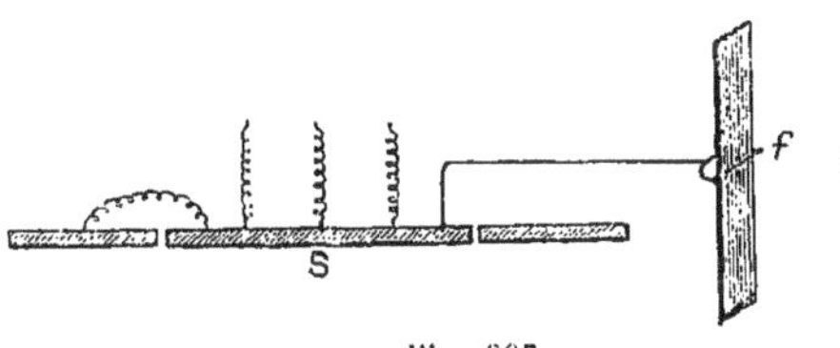

Fig 887.

que ce résultat est atteint, au moyen d'une loupe placée en regard.

Il faut, d'autre part, que le disque S n'ait pas d'électricité sur sa face supérieure, afin qu'il y ait pression électrostatique seulement sur la face inférieure; pour cela, le système du disque et de l'anneau de garde constitue une boîte fermée ABCD (fig. 886). Le plateau inférieur est fixé sur un support isolant, que l'on élève ou abaisse à volonté de quantités connues, à l'aide d'une vis micrométrique qui traverse le couvercle inférieur de l'appareil.

Pour graduer l'appareil, on place sur le disque S une masse $m$, qui tend les ressorts et abaisse le disque. On ramène ensuite le cheveu entre ses repères, en tournant la vis micrométrique supérieure. La différence des deux lectures donne le nombre de tours et la fraction de tour, nécessaires pour ramener à sa position le disque abaissé par l'action du poids $mg$. On peut déduire de là le poids qui abaisserait le disque d'une quantité telle, qu'il fallût juste un tour de vis pour le ramener dans le plan de l'anneau de garde, en admettant la proportionnalité des flexions aux poids qui les produisent. Si l'on veut d'ailleurs une plus grande approximation, on peut dresser un tableau de ces flexions, c'est-à-dire des nombres de tours de vis, et des poids correspondants.

Pour faire une mesure, on met A (fig. 870) en communication avec la source à potentiel $V_1$, et B avec la source à potentiel $V_0$, dont on veut mesurer la différence $V_1 - V_0$. Le disque s'abaisse : on le relève par la vis micrométrique supérieure. Du nombre de tours effectués, on déduit, au moyen du tableau de graduation, le poids $mg$ qui aurait produit le même effet que l'attraction, et par suite

$$V_1 - V_0 = d\sqrt{\frac{8\pi mg}{S}}.$$

*Mesure de* d. — La mesure de la distance $d$ des deux plateaux est délicate à effectuer. En effet, pour faire cette mesure, on remonte le plateau inférieur jusqu'au contact de l'anneau de garde, et l'on évalue le déplacement au moyen de la vis micrométrique inférieure. Mais on peut alors arriver à un contact plus ou moins parfait entre ce plateau et S (fig. 886), en serrant plus ou moins la vis micrométrique; cette position de contact n'est donc pas absolument déterminée, et $d$ n'est pas donné par ce procédé avec une grande précision. Or $d$ entre en multiplicateur dans la formule, et une erreur sur ce terme entraîne une erreur relative égale sur la différence des potentiels.

Pour faire disparaître cette difficulté, lord Kelvin a modifié le procédé opératoire, de façon à n'avoir à mesurer que des variations de $d$, ce qui est beaucoup plus exact. Il met l'anneau de garde en communication avec une source auxiliaire, dont le potentiel, que nous désignerons par $z$, est *constant*; puis le plateau inférieur successivement en communication avec les sources aux potentiels $V_1$ et $V_0$. On a, pour la première opération,

$$V_1 - z = d_1\sqrt{\frac{8\pi mg}{S}}.$$

On ramène alors le plateau inférieur à l'état neutre : l'action cesse, le ressort revient à son état primitif, le disque sort du plan de l'anneau de garde, et pour l'y ramener, il faudrait précisément déposer à sa surface le poids $mg$ ; au lieu de cela, on met le plateau inférieur en communication avec la source à potentiel $V_0$, puis, sans toucher à la vis micrométrique supérieure, on manœuvre la vis micrométrique inférieure jusqu'à ce que le disque soit de nouveau dans le plan de l'anneau de garde. L'attraction du plateau inférieur équivaut alors exactement à l'action du même poids $mg$ que dans le premier cas, et l'on a :

$$V_0 - z = d_0 \sqrt{\frac{8\pi mg}{S}},$$

d'où, par différence,

$$V_1 - V_0 = (d_1 - d_0) \sqrt{\frac{8\pi mg}{S}}.$$

Il suffit dès lors, pour avoir la différence $V_1 - V_0$, de mesurer la variation de distance $d_1 - d_0$ du plateau inférieur au plan de l'anneau de garde, ce qui est immédiatement donné par la différence des lectures au tambour de la vis inférieure.

La sensibilité de l'appareil est environ de 3 volts.

Les variations de température ont une influence appréciable.

*Accessoires de l'appareil.* — L'instrument tout entier est enfermé dans un cylindre de verre, couvert extérieurement d'une feuille d'étain qui constitue un écran électrique, en sorte que les plateaux sont préservés de toute action électrique extérieure. Quelques ouvertures, pratiquées dans la feuille d'étain, permettent de viser à l'intérieur, au moyen de lentilles.

Enfin, il faut pouvoir s'assurer de la constance du potentiel auxiliaire $z$ de l'anneau de garde et du disque, et pouvoir ramener ce potentiel à sa valeur primitive s'il vient à augmenter ou à diminuer. Ce double rôle est rempli par la *jauge* et le *replenisher*.

La *jauge* est un petit électromètre avec son disque, son anneau de garde et sa fourchette. Le disque mobile S (fig. 887) est mis en communication avec un plateau qui repose, par une colonne de verre, sur l'anneau de garde ; ce plateau est donc au même potentiel que le disque ; nous l'appellerons *plaque d'induction*. En face, dans le couvercle supérieur, se trouve ménagée la jauge proprement dite. Juste au-dessus du plateau, est une plaque d'aluminium $p$ (fig. 888), entourée de son anneau de garde et en communication avec le sol. Cette plaque porte un prolongement $h$ terminé par une fourchette, dans laquelle est tendu un cheveu mobile en regard

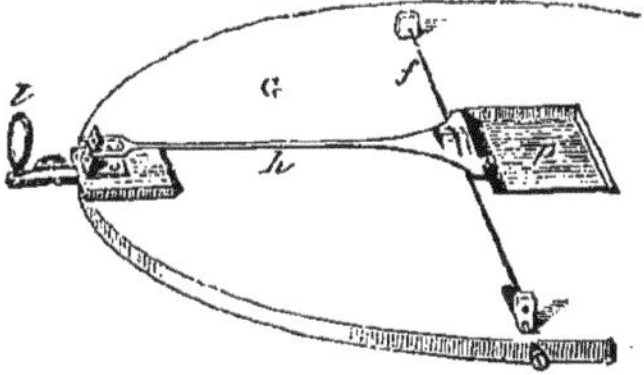

Fig. 888.

d'une mire. La plaque d'aluminium est mobile autour d'un axe constitué par un fil de platine $f$, et son poids est réglé de façon que, pour un certain potentiel $z$ de la plaque d'induction, la plaque attirée se place horizontalement et parallèlement à la plaque d'induction ; le cheveu est alors entre ses repères. Aussitôt que la lentille $l$ de la jauge indique que le cheveu n'est plus entre ses repères, on est averti que le potentiel $z$ a changé.

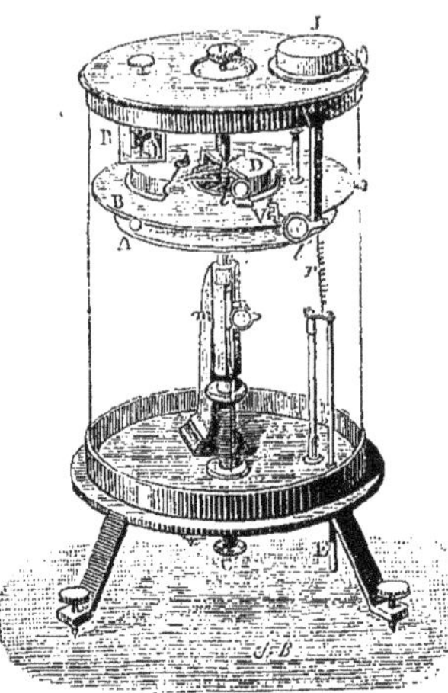

Fig. 889.

On a alors recours au replenisher, que nous avons déjà décrit (888) pour rendre au potentiel sa valeur primitive.

La pièce A du replenisher (fig. 822) est en communication avec la plaque d'induction de la jauge et B avec le sol : en faisant tourner le transporteur PQ soit dans un sens, soit dans l'autre, on fait croître ou décroître le potentiel de la plaque d'induction et par suite celui du disque S (fig. 887), jusqu'à ce qu'il ait atteint la valeur $z$ pour laquelle le cheveu de la jauge arrive entre ses deux points de repère. — La figure 889 donne une vue d'ensemble de l'appareil qui est compliqué, délicat et dont on se sert peu.

963. **Électromètre absolu de lord Kelvin : modèle simplifié de MM. Abraham et Lemoine.** — Un plateau métallique A, (fig. 890), de surface S, entouré d'un anneau de garde G, est suspendu à l'un des bras d'une balance de Roberval ; ce plateau et son anneau de garde sont mis au sol ; les mouvements de la balance sont limités par des butoirs et on relève la position d'équilibre au moyen d'une aiguille horizontale E se déplaçant devant un repère D.

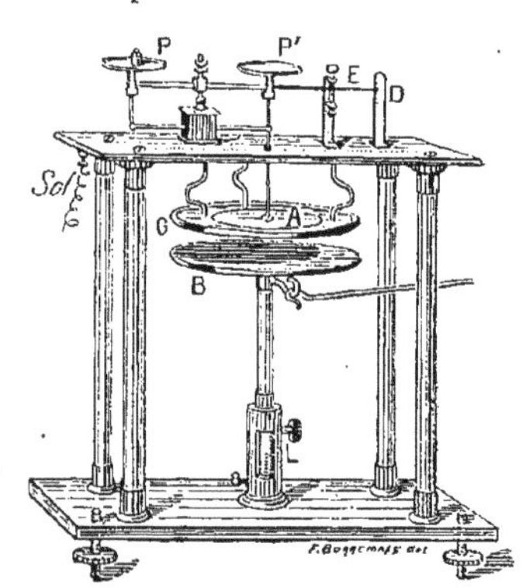


Fig. 890.

Un large plateau B, parallèle au précédent, supporté par un pied isolant, est mis en relation avec la source dont on veut déterminer le potentiel ; il peut être déplacé au moyen d'une crémaillère, et la lecture d'une graduation située vers la partie inférieure de la colonne portante donne la distance $d$ des deux plateaux A et B.

Le plateau B étant porté au potentiel V, électrise A par influence et il se forme, sur la face inférieure de A, une couche électrique de densité égale et de signe contraire à celle de la couche qui se trouve sur la face supérieure de B; la face supérieure de A n'est du reste pas électrisée, car le plancher qui supporte la balance et qui est au sol, forme un écran suffisant. Dans ces conditions, si l'on désigne par F la force d'attraction électrique qui s'exerce sur le plateau A, vers le plateau B, on établit, tout comme précédemment, que

$$V = d\sqrt{\frac{8\pi F}{S}};$$

F se mesure de la manière suivante : on place dans le plateau P de la balance une masse marquée $m$ : le fléau est maintenu horizontal grâce au butoir supérieur, et A est dans le plan de l'anneau de garde. On soulève peu à peu le plateau électrisé B jusqu'à ce que le plateau P' s'abaisse, ce que l'on constate facilement en observant l'aiguille E et son repère. Au moment où le fléau commence à s'incliner vers A, on a : $F = mg$.

L'appareil est construit de telle manière que pour $V = 10\,000$ volts, $d = 1^{cm}$, on ait $F = 5^{g\text{-}f} = 5 \times 981$ dynes.

Calculons le rayon $r$ du plateau circulaire A :

$$V = d\sqrt{\frac{8\pi F}{S}} = d\sqrt{\frac{8\pi F}{\pi r^2}} = \frac{d}{r}\sqrt{8F},$$

d'où :

$$r = \frac{V}{d}\sqrt{8F} = \frac{1}{\frac{10\,000}{300}}\sqrt{8 \times 5 \times 981} = \frac{100}{5}\sqrt{40 \times 981} = 5,^{cm}95.$$

Avec un tel plateau A, pour une charge de $5^{g\text{-}f}$, et une distance de $d^{cm}$ des plateaux A et B, on aurait donc :

$$V = 10\,000\ d^{cm} \text{ volts},$$

et, d'une manière plus générale, pour une charge de $m^{g\text{-}f}$, au lieu de $5^{g\text{-}f}$,

$$V = 10\,000\ d^{cm}\sqrt{\frac{m}{5}} \text{ volts};$$

en particulier pour $d = 0^{cm},1$ et $m = 0^{g\text{-}f},05$, $V = 100$ volts.

L'appareil donne des résultats très satisfaisants pour des potentiels compris entre 1 000 et 100 000 volts ; il n'est pas très sensible, mais robuste et d'un emploi commode.

964. **Électromètre absolu de lord Kelvin : modèle simplifié de M. Salmon.** — *Principe de l'appareil.* — Conservons les notations de l'appareil précédent. Les plateaux B, A et l'anneau de garde G sont verticaux : A et G sont mis au sol, B est porté par une tige isolante et on le déplace au moyen d'une vis micrométrique, ce qui permet la mesure de $d$. La force de pression électrostatique F, qui tend à entraîner A, est équilibrée par le couple de torsion d'un fil d'argent qui supporte A par l'intermédiaire d'un levier coudé. Pour les mesures relatives, si $\alpha$ désigne l'angle de torsion du fil, $a$ une constante, on trouve facilement que

$$V = ad\sqrt{\alpha}.$$

Pour les mesures absolues, on étalonne l'appareil de manière à avoir en C.G.S. la force qui fait équilibre dans le système à un couple de torsion correspondant à un angle de torsion connu.

L'appareil permet des mesures absolues de 20 volts à 40 000 volts, avec une erreur relative inférieure à $\frac{1}{100}$.

965. **Électromètres absolus de M. Lippmann.** — 1° *Électromètre sphérique simple.* — Soient deux hémisphères conducteurs A et B (fig. 891) dont la base est horizontale et portés au même potentiel V; appelons R leur rayon commun, Q la charge totale et $\sigma$ la densité superficielle.

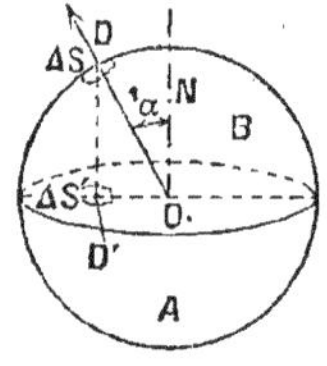

Fig. 891.

Considérons un élément de surface $\Delta S$, en D, sur l'hémisphère B : la force de pression électrostatique sur cet élément est $2\pi\sigma^2\Delta S$ ; elle admet une composante verticale $2\pi\sigma^2\Delta S \cos\alpha$ ; sous l'influence de la résultante F de ces composantes verticales, l'hémisphère B tend à être soulevé; calculons F :

$$F = \Sigma 2\pi\sigma^2\Delta S \cos\alpha = 2\pi\sigma^2\Sigma\Delta S \cos\alpha,$$

or projetons l'élément D en D', sur le plan de base des hémisphères; soit $\Delta S'$ la surface de la projection D' : $\Delta S' = \Delta S \cos\alpha$, par suite

$$F = 2\pi\sigma^2\Sigma\Delta S' = 2\pi^2 R^2\sigma^2.$$

Mais

$$V = \frac{Q}{R} = \frac{4\pi R^2\sigma}{R} = 4\pi R\sigma, \qquad \text{d'où} \qquad \sigma = \frac{V}{4\pi R},$$

par suite

$$F = \frac{V^2}{8}, \qquad \text{d'où} \qquad V = \sqrt{8F}.$$

Si l'on mesure la perte apparente de poids de l'hémisphère B, après électrisation, on peut donc exprimer V en valeur absolue.

2° *Électromètre à condensateur sphérique.* — Plaçons les hémisphères de l'appareil précédent dans un conducteur sphérique centré avec les hémisphères, de rayon R', et mis au sol. L'hémisphère B est encore sollicité vers le haut par la force verticale

$$F = 2\pi^2 R^2\sigma^2;$$

or,

$$V = \frac{Q}{R} - \frac{Q}{R'} = 4\pi R^2\sigma\left(\frac{1}{R} - \frac{1}{R'}\right) = \frac{4\pi R(R'-R)}{R'}\sigma;$$

de là nous tirons :

$$\sigma = \frac{R'V}{4\pi R(R'-R)},$$

et portant dans l'expression de F, nous avons :

$$F = \frac{R'^2}{8(R'-R)^2}V^2.$$

Pour un même potentiel V, la force mesurée F est plus grande que dans l'appareil précédent; elle a été multipliée par le rapport $\left(\frac{R'}{R'-R}\right)^2$ ; cette forme d'électromètre est donc plus sensible que la première; de plus, elle seule permet d'assurer la constance de la densité en tout point, car l'hémisphère B est à l'abri de toute action extérieure. De l'égalité qui précède nous tirons :

$$V = \frac{R'-R}{R'}\sqrt{8F}.$$

Dans l'électromètre de M. Lippmann, la base des hémisphères est verticale, A est fixe, B est supporté par trois fils verticaux de même longueur : ces fils sont tirés horizontalement par la force F, ils sont donc déviés et font un angle $\alpha$ avec la verticale, angle mesuré par la méthode de Poggendorff; lorsqu'il y a équilibre, si M est la masse de B, c'est que

$$F = Mg \operatorname{tg} \alpha.$$

966. **Travail des forces électriques pendant le déplacement d'un système de conducteurs à potentiels constants : application à la théorie des électromètres.** — L'énergie d'un système de conducteurs à potentiels constants est (957) :

$$W = \frac{1}{2} \Sigma QV;$$

si un ou plusieurs de ces conducteurs subissent des déplacements infiniment petits à potentiels constants, il en résulte des variations d'énergie électrique et de charges, telles que

$$dW = \frac{1}{2} \Sigma V dQ.$$

Or, le travail dépensé pour augmenter de $dQ$ la charge du conducteur qui est au potentiel V est $VdQ$, et pour l'ensemble des conducteurs, la somme des travaux dépensés est $\Sigma VdQ$, c'est-à-dire $2 . dW$. Le travail total fourni se décompose donc à chaque instant en deux parties égales :

L'une qui produit l'accroissement d'énergie électrique;

L'autre qui correspond au travail mécanique des forces électriques pendant le déplacement.

Supposons, par exemple, qu'il y ait déplacement d'un seul conducteur.

Si le déplacement est linéaire, égal à $dx$, et si X représente la somme algébrique des projections des forces électriques suivant le déplacement, on a :

$$X dx = \frac{1}{2} \Sigma V dQ;$$

Si c'est un déplacement angulaire $d\theta$, et si la somme algébrique des moments des forces électriques par rapport à l'axe de rotation est A :

$$A d\theta = \frac{1}{2} \Sigma V dQ.$$

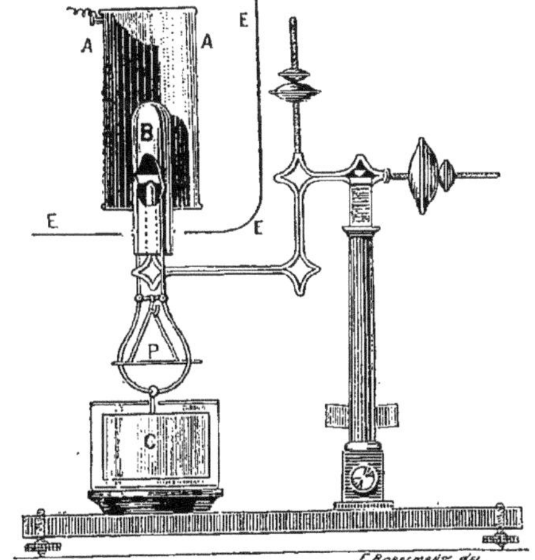


S'il y a seulement un conducteur isolé, et si $dQ$ peut se calculer en fonction de V, de $dx$ ou de $d\theta$, des dimensions des conducteurs et des grandeurs qui caractérisent leurs positions relatives, la mesure expérimentale de X ou de A permet d'évaluer V en unités absolues, en se servant des relations précédentes. Nous allons précisément faire usage de ces relations dans le cas de l'électromètre absolu cylindrique.

967. **Électromètre absolu cylindrique de Bichat et Blondlot.** — Bichat et Blondlot ont imaginé un électromètre absolu, formé de deux cylindres coaxiaux; le cylindre extérieur A (fig. 892) est isolé

et mis en communication avec la source dont on veut mesurer le potentiel V; le cylindre intérieur B est solidaire d'un plateau de balance P, il communique avec le sol, ainsi que l'écran métallique E au travers duquel il passe. Le cylindre A forme donc un condensateur cylindrique avec B qui se charge par influence. Les forces de pression électrostatique qui s'exercent sur la base supérieure du cylindre B ont une résultante verticale F, dirigée de bas en haut, et proportionnelle au carré de la densité sur le bord supérieur. Or, quelle que soit cette densité, elle est proportionnelle à la différence de potentiel entre A et B; car, si les potentiels deviennent doubles, c'est-à-dire respectivement 2V et zéro, les charges deviennent doubles, avec le même mode de distribution; par suite les densités deviennent doubles, et les tensions quadruples. Donc la force F est proportionnelle à $V^2$, et l'on a :

$$F = aV^2.$$

Cette expression nous permettrait seulement des mesures relatives de potentiel, mais utilisons les résultats que nous venons d'établir au paragraphe précédent, en supposant que le cylindre B soit soulevé de la quantité $dx$ : la distribution reste la même aux extrémités de B, la région moyenne du condensateur augmente ; désignons par $r$ le rayon du cylindre B, par R le rayon intérieur du cylindre A ; la capacité du condensateur formé par A et B a varié (943) de $\dfrac{dx}{2\text{Log}\frac{R}{r}}$ ; par suite, la charge de A a augmenté de $\dfrac{dx}{2\,\text{Log}\frac{R}{r}}V$, et pour tout le système $\frac{1}{2}\Sigma V dQ$ se réduit à $\frac{1}{2}\dfrac{dx}{2\,\text{Log}\frac{R}{r}}V^2$; donc :

$$Fdx = \frac{1}{2}\frac{dx}{2\,\text{Log}\frac{R}{r}}V^2, \qquad \text{d'où} \qquad V = 2\sqrt{F\,\text{Log}\frac{R}{r}} = 2\sqrt{\frac{F}{M}\log\frac{R}{r}}.$$

(M, module des logarithmes vulgaires).

On compense la force F par un poids $mg$, placé sur P, qui maintient l'aiguille de la balance au zéro, et l'on déduit de là V. — Sous le plateau P est accroché un amortisseur à air, pour arrêter les oscillations.

L'appareil de Bichat et Blondlot paraît être présentement le meilleur des électromètres absolus.

968. **Électromètre à quadrants**. — L'électromètre absolu est assez commode pour les mesures de potentiel, mais il ne peut servir d'électromètre de projection. Pour réaliser cette condition, lord Kelvin a imaginé l'*électromètre à quadrants* : on peut dire que c'est une *balance de torsion*, tandis que les électromètres absolus sont des balances de flexion ou des balances à poids.

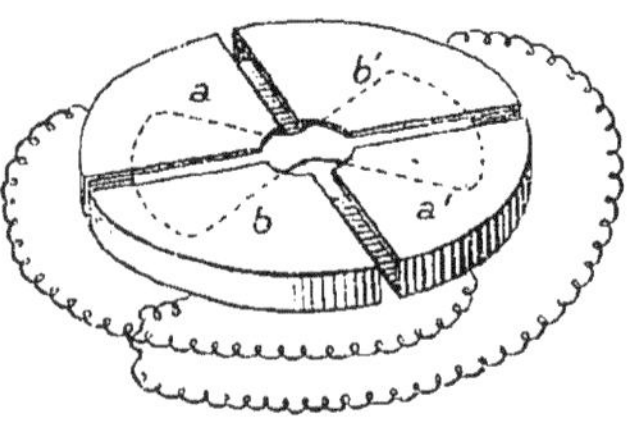

Fig. 893.

Les parties essentielles d'un électromètre à quadrants sont les *quadrants* et l'*aiguille*.

Les *quadrants* sont obtenus en coupant une boîte cylindrique plate, en laiton, par deux traits de scie rectangulaires. On a ainsi quatre secteurs égaux ou quadrants, $a$, $b$, $a'$, $b'$ (fig. 893), que l'on évide au centre. On les met en communication métallique deux à deux et en croix, c'est-à-dire $a$ avec $a'$ et $b$ avec $b'$.

L'*aiguille* A (fig. 894) est taillée dans une feuille très mince et très légère en aluminium. Elle se compose de deux secteurs, à coins arrondis, opposés par le sommet, et dont l'angle au centre est droit. Elle est suspendue à un fil de torsion et introduite dans la boîte formée par les quadrants, de façon que son plan soit horizontal et à égale distance des deux bases de la boîte. — L'aiguille constitue ainsi un conducteur placé à l'intérieur d'un système de deux autres conducteurs, formés par les deux paires de quadrants ($a$, $a'$) et ($b$, $b'$).

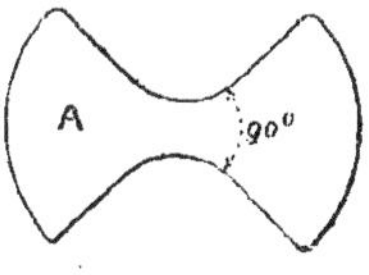

Fig. 894.

Tout l'appareil étant primitivement à l'état neutre, l'aiguille doit être disposée de telle façon que les fentes qui séparent les quadrants la divisent en quatre parties identiques; en d'autres termes, les fentes doivent être les bissectrices des angles des deux secteurs.

*Formule de l'appareil.* — Supposons les quadrants $a$ et $a'$ au potentiel constant $V_1$, les quadrants $b$ et $b'$ au potentiel constant $V_2$, et l'aiguille au potentiel constant $V_0$. L'aiguille, qui est le seul conducteur mobile du système, va obéir aux forces de pression électrostatique. Parmi ces forces, celles qui sont normales au plan de l'aiguille sont sans action ; il en est de même de celles qui s'exercent, dans le plan de l'aiguille, sur ses bords circulaires (fig. 895), car elles sont directement opposées deux à deux et passent par l'axe ; c'est du reste pour qu'il en soit ainsi, que l'aiguille doit être à bords circulaires. Il ne reste donc à considérer que les forces qui agissent dans le plan de l'aiguille, sur ses bords rectilignes. Celles-ci se réduisent, par symétrie, à *deux couples horizontaux* : l'un pour les bords qui se trouvent dans la paire de quadrants $a$, $a'$; l'autre, pour les bords qui sont dans la paire $b$, $b'$. Or, quelles que soient les densités sur ces bords, elles restent constantes en chaque point, tant que les bords de l'aiguille ne se rapprochent pas trop des fentes des quadrants, c'est-à-dire tant que la rotation n'est pas voisine de 45° ; d'autre part, ces densités varient proportionnellement aux différences de potentiel de l'aiguille et de la paire de quadrants correspondante. En effet, pour un élément de la région plane de l'aiguille, loin des bords et des coupures, d'après la théorie des condensateurs plans (942), la densité est proportionnelle à la différence de potentiel des deux armatures du condensateur — et si l'on vient à doubler, tripler... la densité en un

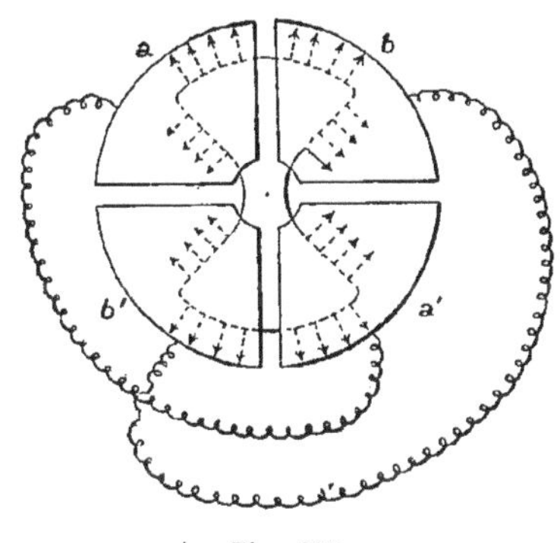


Fig. 895.

point, il faut la doubler, la tripler... en chaque point pour obtenir un nouvel état d'équilibre (932). *Toutes* les densités sont donc proportionnelles aux différences de potentiel entre les deux armatures correspondantes et par suite les forces de pression électrostatiques sont proportionnelles aux carrés de ces différences de potentiel. Les moments des deux couples qui tendent à faire tourner l'aiguille en sens contraire sont donc respectivement proportionnels à $(V_0 - V_1)^2$ et à $(V_0 - V_2)^2$ ; d'ailleurs, le coefficient de proportionnalité, qui dépend des surfaces des bords, est le même pour tous deux, par raison de symétrie. Si nous supposons $(V_0 - V_1) < (V_0 - V_2)$, la rotation a lieu du quadrant $a$, à potentiel $V_1$, vers le quadrant $b$, à potentiel $V_2$, et le moment du couple résultant est de la forme

$$\mathfrak{M} = \lambda [(V_0 - V_2)^2 - (V_0 - V_1)^2] = 2\lambda (V_1 - V_2)\left(V_0 - \frac{V_1 + V_2}{2}\right).$$

Ce couple est équilibré par le moment du couple de torsion de la suspension. Si donc $\theta$ est l'angle de rotation, on a :

$$\theta = A (V_1 - V_2)\left(V_0 - \frac{V_1 + V_2}{2}\right),$$

où A est une constante de l'instrument. On voit que la déviation serait nulle pour $V_1 = V_2$, ce qui est évident *a priori*. Si la déviation avait lieu en sens contraire, il suffirait de permuter $V_1$ et $V_2$ dans la formule.

*Autre théorie de l'électromètre à quadrants.* — Supposons que l'aiguille ait tourné d'un angle $d\theta$, de $a$ vers $b$, et soit C la capacité du condensateur formé par l'aiguille et un quadrant pour un angle d'un radian. La capacité du condensateur formé par l'aiguille et les quadrants $b$ et $b'$ a augmenté de $2Cd\theta$; celle du condensateur formé par l'aiguille et les quadrants $b$ et $b'$ a diminué de $2Cd\theta$. Soit $\mathfrak{M}$ le moment par rapport à l'axe des forces électriques tendant à faire tourner l'aiguille. Or nous savons que (966) :

$$\mathfrak{M} d\theta = \frac{1}{2} \Sigma V dQ ;$$

Pour l'aiguille : $dQ = 2Cd\theta(V_0 - V_2) - 2Cd\theta(V_0 - V_1)$, et $\frac{1}{2} Vd = Cd\theta(V_1 - V_2)V_0$;

Pour les quadrants $b, b'$ : $dQ = -2Cd\theta(V_0 - V_2)$, $\frac{1}{2} VdQ = -Cd\theta(V_0 - V_2)V_2$;

Pour les quadrants $a, a'$ : $dQ = 2Cd\theta(V_0 - V_1)$, $\frac{1}{2} VdQ = Cd\theta(V_0 - V_1)V_1$;

par conséquent :

$$\mathfrak{M} d\theta = Cd\theta[(V_1 - V_2)V_0 - (V_0 - V_2)V_2 + (V_0 - V_1)V_1] = 2Cd\theta(V_1 - V_2)\left(V_0 - \frac{V_1 + V_2}{2}\right).$$

Or les forces électriques étant équilibrées par la torsion d'un fil correspondant à l'angle $\theta$, $\mathfrak{M}$ est de la forme $a\theta$, et de la relation précédente on tire :

$$\theta = \frac{2C}{a}(V_1 - V_2)\left(V_0 - \frac{V_1 + V_2}{2}\right)$$

*Mode d'emploi.* — On peut utiliser l'appareil de diverses manières :

1° Si l'on suppose que $V_0$ est très grand par rapport à $\frac{V_1+V_2}{2}$, la formule se réduit sensiblement à

$$\theta = A(V_1 - V_2).V_0;$$

la déviation est alors proportionnelle au potentiel de l'aiguille. — Il y aurait donc avantage, pour mesurer $V_1 - V_2$, à prendre $V_0$ le plus grand possible; mais les valeurs à donner à $V_0$ sont bientôt limitées par la possibilité de la production d'étincelles, entre l'aiguille et les quadrants. — Si C est la capacité du condensateur formé par une portion de l'aiguille, d'une ouverture d'un *radian*, et le quadrant correspondant, et si le couple de torsion du fil est de la forme $\mathfrak{M} = a\theta$, on trouve que

$$A = \frac{2C}{a};$$

mais si nous désignons par $e$ la distance de l'aiguille aux quadrants, par R son rayon, la surface du secteur d'un radian étant $\frac{R^2}{2}$, et pour les deux faces $R^2$, on a (942) :

$$C = \frac{R^2}{4\pi e},$$

d'où

$$A = \frac{R^2}{2\pi e a}.$$

On pourrait donc, pour augmenter la sensibilité, chercher à réduire l'épaisseur de la boîte métallique; mais on ne peut pas réduire outre mesure cette épaisseur, parce que l'aiguille ne peut pas être construite exactement plane, ni maintenue exactement parallèle aux faces de la boîte; on pourrait aussi augmenter le rayon de l'aiguille, mais alors son poids augmente rapidement, et la suspension ne peut plus être assez délicate; enfin il est encore plus simple et plus pratique de diminuer la constante de torsion $a$, en prenant un fil long et fin.

Le potentiel $V_0$ de l'aiguille doit être constant, au moins dans une série de mesures. Lord Kelvin assurait cette condition en enfermant l'appareil dans une cage contenant une *jauge* et un *replenisher*, analogues à ceux de l'électromètre absolu (962).

2° On peut faire communiquer l'aiguille avec une des paires de quadrants; alors $V_0 = V_2$, et l'on a, au signe près

$$\theta = \frac{A}{2}(V_0 - V_1)^2.$$

La déviation est alors indépendante du signe de $V_1$, et proportionnelle au carré de la différence de potentiel à mesurer, entre les deux paires de quadrants. On peut utiliser ainsi l'électromètre, comme l'a fait Joubert[1], pour l'étude des différences de potentiel qui changent de signe périodiquement.

(1) Joubert (1834-1910), physicien français, collaborateur de Pasteur; en dehors de ses études sur les fermentations, ses travaux ont porté principalement sur l'Électricité; on lui doit aussi un mémoire important sur la luminescence chimique.

5° On peut enfin simplifier l'appareil en supprimant le *replenisher* et la *jauge*, et faisant $V_1 + V_2 = 0$ ; cette modification a été indiquée et réalisée par Mascart. On a alors :

$$0 = 2A.V_1V_0;$$

le potentiel $V_0$ à mesurer est proportionnel à l'angle dont a tourné l'aiguille : c'est le mode d'emploi le *plus fréquent*.

969. **Électromètre de Mascart**[1]. — *Pile de charge.* — Pour obtenir des potentiels $V_1$ et $V_2$ égaux en valeur absolue et de signes contraires, on emploie comme source d'électricité une *pile*. Celle dont on fait usage ici prend le nom de *pile de charge* de l'électromètre. Elle est formée d'un certain nombre de couples (de 100 à 400) constitués chacun par un godet renfermant de l'eau dans laquelle baignent une lame de zinc (pôle négatif) et une lame de cuivre (pôle positif). On réunit le pôle positif d'un élément au pôle négatif du suivant, et ainsi de suite. Si la pile comprend un nombre pair $2n$ de couples, si elle est, d'autre part, bien isolée dans de la paraffine, et si l'on met le milieu en communication avec le sol, les extrémités sont à des potentiels $V_1$ et $-V_1$ proportionnels à $n$. La différence de potentiel entre deux lames de cuivre qui terminent l'un des couples, différence qui mesure ce qu'on appelle la *force électromotrice* de ce couple, est d'environ 1 volt.

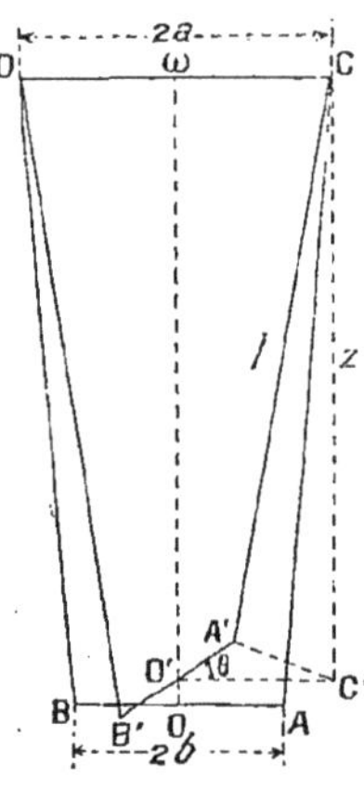


Fig. 896.

*Suspension bifilaire.* — L'aiguille est suspendue, à l'intérieur des quadrants, par deux fils de cocon CA, DB (fig. 896) dont les points C et D sont fixes au cours d'une mesure et les points A, B à une distance invariable : les forces électriques sont alors équilibrées, non par la torsion d'un fil, mais par les forces qui résultent de l'action de la pesanteur sur l'aiguille ainsi suspendue. Posons $CA = DB = l$, $CD = 2a$, $AB = 2b$ et supposons que AB ayant tourné d'un angle $\theta$ vienne en A'B' à une distance $\omega O' = z$ de CD. Projetons le point C en C', sur le plan horizontal passant par A'B' : dans le triangle CA'C' nous connaissons : $A'C = l$ et A'C', car dans le triangle A'O'C' nous avons :

$$\overline{A'C'}^2 = a^2 + b^2 - 2ab\cos\theta,$$

par suite :

$$z^2 = \overline{A'C}^2 - \overline{A'C'}^2 = l^2 - a^2 - b^2 + 2ab\cos\theta.$$

Soit P le poids de l'aiguille ; si A'B' tourne de l'angle $d\theta > 0$, $z$ varie de $dz < 0$, le travail accompli par le poids P est, en valeur absolue, $-P\,dz$.

[1] Mascart (1837-1908), physicien français dont les principales recherches ont trait au spectre ultra-violet, à l'optique physique, à l'électricité et au magnétisme terrestre. Il fut un professeur de haute valeur, un homme d'action, un organisateur de premier ordre.

Si nous désignons par $\mathfrak{M}$ le moment par rapport à l'axe des forces qui ont fait tourner A'B', le travail de ces forces est $\mathfrak{M}d\theta$ et nous avons :

$$\mathfrak{M}d\theta = -\mathrm{P}dz, \qquad \text{d'où} \qquad \mathfrak{M} = -\mathrm{P}\frac{dz}{d\theta} = \frac{\mathrm{P}ab\sin\theta}{z}$$

Supposons $\theta$ assez petit pour qu'on puisse confondre le sinus avec l'arc, cette condition est généralement réalisée ; en outre, $a$ et $b$ sont assez petits pour qu'on puisse confondre $z$ et $l$ ; le moment du couple est alors

$$\mathfrak{M} = \mathrm{P}\frac{ab}{l}\theta.$$

La suspension bifilaire permettra donc, en tout cas, pour une même valeur de $\theta$, d'équilibrer des actions d'autant plus faibles que P, $a$ et $b$ seront plus petits, et $l$ plus grand ; nous voyons maintenant pourquoi il faut employer une aiguille légère. — Une disposition spéciale permet de rapprocher ou d'écarter les fils, à la partie supérieure, c'est-à-dire de faire varier $b$ et par suite la sensibilité de l'électromètre.

*Mesure des déviations par la méthode du miroir.* — A la partie inférieure, l'aiguille porte un prolongement constitué par un fil de platine, sur lequel est fixé le miroir qui sert à la mesure des petites déviations, par la méthode de Poggendorff (60).

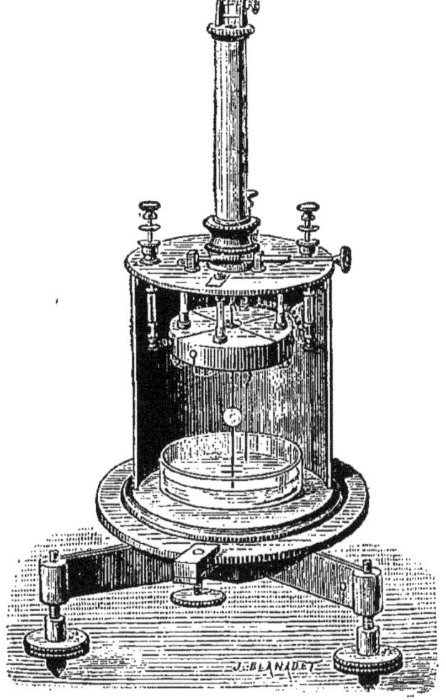

Fig. 897.

*Accessoires de l'appareil.* — La figure 897 donne une vue d'ensemble de l'appareil. Le fil de platine sur lequel est collé le miroir porte, à sa partie inférieure, deux ou trois fils de platine horizontaux, qui plongent dans un vase contenant de l'acide sulfurique concentré et qui ont pour objet d'amortir les oscillations de l'aiguille. L'acide sulfurique sert, en outre, à dessécher l'air de l'appareil, afin de le rendre le plus isolant possible, et à faire communiquer l'aiguille, par le fil de platine, avec le corps dont on veut mesurer le potentiel.

L'appareil est enfermé dans une cage métallique reliée au sol et qui sert d'écran. On y a ménagé une fenêtre pour le passage des rayons lumineux, et une porte pour l'introduction du vase à acide sulfurique. — Le couvercle supérieur porte la colonne creuse qui contient la suspension. Ce couvercle est traversé, sans qu'il y ait contact métallique, par des bornes qui servent à mettre en communication les deux paires de quadrants avec les pôles de la pile de charge, et l'aiguille avec le corps à étudier, par l'intermédiaire de l'acide sulfurique. A chacune de ces bornes est fixé un petit chapeau c (fig. 897 *bis*) qui, lorsqu'on le relève, maintient la borne correspondante isolée et, lorsqu'on l'abaisse, met la borne en communication avec le couvercle, et par conséquent avec le sol, ce qui ramène les pièces à l'état neutre.

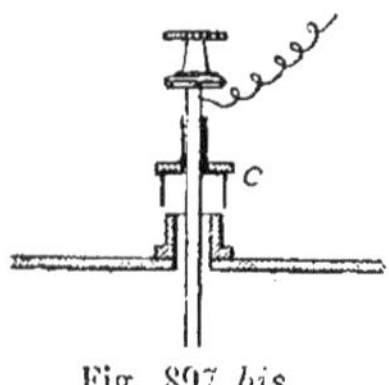

Fig. 897 *bis*.

*Réglage et graduation.* — Il est nécessaire que l'aiguille, dans sa position initiale, soit le plus près possible de sa position normale, symétrique par rapport aux fentes des quadrants, ou tout au moins que l'aiguille ne s'écarte que très peu de cette position. On a vu (968), en effet, que le couple $\mathfrak{M}$ des forces électriques est indépendant de la position de l'aiguille, tant que la distance aux fentes des plages à distribution irrégulière est assez grande ; c'est pour cela qu'on donne à l'aiguille la forme de deux secteurs de 90°, plutôt qu'une forme plus étroite. Pour amener l'aiguille à cette position de symétrie, on commence par agir sur les vis calantes, de manière à rendre l'appareil, et par suite les secteurs, bien horizontaux; l'axe de rotation de l'aiguille passe alors par le centre des quadrants. Au moyen d'un bouton placé à la partie supérieure de la colonne centrale, on amène l'aiguille à égale distance des faces supérieure et inférieure des quadrants. On dispose ensuite la source lumineuse en face de l'instrument, de telle sorte que, en se plaçant derrière, on voie le milieu de la graduation de l'échelle, c'est-à-dire le spot, dans le prolongement de la fente des secteurs; puis, tout le système étant à l'état neutre, c'est-à-dire les trois chapeaux étant abaissés, on fait tourner, au moyen d'une vis tangente, la colonne qui porte la suspension, de façon à amener l'aiguille à peu près dans sa position de symétrie parfaite, c'est-à-dire à placer l'image du spot dans le prolongement du spot lui-même. Le miroir est, en effet, parallèle à la bissectrice du secteur de l'aiguille. Cela fait, tout en laissant l'aiguille à la terre, on relève les chapeaux des bornes qui correspondent aux quadrants, ce qui les met en communication avec les deux pôles de la pile de charge, et leur donne des potentiels égaux en valeur absolue, et de signes contraires. Si les quadrants sont alors parfaitement distribués, et si l'aiguille est dans sa position de symétrie, il n'y a pas de déviation.

Il n'y a plus maintenant qu'à mettre l'aiguille en communication avec la source à étudier, et à mesurer la déviation $\theta$, d'où l'on déduit (968,5°)

$$V_0 = c\theta.$$

Pour déterminer la constante $c$, on opérera sur une source dont le potentiel aura été préalablement déterminé, par exemple avec l'électromètre absolu (962). On pourra se servir, pour cela, de piles dont les forces électromotrices auront été mesurées : ces forces électromotrices sont, d'ailleurs, indépendantes de la grandeur des surfaces, et ne dépendent que de la nature des corps en présence. — On pourra même, en associant un certain nombre d'éléments de pile, comme on l'a dit à propos de la pile de charge (969), et sachant que la force électromotrice croît proportionnellement au nombre des couples, déterminer dans quelles limites la déviation de l'aiguille est proportionnelle au potentiel, c'est-à-dire dans quelles limites la formule $V_0 = c\theta$ est applicable, et aussi dans quelles limites l'appareil peut fonctionner.

L'électromètre de Mascart est sensible au dixième de volt. Il présente des défauts assez graves, aussi est-il de moins en moins employé :

Le zéro de l'appareil n'est pas fixe et il faut le vérifier;

L'aiguille arrive lentement à l'équilibre : les mesures sont longues ;

Si, dans le transport, on oublie que l'appareil contient un vase à acide sulfurique, on peut renverser ce liquide qui attaque les parois métalliques de l'électromètre et lui faire subir parfois de graves dommages.

970. **Électomètres de P. Curie**. — 1° P. Curie a apporté à l'électromètre Mascart les modifications suivantes : α) le bifilaire est remplacé par un fil de platine de 0mm,02 de diamètre; β) les secteurs sont remplacés par huit quadrants en acier aimanté, provenant de la section de deux disques circulaires suivant des diamètres rectangulaires: les quadrants opposés communiquent : ils sont supportés par des colonnes d'ébonite ou d'*ambroïde* (déchets d'ambre agglomérés). L'aiguille oscillant dans un champ magnétique intense, des courants de Foucault s'y développent qui amortissent presque instantanément les oscillations. En faisant varier la distance des secteurs aimantés. on peut à volonté changer la sensibilité qui peut atteindre 0v,005. L'aiguille est en aluminium, de 2cm,75 de rayon; elle pèse 0g,08 seulement.

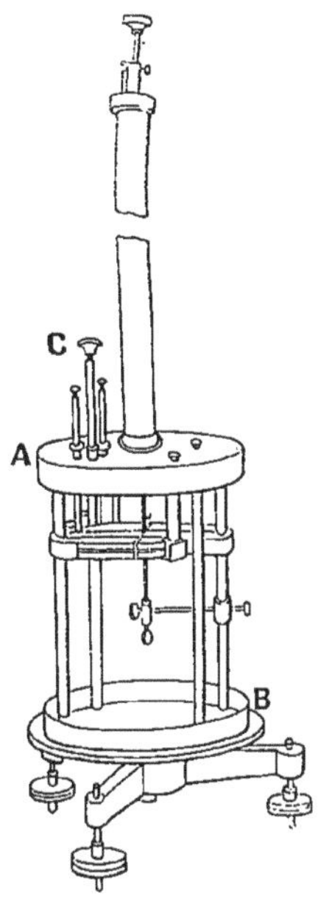

Fig. 898. — Électromètre de Curie.

Une cage cylindrique métallique est placée entre les disques A et B; elle forme écran électrique; elle est percée d'une ouverture munie d'une lame de verre pour le passage des rayons lumineux éclairant le miroir de l'appareil.

Pour le réglage, l'aiguille est centrée avec les secteurs et placée dans une position symétrique par rapport aux coupures. Ensuite les secteurs étant au sol, on charge l'aiguille à une vingtaine de volts; si le spot bouge, on déplace l'un des secteurs au moyen de la clef de réglage C (fig. 898), jusqu'à ce que l'aiguille reste immobile quelle que soit sa charge.

2° Dans le modèle le plus récent, les quadrants sont en laiton, le fil est en quartz de 0mm,02 de diamètre environ; l'amortissement est obtenu simplement par les frottements de l'aiguille contre l'air; la sensibilité peut dépasser facilement $10^{-4}$ volt.

Le champ magnétique intense avait l'inconvénient d'agir légèrement sur l'aiguille d'aluminium, toujours un peu magnétique. — Le fil de quartz ne présentant pas de retard à la déformation, comme les fils métalliques, le zéro est *fixe*; d'autre part, le quartz étant un excellent isolant, on opère à *charge électrique constante* pour l'aiguille, qui est mise en communication pendant un temps très court avec une pile de charge.

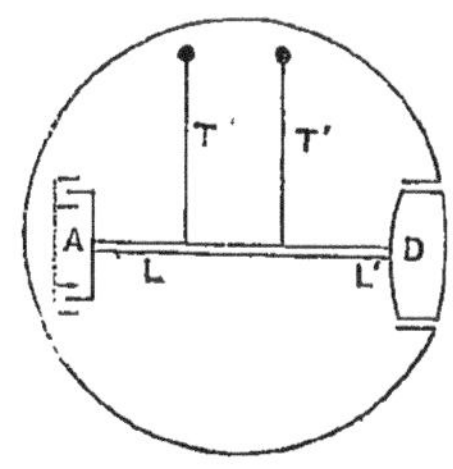

Fig. 899.

971. **Électromètre pour très hauts potentiels.** — MM. Villard et Abraham ont construit un électromètre qui, par lecture directe, donne les potentiels de 100 000 à 300 000 volts. Cet appareil se compose d'une boîte cylindrique isolée à l'intérieur de laquelle est suspendue une tige horizontale LL' (fig. 899) par l'intermédiaire de deux minces rubans

d'acier TT'; en A se trouve un amortisseur à air, en D une sorte de disque convexe qui affleure exactement à la surface de la boîte. Lorsque tout est électrisé, le disque D est entraîné vers l'extérieur par une force F de pression électrostatique, et si M est la masse de l'équipage, $\alpha$ l'angle des rubans TT' avec la verticale, l'équilibre s'établit lorsque $F = Mg \operatorname{tg} \alpha$. Le déplacement de D est fonction du potentiel; l'équipage fait mouvoir une aiguille dont la position, par rapport à une graduation, donne le voltage cherché.

On augmente la sensibilité de l'appareil en plaçant un plateau métallique en regard de D, à une distance de 10 à 20 centimètres.

972. **Mesure du potentiel en un point d'un champ.** — Pour mesurer le potentiel en un point d'un champ, par exemple en un point du champ électrique terrestre, on place en ce point une pointe métallique isolée, que l'on met en communication avec l'aiguille de l'électromètre. L'équilibre n'est alors possible, d'après le pouvoir des pointes, que lorsque la différence de potentiel est nulle entre la pointe, supposée parfaite, et la région avoisinante; tant qu'il n'en est pas ainsi, il y a écoulement d'électricité par la pointe. Lorsque l'aiguille de l'électromètre est en équilibre, elle mesure donc le potentiel du champ au point où se trouve la pointe. Mais, même avec une aiguille à coudre, on n'obtient jamais une pointe assez parfaite, et l'on s'en aperçoit à ce que la diminution de divergence d'un électroscope à feuilles d'or, relié à une telle pointe, est toujours lente. Cette diminution serait beaucoup plus rapide si l'on remplaçait l'aiguille par la flamme d'une petite lampe à essence. — En réalité, au lieu d'employer une pointe, on dispose un vase métallique A (fig. 900), placé sur un isolateur S, et contenant de l'eau qui s'écoule à l'extrémité d'un tube effilé. On obtient alors le potentiel au point $a$ où le jet liquide se divise en fines gouttelettes. En effet, lorsque le potentiel de A, qui est égal à celui d'une gouttelette au moment où elle s'échappe, est *constant*, c'est que la gouttelette emporte une charge *nulle*. Or le potentiel au centre de cette gouttelette est le potentiel V dû aux charges extérieures, et que l'on veut déterminer, augmenté du potentiel dû aux masses électriques de la goutte, et pour ces masses $\Sigma \frac{q}{r} = \frac{1}{r} \Sigma q = 0$.

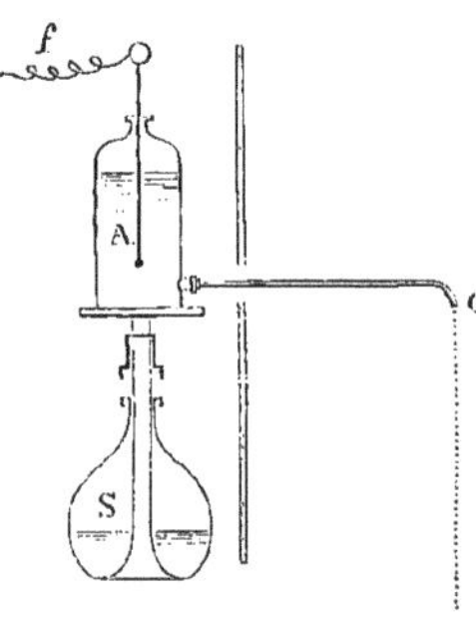

Fig. 900.

On trouve ainsi que l'atmosphère constitue un champ électrique dans lequel le potentiel augmente à mesure qu'on s'élève; les *surfaces équipotentielles sont en général des plans horizontaux*, les *lignes de force sont verticales et dirigées de haut en bas*. — La variation de potentiel avec l'altitude peut être de 10 à 100 volts par mètre, quelquefois même beaucoup plus.

973. **Mesure du potentiel d'un conducteur dont la capacité n'est pas infinie.** — Soit un conducteur de capacité C porté au potentiel $V_0$; mettons-le en communication avec l'aiguille d'un électromètre dont les quadrants sont aux potentiels $V_1$ et $-V_1$ : l'aiguille et le conducteur prennent le potentiel $U_0$; les charges $q'$ et $q''$ qui sont passées sur les surfaces $s'$ et $s''$ de l'aiguille, situées en face des secteurs correspondants et dont l'ensemble forme des condensateurs de capacité $\gamma'$ et $\gamma''$, sont données par les relations

$$q' = \gamma'(U_0 - V_1), \quad q'' = \gamma''(U_0 + V_1); \qquad \text{donc} \qquad q' + q'' = (\gamma' + \gamma'')U_0 + (\gamma'' - \gamma')V_1.$$

or les capacités $\gamma'$ et $\gamma''$, qui sont proportionnelles aux surfaces $s'$ et $s''$, sont peu différentes, comme ces surfaces; le potentiel $V_1$, qui est celui d'une pile de charge, est en général petit par rapport au potentiel $U_0$; par suite on peut écrire :

$$q' + q'' = (\gamma' + \gamma'')U_0 = \gamma U_0$$

et considérer l'aiguille comme ayant une capacité propre, sa charge étant proportionnelle à $U_0$; en réalité, ce résultat n'est pas rigoureux car les quadrants qui constituent l'armature externe du condensateur aiguille-quadrants, ne sont pas au même potentiel; il n'y a pas un conducteur, mais deux conducteurs juxtaposés de surfaces variables.

Écrivons que la charge du conducteur donné se retrouve tout entière sur le conducteur et l'aiguille :

$$CV_0 = (C + \gamma)U_0.$$

Isolons le conducteur de l'aiguille, mettons l'aiguille au sol, supprimons cette dernière communication et de nouveau mettons en relation le conducteur et l'aiguille : soit $U_1$ le nouveau potentiel mesuré

$$CU_0 = (C + \gamma)U_1;$$

en divisant membre à membre ces deux égalités, il vient :

$$\frac{V_0}{U_0} = \frac{U_0}{U_1}, \qquad \text{d'où} \qquad V_0 = \frac{U_0^2}{U_1}.$$

974. **Mesure de la capacité de l'électromètre.** — Supposons que dans l'expérience précédente le conducteur de capacité C soit un étalon de capacité, dans la relation

$$CU_0 = (C + \gamma)U_1,$$

tout est connu ou mesuré, sauf $\gamma$ que l'on peut calculer.

On pourrait encore isoler l'aiguille au potentiel $U_0$, mettre le conducteur au sol, l'isoler et le faire communiquer à l'aiguille; soit $U_1'$ le nouveau potentiel du système, on aurait :

$$\gamma U_0 = (\gamma + C)U_1'.$$

975. **Mesure de la capacité d'un conducteur.** — 1° La capacité de l'électromètre ayant été mesurée par les procédés que nous venons d'indiquer, en répétant des expériences analogues à celles exposées plus haut, non avec un condensateur étalon, mais avec le conducteur de capacité inconnue $x$, nous obtiendrons une relation dans laquelle tout sera connu sauf $x$.

2° On charge un condensateur étalon de capacité C à un potentiel connu V, le conducteur de capacité inconnue $x$ au potentiel connu V' : on les met en relation, et soit V'' le potentiel final; la charge totale n'a point varié :

$$CV + xV' = (C + x)V'',$$

d'où l'on tire $x$. — Cette méthode permet d'avoir le rapport de deux capacités quelconques : la précédente n'en est qu'un cas particulier.

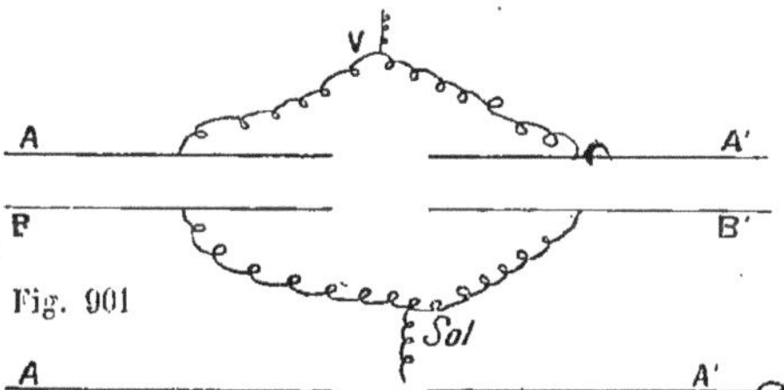

Fig. 901

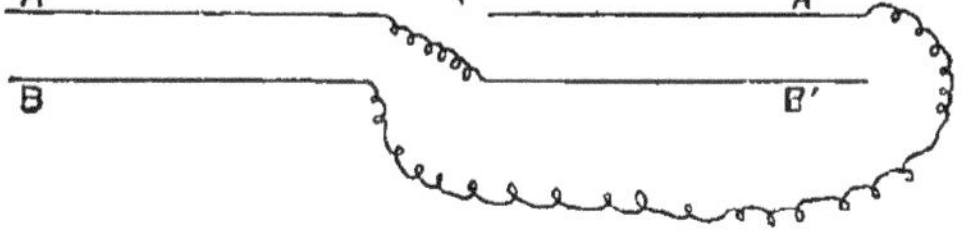

Fig. 901 *bis*.

3° Soient A et B (fig. 901) les armatures d'un condensateur étalon de capacité C, A' et B' celles d'un condensateur de capacité inconnue $x$; on porte A et A' au même potentiel V (supposons par exemple $V > 0$), B et B' étant au sol; on isole toutes ces armatures et on fait communiquer A avec B', A' avec B (fig. 901 *bis*) :

Si toutes les armatures sont à l'état neutre, $x = C$;

Si AB' est électrisé positivement, c'est que $x < C$;

Si AB' est électrisé négativement, c'est que $x > C$.

Par tâtonnements on s'arrange de manière à réaliser la première condition, le signe de la charge de AB' indiquant dans quel sens il faut faire varier C.

On dispose de séries de condensateurs étalons (959, 2°), dont les capacités sont entre elles comme les masses d'une boîte de poids.

4° On charge avec la même pile et par conséquent au *même* potentiel le condensateur de capacité inconnue $x$ et un condensateur étalon de capacité C : on décharge les deux condensateurs successivement à travers le même *galvanomètre balistique* (¹); les charges, et par suite les capacités, sont proportionnelles aux déviations $\theta$, $\theta'$; on a donc :

$$\frac{x}{C} = \frac{\theta}{\theta'}.$$

976. **Mesure des pouvoirs inducteurs spécifiques.** — La méthode la plus précise est due à Pellat(²). Un double électromètre absolu est constitué par les plateaux mobiles B, B' (fig. 902) égaux, portés à l'extrémité du bras de levier E d'un fléau de balance EO; les anneaux de garde sont formés par les parois supérieure et inférieure d'une boîte cylindrique DDD'D'; deux plateaux, A' fixe et A mobile au moyen d'une vis micrométrique V, complètent l'appareil. Les plateaux B et B' et leurs anneaux de garde sont au sol; les plateaux A et A', isolés, sont mis en communication avec l'un des pôles d'une bobine Ruhmkorff; ils sont ainsi portés à des potentiels égaux variant très rapidement : on évite de cette façon les charges résiduelles (950).

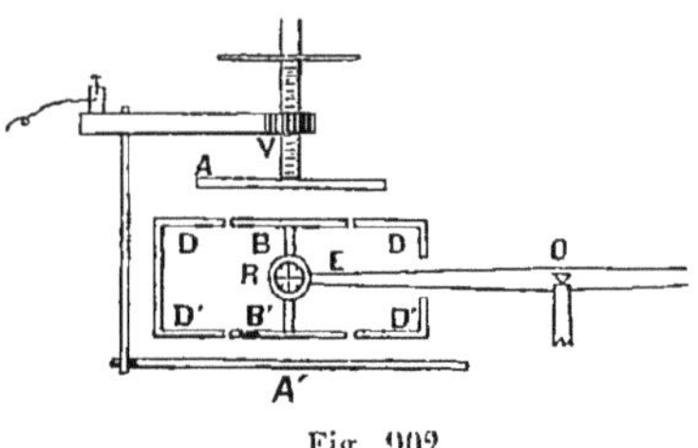

Fig. 902.

On déplace d'abord A de manière que le système soit en équilibre pour la même position de A, que A et A' soient neutres ou électrisés : la tension électrostatique sur B est alors équilibrée par la tension électrostatique sur B', les distances de A à B et de A' à B' sont égales.

On interpose entre A et B une lame diélectrique d'épaisseur $e$, de pouvoir inducteur spécifique $k$; elle remplit le même rôle qu'une lame d'air d'épaisseur $\frac{e}{k}$; tout se passe comme si l'on avait rapproché A et B de $e - \frac{e}{k}$; la pression électrostatique sur B est devenue plus grande et l'équilibre est détruit. Pour le rétablir on soulève A au moyen de la vis micrométrique V d'une hauteur $d$ que l'on mesure; on a évidemment :

$$d = e - \frac{e}{k},$$

d'où l'on tire $k$.

(¹) Voir *Nouveau Cours de physique élémentaire, classes de Première C et D, Électricité*, chap. IV, par J. Faivre-Dupaigre et E. Carimey.

(²) Pellat (1850-1910), physicien français.

977. **Distance explosive en fonction du potentiel, dans l'air, à la pression ordinaire.** — Supposons que les armatures d'un condensateur communiquent avec les deux boules d'un excitateur universel (953) que nous rapprochons peu à peu, en manœuvrant l'une des tiges de l'excitateur par une partie isolante; soit V la différence de potentiel des armatures, mesurée avec un électromètre quelconque, $l$ la distance des deux boules lorsque l'étincelle jaillit; $l$ est la distance explosive correspondant au potentiel V, dans l'air, sous la pression atmosphérique.

On peut du reste remplacer les boules de l'excitateur par deux plateaux parallèles, un plateau et une pointe, etc. : la distance explosive varie avec la forme des électrodes, mais dépend surtout de la différence de potentiel V.

Voici quelques nombres :

| Distance explosive | Potentiel (Deux sphères, $d = 2$ cm) | Distance explosive | Potentiel (Deux sphères, $d = 2$ cm). |
|---|---|---|---|
| 0cm,1 | 1 030 volts | 10cm | 32 300 |
| 0 ,5 | 5 010 | 20 | 58 600 |
| 1 | 4 820 | 40 | 93 500 |
| 2 | 8 409 | 70 | 125 000 |
| 4 | 14 860 | 100 | 142 500 |
| 8 | 25 700 | 120 | 153 000 |

La connaissance de la distance explosive nous renseigne aussitôt sur la différence de potentiel réalisée, au moins d'une façon approximative, lorsque nous ne tenons pas compte de la forme des électrodes.

Portons en abscisses les distances explosives, en ordonnées les valeurs de V correspondantes dans le cas des électrodes sphériques : nous avons

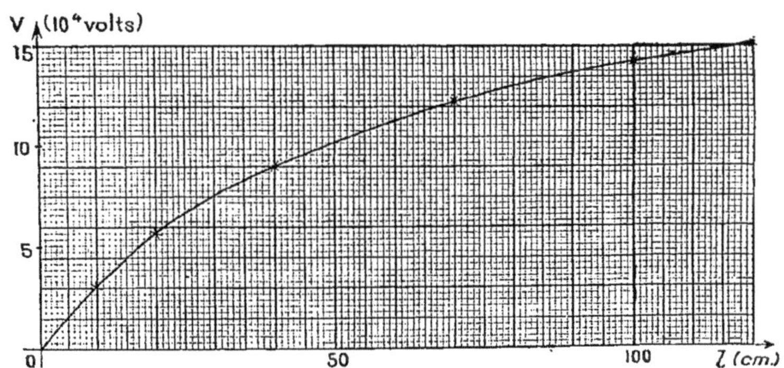


Fig. 903. — Courbe des distances et potentiels explosifs correspondants.

la courbe de la figure 903. Ce qui nous frappe en premier lieu, c'est que *le potentiel explosif croît d'abord moins rapidement que la distance explosive*, puis la courbe tend vers une droite. Dans le cas d'électrodes planes parallèles, de grande surface, et à partir d'une distance $l = 10^{cm}$, le potentiel explosif est donné par la relation linéaire

$$V = 2590\, l + 5000,$$

$l$ étant exprimé en centimètres et V en volts.

Lorsque la décharge se produit entre des sphères égales, pour une distance explosive donnée, le potentiel explosif dépend du diamètre des sphères, ainsi pour $l = 10^{cm}$, nous avons les résultats suivants :

| Diamètre des sphères (en cm) | 5 | 10 | 50 | $\infty$ |
|---|---|---|---|---|
| Potentiel explosif (en volts) | 32 500 | 32 000 | 31 700 | 31 500. |

Si les électrodes sont deux plans parallèles :

1° Le potentiel explosif diminue avec la distance, mais ne paraît pas tendre vers 0, sa limite semble être 1 C.G.S. ou 300 volts;

2° Le champ diminue quand la distance explosive augmente.

Lorsqu'on se sert de deux électrodes identiques, dont l'une est au sol, la distance explosive est, pour des distances modérées, indépendante du signe des électrodes; il n'en est pas de même pour les grandes distances. Mais la différence des distances explosives, pour un même potentiel, avec le signe des électrodes, est beaucoup plus accusée lorsque les électrodes ne sont pas symétriques, par exemple si l'une d'elles est un plan et l'autre une pointe. Quand la pointe est positive, la distance explosive correspondant au même potentiel est plus grande que si la pointe était négative : cela nous montre que les électricités diffèrent autrement que par les signes qu'on leur a attribués. Quand il y a des différences de potentiel alternatives égales, on peut utiliser la propriété précédente pour ne laisser passer la décharge que dans un sens.

978. **Influence de la nature des gaz.** — On observe, dans les gaz autres que l'air, les mêmes phénomènes; le rapport du potentiel explosif d'un gaz à celui de l'air est à peu près constant : 1 pour le gaz carbonique, 0,05 pour l'hydrogène.

Il est tout à fait intéressant d'étudier, au point de vue pratique, la variation du potentiel explosif en fonction de la nature du gaz et de la pression, car la décharge illumine le gaz et l'on a une source de lumière; ainsi on emploie couramment des tubes à néon ou à azote sous pression réduite, de plusieurs mètres de longueur, le rendement économique est excellent.

979. **Influence de la pression.** — A partir d'une atmosphère, le potentiel explosif croît à peu près proportionnellement à la pression. Cette relation linéaire est inexacte quand la pression diminue ;

Pour des pressions de quelques centimètres de mercure, *le potentiel explosif ne dépend que de la masse de gaz interposée, rapportée à l'unité de section* (loi de Paschen);

Pour une distance explosive donnée, quand la pression diminue, le potentiel explosif passe par une valeur *minimum* qui correspond à une pression dite pression *critique*. Ainsi pour $d = 0^{cm},01$, le potentiel explosif dans l'air prend la valeur minimum 350 volts pour une pression critique de $6^{cm}$ de mercure;

La pression critique diminue quand la distance explosive croît, et le potentiel explosif correspondant augmente;

Pour des distances explosives faibles, le potentiel explosif varie très peu quand la pression change dans de grandes limites.

Lorsque la pression devient extrêmement petite, le potentiel explosif croît de plus en plus et la décharge franchit plus facilement une distance de 10 centimètres dans l'air, sous la pression atmosphérique, qu'une distance d'un millimètre dans l'air, sous la pression d'un dix-millième de millimètre de mercure.

980. **Influence de la température.** — Si la masse spécifique reste constante, quoique la température varie, le potentiel explosif ne change pas; c'est une conséquence de la loi de Paschen (979). Ainsi chauffons jusqu'à 300° un tube fermé à électrodes, le potentiel explosif ne change pas. Mais sous pression fixe, quand la température croît, la densité diminue; il en est de même pour le potentiel explosif (979).

## VII. — SYSTÈMES D'UNITÉS ÉLECTRIQUES

981. **Système électrostatique C.G.S.** — Adoptons, pour système d'unités mécaniques, le système C.G.S. : la définition des masses électriques et la loi de Coulomb (899) nous donne :

$$f = K\frac{qq'}{r^2};$$

faisons $K = 1$ lorsque le diélectrique est l'air : nous déduisons immédiatement de cette relation l'unité de quantité d'électricité électrostatique C.G.S. (899).

Entre le potentiel, la quantité d'électricité et le travail, nous avons la relation :

$$W = QV$$

d'où nous déduisons immédiatement l'unité de potentiel (924).

La capacité est reliée à la quantité d'électricité et au potentiel par l'expression :

$$Q = CV$$

d'où nous tirons la définition de l'unité de capacité (934).

Si nous nous étions occupés d'Électrodynamique, nous aurions eu encore à envisager deux autres grandeurs, l'intensité d'un courant et la résistance d'un conducteur : soit Q la quantité d'électricité qui s'écoule à travers un conducteur pendant le temps $t$, par définition, I étant l'intensité [1] du courant :

$$Q = It,$$

d'où la définition de l'unité d'intensité : — enfin la loi d'Ohm nous donne entre la résistance R d'un conducteur, l'intensité I du courant qui le traverse et la différence de potentiel V aux extrémités de ce conducteur, la relation :

$$V = RI,$$

qui nous permet de définir l'unité de résistance.

[1] Voir *Nouveau Cours de Physique élémentaire, classes de Première C et D, Électricité*, chap. II, par J. Faivre-Dupaigre et E. Carimey.

982. **Système électromagnétique C.G.S.** — Nous adoptons encore comme système d'unités mécaniques, le système C. G. S ; la définition des masses magnétiques et la loi de Coulomb en magnétisme (988 et 989) nous donnent entre la force d'attraction ou de répulsion $f$, les masses magnétiques $m$ et $m'$ et leur distance $r$, la relation :

$$f = \mathrm{K}\frac{mm'}{r^2};$$

si nous faisons $\mathrm{K}=1$, lorsque les masses magnétiques sont séparées par de l'air, nous déduisons immédiatement, de la relation précédente, l'unité de masse magnétique électromagnétique C.G.S (989). L'équation de dimensions est $m = \mathrm{L}^{\frac{3}{2}}\mathrm{M}^{\frac{1}{2}}\mathrm{T}^{-1}$.

Pour faire la liaison entre le Magnétisme et l'Électricité, nous utilisons la loi de Laplace qui donne l'expression de la force $df$ avec laquelle une masse magnétique $m$ agit sur un élément de courant d'intensité $i$, de longueur $ds$, placé à la distance $r$ de la masse magnétique et faisant l'angle $\theta$ avec la droite qui le joint à la masse magnétique (fig. 904)

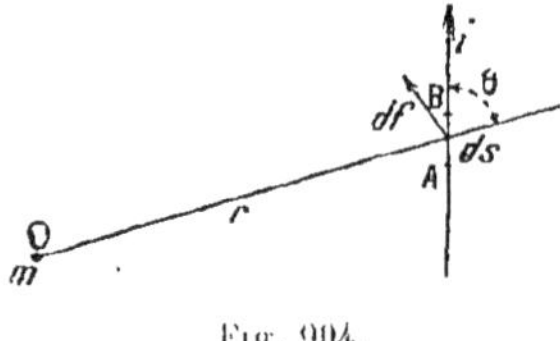

Fig. 904.

$$df = \frac{m\,i\,ds\sin\theta}{r^2};$$

en appliquant cette formule au cas d'un courant circulaire de rayon $r$, la masse $m$ étant placée au centre, nous avons pour la résultante $f$ :

$$f = \frac{2\pi mi}{r}$$

pour $m=1$, la force H opposée à $f$ représente la réaction du courant sur la masse magnétique unité, c'est-à-dire le champ magnétique du courant circulaire en son centre :

$$\mathrm{H} = \frac{2\pi i}{r};$$

nous déduisons facilement de cette formule la définition de l'unité d'intensité électromagnétique C.G.S. L'équation de dimensions que nous tirons de l'expression de $f$ est

$$i = \mathrm{L}^{\frac{1}{2}}\mathrm{M}^{\frac{1}{2}}\mathrm{T}^{-1}.$$

Nous passerons ensuite à la définition de l'unité de quantité d'électricité par la relation $q = it$, à celles de l'unité de résistance et de l'unité de potentiel, en appliquant les formules qui traduisent les lois de Joule et d'Ohm, $\mathrm{W} = ri^2t$ ; $e = ri$ (W énergie, $r$ résistance, $e$ potentiel ou force électromotrice), enfin l'unité de capacité se déduit de l'expression $q = ce$ ($c$, capacité). Les équations de dimensions de toutes les unités ainsi établies sont :

$$q = \mathrm{L}^{\frac{1}{2}}\mathrm{M}^{\frac{1}{2}} \qquad r = \mathrm{L}\mathrm{T}^{-1} \qquad e = \mathrm{L}^{\frac{3}{2}}\mathrm{M}^{\frac{1}{2}}\mathrm{T}^{-2} \qquad c = \mathrm{L}^{-1}\mathrm{T}^2.$$

985. **Système électromagnétique pratique.** — Les applications de l'électricité se rattachent presque uniquement à l'Électrodynamique et à l'Électromagnétisme, les appareils de mesure les plus utilisés sont habituellement basés sur des phénomènes électromagnétiques; il paraît donc tout indiqué d'employer le système d'unités électromagnétiques C.G.S. Mais ces unités sont ou trop grandes ou trop petites dans la pratique : on leur a donc substitué des unités dites *électromagnétiques pratiques*, chacune d'elles étant égale à l'unité électromagnétique C.G.S. correspondante, multipliée par une puissance de 10 convenablement choisie.

L'unité pratique d'intensité, l'*ampère* vaut $10^{-1}$ C.G.S.;
— de résistance, l'*ohm* vaut $10^{9}$ C.G.S.;

il en résulte que :

L'unité pratique de quantité d'électricité, le *coulomb*, vaut $10^{-1}$ C.G.S.;
— de travail, le *joule*, vaut $10^{7}$ C.G.S. ou ergs;
— de potentiel, le *volt*, vaut $10^{8}$ C.G.S.;
— de capacité, le *farad*, vaut $10^{-9}$ C.G.S.

Pour définir ces nouvelles unités, on conserve pour unité de temps la seconde, on choisit arbitrairement les unités d'intensité et de résistance; cela revient à choisir arbitrairement les unités de longueur et de masse du nouveau système, or les équations de dimensions de l'intensité et de la résistance étant

$$i = L^{\frac{1}{2}} M^{\frac{1}{2}} T^{-1}, \qquad r = LT^{-1},$$

en tenant compte de ce que l'unité de temps T est encore la seconde, et exprimant les unités du système pratique, en unités C.G.S, nous avons :

$$10^{-1} = L^{\frac{1}{2}} M^{\frac{1}{2}}, \qquad 10^{9} = L,$$

d'où

$$L = 10^{9}, \qquad M = 10^{-11}.$$

*Le système électromagnétique pratique est donc celui qui admet comme unités mécaniques fondamentales :*

$$L = 10^{9}\ \text{C.G.S} \qquad M = 10^{-11}\ \text{C.G.S} \qquad T = 1\ \text{C.G.S}$$

On peut partir de ce résultat pour déterminer aisément les rapports des unités des systèmes électromagnétiques pratique et C.G.S.

*Remarque.* — $L = 10^{9}$ C.G.S. représente le quart du méridien terrestre : c'est une simple coïncidence.

Pour passer du système électromagnétique pratique au système électrostatique C.G.S., nous pourrons d'abord passer par le système électromagnétique C.G.S. et faire le dernier changement d'unités en nous rappelant que, conformément à la théorie et à l'expérience, le rapport des unités de quantités d'électricité électromagnétique et électrostatique C.G.S. est égal à la vitesse de la lumière dans le vide, en C.G.S., c'est-à-dire à $3 \times 10^{10}$, nombre qu'on représente par la lettre $v$.

Exprimons la même énergie électrique en fonction des unités des deux systèmes électriques C.G.S., les grandes lettres se rapportant au système électrostatique :

$$W = RI^2t = EIt = EQ = E^2C\,,$$
$$W = ri^2t = eit = eq = e^2c,$$

d'où nous tirons :

$$(1) \qquad \frac{q}{Q} = \frac{E}{e} = \frac{i}{I} = \sqrt{\frac{c}{C}} = \sqrt{\frac{R}{r}}.$$

Or, le rapport des valeurs numériques d'une même grandeur, en fonction de deux unités différentes est égal au rapport inverse des unités (522, 2ᵉ *Pr.*); par conséquent si, en faisant un changement de notation, *nous convenons de représenter par les lettres précédentes, non plus les nombres traduisant des mesures de grandeurs, mais les unités elles-mêmes*, les relations précédentes se conservent. La valeur commune des rapports de (1) sera, dans ce cas, $v = 3 \times 10^{10}$, et par suite :

$$q = vQ \qquad i = vI \qquad e = v^{-1}E \qquad c = v^2C \qquad r = v^{-2}R\,;$$

connaissant les valeurs des unités pratiques en fonction de $q$, $i$... nous en déduirons maintenant leurs valeurs en fonction de Q, I, ... avec facilité. Les résultats sont résumés dans le tableau suivant :

| Unités pratiques. | Valeur des unités pratiques en unités C.G.S | |
|---|---|---|
| | électromagnétiques | électrostatiques : |
| Ampère............. | $10^{-1}$ | $10^{-1}\,v = 3 \times 10^{9}$ |
| Coulomb........... | $10^{-1}$ | $10^{-1}\,v = 3 \times 10^{9}$ |
| Ohm................ | $10^{9}$ | $10^{9}\,v^{-2} = 3^{-2}\,10^{-11}$ |
| Volt. .............. | $10^{8}$ | $10^{8}\,v^{-1} = 3^{-1} \times 10^{\;2}$ |
| Farad............... | $10^{-9}$ | $10^{-9} \times v^{2} = 3^{2} \times 10^{11}$ |
| Microfarad .. ...... | $10^{-15}$ | $10^{-15} \times v^{2} = 3^{2} \times 10^{5}$ |

# MAGNÉTISME

## I. — FAITS GÉNÉRAUX

984. **Aimants naturels et artificiels.** — Certains échantillons de l'oxyde naturel de fer $Fe^3O^4$ possèdent la propriété d'attirer la limaille de fer : on les appelle *aimants naturels*, ou *pierres d'aimant*. On attribue cette propriété à une cause spéciale qui a reçu le nom de *magnétisme*. — Tous les points d'une pierre d'aimant n'attirent pas également la limaille; celle-ci s'attache de préférence autour de certains points, sous forme de houppes (fig. 905).

Fig. 905.

La propriété magnétique ne subit pas de déperdition comme la propriété électrique : les aimants naturels, sans rien perdre de leur puissance, peuvent communiquer, par frottement, la propriété magnétique à d'autres corps, par exemple à l'acier trempé. Les barreaux d'acier, ainsi aimantés artificiellement, prennent le nom d'*aimants artificiels*. — On leur donne habituellement la forme de *barreaux* cylindriques ou parallélipipédiques, ou encore la forme d'*aiguilles*, constituées par des lames d'acier plates, taillées en losanges très allongés.

985. **Pôles d'un aimant.** — Quand on plonge un barreau aimanté dans la limaille de fer, on voit les grains de limaille s'attacher surtout aux extrémités, sur une certaine étendue, où ils forment des houppes plus ou moins abondantes (fig. 906). La propriété magnétique paraît donc concentrée aux extrémités des barreaux, tandis que leur partie moyenne ou *ligne neutre* MN en est dépourvue. Nous donnerons à ces extrémités, qui présentent ainsi des maxima d'action, le nom de *pôles* de l'aimant, sauf à définir ce terme rigoureusement plus loin (997).

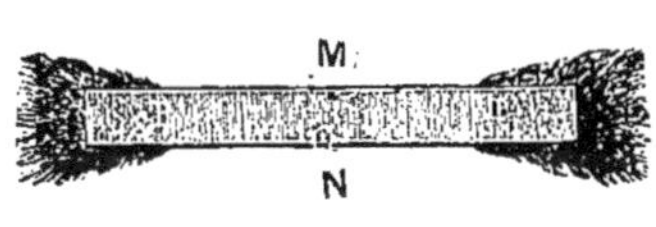


Fig. 906.

986. **Caractères distinctifs des pôles. — Distinction de deux espèces de magnétisme. — Méridien magnétique. —** Les deux pôles d'un aimant, qui attirent tous deux également la limaille de fer, ne sont cependant pas de même nature. En effet, si l'on observe une aiguille aimantée mobile sur un pivot vertical, au moyen d'une chape D (fig. 907), on constate que la ligne des pointes de cette aiguille prend, en un point déterminé de la Terre, une direction invariable. Cette direction est à peu près celle de la ligne *nord-sud*; le plan vertical qui la contient est appelé *méridien magnétique* du lieu. C'est toujours le même pôle de l'aiguille qui se dirige vers le nord : nous l'appellerons *pôle nord* N de l'aiguille ; l'autre sera le *pôle sud* S ([1]).

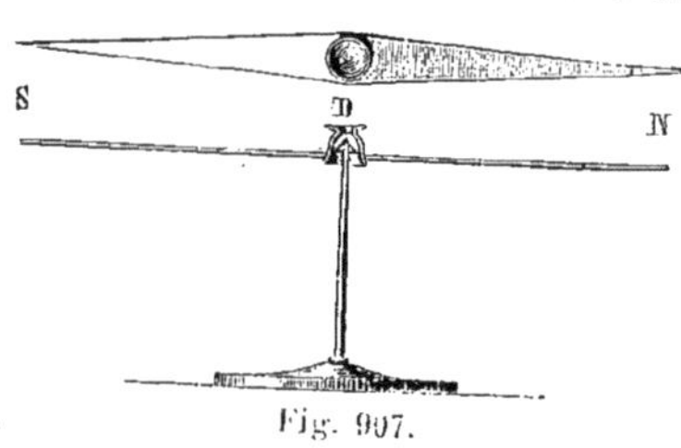

Fig. 907.

On est ainsi conduit à admettre que chaque moitié de l'aimant contient du magnétisme d'une espèce différente de celle que contient l'autre : nous dirons que la moitié nord contient du *magnétisme nord*, et que la moitié sud contient du *magnétisme sud*.

987. **Attractions et répulsions magnétiques.** — Prenons une aiguille aimantée, dont on aura déterminé le pôle nord N et le pôle sud S (fig. 908), et un barreau dont on aura également marqué le pôle nord N′ et le pôle sud S′. Lorsqu'on présente au pôle nord N le pôle nord N′, on observe une répulsion. De même, le pôle sud S′ repousse le pôle sud S. Au contraire, le pôle nord N′ attire le pôle sud S ; le pôle sud S′ attire le pôle nord N. Donc, *deux pôles de même nom se repoussent, deux pôles de noms différents s'attirent*.

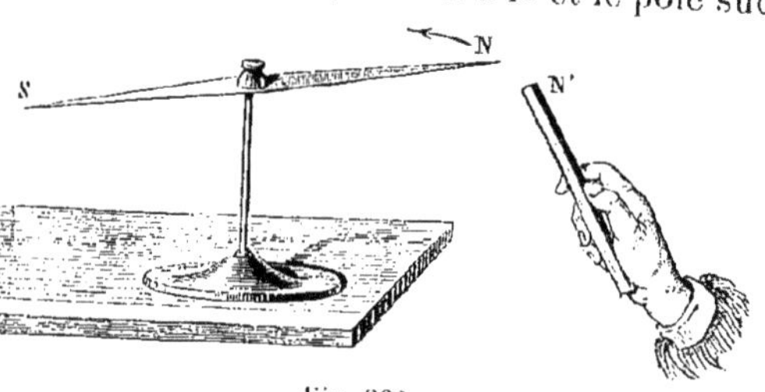

Fig. 908.

988. **Loi de Coulomb.** — Dans les expériences précédentes, les déviations sont d'autant plus grandes que les pôles qui s'attirent ou se repoussent sont plus rapprochés. L'action réciproque de deux pôles varie donc en sens inverse de leur distance, et nous allons chercher à fixer cette loi en mesurant les forces magnétiques et les distances correspondantes ; mais, il faut d'abord définir ce que nous entendons par distance de deux pôles.

([1]) La moitié nord de l'aiguille se distingue ordinairement par une teinte bleu foncé. Cette teinte est due à une mince couche d'oxyde, formée sur l'acier pendant le recuit ; après que l'aiguille a été aimantée, le constructeur enlève cette couche d'oxyde sur la moitié sud seulement.

Coulomb remarqua que, pour des barreaux très minces et très allongés, les pôles, ou centres d'action sur la limaille sont sensiblement réduits à des points, situés au voisinage des extrémités. Ainsi, pour un fil d'acier de 65 centimètres de longueur et 5mm,4 de diamètre, les centres d'action sont environ à 2cm,25 de chaque extrémité. Coulomb utilisa cette propriété pour étudier, avec la *balance de torsion* qui est très sensible, la loi selon laquelle varient les attractions et les répulsions magnétiques des pôles, avec leur distance. — Il faisait agir l'un sur l'autre deux aimants *très longs*, ayant les dimensions précédentes, dont deux pôles étaient placés en regard l'un de l'autre. Dans ce cas, les actions des pôles en regard étaient prépondérantes ; elles pouvaient être considérées comme émanant de deux points situés à 2cm,25 des extrémités elles-mêmes, et l'on pouvait faire abstraction des autres parties de chacun des deux aimants. — La balance de torsion (fig. 909) était analogue à celle que nous avons décrite pour l'étude des répulsions électriques (895), mais ici la cage était de forme cubique ; les divisions tracées sur les parois n'étaient pas égales, elles correspondaient à des angles aux centres égaux.

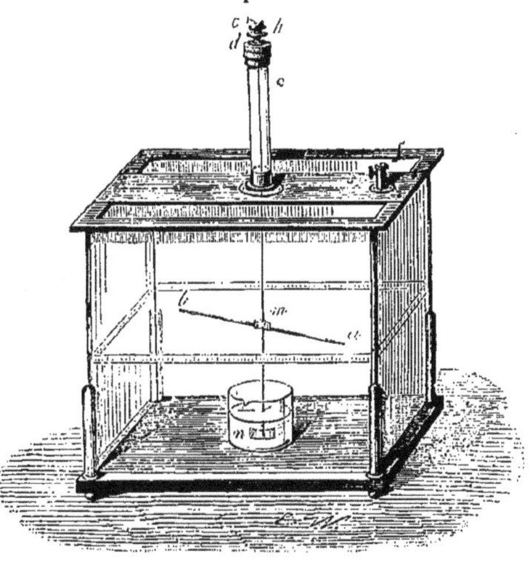

Fig. 909.

Pour procéder à une expérience, on oriente la ligne 0°-180° dans le plan du méridien magnétique, et l'on commence par régler l'appareil de manière qu'un barreau aimanté *ab*, placé dans la chape *m*, se tienne en équilibre dans le méridien magnétique *sans torsion du fil*. Pour cela, on remplace d'abord le barreau aimanté par un barreau de cuivre ; on soulève le bouton *h* auquel est suspendu le fil, et, en le faisant tourner sur lui-même, on amène le barreau suivant la ligne 0°-180° : le fil n'éprouve alors évidemment aucune torsion. Si l'on substitue maintenant au barreau de cuivre le barreau aimanté *ab*, et si la ligne 0°-180° est bien orientée préalablement suivant le méridien magnétique, l'action de la Terre tend à maintenir l'aimant dans cette même direction, c'est-à-dire sans torsion du fil. Quelques tâtonnements suffisent pour obtenir ainsi un réglage parfait.

On détermine ensuite, par des expériences préliminaires, au micromètre de torsion *cd*, les valeurs de la torsion qu'il faut imprimer au fil pour écarter plus ou moins le barreau du méridien magnétique. On trouve que, pour des écarts suffisamment petits, les valeurs de la torsion qui fait équilibre à l'action de la Terre sont *proportionnelles aux angles d'écart*.

Pour étudier la loi des *répulsions*, on fixe alors verticalement un second aimant dans la douille $f$, de manière que son pôle nord N prenne exactement la place qu'occupait le pôle nord $a$. La répulsion qui s'exerce entre ces deux pôles ayant écarté le barreau mobile, on tord progressivement le fil en sens contraire, à sa partie supérieure, de manière que l'équilibre s'établisse, d'abord pour une distance $d$ entre les deux pôles, puis pour une distance *moitié moindre*. Or, dans chacun des cas, pour arriver à l'évaluation de la force répulsive qui s'exerce entre les deux pôles, il faut tenir compte : 1° de l'action terrestre, qui tend à ramener le barreau *ab* dans le méridien magnétique : cette action équivaut à une torsion dont la valeur est donnée, pour chaque position du barreau, par les expériences préliminaires ; 2° de la torsion imprimée au fil par le micromètre supérieur ; 3° enfin, de la torsion du fil à sa partie inférieure, en raison de l'écart du barreau par rapport à la ligne 0°-180° ; en ajoutant ces trois torsions on obtiendra ainsi la *torsion totale* qui équilibre la répulsion des pôles en regard. On trouve ainsi que, si la distance devient 2, 3, 4... fois plus petite, la force répulsive devient $2^2$, $3^2$, $4^2$... *fois plus grande*.

Pour étudier la loi des *attractions*, Coulomb a rencontré les mêmes difficultés qu'en Électricité (898), en raison de l'instabilité de l'équilibre et, dans ce cas, il a encore utilisé une méthode dite des *oscillations* exposée plus loin (1032). On peut également faire d'assez bonnes mesures en plaçant l'un des aimants dans le plateau d'une balance sensible ou en le suspendant sous un plateau de balance : les aimants à boules, dont les pôles sont assez exactement définis, sont d'un emploi commode.

Malgré le peu de précision de ses expériences, Coulomb en a conclu que :

Les *forces magnétiques varient en raison inverse du carré de la distance des pôles agissants*. — Nous verrons plus loin (1056) une vérification rigoureuse de cette loi, vérification due à Gauss.

989. **Définition de la masse magnétique comme grandeur mesurable.** — Lorsque, dans la balance de torsion, par exemple, on fait agir successivement les pôles N et N′ de deux aimants sur un *même* pôle $n$, on observe que, pour une *même* distance $r$, le rapport des forces développées F et F′ est toujours le même, quels que soient le pôle $n$ et la distance $r$ choisis. On attribue alors la différence observée entre les deux forces F et F′, à une différence entre les masses magnétiques des pôles N et N′. Si l'on trouve $F = F'$, on dit que les deux pôles N et N′ sont égaux, ou qu'ils contiennent des quantités égales de magnétisme. Si $F = 2F'$, on dit que le pôle N contient deux fois plus de magnétisme que le pôle N′. Ces résultats sont, nous l'avons vu, *indépendants* du pôle $n$ et de la distance constante $r$. — *Les masses magnétiques des pôles sont donc, par définition, proportionnelles aux forces exercées à une même distance sur un même pôle de comparaison.*

Deux masses magnétiques d'espèces différentes sont dites *équivalentes*, lorsque, dans les mêmes conditions, elles produisent la même action, au sens près. Prenons alors une unité arbitraire de magnétisme nord, et comme unité de magnétisme sud, la quantité équivalente. Dans ces conditions, la définition précédente et la loi de Coulomb s'exprimeront analytiquement par la même formule qu'en Électricité (899).

$$F = K\frac{mm}{r^2}.$$

Le coefficient K dépend du choix des unités de longueur, de force et de masse magnétique ; il dépend également du milieu interposé entre les masses agissantes. Mais il ne varie pas sensiblement avec les différents milieux, sauf pour des corps comme le fer ou les sels de fer, à la température ordinaire. Le fer, sous une certaine épaisseur, pourrait faire écran à l'action magnétique.

On énonce souvent, de la manière suivante, la relation qui résulte de la loi de Coulomb et de la définition des masses magnétiques :

*Deux éléments magnétiques s'attirent ou se repoussent suivant la ligne qui les joint et la force d'attraction ou de répulsion est :*

*Proportionnelle aux masses ;*

*En raison inverse du carré de la distance.*

La loi de Coulomb donnée sous cette forme, ne peut être vérifiée directement puisqu'il s'agit d'*éléments* magnétiques : elle est vérifiée dans ses conséquences (1036).

990. **Unité de masse magnétique, ou unité de pôle. — Équation de dimensions.** — Nous pouvons choisir arbitrairement la valeur du coefficient K ; il est tout indiqué de faire simplement $K = 1$ (théoriquement dans le vide, pratiquement dans l'air) ; on a alors :

$$F = \frac{mm'}{r^2}.$$

La force F représente une répulsion, si $m$ et $m'$ sont de même espèce ; une attraction, si $m$ et $m'$ sont d'espèces différentes. A un changement de nature du pôle agissant correspond un changement de sens du vecteur F. On est ainsi conduit à représenter, comme en Électricité, le magnétisme nord par le signe + et le magnétisme sud par le signe —. Les pôles magnétiques s'additionnent algébriquement, comme les masses électriques, ainsi qu'on peut le vérifier expérimentalement.

Si, dans cette formule, on fait $m = m'$, on a $F = \frac{m^2}{r^2}$, et si, dans cette dernière équation, on suppose $r = 1$ et $F = 1$, on a $m = \pm 1$. *L'unité C.G.S. de masse magnétique positive ou négative, est donc la masse qui, agissant sur une masse égale ou équivalente, placée à 1 centimètre de distance, la repousse ou l'attire avec une force de 1 dyne.*

Cette unité de magnétisme a donc la même équation de dimensions que l'unité de masse électrique dans le système électrostatique (900),

$$m = L^{\frac{3}{2}} M^{\frac{1}{2}} T^{-1}.$$

Nous avons vu (982) que ce choix d'unité entraînait celui des autres unités du système électromagnétique C.G.S.

## II. — CHAMP MAGNÉTIQUE

991. **Champ magnétique. — Unité d'intensité de champ magnétique : gauss.** — De même qu'autour d'un conducteur électrisé existent des forces d'origine électrique, un aimant développe des forces magnétiques dans l'espace qui l'environne, c'est-à-dire qu'il crée un *champ magnétique*. Toutes les définitions que nous avons données à propos des champs de force électrique (908) sont applicables aux champs de force magnétique. En particulier, le *champ magnétique* en un point est la force appliquée à la masse magnétique $+1$, supposée placée en ce point. Si F est la force appliquée à une masse $+m$, et si $\mathcal{H}$ est l'intensité du champ en ce point, on a :

$$F = m\mathcal{H}, \qquad \text{d'où} \qquad \mathcal{H} = \frac{F}{m}.$$

L'unité de champ magnétique a reçu le nom de *gauss*. — Les champs les plus intenses que l'on sache produire atteignent exceptionnellement 50 000 gauss.

L'équation de dimensions de cette unité de champ magnétique, dans le système électromagnétique, est la même que celle du champ électrique dans le système électrostatique, à savoir

$$\mathcal{H} = L^{-\frac{1}{2}} M^{\frac{1}{2}} T^{-1}.$$

Si dans un champ magnétique, on remplace les masses magnétiques par des masses électriques égales, on substitue au champ magnétique un champ électrique et en chaque point de l'espace les valeurs des deux champs sont égales. Il en résulte que les définitions et théorèmes relatifs aux champs électriques s'appliquent aussi aux champs magnétiques. Cependant entre les deux champs existent des différences profondes, car l'expérience de l'aimant brisé (1005) nous montrera qu'il n'est pas possible d'isoler une masse magnétique nord de la masse magnétique sud égale ; il n'existe pas de corps conducteurs pour les masses magnétiques et on ne peut avoir d'écran magnétique parfait.

992. **Lignes de force ; spectres magnétiques.** — Les lignes de force et leur sens, qui va des régions contenant du magnétisme positif vers celles qui contiennent du magnétisme négatif, se définissent de la même façon qu'en Électricité (909).

L'attraction de la limaille de fer par un aimant permet de réaliser un tracé des lignes de force du champ magnétique d'un aimant, dans un plan parallèle à la ligne des pôles. On projette uniformément, au moyen d'un tamis, de la limaille de fer sur une feuille de carton ou sur une plaque de verre posée sur un aimant. En imprimant de légères secousses au carton, on amène les filaments de limaille à s'orienter, en chaque point, suivant la direction du champ; les lignes qu'ils forment constituent un système de lignes de force, qu'on appelle le *spectre magnétique* du champ, et dont la production sera expliquée plus loin (1009). — La figure 910 est le spectre magnétique d'un aimant droit : les lignes de force partent d'une extrémité de l'aimant pour aboutir à l'autre ; leur sens va du pôle nord au pôle sud.

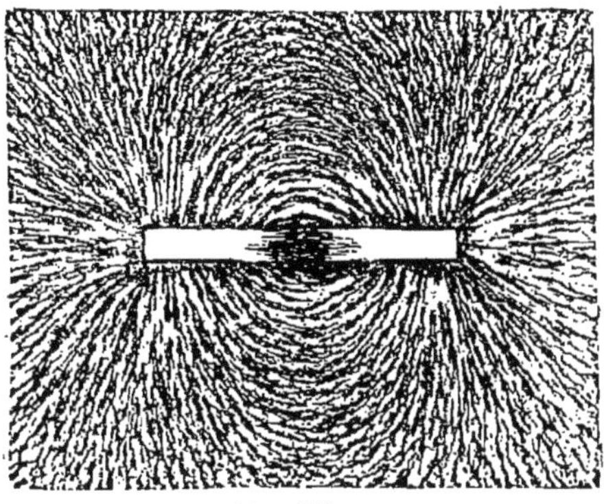

Fig. 910.

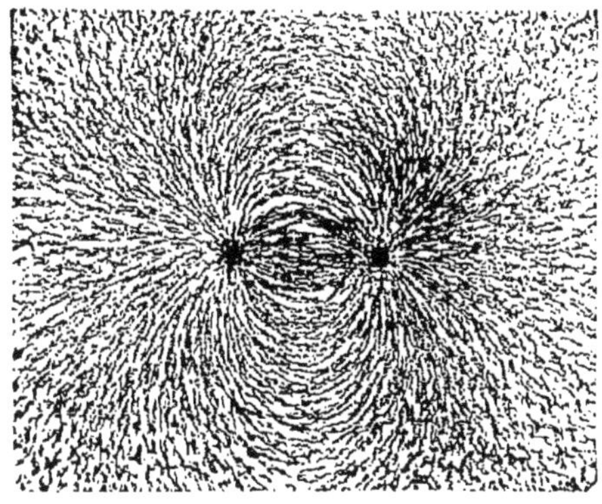

Fig. 911.

La figure 911 représente le spectre magnétique du champ créé par les deux pôles d'un aimant en fer à cheval. La figure 912 est celui du champ créé par deux pôles égaux et de même nom ([1]).

On peut encore très commodément explorer le champ magnétique au moyen d'une toute petite aiguille aimantée, soutenue horizontalement par un fil de cocon ou montée sur pivot, et qu'on approche de la feuille de carton sur laquelle on veut dessiner le spectre ma-

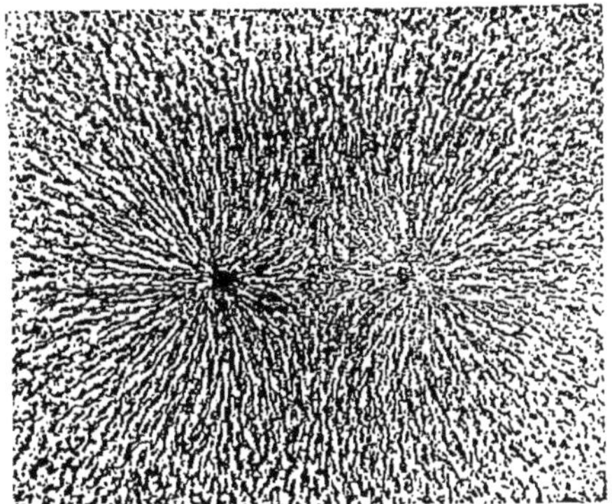

Fig. 912.

([1]) Toutes ces figures sont des réductions d'épreuves photographiques directes, obtenues en produisant les spectres dans la chambre noire, sur du papier au gélatino-bromure d'argent.

gnétique, pour chacune de ses positions, l'aiguille est tangente à la ligne de force passant par son milieu.

993. **Potentiel magnétique. — Surfaces de niveau. — Tubes de force. — Flux de force.** — La théorie du potentiel est applicable au Magnétisme comme à l'Électricité. Les *tubes de force*, les *surfaces de niveau* ou surfaces équipotentielles, se définissent absolument comme en Électricité (909 et 910). La loi d'action étant la même, c'est-à-dire la loi newtonienne, les propriétés des tubes de force restent les mêmes.

Le *flux de force magnétique* traversant un élément $s$ de *surface de niveau* est encore le produit de l'intensité $\mathcal{H}$ du champ sur cette surface, par la surface $s$ elle-même. Quand on exprime le champ $\mathcal{H}$ en gauss et la surface $s$ en centimètres carrés, on a le flux en *maxwells*. En vertu de la conservation du flux dans un tube de force (916), et si nous considérons seulement des sections par des surfaces de niveau, on a, aux divers points du tube, $\mathcal{H}s = \mathcal{H}'s' = \ldots = C^{te}$. Si donc on convient de tracer sur la surface $s$ un nombre $\mathcal{H}s$ de lignes de force, uniformément réparties sur cette surface, ce nombre représente le flux qui se propage dans le tube de force. Le nombre des lignes de force par unité de surface est $\mathcal{H}$; l'intensité $\mathcal{H}$ du champ sur l'élément $s$ est donc représentée par le nombre de lignes de force par unité de surface; il en est de même de l'intensité $\mathcal{H}'$, et la propriété se conserve tout le long du tube de force. Si maintenant on répète la même opération pour la totalité d'une surface de niveau quelconque, traversée par toutes les lignes de force du champ, l'intensité du champ dans une région déterminée est représentée par le nombre des lignes de force qui traversent l'unité d'aire de surface de niveau, dans cette région. Avec ce mode de représentation déjà employé pour les champs électriques (918), plus les lignes de force sont nombreuses et serrées dans une région déterminée du champ, plus l'intensité du champ y est grande.

994. **Flux magnétique à travers un aimant. — Flux d'induction.** — Brisons un petit barreau d'acier aimanté (1005); il nous est facile de vérifier que chacun des tronçons est aussi un aimant; un barreau aimanté peut donc être considéré comme formé d'une infinité de petits aimants placés bout à bout, de telle manière que le pôle nord de l'un soit contre le pôle sud du barreau suivant. Prenons deux barreaux aimantés identiques et disposons le pôle nord de l'un à une faible distance du pôle sud du second, dessinons le champ magnétique de l'ensemble des deux pôles en regard, la limaille de fer figure les lignes de force rectilignes très serrées entre ces pôles (fig. 913).

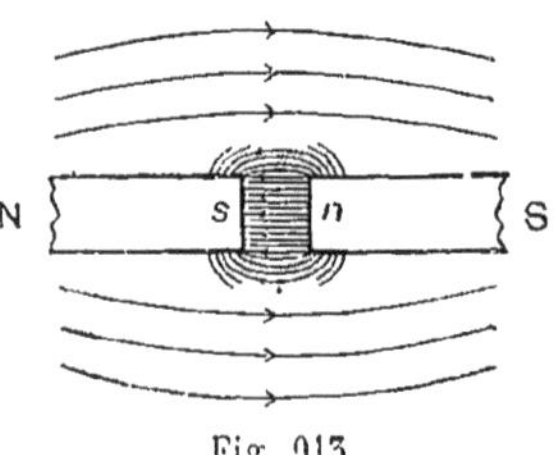

Fig. 913.

L'expérience nous conduit à admettre que les lignes de force du champ d'un aimant, dessinées par la limaille de fer dans les spectres magnétiques, se continuent *à l'intérieur* de cet aimant, et se ferment sur elles-mêmes, comme l'indique la figure 914. Du reste, toute variation dans le nombre des lignes de force magnétique qui traversent l'intérieur d'une spire ou d'une bobine constituée par un fil métallique fermé sur lui-même, donne naissance, dans ce circuit fermé, à un courant électrique,

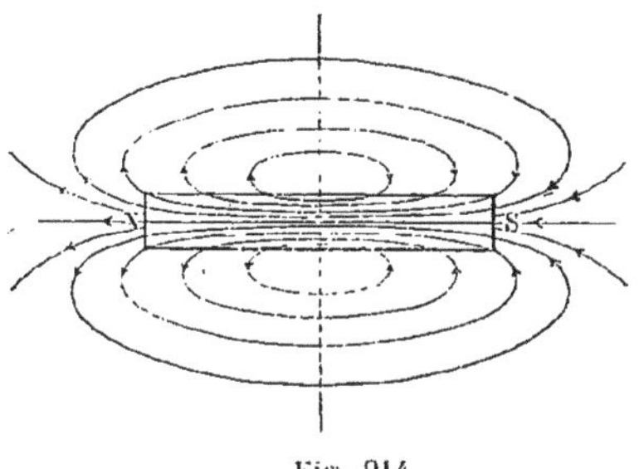


Fig. 914.

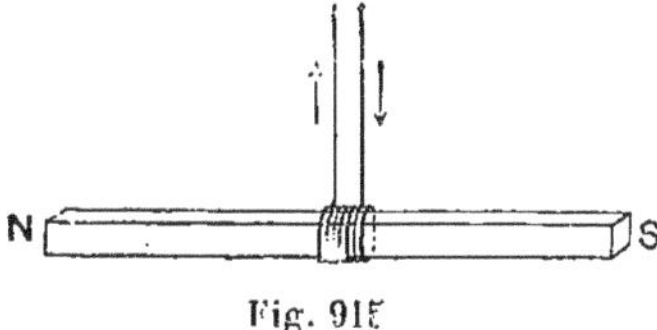


Fig. 915

qu'on appelle courant *induit*, et qui permet de mesurer la variation du flux magnétique correspondante [1]. De là le nom de *flux d'induction*, donné au flux magnétique qui traverse une surface. Or, si l'on déplace une spire ou une bobine (fig. 915) embrassant la section médiane de l'aimant, jusqu'à ce qu'elle ne soit plus traversée par aucune ligne de force, de façon à mesurer le flux qui peut traverser cette section médiane, on trouve effectivement que le flux intérieur est égal au flux total qui s'échappe de la moitié nord de l'aimant vers le milieu extérieur.

995. **Champ uniforme.** — Pour qu'un champ soit uniforme dans une certaine étendue, il suffit que, dans cette étendue, il n'y ait pas de masses magnétiques et que les lignes de force y soient des droites parallèles (917). Alors, en effet, les sections d'un tube de force par des surfaces de niveau sont égales et, en raison de la conservation du flux, nous avons $\mathcal{H} = C^{te}$. Le champ, étant constant en grandeur et direction, est uniforme.

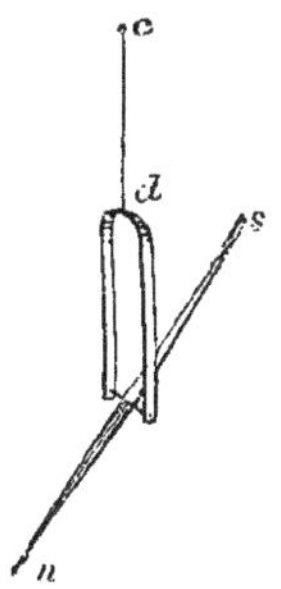


Fig. 916.

996. **Champ terrestre.** — Le champ magnétique terrestre présente précisément ce caractère, d'avoir ses lignes de force parallèles dans une certaine étendue, en un lieu donné. Pour le vérifier, il suffit de prendre une aiguille aimantée mobile autour d'un axe passant par son centre de gravité (fig. 916), et de placer cet axe dans un étrier *d* soutenu par un fil *cd* sans torsion : on constate que, en un lieu donné, et loin de tout autre aimant, la ligne des pointes de l'aiguille s'oriente dans une direction fixe, la pointe nord plongeant au-dessous de l'horizon. La projection horizontale de cette direction est à peu près confondue, comme on l'a déjà dit (986), avec une ligne nord-sud.

997. **Définition précise des pôles.** — Si l'on considère un barreau aimanté placé *dans un champ magnétique uniforme*, les actions du

(1) Voir *Nouveau Cours de physique élémentaire, classes de Première C et D, Électricité et Magnétisme*, chap. VI, par J. Faivre-Dupaigre et E. Carimey.

champ sur le magnétisme du barreau constituent un système de forces parallèles qui, pour les masses magnétiques de même nom, doivent se réduire à une force parallèle à la direction du champ, et, pour l'ensemble des masses magnétiques, à deux forces parallèles, de sens opposés F et F′ (fig. 917). Les points d'application N et S de ces forces, *centres des deux systèmes de forces parallèles*, sont indépendants de l'orientation du barreau dans le champ uniforme considéré, ils sont même indépendants de la valeur absolue du champ $\mathcal{H}$, car toutes les forces élémentaires sont appliquées en des points fixes et varient proportionnellement à $\mathcal{H}$; ils constituent ce qu'on appelle, d'une façon rigoureuse, les *pôles* du barreau aimanté. Ces points jouent, dans le Magnétisme, un rôle analogue à celui du centre de gravité dans la Pesanteur. Pour ce qui concerne l'*action d'un champ uniforme*, on peut donc considérer les masses magnétiques de chaque moitié du barreau comme concentrées au pôle correspondant. La ligne qui joint les pôles s'appellera l'*axe magnétique*, ou la *ligne des pôles* du barreau; la *longueur de l'aimant* sera la distance des pôles.

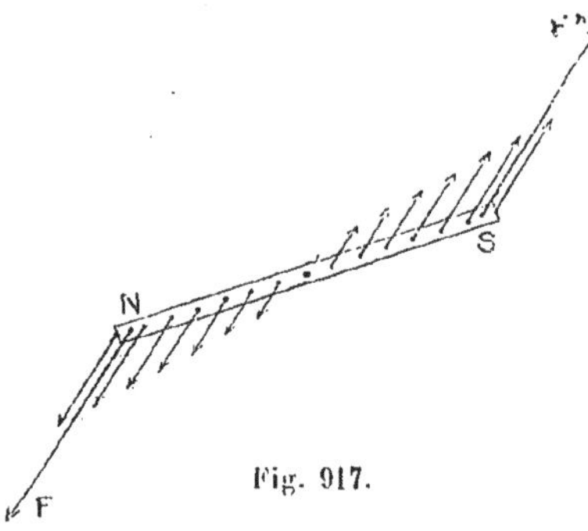

Fig. 917.

Sauf dans des cas très particuliers (1007), la détermination expérimentale des pôles n'est pas possible; ils constituent une simple abstraction mathématique dont l'emploi est commode.

998. **Couple directeur terrestre.** — Soient $m$ et $m'$ les sommes des masses magnétiques nord et sud d'un aimant, T le champ magnétique terrestre; l'action de la Terre sur l'aimant se réduit à deux forces parallèles et de sens contraires $F = mT$, $F' = m'T$. Deux cas peuvent se présenter : 1° si ces forces sont inégales, elles admettent une résultante qui a nécessairement une composante verticale ou une composante horizontale; 2° si nous démontrons qu'il n'y a point de composante verticale ni horizontale, nous établissons que les forces F et F′ constituent un couple. De là les expériences suivantes :

1° *Il n'y a pas de composante verticale*, car si l'on pèse une aiguille d'acier, qu'on l'aimante ensuite, et qu'on la pèse de nouveau, la balance montre que le poids de l'aiguille n'a pas changé;

2° *Il n'y a pas de composante horizontale*, car si l'on place une aiguille ou un barreau aimanté NS (fig. 918) sur un flotteur de liège, au repos sur une cuve à eau, on constate que l'aiguille ou le barreau s'oriente sur place, sans aucune translation dans un sens ou dans l'autre. Souvent sous

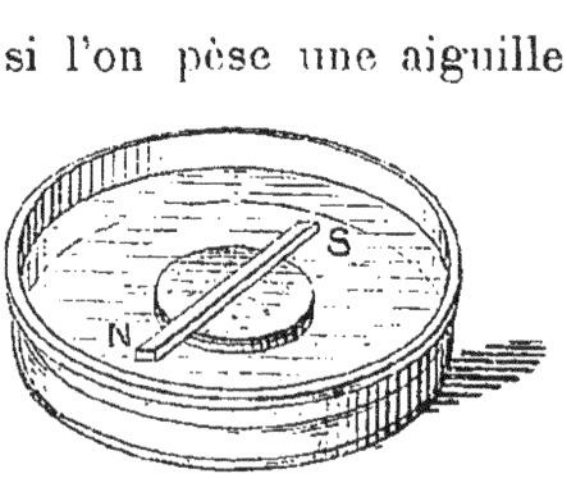

Fig. 918.

l'influence des mouvements de convection du liquide ou des forces capillaires, le flotteur se déplace, mais si l'on recommence l'expérience, on constate que le mouvement n'a jamais lieu suivant la même direction. — On peut également vérifier, avec un fil à plomb, que le fil de suspension d'un barreau aimanté est vertical, ce qui n'aurait pas lieu si, F étant différent de F′, le barreau était soumis à une force magnétique ayant une composante horizontale.

On doit conclure de ces expériences que les forces résultant de l'action terrestre sur un aimant se réduisent à un couple que l'on nomme le *couple directeur terrestre*, et dont les forces sont appliquées aux pôles. — La position d'équilibre de l'aiguille libre de la figure 916 est celle pour laquelle la ligne des pôles est dans la direction même des forces du couple.

999. **Masse magnétique totale nulle, dans un aimant.** — Puisque les forces F et F′ sont égales en valeur absolue, on a $m = m'$, la somme des masses magnétiques nord $m$ est égale à la valeur absolue $m'$ de la somme des masses magnétiques sud, et la masse magnétique totale de l'aimant $m - m' = 0$.

1000. **Moment magnétique.** — Soient donc $m$ et $-m$ les masses magnétiques d'un aimant, que nous supposons concentrées aux pôles : les forces du couple auquel il est soumis, dans un champ uniforme d'intensité $\mathcal{H}$, sont $F = m\mathcal{H}$ et $-F = -m\mathcal{H}$. Si les pôles sont à une distance $2l$, le moment maximum du couple (produit de la valeur des forces par leur distance) a lieu lorsque l'axe magnétique est perpendiculaire à la direction du champ, représentée ici par la flèche $\mathcal{H}$ (fig. 919) ; ce moment maximum est $2lm\mathcal{H}$. La quantité $2lm$, produit de la masse magnétique concentrée au pôle par la distance des pôles, est ce qu'on appelle le *moment magnétique* $\mathfrak{M}$ du barreau :

$$\mathfrak{M} = 2\,lm.$$

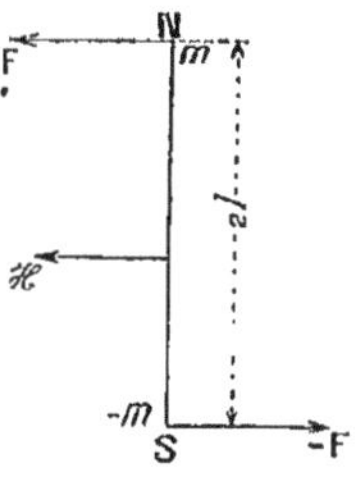

Fig. 919.

L'équation de dimensions de l'unité de moment magnétique dans le système électromagnétique est donc

$$\mathfrak{M} = Lm = L\,(L^{\frac{3}{2}} M^{\frac{1}{2}} T^{-1}) = L^{\frac{5}{2}} M^{\frac{1}{2}} T^{-1}.$$

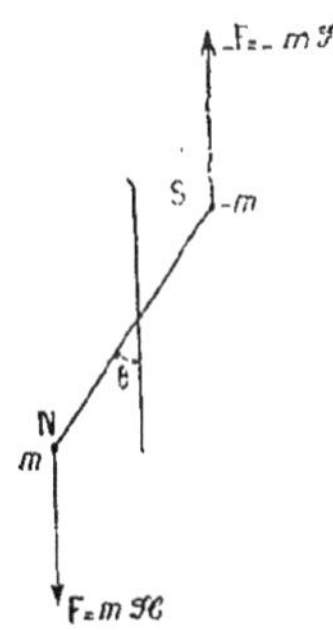

Fig. 920.

Quant à la signification du moment magnétique, c'est le moment du couple auquel l'aimant est soumis dans un champ de 1 gauss, lorsque son axe polaire est perpendiculaire à la direction du champ. Dans un champ d'intensité $\mathcal{H}$, avec les mêmes conditions d'orientation, le moment du couple est $\mathfrak{M}\mathcal{H}$. Pour un angle d'écart $\theta$ par rapport à la position d'équilibre (fig. 920), le moment devient

$$m\mathcal{H} \times 2l \sin\theta, \qquad \text{ou} \qquad \mathfrak{M}\mathcal{H} \sin\theta$$

si l'angle $\theta$ est assez petit, ce moment est simplement $\mathfrak{M}\mathcal{H}\theta$

Le moment magnétique d'un barreau aimanté est accessible à la mesure (1029 et 1030).

**1001. Intensité moyenne d'aimantation**. — On appelle *intensité moyenne d'aimantation*, ou simplement *aimantation*, d'un barreau aimanté, le quotient du moment magnétique par le volume du barreau : c'est le moment magnétique moyen par unité de volume. Si l'on désigne cette quantité par la lettre A, et le volume par V, on a donc

$$A = \frac{\mathfrak{M}}{V}$$

Il en résulte que l'équation de dimensions de l'unité correspondante dans le système électromagnétique est

$$A = \left(L^{\frac{5}{2}} M^{\frac{1}{2}} T^{-1}\right) L^{-3} = L^{-\frac{1}{2}} M^{\frac{1}{2}} T^{-1}.$$

C'est la même équation de dimensions que pour l'unité de champ magnétique (991). — L'intensité moyenne d'aimantation de la Terre, envisagée comme un aimant, est 0,08 C.G.S., tandis que, dans les aimants ordinaires, A atteint habituellement une valeur comprise entre 100 et 500 C.G.S.

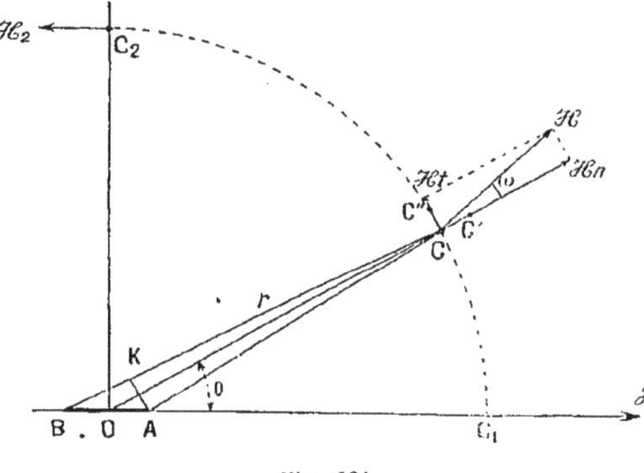


Fig. 921.

**1002. Champ d'un aimant rectiligne très petit**. — Soient A et B (fig. 921) les pôles d'un aimant très petit, $m$ et $-m$ les masses magnétiques de cet aimant ; posons $BA = 2l$ et cherchons le champ magnétique en un point C, tel que $AOC = \theta$, $OC = r$ (O milieu de AB) ; si $r_1$ et $r_2$ représentent respectivement les distances CA et CB, le potentiel (924) magnétique en C est :

$$V = \frac{m}{r_1} - \frac{m}{r_2} = m\,\frac{r_2 - r_1}{r_1 r_2}.$$

Menons la perpendiculaire AK à BC ; CK est égal à CA à un infiniment petit près ; on a donc :

$$r_2 - r_1 = CB - CK = KB = BA \cos \widehat{ABK} = 2l \cos \theta ;$$

de même, à un infiniment petit près, $r_1 r_2 = r^2$ ; par suite

$$V = \frac{2l\, m \cos\theta}{r^2} = \frac{\mathfrak{M} \cos\theta}{r^2}.$$

Supposons qu'on passe de C à un point infiniment voisin C', situé sur OC, tel que $CC' = dr$ ; le potentiel en C' est devenu $V + dV$ ; décomposons le champ $\mathcal{H}$ en C en deux forces, l'une $\mathcal{H}_n$ dirigée suivant OC, l'autre $\mathcal{H}_t$ perpendiculaire à la précédente. Dans le déplacement de la masse $+1$ de C à C' le travail des forces magnétiques est :

$$dW = \mathcal{H}_n dr = V - (V + dV) = -dV,$$

d'où ($\theta$ étant constant pendant le déplacement) :

$$\mathcal{H}_n = -\frac{dV}{dr} = \frac{2\mathfrak{M}\cos\theta}{r^3}.$$

Supposons maintenant que la masse $+1$ passe de C en C'' tel que OC'' $= r$, $\widehat{COC''} = d\theta$, et que $V + dV$ soit encore le potentiel magnétique en C'' : le travail des forces magnétiques est

$$dW = \mathcal{H}_t \times CC'' = \mathcal{H}_t r d\theta = V - (V + dV) = -dV,$$

d'où ($r$ étant constant) :

$$\mathcal{H}_t = -\frac{1}{r}\frac{dV}{d\theta} = \frac{\mathfrak{M}\sin\theta}{r^3}.$$

La valeur du champ en C est donc :

$$\mathcal{H} = \sqrt{\mathcal{H}_n^2 + \mathcal{H}_t^2} = \frac{\mathfrak{M}}{r^3}\sqrt{1 + 3\cos^2\theta};$$

une conséquence intéressante de la loi de Coulomb, qui nous a permis d'exprimer le potentiel sous la forme $V = \Sigma\frac{m}{r}$, est donc que, pour une même valeur de $\theta$, le champ varie en raison inverse du *cube* de la distance.

Soit $\omega$ l'angle que fait la direction du champ avec OC :

$$\operatorname{tg}\omega = \frac{\mathcal{H}_t}{\mathcal{H}_n} = \frac{1}{2}\operatorname{tg}\theta.$$

*Champ en un point de l'axe magnétique.* — Pour le point $C_1$ (fig. 921), $\theta = 0$, donc $\omega = 0$, $\mathcal{H}_t = 0$, le champ est orienté suivant $Ox$ et l'on a, en désignant ce champ par $\mathcal{H}_1$ :

$$\mathcal{H}_1 = \frac{2\mathfrak{M}}{r^3}.$$

*Champ en un point du plan de symétrie du barreau aimanté.* — Pour le point $C_2$ (fig. 921), $\theta = 90^\circ$, donc $\omega = 90^\circ$, le champ est normal à $OC_2$; $\mathcal{H}_n = 0$; si $\mathcal{H}_2$ représente la valeur du champ en $C_2$ :

$$\mathcal{H}_2 = \frac{\mathfrak{M}}{r^3}.$$

*Remarque.* — Pour la même valeur de $r$, $\frac{\mathcal{H}_1}{\mathcal{H}_2} = 2$ : c'est encore une conséquence de la loi de Coulomb (988), sur laquelle nous reviendrons (1036).

## III. — CONSTITUTION DES AIMANTS

1005. **Expérience de l'aimant brisé. — Hypothèse de Weber.** — Une expérience sur laquelle nous nous sommes déjà appuyés (994) montre qu'il est impossible d'obtenir un pôle d'aimant *unique*, sans un pôle de nom contraire, ce qui constitue une différence essentielle entre les aimants et les conducteurs électrisés, et un rapprochement entre les aimants et les diélectriques (882). Si, par exemple, on place une aiguille à tricoter à l'intérieur d'une petite bobine parcourue par un courant, l'aiguille acquiert la propriété d'attirer la limaille de fer (fig. 922), elle est aimantée. Si l'on brise alors cette aiguille en son milieu, chacun des fragments obtenus présente deux pôles et une ligne neutre. Si l'on continue cette segmentation, on obtient toujours, dans chaque fragment, un aimant complet. On est ainsi conduit à l'hypothèse, faite par Weber, d'une *polarité magnétique moléculaire* : chaque molécule d'un corps magnétique posséderait elle-même deux pôles, et constituerait ainsi un petit aimant. Dans un barreau d'acier à l'état neutre, ces petits aimants seraient orientés dans tous les sens ; l'action magnétisante d'un champ aurait pour effet d'orienter les molécules du barreau, le pôle nord dans la direction du champ, le pôle sud en sens inverse. Si le barreau d'acier aimanté vient à être soustrait à l'action d'un champ magnétisant, il conserve néanmoins son aimantation : la force qui s'opposait à l'orientation des particules élémentaires et qui s'oppose maintenant à un changement dans cette orientation a reçu le nom de *force coercitive* : nous verrons (1011) comment il est possible de la définir avec plus de précision et de la mesurer.

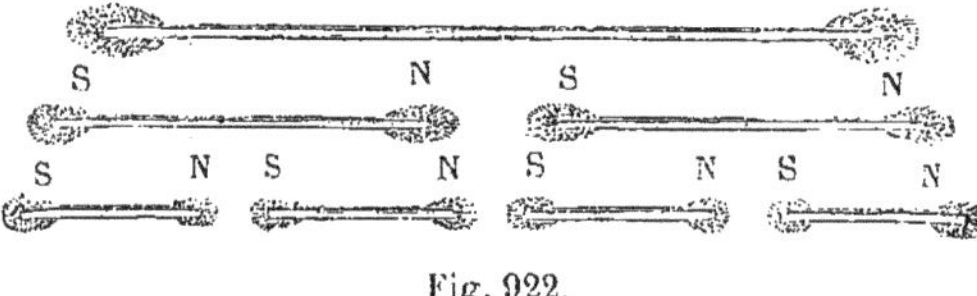

Fig. 922.

1004. **Distribution du magnétisme dans les aimants.** — L'étude du champ extérieur d'un aimant ne peut rien nous apprendre sur la distribution des masses magnétiques à l'intérieur de cet aimant. En effet, puisque la loi des actions magnétiques est la même que celle des actions électriques, si nous remplaçons ces masses magnétiques par des masses électriques fixes, de même valeur numérique, et si nous supposons l'aimant recouvert d'une surface conductrice infiniment mince en communication avec le sol, nous savons que cette surface se chargera intérieurement d'une couche électrique totale, égale et contraire à la somme des masses intérieures (878), et dont la distribution dépendra de la répartition de ces masses intérieures. Cette couche produira, sur tous les points extérieurs à l'aimant, la même action, au sens près, que les masses réelles. Une couche magnétique, de distribution identique à celle-là sur la surface même de l'aimant, mais de signe contraire en chaque point, produirait donc, sur tous les points extérieurs, la même action que les masses magnétiques réelles, distribuées à l'intérieur de l'aimant. Cette couche superficielle fictive aurait une masse totale nulle (999) ; elle se composerait de deux couches égales et de signes contraires, séparées par une ligne neutre, l'une de magnétisme nord, recouvrant la moitié nord : l'autre de magnétisme sud, recouvrant la moitié sud. Mais cette couche, d'une distribution identique à celle d'une couche induite *interne*, n'est pas, en général, une couche d'équilibre comme celle que produirait la distribution électrique d'une masse équivalente à la surface *externe* du conducteur, distribution qui serait indépendante de la répartition des masses intérieures (877). L'action de cette couche superficielle sur un point intérieur n'est donc pas nulle. La surface de l'aimant n'est pas en général une surface équipotentielle, et en effet, les lignes de force dessinées par les grains de limaille, dans les spectres magnétiques (992), ne s'en échappent généralement pas orthogonalement. Enfin, la composante du champ, normale en un point de l'aimant, ne satisfait pas au théorème de Coulomb (915), c'est-à-dire qu'elle n'est pas proportionnelle à la densité superficielle correspondante. Il en résulte que l'étude de ces composantes normales ne peut rien nous apprendre sur la distribution de la couche superficielle équivalente, contrairement à ce qu'avait cru Coulomb, dans ses recherches sur la distribution magnétique. La conception des masses magnétiques et des pôles magnétiques est commode pour interpréter les phénomènes; mais on ne peut déterminer les masses magnétiques ni fixer la position des pôles en général : *le moment magnétique seul est toujours mesurable et il constitue la constante intéressante de l'aimant.*

1005. **Cas particuliers de distribution théorique. — Filet solénoïdal.** — Examinons quelques cas particuliers de distribution *théorique* des molécules aimantées.

Le cas le plus simple serait celui dans lequel les éléments magnétiques, identiques entre eux, se trouveraient placés bout à bout le long d'une ligne de forme quelconque, leurs axes dans le même sens; ils ne laisseraient libres, à chaque extrémité de la file, qu'un pôle nord à l'un des bouts, et un pôle sud à l'autre. C'est ce qu'on appelle un *filet solénoïdal*; ce filet ne présente la propriété magnétique qu'à ses deux extrémités, où se trouvent des masses $+m$ et $-m$; partout ailleurs, les pôles de noms contraires se neutralisent exactement : l'action extérieure du filet se réduit donc à celle des masses extrêmes $+m$ et $-m$. Si le filet était fermé sur lui-même, cette action serait nulle. — Le champ d'un filet solénoïdal est donc celui de deux masses égales et de signes contraires.

1006. **Feuillet magnétique.** — Un autre cas simple de distribution magnétique serait celui où les éléments magnétiques, toujours identiques entre eux, seraient juxtaposés par leurs pôles de même nom sur une surface de forme quelconque, leurs axes étant normaux à cette surface. C'est ce qu'on appelle un *feuillet magnétique*, dans lequel tous les pôles constituent deux surfaces infiniment voisines, recouvertes, l'une d'une masse de magnétisme nord de densité $+\sigma$; l'autre, d'une masse de magnétisme sud de densité $-\sigma$. Les lignes de force sortent normalement de la face nord pour revenir normalement à la face sud. Si l'on désigne par $\varepsilon$ l'*épaisseur* du feuillet, le produit $\varepsilon\sigma = \Phi$ est appelé la *puissance* du feuillet.

1007. **Aimant rectiligne uniforme.** — Un *aimant rectiligne uniforme* est celui qui serait formé par un faisceau de filets solénoïdaux rectilignes, identiques, juxtaposés côte à côte (fig. 923), ou par une série de feuillets magnétiques plans, également identiques, juxtaposés face nord contre face sud. Dans ces conditions, les deux surfaces terminales $n$ et $s$ seraient seules actives, et seraient recouvertes chacune d'une couche de magnétisme de densité superficielle uniforme $\sigma$. La quantité de magnétisme $m$ sur chaque face polaire, de surface S, serait donc $m = S\sigma$, et le moment de l'aimant uniforme de longueur $l$ serait

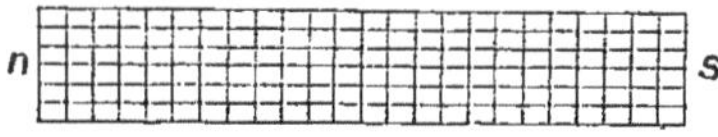

Fig. 923.

$$\mathfrak{M} = S\sigma l.$$

Son intensité d'aimantation A serait donc

$$A = \frac{\mathfrak{M}}{V} = \frac{S\sigma l}{V},$$

et comme $V = Sl$, on aurait, par suite,

$$A = \sigma;$$

l'intensité d'aimantation serait égale à la densité superficielle des faces polaires.

Nous pouvons concevoir la formation d'un aimant rectiligne uniforme autrement que par un assemblage de filets solénoïdaux ou de feuillets magnétiques. Supposons le volume total de l'aimant occupé par des couches magnétiques de densité $+\rho$ et $-\rho$ : ces couches s'annulent réciproquement; mais faisons glisser la couche positive parallèlement à l'axe du barreau de la quantité $\varepsilon$, de $s$ vers $n$ (fig. 923), l'autre couche restant immobile, aussitôt en $n$ devient libre une couche de densité superficielle $\sigma = \varepsilon\rho$, et en $s$ une couche de densité superficielle $\sigma' = -\varepsilon\rho = -\sigma$. La notion de *couches de glissement* nous permettra de calculer facilement le travail d'aimantation (1012).

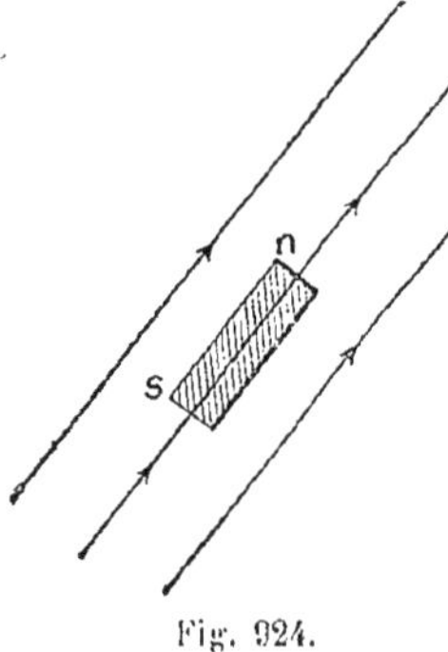

Fig. 924.

La densité superficielle étant $\sigma$, le champ magnétique en un point extérieur infiniment voisin est (915) $\mathcal{H} = 4\pi\sigma$, le flux magnétique sortant par la face $n$ est donc $\Phi = \mathcal{H}S = 4\pi\sigma S = 4\pi m$; lorsque l'aimantation n'est pas uniforme, on démontre que le flux magnétique sortant par la moitié nord du barreau aimanté a encore la même valeur. En transportant une bobine telle que celle de la figure 915 depuis le milieu du barreau aimanté jusqu'à une distance très grande, on arrive à mesurer $\Phi$, et par suite $m$, en utilisant les phénomènes d'induction électrique déjà visés (994). Connaissant $\mathfrak{M}$ et $m$, on calcule $2l$; si le barreau présente un axe de symétrie et un plan de symétrie perpendiculaire à l'axe, s'il a été aimanté dans un champ uniforme parallèle à l'axe de symétrie, les pôles se trouvent sur cet axe, à la distance $l$ du plan de symétrie : ils sont complètement déterminés.

1008. **Circuit magnétique ouvert et circuit magnétique fermé.** — On dit qu'il y a circuit magnétique *ouvert*, lorsqu'un système magnétique crée un champ magnétique extérieur à lui, c'est-à-dire dont les lignes de force pénètrent dans le milieu ambiant, comme dans les expériences des spectres magnétiques (996). — Le circuit magnétique est *fermé*, si le système magnétique a un champ extérieur nul; c'est le cas d'un faisceau de solénoïdes fermés sur eux-mêmes, et par conséquent sans action sur un point quelconque.

## IV. — INFLUENCE MAGNÉTIQUE

1009. **Phénomène fondamental de l'influence magnétique.** — Le fer doux ou l'acier, placés dans un champ magnétique, s'aimantent par influence : il se développe du magnétisme nord $n$ (fig. 924) à l'extrémité qui se trouve à la sortie des lignes de force, et du magnétisme sud $s$ à l'extrémité qui se trouve à l'entrée des lignes de force du champ. Ainsi, par exemple, un morceau de fer doux placé au voisinage d'un pôle d'aimant N (fig. 925) devient lui-même un aimant temporaire, dont le pôle voisin du pôle influençant est toujours un pôle $s$ de signe contraire. En d'autres termes, le pôle sud *s* de l'aimant ainsi formé par influence est toujours celui par lequel entrent les lignes de force du champ ; son pôle nord *n* est celui par lequel elles sortent. On constate l'apparition de cette aimantation par influence, au moyen de la limaille de fer, et l'on détermine son sens en se servant d'une aiguille aimantée, mobile sur un pivot. — Il est à remarquer d'ailleurs que, de même qu'en Électricité, le champ inducteur est modifié par la réaction du magnétisme de l'induit, et qu'il y a une déformation des lignes de force au voisinage de l'induit.

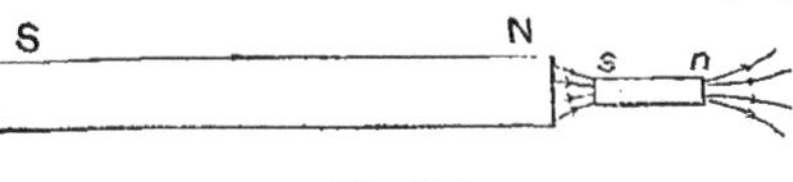


Fig. 925.

C'est ce phénomène de l'influence magnétique qui explique l'attraction de la limaille de fer par les aimants, et les expériences des spectres magnétiques (992). Chaque grain de limaille devient, par influence, un petit aimant dont l'axe *sn* s'oriente suivant le sens de la ligne de force au point où il se trouve.

Il y a cependant une différence entre le fer doux et l'acier, au point de vue de l'aimantation par influence. Lorsque le champ magnétisant cesse d'exister, il subsiste, dans le fer doux, une certaine quantité de magnétisme, qu'on appelle *magnétisme rémanent*; mais ce magnétisme est instable, et disparaît par un choc. Au contraire, dans l'acier, il subsiste un magnétisme *permanent*, stable, dont on attribue la conservation à la force coercitive (1003).

1010. **Substances magnétiques et substances diamagnétiques.** — Le fer et ses variétés, fonte, acier, ne sont pas les seuls corps capables de s'aimanter par influence : le nickel, le cobalt, métaux chimiquement voisins du fer, présentent la même propriété, bien qu'à un degré beaucoup moindre. Il en est de même des sels de fer. — Quand on opère avec des champs magnétiques aussi intenses que possible, comme ceux que fournissent les électro-aimants puissants, l'expérience conduit à cette conclusion, qu'il n'existe peut-être aucun corps, solide, liquide ou gazeux, qui ne soit capable d'acquérir la propriété magnétique. Seulement, les corps se divisent en deux catégories bien distinctes : 1° ceux qui se comportent comme le fer, c'est-à-dire dont l'axe d'aimantation des molécules se place parallèlement aux lignes de force et dans le *même* sens ; on les appelle les corps *magnétiques* ou encore *paramagnétiques*; 2° ceux qui se comportent comme le bismuth, c'est-à-dire dont l'axe d'aimantation se place parallèlement aux lignes de force, mais en *sens contraire*, ou dont le pôle *n* se développe à l'entrée des lignes de force; on les appelle corps *diamagnétiques*. Le diamagnétisme est d'ailleurs toujours très faible.

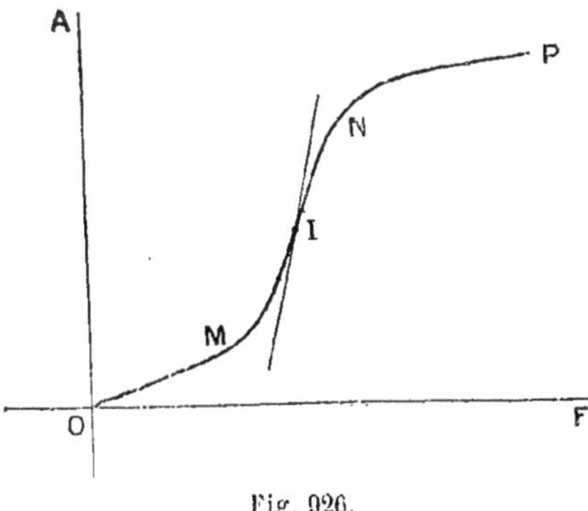


Fig. 926.

1011. **Courbes d'aimantation, ou variation de l'intensité d'aimantation avec l'intensité du champ magnétisant.** — Il est intéressant d'étudier comment varie l'aimantation par influence, dans les principales substances magnétiques. Le seul cas simple est celui où l'aimantation induite peut être uniforme; c'est le cas d'un barreau cylindrique très long par rapport à son diamètre, placé dans un champ magnétique uniforme, de façon que ses génératrices soient parallèles à la direction du champ. Pour pouvoir faire varier à volonté l'intensité du champ magnétisant, on utilise le champ créé par une bobine traversée par un courant électrique, dont on modifie l'intensité. Dans ces conditions, quel que soit l'échantillon employé, si l'on porte en abscisses les intensités $\mathcal{H}$ du champ magnétisant, et en ordonnées les aimantations A obtenues, on trouve que la courbe présente toujours la même forme générale, constituée de trois parties distinctes : une première partie OM (fig. 926), qui correspond aux champs faibles, où l'aimantation croît très lentement, et d'abord proportionnellement à l'intensité du champ; une seconde partie MN, où l'aimantation croît au contraire très rapidement, en présentant un point d'inflexion I; enfin, une troisième partie NP qui correspond aux champs intenses, où l'aimantation ne croît plus qu'avec une lenteur extrême, et tend évidemment vers une limite qu'on appelle *l'aimantation à saturation*. — La figure 927 représente ces courbes pour le fer doux, l'acier trempé, la fonte, le cobalt, le nickel.

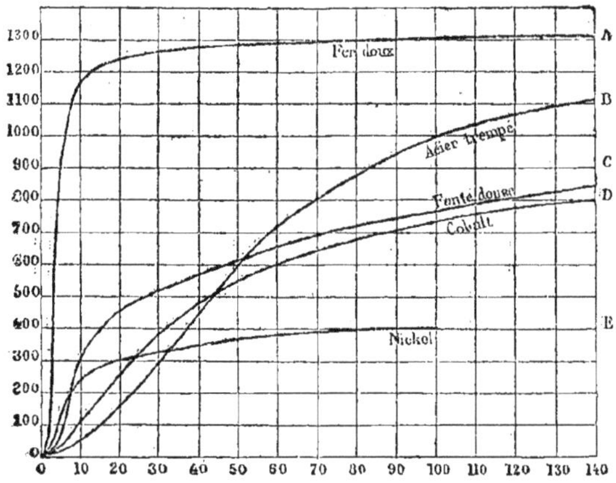

Fig. 927.

Si, après avoir fait croître le champ de zéro jusqu'à une valeur $\mathcal{H}$, on le fait décroître progressivement, l'aimantation ne repasse pas par les mêmes valeurs. Après avoir donné *en montant* une courbe telle que OMNP (fig. 928), elle donne *en descendant* une courbe telle que PR, de sorte que, quand le champ redevient nul, c'est-à-dire quand l'influence cesse, l'aimantation n'est pas nulle, mais garde une valeur OR; c'est le magnétisme *rémanent*. Si maintenant on fait agir le champ en sens contraire, d'une manière progressive, l'aimantation finit par devenir nulle. L'intensité OC du champ de sens contraire qui détruit complètement l'aimantation peut servir de mesure à la *force coercitive*.

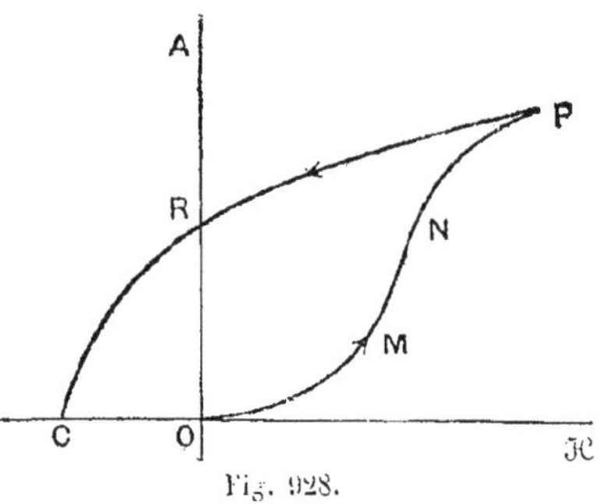

Fig. 928.

Voici quelques résultats :

Pour le fer doux, l'intensité d'aimantation croît d'abord très rapidement avec le champ; elle atteint 1200 pour un champ de 10 gauss, puis elle tend vers une limite qui est 1600 environ; la force coercitive est de 2,5 gauss.

L'intensité d'aimantation de l'acier trempé croît beaucoup plus lentement que celle du fer doux; la limite correspondant à la saturation est la même, mais la force coercitive atteint facilement 50 gauss.

Les courbes relatives au cobalt et au nickel ont même allure que celle du fer doux; les intensités d'aimantation limites atteignent respectivement 1200 et 500, et la force coercitive est de 12 gauss pour le cobalt.

1012. **Cycles d'aimantation. — Hystérésis. — Travail d'aimantation.** — Si l'on fait passer le champ périodiquement par des valeurs égales et de sens contraires, la courbe d'aimantation prend les formes suivantes : d'abord la branche OM (fig. 929), puis la branche MRCM', ensuite la branche M'R'C'M, et ainsi de suite, indéfiniment, MCM' et M'C'M. Ainsi, aux mêmes valeurs de la force magnétisante, correspondent des aimantations qui dépendent non seulement des conditions actuelles, mais aussi des états antérieurs. En particulier, pour une même valeur de $\mathcal{H}$, l'intensité est plus grande dans la période descendante que dans la période ascendante. Il y a, comme l'on dit, un *retard* de l'aimantation par rapport à la force magnétisante. On a donné à ce phénomène le nom d'hystérésis (*ustéréo*, je retarde) ou d'hystérèse. La forme d'un cycle dépend surtout de la grandeur de la force coercitive OC,

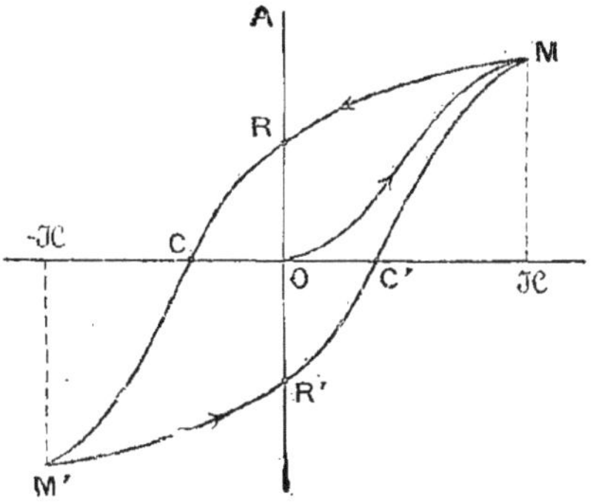

Fig. 929.

Calculons le travail dépensé pendant l'aimantation pour un aimant uniforme tel que celui du paragraphe 1007, obtenu par glissement de l'une des couches magnétiques uniformes. Soit $\mathcal{H}$ le champ magnétisant parallèle à $sn$ (fig. 925) ; si après avoir fait glisser la couche magnétique nord de $\varepsilon$ suivant $sn$, l'intensité d'aimantation étant devenue $A=\sigma=\varepsilon\rho$, nous la faisons encore glisser de $d\varepsilon$, l'intensité d'aimantation éprouve un accroissement $dA=\rho d\varepsilon$; la masse magnétique entraînée est $Sl\rho$, et le travail de la force magnétique est :

$$\mathcal{H}Sl\rho . d\varepsilon = \mathcal{H}Sl . dA;$$

par unité de volume de l'aimant, ce travail est :

$$dW = \mathcal{H}dA.$$

Lorsque le point figuratif de la courbe d'aimantation en fonction du champ décrit OM (fig. 929), en effectuant $\Sigma dW$, on voit facilement que le travail d'aimantation, par centimètre cube d'aimant, est représenté par l'aire comprise entre la courbe OM, la droite OA et la perpendiculaire abaissée de M sur OA, et que, pour le cycle complet MCM'C'M, le travail d'aimantation est égal à l'aire inscrite dans cette courbe. Lorsqu'on part de l'aimantation maximum, le travail correspondant à un cycle complet d'aimantation est environ, par centimètre cube, de 35 000 ergs pour le fer, de 40 000 à 216 000 ergs pour l'acier suivant sa composition et l'état de trempe ou de recuit, de 45 000 ergs pour le nickel et le cobalt. — Le travail d'aimantation correspondant à un cycle complet se retrouve sous forme de chaleur qui représente la seule énergie acquise pendant la transformation.

1013. **Susceptibilité magnétique.** — On appelle *susceptibilité magnétique* d'une substance le rapport entre l'intensité d'aimantation développée dans les conditions du paragraphe précédent, et l'intensité du champ magnétique qui a produit cette aimantation.

En appelant $k$ ce coefficient, A l'intensité d'aimantation et $\mathcal{H}$ l'intensité du champ, on a donc

$$k = \frac{A}{\mathcal{H}}.$$

Puisque les unités d'intensité d'aimantation et d'intensité du champ ont les mêmes équations de dimensions (1001), il en résulte que l'équation de dimensions de l'unité de susceptibilité magnétique est $L^0M^0T^0$. C'est donc un nombre indépendant de tout système d'unités. Mais pour le fer et les corps analogues, comme A ne croît pas proportionnellement à $\mathcal{H}$, ce nombre est aussi une fonction de $\mathcal{H}$. On définit alors le coefficient $k$, pour une valeur donnée de $\mathcal{H}$, par le rapport $\frac{dA}{d\mathcal{H}}$. Or, d'après la forme des courbes précédentes (fig. 926), ce rapport $\frac{dA}{d\mathcal{H}}$ est susceptible d'un maximum, correspondant au point d'inflexion I de ces courbes. Ce maximum de $k$ est environ 250 pour le fer pur, 150 pour le fer ordinaire, 80 pour la fonte, 15 pour le cobalt, 10 pour le nickel. Pour les corps diamagnétiques, $k$ est très faible et à peu près constant; ainsi pour le bismuth, qui présente le mieux les phénomènes de diamagnétisme, on a $k = -\frac{1}{400\,000}$ seulement.

1014. **Perméabilité magnétique.** — Désignons par $\mathcal{B}$ le champ en un point à l'intérieur d'un aimant; on le nomme *induction*; le flux magnétique qui traverse l'unité de surface prise autour de ce point, normalement aux lignes de force, est de $\mathcal{B}$ maxwells; s'il n'y avait pas de barreau aimanté, le flux aurait même valeur numérique que le champ magnétisant $\mathcal{H}$ : on appelle *perméabilité magnétique* du barreau le rapport $\mu = \frac{\mathcal{B}}{\mathcal{H}}$ de ces deux flux.

L'induction $\mathcal{B}$ se compose de deux termes. Supposons, en effet, que nous ayons creusé dans le barreau une petite cavité cylindrique de hauteur infiniment petite et dont les bases planes soient normales aux lignes de force : ces bases sont recouvertes de deux couches magnétiques de densité A et — A (1007); le champ $\mathcal{B}$ en un point à l'intérieur de la cavité est dû au champ magnétisant $\mathcal{H}$ et au champ des deux couches magnétiques considérées, qui est $4\pi A$ (919), donc :

$$\mathcal{B} = \mathcal{H} + 4\pi A = \mathcal{H}(1 + 4\pi k);$$

d'autre part, comme

$$\mathcal{B} = \mu\mathcal{H},$$

on a

$$\mu = 1 + 4\pi k.$$

$\mathcal{B}$, $\mu$ et $k$ sont des fonctions du champ $\mathcal{H}$: il suffit de connaître l'une pour avoir les autres. La détermination de ces fonctions est très importante pour la construction des machines électriques industrielles.

*Remarque.* — Pour les champs magnétisants qui ne sont pas très intenses, $\mathcal{H}$ est négligeable devant $4\pi A$ et on peut écrire $\mathcal{B} = 4\pi A$, ou $\mu = 4\pi k$. Pour les champs très intenses, au contraire, c'est-à-dire lorsque la saturation est atteinte, et que l'aimantation A a pris sa valeur limite, $4\pi A$ est très inférieur à $\mathcal{H}$, $4\pi k$ est petit devant l'unité; alors on a assez sensiblement $\mathcal{B} = \mathcal{H}$, ou $\mu = 1$; le meilleur fer doux, dans ces conditions, n'est pas plus perméable que l'air pour tout accroissement du champ magnétisant.

1015. **Influence de la température sur l'aimantation.** — Les propriétés magnétiques dépendent de la température. Pour chacun des trois métaux les plus magnétiques, le fer, le nickel, le cobalt, il existe une température, dite *point de Curie*, à laquelle ils perdent leurs propriétés magnétiques spéciales et rentrent dans la catégorie des substances ordinaires. Pour le fer, cette température est 785° et correspond à un changement d'état allotropique; pour le nickel, elle est 340°; pour le cobalt, elle est supérieure au point de Curie du fer.

1016. **Procédés d'aimantation.** — Pour aimanter un barreau d'acier, il ne suffit pas, en général, de le soumettre à un champ magnétique intense; il faut encore en ébranler les molécules par des chocs, afin de vaincre la force coercitive. Les courants électriques produisent des champs magnétiques intenses; aussi est-ce là le seul procédé d'aimantation qui soit pratiquement usité aujourd'hui. — Dans tous les procédés, on fait d'ailleurs en sorte que la région la plus intense du champ magnétisant arrive successivement en présence des différentes parties du barreau.

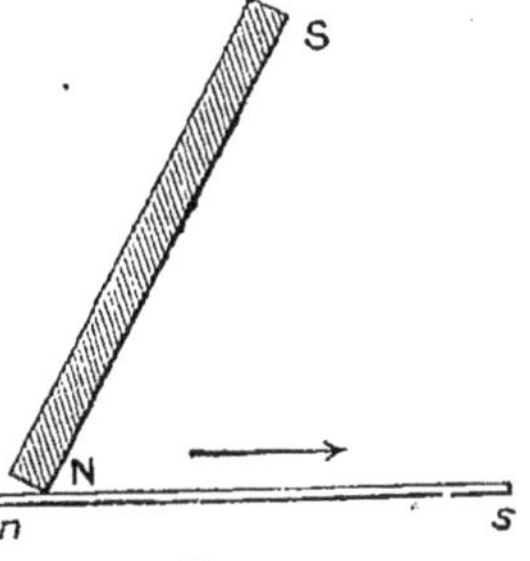

Fig. 930.

Parmi les anciennes méthodes de friction, nous ne rappellerons que la méthode de la *touche simple*. Cette méthode consiste à frotter la tige d'acier à aimanter avec un pôle d'aimant, N par exemple (fig. 930), en allant d'une extrémité de la tige à l'autre, toujours *dans le même sens*, un certain nombre de fois. A l'extrémité par laquelle on termine, il se développe un pôle *s*, de nom contraire au pôle frottant.

1017. **Aimants de Jamin.** — L'expérience a montré que le système formé par une série de lames d'acier d'une assez grande longueur et d'une faible épaisseur, aimantées séparément à saturation et juxtaposées ensuite, peut acquérir, toutes choses égales d'ailleurs, une intensité d'aimantation plus grande qu'un barreau unique de mêmes dimensions. Cette remarque a conduit Jamin à construire des aimants avec des lames aimantées, que l'on juxtapose de la manière suivante.

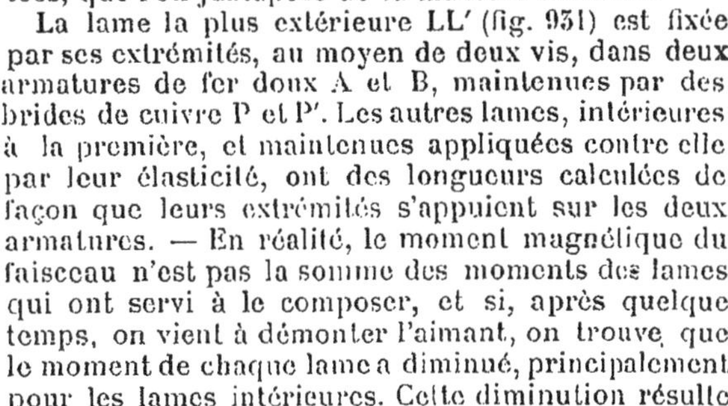

Fig. 931.

La lame la plus extérieure LL′ (fig. 931) est fixée par ses extrémités, au moyen de deux vis, dans deux armatures de fer doux A et B, maintenues par des brides de cuivre P et P′. Les autres lames, intérieures à la première, et maintenues appliquées contre elle par leur élasticité, ont des longueurs calculées de façon que leurs extrémités s'appuient sur les deux armatures. — En réalité, le moment magnétique du faisceau n'est pas la somme des moments des lames qui ont servi à le composer, et si, après quelque temps, on vient à démonter l'aimant, on trouve que le moment de chaque lame a diminué, principalement pour les lames intérieures. Cette diminution résulte des réactions réciproques des lames, qui tendent à se démagnétiser les unes les autres.

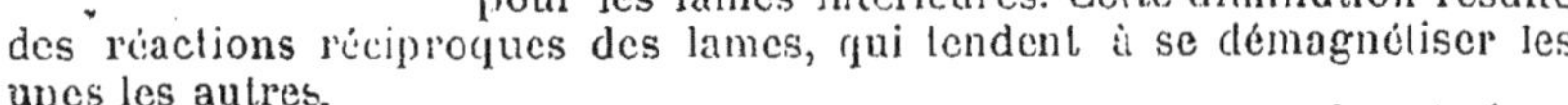

1018. **Conservation des aimants.** — Pour conserver aux aimants leur intensité d'aimantation, il faut les soustraire aux actions démagnétisantes. Il en serait évidemment ainsi dans un circuit magnétique fermé (1008), où tous les filets solénoïdaux se termineraient sur eux-mêmes. L'action d'un tel circuit serait nulle sur une masse magnétique placée en

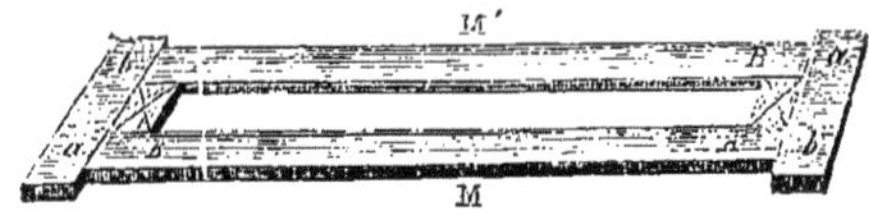

Fig. 932.

un point quelconque, et par suite toute réaction démagnétisante serait supprimée. C'est ce que l'on cherche à réaliser approximativement, en plaçant deux aimants droits, M et M' (fig. 952), aussi identiques que possible, parallèlement l'un à l'autre, dans une même boîte, les pôles de signes contraires, pôle nord A et pôle sud B en regard, et en réunissant ces pôles par des pièces de fer doux *ab*, que l'on nomme des *contacts*, et qui s'aimantent par influence. La plupart des lignes de force passent alors à travers le circuit fermé ainsi constitué. — Dans les aimants en fer à cheval, on réunit, dans le même but, les deux pôles par une pièce de fer doux, qu'on appelle le contact ou l'*armature* C (fig. 951).

1019. **Force portante.** — Soit un aimant présentant une aimantation uniforme et désignons par A son intensité d'aimantation, par S la surface d'une extrémité polaire contre laquelle on applique une lame de fer doux bien dressée; on peut considérer la surface polaire comme recouverte d'une couche magnétique de densité $\sigma = A$ (1007) induisant dans le fer doux une couche magnétique de densité $-A$, de surface S, ayant donc une masse $-SA$ : le champ créé par la couche inductrice est (919) $\mathcal{H} = 2\pi A$ qui tend à entraîner la masse magnétique $-SA$ avec la force

$$F = 2\pi A \times SA = 2\pi A^2 S,$$

et pour détacher le morceau de fer doux de l'aimant, il faut le tirer avec une force supérieure à F, qui prend le nom de *force portante*. Lorsqu'on veut utiliser un aimant pour supporter un poids, on emploie un aimant en fer à cheval, afin d'utiliser les deux surfaces polaires, et on suspend le poids, par un crochet, à l'armature en fer doux. Avec ce corps on obtient très facilement, en employant un électro-aimant, $A = 1500$, ce qui donne, par centimètre carré, une force portante de $2\pi A^2$ dynes, supérieure à $10^{kg\text{-}f}$, et, pour supporter une pièce d'une tonne, la surface de chaque extrémité polaire aura environ 50 centimètres carrés, soit 4 centimètres de rayon. On se sert beaucoup de ces appareils de levage dans les usines métallurgiques.

Avec des aimants permanents, la force portante par centimètre carré est au maximum de 4 kilogrammes-forces environ, et descend facilement à 0,25 kilogramme-forces.

## V. — MAGNÉTISME TERRESTRE

1020. **Définitions des éléments du champ terrestre.** — Le champ magnétique terrestre est un champ *uniforme* dans une certaine étendue, en un lieu donné (996). On définit sa direction au moyen de deux coordonnées angulaires, la *déclinaison* et l'*inclinaison*.

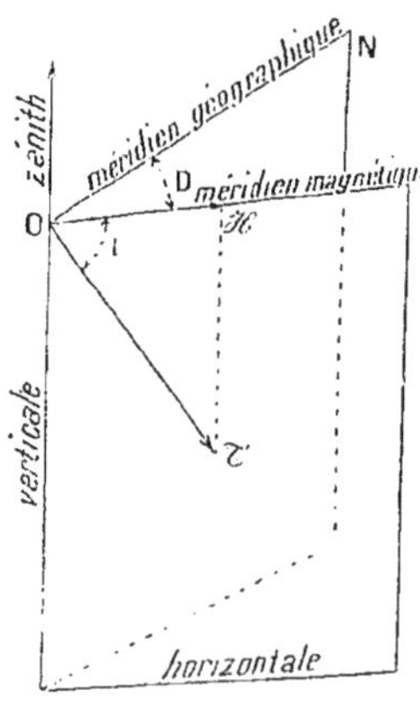

Fig. 953.

Le plan vertical passant par le champ magnétique terrestre est appelé *méridien magnétique* du lieu. Il fait avec le *méridien géographique*, c'est-à-dire le plan passant par le lieu considéré et les pôles géographiques, un certain angle, qu'on nomme la *déclinaison* D (fig. 953). — La déclinaison est dite *occidentale*, si le pôle nord d'un aimant en équilibre sous l'action de la Terre est à l'ouest du méridien géographique passant par le milieu du barreau; *orien-*

*tale*, si ce pôle nord est à l'est. La déclinaison détermine donc la position du méridien magnétique, connaissant le méridien géographique.

L'*inclinaison* est l'angle que fait le champ magnétique terrestre avec sa projection horizontale. Ce dernier angle achève de définir la direction du champ terrestre. — L'inclinaison est positive si la pointe nord de l'aiguille aimantée est dirigée vers le sol, négative dans le cas contraire. Quant à l'intensité du champ magnétique terrestre, elle est connue par la composante horizontale $\mathcal{H}$ et par l'inclinaison I. On a en effet :

$$\mathcal{T} = \frac{\mathcal{H}}{\cos I}.$$

Nous allons mesurer successivement ces trois grandeurs D, I et $\mathcal{H}$.

1021. **Détermination du couple directeur d'une aiguille aimantée mobile autour d'un axe.** — Soient trois axes de coordonnées rectangulaires $Ox$, $Oy$, $Oz$ (fig. 934), $Oy$ étant vertical, $\mathcal{T}$ le champ magnétique terrestre, $\mathcal{H}$ sa projection sur le plan horizontal : par définition l'angle d'inclinaison $I = \widehat{\mathcal{H}O\mathcal{T}}$ ; soit $\alpha$ l'angle du méridien magnétique avec le plan $xOz$ ; décomposons la force $\mathcal{T}$ suivant les axes de coordonnées et désignons les composantes par X, Y, Z, nous avons :

$$X = \mathcal{H}\cos\alpha = \mathcal{T}\cos I\cos\alpha,$$
$$Y = \mathcal{H}\sin\alpha = \mathcal{T}\cos I\sin\alpha,$$
$$Z = \mathcal{T}\sin I.$$

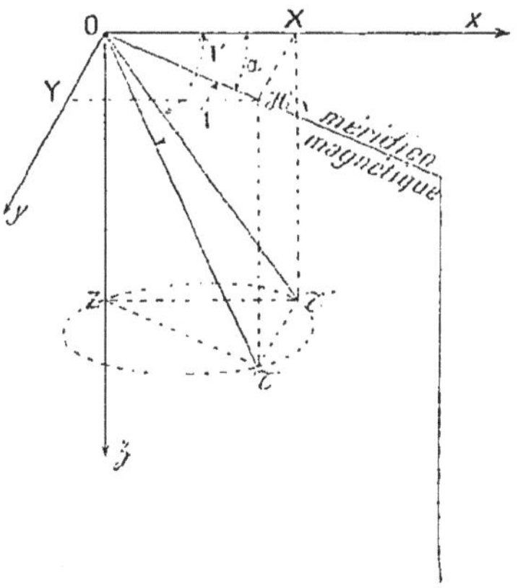

Fig. 934.

1° *Aiguille à axe vertical.* — Les forces relatives à la composante Z sont détruites par la réaction de l'axe de rotation, et l'axe magnétique de l'aiguille s'oriente suivant $\mathcal{H}$ ; l'angle de cet axe avec sa projection sur le méridien géographique est égal à la *déclinaison*.

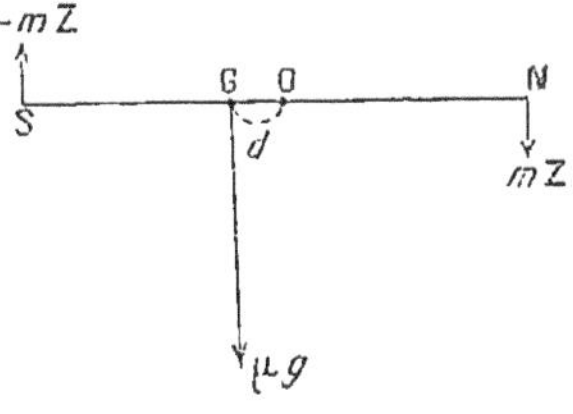

Fig. 935.

En réalité, l'aiguille de déclinaison est posée sur un pivot vertical autour duquel elle peut tourner (fig. 907) : soit O (fig. 935) le point de suspension, G le centre de gravité de l'aiguille supposée horizontale dans un azimut faisant l'angle $\alpha$ avec le méridien magnétique ; désignons par $m$ et $-m$ les masses magnétiques, par $\mathfrak{M}$ le moment magnétique de l'aiguille, par $\mu$ sa masse, par $d$ la distance OG, par $2a$ celle des pôles. Pour que l'aiguille reste horizontale, il faut que

$$\mu g d = mZ \times ON + mZ \times OS = mZ \times NS = 2amZ = \mathfrak{M}Z.$$

Cette condition est indépendante de $\alpha$; donc, si on a réglé la position du centre de gravité de l'aiguille de manière qu'elle soit horizontale dans un azimut, elle est horizontale dans *tous* les azimuts : on a affaire à *une aiguille de déclinaison.*

2° *Aiguille à axe horizontal.* — Supposons l'aiguille mobile autour de O$y$ (fig. 934) passant par son centre de gravité; la composante Y est sans effet et, dans la position d'équilibre, l'axe magnétique de l'aiguille est orienté suivant la résultante $\mathfrak{T}'$ de X et Z, qui fait avec sa projection X sur le plan horizontal l'angle $XO\mathfrak{T}'=I'$, qu'on appelle *l'inclinaison apparente*. Or, nous avons :

$$\operatorname{cotg} I'=\frac{X}{Z},$$

et, remplaçant X et Z par leurs valeurs :

$$\operatorname{cotg} I'=\operatorname{cotg} I \cos\alpha. \tag{1}$$

L'inclinaison apparente dépend donc de la position de l'azimut dans lequel l'aiguille peut osciller : nous verrons (1023) comment de l'inclinaison apparente, on peut déduire l'inclinaison vraie. Une aiguille aimantée mobile autour d'un axe horizontal est une *aiguille d'inclinaison.*

*Lieu du point $\mathfrak{T}'$.* — Puisque le vecteur Z est constant, le lieu du point $\mathfrak{T}'$, quand $\alpha$ varie, est une courbe plane horizontale. Or, dans le triangle $Z\mathfrak{T}'\mathfrak{T}$, le côté $Z\mathfrak{T}'$ est égal à X, le côté $Z\mathfrak{T}$ est égal à $\mathcal{H}$ et l'on a $X=\mathcal{H}\cos\alpha$, donc le triangle considéré est rectangle en $\mathfrak{T}'$, et le lieu de ce point est une circonférence décrite sur $Z\mathfrak{T}$ comme diamètre.

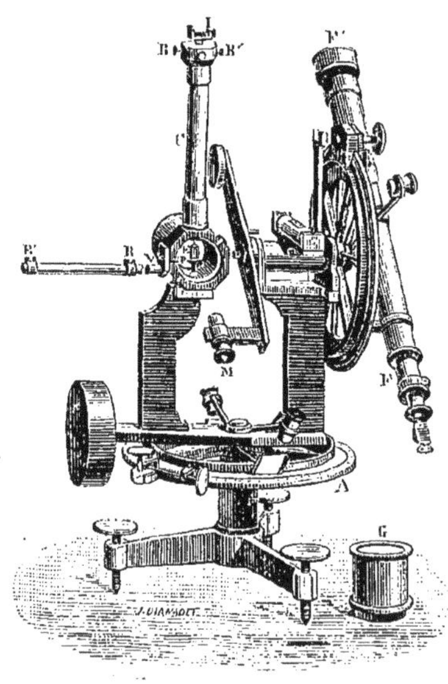

Fig. 936.

1022. **Mesure de la déclinaison.** — La mesure de la déclinaison se fait au moyen d'un appareil spécial, le *déclinomètre*, ou *boussole de déclinaison*; il doit permettre de repérer le méridien géographique et le méridien magnétique ; décrivons l'un des plus parfaits de ces instruments :

Le théodolite-boussole de Brünner comprend deux parties : 1° comme tout théodolite, il se compose de deux cercles gradués : l'un horizontal A (fig. 936), ou cercle azimutal ; l'autre vertical, mobile autour d'un axe perpendiculaire au premier, en son centre, et d'une lunette FF', mobile autour d'un axe horizontal perpendiculaire à son axe optique, et au cercle vertical en son centre. Un niveau à bulle et des vis calantes pe mettent de régler l'appareil ; cette partie de l'instrument sert à déterminer le méridien géographique, soit par l'observation de l'étoile polaire, soit en appliquant la méthode des hauteurs égales à une étoile ou au Soleil, soit enfin, quand on opère dans un observatoire fixe, en visant un repère déterminé, placé à grande distance, l'angle du plan de visée et du méridien géographique ayant été mesuré préalablement.

2° Un aimant formé d'un barreau d'acier prismatique E, porte, fixés à ses extrémités, de petits disques d'argent sur chacun desquels est gravé un trait vertical, dans le plan de symétrie du barreau. Il est suspendu à l'intérieur d'une caisse cylindrique, en bronze *bien exempt de fer*; ainsi, du reste, que tout l'appareil. Cette caisse est fermée par des glaces; elle est surmontée d'un tube C et d'un petit treuil BB', qui porte la suspension formée de brins de soie parallèles très fins, enduits de suif. Des vis convenablement placées permettent de centrer le fil.

Un microscope M, à réticule, mobile autour du *même* axe horizontal que la lunette FF', permet de viser successivement les deux extrémités du barreau aimanté, dont un petit plan P manœuvré de l'extérieur, permet d'amortir les oscillations par frottement.

Comme il faut que le fil de suspension supporte sans torsion le barreau dans sa position d'équilibre, on commence par le régler, en remplaçant le barreau aimanté par un barreau de cuivre de mêmes dimensions : on tourne la monture de suspension jusqu'à ce que le barreau de cuivre ait son axe dans l'axe même de la cage cylindrique, c'est-à-dire sous le réticule du microscope. Le barreau aimanté étant remis en place, on fait tourner tout l'appareil autour de son axe vertical, jusqu'à ce que le microscope pointe successivement sur les deux traits verticaux des extrémités. Le barreau est alors soutenu sans torsion, c'est-à-dire orienté sous la seule action de la Terre. Son axe polaire est donc alors dans le plan du méridien magnétique. — Il est quelquefois nécessaire d'effectuer une légère rotation autour de l'axe vertical, pour pouvoir viser successivement au microscope M les deux extrémités. Cela provient d'un défaut de centrage, que l'on corrige en prenant la moyenne des deux positions correspondantes du zéro du vernier sur le cercle horizontal. — Mais, d'autre part, cette moyenne correspond à la position de la ligne des repères du barreau, qui peut s'écarter un peu de la ligne des pôles. On corrige cet autre défaut par la méthode du *retournement* du barreau, face pour face. Après le retournement, la ligne des pôles NS (fig. 937) n'a pas changé de direction, tandis que la ligne des repères PP' a pris la position $P_1P'_1$, symétrique de la première par rapport à NS. En prenant encore la moyenne des deux positions du zéro du vernier de A, qui correspondent aux visées des deux repères, puis la moyenne des moyennes avant et après retournement, on

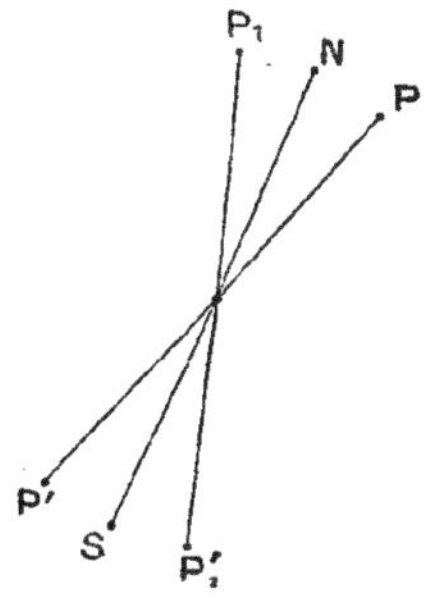

Fig. 937.

a la position du zéro du vernier lorsque les axes optiques du microscope et de la lunette sont dans le plan du méridien magnétique. — La différence des lectures du zéro du vernier quand l'axe optique de la lunette FF' décrit le méridien géographique et lorsque celui du microscope décrit le méridien magnétique est la déclinaison D. Avec un bon instrument, on peut déterminer la déclinaison à 0',1.

*Application.* — La connaissance de la déclinaison est surtout utile pour diriger les navires. Si, en un point A de la mer, le chemin du bateau doit faire un angle $\alpha$ avec le méridien géographique, il doit faire nécessairement l'angle $\alpha \pm D$ avec le méridien magnétique. On agit donc sur la barre du gouvernail jusqu'à ce que la *ligne de foi* du navire fasse l'angle $\alpha \pm D$ avec l'aiguille de la *boussole marine* ou *compas*. Les boussoles à aiguille de déclinaison servent encore à relever rapidement des plans (boussole d'arpentage), ou à s'orienter sur terre et dans les airs.

1025. **Mesure de l'inclinaison.** — La mesure de l'inclinaison se fait au moyen de l'*inclinomètre*, ou *boussole d'inclinaison*.

Au lieu d'avoir recours à une aiguille librement suspendue par son centre de gravité, on emploie une aiguille mobile dans un plan vertical, dite *aiguille d'inclinaison*.

La boussole d'inclinaison (fig. 938) se compose d'une aiguille aimantée terminée par des pointes très fines. Elle est supportée par un axe horizontal, soutenu par des traverses $t$ et $t'$, et elle est mobile devant un cercle divisé vertical $ll'$, placé en général à l'intérieur d'une cage vitrée PP'. Le cercle vertical est mobile lui-même autour d'un axe vertical, qui passe par le centre d'un cercle gradué horizontal CC', porté par un pied à vis calantes. Une alidade munie d'un vernier V permet de mesurer les angles dont on fait tourner le cercle vertical.

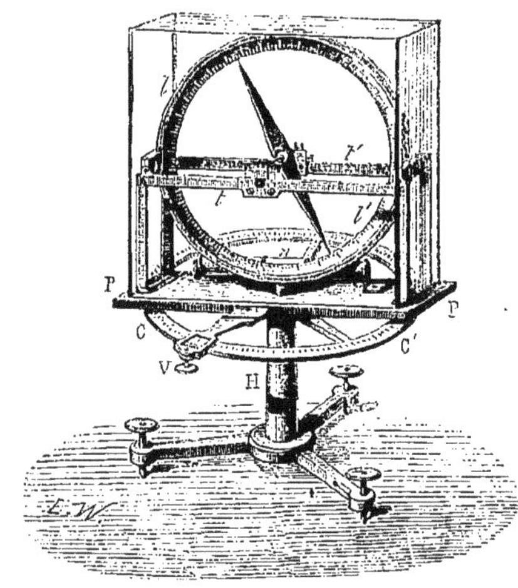

Fig. 938.

*Le centre de gravité de l'aiguille est sur l'axe de rotation.* — Dans un plan vertical quelconque, l'aiguille aimantée s'oriente sous l'action du couple $m\mathfrak{G}'$, $-m\mathfrak{G}'$ situé dans ce plan, et l'angle qu'elle fait dans un pareil plan, avec l'horizon, est ce que nous avons appelé (1021, 2°) l'*inclinaison apparente* dans cet azimut. Nous allons chercher à déduire l'inclinaison vraie I de l'inclinaison apparente I' dans un plan faisant un angle $\alpha$ avec le méridien magnétique. Or nous avons établi la relation

$$\cot g\, I' = \cot g\, I \cos \alpha.$$

Cette expression donne lieu à un certain nombre de remarques intéressantes :

1° Pour $\alpha = 0$, on a $I' = I$ : il suffirait donc d'observer l'inclinaison apparente dans le plan du méridien magnétique pour avoir l'inclinaison vraie.

2° On a toujours $\operatorname{cotg} I' \leqq \operatorname{cotg} I$, donc $I' \geqq I$. Par suite, parmi toutes les inclinaisons apparentes, l'inclinaison vraie est *un minimum*. On peut la mesurer d'après cette propriété, en cherchant le plan dans lequel l'aiguille fait avec l'horizon l'angle le plus petit possible. L'inclinaison est alors assez bien déterminée, en revanche le plan du méridien magnétique est mal connu, précisément à cause des propriétés d'une fonction au voisinage d'un minimum : l'appareil n'est du reste point construit pour rechercher le méridien magnétique.

3° Dans le plan perpendiculaire au méridien magnétique, on a $\alpha = 90°$, ou $\cos \alpha = 0$, et $\operatorname{cotg} I' = 0$, ou $I' = 90°$ ; l'inclinaison apparente est alors *maximum*, l'aiguille aimantée est verticale. On peut également se servir de cette propriété pour la mesure de I en cherchant l'azimut dans lequel l'aiguille se place verticalement, et en tournant le limbe de 90° à partir de cette position. Le limbe est amené ainsi dans le plan du méridien magnétique, et l'on mesure I. La méthode est sujette à la même critique que la précédente quant à la détermination du méridien magnétique.

4° Dans deux azimuts faisant un même angle $\alpha$ avec le méridien magnétique, l'un à droite, l'autre à gauche, l'inclinaison apparente $I'$ a la même valeur. Le plan du méridien magnétique est donc l'un des plans bissecteurs de deux azimuts dans lesquels $I'$ prend une même valeur, c'est celui pour lequel l'inclinaison apparente est inférieure à 90°. De là, une assez bonne méthode de détermination du plan du méridien magnétique, et par suite de l'inclinaison, en se plaçant à 45° environ du minimum et du maximum précédents.

5° Dans deux azimuts rectangulaires quelconques, faisant, l'un un angle $\alpha$ avec le méridien magnétique, et par suite l'autre un angle $\frac{\pi}{2} - \alpha$, les inclinaisons apparentes $I'$ et $I''$ sont données par les formules

$$\operatorname{cotg} I' = \operatorname{cotg} I \cos \alpha, \qquad \operatorname{cotg} I'' = \operatorname{cotg} I \sin \alpha ;$$

et, en élevant au carré, puis ajoutant membre à membre,

$$\operatorname{cotg}^2 I' + \operatorname{cotg}^2 I'' = \operatorname{cotg}^2 I,$$

d'où la *méthode des azimuts rectangulaires*, la plus employée. En divisant membre à membre les expressions de $\operatorname{cotg} I'$ et $\operatorname{cotg} I''$, il vient :

$$\frac{\operatorname{cotg} I''}{\operatorname{cotg} I'} = \operatorname{tg} \alpha ;$$

la méthode permet encore de trouver le méridien magnétique.

*Le centre de gravité de l'aiguille n'est pas sur l'axe de rotation.* — Soient

A et B (fig. 939) les pôles d'une aiguille aimantée mobile autour de l'axe horizontal O, G son centre de gravité, $m$ et $-m$ les masses magnétiques de l'aiguille, $\mu$ sa masse mécanique ; désignons par I′ l'angle d'inclinaison apparente de la composante $\mathfrak{T}'$ du champ magnétique terrestre, dans le plan de la figure et par $I'_1$, l'inclinaison de l'axe AB ; posons en outre $OG = d$, $AB = 2a$, et représentons par $\mathfrak{M}$ le moment magnétique du barreau ; l'équation d'équilibre est :

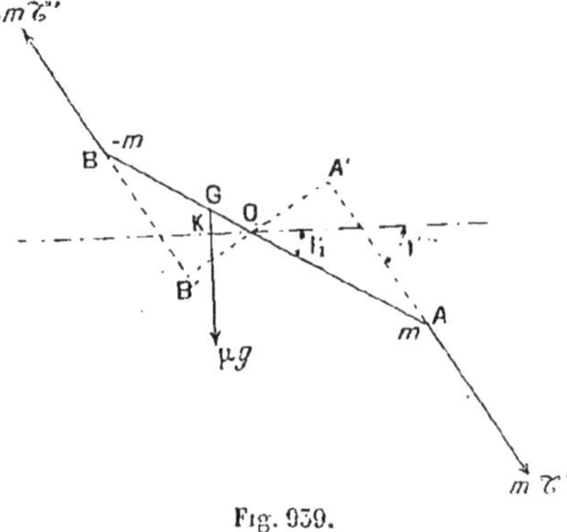


Fig. 939.

$$m\mathfrak{T}'(OA + OB)\sin(I' - I'_1) = \mu g d \cos I'_1, \quad \text{ou} \quad \mathfrak{M}\mathfrak{T}'\sin(I' - I'_1) = \mu g d \cos I'_1;$$

en développant $\sin(I' - I'_1)$, nous arrivons, par une transformation simple, à l'expression :

$$\operatorname{tg} I'_1 = \frac{\mathfrak{M}\mathfrak{T}'\sin I' - \mu g d}{\mathfrak{M}\mathfrak{T}'\cos I'}.$$

Supposons que l'aiguille ait été aimantée à saturation, puis aimantons-la à saturation en sens inverse, le moment magnétique est toujours le même, mais, dans l'équation d'équilibre, il faut changer $d$ en $-d$, et l'inclinaison de AB est alors l'angle $I'_2$ donné par la formule :

$$\operatorname{tg} I'_2 = \frac{\mathfrak{M}\mathfrak{T}'\sin I' + \mu g d}{\mathfrak{M}\mathfrak{T}'\cos I'};$$

donc

$$\operatorname{tg} I'_1 + \operatorname{tg} I'_2 = 2 \operatorname{tg} I'.$$

1024. **Réglage et corrections de la boussole d'inclinaison.** — Les différentes méthodes de détermination de l'inclinaison I exigent toutes que l'on effectue un réglage préalable de l'instrument, et que l'on corrige certaines causes d'erreur.

Le *réglage* consiste à placer le limbe inférieur bien horizontalement : on y arrive au moyen d'un niveau et des pieds à vis calantes.

Quant aux diverses *causes d'erreur*, elles sont les suivantes :

1° Défaut de centrage de l'aiguille : on le corrige par des lectures faites aux deux extrémités, et en prenant la moyenne ;

2° Défaut d'horizontalité de la ligne 0-180° du limbe vertical : on le corrige en faisant tourner la cage de 180°, et en prenant la nouvelle moyenne des lectures aux extrémités ; on corrige aussi en même temps l'erreur provenant du défaut d'horizontalité du support de l'aiguille, défaut qui favorise le roulement de l'aiguille,

3° Défaut de concordance de l'axe géométrique et de l'axe magnétique : on le corrige par le retournement de l'aiguille, face pour face et prenant encore la moyenne des lectures aux extrémités : cela fait en tout huit lectures;

4° Défaut de centrage du centre de gravité : on produit une désaimantation, suivie d'une réaimantation en sens contraire : mais ce procédé est peu usité; il l'est seulement pour les mesures très précises; c'est au constructeur à prendre tous ses soins pour que le défaut envisagé n'existe pas d'une manière sensible. Dans chaque azimut, on fait donc huit lectures, et quelquefois seize; c'est la moyenne de toutes ces moyennes qui donne l'inclinaison apparente cherchée I', dans le plan d'azimut $\alpha$. La détermination de I comporte donc, au total, seize (ou trente-deux) lectures.

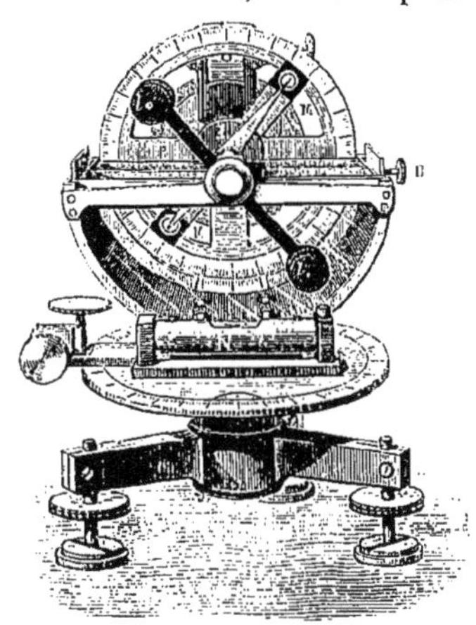

Fig. 940.

Notons enfin que, dans les inclinomètres de précision, comme celui de la figure 940 (boussole de Brünner), il serait difficile, malgré toute la finesse des pointes de l'aiguille, d'observer à l'œil nu, d'une façon un peu précise, à quelle division du limbe correspond l'extrémité de l'aiguille; aussi vise-t-on ces extrémités au moyen de microscopes $l$, qui sont munis de micromètres oculaires tracés sur verre, et qui permettent de noter les élongations. Le cercle gradué est mobile autour du même axe que l'aiguille; il porte des miroirs sphériques M dont les centres décrivent la même circonférence que les pointes des aiguilles. Chaque miroir M donne de la pointe en regard une image égale et renversée : on s'arrange de manière, en faisant tourner le cercle qui porte les miroirs M, que l'image soit dans le prolongement de l'objet et on relève les déplacements du cercle gradué par rapport à deux verniers fixes qu'on observe avec des loupes.

Il est difficile d'obtenir l'inclinaison à une minute près; on peut avoir la direction du méridien magnétique, à quelques minutes près, par la boussole d'inclinaison. On détermine la position d'équilibre par les oscillations, comme dans la balance (457, $\alpha$). Avec les très bons instruments l'inclinaison peut être obtenue à 10″ près.

1025. **Mesure de $\mathcal{H}$ et $\mathcal{T}$.** — La détermination de la composante horizontale $\mathcal{H}$ du champ magnétique se fait en même temps que celle du moment magnétique $\mathcal{M}$ d'un barreau aimanté en mesurant $\mathcal{M}\mathcal{H}$ (1029) et $\frac{\mathcal{M}}{\mathcal{H}}$ (1035). Connaissant $\mathcal{H}$ et I, on calcule $\mathcal{T}$, d'après la relation

$$\mathcal{T} = \frac{\mathcal{H}}{\cos I}.$$

1026. **Détermination du champ magnétique terrestre par les**

**méthodes d'induction**[1]. — On utilise les méthodes suivantes : 1° Soit un cadre sur lequel on a enroulé un fil isolé, cadre mobile autour d'un de ses diamètres, et dont les bornes communiquent à celles d'un galvanomètre balistique. L'axe de rotation étant normal au méridien magnétique et le cadre étant horizontal, on le fait tourner brusquement de 180°, la déviation $\alpha$ du galvanomètre est proportionnelle à la quantité d'électricité induite, par suite à la variation de flux magnétique et par conséquent à la composante Z. On amène le cadre à être vertical, on le fait tourner rapidement de 180° : la déviation $\alpha'$ du galvanomètre est proportionnelle à $\mathcal{H}$. On a donc :

$$\operatorname{tg} I = \frac{Z}{\mathcal{H}} = \frac{\alpha}{\alpha'}.$$

2° L'axe de rotation étant placé dans le plan du méridien magnétique, par tâtonnements on cherche la position de l'axe pour laquelle une rotation du cadre de 180°, le cadre étant initialement normal au méridien magnétique, ne donne aucune déviation au galvanomètre : la variation de flux est alors nulle ; pour cela il faut que l'axe soit parallèle à $\mathcal{T}$; l'inclinaison de l'axe donne I.

3° Nous avons supposé que le méridien magnétique était connu, mais nous pouvons le déterminer de la manière suivante. L'axe étant vertical, par tâtonnements on place le cadre dans une position telle qu'une rotation de 180° ne donne aucune déviation au galvanomètre : le cadre est alors parallèle au méridien magnétique.

4° L'axe étant normal au méridien magnétique, et le cadre vertical, une rotation de 180° nous fournit la déviation $\alpha'$ du galvanomètre. Cette déviation est proportionnelle à la variation de flux, c'est-à-dire à $\mathcal{H}$ et la constante de proportionnalité peut être calculée; cette méthode nous donne donc également $\mathcal{H}$; elle est *générale* pour la mesure des champs magnétiques.

On construit des boussoles basées sur les méthodes d'induction

1027. **Résultats.** — Au 1er janvier 1914, à l'Observatoire magnétique du bureau central météorologique de France, installé actuellement à Val-Joyeux, près Villepreux (Seine-et-Oise), par 0°19'28" de longitude ouest, et 48°49'16" de latitude nord, les éléments magnétiques étaient les suivants :

| | | Variation séculaire (en un an) |
|---|---|---|
| Déclinaison | 13° 54',43 occ. | — 9'83 |
| Inclinaison | 64° 38',4 | — 1',1 |
| $\mathcal{H}$ | 0gauss, 19742 | — 0,000 04 |
| $\mathcal{T}$ | 0gauss, 46095 | — 0,000 40 |

1028. **Variations de la déclinaison et de l'inclinaison.** — 1° *Variations aux divers points du globe.* Pour représenter le champ magnétique terrestre en chaque point du globe, on trace :

1° Les lignes *isogones*, qui réunissent tous les points d'égale déclinaison ;

2° Les lignes *isoclines*, qui sont les lieux des points de même inclinaison ;

3° Les lignes *isodynamiques* pour lesquelles $\mathcal{T} = C^{te}$. On les remplace

[1] Voir *Nouveau Cours de Physique, classes de Première, C et D, Électricité et Magnétisme*, chap. IX, par J. Faivre-Dupaigre et E. Carimey.

habituellement par les lignes d'égale composante horizontale. Il est faux de dire que les isogones ressemblent à des méridiens et les isoclines à des parallèles, ainsi du reste que le montre bien la figure 941.

*Déclinaison.* — Toutes les isogones passent par deux points pour lesquels $I = 90^{\circ}$ et qu'on nomme les *pôles magnétiques*; en ces points la

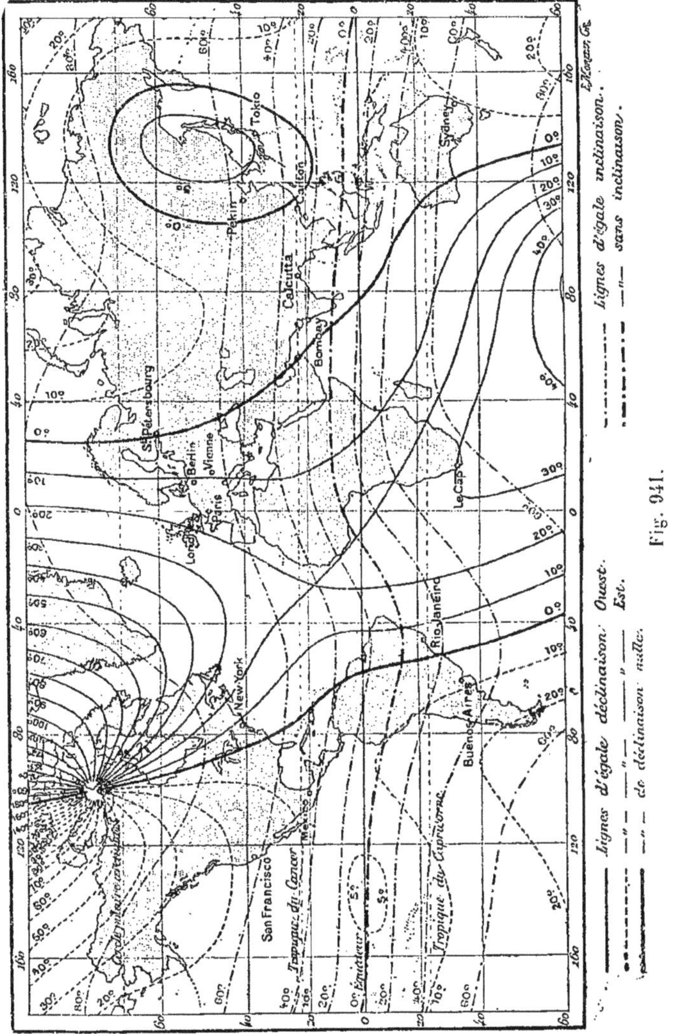


Fig. 941.

déclinaison est indéterminée, car, $\mathfrak{T}$ est vertical, le méridien magnétique est quelconque; aux pôles géographiques la déclinaison est aussi indéterminée, car le méridien géographique est quelconque. Actuellement, le pôle magnétique nord est dans l'Amérique du Nord, à 70 degrés de latitude nord, et 98 degrés de longitude ouest. Le pôle magnétique sud est situé presque à l'antipode du premier, au sud de l'Australie à 73° de latitude sud et 145° de longitude orientale; ils ont été atteints l'un et l'autre. Il existe une première ligne de *déclinaison nulle* qui coupe actuellement l'ancien continent, du cap Nord au golfe Persique, traverse l'Australie dans sa partie occidentale, revient par le Brésil oriental, la Floride et le lac Supérieur. Elle divise la surface du globe en deux parties : l'une où se trouve l'océan Atlantique et qu'on appelle la région atlantique, dans laquelle la déclinaison est occidentale; l'autre, la région du Pacifique, pour laquelle la déclinaison est orientale. Dans chaque région, la déclinaison varie de 0 degré à un maximum d'environ 25 degrés. Il existe encore dans la région du Pacifique une ligne de déclinaison nulle à l'intérieur de laquelle on trouve le Japon, une partie de la Chine et de l'Asie russe; la déclinaison est occidentale pour ces contrées.

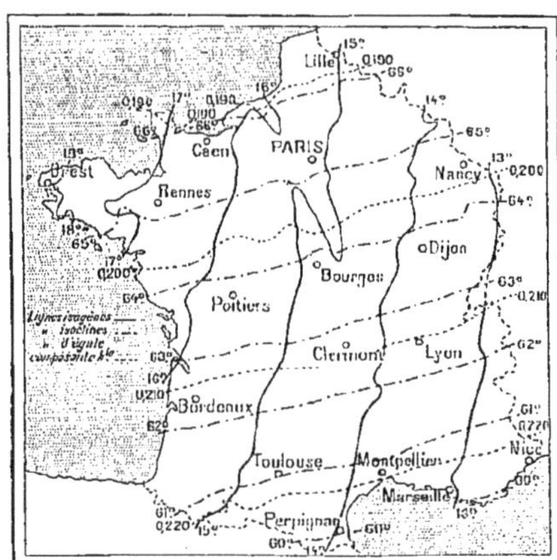


Fig. 942. — Carte au 1er janvier 1910.

En France, les lignes isogones vont à peu près du S.-S.-O. au N.-N.-E. (fig. 942). Ainsi la déclinaison est la même à Paris et à Pau (14° occidentale environ), les valeurs extrêmes sont 11 degrés à Nice et 17 degrés à Brest (année 1914).

*Inclinaison.* — La ligne d'*inclinaison nulle* s'appelle l'*équateur magnétique*, elle s'éloigne assez peu de l'équateur géographique. A partir de là, l'inclinaison augmente de zéro à 90 degrés en allant jusqu'aux pôles magnétiques, le pôle de l'aiguille qui pointe vers le nord étant le pôle nord dans l'hémisphère boréal, et le pôle sud dans l'hémisphère austral. Pour la France, les lignes *isoclines* vont de l'O.-S.-O. à l'E.-N.-E.; les lignes d'égales composantes horizontales leur sont presque parallèles

L'inclinaison varie de 59°30′ (Perpignan) à 66° (Lille); $\mathcal{H}$ varie de 0,225 (Perpignan) à 0,191 (Lille) (année 1914).

La vue des cartes magnétiques nous montre que les courbes ne sont pas régulières; les irrégularités correspondent à des anomalies dues sans doute à la constitution de l'écorce terrestre.

2° *Variations en un même lieu.* — Tous les éléments du magnétisme terrestre, D, I et $\mathcal{H}$, subissent, en un même lieu, des variations *périodiques* (*diurnes*, *annuelles* et *séculaires*), et des variations *accidentelles*.

*Variation séculaire.* — La déclinaison présente une variation *séculaire*, se rattachant à une rotation de l'axe magnétique autour de l'axe terrestre, dans le sens des aiguilles d'une montre : la période de ces variations paraît être d'environ sept cent trente ans. A Paris, en 1556, la déclinaison était de 8° orientale; en 1666, elle était nulle; en 1814, elle est devenue maximum, et égale à 22°34′ occidentale; depuis cette époque, l'aiguille rétrograde vers le méridien géographique. Le 1er janvier 1914 la déclinaison était de 13°34′ occidentale, présentant une variation de — 9′ par rapport au 1er janvier 1913; elle *diminue* annuellement de 9′ à 10′.

Les autres éléments subissent des variations analogues. Ainsi, l'inclinaison diminue lentement à Paris depuis 1666, où elle était de 75 degrés.

Le 1er janvier 1914, elle était, à Val-Joyeux, de 64°38′,4, présentant une variation de — 1′ par rapport au 1er janvier 1913. Si les prévisions sont exactes, elle doit décroître jusqu'en l'an 2030.

L'inclinaison *diminue* actuellement de 1′ par an environ.

La composition horizontale $\mathcal{H}$ est présentement presque stationnaire; elle *diminue* de 0,00004 gauss en une année.

M. Brown a de même observé, pour la composante $\mathcal{H}$, une période de variation de 25 jours, 96. Cette période semble liée à la période de rotation solaire, qui est de 27 jours un quart.

*Variations annuelles.* — En Europe, l'aiguille de déclinaison marche vers l'est, de l'équinoxe de printemps au solstice d'été, puis rétrograde lentement. Il existe des variations analogues pour les autres régions du globe.

*Variations diurnes.*— Dans l'espace d'un jour, la déclinaison présente deux maxima et deux minima : l'amplitude des élongations peut atteindre par rapport à la position moyenne, 15′ à 20′ mais dépasse rarement 5′; elle est la plus grande pendant le jour, durant l'été, et pour les régions tropicales. Les heures des maxima et minima varient avec le lieu. En France la variation diurne proprement dite est au maximum 7′, vers 14 heures, de mars à avril. La figure 943 donne les variations diurnes de la déclinaison en juin 1910 : ces variations sont les différences entre les vecteurs de la courbe et le rayon du cercle pointillé.

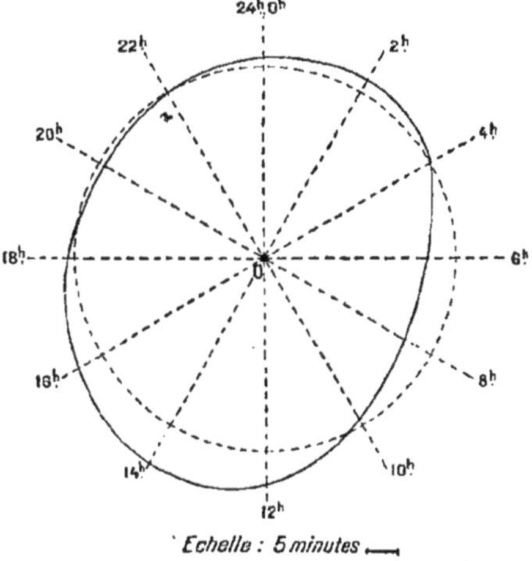

Fig.349.

*Variations accidentelles.* — Il se produit des variations non périodiques, rapides, brusques, des éléments magnétiques, qui affectent des espaces immenses; elles accompagnent le plus souvent des aurores boréales.

Il semble qu'il existe une corrélation entre les phénomènes magnétiques du globe et les phénomènes qui se produisent à la surface du

Soleil, tels que les éruptions solaires, l'apparition des facules ou des protubérances, et les époques de maximum des taches. La période des taches solaires est d'environ onze ans : or, on a observé une période à peu près égale dans les variations de l'aiguille aimantée. D'ailleurs, cette même période de onze ans se retrouve aussi dans la fréquence des aurores boréales, qui produisent également des perturbations accidentelles de l'aiguille aimantée. — C'est pour vérifier ces diverses corrélations possibles que l'on a installé, en différents lieux, des observatoires magnétiques, où des appareils spéciaux, appelés *boussoles des variations*, enregistrent à chaque instant, par la méthode photographique, les variations des valeurs des divers éléments du mégnétisme terrestre.

*Appareils de variations.* — 1° On enregistre les variations de déclinaison en utilisant un barreau aimanté suspendu horizontalement dans le plan du méridien magnétique, par des fils de soie : on photographie la trace d'un pinceau lumineux réfléchi par un miroir fixé sur le barreau.

2° Un barreau aimanté est suspendu horizontalement et maintenu dans une direction normale au méridien magnétique par le couple de torsion d'un fil métallique ou d'un bifilaire : les variations de $\mathcal{H}$ entraînent des déplacements du barreau aimanté qu'on enregistre par la photographie.

3° Un barreau aimanté, mobile autour d'un axe perpendiculaire au méridien magnétique, est équilibré horizontalement pour une certaine valeur de Z; lorsque Z varie, le barreau s'incline plus ou moins.

## VI. — MESURES MAGNÉTIQUES

### MESURE DU MOMENT MAGNÉTIQUE D'UN BARREAU AIMANTÉ

**1029. Méthode des oscillations.** — *Principe de la méthode.* — Soit un barreau aimanté AB (fig. 944) de moment magnétique $\mathcal{M}$, suspendu horizontalement par un système de fils de cocon, et écarté d'un angle $\theta$ de sa position d'équilibre : le moment par rapport à l'axe de rotation des forces magnétiques agissant sur le barreau est $\mathcal{M}\mathcal{H}\sin\theta$ (1000) ($\mathcal{H}$ désignant la composante horizontale du champ magnétique terrestre), ou, pour une déviation très petite : $\mathcal{M}\mathcal{H}\theta$; par conséquent le barreau prend un mouvement d'oscillation pendulaire (495, 4°), et si I représente le moment d'inertie du barreau par rapport à l'axe de rotation, la période du mouvement est :

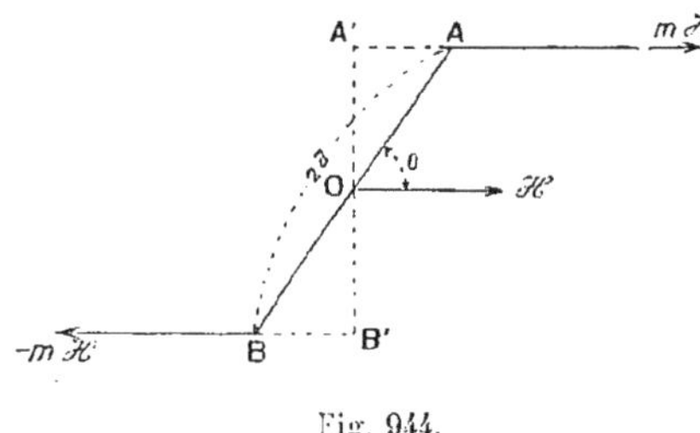


Fig. 944.

$$(1) \qquad T = 2\pi\sqrt{\frac{I}{\mathcal{M}\mathcal{H}}}.$$

Pour mesurer $\mathfrak{M}\mathcal{H}$, il suffit de déterminer T et I.

*Mesure de T.* — Au moyen d'un chronomètre, on détermine la durée d'un certain nombre d'oscillations. En raison de l'amortissement, l'amplitude n'est pas infiniment petite et, $\theta$ représentant la demi-amplitude, on applique la relation

$$T = 2\pi\sqrt{\frac{I}{\mathfrak{M}\mathcal{H}}}\left(1+\frac{\theta^2}{16}\right);$$

pour plus de précision, on tient compte de la variation de l'amplitude (509).

*Mesure de I.* — Sur le barreau AB (fig. 945), et à des distances égales $r$ de l'axe de rotation, on fixe des masses cylindriques $\mu$, en cuivre, et on détermine la nouvelle durée d'oscillation :

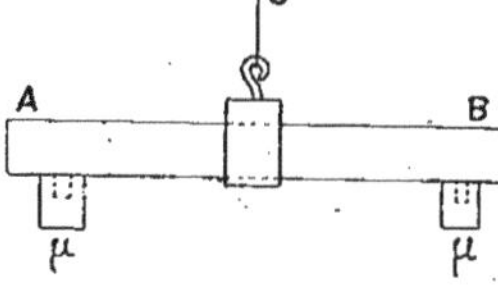

Fig. 945.

$$(3) \qquad T' = 2\pi\sqrt{\frac{I+2\mu r^2}{\mathfrak{M}\mathcal{H}}},$$

d'où, en éliminant I entre (1) et (3) :

$$\mathfrak{M}\mathcal{H} = \frac{8\pi^2\mu r^2}{T'^2 - T^2}.$$

Dans le cas d'un barreau prismatique droit rigoureusement homogène, de masse M dont les arêtes normales à l'axe auraient pour longueur $a$ et $b$, en négligeant la chape, on pourrait écrire (472, 5°)

$$I = \frac{M}{12}(a^2+b^2);$$

on aurait ainsi une valeur approchée de I.

*Remarque.* — Si nous désignons par $\rho$ le rayon des masses cylindriques, le moment d'inertie du système dans le second cas est (468 et 472,1°) $I + 2\mu r^2 + \mu\rho^2$, mais généralement $\mu\rho^2$ est négligeable devant $2\mu r^2$.

Le couple de torsion du système de fils de cocon, qui assure la suspension, est négligeable par rapport au couple magnétique ; on opère en plaçant le barreau dans une cage, à l'abri de l'air ; les élongations sont mesurées par la méthode de Poggendorff (60).

1030. **Méthode par torsion.** — On détermine le méridien magnétique et on suspend un barreau de cuivre par un fil métallique, dont l'extrémité supérieure est fixée à un micromètre de torsion ; on s'arrange de manière que ce barreau soit normal au méridien magnétique. On remplace alors le barreau de cuivre par le barreau aimanté et l'on fait tourner la pièce mobile jusqu'à ce que le barreau aimanté soit en équilibre dans la position qui lui a été primitivement donnée. Si $\theta$ est l'angle de torsion du fil, C le couple de torsion correspondant à l'angle unité, on a :

$$\mathfrak{M}\mathcal{H} = C\theta.$$

1031. **Mesures relatives et mesures absolues.** — Les méthodes précédentes nous donnent non pas $\mathfrak{M}$, mais le produit $\mathfrak{M}\mathcal{H}$, encore la dernière ne nous donne-t-elle la valeur absolue de $\mathfrak{M}\mathcal{H}$ que si nous avons déterminé préalablement la constante C (493, 1°).

Si nous voulons comparer les moments magnétiques de deux barreaux, ces méthodes sont suffisantes; sinon nous devrons mesurer le rapport $\frac{\mathfrak{M}}{\mathcal{H}}$ pour avoir $\mathfrak{M}$. Supposons que l'on ait trouvé :

$$\mathfrak{M}\mathcal{H} = A, \qquad \frac{\mathfrak{M}}{\mathcal{H}} = B;$$

de ces égalités nous tirons :

$$\mathfrak{M} = \sqrt{AB}, \qquad \mathcal{H} = \sqrt{\frac{A}{B}}.$$

1032. **Application de la méthode des oscillations à la vérification de la loi de Coulomb.** — On a vu (988) comment l'emploi de la balance de torsion a conduit Coulomb à énoncer la loi d'après laquelle les actions magnétiques varient en raison inverse des carrés des distances. Coulomb a surtout vérifié cette loi au moyen de la *méthode des oscillations*, qui est beaucoup plus précise.

Un aimant mobile *ns* (fig. 946), *très court* ($2^{cm},7$), est suspendu par un fil sans torsion (de $6^{mm},8$) : il s'oriente, sous l'action de la Terre, dans la direction du méridien magnétique. Un aimant fixe NS, *très long* (fil d'acier de 65 centimètres de longueur et $3^{mm},4$ de diamètre), est placé verticalement dans le plan d'équilibre de *ns*, de telle sorte que le pôle N se trouve à la hauteur de l'aimant mobile. D'après ce qui a été dit plus haut (988), on peut admettre que, sur ce long barreau NS, les centres d'action sur la limaille se trouvent sur des régions très petites, voisines des extrémités (à $2^{cm},25$ environ), c'est-à-dire que l'on peut considérer son action sur l'aimant *ns* comme se réduisant à l'action du pôle N lui-même. Le champ de ce pôle N à grande distance, dans les limites des positions que prendra l'aimant *ns*, est sensiblement un champ uniforme. — On a donc, de la part de N, une force attractive sur le pôle *s*, et une force répulsive égale sur *n*. Ces forces égales et parallèles constituent un couple, qui ne trouble pas l'équilibre du petit aimant *ns*, puisqu'elles sont d'abord dans le plan de la figure.

Fig. 946.

Mais écartons l'aimant *ns* de sa position d'équilibre, et figurons maintenant une coupe de ce qui se passe dans le plan *ns*N. — L'aimant *ns*, écarté de sa position d'équilibre en *n's'* (fig. 947)[1], y revient, la dépasse et exécute une série d'oscillations. Soit $\mathcal{H}$ la composante horizontale du champ terrestre, appliquée à l'aimant *ns*; cette composante reste constante en grandeur, et toujours parallèle en direction à la position primitive *ns* d'équilibre. D'autre part, lorsque les oscillations sont devenues d'amplitude assez faible, elles n'apportent que des perturbations absolument négligeables dans les distances des pôles *n* et *s* au pôle N; l'intensité $\mathcal{H}_1$ du champ dû au pôle N reste donc aussi très sensiblement constante en grandeur et en direction. Par suite, le petit barreau oscille sous l'action d'un couple résultant de la superposition de deux couples parallèles : le couple terrestre et le couple dû au pôle N.

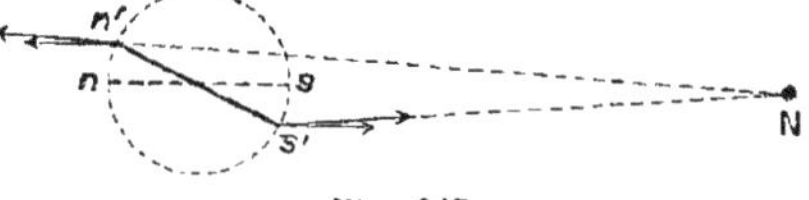


Fig. 947.

(1) Pour la clarté de la figure 947, on a doublé les dimensions de la figure 946.

Cela posé, on commence par faire osciller, sous l'action de la Terre seule, le petit barreau, dont nous représenterons le moment magnétique par $\mathfrak{M}$, et l'on détermine la durée $T_0$ d'une oscillation d'amplitude très faible. On a

$$T_0 = 2\pi\sqrt{\frac{I}{\mathfrak{M}\mathcal{H}}}.$$

On fait ensuite osciller le petit barreau sous l'action simultanée du couple terrestre et du couple produit par l'action du pôle N. Si $T_1$ est alors la durée d'oscillation, on a

$$T_1 = 2\pi\sqrt{\frac{I}{\mathfrak{M}(\mathcal{H}+\mathcal{H}_1)}}.$$

Des deux égalités précédentes, on tire :

$$\mathcal{H} = \frac{4\pi^2 I}{\mathfrak{M}}\frac{1}{T_0^2}, \qquad \mathcal{H}+\mathcal{H}_1 = \frac{4\pi^2 I}{\mathfrak{M}}\frac{1}{T_1^2},$$

et par soustraction, pour éliminer $\mathcal{H}$ :

$$\mathcal{H}_1 = \frac{4\pi^2 I}{\mathfrak{M}}\left(\frac{1}{T_1^2} - \frac{1}{T_0^2}\right).$$

Tel est le champ $\mathcal{H}_1$, pour une distance moyenne $D_1$ du pôle N au milieu de l'aimant *ns*.

Pour une autre distance $D_2$ on aurait :

$$\mathcal{H}_2 = \frac{4\pi^2 I}{\mathfrak{M}}\left(\frac{1}{T_2^2} - \frac{1}{T_0^2}\right).$$

Le rapport des deux champs est :

$$\frac{\mathcal{H}_1}{\mathcal{H}_2} = \frac{\dfrac{1}{T_1^2} - \dfrac{1}{T_0^2}}{\dfrac{1}{T_2^2} - \dfrac{1}{T_0^2}}.$$

Or on constate que, conformément à la loi de Coulomb (988),

$$\frac{\dfrac{1}{T_1^2} - \dfrac{1}{T_0^2}}{\dfrac{1}{T_2^2} - \dfrac{1}{T_0^2}} = \frac{D_2^2}{D_1^2}.$$

1033. **Application de la méthode des oscillations et de celle du micromètre de torsion à la comparaison de deux champs magnétiques.** — Nous opérerons comme précédemment (1029, 1030), en nous arrangeant de manière que, dans chaque expérience, l'un des champs à comparer, $\mathcal{H}_1$ ou $\mathcal{H}_2$, soit horizontal et dans le méridien magnétique; si $\mathcal{H}$ est la composante horizontale du champ magnétique terrestre, nous obtenons, par la méthode des oscillations ou celle du micromètre de torsion, des grandeurs égales (ou simplement proportionnelles) à $\mathfrak{M}\mathcal{H}$, $\mathfrak{M}(\mathcal{H}+\mathcal{H}_1)$, $\mathfrak{M}(\mathcal{H}+\mathcal{H}_2)$; par différence nous avons $\mathfrak{M}\mathcal{H}_1$ et $\mathfrak{M}\mathcal{H}_2$ d'où $\frac{\mathcal{H}_1}{\mathcal{H}_2}$. Pour avoir les valeurs absolues de $\mathcal{H}_1$ et $\mathcal{H}_2$, il faudrait connaître $\mathfrak{M}$, moment magnétique du petit barreau aimanté auxiliaire.

## COMPOSITION DE DEUX CHAMPS UNIFORMES

1034. **Magnétomètre.** — La pièce essentielle est un petit aimant horizontal A (fig. 948) de 1 centimètre de longueur, par exemple, fixé sur un fil de cuivre ou une tige d'aluminium qui supporte en même temps un miroir M ; cet aimant est suspendu par un fil de cocon, dans une cage vitrée, pour le mettre à l'abri des courants d'air. On obtient l'amortissement d'une manière très simple au moyen d'une boucle B solidaire de l'équipage mobile et plongeant dans de l'huile de vaseline. On fait encore usage d'un amortisseur à air, ou bien d'un circuit fermé, voisin de l'aimant, et dans lequel on lance des courants de sens convenable pour contrarier et arrêter les mouvements du barreau.

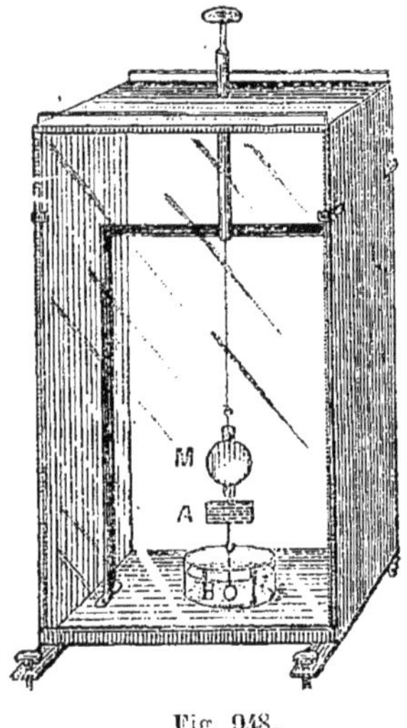

Fig. 948.

Le barreau aimanté s'oriente suivant le méridien magnétique. Si, à l'endroit où il se trouve, on fait intervenir un autre champ magnétique, l'aimant s'oriente dans le plan vertical contenant le champ résultant.

On peut rendre l'appareil très sensible en soumettant l'aimant à un couple initial aussi faible que l'on veut ; pour cela on utilise le champ résultant du champ magnétique terrestre et d'un aimant compensateur convenablement placé. Le plus souvent, du reste, on se borne à faire intervenir uniquement le champ magnétique terrestre pour avoir le zéro de l'instrument. On s'arrange toujours de manière que le champ à comparer avec le champ magnétique terrestre soit horizontal et perpendiculaire au méridien magnétique.

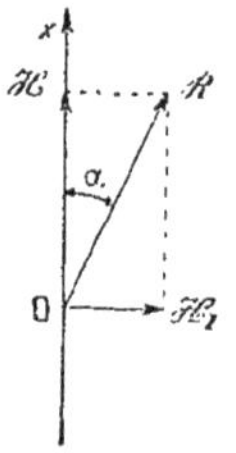

Fig. 949.

Soit $Ox$ (fig. 949) la trace du méridien magnétique, $\mathcal{H}$ la composante horizontale du champ magnétique terrestre, $\mathcal{H}_1$ le champ à mesurer, perpendiculaire à $\mathcal{H}$ ; le champ résultant est $\mathcal{R}$ ; il fait avec $\mathcal{H}$ l'angle $\alpha$, tel que

$$\operatorname{tg} \alpha = \frac{\mathcal{H}_1}{\mathcal{H}};$$

l'axe magnétique du magnétomètre prend la direction $\mathcal{R}$, l'équipage a donc tourné de l'angle $\alpha$ qu'on mesure par la méthode de Poggendorff (60).

*Remarque.* — Si l'on annulait au point O les effets directeurs du champ magnétique terrestre, par un aimant compensateur et si l'on faisait agir successivement en O des champs $\mathcal{H}_1$, $\mathcal{H}_2$ dont on pourrait déterminer la valeur relative par la méthode des oscillations et la direction par le magnétomètre, on vérifierait que le champ résultant est bien en direction et grandeur la résultante des champs $\mathcal{H}_1$ et $\mathcal{H}_2$ : les champs magnétiques se composent comme des forces d'une origine quelconque.

1035. **Mesure de $\frac{\mathfrak{M}}{\mathcal{H}}$ par le magnétomètre : méthode de Gauss.** — *Première position principale de Gauss.* — Soit un aimant court que nous plaçons en $A_1B_1$ (fig. 950), de telle manière qu'il soit orienté de l'*est à l'ouest*, sur l'horizontale passant par le milieu O de l'aiguille du magnétomètre ; désignons par $m$ et $-m$ les masses magnétiques des pôles $A_1$ et $B_1$, par $d_1$ la distance de O au milieu $O_1$ de $A_1B_1$, par $2a$ la distance $A_1B_1$ et par $\mathfrak{M}$ le moment magnétique du barreau. Évaluons le champ $\mathcal{H}_1$, en O, de l'aimant $A_1B_1$ [1]. Nous avons :

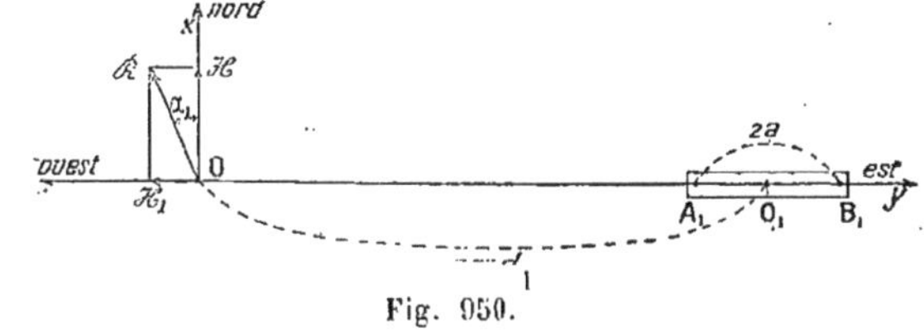


Fig. 950.

$$(1)\qquad \mathcal{H}_1 = \frac{m}{(d_1-a)^2} - \frac{m}{(d_1+a)^2} = \frac{4am\,d_1}{(d_1^2-a^2)^2} = \frac{2\mathfrak{M}}{d_1^3}\left[1-\frac{a^2}{d_1^2}\right]^{-2}.$$

Supposons, comme première approximation, que le terme $\frac{a^2}{d_1^2}$ soit négligeable par rapport à l'unité :

$$\mathcal{H}_1 = \frac{2\mathfrak{M}}{d_1^3};$$

la déviation $\alpha_1$, mesurée au magnétomètre, sera telle que :

$$\operatorname{tg}\alpha_1 = \frac{\mathcal{H}_1}{\mathcal{H}} = \frac{2\mathfrak{M}}{d_1^3\mathcal{H}}, \qquad \text{d'où} \qquad \frac{\mathfrak{M}}{\mathcal{H}} = \frac{1}{2}d_1^3\operatorname{tg}\alpha_1.$$

Pour mesurer l'angle $\alpha_1$, il y a avantage à retourner sur place le barreau aimanté : on a alors une déviation totale $2\alpha_1$.

*Correction.* — Développons $\mathcal{H}_1$, dans l'expression (1) :

$$\mathcal{H}_1 = \frac{2\mathfrak{M}}{d_1^3}\left[1+\frac{2a^2}{d_1^2}+\frac{3a^4}{d_1^4}+\dots\right],$$

il sera presque toujours suffisant de nous borner aux deux premiers termes entre parenthèse et, comme $a$ n'est guère mesurable, d'écrire

$$\mathcal{H}_1 = \frac{2\mathfrak{M}}{d_1^3}\left[1+\frac{K}{d_1^2}\right]; \qquad \text{donc} \qquad (2) \qquad \operatorname{tg}\alpha_1 = \frac{2\mathfrak{M}}{d_1^3\mathcal{H}}\left[1+\frac{K}{d_1^2}\right]$$

[1] Ce champ a déjà été calculé par une autre méthode (1002).

en éloignant l'aimant à une distance $d'_1$, on observe une déviation $\alpha_1$ et l'on a :

$$\mathcal{H}_1 = \frac{2\mathfrak{M}}{d_1'^3}\left[1 + \frac{K}{d_1'^2}\right], \qquad \text{et (3)} \qquad \operatorname{tg}\alpha'_1 = \frac{2\mathfrak{M}}{d_1'^3\mathcal{H}}\left[1 + \frac{K}{d_1'^2}\right].$$

Éliminons K entre (2) et (3), il vient :

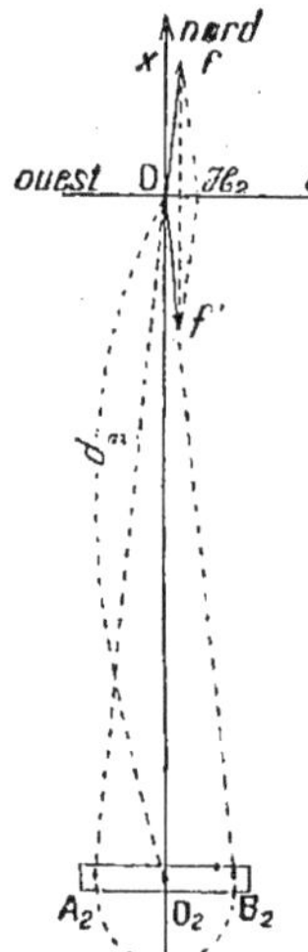

Fig. 951.

$$\frac{\mathfrak{M}}{\mathcal{H}} = \frac{d_1'^5 \operatorname{tg}\alpha'_1 - d_1^5 \operatorname{tg}\alpha_1}{2[d_1'^2 - d_1^2]}.$$

On pourrait pousser la précision plus loin en écrivant :

$$\mathcal{H}_1 = \frac{2\mathfrak{M}}{d_1^3}\left[1 + \frac{K}{d_1^2} + \frac{K'}{d_1^4}\right],$$

et éliminant K et K' entre les relations fournies par trois expériences, il resterait une équation en $\frac{\mathfrak{M}}{\mathcal{H}}$.

*Deuxième position principale de Gauss.* — Plaçons l'aimant en $A_2B_2$ (fig. 951) de manière qu'il soit encore orienté de l'*est à l'ouest* et que son milieu $O_2$ soit sur l'horizontale passant par l'aiguille du magnétomètre. Calculons le champ $\mathcal{H}_2$ du barreau, en O [1]. Les actions des masses $+m$ et $-m$ sur la masse $+1$ placée en O sont deux forces égales $f$ et $f'$, également inclinées sur $Oy$; leur résultante est donc le double de la projection de $f$ sur $Ox$ et l'on a :

$$\mathcal{H}_2 = 2f\cos\widehat{fOy} = 2f\sin\widehat{O_2OB_2} = 2\frac{m}{d_2^2 + r^2} \times \frac{r}{(d_2^2 + r^2)^{\frac{1}{2}}} = \frac{\mathfrak{M}}{(d_2^2 + r^2)^{\frac{3}{2}}},$$

ou :

$$\mathcal{H}_2 = \frac{\mathfrak{M}}{d_2^3}\left[1 + \frac{r^2}{d_2^2}\right]^{-\frac{3}{2}};$$

en supposant $\frac{r^2}{d_2^2}$ négligeable par rapport à l'unité, il vient :

$$\mathcal{H}_2 = \frac{\mathfrak{M}}{d_2^3},$$

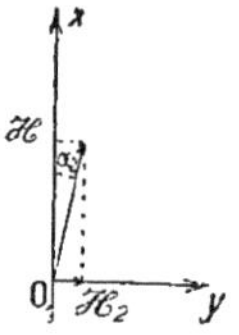

et par suite, si $\alpha_2$ est la déviation observée (fig. 952), on a :

$$\operatorname{tg}\alpha_2 = \frac{\mathfrak{M}}{d_2^3\mathcal{H}}, \qquad \text{d'où} \qquad \frac{\mathfrak{M}}{\mathcal{H}} = d_2^3 \operatorname{tg}\alpha_2.$$

Fig. 952.

Pour mesurer $\alpha_2$, on retourne l'aimant pôle à pôle et l'on observe la déviation $2\alpha_2$.

*Remarque.* — Les déviations $\alpha_1, \alpha_2$ sont indépendantes des constantes magnétiques du magnétomètre.

[1] Ce champ a déjà été obtenu par une autre méthode (1002).

Il paraît préférable d'opérer dans le cas de la première position principale de Gauss, car pour $d_1 = d_2$, on a $\operatorname{tg}\alpha_1 = 2\operatorname{tg}\alpha_2$, la déviation est plus grande, la mesure plus précise.

*Correction.* — Comme dans le cas précédent, on peut mettre $\mathcal{H}_2$ sous la forme

$$\mathcal{H}_2 = \frac{\mathfrak{M}}{d_2^3}\left(1 + \frac{K}{d_2^2}\right),$$

et éliminer K par deux observations, pour des distances $d_2$ et $d_2'$, et même pousser plus loin le développement de $\mathcal{H}_2$, et faire un nombre d'expériences suffisant pour éliminer les inconnues introduites, et calculer $\frac{\mathfrak{M}}{\mathcal{H}}$.

1036. **Vérification de la loi de Coulomb par le magnétomètre.** — *Première méthode.* — Si nous opérons de manière que $d_1 = d_2$, comme

$$\operatorname{tg}\alpha_1 = \frac{2\mathfrak{M}}{d_1^3\mathcal{H}}, \qquad \operatorname{tg}\alpha_2 = \frac{\mathfrak{M}}{d_2^3\mathcal{H}},$$

il vient, dans ce cas particulier

$$\operatorname{tg}\alpha_1 = 2\operatorname{tg}\alpha_2.$$

Or, supposons que la force d'attraction ou de répulsion entre deux éléments magnétiques, de masses $m$ et $m'$, placés à la distance $d$, soit donnée par l'expression :

$$f = \frac{mm'}{d^n};$$

il est facile d'établir, en opérant comme précédemment (1035), que

$$\mathcal{H}_1 = \frac{n\mathfrak{M}}{d_1^{n+1}}, \qquad \text{d'où} \qquad \operatorname{tg}\alpha_1 = \frac{n\mathfrak{M}}{d_1^{n+1}\mathcal{H}},$$

$$\mathcal{H}_2 = \frac{\mathfrak{M}}{d_2^{n+1}}, \qquad - \qquad \operatorname{tg}\alpha_2 = \frac{\mathfrak{M}}{d_2^{n+1}\mathcal{H}},$$

et par suite, si $d_1 = d_2$, on a nécessairement :

$$\operatorname{tg}\alpha_1 = n\operatorname{tg}\alpha_2.$$

Or l'expérience donne $n = 2$, aux erreurs d'expérience près.

Voici quelques nombres, les $\alpha_1$ et $\alpha_2$ se rapportant à un même barreau qui a été changé à chaque couple de mesures, pour avoir toujours des déviations du même ordre de grandeur : ces angles étant petits, on peut sensiblement les confondre avec leurs tangentes ; on a à peu près $\alpha_1 = 2\alpha_2$,

| $d_1 = d_2$ | $\alpha_1$ | $\alpha_2$ |
|---|---|---|
| 1m,5 | 2° 13′51″,2 | 1° 10′19″,3 |
| 2m | 2° 37′16″,2 | 1° 19′ 1″,6 |
| 3m | 2° 11′ 0″,7 | 1° 5′33″,7 |
| 4m | 2° 4′35″,9 | 1° 2′22″,2. |

*Deuxième méthode.* — Nous venons de voir que le champ correspondant à une position principale du barreau aimanté varie comme $\frac{1}{d^{n+1}}$; or le magnétomètre nous permet d'avoir la valeur de ce champ en fonction de $\mathcal{H}$; on vérifie ainsi que le champ du barreau aimanté varie comme $\frac{1}{d^3}$, donc on trouve encore $n=2$. Voici quelques nombres :

| $d_1 = d_2$ | $\alpha_1$ observé | $\alpha_1$ observé — $\alpha_1$ calculé. | $\alpha_2$ observé | $\alpha_2$ observé — $\alpha_2$ calculé. |
|---|---|---|---|---|
| 1m,3 | 2°13′51″,2 | + 0″,8 | 1°10′19″,3 | +6″,0 |
| 1m,7 | 1° 0′ 9″,9 | — 5 ,0 | 30′57″,9 | —1 ,2 |
| 2m | 37′16″,2 | +10 ,6 | 19′ 1″,6 | +5 ,9 |
| 2m,5 | 18′51″,9 | —10 ,2 | 9′36″,1 | —2 ,5 |
| 3m | 11′ 0″,7 | — 1 ,1 | 5′33″,7 | —0 ,2 |
| 3m,5 | 6′56″,9 | — 0 ,2 | 3′28″,9 | —1 ,0 |
| 4m, | 4′35″,9 | — 3 ,7 | 2′22″,2 | +1 ,7. |

Les $\alpha_1$ et $\alpha_2$ calculés pour une distance $d$ ont été obtenus en appliquant la loi de Coulomb dans le cas des observations correspondant aux autres distances et prenant la moyenne. La vérification est très satisfaisante.

1037. **Comparaison des moments magnétiques de deux barreaux par le magnétomètre.** — Nous avons déjà vu comment on compare les moments magnétiques de deux barreaux aimantés par la méthode des oscillations ou celle du micromètre de torsion (1029 et 1030); on peut encore déterminer ces rapports avec un magnétomètre; les mesures sont très simples.

1° Plaçons successivement les deux barreaux aimantés dans l'une des positions principales de Gauss, la première par exemple, à la même distance $d_1$ du magnétomètre; soient $\alpha_1$ et $\alpha'_1$ les déviations observées; nous avons vu que :

$$\operatorname{tg}\alpha_1 = \frac{2\mathfrak{M}}{d_1^3\mathcal{H}}, \qquad \operatorname{tg}\alpha'_1 = \frac{2\mathfrak{M}'}{d_1^3\mathcal{H}},$$

d'où :

$$\frac{\mathfrak{M}}{\mathfrak{M}'} = \frac{\operatorname{tg}\alpha_1}{\operatorname{tg}\alpha'_1};$$

2° Plaçons l'un des barreaux aimantés dans l'une des positions principales de Gauss, la première par exemple, l'autre barreau également dans la première position principale de Gauss, de l'autre côté et de manière à annuler la déviation du magnétomètre : les champs dus aux deux barreaux sont égaux; donc, si $\mathfrak{M}$ et $\mathfrak{M}'$ sont les moments magnétiques des barreaux, $d_1$, $d'_1$ les distances correspondantes :

$$\frac{2\mathfrak{M}}{d_1^3} = \frac{2\mathfrak{M}'}{d_1'^3}, \qquad \text{d'où} \qquad \frac{\mathfrak{M}}{\mathfrak{M}'} = \frac{d_1^3}{d_1'^3}.$$

1038. **Comparaison des intensités de deux champs par le magnétomètre.** — Nous avons déjà vu (1033) comment on compare deux champs par la méthode des oscillations ou par celle du micromètre de torsion; au moyen d'un magnétomètre, on peut mesurer successivement ces champs $\mathcal{H}_1$ et $\mathcal{H}_2$, en fonction de $\mathcal{H}$, pourvu qu'ils soient horizontaux et normaux à $\mathcal{H}$; on aura successivement :

$$\operatorname{tg}\alpha_1 = \frac{\mathcal{H}_1}{\mathcal{H}}, \qquad \operatorname{tg}\alpha_2 = \frac{\mathcal{H}_2}{\mathcal{H}}, \qquad \text{d'où} \qquad \frac{\mathcal{H}_1}{\mathcal{H}_2} = \frac{\operatorname{tg}\alpha_1}{\operatorname{tg}\alpha_2}.$$

Le magnétomètre est un appareil indispensable dans les études de magnétisme.

La comparaison des champs magnétiques se fera aussi très simplement par une méthode d'induction (1026) en employant le même cadre, le même galvanomètre balistique, et faisant effectuer au cadre des rotations de 180° autour d'un de ses diamètres, le cadre étant initialement normal au champ à mesurer.

---

# TABLE DES MATIÈRES

## OPTIQUE

### PROPAGATION DE LA LUMIÈRE — SYSTÈMES OPTIQUES

#### I. — PROPAGATION DE LA LUMIÈRE DANS UN MILIEU HOMOGÈNE ISOTROPE



#### II. — SYSTÈMES OPTIQUES



### RÉFLEXION DE LA LUMIÈRE

#### I. — LOIS DE LA RÉFLEXION



#### II. — STIGMATISME PAR RÉFLEXION



#### III. — MIROIRS PLANS



#### IV. — MIROIRS SPHÉRIQUES

### V. — MIROIRS PARABOLIQUES



## RÉFRACTION DE LA LUMIÈRE

### I. — LOIS DE LA RÉFRACTION



### II. — STIGMATISME PAR RÉFRACTION



### III. — DIOPTRES SPHÉRIQUES



### IV. — ASSOCIATIONS DE DIOPTRES SPHÉRIQUES CENTRÉS

#### LENTILLES SPHÉRIQUES MINCES



#### SYSTÈMES OPTIQUES ÉPAIS

## V. — DIOPTRES PLANS



## VI. — ACHROMATISME



## VII. — DÉFAUTS DES SYSTÈMES OPTIQUES CENTRÉS



# INSTRUMENTS D'OPTIQUE



## I. — ŒIL



## II. — INSTRUMENTS OCULAIRES



## III. — OBJECTIF PHOTOGRAPHIQUE

Pages.

## MESURE DES INDICES DE RÉFRACTION



## VITESSE DE LA LUMIÈRE



# INSTRUMENTS DE MESURE DES LONGUEURS



### ERREURS COMMISES DANS LES MESURES



# PESANTEUR

### I. — CHAMP DE PESANTEUR. — POIDS



### II. — LOIS DE LA CHUTE DES CORPS

Pages.

### III. — MESURE DES POIDS ET DES MASSES. — BALANCE



### IV. — PENDULE. — MESURE DE L'INTENSITÉ DU CHAMP TERRESTRE MESURE DES TEMPS



# MESURE DES GRANDEURS

## UNITÉS ABSOLUES



## DENSITÉS ET POIDS SPÉCIFIQUES



## CAPILLARITÉ — TENSION SUPERFICIELLE



## MESURE DES PRESSIONS

### I. — PRESSION ATMOSPHÉRIQUE

Pages.

### II. — MANOMÉTRIE EN GÉNÉRAL



# CHALEUR

## THERMOMÉTRIE



## CALORIMÉTRIE



## PRINCIPE DE L'ÉQUIVALENCE DE LA CHALEUR ET DU TRAVAIL



## DILATATIONS

### I. — DILATATIONS GÉNÉRALES



### II. — MESURE DES DILATATIONS LINÉAIRES DES SOLIDES ISOTROPES



### III. — DILATATION DES LIQUIDES

Pages.

## IV. — COMPRESSIBILITÉ ET DILATATION DES GAZ



# RÈGLE DES PHASES



# CHANGEMENTS D'ÉTAT PHYSIQUE

## I. — VAPORISATION



## II. — LIQUÉFACTION DES GAZ



### CHALEUR DE VAPORISATION



### DENSITÉS DES VAPEURS

## III. — FUSION ET SOLIDIFICATION



### CHALEUR DE FUSION



### DISSOLUTIONS



## IV. — SUBLIMATION. — POINT TRIPLE



## V. — CRYOSCOPIE. — ÉBULLIOSCOPIE. — TONOMÉTRIE



# ÉLECTROSTATIQUE

## I. — NOTIONS FONDAMENTALES



## II. — LOI DE COULOMB

Pages

## III. — CHAMP ÉLECTRIQUE



## IV. — POTENTIEL ÉLECTRIQUE



## V. — CAPACITÉ ÉLECTROSTATIQUE



### CONDENSATEURS



### ÉNERGIE ÉLECTRIQUE DES CONDENSATEURS



## VI. — ÉLECTROMÉTRIE



## VII. — SYSTÈMES D'UNITÉS ÉLECTRIQUES

Pages.

# MAGNÉTISME

## I. — FAITS GÉNÉRAUX



## II. — CHAMPS MAGNÉTIQUES



## III. — CONSTITUTION DES AIMANTS



## IV. — INFLUENCE MAGNÉTIQUE



## V. — MAGNÉTISME TERRESTRE



## VI. — MESURES MAGNÉTIQUES



---

74629. — Imprimerie Lahure, rue de Fleurus, 9, à Paris

74629. — Imprimerie Lahure, 9, rue de Fleurus, à Paris.

www.ingramcontent.com/pod-product-compliance
Ingram Content Group UK Ltd.
Pitfield, Milton Keynes, MK11 3LW, UK
UKHW012136240726
13966UKWH00001B/16